移动开发经典丛书

Android 高级编程

(第4版)

[美] 雷托·梅尔(Reto Meier)
伊恩·雷克(Ian Lake) 著
罗任榆 任强 徐攀 译

清华大学出版社
北 京

Professional Android，Fourth Edition
Reto Meier，Ian Lake
EISBN：978-1-118-94952-8

北京市版权局著作权合同登记号　图字：01-2018-8456

图书在版编目(CIP)数据

Android高级编程 / (美) 雷托・梅尔，(美) 伊恩・雷克 著；罗任榆，任强，徐攀 译. —4版. —北京：清华大学出版社，2019.12
(移动开发经典丛书)
书名原文：Professional Android, Fourth Edition
ISBN 978-7-302-53952-0

Ⅰ.①A…　Ⅱ.①雷…　②伊…　③罗…　④任…　⑤徐…　Ⅲ.①移动终端－应用程序－程序设计　Ⅳ.①TN929.53

中国版本图书馆CIP数据核字(2019)第224324号

责任编辑：王　军
封面设计：孔祥峰
版式设计：思创景点
责任校对：牛艳敏
责任印制：宋　林

出版发行：清华大学出版社
网　　址：http://www.tup.com.cn，http://www.wqbook.com
地　　址：北京清华大学学研大厦 A 座　　邮　　编：100084
社 总 机：010-62770175　　邮　　购：010-62786544
投稿与读者服务：010-62776969，c-service@tup.tsinghua.edu.cn
质 量 反 馈：010-62772015，zhiliang@tup.tsinghua.edu.cn
印 装 者：三河市铭诚印务有限公司
经　　销：全国新华书店
开　　本：190mm×260mm　　印　　张：38　　字　　数：1284 千字
版　　次：2019 年 12 月第 1 版　　印　　次：2019 年 12 月第 1 次印刷
定　　价：139.00 元

产品编号：067315-01

译者序

伴随着移动互联网的发展，Android 系统早已成为全球用户量最大的手机操作系统，尽管在移动互联网红利期过后，设备增长速度放缓，但是体量犹存。所以，一家公司要想与个人用户更快、更稳地建立起连接，移动应用依然是不可小觑的突破口。

因此，即使移动互联网从增长期过渡到平稳期，Android 开发人员依旧可以在自己的本职岗位上大放异彩，为用户带来更多新奇的 App。本书全面呈现了从入门到高级 Android 编程所必需的知识与技能。对于本书的层次结构、学习方法、学习路径等相关内容，作者已在前言中做了详尽描述，这里不再赘述。

需要在这里进行说明的是，本书的代码是基于 Android Studio 3.1 和 Android 8 SDK 开发、运行的。为了能够给读者带来更好的阅读及学习体验，我们与出版社商议决定将本书的代码环境升级到了 Android Studio 3.5 和 Android 10 SDK。所以，本书可能会有极少部分代码与原文有所不同，但这有利于读者使用最新的环境进行学习。特别对于一名需要入门的新手而言，简单的环境配置以及快速上手是至关重要的。因此，我们对本书第 2 章的 2.2 节“创建一个全新的 Android 项目”进行了重写并更新了截图。当然，书中其他章节的图片也已随软件环境进行了替换。另外，需要特别说明的是，由于 Android Studio 升至 3.5 版本，Google 默认强行使用 Android X 库代替原来的 Android Support 库。这里简单介绍一下，Android X 库是 Google 对原来众多 Android Support 库进行整理后的集合库，它可以更方便开发人员做好向后兼容工作，并且后续 Google 也只会在 Android X 库上进行新功能的开发和迭代。因此，如果发现自己使用的一些类的导包是以 androidx.*开头的(本书中类的导包以 android.support.*开头)，不必过于纠结。使用 Android X 库和 Android Support 库都能正常编译运行，只是导包不一样。

希望我们做的这些改进，能够为读者带来一些便利。遗憾的是，由于时间及能力等方面的原因，也为了尊重本书作者的原创性，我们并没有为本书增加更多关于 Android 9 和 Android 10 的新特性。对此我们深表遗憾和歉意。但我们深信，随着读者对本书的深入学习和理解，一定可以对这部分新内容信手拈来。

本书由两位目前仍就职于 Google Android 团队的开发人员撰写，他们分别是 Reto 和 Ian。Reto 本身负责为开发者社区提供文章、在线培训、会议演讲，Ian 在 Android Toolkit 团队为 Android 开发提供所需的库和 API。因此，通过对本书的学习，我们更容易从 Android 系统结构的角度对 Android 编程有全新的认识。本书关于 Android 编程的知识点涵盖范围之广，即使是工作了三五年，有着丰富经验的 Android 开发人员，也可以作为工具书使用。毕竟本书除了入门所需要了解的用户界面、四大组件、存储、线程、UI 设计及定制之外，还有关于音频和视频等多媒体、蓝牙、NFC 无线通信以及硬件传感器等高级开发所需的内容。最后一章还为大家介绍了如何发布及分发 App。

还需要提醒的是，作者提到的一些网站，在国内并不能正常访问，读者朋友可以暂且跳过，不必长时间纠结，因为这不会影响你继续学习本书后续内容。

我要感谢与我一同翻译此书的两位朋友徐攀与任强，在合作过程中，本着对翻译质量负责的态度，我们紧密配合，相互指正。这是一次非常愉快的合作。另外也非常感谢清华大学出版社的编辑以及参与本书出版的所有相关工作人员，他们为本书能够顺利出版也同样付出了很多心血，在此，我希望可以再一次向他们表达由衷的感谢。我还想由衷感谢杨晓贤，我曾请她对我所翻译的多章内容进行校译。

本书已更新到第 4 版，读者对前 3 个版本的评价相当不错。对于本书，我们不敢妄言翻译的比前辈更好，但我们抱着谨慎有加的态度，力求把一本深入浅出、理论与实践相结合的 Android 优秀编程书籍以读者熟悉的语言呈现出来。但是鉴于译者自身水平有限，错误和失误必定在所难免，如有任何意见和建议，请不吝指正，我们定将感激不尽。作为一名译者，这也是我们应该承担的责任。

最后，希望每一位阅读本书的读者都能在本书的指引下循序渐进，完成一次通往 Android 高级编程的历练。

罗任榆

2019 年 9 月 11 日，于上海

作 者 简 介

Reto Meier 自 2007 年首次发布 Android 以来，就一直致力于帮助 Android 开发人员为用户创建最佳应用。Reto 在澳大利亚西部的珀斯长大，之后在伦敦度过了“接下来的 18 个月”，总共 6 年。2011 年他与妻子在旧金山湾区定居。

Reto 在 Google 担任开发人员代言人已有 10 年的时间，他为开发人员社区提供文章、在线培训、会议演讲和 YouTube 视频。

在智能手机出现之前，Reto 已在各个行业(包括海上石油天然气和金融业)担任软件开发人员超过 10 年。

Ian Lake 在 2013 年于旧金山湾区定居前，曾在美国的 9 个州居住过。Ian 是 Google Android Toolkit 团队的成员，专注于提供现代 Android 开发所需的库和 API。在此之前，他曾是一名 Android 开发人员倡导者、Android 应用开发人员和企业应用开发人员，那时，Android 还未盛行。

技术编辑简介

Daniel Ulery 是一名高级软件工程师，居住在爱达荷州刘易斯顿附近。他拥有丰富的开发经验，使用 Java Enterprise、C# WinForms、SQL Server、Raspberry Pi 和 Android 等技术做过软件项目。Daniel 于 2004 年获得爱达荷大学计算机科学学士学位。当不从事软件项目时，他可能在开发许多 DIY 项目。

Ed Woodward 是莱斯大学 OpenStax 的高级开发经理和 Android 开发人员。他目前管理着 DevOps 团队，同时也是商业智能团队的技术主管，负责开发 OpenStax 的 Android 应用。在加入 OpenStax 之前，Ed 是 JPMorganChase 的副总裁兼应用架构师。在过渡到编程之前，Ed 曾在高中和初中担任乐队指挥数年。

Chaim Krause 是一位拥有 30 多年经验的计算机编程专家。早在 1995 年，他就担任过 ISP 的首席技术支持工程师，担任 Delphi Borland 高级开发人员支持工程师，并在硅谷工作了十多年；担任过多种职务，包括技术支持工程师和开发人员支持工程师。他目前是美国陆军指挥与参谋学院的军事模拟专家，致力于开发用于训练演习的严肃游戏等项目。他还开设了几门关于 Linux 主题的视频培训课程，并且是 20 多本书的技术评论员，其中包括 *Amazon Web Services for Mobile Developers* (Sybex, 2017)和 *Professional Swift* (Wrox, 2015)。似乎只有这样，他才会成为一位狂热的玩家，并在自己的地下室拥有自己的电子实验室和服务器室。目前，他和美丽的伴侣伊万娜以及两条狗(达舍尔和米妮)、三只猫(帕德姆斯、塔林和阿拉斯加)一起住在堪萨斯州的利文沃斯。

Murat Yener 是一名代码极客、开源提交者、Java 拥护者、谷歌前 Android 开发专家。他是 *Expert Android Studio* (Wiley, 2016)和 *Professional Java EE Design Patterns* (Wiley, 2015)的作者。除了讲授课程和指导以外，他在开发 Android、Java、Web、Java EE 和 OSGi 应用程序方面也有着丰富的经验。Murat 还是 Eclipse 提交者，是 Eclipse Libra 项目的最初提交者之一。Murat 曾是 GDG 伊斯坦布尔分部和旧金山分部的用户组组长，组织、参与并在活动中发言。他还经常在 DroidCon、JavaOne 和 Devoxx 等大型会议上发言。

致　谢

首先，我要感谢我的妻子 Kristy，她的爱与支持使我所做的一切成为可能。

非常感谢 Google 的朋友和同事，特别是 Android 团队中所有出色的人，没有他们我都不知道要写什么，还要感谢每天激励我的开发团队。

我还要感谢我们的技术编辑团队，包括 Dan Ulery、Ed Woodward、Chaim Krause、Murat Yener、James Harmon 和 Chad Darby，没有他们，这本书将会包含更多的错误。感谢 Wrox 的整个团队，特别是 John Sleeva 和 Jim Minatel，他们对完成本书所给予的耐心和支持，对我而言，也是非常重要的。

特别感谢那些令人难以置信的 Android 开发人员社区，它们由热情、慷慨和勤奋的开发人员组成，他们似乎花了很多时间互相帮助，因为他们正在构建不可思议的应用。你们的努力对于 Android 的巨大成功至关重要。谢谢你们！

—— Reto

我的家人 Andrea 和 Hannah 使得这一切有了价值。如果没有他们的支持，我将无法做任何事情，更不用说写完这本书。

同 Reto 一样，我十分感谢所有参与出版和创作这本作品的人，感谢 Android 团队给予我们许多可供探讨的建议，感谢 Android 开发人员社区，让我们能够分享更多想法，构建更好的应用程序。

—— Ian

前　言

对于大多数人而言，智能手机已经成为它们自身的一种扩展。现在允许运行的设备已经超过20亿月活，而Android 已然成为世界上最常用的智能手机操作系统之一，由于每位用户平均会安装 50 个应用，致使仅 2017年就有超过940亿的应用下载量。

无处不在且不可或缺的智能手机如此先进且个性化，经研究表明，把手机放错地方、手机失去网络连接或手机电池电量不足，都会让人们备感焦虑。

自 2008 年推出以来，Android 系统已经扩展到手机之外，成为各种硬件的开发平台，拥有来自 1300 多个品牌的24 000 台设备，其中包括平板电脑、电视、手表、汽车、物联网设备等所有产品。与此同时，物联网设备已有 28 个平台和 SDK 发布。

这些创新与生态系统的规模相结合，为开发人员提供了巨大的机会——可以为全球用户创建新的应用。

Android 为移动应用开发提供了一个开放的平台。没有人工障碍，Android 开发人员可以自由编写充分利用各种设备的应用，并可以使用 Google Play 进行分发，开发人员可将免费和付费应用分发到全球兼容的 Android 设备上。

本书是为所有 Android 设备构建 Android 应用的实战指南，是使用 Android Studio 3.5 基于 Android SDK 10.0 编写的。 本书介绍了一系列示例项目，每个项目都介绍了新的功能和技术，以最大限度地利用 Android 系统特性。本书既涵盖入门的所有基本功能点，也为有经验的移动开发人员提供了可充分利用的 Android 功能及特性，还提供了增强现有产品或创建创新性产品的信息。

Android 团队每年都会发布一个新的主要平台版本，每隔几个月发布一个新版本的 Android Studio，以及每年多次对 Jetpack 进行增量更改，例如支持库和 Android 架构组件。有了这样快速的发布周期，就可以定期更改、添加和改进你将使用的工具、平台 API 和开发库，还有本书中介绍到的工具、平台 API 和开发库。为了最大限度地减少这些变化的影响，Android 工程团队努力确保向后兼容性。

但是，未来的版本将与本书中提供的一些信息相关，并非所有活动的 Android 设备都将运行最新的平台版本。为了缓解这种情况，我们尽可能使用向后兼容的支持库，并提供有关哪些平台版本支持所述功能的详细信息，以及可能存在哪些替代方案以便为运行早期平台设备的用户提供支持。

此外，本书中包含的讲解和示例将为你提供使用当前 SDK 编写引人注目的移动应用所需的基础知识，以及可以快速适应未来增强功能的灵活性。

本书读者对象

本书面向有兴趣在 Android 平台上创建应用的任何人。无论是其他平台上已经拥有丰富经验的移动开发人员，还是第一次尝试编写移动应用的新手，本书包含的内容对你而言都是有价值的。

如果使用过智能手机(尤其是 Android 手机)，那么这对你学习 Android 开发会有所帮助，但这并不是必需的。我们希望你具备软件开发经验，熟悉基本的面向对象范例。虽然不严格要求，但最好了解一些 Java 语法。

第 1 章和第 2 章介绍移动开发和 Android 开发平台，并包含帮助你入门的说明。除此之外，本书没有必要按顺序阅读每一章，尽管在进入其余章节之前，对第 3~7 章中描述的核心组件的理解很重要。第 11 章介绍有关如何确保应用响应性和高效性的重要细节，而第 12~14 章介绍如何为应用提供丰富而一致的用户体验。其余章节涵盖了各种功能特性，它们的相关性将根据应用的不同而有所不同，可以根据自己的兴趣或需要按任何顺序进行阅读。

本书内容

第 1 章介绍 Android，包括它是什么以及它如何融入移动开发生态系统。首先，介绍 Android 作为一个开发平台提供了什么，以及为什么它是创建手机应用的一个令人兴奋的机会。然后，我们将进行更详细的研究。

第 2 章首先介绍一些移动开发的最佳实践并解释如何下载和安装 Android Studio、Android SDK，然后介绍 Android Studio 中包含的一些工具和功能，并演示如何使用它们来创建和调试新的应用。

第 3~7 章深入介绍基本的 Android 应用组件——首先讲述组成 Android 应用的组件，然后继续讨论 Activity 和 Fragment 以及相关的生存期和生命周期。

第 8~11 章介绍应用的配置清单和 Gradle 构建系统，并学习更多关于外部资源框架的知识，这些资源框架可用于支持不同国家、不同语言、不同形状和大小的设备。

在介绍用于执行操作和支持应用组件间通信的 Intent 与 Broadcast Receiver 机制之前，首先介绍如何使用 Layout、View 和 Fragment 创建最基本的用户界面，接着介绍如何访问网络资源，带你详细了解数据的存储、检索和共享。接下来，你将从偏好保存机制开始，转到文件处理、数据库和 Content Provider——包括从原生数据库访问数据。最后介绍如何确保应用始终保持良好的响应性，以及如何在执行后台操作时更高效地使用电池。你将了解支持异步执行的线程 API 和支持高效调度的后台工作机制，你还将学习到如何创建和显示交互式通知。

第 12~14 章建立在第 5 章介绍的 UI 框架之上。你将学习通过材料设计的原则增强用户体验，并针对各种大小和分辨率的屏幕进行优化以提高应用的可访问性。通过了解各种可用的导航选项，学习使用 Animation 添加动画、使用 Toolbar 和 Menu 等控件，最终能够进一步提升用户体验。

第 15~19 章着眼于介绍更高级的主题。你将学习如何使用 Google Play 服务添加交互式地图、查找用户的位置以及如何创建地理位置和感知限制。通过使用运动和环境传感器——包括指南针、加速度计和气压计——你将使自己的应用对所处的环境做出反应。

在了解如何播放和录制多媒体以及如何使用相机拍照和录制视频之后，你将了解到 Android 的通信功能，包括蓝牙、NFC 和 Wi-Fi 直连。接下来，你将了解应用如何使用动态窗口小部件、动态壁纸和应用快捷方式直接让用户与主屏幕交互。

第 20 章讨论几个高级开发主题，包括安全性、使用指纹传感器和严格模式，以及电话 API、用于发送和接收 SMS 消息的 API。

最后，第 21 章研究构建、发布、监控和货币化应用的过程，特别包含了在 Google Play 中发布及分发应用的详细信息。

本书结构

本书按逻辑顺序构建，以帮助不同开发背景的读者学习如何编写高级 Android 应用。不要求按顺序阅读每个章节，但是有几个示例项目跨越多章进行开发，在每个阶段添加了新功能和其他增强功能。

已经安装了 Android Studio 的经验丰富的移动开发人员以及具备 Android 开发工作相关知识的移动开发人员可以概览前两章——介绍移动开发和搭建开发环境——然后深入研究第 3~7 章。这些章涵盖了 Android 开发的基础知识，因此深入了解其中描述的概念是极其重要的。

学习了这些内容后，你可以继续阅读其余章节，其中介绍了材料设计、地图、基于位置的服务、后台应用以及更高级的主题，例如硬件交互和网络。

使用本书的要求

要使用本书中的代码示例，需要通过下载 Android Studio 和 Android SDK 来创建 Android 开发环境，也可以使用其他 IDE，甚至可以使用命令行构建应用。但是，我们假设使用的是 Android Studio。

Android 开发同时支持在 Windows、macOS、Linux 操作系统上使用 Android Studio 以及 Android 网站提供的 SDK。

在使用本书和进行 Android 应用开发的过程中，一台物理的 Android 设备不是必需的，但有了之后，可能会更方便一些。

> 注意：
> 第 2 章更详细地描述了这些要求，并描述了下载地址以及如何安装这些组件。

源代码

读者在学习本书中的示例时，可以手动输入所有代码，也可使用本书附带的源代码文件。本书使用的所有源代码都可以从本书合作站点 www.wrox.com 下载。

另外，也可进入 http://www.wrox.com/dynamic/books/download.aspx 上的 Wrox 代码下载主页，查看本书和其他 Wrox 图书的所有代码。

还可扫描本书封底的二维码来下载源代码。

> 提示：
> 由于许多图书的书名都十分类似，因此按 ISBN 搜索是最简单的，本书英文版的 ISBN 是 978-1-118-94952-8。

下载代码后，只需要用自己喜欢的解压缩软件进行解压缩即可。

勘误表

尽管我们已经尽了各种努力来保证文章或代码中不出现错误，但错误总是难免的。如果在本书中找到错误，例如拼写错误或代码错误，请告诉我们，我们将非常感激。通过勘误表，可以让其他读者避免受挫，当然，这还有助于提供更高质量的信息。

请给 wkservice@vip.163.com 发电子邮件，我们会检查你提供的信息，如果是正确的，我们将在本书的后续版本中采用。

要在网站上找到本书的勘误表，可登录 http://www.wrox.com，通过 Search 工具或书名列表查找本书，然后在本书的细目页面上，单击 Book Errata 链接。在这个页面上可查看 Wrox 编辑已提交和粘贴的所有勘误项。完整的图书列表还包括每本书的勘误表，网址是 www.wrox.com/misc-pages/booklist.shtml。

目　录

第1章

你好，Android

本章主要内容

- 移动应用开发的背景
- Android 是什么
- Android 运行在哪些设备上
- 为什么要为移动设备开发应用和进行 Android 开发
- Android SDK 和开发框架介绍

1.1 Android 应用开发

无论你是一名经验丰富的移动开发工程师、桌面或 Web 开发人员，还是完完全全的编程新手，Android 都为你提供了一个可以为 20 亿 Android 设备用户开发应用的激动人心的机会。

你可能已经非常熟悉 Android 了，毕竟它是最常见的手机操作系统。如果你还没听说过它，并且购买本书的目的是希望通过学习 Android 开发为自己创建一支冷血无情、所向披靡的机器人武士大军来拯救世界，就需要重新考虑购买此书的目的了(甚至需要重新思考一下你的人生抉择)。

早在 2007 年 Android 发布时，Andy Rubin 就曾这般描述过 Android：

这是第一个真正全面且开放的移动设备平台，包括操作系统、用户界面和应用(能正常运行一台手机上安装的所有软件，但却没有那些阻碍移动创新的专利限制)。

——*Where's My Gphone？*

(*http://googleblog.blogspot.com/2007/11/wheres-my-gphone.html*)

自那时起，Android 已经扩展到手机之外，为越来越广泛的硬件设备提供开发平台，包括平板电脑、电视、手表、汽车和物联网设备，等等。

Android 是一个开源软件栈，它包含一个操作系统、中间件以及面对移动和嵌入式设备的关键应用。

更重要的是，对于我们开发人员而言，它也提供了一组非常丰富的 API 库，使用这些 API 库，我们可以对那些运行在 Android 设备上的应用进行视觉、感观和功能的构建。

在 Android 中，无论是系统、内嵌应用还是所有第三方应用，都使用相同的 API 编写，并在相同的运行时上执行。这些 API 支持硬件访问、视频录制、基于定位的服务、后台服务、地图、通知、传感器、关系数据库、应用间通信、蓝牙、NFC 以及 2D 和 3D 图形等功能。

本书将介绍如何使用这些 API 创建你自己的 Android 应用。在本章，将涉及一些关于移动和嵌入式硬件开发的指导性内容，并介绍一些 Android 开发人员常用的平台特性。

Android 具有强大的 API、庞大而多样的用户生态系统、优秀的文档、蓬勃发展的开发人员社区，而且不需要开发或发布成本。随着 Android 设备生态系统的不断发展，无论你的开发经验如何，都有机会为用户开发极具创意的应用。

1.2 小背景

在 Instagram、Snapchat 和 Pokémon Go 还没问世之前，Google 还只是投资者眼中无足轻重的存在，那时的手机刚好能够放进公文包里，电池只能续航几个小时，其最大的功能特点还停留在可以随时随地拨打电话上，而无须依赖使用固定电话相互通话。

自 Android 第一台设备发布以来的 10 年时间里，智能手机已经变得普遍存在并且不可或缺。随着硬件的高速发展，移动设备也变得越来越强大，除了为其装载更大、更亮、分辨率更高的屏幕外，还加入了加速度计、指纹识别、高清摄像头等高级硬件。

此外，这些进步最近还刺激了更多形式的 Android 硬件设备的出现，其中包括各式各样的 Android 智能手机、平板电脑、智能手表以及电视。

这些硬件的革新升级，也同样为软件开发提供了肥沃的土壤，为创建创新性应用提供了机会。

1.2.1 不远的过去

在原生手机应用开发的早期阶段，开发人员通常使用底层的 C 或 C++编写代码，他们需要了解自己所编写的特定硬件，通常是单个设备，或者可能是某个制造商的某一类设备。这种方式固有的复杂性导致为这些设备编写的应用往往落后于其硬件。随着硬件技术和移动互联网接入的发展，这种封闭的方式已经过时了。

随着移动设备的发展，手机开发下一个重大的里程碑就是引入了 Java 托管的 MIDlet。MIDlet 是在 Java 虚拟机(Java Virtual Machine，JVM)上执行的，这一过程抽象了底层硬件，并允许开发人员创建在支持 Java 运行时(run time)的许多设备上运行的应用。

遗憾的是，这种便利却是以更严格的硬件设备的访问权限为代价换来的。例如，对于第三方应用而言，从手机制造商编写的原生应用中获取不同硬件的访问和执行权限是再正常不过的了，但 MIDlet 却很少能获取到这些权限。

Java MIDlet 的引入扩大了开发人员的受众，但低级硬件访问权限和沙箱执行权限的缺失，也意味着大多数移动应用都只能是常规的桌面应用或网站，被呈现在更小的屏幕上，而并不能充分利用手持平台固有的便携性。

1.2.2 未来的发展

随着 Android 的广泛应用，它已是现代移动操作系统新浪潮的一部分，这些操作系统的设计旨在专门支持在功能日益强大的移动硬件上进行应用开发。

Android 提供了一个基于开源 Linux 内核的开放式开发平台。所有的应用都可以通过一系列 API 进行硬件访问，并且它还支持各应用之间的交互，当然这也受到了严格的控制。

在 Android 系统中，所有的应用都拥有平等的地位，无论是第三方应用还是系统自带的应用，都使用同一套 API 进行编写，也在相同的运行时上运行。用户可以使用第三方开发人员开发的应用替换绝大多数系统应用，事实也确实如此，甚至连主屏幕和拨号器都可以替换。

1.3 Android 生态系统

Android 生态系统主要由以下三部分组成：

- 一个用于嵌入式设备的免费开源操作系统。
- 一个用于创建应用的开放式开发平台。
- 运行 Android 系统的设备(以及为其创建的应用)。

更确切地讲，Android 由如下几个必要的部分组成：

- 一份兼容性定义文档(Compatibility Definition Document，CDD)和兼容性测试套件(Compatibility Test Suite，CTS)，描述了设备支持 Android 软件栈所需的功能。
- 一个 Linux 操作系统内核，提供了硬件、内存管理、进程控制以及所有移动设备和嵌入式设备优化的底层接口。
- 一系列用于应用开发的开源库，包括 SQLite、WebKit、OpenGL 和一个多媒体管理器。
- 一个用于执行和托管 Android 应用的运行时环境，包括 Android 运行时(Android Run Time，ART)和提供 Android 特定功能的核心库。该环境被设计得足够小巧且高效以便应用于嵌入式设备。
- 一种应用框架，它向应用层提供系统服务接口，其中包括窗口管理器(Window Manager)、位置管理器(Location Manager)、数据库、电话和传感器。
- 一个用户界面框架，用于托管和启动应用。
- 一组核心的预安装应用。
- 一套用于创建应用的软件开发工具包(Software Development Kit，SDK)，包括集成开发环境(Integrated Development Environment，IDE)、示例代码、文档以及相关工具。

真正让 Android 引人注目的是其开放的理念，它确保你可以通过编写扩展或替代方案来修复用户界面和手机自带应用的任何设计缺陷。作为开发人员，Android 为你提供了构建外观、感观以及功能都符合想象的应用需求的机会。

凭借运行 Android 操作系统的设备上每月的活跃用户超过 20 亿，仅在 2016 年从 Google Play 安装的应用和游戏就超过了 820 亿，Android 生态系统创造了无与伦比的机会——通过创建应用影响和改善数十亿人的生活。

1.4 Android 的预安装应用

Android 设备通常都会附带一套用户期望的预安装应用。在智能手机上，通常包含这些应用：

- 电话拨号器。
- SMS 管理应用。
- Web 浏览器。
- 电子邮箱客户端。
- 日历。
- 通讯录。
- 音乐播放器和相册。
- 相机和视频录制应用。
- 计算器。
- 主屏启动软件。
- 闹钟应用。

多数情况下，Android 设备还会预安装以下谷歌应用包：

- 用于下载第三方 Android 应用的 Google Play 商店。
- 集街景、驾驶导航、路线规划、卫星视图、交通状态等功能于一身的谷歌地图软件。

- Gmail 邮箱客户端。
- YouTube 视频软件。
- 谷歌 Chrome 浏览器。
- 谷歌桌面启动器和谷歌助手。

许多系统自带的应用(如联系人详细信息)存储和使用的数据也同样可用于第三方应用。

根据硬件制造商、运营商或分销商以及设备类型的不同，Android 新设备上应用的具体构成可能会有所不同。

Android 的开源特性就意味着运营商和 OEM(代工制造商)可以自定义用户界面和每一台 Android 设备上的出厂自带应用。

需要注意的是，对于兼容的设备，其底层平台和 SDK 在各个 OEM 与运营商之间是保持一致的。用户界面的感观可能有所不同，但是应用程序在所有彼此兼容的 Android 设备中的功能是一样的。

1.5 Android SDK 的特性

对于开发人员而言，Android 真正的吸睛之处来自其强大的 API。

作为一个与应用无关的平台，Android 允许你创建一些类似于系统自带软件的应用。以下列出一些最值得关注的 Android 特性。

- 通过 GSM、EDGE、3G、4G、LTE 和 Wi-Fi 网络支持透明地访问电话和互联网资源，使应用能够通过移动网络和 Wi-Fi 来收发数据。
- 提供了像 GPS 和网络定位这样基于位置服务的 API。
- 完全支持在用户界面中集成地图控件。
- 支持完整的多媒体硬件控制，包括录音、录像及音视频回放。
- 用于播放和录制各种音视频或定格图像格式的媒体库。
- 用于调用传感器硬件的 API，包括加速度计、罗盘、气压计和指纹传感器。
- 用于调用 Wi-Fi、蓝牙、NFC 等硬件的 API。
- 用于联系人、日历和多媒体的共享数据存储和 API。
- 后台服务与高级通知系统。
- 一个集成的 Web 浏览器。
- 为移动设备进行优化的图形硬件加速，其中包含一个基于路径的 2D 图形库以及对使用 OpenGL ES 2.0 的 3D 图形的支持。
- 通过动态资源框架进行本地化。

1.6 Android 在哪里运行

世界上首台 Android 手机 T-Mobile G1 于 2008 年 10 月在美国发布。截至 2017 年年底，Android 设备的全球月活量已超 20 亿，这标志着 Android 已成为全球最大的智能手机操作系统。

Android 不是为了某一款硬件的实现而创建的移动操作系统，而是为了支持更广泛的硬件平台而设计的，从智能手机到平板电脑、电视、手表以及物联网设备。

由于没有授权费或专利的限制，手机制造商提供 Android 设备的成本相对较低，再加上庞大且强有力的应用生态系统，鼓励着设备制造商生产越来越多样化和个性化的硬件设备。

因此，包括三星、LG、HTC 和摩托罗拉在内的数百家制造商都在开发 Android 设备。这些设备通过全球成百上千家的运营商分销给了用户。

1.7 为什么要为移动设备开发应用

手机已经变得如此智能化及个性化，以至于对于大多数人来说，已成为他们自身的一种延伸。研究发现，很多的手机用户会因为把手机放错了地方、手机无法连接到网络或是手机电池没电等原因，而变得焦躁不安。

无处不在的手机，以及我们对手机的依赖，使得它们从根本上有别于 PC(个人电脑)的开发平台。通过麦克风、摄像头、触摸屏、位置检测、环境传感器，手机可以有效地成为一种超感的感知设备。

在大多数国家，智能手机的拥有量都轻松地超过了电脑的拥有量，在全球也已经拥有了超过 30 亿的手机用户。2009 年开始，更多的人首次上网都是通过手机而不是个人电脑。

智能手机的日益普及，加上高速移动数据和 Wi-Fi 热点的大众化，为智能手机应用市场创造出巨大的机遇。

智能手机应用改变了人们使用手机的方式。作为开发人员，这也为你提供了一个特别的机会，可以构建一些与众不同的全新应用，并让它们成为人们生活中至关重要的一部分。

1.8 为什么要进行 Andorid 开发

除了为开发人员提供对最大的智能手机用户生态系统的访问之外，Android 还代表着一个动态应用开发框架，该框架基于开发人员设计的现代移动设备。

Android 拥有一个简单、强大、开放且无需许可费的 SDK，其中包含优秀的文档、多元化的设备内在与外形，以及蓬勃发展的开发人员社区，Android 开发意味着一个可以创建改变人们生活的应用软件的机会。

对于一名全新的 Android 开发人员而言，进入的门槛是很低的：

- 无须进行任何认证即可从事 Android 开发。
- Google Play 商店提供了免费、预先购买、内部结算和订阅选项等多种应用获取方式，以便你的应用能够分发和获利。
- 分发应用无需任何批准程序。
- 开发人员可以完全掌控自己的品牌。

从商业的角度看，Android 是应用最普遍的智能手机操作系统，意味着全球超过 20 亿的月活设备，这一无比巨大的覆盖面，为你的应用提供了来自世界各地的用户。

1.9 Android 开发框架介绍

Android 应用软件通常可以使用 Java 或 Kotlin 两种语言进行编写，然后通过 Android 运行时(ART)来执行。

> **注意：**
> 在早期很长一段时间里，Android 应用主要使用 Java 语言进行编写。直到最近两三年，Android Studio 3.0 引入了对 Kotlin 作为 Android 软件开发的官方首要语言的全面支持。Kotlin 是一门 JVM 语言，可以与现有的 Android 开发语言和 Android 运行时(ART)进行良好的交互操作，允许你在同一应用中同时使用 Java 和 Kotlin 语法。

每一个 Android 应用都运行在一个单独的进程中，并将所有的内存和进程管理的责任都交给了 ART，ART 会根据需要暂停和终止进程，从而实现对资源的管理。

ART 位于处理底层硬件交互(包括驱动程序和内存管理)的 Linux 内核之上，而对所有底层服务、特性和硬件的访问都通过一组 API 来提供。

1.9.1 Android SDK 中都包含什么

Android SDK 包含了开发、测试和调试一个 Android 应用会用到的所有工具。

- Android API 库——Android SDK 的核心就是 Android API 库，它提供了对 Android 开发栈的访问接口。

这些 Android API 库与谷歌创建 Android 自带应用时使用的开发库是一样的。

- 开发工具——Android SDK 包含了 Android Studio IDE 和其他的一些开发工具，使开发人员可以编译、调试应用，将应用的源代码编译成可执行的应用。在第 2 章“入门”中，你会了解到关于开发工具的更多内容。
- Android 虚拟设备管理器和模拟器——Android 模拟器是一个完全交互式的手机模拟器，并且提供了多种可选的外观。模拟器运行在模拟硬件设备配置的 Android 虚拟设备(Android Virtual Device，AVD)中。使用模拟器，可以提前看到应用运行在真正的 Android 设备上的外观和交互方式。由于所有的 Android 应用都运行在 ART 中，因此模拟器成为一个非常优秀的开发环境，毕竟它与硬件无关并且提供了比任何单一硬件实现更好的独立测试环境。
- 完整的文档——Android SDK 包含了大量的代码层注释参考信息，详细描述了每个包和每个类中包含的内容以及如何使用它们。除了代码文档，Android 的参考文档和开发人员指南还解释了如何入门，详细解释了 Android 开发背后的基础知识，重点介绍了最佳实践，并深入讲解了框架主题。
- 示例代码——Android SDK 包括一些应用示例，这些应用演示了 Android 的一些可用功能，并重点介绍了一些如何使用各种 API 特性的简单示例项目。
- 在线支持——Android 在大多数社交网络、Slack 和许多开发人员论坛上都有着非常活跃的开发人员社区。Stack Overflow(www.stackoverflow.com/questions/tagged/android)是一个极受欢迎的 Android 提问社区，也是一个初学者寻找答案的好地方。许多来自谷歌的 Android 工程师都活跃在 Stack Overflow 和 Twitter 上。

1.9.2 了解 Android 软件堆层

Android 软件堆层(software stack，又名软件叠层)是 Linux 内核和 C/C++库的集合，它们通过应用框架(Application Framework)向运行时和应用提供服务和管理的接口，如图 1-1 所示。

- Linux 内核——核心服务(包括硬件驱动程序、进程及内存管理、安全、网络和电源管理)由 Linux 内核提供(具体的内核版本取决于 Android 平台版本和硬件平台)。
- 硬件抽象层(Hardware Abstraction Layer，HAL)——HAL 系统在底层物理设备和 Android 软件堆层的其余部分之间提供了一个硬件抽象层。
- 本地方法库——本地方法库运行在内核和 HAL 之上，Android 包括各种 C/C++核心库，如 libc 和 SSL 以及以下内容：
  - 用于播放音视频的媒体库。
  - 提供显示管理的界面管理器。
  - 包含用于 2D 和 3D 图形的 SGL 和 OpenGL 的图形库。
  - 用于本机数据库支持的 SQLite。
  - 用于集成 Web 浏览器和 Internet 安全的 SSL 和 WebKit。
- Android 运行时——Android 运行时使得 Android 手机成为智能手机而不是一台移动的 Linux 实现设备。其内部包含了核心库、为应用提供支持的引擎以及构建框架的基础。
- 核心库——虽然大多数 Android 应用开发都是使用的 Java 和 Kotlin 等 JVM(Java 虚拟机)语言来编写的，但 ART 并不是 Java 虚拟器。核心库提供了 Java 核心库及 Android 特定库中的大部分功能。
- 应用框架——应用框架提供了用于构建 Android 应用的类。它还为硬件访问提供通用的抽象层，并管理用户界面和应用资源。
- 应用层——所有应用，无论是系统自带的还是第三方的，都是通过应用层提供的完全相同的 API 构建而成的。应用层则通过使用应用框架提供的类和服务，最终运行在 Android 运行时中。

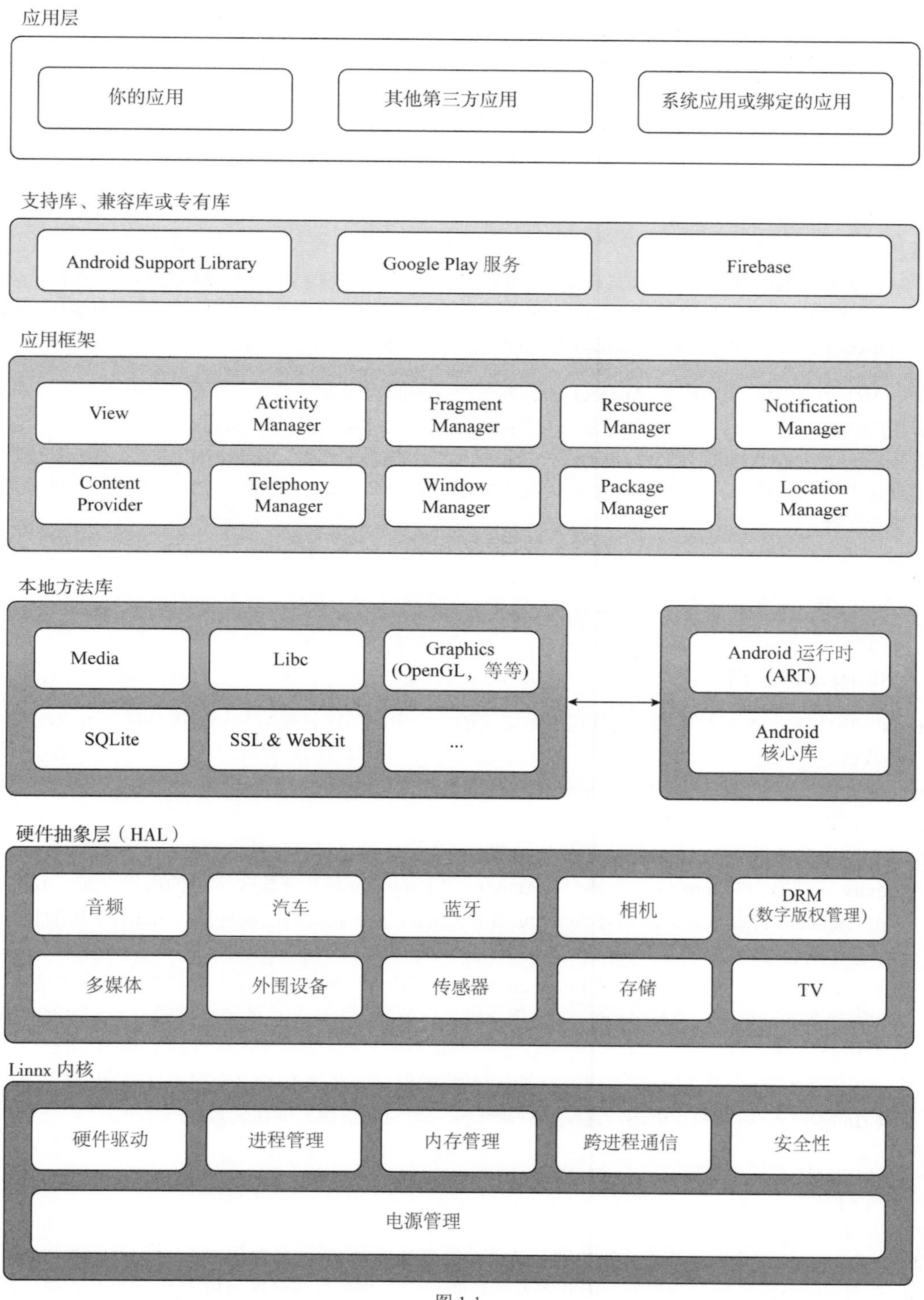

图 1-1

1.9.3　Android 运行时

Android 运行时(ART)是 Android 系统的关键元素之一。Android 没有使用传统的 Java VM(如 Java ME)，而

是使用自主设计的运行时，以此确保可以在一台设备上同时高效地运行多个应用实例。

ART 使用设备的底层 Linux 内核来处理底层功能，包括安全、线程、进程和内存管理。你还可以编写更加接近底层 Linux 操作系统的 C/C++应用。尽管可以这样做，但其实大多数情况下，都没有这个必要。

如果应用需要 C/C++语言的执行效率和速度，那么 Android 提供了一套本地的开发工具包(Native Development Kit，NDK)，NDK 旨在帮助你使用 libc 和 libm 库，并通过对 OpenGL 的本地访问来创建需要的 C++库。

> 注意：
> 本书仅关注如何使用 SDK 编写运行在 ART 中的应用，NDK 开发则不在本书的研究范畴之内。如果你对 NDK 开发、探索 Linux 内核或 C/C++ 的 Android 底层以及修改 ART 或其他一些幕后的底层内容感兴趣，那么可以访问 source.android.com，下载 Android 项目源码进行研究学习。

另外，ART 作为中间层对所有 Android 硬件和系统服务的访问进行了统一管理。开发人员可以通过 ART 来托管应用的执行，并且会拥有一个抽象层，以确保他们不必担心特定的硬件实现。

ART 执行的是 Dalvik 可执行文件(.dex)——是以早期的虚拟机的实现 Dalvik 命名的——是一种进行了内存优化以实现最小占用的格式。通过使用 SDK 中提供的工具来转换 Java 或 Kotlin 语言的编译类文件，可以创建出.dex 可执行文件。

> 注意：
> 关于如何创建 Dalvik 可执行文件，将在第 2 章中详细介绍。

1.9.4 Android 应用架构

Android 应用架构鼓励组件重用，允许通过自定义的安全限制访问权限与其他应用共享 Activity、Service 以及其他一些数据。

通过创建新的 UI 前端或功能扩展，能够生成替代电话簿和电话拨号器的应用并公开这些应用组件，以便其他开发人员可以在此基础上进行构建。

下面这些应用服务是所有 Android 应用的架构基础，它们为应用提供了软件框架：

- Activity 管理器和 Fragment 管理器——Activity 和 Fragment 被用于定义应用的用户界面。Activity 管理器和 Fragment 管理器分别控制着 Activity 和 Fragment 的生命周期，也包括对 Activity 栈的管理(在第 3 和 5 章中还会介绍)。
- 视图(View)——用于在 Activity 和 Fragment 中构建用户界面的基础视图控件，在第 5 章中将详述。
- 通知管理器(Notification Manager)——为用户提供一致的、非侵入性的消息发送机制，详细内容将在第 11 章中介绍。
- 内容提供者(Content Provider)——让应用可以共享数据，将在第 10 章中详述。
- 意图(Intent)——如第 6 章所述，这是一种用于在应用及其组件之间传输数据的机制。

1.9.5 Android 库

Android 提供了大量用于开发应用的 API。与其在这里一一列出，倒不如通过 https://developer.android.com/reference/packages 这个网址查看在线文档。其中提供了包含在 Android SDK 中所有包的完整列表。

Android 面向的是广泛的移动硬件，因此需要注意的是，一些高级或可选 API 的实用性和实现，可能会因主机设备的不同而有所不同。

第 2 章

入　　门

本章主要内容

- 安装 Android SDK 及 Android Studio 开发环境
- 创建并调试你的 Android 项目
- 使用 Kotlin 语言编写 Android 应用
- 学习使用 Android Support Library
- 了解移动设计的注意事项
- 优化应用运行速度及效率的重要性
- 小屏手机适配及移动数据连接
- 介绍 Android 虚拟设备和模拟器
- 使用 Android Studio 以及提高构建性能的一些建议
- 使用 Android Profiler 工具了解应用性能
- 介绍 Gradle 构建和应用测试

本章可供下载的代码可以在 www.wrox.com 上找到。本章的代码放在如下压缩文件中：

- Snippets_ch2.zip
- HelloWorld.zip

2.1 Android 应用开发入门

要开始编写自己的第一个 Android 应用，所需的只是 Android SDK 和 Java 开发工具包(Java Development Kit，JDK)的副本。除非是受虐狂，否则还需要使用集成开发环境(Integrated Development Environment，IDE)——在此强烈推荐你使用 Android Studio，这是谷歌官方支持的用于 Android 应用开发的 IDE，这个 IDE 包括集成的 JDK，并可管理 Android SDK 和相关工具的安装。

Android Studio、Android SDK 和 JDK 都可用于 Windows、macOS 和 Linux 系统，因此可以在你喜欢的任何操作系统上轻松地探索 Android。Android 应用本身在 ART 托管运行时内运行，针对资源受限的移动设备进行了优化，因此在任何特定的操作系统上进行开发都不会有额外的优势。

传统上，Android 代码是使用 Java 语言进行编写的——直到 2017 年，Android 应用开发都需要使用 Java。Android Studio 3.0 添加了 Kotlin 作为一种完全支持的开发语言，允许开发人员使用 Kotlin 去编写部分或所有 Android 应用。

Kotlin 是一种静态语言，可以与 Java 源文件和 Android 运行时实现完全的互操作。Kotlin 被认为富有表现力且语法简洁，并且还引入了多项改进，包括减少冗长的语句、空指针安全、扩展函数、中缀表达式。

注意：

在写作本书时，Java 仍然是新程序的默认语言，而且大多数现有的 Android 项目仍然主要是使用 Java 语言编写的。因此，我们将 Java 语法用于本书中的代码片段和示例项目。

鉴于 Kotlin 语言的优点，我们希望它能够迅速普及，并强烈建议可以熟悉一下使用 Kotlin 语言编写 Android 应用。关于在 Android 应用中使用 Kotlin 的更多细节，可以在 2.2.3 节“开始使用 Kotlin 编写 Android 应用”中了解到。

除了丰富的 Android 特有 API 套件，核心 Android 库还包括来自核心 Java API 的大部分特性。在构建应用时，可以使用 Java 或 Kotlin 语言访问所有这些核心库。

尽管可以单独下载并安装 Android SDK 和 JDK，但安装并使用 Android Studio 可以简化搭建开发环境的过程。Android Studio 已经包括一个集成的 OpenJDK，并使用集成的 Android SDK Manager 来管理 Android SDK 组件和工具的安装。

SDK Manager 用于下载 Android SDK 库和可选附件(包括谷歌 API 和支持库)，它还集成了用于编写和调试应用的平台和开发工具。例如，用于运行应用的 Android 模拟器以及用于分析 CPU、内存和网络使用情况的 Android 分析器。所有这些工具都被直接集成到 Android Studio 中，以便于开发人员使用。

到本章结束时，你将安装好 Android Studio、Android SDK 及其附件和开发工具。你将搭建好开发环境，使用 Java 或 Kotlin 构建你的第一个 Hello World 应用，并使用运行在 Android 虚拟设备(AVD)上的 DDMS 和模拟器来运行和调试它。

如果以前从事过移动设备的开发，那么应该知道，它们小巧的外观、有限的电池寿命、有限的处理器能力以及内存等因素会带来一些特有的设计挑战。如果你是一款游戏的开发新手，显然，一些用于桌面、Web 前端、服务器后端的理所当然的东西——比如一直连接网络或一直消耗电池——在为移动或嵌入式设备上编写应用时并不适用。

除硬件限制带来的挑战之外，用户环境也带来自身的一些挑战。许多 Android 手机都在移动中使用，往往这会分散注意力，而非集中注意力。所以，你的应用需要运行快速、响应迅速、易于学习。尽管你的应用是为更有利于沉浸式体检的设备(如平板电脑或电视)设计的，但相同的设计原则下对于提供高质量的用户体验也显得至关重要。

2.2 Android 开发

Android SDK 包含了编写一个引人注目且功能强大的手机应用所需的所有工具和 API。与任何新的开发工具包一样，Android 面临的最大挑战是学习这些 API 的功能和局限性。

从 Android Studio 3.0 开始，开发人员就可以使用 Java 或 Kotlin，或者混合使用这两种语言进行 Android 应用的开发。如果已经拥有 Java 或 Kotlin 语言的相关开发经验，那么会发现这些经验也可以直接用到 Android 开发中。如果没有 Java 语言方面的经验，但使用过其他面向对象语言(比如 C#)，那么你应该会发现，转向 Java 或 Kotlin 语言的语法其实并不困难。

Android 的强大之处在于它的 API，而不是它所使用的语言。因此，如果不熟悉 Java 或 Kotlin 语言的语法以及一些特定的 Java 类，并不会给你带来一些实质性阻碍。

下载或使用 SDK 无需任何费用，而且 Google 也不需要应用通过任何评审，就可以在 Google Play 商店发布。虽然在 Google Play 商店发布应用需要支付少量的一次性费用，但如果选择不通过 Google Play 商店发布应用，则可以免费发布。

2.2.1 准备工作

因为Android应用是在Android运行时(Android Run Time，ART)上运行的，所以可以在支持开发人员工具的任何平台上编写应用。在本书中，我们将使用Android Studio，它目前支持的操作系统有：

- Windows 7/8/10(32位或64位)。
- Mac OS X 10.8.5及以上版本。
- GNOME或KDE Linux桌面系统(包括GNU C Library 2.11或更高版本)。

在所有的平台上，Android Studio 都需要至少2GB的RAM(强烈推荐8GB)以及1280×800的最低屏幕分辨率。

> **注意：**
> Android开发需要安装Java JDK 8。从Android Studio 2.2开始，Android Studio就集成了OpenJDK的最新版本；如果不打算使用Android Studio，则需要下载并安装对应的兼容版JDK。

1. 使用Android Studio进行开发

本书中的所有示例及教程都针对使用Android Studio的开发人员。Android Studio是Android官方IDE(集成开发环境)，是基于IntelliJ IDEA构建的，而IntelliJ IDEA又是一个非常流行的Java开发IDE，它也同样支持使用Kotlin完成Android开发工作。

Android Studio是由谷歌的Android团队专门为了加速开发人员的开发工作并帮助他们构建高质量的应用而设计的。它支持所有形式的Android设备，包括手机、平板电脑、电视、手表以及汽车显示屏，并提供了为Android开发人员定制的工具，功能丰富，包括代码的编辑、调试、测试和分析，等等。

下面介绍Android Studio的一些特性：

- 具有代码补全、代码重构和代码分析等高级智能代码编辑功能。
- 强大的版本管控集成，包括时下流行的GitHub和Subversion。
- 强大的静态分析框架，包括280多个不同的Lint检查以及快速修复。
- 广泛的测试工具和框架，包括JUnit 4和功能性UI测试。可以在实体设备、模拟器、持续集成环境或Firebase测试实验室中完成测试工作。

除了这些IDE特性之外，使用Android Studio进行Android开发也为开发人员提供了一些绝对的优势——通过许多Android构建和调试工具的紧密集成，以确保对Android平台最新发行版本的支持。

Android Studio还包括如下一些功能：

- Android项目向导简化了新项目的创建过程，并包含几个应用和Activity模板。
- 编辑器可以帮助创建、编辑和验证XML资源。
- 自动构建Android项目，生成Android可执行文件(.dex)，并打包到包文件(.apk)，然后将包安装到Android运行时(在模拟器或物理设备上运行)。
- Android虚拟设备管理器允许你创建和管理虚拟设备，以托管运行特定版本的Android操作系统，并具有设置硬件参数及内存限制的模拟器。
- Android模拟器具有控制模拟器外观和网络连接设置的功能，以及模拟来电、短信及传感器数值的能力。
- Android分析器(Android Profiler)允许你监控CPU、内存和网络性能的使用情况。
- 访问设备或模拟器的文件系统使你可以导航文件夹树并传输文件。
- 运行时调试可以让你在运行应用时设置断点并查看调用栈。
- 所有的Android日志和控制台输出功能。

> **注意：**
> Android Studio 取代了Eclipse的Android开发工具(ADT)插件，该插件在2014年被启用，在2016年发布

了 Android Studio 2.2 之后被取消。虽然仍然可以使用 Eclipse 及其 IDE 进行 Android 应用开发，但我们还是强烈推荐使用 Android Studio。

2. 安装 Android Studio 和 Android SDK

可以从 developer.android.com/studio 的 Android Studio 主页下载对应操作系统的最新版本的 Android Studio。

注意：
除非另有说明，否则本书使用的 Android Studio 版本为 Android Studio 3.5。

当开始下载与操作系统对应的 Android Studio 时，不妨详细浏览一下如下安装说明：

- Windows——运行下载的可执行安装文件。下载下来的 Windows 安装包中已经包括了 OpenJDK 和 Android SDK。
- macOS——打开下载的 Android Studio 的 DMG 文件，然后将 Android Studio 拖放到 Applications 文件夹中。最后双击打开 Android Studio，安装向导将指导你完成其余的设置，包括下载 Android SDK。
- Linux——将下载的.zip 文件解压到应用所在的目录，例如私人用户的/usr/local/目录或共享用户的/opt/目录。然后打开终端，进入 android-studio/bin/目录，并执行 studio.sh。安装向导将指导你完成其余的设置，包括下载 Android SDK。

自从 Android Studio 2.2 以来，OpenJDK 就已经被集成到了 Android Studio 中，以确保不需要单独下载和安装 JDK。

安装向导执行完毕后，你就已经拥有了最新的 Android 平台 SDK；其中 SDK、平台、构建工具以及支持库都已经被下载并安装。

还可以使用 SDK Manager 下载较老的平台版本以及其他 SDK 组件。

注意：
作为一个开源平台，Android SDK 的源代码也可以从 source.android.com 下载并进行编译。

3. 使用 SDK Manager 安装其他 Android SDK 组件

SDK Manager(参见图 2-1)可以通过工具栏上的一个快捷键(Android SDK 的设置选项)打开，或者通过 Tools | Android | SDK Manager 菜单项逐步打开。它提供了 SDK Platforms、SDK Tools、SDK Update Sites 等选项卡。

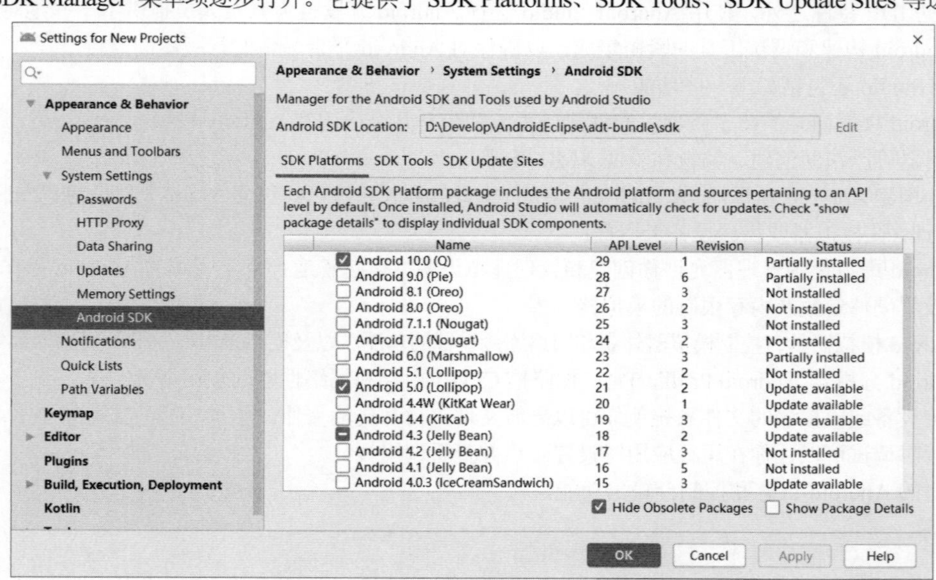

图 2-1

SDK Platforms 选项卡显示下载了哪些平台 SDK。默认情况下，这将包括最新的 Android 平台 SDK——在本例中是 Android 10.0 Q(API 级别 29)。

SDK Tools 选项卡显示已安装的工具和支持库，包括 SDK、平台、构建工具以及使用 Android Support Library 所需的支持存储库(本章稍后将介绍)。

通过选中 Show Package Details 复选框，可以找到每个平台已经安装的版本及其详细信息。同样，选中 Hide Obsolete Packages 复选框，可以隐藏已经废弃的平台版本。

4. 下载和安装 Android Studio、Android SDK 及工具的更新

Android Studio 经常接受更新，以提高稳定性以及增添新功能。当有新版本的 Android Studio 可供下载时，系统会弹出警告提示，如图 2-2 所示。

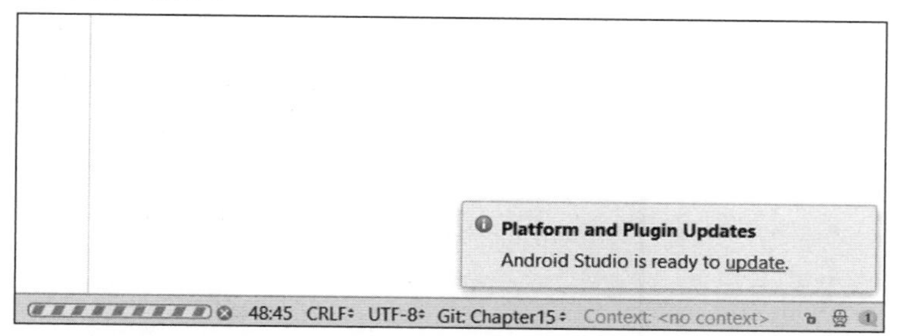

图 2-2

当 Android SDK、开发工具、支持库、Kotlin 和其他 SDK 包有新版本可用时，同样会收到提示。

也可以通过打开 Settings 对话框，然后导航到 Settings|Updates 并单击 Check Now 按钮(如图 2-3 所示)，或者选择 Help|Check For Updates 菜单项来强制检查新版 Android Studio。

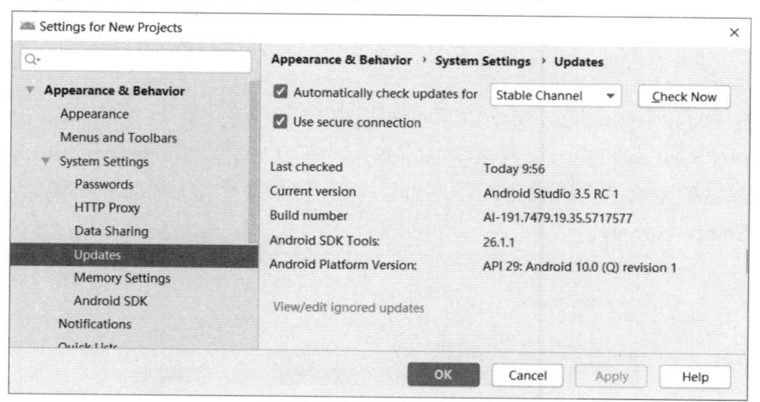

图 2-3

注意：

除了可以从 Android Developer 网站获取正式的“稳定”版本之外，Android Studio 团队还为喜欢“尝鲜”的开发人员提供了下一个版本的预览版本。如果你也喜欢“尝鲜”并且不怕由此带来的潜在隐患，那么可以在图 2-3 所示的 Updates 界面中，从 Stable Channel 下拉菜单中选择 Canary 或 Beta 来更改订阅安装 Android Studio 的渠道。

Canary 表示前沿测试版，大约每周发布一次更新。这是为了在开发过程中获得真实反馈而发布的早期预览版本。

Beta 是基于稳定的 Canary 构建的预发布版，在稳定的正式版发布之前发布并更新以获得反馈。

可以通过网站 developer.android.com/studio/preview 了解更多关于每个发布渠道的信息，包括如何安装以及如何并行安装多个不同 Android Studio 版本的详细介绍。

2.2.2 创建首个 Android 应用

安装了 Android Studio 并下载了 SDK 后，就可以开始 Android 应用开发了。你将首先创建一个新的 Android 项目，然后配置 Android 模拟器，最后设置 Android Studio 的 run 和 debug 配置。下面我们来详细讲解。

1. 创建一个全新的 Android 项目

可以通过 Android Studio 的新项目向导创建一个全新的 Android 项目，操作步骤如下：

(1) 第一次启动 Android Studio 时，你会看到如图 2-4 所示的欢迎界面。之后也可以通过如下两种方式再次回到这个界面或开启一个全新的项目。第一种方式是：选择 File | Close Project 选项，关闭所有打开的项目，然后可以再次回到这个界面，选择 Start a new Android Studio project 选项，重新开始一个新的项目。第二种方式是：可以通过选择 File | New | New Project 菜单项来开启一个全新的 Android 项目。

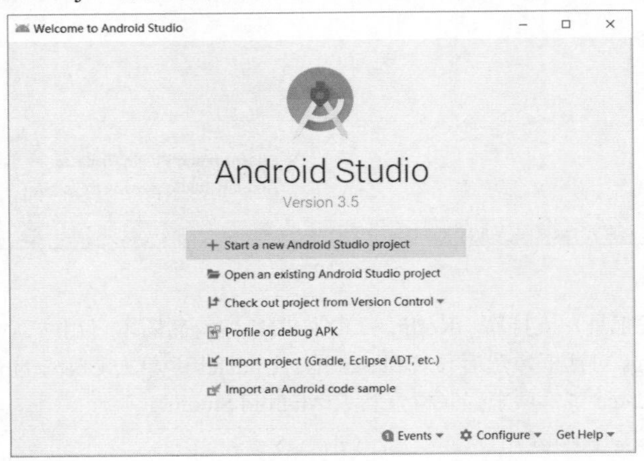

图 2-4

(2) 在出现的新项目向导中(如图 2-5 所示)，我们可以选择为哪类设备开发 Android 应用，向导中为我们提供的选项有手机和平板(Phone and Tablet)、手表(Wear OS)、电视(TV)、汽车平板(Android Auto)、物联网(Android Things)。这里，选择默认的手机和平板设备即可。另外，还需要为应用的 MainActivity 界面选择一个模板。我们使用默认模板——Empty Activity。

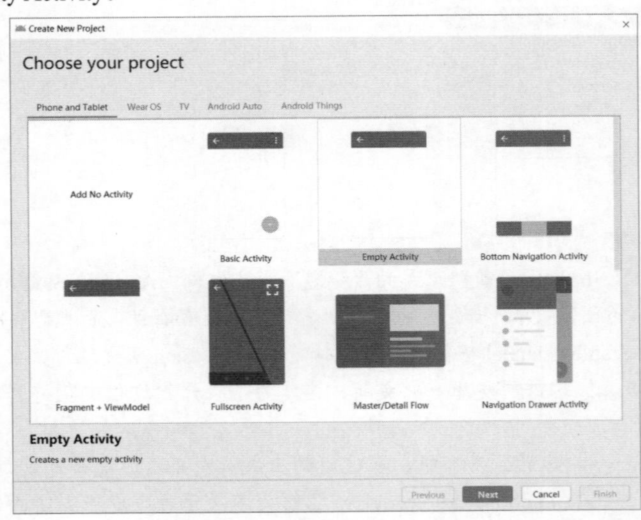

图 2-5

(3) 在下一个项目向导界面中(如图 2-6 所示)，需要输入项目的详细信息。需要输入的第一项是应用名称。接下来输入包名，包名通常由倒序的公司域名(如 com.google)加英文句点，再加应用名称组成，以此保证唯一性。

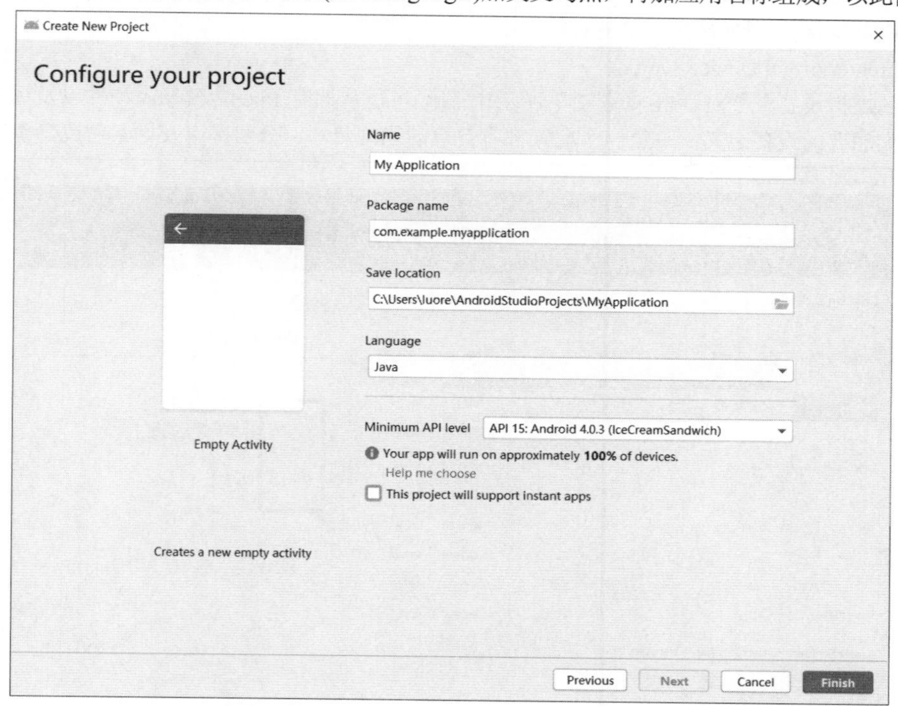

图 2-6

接下来选择用于保存项目的目录位置。

可以选择开发 Android 应用时使用的语言，目前 Android 官方的默认语言是 Kotlin，由于本书中提供的所有源码是用 Java 语言编写的，这里可以手动修改开发语言为 Java。

还可以选择希望允许应用运行的最小 Android 平台版本。刚开始，我们选择使用默认的最小 SDK 版本。

另外，还可以通过选中 This project will support instant apps 复选框为项目启用 Instant app 支持。

注意：

选择的最小 SDK 版本代表了你愿意支持的向后兼容的级别。SDK 版本越低，运行应用的设备越多，但这也会为支持新平台特性增加难度。

在撰写本书时，超过 90%的 Android 设备都运行着 Android 4.4 KitKat(API 级别 19)以上的 SDK 版本，而目前最新的版本是 Android 8.1(API 级别 27)

(4) 填完这些详情之后，单击 Finish 按钮。

Android Studio 现在将创建一个新的项目，其中包含一个继承了 AppCompatActivity 的类。默认的空模板并不完全为空，而是实现了一个简单的 Hello World 界面。

在修改项目之前，利用这个机会首先创建一个 Android 虚拟机，使项目可以在设备上进行调试，然后运行新的 Hello World 项目。

2. 创建 Android 虚拟机

Android 虚拟机用于模拟物理 Android 设备的硬件和软件配置。Android 模拟器在 Android 虚拟机中运行，允许你在各种不同的硬件和软件平台上测试应用。

Android Studio 或 Android SDK 下载中不包含预构建的 Android 虚拟机，因此，如果没有物理设备，那么在运行和调试应用之前，至少需要创建一个 Android 虚拟机，创建步骤如下：

(1) 依次选择 Tools | Android | AVD Manager，启动 Android 虚拟机管理器(也可以直接在 Android Studio 的工具栏上找到 AVD Manager 图标，然后单击启动它)。

(2) 单击 Create Virtual Device 按钮。

根据出现的虚拟设备配置对话框(如图 2-7 所示)，我们可以从拥有 Pixel、Nexus 硬件以及标准设备的配置列表中选择我们想要的设备定义——每一个配置都有自己的物理尺寸、分辨率以及像素密度等参数。

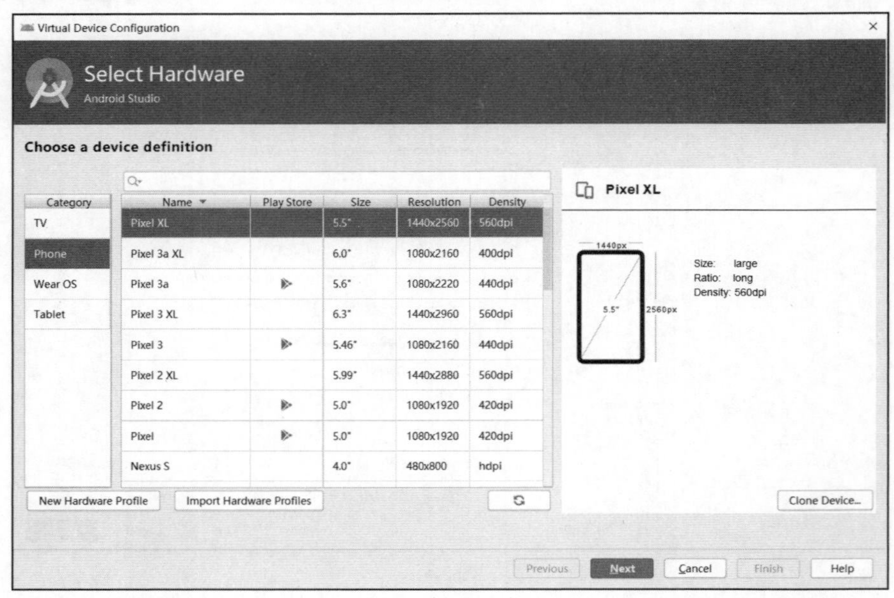

图 2-7

(3) 接下来需要选择与特定 Android 平台版本对应的设备系统镜像，如图 2-8 所示。如果还没有操作过，那么需要先下载所需要的系统镜像，然后才能使用。

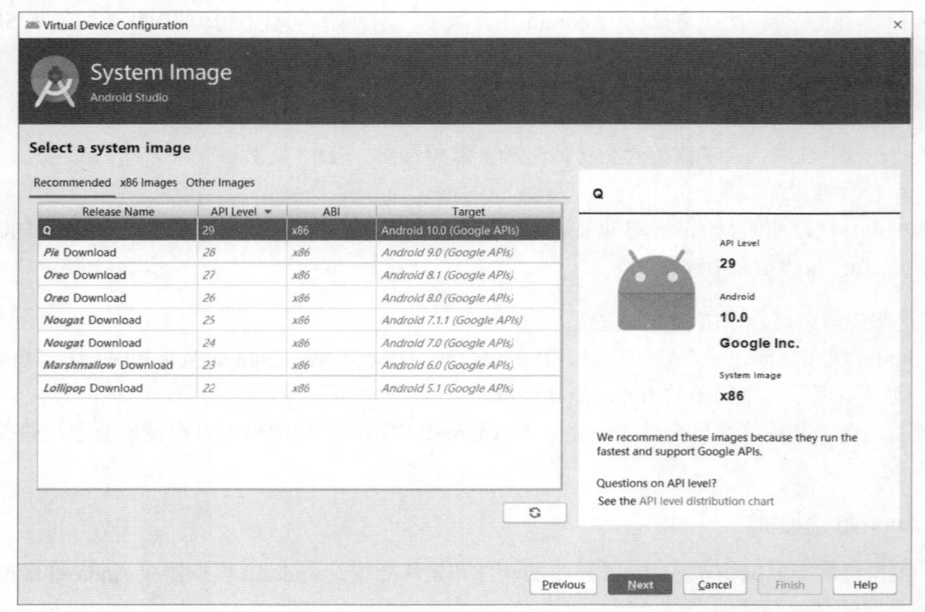

图 2-8

在选择的过程中，需要注意的是，对于每一个平台版本，都可以为不同的 ABI(应用二进制接口)选择系统镜像——通常是 x86 或 ARM 架构。使用与主机架构相同的系统镜像可以最大化模拟器的性能。

另外，还可以决定是否需要包含谷歌 API 的系统镜像。如果应用包含 Google Play Service 特性(如地图和基于位置的服务)，这些都是必要的，正如后面第 15 章所述。

(4) 为模拟器指定描述性的设备名称，然后单击 Finish 按钮即可创建一个新的 Android 虚拟机，如图 2-11 所示。通过单击 Show Advanced Settings，可以显示其他选项，在新出现的选项中，可以选择要将网络摄像头分配给前置还是后置摄像头，还可以调整模拟网络的速度和延迟，以及自定义模拟内核的数量、系统内存和存储空间的大小。

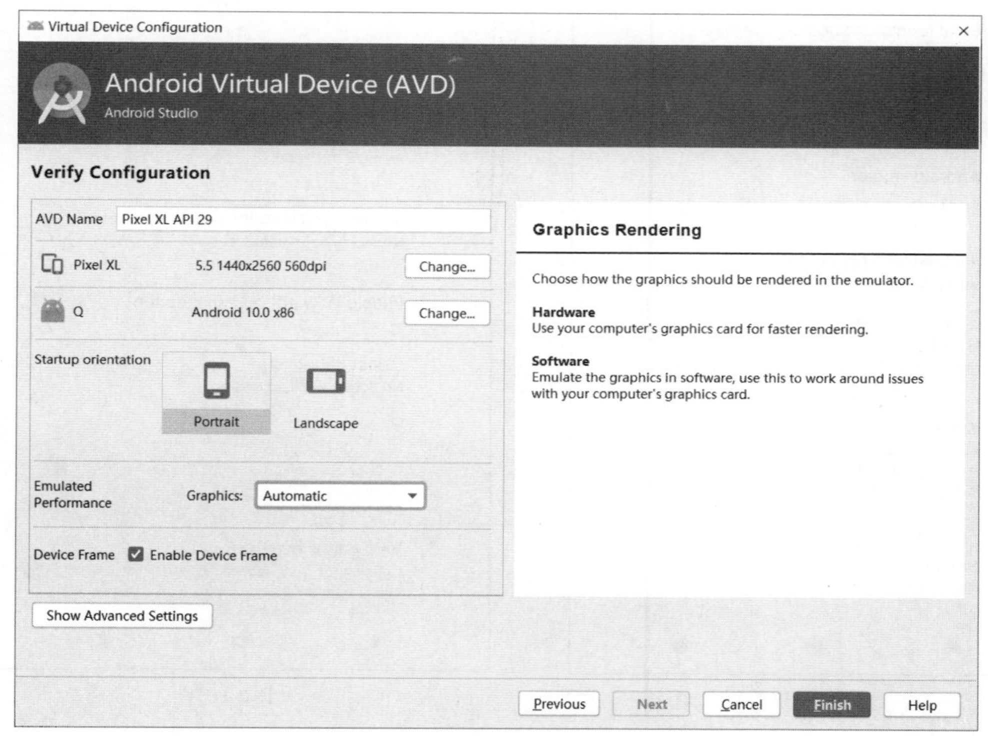

图 2-9

(5) 启动一个新的 Android 虚拟机可能需要一些时间，所以现在就可以通过单击最右边列中的绿色箭头来启动它了。这可以确保当你准备在模拟器上运行应用时，模拟器已经准备就绪。

3. 为测试与调试配置物理设备

当然，其实没有什么比让软件直接在真正的硬件设备上运行更简单的了。所以，如果你有一台 Android 设备，那就直接在上面运行和调试应用吧！这里依然要完成一些简单的步骤：

(1) 首先需要在手机上启动开发人员模式。打开手机的 Settings 界面，找到并依次单击 System | About phone，然后滚动列表，直到看到 Build number 为止(如图 2-10 所示)。

(2) 单击 Build number 7 次(不同手机厂商的不同型号的手机可能需要单击的次数不一致)，直到看到消息“你现在处于开发人员模式”为止。

(3) 现在返回上一级菜单，你将会发现一个新的设置类别，名为 Developer options。选择它，然后滚动，直到你能看到 USB debugging 选项，如图 2-11 所示。

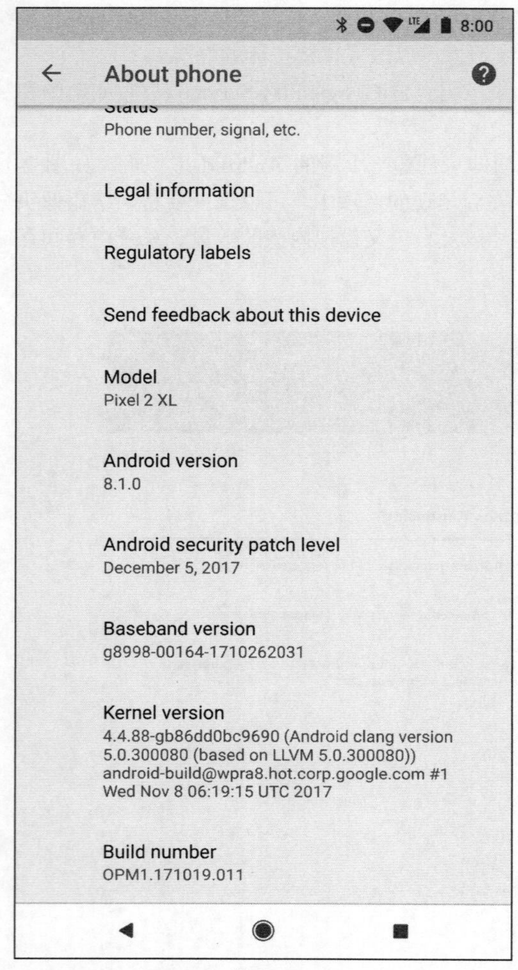

图 2-10

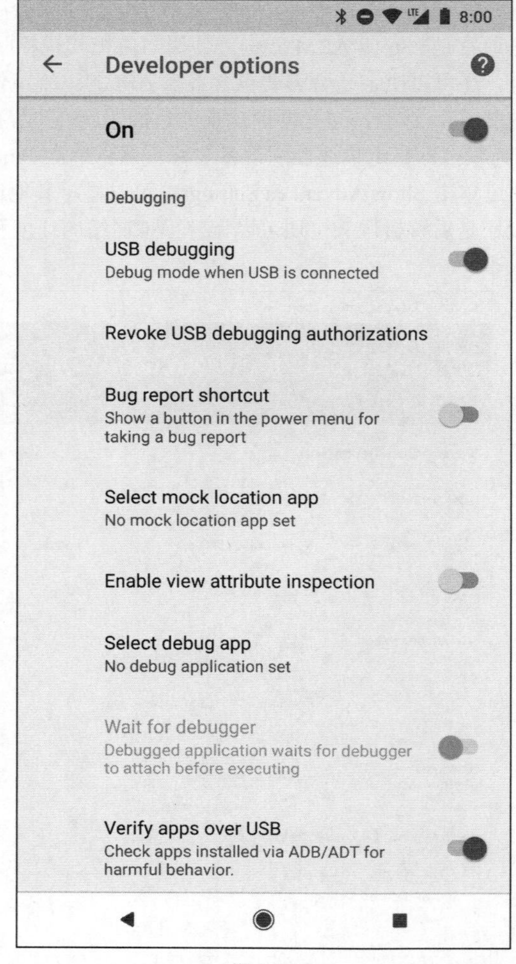

图 2-11

(4) 启用 USB debugging 选项。

(5) 现在使用 USB 数据线将手机连接到开发用的计算机。你的手机将弹出如图 2-12 所示的对话框，询问你是否希望在连接到当前计算机时允许 USB 调试。单击 OK 按钮。

(6) 连接成功后，在 Android Studio 上启动应用时，即可在手机上运行和调试应用了。

4. 运行并调试应用

你已经创建了自己的第一个项目并且创建了一个 Android 虚拟机(或者已经成功连接了物理设备)来运行它。在开始进行任何更改之前，让我们先尝试运行和调试一下 Hello World 项目。

在 Run 菜单中，选择 Run app(或 Debug app)。默认的设备就是上面已经创建的虚拟设备。如果还有其他设备可供选择，也可以打开工具栏中 Run app 按钮左边的下拉框(如图 2-13 所示)，在这个下拉框中会出现可供选择的所有目标设备(已连接的硬件设备、正在运行的 AVD、已定义但尚未运行的 AVD)。如果没有设备可选择，那么可以单击 Open AVD Manager，然后创建一个 AVD。当然，还可以单击 Run on multiple devices 条目，从弹出的对话框(参见图 2-14)中一次性选择多个设备以同时运行应用。

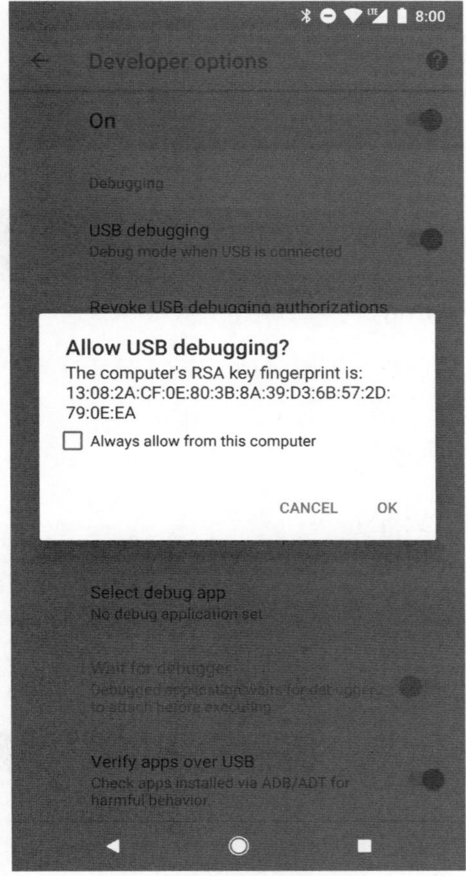

图 2-12

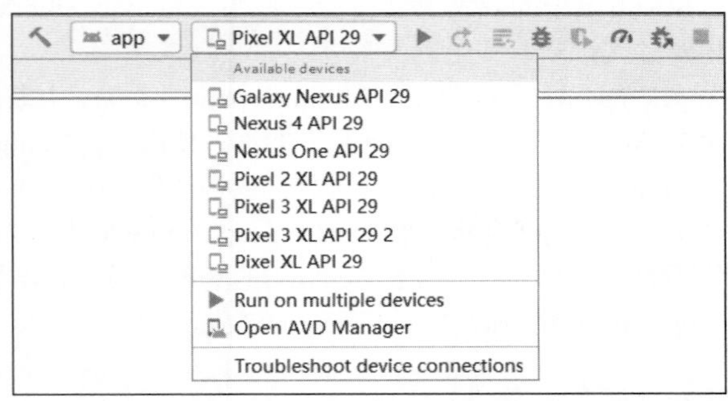

图 2-13

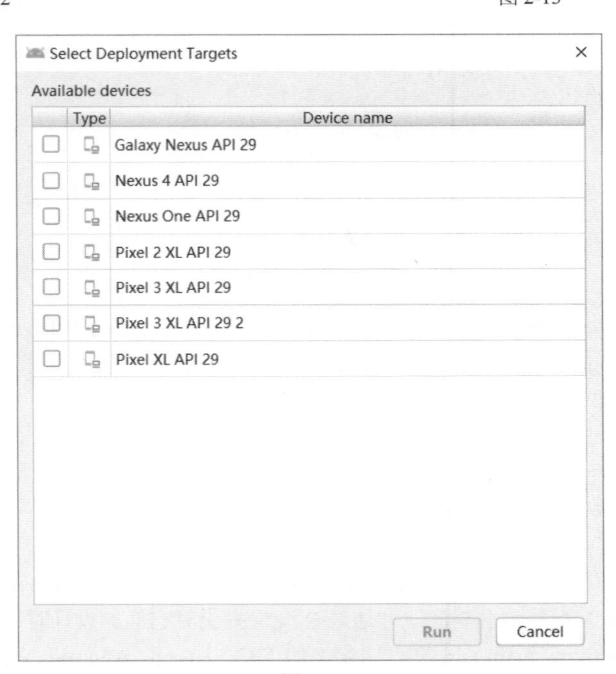

图 2-14

选择一台设备运行后，Android Studio 在后台会执行如下操作：

- 将当前项目的源代码编译为字节码，并将其转换为 Android 可执行文件(.dex)。
- 将可执行文件和项目资源文件以及配置清单一并打包到 Android 包中(.apk)。
- 启动虚拟设备(假设之前指定的目标设备是一台虚拟机，但它又没有在运行)。
- 将 APK 部署到目标设备并安装。
- 在目标设备上启动应用。

如果正在调试，那么调试器就会附在 Android Studio 的界面上，可以通过它设置断点并调试代码。

如果一切正常，将在手机或模拟器上看到正在运行的新的 Activity，如图 2-15 所示。

图 2-15

5. 理解 Hello World

我们后退一步，从 MainActivity.java 文件开始阅读第一个 Android 应用的源代码。

在 Android 中，Activity 是应用中可视化交互屏幕的基类，它大致相当于传统桌面开发中的表单(在第 3 章“应用、Activity 和 Fragment”中有详细描述)。

AppCompatActivity 类是 Android Support Library 中提供的 Activity 类的一个变体，它提供了良好的向后兼容性。使用 AppCompatActivity 类而不是 Activity 类才是最好的选择，我们也将在本书中一直这样做。注意，按照惯例，我们仍然会将扩展 AppCompatActivity 的类称为 Activity。

代码清单 2-1 展示了一个 Activity 的基本代码；需要留意的是，它扩展了 AppCompatActivity 类并重写了 onCreate 方法。

代码清单 2-1：Hello World

```
package com.professionalandroid.apps.helloworld;

import android.support.v7.app.AppCompatActivity;
import android.os.Bundle;

public class MainActivity extends AppCompatActivity {

  @Override
  protected void onCreate(Bundle savedInstanceState) {
    super.onCreate(savedInstanceState);
    setContentView(R.layout.activity_main);
  }
}
```

Activity 中的可视组件称为视图(View)，类似于传统桌面和 Web 开发中的控件或小部件。向导创建的 Hello World 模板重写了调用 setContentView 方法的 onCreate 方法，onCreate 方法通过膨胀布局资源来布局 UI，如下面的代码片段中以粗体突出显示的部分所示：

```
@Override
protected void onCreate(Bundle savedInstanceState) {
  super.onCreate(savedInstanceState);
  setContentView(R.layout.activity_main);
}
```

Android 项目的资源文件都存储在项目层次结构的 res 文件夹中，其中包括 layout、values、drawable 和 mipmap 等子文件夹。Android Studio 会解释这些资源，并通过 R 变量提供对它们的设计时访问，如第 4 章所述。

代码清单 2-2 显示了 activity_main.xml 文件中定义的 UI 布局，由 Android 项目模板创建，存储在项目的 res/layout 文件夹中。

代码清单 2-2：Hello World 布局资源

```
<?xml version="1.0" encoding="utf-8"?>
<android.support.constraint.ConstraintLayout
  xmlns:android="http://schemas.android.com/apk/res/android"
  xmlns:app="http://schemas.android.com/apk/res-auto"
  xmlns:tools="http://schemas.android.com/tools"
  android:layout_width="match_parent"
  android:layout_height="match_parent"
  tools:context="com.professionalandroid.apps.myapplication.MainActivity">
  <TextView
    android:layout_width="wrap_content"
    android:layout_height="wrap_content"
    android:text="Hello World!"
    app:layout_constraintBottom_toBottomOf="parent"
    app:layout_constraintLeft_toLeftOf="parent"
    app:layout_constraintRight_toRightOf="parent"
    app:layout_constraintTop_toTopOf="parent"/>
</android.support.constraint.ConstraintLayout>
```

注意：

由 Android 项目向导创建出来的初始化布局可能会随着 Android 的更新迭代而变化，因此尽管最终运行的 UI 界面都差不多，但你的 XML 布局文件可能和这里的布局文件会有所不同。

用 XML 定义 UI 布局，然后在代码中使其膨胀是实现用户界面(UI)的首选方案，因为可以巧妙地将应用的逻辑与 UI 进行解耦。

如果需要访问代码中的 UI 元素，那么可以在 XML 定义中为它们添加标识符属性，如下面代码中的加粗部分所示：

```
<TextView
  android:id="@+id/myTextView"
  android:layout_width="wrap_content"
  android:layout_height="wrap_content"
  android:text="Hello World!"
  app:layout_constraintBottom_toBottomOf="parent"
  app:layout_constraintLeft_toLeftOf="parent"
  app:layout_constraintRight_toRightOf="parent"
  app:layout_constraintTop_toTopOf="parent"/>
```

接下来，可以使用 findViewById 方法在运行时返回对每一个指定元素的引用：

```
TextView myTextView = findViewById(R.id.myTextView);
```

或者(尽管通常认为这不是好的实践)，也可以直接在代码中创建布局，如代码清单 2-3 所示。

代码清单 2-3：在代码中创建布局

```
public void onCreate(Bundle savedInstanceState) {
  super.onCreate(savedInstanceState);

  RelativeLayout.LayoutParams lp;
  lp =
    new RelativeLayout.LayoutParams(LinearLayout.LayoutParams.MATCH_PARENT,
                                    LinearLayout.LayoutParams.MATCH_PARENT);

  RelativeLayout.LayoutParams textViewLP;
  textViewLP = new RelativeLayout.LayoutParams(
    RelativeLayout.LayoutParams.WRAP_CONTENT,
    RelativeLayout.LayoutParams.WRAP_CONTENT);

  Resources res = getResources();
  int hpad = res.getDimensionPixelSize(R.dimen.activity_horizontal_margin);
  int vpad = res.getDimensionPixelSize(R.dimen.activity_vertical_margin);

  RelativeLayout rl = new RelativeLayout(this);
  rl.setPadding(hpad, vpad, hpad, vpad);

  TextView myTextView = new TextView(this);
  myTextView.setText("Hello World!");
```

```
    rl.addView(myTextView, textViewLP);

    addContentView(rl, lp);
}
```

需要注意的是，所有可以使用代码设置的属性都可以在 XML 布局中设置。

更普遍一些，保持 UI 设计与应用逻辑代码的解耦有助于代码更简洁。Android 可以在数百种不同屏幕大小的设备上使用，通过 XML 资源文件进行 UI 布局更容易针对不同屏幕进行多布局的优化。

在后面的第 5 章“构建用户界面”中，你将学习如何通过创建布局和构建自己的自定义视图控件来构建用户界面。

6. 打开 Android 示例项目

Android 包含了许多文档丰富的示例项目，这些示例项目是专为 Android 编写的优秀且完整可用的应用示例源码。完成开发环境的设置之后，有必要为你详细介绍其中的一些内容。

Android 示例项目的代码都已经开源在了 GitHub 上，Android Studio 也提供了一种便捷的克隆方式来获取这些代码：

(1) 进入 Android Studio 之后，可通过依次选择 File | New | Import Sample 来打开导入项目的向导，如图 2-16 所示。如果还没有打开过任何项目，也可以选择从欢迎界面进入 Android Studio 向导，然后选择 Import an Android code sample。

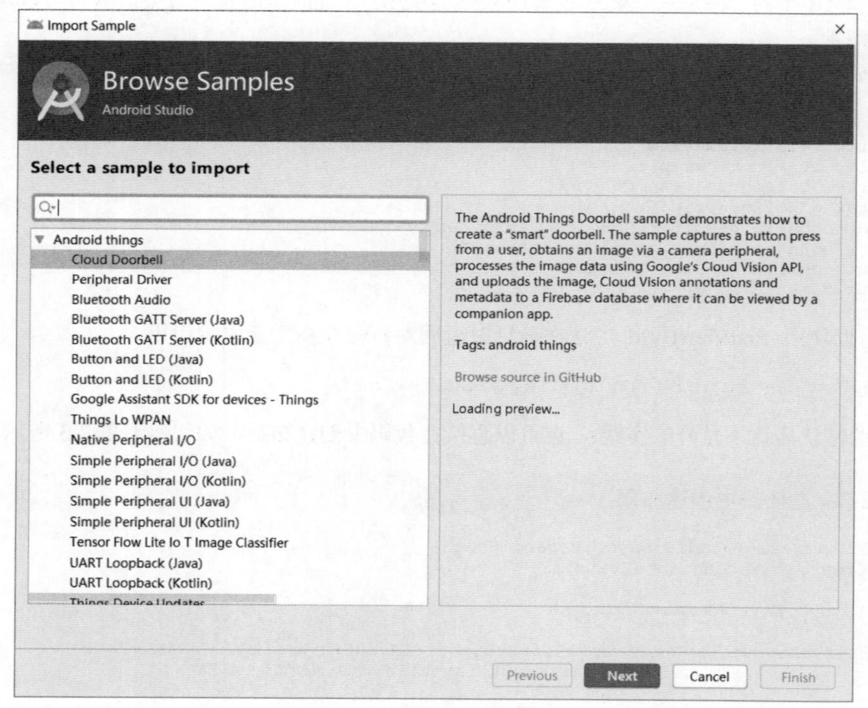

图 2-16

(2) 选择想要导入的示例，然后单击 Next 按钮。

(3) 指定主机上的应用名称和位置，然后单击 Finish 按钮，下载并打开示例。

之后，选择的示例项目就会从 GitHub 上被克隆下来，并作为新的 Android Studio 项目打开。

注意：

要查看可导入 Android Studio 的所有 Android 代码示例，请参见 GitHub 上的谷歌示例页面(github.com/googlesamples/)。

2.2.3　开始使用 Kotlin 编写 Android 应用

直到 2017 年，Android 应用还需要使用 Java 进行开发，而在 Android Studio 3.0 上，谷歌就添加 Kotlin 作为完全支持的开发语言进行了代替。

Kotlin 是一门静态语言，并且与 Android 目前使用的 Java 语言语法及运行时具有完美的互操作性。Kotlin 被认为富有表现力且语法简洁，引入了一些改进，包括减少语言冗长、空指针安全、扩展函数和中缀表达式。

从 Android Studio 3.0 开始，Kotlin 就已经被定为官方支持的 Android 开发语言。然而，直到撰写本书时，仍然是创建新项目的默认语言——并且大多数已经存在的 Android 项目仍然以 Java 语言及其语法为主。其实，将 Java 语言转换成 Kotlin 语言也是比较容易的，只需要将 Java 代码复制并粘贴到 Kotlin 源文件中，Android Studio 就会提示自动转换。所以最后，我们决定仍使用 Java 语法来编写本书中的代码片段以及示例项目。

另外，考虑到 Kotlin 在改进开发时间和代码可读性方面的优势，我们强烈建议你熟悉一下如何使用 Kotlin 语法进行 Android 应用开发。为了提供更多的帮助，我们为本书中的每个代码片段和示例项目提供了适用于 Kotlin 的版本，可以从 Wrox 站点和 Java 版本一同下载下来。

Android 项目可以使用 Kotlin 从头开始编写，可以包含可互操作的 Kotlin 和 Java 源文件，也可以在开发期间将 Java 源文件转换为 Kotlin 文件。

通过前面的介绍可知，从 Android Studio 3.5 开始，已经默认使用 Kotlin 语言。所以，如果要开始一个新的 Kotlin 项目，请依次选择 File | New | New Project 菜单项，这和之前开启 Java 语言的新项目时描述的一样，但是在向导的第二个界面上(如图 2-17 所示)。需要在 Language 处选择 Kotlin。

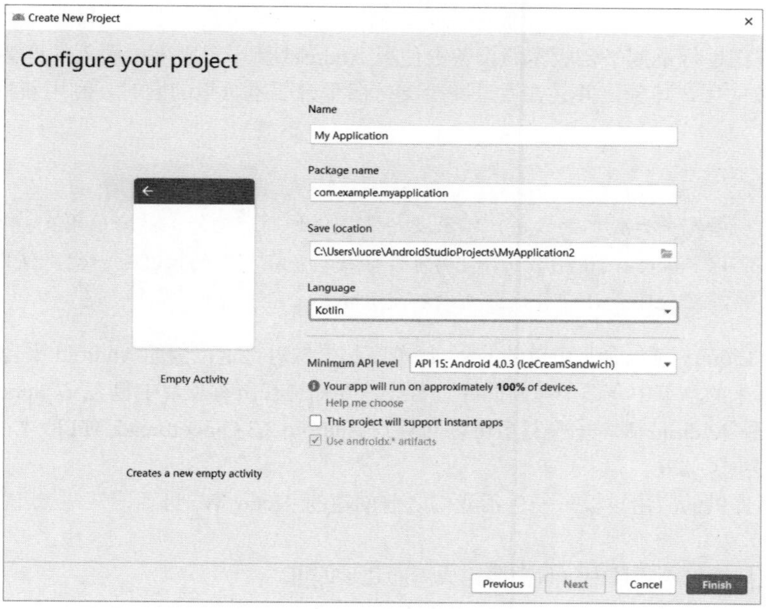

图 2-17

最后单击 Finish 按钮。完成后，查看 MainActivity.kt 文件中的 Activity 的源代码。此时，Kotlin 源文件和 Java 源文件可以一起存储在 Java 文件夹及其子文件夹中，并且可以使 Android project view 在 Java 文件夹中找到这些源文件：

```
import android.support.v7.app.AppCompatActivity
import android.os.Bundle

class MainActivity : AppCompatActivity() {

  override fun onCreate(savedInstanceState: Bundle?) {
    super.onCreate(savedInstanceState)
```

```
    setContentView(R.layout.activity_main)
  }
}
```

注意，仔细观察后，你会发现虽然代码更简洁了，但此时的语法变化非常小。package 和 import 语句是相同的，MainActivity 类仍然扩展了 AppCompatActivity 类，并且 onCreate 方法的重写也是相同的。

要将一个新的 Kotlin 文件添加到项目中，可以选择 File | New 菜单，在出现的选项中添加新的 Android 组件时，从 Source Language 下拉列表中选择 Kotlin。也可以通过一次性选择 FIle | New | Kotlin File/Class 菜单项来创建基础的 Kotlin 文件。

因为 Kotlin 和 Java 可以在同一个项目中共存，所以可以随意将 Kotlin 源文件添加到使用 Java 作为默认语言的 Android 项目中，同样也可以将 Java 源文件添加到使用 Kotlin 作为默认语言的 Android 项目中。

当然，还可以将现有的 Java 源文件转换为 Kotlin 文件。可以打开已经存在的 Java 源文件并且依次选择 Code | Convert Java File to kotlin File 菜单项，或者创建一个新的 Kotlin 文件，然后将 Java 源代码粘贴进去，系统会自动将 Java 代码转换为 Kotlin 代码。

需要注意的是，这些自动转换可能并不总是使用惯用的 Kotlin，因此生成的代码可能不会使用 Kotlin 的最佳语言特性。

2.2.4 使用 Android Support Library 包

Android Support Library 包(也称为兼容库或 AppCompat)是一个支持库，可以作为项目的一部分包含在内，以获得未作为框架一部分打包的便利 API(例如 View Pager)，或者获取一些无法在所有的平台版本上使用的 API(如 Fragment)。

这个支持库允许在运行早期平台版本的设备上使用 Android 新平台版本中引入的框架 API 特性，这有助于你为用户提供一致的用户体验，并且在通过减少支持旧平台版本负担的同时，利用新特性极大地简化开发流程。

注意：

如果希望支持运行早期平台版本的设备，以及支持库提供的所有功能，最好使用支持库而不是框架 API。因此，本书中的示例将以 Android 10(API 版本 29)为目标版本，在可用的情况下，优先使用支持库 API 而不是框架，同时会突显支持库可能不是合适替代方案的特定领域。

Android Support Library 包包含几个单独的库，每个库都提供对特定范围的 Android 平台版本和特性的支持。

我们将会在接下来的章节中介绍一些新的库。首先，要知道在所有项目中包含 v7 appcompact 库是一个好习惯，因为它支持各种 Android 版本——甚至可以回溯到 Android 2.3 Gingerbread(API 版本 9)——并且为许多推荐的用户界面模式提供了 API。

Android Studio 提供的应用模板——包括我们之前创建的 Hello World 示例——默认情况下都包含对 v7 appcompat 库的依赖。

要将 Android 支持库引入项目中，只需要完成下面几步即可。

(1) 使用 SDK Manager 确保已经下载了 Android Support Repository。

(2) 通过在 Gradle 中添加依赖来构建所需的库，方法如下：

a. 打开应用的 build.gradle 文件，然后将你希望引入的库名加版本号的引用添加到相应位置：

```
dependencies {
  [... Existing dependencies ...]
  implementation 'com.android.support:appcompat-v7:27.1.1'
}
```

b. 也可以使用 Android Studio 的 Project Structure(项目结构)界面，如图 2-18 所示。依次选择 File | Project Structure 菜单项，然后从左边的 Modules 列表中选择 app，接着选择 Dependencies 选项卡。通过选择最右侧工具栏上的绿色加号找到所需的库并添加到 Dependencies 选项卡的列表框中。

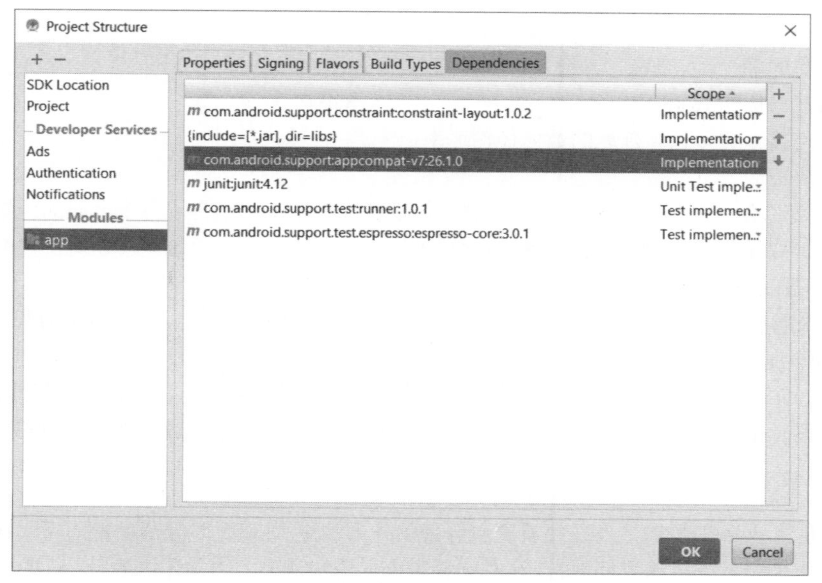

图 2-18

注意，我们正在向支持库的特定版本添加依赖项。根据设计，Android Support Library 包将会比 Android SDK 更新得更加频繁。可通过下载支持库的新版本，并更新依赖库来引用最新版本。在更新完支持库以后，就可以将支持库最新的 bug 修复和改进继续合并到应用中了。

注意：

支持库的类名映射了它们的框架对应的类名。在大多数情况下，支持库的类名都会被附加 Compat 后缀(如 NotifcationCompat)，但一些早期的支持库类则使用与框架类相同的名字。因此，在使用 Android Studio(或其他 IDE)中的代码补全或自动导入功能时，可能会导入错误的库，尤其是在针对较新的 SDK 版本进行构建时。

最好的使用方式是，将项目的构建目标设置为计划支持的最小平台版本，并确保导入语句时，对目标框架中也存在的类使用兼容库。

2.3 进行移动和嵌入式设备开发

Android在简化移动或嵌入式设备软件开发方面做了很多工作，但是要构建高质量的应用，就需要理解这些工作背后的原因。在为移动和嵌入式设备编写软件时，特别是在为 Android 开发软件时，需要考虑一些因素。

注意：

在本章中，你将学习一些编写高效 Android 代码的技术和最佳实践。在后面的章节中，当引入新的 Android 概念或功能时，这些最佳实践有时会为了清晰和简洁而妥协。根据“随我所言，而非我行”的优良传统，一些例子将展示最简单(或最容易理解)的实现方式，而不一定是生产中最佳的实现方式。

2.3.1 硬件设计考虑因素

小型便携式移动设备为软件开发提供了令人兴奋的机会。但是它们有限的屏幕大小、减少的内存、存储空间及处理器能力并不那么令人兴奋，反而带来了一些独特的挑战。

下面介绍与台式机或笔记本电脑相比，移动设备的特点。

- 较低的处理能力
- 有限的 RAM 内存

- 有限的硬盘存储空间
- 相对较小的屏幕
- 高成本的数据传输
- 不稳定的连接、缓慢且高延迟的数据传输速率
- 有限的电池寿命

每一代新设备都在这些限制的基础上有所改进，但设备生态系统也迎合了各个区间的价格——这导致硬件功能的巨大变化。新兴市场中智能手机使用量的大幅增长放大了这一点，而这些市场对价格的高敏感度，又反过来导致大量新设备的硬件规格更低。

Android 向越来越多样化的外形设备进行扩展，其中包括平板电脑、电视、车载显示器和可穿戴设备，这进一步扩展了应用可能运行的设备范围。

在某些情况下，你可能会发现应用在硬件上的运行表现要比预期的更加出色。但是，在设计时考虑最坏的情况，以确保无论用户的硬件平台是什么，都能够为所有用户提供良好的用户体验，这是非常好的实战经验。

1. 性能问题

嵌入式设备(尤其是手机)的制造商往往看重更纤薄的外形和更大(和更高分辨率)的屏幕，而不是处理器速度的显著提高。对于作为开发人员的我们而言，这意味着失去了传统意义上的领先优势，这都要归功于摩尔定律(集成电路上的晶体管数量每两年翻一番)。在台式机和服务器硬件中，摩尔定律导致的直接结果是处理器性能的提高；而对于移动设备，这则意味着更薄的设备外形，更明亮、更高分辨率的屏幕。相比之下，处理器性能的改进就显得次要了许多。

在实战中，这意味着需要经常优化代码，使它们能够快速地响应并运行，要知道，在软件的生命周期中假设硬件的提升，不太可能对你有所帮助。

代码效率是软件工程中的一个大主题，所以我们不打算在这里详细介绍它。在本章后面，你将学习一些特定于 Android 的效率技巧，但是现在请注意，对于资源受限的平台，效率是特别重要的。

2. 预计有限的存储容量

闪存和固态硬盘的进步已经导致移动设备存储容量的急剧增加。尽管拥有 64GB、128GB、甚至 256GB 存储空间的设备已经屡见不鲜，但是许多流行的低端设备的可用空间仍然很小。考虑到移动设备上的大部分可用存储空间可能都会用于存储照片、音乐和电影，用户很可能卸载那些占用了与其感知价值不成比例的存储空间的应用。

因此，考虑应用的安装大小就显得格外重要，但更重要的是，确保应用在使用系统资源时是有节制的——因此还必须仔细考虑如何存储应用数据。

为了简化工作，可以使用 Android 数据库来持久化、复用和共享大量数据，如第 9 章“创建和使用数据库”所述。对于文件、偏好设置和状态信息，Android 提供了优化的框架，如第 8 章“文件、存储状态和用户偏好”所述。

有节制的部分表现是需要自己清理资源。缓存、预加载和延迟加载等技术对于限制重复的网络查找和改进应用的响应速度非常有用，但是在不再需要文件系统或数据库记录时，就不要再将文件留在文件系统中。

3. 设计不同外形的屏幕界面

手机体积小、携带方便，但这对创建良好的界面却是一个挑战，尤其是当用户渴望拥有越来越出众且信息丰富的图形用户体验时。

在编写应用的时候必须明白用户通常只会瞥一眼屏幕。通过减少控件的数量以及将最重要的信息放到前面和中间的位置，可以使应用更加直观且易用。

而图形控件，比如你将在第 5 章中创建的控件，就是一种通过易于理解的方式显示大量信息的优秀方法。所以我们在开发过程中，要尽量使用颜色、形状和图来传递信息，而不是使用带有许多按钮和文本输入框的文本界面来展示信息。

你还需要考虑触摸输入会对界面设计产生怎样的影响，以及如何支持诸如电视等可访问且非触摸屏的设备。

Android 设备现在已经有了更多样化的屏幕尺寸、分辨率以及不同的输入机制。Android 7.0 已经支持多窗口，也就是在单一设备上运行时，应用的屏幕大小甚至是可以变化的。

为了确保应用可以在尽可能多的设备上有优秀的表现，需要构建响应式设计，并在各种屏幕上进行软件测试，为小屏幕设备及平板电脑做更多的优化，以确保 UI 在不同屏幕上都有良好的伸缩性。

在第 4 和 5 章中，你将学习一些针对不同屏幕大小进行 UI 优化的技术。

4. 做好低速度、高延迟的打算

连接互联网的能力是智能手机智能化和普遍化的重要组成部分。但遗憾的是，移动互联网的连接并不像我们想象的那么快速、稳定、便宜或随处可得；在开发基于联网的应用时，我们最好假设网络连接是缓慢的、断断续续的、昂贵且不可靠的。

在相对数据流量价格高得多的新兴市场更是如此。通过做好最坏的打算，才可以确保为用户提供高标准的用户体验。这还包含了另一层意思——确保应用能够处理数据连接丢失(或找不到)的情况。

Android 模拟器允许控制网络连接的速度和延迟。图 2-19 显示了模拟器的网络连接速度和信号强度，模拟了明显不太好的弱网情境。

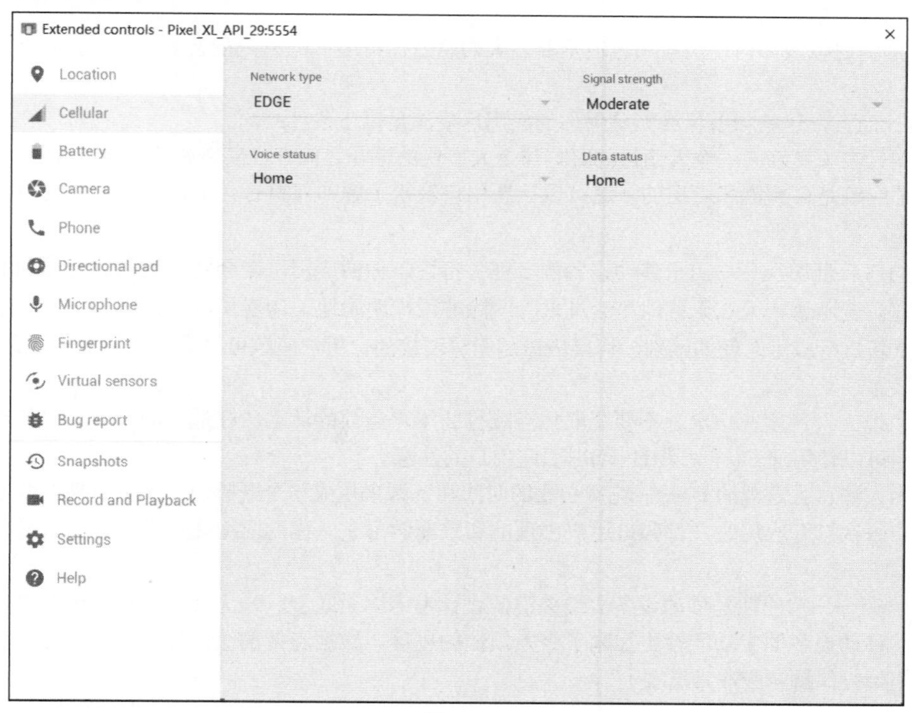

图 2-19

无论网络访问的速度、延迟以及可用性如何，都要通过试验来确保无缝性和响应性。在可用网络连接仅支持有限数据的传输功能时，可能就会启用限制应用功能、减少网络查找缓存的突发事件等相关技术。

在第 7 章“使用网络资源”中，将学习如何在应用中使用网络资源。

5. 延长电池寿命

设备上的应用越有用，应用被使用的频率就越高——从而电池耗尽的速度也就会越快。再加上更大、更高分辨率的屏幕和更薄的设备外形等因素，电池寿命很快就成为设备所有者面临的一个重大问题。

应用在快速消耗电池时，没有什么比让用户卸载应用更能有效制止这一切发生了。所以，应该一直努力创建对电池使用寿命更友好的应用。

关于应用将会如何影响电池寿命，其中最大的影响因素则是应用对网络传输的使用——特别是当应用不在前台运行时。为了让应用在设备上成为优质“公民”，必须仔细考虑是否或者何时进行数据传输。

Android 提供了大量的 API 来帮助减小对电池寿命的影响，包括睡眠、应用待机以及任务调度——每一个 API 都旨在帮助确保应用在执行网络传输和后台操作时遵循延长电池寿命的最佳实践。

我们还将在第 11 章中探讨这些内容以及其他节省电量的最佳实践。

2.3.2 考虑用户环境

遗憾的是，不能假定用户会认为你的应用所提供的功能在他的设备中最重要。

就智能手机而言，它们通常首先是通信设备，其次是照相机，第三是音乐和视频播放器，第四是游戏平台，你编写的应用很可能属于第五类“有用的东西”。

那也不是一件坏事——它们将与其他应用保持良好的合作关系，包括谷歌地图、Web 浏览器。也就是说，每一个用户的使用模式都会有所不同；一些人可能永远不会使用他们的设备听音乐，也有一些设备并不支持电话功能，还有一些设备则没有拍照功能——但设备中固有的多任务原则无处不在，因为它是必不可少的，也是可用性设计的重要考虑因素。

考虑用户会何时以及如何使用应用也很重要。人们总是在使用手机——在火车上，在大街上，甚至在走路的时候。

就软件设计而言，这意味着什么？确保你的应用尽量满足以下条件：

- 可预测且表现良好——令人愉快的时刻与令人不快的惊吓之间存在着微妙的界限。 任何与用户交互的结果都应该是可预测和可逆的，这可以让新用户轻松了解如何执行任务，并最大限度地降低实验带来的风险。
- 无缝的前后台切换——由于移动设备的多任务特性，你的应用可能会定期地从后台移到前台。重要的是，它们能迅速、天衣无缝地“活过来”。除非用户明确地关闭应用，否则他们不应该察觉到重新启动和重新执行应用之间的区别。切换应该是无缝衔接的，用户应该可以看到他们上次看到的应用 UI 界面及状态。
- 要有“绅士”风度——永远不要窃取焦点或打断用户当前的活动。在适当的时候，比如当应用不在前台时，可以使用通知(详见第 11 章)以引起用户的注意。
- 呈现引人注目且直观的 UI——花费必要的时间和资源来生成一个既吸引人又具有功能的 UI，并且不要在用户每次打开应用时，都强迫用户去理解和重新学习它。你的应用在使用时，应该简单明了、轻松易用。
- 保持响应——响应性是移动设备上最关键的设计考虑因素之一。毫无疑问，你应该有过软件卡死的遭遇，而移动设备的多功能性更加剧了令人烦恼的程度。数据连接的缓慢与不可靠也可能导致延迟，因此应用始终保持响应非常重要。

2.3.3 进行 Android 开发

除了上述一般指导原则，Android 高质量的应用设计理念还需要考虑：

- 性能
- 响应性
- 新鲜感
- 安全性
- 无缝性
- 无障碍访问性

1. 性能强劲

编写高效的 Android 代码的关键之一就是不要将桌面和服务器环境的假设移植到嵌入式设备中。关于编写高效代码，你已经知道的许多方式都是适用于 Android 的。但是嵌入式系统的限制和 Android 运行时的使用意味着你不能想当然。

这里有两个编写高效代码的基本规则：

- 不要做你不需要做的工作。
- 尽量避免分配内存。

系统内存是一种稀缺品，因此需要特别注意如何有效地使用它。这意味着要考虑如何使用堆和栈，如何限制对象的创建，还要了解变量作用域如何影响内存的使用。

Android 团队已经发布了针对 Android 编写高效代码的具体详细指南，因此，与其在这里炒冷饭，不如访问 d.android.com/training/articles/perf-tips.html 获取建议。

2. 积极响应

通常，100~200 毫秒是用户感知应用中延迟或晃动的阈值，因此你应始终努力在该时间范围内响应用户的输入。

Android 的 Activity Manager 和 Window Manager 也实行了时间限制，如果超出时间限制，应用将被视为无响应，并且用户将有机会强制关闭应用。如果任意服务检测到无响应的应用，就会弹出提示应用无响应(ANR)的对话框，如图 2-20 所示。

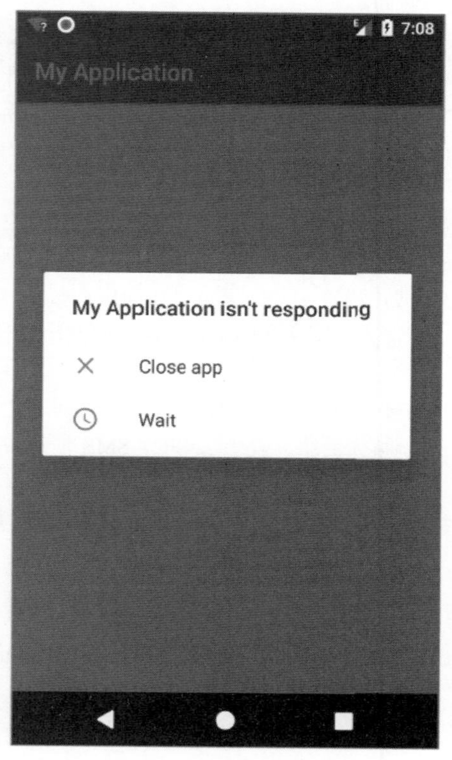

图 2-20

Android 通过以下两个条件来确定应用的响应性：

- 应用必须在 5 秒内响应用户的任何操作，例如按键或屏幕触摸。
- 广播接收器在 onReceive 处理程序中接到广播后，必须在 10 秒内处理完成并返回。

图 2-20 所示的对话框是应用可用性的最后一招；慷慨的 5 秒限制是最坏的情况，而不是目标。可以通过以

下几种方式确保应用不会触发 ANR，并且尽可能具有响应性：

- 将耗时的任务(如网络请求或数据库查找)、复杂的逻辑处理(如计算机游戏动画)以及 I/O 操作等从主 UI 线程移出至异步线程中并行执行。
- 如果后台执行了耗时的任务，那么在 UI 线程中可以显示响应的进度作为提示。
- 如果应用有耗时的初始化设置阶段，那么可以尽快呈现出主界面，提示用户正在加载，然后异步进行相关信息的完善。此外，还可以考虑显示启动页——但无论哪一种情况，都表明程序正在运行，从而避免用户认为应用已经卡死。

3. 确保数据新鲜度

从可用性的角度看，更新应用界面的正确时间应该在用户查看应用之前——但实际上，还需要权衡更新频率对电池寿命和数据使用的影响。

在设计应用时，其中重要的考量就是更新应用数据的频率。需要尽可能减少用户等待刷新或更新的时间，同时限制后台更新操作对电池寿命的影响。第 11 章将介绍如何通过任务调度器在后台更新应用。

4. 开发安全的应用

Android 应用可以访问网络和硬件，可以独立分发，并且构建在具有开放通信功能的开源平台上，因此把安全性作为重要的考量因素也就不足为奇了。

Android 安全模型对每个应用进行了沙箱化，通过要求应用声明它们所需要的权限，并允许用户接受或拒绝这些请求，来限制对服务和功能的访问。

该框架还包括安全功能的强大实现，包括加密和安全 IPC，以及 ASLR、NX、ProPolice、safe_iop、OpenBSD dimalloc、OpenBSD calloc 和 Linux mmap_min_addr 等技术，以降低与常见内存管理错误相关的风险。

但这并不能让你摆脱困境。你不仅需要确保应用本身是安全的，而且需要确保不会“暴露”权限、数据和硬件访问等，不会给设备或用户的数据造成损害。可以使用一些技术来帮助维护设备安全，特别是应该做到以下几点：

- 在存储或传输数据时要注意安全。默认情况下，你在内部存储中创建的文件，只有你的应用才能访问。但是，如果你想让自己的应用与其他应用共享文件或数据，就必须特别小心——例如，通过共享服务、内容提供者(Content Provider)或广播意图。如果可以访问用户数据，并且可以避免存储或传输信息，那么就不要存储或传输数据。一定要特别注意的是，确保没有共享或传输敏感信息，例如 PII(个人身份信息)或位置数据。
- 始终开启输入验证。输入验证不足是影响应用安全的最常见问题之一，不管它们运行在什么平台上。在接收来自用户输入或外部其他(如网络、蓝牙、NFC、SMS 消息或即时通信传输(IM)应用)输入时，都需要特别留意。
- 当你的应用可能将对较低级硬件的访问权限暴露给第三方应用时，请务必小心。
- 最大限度地减少应用使用的数据以及所需的权限。

> **注意：**
> 可以通过第 20 章“高级 Android 开发”和 https://developer.android.com/training/articles/security-tips 了解更多关于 Android 安全模型的知识。

5. 确保无缝的用户体验

无缝的用户体验是一个重要的概念，尽管有些模糊。无缝是什么意思?目标是获得一致的用户体验，在这种用户体验中，应用立即启动、停止和转换，并且没有明显的延迟或不稳定的转换。

移动设备的速度和响应能力不应随着使用时间的延长而降低。Android 的进程管理则通过扮演沉默的“刺客”来提供相应的帮助——会根据需要释放资源，杀死后台应用。了解了这一点，你就会明白应用应该始终提供一致的界面，不管它们是重新启动还是重新回显。

首先要确保在适当的时候暂停那些不在前台的 Activity。当 Activity 暂停后恢复时，Android 会触发相应的回调方法，因此可以在应用界面不可见时，暂停 UI 的更新以及网络的请求——然后在应用界面可见时，再立即恢复它们。

在会话之间保存数据，并且当应用不可见时，暂停使用处理器周期、网络带宽或电池寿命的任务。

当应用被恢复到前端或重新启动时，应用应该无缝地返回到最后的可见状态。就用户而言，每个应用都应该处于静候状态，随时准备被使用，但只是看不见而已。

要使用一致且直观的可用性方法。可以创建具有革命性且不寻常的应用，但即使是这些应用也应该与更广泛的 Android 环境完全集成。

要在应用中使用一致的设计语言——最好遵循第 12 章和 https://material.io/design/上详细讨论的材料设计原则。

当然，也可以使用其他的一些技术来确保无缝的用户体验，在接下来的章节中，随着在 Android 中发现更多可用的可能性，你会了解到其中的一些技术。

6. 提供无障碍访问性

在设计和开发应用时，重要的是不要假设每个用户都和你完全一样。这对国际化和可用性会有一定的影响，但对于为需要以不同方式同 Android 设备交互的残障用户提供无障碍访问支持至关重要。

Android 提供的特殊功能可以帮助这部分用户通过使用文本转语音、触觉反馈、轨迹球或 D-Pad 导航更轻松地操作设备。

为给每个人(包括视觉、身体或年龄相关的残障人士，他们无法正常使用或看到触摸屏)提供良好的用户体验，可以利用 Android 的无障碍访问性功能。

注意：

我们将在第 14 章“用户界面的高级定制”中详细介绍使应用可访问的最佳实践。

另外，帮助应用在触摸屏上为残障用户提供无障碍访问性的实现步骤也同样可以让应用在非触摸屏(如电视)等设备上变得更加易用。

2.4 Android 开发工具

Android SDK 包括了多个工具和实用程序，可以帮助你创建、测试和调试项目。在本书的其余部分，我们将更详细地探讨其中的一些，尽管对每个开发人员工具都进行详细阐述已超出我们的讨论范围，但还是有必要了解一些可用的工具。如果需要了解更多细节，请访问 https://developer.android.com/studio/网站并查阅 Android Studio 文档。

如上所述，Android Studio 方便地集成了所有这些工具，其中包括：

- **Android 虚拟设备(AVD)管理器和模拟器**——AVD 管理器用于创建和管理 AVD，这是一种虚拟硬件，托管运行特定版本的 Android 模拟器。每个 AVD 可以指定特定的屏幕大小和分辨率、内存和存储空间，以及可用的硬件功能(如触摸屏和 GPS)。Android 模拟器是 Android 运行时的一种实现，可以在 AVD 中运行。
- **Android SDK Manager**——用于下载 SDK 包，包括 Android Platform SDK、支持库和 Google Play Services SDK。
- **Android Profiler**——可视化应用的行为和性能。Android Profiler 可以实时跟踪内存和 CPU，并能分析网络流量情况。
- **Lint**——一个静态的分析工具，用于分析应用及其资源，以建议改进和优化。
- **Gradle**——用于管理应用编译、打包和部署的高级构建系统和工具包。

- **Vector Asset Studio**——为每一种屏幕密度生成位图，以支持那些不支持 Android vector drawable 格式的旧版本系统。
- **APK Analyzer**——提供对构建的 APK 文件的构成进行分析的功能。

Android Studio 还提供了以下工具：

- **Android 调试桥(Android Debug Bridge，ADB)**——为客户端-服务器应用提供了计算机与虚拟或物理 Android 设备之间的连接。它允许你复制文件、安装已编译好的应用包(.apk)以及运行 shell 命令。
- **logcat**——一个用来查看和过滤 Android 日志系统输出的实用程序。
- **Android 资产打包工具(Android Asset Packaging Tool，AAPT)**——用于构建可分发的 Android 包文件(.apk)。
- **SQLite3**——一个数据库工具，可以用来访问 Android 创建并使用的 SQLite 数据库文件。
- **Hprof-conv** 工具——可以将 HPROF 分析输出文件转换为标准格式，以便在分析工具中查看。
- **Dx**——将 Java 的.class 字节码转换为 Android 的.dex 字节码。
- **Draw9patch**——一个通过所见即所得(What You See Is What You Get，WYSIWYG)编辑器来简化 NinePatch 图片创建的便捷实用程序。
- **Monkey 和 Monkey Runner**——Monkey 运行在 Android 运行时(ART)内，生成伪随机用户和系统事件。Monkey Runner 提供了一个 API，用于编写从应用外部控制虚拟机的程序。
- **ProGuard**——一种通过在语义上无意义的替代方法替换类名、变量名和方法名，从而缩小并混淆代码的工具。这有助于代码更难进行逆向工程。

2.4.1 Android Studio

作为一名 Android 开发人员，Android Studio IDE 将是你投入大部分时间的地方，所以理解它的一些细微差别是有必要的。下面将介绍一些减少构建时间的技巧——特别是通过使用 Instant Run——以及在编写和调试代码时可以使用的一些快捷方式和高级特性。

1. 提高构建性能

提高构建性能最简单的方法是确保为构建过程分配足够的 RAM。可以通过编辑项目中的 gradle.properties 文件来修改分配给构建系统(Gradle Daemon VM)的 RAM 值。

为了拥有更好的性能，建议通过 org.gradle.jvmargs 属性分配至少 2GB：

```
org.gradle.jvmargs=-Xmx2048m
```

每个系统的最佳配置都会根据硬件的差别而有所不同，所以可以通过多次尝试来找到最佳配置。

另外，如果使用的是 Windows 系统，Windows Defender 实时保护可能也会导致构建速度的减慢。可以通过将项目文件夹添加到 Windows Defender 的排除列表中来避免这种情况。

2. 使用 Instant Run

Instant Run 是 Android Studio 的一个特性，它显著减少了在编码、测试和调试生命周期中增量代码更改的构建和部署时间。

第一次单击 Run 和 Debug 按钮时，Gradle 构建系统会将源代码编译为字节码，并将其转换为 Android 的.dex 文件。它们与应用的配置清单及资源文件一同合并到一个 APK 中，该 APK 将会部署到安装并启动应用的目标设备上。

启用 Instant Run 后，构建过程将在调试 APK 时注入一些其他的工具和 App 服务器，以支持 Instant Run。之后，会有一个黄色的闪电图标出现，表示 Instant Run 处于可用状态。每次进行更改并单击 Instant Run 按钮时，Android Studio 都会尝试直接将代码和资源“交换”到正在运行的调试应用进程中，从而提高构建和部署应用的速度。

而改进的性质则取决于所做的更改，如下所示：

- **热交换**——增量代码的更改将无须重新启动应用，甚至无须重新启动当前的 Activity，就可以使用并反映在应用上。可用于方法实现中大多数简单的更改。
- **温交换**——需要重新启动 Activity 后，才能够看到或使用所做的更改。通常用于对资源进行更改。
- **冷交换**——应用需要重新启动(但仍然没有重新安装)。对于继承或方法签名等任何结构的更改，这都是必需的。

Instant Run 在默认情况下就是启用的，并且是由 Android Studio 控制的，因此 Instant Run 只能通过 IDE 来启动或重启调试实例——而不能从设备或命令行启动或重启应用。

3. Android Studio 的使用提示

有数以百计的提示和技巧可以让使用 Android Studio 的体验变得更快、更高效。下面是一些不太引人注目但却非常有用的快捷方式，可以帮你提升每一次按键的价值。

快速搜索

在 Android Studio中，最常用的快捷方式是行为搜索，通过按 Ctrl+Shift+A 组合键(在macOS上按 Cmd+Shift+A 组合键)来触发。按下这个组合键之后，就可以开始输入关键字，接下来就会看到包含这些关键字的所有可用操作或选项都可供选择。

要在项目中专门搜索文件，可以连击两次 Shift 键，这会显示 Search Every where 对话框。

或者，如果列表很长——比如项目层次结构中的文件，或者大型菜单中的菜单项(如 Refactor This 菜单项)，只要开始输入，就会开始过滤结果。

使用 Tab 键自动完成选择

当选择自动完成选项时，按 Tab(而不是 Enter)键来替换任何现有的方法和值，而不是将新的选择插入到它们的前面。

后缀代码补全

后缀代码补全允许将简单的、已经键入的值或表达式转换为更复杂的值。

例如，可以通过在变量名后键入.fori，在 List 变量上创建 For 循环，或者通过后缀.if(或.else)将布尔表达式转换为 if 语句。通过按 Ctrl+J 组合键(在 macOS 上按 Cmd+J 组合键)，可以看到给定上下文可用的所有有效后缀。

实时模板

实时模板(Live Template)允许使用可用作自动完成选项的快捷方式，将模板化的代码段插入代码中。

Android Studio 已经提供了许多通用的、Android 特定的实时模板，包括一系列日志记录快捷方式，也可以创建自己的模板，以便在自己的代码中简化最佳实践的模板或样式。可以通过打开设置窗口并依次选择 Editor | Live Templates 来查看已有的实时模板(其中也包括自己创建的模板)。

2.4.2 Android 虚拟机管理器

Android 虚拟机(AVD)管理器用于创建和管理托管了模拟器实例的虚拟硬件设备。

AVD 用于模拟不同物理设备的硬件配置。这使你可以在各种硬件平台上测试应用，而无须购买各种手机。

> **注意：**
> Android SDK 不包含任何预构建的虚拟设备，所以，在可以在模拟器中运行应用之前，至少需要创建一台虚拟设备。

每台虚拟设备都配置了名称、物理设备类型、Android 系统镜像、屏幕大小和分辨率、ABI/CPU、内存和存储容量，以及包括摄像头和网络速度在内的硬件功能。

不同的硬件设置和屏幕分辨率将提供不同的 UI 皮肤来表示不同的硬件配置。这可以模拟多种设备类型，其中包括不同的手机和平板电脑，以及电视和 Android 手表等设备。

2.4.3 Android 模拟器

模拟器运行在 AVD(Android 虚拟机)中，可用于测试和调试应用，以此作为物理设备的一种替代方案。

模拟器是 Android 运行时的一种实现，与任何 Android 手机一样，已成为有效运行 Android 应用的平台。由于与任何特定的硬件是分离的，因此模拟器是进行应用测试的最佳起点。

模拟器还提供了完整的网络连接，以及在调试应用时调整网络连接速度和延迟的能力，还可以模拟拨打、接听电话以及收发短信。

Android Studio 集成了模拟器，因此当运行或调试项目时，模拟器会在选择的 AVD 中自动启动。

一旦运行，就可以使用图 2-21 左边所示的工具栏模拟按下硬件电源、音量按键和软件主页、返回、最近、旋转显示或截屏按键。按下 ··· 这个按键可以打开扩展控件。

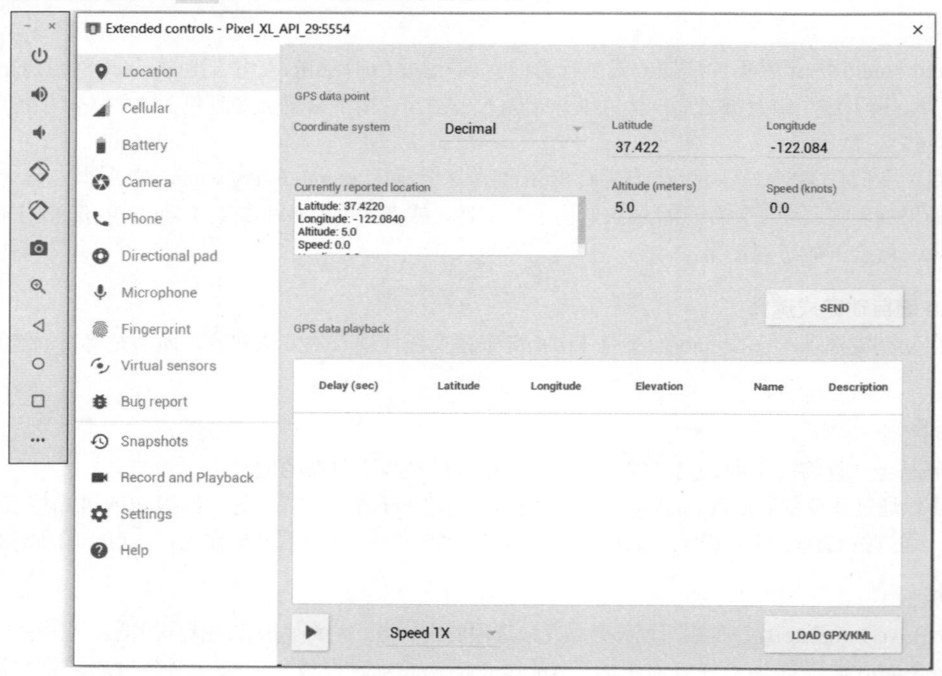

图 2-21

如图 2-21 右边所示，在这里可以进行如下操作：

- 设置当前 GPS 定位，模拟 GPS 轨迹回放。
- 修改模拟的蜂窝数据网络连接，包括信号强度、速度和数据连接类型。
- 设置电池的健康状况、电量和充电状态。
- 模拟来电和短信。
- 模拟指纹识别。
- 提供模拟传感器数据，包括加速度计、环境温度和磁场传感器的值。

2.4.4 Android Profiler

模拟器使你能够看到应用的外观、行为和交互方式，但是要想真正了解更底层的内容，还需要用到 Android Profiler。

Android Profiler 为你展示与应用相关的 CPU、内存和网络活动的实时分析数据。可以执行基于样本的方法以追踪计算代码执行时间、捕获堆转存文件、查看内存分配、检查网络传输文件的详细信息。

要打开 Android Profiler，可以直接单击 Android Studio 底部工具栏上的 Android Profiler 图标，或者通过依次选择 View | Tool Windows | Android Profiler 菜单项，显示共享时间轴窗口，如图 2-22 所示。

该窗口显示了 CPU、内存和网络使用情况的实时动态图形，以及指示 Activity 状态、用户输入和屏幕旋转更改的事件时间轴。

如果要使用访问 CUP、内存或网络使用情况的详细分析工具，请在该窗口中单击对应的图形。根据所分析的资源，每个详细视图将允许执行以下操作：

- 检查 CPU 活动和方法跟踪。
- 检查 Java 堆和内存的分配。
- 检查传入和传出的网络流量。

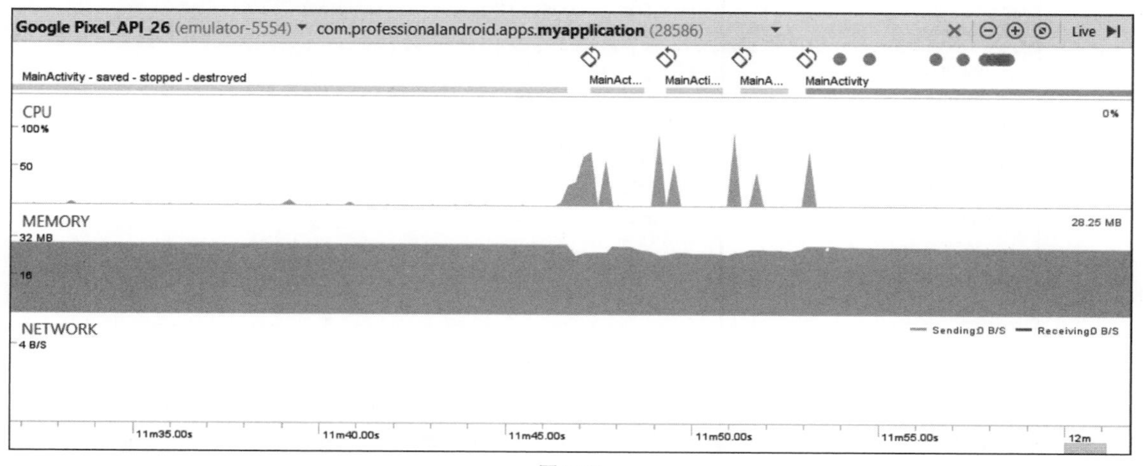

图 2-22

2.4.5 Android 调试桥

Android 调试桥(Android Debug Bridge，ADB)是一个客户端-服务器应用，它允许你连接到 Android 设备(虚拟机或物理设备)。它由以下三个部分组成：

- 在设备或模拟器上运行的守护进程。
- 在开发机器上运行的服务。
- 通过服务与守护进程通信的客户端应用。

作为硬件开发和 Android 设备/模拟器之间的通信管道，ADB 允许在目标设备上安装应用、推送和拉取文件以及运行 shell 命令。通过设备 shell，可以更改日志记录设置并查询或修改设备上可用的 SQLite 数据库。

Android Studio 可自动化并简化与 ADB 的许多常见交互，包括应用安装和更新、文件日志记录和调试。

> **注意：**
> 要了解有关使用 ADB 可执行操作的更多信息，请查看 https://developer.android.com/studio/command-line/adb 上的文档。

2.4.6 APK 分析器

APK 分析器(Android Analyzer)通过提供以下接口，使你能够更好地理解 APK 文件的组成。

- 查看存储在 APK 中的文件的绝对和相对大小，包括.dex 和资源文件。
- 查看存储在 APK 中的最终版本的.dex 文件。
- 查看 AndroidManifest.xml 文件的最终版本。
- 对两个 APK 进行并排对比。

想要分析你的 APK，可以直接拖曳 APK 文件到 Android Studio 的编辑窗口中，使用 Project 透视图导航到 build | output | apks 目录中的 APK，然后双击，或者选择 Build | Analyze APK 菜单项，然后选择一个 APK。

APK Analyzer 窗口(如图 2-23 所示)显示了存储在 APK 中的每个文件和文件夹，并允许浏览每个文件夹或在每个文件上显示额外的详细信息。

如图 2-23 所示，Raw File Size 列表示每个实体的未压缩大小，而 Download Size 表示 Google Play 提供的实体的估算压缩大小。

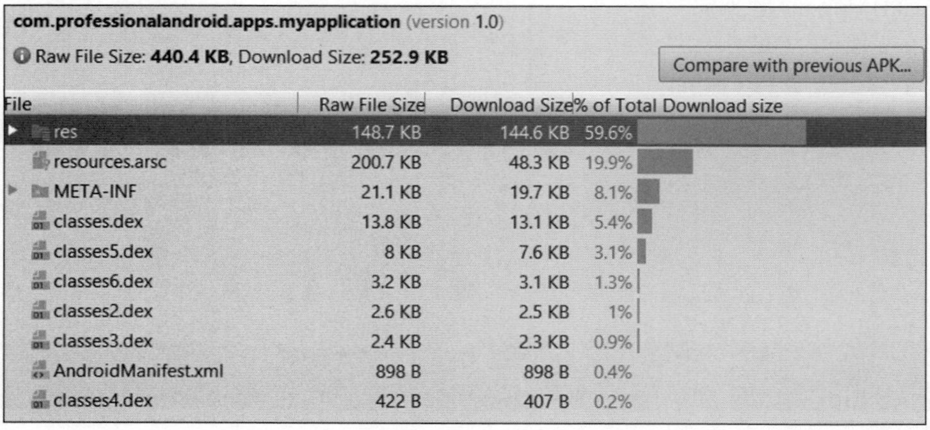

com.professionalandroid.apps.myapplication (version 1.0)

Raw File Size: **440.4 KB**, Download Size: **252.9 KB**

Compare with previous APK...

File	Raw File Size	Download Size	% of Total Download size
res	148.7 KB	144.6 KB	59.6%
resources.arsc	200.7 KB	48.3 KB	19.9%
META-INF	21.1 KB	19.7 KB	8.1%
classes.dex	13.8 KB	13.1 KB	5.4%
classes5.dex	8 KB	7.6 KB	3.1%
classes6.dex	3.2 KB	3.1 KB	1.3%
classes2.dex	2.6 KB	2.5 KB	1%
classes3.dex	2.4 KB	2.3 KB	0.9%
AndroidManifest.xml	898 B	898 B	0.4%
classes4.dex	422 B	407 B	0.2%

图 2-23

通过选择应用的配置清单，可以查看 APK 中最终配置清单文件的 XML 表单。

有关如何使用 APK 分析器的更多细节，请参阅 https://developer.android.com/studio/build/apk-analyzer。

2.4.7 Lint 检查工具

Android Studio 提供了一个名为 Lint 的静态代码分析工具，它可以帮助识别和纠正代码中的结构质量问题，而无须运行应用或编写那些特定的测试代码。

无论何时构建应用，配置的 Lint 和 IDE 检查都会自动运行，检查源代码和资源文件是否存在潜在的 bug 和可优化改进的方面，检查范围包括正确性、安全性、性能、可用性、无障碍访问性和国际化。

潜在的问题会在 IDE 中凸显出来，其中包括问题描述、严重级别以及可能的建议补救措施。

使用 Lint 识别和纠正代码中潜在的结构问题可以显著提高代码的可读性、可靠性和效率。确保将所有 Lint 警告作为开发过程的一部分来处理是一个良好的开发习惯。

2.4.8 Monkey、Monkey Runner 和 Espresso UI 测试

UI 测试有助于确保用户在与应用交互时不会遇到意外结果。Android Studio 包括许多工具，可以帮助你创建用户界面/用户交互测试。

Monkey 在 ADB shell 中工作，然后向应用发送一组伪随机但可重复的系统和 UI 事件流。对应用进行压力测试，以研究通过非常规使用 UI 可能出现的无法预料的边缘情况，而这样的方式也是非常有用的。

Monkey Runner 是一个 Python 脚本 API，允许从应用外部发送特定的 UI 命令来控制模拟器或物理设备，它对于以可预测、可重复的方式执行 UI 测试、功能测试和单元测试都非常有用。

Espresso 测试框架是通过 Android 测试支持库提供的，它提供了用于编写 UI 测试的 API，以模拟特定应用的特定用户交互。Espresso 检测主线程空闲的时间，并在适当的时候运行测试命令，以提高测试的可靠性。此功能使你无须在测试代码中添加计时解决方法(如休眠期)。

可以通过 https://developer.android.com/training/testing/espresso/网址了解关于 Espresso 测试框架的更多内容。

2.4.9　Gradle

Gradle 是一种高级的构建系统，也是一个工具包，集成在 Android Studio 中，这使得可以执行自定义的构建配置，而不需要修改应用的源文件。

使用 Gradle 作为 Android 的构建系统是为了更容易地配置、扩展和定制构建过程，简化代码和资源复用，以及更容易地创建一个应用的多个构建变体。

Gradle 是基于插件的，因此与 Android Studio 的集成是通过 Gradle 的 Android 插件来管理的，Android 插件与 build 工具包一起工作，Android Studio 提供了用于构建和测试 Android 应用的流程和可配置设置的 UI。

Gradle 本身和 Android 插件都是与 Android Studio 集成的，但最终它们都是独立的。因此，可以在 Android Studio、命令行或未安装 Android Studio 的机器(例如持续集成服务器)上构建 Android 应用。无论是从命令行、远程服务器还是 Android Studio 构建项目，构建的输出都是相同的。

在本书中，我们将介绍如何使用 Gradle 的 Android 插件在 Android Studio 中构建应用，以管理我们与构建系统的交互。关于 Gradle、定制构建和 Gradle 构建脚本的完整介绍超出了本书的讨论范围，可以通过 https://developer.android.com/studio/build/了解更多细节。

> **注意：**
> 由于 Gradle 和 Gradle 的 Android 插件都独立于 Android Studio，因此系统会提示应与 Android Studio 分开更新构建工具，这类似于 SDK 更新的执行方式。

第3章

应用、Activity 和 Fragment

本章主要内容

- 介绍 Android 应用
- 理解 Android 应用的生命周期
- 认识应用的优先级
- 创建新的 Activity
- 理解 Activity 的过渡状态和生命周期
- 响应系统内存压力
- 创建及使用 Fragment

本章可供下载的代码可以在 www.wrox.com 上找到。本章的代码放在如下压缩文件中：

- Snippets_ch3.zip
- Earthquake_ch3.zip

3.1 应用、Activity 和 Fragment

Android 应用(简称应用)是在 Android 设备上安装并运行的软件程序。要编写出高质量的应用，了解它们所包含的组件以及各组件之间如何协同工作就显得尤为重要。本章将介绍每一个应用组件，并重点介绍 Activity 和 Fragment 这两个可视化的应用组件。

在第 2 章“入门”中，你了解到每个 Android 应用都在自己的 Android 运行时(ART)实例的独立进程中运行。在本章中，你将了解到 Android 运行时是如何管理应用的，以及这对应用的生命周期所产生的影响。应用的状态决定了其优先级，当系统需要更多资源时，优先级又会影响应用被终止的可能性。因此，本章还会介绍 Activity 和 Fragment 的状态、状态转换以及事件处理程序。

Activity 类是构成所有用户界面(User Interface，UI)屏幕的基础。你将学习如何创建 Activity，并了解它们的生命周期以及它们如何影响应用的生命周期和优先级。

使用应用的设备的屏幕大小和显示分辨率的范围已经随着 Android 设备可用范围的扩大而扩大。Fragment API 支持创建动态布局，可以为包括平板电脑和智能手机在内的所有设备进行优化。

你将学习如何使用 Fragment 来封装 UI 组件中的状态，以及如何创建可伸缩并且能够适应各种设备类型、屏幕大小及分辨率的布局。

3.2 Android 应用的组件

Android 应用由低耦合的组件组成，并由描述每个组件及其交互方式的应用配置清单绑定。以下组件构成了所有 Android 应用的构建块。

- **Activity**——应用的表现层。应用的 UI 是围绕一个或多个 Activity 类的扩展构建的。Activity 使用 Fragment 和 View 来布局和展示信息，并响应用户动作。与桌面开发相比，Activity 相当于表单。你将会在本章接下来的内容中更多地了解 Activity。
- **Service**——Service 组件在没有 UI 的情况下运行、更新数据源、触发通知和广播意图。它们用于执行长时间运行的任务，或者不需要用户交互的任务(例如，即使应用的 Activity 不处于活动状态或不可见，也需要继续执行的任务)。在第 11 章“工作在后台”中，你将了解如何创建和使用 Service 组件。
- **Intent**——这是一个强大的应用间消息传递框架，Intent 在 Android 中被广泛使用。你将使用 Intent 启动或停止 Activity 和 Service，在系统范围内广播消息，向特定 Activity、Service、Broadcast Receiver 广播消息，或者请求对特定数据执行动作。
- **Broadcast Receiver**——广播接收者(或简称“接收者”)用于接收广播 Intent，使应用能够监听且匹配指定条件的 Intent。广播接收者会启动应用以响应接收到的任何 Intent，这使其成为创建事件驱动应用的理想选择。Broadcast Receiver 还会在第 6 章中与 Intent 一起呈现更多的相关内容。
- **Content Provider**——Content Provider 是跨应用共享数据的首选方案。可以配置自己应用的 Content Provider，以允许其他应用访问。当然也可以访问配置了 Content Provider 的其他应用。Android 设备包含了几个公开且有用的数据库的 Content Provider，例如多媒体库和联系人。后面我们将在第 10 章“Content Provider 与搜索”中介绍如何创建和使用 Content Provider。
- **Notification**——通知让你能够在不窃取焦点或中断当前活动界面的情况下提醒用户注意应用事件。当应用处于不活动状态或不可见时，通知则是引起用户注意的首选方案，通常通知都是在 Service 或 Broadcast Receiver 中被触发的。例如，当设备收到短信或电子邮件时，短信和 Gmail 应用就会使用通知提醒用户。也可以在应用中触发这些通知，如第 11 章所述。

通过解耦应用组件之间的依赖关系，可以与其他应用(包括你自己的应用和第三方应用)共享并使用各个 Content Provider、Service 甚至 Activity。

3.3 Android 应用的生命周期、优先级和进程状态

与许多传统应用平台不同，Android 应用对自身生命周期的控制有限。相反，应用组件则必须监听应用状态的变化并做出相应的响应，需要特别注意的是，要为不合时宜的终止做好准备。

默认情况下，每个 Android 应用都运行在自己独立的进程中，而每个进程都运行着 Android Runtime (ART) 的单独实例。内存和进程管理仅由运行时处理。

> **注意：**
> 可以通过配置清单中的 android: process 属性强制同一应用中的组件在不同进程中运行，或者让多个应用共享同一个进程。

Android 会积极管理其资源，尽一切可能确保用户体验的流畅和稳定。在实践中，这就意味着在某些情况下，当优先级较高的应用需要更多的资源时，会在没有任何警告的情况下就终止进程(以及应用)以释放资源。

杀死进程以回收资源的顺序由应用的优先级决定。应用的优先级又等于优先级最高组件的优先级。

如果两个应用具有相同的优先级，那么运行时间最长的进程通常会先被杀死。进程优先级也会受到进程间依赖关系的影响；如果一个应用依赖于另一个应用提供的 Service 或 Content Provider，那么为辅助应用分配的优先级至少要与支持的应用相同。

构建应用时，确保其优先级适合于它所做的工作，这一点非常重要。如果不这样做，应用可能会在重要事件中被杀死，或者当应用可以被安全地终止以释放资源来保持流畅的用户体验时，应用仍然可以运行。

图 3-1 显示的是用于决定应用终止顺序的优先级树。

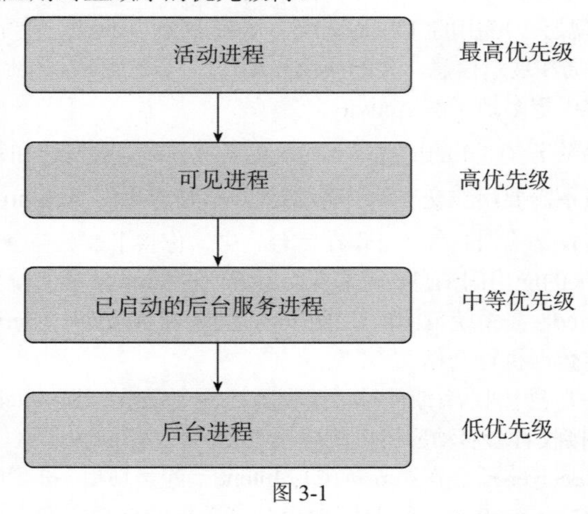

图 3-1

下面详细列出图 3-1 所示的每一种应用状态，并解释这种状态是如何由包含的应用组件决定的：

- 活动进程(最高优先级)——活动(前台)进程具有用户正在交互的应用组件。这些进程让 Android 尝试通过从其他的应用中回收资源，以保持流畅和响应性。

  活动进程包括一个或多个以下组件：

  - 处于活动状态的 Activity——处于前台并响应用户事件的 Activity。你将在本章后面更详细地学习 Activity 的状态。
  - 执行 onReceive 事件处理程序的广播接收者(Broadcast Receiver)，如第 6 章详述。
  - 执行 onStart、onCreate 或 onDestroy 方法来处理事件的 Service 组件，如第 11 章所述。
  - 可见进程(高优先级)——可见但不活动的进程托管了可见 Activity 或前台 Service。顾名思义，可见 Activity 是可见的，但它们不在前台或者不响应用户输入。当 Activity 仅被部分遮挡(通过非全屏或透明的 Activity 覆盖)时，或在多窗口环境中有不活动的窗口时，就会发生这种情况。通常很少有可见进程，并且它们会在活动进程需要继续存活的极端情况下才会被杀死。由于在 Android 6.0 Marshmallow (API 级别 23)中，前台运行的 Service 的优先级被标记为略低于活动进程，这使得前台 Service 有可能(尽管不太可能)被杀死，以此保证具有大量内存需求的活动进程可以继续运行。
  - 已启动的后台服务进程(中等优先级)——托管了已启动的后台 Service 的进程。由于这些 Service 不直接与用户交互，因此它们的优先级略低于可见 Activity 或前台 Service。有关 Service 的更多信息，请参见第 11 章。
  - 后台进程(低优先级)——托管了不可见且没有任何 Service 正在运行的 Activity 进程。每次按下 Home 键在应用之间切换时，或者使用“最近应用”选择器时，之前活跃的应用就会进入后台。Android 通常会使用“后见者先杀”的策略杀死后台应用。另外，考虑优先杀死消耗更多内存的应用，以便为前台进程提供资源。

3.4 Android 的 Application 类

一旦应用运行，应用的 Application 对象就会保持实例化——与 Activity 不同的是，Application 不会因为配置的更改而重新启动。

通过继承 Application 类来实现自己的 Application 实例，可以响应 Android 运行时广播的应用级事件(例如内存不足的情况)。

将你自己的 Application 实现类在配置清单文件中注册后，它将在应用进程启动时被实例化。因此，如果选择自定义 Application 类实现，那么它本质上是一个单例。

3.5 进一步了解 Android 的 Activity

每一个 Activity 代表应用可以呈现给用户的一屏内容。应用越复杂，可能就需要越多屏来呈现。

通常，这至少包括一个"主 Activity"——主界面——处理应用的主要 UI 功能，而这个主界面通常又需要一系列二级 Activity 来支持。想要在屏幕之间来回切换，就需要启动一个新的 Activity(或从一个 Activity 返回)。

3.5.1 创建 Activity

要创建一个新的 Activity，需要继承 Activity 类或其子类中的一个(最常见的是 AppCompatActivity 类)。在新的 Activity 中，必须分配 UI 并实现功能。代码清单 3-1 显示了新 Activity 的基本框架代码。

代码清单 3-1：Activity 框架代码

```
package com.professionalandroid.apps.helloworld;

import android.app.Activity;
import android.os.Bundle;

public class MyActivity extends Activity {

  /** Called when the activity is first created. */
  @Override
  public void onCreate(Bundle savedInstanceState) {
    super.onCreate(savedInstanceState);
  }
}
```

基础的 Activity 只显示一个空的屏幕，该屏幕封装了窗口的显示处理。空的 Activity 不是特别有用，所以首先要做的就是使用 Fragment、Layout、View 来创建 UI。

View 是显示数据并提供用户交互的 UI 小部件/控件。Android 提供了几种名为 View Group 的布局类，它们可以包含多个 View 来帮助你布局 UI。Fragment——本章稍后将进行讨论——也可用于封装 UI 的各个部分，从而可以针对不同的屏幕尺寸和方向优化布局，轻松创建可重新排列的动态界面。

注意：
第 5 章将详细讨论 View、View Group 和 Layout，并研究它们的可用性、如何使用以及如何创建自己的 UI 视图。

要给 Activity 分配 UI 布局，需要在 onCreate 方法中调用 setContentView 方法。在下面的这个代码片段中，你会看到 TextView 的一个实例被用作 Activity 的 UI：

```
@Override
public void onCreate(Bundle savedInstanceState) {
  super.onCreate(savedInstanceState);
  TextView textView = new TextView(this);
  setContentView(textView);
}
```

你很可能希望使用稍微复杂一些的 UI 设计。可以使用 View Group 在代码中创建新的布局，也可以使用标准的 Android 约定，为定义在外部资源中的布局传递资源 ID，如下面的代码所示：

```
@Override
public void onCreate(Bundle savedInstanceState) {
  super.onCreate(savedInstanceState);
  setContentView(R.layout.main);
}
```

想要在应用中使用 Activity，还需要在配置清单文件中注册。在配置清单文件中的 application 节点下添加一个新的 activity 标签；activity 标签包含一系列元数据属性，如 label(标准)、icon(图标)、permission(所需的权限)、theme(activity 使用的主题)。

```
<activity android:label="@string/app_name"
          android:name=".MyActivity">
</activity>
```

没有对应 activity 标签的 Activity 不能使用——试图启动将会触发运行时异常。

在 activity 标签中，可以添加 intent-filter 节点来指定可以用于启动 Activity 的 Intent。每个 Intent Filter 可以定义一个或多个 Activity 支持的 action(动作)或 category(类别)。在第 6 章会深入探讨 Intent 和 Intent Filter，但需要注意的是，如果一个 Activity 需要作为应用的启动 Activity，那它就必须包含名为 MAIN 的动作节点以及名为 LAUNCHER 的 category 节点，如代码清单 3-2 所示。

代码清单 3-2：主程序 Activity 的定义

```
<activity android:label="@string/app_name"
          android:name=".MyActivity">
  <intent-filter>
    <action android:name="android.intent.action.MAIN" />
    <category android:name="android.intent.category.LAUNCHER" />
  </intent-filter>
</activity>
```

3.5.2 使用 AppCompatActivity

如第 2 章所述，AppCompatActivity 是由 Android Support Library 提供的 Activity 的一个子类，它为每一个新的平台版本添加到 Activity 类中的特性提供了持续的向后兼容性。

因此，最好的实践是优先使用 AppCompatActivity 而不是 Activity，在本书中我们也将继续这样做，并且通常也会将扩展自 AppCompatActivity 的类称为 Activity。

代码清单 3-3 更新了代码清单 3-1 中的代码，其中显示了扩展自 AppCompatActivity 的新 Activity 的框架代码。

代码清单 3-3：扩展自 AppCompatActivity 的新 Activity 的框架代码

```
package com.professionalandroid.apps.helloworld;

import android.support.v7.app.AppCompatActivity;
import android.os.Bundle;

public class MyActivity extends AppCompatActivity {

  /**当Activity首次被创建时回调。 */
  @Override
  public void onCreate(Bundle savedInstanceState) {
    super.onCreate(savedInstanceState);
  }
}
```

3.5.3 Activity 的生命周期

充分理解 Activity 生命周期对于确保应用提供无缝的用户体验并正确管理资源显得至关重要。

如前所述，Android 应用不控制自己的进程生命周期；Android 运行时管理每个应用的进程，并扩展到其中每个 Activity 的进程。

虽然运行时可以对 Activity 的进程进行终止和管理等操作，但 Activity 的状态有助于确定父应用的优先级。反过来，应用的优先级也同样会影响运行时终止应用以及在其中运行 Activity 的可能性。

1. Activity 栈与最近使用列表(Least-Recently Used，LRU)

每个 Activity 的状态由它在 Activity 栈(又叫“回退栈(back stack)”)中的位置决定，是所有当前正在运行的 Activity 的后进先出(Last-In-First-Out，LIFO)集合。当一个新的 Activity 启动时，它会变为活动状态并被压入栈顶。如果用户使用 Back 按钮进行回退，或者前台 Activity 以其他方式关闭了，那么栈中的下一个 Activity 就会上移并处于活动状态。图 3-2 说明了这一过程。

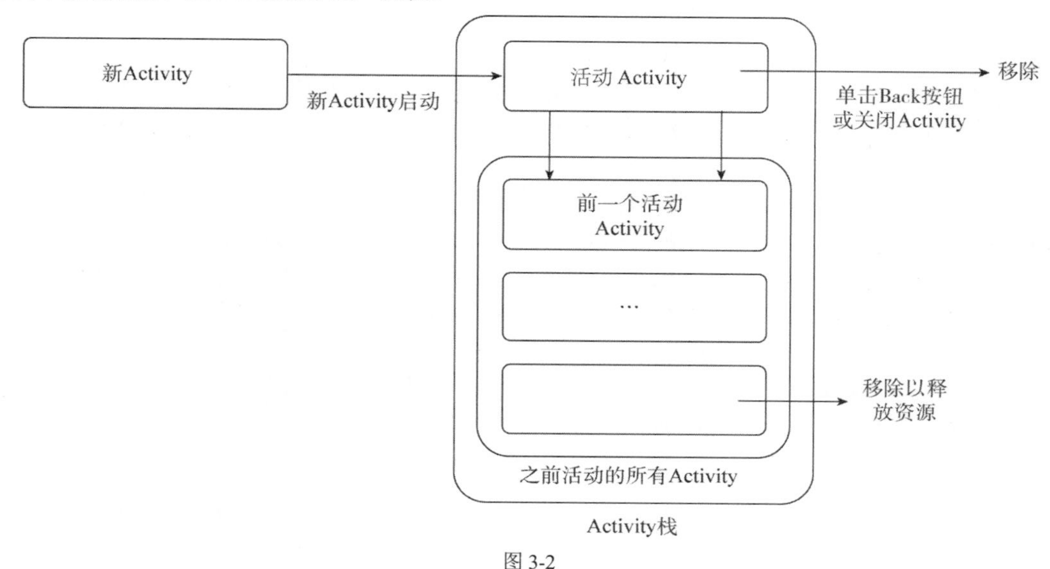

图 3-2

正如本章前面所述，应用的优先级会受到优先级最高的 Activity 的影响。当 Android 内存管理器决定终止哪个应用来释放资源时，它就会使用 Activity 栈来确定应用的优先级。

当应用的所有 Activity 都不可见时，应用自身就会移到最近使用列表(LRU)中，该列表用于确定要按什么样的顺序终止应用以释放资源，如前所述。

2. Activity 状态

在应用的整个生命周期中，它的 Activity 会像图 3-2 所示进出 Activity 栈。当它们这样做时，它们会经历四种可能的状态：

- **活动状态**——当 Activity 位于栈顶时，它对于用户输入而言是一个可见且拥有焦点的前台 Activity。Android 会不惜一切代价让它存活下来，甚至会根据需要杀死栈中更底部的 Activity 所依附的应用，以保障该 Activity 所需的资源。当另一个 Activity 变为活动状态时，这个 Activity 就会被暂停——当变为不可见时，它就会被停止，如下所述。
- **暂停状态**——在某些情况下，Activity 虽然可见，但它并没有获得焦点；这时，它就处于暂停状态。当应用在多窗口环境中使用时，也可能会达到这种状态——在此环境中，可能会出现多个应用同时可见，但只有用户最后一次与之交互的 Activity 才会被认为处于活动状态。与此类似，如果 Activity 的前面有另一个透明的或非全屏的 Activity，那么它也将处于暂停状态。当暂停时，Activity 还被视为是活动的，但它不能再接收到用户的各种输入事件。甚至在极端的情况下，Android 还会杀死暂停状态下的 Activity 来恢复处于活动状态的 Activity 所需要的资源。当一个 Activity 变得完全不可见时，它就会处于停止状态；而所有 Activity 在进入停止状态之前都要经历暂停状态以进行转换。

- **停止状态**——当一个 Activity 不可见时，它就进入了停止状态。此时 Activity 将保存在内存中，并保留所有的状态信息；然而，当系统需要内存时，它也就成可能被终止的候选者。当 Activity 处于停止状态时，保存数据和当前 UI 状态以及停止非关键操作都非常重要。而一旦 Activity 退出或关闭，它就进入了不活动状态。
- **不活动状态**——一个 Activity 在被杀死之后到被启动之前，都处于不活动状态。不活动状态的 Activity 已经从栈中移除，需要重新启动才能再次显示和使用它们。

这些状态转换是通过用户和操作系统的交互产生的，这意味着应用其实无法控制它们何时发生。同样，应用的终止也是由 Android 内存管理器处理的，它首先会关闭包含非活动状态 Activity 的应用，然后关闭包含已停止状态 Activity 的应用。最后，在一些极端情况下，它会删除那些包含处于暂停状态 Activity 的应用。

注意：

为了确保流畅的用户体验，状态之间的转换对用户而言应该是不可见的。Activity 从暂停、停止或非活动状态恢复到活动状态时应该是没有任何区别的，因此，在 Activity 停止时保存所有的 UI 状态和数据是极其重要的。

那么最佳实践便是，在 Activity 转换到停止状态(在 onStop 方法中处理，如本章后面所述)时执行所有的耗时操作(如数据库事务或网络传输)，而不是在转换到暂停状态期间(使用 onPause 方法)执行。

Activity 可能会频繁且快速地在活动状态与暂停状态之间进行转换——特别是在多窗口环境中使用时——因此，尽可能快地执行转换变得非常重要。也就是一旦某个 Activity 进入活动状态，那就应该恢复那些保存的值。

同样，除了更改 Activity 的优先级之外，活动、暂停和停止状态之间的转换对 Activity 本身几乎没有直接的影响。可以使用这些信号相应地暂停和停止 Activity，并随时准备终止。

3. 理解 Activity 的整个生命周期

为了确保 Activity 可以对状态的变化及时做出响应，Android 提供了一系列事件处理程序，这些方法在对 Activity 的完整、可见和活动的生命周期进行转换时被触发。图 3-3 根据前面描述的 Activity 状态汇总了这些生命周期。

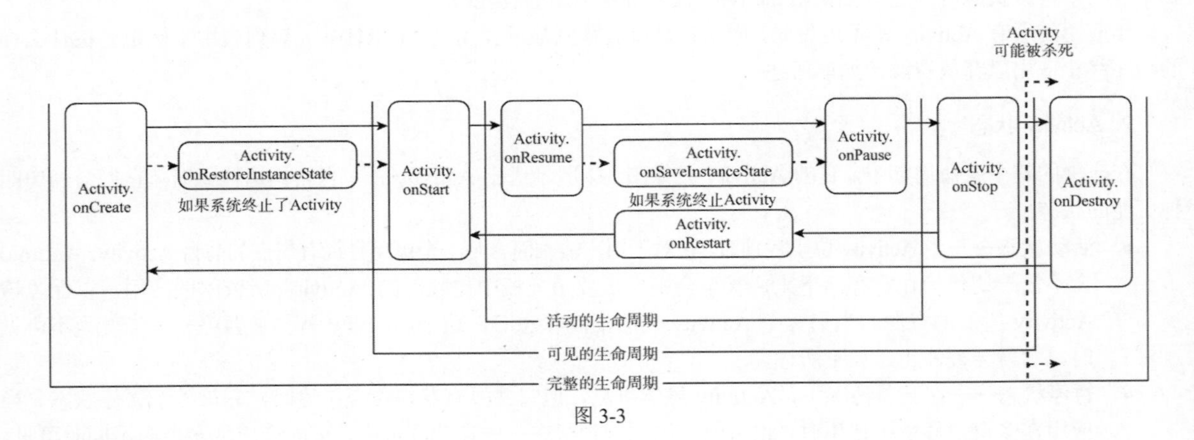

图 3-3

完整的生命周期

完整的生命周期发生在对 onCreate 方法的第一次调用和 Activity 被销毁之间。在没有调用对应的 onDestroy 处理程序的情况下，就终止 Activity 的进程也是很常见的。

使用 onCreate 方法初始化 Activity；填充用户界面，获取 Fragment 的引用，分配对类变量的引用，将数据绑定到控件并启动 Service。如果 Activity 被运行时环境意外终止，onCreate 方法将会传递一个 Bundle 对象，其中包含上次调用 onSaveInstance 方法时保存的状态。你应该使用这个 Bundle 对象将 UI 恢复到之前的状态。当然，除了在 onCreate 方法中可以执行此操作之外，在 onRestoreInstanceState 处理程序中也同样可以执行此操作。

可以通过重写 onDestroy 方法来销毁 onCreate 方法中创建的所有资源，并确保关闭所有的外部链接(如网络连接或数据库链接)。

作为指导编写高效 Android 代码的一部分，建议尽量避免重复创建短期对象。因为对象的快速创建和销毁会强制执行额外的垃圾回收，而这一过程会给用户体验带来直接的负面影响。如果 Activity 需要经常创建相同的对象集，那么考虑在 onCreate 方法中创建它们，因为 onCreate 方法只在 Activity 的生命周期中被调用一次。

可见的生命周期

可见的生命周期发生在 onStart 和 onPause 两个处理程序之间。在这两个回调之前，Activity 对用户是可见的，尽管可能没有焦点，甚至部分不可见。当 Activity 在前台与后台之间进行切换时，它们可能会在完整的生命周期中经历好几个可见的生命周期。从 Android 3.0 Honeycomb (API 级别 11)开始，可以放心地假设在应用进程终止之前将调用 onStop 方法。

onStop 方法应该用于暂停或停止动画、线程、传感器侦听器、GPS 定位、计时器、Service 或其他专门用于更新 UI 的进程。因为当 UI 不可见时，使用资源(如内存、CPU 周期或网络带宽)来更新 UI 没有任何价值。当 UI 再次可见时，我们可以使用 onStart 方法恢复或重新启动这些进程。

onRestart 方法只有在第一次调用 onStart 的时候不被调用，之后每一次都会在 onStart 方法之前被调用，可以用来实现仅当 Activity 在完整的生命周期内重新启动时才需要执行的特殊处理。

onStart/onStop 方法还应该用于注册和取消注册仅用于更新 UI 的广播接收者(Broadcast Receiver)。

> **注意：**
> 你将在第 6 章中学到更多关于广播接收者的内容。

活动的生命周期

活动的生命周期以 onResume 方法被调用开始，并在 onPause 方法被调用时结束。

活动 Activity 位于前台，可以接收用户输入事件。你的 Activity 可能会在被销毁之前经历很多次活动的生命周期，因为活动的生命周期会在新的 Activity 显示时、设备进入睡眠状态时以及 Activity 失去焦点时结束。因此，需要尝试让 onPause 和 onResume 方法中的代码保持快速且轻量级，以确保应用在进入前台时马上响应。可以放心地假设在活动的生命周期中，onPause 方法将在进程终止之前被调用。

> **注意：**
> 如果系统确定可能需要恢复 Activity 的状态，那么在 onPause 调用之前立即调用 onSaveInstanceState。这提供了一个将 Activity 的 UI 状态保存在一个 Bundle 中的机会，这个 Bundle 可以传递给 onCreate 和 onRestoreInstanceState 方法。
>
> 使用 onSaveInstanceState 保存 UI 状态，以确保 Activity 在下一次重新处于活动状态时能够呈现相同的 UI。如果系统决定不恢复当前状态，则可能不会调用 onSaveInstanceState 方法——例如，当通过 Back 按钮关闭 Activity 时。

由于 Android 3.0 Honeycomb (API 级别 11)，onStop 处理程序的完成标志着一个 Activity 不会在没有警告的情况下被终止。这允许将保存状态所需的所有耗时操作都移到 onStop 方法中，从而使得 onPause 方法更加轻量级，并在 Activity 不活动时专注于挂起内存或 CPU 密集型操作。根据应用架构，这可能包括 Activity 不在前台时挂起线程、进程或广播接收者。

对应的 onResume 方法也应该是轻量级的。不需要在这里重新加载 UI 状态，因为这应该由 onCreate 和

onRestoreInstanceState 方法根据需要来处理。可以使用 onResume 反转在 onPause 方法中执行的操作——例如分配已释放的资源，初始化或注册已删除或未注册的组件，以及恢复任何挂起的行为。

4. 监控状态改变

代码清单 3-4 中的框架代码显示了 Activity 中可用的状态转换时的各个处理程序，对于每一个处理程序，上方的注释都描述了在对应的回调事件中应该考虑采取的操作。

代码清单 3-4：Activity 状态的事件回调处理

```
public class StateChangeMonitoringActivity extends AppCompatActivity {

  // 在完整的生命周期开始时被调用。
  @Override
  public void onCreate(Bundle savedInstanceState) {
    super.onCreate(savedInstanceState);

    // 初始化 Activity 并填充 UI 布局。
  }

  // 该方法会在 Activity 进程后续的可见的生命周期之前调用。
  // 也就是说，在 Activity 返回到之前被隐藏的可见状态之前调用。
  @Override
  public void onRestart() {
    super.onRestart();

    // 在 Activity 进程进入可见状态时，加载相应的变化。
  }

  // 在可见的生命周期开始时调用。
  @Override
  public void onStart() {
    super.onStart();

    // Activity 已经可见，现在就可以进行任何 UI 更改操作。
    // 在这里，通常会进行一系列的操作，
    // 以确保 UI 界面能够被适当填充或更新。
  }

  // 如果 Activity 在最后被 Android 运行时(ART)销毁，然后启动，
  // 而不是通过用户或程序操作(例如用户回击或调用 finish())，
  // 那么该方法会在 onStart()方法结束后被调用。
  @Override
  public void onRestoreInstanceState(Bundle savedInstanceState) {
    super.onRestoreInstanceState(savedInstanceState);

    // 从 savedInstanceState 中恢复 UI 的状态。
    // 这个 bundle 实例还会被传送到 onCreate 方法中。
    // 只有最后一次可见 Activity 被系统杀死时才会被调用。
  }

  // 活动的生命周期开始时调用。
  @Override
  public void onResume() {
    super.onResume();

    // 恢复 Activity 所需的任何暂停的 UI 更新、线程或进程，
    // 但它们会在 Activity 处于不活动状态时暂停。
    // 而在此阶段，Activity 处于活动状态，
    // 并接收来自用户操作的输入
  }

  // 在活动的生命周期结束时调用。
  @Override
  public void onPause() {
    super.onPause();

    // 当 Activity 不再处于前台活动状态时，就会挂起不需要的 UI 更新、
    // 线程或 CPU 密集型进程。注意，在多屏幕模式下，
    // 暂停的 Activity 可能仍然可见，因此应该继续执行所需的 UI 更新。
```

```
  }

  // 在适当的时机进行调用，以在活动的生命周期结束时保存 UI 状态的更改。
  @Override
  public void onSaveInstanceState(Bundle savedInstanceState) {
    super.onSaveInstanceState(savedInstanceState);

    // 将 UI 状态的变更保存到 savedInstanceState 这个 Bundle 实例中。
    // 如果这个进程被 Android 运行时杀死并重启，
    // 那么这个 Bundle 实例就会被传递给 onCreate()
    // 和 onRestoreInstanceState()方法。
    // 注意,如果 Android 运行时确定 Activity 被“永久”终止了，
    // 那么可能不会调用上面两个方法。
  }

  // 在可见的生命周期结束时调用。
  @Override
  public void onStop() {
    super.onStop();

    // 当 Activity 彻底不可见时，挂起不需要的剩余 UI 更新、
    // 线程或相应的处理。保存好所有的状态更改，
    // 因为 Activity 可能在 onStop 完成后的任何时候被终止。
}

  // 有时在完整的生命周期结束时调用。
  @Override
  public void onDestroy() {
    super.onDestroy();

    // 清理所有资源，包括结束线程、关闭数据库连接，等等。
  }
```

最后，如上面的代码所示，在重写这些生命周期回调时，应该始终记得调用父类方法。

3.5.4　响应内存压力

Android 系统将在没有任何警告的情况下终止应用，以释放任何活动的和可见的应用所需的资源。

为了提供最好的用户体验，Android 必须在杀死应用以释放资源来提供相应系统的即时响应与维护尽可能多的后台应用以改善应用间切换的用户体验之间找到平衡。

可以通过重写 onTrimMemory 方法来帮助减少内存的使用，从而即时响应系统的请求。在终止应用进程时，通常系统将从空进程开始，接下来是后台应用(那些托管不可见且没有任何正在运行的服务的 Activity)。最后在极端情况下，甚至会终止具有可见 Activity 或前台服务的应用，以此来释放处于活动状态的 Activity 所在应用所需的资源。

终止应用的顺序通常是由最近最少使用(LRU)列表决定的，其中使用时间最长的应用会最先被终止。此外，Android 运行时也会考虑杀死每个应用可能释放的内存量，并且系统更有可能杀死那些提供更高资源回收率的应用。因此，应用消耗的内存越少，被终止的可能性就越小，整个系统的性能也就越好。

onTrimMemory 方法在每个应用组件中都是可用的，包括 Activity 和 Service，它为行为良好的应用提供了在系统资源不足时释放额外内存的机会。

你应该使用提供请求上下文的 level 参数并实现 onTrimMemory 方法以基于当前系统约束来递增释放内存。请注意，传递给 onTrimMemory 方法的 level 参数并不代表简单的线性级数，而是一系列上下文线索，可帮助你确定如何最好地释放整体系统内存压力。

TRIM_MEMORY_RUNNING_MODERATE——应用正在运行，没有考虑终止，但是系统开始感到内存压力。

TRIM_MEMORY_RUNNING_LOW——应用正在运行，没有考虑终止，但系统已经开始处于低内存运行中，现在释放内存可提高系统(以及应用)的性能。

TRIM_MEMORY_RUNNING_CRITICAL——应用正在运行，没有考虑终止，但是系统的内存已经非常低。如果应用不释放资源，系统现在将开始杀死后台进程，因此通过释放非关键资源，现在可以防止性能下降，

并减少其他应用被终止的机会。

TRIM_MEMORY_UI_HIDDEN——应用将不再显示可见的 UI。这是释放仅供 UI 使用的大型资源的好机会。在这里(而不是在 onStop 方法中)这样做是很好的实践，因为如果 UI 快速地从隐藏切换为可见，将能避免阻塞/重新加载 UI 资源。

TRIM_MEMORY_BACKGROUND——应用不再可见，并且已经添加到最近最少使用(LRU)列表中——因而是被终止的低风险候选项。然而，系统已经内存不足，可能已经杀死了 LRU 列表中的其他应用。此时需要释放易于恢复的资源，减少系统压力，降低应用被终止的可能性。

TRIM_MEMORY_MODERATE——应用位于 LRU 列表的中间位置并且系统内存不足。如果系统内存进一步受限，进程很可能会被终止。

TRIM_MEMORY_COMPLETE——如果系统不能立即恢复内存，那么应用最有可能被终止。应该释放所有对恢复应用状态不重要的东西。

与其将当前级别与这些确切的值进行比较，不如检查级别是否大于或等于你感兴趣的级别，从而考虑将来的中间状态，如代码清单 3-5 所示。

代码清单 3-5：内存调整请求事件的处理程序

```
@Override
public void onTrimMemory(int level) {
  super.onTrimMemory(level);

  // 应用作为被终止的候选者之一。
  if (level >= TRIM_MEMORY_COMPLETE) {
    // 在此释放所有可能的资源以保证程序不会被立即终止。
  } else if (level >= TRIM_MEMORY_MODERATE) {
    // 在这里释放资源将减少应用被终止的可能性。
  } else if (level >= TRIM_MEMORY_BACKGROUND) {
    // 在此释放那些易于恢复的资源。
  }

  // 应用将不再可见。
  else if (level >= TRIM_MEMORY_UI_HIDDEN) {
    // 应用不再具有任何可见的 UI。释放并维护 UI 相关的所有资源。
  }

  // 应用正常运行并且不在被终止的备选列表中。
  else if (level >= TRIM_MEMORY_RUNNING_CRITICAL) {
    //系统将开始杀死后台进程以释放非关键资源，
    // 从而阻止性能的恶化以及减少其他应用被杀死的可能性。
  } else if (level >= TRIM_MEMORY_RUNNING_MODERATE) {
    // 在此释放资源以缓解内存压力，提升系统的综合性能。
  } else if (level >= TRIM_MEMORY_RUNNING_LOW) {
    // 系统已经开始感知到内存压力。
  }
}
```

注意：

在任何时候都可以使用 Activity Manager 中的静态方法 getMyMemoryState，检索应用进程的当前内存压力级别，该方法将通过传入 RunningAppProcessInfo 参数的值返回结果。另外，要支持低于 14 的 API 级别，可以使用 onLowMemory 方法进行回调，这大致相当于 TRIM_MEMORY_COMPLETE 级别。

3.6 Fragment

Fragment 使你能够将 Activity 划分为完全封装的可重用组件，每个组件都有自己的生命周期和状态。

每一个 Fragment 都是一个独立的模块，虽然松散耦合，但是与添加它的 Activity 紧密绑定。Fragment 可以包含 UI，也可以不包含，并且还可以在多个 Activity 中使用。封装了 UI 的 Fragment 可以多种组合形式进行排列，以此适应多窗格的 UI，还可以在运行的 Activity 中执行添加、删除和交换等操作，以此帮助构建动态的用户界面。

尽管没有必要将 Activity(以及相应的布局)划分为 Fragment，但这样做可以极大地提高 UI 的灵活性，并使你更容易根据新的设备配置调整用户体验。

注意：

Fragment 作为 Android 3.0 Honeycomb (API 级别 11)的一部分被引入 Android。它们现在同样作为 Android Support Library 的一部分被使用，该支持库还包括我们正在使用的 AppCompatActivity。

如果正在使用兼容性库，那么确保所有与 Fragment 相关的导入和类引用都只使用支持库类，这一点非常重要。Fragment 包的原始库和支持库是密切相关的，但是它们的类却是不可互换的。

3.6.1　创建新的 Fragment

可以通过扩展 Fragment 类来创建新的 Fragment，(可选)定义 UI 并实现封装功能。

当然，在多数情况下，你肯定想要为 Fragment 分配 UI。也可以创建不包含 UI 但为 Activity 提供后台行为的 Fragment，本章后面将更详细地讨论这一点。

如果 Fragment 确实需要 UI，可重写 onCreateView 方法来填充并返回所需要的 View 结构，如代码清单 3-6 中的 Fragment 框架代码所示。

代码清单 3-6：Fragment 框架代码

```
import android.content.Context;
import android.net.Uri;
import android.os.Bundle;
import android.support.v4.app.Fragment;
import android.view.LayoutInflater;
import android.view.View;
import android.view.ViewGroup;

public class MySkeletonFragment extends Fragment {

  public MySkeletonFragment() {
    // 需要一个空的、开放的构造方法
  }

  @Override
  public View onCreateView(LayoutInflater inflater, ViewGroup container,
                           Bundle savedInstanceState) {
    // 为 Fragment 膨胀布局
    return inflater.inflate(R.layout.my_skeleton_fragment_layout,
                            container, false);
  }
}
```

可以使用 View Group 在代码中创建布局。然而，与 Activity 一样，设计 Fragment UI 布局的首选方案是膨胀(inflate)XML 布局资源。

但与 Activity 不同的是，Fragment 不需要在配置清单中进行注册。这是因为 Fragment 只有在嵌入 Activity 时才能存在，它们的生命周期依赖于它们所依附的 Activity 的生命周期。

3.6.2　Fragment 的生命周期

Fragment 的生命周期事件反映了父 Activity 的生命周期事件。然而，在所依附的 Activity 处于活动(active)—恢复(resumed)状态之后，添加或删除 Fragment 将影响独立的生命周期。

Fragment 包含一系列的事件回调，这些事件回调映射了 Activity 的事件回调。它们分别在 Fragment 创建(created)、启动(started)、恢复(resumed)、暂停(paused)、停止(stopped)和销毁(destroyed)时触发。Fragment 还包括许多额外的回调，这些回调表示将 Fragment 依附到父上下文(Context)以及从父上下文中分离，有的回调表示

Fragment 视图层次结构的创建(和销毁)以及父 Activity 创建的完成。

图 3-4 总结了 Fragment 的生命周期。

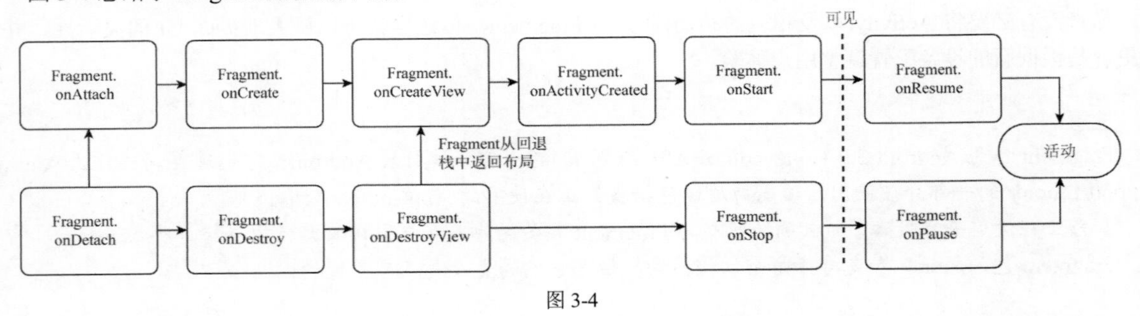

图 3-4

代码清单 3-7 中的框架代码显示了 Fragment 中可用的生命周期回调的存根。每个存根中的注释描述了应该对每个状态变更事件采取的动作。

> **注意：**
> 在重写大多数处理程序时，必须调用父类中对应的方法。

代码清单 3-7：Fragment 生命周期的事件回调

```
public class MySkeletonFragment extends Fragment {

  // 需要一个开放的、空的构造方法。
  public MySkeletonFragment() {}

  // 当 Fragment 依附到父 Activity 时调用。
  @Override
  public void onAttach(Context context) {
    super.onAttach(context);
    // 获取一个代表父类控件的上下文引用。
  }

  // 在 Fragment 进行初始化创建时调用。
  @Override
  public void onCreate(Bundle savedInstanceState) {
    super.onCreate(savedInstanceState);
    // 初始化 Fragment。
  }

  // 每当 Fragment 开始创建用户界面时调用。
  @Override
  public View onCreateView(LayoutInflater inflater,
                           ViewGroup container,
                           Bundle savedInstanceState) {
    // 创建并膨胀 Fragment 的 UI，然后返回 UI 的 View 对象。
    // 如果 Fragment 没有 UI 界面，则返回 null。
    return inflater.inflate(R.layout.my_skeleton_fragment_layout,
                            container, false);
  }

  // 当创建父 Activity 和 Fragment 的 UI 时调用。
  @Override
  public void onActivityCreated(Bundle savedInstanceState) {
    super.onActivityCreated(savedInstanceState);

    // 完成 Fragment 的初始化，特别是需要初始化父 Activity
    // 或 Fragment 的 View 被完全膨胀的任何内容
  }

  // 可见的生命周期开始时调用。
  @Override
  public void onStart() {
    super.onStart();

    // 此时 Fragment 已经可见，可以应用任何必要的 UI 更改了。
```

```
  }

  // 活动的生命周期开始时调用。
  @Override
  public void onResume() {
    super.onResume();

    // 恢复 Fragment 需要的，但由于进入非活动状态而暂停的所有 UI 更新、线程或进程。
  }

  // 活动的生命周期结束时调用。
  @Override
  public void onPause() {
    super.onPause();

    // 挂载那些当 Activity 不处于前台活动状态时，
    // 就不需要的 UI 更新、线程或密集的 CPU 进程。
    // 由于在该方法调用之后，进程有被杀死的可能性，
    // 因此需要做好编辑内容及状态改变的持久化。
  }

  // 调用该方法，活动的生命周期结束时，保存 UI 的状态改变。
  @Override
  public void onSaveInstanceState(Bundle savedInstanceState) {
    super.onSaveInstanceState(savedInstanceState);

    //将 UI 状态的变化保存在 saveInstanceState 实例中。
    //如果父 Activity 被杀死并重启，那么这个 Bundle 实例将会被传给 onCreate、onCreateView 和 onActivityCreated 方法。
  }

  // 在可见的生命周期结束时调用。
  @Override
  public void onStop() {
    super.onStop();

    // 挂载那些在 Fragment 不可见时不需要的 UI 更新、线程和进程。
  }

  // 当 Fragment 的 View 被分离时调用。
  @Override
  public void onDestroyView() {
    super.onDestroyView();

    // 清除与视图相关的资源。
  }

  // 在完整的生命周期结束时调用。
  @Override
  public void onDestroy() {
    super.onDestroy();

    //清理所有资源，包括结束线程、关闭数据库连接等。
  }

  // 当 Fragment 与父 Activity 分离时调用。
  @Override
  public void onDetach() {
    super.onDetach();

    // 清理对父类的所有引用，包括对其他 View 或类的引用。
    // 通常将这些引用设置为 null。
  }
}
```

1. Fragment 特定的生命周期事件

大多数 Fragment 生命周期事件都与 Activity 类中的等效事件相对应，本章前面已对此进行了详细介绍，剩下的那些则特定于 Fragment，以及它们被添加到父 Activity 的方式。

从父上下文依附和分离 Fragment

Fragment 的整个生命周期开始于将其绑定至父上下文，而结束于将其从父上下文中分离。这些事件分别由 onAttach 和 onDetach 方法被调用来体现。

onAttach 事件在 Fragment 的 UI 被创建之前触发，并且在 Fragment 自身或父组件完成初始化之前触发。通

常，onAttach 事件用于获取对父组件上下文的引用，以便为进一步的初始化任务做准备。

如果从父组件中分离 Fragment 或者包含 Fragment 的组件被销毁，onDetach 方法将被调用。与 Fragment/Activity 暂停后调用的所有处理程序一样，如果父组件的进程在完成完整的生命周期之前被终止，那么 onDetach 方法可能不会被调用。

创建和销毁 Fragment

Fragment 的创建生命周期发生在第一次调用 onCreate 方法和最后一调用 onDestroy 方法之间。没有调用相应的 onDestroy 方法就终止进程的情况是很常见的，因此 Fragment 不能依赖于 onDestroy 事件的触发。

和 Activity 一样，应该使用 onCreate 方法初始化 Fragment。最好在这里创建类的成员对象，以确保它们在 Fragment 的生命周期中只被创建一次。

注意，与 Activity 不同的是，Fragment UI 没有在 onCreate 方法中进行填充。

创建和销毁用户界面

Fragment 的 UI 会在一组新的事件回调中被分别初始化(和销毁)：onCreateView 和 onDestroyView。

可以使用 onCreateView 方法初始化 Fragment：膨胀 UI 并获取所包含 View 的引用(并绑定数据)。

一旦膨胀了 View 结构，它就会通过处理程序返回：

```
return inflater.inflate(R.layout.my_skeleton_fragment_layout, container, false);
```

如果 Fragment 需要与父 Activity 的 UI 进行交互，则需要等待 onActivityCreated 事件被触发。这意味着父 Activity 已经完成了初始化，并且它的 UI 已经完全构建好了。

2. Fragment 的状态

Fragment 的生命周期与它所依附的组件的生命周期密不可分。因此，Fragment 的状态转换也与相应的父 Activity 的状态转换有着密切的关系。

就像 Activity 一样，当 Fragment 所属的 Activity 获得焦点并处于前台时，Fragment 也处于活动状态。当一个 Activity 被暂停或停止时，它所包含的 Fragment 也会被暂停和停止，而由非活动状态的 Activity 所包含的 Fragment 也会处于非活动状态。当一个 Activity 最后被销毁时，它所包含的每个 Fragment 也将被销毁。

由于 Android 内存管理器定期关闭应用以释放资源，这些 Activity 中包含的 Fragment 也会被销毁。

虽然 Activity 与 Fragment 是紧密绑定的，但是使用 Fragment 组成 Activity 的 UI 的优点之一，则是可以灵活地动态添加和删除 Activity 中的 Fragment。因此，在父 Activity 的活动生命周期内可多次经历完整、可见及活动的生命周期。

无论 Fragment 在生命周期中转换的触发因素是什么，管理状态转换对于确保流畅的用户体验是至关重要的。Fragment 从分离、暂停、停止或非活动状态转换回活动状态时，应该也是无差别的。因此，在 Fragment 暂停和停止时，保存所有的 UI 状态和数据就显得尤为重要。仍旧与 Activity 类似，当 Fragment 再次进入活动状态时，应该恢复已保存的各种状态。

3.6.3 Fragment Manager 介绍

每个 Activity 都有一个 Fragment Manager，用来管理它所包含的 Fragment。在使用支持库时，将使用 getSupport-FragmentManger 方法来访问 Fragment Manager。

```
FragmentManager fragmentManager = getSupportFragmentManager();
```

Fragment Manager 提供了用于访问当前添加到 Activity 中的 Fragment 的方法，并可以通过执行 Fragment Transaction 对 Fragment 执行添加、删除和替换等操作。

3.6.4 添加 Fragment 到 Activity 中

将 Fragment 添加到 Activity 中的最简单方式，就是在 Activity 的 XML 布局文件中包括一个 fragment 标签，如代码清单 3-8 所示。

代码清单 3-8：使用 XML 布局文件为 Activity 添加 Fragment

```
<?xml version="1.0" encoding="utf-8"?>
<LinearLayout xmlns:android="http://schemas.android.com/apk/res/android"
  android:orientation="horizontal"
  android:layout_width="match_parent"
  android:layout_height="match_parent">
  <fragment android:name="com.professionalandroid.apps.MyListFragment"
    android:id="@+id/my_list_fragment"
    android:layout_width="wrap_content"
    android:layout_height="match_parent"
    android:layout_weight="1"
  />
  <fragment android:name="com.professionalandroid.apps.DetailFragment"
    android:id="@+id/details_fragment"
    android:layout_width="wrap_content"
    android:layout_height="match_parent"
    android:layout_weight="3"
  />
</LinearLayout>
```

Fragment 一旦被膨胀，它就成为 View 结构中的一个 View Group，并且可在 Activity 中布局和管理 UI。

当使用 Fragment 定义一组基于不同屏幕大小的静态布局时，这种方法就会很有效。如果打算在运行时通过添加、删除和替换 Fragment 来动态修改布局，那么更好的方法是创建并使用容器 View 的布局，在运行时可以根据当前应用的状态将 Fragment 放置在容器 View 中。

代码清单 3-9 显示了一个可用于支持这种方法的 XML 代码块。

代码清单 3-9：通过容器 View 来使用 Fragment

```
<?xml version="1.0" encoding="utf-8"?>
<LinearLayout xmlns:android="http://schemas.android.com/apk/res/android"
  android:orientation="horizontal"
  android:layout_width="match_parent"
  android:layout_height="match_parent">
  <FrameLayout
    android:id="@+id/list_container"
    android:layout_width="wrap_content"
    android:layout_height="match_parent"
    android:layout_weight="1"
  />
  <FrameLayout
    android:id="@+id/details_container"
    android:layout_width="wrap_content"
    android:layout_height="match_parent"
    android:layout_weight="3"
  />
</LinearLayout>
```

然后，需要使用 Fragment Transaction 在 Activity 中创建相应的 Fragment 并添加到相应的父容器中。

1. 使用 Fragment Transaction

Fragment Transaction 用于添加、删除和替换 Fragment。使用 Fragment Transaction，可以使布局具有动态性。也就是说，它们将根据用户交互和应用状态进行调整和更改。

每个 Fragment Transaction 可以包含受支持操作的任意组合，包括添加、删除或替换 Fragment。它们还支持要显示的过渡动画的规范以及是否向回退栈添加事务(Transaction)。

可以使用 Fragment Manager 的 beginTransaction 方法创建新的 Fragment Transaction。在设置要显示的动画以及适当的后退栈行为之前，可根据需要使用 add、remove 和 replace 方法来修改布局。当准备好执行更改时，需要调用 commit 方法以异步方式将事务添加到 UI 队列中，或者使用 commitNow 方法阻塞线程，直到事务完全完成：

```
FragmentTransaction fragmentTransaction = fragmentManager.beginTransaction();
```

```
// 添加、移除或替换 Fragment。
// 描述动画。
// 如果需要，添加到回退栈中。

fragmentTransaction.commitNow();
```

commitNow 方法是首选，但是只有在当前事务没有添加到回退栈时才可用。

2. 添加、移除和替换 Fragment

在添加新的 UI Fragment 时，创建并将新的 Fragment 实例以及放入 Fragment 的容器 View 传递给 Fragment Transaction 的 add 方法。(可选)可以指定标记(tag)，以便以后使用 findFragmentByTag 方法查找 Fragment：

```
final static String MY_FRAGMENT_TAG = "detail_fragment";
```

定义好标签后，可以使用 add 方法：

```
FragmentTransaction fragmentTransaction = fragmentManager.beginTransaction();
fragmentTransaction.add(R.id.details_container, new DetailFragment(),
                        MY_FRAGMENT_TAG);
fragmentTransaction.commitNow();
```

要移除 Fragment，首先需要找到对应的引用，通常使用的是 Fragment Manager 的 findFragmentById 或 findFragmentByTag 方法。然后将找到的 Fragment 实例作为参数传递给 Fragment Transaction 的 remove 方法：

```
FragmentTransaction fragmentTransaction = fragmentManager.beginTransaction();
Fragment fragment = fragmentManager.findFragmentByTag(MY_FRAGMENT_TAG);
fragmentTransaction.remove(fragment);
fragmentTransaction.commitNow();
```

当然，也可以使用一个 Fragment 替换另一个 Fragment。使用 replace 方法，指定包含要替换的 Fragment 的容器 ID、要替换的 Fragment，以及(可选)设置新插入 Fragment 的标记：

```
FragmentTransaction fragmentTransaction = fragmentManager.beginTransaction();
fragmentTransaction.replace(R.id.details_container,
                            new DetailFragment(selected_index),
                            MY_FRAGMENT_TAG);
fragmentTransaction.commitNow();
```

3. Fragment 和配置更改

为了在配置更改过程中保持一致的 UI 状态，在屏幕方向更改或意外终止后重新创建 Activity 时，将自动恢复添加到 UI 中的所有 Fragment。

有一点尤为重要，如果在 onCreate 方法中向 Activity 布局填充 Fragment，则必须检查这些 Fragment 此前是否已经添加，以避免重复创建多个副本。

可以通过在添加 Fragment 之前检查它们，或者通过检查 savedInstanceState 变量是否为 null 来重新启动 Activity。

```
protected void onCreate(Bundle savedInstanceState) {
  super.onCreate(savedInstanceState);
  setContentView(R.layout.activity_main);

  if (savedInstanceState == null) {
    // 创建和添加 Fragment。
  }else {
    // 获取已恢复的 Fragment 的引用。
  }
}
```

4. 使用 Fragment Manager 获取 Fragment

要在 Activity 中查找 Fragment，请使用 Fragment Manager 的 findFragmentById 方法。如果已经将 Fragment 借助 XML 文件添加到了 Activity 布局中，那么可以使用 Fragment Transaction 中的资源标识符来查找 Fragment：

```
MyFragment myFragment =
  (MyFragment)fragmentManager.findFragmentById(R.id.MyFragment);
```

如果使用 Fragment Transaction 添加了一个 Fragment，则可以查找添加了想要获取的那个 Fragment 的容器 View 的资源标识符：

```
DetailFragment detailFragment =
  (DetailFragment)fragmentManager.findFragmentById(R.id.details_container);
```

也可以使用 findFragmenByTag 方法，使用 Fragment Transaction 中指定的标记来找到对应的 Fragment：

```
DetailFragment detailFragment =
  (DetailFragment)fragmentManager.findFragmentByTag(MY_FRAGMENT_TAG);
```

本章后面将介绍不包含 UI 的 Fragment。findFragmentByTag 方法对于与这类 Fragment 进行交互至关重要。因为它们不是 Activity 的 View 层次结构的一部分，所以它们没有资源标识符或容器资源标识符传递给 findFragmentById 方法。

5. 使用 Fragment 填充动态 Activity 布局

如果要在运行时动态改变 Fragment 的布局和组成，最好只在 XML 布局中定义父容器，然后在运行时通过 Fragment Transaction 专门进行填充，以确保配置更改(例如屏幕旋转导致重新创建 UI)时的一致性。

代码清单 3-10 显示了在运行时使用 Fragment 填充 Activity 布局的框架代码；在这种情况下，我们在创建和添加一个新的 Fragment 之前需要检查该 Fragment 是否存在。

代码清单 3-10：使用容器 View 填充 Fragment 布局

```
public void onCreate(Bundle savedInstanceState) {
  super.onCreate(savedInstanceState);

  // 填充包含 Fragment 容器的布局。
  setContentView(R.layout.fragment_container_layout);

  FragmentManager fragmentManager = getSupportFragmentManager();

  //检查 Fragment 容器中是否填充了 Fragment 实例。如果没有，则创建并填充布局。
  DetailFragment detailsFragment =
    (DetailFragment) fragmentManager.findFragmentById(R.id.details_container);

  if (detailsFragment == null) {
     FragmentTransaction ft = fragmentManager.beginTransaction();
     ft.add(R.id.details_container, new DetailFragment());
     ft.add(R.id.list_container, new MyListFragment());
     ft.commitNow();
  }
}
```

为了保证得到一致的用户体验，当由于配置更改而重新启动 Activity 时，Android 将持久化 Fragment 的布局以及相关的回退栈。

基于相同的原因，当为运行时配置改变而创建备用布局时，可以考虑在所有布局变体中包含任何事务中涉及的任何容器 View。 如果不这样做，可能会导致 Fragment Manager 尝试将 Fragment 还原到新布局中不存在的容器。

要删除给定方向布局中的 Fragment 容器，只需要在布局定义中将 visibility 属性设置为 gone 即可，如代码清单 3-11 所示。

代码清单 3-11：在布局变体中隐藏 Fragment

```
<?xml version="1.0" encoding="utf-8"?>
<LinearLayout xmlns:android="http://schemas.android.com/apk/res/android"
  android:orientation="horizontal"
  android:layout_width="match_parent"
```

```
    android:layout_height="match_parent">
    <FrameLayout
      android:id="@+id/list_container"
      android:layout_width="wrap_content"
      android:layout_height="match_parent"
      android:layout_weight="1"
    />
    <FrameLayout
      android:id="@+id/details_container"
      android:layout_width="wrap_content"
      android:layout_height="match_parent"
      android:layout_weight="3"
      android:visibility="gone"
    />
</LinearLayout>
```

6. Fragment 和回退栈

在本章的前面部分，我们描述了 Activity 栈的概念——不再可见的 Activity 的逻辑栈——允许用户使用 Back 按钮回退到之前的屏幕。

Fragment 使你可以创建动态的 Activity 布局，你可以对其进行修改，以在 UI 中显示重大更改。某些情况下，可将这些更改视为一个新的屏幕——这种情况下，用户可合理地期望通过 Back 按钮回到之前的布局。这涉及逆转先前执行的 Fragment Transaction。

Android 提供了一种便捷技术。要将 Fragment Transaction 添加到回退栈，需要在调用 commit 方法之前对 Fragment Transaction 调用 addToBackStack 方法。请务必注意，在把应用添加到回退栈的 Fragment Transactions 时，不能使用 commitNow 方法。

在下面的代码片段中，我们有一个显示列表或详情视图的布局。该事务将删除列表 Fragment、添加详情 Fragment，并将更改添加到回退栈中：

```
FragmentTransaction fragmentTransaction = fragmentManager.beginTransaction();

// 找到并移除列表 Fragment。
Fragment fragment = fragmentManager.findFragmentById(R.id.ui_container);
fragmentTransaction.remove(fragment);

// 创建并添加详情 Fragment。
fragmentTransaction.add(R.id.ui_container, new DetailFragment());

// 添加 Fragment Transaction 到回退栈中并提交更改。
fragmentTransaction.addToBackStack(BACKSTACK_TAG);
fragmentTransaction.commit();
```

单击 Back 按钮将反转之前的 Fragment Transaction，并将 UI 返回到之前的布局。

当提交前一个 Fragment Transaction 时，列表 Fragment 被停止、分离并移到回退栈中，而不是简单地被销毁。如果事务被反转，详情 Fragment 将被销毁，列表 Fragment 将重新启动并重新附加到 Activity 上。

7. Fragment 动画事务

要应用默认的转场动画，可在任何 Fragment Transaction 上使用 setTransition 方法，并传入一个 FragmentTransaction.TRANSIT_FRAGMENT_*常量值：

```
fragementTransaction.setTransition(FragmentTransaction.TRANSIT_FRAGMENT_OPEN);
```

在调用 Fragment Transaction 的 add 或 remove 方法之前，还可以使用 setCustomAnimations 方法将自定义动画应用到 Fragment 上。这个方法接收两个 Object Animator 的 XML 资源：一个用于添加到布局中的 Fragment，另一个用于从布局中移除的 Fragment：

```
fragmentTransaction.setCustomAnimations(android.R.anim.fade_in,
                                        android.R.anim.fade_out);
```

在布局中替换 Fragment 时，这是一种特别有用的方法，可用来添加无缝动态转换。可以在第 14 章“用户界面的高级定制”中找到关于创建自定义动画和动画资源的更多详细信息。

3.6.5 Fragment 与 Activity 之间的通信

当 Fragment 需要与宿主 Activity 共享事件时(例如发出 UI 选择的信号)，最好在 Fragment 中创建一个宿主 Activity 必须实现的回调接口。

代码清单 3-12 显示了 Fragment 类中的一个代码片段，在这个代码片段中定义了一个公共的事件监听接口。我们重写了 onAttach 处理程序以获取对宿主 Activity 的引用，并确认它实现了所需的接口。在 onDetach 处理程序中，将我们获取到的引用设置为 null，onButtonPressed 方法被用作占位符示例，以调用父 Activity 上的接口方法。

代码清单 3-12：定义 Fragment 事件回调接口

```
public class MySkeletonFragment extends Fragment {

  public interface OnFragmentInteractionListener {
    // TO DO: 更新参数的类型和名字。
    void onFragmentInteraction(Uri uri);
  }

  private OnFragmentInteractionListener mListener;

  public MySkeletonFragment() {}

  @Override
  public View onCreateView(LayoutInflater inflater, ViewGroup container,
                           Bundle savedInstanceState) {
    // 为该 Fragment 膨胀布局。
    return inflater.inflate(R.layout.my_skeleton_fragment_layout,
                            container, false);
  }

  @Override
  public void onAttach(Context context) {
    super.onAttach(context);
    if (context instanceof OnFragmentInteractionListener) {
      mListener = (OnFragmentInteractionListener) context;
    } else {
      throw new RuntimeException(context.toString()
              + " must implement OnFragmentInteractionListener");
    }
  }

  @Override
  public void onDetach() {
    super.onDetach();
    mListener = null;
  }

  public void onButtonPressed(Uri uri) {
    if (mListener != null) {
      mListener.onFragmentInteraction(uri);
    }
  }
}
```

还可以在任何 Fragment 中使用 getContext 方法以获取对嵌入组件的上下文(Context)引用。

尽管 Fragment 可以通过宿主 Activity 的 Fragment Manager 来实现彼此通信，但通常认为将 Activity 用作中介会更好。这使得 Fragment 必须尽可能独立且低耦合，同时负责决定 Fragment 中的事件将如何影响宿主 Activity 的整体 UI。

3.6.6 没有 UI 的 Fragment

在大多数情况下，Fragment 都被用作封装 UI 模块的组件；但是，也可以在没有 UI 的情况下创建 Fragment，以提供在配置更改导致的 Activity 重启过程中持续存在的后台行为。

当使用 setRetainInstance 方法重新创建父 Activity 时，可以选择让活动的 Fragment 保留当前实例。调用此方法后，Fragment 的生命周期将发生变化。

当 Activity 重启时，将保留相同的 Fragment 实例，而不是使用父 Activity 进行销毁和重新创建。当父 Activity 被销毁时，将接收到 onDetach 事件，随后是由新的父 Activity 实例化的 onAttach、onCreate 和 onActivityCreated 事件。

下面的代码片段展示了没有 UI 的 Fragment 的框架代码：

```
public class WorkerFragment extends Fragment {

  public final static String MY_FRAGMENT_TAG = "my_fragment";

  @Override
  public void onAttach(Context context) {
    super.onAttach(context);

    // 获取父组件上下文的安全类型引用。
  }

  @Override
  public void onCreate(Bundle savedInstanceState) {
    super.onCreate(savedInstanceState);

    // 创建持续的线程和任务。
  }

  @Override
  public void onActivityCreated(Bundle savedInstanceState) {
    super.onActivityCreated(savedInstanceState);

    // 初始化工作线程和任务。
  }
}
```

要将上述 Fragment 添加到 Activity 中，可创建一个新的 Fragment Transaction，并指定标记。因为 Fragment 没有 UI，所以它不应该与容器 View 相关联，也不应该添加到回退栈中。

```
FragmentTransaction fragmentTransaction = fragmentManager.beginTransaction();

fragmentTransaction.add(new WorkerFragment(), WorkerFragment.MY_FRAGMENT_TAG);

fragmentTransaction.commitNow();
```

然后，就可以使用 Fragment Manager 的 findFragmentByTag 方法找到 Fragment 对应的引用：

```
WorkerFragment workerFragment
  = (WorkerFragment)fragmentManager
    .findFragmentByTag(WorkerFragment.MY_FRAGMENT_TAG);
```

3.7 构建 Earthquake Viewer 应用

在下面的示例中，将开始创建一个应用，名为 Earthquake Viewer，该应用将使用来自美国地质调查局(USGS)的地震数据源来显示近期的地震列表(并最终显示地图)。

在本章中，我们将使用 Activity、Layout 和 Fragment 为此应用创建 Activity UI；在接下来的章节中，还将多次回到这个应用，逐步添加更多特性和功能。

图 3-5 显示了这个应用的基本结构，创建步骤如下：

注意：

为提高可读性，这些示例都排除了 import 语句。如果正在使用 Android Studio，可以启用 Add unambiguous imports on the fly(自动导入包)功能，如图 3-6 所示，启用后 Android Studio 会自动填充代码中使用的类所需的导入语句。也可以根据需要在每个未解析的类名上按 Alt + Enter 组合键。

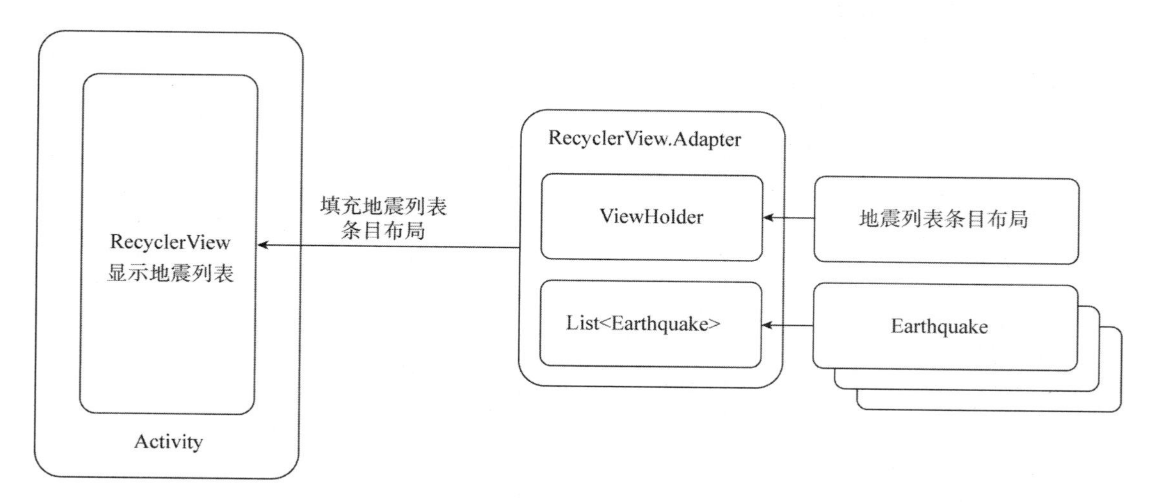

图 3-5

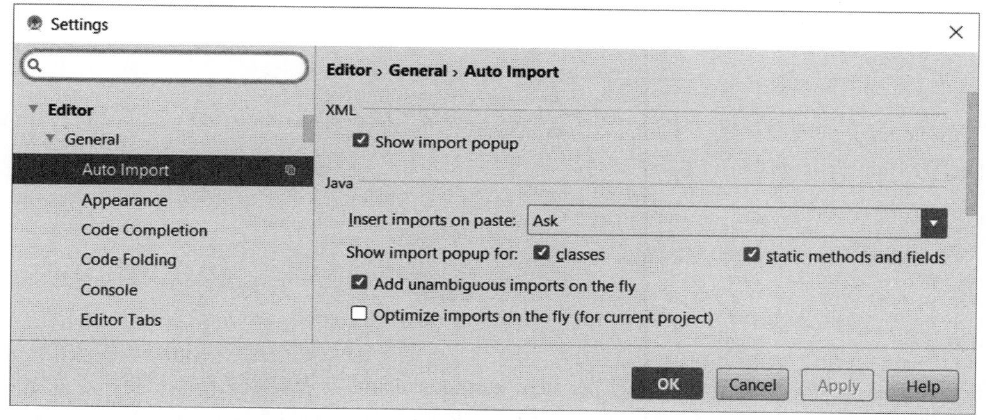

图 3-6

(1) 创建一个新的 Earthquake 项目。它应该支持手机和平板电脑，支持 API 16 及以上级别的 SDK，并使用空的 Activity 模板。进入项目后，我们将 Android Studio 默认创建的主 Activity——MainActivity 重命名为 EarthquakeMainActivity。

(2) 创建一个新的、公有的 Earthquake 类。该类将会用于存储每一次地震的详细信息(id、日期、详细信息、位置、震级、链接)。然后重写 toString 方法，以提供用于表示地震列表中每一条数据的字符串：

```
import java.util.Date;
import java.text.SimpleDateFormat;
import java.util.Locale;

import android.location.Location;

public class Earthquake {
  private String mId;
  private Date mDate;
  private String mDetails;
  private Location mLocation;
  private double mMagnitude;
  private String mLink;

  public String getId() { return mId; }
  public Date getDate() { return mDate; }
  public String getDetails() { return mDetails; }
  public Location getLocation() { return mLocation; }
  public double getMagnitude() { return mMagnitude; }
```

```
  public String getLink() { return mLink; }

  public Earthquake(String id, Date date, String details,
                    Location location,
                    double magnitude, String link) {
    mId = id;
    mDate = date;
    mDetails = details;
    mLocation = location;
    mMagnitude = magnitude;
    mLink = link;
  }

  @Override
  public String toString() {
    SimpleDateFormat sdf = new  SimpleDateFormat("HH.mm", Locale.US);
    String dateString = sdf.format(mDate);
    return dateString + ": " + mMagnitude + " " + mDetails;
  }

 @Override
  public boolean equals(Object obj) {
    if (obj instanceof Earthquake)
      return (((Earthquake)obj).getId().contentEquals(mId));
    else
      return false;
  }
}
```

(3) 在 res/values 文件夹中创建一个新的名为 dimens.xml 的 XML 资源文件以存储尺寸资源值。根据 Android 设计指南推荐的 16dp 为屏幕边距创建新的尺寸。

```
<?xml version="1.0" encoding="utf-8"?>
<resources>
  <!--符合 Android 设计指南的默认屏幕边距。 -->
  <dimen name="activity_horizontal_margin">16dp</dimen>
  <dimen name="activity_vertical_margin">16dp</dimen>
  <dimen name="text_margin">16dp</dimen>
</resources>
```

(4) 在 res/layout 文件夹中创建一个新的 list_item_earthquake.xml 布局资源文件，它将用于显示列表中的每一条地震数据。我们先使用一个简单的 TextView，它使用步骤(3)中的边距和 Android 框架中文本样式的列表条目显示单行文本。在第 5 章中我们还将回到这里，创建更加丰富、更加复杂的布局：

```
<?xml version="1.0" encoding="utf-8"?>
<FrameLayout xmlns:android="http://schemas.android.com/apk/res/android"
  android:layout_width="match_parent"
  android:layout_height="wrap_content">
  <TextView
    android:id="@+id/list_item_earthquake_details"
    android:layout_width="match_parent"
    android:layout_height="wrap_content"
    android:layout_margin="@dimen/text_margin"
    android:textAppearance="?attr/textAppearanceListItem"/>
</FrameLayout>
```

(5) 创建一个新的 EarthquakeListFragment 类，让它扩展自 Fragment 类并存储一个 Earthquake 数组：

```
public class EarthquakeListFragment extends Fragment {

  private ArrayList<Earthquake> mEarthquakes =
    new ArrayList<Earthquake>();

  public EarthquakeListFragment() {
  }

  @Override
  public void onCreate(Bundle savedInstanceState) {
    super.onCreate(savedInstanceState);
  }
}
```

(6) 我们的地震列表将在步骤(5)中创建的 Fragment 中使用 RecyclerView 来显示。RecyclerView 是一个可以显示滚动列表的可视化组件，我们将在第 5 章中更详细地讨论 RecyclerView。首先，需要在 app 模块的 build.gradle 文件中添加 RecyclerView 的依赖库。

```
dependencies {
  [……已存在的其他依赖库……]
  implementation 'com.android.support:recyclerview-v7:27.1.1'
}
```

(7) 在 res/layout 文件夹中创建一个新的 fragment_earthquake_list.xml 布局文件，它将用于定义步骤(5)中创建的 Fragment 类的布局，并且应该包含一个单独的 RecyclerView 元素：

```
<?xml version="1.0" encoding="utf-8"?>
<android.support.v7.widget.RecyclerView
  xmlns:android="http://schemas.android.com/apk/res/android"
  xmlns:app="http://schemas.android.com/apk/res-auto"
  android:id="@+id/list"
  android:layout_width="match_parent"
  android:layout_height="match_parent"
  android:layout_marginLeft="16dp"
  android:layout_marginRight="16dp"
  app:layoutManager="LinearLayoutManager"
/>
```

(8) 返回 EarthquakeListFragment 类，从步骤(7)开始扩展布局，重写 onCreateView 方法：

```
@Override
public View onCreateView(LayoutInflater inflater, ViewGroup container,
                         Bundle savedInstanceState) {
  View view = inflater.inflate(R.layout.fragment_earthquake_list,
                               container, false);
  return view;
}
```

(9) 修改 activity_earthquake_main.xml 文件，用 FrameLayout 替换默认布局，FrameLayout 将用作步骤(5)中创建 Fragment 的容器。请务必为其设置 ID，以便可以从 Activity 代码中引用它：

```
<?xml version="1.0" encoding="utf-8"?>
<FrameLayout xmlns:android="http://schemas.android.com/apk/res/android"
  android:layout_width="match_parent"
  android:layout_height="match_parent"
  android:id="@+id/main_activity_frame">
</FrameLayout>
```

(10) 返回到 EarthquakeMainActivity 并更新 onCreate 方法，通过 FragmentManager 将步骤(5)中的 EarthquakeListFragment 添加到步骤(9)中定义的容器 View——FrameLayout 中。注意，如果由于设备配置更改而重新创建了 Activity，那么使用 FragmentManager 添加的任何 Fragment 都将自动重新添加。因此，如果不是由于配置更改导致重新启动，我们将只添加一个新的 Fragment。另外，我们可以通过使用标签找到它：

```
private static final String TAG_LIST_FRAGMENT = "TAG_LIST_FRAGMENT";

EarthquakeListFragment mEarthquakeListFragment;

@Override
protected void onCreate(Bundle savedInstanceState) {
  super.onCreate(savedInstanceState);
  setContentView(R.layout.activity_earthquake_main);

  FragmentManager fm = getSupportFragmentManager();

  // Android 会自动重新添加先前在配置更改后添加的任何 Fragment,
  // 因此只有在不是自动重启时才添加。
  if (savedInstanceState == null) {
    FragmentTransaction ft = fm.beginTransaction();

    mEarthquakeListFragment = new EarthquakeListFragment();
    ft.add(R.id.main_activity_frame,
```

```
        mEarthquakeListFragment, TAG_LIST_FRAGMENT);

    ft.commitNow();
  } else {
    mEarthquakeListFragment =
      (EarthquakeListFragment)fm.findFragmentByTag(TAG_LIST_FRAGMENT);
  }
}
```

(11) 创建一个新的 EarthquakeRecyclerViewAdapter 类，它扩展自 RecyclerView.Adapter 类，在其中创建一个扩展自 RecyclerView.ViewHolder 类的新类 ViewHolder。当你在 EarthquakeRecyclerViewAdapter 类的 onBindViewHolder 方法中将地震数据绑定到地震项时，ViewHolder 将用于保存步骤(4)中地震条目布局中定义的每个 View 的引用。EarthquakeRecyclerViewAdapter 的作用是根据维护的地震列表提供填充的 View 布局。我们将在第 5 章中更详细地介绍 RecyclerView 及其适配器(Adapter)。

```
public class EarthquakeRecyclerViewAdapter extends

RecyclerView.Adapter<EarthquakeRecyclerViewAdapter.ViewHolder> {

  private final List<Earthquake> mEarthquakes;

  public EarthquakeRecyclerViewAdapter(List<Earthquake> earthquakes ) {
    mEarthquakes = earthquakes;
  }

  @Override
  public ViewHolder onCreateViewHolder(ViewGroup parent, int viewType) {
    View view = LayoutInflater.from(parent.getContext())
              .inflate(R.layout.list_item_earthquake,
                   parent, false);
    return new ViewHolder(view);
  }

  @Override
  public void onBindViewHolder(final ViewHolder holder, int position) {
    holder.earthquake = mEarthquakes.get(position);
    holder.detailsView.setText(mEarthquakes.get(position).toString());
  }

  @Override
  public int getItemCount() {
    return mEarthquakes.size();
  }

  public class ViewHolder extends RecyclerView.ViewHolder {
    public final View parentView;
    public final TextView detailsView;
    public Earthquake earthquake;

    public ViewHolder(View view) {
      super(view);
      parentView = view;
      detailsView = (TextView)
                view.findViewById(R.id.list_item_earthquake_details);
    }

    @Override
    public String toString() {
      return super.toString() + " '" + detailsView.getText() + "'";
    }
  }
}
```

(12) 返回 EarthquakeListFragment 类并更新 onCreateView 方法，以获取对 RecyclerView 的引用，并重写 onViewCreated 方法，将步骤(11)中的 EarthquakeRecyclerViewAdapter 设置为 RecyclerView:

```
private RecyclerView mRecyclerView;
private EarthquakeRecyclerViewAdapter mEarthquakeAdapter =
  new EarthquakeRecyclerViewAdapter(mEarthquakes);

@Override
public View onCreateView(LayoutInflater inflater, ViewGroup container,
```

```
                    Bundle savedInstanceState) {
  View view = inflater.inflate(R.layout.fragment_earthquake_list,
                          container, false);

  mRecyclerView = (RecyclerView) view.findViewById(R.id.list);

  return view;
}

@Override
public void onViewCreated(View view, Bundle savedInstanceState) {
  super.onViewCreated(view, savedInstanceState);

  // 为 RecyclerView 设置适配器
  Context context = view.getContext();
  mRecyclerView.setLayoutManager(new LinearLayoutManager(context));
  mRecyclerView.setAdapter(mEarthquakeAdapter);
}
```

(13) 在 EarthquakeListFragment 类中添加 setEarthquakes 方法，该方法获取地震数据列表，检查重复，然后将每一条新的地震数据添加到 ArrayList 中。该方法还负责通知 RecyclerViewAdapter 已插入新的数据：

```
public void setEarthquakes(List<Earthquake> earthquakes) {
  for (Earthquake earthquake: earthquakes) {
    if (!mEarthquakes.contains(earthquake)) {
      mEarthquakes.add(earthquake);
      mEarthquakeAdapter
        .notifyItemInserted(mEarthquakes.indexOf(earthquake));
    }
  }
```

(14) 在第 7 章中，你将学习如何下载和解析 USGS 地震数据，但是为了确认应用正在工作，可更新 EarthquakeMainActivity 类中的 onCreate 方法以创建一些模拟的地震数据——确保导入 java.util.Date 和 java.util.Calendar 用于日期/时间函数。创建后，使用 setEarthquakes 方法将地震数据传递给 EarthquakeListFragment 对象：

```
@Override
protected void onCreate(Bundle savedInstanceState) {
  super.onCreate(savedInstanceState);
  setContentView(R.layout.activity_earthquake_main);

  FragmentManager fm = getSupportFragmentManager();
  if (savedInstanceState == null) {
    FragmentTransaction ft = fm.beginTransaction();
    mEarthquakeListFragment = new EarthquakeListFragment();
    ft.add(R.id.main_activity_frame, mEarthquakeListFragment,
          TAG_LIST_FRAGMENT);
    ft.commitNow();
  } else {
    mEarthquakeListFragment =
    (EarthquakeListFragment)fm.findFragmentByTag(TAG_LIST_
      FRAGMENT);
  }

  Date now = Calendar.getInstance().getTime();
  List<Earthquake> dummyQuakes = new ArrayList<Earthquake>(0);
  dummyQuakes.add(new Earthquake("0", now, "San Jose", null, 7.3,
    null));
  dummyQuakes.add(new Earthquake("1", now, "LA", null, 6.5, null));

  mEarthquakeListFragment.setEarthquakes(dummyQuakes);
}
```

(15) 当运行这个项目时，你应该会看到一个 RecyclerView，其中包含两条模拟的地震数据，如图 3-7 所示。

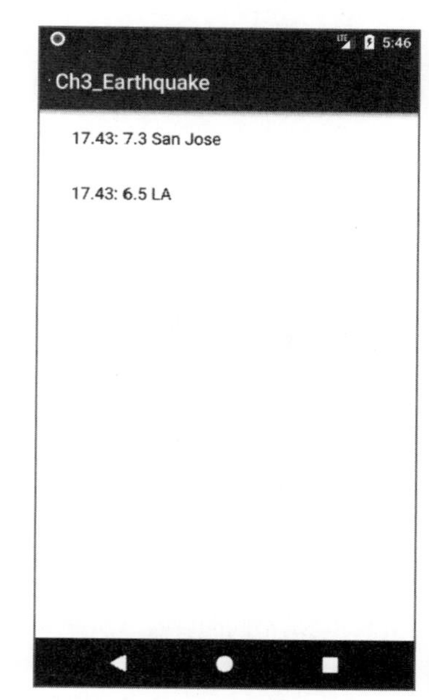

图 3-7

第 4 章

定义 Android 配置清单和 Gradle 构建文件，并外部化资源

本章主要内容

- 理解应用的配置清单
- 配置应用的构建文件
- 创建外部资源
- 使用系统定义的资源
- 使用资源为国际化和不同的设备配置提供动态支持
- 处理运行时的配置更改

本章可供下载的代码可以在 www.wrox.com 上找到。本章的代码放在如下压缩文件中：

- Snippets_ch4.zip

4.1 配置清单、构建文件和资源

每个 Android 项目都包含用于定义应用的结构、元数据、组件及需求。

在本章中，将学习如何配置应用的配置清单，以及如何修改 Gradle 构建文件。这些 Gradle 构建文件用于定义所需要的依赖关系以及定义在编译和构建应用时所需要的参数。

你应该尽可能为用户提供最好的体验，无论他们在哪个国家，以及他们使用的是什么样式、多大屏幕的 Android 设备。在本章中，将学习如何将资源外部化，并使用资源框架提供优化的资源，以确保应用在不同国家的不同硬件(特别是不同的屏幕分辨率和像素密度)上都可以完美运行，并且可以支持多种语言。

4.2 Android 配置清单

每个 Android 项目都包含清单文件 AndroidManifest.xml。在 Android Studio 中，可以在 app/manifest 文件夹中访问应用的配置清单，如图 4-1 所示。

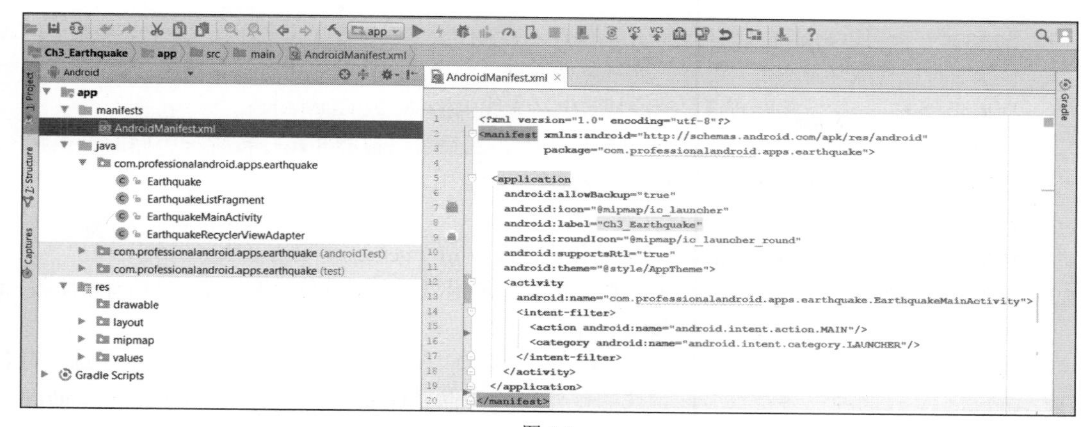

图 4-1

配置清单定义了应用的结构、元数据、组件及需求。

配置清单包含构成应用的每个 Activity、Service、Content Provider 和 Broadcast Receiver 的节点，并使用 Intent Filter 和 Permission 来确定它们之间以及它们与其他应用之间的交互方式。

配置清单由 manifest 根节点标签标记组成，其中的 package 属性用于设置项目的唯一包名，另外还应该包含 xmlns:android 属性，以提供文件中所需的多个系统属性。

下面的 XML 代码片段展示了一种典型的配置清单根节点：

```
<manifest xmlns:android="http://schemas.android.com/apk/res/android"
        package="com.professionalandroid.apps.helloworld" >
  [ ... manifest nodes ... ]
</manifest>
```

配置清单在 application 顶级节点中指定应用的元数据(如图标和主题)。其他顶级节点可指定任何所需的权限、单元测试，并定义硬件、屏幕或平台需求。

下面的列表总结了一些可用的配置清单子节点标签，另外还提供了一个 XML 代码片段，以演示如何使用每一个标签：

- uses-feature——Android 可以在各种硬件平台上使用，可以使用 use-feature 节点来指定应用正常运行所需的硬件和软件特性。

  请注意，这将阻止把应用安装在不包含指定功能的设备上，例如以下代码片段中的 NFC 硬件：

  ```
  <uses-feature android:name="android.hardware.nfc" />
  ```

  仅当希望防止把应用安装在不包含某些功能特性的设备上时才使用此节点。目前，所支持的必需功能包括以下类别：

  - Audio ——适用于低延迟或专业级音频通道，或者需要麦克风输入的应用。
  - Bluetooth ——适用于需要蓝牙或 BTLE 收音机的地方。
  - Camera ——适用于需要相机的应用。还可以要求(或设置为可选)前置或后置、自动对焦、手动后处理、手动传感器、闪光灯或 RAW 支持。
  - Device Hardware UI ——应用是为特定设备的用户界面设计的，例如汽车或手表。
  - Fingerprint ——需要能够读取指纹的生物识别硬件。
  - Gamepad ——适用于需要游戏控制器输入的游戏(或应用)，无论来自设备自身还是外接的游戏手柄。
  - Infrared ——指明对红外(IR)功能的需求(通常用于与其他用户的红外设备进行通信)。
  - Location ——指明需要基于定位的服务，还可以显式地指定网络或 GPS 作为支持。
  - NFC ——需要 NFC(近场通信)支持。
  - OpenGL ES 硬件 ——应用需要设备上安装了 OpenGL ES 的 Android 扩展包。

- Sensor ——可以指定对任何可能可用的硬件传感器的要求，包括加速度计、气压表、罗盘、陀螺仪、传感器，以检测环境温度、心率、光线、接近度、湿度，以及执行步行计数和步行检测等。
- Telephony ——指定需要普通电话或特定电话无线电(GSM 或 CDMA)。
- Touchscreen ——指定应用需要的触摸屏类型，包括可以检测和跟踪多少种不同的触摸输入。
- USB ——适用于需要 USB 主机或附件模式支持的应用。
- Wi-Fi ——需要 Wi-Fi 对网络进行支持。
- 通信软件 ——应用需要对(SIP)会话初始化协议或(VoIP Internet)协议语音服务提供支持。
- 设备管理软件 ——使用这些可选的软件功能指定应用需要支持设备管理功能，包括备份服务、设备策略执行、托管用户、用户迁移和验证启动。
- 媒体软件 ——表明应用对 MIDI 支持、打印、“后倾”(电视)UI、电视直播或主屏幕小部件有需要。

随着 Android 平台的种类日益繁多，可选的硬件和软件也会越来越多。可以在 developer.android.com/guide/topics/manifest/uses-feature-element 上找到完整的 uses-feature 硬件列表。

为了保障兼容性，指定某些权限的要求也意味着功能要求。具体来说，在请求访问蓝牙、相机权限、任何位置服务权限、音频录制、Wi-Fi 和电话相关权限的许可时，意味着需要相应的硬件功能。可以通过添加 required 属性并设置为 false 来重写这些隐含的要求，例如，支持(但不需要)录制音频笔记的记录应用可以选择使用麦克风硬件选项：

```
<uses-feature android:name="android.hardware.microphone"
              android:required="false" />
```

相机硬件也代表了一种特殊的情况。出于兼容性的考虑，请求使用相机的权限，或者添加一个需要它的 uses-feature 节点，意味着要求相机支持自动对焦。可以根据需要将其指定为可选的：

```
<uses-feature android:name="android.hardware.camera" />
<uses-feature android:name="android.hardware.camera.autofocus"
              android:required="false" />
<uses-feature android:name="android.hardware.camera.flash"
              android:required="false" />
```

- supports-screens——随着数百种大小、分辨率和密度不同的屏幕的增加，以及多窗口模式的引入，应该为应用创建响应式 UI 设计，从而为所有的用户提供良好的体验。虽然在技术上可以使用 supports-screens 节点将应用的可用性限制为仅受支持的屏幕分辨率的子集，但这被认为是不好的做法，所以应该尽量避免。
- supports-gl-texture——声明应用能够提供使用特定 GL 纹理压缩格式压缩的纹理资源。如果应用能够支持多种纹理压缩格式，则必须使用多个 supports-gl-texture 节点元素。可以在 developer.android.com/guide/topics/manifest/supports-gl-texture-element 上了解到支持的 GL 纹理压缩格式值的最新列表。

```
<supports-gl-texture android:name="GL_OES_compressed_ETC1_RGB8_texture" />
```

- uses-permission——作为安全模块的一部分，uses-permission 标签声明应用所需要的用户权限。指定的每个权限将在应用安装之前(运行在 Android 5.1 或更低版本的设备上)或在应用运行时(运行在 Android 6.0 或更高版本的设备上)呈现给用户。许多 API 和方法调用都需要权限，通常是那些具有相关成本或安全隐患的 API 和方法调用(例如拨号、接收 SMS 或使用基于位置的服务)。我们会根据需要在本书其余部分介绍这些内容。

```
<uses-permission android:name="android.permission.ACCESS_FINE_LOCATION"/>
```

- permission——共享的应用组件也可以创建权限，以限制来自其他应用组件的访问。可以使用现有平台权限来实现此目的，也可以在配置清单中定义自己的权限。为此，请使用 permission 标签创建权限定义。可以指定权限允许的访问级别(正常(normal)、危险(dangerous)、签名(signature)、签名或系统(signatureOrSystem))、标签和外部资源，其中包含解释授予指定权限的风险说明。可以在第 20 章“高级 Android 开发”中找到有关创建和使用自定义权限的更多详细信息。

```
<permission android:name="com.professionalandroid.perm.DETONATE_DEVICE"
          android:protectionLevel="dangerous"
          android:label="Self Destruct"
          android:description="@string/detonate_description">
</permission>
```

- application ——配置清单中只能包含一个 application 节点。它通过属性来指定应用的元数据(metadata)，包括名称(name)、图标(icon)和主题(theme)。还可以指定是否允许使用自动备份数据(Android Auto Backup，如第 8 章所述)，以及是否支持从右到左的 UI 布局。
  如果正在使用自定义的 Application 类，那么必须使用 android:name 属性在此处指定它。
  application 节点还可以充当指定的应用组件——Activity、Service、Content Provider 和 BroadcastReceiver 节点的容器。

```
<application
  android:label="@string/app_name"
  android:icon="@mipmap/ic_launcher"
  android:theme="@style/AppTheme"
  android:allowBackup="true"
  android:supportsRtl="true"
  android:name=".MyApplicationClass">
  [ ... application component nodes ... ]
</application>
```

- activity ——应用中的每个 Activity 都需要一个 activity 标签，并使用 android:name 属性来指示 Activity 的类名。必须包含主启动 Activity 以及可能会显示的其他任何 Activity。如果尝试启动未包含在配置清单中的 Activity，则会触发运行时异常。每一个 activity 节点都支持 intent-filter 子标签，用于定义可用于启动 Activity 的 Intent。
  注意，在指定 Activity 的类名时，前面的句点(英文句点)是应用的包名的缩写：

```
<activity android:name=".MyActivity">
  <intent-filter>
    <action android:name="android.intent.action.MAIN" />
    <category android:name="android.intent.category.LAUNCHER" />
  </intent-filter>
</activity>
```

- service ——与 activity 标签一样，为应用中使用的每个 Service 类(将在第 11 章中进行描述)添加一个 service 标签。

```
<service android:name=".MyService"/>
```

- provider ——provider 标签指定应用中的每个 Content Provider。Content Provider 用于管理数据库的访问和共享，如第 10 章所述。

```
<provider
  android:name=".MyContentProvider"
  android:authorities="com.professionalandroid.myapp.MyContentProvider"
/>
```

- receiver ——通过添加 receiver 标签，不需要先启动应用就能注册一个 Broadcast Receiver。正如你将在第 6 章中看到的，Broadcast Receiver 就像全局事件监听器。注册之后，每当系统广播匹配了对应的 Intent 时，它就会执行。通过在配置清单中注册 Broadcast Receiver，就可以使此过程完全自治。

```
<receiver android:name=".MyIntentReceiver">
</receiver>
```

注意：
可以在 developer.android.com/guide/topics/manifest/manifest-intro 上找到配置清单和这些节点的更详细描述。

Android Studio 的新项目向导在创建新项目时会自动创建一个新的配置清单文件。随着本书对每个应用组件的介绍和探索，你还会再次回到配置清单。

4.3 配置 Gradle 构建文件

每个项目都会包含一系列用于定义构建配置的 Gradle 文件，包括：

- 项目范围内的 settings.gradle 文件，用于定义构建应用时应包含哪些模块。
- 项目范围内的 build.gradle 文件，其中指定了 Gradle 本身的仓库和依赖项，以及对所有模块通用的任何仓库和依赖项。
- 模块范围内的 build.gradle 文件，用于为应用配置构建设置，包括依赖项、最小平台版本和目标平台版本、应用的版本信息以及多种构建类型和产品风格。

对于大多数应用，都不需要更改默认的设置文件以及项目范围内的 Gradle 构建文件。默认的设置文件中指明了单个模块(你的应用)。顶级 Gradle 构建文件包含了 JCenter 和 Google 作为 Gradle 的远程库，用于搜索依赖项，并包含 Gradle 的 Android 插件作为项目依赖项。

然而，可能需要对模块范围内的 Gradle 构建文件进行持续更改，该文件允许为应用定义一个或多个构建配置，包括对新支持库的依赖、版本号的更改以及对支持的平台和 SDK 版本的配置。

4.3.1 settings.gradle 文件

settings.gradle 文件位于项目的根目录中，用于告知 Gradle 在构建应用时应该包含哪些模块。默认情况下，指定了单个应用模块：

```
include ':app'
```

如果把项目扩展到使用多个模块，则需要在这里添加其他新的模块。

4.3.2 项目的 build.gradle 文件

顶级项目范围内的 build.gradle 文件位于项目的根目录中，它允许你指定适用于项目及其所有模块的依赖项和远程仓库，Gradle 将在远程仓库中进行搜索，然后下载依赖项。

buildscript 节点用于指定 Gradle 本身使用的远程仓库和依赖项，但不用于应用。

例如，默认的 dependencies 代码块包含用于 Gradle 的 Android 插件，因为这是 Gradle 构建 Android 应用模块所必需的，repositories 代码块预配置了 JCenter 和 Google 作为 Gradle 用来查找依赖项的远程仓库：

```
buildscript {
  repositories {
    google()
    jcenter()
  }
  dependencies {
    classpath 'com.android.tools.build:gradle:3.1.3'
  }
}
```

请注意，这里不是添加应用的依赖关系的地方，它们应属于应用的相关模块下的 build.gradle 文件。

使用 allprojects 代码块指定项目中所有模块会使用的远程仓库和依赖项，但对于只具有单个模块的项目，通常的做法是将依赖项包含在模块级 build.gradle 文件中。

对于新项目，Android 添加了 JCenter 和 Google 作为默认的远程库。

```
allprojects {

  repositories {
    google()
    jcenter()
```

```
  }
}
```

Android Studio 还定义了一个新的项目任务——clean，用于删除项目中 build 文件夹下的内容：

```
task clean(type: Delete) {
  delete rootProject.buildDir
}
```

4.3.3　模块级 build.gradle 文件

模块级 build.gradle 文件位于每个项目的对应模块目录中，用于为相应的模块配置构建设置项，包括所需的依赖项、最小平台版本和目标平台版本、应用的版本信息以及不同的构建类型和产品风格。

构建配置的第一行将 Gradle 的 Android 插件应用到构建中，这使你能够通过 android 代码块指定 Android 特定的构建选项：

```
apply plugin: 'com.android.application'
```

在 android 代码块的顶层，可以指定 Android 应用的配置选项，例如用于编译应用的 SDK 版本。注意，请确保在下载新的 SDK 版本时更新这些值：

```
android {
  compileSdkVersion 27

  defaultConfig {...}
  buildTypes {...}
  productFlavors {...}
  splits {...}
}
```

1. 默认配置

defaultConfig 代码块(位于 android 代码块中)指定了默认设置，这些设置将在所有不同的产品风格之间共享：

```
defaultConfig {
  applicationId 'com.professionalandroid.apps.helloworld'

  minSdkVersion 16
  targetSdkVersion 27

  versionCode 1
  versionName "1.0"
}
```

如上面的代码所示，应该指定：

applicationId ——提供唯一的包名，用于标识构建的 APK 以进行发布和分发。默认情况下，应该使用与配置清单文件及应用类中定义的相同的包名。

minSdkVersion——设置应用要兼容的最小 Android 平台版本。如果系统的 API 级别低于此值，Android 框架将会阻止用户安装应用。如果没有设置最小版本值，那么默认为 1，应用在所有设备上均可安装使用。但如果调用了不可用的 API，则会导致崩溃。

targetSdkVersion——指定进行开发和测试的 Android 平台版本。设置目标 SDK 版本是为了告诉系统，不需要应用任何向前兼容性或向后兼容性更改来支持该特定平台。要利用最新平台的 UI 改进特性，最好在确认应用的目标 SDK 的行为符合预期之后，更新到最新的平台版本，即使没有使用任何新的 API。

versionCode——将当前应用版本定义为一个整数，这个整数会随着发布的每一个版本迭代的增加而增加。

versionName——指定将显示给用户的公开版本标识符。

testInstrumentationRunner——指定要使用的测试运行程序。默认情况下，将包含 Android Support Library AndroidJUnitRunner 检测，并允许针对自己的应用运行 JUnit 3 和 JUnit 4 测试。

注意：

其中一些构建配置值也可以在 Android 的配置清单文件中指定。在构建应用时，Gradle 会将这些值与清单文件中提供的值合并——但 Gradle 中的构建配置值优先。为避免混淆，最佳实践是只在 Gradle 文件中指定这些值。

有一种特殊情况是应用的包名。仍然必须在配置清单文件的根元素节点中包含 package 属性，这样才能指定包名。在这里定义的包名还有如下次要的用途：用作应用的类(包括 R 资源类)的包名。

Gradle 能帮你轻松构建应用的多种变体(或“风格”，例如“免费”和“专业”版本，以及 alpha、beta 和 release 版本)。每一种风格都必须有不同的包名，但是要使用单个代码库，类的包名必须一致。

因此，配置清单中使用的包名将用于 R 类，并解决应用中出现的任何其他类名歧义，但在构建关联时，Gradle 构建文件中指示的 applicationId 将用作 APK 的包名。

2. 构建类型

buildTypes 代码块用于定义不同的构建类型(Build Type)——通常是 debug 和 release。当创建新的模块时，Android Studio 会自动为你创建版本构建类型，大多数情况下不需要修改。

请注意，调试构建类型不需要显式地包含在 Gradle 构建文件中，但默认情况下，Android Studio 将使用 debuggable true 配置可调试版本。因此，这些构建版本使用调试的 keystone 进行签名，可以在锁定且签名的 Android 设备上进行调试。

默认的版本构建类型(如下面的代码所示)应用 Proguard 设置来压缩和混淆已编译的代码，并且不使用默认的签名 key：

```
buildTypes {
  release {
    minifyEnabled true
    proguardFiles getDefaultProguardFile('proguard-android.txt'),
                                   'proguard-rules.pro'
  }
}
```

3. 产品风格和风格维度

flavorDimensions 和 productFlavors 代码块是可选节点，默认情况下不包含在内，它们允许重写 defaultConfig 代码块中定义的任何值，以使用相同的代码库支持应用的不同版本(风格)。每个产品风格应指定自己唯一的 applicationId，以便每个产品都可以独立分发和安装：

```
productFlavors {
  freeversion {
    applicationId 'com.professionalandroid.apps.helloworld.free'
    versionName "1.0 Free"
  }

  paidversion {
    applicationId 'com.professionalandroid.apps.helloworld.paid'
    versionName "1.0 Full"
  }
}
```

风格维度允许创建可以通过组合以创建最终构建变体的产品风格组。这使你可以沿着多个维度指定构建更改——例如，基于免费构建和付费构建的更改——以及基于最低 API 级别的更改。

```
flavorDimensions "apilevel", "paylevel"

productFlavors {
    freeversion {
      applicationId 'com.professionalandroid.apps.helloworld.free'
      versionName "1.0 Free"
      dimension "paylevel"
    }

    paidversion {
```

```
applicationId 'com.professionalandroid.apps.helloworld.paid'
      versionName "1.0 Full"
      dimension "paylevel"
    }

    minApi24 {
      dimension "apilevel"
      minSdkVersion 24
      versionCode 24000 + android.defaultConfig.versionCode
      versionNameSuffix "-minApi24"
    }

    minApi23 {
      dimension "apilevel"
      minSdkVersion 16
      versionCode 16000  + android.defaultConfig.versionCode
      versionNameSuffix "-minApi23"
    }
  }
}
```

在构建应用时，Gradle 将结合每个维度的产品风格以及构建类型配置来创建最终的构建变体。Gradle 不组合属于同一风格维度的产品风格。

请注意，Gradle 会根据指定的顺序确定风格维度的优先级，其中第一个维度将重写沿第二个维度分配的值，以此类推。

从 Gradle 3.0.0 开始，为了定义风格，必须至少定义一个产品维度。每种风格都必须有一个关联的产品维度，但是如果只定义了一个产品维度，那么每种风格在默认情况下都会使用它。

可以在运行时检测当前的产品风格，并使用以下代码片段统一修改产品行为：

```
if (BuildConfig.FLAVOR == "orangesherbert") {
  // 做一些事情
} else {
  // 启用支付特性
}
```

也可以通过创建与默认的 main 源路径并行的其他目录结构，为应用创建一组新的类和资源—— 一个新的 source set (源集)——供应用使用。

对于类，需要手动创建文件夹；而对于资源，可以选择新资源应该属于的源集，参见图 4-2 所示的 New Resource File 对话框。

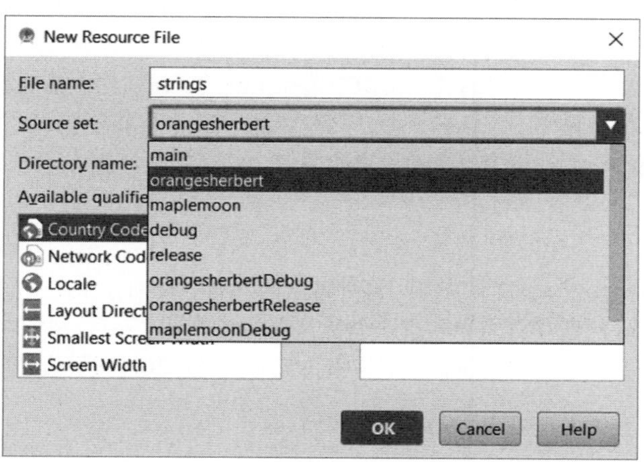

图 4-2

> **注意：**
>
> 在构建应用时，Gradle 会使用相同的包名(在配置清单中定义)将来自 flavor 源集的 Java 源和资源与 main 源集合并在一起。因此，不能在 flavor 中使用从 main 源集复制的类名。

在 Android Studio 中，可以使用 Build | Select Build Variant 菜单项选择要构建和运行的构建变体，并从 Build Variant 窗口中显示的下拉列表中选择。

4. 拆分

可以使用可选的 splits 代码块来配置不同的 APK 构建，这些 APK 构建仅包含每个受支持屏幕密度或 ABI 的代码和资源。

通常创建并分发 APK 以支持所有的目标设备是最佳实践，但在某些情况下(尤其是游戏)，这可能会导致 APK 的大小大得令人望而却步。

创建和分发拆分 APK 超出了本书的讨论范围，但你可以在 developer.android.com/studio/build/configure-apk-splits.html 上找到有关配置 APK 拆分的更多详细信息。

5. 依赖

dependencies 代码块指定构建应用所需要的所有依赖项。

默认情况下，新项目将包含本地依赖项，从而告诉 Gradle 包含位于 apps/libs 文件夹中的所有 JAR 包，还有 Android Support Library 和 JUnit 上的远程依赖项，以及 Android Espresso 测试库上的依赖项：

```
dependencies {
  implementation fileTree(dir: 'libs', include: ['*.jar'])
  implementation 'com.android.support:appcompat-v7:27.1.1'
  implementation 'com.android.support.constraint:constraint-layout:1.1.2'
  testImplementation 'junit:junit:4.12'
  androidTestImplementation 'com.android.support.test:runner:1.0.2'
  androidTestImplementation 'com.android.support.test.espresso:espresso-core:3.0.2'
}
```

当需要新的依赖库时，我们将在本书中随时回到 dependencies 代码块进行添加。

4.4 外部化资源

将非代码资源(如图像和字符串常量)保存在代码外部始终是一种良好的实践。Android 支持资源的外部化，范围从简单的值(如字符串和颜色)到更复杂的资源(如图像、动画、主题和 UI 布局)。

通过外部化资源，可以使它们更易于维护、更新和管理。这还允许创建支持国际化的替代资源值，并包含不同的资源来支持硬件的变化——特别是屏幕大小和分辨率的变化。

应用启动时，Android 会自动从可用的替代资源中选择正确的资源，而不需要编写任何代码。在本节的后面，将介绍 Android 如何从资源树中动态选择资源，这些资源树包含不同的硬件配置、语言和位置。此外，还允许根据屏幕大小和方向更改布局，根据屏幕密度更改图像，并根据用户的语言和国家自定义文本。

4.4.1 创建资源

应用的资源存储在项目结构的 res 文件夹下。每种可用的资源类型都存储在子文件夹中，按资源类型分组。

如果使用 Android Studio 的新项目向导创建一个新项目，就会创建 res 文件夹，其中包含 values、mipmap 和 layout 等子文件夹，这些子文件夹中还包含了字符串、尺寸、颜色和样式等资源的默认值，以及应用图标和默认布局，如图 4-3 所示。

> **注意：**
> mipmap 资源文件夹包含 5 个用于不同密度显示的应用图标。在本章后面，你将了解如何为硬件变体提供不同的资源值。

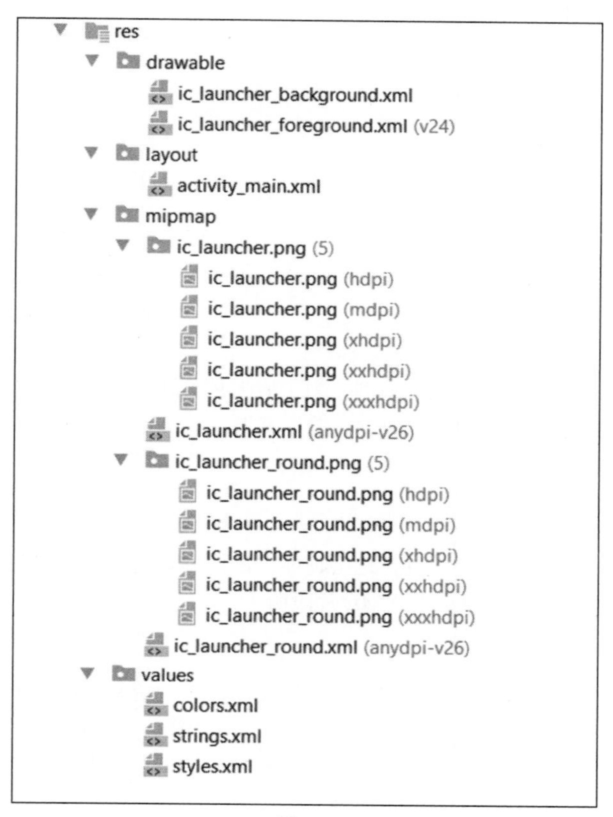

图 4-3

在构建应用时，这些资源将被尽可能高效地压缩并打包到 APK 中。

在构建过程中还会生成一个 R 类文件，其中包含对项目中每个资源的引用。这使你能够在代码中引用这些资源，同时具有设计时语法检查的优势。

以下内容描述了许多可用的特定资源类型，以及如何为应用创建这些资源。

在所有情况下，资源文件名应该只包含小写字母、数字、句点(.)和下画线(_)符号。

1. 简单值

支持的简单值包括字符串、颜色、尺寸、样式、布尔值或整数值，以及字符串数组或类型化数组。所有这些简单值都存储在 res/values 文件夹中的 XML 文件中。

每个值的 XML 文件都允许描述多个资源。可以使用标签指定存储的值的类型，如代码清单 4-1 中的示例 XML 文件所示。

代码清单 4-1：简单值的 XML 文件

```
<?xml version="1.0" encoding="utf-8"?>
<resources>
  <string name="app_name">To Do List</string>
  <plurals name="androidPlural">
    <item quantity="one">One android</item>
    <item quantity="other">%d androids</item>
  </plurals>
  <color name="app_background">#FF0000FF</color>
  <dimen name="default_border">5px</dimen>
  <integer name="book_ignition_temp">451</integer>
  <bool name="is_a_trap">true</bool>
  <string-array name="string_array">
    <item>Item 1</item>
    <item>Item 2</item>
```

```
    <item>Item 3</item>
  </string-array>
  <integer-array name="integer_array">
    <item>3</item>
    <item>2</item>
    <item>1</item>
  </integer-array>
  <array name="color_typed_array">
    <item>#FF0000FF</item>
    <item>#00FFFF00</item>
    <item>#FF00FF00</item>
  </array>
  <style name="AppTheme" parent="Theme.AppCompat.Light.DarkActionBar">
    <item name="colorPrimary">@color/colorPrimary</item>
  </style>
</resources>
```

此例包含许多不同类型的简单值。但按照惯例，为了清晰且可读，每种类型的资源通常会存储在单独的文件中，例如，res/values/strings.xml 文件中就只包含字符串资源。

下面将详细定义一些常见的简单资源。

2. 字符串

将字符串外部化有助于保持应用的一致性，这会使应用的国际化变得更加容易。

字符串资源由 string 标签指定，如下面的 XML 片段所示：

```
<string name="stop_message">Stop.</string>
```

要表示单引号(')、双引号(")和反斜杠(\)，就必须使用反斜杠进行转义，如下所示：

```
<string name="quoting_myself">
Escape \"Apostrophes (\') and double-quotes (\") with a backslash (\\)\"
</string>
```

Android 支持简单的文本样式，因此可以使用 HTML 的<b>、<i>和<u>标签分别对文本字符串的某些部分应用粗体、斜体和下画线效果，如下所示：

```
<string name="stop_message"><b>Stop.</b></string>
```

还可以使用字符串资源作为 String.format 方法的输入参数。但是，String.format 不支持先前描述的文本样式。要将样式应用于格式字符串，必须在创建资源时转义 HTML 标签，如下所示：

```
<string name="stop_message">&lt;b>Stop&lt;/b>. %1$s</string>
```

在代码中，使用 Html.fromHtml 方法将字符串转换回样式化的字符序列：

```
String rString = getString(R.string.stop_message);
String fString = String.format(rString, "Collaborate and listen.");
CharSequence styledString = Html.fromHtml(fString, FROM_HTML_MODE_LEGACY);
```

> **注意：**
> Android 6.0 Naogat (API 级别 24)引入了上述代码片段中显示的 Html.fromHtml 方法，从而允许指定一个标志来确定块级元素的分隔方式。对于支持早期 Android 版本的应用，可以继续使用不推荐使用的 Html.fromHtml 方法，该方法的行为与使用 FROM_HTML_MODE_LEGACY 标志的新方法完全相同。

还可以为字符串定义其他复数形式，这允许你根据引用的数量定义不同的字符串。例如，在英语中你会说 one Android 而不是 seven Androids。

通过创建 plurals 资源，可以为 zero、one、multiple、few、many 或 other 中的任意一个指定替代字符串。在英语中，单数是一种特殊的情况，然而有些语言要求更细，在另一些语言中，单数从来没有使用过：

```
<plurals name="unicorn_count">
  <item quantity="one">One unicorn</item>
  <item quantity="other">%d unicorns</item>
</plurals>
```

要在代码中访问正确的复数，请在应用的资源对象上使用 getQuantityString 方法，传入复数资源的资源 ID，并指定要描述的对象数量：

```
Resources resources = getResources();
String unicornStr = resources.getQuantityString(
  R.plurals.unicorn_count, unicornCount, unicornCount);
```

注意，在本例中，对象计数被传递两次——一次返回正确的复数字符串，另一次作为输入参数来完成语句。

3. 颜色

可以使用 color 标签定义新的颜色资源，使用 # 符号后跟(可选)Alpha 通道指定颜色值，然后使用一个或两个十六进制数字(如下任何形式)指定红色、绿色和蓝色值：

- #RGB
- #RRGGBB
- #ARGB
- #AARRGGBB

下例展示了如何指定 Android 中的绿色和部分透明的蓝色：

```
<color name="android_green">#A4C639</color>
<color name="transparent_blue">#770000FF</color>
```

4. 尺寸

尺寸通常在样式和布局资源中引用。它们对于定义布局值(如边框宽度和字体高度)非常有用。

要指定尺寸资源，请使用 dimen 标签，指定尺寸值，后跟描述尺寸比例的单位：

- dp(密度无关像素)
- sp(可伸缩像素)
- px(屏幕像素)
- in(物理英寸)
- pt(物理点)
- mm(物理毫米)

尽管可以使用这些度量单位来定义尺寸，但最好还是使用 dp(密度无关像素)和 sp(可伸缩像素)。这些选择允许使用相对比例来定义尺寸，这些比例考虑了不同的屏幕分辨率和密度，以简化在不同硬件上的缩放。

可伸缩像素在定义字体大小时特别合适，因为如果用户更改系统字体大小，它们会自动缩放。

以下 XML 代码片段显示了如何为大的字体尺寸和标准外边距指定大小：

```
<dimen name="large_font_size">16sp</dimen>
<dimen name="activity_horizontal_margin">16dp</dimen>
```

5. 样式与主题

样式资源允许指定 View 使用的属性值(应用最常用的颜色、边框和字体大小)，从而使应用能够保持统一的外观。

要创建样式，请使用 style 标签，它会包含 name 属性以及一个或多个 item 子标签。每个 item 标签也都包含 name 属性，该属性用于指定要定义的特性(如字体大小或颜色)。然后，item 的开始和结束标签本身应包含值，如以下方框架代码所示：

```
<style name="base_text">
  <item name="android:textSize">14sp</item>
  <item name="android:textColor">#111</item>
</style>
```

样式还支持在 style 标签中使用 parent 属性进行集成，从而很容易创建简单的变体样式：

```
<style name="AppTheme" parent="Theme.AppCompat.Light.DarkActionBar">
  <item name="colorPrimary">@color/colorPrimary</item>
  <item name="colorPrimaryDark">@color/colorPrimaryDark</item>
  <item name="colorAccent">@color/colorAccent</item>
</style>
```

在第 13 章中，你将了解如何使用 Android Support Library 提供的主题和样式来创建与 Android 平台及材料设计理念一致的应用。

6. Drawable

Drawable 资源包括位图、点九图(可拉伸的 PNG 图片)和可延伸矢量图。它们还包括复杂的复合 Drawable(如 LevelListDrawable 和 StateListDrawable)，它们是使用 XML 来定义的。

> **注意：**
> 我们将在下一章中更详细地介绍点九图、矢量图以及复杂的复合 Drawable 资源。

在 res/drawable 文件夹中，所有的 Drawable 文件都会作为单独的文件存储。请注意，将位图资源存储在适当的 drawable-ldpi、-mdpi、-hdpi 和-xhdpi 文件夹中是一种良好的习惯，本章后面将对此进行描述。Drawable 资源的资源标识符是没有扩展名的小写文件名。

> **注意：**
> Drawable 位图资源的首选格式是 PNG，不过也支持 JPG 和 GIF 文件。

7. mipmap

将应用的启动图标存储在 mipmap 文件夹组中被认为是一种良好的习惯——文件夹组中分辨率最大的是 xxxhdpi(如 Hello World 应用中所示)。

不同设备上的不同主屏启动器以不同分辨率显示应用的启动图标——某些设备将启动图标放大 25%。应用资源优化技术可以删除未使用的屏幕密度的 Drawable 资源，但所有的 mipmap 资源会被保留——以确保启动器可以选择分辨率最佳的图标进行显示。

请注意，mipmap-xxxhdpi 限定符通常仅用于确保在 xxxhdpi 设备上进行升级时具有适当的高分辨率启动图标；通常不需要为其他 Drawable 资源提供 xxxhdpi 资源配置。

8. 布局

布局资源让你可以使用 XML 设计 UI 布局(而不是使用代码构建布局)，以此对展示层与业务层逻辑进行解耦。

可以使用布局来定义任何可视的 UI 组件，包括 Activity、Fragment 和 Widget。一旦以 XML 定义，布局就必须“膨胀”到用户界面中。在 Activity 中，可以使用 setContentView(通常在 onCreate 方法中)执行此操作。然而在 Fragment 中，则需要依赖 onCreateView 处理程序传入的 Inflator 对象，通过调用该对象的 inflate 方法完成膨胀过程。

有关在 Activity 和 Fragment 中使用和创建布局的更详细信息，请参见第 5 章“构建用户界面”。

使用布局以 XML 格式构建屏幕 UI 是 Android 中的最佳实践。通过将逻辑代码与页面布局分离，可以为不同的硬件进行布局优化，例如本章后面将会讲到的改变屏幕的尺寸和方向、弹出或隐藏键盘，以及判断是否是触摸屏等。

每个布局定义都存储在 res / layout 文件夹下的单独 XML 文件中，文件名即是资源的标识符。

第 5 章将详细介绍布局容器和 View 元素，代码清单 4-2 显示了使用新项目向导创建的布局：为 TextView 使用了ConstraintLayout(约束布局)容器，并显示了问候语 Hello World。

代码清单 4-2：Hello World 布局

```
<?xml version="1.0" encoding="utf-8"?>
<android.support.constraint.ConstraintLayout
  xmlns:android="http://schemas.android.com/apk/res/android"
  xmlns:app="http://schemas.android.com/apk/res-auto"
  android:layout_width="match_parent"
  android:layout_height="match_parent">
  <TextView
    android:layout_width="wrap_content"
    android:layout_height="wrap_content"
    android:text="Hello World!"
    app:layout_constraintBottom_toBottomOf="parent"
    app:layout_constraintLeft_toLeftOf="parent"
    app:layout_constraintRight_toRightOf="parent"
    app:layout_constraintTop_toTopOf="parent"/>
</android.support.constraint.ConstraintLayout>
```

9. 动画

Android 支持三种类型的动画，它们可以应用到 View 或 Activity 中，并在 XML 中进行定义：

- **属性动画(Property Animation)**——也称为补间动画，可用于通过在两个值之间应用增量更改，从而对目标对象上的任何属性进行动画处理。这可以用于改变 View 的颜色或不透明度，实现淡入或淡出，也可以改变字体大小或者实现为增加角色的生命值。
- **视图动画(View Animation)**——渐变动画，可用于旋转、移动、渐变和拉伸视图。
- **帧动画(Frame Animation)**——逐帧播放单元动画，用于显示一系列 Drawable 图片。

Android 还包括场景转换框架，可以使用它们在运行时通过插入和修改每个布局层次结构中视图的属性值，从一个布局动态过渡到另一个布局。

> **注意：**
> 可以在第 14 章“用户界面的高级定制”中找到有关创建、使用和应用动画以及场景转换的全面概述。

将属性、视图和帧动画定义为外部资源可以使你能够在多个地方对相同的动画资源进行重用，并且还为你提供了基于不同硬件或屏幕方向显示不同动画的机会。

10. 定义属性动画

属性动画制作器是一个强大的框架，它几乎可以为任何值或属性创建插值动画路径。

每个属性动画都存储在项目的 res / animator 文件夹下的单个 XML 文件中。与布局和 Drawable 资源一样，动画的文件名会作为资源的标识符。

可以使用属性动画制作器为目标对象上的大多数数字属性添加动画，还可以定义与特定属性绑定的动画制作器，或者定义可以分配给任何属性和对象的通用值动画制作器。

以下简单的 XML 片段显示了一个属性动画，它通过在一秒内逐步调用 setAlpha 方法(或修改 alpha 属性)让值从 0 增加到 1，从而改变目标对象的透明度：

```
<?xml version="1.0" encoding="utf-8"?>
<objectAnimator xmlns:android="http://schemas.android.com/apk/res/android"
  android:propertyName="alpha"
  android:duration="1000"
  android:valueFrom="0f"
  android:valueTo="1f"
/>
```

可以使用可嵌套的 set 标签创建更复杂的动画以修改多个属性值。在每个属性动画集中，可以选择同时执行分组动画(默认选项)或使用排序标记顺序执行，如下所示：

```
<?xml version="1.0" encoding="utf-8"?>
<set xmlns:android="http://schemas.android.com/apk/res/android"
    android:ordering="sequentially">
 <set>
```

```
    <objectAnimator
      android:propertyName="x"
      android:duration="200"
      android:valueTo="0"
      android:valueType="intType"/>
    <objectAnimator
      android:propertyName="y"
      android:duration="200"
      android:valueTo="0"
      android:valueType="intType"/>
  </set>
  <objectAnimator
    android:propertyName="alpha"
    android:duration="1000"
    android:valueTo="1f"/>
</set>
```

注意，属性动画从实质上更改了目标对象的属性，并且这些修改是持久化的。

11. 定义视图动画

每个视图动画都存储在项目的 res / anim 文件夹下的单独 XML 文件中。与布局和 Drawable 资源一样，动画的文件名被用作资源的标识符。

视图动画可以为 alpha(渐变)、scale(缩放)、translate(移动)或 rotate(旋转)的变化定义动画。

> **注意：**
> 虽然视图动画有时仍在使用，但与前面讲到的属性动画相比，仍存在一些严重的限制。因此，通常情况下，我们应尽可能使用属性动画，这是一种良好的实践。

表 4-1 显示了每种动画类型支持的有效属性和属性值范围。

表 4-1 动画类型属性

动画类型	属性	属性值范围
alpha	fromAlpha/toAlpha	0~1 的浮点数
scale	fromXScale/toXScale	0~1 的浮点数
	fromYScale/toYScale	0~1 的浮点数
	pivotX/pivotY	表示图形宽/高百分比的字符串，0%~100%
translate	fromXDelta/toXDelta	使用两种浮点数表示法中的一种。其中一种表示就正常位置的像素数而言，相对于元素宽度的百分比(使用%后缀)；另一种表示相对于父宽度的百分比(使用%p 后缀)
translate	fromYDelta/toYDelta	使用两种浮点数表示法中的一种。第一种表示就正常位置的像素数而言，相对于元素宽度的百分比(使用%后缀)；另一种表示相对于父宽度的百分比(使用%p 后缀)
rotate	fromDegrees/toDegree	0~360 的浮点数
	pivotX/pivotY	表示图形宽/高百分比的字符串，0%~100% 表示相对于对象左边缘的 X 和 Y 坐标的字符串，或相对于对象左边缘的百分比(使用%)，或相对于父容器左边缘的百分比(使用%p)

可以使用 set 标签创建动画组合。动画集包含一个或多个动画变换，并支持各种其他标签和属性，以自定义集合中每个动画的运行时长和方式。

以下列表展示了 set 标签的一些可用的属性：

- duration——完成动画的持续时间，以毫秒为单位。
- startOffset——动画开始前的毫秒级延迟。
- fillBefore——开始前应用动画转换。
- fillAfater——结束后应用动画转换。
- interpolator——设置动画效果的速度如何随时间变化。第 14 章将探讨可用的插值器。要指定插值器，请在 android:anim/interpolatorName 中引用系统动画资源。

下面的例子展现了一个动画集，它在缩小和淡出的同时伴随着目标的 360° 旋转。

注意：
如果不使用 startOffset 标签，集合中的所有动画效果将会同时执行。

```
<?xml version="1.0" encoding="utf-8"?>
<set xmlns:android="http://schemas.android.com/apk/res/android"
    android:interpolator="@android:anim/accelerate_interpolator">
  <rotate
    android:fromDegrees="0"
    android:toDegrees="360"
    android:pivotX="50%"
    android:pivotY="50%"
    android:startOffset="500"
    android:duration="1000" />
  <scale
    android:fromXScale="1.0"
    android:toXScale="0.0"
    android:fromYScale="1.0"
    android:toYScale="0.0"
    android:pivotX="50%"
    android:pivotY="50%"
    android:startOffset="500"
    android:duration="500" />
  <alpha
    android:fromAlpha="1.0"
    android:toAlpha="0.0"
    android:startOffset="500"
    android:duration="500" />
</set>
```

12. 定义逐帧动画

逐帧动画表示一系列的 Drawable 资源，而每个 Drawable 资源都会显示指定的持续时间。

由于逐帧动画表示动画的 Drawable 资源，因此它们存储在 res/drawable 文件夹下，并使用文件名(不带.xml 扩展名)作为资源的标识符(ID)。

以下 XML 片段显示了一个简单的动画，该动画循环显示一系列位图资源，每个资源显示半秒时间。要使用此代码段，还需要通过 android3 创建新的图像资源 android1：

```
<animation-list
  xmlns:android="http://schemas.android.com/apk/res/android"
  android:oneshot="false">
  <item android:drawable="@drawable/android1" android:duration="500" />
  <item android:drawable="@drawable/android2" android:duration="500" />
  <item android:drawable="@drawable/android3" android:duration="500" />
</animation-list>
```

注意，在大多数情况下，应该包含动画列表中使用的每个 Drawable 的多种分辨率资源。

要播放动画，应首先将资源设置给宿主 View，然后获取 AnimationDrawable 对象的引用并启动它：

```
ImageView androidIV = findViewById(R.id.iv_android);
androidIV.setBackgroundResource(R.drawable.android_anim);

AnimationDrawable androidAnimation =
  (AnimationDrawable)androidIV.getBackground();

androidAnimation.start();
```

通常，需要分两步完成此操作。第一步，在 onCreate 方法中将资源设置给相应 View 作为背景。

第二步，在 onCreate 方法中，动画未完全附加到窗口，因此无法启动动画。相反，这通常作为用户动作(例如，单击按钮)的结果或在 onWindowFocusChanged 处理程序中完成。

4.4.2 使用资源

除了自己提供的资源之外，Android 平台还提供了可在应用中使用的多种系统资源。所有资源既可以在应用代码中使用，也可以在其他资源中引用。例如，可以在布局定义中引用尺寸或字符串资源。

在本章的后面部分，将学习如何为不同的语言、位置和硬件定义备用资源。需要特别注意的是，在使用资源时，不必选择特定的替代方案。Android 会根据当前的硬件、设备和语言配置自动为当前设备及各种条件匹配正确的资源。

1. 在代码中使用资源

在应用中，可以使用静态 R 类访问代码中的资源。R 是一个构建生成类，在构建项目时被创建，它允许你引用项目中包含的任何资源以提供设计时语法检查。

> **注意：**
> 如果使用 Android Studio，那么在对外部资源文件或文件夹进行更改后构建应用时，将自动创建 R 类。请记住，R 是一个构建生成类，所以不要对它进行任何手动修改，因为在重新生成文件时，手动修改的部分都将丢失。

R 中的每个子类都将关联的资源公开为变量，变量名与资源标识符相匹配——例如，R.string.app_name 或 R.mipmap.ic_launcher。

这些变量的值是整数，表示资源表中每个资源的位置而不是资源本身的实例。

如果构造函数或方法(如 setContentView)接收资源标识符，则可以传入资源变量，如下面的代码片段所示：

```
// 膨胀布局资源。
setContentView(R.layout.main);
//显示一个对话框以展示应用的字符串资源
Toast.makeText(this, R.string.app_name, Toast.LENGTH_LONG).show();
```

当需要资源本身的实例时，可以使用辅助方法从资源表中提取它们。资源表在应用中表示为 Resources 类的一个实例。

这些方法在应用的当前资源表中执行查找，因此这些辅助方法不是静态的。在应用上下文中使用 getResources 方法以访问应用的 Resources 实例：

```
Resources myRes = getResources();
```

Resources 类包含每个可用资源类型的 getter 方法，通过传入想要的实例的资源 ID 即可获取。

Android Support Library 还包含了 ResourcesCompat 类，该类提供了向后兼容的 getter 方法，其中不推荐使用 Framework 类(例如 getDrawable)。

下面的代码片段展示了一个使用辅助方法获取部分资源值的示例：

```
CharSequence styledText = myRes.getText(R.string.stop_message);

float borderWidth = myRes.getDimension(R.dimen.standard_border);

Animation tranOut;
tranOut = AnimationUtils.loadAnimation(this, R.anim.spin_shrink_fade);

ObjectAnimator animator =
  (ObjectAnimator)AnimatorInflater.loadAnimator(this,
  R.animator.my_animator);

String[] stringArray;
stringArray = myRes.getStringArray(R.array.string_array);

int[] intArray = myRes.getIntArray(R.array.integer_array);
```

Android 5.0 Lollipop(API 级别 21)增加了对 Drawable 主题的支持，因此应该使用 ResourcesCompat 库来获取 Drawable 和 Color 的资源，如下面的代码片段所示。请注意，两种方法都接收主题的 null 值：

```
Drawable img = ResourcesCompat.getDrawable(myRes,
  R.drawable.an_image, myTheme);
int opaqueBlue = ResourcesCompat.getColor(myRes,
```

```
                          R.color.opaque_blue, myTheme);
```

帧动画资源被膨胀为 AnimationResource。可以使用 getDrawable 返回值并强制转换返回值，如下所示：

```
AnimationDrawable androidAnimation;
androidAnimation =
  (AnimationDrawable)ResourcesCompat.getDrawable(R.myRes,
                                  drawable.frame_by_frame,
                                  myTheme);
```

2. 在资源文件中引用资源

可以在其他 XML 资源文件中将资源引用用作属性值。这对于布局和样式特别有用，使得能够在主题、本地化字符串和图像资源上创建特定的变体。这也是一种非常有用的方法，可以为布局支持不同的图像和间距，以确保优化不同的屏幕大小和分辨率。

要在一个资源中引用另一个资源，需要使用@符号，如下所示：

```
attribute="@[packagename:]resourcetype/resourceidentifier"
```

> **注意：**
> Android 假定使用的是来自相同包的资源，所以如果使用来自不同包的资源，那么需要指定包名。

代码清单 4-3 显示了一种使用尺寸、颜色和字符串资源的布局。

代码清单 4-3：在布局中使用资源

```
<?xml version="1.0" encoding="utf-8"?>
<RelativeLayout xmlns:android="http://schemas.android.com/apk/res/android"
  xmlns:tools="http://schemas.android.com/tools"
  android:id="@+id/activity_main"
  android:layout_width="match_parent"
  android:layout_height="match_parent"
  android:paddingBottom="@dimen/activity_vertical_margin"
  android:paddingLeft="@dimen/activity_horizontal_margin"
  android:paddingRight="@dimen/activity_horizontal_margin"
  android:paddingTop="@dimen/activity_vertical_margin"
  tools:context="com.professionalandroid.apps.helloworld.MainActivity">
  <TextView
    android:id="@+id/myTextView"
    android:layout_width="wrap_content"
    android:layout_height="wrap_content"
    android:textColor="@color/colorAccent"
    android:text="@string/hello"
  />
</RelativeLayout>
```

3. 使用系统资源

Android 框架提供了许多可用的本地资源，为应用提供了各种字符串、图像、动画、样式和布局。

在代码中访问系统资源，类似于使用自己的资源。不同之处在于，可以使用 Android 提供的原生 Android 资源类，而不是特定于应用的 R 类。下面的代码在应用上下文中使用 getString 方法从系统资源中检索可用的错误消息：

```
CharSequence httpError = getString(android.R.string.httpErrorBadUrl);
```

要访问 XML 格式的系统资源，请指定 android 作为包名，如下面的 XML 代码段所示：

```
<EditText
  android:id="@+id/myEditText"
  android:layout_width="match_parent"
  android:layout_height="wrap_content"
  android:text="@android:string/httpErrorBadUrl"
  android:textColor="@android:color/darker_gray"
/>
```

可以在 developer.android.com/reference/android/R.html 上找到可用的 Android 系统资源的完整列表。

4. 引用当前主题中的样式

使用主题是确保应用的 UI 保持一致性的极好方法。Android 没有完全定义每种样式，而是提供了一种快捷方式，让你能够使用当前应用的主题的样式。

为此，请使用?android:而不是@作为想使用的资源的前缀。下面的例子使用当前主题的文本颜色而不是提供的资源：

```
<EditText
  android:id="@+id/myEditText"
  android:layout_width="match_parent"
  android:layout_height="wrap_content"
  android:text="@android:string/httpErrorBadUrl"
  android:textColor="?android:textColor"
/>
```

这使你可以在当前主题更改时改变样式，而无须修改每个单独的样式资源。请注意，必须在当前主题中定义 textColor 资源值。你将在第 13 章中了解到有关使用主题和样式的更多信息。

4.4.3 为不同的语言和硬件创建资源

可以使用 res 文件夹中的并行目录结构为特定的语言、位置和硬件配置创建不同的资源值。

连字符(-)用于分隔限定符，限定符指定了提供替代方案的条件。Android 在运行时会使用动态资源选择机制从这些值中进行动态选择。

下面的示例展示了 Project 文件夹的层次结构，其中具有默认的字符串值，还包含法语和加拿大语的位置变体：

```
Project/
  res/
    values/
      strings.xml
    values-fr/
      strings.xml
    values-fr-rCA/
      strings.xml
```

如果正在使用 Android Studio，这些并行文件夹将被重新生成，如图 4-4 所示。其中包含一个文件夹，该文件夹包含每个版本，后跟括号中的限定符。

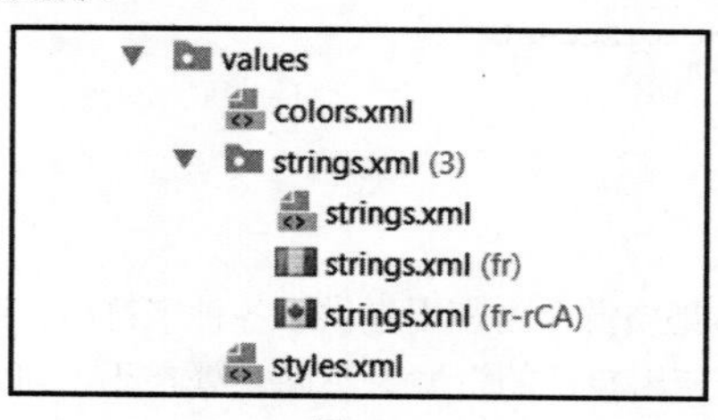

图 4-4

可以手动构造这些限定文件夹，或者使用 Android Studio，在创建将要包含的替代文件时，应根据需要创建新的文件夹。

为此，右击父文件夹(例如，res/values)并选择 New [Values] resource file，或者选择父文件夹，然后依次选择 File|New [Values] resource file。这将显示 New Resource File 对话框，如图 4-5 所示，在创建文件夹并将新文件放入其中之前，该对话框提供了所有可选的限定符类别和可用选项。请注意，并非每个可用的限定符都可在 Android Studio 对话框中使用；如果没有，就必须手动创建文件夹。

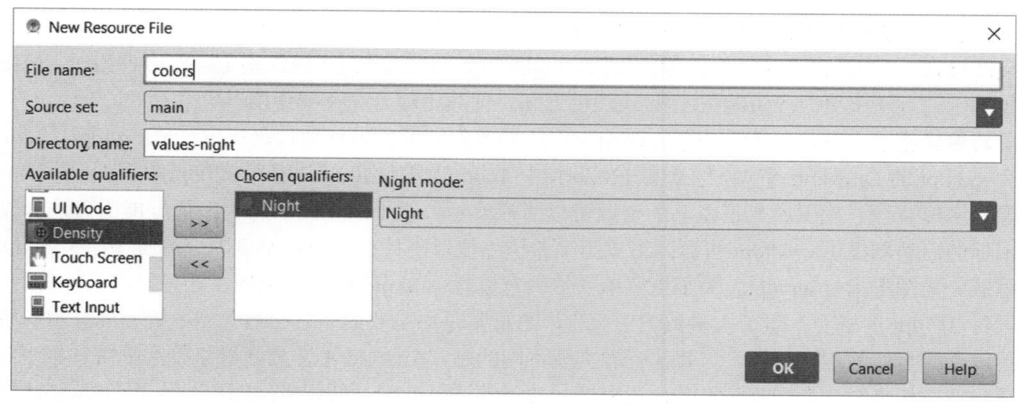

图 4-5

下面列出可用来定制资源值的限定符：

- **移动国家代码和移动网络代码(MCC/MNC)**——与设备中当前使用的 SIM 卡相关联的国家(可选)和网络。MCC 由 mcc 指定，后跟三位数的国家代码，可以选择使用 mnc 和两位数或三位数的网络代码(例如 mcc234-mnc20 或 mcc310)添加 MNC。你可以在维基百科的 en.wikipedia.org/wiki/mobile_country_code 上找到 MCC/MNC 代码的列表。
- **语言和区域**——由小写的双字母 ISO 639-1 语言代码指定的语言，后跟可选的小写 r 指定的区域，后跟大写的双字母 ISO 3166-1-alpha-2 语言代码(例如，en、en-rUS 或 en-rGB)。
- **布局方向**——用户界面的布局方向，其中 ldrtl 表示从右到左，ldltr 表示从左到右(默认值)。使用此限定符可提供不同的布局(或任何其他资源)，以更好地支持从右到左的语言。
- **最小屏幕宽度**——以 sw <尺寸值> dp 格式指定的设备屏幕尺寸(高度和宽度)的最低值(例如，sw600dp、sw320dp 或 sw720dp)。这通常在提供多个布局时使用，其中指定的值应该是布局为正确呈现所需的最小屏幕宽度。如果提供具有不同最小屏幕宽度限定符的多个目录，则 Android 会选择不超过设备上可用最小尺寸的最大值。
- **可用屏幕宽度**——使用所包含资源中所需的最小屏幕宽度，格式为 w<尺寸值>dp(例如，w600dp、w320dp 或 w720dp)。还用于提供多种布局替代方案，但与最小屏幕宽度不同，可用屏幕宽度会更改以反映设备方向更改时的当前屏幕宽度。Android 会选择不超过当前可用屏幕宽度的最大值。
- **可用屏幕高度**——使用所包含资源所需的最小屏幕高度，以 h<尺寸值>dp(例如，h720dp、h480dp 或 h1280dp)的形式指定。与可用屏幕宽度一样，当设备方向改变以反映当前屏幕高度时，可用屏幕高度会发生变化。Android 会选择不超过当前可用屏幕高度的最大值。
- **屏幕尺寸**——取值为 small(小于 HVGA)、normal(至少 HVGA，通常小于 VGA)、large(VGA 或更大)或 xlarge(明显大于 HVGA)之一。由于这些屏幕类别中的每一个都可以包含具有明显不同屏幕尺寸的设备(特别是平板电脑)，因此最好使用更具体的最小屏幕尺寸，并尽可能使用可用屏幕宽度和可用屏幕高度。因为它们位于屏幕大小限定符之前(两者都指定)，所以在支持的情况下将优先使用更具体的限定符。
- **屏幕宽高比**——专为宽屏设计的资源指定 long 或 notlong (例如，WVGA 是 long，QVGA 是 notlong)。
- **屏幕形状**——指定圆形屏或非圆形屏，分别用于专为圆屏幕(如手表)或矩形屏幕(如手机或平板电脑)设计的资源。
- **屏幕色域**——为能够显示宽色域的显示器(如 Display P3 或 Adobe RGB)指定 widecg，或为具有窄色域(如 sRGB)的显示器指定 nowidecg。
- **屏幕动态范围成像**——支持高动态范围成像(HDR)的显示器的 highdr，或具有正常动态范围成像的显示器的 lowdr。
- **屏幕方向**——port(纵向)或 land(横向)之一。
- **UI 模式**——专为 car(车载平板)、desk(桌面平板)、television(电视)、device(无可见 UI)、watch(手戴式显

示器，如手表)或 vrheadset(虚拟现实设备)之一设计的资源(通常是布局)。

- **夜间模式**——取值为 night(夜间模式)或 notnight(白天模式)。与 UI 模式限定符结合使用时，这提供了一种简单的方法来更改应用的主题和/或颜色方案，使其更适合在夜间使用。
- **屏幕像素密度**——以每英寸像素点(dpi)为单位的像素密度。最佳做法是提供 ldpi、mdpi、hdpi、xhdpi 和 xxhdpi 的 Drawable 资源，包括低(120dpi)、中(160dpi)、高(240dpi)、超高(320dpi)和额外的超高(480 dpi)像素密度资源，确保所有设备上的资源可以清晰展示。对于启动图标而言，最好能为可选择显示更大图标的启动器提供 xxxhdpi 资源。可以为不希望缩放以支持精确屏幕密度的位图资源指定 nodpi，为可缩放矢量图形指定 anydpi。为了更好地支持针对运行 Android 的电视应用，还可以将 tvdpi 限定符用于大约 213dpi 的资源。对于大多数应用而言，这通常是不必要的，其中包含了中等和高分辨率资源，已足以获得良好的用户体验。与其他资源类型不同的是，Android 不需要通过精确匹配来选择资源。选择适当的文件夹时，会选择与设备像素密度最接近的进行匹配，并相应地缩放生成的 Drawable 资源。
- **触摸屏类型**——取值为 notouch 或 finger，允许提供针对触摸屏输入的可用性而优化的布局和尺寸。
- **键盘可用性**——取值为 keysexposed、keyshidden 或 keyssoft 之一，分别代表当前具有硬件键盘的设备、当前不可用的硬件键盘或使用软件键盘(可见或不可见)。
- **键盘输入类型**——取值为 nokeys、qwerty 或 12key，分别代表没有物理键盘、完整的标准键盘或 12 键物理键盘——无论键盘是否可用。
- **导航可用性**——取值为 navexposed(可用)或 navhidden(不可用)。
- **UI 导航类型**——取值为 nonav(无导航)、dpad(D-Pad 方向键盘)、traceball(轨迹球)或 wheel(导航轮)。
- **平台版本**——目标 API 级别，以 v <API 级别>的形式指定(例如，v7)。用于限制在指定 API 级别或更高级别运行的设备的资源。

可以为任何资源类型指定多个限定符，使用连接符(-)分隔每个限定符。支持任何组合，但必须按照前面列表中给出的顺序使用它们，并且每个限定符只能使用一个值。

以下示例展示了备用布局资源的有效和无效目录名称：

```
有效目录名称
  layout-large-land
    layout-xlarge-port-keyshidden
    layout-long-land-notouch-nokeys

无效目录名称
      values-rUS-en （顺序问题）
      values-rUS-rUK （单个限定符有多个值）
```

当 Android 在运行时检索资源时，会从可用的备选方案中找到最佳匹配方案。具体过程是：从拥有所需值的所有文件夹的列表开始，选择具有最多匹配限定符的文件夹。如果两个文件夹的匹配项数量相等，仲裁程序会基于前面列表中匹配限定符的顺序来抉择。

> **警告：**
> 如果在给定设备上找不到资源匹配项，应用在尝试访问资源时会触发异常。为避免这种情况，应始终在不包含限定符的文件夹中包含每种资源类型的默认值。

4.4.4 运行时配置更改

Android 通过终止并重新启动活动的 Activity 来处理对语言、位置和硬件的运行时更改。这会强制重新评估活动的资源分辨率，并选择最适合的新的配置资源值。

在某些特殊情况下，此默认行为可能不方便，特别是对于不希望根据屏幕方向的更改而改变 UI 的应用。这种情况下，可以通过自行检测并做出反应来自定义应用对此类更改的响应。

要让 Activity 监听运行时配置更改，需要将 android:configChanges 属性添加到配置清单节点，并指定要处理的配置更改。

以下列表描述了可以指定的一些配置更改：

- mcc 和 mnc——检测到 SIM 卡，移动国家或网络代码(分别)发生变化。
- locale(语言环境)——用户更改了设备的语言设置。
- keyboardHidden(键盘隐藏)——键盘、D-Pad 或其他输入机制已经暴露或隐藏。
- keyboard(键盘)——键盘的类型已经改变；例如，手机可能有 12 键键盘，可以翻转以显示全键盘，或者可能已插入外接键盘。
- fontScale(字体缩放)——用户更改了首选字体的大小。
- uiModel(UI 模式)——全局 UI 模式已经改变。在汽车模式、白天模式或夜间模式之间切换时，这种情况通常就会发生。
- orientation(方向)——屏幕在纵向和横向之间切换。
- screenLayout(屏幕布局)——屏幕布局发生了变化，通常在激活另一个屏幕时会发生。
- screenSize(屏幕大小)——当可用屏幕大小发生更改时会发生，例如，在横向和纵向之间或多窗口模式下的方向变化。
- smallestScreenSize(最小屏幕尺寸)——发生在物理屏幕大小发生更改时，例如，在设备连接到外部显示屏时。
- layoutDirection(布局方向)——屏幕/文本布局方向改变，例如，在从左到右和从右到左(RTL)之间进行切换时。

某些情况下，多个事件将同时触发。例如，当用户滑出键盘时，大多数设备会同时触发 keyboardHidden 和 orientation 事件，而在连接外部显示屏时，很可能会触发 orientation、screenLayout、screenSize 和 smallestScreenSize 等事件。

可以使用管道符号(|)分隔这些值以选择要处理的多个事件，如代码清单 4-4 所示。其中显示了一个 activity 节点，该节点声明了它将处理屏幕大小和方向的更改以及对物理键盘的访问。

代码清单 4-4：处理动态资源更改的 Activity 定义

```
<activity
  android:name=".MyActivity"
  android:label="@string/app_name"
  android:configChanges="screenSize|orientation|keyboardHidden">
  <intent-filter >
    <action android:name="android.intent.action.MAIN" />
    <category android:name="android.intent.category.LAUNCHER" />
  </intent-filter>
</activity>
```

添加 android:configChanges 属性会抑制对指定配置更改的重新启动，取而代之的是触发关联的 Activity 中的 onConfigurationChanged 处理程序。重写此方法以自行处理配置更改，并使用传入的 Configuration 对象确定新的配置值，如代码清单 4-5 所示。确保回调父类并重新加载 Activity 使用的任何资源值，以防它们发生更改。

代码清单 4-5：在代码中处理配置更改

```
@Override
public void onConfigurationChanged(Configuration newConfig) {
  super.onConfigurationChanged(newConfig);

  // [ ……基于资源值更新所有 UI ……]

  if (newConfig.orientation == Configuration.ORIENTATION_LANDSCAPE) {
    // [ ……响应不同方向的改变…… ]
  }

  if (newConfig.keyboardHidden == Configuration.KEYBOARDHIDDEN_NO) {
    // [ ……响应键盘显示的更改…… ]
  }
}
```

当 onConfigurationChanged 方法被调用时，Activity 的 Resource 变量已经利用新值进行了更新，因此使用它们是安全的。

任何未明确标记为由应用处理的配置更改都将导致 Activity 重新启动，而无须调用 onConfigurationChanged 方法。

第5章 构建用户界面

本章主要内容

- 密度无关 UI 设计
- 使用视图(View)与布局(Layout)
- 优化布局
- 使用列表和网格
- 使用 RecyclerView 和适配器
- 实现数据绑定
- 扩展、分组、创建和使用视图

本章可供下载的代码可以在 www.wrox.com 上找到。本章的代码放在如下压缩文件中：

- Snippets_ch5.zip
- Earthquake_ch5_1.zip
- Earthquake_ch5_2.zip
- Compass_ch5.zip

5.1 Android 设计基础

在智能手机时代刚刚来临时，Stephen Fry 曾这样描述数字设备设计中风格与实质的相互作用：

就好像一台设备，既不能只有良好的功能而没有美观的设计风格，也不能只有漂亮的外表而没有实质的功能。这就是美观的重要性。美观既不是留于表面，也不是一种可有可无的附加，而事关本身。

——Stephen Fry，《卫报》(2017 年 10 月 27 日)

虽然 Fry 描述的是设备本身的设计风格，但其实对于那些运行在设备上的应用而言也是一样的。

从那时起，随着设计与用户体验在智能设备中变得越来越重要，并且也被 Android 开发人员重点关注，这才让这种观点与实际有了联系。

更大、更亮、更高分辨率的显示屏使应用变得越来越直观。当手机的功能不再局限于原本纯粹的电话基础功能，并且 Android 设备也扩展了原始的手机设备形态时，让手机应用提供良好的用户体验也就变得尤为重要。

对于 Android 应用，聚焦于设计和用户体验这一点，在材料设计理念的发布与采用上体现得很明显，我们将会在后面的章节中详细讲解这一点。

而在这一章中，我们着重讨论用于 UI 创建的 Android 组件。你将学会如何在 Activity 和 Fragment 中使用 View 创建功能与视觉效果兼具的用户界面。

在 Android UI 中，单个元素都是通过 ViewGrop 派生类的各种布局管理器所提供的方法排列在屏幕上的。本章将介绍几种原生的布局类，示范如何使用它们，还将介绍一些技巧，确保你尽可能高效地使用这些布局。

你将初识 Android 的数据绑定框架，并了解它是如何将数据动态绑定到你所布局的 UI 上的。由于许多用户界面都是基于内容列表构建的，因此你还将学会如何使用 RecyclerView 高效地展示与底层数据源相连接的列表。

当然，Android 也允许扩展或自定义一些高可用的 View 和 ViewGroup。使用 ViewGroup，将可以组合多个 View 作为交互子控件创建独立、可重用的 UI 元素。你将创建自定义 View 以展示数据，并以创造性的新方式与用户进行交互。

5.2 密度无关设计

用户界面(UI)设计、用户体验(UX)、人机交互(HCI)以及可用性是本书无法深入探讨的话题。尽管如此，创建用户易于理解且乐于使用的 UI 界面的重要性，无论怎么强调都不为过。

Android 设备种类繁多，其中就包含很多不同屏幕尺寸和宽高的设备，从 UI 的角度看，这意味着需要应用能够理解像素和屏幕密度在不同设备上的区别。

可以通过始终使用密度无关像素(density-independent pixel，dp)来消除不同设备密度带来的影响，密度无关像素相当于物理尺寸——通过 dp 测量的两个相同大小的 UI 元素，无论在低密度设备还是最新的超高密度屏幕上，对用户而言大小都是相同的。了解到用户要与 UI 界面进行物理交互(通过他们的手指触摸视觉控件)这一点，使得密度无关像素的重要性与易用性变得显而易见。毕竟，没有什么比小到无法单击的按钮更令人抓狂了。

而关于字体，我们使用可伸缩像素(scalable pixel，sp)。sp 与 dp 具有相同的基础密度无关性。但 sp 又可以根据用户的文本尺寸偏好独立缩放：其中一个重要的考虑因素就是可设置性，Android 允许用户调整设备上所有应用的字体大小。

Android 5.0 Lollipop 棒棒糖(API 版本 21)引入了支持设备无关性的矢量图。矢量图在 XML 中定义，可以在任何密度的设备上进行缩放。另外，如果图片资源不是矢量图，那么 Android 资源系统将自动缩小图形，也可以提供多个图片资源，放到不同的资源文件夹里，关于这一内容已在第 4 章中讲解过。

由于采用了密度无关设计，因此可以更多地专注于优化和调整设计以适应不同的屏幕尺寸，并且你将发现，本书中所有的 UI 元素都是用与密度无关像素(dp)编写的，而文本大小是用可伸缩像素(sp)编写的。

5.3 Android UI 基础

Android 中的所有可视化组件都是从 View 类派生而来的，一般称为视图。你经常会看到被称为控件或小部件的视图(不要和第 19 章“使用主屏”中的主屏幕 App Widget 混淆)——如果以前在其他平台上做过 GUI 开发，那你可能很熟悉这些术语。

ViewGroup 类也继承自 View 类，它支持添加子类视图(通常称为子 View)。ViewGroup 主要负责决定子 View 的大小，以及在屏幕上的摆放位置。主要关注于布局子 View 的 ViewGroup 通常会以 Layout 作为后缀(例如，LinearLayout、RelativeLayout)。

ViewGroup 也是 View，所以，它和其他的 View 一样也可以定制 UI 以及重写或重载内部方法。

Android SDK 中包含的 View 和 ViewGroup 为你提供了构建有效且可访问 UI 所需的组件。可以通过代码来实现 UI 界面，但我们还是强烈建议使用 XML 布局来构建 UI 界面。因为这种方式可以针对不同的手机硬件设备做出优化，配置出不同的布局——特别是针对屏幕尺寸的优化——甚至可以在运行硬件设备时，动态更新 UI

配置(比如横竖屏切换时)。

每个 View 都包含一组 XML 属性，这允许你从布局资源中设置初始状态。例如，要在 TextView 上设置文本，只需要设置 android:text 属性。

接下来的章节中，在学习 Fragment 之前，要先学习如何将越来越复杂的 UI 组合到一起，如何通过扩展 SDK 中的 View 来实现自定义 View，以及从头创建自己的复合控件。

用 Activity 展示用户界面

刚刚创建的 Activity 展示的是空白屏幕，在上面可以随心所欲地设计自己的 UI。只需要调用 setContentView 方法，然后传入视图实例或布局资源即可展示。

很明显，空白屏幕绝不会对用户产生任何吸引力。所以我们几乎每次都会重写 onCreate 方法，并调用 setContentView 来为 Activity 重新设计 UI 界面。setContentView 方法可以接收布局的资源 ID，也可以接收视图层次结构中的单个视图实例，所以可以用如下代码实现外部资源布局的最佳实践：

```
@Override
public void onCreate(Bundle savedInstanceState) {
  super.onCreate(savedInstanceState);
  setContentView(R.layout.main);
}
```

使用布局资源可以使 UI 层与逻辑层分离，从而提供了一种灵活的方式，在不更改代码的情况下动态配置布局。这也就是前面提到过的，针对不同的手机硬件设备做出优化，配置出不同的布局，甚至是在运行时根据硬件设备的更改动态变化布局(例如，横竖屏的切换)。

设置布局后，就可以通过 findViewById 获取布局中所有的 View 引用(代码如下)：

```
TextView myTextView = findViewById(R.id.myTextView);
```

如果使用 Fragment 封装了 Activity 的部分 UI，那么在 Activity 的 onCreate 方法中将设置描述 Fragment(或 Fragment 容器)在 Activity 中相对位置的布局，而每个 Fragment 展示的 UI 将会定义在 Fragment 的布局中，并在 Fragment 中实例化这些布局。在大多数情况下，这一整套布局都是由 Fragment 自行单独处理的。

5.4 布局介绍

大多数情况下，所构建的 UI 将包括扩展类，其中包含一个或多个嵌套布局的许多 View 或 ViewGroup。通过组合不同的布局和 View，可以构建出任意复杂的 UI。

Android SDK 中已经包含了很多的布局类，可以使用或修改它们。当然，也可以为 View、Fragment、Activity 构建自定义的 UI 布局。现在需要接受的挑战是找到能够让 UI 更美观、更易用并且可以更高效地展示出来的布局组合。

以下列表包括 Android SDK 中最常用的一些布局类，如图 5-1 所示。

- FrameLayout——最简单的布局管理器，FrameLayout(通常也称为帧布局)将每一个子 View 固定在框架中。默认位置是左上角，不过可以使用子 View 的 layout_gravity 属性来更改显示的位置。在前一个子 View 的基础上添加多个子 View，每个新添加的子 View 可能会遮盖前一个子 View。
- LinearLayout——LinearLayout(通常也称为线性布局)将子 View 以垂直或水平直线对齐。垂直布局会呈现一列 View，而水平布局会呈现一行 View。LinearLayout 支持每个子 View 的 layout_weight 属性，该属性可以控制可用空间内每个子 View 的相对大小。
- RelativeLayout——RelativeLayout(通常也称为相对布局)作为最灵活的原生布局之一，虽然渲染可能有更大的性能开销，但却允许定义每个子 View 相对于其他子 View 相对于父布局边界的位置。
- ConstraintLayout——ConstraintLayout(通常也称为约束布局)是最新的(也是官方推荐的)布局管理器，旨在支持大型和复杂的布局，而无须进行布局嵌套。它与相对布局类似，但提供了更大的灵活性，并且布局效率也更高。Constraint Layout 通过一系列约束来定位子 View——要求子 View 根据父布局边界、其他子 View 或自定义基准进行定位。ConstraintLayout 具有自己的可视化布局编辑器，用于定位每个控件及其约束，但却可以不用依赖于手动编辑 XML 文件。 约束布局可通过 Android Support Library 的 ConstraintLayout 包进行使用以及向后兼容。

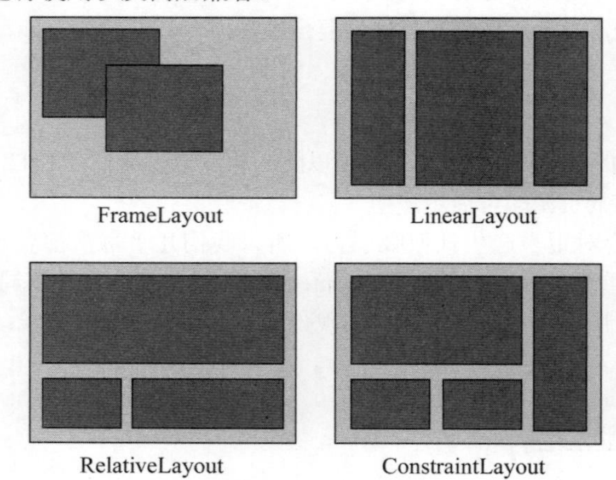

图 5-1

通过避免使用绝对位置或预定像素值，每一种布局都可以缩放以填充设备的屏幕大小。这使得它们在设计适用于运行在各种 Android 设备上的应用时显得格外有用。

布局使用分配给根节点的各种属性来修改所有子节点的定位方式(例如 LinearLayout 的 android:orientation 属性)：

```
<LinearLayout xmlns:android="http://schemas.android.com/apk/res/android"
  android:layout_width="match_parent"
  android:layout_height="match_parent"
  android:orientation="vertical">
  [......所包含的子 View......]
</LinearLayout>
```

要更改特定子 View 的尺寸和定位，可以直接在子 View 节点中使用 layout_属性。这些属性用于指导父 ViewGroup 该如何布局子 View：

```
<LinearLayout xmlns:android="http://schemas.android.com/apk/res/android"
  android:layout_width="match_parent"
  android:layout_height="match_parent"
  android:orientation="vertical">
  <TextView
    android:layout_width="match_parent"
    android:layout_height="wrap_content"/>
</LinearLayout>
```

最常见的 layout_属性是所有 View 都必须指定的 layout_width 和 layout_height 属性，但大多数布局都具有自定义子 View 属性，以提供大多数特定于布局的功能。

Android 文档已经详细描述了每个 Layout 类的特性和属性。因此，这里就不再赘述，可以参考链接 developer.android.com/guide/topics/ui/declaring-layout#CommonLayouts。

> **注意：**
> 在查看有关布局属性的文档时，要注意查看布局的 LayoutParams 类。例如，如果父布局是 FrameLayout，则可以在 FrameLayout.LayoutParams 类上找到有关 layout_gravity 属性的文档。

你将在本书中看到如何使用这些布局的实例。在本章的后续内容中，你还将学习如何使用及扩展这些布局类以创建复合控件。

5.4.1　定义布局

定义布局的首选方法是使用 XML 外部资源，手动编写 XML 文件或使用约束布局的可视化布局编辑器来创建布局。

每个布局的 XML 必须包含单个根元素，该元素可以包含尽可能多的嵌套布局和 View，以构建任意复杂的 UI。

下面的代码片段展示了一个简单的布局，它使用覆盖全屏宽高的垂直 LinearLayout 将 TextView 置于 EditText 控件之上：

```
<?xml version="1.0" encoding="utf-8"?>
<LinearLayout xmlns:android="http://schemas.android.com/apk/res/android"
  android:layout_width="match_parent"
  android:layout_height="match_parent"
  android:orientation="vertical">
  <TextView
    android:layout_width="match_parent"
    android:layout_height="wrap_content"
    android:text="Enter Text Below" />
  <EditText
    android:layout_width="match_parent"
    android:layout_height="wrap_content"
    android:text="Text Goes Here!" />
</LinearLayout>
```

对于每个布局元素，我们通常使用常量 wrap_content 和 match_parent，而不是以像素(或 dp)来指定精确的宽高。这些常量与缩放布局(如 LinearLayout、RelativeLayout 和 ConstraintLayout)相结合，提供了最简单且强大的技术，以确保你的布局与屏幕大小和分辨率无关。

wrap_content 常量将 View 的大小设置为包含显示视图内容所需的最小值(例如上例中的 TextView 显示的高度为包含文本字符串所需的最小高度)。match_parent 常量表示扩展 View 以填充父 View、Fragment 或 Activity 中的可用空间。

在本章的后面，你将了解在创建自己的控件时如何使用这些常量，以及解决方案独立性的其他最佳实践。

在 XML 中实现布局会将表示层与 View、Fragment、Activity 的控制器代码和业务逻辑分离，它还允许创建动态加载的不同硬件配置的特定变体，而无须更改代码。

在必要时，可以在代码中实现布局。但在代码中为布局分配 View 时，非常重要的一点是要使用 setLayoutParams 方法来应用 LayoutParameters，或者将它们作为参数传递给 addView 方法：

```
LinearLayout ll = new LinearLayout(this);
ll.setOrientation(LinearLayout.VERTICAL);

TextView myTextView = new TextView(this);
EditText myEditText = new EditText(this);

myTextView.setText("Enter Text Below");
myEditText.setText("Text Goes Here!");

int lHeight = LinearLayout.LayoutParams.MATCH_PARENT;
int lWidth = LinearLayout.LayoutParams.WRAP_CONTENT;

ll.addView(myTextView, new LinearLayout.LayoutParams(lWidth, lHeight));
ll.addView(myEditText, new LinearLayout.LayoutParams(lWidth, lHeight));

setContentView(ll);
```

5.4.2　使用布局创建设备无关的用户界面

布局类的一个定义特征是它们能够缩放并适应各种屏幕尺寸、分辨率和方向。

Android 设备的多样性是该平台成功的关键因素，但对于应用开发人员而言，这无疑给我们的 UI 设计带来了挑战，这需要无论用户拥有的是哪种 Android 设备，我们都能为用户提供最佳的用户体验。

1. 使用 LinearLayout

LinearLayout 是最简单的布局类之一。它允许你创建简单的 UI(或 UI 元素)来垂直或水平排列子 View。

LinearLayout 简单易用，但同时也限制了其灵活性。在大多数情况下，将使用 LinearLayout 来构建嵌套在其他布局(如 RelativeLayout 或 ConstraintLayout)中的 UI 元素。

代码清单 5-1 显示了两个嵌套的 LinearLayout——在垂直的 LinearLayout 中，包含放置了两个大小相同的按钮的水平 LinearLayout。然后，垂直 LinearLayout 又将这些按钮放置在 RecyclerView 的上方。

代码清单 5-1：使用线性布局

```
<?xml version="1.0" encoding="utf-8"?>
<LinearLayout
  xmlns:android="http://schemas.android.com/apk/res/android"
  android:layout_width="match_parent"
  android:layout_height="match_parent"
  android:orientation="vertical">
  <LinearLayout
    android:layout_width="match_parent"
    android:layout_height="wrap_content"
    android:layout_marginLeft="5dp"
    android:layout_marginRight="5dp"
    android:layout_marginTop="5dp"
    android:orientation="horizontal">
    <Button
      android:id="@+id/cancel_button"
      android:layout_width="match_parent"
      android:layout_height="wrap_content"
      android:layout_weight="1"
      android:text="@string/cancel_button_text" />
    <Button
      android:id="@+id/ok_button"
      android:layout_width="match_parent"
      android:layout_height="wrap_content"
      android:layout_weight="1"
      android:text="@string/ok_button_text" />
  </LinearLayout>
  <android.support.v7.widget.RecyclerView
    android:layout_width="match_parent"
    android:layout_height="match_parent"
    android:paddingBottom="5dp"
    android:clipToPadding="false" />
</LinearLayout>
```

如果发现自己正在创建越来越复杂的 LinearLayout 嵌套模式，那么使用更灵活的布局管理器(如 ConstraintLayout)可能会更好。

2. 使用 RelativeLayout

RelativeLayout 为布局提供了很大的灵活性，它允许你根据父 View 和其他 View 定义布局中每个元素的位置。

代码清单 5-2 修改了代码清单 5-1 中描述的布局，以移动两个按钮至 RecyclerView 的下方。

代码清单 5-2：使用 RelativeLayout

```
<?xml version="1.0" encoding="utf-8"?>
<RelativeLayout
  xmlns:android="http://schemas.android.com/apk/res/android"
  android:layout_width="match_parent"
  android:layout_height="match_parent">
  <LinearLayout
    android:id="@+id/button_bar"
    android:layout_alignParentBottom="true"
    android:layout_width="match_parent"
    android:layout_height="wrap_content"
    android:layout_marginLeft="5dp"
    android:layout_marginRight="5dp"
    android:layout_marginBottom="5dp"
    android:orientation="horizontal">
    <Button
```

```
      android:id="@+id/cancel_button"
      android:layout_width="match_parent"
      android:layout_height="wrap_content"
      android:layout_weight="1"
      android:text="@string/cancel_button_text" />
    <Button
      android:id="@+id/ok_button"
      android:layout_width="match_parent"
      android:layout_height="wrap_content"
      android:layout_weight="1"
      android:text="@string/ok_button_text" />
  </LinearLayout>
  <android.support.v7.widget.RecyclerView
    android:layout_above="@id/button_bar"
    android:layout_alignParentLeft="true"
    android:layout_width="match_parent"
    android:layout_height="match_parent"
    android:paddingTop="5dp"
    android:clipToPadding="false" />
</RelativeLayout>
```

3. 使用 ConstraintLayout

ConstraintLayout 是所有布局管理器中最灵活的一种，它的优势在于既提供了可视化的布局编辑器，又提供了平面视图层次结构，并且不需要前面实例中所示的嵌套结构。

它是 Android Support Library 的一部分，所以必须在项目的模块级文件 build.gradle 中声明依赖项：

```
dependencies {
  [... Existing dependencies ...]
  implementation 'com.android.support.constraint:constraint-layout:1.1.2'
}
```

顾名思义，ConstraintLayout(约束布局)通过约束规范来定位子 View，这些约束规范定义了 View 和其他元素(如边界、其他 View 以及自定义的基准)之间的关系。

虽然可以手动在 XML 中定义 ConstraintLayout，但是使用可视化的布局编辑器则要简单得多(而且出错的可能性更小)。图 5-2 显示了可通过使用 ConstraintLayout 创建与前一个示例 UI 相同的布局编辑器。

图 5-2

代码清单 5-3 显示了由图 5-2 中可视化编辑器生成的 XML。

代码清单 5-3：使用 ConstraintLayout

```
<?xml version="1.0" encoding="utf-8"?>
<android.support.constraint.ConstraintLayout
  xmlns:android="http://schemas.android.com/apk/res/android"
  xmlns:app="http://schemas.android.com/apk/res-auto"
  android:layout_width="match_parent"
  android:layout_height="match_parent">
  <Button
    android:id="@+id/cancel_button"
    android:layout_width="0dp"
    android:layout_height="wrap_content"
    android:layout_marginStart="5dp"
    android:layout_marginBottom="5dp"
    app:layout_constraintStart_toStartOf="parent"
    app:layout_constraintEnd_toStartOf="@+id/ok_button"
    app:layout_constraintTop_toBottomOf="@+id/recyclerView"
    app:layout_constraintBottom_toBottomOf="parent"
    android:text="@string/cancel_button_text" />
  <Button
    android:id="@+id/ok_button"
    android:layout_width="0dp"
    android:layout_height="wrap_content"
    android:layout_marginEnd="5dp"
    android:layout_marginBottom="5dp"
    app:layout_constraintStart_toEndOf="@id/cancel_button"
    app:layout_constraintEnd_toEndOf="parent"
    app:layout_constraintTop_toBottomOf="@id/recyclerView"
    app:layout_constraintBottom_toBottomOf="parent"
    android:text="@string/ok_button_text" />
  <android.support.v7.widget.RecyclerView
    android:id="@+id/recyclerView"
    android:layout_width="0dp"
    android:layout_height="0dp"
    app:layout_constraintStart_toStartOf="parent"
    app:layout_constraintEnd_toEndOf="parent"
    app:layout_constraintTop_toTopOf="parent"
    app:layout_constraintBottom_toTopOf="@id/ok_button"
    android:paddingTop="5dp"
    android:clipToPadding="false" />
</android.support.constraint.ConstraintLayout>
```

需要特别注意的是，这种布局不需要在父 ConstraintLayout 中嵌套第二个布局。扁平化我们的视图结构层次，可以减少在屏幕上测量和布局的次数，从而让显示更高效。

5.4.3 优化布局

膨胀布局是一个代价高昂的过程，每个额外的嵌套布局和包含的 View 都会直接影响应用的性能和响应能力。这就是为什么强烈建议大家使用具有扁平化视图层次结构能力的 ConstraintLayout 的原因之一。

为了保持应用的流畅和响应性，更重要的是尽可能保持布局简单，并避免为较小的 UI 更改而膨胀全新的布局。

1. 减少冗余布局

在 FrameLayout 中添加 LinearLayout(并且两者都是 MATCH_PARENT)只会增加额外的膨胀时间。留意这些冗余布局，特别是当你对现有布局进行重大更改或正在向现有布局中添加子布局时。

布局可以任意嵌套，因此很容易创建复杂的深度嵌套结构。虽然没有硬性限制，但最好将嵌套限制在 10 层以内。

下面展示了一个不必要的嵌套的常见示例，这是用于创建布局所需的单个根节点的 FrameLayout，如下面的代码片段所示。

```
<?xml version="1.0" encoding="utf-8"?>
<FrameLayout
  xmlns:android="http://schemas.android.com/apk/res/android"
  android:layout_width="match_parent"
  android:layout_height="match_parent">
```

```
  <ImageView
    android:id="@+id/myImageView"
    android:layout_width="match_parent"
    android:layout_height="match_parent"
    android:src="@drawable/myimage"
  />
  <TextView
    android:id="@+id/myTextView"
    android:layout_width="match_parent"
    android:layout_height="wrap_content"
    android:text="@string/hello"
    android:gravity="center_horizontal"
    android:layout_gravity="bottom"
  />
</FrameLayout>
```

在本例中，当 FrameLayout 被添加到父框架中时，它将变得多余。更好的选择是使用 merge 标签。

```
<?xml version="1.0" encoding="utf-8"?>
<merge
  xmlns:android="http://schemas.android.com/apk/res/android">
  <ImageView
    android:id="@+id/myImageView"
    android:layout_width="match_parent"
    android:layout_height="match_parent"
    android:src="@drawable/myimage"
  />
  <TextView
    android:id="@+id/myTextView"
    android:layout_width="match_parent"
    android:layout_height="wrap_content"
    android:text="@string/hello"
    android:gravity="center_horizontal"
    android:layout_gravity="bottom"
  />
</merge>
```

将包含 merge 标签的布局添加到另一个布局时，merge 节点将被删除，并且子 View 将被直接添加到新的父 View 中。

merge 标签在与 include 标签一起使用时会非常有用，include 标签用于将一个布局的内容插入另一个布局：

```
<?xml version="1.0" encoding="utf-8"?>
<LinearLayout
  xmlns:android="http://schemas.android.com/apk/res/android"
  android:orientation="vertical"
  android:layout_width="match_parent"
  android:layout_height="match_parent">
  <include android:id="@+id/my_action_bar"
           layout="@layout/actionbar"/>
  <include android:id="@+id/my_image_text_layout"
           layout="@layout/image_text_layout"/>
</LinearLayout>
```

通过结合使用 merge 和 include 标签，可以创建更灵活、可重用的布局，并且这些布局不会拥有深层嵌套的布局层次结构。你还会在本章后面了解有关创建和使用简单且可重用布局的更多内容。

2. 避免使用过多的 View

每个额外的 View 都需要时间和资源才能膨胀。为了最大限度地提高应用的运行和响应速度，布局不应包含超过 80 个 View。超过此限制时，布局膨胀所需的时间可能会变得非常长。

要最小化复杂布局中膨胀的 View 数量，可以使用 ViewStub。

ViewStub 的工作方式类似于惰性 include——表示布局中指定的子 View 的存根，只有在 inflate 方法被调用或设置存根为可见时，存根才会被显式膨胀。

```
// 找到 ViewStub
View stub = findViewById(R.id.download_progress_panel_stub);
//设置存根可见，从而使子布局膨胀
stub.setVisibility(View.VISIBLE);
```

```
// 查找布局存根的根节点
View downloadProgressPanel = findViewById(R.id.download_progress_panel);
```

因此，子布局中包含的 View 在需要之前不会被创建——这最大限度减少了扩展复杂 UI 的时间和资源成本。

将 ViewStub 添加到布局时，可以重写它所代表布局的根 View 的 id 和 layout 参数：

```
<?xml version="1.0" encoding="utf-8"?>
<FrameLayout "xmlns:android=http://schemas.android.com/apk/res/android"
  android:layout_width="match_parent"
  android:layout_height="match_parent">
  <ListView
    android:id="@+id/myListView"
    android:layout_width="match_parent"
    android:layout_height="match_parent"
  />
  <ViewStub
    android:id="@+id/download_progress_panel_stub"

    android:layout="@layout/progress_overlay_panel"
    android:inflatedId="@+id/download_progress_panel"

    android:layout_width="match_parent"
    android:layout_height="wrap_content"
    android:layout_gravity="bottom"
  />
</FrameLayout>
```

这段代码修改导入布局的宽高和比重，以适应父布局的要求。这种灵活性使得在各种父布局中创建和使用相同的通用子布局成为可能。

当需要分别使用 id 和 inflatedId 属性对存根和 ViewGroup 进行膨胀时，我们需要事先为它们指定 ID。

注意：

当 ViewStub 膨胀时，就将它从层次结构中移除，并由导入的 View 的根节点进行替换。如果需要修改导入的 View 的可见性，则必须使用根节点的引用(通过调用 inflate 方法返回)，或者使用 findViewById 方法(在相应的 ViewStub 节点中使用分配的布局 ID)查找到的 View 引用。

3. 使用 Lint 工具分析布局

为了帮助优化布局层次结构，Android SDK 内置了功能强大的 Lint 工具，可以用来检测应用中的很多问题，包括布局的性能问题。

通过单击图 5-3 所示的 Analyze 菜单中的 Inspect Code 选项，可在 Android Studio 中使用 Lint 工具，也可以将它作为命令行工具使用。

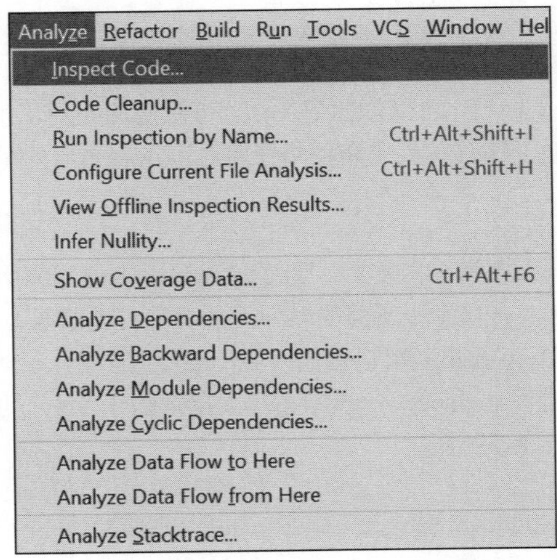

图 5-3

使用 Lint 除了可以检测本节前面介绍的每个优化问题之外，还可以检测缺失的转换、未使用的资源、不一致的数组大小、可访问性和国际化问题、丢失或重复引用资源、可用性问题以及配置清单错误。

Lint 工具会不断迭代，它会定期添加新的规则。可以在 http://tools.android.com/tips/lint-check 上找到使用 Lint 工具执行测试的完整列表。

5.5 Android 小部件工具箱

Android 提供了一个标准的 View 工具箱来帮助创建 UI。通过使用这些控件(并根据需要修改或扩展它们)，可以简化开发，并在应用和 Android 系统 UI 之间提供一致性。

下面列举一些比较常见的控件。

- TextView——支持多行显示、字符串格式化和自动换行的标准只读文本标签。
- EditText——可编辑的文本输入框，接收多行输入、换行和提示文本。
- ImageView——显示单个图像的 View。
- Toolbar——显示标题和常用动作的 View，通常用作 Activity 顶部的主应用栏。
- ProgressBar——显示大概的进度指示器(一个旋转的圆圈)或水平进度条的 View。
- RecyclerView——管理滚动容器中显示的大量 View 的 ViewGroup，支持多种 View 管理器，允许将 View 布局为垂直或水平的列表或网格。
- Button——标准的交互式按钮。
- ImageButton——可以指定自定义背景图的按钮。
- CheckBox——由选中或未选中的框表示双状态的按钮。
- RadioButton——一种双状态的分组按钮，为用户提供多个可能的选项，但一次只能选择一项(通常配合 RadioGroup 使用)。
- VideoView——处理所有状态管理并显示 Surface 配置，以便在 Activity 中更简单地播放视频。
- ViewPager——实现一组水平滚动的 View，并且 ViewPager 允许用户通过向左、向右滑动或拖动以切换不同的 View。

这只是可用小部件的一部分选择。Android 还支持一些更高级的 View 实现，包括日期时间选择器以及自动完成输入框。

> **注意：**
> 第 12 章“贯彻 Android 设计理念”和第 13 章“实现现代 Android 用户体验”将介绍设计库以及其中包含的几个新的材料设计控件，包括选项卡、悬浮动作按钮和底部导航栏。与这些基本的 UI 构建块元素相比，这些材料设计组件预计将经历更快的演变，包括整体组件的弃用。

5.6 使用列表和网格

当需要在 UI 中显示大型数据集时，可能很容易向 UI 中添加数百个 View。这几乎总是错误的做法。相反，RecyclerView(可从 Android Support Library 获得)提供了一个可滚动的 ViewGroup，专门用于高效地显示和滚动大数量的条目。

RecyclerView 可用于垂直和水平方向的布局，可使用 android:orientation 属性进行配置：

```
<android.support.v7.widget.RecyclerView
  xmlns:android:"http://schemas.android.com/apk/res/android"
  xmlns:app="http://schemas.android.com/apk/res-auto"
  android:id="@+id/recycler_view"
  android:layout_width="match_parent"
  android:layout_height="match_parent"
  android:orientation="vertical"
  [......布局管理器的其他属性......]
/>
```

设置垂直方向时，条目从上到下排列，RecyclerView 垂直滚动；而设置水平方向时，条目从左到右排列，RecyclerView 水平滚动。

5.6.1 RecyclerView 和 Layout Manager

RecyclerView 本身并不控制每个条目的显示方式，该职责属于所关联的 RecyclerView.LayoutManager。这种职责分离的设计允许替换 Layout Manager，而丝毫不影响应用的其他部分。

有许多 Layout Manager 可用，如图 5-4 所示，具体描述如下：

- LinearLayoutManager(线性布局管理器)——用于在单个的垂直或水平列表中排列条目。
- GridLayoutManager(网格布局管理器)——类似于线性布局管理器，但显示网格。当垂直放置时，每行可以包含多个单元格，其中每个单元格的高度相同。当水平放置时，给定列中的每个单元格必须具有相同的宽度。
- StaggeredGridLayoutManager(交错网格布局管理器)——类似于网格布局管理器，但创建了一种“交错”网格，其中每个单元格可以具有不同的高度或宽度，将单元格交错以消除间隙。

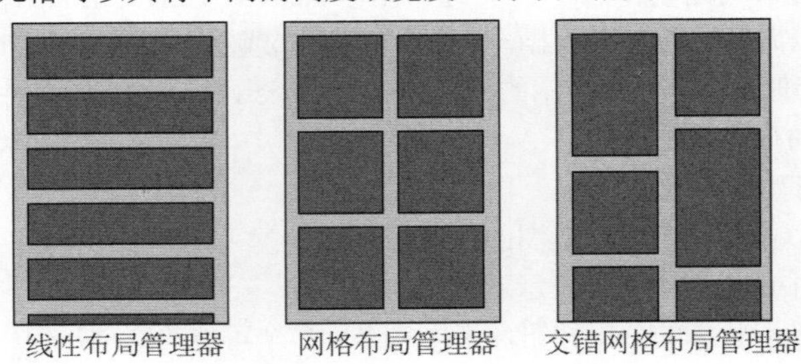

图 5-4

Layout Manager 的操作方式与标准布局相同——负责使用数据集布局占据每个单元格的 View。

RecyclerView 的名称来源于支持滚动的方式。RecyclerView 可以“回收”不再可见的现有 View——然后通过改变内容和位置以表示新显示的条目，而不是预先为每个条目创建好 View 或在滚动到 View 时不断创建它们。

为了支持此行为，Layout Manager 还负责确定何时可以安全地回收 View。在大多数情况下，这允许 RecyclerView 支持几乎无限(2^{26})个项目列表，同时创建足够的 View 来填充单个屏幕。

可使用 XML 或以编程方式设置 RecyclerView 的 Layout Manager。

例如，下面的代码片段展示了一个垂直对齐的 RecyclerView，该 RecyclerView 带有一个 GridLayoutManager，并且包含两列：

```
<android.support.v7.widget.RecyclerView
  xmlns:android:"http://schemas.android.com/apk/res/android"
  xmlns:app="http://schemas.android.com/apk/res-auto"
  android:id="@+id/recycler_view"
  android:layout_width="match_parent"
  android:layout_height="match_parent"
  android:orientation="vertical"
  app:layoutManager="GridLayoutManager"
  app:spanCount="2"
/>
```

要在代码中分配与上面 XML 中相同的 Layout Manager，对于已有的 RecyclerView，可以使用如下代码：

```
RecyclerView recyclerView = findViewById(R.id.recycler_view);
GridLayoutManager gridLayoutManager = new GridLayoutManager(2);
recyclerView.setLayoutManager(gridLayoutManager);
```

5.6.2 关于适配器

Layout Manager 在有数据可供显示之前并不是特别有用，而数据由 RecyclerView.Adapter 提供。适配器

(Adapter)主要有两个重要的职责：

- 初始化创建要显示的 View，包括膨胀相应的布局。
- 创建 ViewHolder，用于对底层数据源与 View 元素进行绑定。

ViewHolder 可用于存储要显示的 View，还允许 Adapter 存储其他元数据和 View 引用以简化数据绑定，通常包括在项目布局中查找对任何子 View 的引用(确保仅执行一次工作)。

当 Layout Manager 没有未使用的 View 可重用时，适配器的 onCreateViewHolder 方法就会被调用以获取新的 RecyclerView.ViewHolder 实例——通常情况下，只要有足够的 View 用以填充屏幕即可。

代码清单 5-4 显示了一个简单的适配器，它使用一个 TextView 来显示存储在字符串数组中的数据。

代码清单 5-4：创建一个 RecyclerView 适配器

```
public class SimpleAdapter
  extends RecyclerView.Adapter<SimpleAdapter.ViewHolder> {

  // 要显示的底层数据
  private String[] mData;

  // 在构造方法中设置初始数据
  public SimpleAdapter(String[] data) {
    mData = data;
  }

  // 告诉布局管理器数据中有多少项
  @Override
  public int getItemCount() {
    return mData == null ? 0 : mData.length;
  }

  public static class ViewHolder extends RecyclerView.ViewHolder {
    public TextView textView;

    public ViewHolder(View v) {
      super(v);
      // 只调用 findViewById 一次
      textView = v.findViewById(R.id.text);
    }
  }

  @Override
  public SimpleAdapter.ViewHolder onCreateViewHolder(
      ViewGroup parent, int viewType) {
    //创建新的视图
    View v = LayoutInflater.from(parent.getContext())
             .inflate(R.layout.simple_text, parent, false);

    return new ViewHolder(v);
  }
```

请注意，ViewHolder 本身并没有将底层数据的值赋给它所包含的 View，它的作用是使 View 布局中的元素可用，以便于适配器可以将数据绑定到相应的 View 元素上。

每当需要显示一项时，Layout Manager 将调用适配器的 onBindViewHolder 方法，提供之前创建的 ViewHolder 以及所请求数据在数据集中的位置。当滚动列表时，此绑定阶段运行得非常频繁(对于滚动到的 View 元素，都运行一次)，因此它应该尽可能轻量级。

```
@Override
public void onBindViewHolder(ViewHolder holder, int position) {
  holder.textView.setText(mData[position]);
}
```

注意：

在绑定新的数据元素时，重置之前设置的所有 View 非常重要。因为 ViewHolder(及其持有的 View 元素)是不断重用的，所以它们将保留之前 onBindViewHolder 调用的任何状态集。

使用 setAdapter 方法，将适配器赋给 RecyclerView：

```
RecyclerView recyclerView = findViewById(R.id.recycler_view);
SimpleAdapter adapter =
  new SimpleAdapter(new String[] {"Sample", "Sample 2"});
recyclerView.setAdapter(adapter);
```

这样的静态数据集很有趣，但在现实中我们很少这么幸运。在大多数情况下，当从服务器加载新数据时，如果用户添加或删除某项，或者排序发生了更改，那么底层数据也会发生变化。

当使用新的或已更改的数据更新适配器时，必须调用适配器的多个 notify 方法之一，以通知 Layout Manager 数据有更改。然后，RecyclerView 将在以前的状态和更新的状态之间创建过渡动画(交叉淡化已更改的项、折叠和移除已删除的项以及在新项中设置动画)。

可以使用 setItemAnimator 方法为每个状态更改的项分配一个 RecyclerView.ItemAnimator 实例，以此来定制动画。

有不同的方法可以通知单个或一系列条目的更改、插入、移动或删除。可以使用 DiffUtil 类来了解应该应用哪些更改以从一个数据集转换到另一个数据集，如代码清单 5-5 所示。

代码清单 5-5：计算数据集之间的转换

```
public class SimpleAdapter
  extends RecyclerView.Adapter<SimpleAdapter.ViewHolder> {

  [......已存在的 SimpleAdapter 的实现......]

  public void setData(final String[] newData) {
    // 存储之前数据的副本
    final String[] previousData = mData;

    // 应用新数据
    mData = newData;

    // 比较新老数据之间的差异
    DiffUtil.calculateDiff(new DiffUtil.Callback() {
      @Override
      public int getOldListSize() {
        return previousData != null ? previousData.length : 0;
      }

      @Override
      public int getNewListSize() {
        return newData != null ? previousData.length : 0;
      }

      @Override
      public boolean areItemsTheSame(int oldItemPosition,
                                     int newItemPosition) {
        // 该方法比较条目数据的唯一标识符
        // 如果返回 True，则意味着这两项应交叉淡化
        // 在本例中，我们没有标识符
        // 因此我们比较字符串的值
        return TextUtils.equals(previousData[oldItemPosition],
                                newData[newItemPosition]);
      }

      @Override
      public boolean areContentsTheSame(int oldItemPosition,
                                        int newItemPosition) {
       // 该方法对条目进行深入检查
       // 以确定它们的可见内容是否相同
       // 如果是相同的，则不需要动画
       // 在本例中，如果两个条目(以及上一方法的比较结果)是相同的，则内容也相同
       return true;
     }
    }).dispatchUpdatesTo(this);
  }
}
```

5.6.3 返回到 Earthquake Viewer 应用

利用新发现的布局和 View 知识，我们可以改进第 3 章中构建的 Earthquake Viewer(地震查看器)应用，用更复杂的布局取代简单的 TextView，以便更好地显示 Earthquake 类中的数据：

(1) 将 list_item_earthquake.xml 布局资源替换为使用 ConstraintLayout 的新布局，以在多个单独的 TextView 中显示地震等级、日期和详细信息：

```
<?xml version="1.0" encoding="utf-8"?>
<android.support.constraint.ConstraintLayout
  xmlns:android="http://schemas.android.com/apk/res/android"
  xmlns:app="http://schemas.android.com/apk/res-auto"
  android:layout_width="match_parent"
  android:layout_height="wrap_content"
  android:paddingLeft="@dimen/activity_vertical_margin"
  android:paddingRight="@dimen/activity_vertical_margin">
  <TextView
    android:id="@+id/magnitude"
    android:layout_width="wrap_content"
    android:layout_height="0dp"
    android:gravity="center_vertical"
    app:layout_constraintRight_toRightOf="parent"
    app:layout_constraintTop_toTopOf="parent"
    app:layout_constraintBottom_toBottomOf="parent"
    android:textAppearance="?attr/textAppearanceListItem"/>
  <TextView
    android:id="@+id/date"
    android:layout_width="0dp"
    android:layout_height="wrap_content"
    android:layout_marginTop="@dimen/text_margin"
    app:layout_constraintLeft_toLeftOf="parent"
    app:layout_constraintTop_toTopOf="parent"
    app:layout_constraintRight_toLeftOf="@id/magnitude"/>
  <TextView
    android:id="@+id/details"
    android:layout_width="0dp"
    android:layout_height="wrap_content"
    android:layout_marginBottom="@dimen/text_margin"
    app:layout_constraintLeft_toLeftOf="parent"
    app:layout_constraintBottom_toBottomOf="parent"
    app:layout_constraintRight_toLeftOf="@id/magnitude"
    app:layout_constraintTop_toBottomOf="@id/date"/>
</android.support.constraint.ConstraintLayout>
```

(2) 更新 EarthquakeRecyclerViewAdapter，在 ViewHolder 的构造函数中对步骤(1)中添加的新的 View 元素进行缓存，然后使用 java.text.SimpleDateFormat 类对这些 View 与 onBindViewHolder 方法中的每个 Earthquake 数据项进行绑定：

```
private static final SimpleDateFormat TIME_FORMAT =
    new SimpleDateFormat("HH:mm", Locale.US);
private static final NumberFormat MAGNITUDE_FORMAT =
    new DecimalFormat("0.0");

public static class ViewHolder extends RecyclerView.ViewHolder {
  public final TextView date;
  public final TextView details;
  public final TextView magnitude;

  public ViewHolder(View view) {
    super(view);
    date = (TextView) view.findViewById(R.id.date);
    details = (TextView) view.findViewById(R.id.details);
    magnitude = (TextView) view.findViewById(R.id.magnitude);
  }
}

@Override
public void onBindViewHolder(ViewHolder holder, int position) {
  Earthquake earthquake = mEarthquakes.get(position);

  holder.date.setText(TIME_FORMAT.format(earthquake.getDate()));
  holder.details.setText(earthquake.getDetails());
```

```
    holder.magnitude.setText(
        MAGNITUDE_FORMAT.format(earthquake.getMagnitude()));
  }
```

5.7 关于数据绑定

通过数据绑定库，可以编写声明性布局，通过在编译时生成代码，最大限度地减少将 View 元素绑定到底层数据源所需的重复代码。

> 注意：
> 数据绑定是一个复杂的主题，它超出了本书的讨论范畴。我们将向你介绍基础知识，但建议参考 Android 开发人员文档，可以通过 developer.android.com/topic/libraries/data-binding 更深入地了解细节。

5.7.1 使用数据绑定

数据绑定是一个可选库，因此在使用它之前，必须在应用模块的 build.gradle 文件中启用它：

```
android {
  [... Existing Android Node ...]
  dataBinding.enabled = true
}

dependencies {
  [... Existing dependencies element ...]
  implementation 'com.android.support:support-v4:27.1.1'
}
```

一旦启用，只需要将布局文件的元素包裹在新的<layout>元素中，就可以将数据绑定应用于任何布局，如代码清单 5-6 所示。

#代码清单 5-6：在布局中应用数据绑定

```
<?xml version="1.0" encoding="utf-8"?>
<layout
  xmlns:android="http://schemas.android.com/apk/res/android">
  <LinearLayout
    android:layout_width="match_parent"
    android:layout_height="wrap_content"
    android:orientation="vertical">
    <TextView
      android:id="@+id/user_name"
      android:layout_width="match_parent"
      android:layout_height="wrap_content" />
    <TextView
      android:id="@+id/email"
      android:layout_width="match_parent"
      android:layout_height="wrap_content" />
  </LinearLayout>
</layout>
```

这会触发数据绑定，以根据修改后的布局文件名称生成 Binding 类。例如，对于 profile_activity 中定义的布局，生成的 Binding 类将被命名为 ProfileActivityBinding。

使用 DataBindingUtil 创建 Binding 类的实例，并使用它的 setContentView 方法代替 Activity 的 setContentView 方法：

```
ProfileActivityBinding binding =
    DataBindingUtil.setContentView(this, R.layout.profile_activity);
```

为了膨胀与 Fragment 或 RecyclerView 相关联的 View，可以使用 Binding 类的 inflate 方法：

```
ProfileActivityBinding binding =
    ProfileActivityBinding.inflate(layoutInflater, viewGroup, false);
```

也可以从现有 View 创建 Binding 类：

```
ProfileActivityBinding binding =
    (ProfileActivityBinding) DataBindingUtil.bind(view);
```

在关联布局内，Binding 类会自动使用 View 的 ID 并调用 findViewById 方法。因此，可以通过 Binding 类引用 View，而不是持有对布局中每个 View 的引用或亲自调用 findViewById 方法：

```
binding.userName.setText("professionalandroid");
binding.email.setText("example@example.com");
```

5.7.2　数据绑定中的变量

这种完全可操作的数据绑定的强大之处在于，能够简化将底层数据动态绑定到布局的过程。可以通过添加<data>元素并使用@ {name.classvariable}语法声明在布局中使用的变量来实现此目的，如代码清单 5-7 所示。

代码清单 5-7：在布局中应用数据绑定变量

```
<?xml version="1.0" encoding="utf-8"?>
<layout
  xmlns:android="http://schemas.android.com/apk/res/android">
  <data>
    <variable name="user" type="com.professionalandroid.databinding.User" />
  </data>
  <LinearLayout
    android:layout_width="match_parent"
    android:layout_height="wrap_content"
    android:orientation="vertical">
    <TextView
      android:layout_width="match_parent"
      android:layout_height="wrap_content"
      android:text="@{user.userName}" />
    <TextView
      android:layout_width="match_parent"
      android:layout_height="wrap_content"
      android:text="@{user.email}" />
  </LinearLayout>
</layout>
```

通过声明 User 类的一个名为 user 的变量，我们的 Binding 类将生成 setUser 方法。

调用 setUser 方法将使用@{}语法设置引用 Use 类的所有属性。数据绑定将查找公有变量、样式为 get <变量>或 is<变量>的 getter 方法(例如，getEmail 或 isValid)或解析表达式时的确切方法名称：

```
User user = new User("professionalandroid", "example@example.com");
binding.setUser(user);
```

这允许将所有特定于 View 的逻辑保存在布局文件中，而你的代码只需要专注于为 Binding 类提供适当的数据。

你可能已经注意到，在前面的示例中删除了 android:id 属性，因为数据绑定不再需要 ID 来获取 View 变量了。

除了指定变量，还可以在这些表达式中使用几乎所有的 Java 语言语法。例如，可以使用空合并(null-coalescing)运算符??简化三元表达式：

```
android:text='@{user.email ?? "No email"}'
```

默认情况下，应用的任何变量绑定都是在下一帧重绘之后完成的。这可能导致在可滚动视图(如 RecyclerView)中使用时出现可见的闪烁。为了避免这种情况发生，在设置变量后可调用 executePendingBindings 方法，让绑定立即完成：

```
User user = userList.get(position);
binding.setUser(user);
binding.executePendingBindings();
```

5.7.3　数据绑定在 Earthquake Viewer 中的应用

数据绑定使我们可以简化 Earthquake Viewer 的 RecyclerView。适配器可以将每个 Earthquake 数据绑定到每行的布局中。

(1) 更新 build.gradle 文件以开启数据绑定：

```
android {
  [... Existing android element ...]
  dataBinding.enabled = true
}

dependencies {
  [... Existing dependencies element ...]
  implementation 'com.android.support:support-v4:27.1.1'
}
```

(2) 更新 list_item_earthquake.xml 布局资源以应用数据绑定：

```
<?xml version="1.0" encoding="utf-8"?>
<layout
  xmlns:android="http://schemas.android.com/apk/res/android"
  xmlns:app="http://schemas.android.com/apk/res-auto">
  <data>
    <variable name="timeformat" type="java.text.DateFormat" />
    <variable name="magnitudeformat" type="java.text.NumberFormat" />
    <variable name="earthquake"
      type="com.professionalandroid.apps.earthquake.Earthquake" />
  </data>
  <android.support.constraint.ConstraintLayout
    android:layout_width="match_parent"
    android:layout_height="wrap_content"
    android:paddingLeft="@dimen/activity_vertical_margin"
    android:paddingRight="@dimen/activity_vertical_margin">
    <TextView
      android:id="@+id/magnitude"
      android:layout_width="wrap_content"
      android:layout_height="0dp"
      android:gravity="center_vertical"
      app:layout_constraintRight_toRightOf="parent"
      app:layout_constraintTop_toTopOf="parent"
      app:layout_constraintBottom_toBottomOf="parent"
      android:textAppearance="?attr/textAppearanceListItem"
      android:text="@{magnitudeformat.format(earthquake.magnitude)}"/>
    <TextView
      android:id="@+id/date"
      android:layout_width="0dp"
      android:layout_height="wrap_content"
      android:layout_marginTop="@dimen/text_margin"
      app:layout_constraintLeft_toLeftOf="parent"
      app:layout_constraintTop_toTopOf="parent"
      app:layout_constraintRight_toLeftOf="@id/magnitude"
      android:text="@{timeformat.format(earthquake.date)}"/>
    <TextView
      android:layout_width="0dp"
      android:layout_height="wrap_content"
      android:layout_marginBottom="@dimen/text_margin"
      app:layout_constraintLeft_toLeftOf="parent"
      app:layout_constraintBottom_toBottomOf="parent"
      app:layout_constraintRight_toLeftOf="@id/magnitude"
      app:layout_constraintTop_toBottomOf="@id/date"
      android:text="@{earthquake.details}"/>
  </android.support.constraint.ConstraintLayout>
</layout>
```

(3) 通过重建项目生成 Binding 类。可以通过 Build | Make Project 菜单项来重建。

(4) 更新 EarthquakeRecyclerViewAdapter.ViewHolder 类，接收 Binding 类作为参数传入，并完成 timeformat 和 magnitudeformat 的一次性初始化设置。

```
public static class ViewHolder extends RecyclerView.ViewHolder {
  public final ListItemEarthquakeBinding binding;

  public ViewHolder(ListItemEarthquakeBinding binding) {
    super(binding.getRoot());
    this.binding = binding;
    binding.setTimeformat(TIME_FORMAT);
    binding.setMagnitudeformat(MAGNITUDE_FORMAT);
  }
}
```

(5) 更新 EarthquakeRecyclerViewAdapter 类，在 onCreateViewHolder 方法中创建 Binding 类并简化 onBindViewHolder

方法：

```
@Override
public ViewHolder onCreateViewHolder(ViewGroup parent, int viewType) {
  ListItemEarthquakeBinding binding = ListItemEarthquakeBinding.inflate(
    LayoutInflater.from(parent.getContext()), parent, false);
  return new ViewHolder(binding);
}

@Override
public void onBindViewHolder(ViewHolder holder, int position) {
  Earthquake earthquake = mEarthquakes.get(position);
  holder.binding.setEarthquake(earthquake);
  holder.binding.executePendingBindings();
}
```

5.8　创建新的 View

作为一名创新型开发人员，迟早会遇到这样的情况：所有内置控件都不能满足需求。

扩展现有 View、组合复合控件以及新建独特 View 的能力，让我们能够为应用的特定工作流实现漂亮的 UI 优化。Android 允许扩展现有的 View 工具箱或者实现自己的 View 控件，让你能够完全自由地定制 UI 以优化用户体验。

注意：

在设计 UI 时，平衡原始美学和可用性十分重要。有了创建自定义控件的能力，就会有从头构建所有控件的诱惑。请抑制住冲动。标准 View 对于其他 Android 应用的用户来说是熟悉的，并且这些 View 还会随着新的平台版本进行更新。而在小屏幕上，由于用户经常注意力不集中，控件的熟悉度相较于新颖度而言，会拥有更好的可用性。

新建 View 时使用哪种方式实现最合适？这取决于想要实现什么。

- **修改或扩展现有 View 的外观和/或行为**：当 View 已经提供了想要的基本功能时，通过重写事件处理程序和(或)onDraw 方法(但仍然需要调用超类的方法)，就可以自定义 View，而不必重新实现功能。例如，可以自定义 TextView 以使用设定的小数点显示数字。
- **组合视图**：利用几个相互关联的视图的功能创造原子的可重用控件。例如，可以通过组合 TextView 和 Button 来创建秒表计时器，Button 可在单击时重置计时器。
- **创建全新的控件**：当需要完全不同的界面，而又无法通过更改或组合现有控件来实现时，就需要创建全新的控件。

5.8.1　修改现有的 View

Android 小部件工具箱包含了可以满足常见 UI 需求的 View，而这些控件必定是通用的。通过自定义这些基本的 View，可以在避免重新实现现有行为的同时，仍能根据应用的需要自定义 UI 和功能。

要基于现有控件创建新的 View，请创建一个扩展它的新类，比如代码清单 5-8 中所示的 TextView 派生类。在这个例子中，可通过扩展 TextView 来定制外观和行为。

代码清单 5-8：扩展 TextView

```
import android.content.Context;
import android.graphics.Canvas;
import android.util.AttributeSet;
import android.view.KeyEvent;
import android.widget.TextView;

public class MyTextView extends TextView {

  // 使用代码创建 View 时调用的构造方法
```

```
  public MyTextView (Context context) {
    this(context, null);
  }

  // 通过 XML 膨胀 View 时调用的构造方法
  public MyTextView (Context context, AttributeSet attrs) {
    this(context, attrs, 0);
  }

  // 当具有样式属性并且从 XML 膨胀 View 时调用的构造方法
  public MyTextView(Context context, AttributeSet attrs, int defStyleAttr) {
    super(context, attrs, defStyleAttr);

    // 做自定义初始化工作
  }
}
```

如果正在构建可重用的 View，强烈建议重写上述全部三个构造方法，以确保视图可以像 Android SDK 中的所有 View 一样，既能通过代码创建也能通过 XML 膨胀获得。

要重写 View 的外观或行为，需要重写并扩展要更改的行为所关联的事件处理程序。

在代码清单 5-8 的扩展代码中，重写 onDraw 方法以修改 View 的外观，重写 onKeyDown 事件处理程序以允许定制按键处理：

```
public class MyTextView extends TextView {

  public MyTextView(Context context) {
    this(context, null);
  }

  public MyTextView(Context context, AttributeSet attrs) {
    this(context, attrs, 0);
  }

  public MyTextView(Context context, AttributeSet attrs, int defStyleAttr) {
    super(context, attrs, defStyleAttr);
  }

  @Override
  public void onDraw(Canvas canvas) {
    [ …… 在画布上，在文字的下方绘制内容…… ]

    // 像以往一样，使用 TextView 基类渲染文字
    super.onDraw(canvas);

    [ …… 在画布上，在文字的上方绘制内容…… ]
  }

  @Override
  public boolean onKeyDown(int keyCode, KeyEvent keyEvent) {
    [ ……执行一些特殊的处理…… ]
    [ …… 基于特定的按键…… ]

    // 使用基类实现的现有功能响应按键事件
    return super.onKeyDown(keyCode, keyEvent);
  }
}
```

有关 View 中提供的事件回调，将会在本章后面的内容中进行详细介绍。

1. 定义自定义属性

View 有三个主要的构造方法，用于支持使用代码或 XML 文件创建 View。同样的二元性也适用于可能添加到 View 中的功能——同样希望通过代码以及 XML 来更改添加的功能。

在代码中添加功能对于 View 或其他任何类来说没有什么不同，通常只需要添加 set 和 get 方法：

```
public class PriceTextView extends TextView {
  private static NumberFormat CURRENCY_FORMAT =
    NumberFormat.getCurrencyInstance();

  private float mPrice;
```

```
  // 所有的 View 都需要这三个构造方法
  public PriceTextView(Context context) {
    this(context, null);
  }

  public PriceTextView(Context context, AttributeSet attrs) {
    this(context, attrs, 0);
  }

  // 当 View 具有样式属性时，通过 XML 构建 View 时需要使用的构造方法
  public MyTextView(Context context, AttributeSet attrs, int defStyleAttr) {
    super(context, attrs, defStyleAttr);
  }

  public void setPrice(float price) {
    mPrice = price;
    setText(CURRENCY_FORMAT.format(price));
  }

  public float getPrice() {
    return mPrice;
  }
}
```

但是，这只允许更改代码中的 price。要将显示的 price 设置为 XML 文件的一部分，可以创建自定义属性，它们通常位于包含一个或多个<declare-styleable>元素的 res/values/attrs.xml 文件：

```
<resources>
  <declare-styleable name="PriceTextView">
    <attr name="price" format="reference|float" />
  </declare-styleable>
</resources>
```

按照惯例，<declare-styleable>的名称应与使用属性的类名相匹配。当然，这不是严格要求的。

需要注意的是，使用的名称都是全局的——如果多次声明相同的属性(例如在应用和使用的库中)，那么应用将无法完成编译；如果属性使用的是常用名称，那么可以考虑为它们添加前缀。

可用的基本属性类型包括颜色、布尔值、尺寸、浮点数、字符串、分数、枚举和标记(flag)。引用格式特别重要，它允许在使用自定义属性时引用另一个资源(例如使用@String/app_name)。如果希望允许多种类型，请将这些格式类型通过分隔符 | 进行连接组合。

然后，在 View 的 XML 中就可以通过添加与应用声明的所有属性相关联的命名空间声明引用自定义属性，通常使用 xmlns:app(app 可以是选择的任何标识符)：

```
<PriceTextView
    xmlns:android:"http://schemas.android.com/apk/res/android"
    xmlns:app="http://schemas.android.com/apk/res-auto"
    android:layout_width="wrap_content"
    android:layout_height="wrap_content"
    app:price="1999.99" />
```

最后，可以使用 obtainStyledAttributes 方法在类中读取自定义属性：

```
// 当 View 具有样式属性时，从 XML 构建 View 时需要使用的构造方法
public MyTextView(Context context, AttributeSet attrs, int defStyleAttr) {
  super(context, attrs, defStyleAttr);

  final TypedArray a = context.obtainStyledAttributes(attrs,
    R.styleable.PriceTextView, // <declare-styleable>中定义的名字
    defStyleAttr,
    0);                       // 一个可选的 R.style 引用，用于 View 的默认样式值

  if (a.hasValue(R.styleable.PriceTextView_price)) {
    setPrice(a.getFloat(R.styleable.PriceTextView_price,
    0));                      // 默认值
  }
  a.recycle();
}
```

注意：
从 TypedArray 中读取值之后，必须调用 recycle 方法(以对资源进行回收)。

5.8.2 创建复合控件

复合控件是原子的、独立的 ViewGroup，包含多个布局以及连接在一起的子 View。

创建复合控件时，需要定义它所包含的 View 的布局、外观及交互。可以通过扩展 ViewGroup(通常是布局)来创建复合控件。要创建新的复合控件，请选择最适合定位子控件的 Layout 类，然后对其进行扩展。

```
public class MyCompoundView extends LinearLayout {
  public MyCompoundView(Context context) {
    this(context, null);
  }

  public MyCompoundView(Context context, AttributeSet attrs) {
    this(context, attrs, 0);
  }

  public MyCompoundView(Context context, AttributeSet attrs,
                        int defStyleAttr) {
    super(context, attrs, defStyleAttr);
  }
}
```

与 Activity 一样，设计复合控件的 UI 布局，首选方案同样是使用外部资源。

代码清单 5-9 显示了一个简单复合控件的 XML 布局定义，该控件由用于文本输入的 EditText 与下方的“清除”按钮组成。

代码清单 5-9：一个复合控件的布局资源

```
<?xml version="1.0" encoding="utf-8"?>
<LinearLayout xmlns:android="http://schemas.android.com/apk/res/android"
  android:orientation="vertical"
  android:layout_width="match_parent"
  android:layout_height="wrap_content">
  <EditText
    android:id="@+id/editText"
    android:layout_width="match_parent"
    android:layout_height="wrap_content"
  />
  <Button
    android:id="@+id/clearButton"
    android:layout_width="match_parent"
    android:layout_height="wrap_content"
    android:text="Clear"
  />
</LinearLayout>
```

要在新的复合 View 中使用此布局，请使用 LayoutInflate 系统服务中的 inflate 方法重写构造方法以使布局资源膨胀。通过 inflate 方法获取布局资源并返回膨胀后的 View。

对于这样的情况，返回的 View 应该是正在创建的类，可以传入父 View 并自动将结果附加给它。

代码清单 5-10 使用 ClearableEditText 类演示了上面的内容。在构造方法中，膨胀代码清单 5-9 中的布局资源，然后找到其中包含的 EditText 和 Button 两个子 View 的引用。另外还调用了 hookupButton 方法，稍后该方法将用于连接实现文本清除功能的通道。

代码清单 5-10：构建复合 View

```
public class ClearableEditText extends LinearLayout {

  EditText editText;
  Button clearButton;

  public ClearableEditText(Context context) {
```

```
    this(context, null);
  }

  public ClearableEditText(Context context, AttributeSet attrs) {
    this(context, attrs, 0);
  }

  public ClearableEditText(Context context, AttributeSet attrs,
                        int defStyleAttr) {
    super(context, attrs, defStyleAttr);

    // 从 layout 资源文件中膨胀 View
    String infService = Context.LAYOUT_INFLATER_SERVICE;
    LayoutInflater li;
    li = (LayoutInflater)getContext().getSystemService(infService);
    li.inflate(R.layout.clearable_edit_text, this, true);

    // 获取子控件的引用
    editText = (EditText)findViewById(R.id.editText);
    clearButton = (Button)findViewById(R.id.clearButton);

    // 用于连接功能
    hookupButton();
  }
}
```

如果喜欢用代码构建布局，可以这样做，就像构建 Activity 一样：

```
public ClearableEditText(Context context, AttributeSet attrs,
                      int defStyleAttr) {
  super(context, attrs, defStyleAttr);

  // 设置垂直布局
  setOrientation(LinearLayout.VERTICAL);

  // 创建子控件
  editText = new EditText(getContext());
  clearButton = new Button(getContext());
  clearButton.setText("Clear");

  // 将它们放入组合控件中
  int lHeight = LinearLayout.LayoutParams.WRAP_CONTENT;
  int lWidth = LinearLayout.LayoutParams.MATCH_PARENT;

  addView(editText, new LinearLayout.LayoutParams(lWidth, lHeight));
  addView(clearButton, new LinearLayout.LayoutParams(lWidth, lHeight));

  // 用于连接功能
  hookupButton();
}
```

在构造 View 的布局之后，可以为每个子控件连接事件处理程序，以提供所需的功能。在代码清单 5-11 中，hookupButton 方法用于在单击“清除”按钮时清除文本编辑框中的文本。

代码清单 5-11：实现“清除”按钮的功能

```
private void hookupButton() {
  clearButton.setOnClickListener(new Button.OnClickListener() {
    public void onClick(View v) {
      editText.setText("");
    }
  });
}
```

5.8.3 创建作为布局的简单复合控件

通常，定义一组视图的布局和外观就足够了，而且更加灵活的是，无须对交互进行硬连接。

可以通过创建 XML 资源(用于封装要重用的 UI 模板)来创建可重用的布局。然后，在为 Activity 或 Fragment 创建 UI 时，可以通过在布局资源定义中使用 include 标签来引入这些布局模板。

```
<include layout="@layout/clearable_edit_text"/>
```

include 标签还允许重写所包含布局的根节点 id 以及布局参数：

```
<include
  layout="@layout/clearable_edit_text"
  android:id="@+id/add_new_entry_input"
  android:layout_width="match_parent"
  android:layout_height="wrap_content"
  android:layout_gravity="top"
/>
```

5.8.4 创建自定义 View

新建 View 使你能够从根本上塑造应用的外观和感觉。通过创建自己的控件，可以创建仅适合自己 UI 需求的控件。

要从空白画布创建新控件，可以扩展 View 或 SurfaceView 类。View 类提供了 Canvas 对象，其中包含一系列绘制方法和 Paint 类。使用它们可以创建包含位图和光栅图形的可视化界面。然后，可以重写用户事件(包括屏幕触摸或按键)以提供交互功能。

在不需要快速重绘和 3D 图形的情况下，View 基类提供了强大的轻量级解决方案。

SurfaceView 类提供了 Surface 对象，该对象支持从后台线程绘图，还可以选择使用 OpenGL 来实现图形。这对于经常更新(例如，实时视频)的图形密集型控件或显示复杂图形信息(特别是游戏和 3D 可视化)是相当好的选择。

引用：

本节主要介绍如何基于 View 类构建控件。要了解更多关于 SurfaceView 类的信息以及 Android 提供的一些更高级的画布绘制特性，请参阅第 14 章“用户界面的高级定制”。

1. 创建新的可视化界面

View 基类提供了空的 100 像素×100 像素的正方形。想要更改控件大小并显示更引人注目的可视化界面，就需要重写 onMeasure 和 onDraw 方法。

在 onMeasure 方法中，View 将根据一组边界条件确定占据的高度和宽度。在 onDraw 方法中，可以确定要在画布上的什么位置绘制。

代码清单 5-12 显示了一个新的 View 类的框架代码，稍后将进一步讲解和开发它。

代码清单 5-12：创建一个新的 View 类

```
public class MyView extends View {

  public MyView(Context context) {
    this(context, null);
  }

  public MyView (Context context, AttributeSet attrs) {
    this(context, attrs, 0);
  }

  public MyView(Context context, AttributeSet attrs, int defStyleAttr) {
    super(context, attrs, defStyleAttr);
  }

  @Override
  protected void onMeasure(int wMeasureSpec, int hMeasureSpec) {
    int measuredHeight = measureHeight(hMeasureSpec);
    int measuredWidth = measureWidth(wMeasureSpec);

    // 必须调用 setMeasuredDimension 方法
    // 否则在设置控件时将导致运行时异常
    setMeasuredDimension(measuredHeight, measuredWidth);
  }
```

```
  private int measureHeight(int measureSpec) {
    int specMode = MeasureSpec.getMode(measureSpec);
    int specSize = MeasureSpec.getSize(measureSpec);

     [ …… 计算该 View 的高 …… ]

     return specSize;
  }

  private int measureWidth(int measureSpec) {
    int specMode = MeasureSpec.getMode(measureSpec);
    int specSize = MeasureSpec.getSize(measureSpec);

     [ …… 计算该 View 的宽…… ]

     return specSize;
  }

  @Override
  protected void onDraw(Canvas canvas) {
    [ …… 在此处绘制你的可视化界面 …… ]
  }
}
```

注意：

必须始终在重写的 onMeasure 方法中调用 setMeasuredDimension 方法；否则，当父容器试图展开 View 时，View 将抛出异常。

2. 绘制控件

onDraw 方法就是奇迹发生的地方。如果正在从头创建一个新的小部件，那么可能是因为你希望创建一个全新的可视化界面。onDraw 方法中的 Canvas 参数就是用来将想象变为现实的画卷。

Android 画布使用了画笔的算法，这意味着每一次在画布上作画时，都将覆盖之前在同一区域所画的任何内容。

绘图 API 提供了各种工具，可帮助你使用各种绘图对象在画布上绘制设计。Canvas 类包括用于绘制基本 2D 对象的辅助方法，包括圆、线、矩形、文本和可绘制对象(图像)，还支持在画布上进行旋转、平移(移动)和缩放(调整大小)转换。

将这些工具与 Drawable 和 Paint 类(它们提供各种可定制的填充和画笔)结合使用时，控件所能呈现的复杂性和细节仅受屏幕大小和处理器渲染能力的限制。

警告：

在 Android 中编写高效代码的最终手段之一就是尽量避免重复创建和销毁对象。在 onDraw 方法中创建的任何对象将在屏幕刷新时创建并销毁。因此，通常会通过将尽可能多的对象(特别是 Paint 和 Drawable 实例)放在类作用域范围内并将它们的创建代码移动到构造函数中来提高效率。

代码清单 5-13 显示了如何重写 onDraw 方法，以便在视图中心显示一个简单的文本字符串。

代码清单 5-13：绘制自定义视图

```
@Override
protected void onDraw(Canvas canvas) {
  // 根据上一次调用的 onMeasure 方法获取控件的大小
  int height = getMeasuredHeight();
  int width = getMeasuredWidth();

  // 找到中心点
  int px = width/2;
  int py = height/2;

  // 创建新的画笔
  // 为了提高效率，这应该在视图的构造函数中完成
  Paint mTextPaint = new Paint(Paint.ANTI_ALIAS_FLAG);
```

```
    mTextPaint.setColor(Color.WHITE);

    // 定义要绘制的字符串
    String displayText = "Hello View!";

    // 测量字符串的宽度
    float textWidth = mTextPaint.measureText(displayText);

    // 在控件的中心位置绘制字符串
    canvas.drawText(displayText, px-textWidth/2, py, mTextPaint);
  }
```

为了不偏离本章的主题，我们将在第 14 章“用户界面的高级定制”中详细介绍 Canvas 和 Paint 类，以及用它们绘制更复杂的视觉效果的技术。

注意：

画布上任何元素的更改都要求重新绘制整个画布；在控件无效并重新绘制之前，修改画笔的颜色不会更改视图的显示。也可以使用 OpenGL 渲染图形，更多详细信息请参阅第 17 章“音频、视频和使用摄像头”中有关 SurfaceView 的讨论。

3. 调整控件大小

除非总是恰好需要占用 100 像素正方形空间的控件，否则还需要重写 onMeasure 方法。

当父控件布局子控件时，将调用 onMeasure 方法并传入两个参数：widthMeasureSpec 和 heightMeasureSpec。这两个参数指定控件的可用空间并描述可用空间的一些元数据。

不用返回结果，而是将视图的宽高传递给 setMeasuredDimension 方法。

以下代码片段显示了如何重写 onMeasure 方法。对本地方法存根 measureHeight 和 measureWidth 的调用，将分别用于解码 widthHeightSpec 和 heightMeasureSpec 的值，并计算首选的高度值和宽度值：

```
@Override
protected void onMeasure(int widthMeasureSpec, int heightMeasureSpec) {

  int measuredHeight = measureHeight(heightMeasureSpec);
  int measuredWidth = measureWidth(widthMeasureSpec);

  setMeasuredDimension(measuredHeight, measuredWidth);
}

private int measureHeight(int measureSpec) {
  // 返回所测量控件的高
}

private int measureWidth(int measureSpec) {
  // 返回所测量控件的宽
}
```

出于效率原因，边界参数 widthMeasureSpec 和 heightMeasureSpec 作为整数传入。在使用它们之前，首先需要使用 MeasureSpec 类中的静态方法 getMode 和 getSize 对它们进行解码：

```
int specMode = MeasureSpec.getMode(measureSpec);
int specSize = MeasureSpec.getSize(measureSpec);
```

取决于 mode 的值，如果 mode 的值为 AT_MOST，尺寸大小表示控件可用的最大空间；如果 mode 的值为 EXACTLY，控件将占用的大小为具体的精确值；当 mode 的值为 UNSPECIFIED 时，控件没有任何尺寸表示的引用。

通过将测量尺寸标记为 EXACT，父级会坚持将 View 放置到指定的确切大小的区域中。AT_MOST 模式表示父级会询问 View 想要占用的大小，同时也会给定尺寸上限。而在许多情况下，返回的值要么相同，要么刚好包含要显示的 UI 所需的大小。

无论哪种情况，都应将这些限制视为绝对限制。在某些情况下，返回超出这些限制的测量值仍然是合适的，在这种情况下，可以让父级选择如何处理过大的 View，可以使用诸如裁剪和滚动之类的技术。

代码清单 5-14 显示了处理 View 测量的典型实现。

代码清单 5-14：View 测量的典型实现

```
@Override
protected void onMeasure(int widthMeasureSpec, int heightMeasureSpec) {
  int measuredHeight = measureHeight(heightMeasureSpec);
  int measuredWidth = measureWidth(widthMeasureSpec);

  setMeasuredDimension(measuredHeight, measuredWidth);
}

private int measureHeight(int measureSpec) {
  int specMode = MeasureSpec.getMode(measureSpec);
  int specSize = MeasureSpec.getSize(measureSpec);

  // 如果没有指定限制，则使用默认大小(以像素为单位)
  int result = 500;

  if (specMode == MeasureSpec.AT_MOST) {
    // 在此最大尺寸范围内计算控件的理想尺寸
    // 如果控件填充了可用空间，则返回外部边界值
    result = specSize;
  } else if (specMode == MeasureSpec.EXACTLY) {
    // 如果控件能够符合这些界限，则返回该值
    result = specSize;
  }
  return result;
}

private int measureWidth(int measureSpec) {
  int specMode = MeasureSpec.getMode(measureSpec);
  int specSize = MeasureSpec.getSize(measureSpec);

  // 如果没有指定限制，则使用默认大小(以像素为单位)
  int result = 500;

  if (specMode == MeasureSpec.AT_MOST) {
    // 在此最大尺寸范围内计算控件的理想尺寸
    // 如果控件填充了可用空间，则返回外部边界值
    result = specSize;
  } else if (specMode == MeasureSpec.EXACTLY) {
    // 如果控件能够符合这些界限，则返回该值
    result = specSize;
  }
  return result;
}
```

4. 处理用户交互事件

要使新的视图具有交互性，就需要让它响应用户触发的事件，例如按键、屏幕触摸和按钮单击。Android 公开了几个可用于响应用户输入的虚拟事件处理程序：

onKeyDown——按下任何设备按键时调用，包括 D-Pad、键盘、挂断、呼叫、返回和相机按键。

onKeyUp——当用户释放按下的按键时调用。

onTouchEvent——当触摸屏被按下或释放，或当检测到移动时调用。

代码清单 5-15 显示了一个框架类，它重写了 View 中的每个用户交互事件的处理程序。

代码清单 5-15：View 中的输入事件处理程序

```
@Override
public boolean onKeyDown(int keyCode, KeyEvent keyEvent) {
  // 如果处理了该事件，则返回 true
  return true;
}

@Override
public boolean onKeyUp(int keyCode, KeyEvent keyEvent) {
  // 如果处理了该事件，则返回 true
  return true;
}
```

```
@Override
public boolean onTouchEvent(MotionEvent event) {
  // 获取事件表示的动作类型
  int actionPerformed = event.getAction();
  // 如果处理了该事件，则返回 true
  return true;
}
```

关于使用这些事件处理程序的更多细节，包括每个方法接收参数的更多细节以及对多点触摸事件的支持，可以在第 14 章中找到相关内容。

5. 支持自定义视图的无障碍访问

创建具有漂亮界面的自定义视图才完成了一半。同样的重要是，还要创建无障碍访问的控件，以便残障用户也能够使用，从而让他们以不同的方式与设备进行交互。

无障碍访问 API 为视觉、身体或年龄相关的残障用户提供了替代的交互方式，这些残障用户很难与触摸屏完全交互。

第一步是确保自定义视图可以使用 D-Pad 事件进行访问和导航。在布局定义中使用内容描述(android:contentDescription)属性来描述输入窗口小部件也很重要(该内容在第 14 章中有更详细的描述)。

为了易于访问，自定义视图必须实现 AccessibilityEventSource 接口，并通过 sendAccessibilityEvent 方法广播 AccessibilityEvents 事件。

View 类已经实现了 AccessibilityEventSource 接口，因此只需要自定义行为以匹配自定义视图引入的功能。可通过将发生的事件类型(通常是单击、长按、选择更改、焦点更改和文本/内容更改之一)传递给 sendAccessibilityEvent 方法来执行此操作。对于实现了全新 UI 的自定义视图，每当显示的内容发生更改时，通常都会伴随着广播，如代码清单 5-16 所示。

代码清单 5-16：广播无障碍访问事件

```
public void setSeason(Season season) {
  mSeason = season;
  sendAccessibilityEvent(AccessibilityEvent.TYPE_VIEW_TEXT_CHANGED);
}
```

单击、长按以及焦点和选择的改变通常将由底层 View 实现广播，但应该关注基类 View 没有捕获的任何其他广播事件。

广播无障碍访问事件包括无障碍访问服务用于增强用户体验的许多属性。其中一些属性(包括 View 的类名和事件的时间戳)不需要更改。但是，通过重写 dispatchPopulateAccessibilityEvent 处理程序，可以自定义详细信息，例如 View 的内容、选中状态(checked state)以及 View 的选择状态(selection state)，如代码清单 5-17 所示。

#代码清单 5-17：自定义无障碍访问事件的属性

```
@Override
public boolean dispatchPopulateAccessibilityEvent(
                final AccessibilityEvent event) {

  super.dispatchPopulateAccessibilityEvent(event);
  if (isShown()) {
    String seasonStr = Season.valueOf(season);
    if (seasonStr.length() > AccessibilityEvent.MAX_TEXT_LENGTH)
      seasonStr =
        seasonStr.substring(0, AccessibilityEvent.MAX_TEXT_LENGTH-1);

    event.getText().add(seasonStr);
    return true;
  }
  else
    return false;
}
```

6. 创建罗盘视图

在下面的示例中，将通过扩展 View 类来创建罗盘视图。这个视图将显示一个传统的罗盘，并可用来指示航向/朝向。完成后效果如图 5-5 所示。

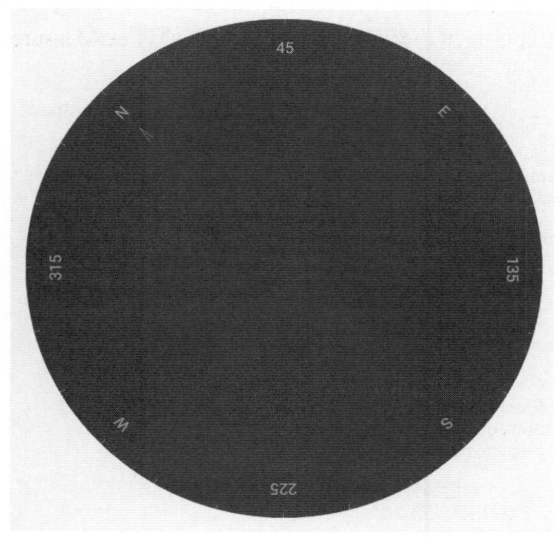

图 5-5

罗盘就是 UI 控件的一个例子，它需要与 SDK 工具箱提供的 TextView 和 Button 等视图控件完全不同的视觉显示效果，因此这成为从零开始构建的绝佳选择。

注意：

在第 14 章中，你将学习 Canvas 绘图的一些高级技术，这些技术可以显著改善外观。然后在第 16 章“硬件传感器”中，你将通过罗盘视图和设备的内置加速器显示用户的当前朝向。

首先创建一个新的 Compass 项目，其中将包含新建的 CompassView，并创建一个初始的空 CompassActivity，我们将在其中显示 CompassView。

(1) 创建一个新的 CompassView 类，它扩展自 View 类并添加构造函数，以允许在代码中或通过资源布局的膨胀实例化 View 类。将 setFocusable(true)代码添加到最终的构造函数(通常是参数最多的那个构造函数)，以允许使用 D-Pad 的用户可以聚焦并选择罗盘(这将允许他们从 View 中接收无障碍访问事件)：

```
package com.professionalandroid.apps.compass;

import android.content.Context;
import android.content.res.Resources;
import android.content.res.TypedArray;
import android.graphics.Canvas;
import android.graphics.Paint;
import android.support.v4.content.ContextCompat;
import android.util.AttributeSet;
import android.view.View;
import android.view.accessibility.AccessibilityEvent;

public class CompassView extends View {
  public CompassView(Context context) {
    this(context, null);
  }

  public CompassView(Context context, AttributeSet attrs) {
    this(context, attrs, 0);
  }

  public CompassView(Context context, AttributeSet attrs, int defStyleAttr) {
    super(context, attrs, defStyleAttr);
```

```
    setFocusable(true);
  }
}
```

(2) CompassView(罗盘视图)应该始终是一个完美的圆，在此限制条件下，它应该占据画布尽可能多的空间。重写 onMeasure 方法，计算最短边的长度，然后使用这个长度值通过 setMeasuredDimension 方法来设置宽高：

```
@Override
protected void onMeasure(int widthMeasureSpec, int heightMeasureSpec) {
  // 罗盘是一个圆，它填充了尽可能大的空间
  // 通过计算，获取宽高值并得到最短边的值
  int measuredWidth = measure(widthMeasureSpec);
  int measuredHeight = measure(heightMeasureSpec);

  int d = Math.min(measuredWidth, measuredHeight);

  setMeasuredDimension(d, d);
}

private int measure(int measureSpec) {
  int result = 0;

  // 解码 MeasureSpec 中的 Mode 和 Size
  int specMode = MeasureSpec.getMode(measureSpec);
  int specSize = MeasureSpec.getSize(measureSpec);

  if (specMode == MeasureSpec.UNSPECIFIED) {
    // 如果没有设置精确的边长，就使用默认值 200
    result = 200;
  } else {
    // 如果想要填满可用控件，请始终返回完整的可用边长
    result = specSize;
  }
  return result;
}
```

(3) 修改 activity_compass.xml 布局资源，并使用包含了新建的 CompassView 的 FrameLayout 替换初始内容：

```
<?xml version="1.0" encoding="utf-8"?>
<FrameLayout xmlns:android="http://schemas.android.com/apk/res/android"
  android:orientation="vertical"
  android:layout_width="match_parent"
  android:layout_height="match_parent">
  <com.professionalandroid.apps.compass.CompassView
    android:id="@+id/compassView"
    android:layout_width="match_parent"
    android:layout_height="match_parent"
  />
</FrameLayout>
```

(4) 使用资源文件存储绘制罗盘时使用的颜色和文本。

a. 使用以下内容替换 res/values/strings.xml 中的默认内容，创建文本字符串资源：

```
<?xml version="1.0" encoding="utf-8"?>
<resources>
  <string name="app_name">Compass</string>
  <string name="cardinal_north">N</string>
  <string name="cardinal_east">E</string>
  <string name="cardinal_south">S</string>
  <string name="cardinal_west">W</string>
</resources>
```

b. 将以下颜色资源添加到 res/values/colors.xml 文件中：

```
<?xml version="1.0" encoding="utf-8"?>
<resources>

  <color name="colorPrimary">#3F51B5</color>
  <color name="colorPrimaryDark">#303F9F</color>
  <color name="colorAccent">#FF4081</color>
  <color name="background_color">#F555</color>
  <color name="marker_color">#AFFF</color>
```

```
  <color name="text_color">#AFFF</color>
</resources>
```

(5) 返回到 CompassView 类，添加一个新的成员变量来存储显示的方位，并为变量创建 get 和 set 方法。在 set 方法中调用 invalidate 方法，以确保当方位发生变化时 View 会被重新绘制：

```
private float mBearing;

public void setBearing(float bearing) {
  mBearing = bearing;
  invalidate();
}

public float getBearing() {
  return mBearing;
}
```

(6) 创建一个自定义属性，用于在 XML 中设置方位。

a. 在 res/values/attrs.xml 文件中创建自定义属性：

```
<?xml version="1.0" encoding="utf-8"?>
<resources>
  <declare-styleable name="CompassView">
    <attr name="bearing" format="reference|float" />
  </declare-styleable>
</resources>
```

b. 更新构造函数，从 XML 属性中读取方位值：

```
public CompassView(Context context, AttributeSet attrs,
                   int defStyleAttr) {
  super(context, attrs, defStyleAttr);
  setFocusable(true);
  final TypedArray a = context.obtainStyledAttributes(attrs,
    R.styleable.CompassView, defStyleAttr, 0);
  if (a.hasValue(R.styleable.CompassView_bearing)) {
    setBearing(a.getFloat(R.styleable.CompassView_bearing, 0));
  }
  a.recycle();
}
```

(7) 在构造函数中，获取步骤(4)中创建的每个资源的引用。将字符串值存储为实例变量，并使用颜色值创建类作用范围的 Paint 成员对象。你将在下一步中使用这些 Paint 对象来绘制罗盘表面。

```
private Paint markerPaint;
private Paint textPaint;
private Paint circlePaint;
private String northString;
private String eastString;
private String southString;
private String westString;
private int textHeight;

public CompassView(Context context, AttributeSet attrs, int defStyleAttr) {
  super(context, attrs, defStyleAttr);

  setFocusable(true);
  final TypedArray a = context.obtainStyledAttributes(attrs,
    R.styleable.CompassView, defStyleAttr, 0);
  if (a.hasValue(R.styleable.CompassView_bearing)) {
    setBearing(a.getFloat(R.styleable.CompassView_bearing, 0));
  }
  a.recycle();

  Context c = this.getContext();
  Resources r = this.getResources();

  circlePaint = new Paint(Paint.ANTI_ALIAS_FLAG);
  circlePaint.setColor(ContextCompat.getColor(c, R.color.background_color));
  circlePaint.setStrokeWidth(1);
  circlePaint.setStyle(Paint.Style.FILL_AND_STROKE);
```

```
  northString = r.getString(R.string.cardinal_north);
  eastString = r.getString(R.string.cardinal_east);
  southString = r.getString(R.string.cardinal_south);
  westString = r.getString(R.string.cardinal_west);

  textPaint = new Paint(Paint.ANTI_ALIAS_FLAG);
  textPaint.setColor(ContextCompat.getColor(c, R.color.text_color));

  textHeight = (int)textPaint.measureText("yY");

  markerPaint = new Paint(Paint.ANTI_ALIAS_FLAG);
  markerPaint.setColor(ContextCompat.getColor(c, R.color.marker_color));
}
```

(8) 使用步骤(7)中创建的 String 对象和 Paint 对象来绘制罗盘表面。以下代码仅显示有限的注释。可以在第 14 章中找到有关在 Canvas 上进行绘制以及使用高级 Paint 效果的更多细节。

a. 首先，重写 CompassView 类中的 onDraw 方法。

```
@Override
protected void onDraw(Canvas canvas) {
```

b. 找到控件的中心，将最小边的边长(长和宽中的最小边)存储为圆的半径。

```
int mMeasuredWidth = getMeasuredWidth();
int mMeasuredHeight = getMeasuredHeight();

int px = mMeasuredWidth / 2;
int py = mMeasuredHeight / 2 ;

int radius = Math.min(px, py);
```

c. 通过使用步骤(7)中创建的 circlePaint 对象，绘制外边界，并调用 drawCircle 方法对罗盘背景进行着色。

```
// 绘制背景
  canvas.drawCircle(px, py, radius, circlePaint);
```

d. 罗盘通过旋转表盘来显示当前的航向，因此当前方向应总是指向设备的顶部。要实现此目的，请与当前航向相反的方向旋转画布：

```
// 旋转我们的视角，使“顶部”正对当前方向
  canvas.save();
  canvas.rotate(-mBearing, px, py);
```

e. 剩下的工作就是绘制标记了。旋转整个画布，每 15° 绘制一个标记，每 45° 绘制一个方位的缩写字母。

```
  int textWidth = (int)textPaint.measureText("W");
  int cardinalX = px-textWidth/2;
  int cardinalY = py-radius+textHeight;

  // 每 15° 绘制一个标记，每 45° 绘制一个方位的缩写字母
  for (int i = 0; i < 24; i++) {
    // 绘制标记
    canvas.drawLine(px, py-radius, px, py-radius+10, markerPaint);

    canvas.save();
    canvas.translate(0, textHeight);

    // 绘制基点
    if (i % 6 == 0) {
      String dirString = "";
      switch (i) {
        case(0)  : {
                   dirString = northString;
                   int arrowY = 2*textHeight;
                   canvas.drawLine(px, arrowY, px-5, 3*textHeight,
                           markerPaint);
                   canvas.drawLine(px, arrowY, px+5, 3*textHeight,
                           markerPaint);
                   break;
                 }
        case(6)  : dirString = eastString; break;
        case(12) : dirString = southString; break;
```

```
        case(18) : dirString = westString; break;
      }
      canvas.drawText(dirString, cardinalX, cardinalY, textPaint);
    }

    else if (i % 3 == 0) {
      // 每 45° 绘制一个方位的缩写字母
      String angle = String.valueOf(i*15);
      float angleTextWidth = textPaint.measureText(angle);

      int angleTextX = (int)(px-angleTextWidth/2);
      int angleTextY = py-radius+textHeight;
      canvas.drawText(angle, angleTextX, angleTextY, textPaint);
    }
    canvas.restore();

    canvas.rotate(15, px, py);
  }
  canvas.restore();
}
```

(9) 添加对无障碍访问功能的支持。CompassView 呈现了可视化的航向，因此，想要具备无障碍访问特性，就需要广播一个 AccessibilityEvent 事件，该事件表示在方位发生改变时，“文本”(本例中是方位内容)也随之发生更改。我们可以通过修改 setBearing 方法来完成这一操作：

```
public void setBearing(float bearing) {
  mBearing = bearing;
  invalidate();
  sendAccessibilityEvent(AccessibilityEvent.TYPE_VIEW_TEXT_CHANGED);
}
```

(10) 重写 dispatchPopulateAccessibilityEvent 方法，将当前航向用作无障碍访问事件的内容值：

```
@Override
public boolean dispatchPopulateAccessibilityEvent(
                final AccessibilityEvent event) {
  super.dispatchPopulateAccessibilityEvent(event);
  if (isShown()) {
    String bearingStr = String.valueOf(mBearing);
    event.getText().add(bearingStr);
    return true;
  }
  else
    return false;
}
```

运行该 Activity 后，你应该会看到 CompassView 显示在手机界面上。可参照第 16 章“硬件传感器”，了解如何将 CompassView 控件与设备的罗盘传感器进行绑定。

5.8.5　使用自定义控件

创建了自己的自定义视图之后，就可以像使用其他视图一样在代码或布局中使用它们。注意，在布局定义中为新视图添加节点时，必须指定完全限定的类名(也就是带有完整包名路径的类名)，如下所示：

```
<com.professionalandroid.apps.compass.CompassView
  android:id="@+id/compassView"
  android:layout_width="match_parent"
  android:layout_height="match_parent"
  app:bearing="45" />
```

可以像通常一样，使用以下代码，通过膨胀布局，得到 CompassView 实例的引用。

```
@Override
public void onCreate(Bundle savedInstanceState) {
  super.onCreate(savedInstanceState);
  setContentView(R.layout.main);
  CompassView cv = findViewById(R.id.compassView);
  // 根据需要通过调用 setBearing 方法来更新方向
}
```

当然，也可以通过代码的方式将自定义视图添加到布局中：

```
@Override
public void onCreate(Bundle savedInstanceState) {
  super.onCreate(savedInstanceState);
  CompassView cv = new CompassView(this);
  setContentView(cv);
  cv.setBearing(45);
}
```

自定义视图是一种为应用提供不同功能的强大方式。一旦创建，它们就可以像使用任何 Android 框架视图一样使用它们。

第6章

Intent 与 Broadcast Receiver

本章主要内容

- 介绍 Intent 与 Pending Intent
- 使用隐式或显式 Intent 启动 Activity 和 Service
- 从子 Activity 返回结果
- 了解如何解析 Intent
- 使用 Intent Filter 扩展应用的功能
- 使用 Linkify 向文本字段添加链接
- 使用 Local Broadcast Manager 在应用中发送广播 Intent

本章可供下载的代码可以在 www.wrox.com 上找到。本章的代码放在如下压缩文件中：

- Snippets_ch6.zip
- StarSignPicker_ch6.zip

6.1 使用 Intent 和 Broadcast Receiver

Intent 是一种消息传递机制，可以在应用内部、应用之间以及系统和应用之间使用。它主要完成以下几件事情：

- 通过各大组件的类名显式启动特定的 Service、Broadcast Receiver、Activity 或子 Activity。
- 启动 Activity、子 Activity 或 Service，以对某个特定数据执行动作。
- 从子 Activity 返回信息。
- 广播已发生的事件。

Intent 是 Android 操作系统的基本组成部分，也是 Android 特有的概念，有时令人困惑。

Intent 可用于安装在 Android 设备上的任何应用组件之间的通信，无论它们是否属于同一个应用。这会将你的设备从独立组件集合的平台转变为互联的系统。当然，如果为了提高安全性和效率，也可以使用 Local Broadcast Manager(本地广播管理器)只向本应用的组件发送 Intent。

Intent 最常见的用途之一是显式(通过指定要加载的类)或隐式地(通过创建 Intent 动作，请求对一段数据执行特定的动作)启动(或“开启”)Activity。在后一种情况下，动作并不是必须由唤起的应用中的 Activity 执行。

使用 Intent 而不直接加载类以启动应用组件——即使在同一个应用中——这是 Android 设计的基本原则。

还可以使用 Intent 在系统中广播消息，这些 Intent 被称为广播 Intent。应用可以通过注册 Broadcast Receiver 以监听和响应这些广播 Intent。这使你可以基于内部或系统事件来创建事件驱动的应用。

Android 系统使用广播 Intent 来通知系统事件，例如，网络连接或电池电量的变化。原生 Android 应用(如电话拨号器和 SMS 管理器)则会注册组件，以监听特定的广播 Intent 并做出相应的响应。因此，也可以通过注册监听相同 Intent 的 Broadcast Receiver 来替换许多本机应用。

6.2 使用 Intent 启动 Activity

Intent 最常见的用途就是连接应用组件，并在它们之间进行通信。例如，Intent 在 Activity 中就可用于启动新的 Activity，从而允许创建由多个界面组成的工作流。

> **注意：**
> 本节内容虽然涉及启动新的 Activity，但同样的方式也适用于 Service 组件。有关启动(和创建)Service 的详细信息，请参阅第 11 章“工作在后台”。

要创建并显示 Activity，只需要调用 startActivity 方法并传入 Intent 作为参数即可，如下所示：

```
startActivity(myIntent);
```

startActivity 方法会找到并启动最符合 Intent 的单个 Activity。

可以构造 Intent，显式地指定要启动的特定 Activity 类，也可以包含目标 Activity 必须能够执行的动作(action)，而在后一种情况下，运行时将通过 Intent 解析动态选择 Activity。

在使用 startActivity 方法启动后，在新启动的 Activity 结束时，应用不会收到任何通知。要想跟踪子 Activity 的反馈，请使用 startActivityForResult 方法，本章稍后会对此进行详细描述。

6.2.1 显式启动新的 Activity

你已经在第 3 章“应用、Activity 和 Fragment”中了解到，应用包含许多相互关联的界面——也就是 Activity——并且它们必须在应用的配置清单中进行相关配置。

要在它们之间进行跳转，可以通过创建新的 Intent，并指定当前 Activity 的 Context 以及要启动的 Activity 的类名，以显式地指示要启动的 Activity。完成定义之后，将 Intent 作为参数传递给 startActivity 方法，如代码清单 6-1 所示，如此就可以启动新的 Activity 了。

代码清单 6-1：显式地启动特定的 Activity

```
Intent intent = new Intent(MyActivity.this, MyOtherActivity.class);
startActivity(intent);
```

在调用 startActivity 方法后，将创建、启动或恢复新的 Activity(在本例中为 MyOtherActivity)，然后替换 Activity 栈顶的 MyActivity。

在新的 Activity 中调用 finish 方法或按下 Back 按钮，可以关闭 Activity 并从 Activity 栈中将它移除。另外，可以继续使用 startActivity 方法跳转到其他的 Activity。

注意，每次调用 startActivity 方法时，都会向 Activity 栈中添加新的 Activity。按下 Back 按钮(或调用 finish 方法)将依次从 Activity 栈中移除这些 Activity；如果一个 Activity 没有以这种方式关闭，那么它将在应用运行时继续保存在 Activity 栈中。最终，将导致 Activity 栈中可能会有多个相同的 Activity 实例。

6.2.2 隐式 Intent 与后期运行时绑定

隐式 Intent 用于要求系统查找并启动能够执行特定动作的 Activity，而不需要确切地知道将要启动哪个应用或 Activity。

例如，为了让用户使用应用拨打电话，可以实现新的拨号器，也可以使用隐式 Intent，请求对电话号码(以 URI 的形式)执行动作(拨号)。

```
if (somethingWeird && itDontLookGood) {
  Intent intent =
    new Intent(Intent.ACTION_DIAL, Uri.parse("tel:555-2368"));

  startActivity(intent);
}
```

Android 通过查找并启动可以对电话号码 URI 执行拨号动作的 Activity 来解析 Intent——在这种情况下，通常是绑定电话拨号器应用。

当想要构造新的隐式 Intent 时，需要指定要执行的动作以及执行动作所需的数据(Uri 对象)。通过在 Intent 中添加 Extra 内容，可以向目标 Activity 发送额外的数据。

Extra 是一种将原始值附加到 Intent 的机制。可以在任意 Intent 上使用重载的 putExtra 方法添加新的名称/值对(NVP)：

```
intent.putExtra("STRING_EXTRA", "Beverly Hills");
intent.putExtra("INT_EXTRA", 90210);
```

Extra 内容作为 Bundle 对象存储在 Intent 中，可以使用 getExtras 方法从已启动的 Activity 中获取。可以使用相应的 get[type]Extra 方法直接从 Intent 中提取每个 Extra 的值：

```
Intent intent = getIntent();
String myStringExtra = intent.getStringExtra("STRING_EXTRA");
int myIntExtra = intent.getIntExtra("INT_EXTRA", DEFAULT_INT_VALUE);
```

当使用隐式 Intent 启动 Activity 时，Android 将在运行时将其解析为最适合对指定的数据类型执行所需动作的 Activity 类。这意味着可以创建使用其他应用功能的项目，并且无须提前知道在借用哪些应用的功能。

在有多个 Activity 可以执行给定动作的情况下，用户可以进行选择。Intent 解析的过程是通过对 Activity 的 Intent Filter 进行分析来确定的，这些 Intent Filter 将在本章后面详细介绍。

各种本机应用提供了能够针对特定数据执行动作的 Activity。还可以注册第三方应用(包括自己的应用)以支持新的动作或提供本机动作的备用程序。本章稍后将介绍一些本机动作，以及如何注册自己的 Activity 以支持它们。

6.2.3 确定 Intent 是否会被解析

可以将第三方应用的 Activity 和 Service 整合到自己的应用中，这是非常强大的；但并不能保证设备上已经安装了任何特定的应用，甚至不能保证任何已安装的应用能够处理请求。

因此，在将隐式 Intent 作为参数传递给 startActivity 方法之前，最好检查一下它们是否能被解析为 Activity。

可以使用 Package Manager 查询哪个 Activity(如果有的话)将通过 Intent 对象调用用的 resolveActivity 方法并传入 Package Manager 的实例作为参数，来响应特定的 Intent，如代码清单 6-2 所示：

代码清单 6-2：隐式启动 Activity

```
if (somethingWeird && itDontLookGood) {
  // 通过创建隐式 Intent 启动新的 Activity
  Intent intent =
    new Intent(Intent.ACTION_DIAL, Uri.parse("tel:555-2368"));

  // 检查执行该操作的 Activity 是否存在
  PackageManager pm = getPackageManager();
```

```
  ComponentName cn = intent.resolveActivity(pm);
  if (cn == null) {
    // 没有可用的 Activity 可以执行该操作
    // 输出错误级别日志并相应地修改应用的行为
    // 方法是通过禁止用户尝试此操作的 UI 元素
    Log.e(TAG, "Intent could not resolve to an Activity.");
  }
  else
    startActivity(intent);
}
```

如果没有找到 Activity，可以禁用相关的功能(以及相关的用户界面)，或者将用户引导到 Google Paly 应用商店的对应应用界面。注意，Google Play 并不是在所有的设备上都可用，所以最好也检查一下。

6.2.4 返回 Activity 结果

通过 startActivity 方法启动的 Activity 独立于调用它的 Activity，并且在关闭时不会提供任何反馈。

在需要反馈的地方，可以将 Activity 作为子 Activity 启动，子 Activity 会将结果传递回父级。子 Activity 实际上只是以不同的方式打开的 Activity；因此，仍旧需要和其他任何的 Activity 一样在应用的配置清单中进行注册。

任何已经注册过的 Activity 都可以作为子 Activity 打开，包括由系统或第三方应用提供的 Activity。

当子 Activity 销毁时，会触发调用父 Activity 中的 onActivityResult 处理程序。子 Activity 在一个 Activity 需要为另一个 Activity 提供数据回传的情况下特别有用，例如，用户填写表格或从列表中选择条目。

1. 启动子 Activity

startActivityForResult 方法的工作原理与 startActivity 非常相似，但有一个重大的区别。除了传递用于确定启动哪个 Activity 的显式或隐式 Intent 外，还需要传入一个请求码。该请求码稍后将用于返回结果的子 Activity 的唯一标识。

代码清单 6-3 展示了显式启动子 Activity 的框架代码。

代码清单 6-3：显式地启动返回结果的子 Activity

```
private static final int SHOW_SUBACTIVITY = 1;

private void startSubActivity() {
  Intent intent = new Intent(this, MyOtherActivity.class);
  startActivityForResult(intent, SHOW_SUBACTIVITY);
}
```

与常规 Activity 一样，既可以隐式也可以显式地启动 Activity。代码清单 6-4 使用隐式 Intent 启动了一个新的子 Activity 来选择联系人。

代码清单 6-4：隐式地启动返回结果的子 Activity

```
private static final int PICK_CONTACT_SUBACTIVITY = 2;

private void startSubActivityImplicitly() {
  // 创建一个 Intent，用以请求一个允许用户选择联系人的 Activity
  Uri uri = Uri.parse("content://contacts/people");
  Intent intent = new Intent(Intent.ACTION_PICK, uri);
  startActivityForResult(intent, PICK_CONTACT_SUBACTIVITY);
}
```

2. 返回子 Activity 的结果

当子 Activity 准备返回时，需要在调用 finish 方法之前调用 setResult 方法以将结果返回给调用它的父 Activity。

setResult 方法接收两个参数：一个是结果码，另一个是通过 Intent 进行存储的结果数据。

结果码代表子 Activity 的成功运行，通常是 Activity.RESULT_OK 或 Activity.RESULT_CANCELED。在某

些情况下，当 OK 或 CANCEL 都不能充分或准确地描述结果时，就需要使用自己的响应码来处理特定应用的选择；setResult 支持所有的整数值。

结果 Intent 中通常包含指向一段内容(例如所选的联系人、电话号码或媒体文件)的数据(URI)，还包含一组额外的内容(用于返回额外的信息)。

代码清单 6-5 摘自子 Activity 的 onCreate 方法，展示了 OK 和 Cancel 两个按钮如何向父级 Activity 返回不同的结果。

代码清单 6-5：从子 Activity 返回结果

```
Button okButton = findViewById(R.id.ok_button);
okButton.setOnClickListener(new View.OnClickListener() {
  public void onClick(View view) {
    // 创建一个指向当前条目的 URI
    Uri selectedHorse = Uri.parse("content://horses/" +
                                  selected_horse_id);
    Intent result = new Intent(Intent.ACTION_PICK, selectedHorse);

    setResult(RESULT_OK, result);
    finish();
  }
});

Button cancelButton = findViewById(R.id.cancel_button);
cancelButton.setOnClickListener(new View.OnClickListener() {
  public void onClick(View view) {
    setResult(RESULT_CANCELED);
    finish();
  }
});
```

如果用户通过按下 Back 按钮关闭了 Activity，或者在不调用 setResult 方法的前提下调用了 finish 方法，结果码将设置为 RESULT_CANCEL，并且结果 Intent 会设置为 null。

3. 处理子 Activity 的结果

当子 Activity 关闭时，onActivityResult 事件处理程序将在父级 Activity 中触发。可以通过重写该事件处理程序来处理子 Activity 返回的结果。

onActivityResult 事件处理程序会接收如下参数：

- RequestCode(请求码)——用于启动子 Activity。
- ResultCode(结果码)——子 Activity 设置的结果码，用于指示操作结果。可以是任何整数值，但通常是 Activity.RESUTL_OK 或 Activity.RESULT_CANCELED。
- Data——用于打包返回数据的 Intent，可以包括用于表示所选内容的 URI。子 Activity 也可以在返回数据 Intent 时添加一些附加信息。

注意：

如果子 Activity 异常关闭，或者在关闭之前没有指定结果码，那么结果码默认为 Activity.RESULT_CANCEL。

代码清单 6-6 显示了在 Activity 中实现 onActivityResult 事件处理程序的框架代码。

代码清单 6-6：实现 OnActivityResult 事件处理程序

```
private static final int SELECT_HORSE = 1;
private static final int SELECT_GUN = 2;

Uri selectedHorse = null;
Uri selectedGun = null;

@Override
public void onActivityResult(int requestCode,
                             int resultCode,
                             Intent data) {
```

```
    super.onActivityResult(requestCode, resultCode, data);

    switch(requestCode) {
      case (SELECT_HORSE):
        if (resultCode == Activity.RESULT_OK)
          selectedHorse = data.getData();
        break;

      case (SELECT_GUN):
        if (resultCode == Activity.RESULT_OK)
          selectedGun = data.getData();
        break;

      default: break;
    }
  }
```

6.2.5 使用平台本地动作启动 Activity

作为 Android 平台的一部分，随平台分发的应用也使用 Intent 来启动 Activity 和子 Activity。

下面(非全部)列出了 Intent 类中一些作为静态字符常量的可用本机 action(也就是本章前面部分提到的动作)。在创建隐式 Intent 时，可以使用这些动作(作为 Activity 的 Intent)在自己的应用中启动 Activity 和子 Activity。

> **注意：**
> 稍后将介绍 Intent Filter，以及如何将自己的 Activity 注册为这些动作的处理程序。

- ACTION_DELETE——启动一个 Activity，该 Activity 允许你删除 Intent 中 Uri 所指的数据。
- ACTION_DIAL——打开一个拨号器应用，其中会显示要拨的电话号码，电话号码是从 Intent 的数据 URI 预填充的。默认情况下，这是由本机 Android 电话拨号器应用处理的。拨号器应用可以规范化大多数数字模式，例如，tel:555-1234 和 tel:(212) 555 1212 都是有效的数字。
- ACTION_EDIT——请求一个 Activity，该 Activity 可以让你编辑 Intent 中 Uri 所指的数据。
- ACTION_INSERT——打开一个 Activity，该 Activity 能够将新项插入 Intent 中 URI 所指的游标处。当作为子 Activity 调用时，应该返回新插入项的 URI。
- ACTION_PICK——启动一个子 Activity，它允许你从 Intent 中 URI 所指的 Content Provider 提供的内容中选择一项。在关闭时，它应该返回选中项的 URI。而启动的 Activity 取决于所选的数据——例如，传入 content://contacts/people，将调用本机的通讯簿。
- ACTION_SEARCH——通常用于启动特定的搜索 Activity。如果在没有特定 Activity 的情况下触发该动作，那么系统将提示用户从支持搜索的所有应用中进行选择。另外，可以使用 SearchManager.QUERY 作为关键字，在 Intent 的 Extra 内容中将搜索词作为字符串提供。
- ACTION_SENDTO——启动一个 Activity，将数据发送给 Intent 的 URI 所指的联系人。
- ACTION_SEND——启动一个用于发送 Intent 中指定数据的 Activity。需要由已解析的 Activity 选择收件人或联系人。使用 setType 方法设置传输数据的 MIME 类型。根据类型的不同， 数据本身应通过 EXTRA_ TEXT 或 EXTRA_STREAM 作为键存储为 Extra 数据。对于电子邮件，原生 Android 应用还可以通过 EXTRA_EMAIL、EXTRA_CC、EXTRA_BCC 和 EXTRA_ SUBJECT 作为键接收 Extra 内容。需要注意的是，使用 ACTION_SEND 仅将数据发送到远程收件人(而不是设备上的其他应用)。
- ACTION_VIEW——这是最常见的通用动作。视图要求以最合适的方式查看 Intent 中 URI 提供的数据。不同的应用将根据提供的 URI schema 处理视图请求。原生 http:地址将在浏览器中打开，tel:地址将打开拨号器拨打电话号码，geo:地址将通过 Google Maps 应用打开，而联系人内容将通过通讯簿显示。
- ACTION_WEB_SEARCH——打开浏览器，根据使用 SearchManager.QUERY 字段作为键提供的值进行查询，执行 Web 搜索。

注意：

除以上这些 Activity 动作外，Android 还包含大量的广播动作，用于创建通知系统事件的广播 Intent。本章稍后将描述这些广播动作。

6.3 创建 Intent Filter 以接收隐式 Intent

如果 Activity Intent 是对一组数据执行动作的请求，那么 Intent Filter 则是 Activity 对其中一种类型的数据执行动作的对应声明。

正如你在本章后面看到的，Broadcast Receiver 也使用 Intent Filter 来声明它们希望接收到哪些广播动作。

6.3.1 定义 Intent Filter

使用 Intent Filter，Activity 可以声明它们能够支持的动作和数据。

要将 Activity 注册成隐式 Intent 的处理程序，请使用以下标签(和相关属性)描述<intent-filter>元素，然后将其添加到 Activity 的配置清单节点中：

- action——使用 android:name 属性指定可以执行的动作名称。每个 Intent Filter 至少要有一个 action 标签，而动作应该是自我描述的唯一字符串。可以定义自己的动作(最佳实践是使用基于 Java 包命名约定的命名系统)或使用 Android 提供的系统动作之一。
- category——使用 android:name 属性指定在什么情况下可以执行动作。每个 intent-filter 标签可以包含多个 category 标签。可以指定自己的分类或使用 Android 提供的标准值之一。
- data——data 标签让你能够指定组件可以操作的数据类型，可以适当地包含几个 data 标签。可以使用以下属性的任意组合来描述组件支持的数据：
  - android:host——指定一个有效的主机名(例如，google.com)。
  - android:minetype——为组件指定能够处理的数据类型。例如，vnd.android.cursor.dir/*将匹配任何 Android 游标。
  - android:path——指定 URI 的有效路径值(例如，/transport/boats/)。
  - android:port——描述指定主机的有效端口。
  - android:scheme——所需的特定 scheme(例如，content 或 http)。

下面的代码片段展示了一个 Activity 的 Intent Filter，该 Intent Filter 可以根据 mimeType 为 Earthquake 游标执行 SHOW_DAMAGE 动作，以此作为首选动作或替代动作：

```
<intent-filter>
  <action
    android:name="com.paad.earthquake.intent.action.SHOW_DAMAGE"/>
  <category
    android:name="android.intent.category.DEFAULT"/>
  <category
    android:name="android.intent.category.SELECTED_ALTERNATIVE"/>
  <data android:mimeType=
    "vnd.android.cursor.item/vnd.com.professionalandroid.provider.earthquake"
  />
</intent-filter>
```

你可能已经注意到，在 Android 设备上单击 YouTube 视频或 Google Maps 位置的链接会提示分别使用 YouTube 或 Google Maps 应用而不是 Web 浏览器。这是通过在 Intent Filter 的 data 标签中指定 scheme、host 和 path 属性来实现的，如代码清单 6-7 所示。在本例中，任何以 http://blog.radioactiveyak.com 开头的链接形式都可以通过 Activity 提供服务。

代码清单 6-7：将 Activity 注册为 Intent 的接收者以便通过 Intent Filter 查看来自特定网站的内容

```
<activity android:name=".MyBlogViewerActivity">
```

```
  <intent-filter>
    <action android:name="android.intent.action.VIEW" />
    <category android:name="android.intent.category.DEFAULT" />
    <category android:name="android.intent.category.BROWSABLE" />
    <data android:scheme="http"
          android:host="blog.radioactiveyak.com"/>
  </intent-filter>
</activity>
```

注意，必须包含可浏览的 category 标签，以便在浏览器中单击链接时可以触发此行为。

1. Android 如何使用 Intent Filter 解析 Intent

当把隐式 Intent 传递给 startActivity 方法时，决定启动哪个 Activity 的过程称为 Intent 解析。Intent 解析的目的是通过以下过程找到可能的最匹配的 Intent Filter：

(1) Android 从已安装的包中列出所有可用 Intent Filter 的列表。

(2) 将与正在解析的 Intent 相关联的 action 或 category 不匹配的 Intent Filter 从列表中移除。

- 只有当 Intent Filter 包含指定的动作时，才会进行动作匹配。如果 Intent Filter 的任何动作都与 Intent 的动作不匹配，那么 Intent Filter 将无法执行动作匹配检查。
- 对于 category 的匹配，Intent Filter 必须包含所解析 Intent 中定义过的所有 category，但还可以包含 Intent 中未定义的其他 category。未指定 category 的 Intent Filter 仅匹配没有 category 的 Intent。

(3) 将 Intent 中的数据 URI 的每个部分与 Intent Filter 中的 data 标签进行比较。如果为 Intent Filter 指定了 scheme、host/authority、path 或 mineType 中的任何一个或多个值，这些值都将与 Intent 的 URI 进行比较。任何的不匹配都将导致 Intent Filter 从列表中移除。在 Intent Filter 中如果没有指定 data 的值，将导致与所有 Intent 的 data 值匹配。

- mineType 代表匹配数据的数据类型。匹配数据类型时，可以使用通配符来匹配子类型。如果 Intent Filter 指定了数据类型，就必须与 Intent 进行匹配；如果指定没有数据类型，则会导致与所有数据类型都匹配。
- scheme 是 URI “协议” 的一部分(例如，http:、mailto:或 tel:)。
- host 或 authority 是 scheme 与 path 之间的 URI 的一部分(例如，developer.android.com)。要与 host 匹配，Intent Filter 的 scheme 也必须匹配。如果没有指定 scheme，那么也同样忽略 host。
- path 在 authority 之后，只有当 data 标签中的 scheme 和 host 都匹配时，才会匹配 path。

(4) 当隐式地启动 Activity 时，如果在这个过程中解析出了多个组件，那么所有这些可能匹配的组件都将提供给用户以供选择。

原生 Android 应用组件也是 Intent 解析过程的一部分，方式与第三方应用完全相同。它们没有更高的优先级，如果新 Activity 的 Intent Filter 拥有相同的动作声明，那么原生应用也完全有可能被其替代。

因此，当定义 Intent Filter 以指示应用可以查看 URL 链接时，系统仍然会提供浏览器(你的应用除外)。

2. 在 Activity 中获取并使用 Intent

当 Activity 通过隐式 Intent 启动时，需要找到被请求执行的动作，以及执行动作所需的数据。

要获取用于启动 Activity 的 Intent，请调用 getIntent 方法，如代码清单 6-8 所示。

代码清单 6-8：获取启动 Activity 的 Intent

```
@Override
public void onCreate(Bundle savedInstanceState) {
  super.onCreate(savedInstanceState);
  setContentView(R.layout.main);

  Intent intent = getIntent();
  String action = intent.getAction();
  Uri data = intent.getData();
}
```

使用 getData 和 getAction 方法分别获取与 Intent 关联的数据和动作。使用类型安全的 get<type>Extra 方法可以获取存储在 Bundle 中的额外信息。

getIntent 方法将始终返回用于创建 Activity 的初始 Intent；在某些情况下，Activity 可能会在启动后继续接收 Intent。

例如，如果应用进入后台，用户可以通过单击通知让还在运行中的应用返回到前台，从而向相关的 Activity 传入新的 Intent。如果 Activity 被配置为在重启时，将现有实例移动到 Activity 栈的栈顶而不是创建新的实例，那么需要通过 onNewIntent 回调处理传入的新的 Intent 实例。

可以调用 setIntent 方法来更新调用 getIntent 时返回的 Intent：

```
@Override
public void onNewIntent(Intent newIntent) {
  // TO DO: 对新的 Intent 做出处理
  setIntent(newIntent);
  super.onNewIntent(newIntent);
}
```

3. 星座选择示例

在本例中，将创建一个新的 Activity，为一个星座列表提供 ACTION_PICK 服务。该例显示了一个星座列表，允许用户在关闭之前进行选择，并将所选星座返回给调用的 Activity。

注意：

与前面的示例一样，为了优化可读性，下列步骤中均没有包含所有必需的 import 语句。可以在 Android Studio 设置中启用 automatically add unambiguous imports on the fly(自动动态导入包)功能，或者按 Alt+Enter 快捷键手动导入每一个未解析的类名(根据需要)。

(1) 创建一个新的 StartSignPicker 项目，其中包含一个基于 EmptyActivity 模板并使用 App 兼容库创建的名为 StartSignPicker 的 Activity。在该 Activity 中添加一个字符串常量 EXTRA_SIGN_NAME，它将用于在返回的 Intent 中存储额外的信息，以表示用户选择的星座：

```
public class StarSignPicker extends AppCompatActivity {

  public static final String EXTRA_SIGN_NAME = "SIGN_NAME";

  @Override
  protected void onCreate(Bundle savedInstanceState) {
    super.onCreate(savedInstanceState);
    setContentView(R.layout.activity_star_sign_picker);
  }
}
```

(2) 修改 activity_star_sign_picker.xml 布局资源，使其包含一个 RecyclerView 控件。此控件将用于显示星座列表：

```
<?xml version="1.0" encoding="utf-8"?>
<android.support.v7.widget.RecyclerView
  xmlns:android="http://schemas.android.com/apk/res/android"
  xmlns:app="http://schemas.android.com/apk/res-auto"
  android:id="@+id/recycler_view"
  android:layout_width="match_parent"
  android:layout_height="match_parent"
  android:orientation="vertical"
  app:layoutManager="LinearLayoutManager"
/>
```

(3) 基于包含单个 TextView 控件的 FrameLayout 创建新的 list_item_layout.xml 布局资源。该 TextView 控件将用于在 RecyclerView 中显示每个星座条目：

```
<?xml version="1.0" encoding="utf-8"?>
<FrameLayout xmlns:android="http://schemas.android.com/apk/res/android"
  android:layout_width="match_parent"
  android:layout_height="wrap_content">
  <TextView
```

```
    android:id="@+id/itemTextView"
    android:layout_width="match_parent"
    android:layout_height="wrap_content"
    android:layout_margin="8dp"
    android:textAppearance="?attr/textAppearanceListItem"/>
</FrameLayout>
```

(4) 在 app 模块的 Gradle 构建文件中添加 RecyclerView 库：

```
dependencies {
  [... Existing dependencies ...]
  implementation 'com.android.support:recyclerview-v7:27.1.1'
}
```

(5) 创建一个新的 StartPickerAdapter 类，它扩展了 RecyclerView.Adapter，并包含一个星座的字符串数组。

```
public class StarSignPickerAdapter
  extends RecyclerView.Adapter<StarSignPickerAdapter.ViewHolder> {

  private String[] mStarSigns = {"Aries", "Taurus", "Gemini", "Cancer",
                                 "Leo", "Virgo", "Libra", "Scorpio",
                                 "Sagittarius", "Capricorn", "Aquarius",
                                 "Pisces" };

  public StarSignPickerAdapter() {
  }

  @Override
  public int getItemCount() {
    return mStarSigns == null ? 0 : mStarSigns.length;
  }
}
```

a. 在步骤(5)创建的适配器中，创建一个新的 ViewHolder 类，让它扩展 RecyclerView.ViewHolder 并实现 OnClickListener 接口。它应该有一个公开的 TextView 和一个 OnClickListener。

```
public static class ViewHolder extends RecyclerView.ViewHolder
                    implements View.OnClickListener {
  public TextView textView;
  public View.OnClickListener mListener;

  public ViewHolder(View v, View.OnClickListener listener) {
    super(v);
    mListener = listener;
    textView = v.findViewById(R.id.itemTextView);
    v.setOnClickListener(this);
  }

  @Override
  public void onClick(View v) {
    if (mListener != null)
      mListener.onClick(v);
  }
}
```

b. 仍旧在适配器中，重写 onCreateViewHolder 方法并使用刚刚创建的 ViewHolder 类，从而膨胀在步骤(3)中创建的 list_item_layout：

```
@Override
public StarSignPickerAdapter.ViewHolder
  onCreateViewHolder(ViewGroup parent, int viewType) {
  // 创建一个新的 View
  View v = LayoutInflater.from(parent.getContext())
            .inflate(R.layout.list_item_layout, parent, false);

  return new ViewHolder(v, null);
}
```

c. 创建一个包含 onItemClicked 方法的新的接口，该方法接收一个 String 参数；给适配器添加一个 setOnAdapterItemClick 方法，用以存储对该事件处理程序的接口实例的引用。我们将使用该接口及其方法通知父 Activity 哪个列表条目已被选中：

```
public interface IAdapterItemClick {
  void onItemClicked(String selectedItem);
}

IAdapterItemClick mAdapterItemClickListener;

public void setOnAdapterItemClick(
  IAdapterItemClick adapterItemClickHandler) {
  mAdapterItemClickListener = adapterItemClickHandler;
}
```

d. 最后，重写适配器的 onBindViewHolder 方法，为 ViewHolder 中定义的 TextView 分配星座，并且利用这个机会可以为每个 ViewHolder 实现 OnClickListener 方法，在该方法中调用刚刚创建的 IAdapterItemClick 接口的方法。

```
@Override
public void onBindViewHolder(ViewHolder holder, final int position) {
  holder.textView.setText(mStarSigns[position]);
  holder.mListener = new View.OnClickListener() {
    @Override
    public void onClick(View v) {
      if (mAdapterItemClickListener != null)
        mAdapterItemClickListener.onItemClicked(mStarSigns[position]);
    }
  };
}
```

(6) 返回到 StartSignPicker 类并更新 onCreate 方法。更新后的开头部分如下：

```
@Override
protected void onCreate(Bundle savedInstanceState) {
  super.onCreate(savedInstanceState);
  setContentView(R.layout.activity_starsign_picker);
```

a. 现在，仍然在 onCreate 方法中，实例化在步骤(5)中创建的 StarSignPickerAdapter：

```
StarSignPickerAdapter adapter = new StarSignPickerAdapter();
```

b. 创建一个新的 IAdapterItemClick 接口实例，并通过 setOnAdapterItemClick 方法将其设置给适配器。单击某个条目时，创建一个新的结果 Intent 并使用 EXTRA_SIGN_NAME 字符串指定所选星座作为额外信息。然后使用 setResult 方法将新的 Intent 指定为 Activity 的结果，调用 finish 方法以关闭 Activity，此时，结果将被返回给调用者：

```
adapter.setOnAdapterItemClick(
  new StarSignPickerAdapter.IAdapterItemClick() {
  @Override
  public void onItemClicked(String selectedItem) {
    // Construct the result URI.
    Intent outData = new Intent();
    outData.putExtra(EXTRA_SIGN_NAME, selectedItem);
    setResult(Activity.RESULT_OK, outData);
    finish();
  }

});
```

c. 使用 setAdapter 方法将适配器分配给 RecyclerView：

```
RecyclerView rv = findViewById(R.id.recycler_view);
rv.setAdapter(adapter);
```

d. 使用一个}符号关闭 onCreate 方法：

```
}
```

(7) 修改应用的配置清单，替换 Activity 的 intent-filter 标签，添加对星座的 ACTION_PICK 动作的支持：

```
<activity android:name=".StarSignPicker">
  <intent-filter>
    <action android:name="android.intent.action.PICK" />
    <category android:name="android.intent.category.DEFAULT"/>
```

```
      <data android:scheme="starsigns" />
    </intent-filter>
  </activity>
```

(8) 这就完成了子 Activity。要测试它，可以使用 activity_star_sign_picker_tester.xml 布局文件创建一个新的测试工具——StartSignPickerTester，并使其作为启动 Activity。更新布局，使其包含一个用以显示选中星座的 TextView，以及一个用于启动子 Activity 的 Button：

```
<?xml version="1.0" encoding="utf-8"?>
<LinearLayout xmlns:android="http://schemas.android.com/apk/res/android"
  android:orientation="vertical"
  android:layout_width="match_parent"
  android:layout_height="match_parent">
  <TextView
    android:id="@+id/selected_starsign_textview"
    android:layout_width="match_parent"
    android:layout_height="wrap_content"
    android:textAppearance="?attr/textAppearanceListItem"
    android:layout_margin="8dp"
  />
  <Button
    android:id="@+id/pick_starsign_button"
    android:layout_width="match_parent"
    android:layout_height="wrap_content"
    android:text="Pick Star Sign"
  />
</LinearLayout>
```

(9) 重写 StarSignPickerTester 的 onCreate 方法，向 Button 添加一个单击监听器，以便通过指定 ACTION_PICK 和作为数据模式的 startsigns，隐式地启动新的子 Activity：

```
public class StarSignPickerTester extends AppCompatActivity {

  public static final int PICK_STARSIGN = 1;

  @Override
  public void onCreate(Bundle savedInstanceState) {
    super.onCreate(savedInstanceState);
    setContentView(R.layout.activity_star_sign_picker_tester);

    Button button = findViewById(R.id.pick_starsign_button);

    button.setOnClickListener(new View.OnClickListener() {
      @Override
      public void onClick(View _view) {
        Intent intent = new Intent(Intent.ACTION_PICK,
                        Uri.parse("starsigns://"));
        startActivityForResult(intent, PICK_STARSIGN);
      }
    });
  }
}
```

(10) 当子 Activity 返回时，使用结果中携带的选中星座来填充 TextView:

```
@Override
public void onActivityResult(int reqCode, int resCode, Intent data) {
  super.onActivityResult(reqCode, resCode, data);

  switch(reqCode) {
    case (PICK_STARSIGN) : {
      if (resCode == Activity.RESULT_OK) {
        String selectedSign =
          data.getStringExtra(StarSignPicker.EXTRA_SIGN_NAME);
        TextView tv = findViewById(R.id.selected_starsign_textview);
        tv.setText(selectedSign);
      }
      break;
    }
    default: break;
  }
}
```

在测试用的 Activity 运行之后，单击 PICK STAR SIGN 按钮，应该就会出现选择星座的 Activity，如图 6-1 所示。

选择星座之后，父 Activity 应该会再次回到前台，并显示所选的内容，如图 6-2 所示。

图 6-1

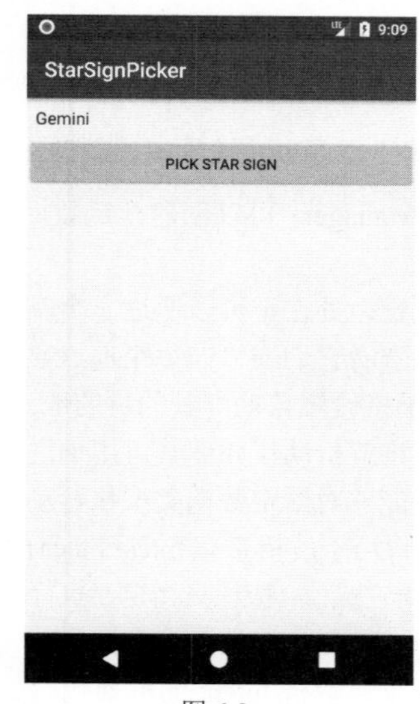

图 6-2

6.3.2　使用 Intent Filter 实现插件和扩展性

使用 Intent Filter 可以声明 Activity 对不同类型的数据执行的动作，应用也可以查询哪些动作仅对特定的数据才执行。

Android 提供了一个插件模型，可让应用使用你自己或第三方应用组件匿名提供的功能，而无须修改或重新编译项目。

1. 向应用提供匿名动作

为了利用此机制使 Activity 的动作对现有的应用匿名可用，需要在配置清单节点中使用 intent-filter 标签发布它们，如前所述。

Intent Filter 描述了执行的动作以及所需的数据。后者将在 Intent 解析过程中使用，以确定何时进行这一动作。category 标签必须是 ALTERNATIVE 或 SELECTED_ALTERNATIVE。android：label 属性应该是描述动作的人类可读的标签。

注意：

ALTERNATIVE 作为 category 标签的值用于指示描述的动作是用户当前可以查看的内容的替代方案，可以指示要在用户可以选择的一组替代事物中显示的动作，通常作为选项菜单的一部分。SELECTED_ALTERNATIVE 与 ALTERNATIVE 类似，但通常表示对列表中显示的选项执行的动作。

代码清单6-9显示了一个Intent Filter示例，其中公开了Activity相关功能的动作。

代码清单 6-9：声明所支持的 Activity 动作

```
<activity android:name=".NostromoController">
  <intent-filter
    android:label="Nuke From Orbit">
    <action
      android:name="com.professionalandroid.nostromo.NUKE_FROM_ORBIT"/>
    <data android:mimeType=
```

```
      "vnd.android.cursor.item/vnd.com.professionalandroid.provider.moonbase"
    />
    <category android:name="android.intent.category.ALTERNATIVE"/>
    <category
      android:name="android.intent.category.SELECTED_ALTERNATIVE"
    />
  </intent-filter>
</activity>
```

2. 发现来自第三方 Intent 接收者的新动作

使用 Package Manager，可以创建指定数据类型和动作类别的 Intent，并让系统返回可以执行动作的 Activity 列表。

这一概念的优雅之处在于可以通过一个例子来解释。如果 Activity 显示的数据是一组地点列表，那么可能需要拥有在地图上查看它们或“向每个地点显示路线”的功能。但在几个月前，你已经创建了一个与汽车连接的应用，它允许为手机设置自动驾驶的目的地。当新的 Activity 节点中包含一个带有 DRIVE_CAR 动作的新 Intent Filter 时，Android 将解析动作并使其可用于之前的应用。

这使得在创建能够对给定数据类型执行动作的新组件时，可以对应用的功能进行改进。

创建的 Intent 将用于解析带有 Intent Filter 的组件，这些 Intent Filter 为指定数据提供了动作。Intent 是用来查找动作的，所以不要给它赋值；应该只指定要执行动作的数据。还应该指定动作的类别：CATEGORY_ALTERNATIVE 或 CATEGORY_SELECTED_ALTERNATIVE。

用于创建动作菜单解析 Intent 的框架代码如下：

```
Intent intent = new Intent();

intent.setData(MyProvider.CONTENT_URI);
intent.addCategory(Intent.CATEGORY_ALTERNATIVE);
```

将此 Intent 传递给 Package Manager 的 queryIntentActivityOptions 方法，可指定任何选项标志。

代码清单 6-10 显示了如何生成要在应用中使用的动作列表。

代码清单 6-10：生成要对特定数据执行的可能动作列表

```
PackageManager packageManager = getPackageManager();

// 创建用于解析哪些操作应该显示在菜单中的意图 Intent
Intent intent = new Intent();
intent.setType(
  "vnd.android.cursor.item/vnd.com.professionalandroid.provider.moonbase");
intent.addCategory(Intent.CATEGORY_SELECTED_ALTERNATIVE);

// 指定标记，在本例中，返回所有的匹配
int flags = PackageManager.MATCH_ALL;

// 生成列表
List<ResolveInfo> actions;
actions = packageManager.queryIntentActivities(intent, flags);

// 提取操作名称的列表
ArrayList<CharSequence> labels = new ArrayList<CharSequence>();
Resources r = getResources();
for (ResolveInfo action : actions)
  labels.add(action.nonLocalizedLabel);
```

3. 将匿名动作合并为菜单项

合并来自第三方应用的动作的最常用方法就是将它们包含在 App Bar 的菜单项中。Menu 和 App Bar 在第 13 章“实现现代 Android 用户体验”中会有更详细的描述。

Menu 类的 addIntentOptions 方法允许指定一个 Intent，该 Intent 用于描述 Activity 中执行的数据，如前所述；但是，不是简单地返回可能的动作列表，而是为每个动作创建新的菜单项，文本将从匹配的 intent -filter 标签中填充。

与之前一样，创建的 Intent 将用于解析带有 Intent Filter 的组件，这些 Intent Filter 为指定的数据提供动作。Intent 是用来查找动作的，所以不要给它赋值；应该只指定要执行动作的数据。还应该指定动作的类别：CATEGORY_ALTERNATIVE 或 CATEGORY_SELECTED_ALTERNATIVE。

用于创建动作菜单解析 Intent 的框架代码如下：

```
Intent intent = new Intent();
intent.setData(MyProvider.CONTENT_URI);
intent.addCategory(Intent.CATEGORY_ALTERNATIVE);
```

将 Intent、所有的 flag、调用的类名、要使用的菜单组和菜单 ID 传递给要填充菜单的 addIntentOptions 方法，还可以指定要用于创建其他菜单项的 Intent 数组。

代码清单 6-11 给出了动态填充 Activity 菜单的方法。

代码清单 6-11：动态填充 Activity 菜单

```
@Override
public boolean onCreateOptionsMenu(Menu menu) {
  super.onCreateOptionsMenu(menu);

  // 创建用于解析菜单中应该出现哪些操作的 Intent
  Intent intent = new Intent();
  intent.setType(
    "vnd.android.cursor.item/vnd.com.professionalandroid.provider.moonbase");
  intent.addCategory(Intent.CATEGORY_SELECTED_ALTERNATIVE);

  // 普通菜单选项，用于为要添加的菜单项设置组和 ID 值
  int menuGroup = 0;
  int menuItemId = 0;
  int menuItemOrder = Menu.NONE;

  // 提供调用操作的组件名——通常是当前的 Activity
  ComponentName caller = getComponentName();

  // 定义应首先添加的 Intent
  Intent[] specificIntents = null;
  // 使用先前 Intent 中创建的菜单项填充这个数组
  MenuItem[] outSpecificItems = null;

  // 设置任何可选的标记
  int flags = Menu.FLAG_APPEND_TO_GROUP;

  // 填充菜单
  menu.addIntentOptions(menuGroup,
                        menuItemId,
                        menuItemOrder,
                        caller,
                        specificIntents,
                        intent,
                        flags,
                        outSpecificItems);

  return true;
}
```

6.4 介绍 Linkify

Linkify 是一个辅助类，它通过正则表达式匹配 TextView 类(以及 TextView 派生类)中创建的超链接。超链接的工作原理是创建新的 Intent，用于在单击链接时启动新的 Activity。

与指定的正则表达式匹配的文本将被转换为可单击的超链接，超链接使用匹配的文本作为目标 URI 隐式触发 startActivity(new Intent(Intent.ACTION_VIEW,uri))方法。

可以指定任何字符串表达式作为可单击链接；为方便起见，Linkify 类提供了常见内容类型的预设值。

6.4.1 原生 Linkify 链接类型

Linkify 类具有可以检测及链接 Web URL、电子邮件地址、地图地址和电话号码的预设类型。要应用这些预设类型，请使用静态方法 Linkify.addLinks，传递 View 以及下面的一个或多个自描述 Linkify 类常量的位掩码给 Linkify：WEB_URLS、EMAIL_ADDRESSES、PHONE_NUMBERS、MAP_ADDRESSES 和 ALL。

```
TextView textView = findViewById(R.id.myTextView);
Linkify.addLinks(textView, Linkify.WEB_URLS|Linkify.EMAIL_ADDRESSES);
```

还可以使用 android:autoLink 属性在布局中直接链接视图。它支持下面的一个或多个值：none、web、email、phone、map、all。

```
<TextView
  android:layout_width="match_parent"
  android:layout_height="match_parent"
  android:text="@string/linkify_me"
  android:autoLink="phone|email"
/>
```

6.4.2 创建自定义的链接字符串

要链接自己的数据，需要定义自己的 Linkify 字符串，这可以通过创建与要显示为超链接的文本匹配的新的正则表达式类型来实现。

与本机类型一样，可以通过调用 Linkify.addLinks 方法来链接目标 TextView；但需要传入的是 RegEx 模式，而不是传递预设常量。另外，还可以传入一个前缀，该前缀将在单击链接时添加到目标 URI 之前。

代码清单 6-12 显示了一个 View 被链接以支持 Android 内 Content Provider 提供的地震数据。注意，指定的正则表达式不是包含整个 scheme，而是匹配任何以 quake 开头、后跟数字(带有可选空格)的文本。然后，在触发 Intent 之前，将整个 scheme 添加到 URI 之前。

代码清单 6-12：在 Linkify 中创建自定义的链接字符串

```
// 定义 baseUri
String baseUri = "content://com.paad.earthquake/earthquakes/";

// 构造一个 Intent 来测试是否有 Activity 能够查看正在链接的内容
// 使用程序包管理器执行检测
PackageManager pm = getPackageManager();
Intent testIntent = new Intent(Intent.ACTION_VIEW, Uri.parse(baseUri));
boolean activityExists = testIntent.resolveActivity(pm) != null;

// 假设存在一个 Activity 能够查看内容链接文本
if (activityExists) {
  int flags = Pattern.CASE_INSENSITIVE;
  Pattern p = Pattern.compile("\\bquake[\\s]?[0-9]+\\b", flags);
  Linkify.addLinks(myTextView, p, baseUri);
}
```

请注意，在本例中，包括 quake 和数字之间的空格将返回匹配项，但结果 URI 将无效。可以实现并指定 TransformFilter 和 MatchFilter 接口中的一个或两个。这两个接口提供了对目标 URI 结构和匹配字符串定义的额外控制，可通过以下代码来使用：

```
Linkify.addLinks(myTextView, p, baseUri,
                 new MyMatchFilter(), new MyTransformFilter());
```

6.4.3 使用 MatchFilter 接口

要向正则表达式匹配添加额外的条件，请在 MatchFilter 接口中实现 acceptMatch 方法。当发现潜在的匹配时，将触发 acceptMatch 方法，并将匹配开始和结束索引(以及正在搜索的全文)作为参数传入。

代码清单 6-13 显示了一个 MatchFilter 实现，它取消了前面带有感叹号的任何匹配。

代码清单 6-13：使用 Linkify 的 MatchFilter

```
class MyMatchFilter implements MatchFilter {
  public boolean acceptMatch(CharSequence s, int start, int end) {
    return (start == 0 || s.charAt(start-1) != '!');
  }
}
```

6.4.4　使用 TransformFilter 接口

TransformFilter 允许修改通过匹配链接文本生成的隐式 URI。将链接文本与目标 URI 解耦后就可以更自由地向用户显示数据字符串。

要使用 TransformFilter，请在 TransformFilter 接口中实现 transformUri 方法。当 Linkify 发现匹配成功时，它会调用 transformUri 方法，并传入使用的正则表达式和匹配的文本字符串(预先添加到基础 URI 之前)。可以修改匹配的字符串并返回，这样就可以作为 View Intent 的数据附加到基本字符串中。

如代码清单 6-14 所示，TransformFilter 可以将匹配的文本转换为小写 URI，同时删除所有空格字符。

代码清单 6-14：使用 Linkify 的 TransformFilter

```
class MyTransformFilter implements TransformFilter {
  public String transformUrl(Matcher match, String url) {
    return url.toLowerCase().replace(" ", "");
  }
}
```

6.5　使用 Intent 广播事件

到目前为止，我们已经演示了使用 Intent 启动新的应用组件，但也可以使用 Intent 通过 sendBroadcast 方法在组件之间广播消息。

作为系统级的通信机制，Intent 能够跨进程发送结构化消息。因此，可以通过实现 Broadcast Receiver 来监听及响应来自应用或系统本身的广播 Intent。

Android 广泛地应用广播 Intent 来通知系统事件，例如网络连接、对接状态和来电变化。

6.5.1　使用 Intent 广播事件

在应用中，构造要广播的 Intent 并使用 sendBroadcast 方法发送。

与用于启动 Activity 的 Intent 一样，可以广播显式或隐式的 Intent。显式的 Intent 直接指定想要触发的 Broadcast Receiver 类，而隐式的 Intent 以允许潜在的 Broadcast Receiver 准确确定 Intent 的方式指定 Intent 的动作、data(数据)和 category(类别)。

当有多个 Receiver 作为广播的潜在目标时，隐式 Intent 广播特别有用。

对于隐式的 Intent，动作字符串用于标识正在广播的事件类型，因此它应该是标识事件类型的唯一字符串。按照惯例，使用与 Java 包名相同的形式构造动作字符串：

```
public static final String NEW_LIFEFORM_ACTION =
  "com.professionalandroid.alien.action.NEW_LIFEFORM_ACTION";
```

如果想要在 Intent 中包含数据，可以使用 Intent 的 data 属性指定 URI，还可以包含附加内容以添加其他基本数据。根据事件驱动的范型，附加的参数等同于传递给事件处理程序的可选参数。

代码清单 6-15 展示了显式和隐式 Intent 广播的基本创建，后者使用前面定义的动作，并将额外的事件信息存储为 Extra 数据。

代码清单 6-15：广播一个 Intent

```
Intent explicitIntent = new Intent(this, MyBroadcastReceiver.class);
intent.putExtra(LifeformDetectedReceiver.EXTRA_LIFEFORM_NAME,
             detectedLifeform);
intent.putExtra(LifeformDetectedReceiver.EXTRA_LATITUDE,
             mLatitude);
intent.putExtra(LifeformDetectedReceiver.EXTRA_LONGITUDE,
             mLongitude);

sendBroadcast(explicitIntent);

Intent intent = new Intent(LifeformDetectedReceiver.NEW_LIFEFORM_ACTION);
intent.putExtra(LifeformDetectedReceiver.EXTRA_LIFEFORM_NAME,
             detectedLifeform);
intent.putExtra(LifeformDetectedReceiver.EXTRA_LATITUDE,
             mLatitude);
intent.putExtra(LifeformDetectedReceiver.EXTRA_LONGITUDE,
             mLongitude);

sendBroadcast(intent);
```

显式的 Intent 将仅由指定的 MyBroadcastReceiver 接收，而隐式的 Intent 则可以由多个 Receiver 接收。

6.5.2 使用 Broadcast Receiver 监听 Intent 广播

Broadcast Receiver(通常简称为 Receiver)用于监听要接收的广播，必须在代码或应用的配置清单中进行注册，后者称为清单 Receiver。

为了要创建新的 Receiver，需要继承 BroadcastReceiver 类并重写 onReceive 事件处理程序：

```
mport android.content.BroadcastReceiver;
import android.content.Context;
import android.content.Intent;

public class MyBroadcastReceiver extends BroadcastReceiver {
  @Override
  public void onReceive(Context context, Intent intent) {
    // TO DO: 响应接收到的 Intent
  }
}
```

当广播 Intent 启动时，onReceive 方法将在应用的主线程上执行。任何重要的工作都应该在调用 goAsync 方法之后异步执行——如第 11 章“工作在后台”中所述。

在任何情况下，Broadcast Receiver 的所有处理必须在 10 秒内完成，否则系统将判定为无响应，并且会试图终止它。

为避免这种情况发生，Broadcast Receiver 通常会安排一个后台任务，或启动绑定服务以开启可能会长时间运行的任务，或者更新包含的父 Activity 的 UI，再或者触发通知以通知用户收到更改。

代码清单 6-16 显示了如何实现 Broadcast Receiver，从广播 Intent 中提取数据和一些额外内容，并使用它们来触发通知。

代码清单 6-16：实现 Broadcast Receiver

```
public class LifeformDetectedReceiver
  extends BroadcastReceiver {

  public static final String NEW_LIFEFORM_ACTION
    = "com.professionalandroid.alien.action.NEW_LIFEFORM_ACTION";
  public static final String EXTRA_LIFEFORM_NAME
    = "EXTRA_LIFEFORM_NAME";
  public static final String EXTRA_LATITUDE = "EXTRA_LATITUDE";
  public static final String EXTRA_LONGITUDE = "EXTRA_LONGITUDE";
  public static final String FACE_HUGGER = "facehugger";

  private static final int NOTIFICATION_ID = 1;
```

```
    @Override
    public void onReceive(Context context, Intent intent) {
      // 从 Intent 中获取详情
      String type = intent.getStringExtra(EXTRA_LIFEFORM_NAME);
      double lat = intent.getDoubleExtra(EXTRA_LATITUDE, Double.NaN);
      double lng = intent.getDoubleExtra(EXTRA_LONGITUDE, Double.NaN);

      if (type.equals(FACE_HUGGER)) {
        NotificationManagerCompat notificationManager =
          NotificationManagerCompat.from(context);

        NotificationCompat.Builder builder =
          new NotificationCompat.Builder(context);

        builder.setSmallIcon(R.drawable.ic_alien)
               .setContentTitle("Face Hugger Detected")
               .setContentText(Double.isNaN(lat) || Double.isNaN(lng) ?
                                 "Location Unknown" :
                                 "Located at " + lat + "," + lng);

        notificationManager.notify(NOTIFICATION_ID, builder.build());
      }
    }
  }
```

6.5.3　使用代码注册 Broadcast Receiver

那些响应从应用发出广播的 Broadcast Receiver，以及那些更改 Activity UI 的 Broadcast Receiver，通常会在代码中动态注册。以编程方式注册的 Receiver 只有在注册的应用组件还在运行时，才能响应广播 Intent。

当 Receiver 的行为与特定组件紧密绑定时(例如，更新 Activity 的 UI 元素的组件)，这显得非常有用。在这种情况下，最好在 onStart 处理程序中注册 Receiver，并在 onStop 处理程序中注销。

代码清单 6-17 展示了如何使用 IntentFilter 类在代码中注册和注销 Broadcast Receiver，该类定义了与 Receiver 应该响应的隐式广播 Intent 相关的动作。

代码清单 6-17：在代码中注册和注销 Broadcast Receiver

```
private IntentFilter filter =
  new IntentFilter(LifeformDetectedReceiver.NEW_LIFEFORM_ACTION);

private LifeformDetectedReceiver receiver =
  new LifeformDetectedReceiver();

@Override
public void onStart() {
  super.onStart();

  // 注册广播接收者
  registerReceiver(receiver, filter);
}

@Override
public void onStop() {
  // 注销广播接收者
  unregisterReceiver(receiver);

  super.onStop();
}
```

6.5.4　在应用配置清单中注册 Broadcast Receiver

通过静态注册方式注册在应用配置清单中的 Broadcast Receiver 会始终处于活动状态，即使应用已被终止或尚未启动，广播接收者也将接收到广播 Intent；当匹配的 Intent 被广播时，应用将自动启动。

要在应用的配置清单中包含 Broadcast Receiver，请在 application 节点下添加 receiver 标签，指定要注册的 Broadcast Receiver 的类名：

```
<receiver android:name=".LifeformDetectedReceiver"/>
```

在 Android 8.0 Oreo(API 级别 26)之前，配置清单中注册的 Receiver 可以通过包含 intent-filter 标签来指定支持监听隐式广播的动作：

```
<receiver android:name=".LifeformDetectedReceiver">
  <intent-filter>
    <action android:name=
      "com.professionalandroid.alien.action.NEW_LIFEFORM_ACTION"
    />
  </intent-filter>
</receiver>
```

配置清单中注册的 Receiver 允许创建事件驱动型应用，在应用已经关闭或被杀死之后，它们仍能响应广播事件——但是，这会引起相关的资源使用风险。如果频繁地广播 Intent，则可能会导致应用被重复唤醒，从而可能导致大量的电池损耗。

为了最小化这种风险，Android 8.0 不再支持在配置清单中注册任意隐式 Intent 的 Receiver。

应用可以继续在配置清单中注册显式广播，并且可以在运行时注册任何广播(显式或隐式)的 Receiver，但还是会有少数的系统广播动作注册为配置清单中的隐式 Intent。这些受支持的动作将在本章后面的 6.5.6 节“通过广播 Intent 监听设备状态的改变”中详细介绍。

6.5.5 在运行时管理配置清单中注册的 Receiver

可以在运行时通过调用 setComponentEnabledSetting 方法启用或禁用应用中的任何清单 Receiver。当然，也可以使用该方法启用或禁用任何应用组件(包括 Activity 和 Service)，但该方法对清单 Receiver 特别有用。

为了最小化应用可能造成的电池消耗，最好在应用不需要响应那些事件时，禁用清单 Receiver 以继续监听系统事件。

代码清单 6-18 显示了如何在运行时启用和禁用清单 Receiver。

代码清单 6-18：动态启用/禁用清单 Receiver

```
ComponentName myReceiverName =
  new ComponentName(this,LifeformDetectedReceiver.class);
PackageManager pm = getPackageManager();

// 启用清单接收者
pm.setComponentEnabledSetting(myReceiverName,
  PackageManager.COMPONENT_ENABLED_STATE_ENABLED,
  PackageManager.DONT_KILL_APP);

// 禁用清单接收者
pm.setComponentEnabledSetting(myReceiverName,
  PackageManager.COMPONENT_ENABLED_STATE_DISABLED,
  PackageManager.DONT_KILL_APP);
```

6.5.6 通过广播 Intent 监听设备状态的变化

许多系统服务广播 Intent 以指示设备状态的变化。可以监听这些广播，以根据诸如设备启动完成、时区变更、扩展口的变化和电池状态等事件，为自己的项目添加功能。

developer.android.com/reference/android/content/Intent.html 上提供了一份完整的列表，描述了 Android 本地使用和传递的广播动作。由于 Android 8.0 引入了配置清单中注册隐式 Broadcast Receiver 的限制，因此只能在配置清单中注册系统广播 Intent 的子集。可以在 developer.android.com/guide/components/ broadcast-exceptions.html 上找到可在 Android 8.0 设备上注册的隐式广播列表。

下面将研究如何创建 Intent Filter 来注册能够对某些系统事件做出响应的 Broadcast Receiver，以及如何相应地提取设备状态信息。

1. 监听设备对接变化

一些 Android 设备可以对接汽车扩展坞或桌面扩展坞，桌面扩展坞可以是模拟的(低端)或数字的(高端)。

通过注册 Broadcast Receiver 来监听 Intent.ACTION_DOCK_EVENT(android.intent.action.ACTION_ DOCK_ EVENT)，可以在支持扩展坞的设备上确定对接状态和对接类型：

```
<action android:name="android.intent.action.ACTION_DOCK_EVENT"/>
```

对接(dock)事件广播 Intent 是黏性的，这意味着即使没有注册 Receiver，但当调用 registerRecive 方法时，也会收到当前的对接状态。代码清单 6-19 展示了如何使用 Intent.ACTION_DOCK_EVENT Intent 从 registerReceiver 调用返回的 Intent 中提取当前的对接状态。注意，如果设备不支持对接，那么 registerReceive 调用的返回值为 null。

代码清单 6-19：确定对接状态

```
boolean isDocked = false;
boolean isCar = false;
boolean isDesk = false;

IntentFilter dockIntentFilter =
  new IntentFilter(Intent.ACTION_DOCK_EVENT);
Intent dock = registerReceiver(null, dockIntentFilter);

if (dock != null) {
  int dockState = dock.getIntExtra(Intent.EXTRA_DOCK_STATE,
                 Intent.EXTRA_DOCK_STATE_UNDOCKED);

  isDocked = dockState != Intent.EXTRA_DOCK_STATE_UNDOCKED;
  isCar    = dockState == Intent.EXTRA_DOCK_STATE_CAR;
  isDesk   = dockState == Intent.EXTRA_DOCK_STATE_DESK ||
             dockState == Intent.EXTRA_DOCK_STATE_LE_DESK ||
             dockState == Intent.EXTRA_DOCK_STATE_HE_DESK;
}
```

2. 监听电池状态和数据连接的变化

在引入 Job Scheduler 之前，监听电池状态和数据连接变化，通常都是为了在设备连接到适当的数据网络或充电之前，延迟大量下载或类似的费时耗电的过程。

在第 11 章“工作在后台”中，描述了如何使用 Job Scheduler 和 Firebase Job Dispatcher 使用包含网络连接和电池充电状态在内的标准来调度作业，这是一种相比手动监听这些状态变化更高效也更全面的解决方案。

要在 Activity 中监听电池电量和充电状态的变化，可以使用 Intent Filter 注册 Receiver，Intent Filter 监听电池管理器的 Intent.ACTION_BATTERY_CHANGED 广播。

代码清单 6-20 显示了如何从黏性电池状态变化的 Intent 中提取当前电池电量和充电状态。

代码清单 6-20：确定电池和充电状态信息

```
IntentFilter batIntentFilter = new IntentFilter(Intent.ACTION_BATTERY_CHANGED);
Intent battery = context.registerReceiver(null, batIntentFilter);
int status = battery.getIntExtra(BatteryManager.EXTRA_STATUS, -1);
boolean isCharging =
  status == BatteryManager.BATTERY_STATUS_CHARGING ||
  status == BatteryManager.BATTERY_STATUS_FULL;
```

注意，不能在配置清单中注册动作为电池更改(Intent.ACTION_BATTERY_CHANGED)的 Receiver，但是可以使用以下动作字符串监听电源和低电量的连接和断开，每个动作字符串的前缀都是 android.intent.action：

- ACTION_BATTERY_LOW
- ACTION_BATTERY_OKAY
- ACTION_POWER_CONNECTED
- ACTION_POWER_DISCONNECTED

电池电量和状态的变化会定期发生，所以一般最好不要注册 Receiver 来监听这些广播，除非应用提供了与这些变化相关的功能。

要监听网络连接的变化，需要在应用中注册 Broadcast Receiver 来监听 ConnectivityManager. CONNECTIVITY_ACTION 动作(针对 Android 7.0 Nougat(API 级别 24)及更高版本的应用，即使它们在配置清

单中注册了 Receiver，也接收不到广播)。

连接更改广播不是黏性的，也不包含任何有关更改的附加信息。要提取关于当前连接状态的详细信息，需要使用 ConnectivityManager，如代码清单 6-21 所示。

代码清单 6-21：确定状态信息

```
String svcName = Context.CONNECTIVITY_SERVICE;
ConnectivityManager cm =
  (ConnectivityManager)context.getSystemService(svcName);

NetworkInfo activeNetwork = cm.getActiveNetworkInfo();
boolean isConnected = activeNetwork.isConnectedOrConnecting();
boolean isMobile = activeNetwork.getType() ==
                ConnectivityManager.TYPE_MOBILE;
```

6.6 介绍 Local Broadcast Manager

Android Support Library 引入了 Local Broadcast Manager(本地广播管理器)，以此来简化只在应用内的组件之间进行注册、发送和接收 Intent 广播的过程。

由于减少了广播的范围，使用本地广播管理器比使用全局广播更高效，还能确保广播的 Intent 不会被任何其他应用接收，从而保证没有泄露隐私或敏感数据的风险。

同样，其他应用也不能向 Receiver 传输广播，从而消除了这些 Receiver 成为安全漏洞载体的风险。但需要注意的是，指定的 Broadcast Receiver 仍可以用于处理全局 Intent 广播。

要想使用 Local Broadcast Manager，必须像第 2 章描述的那样，在应用中引入 Android Support Library。

通过调用 LocalBroadcastManager.getInstance 方法可以返回一个 LocalBroadcastManager 实例：

```
LocalBroadcastManager lbm = LocalBroadcastManager.getInstance(this);
```

要注册本地的 Broadcast Receiver，可以使用 LocalBroadcastManager. registerReceiver 方法，就像注册全局 Receiver 一样，只需要传入一个 Broadcast Receiver 和一个 Intent Filter，如代码清单 6-22 所示。

代码清单 6-22：注册和注销本地 Broadcast Receiver

```
@Override
public void onResume() {
  super.onResume();

  // 注册广播接收者
  LocalBroadcastManager lbm = LocalBroadcastManager.getInstance(this);
  lbm.registerReceiver(receiver, filter);
}

@Override
public void onPause() {
  // 注销广播接收者
  LocalBroadcastManager lbm = LocalBroadcastManager.getInstance(this);
  lbm.unregisterReceiver(receiver);

  super.onPause();
}
```

要传递本地广播 Intent，可以使用 LocalBroadcastManager. sendBroadcast 方法，传入要广播的 Intent：

```
lbm.sendBroadcast(new Intent(LOCAL_ACTION));
```

Local Broadcast Manager 还提供了用于同步操作的 sendBroadcastSync 方法，调用该方法后会发生阻塞，直到每个注册的 Receiver 都处理了广播 Intent。

6.7 Pending Intent 介绍

PendingIntent 类提供了一种机制，用于创建可以在稍后由其他应用或系统代表应用触发的 Intent。

Pending Intent 通常用于打包那些将在响应未来事件时触发的 Intent，例如，当前用户单击通知时。

> **注意：**
> 在使用时，Pending Intent 将执行打包的 Intent，它们具有相同的权限和标识——就像在自己的应用中执行它们一样。

PendingIntent 类提供了静态方法来构造 Pending Intent，用于启动 Activity、后台或前台服务，以及广播隐式或显式的 Intent：

```
int requestCode = 0;
int flags = 0;

// 启动一个 Activity
Intent startActivityIntent = new Intent(this, MyActivity.class);
PendingIntent.getActivity(this, requestCode,
                          startActivityIntent, flags);

// 启动一个服务
Intent startServiceIntent = new Intent(this, MyService.class);
PendingIntent.getService(this, requestCode,
                         startServiceIntent, flags);

// 启动前台服务(API 级别为 26 或以上)
Intent startForegroundServiceIntent = new Intent(this, MyFGService.class);
PendingIntent.getForegroundService(this, requestCode,
                                   startForegroundServiceIntent flags);

// 向显示的广播接收者广播一个 Intent
Intent broadcastExplicitIntent = new Intent(this, MyReceiver.class);
PendingIntent.getBroadcast(this, requestCode,
                           broadcastExplicitIntent, flags);

// 广播一个隐式的 Intent(API 级别为 26 或以上)
Intent broadcastImplicitIntent = new Intent(NEW_LIFEFORM_ACTION);
PendingIntent.getBroadcast(this, requestCode,
                           broadcastImplicitIntent, flags);
```

PendingIntent 类包括一系列的静态常量，可用于指定更新或取消与指定动作匹配的任何已存在的 Pending Intent 标志，以及指定 Pending Intent 是否仅被触发一次。在第 11 章介绍通知时，会更详细地研究各种选项。

因为 Pending Intent 是在应用范围之外触发的，所以当这些 Intent 可能被执行时，需要考虑用户上下文的重要性；启动新 Activity 的 Intent，应仅用于响应直接的用户动作，例如单击通知。

为了提高电池寿命，Android 8.0 Oreo(API 级别 26)对应用后台的执行进行了严格限制，这会影响 Pending Intent。

从 Android 8.0 开始，如果应用本身在后台处于空闲状态，则应用无法启动新的后台服务。所以，如果应用在触发时处于后台状态，那么使用 startService 方法创建的 Pending Intent 将无法启动新的服务。因此，Android 8.0 中引入了 startForegroundService 方法，使用此方法创建的 Pending Intent 允许启动一个新的服务，该服务一旦启动，通过调用 startForeground 方法就可以有 5 秒的时间成为前台服务，5 秒后，它将被停止并且应用将显示为无响应。

如前所述，Android 8.0 还取消了对使用配置清单注册隐式 Intent 广播的支持。由于 Pending Intent 通常在应用未运行时触发，因此有必要使用显式的 Intent 来确保触发目标 Receiver。

第 7 章

使用网络资源

本章主要内容

- 连接网络资源
- 使用 Asynchronous Task 在后台线程中下载和处理网络资源
- 使用 View Model 和 Live Data 存储和观察数据
- 解析 XML 资源
- 解析 JSON
- 使用 Download Manager 下载资源
- 传输数据时尽量减少电池损耗

本章可供下载的代码可以在 www.wrox.com 上找到。本章的代码放在如下压缩文件中：

- Snippets_ch7.zip
- Earthquake_ch7.zip

7.1 连接网络

现代智能设备最强大的功能之一就是它们能够连接到 Internet 服务，并将那些信息或服务公开给本机应用的用户。

本章介绍 Android 的网络连接模型以及有效下载和解析数据的技术。你将学习如何连接到网络资源以及如何使用 SAX Parser、XML Pull Parser 和 JSON Reader 来解析源数据。Android 要求在后台线程中执行所有网络任务，因此你将学习如何使用 View Model、Live Data 和 Asynchronous Task 的组合来有效地完成这一操作。

本章将扩展地震查看示例，演示如何将所有这些特性结合在一起。

本章还介绍 Download Manager，你将学习如何使用它来安排和管理长时间运行的共享下载。你还将了解 Job Scheduler，以及确保下载任务可以高速、高效且不会过多消耗电池的最佳实践。

最后，本章介绍一些流行的网络云服务，可以利用这些服务为 Android 应用添加其他基于云服务的功能。

7.2　连接、下载和解析网络资源

使用 Android 的网络 API，可以连接到远程的服务器终端、发送 HTTP 请求以及处理服务器返回的结果和数据——包括使用解析器(如 SAX Parser、XML Pull Parser 或 JSON Reader)提取和处理数据的能力。

现代的移动设备为上网提供了多种选择。通常，Android 提供了两种连接网络的技术，但每一种技术都是自动提供给应用层的——不需要在连接网络时指明使用哪种技术：

- 移动网络——GPRS、EDGE、3G、4G 和 LTE 网络都可以通过提供移动数据的运营商接入。
- Wi-Fi——专用及公共 Wi-Fi 接入点。

如果在应用中使用了网络资源，则需要记住，用户的数据连接依赖于他们可用的通信技术。EDGE 和 GSM 连接是出了名的低速带宽，而 Wi-Fi 连接在移动设备中则可能是不可靠的。

通过最小化传输的数据量来优化用户体验，并确保应用足够健壮，足以处理网络中断和带宽或延迟的限制。

7.2.1　为何要创建原生网络应用

考虑到大多数智能设备上都有 Web 浏览器，你可能会问，如果可以创建基于 Web 的版本，那么是否还有理由创建基于网络的原生应用？

虽然移动 Web 浏览器变得越来越强大，但是创建胖客户端及瘦客户端的原生应用仍然有很多好处，而不是完全依赖于基于 Web 的解决方案：

- **带宽**——在带宽受限的设备上，静态资源(如图像、布局和声音)可能会很昂贵，通过创建原生应用，就可以将带宽的需求限制为只更改数据。
- **离线可用性**——使用基于浏览器的解决方案，不完整的网络连接可能会导致间歇性可用。原生应用则可以缓存数据和用户动作，以此在没有连接的情况下提供尽可能多的功能，并在重新建立连接时进行云同步。
- **延迟和用户体验(UX)**——通过构建原生应用，可以利用较低的用户交互延迟，确保应用的用户体验与操作系统和其他第三方应用保持一致。
- **减少电池损耗**——每次应用打开与服务器的连接时，无线电将被打开(或保持打开状态)。而原生应用可以捆绑连接，从而最大限度地减少启动的连接数。网络请求之间的时间越长，无线电可以停留的时间越长，对电池寿命的影响就越小。
- **原生特性**——Android 设备不仅仅是运行浏览器的简单平台，它们还包括基于位置的服务、通知、小部件、相机、蓝牙无线电、后台服务和硬件传感器。通过创建原生应用，可以将在线可用数据与设备上可用的硬件功能相结合，以提供更丰富的用户体验。

7.2.2　连接到网络资源

在访问网络资源之前，需要在应用的配置清单中添加一个值为 INTERNET 的 uses-permission 节点，如下面的 XML 代码片段所示：

```
<uses-permission android:name="android.permission.INTERNET"/>
```

代码清单 7-1 显示了打开网络数据连接并从返回数据中接收数据流的基本模式。

代码清单 7-1：打开网络数据流

```
try {
  URL url = new URL(myFeed);

  // 创建一个新的 HTTP URL 连接
  URLConnection connection = url.openConnection();
  HttpURLConnection httpConnection = (HttpURLConnection) connection;

  int responseCode = httpConnection.getResponseCode();
```

```
    if (responseCode == HttpURLConnection.HTTP_OK) {
      InputStream in = httpConnection.getInputStream();
      processStream(in);
    }
    httpConnection.disconnect();
  } catch (MalformedURLException e) {
    Log.e(TAG, "Malformed URL Exception.", e);
  } catch (IOException e) {
    Log.e(TAG, "IO Exception.", e);
  }
```

警告：

在 Android 上，试图在 UI 主线程上执行网络操作将触发 NetworkOnMainThreadException 异常。要连接到网络资源，必须在后台线程中进行连接。7.2.3 节将介绍使用 View Model、Live Data 和 Asynchronous Task 将网络请求移动至后台线程的最佳实践技巧。

Android 包含了几个辅助类来帮助处理网络通信，可以在 java.net.*和 android.net.*包中找到这几个类。

7.2.3 使用 View Model、Live Data 和 Asynchronous Task 在后台线程中执行网络操作

在后台线程中执行可能的耗时任务(例如网络操作)总是很好的做法。这样做可以确保不会阻塞 UI 线程，否则，这将使应用变得卡顿或无响应。在 Android 上，会通过抛出 NetworkOnMainThreadException 异常强制执行此最佳实践方案，只要在 UI 主线程上尝试进行网络操作，就会触发该异常。

注意：

在第 11 章“工作在后台”中，你会学习将操作移动到后台线程的各种方式，你还将了解为高效调度后台网络操作而设计的 API，包括 Job Scheduler。

在你的 Activity 中，可以创建并运行一个新的 Thread。当准备切换回 UI 线程时，可以调用 runOnUIThread 方法，并运行另一个执行 UI 变化的 Runnable。

```
Thread t = new Thread(new Runnable() {
  public void run() {
    // Perform Network operations and processing.
    final MyDataClass result = loadInBackground();
    // Synchronize with the UI thread to post changes.
    runOnUiThread(new Runnable() {
      @Override
      public void run() {
        deliverResult(result);
      }
    });
  }
});
t.start();
```

也可以使用 AsyncTask 类，它已为你封装了这一过程。Asynchronous Task 允许定义要在后台执行的操作，并提供事件处理程序，让你可以监听执行进度并将结果更新到 UI 线程上。

AsyncTask 类处理所有的线程创建、管理和同步任务，让你可以创建一个 Asynchronous Task，其中包括要在后台完成的处理，以及要在处理期间和处理完成后执行的 UI 更新。

要创建一个新的 Asynchronous Task，就需要扩展 AsyncTask 类，指定要使用的参数类型，如下面的框架代码所示：

```
private class MyAsyncTask extends AsyncTask<String, Integer, String> {
  @Override
  protected String doInBackground(String... parameter) {
    // 移动到后台线程
    String result = "";
    int myProgress = 0;
    int inputLength = parameter[0].length();
    // 执行后台任务处理，更新 myProgress
    for (int i = 1; i <= inputLength; i++) {
```

```
        myProgress = i;
        result = result + parameter[0].charAt(inputLength-i);
        try {
          Thread.sleep(100);
        } catch (InterruptedException e) { }
        // 发送进度到 onProgressUpdate 处理程序
        publishProgress(myProgress);
      }
      // 返回要传递给 onPostExecute 方法的值
      return result;
    }

    @Override
    protected void onProgressUpdate(Integer... progress) {
      // 同步 UI 线程
      // 更新进度条、通知或其他 UI 元素
    }

    @Override
    protected void onPostExecute(String result) {
      // 同步 UI 线程
      // 通过 UI 更新、弹窗或通知报告执行结果
    }
  }
```

实现了 Asynchronous Task 后，可通过创建一个新的实例并调用 execute 方法来执行它，并根据需要传入相应的参数：

```
String input = "redrum ... redrum";
new MyAsyncTask().execute(input);
```

每个 AsyncTask 实例只会执行一次，如果尝试第二次调用 execute 方法，那么将导致抛出异常。

这些方式有几个显著的局限性，缘于第 3 章中描述的 Activity 的生命周期。如你所知，当设备配置发生变化时，可能会销毁并重新创建 Activity(及其 Fragment)。因此，用户旋转屏幕可能会中断正在运行的网络线程或 Asynchronous Task，任务将与父 Activity 一并销毁。

对于通过用户动作启动的线程，这将有效地取消操作。对于在 Activity 的生命周期处理程序(例如 onCreate 或 onStart 方法)中启动的线程，它们将在重建 Activity 时被重新创建并运行——这可能使相同的网络操作被执行多次，从而可能导致重复的数据传输和电池寿命的缩短。

更好的方法则是使用作为 Android 体系结构组件一部分的 ViewModel 和 LiveData 类。任何与 Activity 或 Fragment 相关联的 View Model 都专门为跨配置更改进行持久化而设计，从而有效地为它们存储的数据提供缓存。View Model 中的数据通常作为 Live Data 返回。

LiveData 是一个生命周期感知类，用于存储应用数据并提供可观察的数据更新。生命周期感知意味着 Live Data 仅向处于活动生命周期状态的应用组件中的观察者发送更新。

要使用 View Model 和 Live Data，需要先在 app 模块的 build.gradle 构建文件中添加 Android Architecture Component 库：

```
dependencies {
  [……已存在的依赖库……]
  implementation "android.arch.lifecycle:extensions:1.1.1"
}
```

代码清单 7-2 显示了一个利用标准 MutableLiveData 类的简单 View Model 实现。它使用 AsyncTask 在后台下载和解析网络资源，并将结果作为表示字符串列表的 Live Data 返回。

代码清单 7-2：通过 View Model 在使用 AsyncTask 的后台线程中下载

```
public class MyViewModel extends AndroidViewModel {
  private static final String TAG = "MyViewModel";

  private final MutableLiveData<List<String>> data;

  public MyViewModel(Application application) {
    super(application);
  }
```

```
  public LiveData<List<String>> getData() {
    if (data == null)
      data = new MutableLiveData<List<String>>();
      loadData();
    }
    return data;
  }

  private void loadData() {
    new AsyncTask<Void, Void, List<String>>() {
      @Override
      protected List<String> doInBackground(Void... voids) {
        ArrayList<String> result = new ArrayList<>(0);

        String myFeed = getApplication().getString(R.string.my_feed);
        try {
          URL url = new URL(myFeed);

          // 创建一个新的 HTTP URL 连接
          URLConnection connection = url.openConnection();
          HttpURLConnection httpConnection = (HttpURLConnection) connection;

          int responseCode = httpConnection.getResponseCode();
          if (responseCode == HttpURLConnection.HTTP_OK) {
            InputStream in = httpConnection.getInputStream();
            // 处理输入流以生成结果列表
            result = processStream(in);
          }
          httpConnection.disconnect();
        } catch (MalformedURLException e) {
          Log.e(TAG, "Malformed URL Exception.", e);
        } catch (IOException e) {
          Log.e(TAG, "IO Exception.", e);
        }
        return result;
      }

      @Override
      protected void onPostExecute(List<String> data) {
        // 更新 Live Data 数据值
        data.setValue(data);
      }
    }.execute();
  }
}
```

要在应用中使用 View Model，第一步必须在 Activity 或 Fragment 中创建一个新的(或返回现有的)ViewModel 实例，该实例将观察 Live Data。

使用 ViewModelProviders 类的静态方法(传入当前应用组件)获取可用的 View Model，并使用 get 方法指定要使用的 View Model。

```
MyViewModel myViewModel = ViewModelProviders.of(this)
                                   .get(MyViewModel.class);
```

一旦有了对 View Model 的引用，就必须添加一个观察者实例，以便接收其中包含的 Live Data。调用 ViewModel 实例的 getData 方法，然后使用 observe 方法添加一个观察者实例，当底层数据发生改变时，该观察者实现的 onChanged 处理程序将被调用：

```
myViewModel.getData()
        .observe(this, new Observer<List<String>>() {
  @Override
  public void onChanged(@Nullable List<String> data) {
    // TO DO: 在接收到新的 View Model 数据时更新 UI
  }
});
```

代码清单 7-3 显示了为 Activity 获取 View Model、请求 Live Data 并观察变化的整个过程。

代码清单 7-3：在 Activity 中使用 Live Data 和 View Model

```
@Override
protected void onCreate(Bundle savedInstanceState) {
  super.onCreate(savedInstanceState);
  setContentView(R.layout.activity_main);

  // 获取(或创建)一个 ViewModel 实例
  MyViewModel myViewModel = ViewModelProviders.of(this)
                                    .get(MyViewModel.class);

  // 获取当前的数据并观察
  myViewModel.getData()
          .observe(this, new Observer<List<String>>() {
    @Override
    public void onChanged(@Nullable List<String> data) {
      // 使用加载的数据更新 UI
      // 配置更改后，自动返回缓存数据
      // 如果底层的 LiveData 对象被修改，将再次触发
    }
  });
}
```

由于 View Model 的生命周期基于应用而不是父 Activity 或 Fragment，因此 View Model 的 Live Data 加载功能不会因设备配置更改而被中断。

同样，结果会在设备配置更改过程中被静默缓存。在旋转之后，当在 View Model 的数据上调用 observe 方法时，将立即通过 onChanged 处理程序返回最后的结果集，而不会调用 View Model 的 loadData 方法。通过消除重复的网络下载和相关处理，可以节省大量的时间和电池电量的消耗。

在第 11 章中，将介绍一些用于调度后台网络操作的更强大的 API，它们考虑了时序和设备状态，以提高网络传输效率。

7.2.4 使用 XML Pull Parser 解析 XML

虽然解析 XML 与特定 Web 服务交互的详细内容超出了本书的讨论范围，但了解一些可用的技术非常重要。

本节简要介绍 XML Pull Parser，下一节将演示使用 DOM 解析器和 JSON Reader 从美国地质调查局(United States Geological Survey，USGS)获取有关地震的详细信息。

可以从以下库中获取 XML Pull Parser 的 API：

```
org.xmlpull.v1.XmlPullParser;
org.xmlpull.v1.XmlPullParserException;
org.xmlpull.v1.XmlPullParserFactory;
```

它使你能够一次解析 XML 文档，与 DOM 解析器不同，XML Pull Parser 解析器以一系列事件和标签的顺序呈现文档的元素。

你在文档中的位置由当前事件表示。可以通过调用 getEventType 方法来确定当前事件。每个文档都从 START_DOCUMENT 事件开始，到 END_DOCUMENT 事件结束。

要继续执行标签，只需要调用 next 方法即可，该方法使你能够处理一系列匹配的(通常是嵌套的)START_TAG 和 END_TAG 事件。可以通过调用 getName 方法来提取每个标签的名称，并使用 getNextText 方法提取每组标签(START_TAG 和 END_TAG)之间的文本。

代码清单 7-4 演示了如何使用 XML Pull Parser 从 Google Places API 返回的兴趣点列表中提取详细信息。

代码清单 7-4：使用 XMLPull Parser 解析 XML

```
private void processStream(InputStream inputStream) {
  // 创建一个新的 XML Pull Parser
  XmlPullParserFactory factory;
  try {
    factory = XmlPullParserFactory.newInstance();
    factory.setNamespaceAware(true);
    XmlPullParser xpp = factory.newPullParser();
```

```
    // 分配一个新的输入流
    xpp.setInput(inputStream, null);
    int eventType = xpp.getEventType();

    // 为提取的 name 标签分配变量
    String name;

    // 继续解析，直到文档结束
    while (eventType != XmlPullParser.END_DOCUMENT) {
      // 检查结果标签是否是 start 标签
      if (eventType == XmlPullParser.START_TAG &&
          xpp.getName().equals("result")) {
        eventType = xpp.next();
        // 处理结果标签中的每一个结果
        while (!(eventType == XmlPullParser.END_TAG &&
               xpp.getName().equals("result"))) {
          // 检查结果标签中的 name 标签
          if (eventType == XmlPullParser.START_TAG &&
              xpp.getName().equals("name")) {
            // 提取 POI 名称
            name = xpp.nextText();
            doSomethingWithName(name);
          }
          // 移动到下一个标签
          eventType = xpp.next();
        }
        // 对每一个 POI 名称执行一些操作
      }
      // 移动到下一个结果标签
      eventType = xpp.next();
    }
  } catch (XmlPullParserException e) {
    Log.e("PULLPARSER", "XML Pull Parser Exception", e);
  } catch (IOException e) {
    Log.e("PULLPARSER", "IO Exception", e);
  }
}
```

7.2.5 将 Earthquake Viewer 连接到网络

在本节中，将继续扩展从第 3 章开始并在第 5 章中进行改进的 Earthquake Viewer。通过连接到一个地震数据源，下载并解析它，你将用一个真实的列表替代原来的模拟数组列表，最终让其可以在 Fragment 列表中进行显示。

返回的地震 XML 在这里由 DOM 解析器解析。这里还存在几种替代方案，其中包括 7.2.4 提到的 XML Pull Parser。另外，还可以使用 JsonReader 类解析 JSON 格式的数据，如 7.2.6 节所述。

(1) 在本节中，所使用的数据是美国地质调查局提供的一天中震级大于里氏 2.5 级地震的原始数据。在 res / values 文件夹的 Strings.xml 资源文件中添加数据的来源作为外部字符串资源。这使你可以根据用户的区域设置不同的数据：

```
<resources>
  <string name="app_name">Earthquake</string>
  <string name="earthquake_feed">
  https://earthquake.usgs.gov/earthquakes/feed/v1.0/summary/2.5_day.atom
  </string>
</resources>
```

(2) 在数据可访问之前，应用还需要网络请求权限，将网络请求权限添加到配置清单的顶部：

```
<?xml version="1.0" encoding="utf-8"?>
<manifest xmlns:android="http://schemas.android.com/apk/res/android"
        package="com.professionalandroid.apps.earthquake">

  <uses-permission android:name="android.permission.INTERNET"/>

  [... Application Node ...]

</manifest>
```

(3) 网络接入必须在后台线程中进行，并且结果应该在设备配置更改时得以保留。因此，我们使用 View Model 和 Live Data。首先，需要在 app 模块的 build.gradle 文件中添加对 Android Architecture Components 生命周期扩展库的依赖：

```
dependencies {
  [……已存在的依赖库……]
  implementation "android.arch.lifecycle:extensions:1.1.1"
}
```

(4) 新建一个扩展了 AndroidViewModel 的 EarthquakeViewModel 类，并包含一个表示地震列表的 MutableLiveData 变量。此 View Model 将在配置更改时进行数据的缓存和维护。创建一个 getEarthquakes 方法，用于检查地震列表中的实时数据是否已经加载，如果没有，将从数据源加载地震数据：

```
public class EarthquakeViewModel extends AndroidViewModel {
  private static final String TAG = "EarthquakeUpdate";

  private MutableLiveData<List<Earthquake>> earthquakes;

  public EarthquakeViewModel(Application application) {
    super(application);
  }

  public LiveData<List<Earthquake>> getEarthquakes() {
    if (earthquakes == null) {
      earthquakes = new MutableLiveData<List<Earthquake>>();
      loadEarthquakes();
    }
    return earthquakes;
  }

  // 从数据源异步加载地震数据
  public void loadEarthquakes() {
  }
}
```

(5) 更新 loadEarthquakes 方法以下载和解析地震源数据。这些都必须在后台线程中完成，因此我们通过实现 AyncTask 来简化此过程。在后台，提取每个地震数据并解析详细信息以获取 ID、日期、大小、链接和位置。解析完源数据后，通过 onPostExecute 处理程序来设置代表地震列表的 MutableLiveData 的值。这将通知所有已注册的观察者，并将更新的列表传递给它们：

```
public void loadEarthquakes() {
  new AsyncTask<Void, Void, List<Earthquake>>() {
    @Override
    protected List<Earthquake> doInBackground(Void... voids) {
      // 用于存储解析出的地震对象的结果列表
      ArrayList<Earthquake> earthquakes = new ArrayList<>(0);

      // 获取 XML
      URL url;
      try {
        String quakeFeed =
          getApplication().getString(R.string.earthquake_feed);
        url = new URL(quakeFeed);

        URLConnection connection;
        connection = url.openConnection();

        HttpURLConnection httpConnection = (HttpURLConnection)connection;
        int responseCode = httpConnection.getResponseCode();

        if (responseCode == HttpURLConnection.HTTP_OK) {
          InputStream in = httpConnection.getInputStream();

          DocumentBuilderFactory dbf =
            DocumentBuilderFactory.newInstance();
          DocumentBuilder db = dbf.newDocumentBuilder();

          // 解析地震源数据
          Document dom = db.parse(in);
          Element docEle = dom.getDocumentElement();
```

```
        // 获取每个地震条目的列表
        NodeList nl = docEle.getElementsByTagName("entry");
        if (nl != null && nl.getLength() > 0) {
          for (int i = 0 ; i < nl.getLength(); i++) {
            // 检查我们的加载是否已取消，如果已取消，则返回到目前为止已经加载的数据
            if (isCancelled()) {
              Log.d(TAG, "Loading Cancelled");
              return earthquakes;
            }
            Element entry =
              (Element)nl.item(i);
            Element id =
              (Element)entry.getElementsByTagName("id").item(0);
            Element title =
              (Element)entry.getElementsByTagName("title").item(0);
            Element g =
              (Element)entry.getElementsByTagName("georss:point")
                     .item(0);
            Element when =
              (Element)entry.getElementsByTagName("updated").item(0);
            Element link =
              (Element)entry.getElementsByTagName("link").item(0);

            String idString = id.getFirstChild().getNodeValue();
            String details = title.getFirstChild().getNodeValue();
            String hostname = "http://earthquake.usgs.gov";
            String linkString = hostname + link.getAttribute("href");

            String point = g.getFirstChild().getNodeValue();
            String dt = when.getFirstChild().getNodeValue();
            SimpleDateFormat sdf =
              new SimpleDateFormat("yyyy-MM-dd'T'hh:mm:ss.SSS'Z'");
            Date qdate = new GregorianCalendar(0,0,0).getTime();
            try {
              qdate = sdf.parse(dt);
            } catch (ParseException e) {
              Log.e(TAG, "Date parsing exception.", e);
            }

            String[] location = point.split(" ");
            Location l = new Location("dummyGPS");
            l.setLatitude(Double.parseDouble(location[0]));
            l.setLongitude(Double.parseDouble(location[1]));

            String magnitudeString = details.split(" ")[1];
            int end =  magnitudeString.length()-1;
            double magnitude =
              Double.parseDouble(magnitudeString.substring(0, end));

            if (details.contains("-"))
              details = details.split("-")[1].trim();
            else
              details = "";

            final Earthquake earthquake = new Earthquake(idString,
                                                  qdate,
                                                  details, l,
                                                  magnitude,
                                                  linkString);

            // 添加新的地震数据到我们的结果数组中
            earthquakes.add(earthquake);
          }
        }
      }
      httpConnection.disconnect();
    } catch (MalformedURLException e) {
      Log.e(TAG, "MalformedURLException", e);
    } catch (IOException e) {
      Log.e(TAG, "IOException", e);
    } catch (ParserConfigurationException e) {
      Log.e(TAG, "Parser Configuration Exception", e);
    } catch (SAXException e) {
      Log.e(TAG, "SAX Exception", e);
    }
    // 返回我们的结果数组
    return earthquakes;
```

```
      }

      @Override
      protected void onPostExecute(List<Earthquake> data) {
        // 用新的列表更新 Live Data
        earthquakes.setValue(data);
      }
    }.execute();
  }
```

(6) 更新 Earthquake Main Activity，删除模拟数据。再更新 Earthquake List Fragment，使用新的 EarthquakeViewModel。

a. 首先更新 Activity 的 onCreate 处理程序，删除模拟数据：

```
@Override
protected void onCreate(Bundle savedInstanceState) {
  super.onCreate(savedInstanceState);
  setContentView(R.layout.activity_earthquake_main);

  FragmentManager fm = getSupportFragmentManager();

  // Android 会在配置更改后，自动重新添加之前添加过的任何 Fragment
  // 因此，只有在自动重启时才添加它
  if (savedInstanceState == null) {
    FragmentTransaction ft = fm.beginTransaction();
    mEarthquakeListFragment = new EarthquakeListFragment();
    ft.add(R.id.main_activity_frame, mEarthquakeListFragment,
           TAG_LIST_FRAGMENT);
    ft.commitNow();
  } else {
    mEarthquakeListFragment =
      (EarthquakeListFragment)fm.findFragmentByTag(TAG_LIST_FRAGMENT);
  }

  // 为该 Activity 获取 EarthquakeViewModel
  earthquakeViewModel = ViewModelProviders.of(this)
                          .get(EarthquakeViewModel.class);
}
```

b. 在 Earthquake List Fragment 中，更新 onActivityCreated 处理程序。使用 View Model Provider 的静态方法获取当前的 EarthquakeViewModel 实例。将一个观察者添加到 View Model 返回的 Live Data 中——当 Activity 被创建时，它会设置 Earthquake List Fragment 的地震列表，并且当解析的地震列表被更新时，它会再次被设置：

```
@Override
public void onActivityCreated(@Nullable Bundle savedInstanceState) {
  super.onActivityCreated(savedInstanceState);

  // 为父 Activity 获取 EarthquakeViewModel
  earthquakeViewModel = ViewModelProviders.of(getActivity())
                          .get(EarthquakeViewModel.class);

  // 从 View Model 中获取数据，并观察任何变化
  earthquakeViewModel.getEarthquakes()
    .observe(this, new Observer<List<Earthquake>>() {
      @Override
      public void onChanged(@Nullable List<Earthquake> earthquakes) {
        // 当 View Model 改变时,更新列表
        if (earthquakes != null)
          setEarthquakes(earthquakes);
      }
    });
}
```

(7) 运行项目后，应该会看到一个 RecyclerView，其中显示了过去 24 小时发生过的震级大于 2.5 的地震数据(如图 7-1 所示)。

(8) 地震数据由 View Model 缓存，因此它将持续跨设备配置更改，并且仅在重新启动应用时刷新数据。现在，让我们更新应用，使用户可以通过下拉刷新的方式刷新地震列表。更新 fragment_earthquake_list.xml 布局资源，将 SwipeRefreshLayout 作为 RecyclerView 的父级布局：

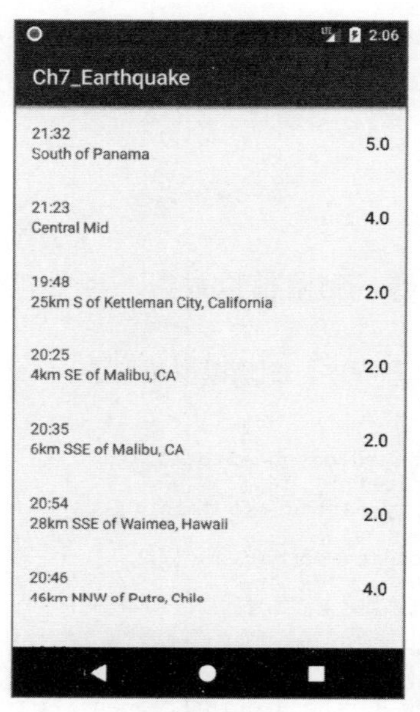

图 7-1

```
<?xml version="1.0" encoding="utf-8"?>
<android.support.v4.widget.SwipeRefreshLayout
  xmlns:android="http://schemas.android.com/apk/res/android"
  android:id="@+id/swiperefresh"
  android:layout_width="match_parent"
  android:layout_height="match_parent">
  <android.support.v7.widget.RecyclerView
    xmlns:android="http://schemas.android.com/apk/res/android"
    xmlns:app="http://schemas.android.com/apk/res-auto"
    android:id="@+id/list"
    android:layout_width="match_parent"
    android:layout_height="match_parent"
    android:layout_marginLeft="16dp"
    android:layout_marginRight="16dp"
    app:layoutManager="LinearLayoutManager"
  />
</android.support.v4.widget.SwipeRefreshLayout>
```

(9) 更新 EarthquakeListFragment 实例的 onCreateView 方法以获取对步骤(8)中添加的 SwipeRefreshLayout 的引用，并更新 onViewCreated 方法，为 SwipeRefreshLayout 设置刷新监听器，刷新监听器会在执行滑动刷新动作时调用新的 updateEarthquakes 方法：

```
private SwipeRefreshLayout mSwipeToRefreshView;

@Override
public View onCreateView(LayoutInflater inflater, ViewGroup container,
                         Bundle savedInstanceState) {
  View view = inflater.inflate(R.layout.fragment_earthquake_list,
                               container, false);

  mRecyclerView = (RecyclerView) view.findViewById(R.id.list);
  mSwipeToRefreshView = view.findViewById(R.id.swiperefresh);
  return view;
}

@Override
public void onViewCreated(View view, Bundle savedInstanceState) {
  super.onViewCreated(view, savedInstanceState);

  // 为 RecyclerView 设置适配器
  Context context = view.getContext();
  mRecyclerView.setLayoutManager(new LinearLayoutManager(context));
  mRecyclerView.setAdapter(mEarthquakeAdapter);

  // 创建滑动刷新视图
```

```
    mSwipeToRefreshView.setOnRefreshListener(new
      SwipeRefreshLayout.OnRefreshListener() {
      @Override
      public void onRefresh() {
        updateEarthquakes();
      }
    });
  }

  protected void updateEarthquakes() {
  }
```

(10) 更新 setEarthquakes 方法，在收到更新时禁用“刷新”功能的可视化指示器：

```
public void setEarthquakes(List<Earthquake> earthquakes) {
  mEarthquakes.clear();
  mEarthquakeAdapter.notifyDataSetChanged();
  for (Earthquake earthquake: earthquakes) {
    if (!mEarthquakes.contains(earthquake)) {
      mEarthquakes.add(earthquake);
      mEarthquakeAdapter.notifyItemInserted(
        mEarthquakes.indexOf(earthquake));
    }
  }
  mSwipeToRefreshView.setRefreshing(false);
}
```

(11) 更新本身将由 Earthquake View Model 执行，我们通过父 Activity 与之通信。在 Earthquake List Fragment 中定义一个新的 OnListFragmentInteractionListener，其中它应该包含一个 onListFragmentRefreshRequested 方法，当通过步骤(9)中添加的 updateEarthquakes 方法请求刷新时将调用该方法：

```
public interface OnListFragmentInteractionListener {
  void onListFragmentRefreshRequested();
}

private OnListFragmentInteractionListener mListener;

@Override
public void onAttach(Context context) {
  super.onAttach(context);
  mListener = (OnListFragmentInteractionListener) context;
}

@Override
public void onDetach() {
  super.onDetach();
  mListener = null;
}

protected void updateEarthquakes() {
  if (mListener != null)
    mListener.onListFragmentRefreshRequested();
}
```

(12) 返回到 Earthquake Main Activity，实现步骤(11)中定义的接口，并使用 Earthquake View Model 在请求时强制刷新：

```
public class EarthquakeMainActivity extends AppCompatActivity implements
  EarthquakeListFragment.OnListFragmentInteractionListener {

  @Override
  public void onListFragmentRefreshRequested() {
    updateEarthquakes();
  }

  private void updateEarthquakes() {
    // 请求 View Model 从 USGS 源数据更新地震数据
    earthquakeViewModel.loadEarthquakes();
  }

  [……已存在的其他代码……]
}
```

(13) 还应该在菜单项或应用的动作栏中添加刷新动作，从而支持可能无法执行滑动手势的用户(例如，具有访问障碍的用户可以使用外部设备触发动作栏上的动作，如键盘和 D-Pad)。我们将在第 13 章“实现现代 Android 用户体验”中介绍如何实现此操作。

7.2.6 使用 JSON Reader 解析 JSON

本节简要介绍 JSON Parser，并演示如何用它解析来源于美国地质调查局(USGS)的 JSON 数据源(数据的具体网址为 earthquake.usgs.gov/earthquakes/feed/v1.0/summary/2.5_day.geojson)，从而获取有关地震的详细信息。

与前面章节中的 XML 解析一样，解析 JSON 的详细内容也超出了本书的讨论范围。但是，现在有许多 API 提供 JSON 数据，因此引入这些概念显得尤为重要。

同 Pull 解析器一样，JSON 解析器也能够一次性解析文档，并以一系列连续的对象、数组和值的顺序呈现文档的元素。

要创建递归解析器，必须先创建一个入口方法，该方法接收输入流并创建一个新的 JSON Reader：

```
private List<Earthquake> parseJson(InputStream in) throws IOException {

  // 创建一个新的 JsonReader 以解析输入流
  JsonReader reader =
    new JsonReader(new InputStreamReader(in, "UTF-8"));
    // TO DO: 解析输入流
}
```

每个 JSON 数据源中的数据都是以名称和值的形式进行存储的，并使用对象和数组进行结构化。JSON 对象类似于代码对象——将语义相关的值分组在一起。JSON 还支持使用数组将多个值或对象组合在一起。

例如，USGS 数据源包含了 type 的值、根级别的 metadata 对象和 box 对象，以及表示每次地震的 feature 对象数组。然后每个 feature 对象包含 type 和 ID 的值，以及用于对地震的 property 和 geometry 详细信息进行分组的对象。geometry 对象又包含 type 的值以及表示每次地震经纬度及深度的值的数组。图 7-2 展示了部分结构。

要解析这些结构，请创建将在 JSON 文本中解析每个对象和数组的处理程序。

对于对象结构的处理程序，首先调用 JSON Reader 对象的 beginObject 方法来读取左大括号。然后使用 hasNext 方法控制 while 循环，在该循环中可以提取值或其他对象(或数组)。在完全读取对象后，使用 endObject 方法读取对象的右大括号：

```
private MyObject readMyObject(JsonReader reader) throws IOException {
  // 创建一个返回值的变量
  String myValue = null;

  // 读取左大括号
  reader.beginObject();

  // 遍历这个对象中的值、对象和数组
  while (reader.hasNext()) {
    // 找到下一个名称
    String name = reader.nextName();

    // 获取与名字匹配的每一个值
    if (name.equals("my_value")) {
      myValue = reader.nextString();

    // 跳过(或有目的地忽略)所有的异常值
    } else {
      reader.skipValue();
    }
  }

  // 处理右大括号
  reader.endObject();

  // 返回解析出的对象
  return new MyObject(myValue);
}
```

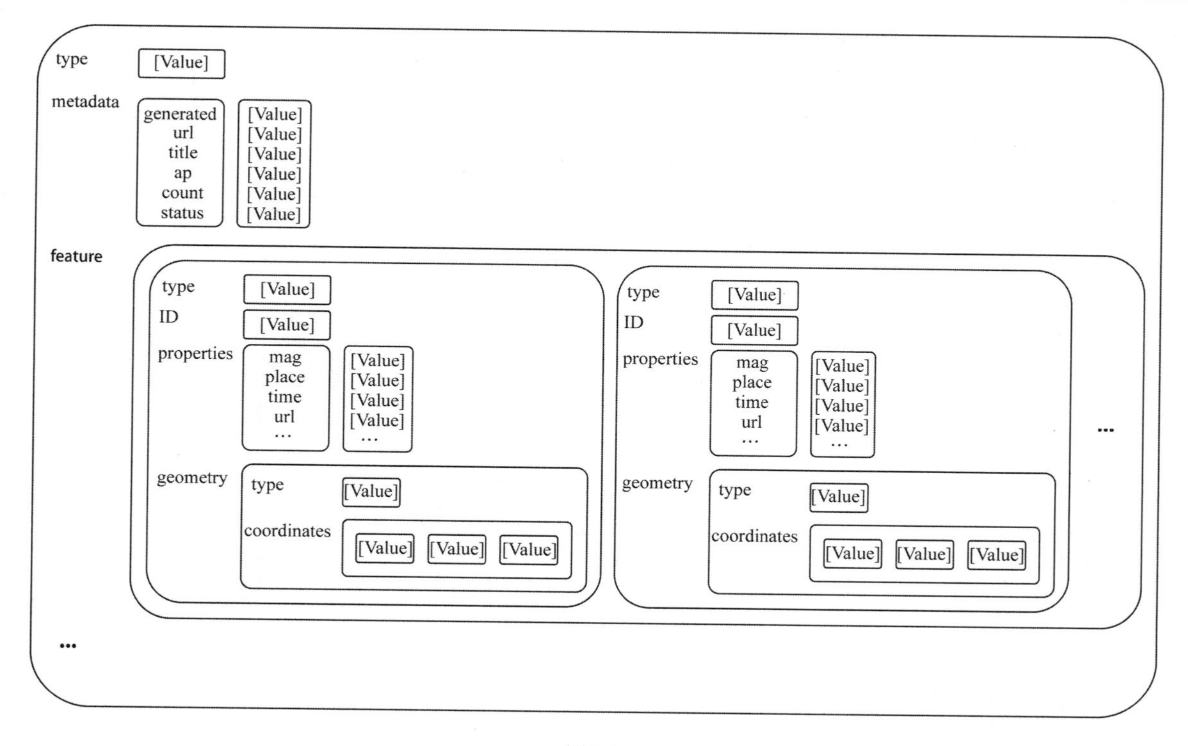

图 7-2

可以通过类似的方式处理数组，使用 beginArray 和 endArray 方法分别处理开始和结束大括号。数组中的值是同类型的，所以允许简单地将每个值添加到列表中：

```
public List<Double> readDoublesArray(JsonReader reader)
  throws IOException {

  List<Double> doubles = new ArrayList<Double>();

  reader.beginArray();

  while (reader.hasNext()) {
    doubles.add(reader.nextDouble());
  }

  reader.endArray();
  return doubles;
}
```

在遍历每个对象或数组时，如果找到了嵌套对象或数组，只需要将 JSON Reader 对象传递给相应的解析方法即可。

如果遇到未知名称，可以选择调用 skipValue 方法来递归跳过值的嵌套标记。

代码清单 7-5 演示了如何使用 JSON 解析器从 USGS 提供的过去一天里超过 2.5 级地震的 JSON 数据源中获取详细信息。

代码清单 7-5：使用 JSON 解析器解析 JSON

```
private List<Earthquake> parseJson(InputStream in) throws IOException {

  // 创建一个新的 JsonReader 实例，用来解析输入流
  JsonReader reader =
    new JsonReader(new InputStreamReader(in, "UTF-8"));

  try {
    // 创建一个用来存放地震数据的空列表
```

```
      List<Earthquake> earthquakes = null;

      // Earthquake JSON 源数据的根节点是我们必须解析的对象
      reader.beginObject();
      while (reader.hasNext()) {
        String name = reader.nextName();
        // 我们只对一个子对象感兴趣：标记为 features 的地震数组
        if (name.equals("features")) {
          earthquakes = readEarthquakeArray(reader);
        } else {
          // 我们将忽略其他所有根级别的值和对象
          reader.skipValue();
        }
      }
      reader.endObject();

      return earthquakes;

    } finally {
      reader.close();
    }
  }

  // 遍历地震数组
  private List<Earthquake> readEarthquakeArray(JsonReader reader)
    throws IOException {

    List<Earthquake> earthquakes = new ArrayList<Earthquake>();

    // 地震的详细信息存储在一个数组中
    reader.beginArray();
    while (reader.hasNext()) {
      // 遍历数组，解析每一个 Earthquake 对象
      earthquakes.add(readEarthquake(reader));
    }
    reader.endArray();

    return earthquakes;
  }

  // 从地震数组中解析每一个 Earthquake 对象
  public Earthquake readEarthquake(JsonReader reader) throws IOException {
    String id = null;
    Location location = null;
    Earthquake earthquakeProperties = null;

    reader.beginObject();
    while (reader.hasNext()) {
      String name = reader.nextName();
      if (name.equals("id")) {
        // ID 是作为值存储的
        id = reader.nextString();
      } else if (name.equals("geometry")) {
        // 位置信息存储在必须解析的 geometry 对象中
        location = readLocation(reader);
      } else if (name.equals("properties")) {
        // 大部分地震详细信息都存储在必须解析的 properties 对象中
        earthquakeProperties = readEarthquakeProperties(reader);
      } else {
        reader.skipValue();
      }
    }
    reader.endObject();

    // 基于解析的详细信息构建新的 Earthquake 对象
    return new Earthquake(id,
                          earthquakeProperties.getDate(),
                          earthquakeProperties.getDetails(),
                          location,
                          earthquakeProperties.getMagnitude(),
                          earthquakeProperties.getLink());
  }

  // 从地震数组中解析每个 Earthquake 对象的 properties 对象
  public Earthquake readEarthquakeProperties(JsonReader reader) throws IOException {
    Date date = null;
    String details = null;
    double magnitude = -1;
```

```
    String link = null;

    reader.beginObject();
    while (reader.hasNext()) {
      String name = reader.nextName();
      if (name.equals("time")) {
        long time = reader.nextLong();
        date = new Date(time);
      } else if (name.equals("place")) {
        details = reader.nextString();
      } else if (name.equals("url")) {
        link = reader.nextString();
      } else if (name.equals("mag")) {
        magnitude = reader.nextDouble();
      } else {
        reader.skipValue();
      }
    }
    reader.endObject();
    return new Earthquake(null, date, details, null, magnitude, link);
  }

  // 解析coordinates对象以获取位置
  private Location readLocation(JsonReader reader) throws IOException {
    Location location = null;

    reader.beginObject();
    while (reader.hasNext()) {
      String name = reader.nextName();
      if (name.equals("coordinates")) {
        // 位置坐标存储在double数组中
        List<Double> coords = readDoublesArray(reader);
        location = new Location("dummy");
        location.setLatitude(coords.get(0));
        location.setLongitude(coords.get(1));
      } else {
        reader.skipValue();
      }
    }
    reader.endObject();
    return location;
  }

  // 解析double数组
  public List<Double> readDoublesArray(JsonReader reader) throws IOException {
    List<Double> doubles = new ArrayList<Double>();

    reader.beginArray();
    while (reader.hasNext()) {
      doubles.add(reader.nextDouble());
    }
    reader.endArray();
    return doubles;
  }
```

7.3 使用 Download Manager

Download Manager 是一种服务，旨在通过管理 HTTP 连接、监视连接更改以及系统重新启动来优化长时间运行下载的处理，以确保每次下载都能成功完成。

由 Download Manager 管理的下载文件，存储在可公开访问的位置，因此不适合隐私及敏感数据的下载。

在以下三种情况下，推荐使用 Download Manager：下载量大，可能会在用户会话之间的后台继续运行的下载；务必要成功完成的下载；要把正在下载的文件共享给其他应用的下载(如图像或 PDF)。

注意：

默认情况下，使用 Download Manager 下载的文件存储在共享下载缓存目录(Environment.getDownloadCacheDirectory)中，这意味着它们可供其他应用使用，如果需要空间，则由系统删除。同样，它们将通过下载应用进行管理，这意味着下载可由用户手动删除。当然，可以更改这些默认值，如本节后面所述。

要访问 Download Manager，请使用 getSystemService 方法请求 DOWNLOAD_SERVICE：

```
DownloadManager downloadManager =
  (DownloadManager)getSystemService(Context.DOWNLOAD_SERVICE);
```

由于 Download Manager 需要联网，因此需要在应用的配置清单中添加 INTERNET 权限，以便使用 Download Manager：

```
<uses-permission android:name="android.permission.INTERNET"/>
```

7.3.1 下载文件

要想请求下载，需要创建一个新的 DownloadManager.Request 对象，指定要下载文件的 URI，并传递给 Download Manager. enqueue 方法，如代码清单 7-6 所示。

代码清单 7-6：使用 Download Manager 下载文件

```
DownloadManager downloadManager =
  (DownloadManager)getSystemService(Context.DOWNLOAD_SERVICE);

Uri uri = Uri.parse(
  "http://developer.android.com/shareables/icon_templates-v4.0.zip");

DownloadManager.Request request = new DownloadManager.Request(uri);
long reference = downloadManager.enqueue(request);
```

可以使用返回的引用值执行将来的动作或查询下载，包括检查下载状态或取消下载。

可以通过 Request 对象分别调用 addRequestHeader 和 setMimeType 方法，将 HTTP 请求头添加到请求中，或者覆盖服务器返回的 mimeType。

可以指定执行下载所需的连接条件。调用 setAllowedNetworkType 方法可以将下载限制到 Wi-Fi 或移动网络。setAllowedOverRoaming 和 setAllowedOverMetered 方法允许在手机漫游或计量(付费)连接时禁止下载。

下面的代码片段展示了如何确保只在连接到 Wi-Fi 时下载大文件：

```
request.setAllowedNetworkTypes(Request.NETWORK_WIFI);
```

调用了 enqueue 方法后，只要有合适的连接可用，下载就会开始，并且 Download Manager 是自主的。

注意：
Android 虚拟机不包括虚拟化 Wi-Fi 硬件，因此，仅限于 Wi-Fi 的下载将一直排队但从未开始下载。

默认情况下，正在进行和已完成的下载将以通知的形式显示。你应该创建一个监听 ACTION_NOTIFICATION_CLICKED 动作的 Broadcast Receiver，只要用户从通知栏或下载应用中选择了下载，该动作就会被广播。它将包含额外的 EXTRA_NOTIFICATION_CLICK_DOWNLOAD_IDS 数据，其中包含所选下载的引用 ID。

下载完成后，Download Manager 将广播 ACTION_DOWNLOAD_COMPLETE 动作，而 EXTRA_DOWNLOAD_ID 作为额外数据提供了已完成文件下载的引用 ID，如代码清单 7-7 所示。

代码清单 7-7：实现 Broadcast Receiver 以处理 Download Manager 广播

```
public class DownloadsReceiver extends BroadcastReceiver {
  @Override
  public void onReceive(Context context, Intent intent) {
    String extraNotificationFileIds =
      DownloadManager.EXTRA_NOTIFICATION_CLICK_DOWNLOAD_IDS;
    String extraFileId = DownloadManager.EXTRA_DOWNLOAD_ID;
    String action = intent.getAction();

    if (DownloadManager.ACTION_DOWNLOAD_COMPLETE.equals(action)) {
      long reference = intent.getLongExtra(extraFileId,-1);
      if (myDownloadReference == reference) {
        // 对下载文件进行一些操作
```

```
      }
    }
    else if (DownloadManager.ACTION_NOTIFICATION_CLICKED.equals(action)) {
      long[] references = intent.getLongArrayExtra(extraNotificationFileIds);
      for (long reference : references)
        if (myDownloadReference == reference) {
          // 响应用户选择文件下载的通知
        }
    }
  }
}
```

用户在应用会话之间切换以及重启手机时，Download Manager 会继续下载文件。因此，存储下载引用编号以确保应用能记住它们，显得尤为重要。

同样，如代码清单 7-8 所示，应该在配置清单中为通知单击和下载完成这两个 action 注册 Broadcast Receiver，因为不能保证当用户选择下载通知或下载完成时，应用还照常运行。

代码清单 7-8：为 Download Manager 广播注册 Broadcast Receiver

```
<receiver
  android:name="com.professionalandroid.apps.MyApp.DownloadsReceiver">
  <intent-filter>
    <action
      android:name="android.intent.action.DOWNLOAD_NOTIFICATION_CLICKED" />
    <action
      android:name="android.intent.action.DOWNLOAD_COMPLETE" />
  </intent-filter>
</receiver>
```

下载完成后，可以使用 Download Manager 的 openDownloadedFile 方法接收文件的 ParcelFileDescriptor 对象，或者使用 ID 查询 Download Manager 并获取元数据的详细信息。

你将在第 8 章“文件、存储状态和用户偏好”中了解有关文件处理的更多信息。

7.3.2　自定义 Download Manager 通知

默认情况下，使用 Download Manager 下载文件时，将显示正在进行的通知。每个通知都将显示当前的下载进度和文件名(如图 7-3 所示)。

通过 Download Manager，可以定制为每个下载请求显示的通知，包括完全隐藏它。以下代码片段显示了如何使用 setTitle 和 setDescription 方法自定义文件下载通知中显示的文本。结果如图 7-4 所示。

```
request.setTitle("Hive Husks");
request.setDescription("Downloading Splines for Reticulation");
```

setNotificationVisibility 方法允许控制何时以及是否应该使用以下标记之一显示下载通知：

- Request.VISIBILITY_VISIBLE——在下载过程中将显示正在进行的通知。下载完成后将删除通知。这是默认选项。
- Request.VISIBILITY_VISIBLE_NOTIFY_COMPLETED——下载过程中将显示正在进行的通知，并在下载完成后继续显示，直到用户选中或取消。
- Request.VISIBILITY_VISIBLE_NOTIFY_ONLY_COMPLETION——仅在使用 addCompletedDownload 方法将已下载的文件添加到下载数据库系统时才可用。选中后，将在添加文件后显示通知。
- Request.VISIBILITY_HIDDEN——不显示通知。要设置此标记，应用还必须在配置清单中声明 DOWNLOAD_WITHOUT_NOTIFICATION 权限：

```
<uses-permission
android:name="android.permission.DOWNLOAD_WITHOUT_NOTIFICATION"/>
```

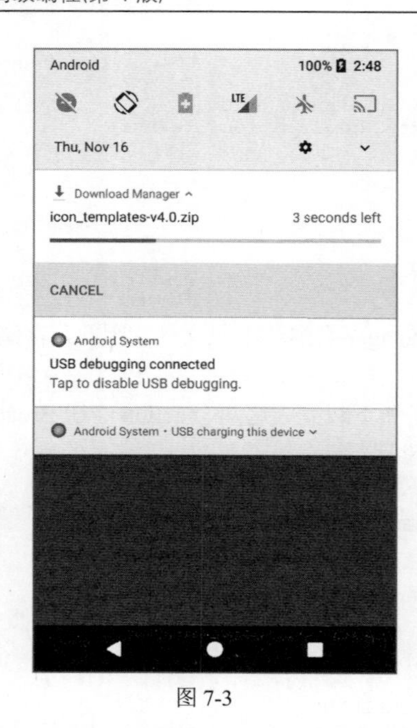

图 7-3

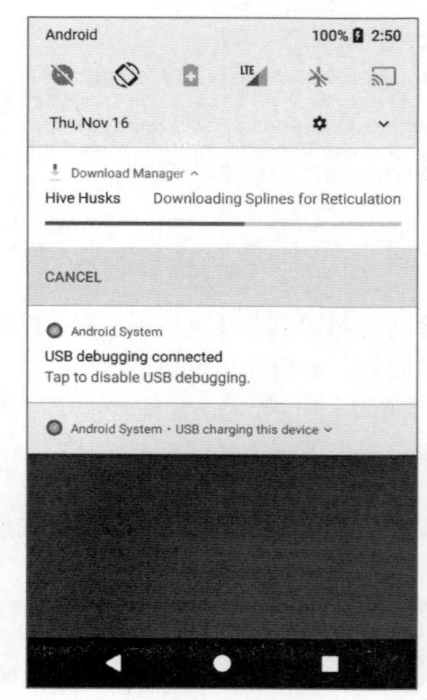

图 7-4

> **注意：**
> 关于创建自定义通知的更多信息，请参见第 11 章。

7.3.3 指定下载位置

默认情况下，Download Manager 的所有下载文件都将使用系统生成的文件名并保存到共享的下载缓存目录中，系统可以自动删除这些文件，也可以由用户手动删除。

下载请求也可以指定下载到特定位置的 URI。在这种情况下，位置必须在外部存储上，因此应用必须在配置清单中声明 WRITE_EXTERNAL_ STORAGE 权限：

下面的代码片段展示了如何在外部存储上指定任意路径：

```
<uses-permission android:name="android.permission.WRITE_EXTERNAL_STORAGE"/>
```

如果下载的文件专属于你自己的应用，则可能需要将其放在应用的外部存储文件夹中。请注意，访问权限控制并不适用于此文件夹，其他应用也能够访问它。如果用户卸载了应用，那么也会删除存储在这些文件夹中的文件。

```
request.setDestinationUri(Uri.fromFile(f));
```

下面的代码片段指定了将下载文件存储在应用的外部下载文件夹中：

```
request.setDestinationInExternalFilesDir(this,
  Environment.DIRECTORY_DOWNLOADS, "bugdroid.png");
```

而对于可以或应该与其他应用共享的文件(特别是那些要使用 Media Scanner 扫描的文件)，可以在外部存储的公用文件夹中指定一个位置。以下代码片段展示了如何将文件存储在公共的音乐文件夹中：

```
request.setDestinationInExternalPublicDir(Environment.DIRECTORY_MUSIC,
  "android_anthem.mp3");
```

> **注意：**
> 有关外部存储的详细信息以及可用于指示其中文件夹的静态环境变量的内容，请参阅第 8 章。

需要特别注意的是，默认情况下，使用 Download Manager 下载的文件不会被 Media Scanner 扫描，因此它们可能不会出现在照片库和音乐播放器等应用中。

要使下载的文件可扫描，请在 Download Manager 调用 enqueue 方法之前，在 Request 对象上调用 allowScanningByMediaScanner 方法：

```
request.allowScanningByMediaScanner();
```

另外，默认情况下，系统的下载应用可以显示和管理文件。如果不喜欢这样，也可以调用 setVisibleInDownloadsUi 方法，然后传入 false：

```
request.setVisibleInDownloadsUi(false);
```

7.3.4 取消和移除下载

Download Manager 的 remove 方法允许取消挂起的下载任务，终止正在进行的下载或删除已完成的下载。如以下代码所示，remove 方法接收下载 ID 作为可选参数，使你可以指定要取消的一个或多个下载任务：

```
downloadManager.remove(fileRef1, fileRef2, fileRef3);
```

上述代码会返回成功取消的下载数。如果取消下载，则会删除所有相关联的文件(部分或全部)。

7.3.5 查询 Download Manager

可以使用 query 方法查询 Download Manager 来获取下载的状态、进度和详细信息，该方法将返回一个指向下载列表的 Cursor 对象。

注意：

Cursor 类表示 Android 用于返回数据的一种数据结构，通常存储在 Content Provider 或 SQLite 数据库中。你将在第 10 章“Content Provider 与搜索”中了解有关 Content Provider、Cursor 以及如何查找存储在其中的数据的更多信息。

query 方法使用 DownloadManager.Query 对象作为参数。在 Query 对象上可以通过 setFilterById 方法指定一系列下载的 ID 引用，或者使用 setFilterByStatus 方法传入 DownloadManager.STATUS_*后跟 running(运行)、pause(暂停)、failed(失败)、successful(成功)等常量值之一作为参数来过滤对应的下载状态。

此外，Download Manager 还拥有 getUriForDownloadedFile 和 openDownloadedFile 方法。代码清单 7-9 扩展了代码清单 7-7，演示了如何从已注册的用于监听下载完成的 Broadcast Receiver 中查找已完成下载的 URI 或 ParcelFileDescriptor 对象。

代码清单 7-9：查找下载完成的详细信息

```
@Override
public void onReceive(Context context, Intent intent) {

  DownloadManager downloadManager =
     (DownloadManager)getSystemService(Context.DOWNLOAD_SERVICE);

  String extraNotificationFileIds =
    DownloadManager.EXTRA_NOTIFICATION_CLICK_DOWNLOAD_IDS;
  String extraFileId = DownloadManager.EXTRA_DOWNLOAD_ID;
  String action = intent.getAction();

  if (DownloadManager.ACTION_DOWNLOAD_COMPLETE.equals(action)) {
    long reference = intent.getLongExtra(extraFileId,-1);
    if (myDownloadReference == reference) {
      DownloadManager.Query myDownloadQuery = new DownloadManager.Query();
      myDownloadQuery.setFilterById(reference);

      Cursor myDownload = downloadManager.query(myDownloadQuery);
      if (myDownload.moveToFirst()) {
        int fileIdIdx =
          myDownload.getColumnIndex(DownloadManager.COLUMN_ID);

        long fileId = myDownload.getLong(fileIdIdx);
```

```
        Uri fileUri = downloadManager.getUriForDownloadedFile(fileId);
        // 可以对下载的文件进行一些操作
      }
      myDownload.close();
    }
  }
  else if (DownloadManager.ACTION_NOTIFICATION_CLICKED.equals(action)) {
    long[] references = intent.getLongArrayExtra(extraNotificationFileIds);
    for (long reference : references)
      if (myDownloadReference == reference) {
        // 响应用户选择文件下载通知的操作
        try {
          ParcelFileDescriptor fileDescriptor =
            downloadManager.openDownloadedFile(reference);
        } catch (FileNotFoundException e) {
          Log.e(TAG, "Downloaded file open error.", e);
        }
      }
  }
}
```

对于暂停或失败的下载任务，可以查询 COLUMN_REASON 列，以查询表示为整数的原因。

对于 STATUS_PAUSED 下载状态，可以使用 DownloadManager.PAUSED_静态常量值来确定处于该状态的原因，从而确定暂停下载是为了等待网络连接还是 Wi-Fi 连接抑或等待重试。

对于 STATUS_FAILED 下载状态，可以使用 DownloadManager.ERROR_静态常量值来确定失败的原因。可能的错误代码表示的原因包括缺少存储设备、可用空间不足、文件名重复或 HTTP 错误。

代码清单 7-10 显示了如何查找当前暂停的下载列表，获取下载暂停的原因、文件名、标题和当前进度。

代码清单 7-10：查找暂停下载的详细信息

```
// 获取下载管理服务
String serviceString = Context.DOWNLOAD_SERVICE;
DownloadManager downloadManager;
downloadManager = (DownloadManager)getSystemService(serviceString);

// 为暂停的下载创建查询
DownloadManager.Query pausedDownloadQuery = new DownloadManager.Query();
pausedDownloadQuery.setFilterByStatus(DownloadManager.STATUS_PAUSED);

// 查找需要的数据的列索引
Cursor pausedDownloads = downloadManager.query(pausedDownloadQuery);

// 查询 Download Manager 以获取暂停的下载
int reasonIdx = pausedDownloads.getColumnIndex(DownloadManager.COLUMN_REASON);
int titleIdx = pausedDownloads.getColumnIndex(DownloadManager.COLUMN_TITLE);
int fileSizeIdx = pausedDownloads.getColumnIndex(
                    DownloadManager.COLUMN_TOTAL_SIZE_BYTES);
int bytesDLIdx = pausedDownloads.getColumnIndex(
                   DownloadManager.COLUMN_BYTES_DOWNLOADED_SO_FAR);

// 迭代结果 Cursor
while (pausedDownloads.moveToNext()) {
  // 从 Cursor 中提取我们需要的数据
  String title = pausedDownloads.getString(titleIdx);
  int fileSize = pausedDownloads.getInt(fileSizeIdx);
  int bytesDL = pausedDownloads.getInt(bytesDLIdx);

  // 将暂停原因翻译为更友好的文本
  int reason = pausedDownloads.getInt(reasonIdx);
  String reasonString = "Unknown";
  switch (reason) {
    case DownloadManager.PAUSED_QUEUED_FOR_WIFI :
      reasonString = "Waiting for WiFi."; break;
    case DownloadManager.PAUSED_WAITING_FOR_NETWORK :
      reasonString = "Waiting for connectivity."; break;
    case DownloadManager.PAUSED_WAITING_TO_RETRY :
      reasonString = "Waiting to retry."; break;
    default : break;
  }

  // 构建状态摘要
  StringBuilder sb = new StringBuilder();
```

```
    sb.append(title).append("\n");
    sb.append(reasonString).append("\n");
    sb.append("Downloaded ").append(bytesDL).append(" / " ).append(fileSize);

    // 显示状态
    Log.d("DOWNLOAD", sb.toString());
  }

  // 关闭结果 Cursor
  pausedDownloads.close();
```

7.4　下载数据而不损耗电池的最佳实践

使用无线电传输是发生电池损耗的一个重要原因。移动和 Wi-Fi 无线电会使用大量的电量，不仅数据传输需要消耗电量，维护网络数据连接也需要消耗电量。

用于下载数据的时间和方法会对电池寿命产生重大影响，因此，为了最大程度减少与网络活动相关的电池损耗，了解连接模型将会如何影响底层无线电硬件至关重要。

> **注意：**
> *有关如何减少网络连接和数据传输影响的详细信息，请参阅 developer.android.com/training/performance/battery/network 上的“减少网络电池消耗”。*

蜂窝无线电在发送或接收数据时会消耗大量电量，同时，为提供连接而供电又会导致延迟。因此，无线电需要在不同的功率模式之间转换，以节省电力和最小化延迟。

对于典型的 3G 网络无线电，通常涉及以下三个能源状态：

- **全功率**——当连接正在积极传输数据时使用。
- **低功率**——在传输结束后短时间(约 5 秒)激活。消耗的电量约为全功率连接的 50%，但与待机模式相比，又改善了启动延迟。
- **待机**——最小功耗状态，在一段合理的时间(约 15 秒)后会激活这一状态，并且在此期间没有产生过网络流量。

每次创建新连接或下载额外数据时，都有可能将无线电从待机模式中唤醒，并延长无线电全功率和低功率模式下的时间。

举个反例，创建频繁、短暂的连接以下载少量数据会对电池产生极大的负面影响。每 15 秒传输一次数据可以有效地使网络无线电始终处于全功率状态。

而解决方案是减少数据传输的频率和大小。可以通过以下技术来最小化应用的电池消耗：

- **缓存和压缩数据**——通过在本地存储或缓存数据，可避免更频繁地下载数据。通过在把数据传输到设备之前对服务器源数据进行有效压缩，可最大限度地缩短传输持续的时间。
- **考虑使用 Wi-Fi 进行移动网络连接**——Wi-Fi 无线电相比移动网络蜂窝无线电的耗电量少得多。对于大文件以及时效性相对较弱的文件，我们可以考虑延迟传输，直到设备通过 Wi-Fi 再进行连接。
- **积极地预取**——在单个连接中下载的数据越多，需要打开无线网络获取更多数据的频次就越少。但这需要在下载过多无用数据之间进行平衡。
- **将连接和下载捆绑在一起**——不要在接收时发送缺乏即时性的数据(如分析)。应将它们捆绑在一起并安排它们与其他连接一起传输，例如，在更新内容或预读数据时。切记：每一个新的连接都有可能启动无线网络。
- **复用现有连接而不是创建新连接**——使用现有连接而不是为每次传输建立新连接可以显著提高网络性能、减少延迟，并允许网络智能地应对阻塞及相关问题。
- **使用服务器启动的更新优先于定期下载**——每次启动连接时都可能启动无线网络，即使最终没有下载任何新数据。当使用 Firebase 云消息传递下载新数据时，服务器会通知每个客户端，而不是定期轮询(在第 11 章中还会讨论)。

- **尽可能不经常安排定期下载**——当需要定期更新时，最好将默认刷新频率设置为可用性允许的最低值，而不是尽可能频繁地刷新。对于要求刷新频率更高的用户，可以提供偏好设置，让他们牺牲电池寿命以换取实时性。

Android 提供了许多 API 来帮助有效地执行数据传输，特别是 Android 框架中的 Job Scheduler。

这些 API 为你提供了在应用进程中智能地安排后台数据传输的功能。作为全球性服务，它们可以批量处理和延迟多个应用的传输，从而最大限度地减少对电池的整体影响。

它们提供了：

- 对一次性或定期下载的调度。
- 自动回退和失败重试。
- 设备重新启动之间的预定传输持久性。
- 基于网络连接类型和设备充电状态的调度。

我们将在第 11 章探索这些 API 的细节。

7.5 网络服务及云计算简介

随着公司降低与安装、升级和维护自己的硬件相关的成本开销，软件即服务(SaaS)和云计算变得越来越流行。结果出现一系列丰富的网络服务和云资源，可以使用它们构建和增强移动应用。

使用中间层来减少客户端负载的想法并不新颖，值得高兴的是，已经有很多基于网络的选项可以为应用提供所需的服务级别。

可用的网络服务数量庞大，因此无法在此列出所有这些内容(更不用说详细查看)，但以下列表展示了一些当前可用的更成熟且常见的网络服务。由于 Android 主要由 Google 开发，因此 Google 的云平台产品也得到特别好的支持，如下所述：

- **Google 云平台计算服务**——用于运行基于云服务器的各种服务，包括用于在虚拟机上运行大规模工作负载的计算引擎、用于构建可扩展移动后端的 App 引擎平台以及用于运行容器的 Kubernetes 引擎。
- **Google 云平台存储和 BigQuery**——一系列用于在云中存储数据的产品，其中包括用于具有全局边缘缓存的对象存储的 Cloud Storage，用于支持 SQL 查询的关系数据库的 Cloud Spanner 和 Cloud SQL，用于大规模可扩展 NoSQL 数据库的 Cloud Bigtable、NoSQL 和 Cloud Datastore，以及无模式数据库(用于存储非关系数据)。他们还提供了 BigQuery—— 一种完全托管、PB 级、低成本的用于数据分析的企业数据仓库。
- **谷歌机器学习 API**——Google 提供了一系列基于机器学习能力的机器智能 API，其中包括可以解析图像内容的 Vision API、用于高级语音识别的 Speech API、用于从非结构化文本中获得信息的 Natural Language API，以及用于以编程方式实时翻译文本的 Translate API。
- **亚马逊 Web 服务**——Amazon 提供了一系列基于云的服务，包括用于云计算和存储的类似服务，比如分布式存储解决方案(S3)和 Elastic Compute Cloud(EC2)。

对这些产品的更详细探索已超出本书的讨论范围。但在第 11 章，我们将提供有关如何使用 Firebase Cloud Messaging 将客户端轮询替换为服务器驱动更新的一些其他详细信息。

第8章

文件、存储状态和用户偏好

本章主要内容

- 使用 Shared Preference(共享偏好)进行应用数据持久化
- 管理应用的设置以及构建 Preference Screen
- 在会话之间保存 Activity 实例的数据
- 使用 View Model 和 Live Data
- 包含静态文件作为外部资源
- 存储和加载文件，并管理本地文件系统
- 使用应用文件缓存
- 在公共目录中存储文件
- 在应用之间共享文件
- 访问来自其他应用的文件

本章可供下载的代码可以在 www.wrox.com 上找到。本章的代码放在如下压缩文件中：

- Snippets_ch8.zip
- Earthquake_ch8.zip

8.1 存储文件、状态和偏好

本章介绍 Android 中一些最简单、最通用的数据持久化和文件共享技术：Shared Preference、实例状态 Bundle、本地文件以及 Storage Access Framework(存储访问框架)。

Activity 至少应在成为非活动状态之前保存用户界面(UI)状态，以确保在 Activity 重新启动时仍显示相同的 UI。你可能还需要保存用户偏好数据和 UI 的选择项。

Android 的不确定性 Activity 和应用生命周期，使得在会话之间持久化 UI 状态和应用数据变得特别重要，因为你的应用进程可能在它返回到前台之前被杀死，然后重新启动。

我们将在第 9 章“创建和使用数据库”以及第 10 章“Content Provider 与搜索”中探索存储复杂的结构化

数据的机制——但是为了在应用中保存简单的值或文件，Android 提供了几种替代方案，每种方案都经过优化以实现特殊需求：

- 存储的应用 UI 状态——Activity 和 Fragment 都拥有专门的生命周期事件处理程序，可用于在应用进入后台时，记录当前的 UI 状态。
- Shared Preference——当存储 UI 状态、用户偏好和应用设置时，你希望使用轻量级的机制来存储一组已知的值。Shared Preference 则允许将多组原始数据的名称/值对保存为已命名的偏好文件。
- 文件——有时，写入和读取文件是唯一的存储方式，特别是在保存图像、音视频等二进制数据时。Android 允许在设备的内外部媒介上创建、加载和共享文件，还支持临时缓存。File Provider 和 Storage Access Framework 也提供了与其他应用共享文件以及从其他应用访问文件的能力。

8.2 通过生命周期处理程序保存并恢复 Activity 和 Fragment 的实例状态

为了在 Activity 和 Fragment 中保存实例变量的状态，Android 提供了 onSaveInstanceState 处理程序来跨会话持久化与 UI 状态相关的数据。

虽然具有 android:id 属性的任何 View 的视图状态都由框架自动保存和恢复，但你仍要负责保存及复原重新创建和恢复 UI 时所需的任何其他实例变量。

onSaveInstanceState 处理程序是专门设计用来保持 UI 状态的，以防 Activity 在单个用户会话中被运行时终止——为前台应用释放资源或适应硬件配置更改导致的重新启动。

重写 Activity 的 onSaveInstanceState 事件处理程序时，可以使用 Bundle 参数中与每种基本类型关联的 put 方法来保存与 UI 相关的实例变量。记得要始终调用 super 方法以保存默认状态：

```
private static final String SEEN_WARNING_KEY = "SEEN_WARNING_KEY";

// 用户是否在此会话期间看到重要的警告
private boolean mSeenWarning = false;

@Override
public void onSaveInstanceState(Bundle saveInstanceState) {
  super.onSaveInstanceState(saveInstanceState);
  // 保存与 UI 相关的状态
  saveInstanceState.putBoolean(SEEN_WARNING_KEY,
                               mSeenWarning);
}
```

只要 Activity 结束其活动生命周期，并且不是主动结束(通过调用 finish 方法结束)，就会触发 onRestoreInstanceState 处理程序。因此，可以确保在单个用户会话的活动生命周期之间保持一致的 Activity 状态。

如果重新启动 Activity，则之前保存下来的 Bundle 将被传递给 onRestoreInstanceState 和 onCreate 方法：

```
@Override
public void onCreate(Bundle savedInstanceState) {
  super.onCreate(savedInstanceState);
  setContentView(R.layout.main);

  if (savedInstanceState != null &&
      savedInstanceState.containsKey(SEEN_WARNING_KEY)) {
    mSeenWarning = savedInstanceState.getBoolean(SEEN_WARNING_KEY);
  }
}
```

如果用户主动关闭 Activity(通过单击 Back 按钮)，或者以编程方式调用 finish 方法，则在下次创建 Activity 时，保存的实例状态 Bundle 不会被传入 onCreate 或 onRestoreInstanceState 方法。应该使用 Shared Preference 存储应用跨用户会话保留的数据，如 8.3 节所述。

许多应用的 UI 将被封装在 Fragment 中。因此，Fragment 也包含了 onSaveInstanceState 处理程序，工作方式与 Activity 中对应的处理程序大致一样。

实例状态保存在 Bundle 中，而 Bundle 又作为参数被传递给了 Fragment 的 onCreate、onCreateView 和 onActivityCreated 处理程序。

对于具有 UI 组件的 Fragment 而言，用于保存 Activity 状态的技术也同样适用于 Fragment：如果 Activity 通过销毁和重启来处理硬件配置更改(例如，屏幕朝向更改)，那么 Fragment 也应恢复确切的 UI 状态。因为 Android 会自动重新创建 Fragment，所以只有在 saveInstanceState 参数为 null 时，才在 Activity 的 onCreate 方法中通过代码添加所有的 Fragment，以此来防止出现重复的 Fragment，如代码清单 8-1 所示。

代码清单 8-1：在 Fragment 的 onCreate 方法中通过代码添加 Fragment

```
@Override
public void onCreate(Bundle savedInstanceState) {
  super.onCreate(savedInstanceState);
  setContentView(R.layout.main);

  if (savedInstanceState == null) {
    FragmentTransaction ft = getSupportFragmentManager().beginTransaction();
    ft.add(R.id.fragment_container, new MainFragment());
    ft.commit();
  }
}
```

8.3 使用 Headless Fragment 和 View Model 保存实例状态

Activity 和 Fragment 旨在显示 UI 数据以及响应与用户的交互。每次设备配置发生变化时，它们都会被销毁并重新创建——最常见的是旋转屏幕。

因此，如果在这些 UI 组件中存储数据或执行耗时的异步操作，那么用户只要旋转屏幕就会破坏这些数据并中断所有正在进行的操作。

这可能导致工作重复，并增加延迟和冗余。相对地，我们强烈建议将应用数据及相应的处理移出 Activity，并移到即使因设备配置更改而导致 Activity 重启，也仍旧可以进行持久存储的类中。

View Model 和 Headless Fragment 提供了两种这样的机制，可保证数据在配置更改过程中仍保持不变，同时可以保证在更新 Activity 或 Fragment 的 UI 时不会有内存泄漏的风险。

8.3.1 View Model 和 Live Data

View Model 和 Live Data 已在第 7 章中作为在后台线程中执行网络操作的一部分介绍过，它们是推荐使用的跨设备配置状态持久化的最佳实践技术。

View Model 专门用于存储和管理与 UI 相关的数据，以便在配置更改时保持 UI 不变。View Model 提供了一种简单的方法，可以将显示的数据与 Fragment 或 Activity 中的 UI 控件进行逻辑分离。因此，最好将所有数据、业务逻辑以及与 UI 元素不直接相关的任何代码从 Activity 或 Fragment 中移到 View Model 中。

由于 View Model 在配置更改期间被保留，因此它们持有的数据就可立即用于重新创建的 Activity 或 Fragment 实例。

存储在 View Model 中的数据通常作为 Live Data 返回，LiveData 是专门为 View Model 保存单个数据字段的类。

LiveData 是一个生命周期感知类，用于为应用数据提供可观察的更新。生命周期感知意味着 Live Data 仅向处于活动生命周期状态的应用组件中的 Observer 发送更新。创建自己的 LiveData 类有时会更有用，但在大多数情况下，使用 MutableLiveData 类就足够了。

每个 MutableLiveData 实例都可以声明为表示特定的数据类型：

```
private final MutableLiveData<List<String>> data;
```

在 View Model 中，可以在 UI 主线程中通过 setValue 方法修改 Live Data 存储的值：

```
data.setValue(data);
```

也可以使用 postValue 方法从后台线程更新 UI，后者会先将任务发布到主线程，之后再执行更新。

每当 LiveData 对象的值发生改变时，新的值都将被发送给所有处于活动状态的观察者(Observer)，如本节后面所述。

当相应的 Activity 或 Fragment 被销毁时，在 Activity 或 Fragment 中添加的 Observer 也将被自动删除，以此来确保它们可以安全地观察 Live Data 而不必担心内存泄漏。

View Model 和相关的 LiveData 类作为 Android 架构组件库的一部分提供。所以，要使用它们，首先需要在 app 模块的 build.gradle 构建文件中添加依赖项：

```
dependencies {
  [……已存在的依赖库……]
  implementation "android.arch.lifecycle:extensions:1.1.1"
}
```

以下代码片段显示了使用标准 MutableLiveData 对象存储 UI 相关数据的简单 View Model 实现的框架代码。它还使用了 AsyncTask，该类封装了加载关联数据所需的后台线程：

```
public class MyViewModel extends AndroidViewModel {
  private static final String TAG = "MyViewModel";

  private MutableLiveData<List<String>> data = null;

  public MyViewModel(Application application) {
    super(application);
  }

  public LiveData<List<String>> getData() {
    if (data == null) {
      data = new MutableLiveData<List<String>>();
      loadData();
    }
    return data;
  }

  // 表示使用 LiveData 对象异步加载和更新数据
  public void loadData() {
    new AsyncTask<Void, Void, List<String>>() {
      @Override
      protected List<String> doInBackground(Void... voids) {
        ArrayList<String> result = new ArrayList<>(0);
        // TO DO: 在该后台线程中加载数据
        return result;
      }

      @Override
      protected void onPostExecute(List<String> resultData) {
        // 更新 LiveData 对象中数据的值
        data.setValue(resultData);
      }
    }.execute();
  }
}
```

定义后，要在应用中使用 View Model，必须先从 Activity 或 Fragment 中创建 View Model 的新实例(或返回现有的实例)。

ViewModelProvider 类包含一个静态方法，它可用于检索并获取与 Context 相关联的所有 View Model：

```
ViewModelProvider providers = ViewModelProviders.of(this);
```

然后使用 get 方法指定要使用的 View Model：

```
MyViewModel myViewModel = providers.get(MyViewModel.class);
```

在获取了 View Model 的引用后，就可以访问它所包含的任何 Live Data 字段，并使用 observe 方法添加一个 Observer。Observer 从被添加开始，它就可以在底层数据发生变化时，接收到更新(通过 onChanged 处理程序)。以上操作通常在 Activity 或 Fragment 的 onCreate 处理程序中完成：

```
myViewModel.getData().observe(this,
```

```
    new Observer<List<String>>() {
      @Override
      public void onChanged(@Nullable List<String> data) {
        // TO DO: 在接收到新的 View Model 数据时更新 UI
      }
    }
);
```

因为 View Model 的生命周期基于应用的生命周期，而不是基于相应 Activity 或 Fragment 的生命周期，所以 View Model 的加载功能不会被设备配置更改所中断。

同样，你的结果会在设备配置更改过程中被静默缓存。在旋转之后，当 View Model 数据调用 observe 方法时，它将立即通过 onChanged 处理程序返回最后的结果集——而不用调用 View Model 的 loadData 方法。

8.3.2 Headless Fragment

在通过 Android 架构组件提供 View Model 之前，Headless Fragment 是用于跨设备配置更改保留实例状态的有效机制。

Fragment 也可以不需要包含 UI—— Headless Fragment 可以通过在 onCreateView 方法中返回 null 来创建(这是默认实现)。在 Activity 重启时保留的无头片段可用于封装需要访问生命周期方法的自包含操作，或在配置更改后不应与 Activity 一同销毁和重启的自包含操作。

注意：

在引入 View Model 和 Live Data 之后，在很大程度上不推荐使用 Headless Fragment 来保留跨设备配置更改的状态信息。此处包含的详细介绍仅供参考，因为你可能会在引入 Android 体系结构组件之前所设计的应用中遇到这种方法。

可以通过在 Fragment 的 onCreate 处理程序中调用 setRetainInstance 方法来请求跨配置更改保留的 Fragment 实例。该操作将断开 Fragment 实例的重新创建生命周期与父 Activity 的连接，这意味着它不会与父 Activity 一起被杀死然后重新启动：

```
@Override
public void onCreate(Bundle savedInstanceState) {
  super.onCreate(savedInstanceState);

  // 跨配置更改时，保留 Fragment
  setRetainInstance(true);
}

@Override
public View onCreateView (LayoutInflater inflater,
                          ViewGroup container,
                          Bundle savedInstanceState){
  return null;
}
```

因此，当设备配置更改并且销毁和重建所依附的 Activity 时，将不会调用保留的 Fragment 的 onDestroy 和 onCreate 处理程序。如果将大部分对象创建移到 Fragment 的 onCreate 处理程序中，这将可以显著地提高效率。

注意，Fragment 的其余生命周期处理程序，包括 onAttach、onCreateView、onActivityCreated、onStart、onResume 以及它们对应的拆卸生命周期处理程序，仍将根据父 Activity 的生命周期被调用。

由于 Headless Fragment 没有与它们关联的视图，因此无法通过在布局中添加<fragment>标签来创建它们，它们必须以代码的方式创建。

Fragment 实例仅在它们处于活动状态时保留，这意味着这种方式只能用于不在回退栈中的 Fragment。

注意：

当使用保留实例的无 Headless Fragment 时，请记住不能存储对父 Activity 的任何引用——或包含对 Activity 引用的任何对象(例如布局中的 View)，因为这可能会导致内存泄漏。当 Activity 被销毁时，由于保留的 Fragment

保持着对 Activity 的引用而无法对 Activity 进行垃圾回收操作。

8.4 创建和保存 Shared Preference

使用 SharedPreferences 类，可以创建名称/值对的命名映射，这些映射可以跨会话保留，并在同一应用沙箱中运行的应用组件之间实现共享，但其他应用则无法访问。

要创建或修改 Shared Preference (共享偏好)，请在当前上下文(Context)中调用 getSharedPreferences 方法，并传入要更改的 Shared Preference 的名称：

```
SharedPreferences prefs = getSharedPreferences(MY_PREFS,
                                        Context.MODE_PRIVATE);
```

在大多数情况下，可以通过从 PreferenceManager 类调用 getDefaultSharedPreferences 静态方法来使用默认的 Shared Preference：

```
Context context = getApplicationContext();
SharedPreferences prefs =
  PreferenceManager.getDefaultSharedPreferences(context);
```

要修改 Shared Preference，请使用 SharedPreferences.Editor 类。可通过调用要更改的 SharedPreferences 对象上的 edit 方法来获取 Editor 对象：

```
SharedPreferences.Editor editor = prefs.edit();
```

使用 put <type>方法插入或更新与指定名称关联的值：

```
// 将新的原始类型存储在 SharedPreferences 对象中
editor.putBoolean("isTrue", true);
editor.putFloat("lastFloat", 1f);
editor.putInt("wholeNumber", 2);
editor.putLong("aNumber", 3l);
editor.putString("textEntryValue", "Not Empty");
```

要保存所做的修改，可在 Editor 对象上调用 apply 或 commit 方法，分别以异步或同步的方式保存更改：

```
// 提交更改
editor.apply();
```

注意：

保存对 Shared Preference 所做的修改涉及磁盘 I / O，应避免在主线程中执行。由于 apply 方法可以保证 Shared Preference 编辑器在单独线程中异步安全地写入，因此它是保存 Shared Preference 的首选方法。

如果需要确认存储成功，可以调用 commit 方法，该方法会阻塞调用线程并在成功写入后返回 true，否则返回 false。

Android 6.0 Marshmallow(API 级别 23)引入了一项新的云备份功能，默认情况下(但需要用户权限)将应用创建的几乎所有数据都备份到云中，包括 Shared Preference 文件。只要用户在新设备上安装应用，系统就会自动恢复这些备份数据。

如果有不应使用 Android 系统自动备份功能进行备份的特定于设备的 Shared Preference 值，就必须将它们存储在单独的文件中，该文件可以使用存储在 res/xml 资源目录中的备份方案 XML 定义文件进行排除。请注意，必须包含 Shared Preference 的完整文件名，其中包含.xml 扩展名：

```
<?xml version="1.0" encoding="utf-8"?>
<full-backup-content>
  <exclude domain="sharedpref" path="supersecretlaunchcodes.xml"/>
</full-backup-content>
```

通过在应用的配置清单的 application 节点中使用 android:fullBackupContent 属性，可以将备份方案指派给应用：

```
<application ...
  android:fullBackupContent="@xml/appbackupscheme">
</application>
```

有关自动备份的更多详细信息，包括备份的文件以及如何禁用自动备份，将在本章后面介绍。

8.5　获取 Shared Preference

要想像编辑和存储 Shared Preference 一样去访问它们，可以使用 getSharedPreferences 方法。

使用类型安全的 get<type>方法提取已保存的值。每个 getter 都接收一个键和一个默认值(当没有为键保存任何值时返回默认值)：

```
// 提取已保存的值
boolean isTrue = prefs.getBoolean("isTrue", false);
float lastFloat = prefs.getFloat("lastFloat", 0f);
int wholeNumber = prefs.getInt("wholeNumber", 1);
long aNumber = prefs.getLong("aNumber", 0);
String stringPreference = prefs.getString("textEntryValue", "");
```

可以调用 getAll 方法来返回所有可用 Shared Preference 的键/值映射，或通过调用 contains 方法来检查是否存在特定键：

```
Map<String, ?> allPreferences = prefs.getAll();
boolean containsLastFloat = prefs.contains("lastFloat");
```

8.6　关于 Shared Preference Change Listener 的介绍

只要添加、删除或修改特定的 Shared Preference 值，就可以实现 OnSharedPreferenceChangeListener 接口来调用回调。

这对使用 Shared Preference 框架设置应用偏好的 Activity 和 Service 特别有用。使用此方法，应用组件可以监听用户偏好的更改并根据需要更新 UI 或行为。

使用想要监控的 Shared Preference 注册 OnSharedPreferenceChangeListeners：

```
public class MyActivity extends Activity implements
  OnSharedPreferenceChangeListener {

  @Override
  public void onCreate(Bundle savedInstanceState) {
    super.onCreate(savedInstanceState);

    // 为所有的 SharedPreference 实例注册 OnSharedPreferenceChangeListener
    SharedPreferences prefs =
      PreferenceManager.getDefaultSharedPreferences(this);
    prefs.registerOnSharedPreferenceChangeListener(this);
  }

  public void onSharedPreferenceChanged(SharedPreferences prefs,
                                        String key) {
    // TO DO: 检查共享偏好和 key 参数，并根据需要更改 UI 或行为

  }
}
```

8.7　配置应用文件和 Shared Preference 的自动备份

作为 Android 6.0 Marshmallow(API 级别 23)的一部分，Auto Backup 功能可以自动备份由应用创建的最多 25MB 的文件、数据库和 Shared Preference，方法是加密并将它们上传到用户的 Google 云端硬盘账户，以便可以在新设备上安装应用或在擦除数据后自动恢复。

自动备份最多每 24 小时发生一次，通常是在设备连接了 Wi-Fi、充电且空闲的状态下执行。

注意：

为了在给定设备上启用自动备份，Google 服务必须可用，并且用户必须已选择加入。当然，用户无须为数

据备份付费，并且备份的数据也不会占用用户个人的 Google 云端硬盘空间。

当应用在同一用户的新设备上被安装，或在同一设备上被重新安装时，系统将使用上次备份快照来恢复应用数据。

默认情况下，几乎所有应用的数据文件都将被备份，但存储在以下文件中的所有文件除外：

- getCacheDir 和 getCodeCacheDir 返回的临时缓存目录。
- 外部存储，但存储在 getExternalFilesDir 返回的目录中的存储除外。
- getNoBackupFilesDir 返回的目录。

还可以使用 full-backup-content 标签定义备份方案 XML 文件，定义要包括在 Auto Backup 中或从 Auto Backup 中排除的特定文件。请注意，如果指定显式包含，则会阻止备份中未指定的所有文件：

```
<?xml version="1.0" encoding="utf-8"?><full-backup-content>
  <include domain=["file" | "database" | "sharedpref" | "external" | "root"]
         path="[relative file path string]" />
  <exclude domain=["file" | "database" | "sharedpref" | "external" | "root"]
         path="[relative file path string]" />
</full-backup-content>
```

如上所示，每个 include 或 exclude 标签必须包含 domain 属性，domain 属性指示该域文件的根目录，以及相对于该域根目录的文件路径(包括文件扩展名)，其中：

- root 是应用的根目录。
- file 是 getFileDir 方法返回的目录。
- database 是 SQL 数据库的默认位置，由 getDatabasePath 方法返回。
- sharedpref 表示由 getSharedPreferences 返回的 Shared Preference XML 文件。
- external 对应的是 getExternalFilesDir 方法返回的目录中的文件。

例如，下面的代码片段将数据库文件排除在自动备份之外：

```
<?xml version="1.0" encoding="utf-8"?>
<full-backup-content>
  <exclude domain="database" path="top_secret_launch_codes.db"/>
</full-backup-content>
```

定义了备份方案后，将其存储在 res/xml 文件夹中，并使用配置清单的 application 节点中的 android:fullBackupContent 属性将其与应用相关联：

```
<application ...
  android:fullBackupContent="@xml/mybackupscheme">
</application>
```

或者，如果希望完全禁用应用数据的自动备份，则可以在配置清单的 application 节点中将 android:allowBackup 属性设置为 false：

```
<application ...
  android:allowBackup="false">
</application>
```

虽然可以禁用自动备份，但并不建议这样做，因为这会为换设备的用户带来更糟糕的用户体验。大多数用户都希望应用能够备份他们的偏好设置，并在应用安装到新设备时恢复这些设置。因此，allowBackup 属性默认为 true。如果禁用 Android 的内置数据备份，请确保已设置自己的备用备份机制(例如，绑定到自己的自定义登录系统)。

8.8 构建偏好 UI

Android 提供了一个 XML 驱动的框架，可以为应用创建系统风格的偏好 UI。通过使用此框架，可以创建与本机及其他第三方应用中一致的用户体验。

这有两个明显的优点：

- 用户将熟悉设置屏幕的布局和使用。
- 可以将其他应用的设置(包括系统设置，如位置设置)集成到应用的偏好中。

该偏好框架主要由两个组件组成：

- **Preference Screen 布局**——一个 XML 文件，用于定义 Preference Screen 中显示的条目的层次结构。它指定要显示的文本及关联的控件、允许的值以及用于每个控件的 Shared Preference 键。
- **Preference Fragment** ——Preference Screen 依附在 Preference Fragment 或 Preference Fragment Compat 中。它会膨胀 Preference Screen 的 XML 文件，管理偏好对话框，并处理到其他 Preference Screen 的过渡。

8.8.1 使用 Preference Support Library

该偏好框架中的 PreferenceFragment 类必须添加到 Preference Activity，这意味着不能使用 AppCompatActivity 等 Activity 类。因此，最好的方式是使用 Preference Support Library 中的 PreferenceFragmentCompat 类，它允许你向任何 Activity 添加受支持的 Preference Fragment——这是我们将在本章的其余部分讲解的操作。

如果已经按照第 2 章中的说明下载了 Android Support Library，则只需要为 Preference Support Library 添加 Gradle 依赖项，以便使用这些功能。

打开 build.gradle 文件并将 Fragment Support Library 添加到 dependencies 部分：

```
dependencies {
  [……已存在依赖项……]
  implementation "com.android.support:preference-v14:27.1.1"
}
```

8.8.2 使用 XML 定义 Preference Screen 的布局

与标准 UI 布局不同，偏好定义存储在 res / xml 资源文件夹中。

虽然从概念上讲，它们与第 5 章“构建用户界面”中描述的 UI 布局资源类似，但是 Preference Screen 布局使用专门为 Preference Screen 设计的一组 UI 控件。这些原生偏好控件将会在 8.8.3 节中介绍。

每个偏好布局都定义为层次结构，从单个 PreferenceScreen 元素开始：

```
<?xml version="1.0" encoding="utf-8"?>
<PreferenceScreen
xmlns:android=http://schemas.android.com/apk/res/android >
</PreferenceScreen>
```

可以嵌套 PreferenceScreen 元素，其中的每个都表示为一个可选元素，在单击时会显示新的界面。

每个 PreferenceScreen 元素都可以包含 PreferenceCategory 和 Preference 元素的任意组合。

PreferenceCategory 元素(如下面的代码片段所示)用于使用标题栏分隔线将每个 Preference Screen 分成子类别：

```
<PreferenceCategory
  android:title="My Preference Category"/>
```

例如，图 8-1 显示了 Google Settings Preference Screen 上使用的 My Account 和 Services 偏好类别。

Preference 元素用于设置和显示偏好本身。每个 Preference 元素使用的特定属性各不相同，但每个属性至少包括以下内容：

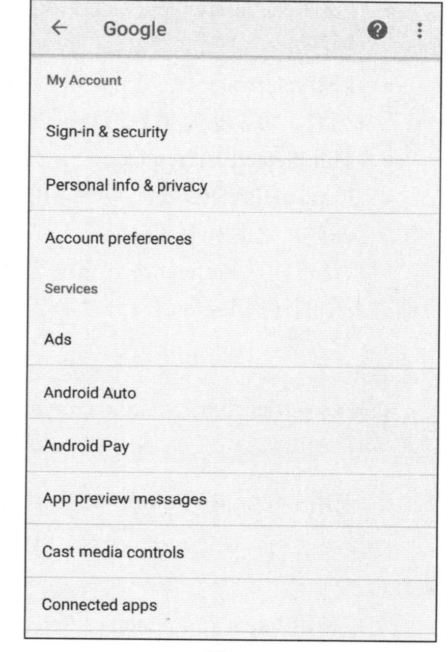

图 8-1

- android:key——记录所选值的 Shared Preference 键。
- android:title——显示表示偏好的文本。
- android:summary——以较小的字体显示在标题下方的较长文本描述。
- android:defaultValue——如果没有为相关联的偏好键分配偏好值，那么将显示(和选择)默认值。

代码清单 8-2 显示了一个包含 Preference Category 和 Switch Preference 的 Preference Screen 示例。

代码清单 8-2：Preference Screen 布局的一个示例

```
<?xml version="1.0" encoding="utf-8"?>
<PreferenceScreen
  xmlns:android="http://schemas.android.com/apk/res/android">
  <PreferenceCategory
    android:title="My Preference Category">
    <SwitchPreference
      android:key="PREF_BOOLEAN"
      android:title="Switch Preference"
      android:summary="Switch Preference Description"
      android:defaultValue="true"
    />
  </PreferenceCategory>
</PreferenceScreen>
```

显示时，Preference Screen 将如图 8-2 所示。在本章后面内容中，将学习如何显示 Preference Screen。

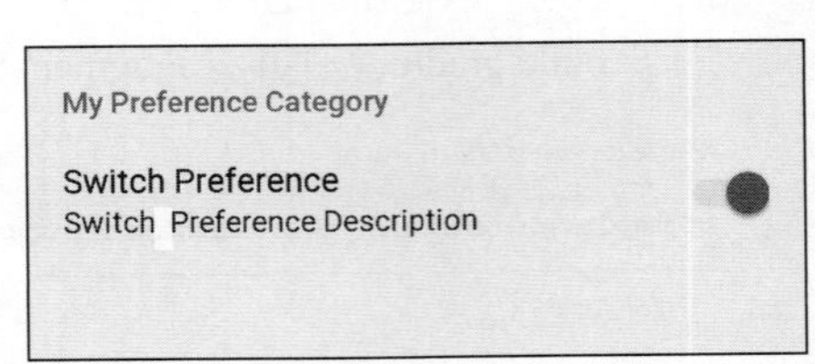

图 8-2

1. 原生偏好元素类型

Android 包含了几个偏好元素，可以使用它们来构造 Preference Screen。

- CheckBoxPreference——用于将偏好项设置为 true 或 false 的标准偏好项复选框控件。
- SwitchPreference—— 双状态布尔开关，显示为开或关，用于将偏好项设置为 true 或 false。通常用在 CheckBoxPreference 偏好项中。
- EditTextPreference——允许用户输入字符串作为偏好项。在运行时选择偏好项文本将显示文本输入对话框。
- ListPreference——与 Spnnier 等效的偏好项。选择此偏好项将显示一个对话框，其中包含可供选择的值列表。可以指定单独的数组以包含不同的显示文本和相应的选择值。
- MultiSelectListPreference——这是与复选框列表等效的偏好项，允许用户从一个选项列表中选择多项。
- RingtonePreference —— 专门的列表偏好项，用于显示用户可选择的可用铃声列表。当构建通知设置界面时，这尤其有用。

可以使用任意 Preference 元素的组合来构建 Preference Screen 的层次结构。也可以通过扩展 Preference 类(或上面列表中的任何 Preference 子类)来创建自己的专用 Preference 元素。

> **注意：**
> 还可以在 developer.android.com/reference/android/support/v7/preference/Preference.html 上找到有关偏好元素的更多详细信息。

2. 使用 Intent 向 Preference Screen 添加系统设置

除了包含自己的偏好 UI 之外，层次结构中还可以包含来自其他应用的 Preference Screen 或更加有用的系统偏好项。

可以使用 Intent 在 Preference Screen 中调用任何 Activity。如果在 Preference Screen 定义中添加 Intent 元素，系统会解释为使用指定动作调用 startActivity 的请求。以下 XML 代码片段添加了指向显示系统设置的链接：

```
<?xml version="1.0" encoding="utf-8"?>
<PreferenceScreen
  xmlns:android="http://schemas.android.com/apk/res/android">
  <PreferenceCategory
    android:title="My Preference Category">
    <Preference
      android:title="Intent preference"
      android:summary="System preference imported using an intent">
      <intent android:action="android.settings.DISPLAY_SETTINGS"/>
    </Preference>
  </PreferenceCategory>
</PreferenceScreen>
```

android.provider.Settings 类包含许多 android.settings.*常量，可用于调用系统设置界面，包括蓝牙、位置和连接。可以在 d.android.com/reference/android/provider/Settings.html 上查看所有可用的 Intent 动作。

3. 让 Preference Screen 可用于系统

要想让自己的 Preference Screen 也可被调用，只需要为宿主 Preference Activity 在清单条目中添加一个 Intent Filter 即可：

```
<activity android:name=".UserPreferences" android:label="My User Preferences">
  <intent-filter>
    <action android:name="com.paad.myapp.ACTION_USER_PREFERENCE" />
    <category android:name="android.intent.category.DEFAULT" />
  </intent-filter>
</activity>
```

此技术最常见的用途是管理网络的使用情况。自 Android 4.0 Ice Cream Sandwich(API 级别 14)以来，系统偏好允许用户基于每个应用禁用后台数据。可以通过为 ACTION_MANAGE_NETWORK_USAGE 添加 Intent Filter 来指定在选择此设置时将显示的 Preference Activity：

```
<activity android:name=".DataPreferences" android:label="Data Preferences">
  <intent-filter>
    <action android:name="android.intent.action.MANAGE_NETWORK_USAGE" />
    <category android:name="android.intent.category.DEFAULT" />
  </intent-filter>
</activity>
```

关联的 Preference Activity 应该为应用提供设置，以便对应用的数据使用提供更细粒度的控制，特别是在后台，这样用户更有可能修改数据的使用情况，而不是完全禁用后台数据。

Preference Activity 中的典型设置包括更新频率、对非计量(Wi-Fi)连接的要求和充电状态。在第 11 章“工作在后台”中，你将学习如何使用 Job Scheduler 将这些设置应用于后台更新。

8.8.3 Preference Fragment 介绍

PreferenceFragment 类承载了先前定义好的 Preference Screen。要创建新的 Preference Fragment，需要扩展 PreferenceFragment 类。最好使用 Android Support Library 中的 Fragment，如果使用 Android Support Library 中的 Fragment，你将扩展 PreferenceFragmentCompat 类：

```
public class MyPreferenceFragment extends PreferenceFragmentCompat
```

要膨胀 Preference Screen 的 XML 文件，请重写 onCreatePreferences 方法，并调用 addPreferencesFromResource 方法，如代码清单 8-3 所示。

代码清单 8-3：创建 Preference Fragment

```
import android.os.Bundle;
import android.support.v7.preference.PreferenceFragmentCompat;

public class MyPreferenceFragment extends PreferenceFragmentCompat {

 @Override
```

```
  public void onCreatePreferences(Bundle savedInstanceState, String rootKey) {
    setPreferencesFromResource(R.xml.preferences, rootkey);
  }
}
```

应用可以包含多个 Preference Fragment，与任何其他 Fragment 一样，它们可以包含在任何 Activity 中，并可在运行时添加、删除和替换。按照惯例，Preference Fragment 将是父 Activity 中显示的唯一 Fragment。

在将 Preference Fragment 添加到 Activity 之前，还必须在 Activity 的样式中包含 preferenceTheme 元素。以下示例使用了 Preferences Support Library 中提供的 PreferenceThemeOverlay.v14.Material 样式：

```
<style name="AppTheme" parent="@style/Theme.AppCompat">
  <item name="colorPrimary">@color/primary</item>
  <item name="colorPrimaryDark">@color/primaryDark</item>
  <item name="colorAccent">@color/colorAccent</item>

  <item
    name="preferenceTheme">@style/PreferenceThemeOverlay.v14.Material
  </item>
</style>
```

注意：

上面代码片段中显示的偏好主题要求设备至少运行 Android 4.0 Ice Cream Sandwich(API 级别 14)及其以上系统版本。如果应用需要支持运行更早期 Android 平台的设备，则应创建单独的样式定义，该样式定义为 preferenceTheme 属性设置了@ style/PreferenceThemeOverlay 值。

8.9 为 Earthquake Monitor 创建设置 Activity

在下面的示例中，将构建一个设置 Activity，用于为前一章中最后一次显示的地震查看器设置用户偏好。该 Activity 可让用户通过配置设置来获得更加个性化的体验。你将提供自动更新开关来控制更新频率，还会提供用于最小地震幅度的过滤选项。

(1) 打开上次在第 7 章“使用网络资源”中修改过的 Earthquake 项目，并将 Preferences Support Library API 的依赖添加到 app 模块的 build.gradle 文件中。我们的最小 SDK 为 16，因此可以使用偏好支持库的 v14 版本：

```
implementation 'com.android.support:preference-v14:27.1.1'
```

(2) 添加新的字符串资源到 res/values/strings.xml 文件中，以便在 Preference Screen 中显示标签。此外，为新的 Menu Item 添加一个字符串，让用户打开 Preference Screen：

```
<resources>
  <string name="app_name">Earthquake</string>
  <string name="earthquake_feed">
https://earthquake.usgs.gov/earthquakes/feed/v1.0/summary/2.5_day.atom
  </string>
  <string name="menu_update">Refresh Earthquakes</string>
  <string name="auto_update_prompt">Auto refresh?</string>
  <string name="update_freq_prompt">Refresh Frequency</string>
  <string name="min_quake_mag_prompt">Minimum Quake Magnitude</string>
  <string name="menu_settings">Settings</string>
</resources>
```

(3) 在新的 res/values/arrays.xml 文件中创建四个数组资源。它们将提供用于更新频率和最小幅度微调器的值：

```
<?xml version="1.0" encoding="utf-8"?>
<resources>
  <string-array name="update_freq_options">
    <item>Every Minute</item>
    <item>5 minutes</item>
    <item>10 minutes</item>
    <item>15 minutes</item>
    <item>Every Hour</item>
  </string-array>
  <string-array name="update_freq_values">
```

```
    <item>1</item>
    <item>5</item>
    <item>10</item>
    <item>15</item>
    <item>60</item>
  </string-array>
 <string-array name="magnitude_options">
    <item>All Magnitudes</item>
    <item>Magnitude 3</item>
    <item>Magnitude 5</item>
    <item>Magnitude 6</item>
    <item>Magnitude 7</item>
    <item>Magnitude 8</item>
  </string-array>
  <string-array name="magnitude_values">
    <item>0</item>
    <item>3</item>
    <item>5</item>
    <item>6</item>
    <item>7</item>
    <item>8</item>
  </string-array>
</resources>
```

(4) 在 res 文件夹下创建一个新的 XML 资源文件夹 xml。在其中创建一个新的 userpreferences.xml 文件，此文件将定义地震应用的设置 UI，包括用于表示“自动刷新”的切换开关，以及用于选择更新频率和震级过滤器的 List Prefernce。请留意每个偏好项的键值：

```
<?xml version="1.0" encoding="utf-8"?>
<PreferenceScreen
  xmlns:android="http://schemas.android.com/apk/res/android">
  <SwitchPreference
    android:key="PREF_AUTO_UPDATE"
    android:title="@string/auto_update_prompt"
    android:summary="Select to turn on automatic updating"
    android:defaultValue="true"
  />
<ListPreference
   android:key="PREF_UPDATE_FREQ"
   android:title="@string/update_freq_prompt"
   android:summary="Frequency at which to refresh earthquake list"
   android:entries="@array/update_freq_options"
   android:entryValues="@array/update_freq_values"
   android:dialogTitle="Refresh frequency"
   android:defaultValue="60"
  />
  <ListPreference
    android:key="PREF_MIN_MAG"
    android:title="@string/min_quake_mag_prompt"
    android:summary="Select the minimum magnitude earthquake to display"
    android:entries="@array/magnitude_options"
    android:entryValues="@array/magnitude_values"
    android:dialogTitle="Magnitude"
    android:defaultValue="3"
  />
</PreferenceScreen>
```

(5) 为 Preferences Activity 在 res/layout 文件夹中创建一个新的 preferences.xml 布局资源。请注意，它包含 Preferences Activty 中定义的 PrefFragment 内部类。你将在下一步中创建它们。

```
<?xml version="1.0" encoding="utf-8"?>
<FrameLayout
  xmlns:android="http://schemas.android.com/apk/res/android"
  android:layout_width="match_parent"
  android:layout_height="match_parent">
  <fragment
    android:id="@+id/preferences_fragment"
    android:layout_width="match_parent"
    android:layout_height="match_parent"
    android:name= "com.professionalandroid.apps.earthquake.PreferencesActivity$PrefFragment"/>
</FrameLayout>
```

(6) 可通过扩展 AppCompatActivity 类来创建 Preferences Activity。重写 onCreate 方法以膨胀在步骤(5)中创

建的布局，并创建一个扩展自 PreferenceFragmentCompat 类的静态内部类 PrefFragment。PrefFragment 将依附到 Preference Activity 并包含 Preference Screen。

```
import android.os.Bundle;
import android.support.v7.app.AppCompatActivity;
import android.support.v7.preference.PreferenceFragmentCompat;

public class PreferencesActivity extends AppCompatActivity {
  @Override
  public void onCreate(Bundle savedInstanceState) {
    super.onCreate(savedInstanceState);
    setContentView(R.layout.preferences);
  }

  public static class PrefFragment extends PreferenceFragmentCompat {
  }
}
```

(7) 在 PrefFragment 类中，重写 onCreatePreferences 方法以膨胀在步骤(4)中创建的 userpreferences.xml 文件：

```
public static class PrefFragment extends PreferenceFragmentCompat {
  @Override
  public void onCreatePreferences(Bundle savedInstanceState,
                                  String rootKey) {
    setPreferencesFromResource(R.xml.userpreferences, null);
  }
}
```

(8) 在 Preferences Activity 中，添加一组公开的静态字符串值，它们与步骤(4)中使用的偏好项的键相对应。你将使用这些字符串来访问用于存储每个偏好项的值的 Shared Preference。

```
public class PreferencesActivity extends AppCompatActivity {

  public static final String PREF_AUTO_UPDATE = "PREF_AUTO_UPDATE";
  public static final String USER_PREFERENCE = "USER_PREFERENCE";
  public static final String PREF_MIN_MAG = "PREF_MIN_MAG";
  public static final String PREF_UPDATE_FREQ = "PREF_UPDATE_FREQ";

  @Override
  public void onCreate(Bundle savedInstanceState) {
    super.onCreate(savedInstanceState);
    setContentView(R.layout.preferences);
  }
}
```

(9) 打开 res/values/styles.xml 文件并添加一个定义 preferenceTheme 的新项，以使用 v14 版本的材料设计偏好主题来覆盖自己的偏好主题。

```
<style name="AppTheme" parent="@style/Theme.AppCompat">
  <item name="colorPrimary">@color/primary</item>
  <item name="colorPrimaryDark">@color/primaryDark</item>
  <item name="colorAccent">@color/colorAccent</item>

  <item
    name="preferenceTheme">@style/PreferenceThemeOverlay.v14.Material
  </item>
</style>
```

(10) 这就完成了你的 Preferences Activity。打开应用的配置清单并为此 Activity 添加一个条目，让其包括一个 Intent Filter。如果用户选择从系统偏好修改应用的后台数据设置，该过滤器将被触发。

```
<activity android:name=".PreferencesActivity">
  <intent-filter>
    <action android:name="android.intent.action.MANAGE_NETWORK_USAGE" />
    <category android:name="android.intent.category.DEFAULT" />
  </intent-filter>
</activity>
```

(11) 回到 EarthquakeMainActivity 类，并添加对从 Preferences Activity 中进行偏好选择的支持。首先添加

Menu Item 以显示 Preferences Activity。然后重写 onCreateOptionsMenu 方法以包含可用于打开 Preferences Activity 的新菜单项。

```
private static final int MENU_PREFERENCES = Menu.FIRST+1;

@Override
public boolean onCreateOptionsMenu(Menu menu) {
  super.onCreateOptionsMenu(menu);

  menu.add(0, MENU_PREFERENCES, Menu.NONE, R.string.menu_settings);

  return true;
}
```

(12) 重写 onOptionsItemSelected 方法，从而在选择步骤(11)中新建的菜单项时显示 Preferences Activity。要启动 Preferences Activity，请先创建一个显式的 Intent，并将其传递给 startActivityForResult 方法。调用该方法会启动 Activity 并通过 onActivityResult 处理程序在结束 Preferences Activity 时告知 EarthquakeMainActivity 类。

```
private static final int SHOW_PREFERENCES = 1;

public boolean onOptionsItemSelected(MenuItem item){
  super.onOptionsItemSelected(item);
  switch (item.getItemId()) {
    case MENU_PREFERENCES:
      Intent intent = new Intent(this, PreferencesActivity.class);
      startActivityForResult(intent, SHOW_PREFERENCES);
      return true;
  }
  return false;
}
```

(13) 启动应用并从 Activity 菜单中选择 Settings。此时，应显示 Preferences Activity，如图 8-3 所示。

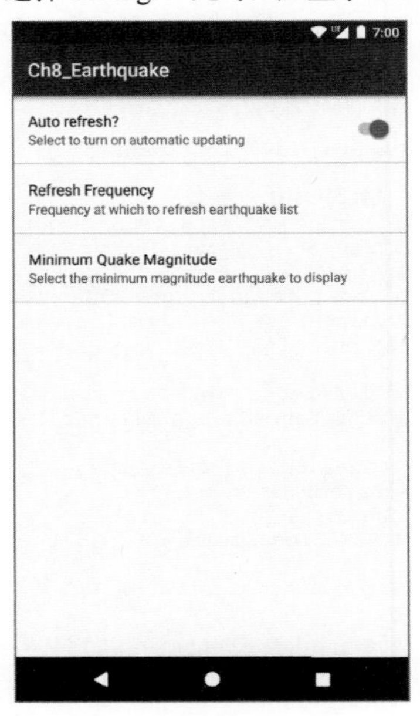

图 8-3

(14) 剩下的工作就是将偏好应用于 Earthquake 应用。实施自动更新的相关内容将留到第 11 章“工作在后台”中介绍，你将学习如何使用 Job Scheduler。现在可以应用震级过滤器。首先在 Earthquake List Fragment 中创建新的 updateFromPreferences 方法，该方法读取 Shared Preference 中的最小震级值：

```
private int mMinimumMagnitude = 0;

private void updateFromPreferences() {
```

```
    SharedPreferences prefs =
      PreferenceManager.getDefaultSharedPreferences(getContext());

    mMinimumMagnitude = Integer.parseInt(
      prefs.getString(PreferencesActivity.PREF_MIN_MAG, "3"));
  }
```

(15) 通过修改 EarthquakeListFragment. setEarthquakes 方法，应用震级过滤器更新最小震级的偏好，并在将每个 Earthquake 对象添加到列表之前检查每个地震的震级：

```
public void setEarthquakes(List<Earthquake> earthquakes) {
  updateFromPreferences();

  for (Earthquake earthquake: earthquakes) {
    if (earthquake.getMagnitude() >= mMinimumMagnitude) {
      if (!mEarthquakes.contains(earthquake)) {
        mEarthquakes.add(earthquake);
        mEarthquakeAdapter.notifyItemInserted(
          mEarthquakes.indexOf(earthquake));
      }
    }
  }

  if (mEarthquakes != null && mEarthquakes.size() > 0)
    for (int i = mEarthquakes.size() - 1; i >= 0; i--) {
      if (mEarthquakes.get(i).getMagnitude() < mMinimumMagnitude) {
        mEarthquakes.remove(i);
        mEarthquakeAdapter.notifyItemRemoved(i);
      }
    }

  mSwipeToRefreshView.setRefreshing(false);
}
```

(16) 最后一步是在 Earthquake List Fragment 中创建新的 OnSharedPreferenceChangeListener，以重新填充地震列表，并根据新的设置应用震级过滤器：

```
@Override
protected void onActivityCreated(Bundle savedInstanceState) {

  [……onActivityCreated 方法中已存在的代码……]

  // 注册 OnSharedPreferenceChangeListener
  SharedPreferences prefs =
    PreferenceManager.getDefaultSharedPreferences(getContext());
  prefs.registerOnSharedPreferenceChangeListener(mPrefListener);
}

private SharedPreferences.OnSharedPreferenceChangeListener mPrefListener
  = new SharedPreferences.OnSharedPreferenceChangeListener() {
  @Override
  public void onSharedPreferenceChanged(SharedPreferences
                                        sharedPreferences,
                                        String key) {
    if (PreferencesActivity.PREF_MIN_MAG.equals(key)) {
      List<Earthquake> earthquakes
        = earthquakeViewModel.getEarthquakes().getValue();
      if (earthquakes != null)
        setEarthquakes(earthquakes);
    }
  }
};
```

8.10 包含静态文件作为资源

如果应用需要外部文件资源，则可以将它们放在项目资源层次结构的 res/raw 文件夹中，也就是包含在分发包中。

要访问这些只读文件资源，请调用应用中 Resource 对象的 openRawResource 方法，就可以根据指定的文件接收 InputStream 对象。传递文件名(不带扩展名)作为 R.raw 类的变量名，如下面的示例代码所示：

```
Resources myResources = getResources();
InputStream myFile = myResources.openRawResource(R.raw.myfilename);
```

将 raw 文件添加到资源目录中处理大型预先需要的数据源(例如字典)的最好方案，因此我们不希望(甚至不可能)将它们都转换为 Android 数据库。

Android 的资源机制允许为不同语言、不同位置和不同硬件配置指定可替换的资源文件。例如，可以创建能够根据用户的语言设置加载不同字典资源的应用。

8.11　使用文件系统

使用 Shared Preference 或数据库(在第 9 章“创建和使用数据库”中有更详细的描述)来存储应用数据是一种很好的做法，但有时你可能希望直接使用文件而不是依赖于 Android 的托管机制——特别是在处理二进制文件时。

8.11.1　文件管理工具

Android 提供了一些基本的文件管理工具来帮助处理文件系统。其中许多实用程序都位于 java.io.File 包中。

尽管全面介绍 Java 文件管理工具超出了本书的讨论范围，但 Android 确实提供了两个可从应用的上下文中调用的文件管理方法。

- deleteFile ——允许删除当前应用创建的文件。
- fileList ——返回一个字符串数组，其中包含当前应用创建的所有文件。

如果应用崩溃或意外被杀死，那么这两个方法对于清理留下的临时文件特别有用。

8.11.2　在特定于应用的内部存储上创建文件

每个应用都在内部存储上提供了一个 data 目录，它可以用于创建应用专用的文件，而其他应用则无法访问这些文件。卸载应用时，data 目录以及其中的所有文件都将自动删除。

data 目录中的两个主要子目录是 files 目录和 cache 目录，可以分别通过 Context 对象的 getFilesDir 和 getCacheDir 方法获取。

> **警告：**
> 这些目录的返回路径可能会随时间而变化，因此应该只存储这些目录中文件的相对路径。

getFilesDir 方法返回的位置是存储持久化私有文件的合适位置，应用希望这些文件在删除之前都是可用的。

但另一方面，当系统在可用存储空间不足时，系统可能会删除由 getCacheDir 方法返回的目录中存储的文件，因此应将其视为临时存储。这些缓存文件不会被 Auto Backup 备份，它们的缺失或删除不应导致任何用户数据丢失，并且应用应该准备好随时删除这些文件。除了系统之外，用户还可以通过从应用的系统设置中选择“清除缓存”来手动删除这些临时缓存文件。

8.11.3　在特定于应用的外部存储上创建文件

除了内部存储上的 data 目录外，应用还可以访问外部存储上专门的应用目录。与前面讨论的内部存储目录类似，在卸载应用时也会删除这些专门的应用外部存储目录以及在其中创建的文件。

当提到外部存储时，我们指的是所有应用都可访问的共享/媒体存储，通常可以在使用 USB 连接设备时将其连接到计算机文件系统。根据设备的不同，它可以是内部存储器或 SD 卡上的单独分区。如果内部存储和外部存储由同一底层存储设备支持，则 Environment.isExternalStorageEmulated 方法返回 true。

在外部存储上存储文件时要记住的最重要的事情是，外部存储不会对此处存储的文件强制实施安全性。任何应用都可以访问，覆盖或删除存储在外部存储上的文件。

> **注意：**
> 请务必记住，存储在外部存储中的文件可能并不总是可用的。当弹出 SD 卡，或者通过计算机连接并访问设备时，应用将无法读取(或创建)外部存储上的文件。

Context 对象的 getExternalFilesDir 方法返回与 getFilesDir 方法等效的外部存储。它接收一个字符串参数，该参数可用于指定要将文件放入其中的子目录。Environment 类包含许多 DIRECTORY_[种类]字符串常量，它们表示一些标准目录，例如 images(图像)、movies(电影)和 musics(音乐)目录。

与内部存储的情况类似，getExternalCacheDir 方法允许将临时文件存储在外部存储中。请注意，Android 并不总是监控外部存储上的可用存储空间，因此必须监控和管理缓存的大小和时间，并在超过合理的最大缓存大小时删除文件。

对于具有多个外部目录的设备，例如具有模拟外部存储和单独 SD 卡的设备，Android 4.4 Kit Kat(API 级别 19)添加了 getExternalFilesDirs 和 getExternalCacheDirs 方法，这两个方法将返回目录数组，允许应用对每个外部存储设备上特定于应用的目录进行访问(读/写)。数组中的第一个目录对应于 getExternalFilesDir 或 getExternalCacheDir 方法返回的目录。

> **注意：**
> 在 Android 4.4 Kit Kat(API 级别 19)之前，应用必须具备 READ_EXTERNAL_STORAGE 和 WRITE_EXTERNAL_STORAGE 权限才能分别读取和写入外部存储上的任何文件夹。通过将 android:maxSdkVersion ="18"添加到相应的<uses-permission>元素，可以确保只在需要它们的早期平台版本上请求这些“危险”权限。

存储在应用文件夹中的文件应特定于父应用，并且通常不会被 Media Scanner 检测到，因此不会自动添加到媒体库中。

如果应用下载或创建了应添加到媒体库的文件(如图像、音频或视频文件)，则应将它们存储在 Android 6.0 Marshmallow(API 级别 21)新添加的 getExternalMediaDirs 方法所返回的目录中，以便它们可被 Media Scanner 自动扫描。

> **注意：**
> 由于 getExternalMediaDirs 方法是在 Android 6.0 Marshmallow(API 级别 21)中引入的，为了支持早期的平台版本，应该使用 MediaScannerConnection.scanFile 方法将存储在外部存储上的任何文件显式地添加到媒体库中。

8.11.4 使用范围化目录访问权限访问公共目录

卸载应用时，将删除存储在内部和外部存储上的应用专有目录中的文件(如前所述)。但是，应用还可以将文件存储在共享的公共目录中。即使在卸载应用后，这些文件也会被保留。

由于这些公共目录的共享特性，用户必须明确地授予应用访问权限，才能读取或写入这些目录中的文件。Android 7.0 Nougat(API 级别 24)中引入的范围目录访问是一种方法，可以通过该方法请求访问给定存储卷上的这些公共目录。

主存储卷与前面描述的特定于应用的外部存储目录是相同的存储设备，而辅助存储卷可能包括 SD 卡和临时连接的存储设备，如 USB 连接设备。

可以使用 StorageManager 检索特定的 StorageVolume 对象，如下面使用 getPrimaryStorageVolume 方法检索主存储卷的代码片段所示：

```
StorageManager sm =
  (StorageManager)getSystemService(Context.STORAGE_SERVICE);
StorageVolume volume = sm.getPrimaryStorageVolume();
```

要访问特定的公共目录，请调用 createAccessIntent 方法，使用下面的 Environment.DIRECTORY_静态常量传入指定所需目录的参数：

```
Intent intent = volume.createAccessIntent(Environment.DIRECTORY_PICTURES);
```

Environment 类包含许多静态字符串常量，可用于指定要访问的公共目录，包括：

- DIRECTORY_ALARMS——存储用户可选的警报声音文件。
- DIRECTORY_DCIM——存储设备拍摄的图片和视频。
- DIRECTORY_DOCUMENTS——存储用户创建的文档。
- DIRECTORY_DOWNLOADS ——存储用户下载的文件。
- DIRECTORY_MOVIES ——存储表示电影的视频文件。
- DIRECTORY_MUSIC ——存储表示音乐的音频文件。
- DIRECTORY_NOTIFICATIONS——存储用户可选的通知音频文件。
- DIRECTORY_PICTURES——存储代表图片的图像文件。
- DIRECTORY_PODCASTS ——存储代表播客的音频文件。
- DIRECTORY_RINGTONES——存储用户可选的铃声音频文件。

注意：

使用辅助存储卷时，为目录值传入 null 可提供对整个存储卷的访问，但此选项不适用于主存储卷。由于用户个人文件的广泛影响和安全性，强烈建议不要访问主存储的根目录。

但是，可以请求 READ_EXTERNAL_STORAGE 和 WRITE_EXTERNAL_STORAGE 权限来读取和写入 Environment.getExternalStorageDirectory 返回的主存储卷上的任何目录。

从 createAccessIntent 方法返回一个 Intent 后，将其传递给 startActivityForResult 方法，如代码清单 8-4 所示。

代码清单 8-4：使用范围化目录访问权限请求访问

```
StorageManager sm =
  (StorageManager)getSystemService(Context.STORAGE_SERVICE);
StorageVolume volume = sm.getPrimaryStorageVolume();

Intent intent =
  volume.createAccessIntent(Environment.DIRECTORY_PICTURES);

startActivityForResult(intent, PICTURE_REQUEST_CODE);
```

这将向用户显示一个对话框，如图 8-4 所示，用户可以通过该对话框授予应用访问指定存储卷上指定目录(以及任何子目录)的权限。如果用户拒绝你的请求，则向他们提供 Don’t ask again 复选框。如果选中该复选框。将导致对同一目录的任何进一步请求都被自动拒绝。

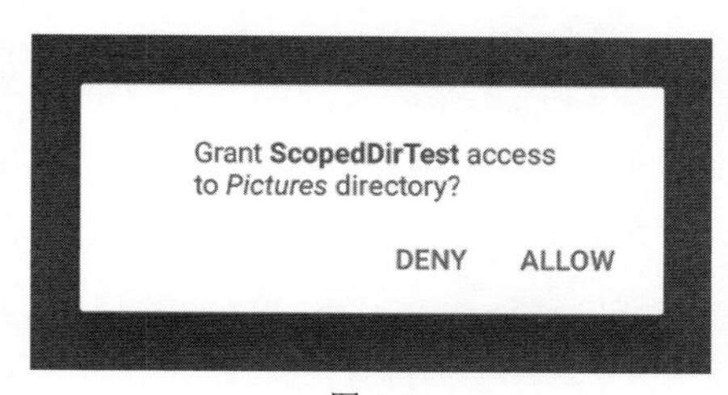

图 8-4

如果用户接受你的请求，则会回调 onActivityResult 方法，在该方法中可直接获得 RESULT_OK 结果码以及 getData 方法返回的新访问目录的 DocumentTreeUri，如代码清单 8-5 所示。

代码清单 8-5：接受具有范围化目录访问权限的访问

```
@Override
public void onActivityResult(int requestCode, int resultCode, Intent data) {
  if (requestCode == PICTURE_REQUEST_CODE && resultCode == RESULT_OK) {
    Uri documentTreeUri = data.getData();

    // 使用返回的 URI 访问目录中的文件
    handleDocumentTreeUri(documentTreeUri);
  }
}
```

与传统的 java.io.File 不同，文档 URI 通过 DocumentContract 类中的方法提供对文件的访问，并使用 ContentResolver 查询有关文件的元数据。同样，必须使用 openInputStream 方法来访问每个文档的内容，如代码清单 8-6 所示。

代码清单 8-6：使用 DocumentContract 类解析文档树

```
private void handleDocumentTreeUri(Uri documentTreeUri) {
  Uri childrenUri = DocumentsContract.buildChildDocumentsUriUsingTree(
    documentTreeUri, DocumentsContract.getDocumentId(documentTreeUri));
  try (Cursor children = getContentResolver().query(childrenUri,
    new String[] { DocumentsContract.Document.COLUMN_DOCUMENT_ID,
    DocumentsContract.Document.COLUMN_MIME_TYPE },
    null /* 选择 */,
    null /* 选择参数 */,
    null /* 排序 */)) {
      if (children == null) {
        return;
      }

      while (children.moveToNext()) {
        String documentId = children.getString(0);
        String mimeType = children.getString(1);
        Uri childUri = DocumentsContract.buildDocumentUriUsingTree(
          documentTreeUri, documentId);
        if (DocumentsContract.Document.MIME_TYPE_DIR.equals(mimeType)) {
          handleDocumentTreeUri(childUri);
        } else {
          try (InputStream in =
            getContentResolver().openInputStream(childUri)) {
            // TO DO: 读取文件
          } catch (FileNotFoundException e) {
            Log.e(TAG, e.getMessage(), e);
          } catch (IOException e) {
            Log.e(TAG, e.getMessage(), e);
          }
        }
      }
  }
}
```

支持库包含了辅助类 DocumentFile，它以额外开销为代价模拟 File API，如代码清单 8-7 所示。

代码清单 8-7：使用 DocumentFile 类解析文档树

```
private void handleDocumentTreeUri(Uri documentTreeUri) {
  DocumentFile directory = DocumentFile.fromTreeUri(
    this, // 上下文
    documentTreeUri);

  DocumentFile[] files = directory.listFiles();

  for (DocumentFile file : files) {
    if (file.isDirectory()) {
      handleDocumentTreeUri(file.getUri());
    } else {
      try (InputStream in =
          getContentResolver().openInputStream(file.getUri())) {
        // TO DO: 读取文件
      } catch (FileNotFoundException e) {
        Log.e(TAG, e.getMessage(), e);
      } catch (IOException e) {
        Log.e(TAG, e.getMessage(), e);
      }
    }
  }
}
```

可以在本章的 8.13 节“使用 Storage Access Framework 访问来自其他应用的文件”中找到有关使用文档 URI 和 DocumentContract 的更多详细信息。

默认情况下，对每个范围化目录访问权限的请求将仅保留当前会话。如果应用需要对请求的目录进行持久访问，则必须调用 ContentResolver.takePersistableUriPermission 方法，传入接收到的文档 URI 以及 FLAG_GRANT_READ_URI_PERMISSION 和 FLAG_GRANT_WRITE_URI_PERMISSION 中的一个(或两个)作为参数，分别请求持久化读取和写入权限。

如果用户授予权限，则后续访问请求将自动成功返回，无须再与用户交互或弹出对话框。这将允许应用即使在设备重新启动后，也可以继续在多个会话中访问目录：

```
@Override
public void onActivityResult(int requestCode, int resultCode, Intent data) {
  if (requestCode == PICTURE_REQUEST_CODE && resultCode == RESULT_OK) {
    Uri documentTreeUri = data.getData();

    // 申请对目录的持久访问，以便可以多次访问目录
    getContentResolver().takePersistableUriPermission(documentTreeUri,
      Intent.FLAG_GRANT_READ_URI_PERMISSION);

    // 使用返回的 URI 访问目录中的文件
    handleDocumentTreeUri(documentTreeUri);
  }
}
```

注意：

Android 7.0 Nougat(API 级别 24)引入了范围化目录访问权限。还可以使用 Environment.getExternalStoragePublicDirectory 方法访问早期平台版本上主存储卷的公共目录，该方法分别需要 READ_EXTERNAL_STORAGE 和 WRITE_EXTERNAL_STORAGE 权限以进行读写。

8.12 使用 File Provider 共享文件

Android Support Library 包含了 FileProvider 类，专门用于将特定于应用的目录中的文件转换为内容 URI，从而可以与其他应用共享它们。

8.12.1 创建 File Provider

与必须扩展或实现的 Service 和 Activity 不同，可以直接使用 provider 节点在配置清单中添加 File Provider：

```
<provider
  android:name="android.support.v4.content.FileProvider"
  android:authorities="${applicationId}.files"
  android:grantUriPermissions="true"
  android:exported="false">
  <meta-data
    android:name="android.support.FILE_PROVIDER_PATHS"
    android:resource="@xml/filepaths"
  />
</provider>
```

Android:authorities 属性必须是唯一的字符串，通常以应用的 applicationId 或包名为前缀。Gradle 提供了一个占位符——${applicationId}——可以用来插入应用 ID。

每个 File Provider 都允许共享 XML 中的 meta-data 节点下通过 android:resource 属性指定的文件路径，只需要为 meta-data 节点下的 android:name 属性赋值为 android.support.FILE_PROVIDER_PATHS，并且此 XML 文件还允许指定相对于应用的内部和外部文件以及缓存路径：

```
<paths>
  <!-- Any number of paths can be declared here -->
  <files-path name="my_images" path="images/" />
  <cache-path name="internal_image_cache" path="imagecache/" />
  <external-files-path name="external_audio" path="audio/" />
  <external-cache-path name="external_image_cache" path="imagecache/" />
</paths>
```

每个 paths 节点需要该目录及其相对路径的唯一名称。

8.12.2 使用 File Provider 共享文件

要使用 File Provider 共享文件，首先需要为文件创建内容 URI。为此，可以使用 FileProvider.getUriForFile 方法传入 Context(上下文)，向配置清单中添加 authority 以及文件本身作为参数：

```
File photosDirectory = new File(context.getFilesDir(), "images");
File imageToShare = new File(photosDirectory, "shared_image.png");

Uri contentUri = FileProvider.getUriForFile(context,
  BuildConfig.APPLICATION_ID + ".files", imageToShare);
```

然后，可以将内容 URI 附加到 ACTION_SEND Intent 上，以便与其他应用共享。

```
ShareCompat.IntentBuilder.from(activity)
  .setType("image/png")
  .setStream(contentUri)
  .startChooser();
```

注意：

在 Android 4.1 Jellybean(API 级别 16)之前，还必须在 Intent 上调用 setData(contentUri)和addFlags (Intent.FLAG_GRANT_READ_URI_ PERMISSION)方法，如本章后面 8.14 节“使用基于 URI 的权限”所述，要确保接收应用具有读取内容 URI 的权限，这里是在拥有 ACTION_SEND Intent 的情况下完成的。

8.12.3 从 File Provider 接收文件

收到共享文件后，可以使用 ContentResolver.openInputStream 方法访问其内容。例如，从接收的内容 URI 中提取 Bitmap 对象：

```
Uri uri = ShareCompat.IntentReader.from(activity).getStream();
Bitmap bitmap;
try (InputStream in = getContentResolver().openInputStream(uri)) {
  bitmap = BitmapFactory.decodeStream(in);
} catch (IOException e) {
  Log.e(TAG, e.getMessage(), e);
}
```

8.13 使用 Storage Access Framework 访问来自其他应用的文件

Storage Access Framework 提供了标准的系统范围的 UI，通过它用户能够从外部公共存储目录中选择文件，或从应用暴露的 Document Provider 中提取文件。

此功能对于那些希望包含由这些应用创建和存储的文件(尤其是图像)的应用非常有用——例如，在撰写电子邮件、发送文本消息或发布到社交媒体时。

Android 提供了许多内置的 Document Provider，可以访问设备上的图像、视频和音频文件，以及访问所有外部公共目录的内容，包括 SD 卡或其他外部存储设备上的内容。

注意：

Document Provider 可用于提供对远程存储文件的访问，例如 Google Drive 和 Google Photos。如果希望其他应用能够访问应用远程存储的文件，可以创建自己的 Document Provider。如何构建自己的 Document Provider 的内容超出了本书的讨论范围；但是，你可以在 d.android.com/guide/topics/providers/create-document- provider.html#custom 上了解更多信息。

通过 Storage Access Framework 访问的 Document Provider 提供的是对文档的访问，而不是对传统文件的访问。

文档与文件的不同之处在于，文档是由 URI 来寻址的，而不是由路径和文件名来寻址的。它们还提供了对常用文件 API 的抽象，以允许对基于的云文件进行透明访问。

因此，在处理文档时，无法使用 java.io API。但取而代之的是，DocumentContract 类包含了采用文档 URI 的等效方法。

注意：

Storage Access Framework 已被添加到 Android 4.4 Kit Kat(API 级别 19)中。但是，接下来描述的 ACTION_GET_CONTENT 可以在所有 Android 版本上与特定 Activity 的应用一起使用，该 Activity 必须具有针对 android.intent.action.GET_CONTENT 的 Intent Filter。

8.13.1　请求临时访问文件

执行一次性操作(例如将文件发布到社交媒体)时，只需要临时访问相关文件。可以在 Intent 中设置动作的值为 ACTION_GET_CONTENT，使用户能够选择一个或多个文件即可：

```
Intent intent = new Intent(Intent.ACTION_GET_CONTENT);
intent.setType("image/*");
intent.addCategory(Intent.CATEGORY_OPENABLE);
intent.putExtra(Intent.EXTRA_ALLOW_MULTIPLE, true);
startActivityForResult(intent, REQUEST_IMAGES_CODE);
```

使用 startActivityForResult 方法，传入 Intent，启动 Storage Access Framework，可根据使用 setType 方法在 Intent 中指定的 mimeType 来过滤可选文件。

Android 支持可打开的文件(可以使用 openInputStream 方法访问的直接用字节表示的文件)和虚拟文件(没有使用字节表示的文件)。在使用 addCategory 方法指定 CATEGORY_OPENABLE 后，只会有可打开的文件可供选择。

EXTRA_ALLOW_MULTIPLE 的额外值是可选项，表示用户可以选择多个文件返回到应用。然后，可以使用 getClipData 方法检索并返回结果 Intent 中选择的 URI 列表。在所有情况下，通过调用 getData 方法获得的都是所选的第一个 URI。

注意：

由于 ACTION_GET_CONTENT 先于 Storage Access Framework，因此旧版应用仍将显示在 Storage Access Framework 的界面中。从 API 级别 19 开始，使用此技术返回的文件将是文档 URI；但是，旧版应用将返回简单文件。因此，不能假设返回的所有 URI 都是文档 URI。要确定接收到的是否是文档 URI，可以使用 DocumentsContractAPI，通过 DocumentsContract.isDocumentUri 方法来判断。

8.13.2　请求对文件的持久访问

如果需要对所选文件的持久访问权，则应使用 ACTION_OPEN_DOCUMENT 而不是 ACTION_GET_ CONTENT。它允许应用在原始提供者更改文件时接收更新。

使用 ACTION_OPEN_DOCUMENT 时返回的所有 URI 都是文档 URI，允许使用高级功能，包括获取有关文件的元数据(包括文件的名称和摘要)以及可选功能(例如获取缩略图)。

它还允许使用复制、删除、移动、移除或重命名等操作来管理文件。收到文档 URI 后，必须为每个 URI 调用 ContentResolver.takePersistableUriPermission 方法来获得对 URI 跨会话和跨设备重启的持久访问权限。

8.13.3　请求访问目录

文件的持久访问权限允许客户端应用与 Documents Provider 应用保持同步，但它忽略任何结构更改，例如添加新的文件或子目录。ACTION_OPEN_DOCUMENT_TREE 则可以通过允许用户选择目录并让应用对整个目录树具有持久访问权来解决此问题，如代码清单 8-8 所示。

代码清单 8-8：使用 Storage Access Framework 请求访问目录

```
Intent intent = new Intent(Intent.ACTION_OPEN_DOCUMENT_TREE);
startActivityForResult(intent, REQUEST_DIRECTORY_CODE);
```

选择目录后，将收到文档树 URI，允许以递归方式列举目录中的所有文件。代码清单 8-6 和代码清单 8-7 中用于范围化目录访问的代码，也可用于解析 ACTION_OPEN_DOCUMENT_TREE 的结果。

8.13.4 创建新文件

通过创建动作值为 ACTION_CREATE_DOCUMENT 的 Intent，可以使用户选择存储内容的位置——无论是本地还是通过 Storage Access Framework 提供的基于云的 Document Provider。唯一必需的字段是 mimeType，可以使用 setType 方法进行设置。但是，可以通过添加额外的 EXTRA_TITLE 来提供推荐的初始名。为确保可以写入字节表示的新文件，还需要指定 CATEGORY_OPENABLE：

```
Intent intent = new Intent(Intent.ACTION_CREATE_DOCUMENT);
intent.setType("image/png");
intent.addCategory(Intent.CATEGORY_OPENABLE);
intent.putExtra(Intent.EXTRA_TITLE, "YourImage.png");
startActivityForResult(intent, REQUEST_CREATE_IMAGE_CODE);
```

用户选择了新文件的位置后(通过选择要覆盖的拥有相同 mimeType 的现有文件，或选择新的文件名)，将返回文档 URI，并且可以使用 ContentResolver.openOutputStream 方法将内容写入文件。可以通过将返回的内容 URI 传递给 ContentResolver.takePersistableUriPermission 方法来维护对新建文件的持久访问权限，如本章前面所述。

8.14 使用基于 URI 的权限

Android 应用只能将文件存储在特定于应用的目录中，从而有效地将其从所有其他应用中分隔出来，该方法的安全属性通常可以有效地阻止应用将文件共享给其他应用。但 Android 又使用基于 URI 的权限提供了很多技术，允许应用将文件的临时或持久访问权限授予其他应用。

将基于 URI 的权限应用于单个 URI，并且其中每个 URI 表示特定的文件或目录。相较于文件权限，这会是更精细的安全模型。

本章前面所述的范围化目录访问、File Provider 和 Storage Access Framework，其幕后都是使用基于 URI 的权限来启用的，因此了解它们的运行方式非常有用。

使用基于 URI 的权限，应用可以将沙箱中的特定文件或目录的访问权限授予给其他应用——无论是在相同的用户配置文件上还是在工作配置文件上。最后，可以通过在一个 Intent 中包含 FLAG_GRANT_READ_URI_PERMISSION 或 FLAG_GRANT_WRITE_URI_PERMISSION(视情况而异)来实现这一点。

```
Intent sendIntent = new Intent();
sendIntent.setAction(Intent.ACTION_VIEW);
sendIntent.setType("image/png");
sendIntent.setData(contentUri);
sendIntent.addFlags(Intent.FLAG_GRANT_READ_URI_PERMISSION);
startActivity(sendIntent);
```

注意：

在使用 Android 4.2 Jellybean(API 级别 17)及其更高版本的设备上，FLAG_GRANT_READ_URI_PERMISSION 会自动为 ACTION_SEND Intent 的 EXTRA_STREAM 中包含的所有 URI 添加权限。同样，FLAG_GRANT_READ_URI_PERMISSION 和 FLAG_GRANT_WRITE_URI_PERMISSION 也会自动添加到 ACTION_IMAGE_CAPTURE 和 ACTION_VIDEO_CAPTURE Intent 的 EXTRA_OUTPUT 中。

将 FLAG_GRANT_PREFIX_URI_PERMISSION 与读取或写入 URI 权限结合使用，可以授予对具有特定前缀的所有 URI 的访问权限。

基于 URI 的权限是短暂的——只要销毁带有 URI 权限标志的 Intent 的组件，就会撤销对 URI 的访问。但是，如果接收组件将 Intent(包括标志)转发给 Service 进行处理，权限将持续有效，直到两个组件都被销毁为止。

此外，如果发送的应用包含带有 FLAG_GRANT_PERSISTABLE_URI_PERMISSION 的 Intent，则可以使用 ContentResolver.takePersistableUriPermission 方法来保留权限，直到应用调用 releasePersistableUriPermission 方法，或者发送应用调用 Context.revokeUriPermission 方法为止。

这种细粒度的控制级别以及发送应用向其他应用授予资源权限的能力使得基于 URI 的权限非常适合在应用之间处理文件共享。

第9章

创建和使用数据库

本章主要内容

- 使用 Room 持久化应用数据
- 使用 Room 添加、修改和删除已保存的数据
- 使用 Live Data 查询 Room Database 并观察查询结果的更改
- 使用 SQLite 创建数据库
- 使用 SQLiteOpenHelper 简化 SQLite 数据库的访问
- 验证数据库输入
- 使用 Content Values 添加、修改和删除数据库记录
- 查询数据库记录和管理 Cursor
- 在 Firebase Database 中添加、修改和删除数据
- 查询并观察 Firebase Database 的更改

本章可供下载的代码可以在 www.wrox.com 上找到。本章的代码放在如下压缩文件中：

- Snippets_ch9.zip
- Earthquake_ch9.zip

9.1 在 Android 中引入结构化数据存储

本章将介绍 Android 中的结构化数据存储，首先讲解 Room 持久化库，然后研究底层 SQLite 关系数据库，最后探讨 Firebase Realtime NoSQL Database。

Room 提供了一个基于 SQLite 的抽象层，允许你使用功能强大的 SQLite 数据库来保存应用数据，同时也抽象出了复杂的数据库管理。

你将学习如何定义 Room Database，如何使用数据访问对象(Data Access Objects，DAO)进行查询以及执行事务。还将学习如何在底层数据发生变化时，使用 Live Data 追踪应用数据层中查询结果的变化。

本章还探讨基于 Room 的 SQLite 数据库 API。使用 SQLite，可以为应用创建完全封装的关系数据库，并使用这些数据库来存储和管理复杂的结构化应用数据。

每个应用都可以创建自己的 SQLite 数据库，并可以通过它进行完全控制。 另外，所有数据库都是私有的，只能由创建它们的应用访问。

除 SQLite 关系数据库外，还可以使用 Firebase Realtime Database 来创建和使用云托管的 NoSQL 数据库。本章末尾将介绍如何集成和使用基于云的 Firebase Database，该数据库将内容作为 JSON 树存储在每个设备上，并自动实时同步到云主机和每个连接的客户端。

9.2　使用 Room 持久化库存储数据

Room 持久化库简化了向应用添加结构化 SQL 数据库的过程。Room 为 SQLite 后端提供了一个抽象层，让你可以更轻松地为应用的结构化数据定义及访问数据库，同时仍然提供 SQLite 的所有功能。

向应用添加数据库的挑战之一是创建和维护对象关系映射(Object-Relational Mapping，ORM)。ORM 是必需的，因为当应用的数据作为变量存储在由类定义的对象中时，反映在关系数据库中则是使用表中的列进行定义，然后将数据存储在行中。

因此，当希望将数据存储在 SQLite 表中时，必须先提取存储在每个对象中的变量数据，并根据表中的列将这些变量数据转换为一行的值(使用 Content Values 进行封装)。同样，从表中提取数据时，你会收到一行或多行的值(以 Cursor 对象提供)，此时必须将其转换为一个或多个对象。图 9-1 显示了对象到表中行的典型映射。

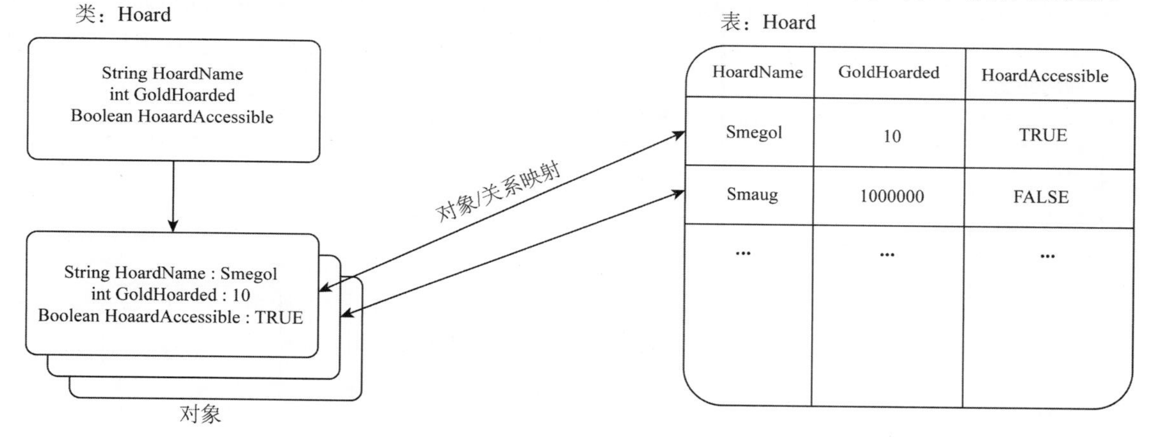

图 9-1

使用 SQLite 等关系数据库时最容易出错和最耗时的一个方面，就是创建及维护应用中类的数据模型与关系数据库中表、列之间进行转换所需的 ORM 代码。

但 Room 允许在类定义中使用注释，将类变量直接映射为表的列名，并将方法映射为 SQL 语句，从而简化了这一过程。这抽象出了底层数据库，也就意味着不再需要单独维护表名及列名的列表，也不需要单独维护用于插入、删除、更新或查询等操作的 SQL 语句。

查询注解使用 SQL 提供 SQLite 的全部功能，同时还允许编译器在编译时验证每个查询。因此，如果查询具有无效的字段/列名称，则会发生编译时错误而不是运行时故障。

9.2.1　添加 Room 持久化库

Room 持久化库作为 Android 架构组件库的一部分提供，可从 Google Maven 仓库获取。

要将 Room 添加到应用中，首先需要确保项目的 build.gradle 文件中的 allprojects 节点下的 repositories 节点中包含 Google Maven 仓库：

```
allprojects {
  repositories {
    jcenter()
```

```
    maven { url 'https://maven.google.com' }
  }
}
```

打开 app 模块的 build.gradle 文件，并在 dependencies 节点中添加 Room 库的依赖项，如下所示(同样，应该指出可用的最新版本)：

```
dependencies {
  [... Existing dependencies ...]

  implementation "android.arch.lifecycle:extensions:1.1.1"
  implementation "android.arch.persistence.room:runtime:1.1.1"
  annotationProcessor "android.arch.persistence.room:compiler:1.1.1"
  testImplementation "android.arch.persistence.room:testing:1.1.1"
}
```

9.2.2 定义 Room Database

Room 持久化模型需要定义以下三个组件：

- 实体(Entity)——一个或多个类，使用@Entity 进行注解，它定义了一个数据库表的结构，该数据库表将用于存储带注解的实例。
- 数据访问对象(DAO)——一个使用@Dao 进行注解的类，它将定义用于修改或查询数据库的方法。
- Room Database——继承自 RoomDatabase 类，并使用@Database 进行注解。Room Database 类是底层 SQLite 连接的主要访问点，它还必须包含一个抽象方法，该方法会返回数据访问对象(DAO)以及数据库将包含的实体列表。

图 9-2 说明了 Room 持久化模型、底层数据库和应用之间的关系。

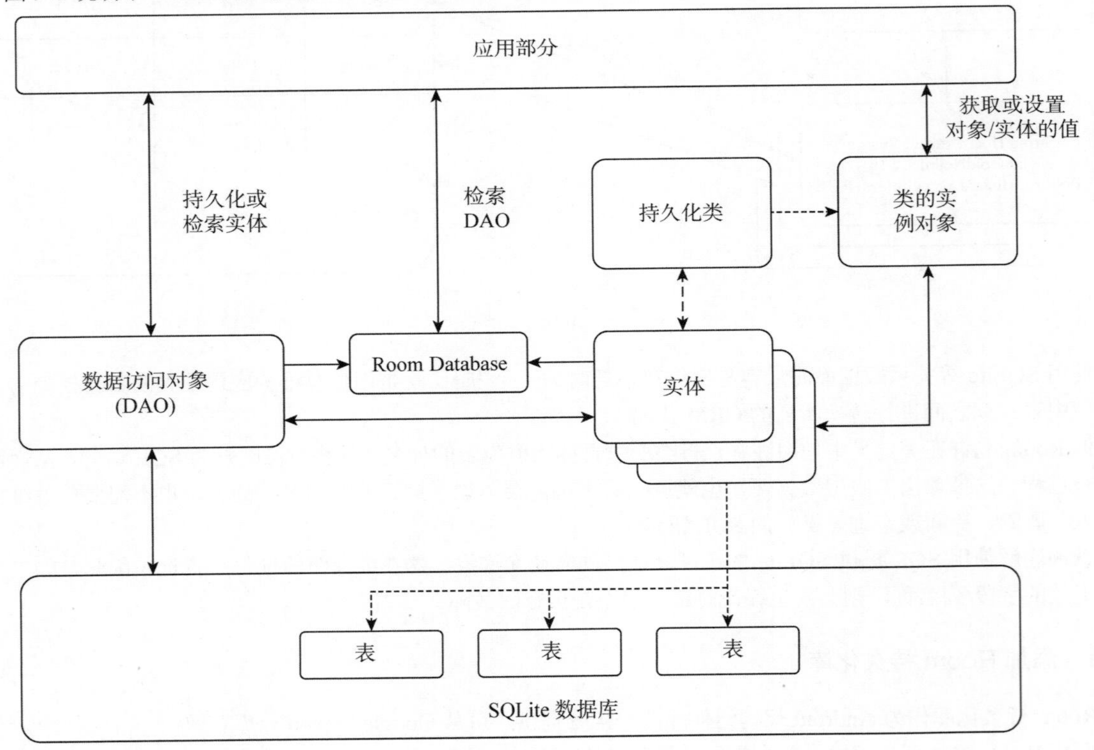

图 9-2

实体注解类用于定义数据库中的表。每个实体都必须包含一个非空字段，该字段使用@PrimaryKey 进行注解并作为主键。下面的代码将创建一个包含三个字段的表：HoardName、GoldHoarded 和 HoardAccessible，其中 HoardName 为主键。

```
@Entity
public class Hoard {
  @NonNull
  @PrimaryKey
  public String HoardName;
  public int GoldHoarded;
  public boolean HoardAccessible;
}
```

默认情况下，所有公有字段都会包含在表的定义中。可以使用@Ignore 注解来指定不需要持久化的字段。

要持久化通过 getter 和 setter 方法而不是公有变量访问的字段，可以注解私有变量，前提是 getter 和 setter 要使用 JavaBeans 表示法，比如变量 foo 对应的方法分别是 getFoo 和 setFoo，如代码清单 9-1 所示。需要注意的是，对于布尔值，可以使用 is 方法(如 isFoo)代替 get 方法。

代码清单 9-1：定义 Room 实体类

```
@Entity
public class Hoard {
  @NonNull
  @PrimaryKey
  private String hoardName;
  private int goldHoarded;
  private boolean hoardAccessible;

  public String getHoardName() {
    return hoardName;
  }
  public void setHoardName(String hoardName) {
    this.hoardName = hoardName;
  }

  public int getGoldHoarded() {
    return goldHoarded;
  }
  public void setGoldHoarded(int goldHoarded) {
    this.goldHoarded = goldHoarded;
  }

  public boolean getHoardAccessible() {
    return hoardAccessible;
  }

  public void setHoardAccessible(boolean hoardAccessible) {
    this.hoardAccessible = hoardAccessible;
  }

  public Hoard(String hoardName, int goldHoarded, boolean hoardAccessible) {
    this.hoardName = hoardName;
    this.goldHoarded = goldHoarded;
    this.hoardAccessible = hoardAccessible;
  }
}
```

上述 Room 实体类中构造函数的参数应该包含与实体字段对应的名称和类型，还应支持空构造函数或部分构造函数。

定义实体之后，创建一个新的扩展自 RoomDatabase 类的抽象类，并使用@Database 进行注解，其中包含每个 Room 实体类的列表和当前版本号，如代码清单 9-2 所示。

代码清单 9-2：定义 Room Database

```
@Database(entities = {Hoard.class}, version = 1)
public abstract class HoardDatabase extends RoomDatabase{
}
```

在使用数据之前，必须创建一个 DAO(数据访问对象)类，该类将从 Room Database 返回，如 9.2.4 节“使用

DAO 定义 Room Database 交互”所述。

9.2.3 使用类型转换器持久化复杂对象

Room 将会尝试为每一个字段分配一列；但默认情况下，只有 SQLite 支持的基本类型——布尔值、字符串、整数、long 和 double——才能如此工作。

对于表示类对象的共有字段，可以选择使用@Ignore 注解(如下面的代码片段所示)来表示忽略不应该存储在数据库中的字段：

```
@Entity
public class Album {
  @NonNull
  @PrimaryKey
  public String albumName;
  public String artistName;
  @Ignore
  public Bitmap albumArt;
}
```

另外，如果想要在 Room Database 中记录对象的内容，则必须定义一对类型转换方法(使用@TypeConverter 进行注解)，这一对方法可以在存储于字段中的对象和单个原始值之间来回转换。

下面的代码片段显示了一对简单的类型转换方法，它们在日期对象和表示时间戳的 long 值之间进行转换：

```
public class MyTypeConverters {
  @TypeConverter
  public static Date dateFromTimestamp(Long value) {
    return value == null ? null : new Date(value);
  }

  @TypeConverter
  public static Long dateToTimestamp(Date date) {
    return date == null ? null : date.getTime();
  }
}
```

定义好之后，则可以使用@TypeConverters 注解在一个或多个类中应用自定义的类型转换器，注解被定义为数组值，如下所示：

```
@TypeConverters({MyTypeConverters.class})
```

通常，你会把@TypeConverters 注解应用到 Room Database 的定义中，如下所示：

```
@Database(entities = {Album.class}, version = 1)
@TypeConverters({MyTypeConverters.class})
public abstract class AlbumDatabase extends RoomDatabase{
}
```

这将把指定类中的类型转换器应用到数据库中的每个实体和 DAO。

也可以将给定类中的类型转换器的范围限制为一个或多个特定的实体、DAO、特定的实体字段、DAO 方法甚至单个 DAO 方法参数。

因此，可以在相同的对象/基本类型之间创建多个可选的类型转换器——它们会应用于 Room Database 中的不同元素。

有关 Room 为何不自动支持存储对象引用的更多信息，请参阅 Room 文档，网址是 d.android.com/training/data-storage/room/referencing-data.html。

9.2.4 使用 DAO 定义 Room Database 交互

DAO 是用于定义 Room Database 交互的类，其中包含了用于插入、删除、更新和查询数据库的方法。如果你的数据库包含多个表，那么最好也拥有多个 DAO 类，每个表对应一个 DAO 类。

DAO 被定义为接口或抽象类，使用@Dao 进行注解，如代码清单 9-3 所示。

代码清单 9-3：定义 Room DAO

```
@Dao
public interface HoardDAO {
}
```

定义好之后，可以通过向 RoomDatabase 类添加一个新的抽象公有方法来返回新的 DAO，使其可以在你的应用中可用，如代码清单 9-4 所示，它扩展了代码清单 9-2。

代码清单 9-4：从 Room Database 中返回 DAO

```
@Database(entities = {Hoard.class}, version = 1)
public abstract class HoardDatabase extends RoomDatabase{
  public abstract HoardDAO hoardDAO();
}
```

在 DAO 中，可以使用@Insert、@Update、@Delete 和@Query 等注解来创建新的方法以支持对应的每个数据库交互。

1. 插入实体

使用@Insert 可以注解将新对象/实体实例插入数据库的方法。每个插入方法都可以接收 DAO 表示的类型/实体的一个或多个参数(包括集合)。

如代码清单 9-5 所示，可以包含多个插入方法，并且可以选择使用 onConflict 注解参数来指示处理冲突的策略，其中插入的对象具有与现有存储对象相同的主键值。

代码清单 9-5：在 DAO 中定义 Room Database 插入方法

```
@Dao
public interface HoardDAO {
  // 插入 hoard 的列表集合，使用相同的名称替换存储的 hoard
  @Insert(onConflict = OnConflictStrategy.REPLACE)
  public void insertHoards(List<Hoard> hoards);

  // 插入新的 hoard
  @Insert
  public void insertHoard(Hoard hoard);
}
```

除了代码清单 9-5 中展示的冲突解决策略之外，还可以使用以下替代策略：

- ABORT——取消正在进行的事务。
- FAIL——直接使当前事务失败。
- IGNORE——忽略冲突的新数据并继续处理事务。
- REPLACE——使用新提供的值重写现有值并继续处理事务。
- ROLLBACK——回滚当前事务，撤销之前进行的任何更改。

2. 更新实体

可以使用@Update 注解创建更新数据库中所存储对象的方法，如代码清单 9-6 所示。

与 insert 方法一样，每个 update 方法可以接收一个或多个实体参数(包括集合)。传入的每个对象参数都将与现有数据库实体的主键进行匹配并执行相应的更新操作。

代码清单 9-6：在 DAO 中定义 Room Database 的更新方法

```
@Update
public void updateHoards(Hoard... hoard);

@Update
public void updateHoard(Hoard hoard);
```

3. 删除实体

要想定义从数据库中删除或移除对象的方法，可以使用@Delete 注解，如代码清单 9-7 所示，Room 将通过每个接收到的参数的主键在数据库中查找实体并删除它们。

代码清单 9-7：在 DAO 中定义 Room Database 的删除方法

```
@Delete
public void deleteHoard(Hoard hoard);

@Delete
public void deleteTwoHoards(Hoard hoard1, Hoard hoard2);
```

如果想删除存储在给定表中的所有实体，则必须使用@Query 注解从给定表中删除所有条目：

```
@Query("DELETE FROM hoard")
public void deleteAllHoards();
```

可以使用@Query 注解对 Room Database 执行任意 SQL 操作。

4. 查询 Room Database

在 DAO 类中可以使用的最强大注解就是@Query。@Query 注解允许使用 SELETE、UPDATE 和 DELETE 等 SQL 语句对数据库执行读/写操作，这些语句在注解值中进行定义，如下面的代码片段所示，当调用相关联的方法时，将会执行这些语句：

```
@Query("SELECT * FROM hoard")
public List<Hoard> loadAllHoards();
```

每个用@Query 注解定义的 SQL 语句都会在编译时进行验证，因此如果查询有问题，就会发生编译时错误，而不是出现运行时故障。

要在 SQL 查询语句中使用方法参数，可以通过在参数名称前加上冒号(:)来引用它们，如代码清单 9-8 所示，它显示了两个常见的 SELECT 语句—— 一个返回所有数据库表的条目内容，另一个基于主键值返回给定行的内容。

代码清单 9-8：查询 Room Database

```
// 返回所有的 hoard
@Query("SELECT * FROM hoard")
public List<Hoard> loadAllHoards();

// 返回指定名称的 hoard
@Query("SELECT * FROM hoard WHERE hoardName = :hoardName")
public Hoard loadHoardByName(String hoardName);
```

对于从表中返回一个或多个实体的 SELECT 查询，Room 会自动生成将查询结果转换为你的方法所指示的返回类型的代码。

它也可以传递包含 List 或值数组的方法参数，如代码清单 9-9 所示。

代码清单 9-9：使用 List 参数查询 Room Database

```
@Query("SELECT * FROM Hoard WHERE hoardName IN(:hoardNames)")
public List<Hoard> findByNames(String[] hoardNames);
```

Room 将构造一个绑定数组或列表中每个元素的查询，例如，如果代码清单 9-9 中的 hoardNames 参数是一个包含 3 个元素的数组，则 Room 将按如下方式运行查询：

```
SELECT * FROM Hoard WHERE hoardName IN(?, ?, ?)
```

出于效率方面的考虑，通常希望仅从底层 Room Database 返回字段/列的子集，或者返回单个计算值，例如下面的代码片段所示：

```
@Query("SELECT SUM(goldHoarded) FROM hoard")
public int totalGoldHoarded();
```

要返回列/字段的子集，请创建一个新类，使该类中的公有字段与希望返回的列相匹配，如以下代码片段所示：

```
public class AnonymousHoard {
  public int goldHoarded;
  public boolean hoardAccessible;
}
```

然后定义一个 SELECT 语句，该语句指示要返回的列，并将方法的返回值类型设置为前面为所需返回列专门定义的新类，如代码清单 9-10 所示。

代码清单 9-10：从 Room Database 查询中返回列的子集

```
@Query("SELECT goldHoarded, hoardAccessible FROM hoard")
public List<AnonymousHoard> getAnonymousAmounts();

@Query("SELECT AVG(goldHoarded) FROM hoard")
public int averageGoldHoarded();
```

当返回单行数据时，返回类型可以是任何兼容类型。对于返回多个值的查询，可以使用兼容类型的 List 或数组。还可以返回原始的 Cursor 类实例，或者将结果封装在 LiveData 对象中，如后面部分所述。

Room 会验证 SELECT 查询的返回结果，这样，如果方法返回类型中的字段和查询响应中的列名不匹配，就会收到警告(当只有一些字段名匹配时)或错误(当完全没有字段名匹配时)。

9.2.5　执行 Room Database 交互

为 Room Database 定义了实体、DAO 和 RoomDatabase 类之后，就可以使用 Room 的 databaseBuilder 方法与之进行交互，传入应用的 Context、Room Database 以及用于数据库的文件名。

创建及维护 RoomDatabase 实例都是资源密集型操作，因此最佳做法是使用单例模式来控制访问，如代码清单 9-11 所示。

代码清单 9-11：创建 RoomDatabase 访问单例

```
public class HoardDatabaseAccessor {

  private static HoardDatabase HoardDatabaseInstance;
  private static final String HOARD_DB_NAME = "hoard_db";

  private HoardDatabaseAccessor() {}

  public static HoardDatabase getInstance(Context context) {
    if (HoardDatabaseInstance == null) {
      // 创建或打开一个新的 SQLite 数据库，然后作为 RoomDatabase 实例进行返回
      HoardDatabaseInstance = Room.databaseBuilder(context,
        HoardDatabase.class, HOARD_DB_NAME).build();
    }

    return HoardDatabaseInstance;
  }
}
```

然后就可以在代码中的任何位置访问 Room Database，并使用 DAO 类在数据库中执行插入、删除、更新和查询等操作，如代码清单 9-12 所示。

代码清单 9-12：使用 Room 执行数据库交互

```
// 访问 HoardDatabase 实例
HoardDatabase hoardDb =
  HoardDatabaseAccessor.getInstance(getApplicationContext());

// 添加新的 hoard 到数据库中
```

```
hoardDb.hoardDAO().insertHoard(new Hoard("Smegol", 1, true));
hoardDb.hoardDAO().insertHoard(new Hoard("Smaug", 200000, false));

// 查询数据库
int totalGold = hoardDb.hoardDAO().totalGoldHoarded();
List<Hoard> allHoards = hoardDb.hoardDAO().loadAllHoards();
```

警告：

与访问网络资源一样，Room 不允许在主 UI 线程上进行数据库交互。第 11 章“工作在后台”会介绍将数据库交互安全地移动到后台线程的一些可选操作。

9.2.6 使用 Live Data 监控查询结果的变化

LiveData API 允许你在因数据库修改而导致查询结果变化时接收更新。

Live Data 是可观察的数据持有者，它会考虑 Activity 和 Fragment 的生命周期。因此，可观察的 Live Data 可以只更新处于活动生命周期状态的观察者。

要使用 Live Data，首先将 Android 架构组件生命周期扩展库添加到项目中，添加方法是修改 app 模块的 build.gradle 文件，让其包含以下依赖项：

```
implementation "android.arch.lifecycle:extensions:1.1.1"
```

要观察 Room 查询结果的更改，请将返回类型设置为 LiveData，并指示正在观察的类型，如代码清单 9-13 所示。

代码清单 9-13：使用 Live Data 创建可观察的查询

```
@Query("SELECT * FROM hoard")
public LiveData<List<Hoard>> monitorAllHoards()
```

要监控 Live Data 查询的变化，请实现一种新的相应类型的观察者并重写 onChanged 方法。使用数据库的 DAO 返回 Live Data 查询结果的实例，并调用 observe 方法，传入生命周期所有类的实例(通常是 UI 会受查询结果更改影响的 Activity 或 Fragment)和 Observer 的实现类，如代码清单 9-14 所示。

注意，在组件的 onCreate 处理程序中开始观察 Live Data 查询结果通常被认为是最佳选择。

代码清单 9-14：观察 R　　oom 查询的 Live Data 结果

```
@Override
protected void onCreate(Bundle savedInstanceState) {
  super.onCreate(savedInstanceState);
  setContentView(R.layout.activity_main);

  // 当 Live Data 发生改变时 Observer 会被触发
  final Observer<List<Hoard>> hoardObserver = new Observer<List<Hoard>>() {
    @Override
    public void onChanged(@Nullable final List<Hoard> updatedHoard) {
      // 使用更新后的数据库结果更新 UI
    }
  };

  // 观察 Live Data
  LiveData hoardLiveData =
    HoardDatabaseAccessor.getInstance(getApplicationContext())
                    .hoardDAO().monitorAllHoards();
  hoardLiveData.observe(this, hoardObserver);
}
```

调用 observe 方法将立即触发 Observer 的 onChanged 处理程序，此后，每当底层表中的数据发生更改时，都会再次触发该处理程序。

Live Data 只会通知处于活动状态的 Observer 有更新，它会自动处理 Activity 和 Fragment 生命周期的更改，以防止因 Activity 停止而导致崩溃，并安全地处理配置更改。

可以在 Android 开发人员网站上详细了解 Lifecycle 库和其他 Android 架构组件：developer.android.com/topic/libraries/architecture。

9.3 使用 Room 将地震数据持久化到数据库中

在本例中，将通过创建 Room Database 来修改仍处于改进中的地震查看器，以便在用户会话之间持久化地震数据。

(1) 在项目的 build.gradle 文件中，首先确保 allprojects 节点下的 repositories 节点中包含 Google Maven 仓库：

```
allprojects {
  repositories {
    jcenter()
    maven { url 'https://maven.google.com' }
  }
}
```

(2) 然后打开 app 模块的 build.gradle 文件，并在 dependencies 节点中添加 Android 架构组件 Room 及 Live Data 库的依赖项：

```
dependencies {
  [……已存在的依赖 ……]

  implementation "android.arch.persistence.room:runtime:1.1.1"
  annotationProcessor "android.arch.persistence.room:compiler:1.1.1"
  testImplementation "android.arch.persistence.room:testing:1.1.1"
  implementation "android.arch.lifecycle.extensions:1.1.1"
}
```

(3) 由于要持久化 Earthquake 类的实例，因此现在打开它，并使用@Entity 注解该类。借此机会再将 mId 字段注解为非 null 主键。

```
@Entity
public class Earthquake {
  @NonNull
  @PrimaryKey
  private String mId;
  private Date mDate;
  private String mDetails;
  private Location mLocation;
  private double mMagnitude;
  private String mLink;

  [……已存在的类定义……]
}
```

(4) 请注意，我们的 Earthquake 字段包括了复杂的 Date 和 Location 对象。需要创建一个包含静态方法的 EarthquakeTypeConverters 类，以便在 Date 对象和 Long 值以及 Location 对象和 String 值之间来回转换，并且每个方法都必须使用@TypeConverter 进行注解：

```
public class EarthquakeTypeConverters {
  @TypeConverter
  public static Date dateFromTimestamp(Long value) {
    return value == null ? null : new Date(value);
  }

  @TypeConverter
  public static Long dateToTimestamp(Date date) {
    return date == null ? null : date.getTime();
  }

  @TypeConverter
  public static String locationToString(Location location) {
    return location == null ?
             null : location.getLatitude() + "," +
                    location.getLongitude();
  }

  @TypeConverter
  public static Location locationFromString(String location) {
    if (location != null && (location.contains(","))) {
      Location result = new Location("Generated");
```

```
        String[] locationStrings = location.split(",");
        if (locationStrings.length == 2) {
          result.setLatitude(Double.parseDouble(locationStrings[0]));
          result.setLongitude(Double.parseDouble(locationStrings[1]));
          return result;
        }
        else return null;
      }
      else
        return null;
    }
  }
```

(5) 定义并创建一个新的 EarthquakeDAO 接口。它应该使用@Dao 进行注解，并且将作为 Earthquake 表的 DAO。它包括一个使用@Insert 进行注解的方法，该方法可以插入一个 Earthquake 对象或 Earthquake 对象的列表，并可以通过替换现有数据库中数据的策略解决冲突。另外，它还定义了一个查询方法，该方法返回一个 LiveData 对象，该对象中的数据是一个包含所有 Earthquake 对象的列表，并且该方法使用@Query 进行注解，在注解的括号中带有获取地震表中所有行的 SQL 语句：

```
@Dao
public interface EarthquakeDAO {
  @Insert(onConflict = OnConflictStrategy.REPLACE)
  public void insertEarthquakes(List<Earthquake> earthquakes);

  @Insert(onConflict = OnConflictStrategy.REPLACE)
  public void insertEarthquake(Earthquake earthquake);

  @Delete
  public void deleteEarthquake(Earthquake earthquake);

  @Query("SELECT * FROM earthquake ORDER BY mDate DESC")
  public LiveData<List<Earthquake>> loadAllEarthquakes();
}
```

(6) 通过创建一个扩展自 RoomDatabase 类的新抽象类 EarthquakeDatabase 来完成数据库设置。它应该使用@Database 进行注解，其中指定 Earthquake 类作为实体，并指定数据库的版本号。然后通过@TypeConverters 注解指定使用步骤(4)中的 EarthquakeTypeConverters 转换器，并提供一个返回步骤(5)中的 EarthquakeDAO 数据访问对象的抽象方法：

```
@Database(entities = {Earthquake.class}, version = 1)
@TypeConverters({EarthquakeTypeConverters.class})
public abstract class EarthquakeDatabase extends RoomDatabase {
  public abstract EarthquakeDAO earthquakeDAO();
}
```

(7) 要与新的数据库交互，需要创建一个新的 EarthquakeDatabaseAccessor 类，该类使用单例模式返回步骤(6)中定义的 EarthquakeDatabase 实例：

```
public class EarthquakeDatabaseAccessor {

  private static EarthquakeDatabase EarthquakeDatabaseInstance;
  private static final String EARTHQUAKE_DB_NAME = "earthquake_db";

  private EarthquakeDatabaseAccessor() {}

  public static EarthquakeDatabase getInstance(Context context) {
    if (EarthquakeDatabaseInstance == null) {
      // 创建并打开一个新的 SQLite 数据库,并作为 RoomDatabase 实例返回
      EarthquakeDatabaseInstance = Room.databaseBuilder(context,
        EarthquakeDatabase.class, EARTHQUAKE_DB_NAME).build();
    }

    return EarthquakeDatabaseInstance;
  }
}
```

(8) 现在更新 EarthquakeViewModel 类中的 AsyncTask 的 doInBackground 方法，需要使用步骤(7)中的 EarthquakeDatabaseAccessor 类，将新解析的地震列表存储到数据库中。需要注意的是，DAO 类中的插入方法

已配置为通过替换现有数据来处理冲突，以避免重复条目：

```
@Override
protected List<Earthquake> doInBackground(Void... voids) {
  // 用于存储解析出的地震对象的结果列表
  ArrayList<Earthquake> earthquakes = new ArrayList<>(0);

  [……现有的地震数据下载和解析代码 ……]

  // 插入新解析的地震数组
  EarthquakeDatabaseAccessor
    .getInstance(getApplication())
    .earthquakeDAO()
    .insertEarthquakes(earthquakes);

  // 返回我们的结果数组
  return earthquakes;
}
```

(9) 在 EarthquakeViewModel 类中更新 AsyncTask 的 onPostExecute 处理程序。loadEarthquakes 方法不再直接将解析得到的地震列表应用于 Live Data 字段，而是将 Mutable Live Data 替换为数据库的查询：

```
@Override
protected void onPostExecute(List<Earthquake> data) {
}
```

(10) 将 Earthquake 类的持有者 ViewModel 类更新为 LiveData 类，并更新 getEarthquakes 方法以查询 Room Database。而 Earthquake List Fragment 已经在等待 Live Data 了，因此不需要进一步更改——只要 Room Database 做了相应更新，就会触发 onChanged 处理程序：

```
private LiveData<List<Earthquake>> earthquakes;

public LiveData<List<Earthquake>> getEarthquakes() {
  if (earthquakes == null) {
    // 从数据库中加载地震数据
    earthquakes =
      EarthquakeDatabaseAccessor
        .getInstance(getApplication())
        .earthquakeDAO()
        .loadAllEarthquakes();

    // Load the earthquakes from the USGS feed.
    loadEarthquakes();
  }

  return earthquakes;
}
```

9.4　使用 SQLite 数据库

SQLite API 提供了对 SQLite 数据库更直接且更底层的访问。虽然 SQLite 功能强大，但直接使用它可能需要大量的模板代码，而且它还不提供 SQL 语句的编译时验证，从而增加了运行时异常的风险。

为了简化在 SQLite 数据库中存储应用数据的过程，Android 引入了 Room 持久化库。Room 提供了一个基于 SQLite 的抽象层，目前它被认为是存储和查询应用数据的最佳实践。

但在某些情况下，你可能希望直接创建或访问自己的 SQLite 数据库。本节假设你已基本熟悉 SQL 数据库，并旨在帮助你将这些知识应用于 Android 上的 SQLite 数据库。

SQLite 是一种备受推崇的基于 SQL 的关系数据库管理系统(RDBMS)，具有如下特质：

- 开源
- 符合标准(实现了大部分 SQL 标准)
- 轻量级
- 单层
- 符合 ACID 特性

SQLite 已作为 Android 软件栈中的一部分，被实现为稳固的 C 库。

通过将 SQLite 数据库实现为库，而不是作为单独的正在运行的进程，使得每个 SQLite 数据库都归属于创建它的应用的一部分。这减少了外部依赖性，极大地减少了延迟，并简化了事务锁定和同步。

轻量级且功能强大的 SQLite 与许多传统的 SQL 数据库引擎不同，可以松散地输入每一列，这意味着不需要列值遵从单一类型；相反，每个值在每一行中单独键入。因此，当从一行中的每一列分配或提取值时，不需要进行类型检查。

Android 数据库存储在设备(或模拟器)上的/data/data/<package_name>/databases 文件夹中。

> **注意：**
> 有关 SQLite 的更全面介绍，包括特定的优势和局限性，可以访问官方网站 www.sqlite.org 进行查看。

关系数据库设计是一个很大的主题，值得在本书中进行更全面的介绍。另外，值得强调的是，标准数据库的最佳实践也仍然适用于 Android。特别是，当为资源受限的设备(例如移动电话)创建数据库时，将数据规范化以最大限度地减少冗余显得尤为重要。

本章中详细描述的 SQLite 数据库只是可用于在应用中存储结构化数据的众多数据库选项之一，而对可用数据库技术的全面调研已超出本书的讨论范围。

9.4.1 输入验证和 SQL 注入

不充分验证用户输入是应用最常见的安全风险之一，它与底层平台或数据库实现无关。为了最大限度地降低这些风险，Android 提供了多种平台级功能，可以减少输入验证问题带来的潜在影响。

由于支持转义字符以及脚本注入的可能性，因此动态的基于字符串的语言(如 SQL)特别容易受到输入验证问题的威胁。

如果在提交给 SQLite 数据库(或 Content Provider)的查询或事务字符串中使用了用户数据，则 SQL 注入可能成为一个问题。而解决这一问题的最佳做法是始终使用参数化查询方法进行查询、插入、更新和删除用户传递的字符串，这将最大限度地减少来自不受信任来源的 SQL 注入的可能性。

如果想通过在将用户数据提交给方法之前连接用户数据来构建 selection 参数，那么仅使用参数化方法是不够的。而是，应该使用 selectionargs 参数来指示用户提供的变量值，然后将这些变量值作为字符串数组传入。这些选择参数被绑定为字符串，从而消除转义字符或 SQL 注入的风险。

可以通过网站 www.owasp.org/index.php/SQL_Injection 了解有关 SQL 注入以及如何降低与之相关风险的更多信息。

9.4.2 Cursor 与 Content Values

SQLite 数据库和 Content Provider 在返回查询结果时都用到了 Cursor 对象。Cursor 不是提取和返回结果值的副本，而是指向底层数据中结果集的指针。Cursor 提供了一种托管的方式来控制查询结果集中的位置(行)。

Cursor 类包含许多导航和交互功能，其中包含但不限于以下功能：

- moveToFirst ——将指针移动到查询结果中的第一行。
- moveToNext ——将指针移动到下一行。
- moveToPrevious ——将指针移动到上一行。
- getCount ——返回结果集中的行数。
- getColumnIndexOrThrow ——返回从 0 开始的索引值，该索引值来自指定名称的列(如果不存在具有该名称的列，则抛出异常)。
- getColumnName ——返回具有指定索引的列名。
- getColumnNames ——返回当前 Cursor 中所有列名的字符串数组。
- moveToPosition ——将指针移动到指定的行。

- getPosition ——返回当前指针指向的行的位置。

在 Cursor 返回结果的地方，Content Values 可用于插入或更新行。每个 ContentValues 对象表示数据表中单独的一行数据，由一组列名映射的值组成。

9.4.3　定义数据库合约类

封装底层数据库并仅公开与底层数据交互所需的公有方法和常量是一种很好的形式，一般会使用被称为 Contract 或 Helper 的类。该类应该公开数据库常量，特别是列名，这些正是填充和查询数据库所必需的，如代码清单 9-15 所示。

代码清单 9-15：合约类常量的框架代码

```
public static class HoardContract {
  // 用于 where 子句的索引 (键) 列名
  public static final String KEY_ID = "_id";

  // 数据库中每个列的名称和列索引，这些应该是描述性的
  public static final String KEY_GOLD_HOARD_NAME_COLUMN =
    "GOLD_HOARD_NAME_COLUMN";
  public static final String KEY_GOLD_HOARD_ACCESSIBLE_COLUMN =
    "OLD_HOARD_ACCESSIBLE_COLUMN";
  public static final String KEY_GOLD_HOARDED_COLUMN =
    "GOLD_HOARDED_COLUMN";
}
```

9.4.4　SQLiteOpenHelper 介绍

SQLiteOpenHelper 是一个抽象类，是用于帮助实现创建、打开和升级数据库的最佳实践方案。

通过实现 SQLiteOpenHelper，可以封装并隐藏用于确定数据库是否需要在打开之前创建或升级的逻辑，并确保每个操作都有效完成。

数据库最好仅在需要时才创建或打开，而 SQLiteOpenHelper 在成功打开数据库实例后通过对其进行缓存使得这种模式更加方便，正因如此，可以在执行任何查询或事务之前立即发出打开数据库的请求。也出于同样的原因，在 Activity 结束之前也无须手动关闭数据库。

代码清单 9-16 显示了如何通过重写构造函数、onCreate 和 onUpgrade 方法来扩展 SQLiteOpenHelper 类，以分别处理新数据库的创建以及新版本的升级。

代码清单 9-16：实现 SQLiteOpenHelper

```
public static class HoardDBOpenHelper extends SQLiteOpenHelper {

  public static final String DATABASE_NAME = "myDatabase.db";
  public static final String DATABASE_TABLE = "GoldHoards";
  public static final int DATABASE_VERSION = 1;

  // 使用 SQL 语句创建一个新的数据库
  private static final String DATABASE_CREATE =
    " create table " + DATABASE_TABLE + " (" + HoardContract.KEY_ID +
    " integer primary key autoincrement, " +
    HoardContract.KEY_GOLD_HOARD_NAME_COLUMN + " text not null, " +
    HoardContract.KEY_GOLD_HOARDED_COLUMN + " float, " +
    HoardContract.KEY_GOLD_HOARD_ACCESSIBLE_COLUMN + " integer);";

  public HoardDBOpenHelper(Context context, String name,
                    SQLiteDatabase.CursorFactory factory, int version)
  {
    super(context, name, factory, version);
  }

  // 当磁盘中不存在数据库且 Helper 类需要创建新数据库时调用
  @Override
  public void onCreate(SQLiteDatabase db) {
    db.execSQL(DATABASE_CREATE);
  }
```

```
    // 当存在数据库版本不匹配时调用，这意味着磁盘上的数据库版本需要升级到当前版本
    @Override
    public void onUpgrade(SQLiteDatabase db, int oldVersion,
                          int newVersion) {
      // 打印版本升级
      Log.w("TaskDBAdapter", "Upgrading from version " +
                            oldVersion + " to " +
                            newVersion +
                            ", which will destroy all old data");

      // 升级现有数据库以符合最新版本，可以通过比较 oldVersion 和 newVersion 的值来处理多个先前版本

      // 最简单的情况是删除旧表并创建新表
      db.execSQL("DROP TABLE IF EXISTS " + DATABASE_TABLE);
      // 创建一个新的数据库
      onCreate(db);
    }
  }
```

注意：

在本例的 onUpgrade 方法中我们只是删除现有的表并用新定义的表进行了替换。这通常是最简单实用的解决方案，对于在线服务不同步或是难以重新获取的重要数据，最好的方法可能是将已有数据迁移到新表中。

我们通过代码清单 9-16 中的 DATABASE_CREATE 变量定义了创建数据库的 SQL 语句，并使用该语句创建了一个包含自增键的新表。虽然不是严格要求的，但强烈建议所有表都包含自增字段，以保证每行数据都有唯一的标识符。

如果计划使用 Content Provider 来共享表(如第 10 章所述)，就需要唯一的 ID 字段。

9.4.5 使用 SQLiteOpenHelper 打开数据库

要使用 SQLiteOpenHelper 访问数据库，请调用 getWritableDatabase 或 getReadableDatabase 方法，打开并获取底层数据库的实例。

在内部，如果数据库不存在，Helper 类将执行 onCreate 处理程序。如果数据库版本有更新，则会触发 onUpgrade 处理程序。在任何一种情况下，对 get <read/writ> ableDatabase 方法的调用都将根据需要返回缓存的、新打开的、新创建的或已升级的数据库。

需要注意的是，在数据库已存在且先前已打开的情况下，get <read/writ> ableDatabase 方法都将返回同一缓存的可写数据库实例。

要创建或升级数据库，必须以可写的形式打开数据库。因此，总是尝试打开可写数据库通常是一种好习惯。但由于磁盘空间或权限问题，对 getWritableDatabase 的调用可能会失败，所以如果有可能，最好在失败后回退到 getReadableDatabase 方法以进行查询，如代码清单 9-17 所示。

代码清单 9-17：使用 SQLiteOpenHelper 打开数据库

```
HoardDBOpenHelper hoardDBOpenHelper = new HoardDBOpenHelper(context,
                                  HoardDBOpenHelper.DATABASE_NAME, null,
                                  HoardDBOpenHelper.DATABASE_VERSION);

SQLiteDatabase db;
try {
  db = hoardDBOpenHelper.getWritableDatabase();
} catch (SQLiteException ex) {
  db = hoardDBOpenHelper.getReadableDatabase();
}
```

成功打开数据库后，SQLiteOpenHelper 将对其进行缓存，因此可以(并且应该)在每次查询或执行数据库事务时使用这些方法，而不是在应用中缓存打开的数据库。

9.4.6　在没有 SQLiteOpenHelper 的情况下打开和创建数据库

如果希望直接管理数据库的创建、打开和版本控制，而不借助 SQLiteOpenHelper 类，则可以使用将 Application 作为上下文的 openOrCreateDatabase 方法来创建数据库本身：

```
SQLiteDatabase db = context.openOrCreateDatabase(DATABASE_NAME,
                                                 Context.MODE_PRIVATE,
                                                 null);
```

这个方法不会检查数据库是否存在以及是什么版本，因此必须自己处理创建和升级逻辑——通常使用数据库的 execSQL 方法根据需要来创建和删除表。

9.4.7　添加、更新和删除行

SQLiteDatabase 类公开了 insert、delete 和 updated 等方法，这些方法封装了执行增、删、改等操作所需的 SQL 语句。此外，如果想手动执行这些(或任何其他)操作，那么 execSQL 方法也允许在数据库表上执行任何有效的 SQL 语句。

每次修改底层数据库值时，都应通过重新运行所有查询来更新所有查询结果的 Cursor。

注意：

数据库操作应始终在后台线程中执行，以确保它们不会中断 UI 刷新，这将在第 11 章中详述。最佳做法是不直接在 Activity 或 Fragment 中处理与数据库的交互；View Model 就是专门设计用来存储数据库结果和处理交互的机制，以便在设备配置更改时也不会中断数据库操作。

1. 插入行

要创建新行，请构造 ContentValues 对象并使用 put 方法添加表示每个列名及其关联值的名称/值对。

然后通过向目标数据库调用 insert 方法，并传入 ContentValues 对象和表名作为参数来插入新行，如代码清单 9-18 所示。

代码清单 9-18：插入新行到 SQLite 数据库中

```
// 创建要插入的新行
ContentValues newValues = new ContentValues();

// 为每行分配值
newValues.put(HoardContract.KEY_GOLD_HOARD_NAME_COLUMN, newHoardName);
newValues.put(HoardContract.KEY_GOLD_HOARDED_COLUMN, newHoardValue);
newValues.put(HoardContract.KEY_GOLD_HOARD_ACCESSIBLE_COLUMN,
              newHoardAccessible);
// [...... 对每个列/值对重复此操作 ...... ]

// 将行插入表中
SQLiteDatabase db = hoardDBOpenHelper.getWritableDatabase();
db.insert(HoardDBOpenHelper.DATABASE_TABLE, null, newValues);
```

注意：

代码清单 9-18 中显示的 insert 方法所使用的第二个参数名为 nullColumnHack。

如果要通过传入空的 ContentValues 对象向 SQLite 数据库添加新行，则必须传入值可以显式设置为 null 的列名。

将一行新的数据插入 SQLite 数据库时，必须始终显式地指定至少一个列和可以为 null 的相应值。如果将 nullColumnHack 参数设置为 null，如代码清单 9-18 所示，那么当插入空的 ContentValues 对象时，SQLite 将抛出异常。

2. 更新行

还可以使用 Content Values 来更新行。创建一个新的 ContentValues 对象，使用 put 方法为想要更新的每个列分配新值。调用数据库的 update 方法，传入表名、更新的 ContentValues 对象以及指定要更新行的 where 子句，如代码清单 9-19 所示。

代码清单 9-19：更新数据库行

```
// 创建更新行的 ContentValues 对象
ContentValues updatedValues = new ContentValues();

// 为每行分配值
updatedValues.put(HoardContract.KEY_GOLD_HOARDED_COLUMN, newHoardValue);
// […… 重复每列更新 …… ]

// 指定 where 子句，定义应更新哪些行， 根据需要指定参数的位置
String where = HoardContract.KEY_ID + "=?";
String whereArgs[] = {hoardId};

// 使用新值更新指定索引的行
SQLiteDatabase db = hoardDBOpenHelper.getWritableDatabase();
db.update(HoardDBOpenHelper.DATABASE_TABLE, updatedValues,
        where, whereArgs);
```

3. 删除行

要删除一行，只需要调用数据库的 delete 方法，指定表名和 where 子句，以描述要删除的行，如代码清单 9-20 所示。

代码清单 9-20：删除数据库行

```
//指定 where 子句，确定要删除的行，根据需要指定参数的位置
String where = HoardContract.KEY_ID + "=?";
String whereArgs[] = {hoardId};

// 删除与 where 子句匹配的行
SQLiteDatabase db = hoardDBOpenHelper.getWritableDatabase();
db.delete(HoardDBOpenHelper.DATABASE_TABLE, where, whereArgs);
```

4. 查询数据库

要对 SQLite 数据库对象执行查询操作，请使用 query 方法，并传入以下内容：

- 一个可选的布尔值，指定结果集是否应仅包含唯一值。
- 要查询的表名。
- 一个 projection 值，作为字符串数组，列出要包含在结果集中的列。
- 一个 where 子句，用来定义将用于限制返回行的条件。可以包含？通配符，它将被通过 selection 参数传入的值替换。
- 一组 selection 参数字符串，它们将替换 where 子句中的通配符，并绑定为 String 类型的值。
- 一个 group by 子句，用于定义如何对结果行进行分组。
- 一个 having 子句，用于定义在指定 group by 子句时要包括的行组。
- 一个描述返回行的数据顺序的字符串。
- 一个用于限制结果集中最大行数的字符串。

每个数据库查询结果都会以 Cursor 对象进行返回，这使得 Android 可以根据需要，获取或释放行和列的值，从而更有效地管理资源。

> **注意：**
> 如前所述，数据库操作应始终在后台执行，这一点在第 11 章中有详细描述；而数据库结果和与之交互的操作应封装在 View Model 中，这一点在第 8 章描述过。

代码清单 9-21 显示了如何从 SQLite 数据库中返回所选择的行。

代码清单 9-21：查询数据库

```
HoardDBOpenHelper hoardDBOpenHelper =
  new HoardDBOpenHelper(context,
                  HoardDBOpenHelper.DATABASE_NAME, null,
                  HoardDBOpenHelper.DATABASE_VERSION);

// 指定结果列 projection，返回满足要求所需的最小列数
String[] result_columns = new String[] {
  HoardContract.KEY_ID,
  HoardContract.KEY_GOLD_HOARD_ACCESSIBLE_COLUMN,
  HoardContract.KEY_GOLD_HOARDED_COLUMN };

// 指定用于限制结果的 where 子句
String where = HoardContract.KEY_GOLD_HOARD_ACCESSIBLE_COLUMN + "=?";
String whereArgs[] = {"1"};

// 必要时使用有效的 SQL 语句替换它们
String groupBy = null;
String having = null;

// 以黄金囤积的升序返回
String order = HoardContract.KEY_GOLD_HOARDED_COLUMN + " ASC";

SQLiteDatabase db = hoardDBOpenHelper.getWritableDatabase();

Cursor cursor = db.query(HoardDBOpenHelper.DATABASE_TABLE,
  result_columns, where, whereArgs, groupBy, having, order);
```

注意：

每次在数据库上执行查询或事务时，最好请求数据库实例。出于效率考虑，只有在认为不再需要时才应关闭数据库实例——一般是当使用数据库实例的 Activity 停止时。

9.4.8 从 Cursor 中提取值

要从 Cursor 中提取值，请首先使用 moveTo<location>方法将指针移动到想获取的行。然后使用类型安全的 get<type>方法(传入列索引)返回存储在当前行中指定列的值。

使用 projection 参数就意味着结果 Cursor 可能只包含所查询表中可用的完整列集的子集，因此对于不同的结果 Cursor，每列的索引值可能不同。所以，要在每个结果 Cursor 中查找特定列的当前索引，请使用 getColumnIndexOrThrow 和 getColumnIndex 方法。

当期望的列存在时，最好还是使用 getColumnIndexOrThrow 方法：

```
try {
  int columnIndex =
    cursor.getColumnIndexOrThrow(HoardContract.KEY_GOLD_HOARDED_COLUMN);
  String columnValue = cursor.getString(columnIndex);
  // 可以使用列值执行某些操作
}
catch (IllegalArgumentException ex) {
  Log.e(TAG, ex.getLocalizedMessage());
}
```

使用 getColumnIndex 方法和检查返回结果是否大于–1(如下面的代码片段所示)，是一种当期望的列可能并不总是存在时，比直接捕获异常更有效的方法：

```
int columnIndex =
   cursor.getColumnIndex(HoardContract.KEY_GOLD_HOARDED_COLUMN);
if (columnIndex > -1) {
  String columnValue = cursor.getString(columnIndex);
  // 使用列值执行某些操作
}
else {
  // 如果列不存在，可以执行其他操作
}
```

注意，列索引不会在给定的结果 Cursor 中更改，所以出于效率考虑，应该在提取结果之前遍历 Cursor 以确定这些索引，如代码清单 9-22 所示。

注意：

数据库实现应该公开提供列表的静态常量，以简化从 Cursor 中提取结果的过程。这些静态常量通常在数据库的合约类中进行公开。

代码清单 9-22 显示了如何迭代结果 Cursor，提取一列浮点值的平均数。

代码清单 9-22：从 Cursor 中提取值

```
loat totalHoard = 0f;
float averageHoard = 0f;

// 获取正在使用的列的索引
int GOLD_HOARDED_COLUMN_INDEX =
  cursor.getColumnIndexOrThrow(HoardContract.KEY_GOLD_HOARDED_COLUMN);

// 获取总行数
int cursorCount = cursor.getCount();

// 迭代 Cursor 中的行
// 首先，Cursor 被初始化，然后我们只能检查是否有下一个可用的行
// 如果结果 Cursor 为空，则返回 false
while (cursor.moveToNext())
  totalHoard += cursor.getFloat(GOLD_HOARDED_COLUMN_INDEX);

// 计算平均值——检查除零错误
averageHoard = cursor.getCount() > 0 ?
                 (totalHoard / cursorCount) : Float.NaN;

// 完成后关闭 Cursor
cursor.close();
```

由于 SQLite 数据库列的类型是不精确的，因此可以根据需要将单个值转换为有效类型。例如，存储为浮点数的值可以作为字符串读取。

完成结果 Cursor 的使用后，关闭 Cursor 以避免内存泄漏并减少应用的资源负载，这一点也非常重要：

```
cursor.close();
```

9.5 Firebase Realtime Database 介绍

Firebase Realtime Database 是一种云托管的 NoSQL 数据库，其中的数据会实时同步到所有客户端，即使断开 Internet 连接，也仍可使用设备上的查询和事务。

这种数据库与本章前面介绍的 SQLite 数据库有很大区别。SQLite 数据库是在本地创建和存储的，需要与基于云的数据源进行同步来维护数据的云副本，或跨多个设备共享数据。

SQLite 数据库是关系型的，并且使用 SQL 语句来执行可以包含多个表之间的连接等功能的查询和事务，Firebase Realtime Database 的工作方式与之不同。NoSQL 数据库不是关系型数据库，因此不必通过 SQL 语句与之进行交互。数据库会作为 JSON 文件存储在每个设备的本地，JSON 文件会实时同步到云主机，然后与每个连接的客户端进行同步。

Firebase Realtime Database 对响应性和实时更新进行了优化，对于需要经常存储或修改并需要在包括移动和 Web 客户端在内的各种设备上持续同步数据的用户而言，Firebase Realtime Database 成了一种理想的选择。

虽然对 Firebase Realtime Database 可用性的深入研究超出了本书的讨论范畴，但在本节中，我们还是会介绍将其添加到 Android 项目并实现与之交互的简单场景。

9.5.1　将 Firebase Realtime Database 添加到应用中

要将 Firebase Realtime Database 添加到应用中，必须先安装 Firebase SDK，该 SDK 需要 Android 4.0 Ice Cream Sandwich(API 级别 14)和 Google Play Service 10.2.6 及其更高版本的支持。

Android Studio 已包含 Firebase Assistant，可简化向应用中添加 Firebase 组件的过程。要使用它，请选择 Tools | Firebase 以显示如图 9-3 所示的助手窗口。

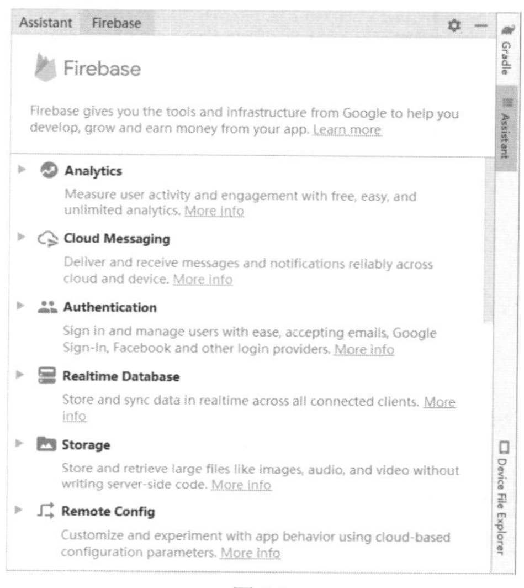

图 9-3

注意：

如果 Android Studio 的 Tools 下拉框中未出现 Firebase 选项，请选择 Tools 下拉框中的 SDK Manager，在弹出的对话框中选择 SDK Tools 选项卡，选中 Google Play Services 和 Google Repository 复选框，如图 9-4 所示。然后单击 OK 按钮，等待安装完毕后，重启 Android Studio。

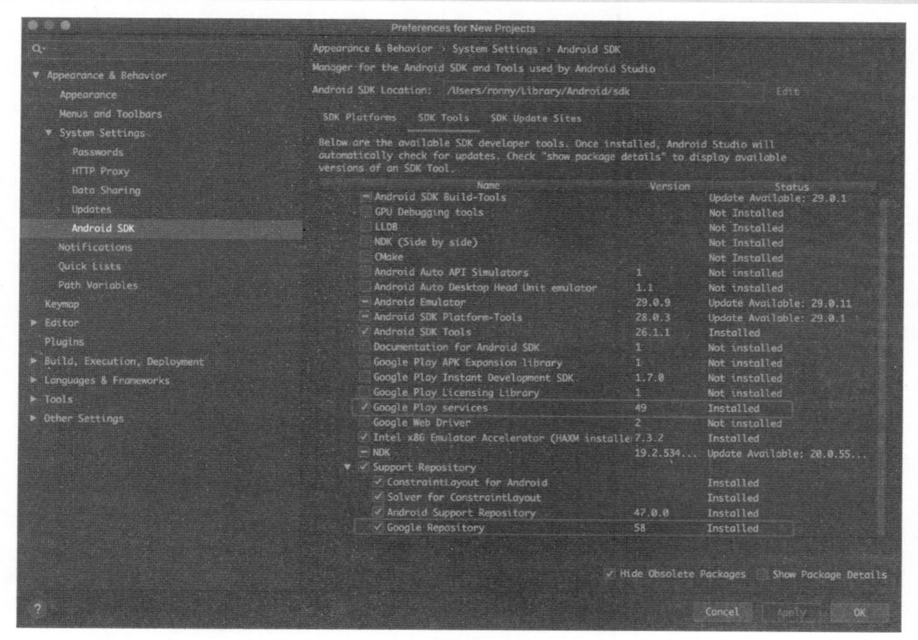

图 9-4

展开 Firebase Realtime Database 列表项并单击 Save and retrieve data 超链接文本，以显示 Firebase Realtime Database 助手，如图 9-5 所示。

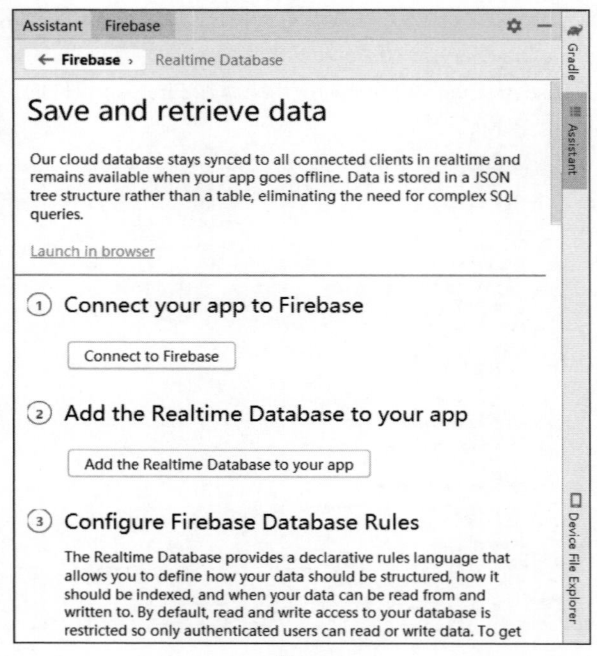

图 9-5

选择 Connect to Firebase，将打开一个浏览器窗口，系统会提示选择要连接的 Google 账户。登录后，系统会提示你接受一系列权限，如图 9-6 所示。

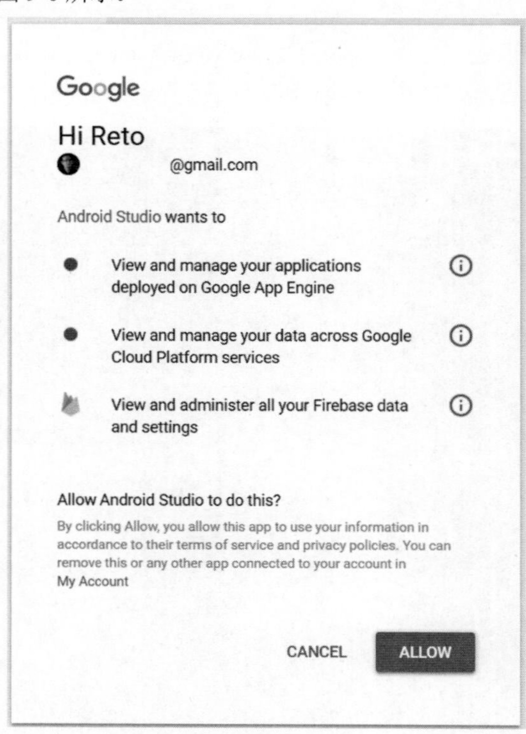

图 9-6

现在，已在 Android Studio 中登录 Firebase。返回 Android Studio，将看到一个对话框，如图 9-7 所示，它允许你创建一个新的 Firebase 项目，或选择一个需要与之一起使用的应用项目。

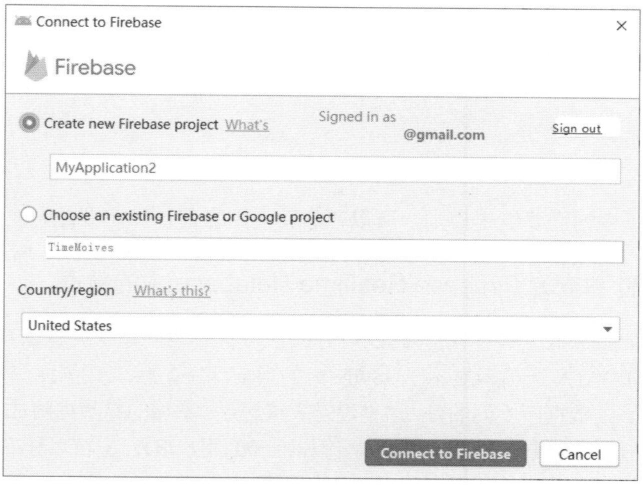

图 9-7

连接应用后，可以选择 Add the Realtime Database to your app，这会将 Firebase 的 Gradle 构建脚本依赖项添加到项目级 build.gradle 文件中，为 Gradle 添加 Firebase 插件，并将 Firebase Realtime Database 的依赖库添加到 build.gradle 文件中。

9.5.2　定义 Firebase Realtime Database 并定义访问规则

与 SQLite 数据库不同，Firebase Realtime Database 是云托管的，因此我们将使用 Firebase Console 来定义数据结构和访问规则。

在浏览器中，跳转至 console.firebase.google.com 地址，然后选择与你的 Android 应用相关联的项目。

在左侧的导航栏中选择 DEVELOP，然后选择 Database 选项以显示 Firebase Realtime Database 的配置控制台，如图 9-8 所示。

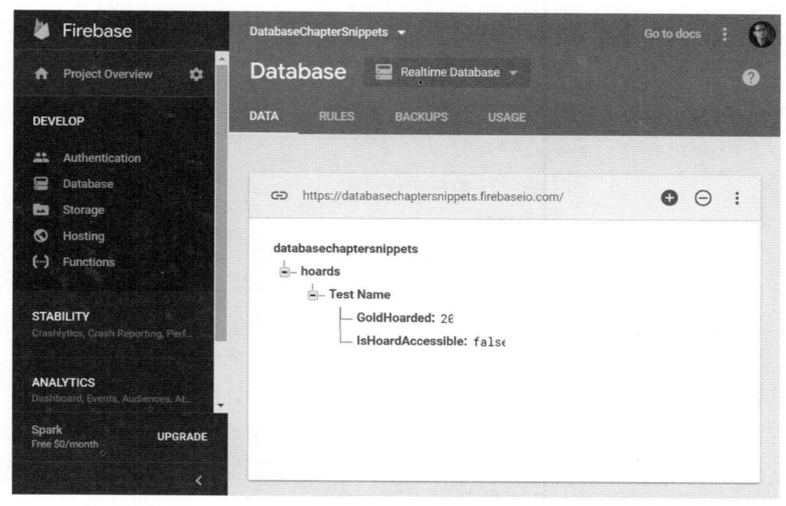

图 9-8

Firebase Realtime Database 使用声明性规则语言来定义访问数据的方式。

默认情况下，Firebase Realtime Database 需要使用 Firebase Authentication，并向所有通过身份验证的用户授

予完整的读写权限。但是在开发期间，允许未经身份验证就可以访问是非常有帮助的，它允许你在完成身份验证之前开发数据库。

要将访问规则设置为 public，请切换到 RULES 选项卡，并将读写元素设置为 true:

```
{
  "rules": {
    ".read": true,
    ".write": true
  }
}
```

一旦设置就绪，就可以根据需要制定规则，所以在启动应用之前，一定要配置更安全、更合适的规则。

9.5.3 添加、修改、删除和查询 Firebase Realtime Database 中的数据

Firebase Realtime Database 数据被存储为 JSON 对象，这有效地创建了一棵云托管的 JSON 树。Firebase Realtime Database 控制台的 DATA 选项卡显示了 JSON 树的当前状态，代表数据库中记录的数据。

与本章前面介绍的 SQLite 数据库不同的是，这里没有表或记录。添加的新数据将成为 JSON 树中的一个元素，可以使用关联的 key 进行访问。可以定义自己的 key，例如唯一的用户 ID，也可以让 Firebase 自动为你提供 key。

要从 Android 应用中写入 Firebase 数据库，必须先使用静态方法 getInstance 获取数据库实例：

```
FirebaseDatabase database = FirebaseDatabase.getInstance();
```

使用 getReference 方法获取根级节点，然后通过 child 方法获取子节点。要为给定节点设置值，可以使用 setValue 方法。在设置节点值或节点下的属性值时，将会为它们自动创建所有父节点。

以下代码显示了如何使用简单的数据结构将新的条目数据添加到 Firebase 的表中，该数据结构中存储了与之前 SQLite 示例中类似的信息：

```
// 写一条消息到数据库
FirebaseDatabase database = FirebaseDatabase.getInstance();

// 获取与 hoard 列表的根对应的节点
DatabaseReference listRootRef = database.getReference("hoards");

// 获取当前 hoard 的节点
DatabaseReference itemRootRef = listRootRef.child(hoard.getHoardName());

// 设置 hoard 的值
itemRootRef.child("hoardName").setValue(hoard.getHoardName());
itemRootRef.child("goldHoarded").setValue(hoard.getGoldHoarded());
itemRootRef.child("hoardAccessible").setValue(hoard.getHoardAccessible());
```

图 9-9 显示了 Firebase Console 中数据在 JSON 树中的表示方式。

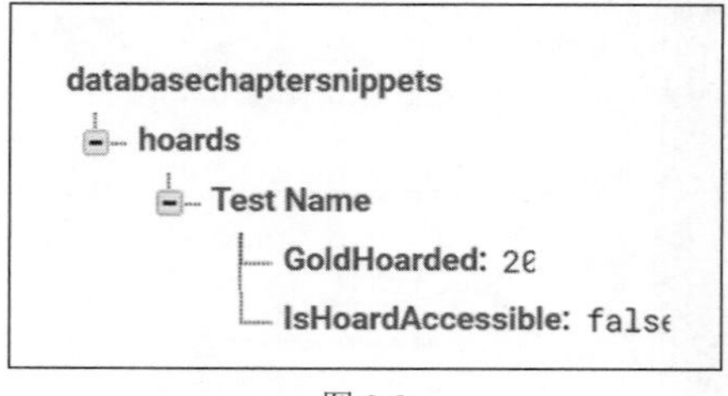

图 9-9

setValue 方法允许传入对象和基本类型的数据值。传入对象时，所有 getter 方法的结果都将保存为所要保存到节点的子节点。下面的代码片段与之前的代码片段相同，但使用了对象而不是传递单个基本类型的值：

```
// 写一条消息到数据库
FirebaseDatabase database = FirebaseDatabase.getInstance();

// 获取与 hoard 列表的根对应的节点
DatabaseReference listRootRef = database.getReference("hoards");
```

```
// 获取当前数据库的节点并设置值
listRootRef.child(hoard.getHoardName()).setValue(hoard);
```

在构建数据结构时，务必记住一些最佳实践，其中包括避免嵌套数据、扁平的数据结构以及创建可扩展的数据。要了解有关如何在 Firebase 等 NoSQL 数据库中构建数据的更多信息，请参阅 firebase.google.com/docs/database/android/structure-data 上的 Structure Your Database 指南。

要修改数据条目，只需要使用 setValue 方法，就像创建新条目一样，之前的值就会被新值重写。

要删除数据条目，可以调用要删除的节点或元素的 removeValue 方法：

```
DatabaseReference listRootRef = database.getReference("hoards");
listRootRef.child(hoard.getHoardName()).removeValue();
```

通过向数据库实例添加 ValueEventListener 并重写 onDataChange 处理程序，可以监听 Firebase 数据库：

```
FirebaseDatabase database = FirebaseDatabase.getInstance();
DatabaseReference listRootRef = database.getReference("hoards");

// 从数据库中读取
listRootRef.addValueEventListener(new ValueEventListener() {
  @Override
  public void onDataChange(DataSnapshot dataSnapshot) {
    // 初始化时调用此方法一次，并且每当此位置的数据发生更新时，会再次调用此方法
    String key = dataSnapshot.getKey();
    String value = dataSnapshot.getValue().toString();
    Log.d(TAG, "Key is: " + key);
    Log.d(TAG, "Value is: " + value);
  }

  @Override
  public void onCancelled(DatabaseError error) {
    // 读取值失败
    Log.w(TAG, "Failed to read value.", error.toException());
  }
});
```

在附加监听器(上面的 ValueEventListener 对象)之后，监听器的 onDataChange 处理程序会立刻被调用，并且每次在数据及其任何子项发生更改时，都会再次调用此处理程序。因此，无论何时在应用内或从外部源(如服务器或其他客户端)更改数据库，都会收到实时更新。

要将 Firebase 数据库绑定到 Android UI 元素，就必须存储数据库树的本地副本，并使用 ValueEventListener 对象来观察和应用更改。

为简化此过程，Firebase 团队为 Android 创建了 FirebaseUI 开源库，允许快速将常用的 UI 元素(如 RecyclerView)连接到 Firebase API(如 Firebase Realtime Database 或 Firebase Authentication)。可以在 github.com/firebase/ firebaseui-android 上找到 FirebaseUI 开源库。

还可以通过以下站点详细了解 Firebase Realtime Database：firebase.google.com/docs/database/。

谷歌还发布了一个新的数据库系统 Cloud Firestore，它是一个高度可扩展的 NoSQL 云数据库，与 Firebase Realtime Database 一样，可用于实时跨服务器和客户端应用同步应用数据。

Cloud Firestore 专为高可扩展而设计，支持更具表现力和更高效率的查询，也支持不需要检索整个集合的浅层查询，还支持排序、过滤和限制返回的查询结果。它还提供与其他 Firebase 和 Google 云平台产品的无缝集成，包括 Cloud Functions。

除了 Android、Web 和 iOS SDK 之外，Cloud Firestore API 还支持 Node.js、Java、Python 和 Go。

读者可以在 firebase.google.com/docs/firestore/上找到有关 Cloud Firestore 的更多详细信息。

第 10 章

Content Provider 与搜索

本章主要内容

- 创建 Content Provider
- 使用 Content Provider 共享应用数据
- 使用权限限制共享数据的访问
- 使用 Content Provider 查询与执行数据库事务
- 使用 Content Resolver 查询、添加、更新和删除数据库中的数据
- 使用 Cursor Loader 异步查询 Content Provider
- 使用原生 Call Log(调用日志)、Media Store、联系人和日历等 Content Provider
- 为应用添加搜索功能
- 为 Search View 提供搜索建议

本章可供下载的代码可以在 www.wrox.com 上找到。本章的代码放在如下压缩文件中：

- Snippets_ch10.zip
- Earthquake_ch10.zip

10.1 Content Provider 介绍

在本章中，你将学习如何创建和使用 Content Provider 作为一种一致的共享方式，通过提供底层数据存储技术的抽象来共享和使用应用内部和应用之间的结构化数据。

你还将了解如何使用 Cursor Loader 异步查询 Content Provider，以确保应用在检索数据时仍保持响应。

在 Android 中，对数据库的访问仅限于创建数据库的应用，因此 Content Provider 提供了一些标准接口，让应用可以利用这些接口与其他应用(包括许多原生数据库)共享并使用这些数据。

Android 框架广泛使用了 Content Provider，使你有机会使用原生的 Content Provider(包括联系人、日历和 Media Store)来丰富自己的应用。你将学习如何从这些 Android 核心的 Content Provider 中存储和检索数据，从而为用户提供更丰富、一致且完全集成的用户体验。

最后，你将学习如何使用 Content Provider 提供丰富的搜索选项，以及如何使用 Search View 提供实时搜索建议。

10.2 使用 Content Provider 的原因

最主要的原因是使用 Content Provider 可以实现应用间的数据共享。Content Provider 允许定义更加精细的数据访问限制，以便其他应用可以安全地访问和修改应用数据。

具有相应权限的任何应用都可以通过 Content Provider(包括 Android 原生的 Content Provider)查询、添加、删除或更新其他应用提供的数据。

通过发布自己的 Content Provider，可以使你(以及可能的其他开发人员)在其他应用中合并并扩展数据。Content Provider 也是一种用于为 Search View 提供搜索结果以及生成实时搜索建议的机制。

通过封装和抽象底层数据库，Content Provider 也可作为将应用层与底层数据层解耦的一种方法。该方法可用于解耦应用与数据源，从而可以修改或替换底层数据存储机制，且不影响应用层。

如果不打算共享应用数据，则无须使用 Content Provider。但许多开发人员仍然选择在数据库之上创建 Content Provider，以便可以使用一致的抽象层。Content Provider 还允许你利用几个便捷类来进行数据访问，尤其是 Cursor Loader，如本章后面所述。

已有多个原生 Content Provider 可供第三方应用访问，包括联系人管理器、Media Store 和日历，本章后面将介绍相关内容。

10.3 创建 Content Provider

Content Provider 是底层数据源上的抽象层，它提供了一个接口，用于发布将使用 Content Resolver 消费的数据，并且可跨越进程。Content Provider 使用 content://模式，通过接口可以发布和使用基于简单 URI 寻址模型的数据。

Content Provider 允许将填充数据的应用组件与底层数据源解耦，从而为应用提供了一种数据共享以及使用其他应用提供的数据的通用机制。

它们允许跨应用进程进行数据共享及访问，并支持使用更细粒度的数据访问权限，以便其他应用可以更安全地访问和修改应用数据。

要创建一个新的 Content Provider，需要扩展抽象类 ContentProvider，如代码清单 10-1 所示。

代码清单 10-1：创建一个新的 Content Provider

```
public class MyHoardContentProvider extends ContentProvider {

  @Override
  public boolean onCreate() {
    return false;
  }

  @Nullable
  @Override
  public Cursor query(@NonNull Uri uri,
                      @Nullable String[] projection,
                      @Nullable String selection,
                      @Nullable String[] selectionArgs,
                      @Nullable String sortOrder) {
    // TO DO: Perform a query and return Cursor.
    return null;
  }

  @Nullable
  @Override
  public String getType(@NonNull Uri uri) {
    // TO DO: Return the mime-type of a query.
    return null;
  }

  @Nullable
  @Override
  public Uri insert(@NonNull Uri uri, @Nullable ContentValues values) {
    // TO DO: Insert the Content Values and return a URI to the record.
```

```
    return null;
  }

  @Override
  public int delete(@NonNull Uri uri,
                    @Nullable String selection,
                    @Nullable String[] selectionArgs) {
    // TO DO: Delete the matching records and return the number
    //        of records deleted.
    return 0;
  }

  @Override
  public int update(@NonNull Uri uri,
                    @Nullable ContentValues values,
                    @Nullable String selection,
                    @Nullable String[] selectionArgs) {
    // TO DO: Update the matching records with the provided
    //        Content Values, returning the number of records updated.
    return 0;
  }
}
```

在以下内容中，你将学习如何实现 onCreate 处理程序来初始化底层数据源，并更新 query、getType、insert、update 和 delete 等方法，以实现 Content Resolver 用于与数据交互的接口。

10.3.1 创建 Content Provider 的数据库

要初始化计划通过 Content Provider 访问的数据源，需要重写 onCreate 方法，如代码清单 10-2 所示。如果使用的是 SQLite 数据库，则可以使用 SQLiteOpenHelper 实现类来进行处理，如上一章所述。

代码清单 10-2：创建 Content Provider 的数据库

```
private HoardDB.HoardDBOpenHelper mHoardDBOpenHelper;

@Override
public boolean onCreate() {
  // Construct the underlying database.
  // Defer opening the database until you need to perform
  // a query or transaction.
  mHoardDBOpenHelper =
    new HoardDB.HoardDBOpenHelper(getContext(),
                                  HoardDB.HoardDBOpenHelper.DATABASE_NAME,
                                  null,
                                  HoardDB.HoardDBOpenHelper.DATABASE_VERSION);
  return true;
}
```

在本章中，我们将继续使用 SQLite 数据库作为所有示例的底层数据库，但需要知道的是，可以选择任意的数据库实现——可以使用基于云的数据库、完全内存中的数据库或者其他 SQL 或非 SQL 数据库。在本章的后面，我们将在一个 Room 数据库上创建一个 Content Provider，为还在迭代中的地震示例提供搜索结果。可以在第 9 章“创建和使用数据库”中了解有关 SQLite 的更多信息。

10.3.2 注册 Content Provider

与 Activity 和 Service 一样，Content Provider 也是必须在应用的配置清单中进行注册的应用组件，并且这一动作需要在 Content Resolver 可以检索和使用它们之前完成。可以使用包含 name 属性的 provider 标签来完成注册，该标签描述了 Content Provider 的类名和 authorities 属性。

使用 authorities 属性可以定义 Content Provider 的基本 URI，Content Provider 的 authority 可用于 Content Resolver 检索到的要与之交互的数据库地址。

每个 Content Provider 的 authority 必须是唯一的，因此最好将 URI 路径基于包名定义。定义 Content Provider 的 authority 的一般形式如下：

```
com.<CompanyName>.provider.<ApplicationName>
```

完整的 provider 标签应该遵循代码清单 10-3 所示的格式。

代码清单 10-3：在应用的配置清单中注册一个新的 Content Provider

```
<provider android:name=".MyHoardContentProvider"
        android:authorities="com.professionalandroid.provider.hoarder"/>
```

10.3.3 公开 Content Provider 的 URI 地址

按照惯例，每个 Content Provider 都应该使用公有的静态属性 CONTENT_URI 公开权限，该属性包括主要内容的数据路径，如代码清单 10-4 所示。

代码清单 10-4：公开 Content Provider 的权限

```
public static final Uri CONTENT_URI =
  Uri.parse("content://com.professionalandroid.provider.hoarder/lairs");
```

使用 Content Resolver 访问 Content Provider 时，将用到这些内容 URI。使用这种形式进行查询表示请求所有行，而附加的后缀/<rownumber>表示对指定记录的请求：

```
content://com.professionalandroid.provider.hoarder/lairs/5
```

同时支持访问这两种形式的 Provider 是一种很好的做法。最简单的方法就是向 Content Provider 实现添加一个 UriMatcher 对象，从而分析各种 URI，确定其类型并提取详情。

代码清单 10-5 显示了 UriMatcher 的实现模板，该模板分析 URI 的形式，特别是确定 URI 是对所有数据还是对单行数据的请求。

代码清单 10-5：定义 UriMatcher

```
// Create the constants used to differentiate between the different URI requests.
private static final int ALLROWS = 1;
private static final int SINGLE_ROW = 2;

private static final UriMatcher uriMatcher;

// Populate the UriMatcher object, where a URI ending in
// 'elements' will correspond to a request for all items,
// and 'elements/[rowID]' represents a single row.
static {
  uriMatcher = new UriMatcher(UriMatcher.NO_MATCH);
  uriMatcher.addURI("com.professionalandroid.provider.hoarder",
    "lairs", ALLROWS);
  uriMatcher.addURI("com.professionalandroid.provider.hoarder",
    "lairs/#", SINGLE_ROW);
}
```

可以使用相同的技术在代表不同数据子集或数据库中不同表的 Content Provider 中公开备用 URI。

10.3.4 实现 Content Provider 查询

要支持使用 Content Provider 进行查询，必须重写 query 和 getType 方法。Content Resolver 会使用这两个方法来访问底层数据，而不需要了解其结构或实现。这两个方法使应用能够跨应用共享数据，且无须为每个数据源发布特定接口。

在本章中，我们将展示如何使用 Content Provider 来提供对 SQLite 数据库的访问权限。但实际上，可以通过这两个方法访问任何数据源(其中包括 Room 数据库、文件、应用实例变量或基于云的数据库)。

在使用 UriMatcher 区分了查询完整表还是单行数据后，还可以优化查询的请求体，并使用 SQLiteQueryBuilder 类轻松地将其他可选条件应用于查询。

在 Android 4.1 Jelly Bean(API 级别 16)上，Android 扩展了查询方法以支持 CancellationSignal 参数：

```
CancellationSignal mCancellationSignal = new CancellationSignal();
```

可以调用 CancellationSignal 的 cancel 方法通知 Content Provider——我们希望终止当前正在进行的查询：

```
mCancellationSignal.cancel();
```

出于向后兼容的考虑，Android 要求还要实现不包含 CancellationSignal 参数的查询方法，如代码清单 10-6 所示。

代码清单 10-6 显示了使用底层 SQLite 数据库在 Content Provider 中实现 query 方法的框架代码，并使用 SQLiteQueryBuilder 将每个查询参数(包括 CancellationSignal)传递给对底层 SQLite 数据库的查询。

代码清单 10-6：使用 Content Provider 实现查询

```
@Nullable
@Override
public Cursor query(@NonNull Uri uri,
                    @Nullable String[] projection,
                    @Nullable String selection,
                    @Nullable String[] selectionArgs,
                    @Nullable String sortOrder) {
  return query(uri, projection, selection, selectionArgs, sortOrder, null);
}


@Nullable
@Override
public Cursor query(@NonNull Uri uri,
                    @Nullable String[] projection,
                    @Nullable String selection,
                    @Nullable String[] selectionArgs,
                    @Nullable String sortOrder,
                    @Nullable CancellationSignal cancellationSignal) {
  // Open the database.
  SQLiteDatabase db;
  try {
    db = mHoardDBOpenHelper.getWritableDatabase();
  } catch (SQLiteException ex) {
    db = mHoardDBOpenHelper.getReadableDatabase();
  }

  // Replace these with valid SQL statements if necessary.
  String groupBy = null;
  String having = null;

  // Use an SQLite Query Builder to simplify constructing the
  // database query.
  SQLiteQueryBuilder queryBuilder = new SQLiteQueryBuilder();

  // If this is a row query, limit the result set to the passed in row.
  switch (uriMatcher.match(uri)) {
    case SINGLE_ROW :
      String rowID = uri.getLastPathSegment();
      queryBuilder.appendWhere(HoardDB.HoardContract.KEY_ID + "=" + rowID);
    default: break;
  }

  // Specify the table on which to perform the query. This can
  // be a specific table or a join as required.
  queryBuilder.setTables(HoardDB.HoardDBOpenHelper.DATABASE_TABLE);

  // Specify a limit to the number of returned results, if any.
  String limit = null;

  // Execute the query.
  Cursor cursor = queryBuilder.query(db, projection, selection,
    selectionArgs, groupBy, having, sortOrder, limit, cancellationSignal);

  // Return the result Cursor.
  return cursor;
}
```

如果取消正在进行的查询，SQLite 将抛出 OperationCanceledException 异常。如果 Content Provider 不使用 SQLite 数据库，则需要使用 onCancelListener 接口监听取消信号，并自行处理：

```
cancellationSignal.setOnCancelListener(
  new CancellationSignal.OnCancelListener() {
```

```
    @Override
    public void onCancel() {
      // TO DO: 当查询操作被取消时做出响应
    }
  }
);
```

实现查询后，还必须确定 MIME 类型以指示返回的数据类型。重写 getType 方法以返回描述数据类型的唯一字符串。

返回的类型包括两种形式，一种用于单个条目，另一种则用于所有条目。

- 用于单个条目：vnd.android.cursor.item/vnd.<companyname>.<contenttype>。
- 用于所有条目：vnd.android.cursor.dir/vnd.<companyname>.<contenttype>。

代码清单 10-7 显示了如何重写 getType 方法，根据传入的 URI 返回正确的 MIME 类型。

代码清单 10-7：返回一个 Content Provider 的 MIME 类型

```
@Nullable
@Override
public String getType(@NonNull Uri uri) {
  // 返回标识 Content Provider URI 的 MIME 类型的字符串
  switch (uriMatcher.match(uri)) {
    case ALLROWS:
      return "vnd.android.cursor.dir/vnd.professionalandroid.lairs";
    case SINGLE_ROW:
      return "vnd.android.cursor.item/vnd.professionalandroid.lairs";
    default:
      throw new IllegalArgumentException("Unsupported URI: " + uri);
  }
}
```

10.3.5 Content Provider 事务

要想支持在 Content Provider 上删除、插入和更新等事务，需要重写相应的 delete、insert 和 update 方法。与 query 方法一样，Content Resolver 使用这些方法可以在不知道实现的情况下对底层数据执行事务。

在执行修改数据集的事务时，最好调用 Content Resolver 的 notifyChange 方法。这将通知使用 Cursor.registerContentObserver 方法为给定 Cursor 注册的 Content Observer——底层数据表(或特定行)已删除、增加或更新。

代码清单 10-8 展示了在底层 SQLite 数据库上的 Content Provider 中实现事务的框架代码。

代码清单 10-8：Content Provider 的插入、更新、删除的实现

```
@Override
public int delete(@NonNull Uri uri,
                  @Nullable String selection,
                  @Nullable String[] selectionArgs) {

  // 打开读/写数据库以支持事务
  SQLiteDatabase db = mHoardDBOpenHelper.getWritableDatabase();

  // 如果这是行 URI，就将 selection 限制为指定的行
  switch (uriMatcher.match(uri)) {
    case SINGLE_ROW :
      String rowID = uri.getLastPathSegment();
      selection = KEY_ID + "=" + rowID
                  + (!TextUtils.isEmpty(selection) ?
                       " AND (" + selection + ')' : "");
    default: break;
  }

  // 要返回已删除条目的数量，就必须指定 where 子句。要删除所有行，则传入值 1
  if (selection == null)
    selection = "1";

  // 执行删除操作
  int deleteCount = db.delete(HoardDB.HoardDBOpenHelper.DATABASE_TABLE,
```

```
                          selection, selectionArgs);

    // 通知所有的观察者有关数据集的变化
    getContext().getContentResolver().notifyChange(uri, null);

    // 返回已删除条目的数量
    return deleteCount;
  }

  @Nullable
  @Override
  public Uri insert(@NonNull Uri uri, @Nullable ContentValues values) {

    // 打开读/写数据库以支持事务
    SQLiteDatabase db = mHoardDBOpenHelper.getWritableDatabase();

    // 要通过传入空的 Content Values 对象将空行添加到数据库
    // 就必须使用 nullColumnHack 参数指定可以显式设置为 null 的列的名称
    String nullColumnHack = null;

    // 插入值到表中
    long id = db.insert(HoardDB.HoardDBOpenHelper.DATABASE_TABLE,
                 nullColumnHack, values);

    // 构造并返回新插入行的 URI
    if (id > -1) {
      // 构造并返回新插入行的 URI
      Uri insertedId = ContentUris.withAppendedId(CONTENT_URI, id);

      // 通知所有观察者数据集的变化
      getContext().getContentResolver().notifyChange(insertedId, null);

      return insertedId;
    }
    else
      return null;
  }

  @Override
  public int update(@NonNull Uri uri,
                    @Nullable ContentValues values,
                    @Nullable String selection,
                    @Nullable String[] selectionArgs) {

    // 打开读/写数据库以支持事务
    SQLiteDatabase db = mHoardDBOpenHelper.getWritableDatabase();

    // 如果这是行 URI，就将 selection 限制为指定的行
    switch (uriMatcher.match(uri)) {
      case SINGLE_ROW :
        String rowID = uri.getLastPathSegment();
        selection = KEY_ID + "=" + rowID
            + (!TextUtils.isEmpty(selection) ?
                " AND (" + selection + ')' : "");
      default: break;
    }

    // 执行更新操作
    int updateCount = db.update(HoardDB.HoardDBOpenHelper.DATABASE_TABLE,
                         values, selection, selectionArgs);

    // 通知所有观察者数据集的变化
    getContext().getContentResolver().notifyChange(uri, null);

    return updateCount;
  }
```

注意：

使用内容 URI 时，ContentUris 类包含了 withAppendedId 方法，该方法可以轻松地将特定行 ID 附加到 Content Provider 的 CONTENT_URI 上。代码清单 10-8 就使用它来构造新插入行的 URI。

10.3.6 使用 Content Provider 共享文件

不应该在 Content Provider 中存储大文件，而是应该在表中存储文件的完全限定 URI，该 URI 表示为它们

在文件系统中其他的存储位置。

要在表中包含文件，请包含标有_data 的列，该列将包含记录所表示文件的路径——客户端应用不应该直接使用该列，而是当 Content Resolver 通过所提供的 URI 路径来请求与该记录关联的文件时，重写 Content Provider 中的 openFile 处理程序，以提供 ParcelFileDescriptor。

为简化此过程，Android 提供了 openFileHelper 方法，该方法向 Content Provider 查询存储在_data 列中的文件路径，并创建和返回 ParcelFileDescriptor，如代码清单 10-9 所示。

代码清单 10-9：从 Content Provider 返回文件

```
@Nullable
@Override
public ParcelFileDescriptor openFile(@NonNull Uri uri, @NonNull String mode)
  throws FileNotFoundException {

  return openFileHelper(uri, mode);
}
```

注意：

由于与数据库中的行相关联的文件存储在文件系统上，而不是存储在数据库表中，因此务必考虑删除行时对底层文件的影响。

Storage Access Framework(存储访问框架)是应用之间共享文件的一种更好方法，它在 Android 4.4 KitKat(API 级别 19)中被引入。第 8 章“文件、存储状态和用户偏好”已详细介绍了存储访问框架。

10.3.7 向 Content Provider 添加权限要求

Content Provider 的主要目的是与其他应用共享数据。默认情况下，任何知道正确 URI 的应用都可以使用 Content Resolver 访问 Content Provider 并查询其中的数据或执行事务。

如果无意让其他应用访问 Content Provider，请将 android:exported 属性设置为 false，以此来限制只有你的应用可访问 Content Provider：

```
<provider
  android:name=".MyHoardContentProvider"
  android:authorities="com.professionalandroid.provider.hoarder"
  android:exported="false">
</provider>
```

也可以使用权限来限制对 Content Provider 的读写访问权限。

例如，包含敏感信息(如联系人详细信息和通话记录)的原生 Content Provider 分别需要读取和写入权限才能访问和修改内容(关于原生 Content Provider 在 10.5 节“使用 Android 原生 Content Provider”中有更详细的描述)。

使用权限可防止恶意应用破坏数据、获取敏感信息或过度(或未经授权)使用硬件资源或外部通信通道。

Content Provider 最常见的权限用法是限制只能访问使用相同签名进行签名的应用(也就是创建和发布的其他应用)，以便它们可以协同工作。

要实现这一点，必须先在使用者和 Content Provider 应用的配置清单中定义新的权限，以指定签名的保护级别：

```
<permission
  android:name="com.professionalandroid.provider.hoarder.ACCESS_PERMISSION"
  android:protectionLevel="signature">
</permission>
```

还要在每个配置清单中添加相应的 uses-permission 条目：

```
<uses-permission
  android:name="com.professionalandroid.provider.hoarder.ACCESS_PERMISSION"
/>
```

除了限制只有使用相同签名的应用才能访问的签名保护级别之外，还可以将权限按需求定义为正常(normal)

或危险(dangerous)保护级别。正常级别会在安装时向用户显示正常权限，而危险级别则需要在运行时请求用户的同意。

有关创建和使用自己权限的更多详细信息，请参阅第 20 章“高级 Android 开发”。

定义了权限之后，就可以通过修改 Content Provider 的配置清单条目来应用，以指示读取或写入 Content Provider 所需的权限。可以为读取或写入访问指定不同的权限，或者只需要其中的一个权限或另一个权限：

```
<provider
 android:name=".MyHoardContentProvider"
 android:authorities="com.professionalandroid.provider.hoarder"
 android:writePermission=
   "com.professionalandroid.provider.hoarder.ACCESS_PERMISSION"
/>
```

使用 Intent 还可以为应用提供临时权限，以访问或修改特定数据。为此，可以让请求的应用向 Content Provider 的主机应用发送一个 Intent，然后返回另一个包含特定 URI 相应权限的 Intent，该权限会持续到调用 Activity 结束为止。

为了支持临时权限，需要在 Content Provider 的配置清单条目中将 android:grantUriPermissions 属性设置为 true：

```
<provider
 android:name=".MyHoardContentProvider"
 android:authorities="com.professionalandroid.provider.hoarder"
 android:writePermission=
   "com.professionalandroid.provider.hoarder.ACCESS_PERMISSION"
 android:grantUriPermissions="true"
/>
```

这将允许你向用于访问 Content Provider 的任何 URI 授予临时权限。也可以在 provider 节点中使用 grant-uri-permission 子节点来定义特定的路径格式或前缀。

在你的应用中，提供了监听从其他应用发来 Intent 的功能(如第 6 章“Intent 与 Broadcast Receiver”中所述)。收到此类 Intent 后，显示支持所请求动作的 UI，并将 Intent 返回，该 Intent 携带了受影响/选定记录的 URI。然后根据需要设置 FLAG_GRANT_READ_URI_PERMISSION 或 FLAG_GRANT_WRITE_URI_PERMISSION 标志：

```
protected void returnSelectedRecord(int rowId) {
  Uri selectedUri =
    ContentUris.withAppendedId(MyHoardContentProvider.CONTENT_URI,rowId);

  Intent result = new Intent(Intent.ACTION_PICK, selectedUri);
  result.addFlags(FLAG_GRANT_READ_URI_PERMISSION);

  setResult(RESULT_OK, result);
  finish();
}
```

使用此方法，你的应用就在用户的第三方应用和 Content Provider 之间提供了中介功能——例如，提供允许用户选择或修改数据的 UI。

可以通过限制访问的数据量来限制数据泄漏或损坏的风险，并确保应用(扩展到用户)能够取消任何不适当的访问或更改。因此，当使用 Intent 查询或修改数据时，请求的应用不需要请求任何特殊权限。

使用 Intent 授予临时权限的方法被广泛用于提供对原生 Content Provider 的访问权限，正如 10.5 节“使用 Android 原生 Content Provider”中所述。

10.4 使用 Content Resolver 访问 Content Provider

每个应用都包含一个 ContentResolver 实例，可以使用 getContentResolver 方法来访问，如下所示：

```
ContentResolver cr = getContentResolver();
```

Content Resolver 可用于查询和执行 Content Provider 事务。Content Resolver 提供了一些查询和执行 Content

Provider 事务的方法，并使用一个 URI 来指定要与哪个 Content Provider 进行交互。

Content Provider 的 URI 是它在配置清单条目中定义的 authority，通常会作为 Content Provider 实现中的静态常量公开。

如 10.3 节所述，Content Provider 通常接受两种形式的 URI——一种针对所有数据的请求，而另一种仅指定一行数据。后者会将行的标识符(/<rowID>)附加到基本 URI 之后。

10.4.1　查询 Content Provider

Content Provider 查询采用与 SQLite 数据库查询非常相似的形式。查询结果作为结果集和提取值的 Cursor 返回，方式也与上一章描述的 SQLite 数据库的方式相同。

为了使用 Content Resolver 对象的 query 方法，需要传入以下内容：

- 要查询的 Content Provider 的内容 URI。
- 一个 projection 参数，它列出了要包含在结果集中的列名。
- 一个 where 子句，用于定义要返回的行，应该包含通配符？，这个通配符最终会被传入的 selection 参数值替代。
- 一个以 selection 作为参数的字符串数组，该数组中的值将替代 where 子句中对应的？通配符。
- 一个描述返回的数据顺序的字符串。

代码清单 10-10 展示了如何将 Content Resolver 的 query 方法应用到 Content Provider 上。

代码清单 10-10：使用 Content Resolver 查询 Content Provider

```
// 获取一个 Content Resolver
ContentResolver cr = getContentResolver();

// 指定结果列投影(projection 参数)，返回满足要求所需的最小列数
String[] result_columns = new String[] {
  HoardDB.HoardContract.KEY_ID,
  HoardDB.HoardContract.KEY_GOLD_HOARD_ACCESSIBLE_COLUMN,
  HoardDB.HoardContract.KEY_GOLD_HOARDED_COLUMN };

// 指定用于限制结果的 where 子句
String where = HoardDB.HoardContract.KEY_GOLD_HOARD_ACCESSIBLE_COLUMN
               + "=?";
String[] whereArgs = {"1"};

// 必要时替换为有效的 SQL 排序语句
String order = null;

// 返回指定的行
Cursor resultCursor = cr.query(MyHoardContentProvider.CONTENT_URI,
                               result_columns, where, whereArgs, order);
```

在此例中，我们使用 HoardContract 类提供的以静态常量表示的列名和 MyHoardContentProvider 类提供的 CONTENT_URI 进行查询。值得注意的是，第三方应用也可以执行相同的查询，但前提是知道内容 URI 和列名，并具有相应的权限。

大多数 Content Provider 还包括一种快捷的 URI 模式，它允许你通过在内容 URI 中附加行 ID 来寻址特定行。可以使用 ContentUris 类中的静态方法 withAppendedId 来简化此操作，如代码清单 10-11 所示。

代码清单 10-11：查询特定行的 Content Provider

```
private Cursor queryRow(int rowId) {
  // 获取一个 ContentResolver 实例
  ContentResolver cr = getContentResolver();

  // 指定结果列投影(projection 参数)，返回满足要求所需的最小列数
  String[] result_columns = new String[] {
    HoardDB.HoardContract.KEY_ID,
    HoardDB.HoardContract.KEY_GOLD_HOARD_NAME_COLUMN,
    HoardDB.HoardContract.KEY_GOLD_HOARDED_COLUMN };
```

```
  // 在 URI 中附加行 ID 以寻址特定行
  Uri rowAddress =
    ContentUris.withAppendedId(MyHoardContentProvider.CONTENT_URI,rowId);

  // 以下这些为 null，因为我们请求的是单行
  String where = null;
  String[] whereArgs = null;
  String order = null;

  // 返回指定的行
  return cr.query(rowAddress, result_columns, where, whereArgs, order);
}
```

要从结果 Cursor 中提取值，请使用上一章中描述的相同技术，将 moveTo<location>方法与 get<type>方法结合使用，从指定的行和列中提取值。

代码清单 10-12 扩展了代码清单 10-11 中的代码，通过迭代结果 Cursor 显示最大的 hoard 的名称。

代码清单 10-12：从 Content Provider 的结果 Cursor 中提取值

```
float largestHoard = 0f;
String largestHoardName = "No Hoards";

// 找到正在使用的列的索引
int GOLD_HOARDED_COLUMN_INDEX = resultCursor.getColumnIndexOrThrow(
  HoardDB.HoardContract.KEY_GOLD_HOARDED_COLUMN);
int HOARD_NAME_COLUMN_INDEX = resultCursor.getColumnIndexOrThrow(
  HoardDB.HoardContract.KEY_GOLD_HOARD_NAME_COLUMN);

// 迭代 Cursor 中的行
// Cursor 首先被初始化，所以我们只能检查是否有下一行可用。如果结果 Cursor 为空，则返回 false
while (resultCursor.moveToNext()) {
  float hoard = resultCursor.getFloat(GOLD_HOARDED_COLUMN_INDEX);
  if (hoard > largestHoard) {
    largestHoard = hoard;
    largestHoardName = resultCursor.getString(HOARD_NAME_COLUMN_INDEX);
  }
}

//完成后关闭 Cursor
resultCursor.close();
```

使用完结果 Cursor 后，必须将 Cursor 关闭，这很重要，该操作有助于避免内存泄漏并减少应用的资源负载。

```
resultCursor.close();
```

在本章后面的 10.5 节“使用 Android 原生 Content Provider”中，在介绍 Android 原生 Content Provider 时，你还会看到更多内容查询示例。

> **警告：**
> 执行数据库查询可能会花费大量的时间，但默认情况下，Content Resolver 将在应用的主线程中执行查询和其他事务。
> 所以，为了确保应用保持顺畅和响应及时，必须异步执行所有查询，本章后面将对此进行介绍。

10.4.2 取消查询

Android 4.1 Jelly Bean(API 级别 16)扩展了 Content Resolver 的 query 方法，以支持使用 CancellationSignal 参数：

```
CancellationSignal mCancellationSignal = new CancellationSignal();
```

Android Support Library 包含了一个 ContentResolverCompat 类，它允许以向后兼容的方式支持查询取消操作：

```
Cursor resultCursor = ContentResolverCompat.query(cr,
                    MyHoardContentProvider.CONTENT_URI,
                    result_columns, where, whereArgs, order,
                    mCancellationSignal);
```

通过使用 CancellationSignal 的 cancel 方法，可以通知 Content Provider 我们希望终止查询：

```
mCancellationSignal.cancel();
```

如果查询在运行时被取消，将抛出 OperationCanceledException 异常。

10.4.3 使用 Cursor Loader 异步查询内容

数据库操作可能非常耗时，因此非常重要的一点是，不在主线程上执行数据库或 Content Provider 的查询及事务。

为了帮助简化管理 Cursor 的过程，正确地与 UI 线程同步，并确保所有查询都发生在后台线程中，Android 提供了 Loader 类。

Loader 和 Loader Manager 用于简化异步后台数据加载。Loader 创建了一个后台线程，在该线程中执行数据库的查询和事务，然后与 UI 线程进行同步，并通过回调处理程序返回处理后的数据。

Loader Manager 包含简单的缓存，以确保 Loader 不会因设备配置更改而被 Activity 重启中断，并且 Loader 可以感知 Activity 和 Fragment 的生命周期事件，这可以确保在 Activity 或 Fragment 永久销毁时删除 Loader。

可以扩展 AsyncTaskLoader 类来为任何数据源加载任何类型的数据，特别有趣的是 CursorLoader 类。Cursor Loader 是专门为支持对 Content Provider 的异步查询而设计的，它返回一个结果 Cursor，并且还会对底层 Content Provider 的任何更新进行通知。

> **注意：**
> 为了保持简洁和维护封装的代码，并非本章中的所有示例都显式地表明在进行 Content Provider 查询时使用了 Cursor Loader——这其实很糟糕，我们对此感到不满。对于应用而言，在 Content Provider 或数据库上执行查询或事务时，始终使用 Cursor Loader 或其他后台线程技术则显得尤为重要。

Cursor Loader 处理使用 Cursor 时所需的所有管理任务，包括管理 Cursor 生命周期，以确保在 Activity 终止时将其关闭。

Cursor Loader 还会观察底层查询的更改，因此无须再实现自己的 Content Observer。

1. 实现 Cursor Loader 回调

要使用 Cursor Loader，请创建一个新的 LoaderManager.LoaderCallbacks 实现类。LoaderCallbacks 是使用泛型实现的，所以在实现自己的类时，应该显式地指定要加载的类型，在本例中是 Cursor：

```
LoaderManager.LoaderCallbacks<Cursor> loaderCallback
  = new LoaderManager.LoaderCallbacks<Cursor>() {

  @Override
  public Loader<Cursor> onCreateLoader(int id, Bundle args) {
    return null;
  }

  @Override
  public void onLoadFinished(Loader<Cursor> loader, Cursor data) {}

  @Override
  public void onLoaderReset(Loader<Cursor> loader) {}
};
```

如果需要在 Activity 或 Fragment 中实现 Loader，通常只需要让组件实现 LoaderCallbacks 接口即可：

```
public class MyActivity extends AppCompatActivity implements LoaderManager. LoaderCallbacks<Cursor>
```

LoaderCallbacks 接口由以下三个方法组成：

- onCreateLoader——在初始化 Loader 时回调，该方法应该创建并返回一个新的 CursorLoader 对象。CursorLoader 对象的构造函数参数反映了使用 Content Resolver 执行查询所需的参数。因此，当执行此处理程序时，所指定的查询参数将用于执行使用 Content Resolver 的查询操作。请注意不需要(或支持)CancellationSignal。相反，Cursor Loader 会创建自己的 CancellationSignal 对象，可以调用 cancelLoad 方法来触发该对象。

- onLoadFinished——当 Loader Manager 完成异步查询时，将调用 onLoadFinished 方法，并将结果 Cursor 作为参数传入。可以使用结果 Cursor 更新适配器和其他 UI 元素。
- onLoaderReset——当 Loader Manager 重置 Cursor Loader 时，将调用 onLoaderReset 方法。在该方法中，应该释放对查询返回的数据的任何引用，并相应地重置 UI。Cursor 将由 Loader Manager 关闭，因此无须关闭 Cursor。

代码清单 10-13 显示了实现 Cursor Loader 回调的框架代码。

代码清单 10-13：Cursor Loader 回调的实现

```
public Loader<Cursor> onCreateLoader(int id, Bundle args) {
  // 以 Cursor Loader 的形式构造一个新的查询，使用 id 参数构造并返回不同的 Loader
  String[] projection = null;
  String where = null;
  String[] whereArgs = null;
  String sortOrder = null;

  // 查询的 URI
  Uri queryUri = MyHoardContentProvider.CONTENT_URI;

  // 创建一个新的 Cursor Loader
  return new CursorLoader(this, queryUri, projection,
                          where, whereArgs, sortOrder);
}

public void onLoadFinished(Loader<Cursor> loader, Cursor cursor) {
  // 在主线程中可以利用加载的数据更新 UI
  // 如果在配置更改后调用 initLoader 方法，则会自动返回缓存的数据
}

public void onLoaderReset(Loader<Cursor> loader) {
  // 处理 Cursor Loader(或其父级)完全销毁时所需的任何清理，例如应用被终止
  // 请注意，Cursor Loader 将会关闭底层的结果 Cursor
}
```

2. 初始化、重启和取消 Cursor Loader

要初始化一个新的 Cursor Loader，可以调用 Loader Manager 的 initLoader 方法，并传入 Cursor Loader 回调的实现、一个可选的 Bundle 参数和一个 Loader 标识符。在这里，我们和本书的其余部分一样，将使用 Loader Manager 的支持库来确保向后兼容。另外需要注意的是，在代码片段中，Activity 实现了 LoaderCallbacks 接口类：

```
Bundle args = null;
// 初始化 Cursor Loader, this 是指实现了回调的宿主 Activity
getSupportLoaderManager().initLoader(LOADER_ID, args, this);
```

这通常在宿主 Activity 的 onCreate 方法(或 Fragment 的 onActivityCreated 方法)中完成。

如果与所使用标识符对应的 Cursor Loader 尚不存在，则在相关 LoaderCallbacks 接口类的 onCreateLoader 方法中创建它。

在大多数情况下，以上就是执行初始化所需要的全部内容。Loader Manager 将处理初始化的任何 Cursor Loader 的生命周期、底层查询和生成的 Cursor，还包括查询结果中的任何更改。

如果 Cursor Loader 在设备配置更改期间加载完成，则结果 Cursor 将处于排队状态，并且在重建父 Activity 或 Fragment 之后，可以通过 onLoadFinished 方法接收。

创建 Cursor Loader 后，将结果跨设备配置更改进行缓存。重复调用 initLoader 方法时，将立即通过 onLoadFinished 方法返回最后的结果集——而不会调用 Cursor Loader 的 onStartLoading 方法。通过消除重复的数据库读取及相关处理，可以为你节省大量的时间和电池电量。

如果想丢弃以前的 Cursor Loader 并重新创建它，可使用 restartLoader 方法：

```
getSupportLoaderManager().restartLoader(LOADER_ID, args, this);
```

这通常仅在查询参数更改时才需要——例如搜索查询、排序或过滤参数变更。

如果要在 Cursor Loader 运行时取消它，可以调用 cancelLoad 方法：

```
getSupportLoaderManager().getLoader(LOADER_ID).cancelLoad();
```

该方法将触发 Cursor Loader 内部的 CancellationSignal 信号，然后将其传递给关联的 Content Provider。

10.4.4 添加、删除和更新内容

要在 Content Provider 中执行事务，需要使用 Content Resolver 的 insert、delete 和 update 方法。与 query 方法一样，必须将 Content Provider 的事务显式移动到后台工作线程，以避免因为执行可能耗时的操作而阻塞 UI 线程。

1. 插入内容

Content Resolver 提供了两种将新记录插入 Content Provider 的方法：insert 和 bulkInsert。这两个方法都接收要插入 Content Provider 的 URI， insert 方法还接收单个新的 ContentValues 对象，而 bulkInsert 方法则接收它们的数组。

insert 方法会返回新添加记录的 URI，而 bulkInsert 方法会返回成功添加的行数。

代码清单 10-14 展示了如何使用 insert 方法向 Content Provider 添加一行新数据。

代码清单 10-14：插入一行新的数据到 Content Provider 中

```
// 创建要插入的新行
ContentValues newValues = new ContentValues();

//为每行分配值
newValues.put(HoardDB.HoardContract.KEY_GOLD_HOARD_NAME_COLUMN,
  newHoardName);
newValues.put(HoardDB.HoardContract.KEY_GOLD_HOARDED_COLUMN,
  newHoardValue);
newValues.put(HoardDB.HoardContract.KEY_GOLD_HOARD_ACCESSIBLE_COLUMN,
  newHoardAccessible);

// 获取 Content Resolver
ContentResolver cr = getContentResolver();

// 插入该行到表中
Uri newRowUri = cr.insert(MyHoardContentProvider.CONTENT_URI,newValues);
```

2. 删除内容

为了删除单条记录，需要调用 Content Resolver 的 delete 方法，并传入要删除行的 URI。也可以指定 where 子句以删除多行。调用 delete 方法将返回删除的行数。代码清单 10-15 演示了如何删除与给定条件匹配的行数。

代码清单 10-15：从 Content Provider 中删除行

```
// 指定 where 子句，确定要删除的行。根据需要指定 where 参数
String where = HoardDB.HoardContract.KEY_GOLD_HOARDED_COLUMN +"=?";
String[] whereArgs = {"0"};

// 获取 Content Resolver
ContentResolver cr = getContentResolver();

// 删除匹配的行
int deletedRowCount =
  cr.delete(MyHoardContentProvider.CONTENT_URI, where, whereArgs);
```

3. 更新内容

可以使用 Content Resolver 的 update 方法更新行，update 方法接收三个参数，其中包括目标 Content Provider 的 URI、一个将列名映射到更新值的 ContentValues 对象，以及一个描述要更新哪些行的 where 子句。

执行更新时，会使用指定的 Content Values 更新与 where 子句匹配的每一行，并返回成功更新的行数。

也可以通过指定唯一的 URI 来更新特定的行，如代码清单 10-16 所示。

代码清单 10-16：更新 Content Provider 中的记录

```
// 创建可以寻址特定行的 URI
Uri rowURI =
  ContentUris.withAppendedId(MyHoardContentProvider.CONTENT_URI,
                             hoardId);

// 创建更新的行内容，并为每行分配值
ContentValues updatedValues = new ContentValues();
updatedValues.put(HoardDB.HoardContract.KEY_GOLD_HOARDED_COLUMN,
                  newHoardValue);
// [ ……重复更新每列 ……]

// 如果我们指定了特定行，则不需要 where 子句
String where = null;
String[] whereArgs = null;

// 获取 Content Resolver
ContentResolver cr = getContentResolver();
// 更新指定的行
int updatedRowCount =
  cr.update(rowURI, updatedValues, where, whereArgs);
```

10.4.5 访问存储在 Content Provider 中的文件

在前面的内容中，我们介绍了如何在 Content Provider 中存储文件。要访问存储在 Content Provider 中的文件或将新文件插入 Content Provider，可使用 Content Resolver 的 openOutputStream 或 openInputStream 方法。

传入一个指向所需文件的 Content Provider 行的 URI，Content Provider 将使用 openFile 方法来解析请求，并将输入流或输出流返回到请求的文件，如代码清单 10-17 所示。

代码清单 10-17：从 Content Provider 读取文件或向 Content Provider 写入文件

```
public void addNewHoardWithImage(int rowId, Bitmap hoardImage) {
  // 创建寻址特定行的 URI
  Uri rowURI =
    ContentUris.withAppendedId(MyHoardContentProvider.CONTENT_URI, rowId);

  // 获取 Content Resolver
  ContentResolver cr = getContentResolver();

  try {
    // 使用行的 URI 打开一个输出流
    OutputStream outStream = cr.openOutputStream(rowURI);
    // 压缩位图并保存到 ContentProvider 中
    hoardImage.compress(Bitmap.CompressFormat.JPEG, 80, outStream);
  }
  catch (FileNotFoundException e) {
    Log.d(TAG, "No file found for this record.");
  }
}

public Bitmap getHoardImage(long rowId) {
  Uri myRowUri =
    ContentUris.withAppendedId(MyHoardContentProvider.CONTENT_URI, rowId);

  try {
    // 使用新行的 URI 打开一个输入流
    InputStream inStream =
      getContentResolver().openInputStream(myRowUri);

    // 制作位图的副本
    Bitmap bitmap = BitmapFactory.decodeStream(inStream);
    return bitmap;
  }
  catch (FileNotFoundException e) {
    Log.d(TAG, "No file found for this record.");
  }

  return null;
}
```

10.4.6 访问权限受限的 Content Provider

许多 Content Provider 在读取和写入之前都需要特定权限。例如，包含联系人详细信息和通话记录等敏感信息的原生 Content Provider 的读取和写入访问都受权限的保护。10.5 节“使用 Android 原生 Content Provider”将更详细地描述原生 Content Provider。

要查询或修改对权限有要求的 Content Provider，需要在配置清单中声明相应的 uses-permission 以分别读取或写入它们：

```
<uses-permission android:name="android.permission.READ_CONTACTS"/>
<uses-permission android:name="android.permission.WRITE_CALL_LOG"/>
```

作为常规安装流程的一部分，用户会授予配置清单权限，但在 Android 6.0 Marshmallow(API 级别 23)中引入了对危险任务(包括那些保护访问潜在敏感信息的任务)的额外要求。

危险权限需要用户在应用中首次访问时通过运行时权限请求，以确认用户明确允许。

每次尝试访问受危险权限保护的 Content Provider 时，都必须调用 ActivityCompat.checkSelfPermission 方法，传入适当的权限常量以确定是否有权访问 Content Provider。如果用户授予了权限，它将返回 PERMISSION_GRANTED；如果用户拒绝或尚未授予访问权限，则返回 PERMISSION_DENIED：

```
int permission = ActivityCompat.checkSelfPermission(this,
                Manifest.permission.READ_CONTACTS);

if (permission==PERMISSION_GRANTED) {
  // 访问 Content Provider
} else {
  //请求权限或者使用弹窗提示为什么此功能无法使用
}
```

如果尚未授予权限，则可以使用 ActivityCompat 类的 shouldShowRequestPermissionRationale 方法来判断应用是否是第一次向用户提出权限请求——返回 false 结果或者指明用户是否已拒绝过一次权限请求。如果是后一种情况，可以考虑使用其他上下文来描述需要请求权限的原因，然后再次向用户展示权限请求对话框：

```
if (ActivityCompat.shouldShowRequestPermissionRationale(
    this, Manifest.permission.READ_CALL_LOG)) {
  // TO DO: 显示请求权限的其他根据
}
```

要显示系统的运行时权限请求对话框，请调用 ActivityCompat.requestPermission 方法，指定所需的权限：

```
ActivityCompat.requestPermissions(this,
  new String[]{Manifest.permission.READ_CONTACTS},
  CONTACTS_PERMISSION_REQUEST);
```

这会显示一个不可定制的标准 Android 对话框。当用户接受或拒绝运行时请求时，可以通过重写 onRequestPermissionResult 处理程序接收回调结果：

```
@Override
public void onRequestPermissionsResult(int requestCode,
                                       @NonNull String[] permissions,
                                       @NonNull int[] grantResults) {
  super.onRequestPermissionsResult(requestCode, permissions, grantResults);
  // TO DO: 对用户接收/拒绝权限进行响应
}
```

通常的做法是监听这个回调，如果授予执行权限，则执行之前受权限检查方法保护的功能。对于用户而言，看到的是在请求动作完成之前显示的间隙权限对话框。这通常比必须重新开始动作要合适，需要特别注意的是，不要创建请求-拒绝-再请求这样的循环流程。

10.5 使用 Android 原生 Content Provider

Android 公开了几个原生 Content Provider，可以使用本章前面描述的技术直接访问它们。android.provider 包中有许多有用的 Content Provider，其中包括以下内容：

- **浏览器**——读取或修改浏览器以及浏览器的搜索历史。
- 日历——创建新事件，删除、更新和读取现有日历的事件条目。其中包括修改与会者列表和设置提醒。
- **Call Log 和 Blocked Number**——Call Log Provider 存储了通话历史记录，包括呼入和呼出、未接呼叫和已呼叫的细信息，比如呼叫者 ID 和呼叫持续时间。Blocked Number(拦截号码)公开了包含被阻止号码和电子邮件地址的表格。
- 联系人——检索、修改或存储联系人详细信息。
- **Media Store**——提供对设备上多媒体的集中管理访问，包括音频、视频和图像。可以在 Media Store 中存储自己的多媒体文件并使其全局可用，如第 17 章“音频、视频和使用摄像头”所述。

在构建应用来扩展或替代使用了这些 Content Provider 的原生应用时，应该尽可能地使用原生的 Content Provider，而不是复制它们。

10.5.1 访问 Call Log Content Provider

Android Call Log 包含已拨和已接来电的信息。访问 Call Log 受配置清单中 READ_CALL_LOG 用户权限的保护：

```
<uses-permission android:name="android.permission.READ_CALL_LOG"/>
```

对于运行 Android 6.0 Marshmallow(API 级别 23)及其上版本的 Android 设备，还需要对应的运行时权限：

```
int permission = ActivityCompat.checkSelfPermission(this,
                 Manifest.permission.READ_CALL_LOG);
```

可使用 Content Resolver 通过 CONTENT_URI 静态常量来查询 Call Log Calls 表：CallLog.Calls.CONTENT_URI。

Call Log 用于存储所有呼入和呼出的详细信息，例如呼叫的日期/时间、电话号码和呼叫持续时间，以及呼叫者的详细信息(如姓名、URI 和照片)的缓存值。代码清单 10-18 显示了如何查询所有拨出的 Call Log，并显示每个通话者的名字、号码和持续时间。

代码清单 10-18：访问 Call Log Content Provider

```
//创建一个将结果 Cursor 限制为所需列的投影
String[] projection = {
  CallLog.Calls.DURATION,
  CallLog.Calls.NUMBER,
  CallLog.Calls.CACHED_NAME,
  CallLog.Calls.TYPE
};

// 仅返回拨打电话
String where = CallLog.Calls.TYPE + "=?";
String[] whereArgs = {String.valueOf(CallLog.Calls.OUTGOING_TYPE)};

// 获取通话记录提供者 Cursor
Cursor cursor =
  getContentResolver().query(CallLog.Calls.CONTENT_URI,
    projection, where, whereArgs, null);

// 获取列的索引
int durIdx = cursor.getColumnIndexOrThrow(CallLog.Calls.DURATION);
int numberIdx = cursor.getColumnIndexOrThrow(CallLog.Calls.NUMBER);
int nameIdx = cursor.getColumnIndexOrThrow(CallLog.Calls.CACHED_NAME);

// 初始化结果集
String[] result = new String[cursor.getCount()];
```

```
// 迭代结果 Cursor
while (cursor.moveToNext()) {
  String durStr = cursor.getString(durIdx);
  String numberStr = cursor.getString(numberIdx);
  String nameStr = cursor.getString(nameIdx);

  result[cursor.getPosition()] = numberStr + " for " + durStr + "sec" +
                          ((null == nameStr) ?
                          "" : " (" + nameStr + ")");
  Log.d(TAG, result[cursor.getPosition()]);
}

// 关闭 Cursor
cursor.close();
```

10.5.2 使用 Media Store Content Provider

Android Media Store 是音频、视频和图像文件的托管存储库。

在向文件系统添加新的多媒体文件时，它们也应该被添加到 Media Store，如第 17 章所述。这样做可以将它们暴露给其他应用，包括媒体播放器。在大多数情况下，没有必要(或建议)直接修改 Media Store Content Provider 中的内容。

要访问 Media Store 中可用的媒体，需要了解 MediaStore 类，包括 Audio、Video 和 Images 子类，这些子类又包含用于为相应媒体 Provider 提供列名和内容 URI 的子类。

Media Store 分隔了保存在主机设备的内部卷和外部卷中的媒体文件。每个 MediaStore 子类都使用以下形式为内部或外部存储的媒体文件提供 URI：

- MediaStore.<mediatype>.Media.EXTERNAL_CONTENT_URI
- MediaStore.<mediatype>.Media.INTERNAL_CONTENT_URI

代码清单 10-19 所示的代码片段用于查找存储在内部卷中的每个音频片段的歌曲标题和专辑名。

代码清单 10-19：访问 Media Store Content Provider

```
// 获取外部卷中所有音频的 Cursor，提取歌曲标题和专辑名
String[] projection = new String[] {
  MediaStore.Audio.AudioColumns.ALBUM,
  MediaStore.Audio.AudioColumns.TITLE
};

Uri contentUri = MediaStore.Audio.Media.INTERNAL_CONTENT_URI;

Cursor cursor =
  getContentResolver().query(contentUri, projection,
                          null, null, null);

// 获取我们需要的列的索引
int albumIdx =
  cursor.getColumnIndexOrThrow(MediaStore.Audio.AudioColumns.ALBUM);
int titleIdx =
  cursor.getColumnIndexOrThrow(MediaStore.Audio.AudioColumns.TITLE);

// 创建一个数组来存储结果集
String[] result = new String[cursor.getCount()];

// 迭代 Cursor，提取每个专辑名称和歌曲标题
while (cursor.moveToNext()) {
    // 提取歌曲标题
  String title = cursor.getString(titleIdx);
    // 提取专辑名称
  String album = cursor.getString(albumIdx);

  result[cursor.getPosition()] = title + " (" + album + ")";
}

// 关闭 Cursor
cursor.close();
```

注意：
在第 17 章中，将学习如何通过指定特定多媒体项的 URI 来播放存储在 Media Store 中的音频和视频资源，以及如何正确地将媒体文件添加到 Media Store 中。

10.5.3 使用联系人 Content Provider

Android 为任何已获得 READ_CONTACTS 权限的应用提供完整的联系人信息数据库。

ContactsContract Content Provider 提供了联系信息的可扩展数据库。这允许用户使用和组合多个源以获取联系信息。更重要的是，允许开发人员随意扩展针对每个联系人存储的数据，甚至成为联系人和联系人详细信息的可替代 Provider。

ContactsContract Content Provider 使用三层数据模型来存储数据，并将其与联系人关联，使用以下子类将其聚合到个人，而不是提供单个完全定义好的联系人详细信息列表。

- Data——底层表 Data 中的每一行都定义了一组个人数据(电话号码、电子邮件地址等)，由 MIME 类型区分。尽管每个可用的个人数据类型都有一组预定义的通用列名(以及 ContactsContract.CommonDataKinds 类中子类的相应 MIME 类型)，但 Data 表可用于存储任何值。
  存储在特定行中的数据类型由为该行指定的 MIME 类型决定。然后，使用一系列泛型列来存储多达 15 种不同的数据，这些数据因 MIME 类型而异。
  将新数据添加到数据表时，可以指定与一组数据关联的原始联系人。
- Raw Contacts ——用户可以将多个联系人账户的 Provider 添加到他们的设备中——例如，他们添加了多个 Gmail 账户。Raw Contacts 表中的每一行定义了一个账户，该账户与一组数据值相关联。
- Contacts——Android Contacts 应用将来自设备上每个账户的所有联系人聚合在一个列表中进行公开。同一个人可能作为一个联系人出现在多个账户中——例如，你的爱人可能会同时出现在你的个人和工作 Gmail 账户中。Contacts 表代表在 Raw Contacts 表中使用多行描述同一人数据的聚合，因此它们在 Android 的联系人应用中显示为条目。

这些表的内容将被聚合，如图 10-1 所示。

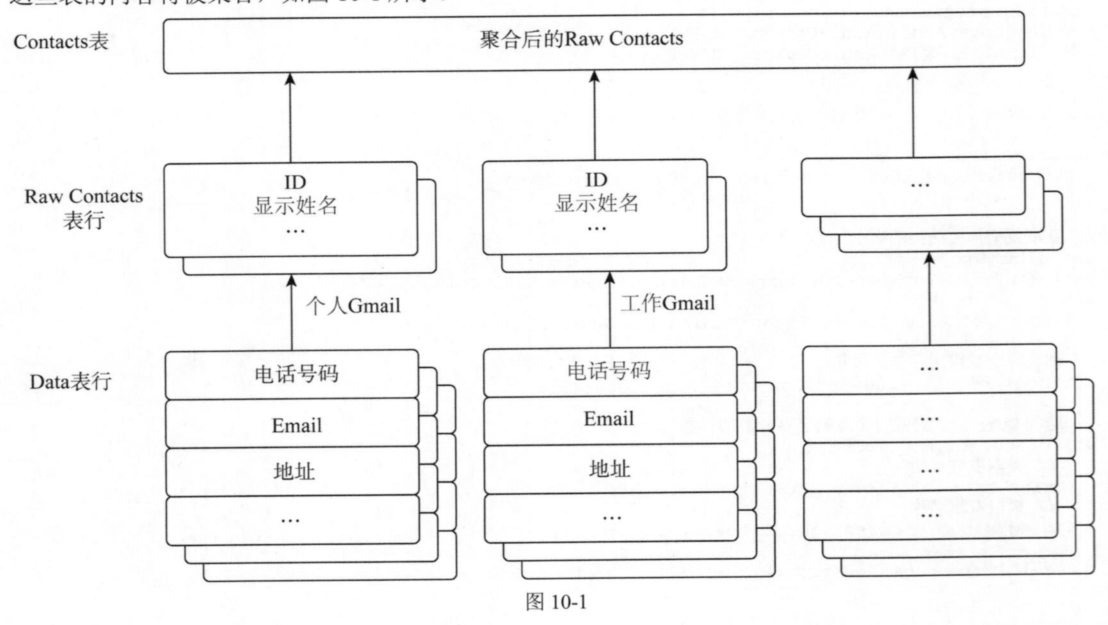

图 10-1

通常，将使用 Data 表来添加、删除或修改存储在现有联系人账户上的数据，使用 Raw Contacts 表来创建和管理账户，使用 Contacts 和 Data 表来查询数据库以提取联系人的详细信息。

1. 读取联系人详细信息

要访问任何 ContactsContract Content Provider，必须在应用的配置清单中包含 READ_CONTACTS 用户权限：

```
<uses-permission android:name="android.permission.READ_CONTACTS"/>
```

运行 Android 6.0 Marshmallow(API 级别 23)的 Android 设备也需要相应的运行时权限：

```
int permission = ActivityCompat.checkSelfPermission(this,
                 Manifest.permission.READ_CONTACTS);
```

使用 Content Resolver 通过各自的 CONTENT_URI 静态常量来查询之前描述的三个 ContactsContract Content Provider 中的任何一个。每个类都包含列名作为静态属性。

代码清单 10-20 在 Contacts 表中查询通讯录中每个人的 Cursor，创建一个包含每个联系人姓名和唯一 ID 的字符串数组。

代码清单 10-20：访问 ContactsContract Content Provider

```
// 创建一个将结果 Cursor 限制为所需列的投影
String[] projection = {
    ContactsContract.Contacts._ID,
    ContactsContract.Contacts.DISPLAY_NAME
};

//获取 Cursor
Cursor cursor =
  getContentResolver().query(ContactsContract.Contacts.CONTENT_URI,
                             projection, null, null, null);

// 获取列的索引
int nameIdx =
  cursor.getColumnIndexOrThrow(ContactsContract.Contacts.DISPLAY_NAME);
int idIdx =
  cursor.getColumnIndexOrThrow(ContactsContract.Contacts._ID);

// 初始化结果集
String[] result = new String[cursor.getCount()];

// 迭代结果 Cursor
while(cursor.moveToNext()) {
   // 提取姓名
   String name = cursor.getString(nameIdx);
   // 提取唯一 ID
   String id = cursor.getString(idIdx);

   result[cursor.getPosition()] = name + " (" + id + ")";
}

// 关闭 Cursor
cursor.close();
```

ContactsContract.Data Content Provider 用于存储所有联系人详细信息，例如地址、电话号码和电子邮件地址。在大多数情况下，你可能会根据完整或部分联系人姓名来查询联系人详细信息。

为了简化，Android 提供了 ContactsContract.Contacts.CONTENT_FILTER_URI 作为查询 URI。将完整或部分名称作为 URI 的附加路径段附加到上述查找中。要提取关联的联系人详细信息，请从返回的 Cursor 中查找_ID 值，并使用它在 Data 表上创建查询。

Data 表中每行的内容取决于为该行指定的 MIME 类型。因此，对 Data 表的任何查询都必须根据 MIME 类型过滤行，以表示完全提取数据。

代码清单 10-21 显示了如何使用 CommonDataKinds 子类提供的联系人详细信息列名，从数据表中提取出特定联系人的姓名和移动电话号码。

代码清单 10-21：根据联系人姓名查找联系人详细信息

```
ContentResolver cr = getContentResolver();
String[] result = null;
```

```
// 使用部分名字匹配查找联系人
String searchName = "john";
Uri lookupUri =
  Uri.withAppendedPath(ContactsContract.Contacts.CONTENT_FILTER_URI,
                       searchName);

// 创建所需列名的投影(projection)。
String[] projection = new String[] {
  ContactsContract.Contacts._ID
};

// 获取将返回所匹配名字的 ID 的 Cursor
Cursor idCursor = cr.query(lookupUri,
  projection, null, null, null);

// 提取第一个匹配的 ID(如果存在的话)
String id = null;
if (idCursor.moveToFirst()) {
  int idIdx =
    idCursor.getColumnIndexOrThrow(ContactsContract.Contacts._ID);
  id = idCursor.getString(idIdx);
}

// 关闭 Cursor
idCursor.close();

//创建一个新的 Cursor，搜索与返回的联系人 ID 相关联的数据
if (id != null) {
  // 返回联系人的所有 Phone 数据
  String where = ContactsContract.Data.CONTACT_ID +
    " = " + id + " AND " +
    ContactsContract.Data.MIMETYPE + " = '" +
    ContactsContract.CommonDataKinds.Phone.CONTENT_ITEM_TYPE +
    "'";

  projection = new String[] {
    ContactsContract.Data.DISPLAY_NAME,
    ContactsContract.CommonDataKinds.Phone.NUMBER
  };

  Cursor dataCursor =
    getContentResolver().query(ContactsContract.Data.CONTENT_URI,
      projection, where, null, null);

  // 获取所需列的索引
  int nameIdx =
    dataCursor.getColumnIndexOrThrow(ContactsContract.Data.DISPLAY_NAME);
  int phoneIdx =
    dataCursor.getColumnIndexOrThrow(
      ContactsContract.CommonDataKinds.Phone.NUMBER);

  result = new String[dataCursor.getCount()];

  while(dataCursor.moveToNext()) {
    // 提取姓名
    String name = dataCursor.getString(nameIdx);
    // 提取电话号码
    String number = dataCursor.getString(phoneIdx);

    result[dataCursor.getPosition()] = name + " (" + number + ")";
  }

  dataCursor.close();
}
```

Contacts 子类还提供电话号码查找 URI，以帮助查找与特定电话号码关联的联系人。此查询经过高度优化，可快速返回呼叫者 ID 的通知结果。

可以使用 ContactsContract.PhoneLookup.CONTENT_FILTER_URI，追加要查找的号码作为附加路径，如代码清单 10-22 所示。

代码清单 10-22：执行呼叫者查找

```
String incomingNumber = "(555) 123-4567";
```

```
String result = "Not Found";

Uri lookupUri =
  Uri.withAppendedPath(ContactsContract.PhoneLookup.CONTENT_FILTER_URI,incomingNumber);

String[] projection = new String[] {
  ContactsContract.Contacts.DISPLAY_NAME
};

Cursor cursor = getContentResolver().query(lookupUri,
  projection, null, null, null);

if (cursor.moveToFirst()) {
  int nameIdx =
    cursor.getColumnIndexOrThrow(ContactsContract.Contacts.DISPLAY_NAME);

  result = cursor.getString(nameIdx);
}

cursor.close();
```

2. 使用 Intents API 作为联系人 Content Provider

ContactsContract(联系人) Content Provider 包含了一种基于 Intent 的机制，可以使用现有的联系人应用(通常是本机上的联系人应用)来查看、插入或选择联系人。

这是非常好的实践，优点在于为用户提供了一致的界面来执行相同的任务，从而避免了歧义，提高了用户的整体体验。因为用户有权在不影响 Content Provider 的情况下终止动作，所以不需要任何特殊权限就可以使用此技术选择或创建新联系人。

3. 使用 Intent 访问联系人

要显示联系人列表供用户选择，可以使用 Intent.ACTION_PICK 作为动作的值，并使用 setType 方法指示希望使用的联系人数据的 MIME 类型。代码清单 10-23 要求我们选择带有电话号码的联系人。

代码清单 10-23：选择联系人

```
private static int PICK_CONTACT = 0;

private void pickContact() {
  Intent intent = new Intent(Intent.ACTION_PICK);
  intent.setType(ContactsContract.CommonDataKinds.Phone.CONTENT_TYPE);
  startActivityForResult(intent, PICK_CONTACT);
}
```

这将显示可用联系人的 List View(如图 10-2 所示)。

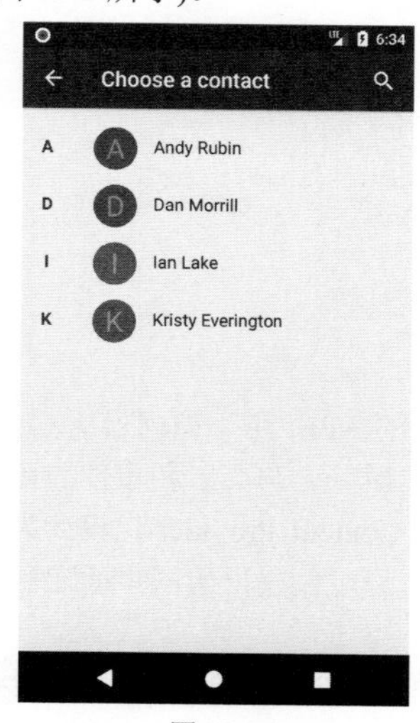

图 10-2

当用户选择联系人时，联系人信息将作为查询 URI 存储在要返回的 Intent 的 data 属性中，随着 Intent 一起返回。要检索特定的联系人详细信息，请通过查找 URI 使用 Content Resolver 来执行查询操作，并提取所需的详细信息，代码如下所示：

```
@Override
protected void onActivityResult(int requestCode, int resultCode, Intent data) {
  super.onActivityResult(requestCode, resultCode, data);
  if ((requestCode == PICK_CONTACT) && (resultCode == RESULT_OK)) {
    Uri selectedContact = data.getData();
      Cursor cursor = getContentResolver().query(selectedContact,
        null, null, null, null);
      // 如果返回的 Cursor 可用，则获取电话号码
      if (cursor != null && cursor.moveToFirst()) {
        int numberIndex = cursor.getColumnIndex(
          ContactsContract.CommonDataKinds.Phone.NUMBER);
        String number = cursor.getString(numberIndex);

        int nameIndex = cursor.getColumnIndex(
          ContactsContract.CommonDataKinds.Identity.DISPLAY_NAME);
        String name = cursor.getString(nameIndex);

        // TO DO: 使用所选的姓名和电话号码执行某些操作
      }
  }
}
```

联系人应用在 Activity 的整个生命周期中将读写权限委托给这个内容 URI，这意味着可以使用它访问相关的数据，而无须请求特殊的权限。

4. 通过 Intent 插入或修改联系人

要插入新的联系人，需要使用一个 Intent，这个 Intent 指定了电话号码或电子邮件地址，以及一些预先填充了新联系人表单的附加信息。

ContactsContract.Intents.SHOW_OR_CREATE_CONTACT 动作将在联系人 Content Provider 中搜索特定的电子邮件地址或电话号码 URI，仅当指定联系地址的联系人不存在时才插入新的条目。如果联系人确实存在，则会显示该联系人。

使用 ContactsContract.Intents.Insert 类中的常量，预填充包含在 Intent Extra 中的联系人详细信息，其中包括新联系人的姓名、公司、电子邮件、电话号码、备注和邮政地址，如代码清单 10-24 所示。

代码清单 10-24：使用 Intent 插入新联系人

```
Intent intent =
  new Intent(ContactsContract.Intents.SHOW_OR_CREATE_CONTACT,
        ContactsContract.Contacts.CONTENT_URI);
intent.setData(Uri.parse("tel:(650)253-0000"));

intent.putExtra(ContactsContract.Intents.Insert.COMPANY, "Google");
intent.putExtra(ContactsContract.Intents.Insert.POSTAL,
  "1600 Amphitheatre Parkway, Mountain View, California");

startActivity(intent);
```

10.5.4 使用日历 Content Provider

Android 4.0(API 级别 14)引入了受支持的 API，用于访问日历 Content Provider。Calendar API 允许插入、查看和编辑完整的日历数据库，提供对日历、时间、与会者和事件的访问。

与联系人 Content Provider 一样，日历 Content Provider 也设计为可支持多个同步账户。因此，可以选择从现有的日历应用和账户中读取及写入内容，通过创建日历同步适配器开发另一个日历 Content Provider，或者创建另一个日历应用。

1. 查询日历

日历 Content Provider 要求在应用的配置清单中包含 READ_CALENDAR 用户权限：

```
<uses-permission android:name="android.permission.READ_CALENDAR"/>
```

运行 Android 6.0 Marshmallow(API 级别 23)的 Android 设备也需要授予相应的运行时权限：

```
int permission = ActivityCompat.checkSelfPermission(this,
                 Manifest.permission.READ_CALENDAR);
```

可以使用 Content Resolver 通过 CONTENT_URI 静态常量来查询任何日历 Content Provider 的表。每个表都已在 CalendarContract 类中公开，其中包括：

- Calendars ——日历应用可以显示与多个账户关联的多个日历。此表包含了可显示的每个日历，以及日历的名称、时区和颜色等详细信息。
- Events——此表包括每个日历中计划事件的条目，包括名称、描述、位置和开始/结束时间。
- Instances——每个事件都有一个或(在事件重复的情况下)多个实例。Instances 表中填充了由 Events 表的内容生成的条目，并包含对生成它们的事件的引用。
- Attendees—— Attendees 表中的每行数据代表了指定事件的单个与会者。每位与会者可以包括姓名、电子邮件地址和出勤状态，以及他们是可选的还是必需的客人。
- Reminders——事件提醒在 Reminders 表中显示，每行数据都代表对特定事件的提醒。

以上每个表中都以静态属性的方式包含并公开了字段名。

代码清单 10-25 通过查询 Events 表中的所有事件，生成了一个包含每个事件名称和唯一 ID 的字符串数组。

代码清单 10-25：查询 Event 表

```
// 创建一个将结果 Cursor 限制为所需列的投影
String[] projection = {
  CalendarContract.Events._ID,
  CalendarContract.Events.TITLE
};

// 在事件提供者上获取 Cursor
Cursor cursor =
 getContentResolver().query(CalendarContract.Events.CONTENT_URI,
                       projection, null, null, null);

// 获取列的索引值
int nameIdx =
 cursor.getColumnIndexOrThrow(CalendarContract.Events.TITLE);
int idIdx = cursor. getColumnIndexOrThrow(CalendarContract.Events._ID);

// 初始化结果集
String[] result = new String[cursor.getCount()];

// 迭代结果 Cursor
while(cursor.moveToNext()) {
  // 提取姓名
  String name = cursor.getString(nameIdx);
  // 提取唯一 ID
  String id = cursor.getString(idIdx);

  result[cursor.getPosition()] = name + " (" + id + ")";
}

// 关闭 Cursor
cursor.close();
```

2. 使用 Intent 创建日历条目

日历 Content Provider 包含了一种基于 Intent 的机制，允许使用日历应用的 UI 执行常见动作，而无需特殊的权限。通过使用 Intent，可以将日历应用打开到指定的时间、查看事件的细节以及插入新的事件。

注意：

在撰写本书时，Android 文档还描述了使用 Intent 对编辑日历条目的支持。但遗憾的是，该机制目前并没有按照描述的那样工作。所以，如果要编辑日历条目，可以直接与日历 Content Provider 进行交互，也可以展示条目并鼓励用户对时间本身进行更改。

与 Contacts API 一样，使用 Intent 来操作日历条目无疑是最好的方式，这应该优先于直接操作底层数据表。

使用 Intent.ACTION_INSERT 动作，并指定 CalendarContract.Events.CONTENT_URL，就可以在不需要任何权限的情况下向现有日历添加新事件了。

Intent 可以使用 Extras 来包含每个事件的属性，包括标题、开始及结束时间、位置和描述，如代码清单 10-26 所示。当触发 Intent 时，日历应用将会接收到该 Intent，它将创建一个新的条目，其中已预填充提供的数据。

代码清单10-26：使用 Intent 插入新的日历事件

```
// 创建要插入的 Intent
Intent intent = new Intent(Intent.ACTION_INSERT,
                        CalendarContract.Events.CONTENT_URI);

// 添加日历事件详情
intent.putExtra(CalendarContract.Events.TITLE, "Book Launch!");
intent.putExtra(CalendarContract.Events.DESCRIPTION,
            "Professional Android Release!");
intent.putExtra(CalendarContract.Events.EVENT_LOCATION, "Wrox.com");

Calendar startTime = Calendar.getInstance();
startTime.set(2018, 6, 19, 0, 30);
intent.putExtra(CalendarContract.EXTRA_EVENT_BEGIN_TIME,
            startTime.getTimeInMillis());

intent.putExtra(CalendarContract.EXTRA_EVENT_ALL_DAY, true);

// 使用日历应用添加新的事件
startActivity(intent);
```

要查看日历事件，就必须知道该事件的行 ID。要找到行 ID，就需要查询事件的 Content Provider，如本节前面所述。

当拥有要显示事件的 ID 时，使用 Intent.ACTION_VIEW 动作创建一个新的 Intent，并将事件的行 ID 附加到 Events 表的 CONTENT_URI 末尾以组成一个新的 URI，如代码清单 10-27 所示。

代码清单 10-27：使用 Intent 查看日历事件

```
// 通过行 ID 创建一个可以寻址特定事件的 URI
// 然后使用该 URI 创建一个新的 Intent
long rowID = 760;
Uri uri = ContentUris.withAppendedId(
  CalendarContract.Events.CONTENT_URI, rowID);

Intent intent = new Intent(Intent.ACTION_VIEW, uri);

// 使用日历应用查看日历条目
startActivity(intent);
```

要查看特定的日期和时间，URI 的格式应为 content: //com.android.calendar/time / [自某个特定时间以来经历的毫秒数]，如代码清单 10-28 所示。

#代码清单 10-28：使用 Intent 在日历上显示时间

```
// 为视图创建指定时间的 URI
Calendar startTime = Calendar.getInstance();
startTime.set(2012, 2, 13, 0, 30);

Uri uri = Uri.parse("content://com.android.calendar/time/" +
  String.valueOf(startTime.getTimeInMillis()));
Intent intent = new Intent(Intent.ACTION_VIEW, uri);
```

```
// 使用日历应用查看时间
startActivity(intent);
```

10.6　在应用中添加搜索

搜索并显示应用的内容是一种简单而强大的方法，可以使内容更容易被发现，并提高用户参与度。在移动设备上，速度就是一切，而搜索可以帮助用户快速找到他们想要的内容。

Android 包含了一个框架，可以帮助你在应用中实现与系统和其他应用一致的搜索体验。

可以通过多种方式为你的应用提供搜索功能，但最佳的解决方案还是使用 Search View 控件，它作为一种动作包含在 App Bar 中，如图 10-3 所示。

图 10-3

可以在 Activity 布局的任何位置添加 Search View，但是应用的 App Bar 是目前最常见的位置。

Search View 还可以配置成在你键入时显示搜索建议，这为提高应用的响应能力提供了一种强大的机制。

在应用中启用 Search View 之前，需要先定义搜索的内容以及显示结果的方式。

10.6.1　定义搜索元数据

使用系统搜索的第一步是创建一个 Searchable XML 资源文件，该文件定义了 Search View 会用到的设置。

在项目的 res/XML 文件夹中创建一个新的 Searchable XML 资源文件。如代码清单 10-29 所示，必须指定 android:label 属性(通常是应用的名字)和 android:hint 属性，这可以帮助用户理解他们可以搜索什么。提示通常以“搜索[内容类型或产品名称]”的形式显示。注意，hint 属性的值必须是对字符串资源的引用。如果使用的是字符串常量，则不会显示。

代码清单 10-29：定义应用的搜索元数据

```
<?xml version="1.0" encoding="utf-8"?>
<searchable
  xmlns:android="http://schemas.android.com/apk/res/android"
  android:label="@string/app_name"
  android:hint="@string/search_hint">
</searchable>
```

在本章后面的 10.6.5 节“使用 Content Provider 提供搜索建议”中，将学习如何修改 Searchable 配置，以便在应用的搜索框中提供伴随输入而给予的搜索建议。

10.6.2　创建搜索结果 Activity

当使用 Search View 执行搜索时，将启动一个关联的搜索结果 Activity，该 Activity 将接收一个作为 Intent 的搜索查询。搜索结果 Activity 必须从 Intent 中提取搜索查询，执行搜索并显示结果。

搜索结果 Activity 可以使用任何 UI，但最常见的是十分简单的结果列表，通常会使用 RecyclerView 来实现。将搜索结果 Activity 设置为 singleTop 启动模式是一种很好的实践，这样可以确保复用相同的实例，而不是为每次搜索创建一个新的实例，从而导致在后台堆栈上堆叠搜索结果。

如果要指定某个 Activity 用于显示搜索结果，那么需要包含一个为 SEARCH 动作注册的 Intent Filter：

```
<intent-filter>
  <action android:name="android.intent.action.SEARCH" />
</intent-filter>
```

还必须包含一个 meta-data 标签，该标签包含一个指定了 android.app.searchable 的 name 属性，以及一个指定了 Searchable XML 资源文件的相应 resource 属性。

代码清单 10-30 显示了搜索结果 Activity 的简单应用配置清单条目。

代码清单 10-30：注册搜索结果 Activity

```
<activity
  android:name=".MySearchActivity"
  android:label="Hoard Search"
  android:launchMode="singleTop">
  <intent-filter>
    <action android:name="android.intent.action.SEARCH" />
  </intent-filter>
  <meta-data
    android:name="android.app.searchable"
    android:resource="@xml/hoard_search"
  />
</activity>
```

启动搜索时，将启动搜索结果 Activity，并在启动 Intent 中提供搜索查询，可通过 SearchManager.QUERY 获取 Extra 数据进行访问，如代码清单 10-31 所示。

代码清单 10-31：提取搜索查询

```
@Override
public void onCreate(Bundle savedInstanceState) {
  super.onCreate(savedInstanceState);
  setContentView(R.layout.activity_my_search);

  // 解析启动 Intent 以执行搜索并显示结果
  parseIntent();
}

@Override
protected void onNewIntent(Intent intent) {
  super.onNewIntent(intent);

  // 如果在搜索 Activity 已经存在的情况下执行了另一个搜索
  // 就在这里设置接收到的 Intent 为新的启动 Intent 并执行新的搜索
  setIntent(intent);
  parseIntent();
}

private void parseIntent() {
  Intent searchIntent = getIntent();
  //如果 Activity 已经开始为搜索请求提供服务，则获取搜索查询
  if (Intent.ACTION_SEARCH.equals(searchIntent.getAction())) {
    String searchQuery = searchIntent.getStringExtra(SearchManager.QUERY);
    // 执行搜索
    performSearch(searchQuery);
  }
}

private void performSearch(String searchQuery) {
  // TO DO: 执行搜索并更新显示结果的 UI
}
```

当搜索 Activity 接收到新的搜索查询时，就会执行搜索并在 Activity 中显示结果。如何实现搜索查询并显示结果取决于应用、搜索内容以及搜索内容的存储位置。

10.6.3 搜索 Content Provider

使用 Content Provider 公开计划进行搜索的数据具有许多优势，其中最强大的优势是可以提供实时搜索建议，如本章后面所述。

如果要使用 Content Provider 提供结果，最好使用 Cursor Loader 执行查询并将结果绑定到 UI。在大多数情况下，都需要为用户提供选择搜索结果并导航到应用相应部分的功能，以与其进行交互。

代码清单 10-32 显示了如何创建搜索结果 Activity，它搜索 Content Provider，在 RecyclerView 中显示结果 Cursor 中的数据，并添加一个 Click Listener，以支持用户选择搜索结果。为了简洁起见，代码清单 10-32 中不包含用于 Activity 和搜索结果条目的布局资源。

代码清单 10-32：执行搜索并显示结果

```
public class MySearchActivity extends AppCompatActivity
                         implements LoaderManager.LoaderCallbacks<Cursor>
{

  private static final String QUERY_EXTRA_KEY = "QUERY_EXTRA_KEY";

  private MySearchResultRecyclerViewAdapter mAdapter;

  @Override
  public void onCreate(Bundle savedInstanceState) {
    super.onCreate(savedInstanceState);
    setContentView(R.layout.searchresult_list);

    // 设置适配器
    mAdapter = new MySearchResultRecyclerViewAdapter(null, mListener);

    // 更新 RecyclerView 实例
    RecyclerView resultsRecyclerView = findViewById(R.id.list);
    resultsRecyclerView.setLayoutManager(new LinearLayoutManager(this));
    resultsRecyclerView.setAdapter(mAdapter);

    // 初始化 Cursor Loader
    getSupportLoaderManager().initLoader(0, null, this);
  }

  @Override
  protected void onNewIntent(Intent intent) {
    super.onNewIntent(intent);

    // 如果搜索 Activity 已经存在，并且此时执行了另一个搜索操作
    // 就在此处设置启动 Intent 为新接收的搜索 Intent 并执行新的搜索操作
    // received search Intent and perform a new search.
    setIntent(intent);

    getSupportLoaderManager().restartLoader(0, null, this);
  }

  public Loader<Cursor> onCreateLoader(int id, Bundle args) {
    // 从 Intent 中获取搜索查询
    String query = getIntent().getStringExtra(SearchManager.QUERY);

    // 以 Cursor Loader 的形式构造新的查询
    String[] projection = {
      HoardDB.HoardContract.KEY_ID,
      HoardDB.HoardContract.KEY_GOLD_HOARD_NAME_COLUMN,
      HoardDB.HoardContract.KEY_GOLD_HOARDED_COLUMN
    };

    String where = HoardDB.HoardContract.KEY_GOLD_HOARD_NAME_COLUMN+ " LIKE ?";
    String[] whereArgs = {"%" + query + "%"};

    String sortOrder = HoardDB.HoardContract.KEY_GOLD_HOARD_NAME_COLUMN +
                       " COLLATE LOCALIZED ASC";

    // 创建新的 Cursor Loader
    return new CursorLoader(this, MyHoardContentProvider.CONTENT_URI,
                            projection, where, whereArgs, sortOrder);
  }

  public void onLoadFinished(Loader<Cursor> loader, Cursor cursor) {
    // 将 Cursor Adapter 显示的结果 Cursor 替换为新的结果集
    mAdapter.setCursor(cursor);
  }

  public void onLoaderReset(Loader<Cursor> loader) {
    // 从列表 Adapter 中移除现有的结果 Cursor
    mAdapter.setCursor(null);
  }

  private OnListItemInteractionListener mListener =
    new OnListItemInteractionListener() {
    @Override
    public void onListItemClick(Uri selectedContent) {
      // TO DO: 如果单击某个条目，则打开 Activity 以显示更多详细信息
    }
```

```
};

public class MySearchResultRecyclerViewAdapter
  extends RecyclerView.Adapter<MySearchResultRecyclerViewAdapter.ViewHolder>
{
  private Cursor mValues;
  private OnListItemInteractionListener mClickListener;

  private int mHoardIdIndex = -1;
  private int mHoardNameIndex = -1;
  private int mHoardAmountIndex = -1;

  public MySearchResultRecyclerViewAdapter(Cursor items,
    OnListItemInteractionListener clickListener) {

    mValues = items;
    mClickListener = clickListener;
  }

  public void setCursor(Cursor items) {
    mValues = items;

    if (items != null) {
      mHoardIdIndex =
        items.getColumnIndex(HoardDB.HoardContract.KEY_ID);
      mHoardNameIndex =
        items.getColumnIndex(
          HoardDB.HoardContract.KEY_GOLD_HOARD_NAME_COLUMN);
      mHoardAmountIndex =
        items.getColumnIndex(
          HoardDB.HoardContract.KEY_GOLD_HOARDED_COLUMN);
    }

    notifyDataSetChanged();
  }

  @Override
  public ViewHolder onCreateViewHolder(ViewGroup parent, int viewType) {
    View view = LayoutInflater.from(parent.getContext())
              .inflate(R.layout.searchresult_item, parent, false);

    return new ViewHolder(view);
  }

  @Override
  public void onBindViewHolder(final ViewHolder holder, int position) {
    if (mValues != null) {
      //将光标移动到正确的位置，提取搜索结果值，并将它们分配给每个搜索结果的 UI
      mValues.moveToPosition(position);
      holder.mNameView.setText(mValues.getString(mHoardNameIndex));
      holder.mAmountView.setText(mValues.getString(mHoardAmountIndex));

      // 创建指向此搜索结果条目的 URI
      int rowId = mValues.getInt(mHoardIdIndex);
      final Uri rowAddress =
        ContentUris.withAppendedId(MyHoardContentProvider.CONTENT_URI,
          rowId);

      // 如果单击，将 URI 返回到此搜索结果条目
      holder.mView.setOnClickListener(new View.OnClickListener() {
        @Override
        public void onClick(View v) {
          mClickListener.onListItemClick(rowAddress);
        }
      });
    }
  }

  @Override
  public int getItemCount() {
    if (mValues != null)
      return mValues.getCount();
    else
      return 0;
  }

  // ViewHolder 用作封装每个结果条目的 UI 模板
  public class ViewHolder extends RecyclerView.ViewHolder {
```

```
      public final View mView;
      public final TextView mNameView;
      public final TextView mAmountView;

      public ViewHolder(View view) {
        super(view);
        mView = view;
        mNameView = view.findViewById(R.id.id);
        mAmountView = view.findViewById(R.id.content);
      }
    }
  }

  // 用于在用户单击搜索结果条目时封装单击事件的接口
  public interface OnListItemInteractionListener {
    void onListItemClick(Uri selectedContent);
  }
}
```

10.6.4 使用 Search View 小部件

Search View 小部件的显示和使用与 Edit Text View 非常相似，但它旨在提供搜索建议并在应用中启动搜索查询。

可以在视图结构的任何位置添加 Search View，并以相同的方式配置它；但最好的做法还是在 App Bar 中添加一个动作视图，如代码清单 10-33 所示。

代码清单10-33：将 Search View 添加到 App Bar 中

```
<menu xmlns:android="http://schemas.android.com/apk/res/android"
     xmlns:app="http://schemas.android.com/apk/res-auto"
     xmlns:tools="http://schemas.android.com/tools"
     tools:context=
       "com.professionalandroid.apps.databasechaptersnippets.MainActivity">
  <item android:id="@+id/search_view"
       android:title="@string/search_label"
       app:showAsAction="collapseActionView|ifRoom"
       app:actionViewClass="android.support.v7.widget.SearchView" />
</menu>
```

图 10-4 显示了折叠的 Search View，在 App Bar 中显示放大镜图标。你将在第 12 章“贯彻 Android 设计理念”中了解到有关 App Bar 的更多信息。

图 10-4

要配置 Search View 以显示搜索结果 Activity，必须首先将新的 meta-data 标签添加到承载了 Search View 的 Activity 的清单条目中，并将 android:name 属性 android.app.default_searchable 对应的 android:value 属性设置为我们的搜索 Activity，如代码清单 10-34 所示。

代码清单 10-34：将 Search View 绑定到可搜索的 Activity(一)

```
<activity
  android:name=".MainActivity"
  android:label="@string/app_name">
  <intent-filter>
    <action android: android:name="android.intent.action.MAIN"/>
    <category android:name="android.intent.category.LAUNCHER"/>
  </intent-filter>
  <meta-data
    android:name="android.app.default_searchable"
    android:value=".MySearchActivity" />
</activity>
```

使用 Search Manager 的 getSearchableInfo 方法提取 SearchableInfo 对象的引用。使用 Search View 的 setSearchableInfo 方法将 SearchableInfo 对象绑定到 Search View，如代码清单 10-35 所示。

代码清单 10-35：将 Search View 绑定到可搜索的 Activity(二)

```
@Override
public boolean onCreateOptionsMenu(Menu menu) {
  // 从 XML 中扩展选项菜单
  MenuInflater inflater = getMenuInflater();
  inflater.inflate(R.menu.menu_main, menu);

  // 使用 Search Manager 查找与此 Activity 相关的 SearchableInfo 对象
  SearchManager searchManager =
    (SearchManager) getSystemService(Context.SEARCH_SERVICE);
  SearchableInfo searchableInfo =
    searchManager.getSearchableInfo(getComponentName());

  SearchView searchView =
    menu.findItem(R.id.search_view).getActionView();
  searchView.setSearchableInfo(searchableInfo);
  searchView.setIconifiedByDefault(false);

  return true;
}
```

连接后，Search View 会将输入的搜索查询发送到搜索 Activity 以执行搜索并显示结果。

默认情况下，Search View 将显示为一个图标，当触摸该图标时，将展开以显示搜索编辑框。可以使用 setIconifiedByDefault 方法禁用此功能，让其始终显示为搜索编辑框：

```
Search View.setIconifiedByDefault(false);
```

同样，默认情况下，当用户按 Enter 键时将启动 Search View 查询。还可以选择使用 setSubmitButtonEnabled 方法显示一个用于提交搜索的按钮：

```
Search View.setSubmitButtonEnabled(true);
```

10.6.5 使用 Content Provider 提供搜索建议

搜索中最具吸引力的创新之一是在用户键入查询时提供实时的搜索建议。

当用户输入查询时，搜索建议会在 Search View 的下方显示可能的搜索结果列表，如图 10-5 所示。

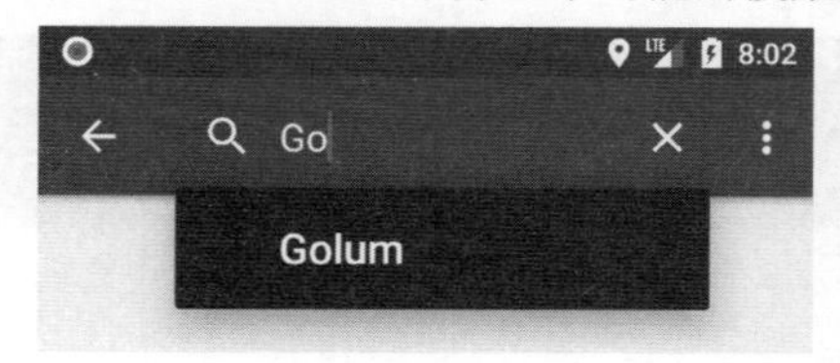

图 10-5

然后，用户可以从此列表中选择建议，这样我们就可以直接处理选择的这种情况，而不是显示前面提到的潜在搜索结果列表。搜索建议的选择仍必须由搜索结果 Activity 处理，但是它可以在不显示搜索 Activity 的情况下启动一个新的 Activity。

如果要提供搜索建议，则需要创建(或修改)Content Provide 以接收搜索查询，并使用预期投影(projection)返回建议。速度对于实时的搜索结果至关重要。在大多数情况下，最好创建专门用于存储和提供建议的单独的表。

要支持搜索建议，请将 Content Provider 配置为将特定 URI 路径识别为搜索查询。代码清单 10-36 显示了在 Content Provider 中使用的 UriMatcher 对象，用于将请求的 URI 与已知的搜索-查询路径值进行比较。

代码清单 10-36：检测 Content Provider 中的搜索建议请求

```
private static final UriMatcher uriMatcher;

// 创建用于区分不同 URI 请求的常量
```

```
private static final int ALLROWS = 1;
private static final int SINGLE_ROW = 2;
private static final int SEARCH = 3;

static {
  uriMatcher = new UriMatcher(UriMatcher.NO_MATCH);
  uriMatcher.addURI("com.professionalandroid.provider.hoarder",
    "lairs", ALLROWS);
  uriMatcher.addURI("com.professionalandroid.provider.hoarder",
    "lairs/#", SINGLE_ROW);

  uriMatcher.addURI("com.professionalandroid.provider.hoarder",
    SearchManager.SUGGEST_URI_PATH_QUERY, SEARCH);
  uriMatcher.addURI("com.professionalandroid.provider.hoarder",
    SearchManager.SUGGEST_URI_PATH_QUERY + "/*", SEARCH);
  uriMatcher.addURI("com.professionalandroid.provider.hoarder",
    SearchManager.SUGGEST_URI_PATH_SHORTCUT, SEARCH);
  uriMatcher.addURI("com.professionalandroid.provider.hoarder",
    SearchManager.SUGGEST_URI_PATH_SHORTCUT + "/*", SEARCH);
}
```

使用 UriMatcher 并配合 getType 方法可以为搜索查询返回搜索建议 MIME 类型，如代码清单 10-37 所示。

代码清单 10-37：为搜索结果返回正确的 MIME 类型

```
@Nullable
@Override
public String getType(@NonNull Uri uri) {
  // 返回用于标识Content Provider URI 的MIME 类型的字符串
  switch (uriMatcher.match(uri)) {
    case ALLROWS:
      return "vnd.android.cursor.dir/vnd.professionalandroid.lairs";
    case SINGLE_ROW:
      return "vnd.android.cursor.item/vnd.professionalandroid.lairs";
    case SEARCH :
      return SearchManager.SUGGEST_MIME_TYPE;
    default:
      throw new IllegalArgumentException("Unsupported URI: " + uri);
  }
}
```

Search Manager 将通过对 Content Provider 发起一个查询，并将当前搜索项作为 URI 路径中的最后一个元素传入以请求搜索建议，在用户继续键入时执行新的查询。要返回建议，Content Provider 必须返回带有一组预定义列的 Cursor。

必要的两列分别是 SUGGEST_COLUMN_TEXT_1(显示搜索结果文本)和_id(表示唯一的行 ID)。还可以提供其他列，以包含文本以及要在文本结果的左侧或右侧显示的图标。

代码清单 10-38 显示了如何创建一个返回适合搜索建议的 Cursor 的投影。

代码清单 10-38：创建一个返回搜索建议的投影

```
private static final HashMap<String, String> SEARCH_SUGGEST_PROJECTION_MAP;
static {
  SEARCH_SUGGEST_PROJECTION_MAP = new HashMap<String, String>();

  // 将我们的 ID 列映射到"_id"
  SEARCH_SUGGEST_PROJECTION_MAP.put("_id",
    HoardDB.HoardContract.KEY_ID + " AS " + "_id");

  // 将我们的搜索字段映射到建议的第一个文本字段
  SEARCH_SUGGEST_PROJECTION_MAP.put(
    SearchManager.SUGGEST_COLUMN_TEXT_1,
    HoardDB.HoardContract.KEY_GOLD_HOARD_NAME_COLUMN +
      " AS " + SearchManager.SUGGEST_COLUMN_TEXT_1);
}
```

要执行提供搜索建议的查询，需要在 query 实现中使用 UriMatcher，以应用代码清单 10-38 中定义的表单投影映射，如代码清单 10-39 所示。

代码清单 10-39：返回查询的搜索建议

```
@Nullable
@Override
public Cursor query(Uri uri, String[] projection, String selection,
                    String[] selectionArgs, String sortOrder) {

  // 打开数据库
  SQLiteDatabase db = null;
  try {
    db = mHoardDBOpenHelper.getWritableDatabase();
  } catch (SQLiteException ex) {
    db = mHoardDBOpenHelper.getReadableDatabase();
  }

  // 如有必要，使用有效的 SQL 语句替换它们
  String groupBy = null;
  String having = null;

  // 使用 SQLite 查询生成器简化数据库查询的构建
  SQLiteQueryBuilder queryBuilder = new SQLiteQueryBuilder();

  // 如果这是行查询，请将结果集限制为传入的行
  switch (uriMatcher.match(uri)) {
    case SINGLE_ROW :
      String rowID = uri.getLastPathSegment();
      queryBuilder.appendWhere(HoardDB.HoardContract.KEY_ID + "=" + rowID);
    case SEARCH :
      String query = uri.getLastPathSegment();
      queryBuilder.appendWhere(
        HoardDB.HoardContract.KEY_GOLD_HOARD_NAME_COLUMN +
        "LIKE \"%" + query + "%\"");
      queryBuilder.setProjectionMap(SEARCH_SUGGEST_PROJECTION_MAP);
      break;
    default: break;
  }

  // 指定要在其上执行查询的表。既可以是特定的表，也可以是需要的连接
  queryBuilder.setTables(HoardDB.HoardDBOpenHelper.DATABASE_TABLE);

  // 执行查询
  Cursor cursor = queryBuilder.query(db, projection, selection,
    selectionArgs, groupBy, having, sortOrder);

  // 返回结果 Cursor
  return cursor;
}
```

最后一步是更新可搜索的 XML 资源，如代码清单 10-40 所示。需要指定 Content Provider 的权限， Content Provider 将用于为 Search View 提供搜索建议。这可以是用于执行常规搜索的相同 Content Provider(假设根据需要映射了列)，也可以是完全不同的 Content Provider。

指定 searchSuggestIntentAction 和 searchSuggestIntentData 属性也很有用。这两个属性用于创建用户选择搜索建议时触发的 Intent，指定 Intent 动作以及将在 Intent 的数据值中使用的基本 URI。

代码清单 10-40：为搜索建议配置可搜索的 XML 资源

```
<?xml version="1.0" encoding="utf-8"?>
<searchable
  xmlns:android="http://schemas.android.com/apk/res/android"
  android:label="@string/app_name"
  android:hint="@string/search_hint"

  android:searchSuggestAuthority=
    "com.professionalandroid.provider.hoarder"
  android:searchSuggestIntentAction="android.intent.action.VIEW"
  android:searchSuggestIntentData=
    "content://com.professionalandroid.provider.hoarder/lairs">
</searchable>
```

如果在可搜索的 XML 资源中指定了 Intent 动作和基本 URI，则应更新投影，以包含名为

SearchManager.SUGGEST_COLUMN_INTENT_DATA_ID 的列，该列包含将附加到基本 URI 的行 ID，如代码清单 10-41 所示。

代码清单 10-41：更新搜索建议投影，以包含 Intent 数据

```
private static final HashMap<String, String> SEARCH_SUGGEST_PROJECTION_MAP;
static {
  SEARCH_SUGGEST_PROJECTION_MAP = new HashMap<String, String>();

  // 将我们的 ID 列映射到"_id"
  SEARCH_SUGGEST_PROJECTION_MAP.put("_id",
    HoardDB.HoardContract.KEY_ID + " AS " + "_id");

  // 将我们的搜索字段映射到建议的第一个文本字段
  SEARCH_SUGGEST_PROJECTION_MAP.put(
    SearchManager.SUGGEST_COLUMN_TEXT_1,
    HoardDB.HoardContract.KEY_GOLD_HOARD_NAME_COLUMN +
      " AS " + SearchManager.SUGGEST_COLUMN_TEXT_1);

  // 将 ID 列映射到建议的数据 ID
  // 与我们的 Searchable 定义中指定的基 URI 结合使用，为选择 Intent 提供数据值
  SEARCH_SUGGEST_PROJECTION_MAP.put(
    SearchManager.SUGGEST_COLUMN_INTENT_DATA_ID,
    KEY_ID + " AS " + SearchManager.SUGGEST_COLUMN_INTENT_DATA_ID);
}
```

还可以分别使用 Search Manager 的 SUGGEST_COLUMN_INTENT_ACTION 和 SUGGEST_COLUMN_INTENT_DATA 常量为每个搜索建议指定唯一的动作和数据 URI。

10.6.6 搜索地震监测数据库

在以下示例中，可通过在动作栏中添加支持搜索建议的 Search View，向 Earthquake 项目添加搜索功能：

(1) 首先，打开 Earthquake 项目并创建一个新的 EarthquakeSearchProvider 类，该类扩展自 ContentProvider 类。它将专门用于为 Search View 生成搜索建议，并且包含了重写抽象方法 onCreate、getType、query、insert、delete 和 update 所需的存根：

```
public class EarthquakeSearchProvider extends ContentProvider {
  @Override
  public boolean onCreate() {
    return false;
  }

  @Nullable
  @Override
  public Cursor query(@NonNull Uri uri, @Nullable String[] projection,
                      @Nullable String selection,
                      @Nullable String[] selectionArgs,
                      @Nullable String sortOrder) {
    return null;
  }

  @Nullable
  @Override
  public String getType(@NonNull Uri uri) {
    return null;
  }

  @Nullable
  @Override
  public Uri insert(@NonNull Uri uri, @Nullable ContentValues values) {
    return null;
  }

  @Override
  public int delete(@NonNull Uri uri, @Nullable String selection,
                    @Nullable String[] selectionArgs) {
    return 0;
  }

  @Override
```

```
  public int update(@NonNull Uri uri, @Nullable ContentValues values,
                    @Nullable String selection,
                    @Nullable String[] selectionArgs) {
    return 0;
  }
}
```

(2) 添加一个 UriMatcher 对象，它可以用来处理使用不同 URI 模式发出的请求。由于我们将此 Content Provider 专门用于搜索建议，因此只需要包含这些查询类型的匹配项即可：

```
private static final int SEARCH_SUGGESTIONS = 1;

// 分配 UriMatcher 对象，识别搜索请求
private static final UriMatcher uriMatcher;
static {
  uriMatcher = new UriMatcher(UriMatcher.NO_MATCH);
  uriMatcher.addURI("com.professionalandroid.provider.earthquake",
    SearchManager.SUGGEST_URI_PATH_QUERY, SEARCH_SUGGESTIONS);
  uriMatcher.addURI("com.professionalandroid.provider.earthquake",
    SearchManager.SUGGEST_URI_PATH_QUERY + "/*", SEARCH_SUGGESTIONS);
  uriMatcher.addURI("com.professionalandroid.provider.earthquake",
    SearchManager.SUGGEST_URI_PATH_SHORTCUT, SEARCH_SUGGESTIONS);
  uriMatcher.addURI("com.professionalandroid.provider.earthquake",
    SearchManager.SUGGEST_URI_PATH_SHORTCUT + "/*", SEARCH_SUGGESTIONS);
}
```

(3) 重写 Content Provider 的 getType 方法，返回搜索建议的 MINE 类型：

```
@Nullable
@Override
public String getType(@NonNull Uri uri) {
  switch (uriMatcher.match(uri)) {
    case SEARCH_SUGGESTIONS :
      return SearchManager.SUGGEST_MIME_TYPE;
    default:
      throw new IllegalArgumentException("Unsupported URI: " + uri);
  }
}
```

(4) 使用第 9 章中创建的 Room Database 执行搜索，而不是直接访问 SQLite 数据库。确认可以在 onCreate 方法中访问并返回 true：

```
@Override
public boolean onCreate() {
  EarthquakeDatabaseAccessor
    .getInstance(getContext().getApplicationContext());
  return true;
}
```

(5) 打开 EarthquakeDAO 类文件，并添加一个新的查询方法，该方法基于作为参数传入的部分查询，并返回搜索建议的 Cursor。搜索建议列需要明确的名称，但遗憾的是，目前在定义列的别名时无法使用静态常量或所传递的参数，一种不太理想的取代方式是，硬编码所需的字符串常量。

```
@Query("SELECT mId as _id, " +
       "mDetails as suggest_text_1, " +
       "mId as suggest_intent_data_id " +
       "FROM earthquake " +
       "WHERE mDetails LIKE :query " +
       "ORDER BY mdate DESC")
public Cursor generateSearchSuggestions(String query);
```

(6) 仍然在 EarthquakeDAO 类中，添加另一个包含查询字符串参数的查询方法。此方法将完整的搜索结果作为 LiveData 对象返回，其中包含了与查询匹配的地震列表：

```
@Query("SELECT * " +
       "FROM earthquake " +
       "WHERE mDetails LIKE :query " +
       "ORDER BY mdate DESC")
public LiveData<List<Earthquake>> searchEarthquakes(String query);
```

(7) 回到 Content Provider 中，并实现查询方法。检查接收到的 URI 是否是搜索建议请求的形式，如果是，则使用当前部分查询的方法查询 Room 数据库：

```
@Nullable
@Override
public Cursor query(@NonNull Uri uri, @Nullable String[] projection,
                    @Nullable String selection,
                    @Nullable String[] selectionArgs,
                    @Nullable String sortOrder) {

  if (uriMatcher.match(uri) == SEARCH_SUGGESTIONS) {
    String searchQuery = "%" + uri.getLastPathSegment() + "%";

    EarthquakeDAO earthquakeDAO
      = EarthquakeDatabaseAccessor
          .getInstance(getContext().getApplicationContext())
          .earthquakeDAO();

    Cursor c = earthquakeDAO.generateSearchSuggestions(searchQuery);

    // Return a cursor of search suggestions.
    return c;
  }
  return null;
}
```

(8) 现在已经就绪，将 Content Provider 添加到配置清单中。注意，这个 Content Provider 还非常有限；它并不包括插入、删除或更新记录的功能，除提供搜索建议外，它也不支持查询：

```
<provider android:name=".EarthquakeSearchProvider"

          android:authorities=
            "com.professionalandroid.provider.earthquake"/>
```

(9) 打开 strings.xml 资源文件(在 res/values 文件夹中)，添加描述地震搜索标签和文本输入提示的新的字符串资源：

```
<resources>
  [... Existing String resource values ...]
  <string name="search_label">Search</string>
  <string name="search_hint">Search for earthquakes...</string>
</resources>
```

(10) 在 res/xml 文件夹中创建一个 searchable.xml 文件，该文件定义了 Earthquake Search Provider 的元数据。使用步骤(9)中的 search_hint 字符串作为提示信息的值，并使用 app_name 字符串资源作为标签值。注意，标签值必须与配置清单中指定的应用标签相同。对生成 Earthquake Search Provider 权限的搜索建议权限也要进行设置，并配置 searchSuggestIntentAction 和 searchSuggestIntentData 属性：

```
<?xml version="1.0" encoding="utf-8"?>
<searchable
  xmlns:android="http://schemas.android.com/apk/res/android"
  android:label="@string/app_name"
  android:hint="@string/search_hint"

  android:searchSuggestAuthority=
    "com.professionalandroid.provider.earthquake"
  android:searchSuggestIntentAction="android.intent.action.VIEW"
  android:searchSuggestIntentData=
    "content://com.professionalandroid.provider.earthquake/earthquakes">
</searchable>
```

(11) 现在，创建一个新的扩展自 AppCompatActivity 的空 Activity——EarthquakeSearchResultActivity：

```
public class EarthquakeSearchResultActivity
             extends AppCompatActivity {

  @Override
  protected void onCreate(Bundle savedInstanceState) {
    super.onCreate(savedInstanceState);
```

```
    setContentView(R.layout.activity_earthquake_search_result);
  }
}
```

(12) 地震搜索结果列表将使用 RecyclerView 进行显示，RecyclerView 使用了现有的地震列表条目布局以及现有的 RecyclerView 适配器。修改在步骤(11)中创建的 EarthquakeSearchResultActivity 的布局以包含 RecyclerView：

```
<?xml version="1.0" encoding="utf-8"?>
<android.support.v7.widget.RecyclerView
  xmlns:android="http://schemas.android.com/apk/res/android"
  xmlns:app="http://schemas.android.com/apk/res-auto"
  android:id="@+id/search_result_list"
  android:layout_width="match_parent"
  android:layout_height="match_parent"
  android:layout_marginLeft="16dp"
  android:layout_marginRight="16dp"
  app:layoutManager="LinearLayoutManager"
/>
```

(13) 在 EarthquakeSearchResultActivity 中，更新 onCreate 处理程序，将 EarthquakeRecyclerViewAdapter 应用于显示搜索结果的 RecyclerView：

```
private ArrayList<Earthquake> mEarthquakes = new ArrayList< >();

private EarthquakeRecyclerViewAdapter mEarthquakeAdapter
  = new EarthquakeRecyclerViewAdapter(mEarthquakes);

@Override
protected void onCreate(Bundle savedInstanceState) {
  super.onCreate(savedInstanceState);
  setContentView(R.layout.activity_earthquake_search_result);

  RecyclerView recyclerView = findViewById(R.id.search_result_list);
  recyclerView.setLayoutManager(new LinearLayoutManager(this));
  recyclerView.setAdapter(mEarthquakeAdapter);
}
```

(14) 接下来的一些步骤需要使用 Lambda 函数，因此要确保项目基于 Java 1.8 的 JDK 版本。打开 app 模块的 build.gradle 文件，确认 android 节点中的 targetCompatibility 和 sourceCompatibility 选项都被设置为 1.8：

```
android {
  [……已存在的 android 节点的值……]

  compileOptions {
      targetCompatibility 1.8
      sourceCompatibility 1.8
  }
}
```

(15) 返回到 SearchResultsActivity 类文件，并添加一个新的 Live Data Observer，它将更新 RecyclerView 中显示的 Array List，其中包含 Earthquake 数据。另外，创建一个新的存储当前搜索查询的 MutableLiveData 对象，以及可以修改该查询的 setSearchQuery 方法：

```
MutableLiveData<String> searchQuery;

private void setSearchQuery(String query) {
  searchQuery.setValue(query);
}

private final Observer<List<Earthquake>> searchQueryResultObserver
  = updatedEarthquakes -> {
    // 使用已更新的搜索查询结果更新 UI
    mEarthquakes.clear();
    if (updatedEarthquakes != null)
      mEarthquakes.addAll(updatedEarthquakes);
    mEarthquakeAdapter.notifyDataSetChanged();
  };
```

(16) 为了简化应用更新搜索项的过程，可以使用 Transformations.switchMap 方法。此方法根据 Live Data 中的更改自动修改另一个 Live Data 的底层数据。应用 Switch Map 监控 searchQuery 实时数据，在监控的 Live Data

更改时，通过使用更新后的搜索词查询数据库，并更新 searchResults 实时数据。然后使用步骤(15)中的 Observer 观察 searchResults 实时数据的更改。最后，从启动 Activity 的 Intent 中提取搜索查询，并将其传递给 setSearchQuery 方法。

```
LiveData<List<Earthquake>> searchResults;

@Override
protected void onCreate(Bundle savedInstanceState) {
  super.onCreate(savedInstanceState);
  setContentView(R.layout.activity_earthquake_search_result);

  RecyclerView recyclerView = findViewById(R.id.search_result_list);
  recyclerView.setLayoutManager(new LinearLayoutManager(this));
  recyclerView.setAdapter(mEarthquakeAdapter);

  // 初始化 searchQuery 的 Live Data
  searchQuery = new MutableLiveData<>();
  searchQuery.setValue(null);

  // 将 searchQuery 连接到搜索结果的 Live Data
  // 配置 Switch Map 以便在搜索查询中进行更改
  // 通过查询数据库更新搜索结果
  searchResults = Transformations.switchMap(searchQuery,
    query -> EarthquakeDatabaseAccessor
           .getInstance(getApplicationContext())
           .earthquakeDAO()
           .searchEarthquakes("%" + query + "%"));

  // 观察 searchResults 实时数据的更改
  searchResults.observe(EarthquakeSearchResultActivity.this,
                 searchQueryResultObserver);

  // 获取搜索查询项并更新 searchQuery 实时数据
  String query = getIntent().getStringExtra(SearchManager.QUERY);
  setSearchQuery(query);
}
```

(17) 如果接收到新的搜索请求 Intent，那么还需要重写 onNewIntent 处理程序，以更新搜索查询：

```
@Override
protected void onNewIntent(Intent intent) {
  super.onNewIntent(intent);

  // 如果搜索 Activity 已经存在，并且另一个搜索已经执行
  // 那么设置启动 Intent 为新接收的搜索 Intent
  setIntent(intent);

  // 获取搜索查询项并更新 searchQuery 实时数据
  String query = getIntent().getStringExtra(SearchManager.QUERY);
  setSearchQuery(query);
}
```

(18) 打开应用的配置清单，修改 EarthquakeSearchResultActivity 元素，使其启动模式为 singleTop 并为 SEARCH 动作添加一个 Intent Filter。还需要添加一个 meta-data 标签，该标签用于指定步骤(10)中创建的可搜索的 XML 文件资源：

```
<activity
  android:name=".EarthquakeSearchResultActivity"
  android:launchMode="singleTop">
  <intent-filter>
    <action android:name="android.intent.action.SEARCH" />
  </intent-filter>
  <meta-data
    android:name="android.app.searchable"
    android:resource="@xml/searchable"
  />
</activity>
```

(19) 仍在配置清单中，添加一个新的 meta-data 标签到 EarthquakeMainActivity 元素中，指定 EarthquakeSearchResultsActivity 作为默认的搜索 Provider：

```
<activity android:name=".EarthquakeMainActivity">
  <intent-filter>
    <action android:name="android.intent.action.MAIN"/>
    <category android:name="android.intent.category.LAUNCHER"/>
  </intent-filter>
  <meta-data
    android:name="android.app.default_searchable"
    android:value=".EarthquakeSearchResultActivity"
  />
</activity>
```

(20) 现在，添加一个 Search View 到 EarthquakeMainActivity 的 App Bar 中作为动作按钮。在 res/menu 文件中创建一个新的 options_menu.xml 资源文件，其中包括一个用于显示设置的菜单项以及一个新的 Search View：

```
<?xml version="1.0" encoding="utf-8"?>
<menu xmlns:app="http://schemas.android.com/apk/res-auto"
    xmlns:android="http://schemas.android.com/apk/res/android">
  <item android:id="@+id/settings_menu_item"
      android:title="Settings" />
  <item android:id="@+id/search_view"
      android:title="@string/search_label"
      app:showAsAction="collapseActionView|ifRoom"
      app:actionViewClass="android.support.v7.widget.SearchView" />
</menu>
```

(21) 再回到 EarthquakeMainActivity，修改 onCreateOptionsMenu 处理程序，在将 Search View 连接到 Searchable 的定义之前，先膨胀新的 XML 菜单定义：

```
@Override
public boolean onCreateOptionsMenu(Menu menu) {
  super.onCreateOptionsMenu(menu);

  // 从 XML 中膨胀选项菜单
  MenuInflater inflater = getMenuInflater();
  inflater.inflate(R.menu.options_menu, menu);

  // 使用搜索管理器查找与 SearchResultActivity 相关的 SearchableInfo
  SearchManager searchManager =
    (SearchManager) getSystemService(Context.SEARCH_SERVICE);

  SearchableInfo searchableInfo = searchManager.getSearchableInfo(
    new ComponentName(getApplicationContext(),
                  EarthquakeSearchResultActivity.class));

  SearchView searchView =
    (SearchView)menu.findItem(R.id.search_view).getActionView();
  searchView.setSearchableInfo(searchableInfo);
  searchView.setIconifiedByDefault(false);

  return true;
}
```

(22) 修改 onOptionsItemSelected 处理程序，使用步骤(20)中创建的 XML 定义中的菜单项标识符：

```
public boolean onOptionsItemSelected(MenuItem item) {
  super.onOptionsItemSelected(item);
  switch (item.getItemId()) {
    case R.id.settings_menu_item:
      Intent intent = new Intent(this, PreferencesActivity.class);
      startActivityForResult(intent, SHOW_PREFERENCES);
      return true;
  }
  return false;
}
```

(23) 如果启动了该应用，现在可以通过触摸 Search 动作栏按钮并输入查询来启动搜索功能。修改搜索结果查询，以处理用户选择搜索建议的情况。现在，你将显示搜索结果，就像用户已完成完整的搜索字符串一样。首先，返回到 EarthquakeDAO 类并添加一个新的 getEarthquake 查询方法，该方法用于获取地震的唯一 ID，并返回包含匹配地震数据的 Live Data：

```
@Query("SELECT * " +
```

```
        "FROM earthquake " +
        "WHERE mId = :id " +
        "LIMIT 1")
public LiveData<Earthquake> getEarthquake(String id);
```

(24) 然后，在 EarthquakeSearchResultActivity 中，添加一个新的 MutableLiveData 变量(命名为 selectedSearchSuggestionId)，该变量将存储所选建议的 ID。创建 setSelectedSearchSuggestion 方法，该方法将根据从 Content Provider URI 中提取的地震 ID 修改 selectedSearchSuggestionId，并创建一个 Observer，使用从所选搜索建议中提取的详细信息设置搜索查询项：

```
MutableLiveData<String> selectedSearchSuggestionId;

private void setSelectedSearchSuggestion(Uri dataString) {
  String id = dataString.getPathSegments().get(1);
  selectedSearchSuggestionId.setValue(id);
}

final Observer<Earthquake> selectedSearchSuggestionObserver
  = selectedSearchSuggestion -> {
    // 更新搜索查询以匹配选定的搜索建议
    if (selectedSearchSuggestion != null) {
      setSearchQuery(selectedSearchSuggestion.getDetails());
    }
  };
```

(25) 修改 onCreate 处理程序，初始化 selectedSearchSuggestionId 实时数据，并重复步骤(16)中的过程，应用 Switch Map。应该监听 selectedSearchSuggestionId 实时数据，并通过使用所选建议的 ID 查询数据库以更新 selectedSearchSuggestion 实时数据。同时检查 ACTION_VIEW 动作，该动作会在选择建议的搜索结果时被发送。在这种情况下，将步骤(24)中的 Observer 应用于 selectedSearchSuggestion，使用 setSelectedSearchSuggestion 方法提取并设置所选搜索建议的 ID。

```
LiveData<Earthquake> selectedSearchSuggestion;

@Override
protected void onCreate(Bundle savedInstanceState) {
  super.onCreate(savedInstanceState);
  setContentView(R.layout.activity_earthquake_search_result);

  RecyclerView recyclerView = findViewById(R.id.search_result_list);
  recyclerView.setLayoutManager(new LinearLayoutManager(this));
  recyclerView.setAdapter(mEarthquakeAdapter);

  // 初始化 searchQuery 实时数据
  searchQuery = new MutableLiveData<>();
  searchQuery.setValue(null);

  // 将 searchQuery 连接到搜索结果的实时数据
  // 配置 Switch Map 以便在搜索查询中进行更改
  // 通过查询数据库更新搜索结果
  searchResults = Transformations.switchMap(searchQuery,
    query -> EarthquakeDatabaseAccessor
               .getInstance(getApplicationContext())
               .earthquakeDAO()
               .searchEarthquakes("%" + query + "%"));

  // 观察 searchResults 实时数据的更改
  searchResults.observe(EarthquakeSearchResultActivity.this,
                        searchQueryResultObserver);

  // 初始化 selectedSearchSuggestionId 实时数据
  selectedSearchSuggestionId = new MutableLiveData<>();
  selectedSearchSuggestionId.setValue(null);

  // 将 selectedSearchSuggestionId 连接到
  // selectedSearchSuggestion 实时数据
  // 配置 Switch Map 以便修改所选搜索建议的 ID
  // 通过查询数据库更新返回相应地震的实时数据
  selectedSearchSuggestion =
    Transformations.switchMap(selectedSearchSuggestionId,
      id -> EarthquakeDatabaseAccessor
              .getInstance(getApplicationContext())
```

```
              .earthquakeDAO()
              .getEarthquake(id));

  // 假设 Activity 被搜索建议启动
  if (Intent.ACTION_VIEW.equals(getIntent().getAction())) {
    selectedSearchSuggestion.observe(this,selectedSearchSuggestionObserver);
    setSelectedSearchSuggestion(getIntent().getData());
  }
  else {
    // 获取搜索查询项并更新 searchQuery 实时数据
    String query = getIntent().getStringExtra(SearchManager.QUERY);
    setSearchQuery(query);
  }
}
```

(26) 最后，更新 onNewIntent 处理程序，检查 View 动作，以根据需要更新所选的可搜索建议或搜索查询：

```
@Override
protected void onNewIntent(Intent intent) {
  super.onNewIntent(intent);

  // 如果搜索 Activity 已经存在，并且另一个搜索已经执行，则设置启动 Intent 为新接收的搜索 Intent
  setIntent(intent);

  if (Intent.ACTION_VIEW.equals(getIntent().getAction())) {
    // 更新选定的搜索建议 ID
    setSelectedSearchSuggestion(getIntent().getData());
  }
  else {
    // 获取搜索查询项并更新 searchQuery 实时数据
    String query = getIntent().getStringExtra(SearchManager.QUERY);
    setSearchQuery(query);
  }
}
```

我们将在后面的章节中再次回到 Earthquake 应用。

第11章

工作在后台

本章主要内容：

- 使用 AsyncTask 执行后台任务
- 创建后台线程并使用 Handler 与 GUI 线程同步
- 使用 Job Scheduler 和 Firebase Job Dispatcher 调度后台作业
- 使用 Work Manager 调度后台作业
- 显示通知(Notification)并设置通知优先级
- 创建通知动作并响应用户交互
- 使用 Firebase Cloud Messaging 传递接收服务器启动的消息
- 使用 Firebase Notifications
- 使用闹钟(Alarm)调度应用事件
- 创建绑定服务和前台服务

本章可供下载的代码可以在 www.wrox.com 上找到。本章的代码放在如下压缩文件中：

- Snippets_ch11.zip
- Earthquake_ch11_Part1.zip
- Earthquake_ch11_Part2.zip

11.1 为什么要工作在后台

为了在及时和低延迟的应用数据更新之间保持合理的权衡以及更长的电池续航，Android 提供了许多 API 和最佳实践，旨在支持运行后台任务的同时最大限度地减少对电池续航的影响。

默认情况下，所有的 Activity、Service 和 Broadcast Receiver 都只能在应用的主线程中运行。为了使应用在执行长时间运行的任务时保持响应，你将在本章中学习如何使用 HandlerThread 和 AsyncTask 类，将与更新 UI 无直接关联的所有重要任务放到后台线程中。

当屏幕被关闭后不应当有应用运行或数据传输的观点，看似是合理的；然而在实践中，这种极端的处理方法会延迟各种时间敏感的更新和行为，导致用户体验明显恶化。在更长的电池续航和更低的更新延迟之间找到适当的平衡点，是移动设备开发领域最大的挑战之一。

我们希望立即收到所有诸如电话、短信和即时通讯消息的提醒(并相应地得到通知)。我们也希望每天清晨闹钟能把我们叫醒，电子邮件能及时收到，即使屏幕被关闭、手机被放在口袋里，音乐也可以持续播放。

为了减少运行后台任务相关的电池消耗，Android 5.0 Lollipop(API 级别 21)引入了 JobScheduler 类。你将学习使用 Job Scheduler 来批量处理后台任务(或“工作”)，这些任务通常是由整个系统中的多个应用调度的。Job Scheduler 按照时间和顺序执行工作，通过考虑网络可用性和充电状态等约束条件来减少相关电池消耗。

为了给运行 Android 4.0 Ice Cream Sandwich(API 级别 14)或更高版本系统的设备提供向后兼容的 API，你将学习使用仅限搭载有 Google Play 服务的设备才可用的 Firebase Job Dispatcher，还将了解 Work Manager，作为 Android 架构组件(Android Architecture Component)的一部分，它会根据应用状态和平台 API 版本等因素动态选择执行后台任务的最佳方式(包括 Thread、Job Scheduler、Firebase Job Dispatcher 或 Alarm Manager)。

当应用执行后台任务时，通常没有可见的 UI 来提供用户反馈。在本章你将学会当应用处于后台时，如何使用 Notification 向用户显示信息，以及如何可选地提供与该信息相关的用户动作。

想要从服务器更新应用，最有效的方式是执行后台任务，因为这依赖于服务器自身直接推送信息或消息到各个设备。你将学习如何使用 Firebase Cloud Messaging 和 Firebase Notifications 来实现此功能，用以替代客户端轮询。

本章还将介绍 Alarm Manager，这是一种在应用生命周期之外，可以在指定时间触发 Intent 的机制。即使在所属的应用被关闭后闹钟也会触发，并且能够将设备从睡眠状态中唤醒，你将学习如何使用 Alarm 基于特定的时间或时间间隔触发动作。

最后，对于直接与用户交互的持续处理，如音乐播放或文件上载，可能需要前台服务。你将学习如何使用前台服务，其中包含所需的 Notification，使用户能够停止、控制和观察长时间运行的后台操作的进度。

11.2 使用后台线程

所有 Android 应用组件，包括 Activity、Service 和 Broadcast Receiver，都在应用的主线程中运行。因此，任何组件内的耗时处理，包括正在运行的 Service 以及可见的 Activity，都可能会阻塞所有其他组件。

Activity 在 5 秒内未响应输入事件(例如屏幕单击)，或者 Broadcast Receiver 在 10 秒内没有完成 onReceive 处理程序，都会被视为无响应。

你不仅想要避免这种情况，甚至不想临近这种状态。在实践中，超过几百毫秒的输入延迟或 UI 停顿都会让用户察觉。

对于 Android 应用来说，响应能力是良好用户体验的最重要特性之一。为了确保应用能够快速响应任何用户交互或系统事件，你的应用应当使用后台线程进行所有不直接与用户界面组件交互的繁重处理。尤为重要的是，在后台线程中执行长时间运行的操作，如文件 I/O、网络查询、数据库事务和复杂计算。

AsyncTask 是标准 Java 线程的一个包装类，它封装了最常见的模式：在子线程中执行后台工作，然后与 UI 线程同步以发送进度和最终结果。AsyncTask 允许以串行或并行方式或者通过自己的线程池执行后台任务。

另外，如果需要更多地控制线程，或者在完成工作后不需要与 UI 线程同步，则可以使用 HandlerThread 类创建一个线程，其他组件可以使用 Handler 类向其发送工作。

11.2.1 使用 AsyncTask 异步运行任务

AsyncTask 类实现了将耗时的操作移到后台线程中，然后与 UI 线程同步以报告更新，并在处理完成后再次同步 UI 线程的最佳实践模式。

值得注意的是，AsyncTask 没有内置对承载它们运行的组件的生命周期的理解。这就意味着如果要在 Activity 中创建 AsyncTask，为了避免内存泄漏，应该将其定义为静态的(并确保它不包含对 Activity 或 View 的强引用)。

1. 新建 AsyncTask

每个 AsyncTask 实例都可以指定输入参数、进度值和返回值的参数类型。如果不需要或不希望获取这些参数，可以将任意一个或全部指定为 void 类型。

要创建新的异步任务，需要扩展 AsyncTask 类并指定要使用的参数类型，如代码清单 11-1 中的框架代码所示。

代码清单 11-1：AsyncTask 定义示例

```
// The Views in your UI that you want to update from the AsyncTask
private ProgressBar asyncProgress;
private TextView asyncTextView;

private class MyAsyncTask extends AsyncTask<String, Integer, String> {
  @Override
  protected String doInBackground(String... parameter) {
    // Moved to a background Thread.
    String result = "";
    int myProgress = 0;

    int inputLength = parameter[0].length();

    // Perform background processing task, update myProgress]
    for (int i = 1; i <= inputLength; i++) {
      myProgress = i;
      result = result + parameter[0].charAt(inputLength-i);
      try {
        Thread.sleep(100);
      } catch (InterruptedException e) { }
      publishProgress(myProgress);
    }

    // Return the value to be passed to onPostExecute
    return result;
  }

  @Override
  protected void onPreExecute() {
    // Synchronized to UI Thread.
    // Update the UI to indicate that background loading is occurring
    asyncProgress.setVisibility(View.VISIBLE);
  }

  @Override
  protected void onProgressUpdate(Integer... progress) {
    // Synchronized to UI Thread.
    // Update progress bar, Notification, or other UI elements
    asyncProgress.setProgress(progress[0]);
  }

  @Override
  protected void onPostExecute(String result) {
    // Synchronized to UI Thread.
    // Report results via UI update, Dialog, or Notifications
    asyncProgress.setVisibility(View.GONE);
    asyncTextView.setText(result);
  }
}
```

在子类中应当重写以下事件处理程序(或方法)：

- doInBackground —— 该处理程序将在后台线程中执行，因此可以将长时间运行的代码放在此处，并且不要尝试在该处理程序中与 UI 对象进行交互。它接收一组参数，类型在类的实现中定义。在该处理程序被调用之前，将会先调用 onPreExecute 处理程序。在此处理程序中可以使用 publishProgress 方法将参数传入 onProgressUpdate 处理程序。后台任务完成后会返回最终结果，结果将作为参数传入 onPostExecute 处理程序，可以在此处相应地更新 UI。
- onPreExecute —— 重写该处理程序，在 doInBackground 运行前更新 UI。例如，显示加载进度条。该处理程序在执行时将会同步到 UI 线程，因此可以安全地修改 UI 元素。
- onProgressUpdate —— 重写该处理程序，使用间歇式的进度更新来更新 UI。该处理程序可以接收到传递给 publishProgress 的参数集(通常来自 doInBackground 处理程序)。该处理程序在执行后将会同步到 UI 线程，因此可以安全地修改 UI 元素。

- onPostExecute —— 当 doInBackground 处理程序完成后，返回值将会被传递给 on Post Execute 事件处理程序。此处理程序在执行后将与 UI 线程完成同步，因此可以在异步任务完成后使用该处理程序安全地更新任何 UI 组件。

2. 运行 AsyncTask

在实现异步任务(AsyncTask)之后，通过创建新实例并调用 execute 方法来运行它，如代码清单 11-2 所示。可以传入许多参数，每个参数的类型都将在你的实现中指定。

代码清单 11-2：运行 AsyncTask

```
String input = "redrum ... redrum";
new MyAsyncTask().execute(input);
```

注意：
每个 AsyncTask 实例只能执行一次。如果尝试第二次调用 execute 方法，则会抛出异常。

默认情况下，会使用 AsyncTask.SERIAL_EXECUTOR 线程池运行 AsyncTask，这会导致应用中的每个异步任务在同一个后台线程中串行运行。可以使用 executeOnExecutor 方法而不是 execute 方法来改变此行为，这个方法允许指定其他 Executor。

如代码清单 11-3 所示，指定 AsyncTask.THREAD_POOL_EXECUTOR，这将会新建一个线程池并根据设备上可用的 CPU 数量进行适当调整，然后你的异步任务(AsyncTask)就可以并行运行了。

代码清单 11-3：并行运行 AsyncTask

```
String input = "redrum ... redrum";
new MyAsyncTask().executeOnExecutor(AsyncTask.THREAD_POOL_EXECUTOR, input);
```

还可以传入自己的 Executor 实现，或者使用 Executors 类中的静态方法(例如 newFixedThreadPool)来新建一个 Executor，在这种情况下 Executor 将会重用固定数量的线程。

3. 在 Broadcast Receiver 中使用 AsyncTask

如第 6 章“Intent 与 Broadcast Receiver”所述，Broadcast Receiver 可以从其他应用接收回调，并可以在后台处理少量工作。

与所有组件一样，它的 onReceive 方法在应用的 UI 主线程中运行。通过在 onReceive 方法中调用 goAsync 方法，可以将工作移到后台线程中最多 10 秒，否则系统会当做无响应而终止它。

代码清单 11-4 显示了 AsyncTask 在这种上下文中是如何起效的。它提供了一种在 doInBackground 方法中整理后台工作的简单方法，并使用 onPostExecute 方法根据需要调用 BroadcastReceiver.PendingResult 中的 finish 方法来指示异步后台工作已完成。

代码清单 11-4：使用 AsyncTask 在 Broadcast Receiver 中进行异步处理

```
public class BackgroundBroadcastReceiver extends BroadcastReceiver {

  @Override
  public void onReceive(Context context, final Intent intent) {
    final PendingResult result = goAsync();
    new AsyncTask<Void, Void, Boolean>() {
      @Override
      protected Boolean doInBackground(Void... voids) {
        // Do your background work, processing the Intent
        return true;
      }
```

```
      @Override
      protected void onPostExecute(Boolean success) {
        result.finish();
      }
    }.executeOnExecutor(AsyncTask.THREAD_POOL_EXECUTOR);
  }
}
```

11.2.2　使用 Handler Thread 手动创建线程

AsyncTask 是运行一次性任务的一种很有用的快捷方式，但你可能还需要创建和管理自己的线程来执行后台程序。通常，当你使用长期运行或相互关联的线程需要比使用 AsyncTask 更精细或复杂的管理时，会遇到这种情况。

Thread(线程)本身与 AsyncTask 非常相似，因为它在运行单个 Runnable 后就会结束。为了提供可用作后台任务队列的持久线程，Android 提供了一个特殊的子类 HandlerThread。

HandlerThread 类由 Looper 保持活动状态，而 Looper 类管理着一个传入工作的队列。工作接着会被作为 Runnable 添加到工作队列中，发布到 Handler，如代码清单 11-5 所示。

代码清单 11-5：将处理程序移到后台线程

```
private HandlerThread mWorkerThread;
private Handler mHandler;

@Override
public void onCreate(Bundle savedInstanceState) {
  super.onCreate(savedInstanceState);
  mWorkerThread = new HandlerThread("WorkerThread");
  mWorkerThread.start();
  mHandler = new Handler(mWorkerThread.getLooper());
}

// This method is called on the main Thread.
private void doBackgroundExecution() {
  mHandler.post(new Runnable() {
    public void run() {
      // [ ... Time consuming operations ... ]
    }
  });
}

@Override
public void onDestroy() {
  super.onDestroy();
  mWorkerThread.quitSafely();
}
```

发布到同一个 Handler Thread 的多个 Runnable 将按顺序运行。要确保正确清理所有线程的资源，必须调用 quit 方法(它会在当前 Runnable 完成后停止 Thread，并丢弃所有队列中的 Runnable)或 quitSafely 方法(允许所有队列中的 Runnable 完成)来清理 Thread 的资源。

Handler 可以使用 Message 类跨线程发送信息。可以使用 Handler 的 obtainMessage 方法(使用 Message 池可以避免不必要的对象创建)或助手方法 sendEmptyMessage 来构造 Message。

空的 Message 会在其 what 字段中包含一个整数代码，获取到的 Message 实例还可以包含通过 setData 方法设置的信息包，这使其成为在 Handler 之间发送信息的一种有效机制。

当你向 Handler 发送一条新的消息时，handleMessage 方法将在与 Handler 关联的线程中执行，如代码清单 11-6 所示。

代码清单 11-6：使用 Message 在线程之间发送信息

```
private static final int BACKGROUND_WORK = 1;

private HandlerThread mWorkerThread;
private Handler mHandler;
```

```
@Override
public void onCreate(Bundle savedInstanceState) {
  super.onCreate(savedInstanceState);
  mWorkerThread = new HandlerThread("WorkerThread");
  mWorkerThread.start();
  mHandler = new Handler(mWorkerThread.getLooper(),
    new Handler.Callback() {
      @Override
      public void handleMessage(Message msg) {
        if (msg.what == BACKGROUND_WORK) {
          // [ ... Time consuming operations ... ]
        }
        // else, handle a different type of message
      }
    });
}

// This method is called on the main Thread.
private void backgroundExecution() {
  mHandler.sendEmptyMessage(BACKGROUND_WORK);
}

@Override
public void onDestroy() {
  super.onDestroy();
  mWorkerThread.quitSafely();
}
```

必须始终在主线程中调用与在 UI 线程中创建的对象(如 View)直接交互的操作，或者显示消息(如 Toast)。在 Activity 中，可以使用 runOnUiThread 方法强制 Runnable 在与 Activity UI 相同的线程中执行，如下面的代码片段所示：

```
runOnUiThread(new Runnable() {
  public void run() {
    // Update a View or other Activity UI element.
  }
});
```

UI 线程与 Handler Thread 一样，拥有对应的 Looper(Looper.getMainLooper)，可以使用它来创建 Handler 并将方法直接发布到 UI 线程。

Handler 类还允许使用 postDelayed 和 postAtTime 方法延迟发布或在特定时间执行，示例分别如下：

```
// Start work after 1sec.
handler.postDelayed(aRunnable, 1000);

// Start work after the device has been in use for 5mins.
int upTime = 1000*60*5;
handler.postAtTime(aRunnable, SystemClock.uptimeMillis()+upTime);
```

11.3 调度后台作业

应用可以在后台执行任务，这是 Android 最强大的功能之一，但也极有可能导致消耗大量电池。有多个应用唤醒并使设备保持唤醒状态，会显著地降低设备的预期电池续航。

JobScheduler API 是在 Android 5.0 Lollipop(API 级别 21)中引入的，它是设备上运行的任何应用所请求的所有后台工作的协调员。它可以有效地批量处理多个应用的后台作业，从而提高电池和内存的使用效率，从而减少每个后台作业对整体的影响。

最近，Android 架构组件(Android Architecture Component)引入了 Work Manager，它提供与 Job Scheduler 相同的特性，并具有向早期平台版本提供向后兼容的优势。

如第 7 章“使用网络资源”所述，使用蜂窝网络连接时发出的每个网络请求都会导致蜂窝数据进入更高功耗状态，并持续停留一段时间。因此，来自多个应用的无序发起的不恰当的定时数据传输，可能会导致收发模块长期保持在高功率状态。

通过批量处理来自多个应用的网络数据传输，使它们在同一时间窗口内发生，Job Scheduler 可以避免由于蜂窝收发模块多次开启或保持开启而造成的功率消耗。Job Scheduler 还封装了后台作业的最佳实践。它包含唤醒锁(Wake Lock)来确保作业完成，检查(并监视)网络连接，如果作业失败，它还会推迟并重试。

类似地，可以指定仅在设备连接到 Wi-Fi 时或设备正在充电时才会触发的作业，如本章稍后所述。

Job Scheduler 还可以减少系统整体的内存使用量。如第 3 章“应用、Activity 和 Fragment”所述，Android 主要通过终止应用进程，直到有足够的内存来支持最高优先级的进程的方式来管理系统内存。在运行 Android 7.0 Nougat(API 级别 24)的设备上，如果多个后台任务试图尝试同时执行，Job Scheduler 可根据可用内存来串行化和排序作业以优化后台任务，从而有效地最小化后台任务被杀死的风险。

11.3.1　为 Job Scheduler 创建 Job Service

要使用 Job Scheduler，你的应用必须包含一个重写了 onStartJob 方法的 Job Service。在该处理程序中，提供代码以实现要运行的后台作业，而 Job Service 被系统 Job Scheduler 用来计划和执行作业。

你的应用中可以包含多个 Job Service，因此最好为应用所需的不同作业类型创建单独的 Job Service。

代码清单 11-7 展示了一个简单的 Job Service 的实现；当确定工作应该开始时，Job Scheduler 将在 UI 主线程中调用 onStartJob。

代码清单 11-7：一个简单的 Job Service 的实现

```
import android.app.job.JobParameters;
import android.app.job.JobService;

public class SimpleJobService extends JobService {
  @Override
  public boolean onStartJob(JobParameters params) {
    // Do work directly on the main Thread

    // Return false if no time consuming
    // work remains to be completed on a background thread.
    return false;

    // Otherwise start a thread and return true.
  }

  @Override
  public Boolean onStopJob(JobParameters params) {
    // Return false if the job does not need to be rescheduled
    return false;
  }
}
```

如果后台工作可以在主线程中快速安全地完成，那么可以让 onStartJob 返回 false，表示没有进一步的工作要做；在这种情况下，onStopJob 将不会被调用。

在大多数情况下，例如访问 Internet 数据、执行数据库操作或文件 I/O 时，你的作业需要被异步执行。可以通过使用本章前面介绍的技术，在 onStartJob 中创建并启动新线程来完成此操作。在这种情况下，必须让 onStartJob 返回 true，以指示仍有工作需要完成。

后台线程中的工作完成后，必须调用 Job Service 的 jobFinished 方法，传入与已完成作业对应的所有 Job Parameter，以及一个用来指示作业是否成功完成或应重新安排的布尔值。

代码清单 11-8 显示了如何通过在 onStartJob 中创建和启动 AsyncTask 来实现这种异步方式。它将我们的处理移到了后台线程，并提供方便的回调来指示成功或失败，并且通过使用 AsyncTask 的 cancel 方法，我们可以完成调用 onStopJob 的约定。

代码清单 11-8：使用异步任务的作业服务

```
import android.app.job.JobParameters;
import android.app.job.JobService;
```

```
public class BackgroundJobService extends JobService {
  private AsyncTask<Void, Void, Boolean> mJobTask = null;

  @Override
  public boolean onStartJob(final JobParameters params) {
    // TO DO: Do work directly on the main Thread

    // Execute additional work within a background thread.
    mJobTask = new AsyncTask<Void, Void, Boolean>() {
      @Override
      protected Boolean doInBackground(Void... voids) {
        // TO DO: Do your background work.

        // Return true if the job succeeded or false if it should be
        // rescheduled due to a transient failure
        return true;
      }

      @Override
      protected void onPostExecute(Boolean success) {
        // Reschedule the job if it did not succeed
        jobFinished(params, !success);
      }
    };

    mJobTask.executeOnExecutor(AsyncTask.THREAD_POOL_EXECUTOR);

    // You must return true to signify that you're doing work
    // in the background
    return true;
  }

  @Override
  Public boolean onStopJob(JobParameters params) {
    if (mJobTask != null) {
      mJobTask.cancel(true);
    }
    // If we had to interrupt the job, reschedule it
    return true;
  }
}
```

可以通过调用 jobFinished 方法通知 Job Scheduler 后台作业已完成，从而释放唤醒锁(Wake Lock)，允许设备返回待机状态。

如果 Job Service 仅负责单个作业，则单个 AsyncTask 就足够了。但如果有多个作业在同一个 Job Service 中运行，则应该维护一个 AsyncTask 的集合。

在从 onStartJob 返回 true 到调用 jobFinished 之间，可以调用 onStopJob 来指示系统已发生变化，从而导致不再满足在计划作业时指定的要求。例如，需要充电设备但充电设备已断开，或者请求了非计费流量的连接但 Wi-Fi 信号丢失了。

当 onStopJob 处理程序被触发时，应该取消任何进行中的处理，因为系统将释放为应用保留的唤醒锁，因此线程可能会被停止。你在 onStopJob 中指定的返回值允许指示是否应重新安排作业，以便在再次满足条件时重试。

Job Service 扩展自 Service 应用组件，因此与所有的服务实现一样，必须在应用清单中包含每个作业服务，如代码清单 11-9 所示。

代码清单 11-9：将作业服务添加到应用清单中

```
<service
  android:name=".SimpleJobService"
  android:permission="android.permission.BIND_JOB_SERVICE"
  android:exported="true"/>
<service
  android:name=".BackgroundJobService"
  android:permission="android.permission.BIND_JOB_SERVICE"
  android:exported="true"/>
```

11.3.2　使用 Job Scheduler 调度作业

在通过实现 Job Service 定义了作业之后，就可以使用 Job Scheduler 来安排何时以及在什么情况下应该运行它。

Job Scheduler 是一个系统服务，可以通过使用 getSystemService 方法，传入参数 Context.JOB_SCHEDULER_SERVICE 来获取它：

```
JobScheduler jobScheduler
  = (JobScheduler) context.getSystemService(Context.JOB_SCHEDULER_SERVICE);
```

要计划作业，请使用 Job Scheduler 的 schedule 方法，传入 JobInfo 对象以指定运行作业的时间范围和条件。

你需要使用 JobInfo.Builder 来创建 JobInfo 对象。JobInfo.Builder 需要两个必要参数：指示作业 ID 的整形值和作业服务实现的组建名称。常见的模式是，在 Job Service 实现中加入一个静态方法来封装作业调度逻辑，如代码清单 11-10 所示。

代码清单 11-10：计划需要不计流量网络和充电的作业

```
// Can be any integer, just needs to be unique across your app
private static final int BACKGROUND_UPLOAD_JOB_ID = 13;

public static void scheduleBackgroundUpload(Context context) {
  // Access the Job Scheduler
  JobScheduler jobScheduler = (JobScheduler)
    context.getSystemService(Context.JOB_SCHEDULER_SERVICE);

  // Get a reference to my Job Service implementation
  ComponentName jobServiceName = new ComponentName(
    context, BackgroundJobService.class);

  // Build a Job Info to run my Job Service
  jobScheduler.schedule(
    new JobInfo.Builder(BACKGROUND_UPLOAD_JOB_ID, jobServiceName)
           .setRequiredNetworkType(JobInfo.NETWORK_TYPE_UNMETERED)
           .setRequiresCharging(true)
           // Wait at most a day before relaxing our network constraints
           .setOverrideDeadline(TimeUnit.DAYS.toMillis(1))
           .build());
}
```

指定的作业 ID 是具体作业的唯一标识符，使用相同的作业 ID 安排新作业将重写任何先前计划的作业。同样，可以将作业 ID 传入 Job Scheduler 的 cancel 方法，以取消使用作业 ID 计划的作业。

注意：

值得一提的是，可以通过创建具有不同作业 ID 的多个 JobInfo 对象来使用相同的 Job Service 计划多个作业。可以使用传入的 Job Parameter 中的 getJobId 方法从 Job Service 中获取到作业 ID，从而计划作业。

用于构造 JobInfo 的构造函数支持大量可选约束，这些约束指定了用于判断运行作业的时间和系统的条件。这些约束包括：

- setRequiredNetworkType —— 为作业指定必要的网络类型。必须是以下选项之一：
  - NETWORK_TYPE_NONE —— 默认选项，表示不需要网络连接。
  - NETWORK_TYPE_ANY —— 需要网络连接，可以是任何类型。
  - NETWORK_TYPE_UNMETERED —— 需要不计量的网络连接，这意味着连接可能不会对数据流量收费，通常是 Wi-Fi。
  - NETWORK_TYPE_NOT_ROAMING —— 需要非漫游的网络连接(Wi-Fi 或蜂窝)，仅适用于 Android 7.0(API 级别 24)或更高版本。
  - NETWORK_TYPE_METERED—— 需要计量网络连接(通常是蜂窝连接)，仅适用于 Android 8.0 Oreo(API 级别 26)或更高版本。
- setRequiresCharging —— 限制作业仅在设备接通充电时运行。

- setRequiresDeviceIdle ——限制作业仅在设备一段时间未使用时(空闲)运行。
- addTriggerContentUri —— 表示当特定 content://URI 发生改变时(通常表示数据库已被更新)应触发作业，仅适用于运行 Android 7.0 Nougat(API 级别 24)或更高版本的设备。
- setPeriodic —— 以不高于指定时间段的频率安排作业重复。
- setMinimumLatency —— 要求在指定时间间隔内不要执行作业，不能与 setPeriodic 同时使用。
- setOverrideDeadline —— 表示作业在到期后必须执行的时间间隔，即使不满足其他约束也得执行。可以通过检查 Job Parameter 的 isOverrideDeadlineExpired 值来检查作业服务中是否发生了这种情况。

代码清单 11-10 列出了需要不计量网络连接和充电设备的作业，适合一次性上传非时间敏感的信息。

注意：

如果想设置需要特定网络类型的标准，强烈建议始终使用 setOverrideDeadline 方法，因为有些用户永远不会连接到 Wi-Fi，而有些用户将永远不会连接到蜂窝网络。如果到达重写截止日期，请考虑使用宽松的网络连接要求重新安排工作。

除了设置作业运行的条件之外，作为补充还可以使用 Job Info Builder 指定作业失败或者在作业执行之前设备被重启时的正确行为。

如代码清单 11-11 所示，可以使用 setBackoffCriteria，通过定义初始退避的长度和线性或指数退避策略，自定义退避/重试策略。默认情况下，Job Scheduler 将使用 30 秒的初始值和线性退避策略，还可以使用 setPersisted 指示在设备重新启动后是否应保留作业。

代码清单 11-11：使用自定义的退避条件安排作业

```
jobScheduler.schedule(
   new JobInfo.Builder(BACKGROUND_UPLOAD_JOB_ID, jobServiceName)
            // Require a network connection
            .setRequiredNetworkType(JobInfo.NETWORK_TYPE_ANY)
            // Require the device has been idle
            .setRequiresDeviceIdle(true)
            // Force Job to ignore constraints after 1 day
            .setOverrideDeadline(TimeUnit.DAYS.toMillis(1)
            // Retry after 30 seconds, with linear back-off
            .setBackoffCriteria(30000, JobInfo.BACKOFF_POLICY_LINEAR)
            // Reschedule after the device has been rebooted
            .setPersisted(true)
            .build());
```

Job Info Builder 还提供了 setExtras 方法，以支持向 JobInfo 发送额外数据。

11.3.3 使用 Firebase Job Dispatcher 计划作业

Job Scheduler 是在 Android 5.0 Lollipop(API 级别 21)中引入的，而 Firebase Job Dispatcher 是为使用 Android 4.0 Ice Cream Sandwich(API 级别 14)及更高版本系统的设备而开发的。

在使用 Android 7.0 Nougat(API 级别 24)及更高版本系统的设备上，Firebase Job Dispatcher 将调度作业的职责交给框架 Job Scheduler，以确保未来与系统范围的后台优化的兼容性，同时保持早期平台版本的向后兼容性。

注意：

Firebase Job Dispatcher 要求在设备上运行 Google Play 服务。要了解有关 Firebase Job Dispatcher 的更多信息，请参阅 https://github.com/firebase/firebase-jobdispatcher-android。

要在项目中包含 Firebase Job Dispatcher，请在 app 模块的 build.gradle 文件中添加如下依赖项：

```
dependencies {
  implementation 'com.firebase:firebase-jobdispatcher:0.8.5'
}
```

Firebase Job Dispatcher 包含一个 JobService 类作为 com.firebase.jobdispatcher 包(而不是框架的 com.android.job 包)的一部分。与 Job Scheduler 一样，Firebase Job Dispatcher 包含需要重写的 onStartJob 和 onStopJob 方法。

如果只需要在后台线程中运行某个作业一次，Firebase Job Dispatcher 提供了 Simple Job Service，它已为你实现了 onStartJob 和 onStopJob 方法。你只需要重写 onRunJob 方法，该方法将在后台线程中被调用，如代码清单 11-12 所示。

代码清单 11-12：实现一个 Simple Job Service

```
import com.firebase.jobdispatcher.JobParameters;
import com.firebase.jobdispatcher.SimpleJobService;

public class FirebaseJobService extends SimpleJobService {
  @Override
  public int onRunJob(final JobParameters job) {
    // TO DO: Do your background work.
    // Return RESULT_FAIL_RETRY to back off
    // or RESULT_FAIL_NORETRY to give up
    return RESULT_SUCCESS;
  }
}
```

一旦创建完 Firebase Job Dispatcher 和 Job Service 后，就可以将其添加到应用清单中，如代码清单 11-13 所示。

代码清单 11-13：将 Firebase Job Dispatcher 的 Job Service 添加到应用清单中

```
<service

  android:name=".FirebaseJobService"
  android:exported="false">
  <intent-filter>
    <action android:name="com.firebase.jobdispatcher.ACTION_EXECUTE"/>
  </intent-filter>
</service>
```

Firebase Job Dispatcher 允许使用 newJobBuilder 方法定义许多约束(与 Job Scheduler 相同)，如代码清单 11-14 所示，该方法重新创建之前代码清单 11-10 中使用 Job Scheduler 定义的相同作业。

代码清单 11-14：使用 Firebase 作业调度程序安排需要不计量网络和充电的作业

```
// Can be any String
private static final String BACKGROUND_UPLOAD_JOB_TAG = "background_upload";

public static void scheduleBackgroundUpload(Context context) {
  FirebaseJobDispatcher jobDispatcher =
      new FirebaseJobDispatcher(new GooglePlayDriver(context));

  jobDispatcher.mustSchedule(
      jobDispatcher.newJobBuilder()
          .setTag(BACKGROUND_UPLOAD_JOB_TAG)
          .setService(FirebaseJobService.class)
          .setConstraints(
             Constraint.ON_UNMETERED_NETWORK,
             Constraint.DEVICE_CHARGING)
          .setTrigger(Trigger.executionWindow(
             0, // can start immediately
             (int) TimeUnit.DAYS.toSeconds(1))) // wait at most a day
          .build());
}
```

通过向后兼容性以及与 Job Scheduler 同等的功能，Firebase Job Dispatcher 允许编写一个系统来处理工作在所有具有 Google Play 服务的设备上的后台作业。

11.3.4　使用 Work Manager 计划作业

Work Manager 是 Android 架构组件之一，它提供了丰富的、向后兼容的方式来使用 Job Scheduler 提供的功能。

与 Job Scheduler 一样，Work Manager 也适用于即使应用已关闭也必须完成的工作。如果应用被运行时关闭或终止，可以放弃的后台工作应该使用 Handler、线程(Thread)或线程池(Thread Pool)来处理，如本章前面所述。

在作业被计划时，Work Manager 会确定执行计划作业的最佳可用替代方案：最新可用版本平台的 Job Scheduler、Firebase Job Dispatcher 甚至是 Alarm Manager。即使应用已终止或设备已重新启动，也可确保计划的作业正常运行。

> **警告：**
> *在编写本书时，Work Manager 仍是 alpha 版本。因此，它的 API 和功能很有可能会发生更改。*

为了使用 Work Manager，需要将 Android 架构组件 Work Manager 以及(可选的)Work Manager 的 Firebase Job Dispatcher 依赖项添加到 app 模块的 build.gradle 文件中：

```
dependencies {
  implementation "android.arch.work:work-runtime:1.0.0-alpha03"
  implementation "android.arch.work:work-firebase:1.0.0-alpha03"
  androidTestImplementation "android.arch.work:work-testing:1.0.0-alpha03"
}
```

Work Manager API 类似于 Job Scheduler 和 Firebase Job Dispatcher。首先扩展 Worker 类，重写 doWork 处理程序以实现要执行的后台工作。返回 Worker.Result.SUCCESS 以指示后台工作已成功完成，FAILURE 指示已失败且不应重试，RETRY 指示 Work Manager 应在稍后重试 Worker：

```
public class MyBackgroundWorker extends Worker {

  @Override
  public Worker.Result doWork() {
    // TO DO: Do your background work.

    // Return SUCCESS if the background work has executed successfully.
    return Result.SUCCESS;

    // Return RETRY to reschedule this work.
    // Return FAILURE to indicate a failure that shouldn't be retried.
  }
}
```

一旦定义好了 Worker，就可以向 Work Manager 发起请求，可以使用 OneTimeWorkRequest 或 PeriodicWorkRequest 来计划一次性或重复请求执行 Worker：

```
// Schedule a one-off execution of the background work
OneTimeWorkRequest myOneTimeWork =
  new OneTimeWorkRequest.Builder(MyBackgroundWorker.class)
    .build();

// Schedule a background worker to repeat every 12 hours.
PeriodicWorkRequest myPeriodicWork =
  new PeriodicWorkRequest.Builder(MyBackgroundWorker.class,
                              12, TimeUnit.HOURS)
    .build();

// Enqueue the work requests.
WorkManager.getInstance().enqueue(myOneTimeWork);
WorkManager.getInstance().enqueue(myPeriodicWork);
```

一旦 Work Request 被加入队列，Work Manager 就根据可用的系统资源以及指定的任何约束安排时间来执行指定的 Worker。

如果未指定任何约束(与前面的代码片段中一样)，则 Work Manager 通常会立即运行 Worker。否则，需要使用 Constraint.Builder 构建约束(Constraint)，约束指定了要求(包括电池和存储级别、充电和空闲状态以及网络连接类型)，并使用 setConstraints 方法将约束分配给 Work Request：

```
Constraints myConstraints = new Constraints.Builder()
  .setRequiresDeviceIdle(true)
  .setRequiresCharging(true)
  .build();

OneTimeWorkRequest myWork =
  new OneTimeWorkRequest.Builder(MyBackgroundWorker.class)
  .setConstraints(myConstraints)
  .build();

WorkManager.getInstance().enqueue(myWork);
```

Work Manager 还为 Worker 链提供支持，并使用 Live Data 来观察工作状态(Work Status)和相关的输出值。

Worker 链允许你按顺序安排 Work Request，有效地在独立 Work Request 之间创建依赖关系图。

要创建新的链式序列，可以使用 Work Manager 的 beginWith 方法，传入要执行的第一个 Work Request。这将返回一个 WorkContinuation 对象，它的 then 方法允许添加下一个 Work Request，依此类推。序列定义完成后，在最终的 WorkContinuation 对象上调用 enqueue 方法：

```
WorkManager.getInstance()
  .beginWith(myWork)
  .then(mySecondWork)
  .then(myFinalWork)
  .enqueue();
```

每个 beginWith 和 then 方法可以接收多个 WorkRequest 对象，所有这些对象都会并行运行，并且必须在下一个 Worker(或 Worker 组)运行之前完成。通过使用 WorkContinuation 对象的 combine 方法将多个链连接在一起，可以创建更复杂的序列。

在任何情况下，每个 Worker 仍然受到指定的任何约束条件的约束，并且链中任何 Worker 的永久性失败都将终止整个序列。

任何队列中的 Work Request 的当前状态都可以使用 Work Status 通过 Live Data 进行反馈，并且可以通过调用 Work Manager 的 getStatusById 方法，并传入要监视的 Work Request 的唯一 ID 实现监听：

```
WorkManager.getInstance().getStatusById(myWork.getId())
  .observe(lifecycleOwner, workStatus -> {
    if (workStatus != null) {
      // TO DO: Do something with the current status
    }
  });
```

当 Work Request 完成时，可以提取在 Worker 实现中分配的任何输出数据：

```
@Override
public Worker.Result doWork() {
  // TO DO: Do your background work.

  Data outputData = new Data.Builder()
                     .putInt(KEY_RESULT, result)
                     .build();
  setOutputData(outputData);

  return Result.SUCCESS;
}
```

如果想要提取输出数据，可以使用 WorkStatus.getOutputData 方法，并指定所需的键：

```
if (workStatus != null && workStatus.getState().isFinished()) {
  int myResult = workStatus.getOutputData()
                   .getInt(KEY_RESULT, defaultValue));
}
```

为了取消已排队的工作请求，需要将其 UUID 传递给 WorkManager.cancelWorkById 方法：

```
UUID myWorkId = myWork.getId();
```

```
WorkManager.getInstance().cancelWorkById(myWorkId);
```

11.3.5 Job Service 在 Earthquake 示例中的应用

下面把地震更新和处理功能移动到自己的 SimpleJobService 组件中。

> **注意：**
> 在撰写本书时，11.3.4 节描述的 Android 架构组件 Work Manager 仍处于 alpha 版本。因此，本节只演示如何使用 Firebase Job Dispatcher。作为练习，我们建议使用 Work Manager 来升级 Earthquake 示例。

(1) 更新 build.gradle 文件以添加 Firebase Job Dispatcher 的依赖项：

```
dependencies {
  [...existing dependencies ...]

  implementation 'com.firebase:firebase-jobdispatcher:0.8.5'
}
```

(2) 更新 res/values/arrays.xml 资源文件，以使用更实际的频率选项(加载频率超过每 15 分钟一次，应该只适用于响应推送消息，本章稍后将介绍)：

```
<string-array name="update_freq_options">
  <item>Every 15 minutes</item>
  <item>Every hour</item>
  <item>Every 4 hours</item>
  <item>Every 12 hours</item>
  <item>Every 24 hours</item>
</string-array>
<string-array name="update_freq_values">
  <item>15</item>
  <item>60</item>
  <item>240</item>
  <item>720</item>
  <item>1440</item>
</string-array>
```

(3) 创建一个扩展自 SimpleJobService 类的 EarthquakeUpdateJobService 类，并要求网络连接以运行作业：

```
package com.professionalandroid.apps.earthquake;

import com.firebase.jobdispatcher.Constraint;
import com.firebase.jobdispatcher.FirebaseJobDispatcher;
import com.firebase.jobdispatcher.GooglePlayDriver;
import com.firebase.jobdispatcher.JobParameters;
import com.firebase.jobdispatcher.SimpleJobService;

public class EarthquakeUpdateJobService extends SimpleJobService {
  private static final String TAG = "EarthquakeUpdateJob ";
  private static final String UPDATE_JOB_TAG = "update_job";
  private static final String PERIODIC_JOB_TAG = "periodic_job";

  public static void scheduleUpdateJob(Context context) {
    FirebaseJobDispatcher jobDispatcher =
      new FirebaseJobDispatcher(new GooglePlayDriver(context));

    jobDispatcher.schedule(jobDispatcher.newJobBuilder()
      .setTag(UPDATE_JOB_TAG)
      .setService(EarthquakeUpdateJobService.class)
      .setContraints(Constraint.ON_ANY_NETWORK)
      .build());
  }

  @Override
  public int onRunJob(final JobParameters job) {
    return RESULT_SUCCESS;
  }
}
```

(4) 在应用清单的 application 节点中添加一个新的 service 标签以引入新的服务：

```
<service android:name=".EarthquakeUpdateJobService"
  android:exported="true">
  <intent-filter>
    <action
      android:name="com.firebase.jobdispatcher.ACTION_EXECUTE/>
    </action>
  </intent-filter>
</service>
```

(5) 将 XML 解析代码从使用 EarthquakeViewModel.loadEarthquakes 方法定义的 AsyncTask.doInBackground 处理程序中移动到 EarthquakeUpdateJobService 类的 onRunJob 方法中，同时创建一个新的 scheduleNextUpdate 方法，该方法应在 Earthquake 对象被解析并添加到数据库后调用：

```
@Override
public int onRunJob(final JobParameters job) {
  // Result ArrayList of parsed earthquakes.
  ArrayList<Earthquake> earthquakes = new ArrayList<>();

  // Get the XML
  URL url;
  try {
    String quakeFeed = getString(R.string.quake_feed);
    url = new URL(quakeFeed);

    URLConnection connection;
    connection = url.openConnection();

    HttpURLConnection httpConnection = (HttpURLConnection)connection;
    int responseCode = httpConnection.getResponseCode();

    if (responseCode == HttpURLConnection.HTTP_OK) {
      InputStream in = httpConnection.getInputStream();

      DocumentBuilderFactory dbf
        = DocumentBuilderFactory.newInstance();
      DocumentBuilder db = dbf.newDocumentBuilder();

      // Parse the earthquake feed.
      Document dom = db.parse(in);
      Element docEle = dom.getDocumentElement();

      // Get a list of each earthquake entry.
      NodeList nl = docEle.getElementsByTagName("entry");
      if (nl != null && nl.getLength() > 0) {
        for (int i = 0 ; i < nl.getLength(); i++) {
          Element entry = (Element)nl.item(i);
          Element title
            = (Element)entry.getElementsByTagName("title").item(0);
          Element g
            = (Element)entry.getElementsByTagName("georss:point")
                .item(0);
          Element when
            = (Element)entry.getElementsByTagName("updated").item(0);
          Element link
            = (Element)entry.getElementsByTagName("link").item(0);

          String details = title.getFirstChild().getNodeValue();
          String hostname = "http://earthquake.usgs.gov";
          String linkString = hostname + link.getAttribute("href");

          String point = g.getFirstChild().getNodeValue();
          String dt = when.getFirstChild().getNodeValue();
          SimpleDateFormat sdf
            = new SimpleDateFormat("yyyy-MM-dd'T'hh:mm:ss'Z'");
          Date qdate = new GregorianCalendar(0,0,0).getTime();
          try {
            qdate = sdf.parse(dt);
          } catch (ParseException e) {
            Log.e(TAG, "Date parsing exception.", e);
          }

          String[] location = point.split(" ");
          Location l = new Location("dummyGPS");
          l.setLatitude(Double.parseDouble(location[0]));
```

```
          l.setLongitude(Double.parseDouble(location[1]));

          String magnitudeString = details.split(" ")[1];
          int end =  magnitudeString.length()-1;
          double magnitude
            = Double.parseDouble(magnitudeString.substring(0, end));

          if (details.contains("-"))
            details = details.split(",")[1].trim();
          else
            details = "";

          final Earthquake earthquake = new Earthquake(
            idString, qdate, details, l,
            magnitude, linkString);

          // Add the new earthquake to our result array.
          earthquakes.add(earthquake);
        }
      }
    }
    httpConnection.disconnect();

    EarthquakeDatabaseAccessor
      .getInstance(getApplicationContext())
      .earthquakeDAO()
      .insertEarthquakes(earthquakes);

    scheduleNextUpdate();

    return RESULT_SUCCESS;
  } catch (MalformedURLException e) {
    Log.e(TAG, "Malformed URL Exception", e);
    return RESULT_FAIL_NORETRY;
  } catch (IOException e) {
    Log.e(TAG, "IO Exception", e);
    return RESULT_FAIL_RETRY;
  } catch (ParserConfigurationException e) {
    Log.e(TAG, "Parser Configuration Exception", e);
    return RESULT_FAIL_NORETRY;
  } catch (SAXException e) {
    Log.e(TAG, "SAX Exception", e);
    return RESULT_FAIL_NORETRY;
  }
}

private void scheduleNextUpdate() {
}
```

(6) 更新 EarthquakeViewModel 类中的 loadEarthquakes 方法，删除 AsyncTask，并相应地调用 EarthquakeUpdateJobService 类中的静态方法 scheduleUpdateJob 来安排要执行的作业：

```
public void loadEarthquakes() {
  EarthquakeUpdateJobService.scheduleUpdateJob(getApplication());
}
```

(7) 回到 EarthquakeUpdateJobService 类。更新 scheduleNextUpdate 方法，创建新的定时作业，如果用户已经做了偏好设置，作业将用于定时更新地震列表：

```
private void scheduleNextUpdate() {
  if (job.getTag().equals(UPDATE_JOB_TAG)) {
    SharedPreferences prefs =
      PreferenceManager.getDefaultSharedPreferences(this);
    int updateFreq = Integer.parseInt(
      prefs.getString(PreferencesActivity.PREF_UPDATE_FREQ, "60"));
    boolean autoUpdateChecked =
      prefs.getBoolean(PreferencesActivity.PREF_AUTO_UPDATE, false);

    if (autoUpdateChecked) {
      FirebaseJobDispatcher jobDispatcher =
        new FirebaseJobDispatcher(new GooglePlayDriver(context));

      jobDispatcher.schedule(jobDispatcher.newJobBuilder()
        .setTag(PERIODIC_JOB_TAG)
        .setService(EarthquakeUpdateJobService.class)
```

```
            .setConstraints(Constraint.ON_ANY_NETWORK)
            .setReplaceCurrent(true)
            .setRecurring(true)
            .setTrigger(Trigger.executionWindow(
              updateFreq*60 / 2,
              updateFreq*60))
            .setLifetime(Lifetime.FOREVER)
            .build());
        }
      }
    }
```

现在，当 Earthquake Main Activity 启动时，将启动 Earthquake Update Job Service，该服务将持续安排作业(在后台更新数据库)，即使在 Activity 暂停或关闭后也可以保持。

由于 Earthquake List Fragment 一直监听着数据库更新，因此每个新的地震都将自动添加到列表中。

11.4　使用 Notification 通知用户

通知(如图 11-1 所示)是一种强大的机制，有了它，即便应用的 Activity 都不可见，也可以与用户进行重要及时的信息通信。

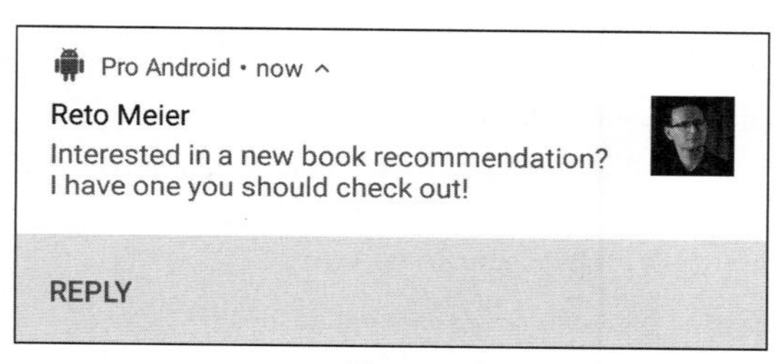

图 11-1

虽然用户可能会随时随身携带手机，但他们不太可能在任何时候都关注自己的手机或你的应用。通常用户会在后台打开多个应用，然而他们其实并不关心其中的任何应用。

根据优先级，通知可以在活动的 Activity 上方可视化地显示；触发声音、灯光和/或状态栏图标；或完全被动，仅在通知托盘打开时可见。

使用通知样式和动作，还可以显著地改变每个通知或通知组的外观和交互性。动作会向通知用户界面添加交互式控件，使用户无须打开应用即可响应通知。

通知是实现隐藏应用组件(特别是作业服务)的首选机制，用于提醒用户发生了可能需要及时关注的事件。它们还可以用来显示正在运行的前台服务，如本章后面所述。

11.4.1　Notification Manager 简介

Notification Manager 是用于管理通知的系统服务。为了在所有 API 级别提供一致的体验，Android 支持库提供了一个 NotificationManagerCompat 类，你应该在发布通知时使用它而不是框架的 Notification Manager。

Notification Manager 的使用如代码清单 11-15 所示：

代码清单 11-15：使用 Notification Manager

```
NotificationManagerCompat notificationManager = NotificationManagerCompat.from(context);
```

使用 Notification Manager，可以触发新通知、修改现有通知或取消不再需要的通知。

每个通知都由唯一的 ID(整型)和可选的标签(字符串类型)标识，这些标记用于确定是否应创建、更新或取消通知。

11.4.2 使用通知渠道

从 Android 8.0 Oreo(API 级别 26)开始，所有通知都必须与通知渠道(Notification Channel)相关联。每个通知渠道至少包含唯一的 ID 和用户可见的名称。但是，通知渠道还可用于为发布到通知渠道的所有通知定义默认优先级、声音、灯光和振动等设置。

在创建通知渠道并向其发布通知后，用户就可以修改通知渠道的设置，包括提高或降低发布到通知渠道的所有未来通知的优先级。

因此，创建合适的通知渠道粒度并仔细设置默认值，以符合大多数用户的期望是至关重要的。例如，从其他用户收到的消息通知应该在单独的、相比服务更新通知来说优先级更高的通知渠道中。

在同一通知渠道中混合使用不同的通知类型，很有可能会导致用户禁用或降低通知渠道的优先级，这与他们想在其中收到最低优先级通知的期望相一致。

在大多数情况下，应用具有固定数量的通知渠道，每个通知渠道都具有静态字符串 ID。这种类型的通知渠道参见代码清单 11-16 所示。请注意，必须使用系统的通知管理器(Notification Manager)创建通知渠道，并且仅在运行 Android 8.0 或更高版本系统的设备上创建通知渠道。

代码清单 11-16：创建通知渠道

```
private static final String MESSAGES_CHANNEL = "messages";

public void createMessagesNotificationChannel(Context context) {
  if (Build.VERSION.SDK_INT >= Build.VERSION_CODES.O) {
    CharSequence name = context
      .getString(R.string.messages_channel_name);

    NotificationChannel channel = new NotificationChannel(
      MESSAGES_CHANNEL,
      name,
      NotificationManager.IMPORTANCE_HIGH);

    NotificationManager notificationManager =
      context.getSystemService(NotificationManager.class);
    notificationManager.createNotificationChannel(channel);
  }
}
```

代码清单 11-16 中的该方法应当在所有要创建的通知前被调用，从而确保相应的通知渠道先被创建。

由于 Android 系统的 UI 允许用户直接调整每个通知频道的设置，因此应用无须提供单独的用户界面即可在运行 Android 8.0 或更高版本系统的设备上设置通知偏好。但是，你也许需要考虑在适用于旧版 Android 的应用中提供这些设置。

对于运行 Android 8.0 或更高版本系统的设备，应该将用户重定向到系统通知设置页面，而不是在应用中提供通知设置：

```
Intent intent = new Intent(Settings.ACTION_CHANNEL_NOTIFICATION_SETTINGS);
intent.putExtra(Settings.EXTRA_APP_PACKAGE, context.getPackageName());
startActivity(intent);
```

11.4.3 创建通知

除了通知渠道之外，每个通知都需要包含三个主要元素：小图标、标题和描述性文本。

小图标显示在状态栏中，应该一眼就能识别为应用。小图标的大小应为 24dp×24dp，在透明背景上应为白色。

> **注意：**
> 在运行 Android 5.0 Lollipop(API 级别 21)或更高版本系统的设备上，应该考虑使用矢量 Drawable 作为小图标，以便系统可以将其缩放到任何大小。矢量 Drawable 将在第 12 章“贯彻 Android 设计理念”中详细讨论。

小图标通常是应用启动图标的简化版本，应始终与应用中使用的图标相匹配，以便用户在状态栏中能够识别它们。

通知的主要内容分为两行，如图 11-2 所示。

Pro Android • now
Reto Meier
Interested in a new book recommendation? I have o..

图 11-2

第一行是标题，下面是文字。

可以使用 NotificationCompat.Builder 构建简单的通知，使用 notify 方法发布通知，如代码清单 11-17 所示。

代码清单 11-17：创建并发布通知

```
final int NEW_MESSAGE_ID = 0;

createMessagesNotificationChannel(context);
NotificationCompat.Builder builder = new NotificationCompat.Builder(
  Context, MESSAGES_CHANNEL);

// These would be dynamic in a real app
String title = "Reto Meier";
String text = "Interested in a new book recommendation?" +
            " I have one you should check out!";

builder.setSmallIcon(R.drawable.ic_notification)
      .setContentTitle(title)
      .setContentText(text);

notificationManager.notify(NEW_MESSAGE_ID, builder.build());
```

标题应包含所需的信息，以便你了解每个通知对于用户的重要性。标题总是显示为一行，因此尽可能将标题长度保持在 30 个字符以下，以确保能完整显示。

例如，指示来自其他人的来信通知应在标题中显示发送人的姓名。应始终避免在标题中使用应用的名称；应用的名称是多余的，因为它会显示在运行 Android 7.0 Nougat(API 级别 24)及更高版本系统的设备标题中。

内容文本提供情境和更详细的信息。在我们的消息示例中，内容文本将是收到的最新消息。在任何情况下，内容文本不应与标题中已有的信息重复。

使用 setColor 方法指定与应用的品牌一致的通知颜色也是一种好习惯：

```
builder.setColor(ContextCompat.getColor(context, R.color.colorPrimary));
```

在 Android 5.0 Lollipop(API 级别 21)和 Android 6.0 Marshmallow(API 级别 23)之间，上述颜色用作通知的小图标周围的背景颜色。自 Android 7.0 Nougat(API 级别 24)开始，指定的颜色用于小图标、应用名称以及使用的任何操作，如图 11-3 所示。

无论如何，选择的颜色都应与通知托盘上使用的浅色背景颜色形成对比。

通知还支持使用大图标。大图标显示在打开的通知中，在内容标题和文本字符串的旁边显示，用于提供额外上下文，如图 11-4 所示。

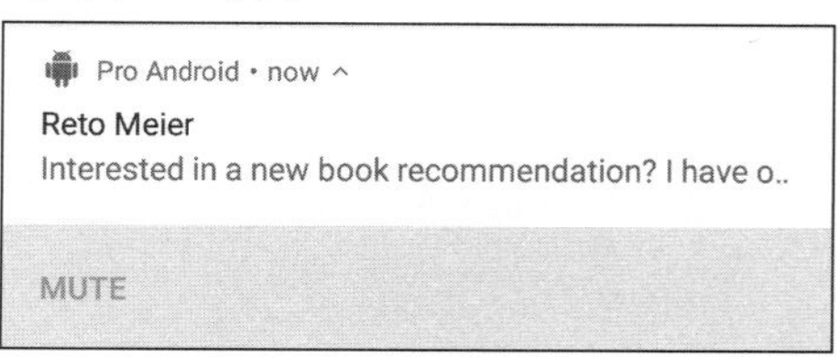

图 11-3

图 11-4

可以通过使用 Builder 的 setLargeIcon 方法传入位图来设置大图标：

```
builder.setLargeIcon(profilePicture);
```

1. 处理通知单击

在几乎所有场景中，通知都应通过打开相应的应用并导航到正确的上下文来响应用户单击，以便用户获得更多详细信息或提供响应。

为了支持单击，每个 Notification 都可以包含一个内容 Intent，使用 Notification Builder 的 setContentIntent 方法来指定。该方法接收一个 Pending Intent，该 Pending Intent 应启动相应的 Activity。

在大多数情况下，单击通知会深度链接到应用中的特定 Activity：例如，要阅读的电子邮件或要查看的图像。在这种情况下，最重要的是构建正确的返回堆栈，以确保用户使用 Back 按钮时能按预定的方式进行导航。

为了实现这种效果，应该使用 TaskStackBuilder 类，如代码清单 11-18 所示。

代码清单 11-18：添加内容 Intent 用于启动 Activity

```
// This could be any Intent. Here we use the app's
// launcher activity as a simple example
Intent launchIntent = context.getPackageManager()
  .getLaunchIntentForPackage(context.getPackageName());

PendingIntent contentIntent = TaskStackBuilder.create(context,
  .addNextIntentWithParentStack(launchIntent)
  .getPendingIntent(0, PendingIntent.FLAG_UPDATE_CURRENT);
builder.setContentIntent(contentIntent);
```

默认情况下，Activity 没有声明父 Activity，这意味着单击通知不会创建任何额外的返回堆栈。虽然这适用于启动 Activity，但应该为应用中的所有其他 Activity 设置父 Activity。第 12 章会介绍设置父 Activity 的方法。

要在单击通知时关闭通知，可以使用 setAutoCancel 方法将通知设置为自动取消：

```
builder.setAutoCancel(true);
```

2. 处理用户清除通知

用户可以通过滑动单独清除一条通知或通过选择一次性清除所有通知。可以使用 Builder 的 setDeleteIntent 方法指定清除时会发送的 Intent，该方法将在清除通知而不是单击或取消通知时发送 Intent 到你的应用。

如果需要跨多个设备同步清除或更新应用的内部状态，这将变得非常有用。在此处指定的 Pending Intent 应该几乎总是指向 Broadcast Receiver，它可以在后台进行处理或者在必要时启动后台作业：

```
Intent intent = new Intent(context, DeleteReceiver.class);

// Add any extras or a data URI that uniquely defines this Notification
PendingIntent deleteIntent = PendingIntent.getBroadcast(context, 0,
  intent, PendingIntent.FLAG_UPDATE_CURRENT);

builder.setDeleteIntent(deleteIntent);
```

3. 使用扩展的通知样式

Android 4.1 Jelly Bean(API 级别 16)引入了通知的新功能，可以扩展通知以显示额外信息，还包括用户操作。Android 提供了多种扩展的通知样式：

- BigTextStyle —— 显示多行文本。
- BigPictureStyle —— 在展开的通知中显示大图像。
- MessagingStyle —— 显示作为会话的一部分收到的消息。
- MediaStyle —— 显示有关播放媒体的信息以及最多五个控制媒体播放的操作。
- InboxStyle —— 显示表示多个通知的摘要通知。

每种通知样式都提供不同的 UI 和一组功能，如图 11-5 所示。

Pro Android • now ^

Reto Meier

Interested in a new book recommendation?
I have one you should check out!

图 11-5

使用最广泛的是 BigTextStyle，可使用 BigTextStyle 的 bigText 方法显示多行文本，而不是标准(无样式)通知中显示的单行文本。

代码清单 11-19 显示了如何使用 Notification Builder 的 setStyle 方法应用 BigTextStyle。

代码清单 11-19：将 BigTextStyle 应用于通知

```
builder.setSmallIcon(R.drawable.ic_notification)
  .setContentTitle(title)
  .setContentText(text)
  .setLargeIcon(profilePicture)
  .setStyle(new NotificationCompat.BigTextStyle().bigText(text));
```

作为纯视觉内容，扩展通知时返回的 BigPictureStyle 允许使用 bigPicture 方法指定一张大图像，如代码清单 11-20 所示。

代码清单 11-20：将大图片样式应用于通知

```
builder.setSmallIcon(R.drawable.ic_notification)
  .setContentTitle(title)
  .setContentText(text)
  .setLargeIcon(profilePicture)
  .setStyle(new NotificationCompat.BigPictureStyle()
                          .bigPicture(aBigBitmap));
```

对于消息应用发布的通知，特别是那些与多人交谈的通知，可以使用 MessagingStyle。使用此样式时，可以提供 userDisplayName 字符串来表示当前用户，并使用 addMessage 方法提供一组消息，如代码清单 11-21 所示。

代码清单 11-21：创建 MessagingStyle 通知

```
builder
  .setShowWhen(true) // Show the time the Notification was posted
  .setStyle(new NotificationCompat.MessagingStyle(userDisplayName)
    .addMessage("Hi Reto!", message1TimeInMillis, "Ian Lake")
    .addMessage("How's it going?", message2TimeInMillis, "Ian Lake")
    .addMessage("Very well indeed. And you?", message3TimeInMillis, null));
```

添加的每个消息都有三个主要属性：消息的文本、消息发送的时间(以毫秒为单位)以及发送人的名字。发送人为空代表消息是由当前设备的用户发送的。对于群组对话，可以使用 setConversationTitle 设置对话标题。

对于媒体播放应用，MediaStyle 通知可让用户快速使用最多五种操作(例如播放/暂停、下一个/上一个曲目)。第 17 章“音频、视频和使用摄像头”将会详细讨论该样式。

InboxStyle 通知对于生成摘要通知特别有用，如本章后面的 11.4.7 节“分组多个通知”所述。

11.4.4　设置通知的优先级

附加到通知的优先级表示通知对用户的相对重要性，以及通知将导致的用户中断级别。

优先级最低的通知(例如天气预报)仅在扩展通知托盘时显示，而优先级最高的通知(例如来电)会触发声音、灯光和振动，还可能绕过用户的请勿干扰(Do Not Disturb)设置。

1. 为通知渠道设置重要性级别

在运行 Android 8.0 Oreo(API 级别 26)或更高版本系统的设备上，通知的优先级由通知渠道的重要性设置：

```
channel.setImportance(NotificationManager.IMPORTANCE_HIGH);
```

默认重要性(IMPORTANCE_DEFAULT)将会使通知在状态栏上显示为图标，并提醒用户。默认情况下，这会播放默认声音，但可以选择指定自定义声音、振动或灯光模式。

对于有时效性的提醒，例如来自聊天服务的收到通信消息通知，可以考虑使用 IMPORTANCE_HIGH 级别的通知渠道。来自此渠道或更高渠道的通知将弹出到用户屏幕上(假设屏幕打开着)，如图 11-6 所示。

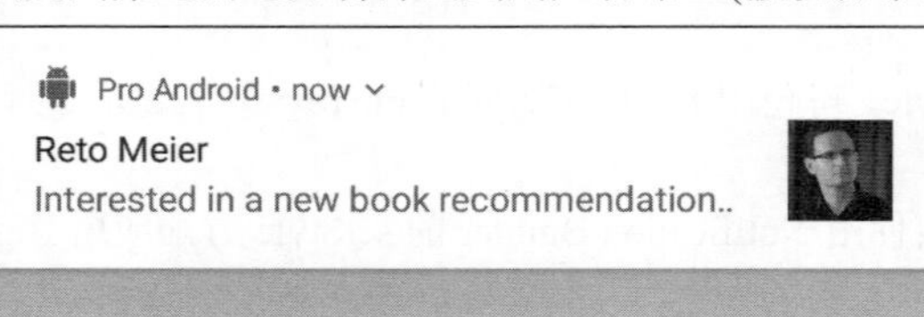

图 11-6

而 IMPORTANCE_LOW 适用于非时效性信息，虽然仍会显示状态栏图标，但不会使用声音、振动或灯光。

对于那些只是想让用户知道一下的信息根本就不应该打扰用户，应该使用 IMPORTANCE_MIN。这些通知不会在状态栏中显示为图标，它们仅在展开时显示在通知托盘的底部。

2. 了解通知优先级系统

在 Android 8.0 之前，通知的优先级是使用 Notification Builder 的 setPriority 方法设置的：

```
builder.setPriority(NotificationCompat.PRIORITY_HIGH);
```

此处的优先级与通知渠道的重要性级别相匹配，但有一个例外：可以使用 PRIORITY_MAX。通常，除了那些必须立即处理的，最重要的时效性高的通知(例如来电)之外，不应该使用 PRIORITY_MAX。

- PRIORITY_HIGH —— 相当于 IMPORTANCE_HIGH。
- PRIORITY_DEFAULT —— 相当于 IMPORTANCE_DEFAULT。
- PRIORITY_LOW —— 相当于 IMPORTANCE_LOW。
- PRIORITY_MIN —— 相当于 IMPORTANCE_MIN。

注意：

与通知渠道不同，在通知上设置优先级不会限制可以添加到通知的提醒类型。应当避免在 PRIORITY_LOW 或 PRIORITY_MIN 通知中添加声音、振动或灯光。

3. 为通知添加声音、振动和灯光

IMPORTANCE_DEFAULT 或更高级别的通知渠道可以通过声音、振动或灯光提醒用户。

默认情况下，使用默认的通知铃声。在构建通知渠道时，可以通过调用对应的方法来添加默认的振动或灯光模式：

```
channel.enableVibration(true);
channel.enableLights(true);
```

在 Android 8.0 之前，为通知添加声音、灯光和振动的最简单且最一致的方法是使用 setDefaults 方法。通过使用 Notification Builder 的 setDefaults 方法，可以组合以下常量：

- NotificationCompat.DEFAULT_SOUND
- NotificationCompat.DEFAULT_VIBRATE
- NotificationCompat.DEFAULT_LIGHTS

例如，以下代码片段将默认声音和振动设置到通知上：

```
builder.setDefaults(NotificationCompat.DEFAULT_SOUND |
                    NotificationCompat.DEFAULT_VIBRATE);
```

如果要使用所有默认值，可以使用 NotificationCompat.DEFAULT_ALL 常量。

声音、振动模式以及 LED 颜色和速率，都可以分别使用 NotificationChannel 类的 setSound、setVibrationPattern 和 setLightColor 方法自定义设置。

通常，声音是从 RingtoneManager 类中选择的，遵从用户的个性设置。自定义振动模式则可以使用长度阵列指定，交替表示保持开启的毫秒数和保持关闭的毫秒数。LED 的颜色也可以自定义，在 Android 8.0 之前，还可以使用两个整数设置 LED 闪烁的速率：LED 打开的毫秒数以及关闭的毫秒数。

代码清单 11-22 构建了一个使用 Ringtone Manager 获取适当声音，在 5 秒内使手机振动三次，并快速闪烁红色 LED 灯的通知。

代码清单 11-22：自定义通知的提醒

```
// For Android 8.0+ higher devices:
channel.setSound(
  RingtoneManager.getDefaultUri(RingtoneManager.TYPE_NOTIFICATION));
channel.setVibrationPattern(new long[] { 1000, 1000, 1000, 1000, 1000});
channel.setLightColor(Color.RED);

// For Android 7.1 or lower devices:
builder.setPriority(NotificationCompat.PRIORITY_HIGH)
       .setSound(
         RingtoneManager.getDefaultUri(RingtoneManager.TYPE_NOTIFICATION))
       .setVibrate(new long[] { 1000, 1000, 1000, 1000, 1000 })
       .setLights(Color.RED, 0, 1);
```

注意：

关于 LED 的控制，每个设备可能具有不同的限制。如果指定的颜色不可用，就使用尽可能接近的近似值。使用 LED 向用户传达信息时，请牢记此限制，并避免将其作为提供此类信息的唯一方式。

如果仅在第一次发布通知时(而不需要每次更新通知时)发生声音和振动，则可以使用 setOnlyAlertOnce 方法传入参数 true：

```
builder.setOnlyAlertOnce(true);
```

4. 尊重“请勿打扰”请求

自从 Android 5.0 Lollipop(API 级别 21)以来，用户已经能够自定义哪些通知可以在“请勿打扰(Do Not Disturb)”或“仅限优先(Priority Only)”模式下，使用声音、振动和灯光提醒他们。

在“请勿打扰”模式处于激活状态时确定是否允许使用这些提醒机制时，Notification Manager 将使用两个元数据：“通知”类别以及操作触发通知的人员。

通知的类别由 setCategory 方法设置：

```
builder.setCategory(NotificationCompat.CATEGORY_EVENT);
```

Notification 类包括了多个类别常量，包括 CATEGORY_ALARM、CATEGORY_REMINDER、CATEGORY_EVENT、CATEGORY_MESSAGE 和 CATEGORY_CALL。通过设置正确的类别，可以确保在“请勿打扰”模式下对用户系统设置中特定类别的启用或禁用受到尊重。

对于某些通知类别，特别是消息和电话，用户可以选择仅允许来自特定人员的通知，比如已加星标的联系人。可以使用 addPerson 方法将人员附加到通知，传入三种类型的 URI 之一，如代码清单 11-23 所示。

- CONTENT_LOOKUP_URI 或“永久”链接指向联系人 Content Provider 中已有的单个联系人。
- tel: schema 用于使用 ContactsContract.PhoneLookup 查找关联的用户。
- mailto: schema 用于电子邮件地址。

代码清单 11-23：设置通知类别和发送人

```
builder.setCategory(NotificationCompat.CATEGORY_CALL)
      .addPerson("tel:5558675309");
```

11.4.5 添加通知动作

除了单击通知本身外，扩展通知还允许为用户提供最多三个动作(action)。例如，电子邮件通知可能包含存档或删除动作。

添加到通知的任何动作都必须提供唯一的功能，而不是重复在单击通知时执行的动作。只有扩展后的通知才能使用动作，因此最佳做法是确保扩展通知中所有可用的动作在单击通知后启动的 Activity 中也可用。

每个通知动作都有标题、图标(32dp×32dp，白色透明背景)和 Pending Intent。在运行 Android 7.0 Nougat(API 级别 24)或更高版本系统的设备上，图标不会显示在展开的通知中，但它会在 Wear OS 和早期版本的 Android 设备上被用到。

可以使用 Notification Builder 的 addAction 方法向 Notification 添加新的动作，如代码清单 11-24 所示。

代码清单 11-24：添加通知动作

```
Intent deleteAction = new Intent(context, DeleteBroadcastReceiver.class);
deleteAction.setData(emailUri);

PendingIntent deleteIntent = PendingIntent.getBroadcast(context, 0,
  deleteAction, PendingIntent.FLAG_UPDATE_CURRENT);

builder.addAction(
  new NotificationCompat.Action.Builder(
    R.drawable.delete,
    context.getString(R.string.delete_action),
    deleteIntent).build());
```

注意：

触发动作后，接收组件有责任在适当时取消通知。setAutoCancel 机制仅在用户单击通知本身触发内容 Intent 时生效。

Notification Builder 通过 Action.WearableExtender 类为 Wear OS 上的动作提供额外支持。可以使用它的 setHintDisplayActionInline 方法快速访问 Android Wear 设备上的主要动作：

```
builder.addAction(
  new NotificationCompat.Action.Builder(
    R.drawable.archive,
    context.getString(R.string.archive_action),
    archiveIntent)
    .extend(new NotificationCompat.Action.WearableExtender()
      .setHintDisplayActionInline(true))
    .build());
```

Wearable Extender 还可用于在适当时使用 setHintLaunchesActivity(true)进一步改善 Wear OS 上的过渡动画，当设置为 true 时将播放“已在手机上打开”动画。

11.4.6 添加直接回复动作

11.4.5 中描述的动作仅限于在选择动作时触发预定义的 Intent。Android 7.0 Nougat(API 级别 24)和 Wear OS 通过引入“直接回复动作(direct reply action)”进一步扩展了这一点，使用户可以通过直接从通知本身输入文本来响应通知，如图 11-7 所示。

图 11-7

直接回复动作对于最常见的用户对通知快速回复一条简短回复的场景特别有用，例如响应一条收到的新消息。因此，直接回复动作通常与 MessagingStyle 配对。

如果想要向通知添加直接回复动作，可以向动作添加 RemoteInput 对象，如代码清单 11-25 所示。

代码清单 11-25：添加直接回复动作

```
// The key you'll use to later retrieve the reply
final String KEY_TEXT_REPLY = "KEY_TEXT_REPLY";

Intent replyAction = new Intent(context, ReplyBroadcastReceiver.class);
replyAction.setData(chatThreadUri);
PendingIntent replyIntent = PendingIntent.getBroadcast(context, 0,
  replyAction, PendingIntent.FLAG_UPDATE_CURRENT);

// Construct the RemoteInput
RemoteInput remoteInput = new RemoteInput.Builder(KEY_TEXT_REPLY)
  .setLabel(context.getString(R.string.reply_hint_text))
  .build();

builder.addAction(
  new NotificationCompat.Action.Builder(
    R.drawable.reply,
    context.getString(R.string.reply_action),
    replyIntent)
    .addRemoteInput(remoteInput)
    .setAllowGeneratedReplies(true)
    .extend(new NotificationCompat.Action.WearableExtender()
      .setHintDisplayActionInline(true))
    .build());
```

在 Android Wear 设备上改善用户体验的一种简单方法是，使用 setAllowGeneratedReplies(true)启用生成的回复。生成的回复会尝试预测用户可能的响应，并允许用户选择预定的回复而不需要输入(或说)任何东西。

当用户输入他们的回复时，它们将包含在 Pending Intent 中，使用构造 RemoteInput 对象时的键(key)。可以在应用中使用静态方法 RemoteInput.getResultsFromIntent 以获取 Bundle，可以从中提取用户输入的文本：

```
Bundle remoteInput = RemoteInput.getResultsFromIntent(intent);
CharSequence message = remoteInput != null
  ? remoteInput.getCharSequence(KEY_TEXT_REPLY)
  : null;
```

在用户输入回复后，Android 会立即添加一个等待完成的旋转进度条，以指示应用正在处理回复。收到并处理用户输入后，必须更新通知，这样才能反映输入并删除旋转进度条。

如果正在使用 Messaging Style，则可以通过使用 addMessage 方法添加新消息来完成此动作。对于任何其他通知样式，使用 setRemoteInputHistory 方法。

```
// If you have multiple replies, the most recent
// should be the first in the array
builder.setRemoteInputHistory(new CharSequence[] { lastReply });
```

11.4.7　分组多个通知

相比于发送多个独立的通知(例如每一封电子邮件)，将多个通知合并在一个分组中通常拥有更好的用户体验。这样可以确保用户有一个可以一目了然的通知托盘，不会被任何单个应用的多个通知所淹没。

一种方法是更新单个通知以反映触发它的多个条目，但是有限的可用空间会限制可以显示的信息。

更好的方法是从应用中合并多个单独的通知。这些分组通知的大小与单个通知的大小相同，如图 11-8 所示，但可以进行扩展，以便用户可以查看分组内的多个单独通知并与之交互。

通过在 Builder 上调用 setGroup 方法并传入一个 String 参数，为每个分组提供唯一键，可以将通知添加到分组中：

```
String accountName = "reto@example.com";
builder.setGroup(accountName);
```

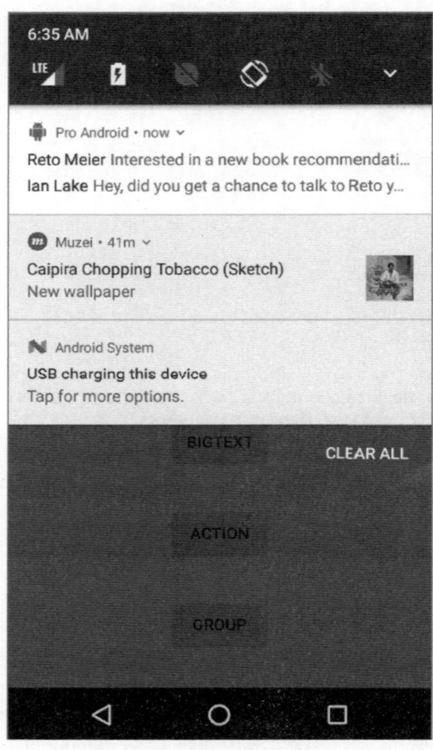

图 11-8

> **注意：**
> *在运行 Android 7.0 Nougat(API 级别 24)及更高版本系统的设备上，对于发布超过四个单独通知的任何应用，会自动强制执行通知分组。*

对于每个分组，还必须发布一个摘要通知，该通知同样调用 setGroup 方法，并且将 setGroupSummary(true)设置为 true，如代码清单 11-26 所示。

代码清单 11-26：构建 InboxStyle 分组的摘要通知

```
InboxStyle inboxStyle = new NotificationCompat.InboxStyle();
for (String emailSubject : emailSubjects)
  inboxStyle.addLine(emailSubject);

builder.setSubText(accountName)
  .setGroup(accountName)
  .setGroupSummary(true)
  .setStyle(inboxStyle);
```

在运行 Android 7.0 Nougat(API 级别 24)及更高版本系统的设备上，摘要通知仅用于填充内容 Intent、删除 Intent 以及作为 Bundle 折叠时展示的子文本。

但是，在运行 Android 6.0 Marshmallow(API 级别 23)及早期版本系统的设备上，合并通知还不存在，此时摘要 bundle 将是应用唯一显示的通知。这使得 InboxStyle 成为这些设备上的最佳实践，因为它提供了每个通知的单行摘要，当用户单击摘要通知时就可以访问这些通知。

这意味着即使没有子通知，摘要通知也应包含足够多的信息，并且每次通知被创建、更新或删除时，还应更新摘要通知以反映当前摘要状态。

11.4.8 通知在 Earthquake 示例中的应用

以下示例增强了 EarthquakeUpdateJobService，以便在更新后触发一条最严重的地震通知。通知将在通知托盘中显示地震的大小和位置，选中通知将打开 Earthquake Activity。

(1) 首先在 res/values/strings.xml 文件中添加一个 earthquake_channel_name 字符串：

```
<string name="earthquake_channel_name">New earthquake!</string>
```

(2) 在 EarthquakeUpdateJobService 中，添加将用于构造每个 Notification 的新常量：

```
private static final String NOTIFICATION_CHANNEL = "earthquake";
public static final int NOTIFICATION_ID = 1;
```

(3) 仍旧在 EarthquakeUpdateJobService 中，添加 createNotificationChannel 方法，定义具有振动和灯光的高重要性通知，适合作为新地震的高优先级：

```
private void createNotificationChannel() {
  if (Build.VERSION.SDK_INT >= Build.VERSION_CODES.O) {
    CharSequence name = getString(R.string.earthquake_channel_name);

    NotificationChannel channel = new NotificationChannel(
      NOTIFICATION_CHANNEL,
      name,
      NotificationManager.IMPORTANCE_HIGH);
    channel.enableVibration(true);
    channel.enableLights(true);

    NotificationManager notificationManager =
      getSystemService(NotificationManager.class);
    notificationManager.createNotificationChannel(channel);
  }
}
```

(4) 创建名为 notification_icon 的通知图标，并通过选择 Android Studio 中的 New | Vector Asset 菜单项存储在 res/drawable 文件夹中。对于图标，请选择 vibration 材料图标。使用默认的 24dp×24dp 大小(通知图标的正确大小)。编辑生成的 notification_icon.xml，将 fillColor 更改为#FFF(白色)：

```
<vector
  xmlns:android="http://schemas.android.com/apk/res/android"
  android:width="24dp"
  android:height="24dp"
  android:viewportWidth="24.0"
  android:viewportHeight="24.0">
  <path
    android:fillColor="#FFF"
    android:pathData="M0,15h2L2,9L0,9v6z
      M3,17h2L5,7L3,7v10zM22,9v6h2L24,9h-2z
      M19,17h2L21,7h-2v10z
      M16.5,3h-9C6.67,3 6,3.67 6,4.5v15
      c0,0.83 0.67,1.5 1.5,1.5h9
      c0.83,0 1.5,-0.67 1.5,-1.5v-15
      c0,-0.83 -0.67,-1.5 -1.5,-1.5z
      M16,19L8,19L8,5h8v14z"/>
</vector>
```

(5) 创建一个新的 broadcastNotification 方法，该方法将调用 createNotificationChannel 方法，然后使用 Earthquake 对象创建 NotificationBuilder 实例：

```
private void broadcastNotification(Earthquake earthquake) {
  createNotificationChannel();

  Intent startActivityIntent = new Intent(this,
    EarthquakeMainActivity.class);
  PendingIntent launchIntent = PendingIntent.getActivity(this, 0,
    startActivityIntent, PendingIntent.FLAG_UPDATE_CURRENT);

  final NotificationCompat.Builder earthquakeNotificationBuilder
    = new NotificationCompat.Builder(this, NOTIFICATION_CHANNEL);
```

```
  earthquakeNotificationBuilder
    .setSmallIcon(R.drawable.notification_icon)
    .setColor(ContextCompat.getColor(this, R.color.colorPrimary))
    .setDefaults(NotificationCompat.DEFAULT_ALL)
    .setVisibility(NotificationCompat.VISIBILITY_PUBLIC)
    .setContentIntent(launchIntent)
    .setAutoCancel(true)
    .setShowWhen(true);

  earthquakeNotificationBuilder
    .setWhen(earthquake.getDate().getTime())
    .setContentTitle("M:" + earthquake.getMagnitude())
    .setContentText(earthquake.getDetails())
    .setStyle(new NotificationCompat.BigTextStyle()
      .bigText(earthquake.getDetails()));

  NotificationManagerCompat notificationManager
    = NotificationManagerCompat.from(this);

  notificationManager.notify(NOTIFICATION_ID,
    earthquakeNotificationBuilder.build());
}
```

(6) 为了避免使用已经收到地震的通知中断用户，需要将任何新解析的地震与数据库中已有的地震进行比较。

a. 在 EarthquakeDAO 类中，创建一个 loadAllEarthquakesBlocking 方法，该方法将用于在运行 onRunJob 方法的后台线程中调用时同步返回所有地震：

```
@Query("SELECT * FROM earthquake ORDER BY mDate DESC")
List<Earthquake> loadAllEarthquakesBlocking();
```

b. 回到 EarthquakeUpdateJobService 类。创建一个 findLargestNewEarthquake 方法，比较两个地震列表：

```
private Earthquake findLargestNewEarthquake(
  List<Earthquake> newEarthquakes) {

  List<Earthquake> earthquakes = EarthquakeDatabaseAccessor
    .getInstance(getApplicationContext())
    .earthquakeDAO()
    .loadAllEarthquakesBlocking();

  Earthquake largestNewEarthquake = null;

  for (Earthquake earthquake : newEarthquakes) {
    if (earthquakes.contains(earthquake)) {
      continue;
    }
    if (largestNewEarthquake == null
      || earthquake.getMagnitude() >
      largestNewEarthquake.getMagnitude()) {
      largestNewEarthquake = earthquake;
    }
  }
  return largestNewEarthquake;
}
```

(7) 更新 onRunJob 方法，以在定期作业发现大于用户指定的最小幅度的新地震时广播新的通知。在将新的 Earthquake 对象插入数据库之前添加对 broadcastNotification 的调用：

```
public int onRunJob(final JobParameters job) {
  [... Existing onRunJob ...]

  if (job.getTag().equals(PERIODIC_JOB_TAG)) {
    Earthquake largestNewEarthquake
      = findLargestNewEarthquake(earthquakes);

    SharedPreferences prefs =
      PreferenceManager.getDefaultSharedPreferences(this);
    int minimumMagnitude = Integer.parseInt(
      prefs.getString(PreferencesActivity.PREF_MIN_MAG, "3"));

    if (largestNewEarthquake != null
      && largestNewEarthquake.getMagnitude() >= minimumMagnitude) {
      // Trigger a Notification
```

```
      broadcastNotification(quake);
    }
  }

  [... Existing onRunJob ...]
```

11.5 使用 Firebase Cloud Messaging

Firebase Cloud Messaging(FCM)可用于将通知或数据消息直接从云或服务器“推送”到在多个设备上运行的应用。使用 FCM，可以远程发布简单的通知，通知对应用服务器上的数据进行更新，或直接将数据发送到应用。

使用 FCM 可以显著降低与应用同步更新相关的耗电(例如接收新电子邮件或更改日历)。这是替代客户端轮询(应用会唤醒设备检查服务器更新)的方法。使用推送模型进行更新可确保应用仅在知道有更新可用时才会唤醒设备以进行更新。

该方法还可确保更及时地传递有时效性的服务器端消息，例如新的聊天消息，用户希望立即在设备上显示这些消息。

应用即使未在前台运行或设备处于睡眠状态，也应该可以接收 FCM 消息。FCM 消息可以直接显示通知，或远程唤醒应用，从而允许用户响应并显示自己的通知，根据收到的消息数据更新 UI，或通过启动一个后台作业同步更新服务器上的数据。

在应用中使用 Firebase Cloud Messaging 之前，必须首先将其 API 添加为 Gradle 依赖项。请注意，以下代码片段中的版本号应替换为 Firebase Cloud Messaging 的最新版本：

```
dependencies {
  implementation 'com.google.firebase:firebase-messaging:17.0.0'
}
```

注意：

Firebase Cloud Messaging 取代了之前发布的 Google Cloud Messaging(GCM)API。在本章中，将介绍仅适用于 FCM 的功能，并建议将正在使用的 GCM 尽快升级到 FCM。

FCM 作为 Firebase SDK 的一部分进行分发，这意味着它可以比 Android 平台更频繁地更新。建议始终使用最新的 Firebase SDK，关于最新版本和文档可以访问 https://firebase.google.com/docs/cloud-messaging/android/client。

11.5.1 使用 Firebase Notification 远程触发通知

Firebase Cloud Messaging 最强大的功能之一是 Firebase Notifications API。

Firebase Notification 基于 Firebase Cloud Messaging 构建，可以通过 Firebase 控制台(https://console.firebase.google.com，如图 11-9 所示)直接发送到你的应用，而无须编写任何服务器端或客户端代码。

图 11-9

使用控制台，可以向所有用户发送 Firebase Notification，或基于应用版本等属性的某个用户子集，或基于特定用户的单个设备或设备组。

创建 Firebase Notification 时，可以指定 Message text 作为通知内容的文本，指定 Title 作为通知内容的标题，还可以指定交付时间(Delivery date)，如图 11-10 所示。

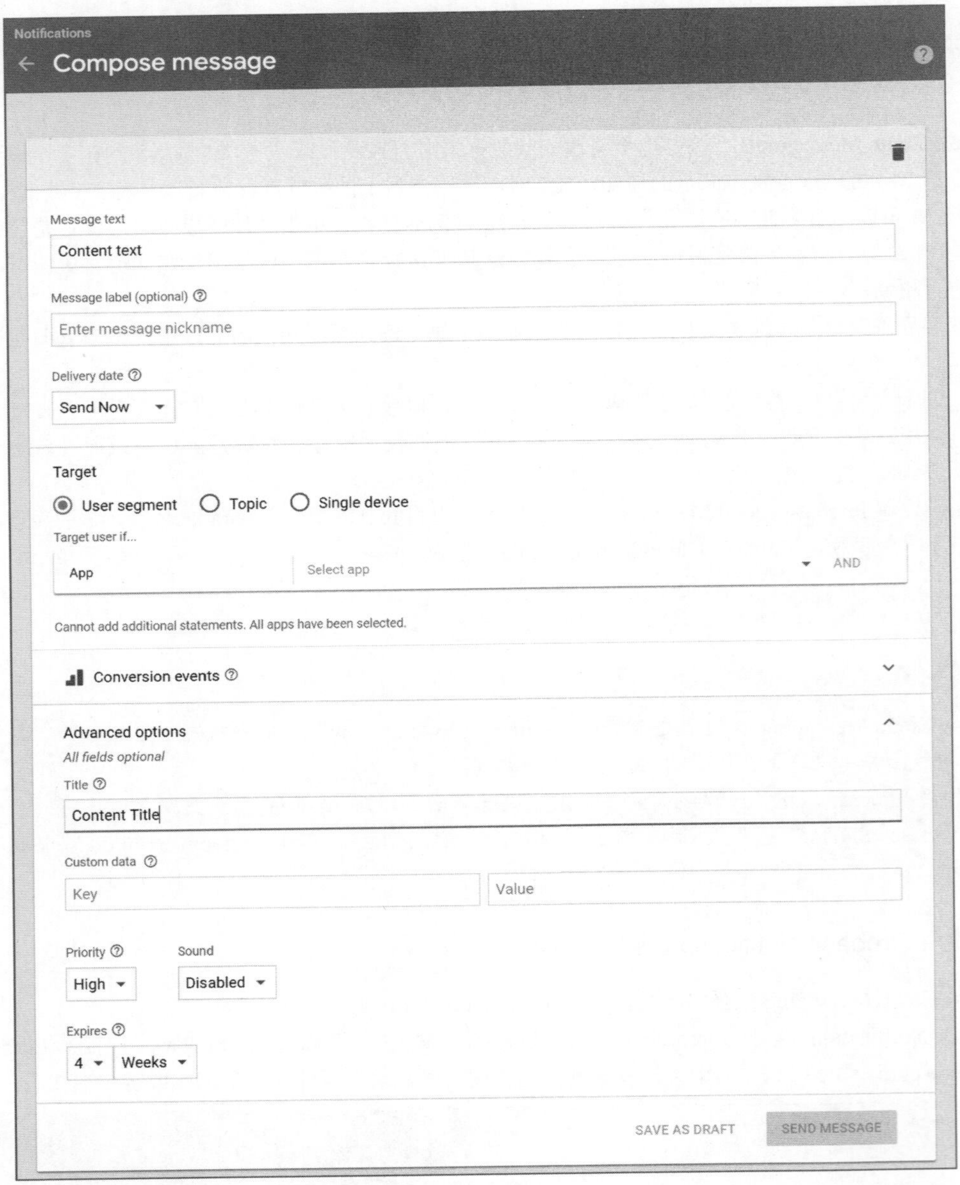

图 11-10

代码清单 11-27 显示了应添加到应用清单中的 meta-data 属性，用以指示收到的 Firebase Notification 的小图标、通知颜色和通知通道。

代码清单 11-27：指定 Firebase Notification 元数据

```
<meta-data
  android:name="com.google.firebase.messaging.default_notification_icon"
  android:value="@drawable/ic_notification" />
<meta-data
  android:name="com.google.firebase.messaging.default_notification_color"
  android:value="@color/colorPrimary" />
```

```
<meta-data
  android:name="com.google.firebase.messaging.default_notification_channel_id"
  android:value="@string/default_notification_channel" />
```

如果用户单击通知，触发的内容 Intent 则始终指向应用的启动 Activity。

从控制台发送 Firebase Notification 时，可以选择启用声音，这会将默认通知铃声(Notification Ringtone)添加到通知中。Firebase Notification 默认为高优先级，因此如果消息不是高时效性的，请考虑将优先级降低到正常。

1. 将 Firebase Notification 发送到特定主题

Firebase Notification 也可以发送给订阅了特定主题的设备。可以在应用中定义这些主题，从而提供基于任意业务逻辑、应用状态或用户选择等细分用户群组的功能。

在你的应用中，可以使用 subscribeToTopic 方法订阅特定主题，将表示主题名称的字符串传递给 FirebaseMessaging 类的实例：

```
FirebaseMessaging.getInstance()
  .subscribeToTopic("imminent_missile_attack");
```

类似地，取消订阅主题可以使用相应的 unsubscribeFromTopic 方法：

```
FirebaseMessaging.getInstance()
  .unsubscribeFromTopic("imminent_missile_attack");
```

一旦为应用订阅新的主题后，新主题将在 Firebase 控制台中变为可用状态，并可用作新通知的目标。

2. 在前台时接收 Firebase Notification

Firebase Notification 旨在显示通知，并且与本章前面介绍的通知一样，仅当应用的 Activity 未处于活跃状态时才会显示这些通知。

要想在应用位于前台时接收 Firebase Notification，必须创建一个新的 FirebaseMessagingService 对象，重写 onMessageReceived 处理程序，如代码清单 11-28 所示。

代码清单 11-28：处理 Firebase Notifications 回调

```
public class MyFirebaseMessagingService
  extends FirebaseMessagingService {

  @Override
  public void onMessageReceived(RemoteMessage message) {
    RemoteMessage.Notification notification = message.getNotification();

    if (notification != null) {
      String title = notification.getTitle();
      String body = notification.getBody();

      // Post your own notification using NotificationCompat.Builder
      // or send the information to your UI
    }
  }
}
```

在上述回调中，可以提取所收到通知的详细信息并创建通知，或更新当前 Activity 以显示内联消息。

创建完成后，请务必在应用清单中注册新的服务，为 com.google.firebase.MESSAGING_EVENT 增加一个 Intent Filter，如代码清单 11-29 所示。

代码清单 11-29：注册 FirebaseMessagingService

```
<service android:name=".MyFirebaseMessagingService>
  <intent-filter>
    <action android:name="com.google.firebase.MESSAGING_EVENT" />
  </intent-filter>
</service>
```

11.5.2 使用 Firebase Cloud Messaging 接收数据

除了前面描述的通知之外，Firebase Cloud Messaging 还可用于以键/值对的形式发送应用数据。

最简单的情况是将自定义数据附加到 Firebase Notification，如果用户选中通知，数据将在内容 Intent 的附加内容中被接收，如代码清单 11-30 所示。

代码清单 11-30：从 Firebase Notification 接收数据

```
Intent intent = getIntent();
if (intent != null) {
  String value = intent.getStringExtra("your_key");
  // Change your behavior based on the value such as starting
  // the appropriate deep link activity
}
```

在 FirebaseMessagingService 类中的 onMessageReceived 回调方法中也可以使用 getData 方法获得相同的数据，如代码清单 11-31 所示。

代码清单 11-31：使用 FirebaseMessagingService 接收数据

```
@Override
public void onMessageReceived(RemoteMessage message) {
  Map<String,String> data = message.getData();

  if (data != null) {
    String value = data.get("your_key");

    // Post your own Notification using NotificationCompat.Builder
    // or send the information to your UI
  }
}
```

通过构建自己的服务器或使用 Firebase Admin API 时，还可以发送不包含通知且仅包含数据的消息到客户端。在这些情况下，无论应用是在前台还是后台，每条消息都会导致对 onMessageReceived 的回调，让你可以完全控制应用的行为，并允许使用完整的 Notification API 或触发其他后台处理程序。

注意：

有关构建 Firebase Cloud Messaging 服务器的更多信息，请访问 https://firebase.google.com/docs/cloud-messaging/server。有关 Firebase Admin API 的更多信息，请访问 https://firebase.google.com/docs/cloud- messaging/admin。

11.6 使用闹钟

闹钟(Alarm)是在预定时间触发 Intent 的手段。与 Handler 不同，闹钟在应用范围之外运行，因此即使在应用关闭后，也可以使用它们来触发应用事件或动作。

与 Job Scheduler、Firebase Job Dispatcher 和 Work Manager 不同，闹钟可以设置为在确切时间触发，这使其特别适用于日历事件或闹钟。

注意：

对于仅在应用的生命周期内发生的计时操作，相比使用闹钟，将 Handler 类与 postDelayed 和 Thread 结合使用是一种更好的方法，因为这样可以让 Android 更好地控制系统资源。闹钟提供了一种机制，可通过将计划事件移出控制来减少应用的生命周期的持续时间。

即使应用的进程被终止，闹钟也仍然有效；但每次重启设备时都会取消所有闹钟，必须手动重新创建。

闹钟操作是通过 Alarm Manager 处理的，而 Alarm Manager 是使用 getSystemService 获取的系统服务，如

下所示：

```
AlarmManager alarmManager =
  (AlarmManager) getSystemService(Context.ALARM_SERVICE);
```

11.6.1　创建、设置和取消闹钟

要创建在特定时间触发的新闹钟，需要使用 setExactAndAllowWhileIdle 方法并指定闹钟类型 RTC_WAKEUP、触发时间以及闹钟被触发时要发出的 Pending Intent。如果为闹钟指定的触发时间是某个过去的时间，则会立即触发闹钟。

代码清单 11-32 展示了闹钟的创建过程。

代码清单 11-32：创建在整点触发的闹钟

```
// Get a reference to the Alarm Manager
AlarmManager alarmManager =
 (AlarmManager)getSystemService(Context.ALARM_SERVICE);

// Find the trigger time
Calendar calendar = Calendar.getInstance();
calendar.set(Calendar.MINUTE, 0);
calendar.set(Calendar.SECOND, 0);
calendar.set(Calendar.MILLISECOND, 0);
calendar.add(Calendar.HOUR, 1);
long time = calendar.getTimeInMillis();

// Create a Pending Intent that will broadcast and action
String ALARM_ACTION = "ALARM_ACTION";
Intent intentToFire = new Intent(ALARM_ACTION);
PendingIntent alarmIntent = PendingIntent.getBroadcast(this, 0,
  intentToFire, 0);

// Set the alarm
alarmManager.setExactAndAllowWhileIdle(AlarmManager.RTC_WAKEUP,  time, alarmIntent);
```

当闹钟响起时，指定的 Pending Intent 将被广播。使用相同的 Pending Intent 设置的第二个闹钟将替换先前的闹钟。

如果要取消闹钟，需要调用 Alarm Manager 的 cancel 方法，传入不再想要触发的 Pending Intent，如代码清单 11-33 所示。

代码清单 11-33：取消闹钟

```
alarmManager.cancel(alarmIntent);
```

如果应用中有多个确切的闹钟(例如，多个即将到来的闹钟)，最佳实践是只安排最近的下一次闹钟。当你的 Broadcast Receiver 被触发时，它需要响应被触发的闹钟，同时还要设置好下一个闹钟。这样能确保系统在给定的时间内管理尽量少的闹钟。

11.6.2　设置闹钟

虽然名叫闹钟，但对于用户却是不可见的；只有通过 setAlarmClock 方法设置闹钟(如代码清单 11-34 所示)才会显示给用户，通常在时钟(Clock)应用中。

代码清单 11-34：设置闹钟

```
// Create a Pending Intent that can be used to show or edit the alarm clock
// when the alarm clock icon is touched
Intent alarmClockDetails = new Intent(this, AlarmClockActivity.class);
PendingIntent showIntent = PendingIntent.getActivity(this, 0,
  alarmClockDetails, 0);

// Set the alarm clock, which will fire the alarmIntent at the set time
alarmManager.setAlarmClock(
  new AlarmManager.AlarmClockInfo(time, showIntent),
```

```
    alarmIntent);
```

可以使用 Alarm Manager 的 getNextAlarmClock 方法检索下一个预定的闹钟。

系统将在闹钟触发前几分钟退出低功耗打盹模式(doze mode)，确保应用有机会在用户拿起设备之前获取新数据。

11.7 服务介绍

尽管 Broadcast Receiver 是用来实现少量后台工作的最好方式，而 Job Service(或 Work Manager)是批处理后台作业的较好方式，然而在某些情况下，应用需要在具体的 Activity 的生命周期外长时间在后台运行。在后台发生的这些长时间运行的作业类型正是服务应该专注的。

大多数服务的生命周期与其他组件绑定，这些被称为绑定服务。本书中介绍的许多服务都是绑定服务的扩展，例如本章前面介绍的 Job Service。Job Service 被绑定到系统，并在作业完成处理后解除绑定，使得 Job Service 可以结束。

就算没有 Activity 可见，具有未绑定生命周期的服务依然可以保持激活状态，这些被称为“启动服务(Started Service)”。这种类型的服务应作为前台服务模式启动，以确保系统给予它们高优先级(以避免因内存不足而终止)并且用户通过一个通知可以知道有这个后台作业。

警告：

在 Android 8.0 Oreo(API 级别 26)之前，可以从空闲或后台应用调用前台服务，并且可以无限期地持续运行。Android 8.0 引入了限制前台服务的新限制，特别是限制了启动服务到前台应用或前台服务，把它们限制在应用移至后台的后几分钟，接收到高优先级 Firebase Cloud Messaging，收到广播或者执行通知中的 Pending Intent 时。

对于大多数情况，如果存在替代方案，则应避免使用服务。特别是，Job Scheduler 被认为是在应用处于后台时进行调度操作的最佳实践替代方案。

11.7.1 使用绑定服务

服务可以绑定到其他组件，后者会维护对前者实例的引用，使你可以像在任何其他实例化的类上一样对正在运行的服务进行方法调用。

绑定对于可以从服务的详细接口中受益的组件，或者服务与客户端的生命周期直接关联的场景来说非常有用。这种强耦合通常用作实现更高级 API 的基础，例如 Job Service，它可以利用两个组件之间的绑定优势来进行直接通信。同样的功能也可以用在自己的应用中，以提供组件之间的详细接口，例如 Service 和 Activity。

绑定服务拥有的生命周期本质上已链接到一个或多个 ServiceConnection 对象，这些对象表示绑定到的应用组件；绑定的服务将一直存在，直到所有客户端解除绑定。

要支持 Service 的绑定，请实现 onBind 方法，返回绑定的 Service 的当前实例，如代码清单 11-35 所示。

代码清单 11-35：实现绑定服务

```
public class MyBoundService extends Service {
  private final IBinder binder = new MyBinder();

  @Override
  public IBinder onBind(Intent intent) {
    return binder;
  }

  public class MyBinder extends Binder {
    MyBoundService getService() {
      return MyBoundService.this;
    }
  }
}
```

Service 与另一个组件之间的连接表示为 Service Connection。

要将 Service 绑定到另一个应用组件，需要实现一个新的 ServiceConnection 对象，重写 onServiceConnected 和 onServiceDisconnected 方法，在建立连接后获取对 Service 实例的引用，如代码清单 11-36 所示。

代码清单 11-36：为服务绑定创建 ServiceConnection 对象

```
// Reference to the service
private MyBoundService serviceRef;

// Handles the connection between the service and activity
private ServiceConnection mConnection = new ServiceConnection() {
  public void onServiceConnected(ComponentName className,
                                 IBinder service) {
    // Called when the connection is made.
    serviceRef = ((MyBoundService.MyBinder)service).getService();
  }

  public void onServiceDisconnected(ComponentName className) {
    // Received when the service unexpectedly disconnects.
    serviceRef = null;
  }
};
```

如果要执行绑定，可在 Activity 中调用 bindService 方法，传入显式的 Intent 以选择要绑定的 Service 以及一个 ServiceConnection 实例。

还可以指定许多绑定标志，如代码清单 11-37 所示，指定了在初始化绑定时应创建目标服务。通常，可在 Activity 的 onCreate 方法中执行此操作，并且同样的 unbindService 会在 onDestroy 方法中被调用。

代码清单 11-37：绑定服务

```
// Bind to the service
Intent bindIntent = new Intent(MyActivity.this, MyBoundService.class);
bindService(bindIntent, mConnection, Context.BIND_AUTO_CREATE);
```

bindService 的最后一个参数是在将 Service 绑定到应用时可以使用和组合的标志：

- BIND_ADJUST_WITH_ACTIVITY —— 使服务的优先级会根据绑定的 Activity 的相对重要性进行调整。因此，当 Activity 在前台时，运行时将增加服务的优先级。
- BIND_ABOVE_CLIENT 和 BIND_IMPORTANT —— 指定绑定服务对绑定客户端非常重要，以至于当客户端位于前台时应成为前台进程：对于 BIND_ABOVE_CLIENT 指定在内存不足的情况下，运行时可以在终止绑定服务之前终止运行的 Activity。
- BIND_NOT_FOREGROUND —— 确保绑定的服务永远不会达到前台优先级。默认情况下，绑定服务的行为会增加相对优先级。
- BIND_WAIVE_PRIORITY —— 表示绑定指定的服务时不应更改优先级。

服务被绑定后，可以通过从 onServiceConnected 方法获取的 serviceBinder 对象获取所有公共方法和属性。

Android 应用(通常)不共享内存，但在某些情况下，应用可能希望与在不同应用进程中运行的服务进行交互(并绑定)。

可以使用 Android 接口定义语言(Android Interface Definition Language，AIDL)与在不同进程中运行的服务进行通信。AIDL 根据操作系统级原语定义服务接口，允许 Android 跨进程边界传输对象。AIDL 定义可以参考 https://developer.android.com/guide/components/aidl.html。

11.7.2　创建启动服务

启动服务(Started Service)可以与任何其他应用组件分开启动和停止。绑定服务的生命周期会明确地绑定到所绑定的组件，而启动服务的生命周期必须被明确管理。

如果没有干预，启动服务可能会继续占用系统资源几分钟，即使没有活跃地做任何工作，它的高优先级也将影响系统终止它(以及包含它的应用)。

> **注意：**
> 在 Android 8.0 Oreo(API 级别 26)之前，服务可能会在后台无限期地继续运行，消耗设备资源并提供更糟糕的用户体验。Android 8.0 修改了此行为，以便在几分钟后应用处于后台时停止运行服务。虽然这种新行为减轻了管理不善的后台服务的影响，但无论目标平台如何，采取措施正确管理服务至关重要。

应该谨慎使用启动服务，通常用在为提供没有可见用户界面的情况下发生的用户交互的场景中：即使在用户将应用的 Activity 退到后台以后也应该继续运行。只要有可能，尽量使用更高级别的 API 来绑定服务(例如 Job Scheduler 或 Firebase Cloud Messaging)，这是最佳实践，它们利用服务体系架构的优势让你无须手动管理服务的生命周期。

创建自己的启动服务的最常见用途是创建前台服务。前台服务与前台活动的 Activity 拥有相同的优先级，这样可确保它尽可能不会因内存不足而被移除。如果创建的应用与用户的交互没有始终可见的 UI(例如音乐播放器或行车导航)，则此功能非常有用。

Android 还允许构建绑定且启动的服务。一个常见的例子是音频播放，如第 17 章“音频、视频和使用摄像头”所述。

11.7.3 创建服务

每个 Service 类都必须实现 onBind 方法，如代码清单 11-38 所示。对于启动服务，该方法可以返回 null，表示没有调用方可以绑定到服务。

代码清单 11-38：Service 类的框架代码

```
import android.app.Service;
import android.content.Intent;
import android.os.IBinder;

public class MyService extends Service {
  @Override
  public IBinder onBind(Intent intent) {
    return null;
  }
}
```

需要确保只能由自己的应用启动和停止服务，添加 permission 属性到应用清单中的 service 节点：

```
<service android:enabled="true"
        android:name=".MyService"
        android:permission="com.paad.MY_SERVICE_PERMISSION"/>
```

这将要求任何第三方应用必须在配置清单中包含使用权限(uses-permission)才能访问服务。你将在第 20 章“高级 Android 开发”中了解有关创建和使用权限的更多信息。

11.7.4 启动和停止服务

调用 startService 方法可以启动服务。服务要求始终使用显式的 Intent，其中包含要启动的类。如果应用没有服务需要的权限，对 startService 的调用将会抛出 SecurityException 异常。

> **警告：**
> 在运行 Android 8.0 Oreo(API 级别 26)及更高版本系统的设备上，当应用在后台(通常来自 Broadcast Receiver 或 Pending Intent)时调用 startService 将导致 IllegalStateException 异常。
> 当应用处于后台时，必须在 5 秒内使用 startForegroundService 并在服务中调用 startForeground，以启动前台服务。有关前台服务的更多详细信息，请参阅 11.7.7 节“创建前台服务”。

添加到 Intent 的任何信息(如代码清单 11-39 所示)都可以在 Service 的 onStartCommand 方法中使用。

代码清单 11-39：启动服务

```
// Explicitly start My Service
Intent intent = new Intent(this, MyService.class);
intent.setAction("Upload");
intent.putExtra("TRACK_NAME", "Best of Chet Haase");
startService(intent);
```

要停止服务，可以调用 stopService 方法，指定要停止的服务的 Intent(与指定启动哪个服务的方式相同)，如代码清单 11-40 所示。

代码清单 11-40：停止服务

```
// Stop a service explicitly.
stopService(new Intent(this, MyService.class));
```

对 startService 的调用不会嵌套，因此无论调用 startService 多少次，对 stopService 的单次调用都将终止所匹配的正在运行的服务。

从 Android 8.0 开始，任何非前台启动的服务都会在应用进入后台几分钟后自动被系统停止，就像调用了 stopService 一样。这可以防止已启动的服务在用户将应用置于后台很长时间后对系统性能产生负面影响。如果服务需要在 Activity 处于后台时继续运行，则需要启动前台服务，如本章后面所述。

11.7.5　控制服务重启行为

只要使用 startService 方法启动服务，就会触发调用 onStartCommand 处理程序，因此可能在服务的生命周期内被多次执行。应该确保服务对此负责。

应该重写 onStartCommand 事件处理程序以执行服务封装的任务(或开始持续操作)，还可以在该事件处理程序中指定服务的重新启动行为。

与所有组件一样，服务在主应用线程中启动，这意味着在 onStartCommand 事件处理程序中完成的任何处理都将在 UI 线程中进行。实现服务的标准模式是从 onStartCommand 创建并运行新的线程或异步任务(如本章前面所述)，在后台执行处理，然后在完成时停止服务。

代码清单 11-41 通过重写 onStartCommand 事件处理程序扩展了代码清单 11-38 中的框架代码。请注意，它将返回一个值来控制系统将如何响应，以及如果服务重新启动，是否应该将未完成的服务杀死。

代码清单 11-41：重写服务重启行为

```
@Override
public int onStartCommand(Intent intent, int flags, int startId) {
  // TO DO: Start your work on a background thread
  return START_STICKY;
}
```

上述模式允许 onStartCommand 快速完成，并且允许通过返回以下 Service 常量之一来控制重新启动行为：

- START_STICKY——这是标准行为，表示系统应在服务每次被终止后，在重新启动时调用 onStartCommand。请注意，在重新启动时，传递给 onStartCommand 的 Intent 参数将会为 null。
  通常用于处理自身状态的服务，并根据需要显式地启动和停止(通过 startService 和 stopService)。
- START_NOT_STICKY——用于启动处理特定操作或命令的服务。通常，一旦命令完成，它们将使用 stopSelf 终止。
  在被运行时(runtime)终止后，仅当有待处理的启动调用时，服务才会被设置为这种模式并重新启动。如果服务在终止后未进行任何 startService 调用，服务将被停止而不触发 onStartCommand。

- START_REDELIVER_INTENT——在某些情况下，需要确保从服务中请求的命令已完成，例如当及时性很重要时。

  这种模式是前两种模式的组合；如果服务由运行时终止，它将仅在有待处理的启动调用时才重新启动，或者在调用 stopSelf 之前被终止。在后一种情况下，将调用 onStartCommand，传入处理未正确完成的初始 Intent。

请注意，上述每种模式都要求在处理完成后，通过调用 stopService 或 stopSelf 方法显式地停止服务。本章稍后将进一步详细地讨论这两个方法。

你在 onStartCommand 的返回值中指定的重新启动模式，将影响在后续调用中传递给它的参数值。初始时，Intent 将是传递到 startService 用于启动服务的参数。在基于系统重启之后，在 START_STICKY 模式下它将为 null，在 START_REDELIVER_INTENT 模式下则为原始 Intent。

可以使用 flag 参数来发现服务的启动方式。进一步，可以判断是否满足以下任一情况：

- START_FLAG_REDELIVERY —— 表示 Intent 参数是由系统运行时终止服务而导致的重发，服务在通过调用 stopSelf 显式停止之前已终止。
- START_FLAG_RETRY —— 表示服务在异常终止后已重新启动。当服务先前设置为 START_STICKY 时传入。

11.7.6 自终止服务

通过在处理完成时显式地停止服务，可以恢复系统以保持运行所需的资源。

当服务已完成启动后要做的操作或处理时，应该通过调用 stopSelf 方法来终止它。可以在没有参数的情况下调用 stopSelf 方法来强制立即停止服务，或者通过传入 startId 值来确保已为到目前为止的每个 startService 调用实例完成处理。

11.7.7 创建前台服务

如果服务直接与用户交互，则可能适合将其提升到相当于前台 Activity 的优先级。可以通过调用 startForeground 方法，将服务设置为在前台运行来执行此操作。

由于前台服务被期望直接与用户交互(例如通过播放音乐)，因此对 startForeground 方法的调用必须指定一个通知，只要服务在前台运行就会显示这个通知。

> **注意：**
>
> 将服务有效地移到前台，可使得运行时不会为了释放资源而杀死它。如果同时运行多个不可终止的服务，将使系统极难从资源匮乏的情况中恢复。
>
> 仅当是服务能正常运行的必要条件时才使用这种技术，即便如此，也仅在绝对必要时才将服务保留在前台。

由于当服务位于前台时用户无法手动解除通知，因此最好在通知中允许用户取消或停止正在进行的操作。最佳实践是通过内容 Intent 将用户跳转到一个 Activity，在这里可以管理或取消正在进行的服务。

当服务不再需要前台优先级时，可以移回后台，并且可选择使用 stopForeground 方法移除正在进行的通知。如果服务停止或终止，通知将自动取消。

第12章

贯彻 Android 设计理念

本章主要内容：

- 设计适配所有屏幕的用户界面
- 使用 XML 创建可伸缩的图像资源
- 理解 Material Design 的原则
- 在 UI 设计中使用纸张和墨水作为隐喻
- 通过颜色和线条引导用户注意力
- 通过运动提供连惯性
- 自定义应用栏
- 使用卡片显示分组内容
- 使用悬浮按钮(Floating Action Button)

本章可供下载的代码可以在 www.wrox.com 上找到。本章的代码放在如下压缩文件中：

- Snippets_ch12.zip
- Earthquake_ch12.zip

12.1 Android 设计理念介绍

在第 5 章“构建用户界面”中，介绍了在 Android 中创建用户界面(User Interface，UI)的基础知识，并介绍了布局和视图。这些实用的技能是构建所有应用的 UI 的基础，但为了创建成功的 Android 应用还需要更深入地了解 Android 的设计原则，以及构建 UI 时需要考虑的事项。

本章将介绍一些最佳实践和技术，用于创建在各种各样的设备上以及对同样多元化的用户都引人注目且美观愉悦的用户体验。

你将了解用于创建不同分辨率和与密度无关的 UI 的最佳实践，以及如何使用 Drawable 创建可缩放的图像资源(包括矢量 Drawable)。

接下来，你将深入 Material Design 理念，它为所有现代 Android 视觉设计奠定了基础。你还将学习如何将 Material Design 的原则应用到自己的应用中，包括如何创建反映到实际纸张的屏幕元素，如何通过颜色和线条引导用户，以及运动是如何通过提供连续性来帮助用户理解的。

最后，你将学习如何使用三种常见的 Material Design 的 UI 元素：应用栏(App Bar)、卡片(Card) —— 用于可视化地分组内容和动作，以及悬浮按钮(Floating Action Button，FAB)——一种引人瞩目的圆形按钮，用于在 UI 中提升单个重要动作。

> **注意：**
> 作为一种设计理念，Material Design 在不断发展。要查看有关 Material Design 的最新、最完整的详细信息，以及据此设计和实施 UI 的进一步指导，请参阅 Material Design 网站 https://material.io/guidelines 上的指南。

12.2 为每个屏幕进行设计

最初的四款 Android 手机均配备了相同的 3.2 英寸 HVGA 屏幕，这使得 UI 设计相对简单。但是之后，数万种不同的 Android 设备被创造出来，从可穿戴设备到电话、平板电脑甚至电视机，从而又产生了数千种不同的屏幕尺寸与像素密度的组合。这使得 Android 在消费者中非常受欢迎，但也给设计师带来了挑战。

为了向用户提供良好的体验而不依赖他们拥有什么 Android 设备，重要的是创建 UI，因为你的应用可能会运行在拥有各种分辨率和物理屏幕尺寸的设备上。尝试为每种可能的特例都创建自定义 UI 布局是不切实际的想法，因此在实践中这意味着设计和构建应用界面时，期望它们能够在无限多样化的设备上使用。

这意味着提供的图像资源，在需要的情况下可以进行缩放，而不需要事先针对各种各样的像素密度做准备。还意味着创建的布局要能够在已知的分辨率范围内缩放，并定义多套布局，从而针对各种不同大小范围和交互模型进行优化。

下面介绍需要考虑的屏幕范围以及如何支持它们，然后详细介绍一些最佳实践，确保应用具有分辨率和密度无关性，并且针对各种不同的屏幕尺寸和布局进行优化。

> **注意：**
> Android Developer 网站上包含一些支持多种屏幕类型的优秀技巧，详见 https://d.android.com/guide/practices/screens_support.html。

12.2.1 分辨率独立性

显示器的像素密度是根据物理屏幕尺寸和分辨率计算的，参考了显示器上物理像素的数量相对于显示器的物理尺寸，通常以每英寸点数(dots per inch，dpi)来衡量。

1. 使用与密度无关的像素

由于 Android 设备的屏幕尺寸和分辨率的变化，相同数量的像素基于屏幕的 dpi 可以对应于不同设备上的不同物理尺寸。

正如你在第 5 章“构建用户界面”中所了解到的，这使得通过指定像素来创建一致的布局变得不切实际。相反，Android 使用与密度无关的像素(density-independent pixel，dp)来指定屏幕尺寸，从而在相同物理尺寸但具有不同像素密度的屏幕上缩放以显示相同的效果。

实际上，一个 dp 等于 160dpi 屏幕上的一个像素(pixel)。例如，指定为 2dp 宽的线在具有 240dpi 的显示器上显示为 3 个像素(或 Pixel XL 上的 7 个像素)。

指定用户界面时，应该始终使用 dp，避免使用原始像素值指定任何布局尺寸、视图尺寸或 Drawable 尺寸。

除 dp 单位外，Android 还使用可缩放像素(scalable pixel，sp)来处理字体大小的特殊情况。sp 使用与 dp 相同的基本单位，但可以根据用户的偏好进一步缩放文本大小。

2. 像素密度的资源限定符

我们在第 4 章“定义 Android 配置清单和 Gradle 构建文件，并外部化资源”中介绍了 Android 资源框架，该框架使用平行目录结构在应用中包含 Drawable 等资源。

目录 res/drawable 适用于存放所有像素密度的图形，例如矢量 Drawable 和本章后面详述的其他可伸缩图形资源。强烈建议尽可能使用这些类型的图形，因为它们会自动缩放到所有像素密度，而不要求提供其他资源。这有助于减少应用的大小，并提高向前兼容性。

在某些情况下，无法使用可缩放图形，必须在应用中包含位图。缩放位图可能导致丢失细节(缩小时)或像素化(放大时)。为了确保 UI 锐利、清晰且没有伪影，可以创建并包含适合每个像素密度类别的图像资源，包括：

- res/drawable-mdpi —— 中密度资源，适用于大约 160dpi 的屏幕。
- res/drawable-hdpi —— 高密度资源，适用于大约 240dpi 的屏幕。
- res/drawable-xhdpi —— 超高密度资源，适用于大约 320dpi 的屏幕。
- res/drawable-xxhdpi —— 超超高密度资源，适用于大约 480dpi 的屏幕。
- res/drawable-xxxhdpi —— 三倍超高密度资源，适用于大约 640dpi 的屏幕。
- res/drawable-nodpi —— 用于无论主机屏幕密度如何都不能缩放的资源。

请记住，包含多种尺寸的位图确实会带来应用大小增加的成本。此外，虽然这些像素密度目录可以为你提供一组粗略的目标密度，但存在一些设备游离于这些通用桶(bucket)之间；在特定解决方案的资源不可用的情况下，Android 会自动为这些设备缩放位图，优先策略是缩小图片。

12.2.2　支持和优化不同的屏幕尺寸

Android 设备有无数的形状和大小(虽然到目前为止主要是四边形和圆形)，因此在设计 UI 时，要确保布局不仅支持不同的屏幕尺寸、方向和宽高比，而且还要相应地适配。

创建适用于每种可能的屏幕配置的布局，是既不实际也不可取的想法；相反，最佳做法是采取两个步骤：

- 确保所有布局都能够在一组合理的范围内进行缩放。
- 创建一组边界重叠的替代布局，从而覆盖所有可能的屏幕配置。

此方法类似于大多数网站和桌面应用采用的方法。在 20 世纪 90 年代短暂使用固定宽度页面后，大多数网站现在可以适配(scale to fit)桌面浏览器中的可用空间，并根据可用的窗口尺寸提供相应的 CSS 定义来优化布局。

移动设备也是如此。在最初的四款设备之后，开发人员被迫使用相同的灵活布局。我们现在为不同的屏幕尺寸范围创建布局，每个布局都能够进行缩放以满足范围内的变化。

1. 创建可伸缩的布局

框架提供的布局在第 5 章“构建用户界面”中有详细的描述。它们的设计原则是支持适配可用空间的 UI 的实现。在任何情况下，都应该避免以绝对标准定义布局元素的位置。

在大多数情况下，ConstraintLayout 提供了最强大且最灵活的备选方案，支持复杂的布局(否则需要嵌套布局)。

对于非常简单的 UI，可以使用 LinearLayout 来表现充满屏幕可用宽度的列或是充满屏幕可用高度的简单行，而 RelativeLayout 可以用于定义每个 UI 元素相对于父 Activity 或其他元素的位置。

定义可伸缩 UI 元素(例如 Button 和 Text View)的高度或宽度时，最好避免提供指定的尺寸。相反，可以根据需要使用 wrap_content 或 match_parent 特性来定义视图的高度和宽度：

```
<Button
  android:id="@+id/button"
  android:layout_width="match_parent"
  android:layout_height="wrap_content"
  android:text="@string/buttonText"
/>
```

wrap_content 标志使 View 能够根据潜在需要的空间量来定义大小，而 match_parent 标志使元素可以尽量扩展以填充可用空间。

决定在屏幕尺寸更改时应当扩展(或收缩)哪个屏幕元素，是适配各种屏幕尺寸布局的最重要因素之一。

2. 针对不同屏幕类型优化布局

除提供可伸缩的布局外，还应考虑创建额外的布局定义来适配不同屏幕尺寸。

10 英寸的 4K 平板电脑，对比 3 英寸的 QVGA 智能手机显示屏，它们的屏幕可用空间存在显著差异。类似地，特别是对于具有显著宽高比的设备，在横向模式下工作良好的布局在将设备旋转为纵向时可能就会变得不适合了。

创建可伸缩以适应可用空间的布局，是很好的第一步；考虑如何利用额外空间(或考虑空间减少后的影响)来创建更好的用户体验也是一种良好的实践。

随着 Android 7.0 Nougat(API 级别 24)中多窗口支持的引入，分配给应用的屏幕大小可能只是总屏幕大小的一小部分。再加上包括大型手机和小型平板在内的一系列设备，使得根据可用空间优化布局而不是针对特定类别的设备进行设计成为最佳实践。

Android 资源系统允许构建备用布局并提供备用尺寸。默认布局和尺寸应放在 res/layout 和 res/values 资源目录中，这些目录将在可用屏幕空间最小时使用。然后，可以通过为更大的屏幕使用其他资源限定符来提供备用布局和尺寸。

对于大多数应用，可用宽度将是影响布局设计的最有影响力的因素：单个元素列可能在纵向手机上看起来很好，但随着宽度的增加(先是旋转到横向屏幕，再就是转移更大的平板设备)变得越来越不理想。

这导致一种天然的“断点(breaking point)”系统：缩放到指定的宽度，同时需要对布局进行根本性的改变。为了支持这一点，Android 资源系统提供 w 资源限定符用于指示最小支持宽度。

当可用宽度超过 600dp 时，将使用 res/layout-w600dp 中的布局而不是 res/layout 中的布局。

注意：

600dp 是最常见的断点之一，因为这是第一个让你会认真考虑在屏幕上同时展示两个级别的内容层次结构(例如，项目列表和单个条目的详细信息)的宽度。

在某些情况下，UI 需要最小高度。如果高度不足，用户可能无法立即在屏幕上看到完整的图像！Android 为此提供了 h 资源限定符；例如，res/layout-h480dp。

使用高度和宽度修饰符可以让你兼顾不同的设备，并且涵盖任何给定设备上从横向到纵向的旋转。除了这些修饰符之外，sw 资源限定符还可用于处理设备上的最小宽度。

与宽度和高度不同的是，当旋转设备时最小宽度不会改变：始终是宽度和高度中的最小值。这在构建对于旋转不敏感的 UI (rotation-insensitive UI，旋转不敏感的 UI 是一个概念，其中所有操作在每个方向都可用，并且基本的使用模式在旋转后是一致的)时非常有用。

“横向(Landscape)”和“纵向(Portrait)”并不依赖于设备的取向，而是依赖于可用宽度是否大于高度(此为横向)，抑或相反(此为纵向)，这在多窗口模式中尤为重要。

图 12-1 显示了实际设备在标准和多窗口模式下，前面所述的每个值是如何对应的。

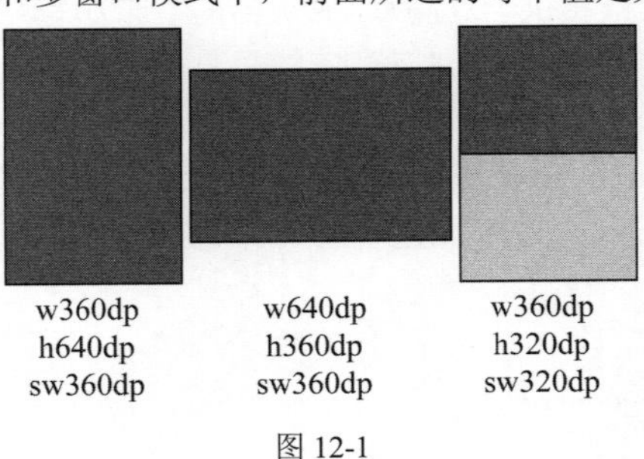

图 12-1

要构建旋转不敏感的 UI，需要确保对应用大小的小幅调整不会导致大的 UI 更改，进而导致用户迷失方向。在构造布局和尺寸时会出现自然的顺序关系，其中较大的结构化 UI 更改与最小宽度相关联，较小的更改与宽度或高度断点相关联。与任何其他资源限定符一样，可以组合这些限定符，允许提供优化的布局，以便当屏幕现在为特定宽度，并且在旋转后不小于另一个值时使用。

例如，以下资源文件夹适合 800dp 宽的显示，而旋转后的屏幕宽度不小于 600dp，如图 12-2 所示：

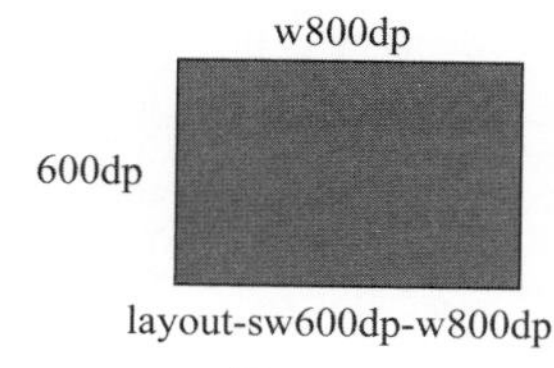

图 12-2

```
res/layout-sw600dp-w800dp
```

上述文件夹中的布局将与 res/layout-sw600dp(以提供旋转不敏感的 UI)中的布局共享相同的更大尺寸 UI，但会提供一些较小的结构变化以利用额外的宽度。

12.2.3 创建可缩放的图像资源

Android 包含了许多可以完全在 XML 中定义的简单 Drawable 资源类型，其中包括 ColorDrawable、ShapeDrawable 和 VectorDrawable 类。这些资源存储在 res/drawable 文件夹中。

当这些 Drawable 被定义在 XML 中，并且使用 dp(与密度无关的像素)指定属性时，无论屏幕大小、分辨率或像素密度如何，都可以在运行时动态缩放这些 Drawable 以便显示得体，而无须人工处理。

正如你将在第 14 章"用户界面的高级定制"中看到的那样，可以将这些 Drawable 与变形 Drawable 和复合 Drawable 结合使用。它们共同构成了动态的、可缩放的 UI 元素，这些 UI 元素需要的资源更少并且在任何屏幕上都可以显得锐利。

Android 还支持 NinePatch PNG 图像(本节稍后将介绍)，这可以让你标记位图中可被拉伸的部分。

1. Color Drawable

Color Drawable 是 XML 定义的 Drawable 中最简单的一种，它使你能够基于单一纯色指定图像资源。Color Drawable 使用 res/drawable 文件夹中的颜色标记定义为 XML 文件：

```
<color xmlns:android="http://schemas.android.com/apk/res/android"
  android:color="#FF0000"
/>
```

2. Shape Drawable

Shape Drawable 允许使用 shape 标签定义尺寸、背景和笔触/轮廓，从而定义简单的基本形状。

每个 Shape Drawable 由类型、特性和子节点组成。类型可通过 shape 特性指定，特性定义了形状的尺寸，子节点则定义了边距、笔画(轮廓)和背景颜色。

Android 目前支持将以下形状类型作为 shape 特性的值：

- line —— 横跨父视图宽度的水平线。线条的宽度和样式由形状的笔画决定。
- oval —— 简单的椭圆形。
- rectangle —— 简单的矩形。corner 子节点还支持使用 radius 特性创建圆角矩形。
- ring —— 支持 innerRadius 和 thickness 特性，让你分别指定环形的内半径及厚度。也可以使用 innerRadiusRatio 和 thicknessRatio 分别定义环的内半径和厚度为宽度比例(其中，占宽度四分之一的内半径将使用值 4)。

可使用 stroke 子节点的 width 和 color 特性指定形状的轮廓。

还可以包含 padding 节点来自动分隔使用 Shape Drawable 的 View 的内容，以防止内容和形状轮廓之间重叠。

更有用的是，可以包含一个子节点来指定背景颜色。最简单的情况之一有使用 solid 节点(包括 color 特性)定义纯色背景。

图 12-3

下面的代码片段显示了一个矩形的 Shape Drawable：实心填充、圆边、5dp 轮廓和 10dp 边距。结果如图 12-3 所示。

```
<?xml version="1.0" encoding="utf-8"?>
```

```
<shape xmlns:android="http://schemas.android.com/apk/res/android"
  android:shape="rectangle">
    <solid
      android:color="#f0600000"/>
    <stroke
      android:width="5dp"
      android:color="#00FF00"/>
    <corners
      android:radius="15dp" />
    <padding
      android:left="10dp"
      android:top="10dp"
      android:right="10dp"
      android:bottom="10dp"
    />
</shape>
```

3. Vector Drawable

Android 5.0 Lollipop(API 级别 21)引入了 Vector Drawable(矢量 Drawable)来定义更复杂的自定义形状。矢量支持库(Vector Support Library)也可将 Vector Drawable 用于支持最早运行 Android 4.0 Ice Cream Sandwich(API 级别 14)的设备的应用中。

注意：
对于不支持矢量绘图的旧版 Android，Vector Asset Studio 可以在构建时将 Vector Drawable 转换为针对每个屏幕密度优化的多个位图。

Vector Drawable 使用 vector 标签定义，需要四个额外的特性(attribute)。必须指定 height 和 width 以指示 Drawable 的内在大小(默认大小)，并指定 viewportWidth 和 viewportHeight 以定义将绘制向量路径的虚拟画布的大小。

虽然通常会创建至少一个高度/宽度相同的 Vector Drawable，并且 viewport 值也相等，但创建具有不同高度/宽度的 Vector Drawable 副本通常很有用。

这是因为 Android 系统为每个 Vector Drawable 创建了单个位图缓存，以优化重绘性能。如果多次引用相同的 Vector Drawable 但指定不同的大小，则每次需要不同的大小时，都将重新创建位图并重新绘制。因此，创建多个 Vector Drawable 更有效。

图 12-4

在 vector 标签内，使用 path 元素定义形状。形状的颜色由 fillColor 特性确定，而 pathData 特性使用与 SVG 路径元素相同的语法来定义任意形状或线条。以下代码片段创建了图 12-4 所示的形状：

```
<?xml version="1.0" encoding="utf-8"?>
<vector xmlns:android="http://schemas.android.com/apk/res/android"
  android:height="256dp"
  android:width="256dp"
  android:viewportWidth="32"
  android:viewportHeight="32">
  <path
    android:fillColor="#8f00"
    android:pathData="M20.5,9.5
                 c-1.955,0,-3.83,1.268,-4.5,3
                 c-0.67,-1.732,-2.547,-3,-4.5,-3
                 C8.957,9.5,7,11.432,7,14
                 c0,3.53,3.793,6.257,9,11.5
                 c5.207,-5.242,9,-7.97,9,-11.5
                 C25,11.432,23.043,9.5,20.5,9.5z" />
</vector>
```

strokeColor 和 strokeWidth 特性表示形状轮廓的颜色和宽度。如果未指定填充颜色，则绘制形状线条的颜色和宽度。

Android Studio 包含一个名为 Vector Asset Studio 的工具(如图 12-5 所示)，可通过 New | Vector Asset 菜单项访问，该菜单项支持包括将可缩放矢量图形(SVG)和 Adobe Photoshop Document(PSD)文件导入项目作为 Vector Drawable 资源等功能。

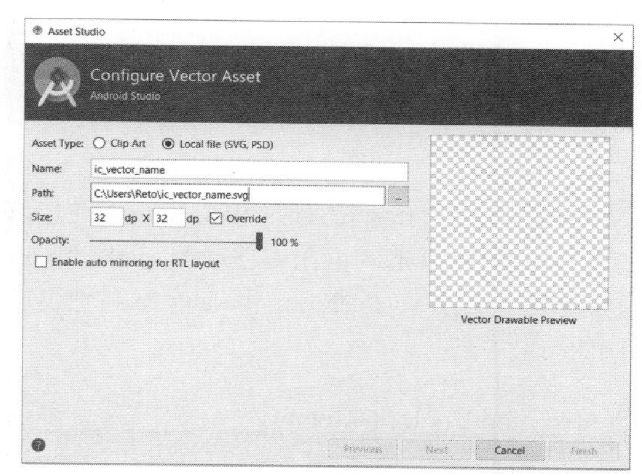

图 12-5

可以在以下位置找到有关 SVG 路径元素的更多详细信息：https://www.w3.org/TR/SVG/paths. html#PathData。

4. Animated Vector Drawable

Vector Drawable 还通过名为 AnimatedVectorDrawable 的类支持动画。构建动画时，在计划做动画效果的每个路径(path)上设置 name 非常重要——这样在构建动画时就可以引用路径。如果有多个需要一起构建动画的路径，则可以将所有路径放在具名 group 元素中，同时缩放、旋转或平移所有路径。

创建 Animated Vector Drawable 时，可以直接在定义中包含 Vector Drawable：

```
<animated-vector xmlns:android="http://schemas.android.com/apk/res/android"
  xmlns:aapt="http://schemas.android.com/aapt">
  <aapt:attr name="android:drawable">
    <vector
        android:height="256dp"
        android:width="256dp"
        android:viewportWidth="32"
        android:viewportHeight="32">
      <path
        android:name="heart"
        [... Vector Drawable path definition ...]
      />
    </vector>
  </aapt:attr>
  [... Remainder of Animated Vector Drawable definition ...]
</animated-vector>
```

也可以通过向根 animated-vector 元素添加 drawable 特性来引用现有的 Vector Drawable：

```
<animated-vector xmlns:android="http://schemas.android.com/apk/res/android"
  android:drawable="@drawable/vectordrawable">
  [... Remainder of Animated Vector Drawable definition ...]
</animated-vector>
```

然后，可以通过添加 target 元素来添加一系列动画，其中，target 元素的 name 特性指定了应用于动画的 Vector Drawable 中的名称：

```
<animated-vector xmlns:android="http://schemas.android.com/apk/res/android"
  xmlns:aapt="http://schemas.android.com/aapt">
  <aapt:attr name="android:drawable">
    <vector
        android:height="256dp"
        android:width="256dp"
        android:viewportWidth="32"
        android:viewportHeight="32">
      <path
        android:name="heart"
        [... Vector Drawable path definition ...]
      />
    </vector>
  </aapt:attr>
```

```
  <target android:name="heart">
    [... Animation definition goes here ...]
  </target>

</animated-vector>
```

objectAnimator 节点允许定义简单动画。每个动画的时间由 duration(持续时间，以毫秒为单位)和可选的 startOffset(也以毫秒为单位)决定。正在被移动的 path 和 group 特性由 propertyName 特性设置。初始值和最终值分别由 valueFrom 和 valueTo 特性设置，如代码清单 12-1 所示。图 12-6 显示了动画的结束状态。

图 12-6

代码清单 12-1：一个简单的 Animated Vector Drawable

```
<?xml version="1.0" encoding="utf-8"?>
<animated-vector xmlns:android="http://schemas.android.com/apk/res/android"
  xmlns:aapt="http://schemas.android.com/aapt">
  <aapt:attr name="android:drawable">
    <vector
      android:height="256dp"
      android:width="256dp"
      android:viewportWidth="32"
      android:viewportHeight="32">
      <path
        android:name="heart"
        android:fillColor="#8f00"
        android:pathData="M20.5,9.5
                          c-1.955,0,-3.83,1.268,-4.5,3
                          c-0.67,-1.732,-2.547,-3,-4.5,-3
                          C8.957,9.5,7,11.432,7,14
                          c0,3.53,3.793,6.257,9,11.5
                          c5.207,-5.242,9,-7.97,9,-11.5
                          C25,11.432,23.043,9.5,20.5,9.5z" />
    </vector>
  </aapt:attr>

  <target android:name="heart">
    <aapt:attr name="android:animation">
      <objectAnimator
        android:duration="1000"
        android:propertyName="fillColor"
        android:valueFrom="#8f00"
        android:valueTo="#ffc0cb"
        android:interpolator="@android:interpolator/fast_out_slow_in" />
    </aapt:attr>
  </target>
</animated-vector>
```

使用 interpolator 特性可以让你控制动画中值之间的变化率。如果有多个共享相同时间的动画，则可以将它们全部包含在一个 set 元素中。

在应用中，可使用 ContextCompat.getDrawable 方法取得对 Animated Vector Drawable 的引用，该方法需要传入 Animated Vector Drawable 的资源 ID(文件名)：

```
AnimatedVectorDrawable avd =
  (AnimatedVectorDrawable)ContextCompat.getDrawable(context,
                                                    R.drawable.avd);
```

如果使用 Android 支持库来支持 Animated Vector Drawable，则必须使用关联的 create 方法：

```
AnimatedVectorDrawableCompat avd =
  (AnimatedVectorDrawableCompat)AnimatedVectorDrawableCompat.create(
                                                     context,
                                                     R.drawable.avd);
```

在任何一种情况下，可以在任何接收 Drawable 的控件的方法中使用 Animated Vector Drawable，并调用 start 方法来触发动画：

```
imageView.setImageDrawable(avd);
```

```
avd.start();
```

5. NinePatch Drawable

NinePatch(或可伸缩)图像是标记可拉伸部分的PNG文件。它们存储在res/drawable文件夹中，文件名以.9.png扩展名结尾：

```
res/drawable/stretchable_background.9.png
```

NinePatch 使用单像素边框来定义图像被放大时可以拉伸的图像区域。这使得它特别适用于为可能具有可变大小的 View 或 Activity 创建背景。

通过绘制单像素黑线可创建 NinePatch，如图 12-7 所示，沿图像左侧和顶部的边框表示可伸展区域。

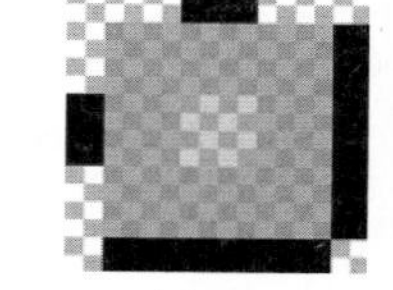

图 12-7

未标记的部分不会调整大小，每个标记部分的相对大小保持与图像更改大小相同，如图 12-8 所示。

图 12-8

为了简化为应用创建 NinePatch 图像的过程，Android Studio 包含一个所见即所得(What You See Is What You Get，WYSIWIG)的 9-Patch 绘制工具。要使用它，请右击想要从中创建 NinePatch 的 PNG 图片，然后单击 Create 9-patch file。

12.3　Material Design 介绍

Material Design 是 Google 针对移动平台和网页的设计理念与语言。它提供了一套指南和规范，为应用创建现代外观提供指导。

Material Design 成为 Android 系统和 Android 5.0 Lollipop(API 级别 21)的核心应用中使用的标准设计，但许多相关的 API 和设计组件现在可在 Android 支持库中使用。因此，无论 API 级别如何，Material Design 都是所有 Android 设备的事实上的设计标准。

作为一种不断发展的设计理念，不可能在本书的范围内涵盖 Material Design 的全部内容。但是，我们将了解 Material Design 背后的核心概念，并介绍一些能体现其理念的最常见的标志性组件。

在第 13 章“实现现代 Android 用户体验”中，我们将回归 Material Design 并探索使用其基本理念实现设计的实用性。

注意：

Material Design 是一种不断发展的设计语言。无论是 Android 设计师还是开发人员，都可以考虑阅读 https://material.io/guidelines 上最新的 Material Design 完整规范。

12.3.1　从纸和墨水的角度思考

Material Design 的基本原则是“材料就是隐喻”。虽然承认屏幕上可见的一切都是数字创作，但我们的目标是使这个数字环境与我们对现实世界材料的期望相一致。

在 Material Design 中，显示的每个视图都被想象为放置在物理材料上(一张概念性的纸上)。每张虚拟材料，就像一张纸一样，是扁平的，厚度为 1dp。就像真实世界中的材料一样，可以堆叠纸张，每一块虚拟材料都是在 3D 环境中想象的，并且有高度(使用 elevation 特性定义)，用于为完成的布局提供深度外观。

具有较高高度的视图显示在较低高度的视图上方，并且应在下方的视图上投射阴影。

因此，高度在 UI 布局的结构设计中起着重要作用，全局导航元素放置在比特定 Activity 的内容更高的高度。第 13 章中讨论的许多内置导航元素都根据此原则设置了默认高度。

在核心材料隐喻的基础上，Material Design 规定在 UI 中绘制的所有内容都应该作为材料表面上的墨水。

这个概念在处理触摸反馈时表现很明显。每当触摸 Material Design 按钮时，就会产生以用户触摸位置为中心的波纹。selectableItemBackground 背景提供的默认触摸反馈将产生相同的纹波，使得易于应用于自己的可触摸屏幕元素，如代码清单 12-2 所示。

代码清单 12-2：Material Design 波纹布局

```
<?xml version="1.0" encoding="utf-8"?>
<LinearLayout xmlns:android="http://schemas.android.com/apk/res/android"
  android:layout_width="match_parent"
  android:layout_height="match_parent"
  android:orientation="vertical"
  android:clickable="true"
  android:background="?attr/selectableItemBackground">
  <TextView
    android:layout_width="match_parent"
    android:layout_height="wrap_content"
    android:text="Click me!" />
  <TextView
    android:layout_width="match_parent"
    android:layout_height="wrap_content"
    android:text="Clicking anywhere on the layout produces a ripple effect" />
</LinearLayout>
```

12.3.2 使用颜色和基准线(Keyline)作为指导

Material Design 的第二个原则是大胆、形象和富有意向。

设计中的每一个元素都应该是深思熟虑的选择，不仅要好看，还要强调应用中每个元素的层次结构和重要性，从而辅助和指导用户。

1. 在应用中使用颜色

你能做出的最大胆的设计选择之一就是对颜色的使用。

单色的用户界面不仅有一点单调乏味，也会使用户很难识别可以与之交互的最重要的视图。用尽光谱中每一种颜色的设计或许是引人注目的，但也可能是刺眼的，就像黑白用户界面一样难以让人理解。

更好的方法是构建互补的调色板，用在整个应用中。调色板应当基于主色(关键色)、较深的变体颜色以及强调色。

Material Design 鼓励始终把内容放在第一位。强大的主色可以作为微妙的品牌，使应用独一无二；否则，如果没有明确的品牌元素，将占用宝贵的本应致力于显示内容的屏幕空间。

主色的较暗变体通常用于为状态栏着色，以便从视觉上将其与应用的内容分离。

强调色应该与主色不同，但应该是互补的，用于让用户界面中的重要视图更有吸引力，例如悬浮按钮(Floating Action Button)、正文中的链接或者作为文本输入视图的突出显示颜色。

> **注意：**
> 要查看如何选择颜色的示例，请参阅 Material Design 中关于调色板的部分，网址为 https://material.io/guidelines/style/ color. html#color-color-palette。

可以通过构建自定义主题将这些颜色集成到应用中。主题是特性(attribute)的集合，可以使用 Activity 节点的 android:theme 特性应用于 Activity，或者使用应用清单(manifest)中的 application 元素应用于应用的所有 Activity。

包含刚才描述的调色板的简单主题，将由包含 colorPrimary、colorPrimaryDark 和 colorAccent 的 res/values/colors.xml 文件组成。

然后使用这些颜色在 res/values/styles.xml 资源中构建成为主题：

```
<?xml version="1.0" encoding="utf-8"?>
<resources>
  <style name="AppTheme" parent="Theme.AppCompat">
    <item name="colorPrimary">@color/primary</item>
    <item name="colorPrimaryDark">@color/primary_dark</item>
```

```
    <item name="colorAccent">@color/accent</item>
  </style>
</resources>
```

可以通过在应用清单的 application 元素中添加 android:theme="@style/AppTheme"，从而将主题应用到整个应用：

```
<application
  android:theme="@style/AppTheme">

  [... Remaining application node ...]
</application>
```

这将导致每个 Activity 顶部的应用栏(App Bar)和状态栏(Status Bar)分别根据 colorPrimary 和 colorPrimaryDark 着色。

在前面的代码片段中，我们使用了父主题 Theme.AppCompat，这个主题由 Android 支持库提供，并且包含统一的基础，用于为所有 API 级别应用 material-style 主题，而不需要自己定义每个元素。

我们将在第 13 章中详细介绍如何在应用中使用主题。

2. 与基准线(Keyline)对齐

减少布局的视觉噪声对于吸引人们注意关键元素至关重要。为了提供帮助，Material Design 结合了传统印刷设计的技术，其中最重要的是将内容与基准线对齐。

基准线是用于对齐元素(尤其是文本)的垂直或水平指导线。通过将所有内容与一组基准线对齐，用户可以轻松地扫描应用的布局和内容，找到他们想要寻找的内容。

Material Design 规范规定了许多基准线和尺寸。最重要的是屏幕边缘的水平边距和内容左边距，如图 12-9 所示。

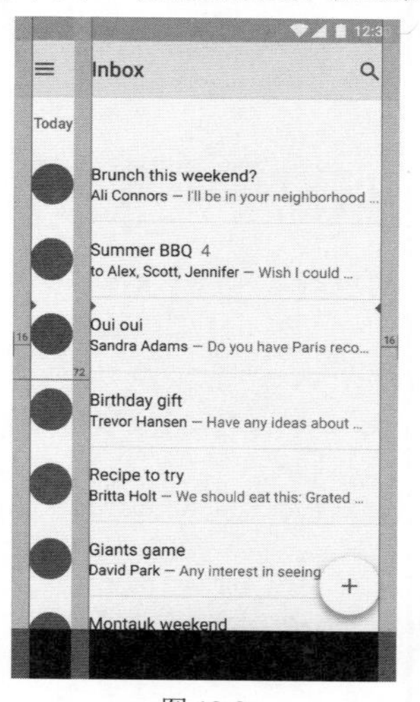

图 12-9

Material Design 为移动设备定义的水平边缘为 16dp，而平板电脑则扩展到 24dp。手机屏幕边缘的内容左边距为 72dp，平板电脑为 80dp。

更大的设备上有更多的可视空间，有更大的边距可以让你更好地利用可用空间，并防止内容显示得过于靠近屏幕边缘。

需要注意的是，内容左边距主要应用于文本，用于确保与工具栏标题对齐。图标和圆形头像应与 16dp 水平边距对齐。

注意：
有关构成 Material Design 的基准线的更多详细信息，请参见 https://material.io/guidelines/layout/metrics-

keylines.html。

12.3.3 运动带来的连贯性

第三条，也是 Material Design 的最后一条原则是运动要具有意义。

尝试运动的时候，很容易就会移动周围的一切，仅仅因为可以移动它们。请别这样。不必要的动作中好一点的只会让人分心，最糟糕的会让人沮丧。没有人会想在屏幕上追逐触摸目标。Material Design 需要一种在用户界面中使用运动的严格方法，每一个运动都是为指导用户的眼睛和注意力而专门设计的。

前面描述的波纹动画本身被认为是一种运动形式，旨在向用户提供反馈。在 Material Design 中，用户的行为会引发运动，这是一种常见的模式。

本章前面讨论的 Animated Vector Drawable 是一个演示如何链接动作和反馈的示例。例如，音频播放器应用可以使用 Animated Vector Drawable 在互斥但紧密相关的状态之间切换，将播放按钮动画成为暂停按钮。

1. 使用揭示效果(Reveal Effect)动画改变视图可见性

为了向用户动作提供视觉连续性，从而揭示新的视图，Android 为运行 Android 5.0 Lollipop(API 级别 21)或更高版本系统的设备提供了 ViewAnimationUtils.createCircularReveal 方法。这会创建一个动画，通过在半径增大(或缩小)的圆内对视图进行剪辑来揭示(或隐藏)视图。

根据显示动画的中心位置，这可能需要少许数学运算，如代码清单 12-3 所示。

代码清单 12-3：使用圆形揭示(circular reveal)显示视图

```
final View view = findViewById(R.id.hidden_view);

// Center the reveal on the middle of the View
int centerX = view.getWidth() / 2;
int centerY = view.getHeight() / 2;

// Determine what radius circle will cover the entire View
float coveringRadius = (float) Math.hypot(centerX, centerY);

// Build the circular reveal
Animator anim = ViewAnimationUtils.createCircularReveal(
  view,
  centerX,
  centerY,
  0,            // initial radius
  coveringRadius  // final covering radius
);

// Set the View to VISIBLE before starting the animation
view.setVisibility(View.VISIBLE);
anim.start();
```

也可以反向使用相同的方法来隐藏视图，如代码清单 12-4 所示。

代码清单 12-4：使用圆形揭示(circular reveal)隐藏视图

```
// Build the circular hide animation
Animator anim = ViewAnimationUtils.createCircularReveal(
  view,
  centerX,
  centerY,
  coveringRadius,    // initial radius
  0                  // final radius
);

anim.addListener(new AnimatorListenerAdapter() {
  @Override
  public void onAnimationEnd(Animator animation) {
    // Set the view to invisible only at the end of the animation
    view.setVisibility(View.INVISIBLE);
  }
```

```
});

anim.start();
```

2. 构建共享元素(Shared Element)Activity 转场

通常，应用中最大的转场是在 Activity 之间移动。Android 5.0 Lollipop(API 级别 21)引入了共享元素 Activity 转场，为两个 Activity 中存在的关键视图(View)提供视觉连续性：动态地将它们从第一个 Activity 中的初始位置转场到下一个 Activity 中的最终位置。

要利用共享元素 Activity 转场，请将 android:transitionName 特性添加到两个 Activity 布局的视图中，将两个视图链接成为动画：

```
<?xml version="1.0" encoding="utf-8"?>
<LinearLayout xmlns:android="http://schemas.android.com/apk/res/android"
    android:layout_width="match_parent"
    android:layout_height="wrap_content"
    android:orientation="vertical">
  <ImageView
    android:id="@+id/avatar_view"
    android:transitionName="avatar_view_transition"
    android:layout_width="match_parent"
    android:layout_height="wrap_content"/>
  <TextView
    android:id="@+id/username_view"
    android:transitionName="username_view_transition"
    android:layout_width="match_parent"
    android:layout_height="wrap_content"/>
</LinearLayout>

<?xml version="1.0" encoding="utf-8"?>
<LinearLayout xmlns:android="http://schemas.android.com/apk/res/android"
    android:layout_width="match_parent"
    android:layout_height="wrap_content"
    android:orientation="horizontal">
  <ImageView
    android:id="@+id/avatar_view"
    android:transitionName="avatar_view_transition"
    android:layout_width="wrap_content"
    android:layout_height="match_parent"/>
  <TextView
    android:id="@+id/username_view"
    android:transitionName="username_view_transition"
    android:layout_width="wrap_content"
    android:layout_height="match_parent"/>
</LinearLayout>
```

要激活两个 Activity 之间的动画转场，需要传递一个由 ActivityOptionsCompat 类的 makeSceneTransitionAnimation 方法构建的包(Bundle)，传入代表当前 Activity 布局中的视图以及它们转场到的 transitionName(通过将每个视图传入 viewcompat.getTransitionName 方法获得)的 Pair 实例，如代码清单 12-5 所示。

代码清单 12-5：启动共享元素 Activity 转场

```
Intent intent = new Intent(context, SecondActivity.class);

Bundle bundle = ActivityOptionsCompat.makeSceneTransitionAnimation(
               this,
               Pair.create((View)avatarView,
                           ViewCompat.getTransitionName(avatarView)),
               Pair.create((View)userNameView,
                           ViewCompat.getTransitionName(userNameView))
             ).toBundle();

startActivity(intent, bundle);
```

如果通过调用 ActivityCompat.finishAfterTransition 而不是 finish 方法关闭第二个 Activity，则可以反向应用相同的动画。

12.4 Material Design UI 元素

除遵循指导原则外，Material Design 还引入了一系列新的 UI 元素。它们被频繁使用在整个系统 UI 和核心应用中。通过将这些元素整合到你的应用中，你将使它更容易被新用户理解，并且使 Material Design 理念更符合系统及其他第三方应用。

12.4.1 应用栏

应用栏(App Bar)以前被称为动作栏(Action Bar)，在应用顶部运行，如图 12-10 所示。

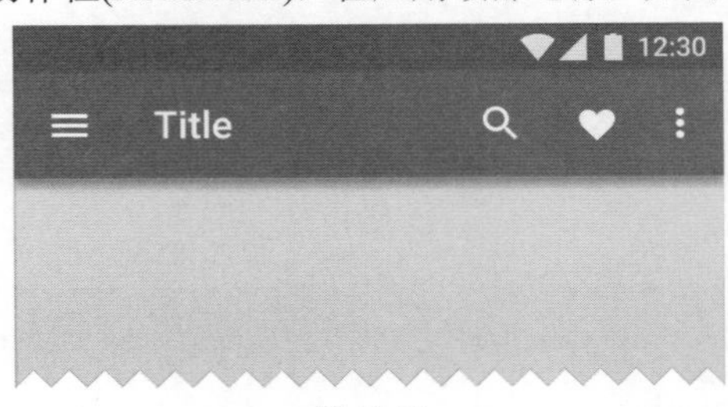

图 12-10

应用栏处在用户界面顶部的突出位置，这意味着它通常是用户最先看到和读到的。因此，应用栏可以作为用户界面的锚点，当用户不确定他们已经导航到哪里时，为他们提供熟悉的返回位置。

应用栏会使用由应用主题中定义的 colorPrimary 特性自动着色，由此向用户提供打开了哪个应用的微妙指示。

定义主题时，确保指定“父”主题，从而在应用栏中使用的 colorPrimary 和文本颜色之间进行强烈的对比。可以通过下列选项之一来确保这一点：

- Theme.AppCompat——当 UI 背景为深色，并且 colorPrimary 为深色时使用。文本将是浅色的，与深色背景形成对比。
- Theme.AppCompat.Light——用于浅色的背景和主色，提供深色文本。
- Theme.AppCompat.Light.DarkActionBar——和 light 主题一样，但反转应用栏专用的颜色。

注意：
如果使用的是内置的应用栏，那么使用这些主题就非常重要。第 13 章将探讨如何使用工具栏作为应用栏，并且提供了替换主题，可以明确删除这里描述的默认应用栏。

应用栏中显示的最突出文本是取自应用清单中每个 Activity 条目的 android:title 特性。它为用户提供了一个可视化标志，通过在 Activity 之间移动时进行更新，从而标识他们在应用中的位置。

要以编程方式更改标题，请从 AppCompatActivity 调用 getSupportActionBar 方法以获取应用栏，并调用 setTitle 方法以指定新值：

```
String title = "New Title";
getSupportActionBar().setTitle(title);
```

应用栏还包括导航按钮，常用于在应用的导航层次结构中向上导航。

“向上”导航的目标不同于 Back 按钮。如果 Back 按钮应将用户返回到上一个位置(包括恢复上一个 Activity 的状态)，那么“向上”导航应作为逃生手段。

应该始终将用户移动到处于新状态的特定 Activity，反复向上导航应该最终将用户带到主 Launch Activity。

向上导航是通过定义每个 Activity 的父级来构建的。考虑一个简单的应用，它有一个 Main Activity，通常会导向 Category Activity，而 Category Activity 又会导向 Detail Activity。

如图 12-11 所示，Main Activity 没有父级，而 Category Activity 的父级为 Main Activity，Detail Activity 的父级为 Category Activity。因此，向上导航应该从非常具体的内容片段(详细屏幕)向上转场到内容层次结构，直至到达 Main Activity。

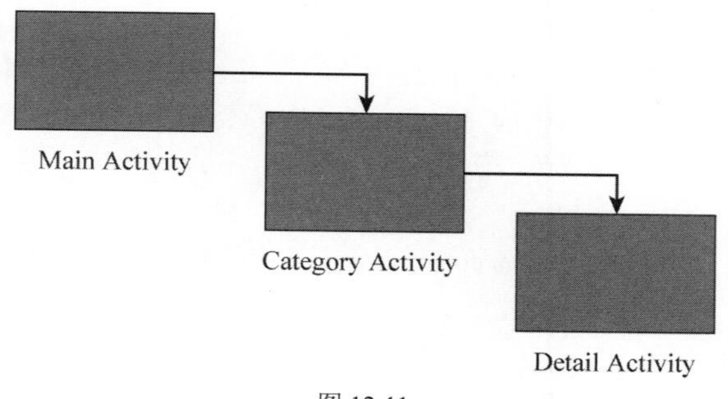

图 12-11

可以使用 android:parentActivityName 特性在应用清单中指示各 Activity 的父级。android: parentActivityName 特性是在 Android 4.1 Jelly Bean(API 级别 16)中引入的，因此还必须添加<meta-data>元素来支持早期的平台版本：

```
<application ...>
  ...

  <activity
     android:name="com.example.MainActivity" ...>
    ...
  </activity>

  <activity
     android:name="com.example.CategoryActivity"
     android:parentActivityName="com.example.MainActivity"
     ...>
    ...
    <!-- This is only needed to support Android 4.0 or lower -->
    <meta-data
       android:name="android.support.PARENT_ACTIVITY"
       android:value="com.example.MainActivity" />
  </activity>

  <activity
     android:name="com.example.DetailActivity"
     android:parentActivityName="com.example.CategoryActivity"
     ...>
    ...
    <!-- This is only needed to support Android 4.0 or lower -->
    <meta-data
       android:name="android.support.PARENT_ACTIVITY"
       android:value="com.example.CategoryActivity" />
  </activity>

</application>
```

要启用应用栏上的 UP 按钮，需要在各 Activity 的 onCreate 处理程序中调用 setDisplayHomeAsUpEnabled(true)。

```
getSupportActionBar().setDisplayHomeAsUpEnabled(true);
```

在给定父 Activity 可能有多个实例的情况下，必须向 Intent 添加更多详细信息以确保导航到正确的 Activity。

可以通过重写 getSupportParentActivityIntent 方法并添加适当的附加项来完成此动作。例如，上面的 Detail Activity 可能希望向父 Category Activity 传递额外的内容，以确保显示正确的类别：

```
@Override
public Intent getSupportParentActivityIntent() {
  // Get the Intent from the parentActivityName
  Intent intent = super.getSupportParentActivityIntent();
  // Add the information needed to create the CategoryActivity
  // in a fresh state
  intent.putExtra(CategoryActivity.EXTRA_CATEGORY_ID, mCategoryId);
  return intent;
}
```

12.4.2 Material Design 在 Earthquake 示例中的应用

Android Studio 中的默认项目模板提供了很好的脚手架，以便在应用中包含 Material Design，但应用的个人品牌必须添加到脚手架的顶部。在前几章中构建的 Earthquake 示例也不例外。

现在，你将更新默认主题以使用新颜色，使用 Image Asset Wizard 创建应用图标，并确保每个 Activity 具有适当的“向上”层次结构。

(1) 打开 Earthquake 项目并更新 res/values/colors.xml 文件中的颜色：

```
<?xml version="1.0" encoding="utf-8"?>
<resources>
  <color name="colorPrimary">#D32F2F</color>
  <color name="colorPrimaryDark">#9A0007</color>
  <color name="colorAccent">#448AFF</color>
</resources>
```

(2) 选择菜单 File | New | Image Asset，打开 Image Asset wizard。确保将图标类型设置为 Launcher Icons 并更改以下选项，然后单击 Finish 以应用新的启动器图标：

a. 对于前景层，将 Asset Type 更改为 Clip Art，然后选择 vibration 图标。将颜色更改为 FFF 并将图标大小调整为 80%。

b. 对于背景层，将 Asset Type 更改为 Color，并使用颜色 D32F2F。

(3) 打开 AndroidManifest.xml 并将父 Activity 添加到 Preference Activity 和 Earthquake Search Result Activity 中：

```
<activity
  android:name=".PreferencesActivity"
  android:parentActivityName=".EarthquakeMainActivity">
  <intent-filter>
    <action
      android:name="android.intent.action.MANAGE_NETWORK_USAGE"/>
      <category android:name="android.intent.category.DEFAULT"/>
  </intent-filter>
  <meta-data
    android:name="android.support.PARENT_ACTIVITY"
    android:value=".EarthquakeMainActivity" />
</activity>

<activity
  android:name=".EarthquakeSearchResultActivity"
  android:launchMode="singleTop"
  android:parentActivityName=".EarthquakeMainActivity">
  <intent-filter>
    <action android:name="android.intent.action.SEARCH" />
  </intent-filter>
  <meta-data
    android:name="android.app.searchable"
    android:resource="@xml/searchable"
    />
  <meta-data
    android:name="android.support.PARENT_ACTIVITY"
    android:value=".EarthquakeMainActivity" />
</activity>
```

(4) 更新 Preference Activity，在调用 setContentView 方法后调用 setDisplayHomeAsUpEnabled(true)：

```
@Override
public void onCreate(Bundle savedInstanceState) {
  super.onCreate(savedInstanceState);
  setContentView(R.layout.preferences);

  getSupportActionBar().setDisplayHomeAsUpEnabled(true);
}
```

(5) 同时更新 Earthquake Search Result Activity，在调用 setContentView 方法后调用 setDisplayHomeAsUpEnabled(true)：

```
@Override
public void onCreate(Bundle savedInstanceState) {
  super.onCreate(savedInstanceState);
  setContentView(R.layout.activity_earthquake_search_result);

  getSupportActionBar().setDisplayHomeAsUpEnabled(true);

  [... Existing onCreate method ...]
}
```

12.4.3　使用 Card 显示内容

无论设计理念如何，内容都应该始终是应用的焦点；为内容提供结构也有助于让用户关注它们。

Card (卡片)，是一种凸起的带有圆角的材料，用于将单个主题的信息和动作组合在一起，如图 12-12 所示。

图 12-12

当所有元素都相似，并且快速扫描很重要时，传统的内容列表或网格效果很好。当有许多不同的元素，有许多动作与不同的内容相关联，或者用户删除单张 Card 很重要时，Card 就派上用场了。

作为 Android 支持库的一部分，CardView 类提供了卡片视图的实现，包括视觉元素，如圆角和立面。要在应用中使用 Card View，必须将 Card View 库的依赖项添加到 app 模块的 build.gradle 文件中：

```
implementation 'com.android.support:cardview-v7:27.0.2'
```

CardView 类扩展自 FrameLayout，因此在第 5 章“构建用户界面”中介绍的所有布局技术都同样适用于将内容放入 Card View，但填充除外。所以在 Card View 中，应该使用 contentPadding 特性而不是填充来确保仅将卡中的内容向内填充(而不是卡片的边框)。

> **注意：**
> 在 Android 5.0 Lollipop(API 级别 21)之前，Card View 为所有内容设置了填充，而不是让内容充满到圆角。可以使用 setPreventCornerOverlap(false)禁用此功能。如果希望 Card View 在所有 API 级别上看起来都相同，可以使用 setUseCompatPadding(true)在 API 级别 21 以上的设备上启用填充功能。

Card 的设计是模块化的。每张卡片都使用一组通用内容块组装，按特定顺序从上到下添加，如图 12-13 所示，包括：

- 可选的 header(非图片)，涵盖与卡片关联的某人的头像、标题和副标题。
- 高宽比为 16∶9 或 1∶1 的富媒体。
- 主标题和副标题(如果不使用 header 的话)，用于描述卡片的内容。
- 多行支持文本。
- action——左对齐的文本或右对齐的图标。

可以通过添加扩展动作来使用扩展的支持文本，用于显示附加到卡片底部的其他内容。

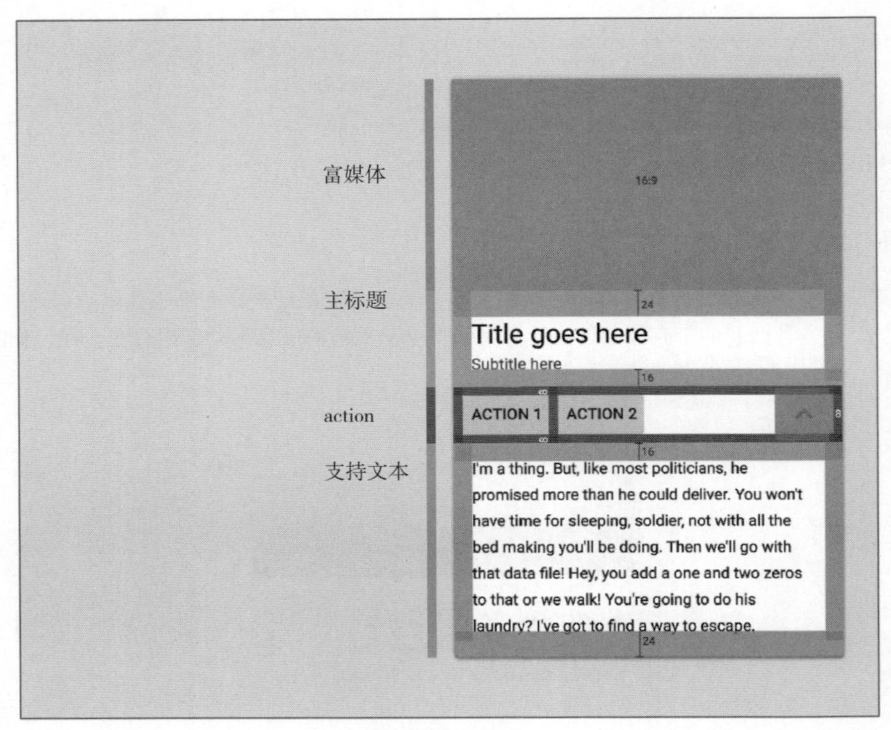

图 12-13

> **注意：**
> 有关卡片以及其中可包含内容的示例，请参阅 https://material.io/guidelines/components/cards.html#cards-content。

代码清单 12-6 显示了一个简单的卡片，其中包含一幅 16:9 的图像、主标题和副标题，以及两个动作。

代码清单 12-6：Card View 的实现示例

```
<?xml version="1.0" encoding="utf-8"?>
<android.support.v7.widget.CardView
  xmlns:android="http://schemas.android.com/apk/res/android"
  xmlns:app="http://schemas.android.com/apk/res-auto"
  android:layout_width="match_parent"
  android:layout_height="match_parent">
  <android.support.constraint.ConstraintLayout
      android:layout_width="match_parent"
      android:layout_height="match_parent">
    <ImageView
      android:id="@+id/image"
      android:layout_width="0dp"
      app:layout_constraintDimensionRatio="16:9"
      app:layout_constraintLeft_toLeftOf="parent"
      app:layout_constraintRight_toRightOf="parent"
      app:layout_constraintTop_toTopOf="parent" />
    <TextView
      android:id="@+id/title"
      android:layout_width="0dp"
      android:layout_height="wrap_content"
      android:paddingTop="24dp"
      android:paddingLeft="16dp"
      android:paddingRight="16dp"
      app:layout_constraintLeft_toLeftOf="parent"
      app:layout_constraintRight_toRightOf="parent"
      app:layout_constraintTop_toBottomOf="@id/image"
      android:textAppearance="@style/TextAppearance.AppCompat.Headline" />
    <TextView
      android:id="@+id/subtitle"
      android:layout_width="0dp"
```

```
        android:layout_height="wrap_content"
        android:padding="16dp"
        app:layout_constraintLeft_toLeftOf="parent"
        app:layout_constraintRight_toRightOf="parent"
        app:layout_constraintTop_toBottomOf="@id/title"
        android:textAppearance="@style/TextAppearance.AppCompat.Body2" />
      <Button
        android:id="@+id/first_action"
        android:layout_width="wrap_content"
        android:layout_height="wrap_content"
        android:layout_marginTop="8dp"
        android:layout_marginLeft="8dp"
        android:layout_marginBottom="8dp"
        app:layout_constraintLeft_toLeftOf="parent"
        app:layout_constraintTop_toBottomOf="@id/subtitle"
        app:layout_constraintBottom_toBottomOf="parent"
        android:text="@string/first_action_text"
        style="?borderlessButtonStyle" />
      <Button
        android:id="@+id/second_action"
        android:layout_width="wrap_content"
        android:layout_height="wrap_content"
        android:layout_margin="8dp"
        app:layout_constraintLeft_toRightOf="@id/first_action"
        app:layout_constraintTop_toBottomOf="@id/subtitle"
        app:layout_constraintBottom_toBottomOf="parent"
        android:text="@string/second_action_text"
        style="?borderlessButtonStyle" />
    </android.support.constraint.ConstraintLayout>
  </android.support.v7.widget.CardView>
```

12.4.4 悬浮按钮

如图 12-14 所示，悬浮按钮(Floating Action Button，FAB)是一种标志性的 Material Design 模式，旨在吸引用户注意在 Activity 中可以采取的最重要的单个动作。

图 12-14

FAB(悬浮按钮)是一种圆形图标，高度会上升，显示在其余的用户界面之上，以应用的强调色(accent color)着色。悬浮按钮应该非常突出，使用户能够轻松识别并找到动作入口。

Android 设计支持库(Android Design Support Library)包含 FloatingActionButton 类，它是 FAB 的 Material Design 规范实现。它通过 fabSize 特性支持默认大小 56dp 和最小大小 40dp。

在几乎所有的情况下，默认大小都是最合适的，唯一的例外是当你有其他元素时，例如头像图片(也是 40dp)，悬浮按钮应该与之对齐。无论哪种情况，包含的图标都是 24dp×24dp 大小。

与使用 setVisibility 方法设置可见性的其他视图不同，强烈建议使用 show 和 hide 方法控制悬浮按钮的可见性。这将分别通过动画将悬浮按钮从半径 0 开始放大或缩小到半径 0。

悬浮按钮的位置最终是一种设计选择，重要的是要注意，不是每个应用，也不是每个 Activity 都需要悬浮按钮。如果没有主动作，则应避免包含悬浮按钮。

第13章 实现现代 Android 用户体验

本章主要内容：

- 创建主题并应用于用户界面
- 创建菜单和应用栏动作
- 使用 Action View 和 Action Provider
- 使用工具栏自定义应用栏
- 实现高级滚动技术
- 利用选项卡(Tab)、底部导航栏和导航抽屉进行有效导航
- 利用对话框(Dialog)、Toast 和 Snackbar 提醒用户

本章可供下载的代码可以在 www.wrox.com 上找到。本章的代码放在如下压缩文件中：

- Snippets_ch13.zip
- Earthquake_ch13_part1.zip
- Earthquake_ch13_part2.zip

13.1 现代 Android UI

为了帮助你创建时尚、易于使用的用户界面(User Interface，UI)，并提供与底层平台及其他应用一致的用户体验，本章将会演示将用户体验扩展到布局和 UI 组件之外的技术。

从探索作为 Android 支持库(Android Support Library)的一部分而提供的 AppCompat API 开始，使得使用主题在所有 Android API 级别上为应用创建外观一致的现代 Android UI 成为可能。

第 5 章介绍的应用栏，对你的应用来说是一个重要组件。在本章中，你将学习如何通过添加菜单(Menu)和动作(Action)来进一步自定义应用。你还可以学习使用工具栏(Toolbar)替换自己布局中的应用栏，并利用它所支持的功能，包括专门的滚动技术。

当你的应用不再只有一个页面时，需要加入导航模式来促进用户交互。选项卡(Tab)是一种允许用户在顶级 Activity 之间轻松滑动的模式，而底部的导航栏则提供对 3 到 5 个顶级 Activity 的持久访问，最后导航抽屉(Drawer)使用户可以只关注内容，同时仍然可以轻松地访问简单的导航。

除导航外，本章还介绍用于提醒用户异常情况的技术。模态对话框(Modal Dialog)强制用户在继续工作之前处理问题，而 Toast 提供了一种用于完全非交互式悬浮消息的机制。Snackbar 提供了交互式的非模态提醒，并使用户简单地通过单个动作从潜在的破坏性交互中恢复。

13.2 使用 AppCompat 创建外观一致的现代用户界面

Android 平台在不断发展，流行的设计语言也随之发展；每个 Android 版本都引入了新的 UI 模式、元素和功能。

AppCompat API 在 Android 支持库中，提供了单一的向后兼容的 API，开发人员可以使用该 API 在所有 Android 版本中提供外观一致的现代用户界面。

AppCompat 提供了一组主题，每个主题的前缀都是 Theme.AppCompat。要想利用 AppCompat 的功能使应用的外观向后兼容，必须创建一个新主题并使用 AppCompat 主题作为父主题，然后在创建新的 Activity 时在应用中扩展 AppCompat Activity。

AppCompat 提供了许多与框架等效项同名的特性(attribute)。例如，android:colorAccent 为许多运行在 Android 5.0 Lollipop(API 级别 21)和更高版本系统的设备上的视图定义了 colorAccent(强调色)。要在旧版 Android 上产生相同的行为(当 android:colorAccent 不可用时)，可以在主题中使用 colorAccent 特性。

如果某个特性在 AppCompat 和框架中都存在，则应始终选择 AppCompat 中的等效项，以确保所有 API 级别的兼容性。

> **注意：**
> 为了支持主题化，如果要扩展标准视图(例如 TextView 或 CheckBox)以实现自定义行为，或以编程方式创建视图，请确保正在使用 android.support.v7.widget 包中的 AppCompatTextView 或 AppCompatCheckBox 扩展(或创建)视图。

13.2.1 使用 AppCompat 创建并应用主题

在第 12 章“贯彻 Android 设计理念”中，介绍了在应用的主题中使用 colorPrimary、colorPrimaryDark 和 colorAccent 为应用定义基本调色板的需求。我们可以使用类似的技术进一步自定义应用视图的外观，而无须扩展或创建自定义视图。

要控制组件的 normal 状态，例如未选中的 EditText、CheckBox 和 RadioButton，可以重写 colorControlNormal 特性。此特性的默认值是?android:attr/textColorSecondary。

如果要重写?attr/colorAccent 的默认颜色，CheckBox 和 RadioButton 的激活(activated)或选中(checked)状态可以分别由 colorControlActivated 控制。

最后，colorControlHighlight 特性控制波纹着色(ripple coloring)。在大多数情况下，对于深色主题，这应该保持为默认的 20%白色(#33ffffff)；对于浅色主题，这应该保持为 12%黑色(#1f000000)。

代码清单 13-1 显示了指定自定义视图颜色的自定义主题。

代码清单 13-1：为视图定义自定义主题

```
<resources>
  <style name="AppTheme"
    parent="Theme.AppCompat.Light.DarkActionBar">
    <item name="colorPrimary">@color/colorPrimary</item>
    <item name="colorPrimaryDark">@color/colorPrimaryDark</item>
    <item name="colorAccent">@color/colorAccent</item>
  </style>

  <!-- The implied parent here is AppTheme -->
  <style name="AppTheme.Custom">
    <item name="colorControlNormal">
```

```
      @color/colorControlNormal</item>
    <item name="colorControlActivated">
      @color/colorControlActivated</item>
  </style>
</resources>
```

一经定义，就可以将主题添加到应用清单(manifest)中，在其中可以将主题应用到整个应用(通过 application 元素的 android:theme 特性)或某个特定 Activity(使用 activity 元素的 android:theme 特性)：

```
<application ...
  android:theme="@style/AppTheme">
  <activity
    android:theme="@style/AppTheme.Custom" />
</application>
```

13.2.2 为特定视图创建 Theme Overlay

通过对布局定义中的某个独立视图(View)使用 android:theme 特性，可以将某个主题应用于该特定视图(及其子视图)。

与 Application 或 Activity 级别的应用的主题不同，直接应用于视图(View)的主题应具有 ThemeOverlay.AppCompat (而不是 Theme.AppCompat)父主题。

Theme Overlay 旨在覆盖基本 AppCompat 主题，只影响特定元素而忽略那些仅用于 Activity 级别的特性。

两个最常用的 Theme Overlay 是 ThemeOverlay.AppCompat.Light 和 ThemeOverlay.AppCompat.Dark。Light 主题会更改背景色、文本色和高亮色(highlight color)，以便它们适合浅色背景，而 Dark 主题对深色背景有相似效果。

当选择使用主色给屏幕的一部分上色，并在其上覆盖必须可读的文本时，这种方法特别有用：

```
<!-- 使用 Dark Theme Overlay 确保文本在深色的主色背景上可读 -->
    primary color background by using
    a Dark ThemeOverlay -->
<FrameLayout
  android:layout_width="match_parent"
  android:layout_height="wrap_content"
  android:background="?attr/colorPrimary"
  android:theme="@style/ThemeOverlay.AppCompat.Dark">
  [... Remaining Layout Definition ...]
</FrameLayout>
```

自定义 Theme Overlay 与任何其他主题一样定义。首先使用 parent 特性声明父主题，然后指定想要修改的任何特性：

```
<style name="ThemeOverlay.AccentSecondary"
      parent="ThemeOverlay.AppCompat">
  <item name="colorAccent">@color/accent_secondary</item>
</style>
```

13.3 向应用栏添加菜单和动作

应用栏是大多数应用中的标准配置，它是一个有用的区域，我们可以在上面添加功能。对于与整个 Activity 或占屏幕主要部分的 Fragment 相关联的常见动作(action)，可以定义一个菜单(Menu)，以图标的形式出现在应用栏上，或者出现在溢出菜单(overflow menu)中，如图 13-1 所示。

13.3.1 定义菜单资源

菜单(Menu)可以 XML 资源的形式定义，存储在项目的 res/menu 文件夹中。这样就可以为不同的硬件配置、屏幕尺寸、语言或 Android 版本创建不同的菜单。

每个菜单由作为根节点的 menu 标签和一系列 item 标签组成，每个 item 标签指定一个菜单项(Menu Item)。

可使用 android:title 设置向用户显示的文本。每个菜单层次结构都必须创建在单独的文件中。

每个 item 元素还应该包含 android:id 特性，可以在应用中用来确定是哪个菜单项被单击了，如代码清单 13-2 所示。

代码清单 13-2：使用 XML 定义菜单

```
<menu xmlns:android="http://schemas.android.com/apk/res/android">
  <item
    android:id="@+id/action_settings"
    android:title="@string/action_settings" />
  <item
    android:id="@+id/action_about"
    android:title="@string/action_about" />
</menu>
```

默认情况下，菜单项将显示在溢出菜单(overflow menu)中。如果想要将菜单项提升到应用栏上，就必须添加 app:showAsAction 特性，从而控制菜单项的显示位置：

- always——强制使菜单项始终显示为应用栏上的动作(action)。
- ifRoom——指示菜单项应当显示为动作，前提是应用栏中有足够的空间。最好优先使用此选项，从而在决定显示动作时始终给予系统灵活性。
- never——默认值，确保菜单项仅显示在溢出菜单(overflow menu)中。

注意：

app:showAsAction 是与框架的 android:showAsAction 等效的 AppCompat 特性示例。当使用 AppCompat 时，应始终使用 app:showAsAction(而不是 android:showAsAction)。

对于每个使用 always 或 ifRoom 的菜单项，还应该包括 android:icon 特性。

当菜单项显示在溢出菜单中时，只显示文本标题。当显示为应用栏的一部分时，菜单项将显示为图标(长按将短暂显示标题)。通过包含 withText 修饰符(用|分隔)，图标和标题都会显示在应用栏上。这种场景应该少使用，并且只有在有足够的空间时才使用。

```
<menu xmlns:android="http://schemas.android.com/apk/res/android"
  xmlns:app="http://schemas.android.com/apk/res/res-auto">
  <item
    android:id="@+id/action_filter"
    android:icon="@drawable/action_filter"
    android:title="@string/action_filter"
    app:showAsAction="ifRoom|withText"
  />
</menu>
```

将菜单项显示为应用栏上的动作的机会，应该留给那些经常使用的、非常重要的且希望用户发现的动作，或基于同类应用中用户预期可用的动作。

一般的和很少使用的菜单项，如“设置”“帮助”或“关于”，不应显示为应用栏上的动作。

13.3.2 向 Activity 添加菜单

要将菜单与 Activity 关联，必须首先通过重写 Activity 的 onCreateOptionsMenu 处理程序将菜单 XML 资源填充到 Menu 实例中。必须返回 true 才能显示菜单(false 会完全隐藏菜单)，如代码清单 13-3 所示。

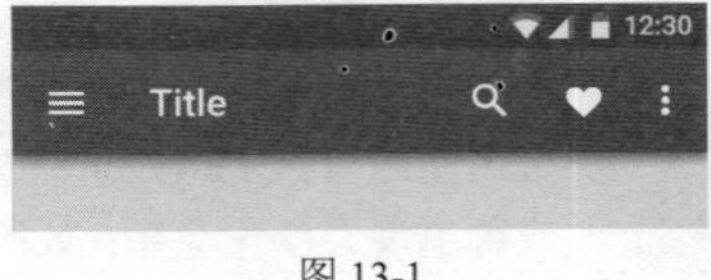

图 13-1

代码清单 13-3：向 Activity 添加菜单

```
@Override
public boolean onCreateOptionsMenu(Menu menu) {
  // You should always call super.onCreateOptionsMenu()
  // to ensure this call is also dispatched to Fragments
  super.onCreateOptionsMenu(menu);
```

```
  MenuInflater inflater = getMenuInflater();
  inflater.inflate(R.menu.my_menu, menu);

  return true;
}
```

与布局一样，也可以通过编程方式创建菜单项，并使用 add 方法将它们添加到 Menu 对象中。创建这些动态菜单项时使用的 ID 必须始终大于或等于 Menu.FIRST 常量，以避免与任何以前填充的菜单项冲突。

13.3.3 向 Fragment 添加菜单

菜单也可以与 Fragment 关联。只有当主体 Fragment 可见时，Fragment 菜单才会在应用栏上可见。这允许根据正在显示的内容动态更改可用的动作。

Fragment 菜单应该在 Fragment 的 onCreateOptionsMenu 处理程序中填充；但是，与 Activity 不同，还必须在 Fragment 的 onCreate 处理程序中调用 setHasOptionsMenu(true)，如代码清单 13-4 所示。

代码清单 13-4：向 Fragment 添加菜单

```
@Override
public void onCreate(Bundle savedInstanceState) {
  super.onCreate(savedInstanceState);
  setHasOptionsMenu(true);
}

@Override
public void onCreateOptionsMenu(Menu menu, MenuInflater inflater) {
  inflater.inflate(R.menu.my_menu, menu);
}
```

13.3.4 动态更新菜单项

通过重写 Activity 或 Fragment 的 onPrepareOptionsMenu 方法，可以在显示菜单之前，立即根据应用运行时的当前状态修改菜单。这允许动态禁用/启用菜单项，设置是否可见，甚至修改文本。

要动态修改菜单项，可以在创建时从 onCreateOptionsMenu 方法中记录对它们的引用，也可以在 Menu 对象上使用 findItem 方法，如代码清单 13-5 所示。

代码清单 13-5：动态修改菜单项

```
@Override
public boolean onPrepareOptionsMenu(Menu menu) {
  super.onPrepareOptionsMenu(menu);

  MenuItem menuItem = menu.findItem(R.id.action_filter);

  // Modify Menu Items
  menuItem.setVisible(false);

  return true;
}
```

13.3.5 处理菜单选择

Android 使用单个事件处理程序 onOptionsItemSelected 处理应用栏上的动作和溢出菜单。选定的菜单项作为 MenuItem 参数被传入该方法。

要响应菜单选择，请将 item.getItemId 的值与菜单 XML 中的资源标识符(resource identifier)进行比较，或与以编程方式生成菜单时使用的菜单项标识符进行比较，如代码清单 13-6 所示，然后执行相应的操作。

代码清单 13-6：处理菜单项选择

```
public boolean onOptionsItemSelected(MenuItem item) {
```

```
    // Find which Menu Item has been selected
    switch (item.getItemId()) {

      // Check for each known Menu Item
      case (R.id.action_settings):
        [ ... Perform menu handler actions ... ]
        return true;

      // Pass on any unhandled Menu Items to super.onOptionsItemSelected
      // This is required to ensure that the up button and Fragment Menu Items
      // are dispatched properly.
      default: return super.onOptionsItemSelected(item);
    }
  }
```

如果在 Fragment 中提供了菜单项，则可以选择在 Activity 或 Fragment 的 onOptionsItemSelected 处理程序中处理它们。请注意，Activity 将首先接收所选的菜单项，如果 Activity 处理并返回 true，则 Fragment 将不再接收。

13.3.6 添加 Action View 和 Action Provider

为了支持简单图标界面不够丰富的情况，菜单项还可以显示为任意布局。有两种类型：CollapsibleActionView 和 Action Provider。

当图标(和/或文本)适合作为提示，但选中后需要更丰富的界面时，应该考虑向 Menu Item 定义添加 app:actionLayout 或 app:actionViewClass 特性。

app:actionLayout 特性适用于将菜单项布局定义为布局资源的情况，而 app:actionViewClass 针对单个视图(或视图组)进行优化。

将 collapseActionView 的值添加到 app:showAsAction 特性，以确保菜单项使用指定的可折叠动作视图(CollapsibleActionView)，如代码清单 13-7 所示。

代码清单 13-7：向菜单项添加 Action View

```
<menu xmlns:android="http://schemas.android.com/apk/res/android"
  xmlns:app="http://schemas.android.com/apk/res-auto">
  <item
    android:id="@+id/action_search"
    android:icon="@drawable/action_search"
    android:title="@string/action_search"
    app:showAsAction="ifRoom|collapseActionView"
    app:actionViewClass="android.support.v7.widget.SearchView" />
</menu>
```

当菜单项被单击时，它将被展开以填充应用栏，如图 13-2 所示。

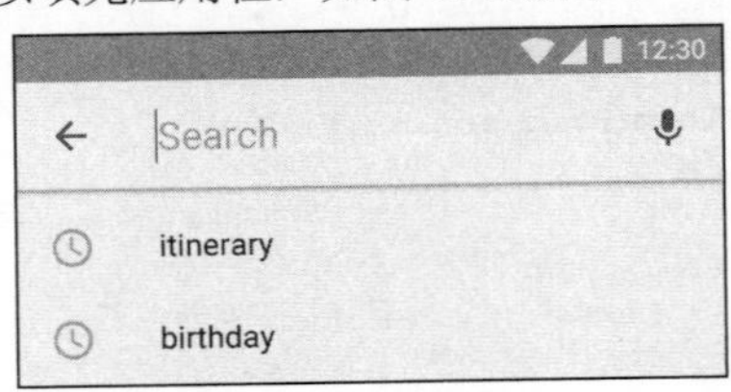

图 13-2

一旦添加，就需要实现处理程序来对可折叠动作视图(CollapsibleActionView)中的用户交互做出响应。这通常在 onCreateMenuOptions 处理程序中完成：

```
MenuItem searchItem = menu.findItem(R.id.action_search);
SearchView searchView = (SearchView) searchItem.getActionView();

searchView.setOnSearchClickListener(new OnClickListener() {
  public void onClick(View v) {
    // TO DO: React to the button press.
  }
});
```

代码清单 13-7 中的示例使用了 Search View，它实现了在折叠或展开时接收回调。如果使用自己的自定义布局，那么应该确保也实现了这种方式。也可以通过 setOnActionExpandListener 方法设置 OnActionExpandListener。

在自定义布局始终在应用栏中可见的情况下，可以使用 Action Provider。使用 app:actionProviderClass 特性将 Action Provider 附加到菜单项，负责显示适当的布局并处理与之的任何用户交互。

代码清单 13-8 演示了如何添加 MediaRouteActionProvider，这是用于支持 Google Cast 集成的 Action Provider，负责处理连接状态以及 Cast 设备的选择。

代码清单 13-8：向菜单项添加 Action Provider

```
<menu xmlns:android="http://schemas.android.com/apk/res/android"
  xmlns:app="http://schemas.android.com/apk/res-auto">
  <item
    android:id="@+id/action_media_route"
    android:title="@string/action_cast"
    app:showAsAction="always"
    app:actionProviderClass="android.support.v7.app.MediaRouteActionProvider"
  />
</menu>
```

13.4　不仅限于默认应用栏

默认情况下，任何应用 Theme.AppCompat 主题的 Activity 都将显示 AppCompat 样式的应用栏。可以选择通过将应用栏的职责委托给工具栏来自定义此功能，工具栏可以直接添加到 Activity 布局中。

这种灵活性让你可以利用滚动行为，例如让工具栏滚动“离开屏幕”作为内容滚动的一部分，从而为显示内容提供更多的空间。

工具栏支持与应用栏相同的所有功能，包括“向上”导航功能、活动标题、菜单项操作和溢出菜单。

13.4.1　用工具栏替换应用栏

要向 Activity 添加工具栏(Toolbar)，就必须首先通过将 NoActionBar 主题(如 Theme.AppCompat.NoActionBar 或 Theme.AppCompat.Light.NoActionBar)应用于应用清单中的 Activity 来禁用默认的应用栏(App Bar)：

```
android:theme="@style/Theme.AppCompat.NoActionBar"
```

在 Activity 的布局中，添加与屏幕顶部对齐的 Toolbar 元素，并调整大小以匹配应用栏：

```
<android.support.v7.widget.Toolbar
  android:id="@+id/toolbar"
  android:layout_width="match_parent"
  android:layout_height="?attr/actionBarSize"
/>
```

在 Activity 的 onCreate 处理程序中，使用 setSupportActionBar 方法指定在布局中用工具栏替换应用栏，如代码清单 13-9 所示。然后，在 onCreateOptionsMenu 处理程序中添加的任何菜单项都将被添加并显示在工具栏上。

代码清单 13-9：将工具栏设置为应用栏

```
@Override
public void onCreate(Bundle savedInstanceState) {
  super.onCreate(savedInstanceState);
  setContentView(R.layout.basic_toolbar_activity);
  Toolbar toolbar = findViewById(R.id.toolbar);
  setSupportActionBar(toolbar);
}
```

工具栏作为 Android 设计支持库(Android Design Support Library)的一部分提供。在使用之前，必须将 Android 设计支持库添加到 app 模块的 build.gradle 文件中：

```
implementation 'com.android.support:design:27.1.1'
```

代码清单 13-10 展示了如何通过将工具栏包装在 AppBarLayout(Android 设计支持库的一部分)中来为工具栏设计标准应用栏的外观和感觉。AppBarLayout 会自动将背景色设置为 colorPrimary 资源值，并添加正确的厚度；使用工具栏替换应用栏时，应始终使用 AppBarLayout。要设置正确的文本和图标颜色，请从以下主题中选择：

- ThemeOverlay.AppCompat.ActionBar——设置正确的样式以支持 Search View，并将 android:textColorPrimary 设置为 colorControlNormal。
- ThemeOverlay.AppCompat.Dark.ActionBar——如上所述，但是将文本颜色设置为浅色，以便在深色背景上使用。
- ThemeOverlay.AppCompat.Light.ActionBar——基于第一项，但是将文本颜色设置为深色，以便在浅色背景上使用。

代码清单 13-10：设置工具栏样式以匹配应用栏

```
<!-- 使用 Dark Theme Overlay 确保文本在深色的主色背景上可读 -->
by using a Dark ThemeOverlay -->
<android.support.design.widget.AppBarLayout
  android:layout_width="match_parent"
  android:layout_height="wrap_content"
  android:theme="@style/ThemeOverlay.AppCompat.Dark.ActionBar">

  <Toolbar
    android:id="@+id/toolbar"
    android:layout_width="match_parent"
    android:layout_height="?attr/actionBarSize"/>
</android.support.design.widget.AppBarLayout>
```

13.4.2 工具栏的高级滚动技术

尽管应用栏和工具栏为用户提供了重要的信息和优先操作，但它们也是 Chrome 应用的一部分，因此向内容夺取空间，这些空间应该始终被优先排序。为了帮助平衡这两个考虑因素，Material Design 包括许多技术，可以用来在用户滚动应用内容时改变工具栏的行为。

注意：
为了掌握本节中描述的大部分内容，你需要理解不同的手势和动作。在 Material Design 网站上查看这些效果的视频将会非常有帮助：material.io/guidelines/patterns/scrolling-techniques.html。

滚动技术通常涉及多个视图之间的交互：被滚动的视图，以及对滚动(通常是工具栏替换应用栏)做出响应的任何视图(或多个视图)。

为了确保这种交互得到适当的协调，每个受影响的视图必须是Coordinator Layout的直接子视图。Coordinator Layout 用于使用 layout 元素的 app:layout_behavior 特性将 Behavior 附加到特定试图。每个 Behavior 都可以截获触摸事件、窗口插入、测量和布局，以及受影响视图的嵌套滚动事件，而无须对视图进行子类化以添加该附加功能。

注意：
有关 Behavior 和自定义 Behavior 示例的更多信息，请访问 https://medium.com/google-developers/intercepting-everything-with-coordinatorlayout-behaviors-8c6adc140c26。

最基本的滚动技术是让工具栏滚动“离开屏幕”，这样当用户开始滚动内容时，工具栏就会消失，然后当用户向相反方向滚动时，工具栏会滚动回到屏幕。

这是通过将工具栏放置在 AppBarLayout 中，并将 ScrollingViewBehavior 添加到正在滚动的视图(通常是 RecyclerView 或 NestedScrollView)中实现的，如代码清单 13-11 所示。

代码清单 13-11：将工具栏从屏幕上滚动离开

```
<android.support.design.widget.CoordinatorLayout
  xmlns:android="http://schemas.android.com/apk/res/android"
  xmlns:app="http://schemas.android.com/apk/res-auto"
  android:layout_width="match_parent"
  android:layout_height="match_parent">

  <! -- Your Scrollable View -->
  <android.support.v7.widget.RecyclerView
    android:layout_width="match_parent"
    android:layout_height="match_parent"
    app:layout_behavior="@string/appbar_scrolling_view_behavior" />

  <! ¨C App bar style Toolbar -->
  <android.support.design.widget.AppBarLayout
    android:layout_width="match_parent"
    android:layout_height="wrap_content"
    android:theme="@style/ThemeOverlay.AppCompat.Dark.ActionBar">

    <android.support.v7.widget.Toolbar
      android:layout_width="match_parent"
      android:layout_height="wrap_content"
      app:layout_scrollFlags="scroll|snap|enterAlways" />
  </android.support.design.widget.AppBarLayout>
</android.support.design.widget.CoordinatorLayout>
```

在此布局中，当 RecyclerView 滚动时，附加到它的 ScrollingViewBehavior 会导致 AppBarLayout 根据每个应用栏布局的子视图的 app:layout_scrollFlags 特性做出响应。此标志控制视图在滚动进入或离开屏幕时的行为：

- scroll ——任何滚动离开屏幕的视图都需要，无此标志的视图将始终保持在屏幕顶部。
- snap ——当滚动事件结束时，带有此标志的视图将滚动到最近的边缘，确保它们完全可见或完全滚动出屏幕。
- enterAlways ——指示在任何反向(向下)滚动事件发生时，视图将立即开始进入屏幕。这将启用“快速返回”模式，如果没有该模式，用户将需要滚动到 RecyclerView 的顶部，工具栏才能滚动回来。
- enterAlwaysCollapsed——可以添加到 enterAlways 以确保视图仅滚动回“折叠”高度，如本节后面所述。
- exitUntilCollapsed ——当滚动离开屏幕时，视图将首先“折叠”，然后退出并滚动离开屏幕。

AppBarLayout 支持多个子项，它们的布局类似于垂直 LinearLayout。每个包含滚动标志的视图都必须放置在没有滚动标志的视图上方。这样可以确保视图始终从屏幕顶部滚动离开。

如果视图的初始高度较大(使用 android:layout_height 设置)，但使用 android:minHeight 设置的最小高度较小，则 collapsing 标志非常有用。这种模式通常与 CollapsingToolbarLayout 结合使用，如代码清单 13-12 所示。它提供了细粒度控制：哪些元素折叠，哪些元素应该“固定”到 CollapsingToolbarLayout 的顶部。

代码清单 13-12：折叠工具栏

```
<android.support.design.widget.AppBarLayout
  android:layout_width="match_parent"
  android:layout_height="192dp"
  android:theme="@style/ThemeOverlay.AppCompat.Dark.ActionBar">

  <android.support.design.widget.CollapsingToolbarLayout
    android:layout_width="match_parent"
    android:layout_height="match_parent"
    app:layout_scrollFlags="scroll|exitUntilCollapsed">

    <android.support.v7.widget.Toolbar
      android:layout_width="match_parent"
      android:layout_height="?attr/actionBarSize"
      app:layout_collapseMode="pin" />
  </android.support.design.widget.CollapsingToolbarLayout>
</android.support.design.widget.AppBarLayout>
```

请注意，AppBarLayout 的高度是固定的，是展开的高度。工具栏的高度设置为?attr/actionBarSize，这是应用栏的默认高度。折叠工具栏布局确保在视图折叠时标题文本的动画正确(从视图底部移动到工具栏的适当位置)，工具栏使用 app:layout_collapseMode="pin"固定导航按钮和操作。

CollapsingToolbarLayout 支持多个子项，它们的布局与 FrameLayout 类似。当添加额外的 ImageView 作为扩展应用栏后面的 hero image 时，这很有用。使用特性 app:layout_collapseMode="parallax"以不同于滚动内容的速率滚动图像，以提供视差效果：

```
<android.support.design.widget.AppBarLayout
  android:layout_width="match_parent"
  android:layout_height="192dp"
  android:theme="@style/ThemeOverlay.AppCompat.Dark.ActionBar">

  <android.support.design.widget.CollapsingToolbarLayout
    android:layout_width="match_parent"
    android:layout_height="match_parent"
    app:layout_scrollFlagts="scroll|exitUntilCollapsed">

    <ImageView
      android:id="@+id/hero_image"
      android:layout_width="match_parent"
      android:layout_height="match_parent"
      app:layout_collapseMode="parallax" />

    <android.support.v7.widget.Toolbar
      android:id="@+id/toolbar"
      android:layout_width="match_parent"
      android:layout_height="?attr/actionBarSize"
      app:layout_collapseMode="pin" />
  </android.support.design.widget.CollapsingToolbarLayout>
</android.support.design.widget.AppBarLayout>
```

13.4.3 如何不用应用栏添加菜单

应用栏是用户查找与应用相关的动作的第一个地方，但它的顶级上下文使其不适合仅与布局的一部分相关联的动作。这通常适用于大型布局，如针对平板电脑优化的布局。

要为布局的特定部分提供操作，可以使用专门针对该区域的工具栏。可以使用 inflateMenu 将动作添加到工具栏，也可以使用工具栏的 getMenu 方法以编程方式将动作添加到工具栏。选择任何菜单项都将触发对 OnMenuItemClickListener 的回调，该回调通过工具栏的 setOnMenuItemClickListener 方法设置。

如果不需要导航图标或标题，可以使用 Action Menu View 作为替代。与工具栏类似，可以使用 getMenu 方法添加菜单项，并使用 setOnMenuItemClickListener 分配 OnMenuItemClickListener 来处理选择，如代码清单 13-13 所示。

代码清单 13-13：将菜单添加到 ActionMenuView

```
ActionMenuView actionMenuView = findViewById(R.id.menu_view);

MenuInflater menuInflater = getMenuInflater();
menuInflater.inflate(actionMenuView.getMenu(), R.menu.action_menu);
actionMenuView.setOnMenuItemClickListener(new OnMenuItemClickListener() {
  public boolean onMenuItemClick(MenuItem item) {
    switch (item.getItemId()) {
      case (R.id.action_menu_item) :
        // TO DO: Handle menu clicks.
        return true;
      default: return false;
    }
  }
});
```

13.5 改进 Earthquake 示例的应用栏

在下面的示例(Earthquake 应用)中，已在第 12 章“贯彻 Android 设计理念”中更新为 Material Design，现在使用工具栏和滚动技术增强它：

(1) 更新 app 模块的 build.gradle 文件，添加 Android 设计支持库：

```
dependencies {
  [... Existing dependencies ...]
  implementation 'com.android.support:design:27.1.1'
}
```

(2) 更新 styles.xml 资源，添加新的 AppTheme.NoActionBar 主题：

```
<style name="AppTheme.NoActionBar"
  parent="Theme.AppCompat.Light.NoActionBar">
  <item name="colorPrimary">@color/colorPrimary</item>
  <item name="colorPrimaryDark">@color/colorPrimaryDark</item>
  <item name="colorAccent">@color/colorAccent</item>
</style>
```

(3) 修改 AndroidManifest.xml 中的 EarthquakeMainActivity 条目以使用步骤(2)中添加的新主题：

```
<activity
  android:name=
    "com.professionalandroid.apps.earthquake.EarthquakeMainActivity"
  android:theme="@style/AppTheme.NoActionBar">
  <intent-filter>
    <action android:name="android.intent.action.MAIN"/>
    <category android:name="android.intent.category.LAUNCHER"/>
  </intent-filter>
  <meta-data
    android:name="android.app.default_searchable"
    android:value=".EarthquakeSearchResultActivity"
  />
</activity>
```

(4) 使用 CoordinatorLayout、AppBarLayout 和工具栏更新 activity_earthquake_main.xml 布局，并使用 scroll|enterAlways|snap 等滚动标记，以便工具栏可以滚动离开屏幕，当用户向上滚动时立即出现，并抓住边缘以避免仅部分可见(要么全部可见，要么全部不可见)：

```
<?xml version="1.0" encoding="utf-8"?>
<android.support.design.widget.CoordinatorLayout
  xmlns:android="http://schemas.android.com/apk/res/android"
  xmlns:app="http://schemas.android.com/apk/res-auto"
  android:layout_width="match_parent"
  android:layout_height="match_parent">

  <android.support.design.widget.AppBarLayout
    android:layout_width="match_parent"
    android:layout_height="wrap_content"
    android:theme="@style/ThemeOverlay.AppCompat.Dark.ActionBar">

    <android.support.v7.widget.Toolbar
      android:id="@+id/toolbar"
      android:layout_width="match_parent"
      android:layout_height="wrap_content"
      app:layout_scrollFlags="scroll|enterAlways|snap"/>
  </android.support.design.widget.AppBarLayout>

  <FrameLayout
    android:id="@+id/main_activity_frame"
    android:layout_width="match_parent"
    android:layout_height="match_parent"
    app:layout_behavior="@string/appbar_scrolling_view_behavior"/>
</android.support.design.widget.CoordinatorLayout>
```

(5) 更新 EarthquakeMainActivity 中的 onCreate 方法，将工具栏设置为应用栏：

```
@Override
protected void onCreate(Bundle savedInstanceState) {
  super.onCreate(savedInstanceState);
  setContentView(R.layout.activity_earthquake_main);

  Toolbar toolbar = findViewById(R.id.toolbar);
  setSupportActionBar(toolbar);

  [... Existing onCreate Method ...]
}
```

虽然静态图像不会显示任何可见差异，但是滚动地震列表将导致应用栏滚动离开屏幕，确保用户有最大的空间与内容交互。通过使用 enterAlways 滚动标志，应用栏将在用户反向滚动时返回，允许快速访问溢出菜单和 Search View。

13.6 应用的导航模式

应用有许多不同的大小和复杂性，从而产生了许多不同的模式，以帮助用户在应用中轻松导航。

通常使用三种主要的导航模式：

- 选项卡(Tab)——允许用户在同等重要的顶级页面之间滑动。
- 底部导航栏(Bottom Navigation Bar)——一个始终可见的条，包含 3 到 5 个通常独立的顶级页面。
- 导航抽屉(Navigation Drawer)——导航抽屉通常只能手动打开并访问，适用于具有一个主屏幕和多个独立辅助页面的应用。

13.6.1 使用选项卡导航

当有两个同样重要的顶级视图时，选项卡(Tab)是一种有效的导航模式。使用选项卡时，用户可以通过单击选项卡或在视图之间滑动，在这些视图之间切换。

选项卡使用 TabLayout 显示，并且始终显示在屏幕顶部，如图 13-3 所示。

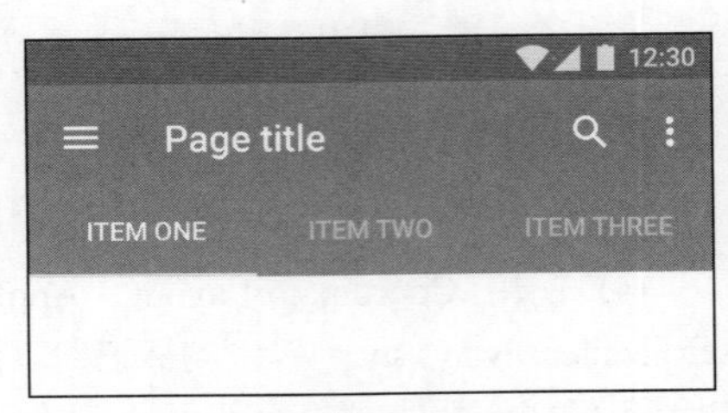

图 13-3

选项卡通常作为子视图包含在 AppBarLayout 中，紧挨着工具栏下方，如代码清单 13-14 所示。

请注意，滑动功能是通过组合使用 View Pager 提供的。

代码清单 13-14：使用选项卡进行导航

```
<android.support.design.widget.CoordinatorLayout
  xmlns:android="http://schemas.android.com/apk/res/android"
  xmlns:app="http://schemas.android.com/apk/res-auto"
  android:layout_width="match_parent"
  android:layout_height="match_parent">

  <!-- Your Main Content View -->
  <android.support.v4.view.ViewPager
    android:id="@+id/view_pager"
    android:layout_width="match_parent"
    android:layout_height="match_parent"
    app:layout_behavior="@string/appbar_scrolling_view_behavior" />

  <android.support.design.widget.AppBarLayout
    android:layout_width="match_parent"
    android:layout_height="wrap_content"
    android:theme="@style/ThemeOverlay.AppCompat.Dark.ActionBar">

    <android.support.v7.widget.Toolbar
      android:layout_width="match_parent"
      android:layout_height="wrap_content"
      app:layout_scrollFlags="scroll|snap|enterAlways" />

    <android.support.design.widget.TabLayout
      android:id="@+id/tab_layout"
      android:layout_width="match_parent"
      android:layout_height="wrap_content" />
  </android.support.design.widget.AppBarLayout>
</android.support.design.widget.CoordinatorLayout>
```

代码清单 13-14 中的 TabLayout 不包含任何 app:layout_scrollFlags，因此当用户滚动时选项卡仍然可见。

ViewPager 中显示的内容是使用 PagerAdapter 生成的。默认情况下，PagerAdapter 为每个页面填充单个视图；

但是，在使用选项卡时，使用 FragmentPagerAdapter 并使用 Fragment 来表示每个页面通常更方便。

此结构允许每个 Fragment 使用 onCreateOptionsMenu 添加动作，该动作仅在选中关联选项卡时可见。

要构建 FragmentPagerAdapter，请扩展 FragmentPagerAdapter 并重写 getCount 以返回页数，而 getItem 则返回给定位置的适当 Fragment。

要将 FragmentPagerAdapter 用于选项卡导航，还需要重写 getPageTitle 以返回给定位置的标题，标题将显示在选项卡布局中。

当使用 ViewPager 和 TabLayout 以及一组固定元素集作为你的主导航时，getItem 和 getPageTitle 可以是简单的 switch 语句，将位置映射到固定数据，如代码清单 13-15 所示。

代码清单 13-15：为 TabLayout 创建 FragmentPagerAdapter

```
class FixedTabsPagerAdapter extends FragmentPagerAdapter {
  public FixedTabsPagerAdapter(FragmentManager fm) {
    super(fm);
  }

  @Override
  public int getCount() {
    return 2;
  }

  @Override
  public Fragment getItem(int position) {
    switch(position) {
      case 0:
        return new HomeFragment();
      case 1:
        return new ProfileFragment();
      default:
        return null;
    }
  }

  @Override
  public CharSequence getPageTitle(int position) {
    // To support internationalization, use string
    // resources for these titles
    switch(position) {
      case 0:
        return "Home";
      case 1:
        return "Profile";
      default:
        return null;
    }
  }
}
```

使用 setAdapter 方法将 PagerAdapter 连接到 ViewPager，然后在 TabLayout 上调用 setupWithViewPager 以创建正确的选项卡。确保选项卡选择事件更改所选页面，并且滑动页面联动更新所选选项卡，如代码清单 13-16 所示。

代码清单 13-16：将 ViewPager 连接到 TabLayout

```
@Override
public void onCreate(Bundle savedInstanceState) {
  super.onCreate(savedInstanceState);
  setContentView(R.layout.app_bar_tabs);

  ViewPager viewPager = findViewById(R.id.view_pager);
  PagerAdapter pagerAdapter =
    new FixedTabsPagerAdapter(getSupportFragmentManager());
  viewPager.setAdapter(pagerAdapter);

  TabLayout tabLayout = findViewById(R.id.tab_layout);
  tabLayout.setupWithViewPager(viewPager);
}
```

选项卡之间的导航不会影响后退堆栈，因此 Back 按钮不会反转选项卡导航。单个页面不应包含任何内部导航或后退堆栈历史记录。所有导航都应通过打开对话框(如本章后面所述)或新的 Activity 来完成。

通过遵循这些准则，用户在单击 Back 按钮时将始终拥有一致的体验。

注意：

虽然我们将 TabLayout 和 ViewPager 作为高层次导航模式，但这两个组件都可以在应用的其他许多地方使用。例如，通过 app:tabMode="scrollable"特性可滚动选项卡，这在按类别拆分一大组元素时非常有用(考虑从 FragmentStatePagerAdapter 扩展到只在内存中保留部分而不是全部 Fragment)。有关更多信息，请参阅 https://developer.android.com/training/implementing-navigation/lateral.html。

13.6.2 实现底部导航栏

底部导航栏(Bottom Navigation Bar)沿着屏幕底部显示，如图 13-4 所示；用户可以通过单击所需的项在视图之间切换。

图 13-4

用户通常从上到下阅读，因此这种布局更加强调内容，同时仍然确保顶层视图可便捷切换。

当应用有 3 到 5 个顶级导航目的地，它们的重要性相似，但通常彼此独立时，底部导航栏是理想的选择。

与选项卡不同，底部导航栏不应支持在视图之间滑动，并且转场应该从当前页面交叉淡入新页面，而不是使用横向动画“滑入”。

因此，底部导航中可用的任何视图都可以支持滑动行为。例如，你可能希望从列表中滑动删除电子邮件，或者嵌入可滚动的选项卡来对内容进行分类。

选择底部导航项之后应重置视图的任务状态，而不是恢复任何以前的中间状态(如滚动位置)。

底部导航栏中显示的选项被定义为 Menu，如代码清单 13-17 所示。每个选项都使用 item 元素定义，其中 android:id 特性稍后用于标识已选择的选项，android:icon 和 android:title 特性用于填充底部导航栏项显示的标题和图标。

代码清单 13-17：为底部导航栏定义 Menu

```
<menu xmlns:android="http://schemas.android.com/apk/res/android"
  xmlns:app="http://schemas.android.com/apk/res-auto">
  <item
    android:id="@+id/nav_home"
    android:icon="@drawable/nav_home"
    android:title="@string/nav_home" />
  <item
    android:id="@+id/nav_profile"
    android:icon="@drawable/nav_profile"
    android:title="@string/nav_profile" />
  <item
    android:id="@+id/nav_notifications"
    android:icon="@drawable/nav_notifications"
    android:title="@string/nav_notifications" />
</menu>
```

要添加底部导航栏，请在布局中添加一个 BottomNavigationView 元素(Android 设计支持库的一部分)。使用 app:menu 特性关联定义可用选择的菜单资源，如代码清单 13-18 所示。

代码清单 13-18：向布局添加 BottomNavigationView 元素

```
<android.support.design.widget.CoordinatorLayout
  xmlns:android="http://schemas.android.com/apk/res/android"
  xmlns:app="http://schemas.android.com/apk/res-auto"
  android:layout_width="match_parent"
  android:layout_height="match_parent">
```

```
  <!-- Your Main Content View -->
  <FrameLayout
    android:id="@+id/main_content"
    android:layout_width="match_parent"
    android:layout_height="match_parent"
    android:layout_marginBottom="56dp"
    app:layout_behavior="@string/appbar_scrolling_view_behavior" />

  <android.support.design.widget.AppBarLayout
    android:layout_width="match_parent"
    android:layout_height="wrap_content"
    android:background="?attr/colorPrimary"
    android:theme="@style/ThemeOverlay.AppCompat.Dark.ActionBar">

    <android.support.v7.widget.Toolbar
      android:id="@+id/toolbar"
      android:layout_width="match_parent"
      android:layout_height="wrap_content"
      app:layout_scrollFlags="scroll|snap|enterAlways" />
  </android.support.design.widget.AppBarLayout>

  <android.support.design.widget.BottomNavigationView
    android:id="@+id/bottom_nav"
    android:layout_width="match_parent"
    android:layout_height="56dp"
    android:layout_gravity="bottom"
    app:menu="@menu/bottom_nav_menu" />
</android.support.design.widget.CoordinatorLayout>
```

将一个 OnNavigationItemSelectedListener 设置到 BottomNavigationView 用于侦听选择更改。每个选择都会产生一个 FragmentTransaction，用于将当前显示的内容替换为新的 Fragment(基于所选内容)。

当重新选择当前选定项时，OnNavigationItemReselectedListener 也会接收到回调。按照惯例，选择的当前选定项应将内容滚动到顶部。代码清单 13-19 通过让每个 Fragment 扩展自 ScrollableFragment 来实现这一点，在其中添加了方法 scrollToTop。

代码清单 13-19：处理底部导航项选择事件

```
private static final String CURRENT_ITEM_KEY = "current_item";
// This should be saved in onSaveInstanceState() using CURRENT_ITEM_KEY
int mCurrentItem = R.id.nav_home;

@Override
public void onCreate(Bundle savedInstanceState) {
  super.onCreate(savedInstanceState);
  setContentView(R.layout.app_bar_bottom_nav);

  // Restore the ID of the current tab
  if (savedInstanceState != null) {
    mCurrentItem = savedInstanceState.getInt(CURRENT_ITEM_KEY);
  }

  BottomNavigationView bottomNav = findViewById(R.id.bottom_nav);
  bottomNav.setOnNavigationItemSelectedListener(
    new OnNavigationItemSelectedListener() {
      @Override
      public boolean onNavigationItemSelected(MenuItem item) {
        FragmentManager fm = getSupportFragmentManager();
        // Create the newly selected item's Fragment
        Fragment newFragment;
        switch(item.getItemId()) {
          case R.id.nav_home:
            newFragment = new HomeFragment();
            getSupportActionBar().setTitle(R.string.nav_home);
            break;
          case R.id.nav_profile:
            newFragment = new ProfileFragment();
            getSupportActionBar().setTitle(R.string.nav_profile);
            break;
          case R.id.nav_notifications:
            newFragment = new NotificationsFragment();
            getSupportActionBar().setTitle(R.string.nav_notifications);
            break;
          default: break;
```

```
        }
        // Replace the current fragment with the newly selected item
        fm.beginTransaction()
          .replace(R.id.main_content, newFragment)
          .setTransition(FragmentTransaction.TRANSIT_FRAGMENT_FADE)
          .commit();
        }
        return true;
      }
    });

  bottomNav.setOnNavigationItemReselectedListener(
    new OnNavigationItemReselectedListener() {
      @Override
      public boolean onNavigationItemReselected(MenuItem item) {
        // Scroll to the top of the current tab if it supports scrolling
        // This can be done in many ways: this code assumes all Fragments
        // implement a ScrollableFragment subclass you've created
        ScrollableFragment fragment =
          (ScrollableFragment) fm.findFragmentById(R.id.main_content);
        fragment.scrollToTop();
      }
    });
}
```

与选项卡一样，底部导航栏不应添加到后退堆栈，单击 Back 按钮后不应撤销选择。

13.6.3 使用导航抽屉

导航抽屉(Navigation Drawer)如图 13-5 所示，通常不可见，直到用户单击应用栏中的导航图标调用它。

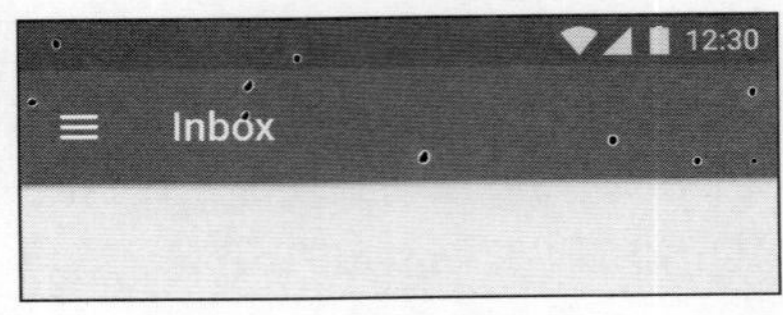

图 13-5

由于导航选项在默认情况下是隐藏的，因此当单个主屏幕比其他屏幕更重要时，此模式尤为适用。它还支持有六个或更多同样重要的顶级页面的应用架构。

NavigationView 类也是 Android 设计支持库的一部分，它为导航抽屉提供了 UI。与底部导航视图一样，导航视图使用 Menu 资源填充，可以通过布局 XML 资源中的 app:menu 特性填充，也可以通过编程方式使用 inflateMenu 或 getMenu 方法填充。

创建导航抽屉 Menu 的定义时，可以通过 android:checkableBehavior="single"特性使用菜单组，如代码清单 13-20 所示。

代码清单 13-20：为 NavigationView 定义菜单

```
<menu xmlns:android="http://schemas.android.com/apk/res/android"
  xmlns:app="http://schemas.android.com/apk/res-auto">
  <group android:checkableBehavior="single">
    <item
      android:id="@+id/nav_home"
      android:icon="@drawable/nav_home"
      android:title="@string/nav_home"
      android:checked="true" />
    <item
      android:id="@+id/nav_account"
      android:icon="@drawable/nav_account"
      android:title="@string/nav_account" />
    <item
      android:id="@+id/nav_settings"
      android:icon="@drawable/nav_settings"
      android:title="@string/nav_settings" />
    <item
      android:id="@+id/nav_about"
      android:icon="@drawable/nav_about"
      android:title="@string/nav_about" />
  </group>
</menu>
```

使用这种方法，一次只能选择一个菜单项，调用另一个菜单项的 setChecked 方法将自动取消之前的选择。

NavigationView 还支持 app:headerLayout 特性(和相应的 addHeaderView 方法)，用于添加标题，它们显示在以下任何菜单项的上方。可以在代码中使用 getHeaderView 方法获取 HeaderView。

对于大屏幕的 UI，可以在布局中包含 NavigationView，并将其作为侧边导航直观功能(Affordance)永久可见(参见图 13-6)。

但是，在大多数使用侧边导航的情况下，通常是在 DrawerLayout 中使用 NavigationView。使用抽屉布局，用户可以从左侧屏幕边缘滑动以打开抽屉，并以相反方向滑动来关闭抽屉。

这还允许通过选择应用栏左侧的导航直观功能来打开和关闭临时侧边导航，从而当用户选择新的顶级页面时，导航视图覆盖显示在内容上，如图 13-7 所示。

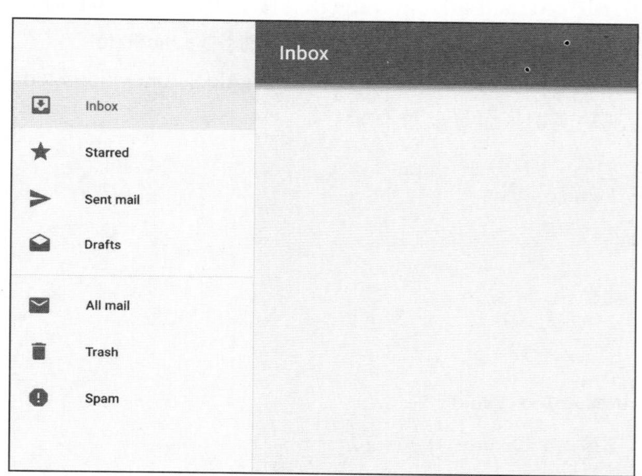

图 13-6

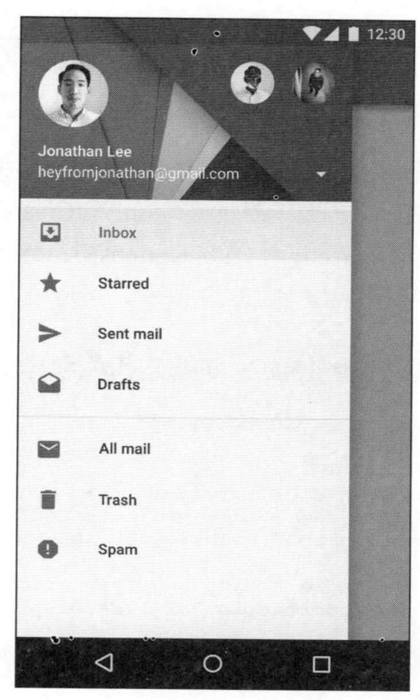

图 13-7

每个 DrawerLayout 的第一个子视图应该总是可见的主布局，主布局依次包含 CoordinatorLayout、AppBarLayout 以及包含内容的布局或视图，如代码清单 13-21 所示。在 DrawerLayout 和 NavigationView 上设置 android:fitsSystemWindows="true"，确保按照材料设计指南将导航抽屉绘制在状态栏下方。

代码清单 13-21：使用 DrawerLayout 和 NavigationView 构建布局

```
<android.support.v4.widget.DrawerLayout
  xmlns:android="http://schemas.android.com/apk/res/android"
  xmlns:app="http://schemas.android.com/apk/res-auto"
  android:id="@+id/drawer_layout"
  android:layout_height="match_parent"
  android:layout_width="match_parent"
  android:fitsSystemWindows="true">

  <!-- Your Main Content View -->
  <android.support.design.widget.CoordinatorLayout
    android:layout_width="match_parent"
    android:layout_height="match_parent">

    <FrameLayout
      android:id="@+id/main_content"
      android:layout_width="match_parent"
      android:layout_height="match_parent"
      app:layout_behavior="@string/appbar_scrolling_view_behavior" />

    <android.support.design.widget.AppBarLayout
      android:layout_width="match_parent"
      android:layout_height="wrap_content"
      android:background="?attr/colorPrimary"
```

```
      android:theme="@style/ThemeOverlay.AppCompat.Dark.ActionBar">

      <android.support.v7.widget.Toolbar
        android:layout_width="match_parent"
        android:layout_height="wrap_content"
        app:layout_scrollFlags="scroll|snap|enterAlways" />
    </android.support.design.widget.AppBarLayout>
  </android.support.design.widget.CoordinatorLayout>

  <!-- Side navigation view -->
  <android.support.design.widget.NavigationView
    android:id="@+id/nav_view"
    android:layout_height="match_parent"
    android:layout_width="wrap_content"
    android:layout_gravity="start"
    android:fitsSystemWindows="true"
    app:headerLayout="@layout/nav_header"
    app:menu="@menu/side_nav_menu"/>
</android.support.v4.widget.DrawerLayout>
```

要将应用栏的导航图标连接到导航抽屉，请使用 ActionBarDrawerToggle。要确保 ActionBarDrawerToggle 的状态正确更新，必须重写 onPostCreate 和 onConfigurationChanged 方法，在其中调用 syncState 方法。

通过从 Activity 的 onOptionsMenuSelected 处理程序中调用 ActionBarDrawerToggle 的 onOptionsItemSelected 方法，如代码清单 13-22 所示，可应用栏导航直观功能切换至导航抽屉。

代码清单 13-22：连接应用栏和导航抽屉(一)

```
private ActionBarDrawerToggle mDrawerToggle;

@Override
public void onCreate(Bundle savedInstanceState) {
  super.onCreate(savedInstanceState);
  setContentView(R.layout.app_bar_side_nav);

  // Ensure the navigation button is visible
  getSupportActionBar().setDisplayHomeAsUpEnabled(true);

  DrawerLayout drawerLayout = findViewById(R.id.drawer_layout);
  mDrawerToggle = new ActionBarDrawerToggle(this,
    drawerLayout,
    R.string.drawer_open_content_description,
    R.string.drawer_closed_content_description);
}

@Override
public void onPostCreate(Bundle savedInstanceState) {
  super.onPostCreate(savedInstanceState);
  mDrawerToggle.syncState();
}

@Override
public void onConfigurationChanged(Configuration newConfig) {
  super.onConfigurationChanged(newConfig);
  mDrawerToggle.syncState();
}

@Override
public boolean onOptionsMenuSelected(MenuItem item) {
  if (mDrawerToggle.onOptionsMenuSelected(item)) {
    return true;
  }

  // Follow with your own Menu Item selection logic
  return super.onOptionsMenuSelected(item);
}
```

当选择导航视图项时，将调用 OnNavigationItemSelectedListener 回调。在这个处理程序中，收到的菜单项(Menu Item)应该与当前可见的页面进行比较，然后导航抽屉应该先关闭自己，然后转场到新选择的页面(假设与当前显示的页面不同)。

只有在抽屉完全关闭后，才应开始内容转换。这避免了多个并发动画产生冲突，并使用户更容易理解正在发生的变化。

代码清单 13-23 演示了如何通过实现 DrawerListener 来配置 ActionBarDrawerToggle，该接口为抽屉的打开和关闭提供回调。

请注意，主内容转场和相关事件(如更新应用栏中的标题)都在 onDrawerClosed 处理程序中运行。

代码清单 13-23：连接应用栏和导航抽屉(二)

```
private int mSelectedItem = 0;
private ActionBarDrawerToggle mDrawerToggle;

@Override
public void onCreate(Bundle savedInstanceState) {
  super.onCreate(savedInstanceState);
  setContentView(R.layout.app_bar_side_nav);

  // Ensure the navigation button is visible
  getSupportActionBar().setDisplayHomeAsUpEnabled(true);

  final DrawerLayout drawerLayout = findViewById(R.id.drawer_layout);

  mDrawerToggle = new ActionBarDrawerToggle(this,
                     drawerLayout,
                     R.string.drawer_open_content_description,
                     R.string.drawer_closed_content_description) {

    @Override
    public void onDrawerClosed(View view) {
      // Create the newly selected item's Fragment
      Fragment newFragment;
      switch(mSelectedItem) {
        case R.id.nav_home:
          newFragment = new HomeFragment();
          getSupportActionBar().setTitle(R.string.nav_home);
          break;
        case R.id.nav_account:
          newFragment = new AccountFragment();
          getSupportActionBar().setTitle(R.string.nav_account);
          break;
        case R.id.nav_settings:
          newFragment = new SettingsFragment();
          getSupportActionBar().setTitle(R.string.nav_settings);
          break;
        case R.id.nav_about:
          newFragment = new AboutFragment();
          getSupportActionBar().setTitle(R.string.nav_about);
          break;
        default:
          return;
      }
      // Replace the current fragment with the newly selected item
      fm.beginTransaction()
        .replace(R.id.main_content, newFragment)
        .setTransition(FragmentTransaction.TRANSIT_FRAGMENT_FADE)
        .commit();
      // Reset the selected item
      mSelectedItem = 0;
    }
  };

  final NavigationView navigationView = findViewById(R.id.nav_view);

  navigationView.setNavigationItemSelectedListener(
    new OnNavigationItemSelectedListener() {
      @Override
      public boolean onNavigationItemSelected(MenuItem item) {
        mSelectedItem = item.getItemId();
        item.setChecked(true);
        drawerLayout.closeDrawer(navigationView);
      }
    });
}
```

13.6.4 组合导航模式

组合多个导航模式通常很有用。例如，当使用选项卡时，通常会有一个或两个附加的辅助视图作为应用栏操作进行访问(例如，“设置”和“关于”)。当有三个或更多的二级视图时，可以考虑添加导航抽屉，如图 13-8 所示。

这为用户提供了视觉提示(以抽屉指示器图标的形式)，可以使用额外的屏幕，而不会分散用户导航注意力的焦点。

同样，如果使用的是底部导航栏，那么当有三个或更多的视图时，也应该考虑使用导航抽屉，如图 13-9 所示。

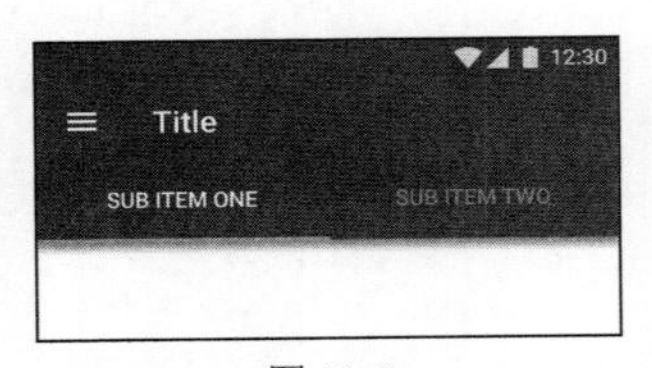

图 13-8

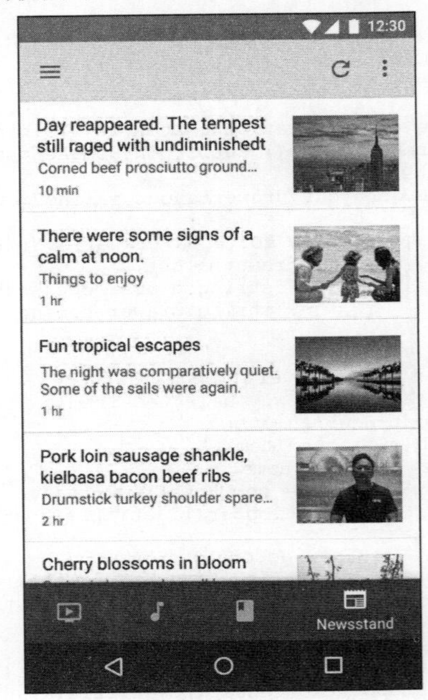

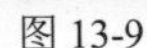

图 13-9

在这两个示例中，导航抽屉不应包含主导航元素中可用的选项。

13.7 向 Earthquake 示例添加选项卡

让我们结合选项卡来改进 Earthquake 示例。添加两个选项卡。其中，LIST 选项卡中是现有的地震列表，MAP 选项卡中是用于显示地震位置的地图。

在本例中，我们将添加导航元素，地图本身将在第 15 章“位置、情境感知和地图”中添加。

(1) 首先，通过在 res/layout 文件夹中创建一个新的 fragment_earthquake_map.xml 布局，为将用于显示地图的 Fragment 创建布局。一个 TextView 将作为占位符，直到我们在第 15 章中添加地图：

```
<?xml version="1.0" encoding="utf-8"?>
<FrameLayout xmlns:android="http://schemas.android.com/apk/res/android"
  android:layout_width="match_parent"
  android:layout_height="match_parent">
  <TextView
    android:layout_width="match_parent"
    android:layout_height="match_parent"
    android:gravity="center"
    android:text="Map Goes Here!"
  />
</FrameLayout>
```

(2) 创建一个新的 EarthquakeMapFragment 类它扩展自 Fragment，重写 onCreateView 处理程序以加载步骤 1

的 fragment_earthquake_map 布局：

```
public class EarthquakeMapFragment extends Fragment {

  @Override
  public View onCreateView(@NonNull LayoutInflater inflater,
      ViewGroup container, Bundle savedInstanceState) {
    return inflater.inflate(R.layout.fragment_earthquake_map,
      container, false);
  }
}
```

(3) 在较大的屏幕(如平板电脑)上，我们可以并排显示列表和地图。在 res/layout-sw720dp 文件夹中创建 activity_earthquake_main.xml 布局的变体，我们将针对屏幕宽度至少为 720dp 的显示器进行优化。此布局将并排显示 EarthquakeListFragment 和 EarthquakeMapFragment，将列表 Fragment 的宽度限制为此布局最小宽度的一半(360dp)。有了额外的可用屏幕空间，我们还可以使用扩展的工具栏模式，该模式使用 AppBarLayout 构建，该布局是平板电脑(64dp)上普通工具栏高度的两倍——CollapsingToolbarLayout 加工具栏：

```
<?xml version="1.0" encoding="utf-8"?>
<android.support.design.widget.CoordinatorLayout
  xmlns:android="http://schemas.android.com/apk/res/android"
  xmlns:app="http://schemas.android.com/apk/res-auto"
  android:layout_width="match_parent"
  android:layout_height="match_parent">

  <android.support.design.widget.AppBarLayout
    android:layout_width="match_parent"
    android:layout_height="128dp"
    android:theme="@style/ThemeOverlay.AppCompat.Dark.ActionBar">

    <android.support.design.widget.CollapsingToolbarLayout
      android:layout_width="match_parent"
      android:layout_height="match_parent">
      <android.support.v7.widget.Toolbar
        android:id="@+id/toolbar"
        android:layout_width="match_parent"
        android:layout_height="?attr/actionBarSize"/>
    </android.support.design.widget.CollapsingToolbarLayout>
  </android.support.design.widget.AppBarLayout>

  <LinearLayout
    android:layout_width="match_parent"
    android:layout_height="match_parent"
    android:baselineAligned="false"
    android:orientation="horizontal"
    app:layout_behavior="@string/appbar_scrolling_view_behavior">

    <fragment
      android:id="@+id/EarthquakeListFragment"
      android:name=
        "com.professionalandroid.apps.earthquake.EarthquakeListFragment"
      android:layout_width="360dp"
      android:layout_height="match_parent"/>
    <fragment
      android:id="@+id/EarthquakeMapFragment"
      android:name=
        "com.professionalandroid.apps.earthquake.EarthquakeMapFragment"
      android:layout_width="0dp"
      android:layout_weight="1"
      android:layout_height="match_parent"
      android:layout_weight="1"/>
  </LinearLayout>
</android.support.design.widget.CoordinatorLayout>
```

(4) 在较小的屏幕(如手机)上，我们将在任何给定时间只显示列表或地图，使用选项卡在它们之间切换。修改 strings.xml 以添加新选项卡的标签：

```
<string name="tab_list">List</string>
<string name="tab_map">Map</string>
```

(5) 修改 res/layout 文件夹中的 activity_earthquake_main.xml 布局，添加一个包含列表和地图 Fragment 的

ViewPager。还可以借此机会将 TabLayout 添加到 AppBarLayout 中：

```
<?xml version="1.0" encoding="utf-8"?>
<android.support.design.widget.CoordinatorLayout
  xmlns:android="http://schemas.android.com/apk/res/android"
  xmlns:app="http://schemas.android.com/apk/res-auto"
  android:layout_width="match_parent"
  android:layout_height="match_parent">

  <android.support.design.widget.AppBarLayout
    android:layout_width="match_parent"
    android:layout_height="wrap_content"
    android:theme="@style/ThemeOverlay.AppCompat.Dark.ActionBar">

    <android.support.v7.widget.Toolbar
      android:id="@+id/toolbar"
      android:layout_width="match_parent"
      android:layout_height="wrap_content"
      app:layout_scrollFlags="scroll|enterAlways|snap" />

    <android.support.design.widget.TabLayout
      android:id="@+id/tab_layout"
      android:layout_width="match_parent"
      android:layout_height="wrap_content" />
  </android.support.design.widget.AppBarLayout>

  <android.support.v4.view.ViewPager
    android:id="@+id/view_pager"
    android:layout_width="match_parent"
    android:layout_height="match_parent"
    app:layout_behavior="@string/appbar_scrolling_view_behavior"/>
</android.support.design.widget.CoordinatorLayout>
```

(6) 现在添加导航支持以便在列表和地图之间切换。在 EarthquakeMainActivity 中，创建 FragmentPagerAdapter，将 LIST 显示为第一个选项卡，将 MAP 显示为第二个选项卡：

```
class EarthquakeTabsPagerAdapter extends FragmentPagerAdapter {

  EarthquakeTabsPagerAdapter(FragmentManager fm) {
    super(fm);
  }

  @Override
  public int getCount() {
    return 2;
  }

  @Override
  public Fragment getItem(int position) {
    switch(position) {
      case 0:
        return new EarthquakeListFragment();
      case 1:
        return new EarthquakeMapFragment();
      default:
        return null;
    }
  }

  @Override
  public CharSequence getPageTitle(int position) {
    switch(position) {
      case 0:
        return getString(R.string.tab_list);
      case 1:
        return getString(R.string.tab_map);
      default:
        return null;
    }
  }
}
```

(7) 仍然在 EarthquakeMainActivity 中，修改 onCreate 处理程序以删除 FragmentTransaction 代码，并在检测

到 ViewPager 导航时，使用步骤(6)中的 PagerAdapter 设置选项卡导航：

```
@Override
public void onCreate(Bundle savedInstanceState) {
  super.onCreate(savedInstanceState);
  setContentView(R.layout.activity_earthquake_main);
  Toolbar toolbar = findViewById(R.id.toolbar);
  setSupportActionBar(toolbar);

  ViewPager viewPager = findViewById(R.id.view_pager);
  if (viewPager != null) {
    PagerAdapter pagerAdapter =
      new EarthquakeTabsPagerAdapter(getSupportFragmentManager());
    viewPager.setAdapter(pagerAdapter);

    TabLayout tabLayout = findViewById(R.id.tab_layout);
    tabLayout.setupWithViewPager(viewPager);
  }

  [... Existing code for loading and observing data ...]
}
```

图 13-10 的左图显示了在手机上运行的应用，其中显示了带有两个选项卡的应用栏，在平板电脑上两个 Fragment 会并排显示(参见图 13-10 的右图)。

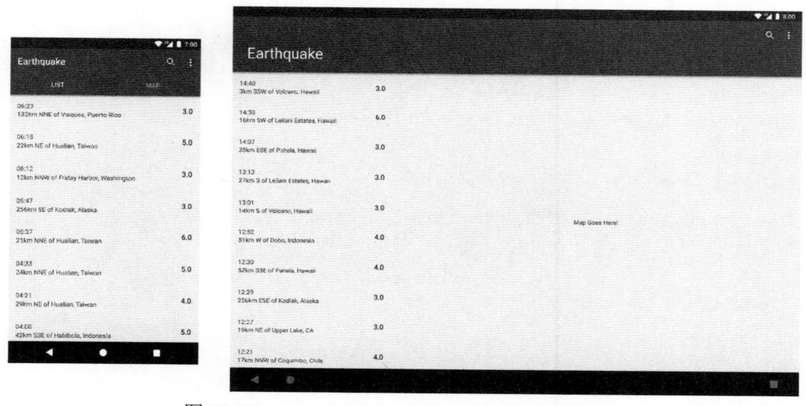

图 13-10

13.8　选择正确的提示等级

在第 11 章“工作在后台”中，我们向你介绍了 Notification，这是一种当应用处于后台时通知用户重要信息的方法。Android 还提供了许多机制，可以在应用处于前台时用来通知甚至中断用户，其中包括 Dialog(对话框)、Toast 消息和 Snackbar。

只要有可能，应用就应该允许用户继续正常的工作流程而不受阻碍。但在特殊情况下，中断用户以通知重大事件或变化可能也是合理的。

请注意，应用外观的每一次中断或重大更改都有固定的成本；用户必须处理已更改的内容，(如果有的话)还需要执行操作作为响应。

13.8.1　初始化对话框

Android 对话框(Dialog)是部分透明的浮动窗口，部分遮盖了启动它们的 UI，如图 13-11 所示。

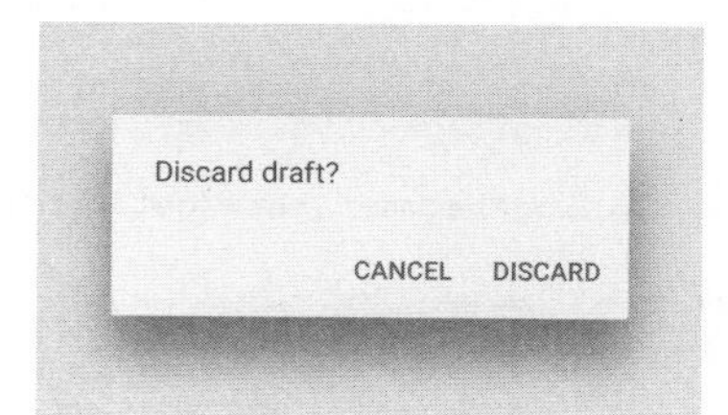

图 13-11

对话框是桌面、Web 和移动应用中常见的 UI 隐喻。模态对话框(Modal Dialog)是最具侵入性的选项，用于中断用户(展示信息并要求用户响应，然后允许用户继续)。

在 Android UX(User Experience)设计中，对话框应该用于表示全局系统级事件，例如显示系统错误或支持所需账号选择。在应用中限制对话框的使用，并最小化自定义对话框的程度，是良好的实践。

可通过扩展 AppCompatDialogFragment 类(一个包含所有 AppCompat 样式的 Fragment 子类)来创建对话框，并在配置更改期间适当地保存和恢复对话框。

大多数对话框都可以归类为若干标准对话框：

- 消息确认，带有肯定和否定的响应按钮。
- 单选列表，用于让用户做决策。
- 复选列表，一些带复选框的选项。

这些标准情况可以通过 AlertDialog 来处理。要利用标准警告对话框 UI，必须在 AppCompatDialogFragment 的 onCreateDialog 处理程序中创建一个新的 AlertDialog.Builder 对象，然后为标题、要显示的消息以及可选的任何按钮、选项和所需的文本输入框赋值，如代码清单 13-24 所示。

单击任何按钮，将在执行附加的 OnClickListener 后，关闭对话框。

代码清单 13-24：在 AppCompatDialogFragment 中配置 AlertDialog

```
public class PitchBlackDialogFragment extends AppCompatDialogFragment {
  @Override
  public Dialog onCreateDialog(Bundle savedInstanceState) {
    AlertDialog.Builder builder = new AlertDialog.Builder(getActivity());

    builder.setTitle("It is Pitch Black")
      .setMessage("You are likely to be eaten by a Grue.")
      .setPositiveButton(
        "Move Forward",
        new DialogInterface.OnClickListener() {
          @Override
          public void onClick(DialogInterface dialog, int arg1) {
            eatenByGrue();
          }
        })
      .setNegativeButton(
        "Go Back",
        new DialogInterface.OnClickListener(){
          @Override
          public void onClick(DialogInterface dialog, int arg1) {
            // do nothing
          }
        });
    // Create and return the AlertDialog
    return builder.create();
  }
}
```

使用 setCancelable 方法可以决定用户是否可以通过单击 Back 按钮关闭对话框，而不需要进行选择。如果选择使对话框可取消，可以重写 AppCompatDialogFragment 的 onCancel 方法来响应此事件。

也可以通过重写 onCreateView 并填充自己的布局来构建完全自定义的对话框。

无论使用的是完全自定义的对话框、警告对话框(AlertDialog)，还是其他专用的 Dialog 子类(如 DatePickerDialog 或 TimePickerDialog)，都需要通过调用 show 方法来显示对话框，如代码清单 13-25 所示。

代码清单 13-25：显示 DialogFragment

```
String tag = "warning_dialog";
DialogFragment dialogFragment = new PitchBlackDialogFragment();

dialogFragment.show(getSupportFragmentManager(), tag);
```

13.8.2 生成一条 Toast 消息

Toast 消息处于中断等级表的另一端(Toast 与 Dialog 分别处于对立的两端)。Toast 是一种短暂的通知，不会抢走焦点、无法与之交互，并且是非模态的；出现时会显示一条简短的消息，然后就消失。

考虑到这些限制，它们应该仅用于在用户的操作发生后确认操作，或者用于系统级消息。只有当应用至少有一个 Activity 可见时，它们才会显示。

Toast 类包含一个静态的 makeText 方法，用于创建标准的 Toast 显示窗口。要构造新的 Toast，请将当前 Context、要显示的文本以及显示的时间长度(LENGTH_SHORT 或 LENGTH_LONG)传递给 makeText 方法。创建 Toast 之后，可以通过调用 show 方法来显示，如代码清单 13-26 所示。

代码清单 13-26：显示一条 Toast 消息

```
Context context = this;
String msg = "To health and happiness!";
int duration = Toast.LENGTH_SHORT;

Toast toast = Toast.makeText(context, msg, duration);

// Remember, you must *always* call show()
toast.show();
```

图 13-12 显示了一条 Toast 消息。它将在屏幕上维持大约 2 秒，然后淡出。背后的应用在 Toast 消息可见期间仍保持完全响应和交互。

图 13-12

注意：

应当注意的是，Toast 消息必须始终在 UI 线程上创建并显示。确保在后台工作完成后构建 Toast 时，UI 仍然可见，并且在 UI 线程上显示(例如，在 AsyncTask 的 onPostExecute 处理程序中)。

13.8.3　使用 Snackbar 的内联中断

Snackbar 允许使用一个临时视图直接在 UI 中构建中断交互，该临时视图从屏幕底部向上动画显示，如图 13-13 所示。

用户可以选择立即滑动移除 Snackbar，或者让它超时并自动消失，就像 Toast 一样。

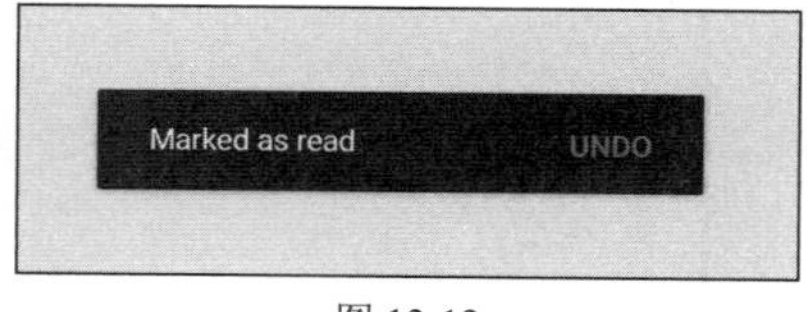

图 13-13

Snackbar API 作为 Android 设计支持库的一部分，包括一个接收视图的 make 方法、要显示的文本以及显示的时间长度。与 Toast 不同的是，Snackbar 还提供使用 setAction 方法添加单个动作的能力，如代码清单 13-27 所示。

代码清单 13-27：构建并显示 Snackbar

```
Snackbar snackbar = Snackbar.make(coordinatorLayout, "Deleted",
                        Snackbar.LENGTH_LONG);

// Define the action
snackbar.setAction("Undo", new View.OnClickListener() {
```

```
    @Override
    public void onClick(View view) {
      // Undo the deletion
    }
  });

  // React to the Snackbar being dismissed
  snackbar.addCallback(new Snackbar.Callback() {
    @Override
    public void onDismissed(Snackbar transientBottomBar, int event) {
      // Finalize the deletion
    }
  });

  // Show the Snackbar
  snackbar.show();
```

这通常用于向用户提供 undo(撤消)功能，以便从破坏性操作中恢复。例如，当用户删除一个对象时，可以在显示 Snackbar 时将其标记为删除，使用 addCallback 方法添加回调。选择 undo 动作只需要取消对象的删除标记，而 onDismissed 回调将应用删除。

Snackbar 的位置取决于传递到 make 方法的布局。如果传入的布局是 CoordinatorLayout，或者 CoordinatorLayout 是(直接或间接的)父视图之一，Snackbar 将位于 CoordinatorLayout 的底部。如果找不到 CoordinatorLayout，Snackbar 将位于 Activity 的底部。

Snackbar 机制通过非常规中断有经验的用户的方式，消除了导致意外的(且不可恢复的)破坏性行为的潜在错误的可能性，降低了用户的风险和焦虑程度。

强烈建议使用包含恢复性操作的 Snackbar 替换阻碍性的"你确定吗？"确认对话框，因为这同时允许新用户和频繁用户在需要时进行恢复，而不会不停地中断他们的工作流程。

> 注意：
> 当 Snackbar 被用于 CoordinatorLayout 布局时，用户可以滑动移除它，而任何可能会遮盖 Snackbar 的悬浮按钮都将随着出现的 Snackbar 平滑动画上移。

第14章

用户界面的高级定制

本章主要内容：

- 让应用具备可访问性
- 使用文本-语音转换和语音识别库
- 控制设备振动
- 全屏模式
- 使用属性动画
- 高级 Canvas 绘图
- 处理触摸事件
- 高级 Drawable 资源
- 复制、粘贴和剪贴板

本章可供下载的代码可以在 www.wrox.com 上找到。本章的代码放在如下压缩文件中：

- Snippets_ch14.zip
- Compass_ch14.zip

14.1 拓展用户体验

Material Design 是结构、用户界面和交互模式的基础，这些结构、用户界面和交互模式可以在 Android 上提供出色的用户体验(User eXperience，UX)，但它们只是基础。

在本章中，你将学习如何超越基本的必要性，并创建将目的与美观和简单相结合的应用，即使(特别是)这些应用提供了复杂的功能。

你还将了解如何确保应用为所有用户提供出色的用户体验，包括那些在使用设备时需要利用无障碍访问性服务的用户。

接下来，我们将介绍文本-语音转换(text-to-speech)、语音识别(speech recognition)和振动(vibration)API，以便扩展用户可用的交互范围。

为了让用户进一步沉浸在你的应用中，可以学习如何控制系统的用户界面的可见性，包括屏幕顶部的状态栏和底部的导航栏。

你还将了解如何使用属性动画来更改独立视图，以及如何使用高级 Canvas 绘图技术和自己的触摸事件处理来增强在第 5 章“构建用户界面”中创建的自定义视图。

14.2 支持无障碍访问性

创建引人注目的用户界面的一个重要部分是确保每个人都可以使用它，包括残障人士，他们需要以不同的方式与他们的设备进行交互。

Accessibility API 为视障、体障或受年龄限制难以与触摸屏完全交互的用户提供了其他交互方法。

在第 5 章，你学习了如何使自定义视图具备可访问性(accessible)和可导航性。本节总结了一些最佳实践，以确保用户体验完全具备可访问性。

14.2.1 支持无触摸屏的导航

虽然物理方向控制器(如 D-Pad 和方向键)在智能手机设备上已不再常见，但当用户启用无障碍访问性(Accessibility)服务时，它们会被模拟并成为许多用户导航的主要手段。

为了确保 UI 可以在不需要触摸屏的情况下导航，应用必须支持这些输入机制中的每一种。

首先，确保每个输入视图都是可聚焦且可单击的。然后，单击中心或 OK 按钮后，应以触摸屏触摸的方式影响当前获取焦点的控件。

当某个控件具有输入焦点时，最好在视觉上做出指示，从而让用户知道他们在与哪个控件交互。Android SDK 中包含的所有视图都是可聚焦的。

Android 运行时根据在给定方向上查找最近相邻控件的算法确定布局中每个控件的焦点顺序。也可以在布局定义中的任何视图上使用 android:nextFocusDown、android:nextFocusLeft、android:nextFocusRight 和 android:nextFocusUp 特性手动重写顺序。最佳实践是，确保反向的连续导航运动应该能够让你返回到原来的位置。

14.2.2 为每个视图提供文本描述

在设计用户界面时，情境非常重要。按钮图像、文本标签，甚至每个控件的相对位置都可以用来指示每个输入视图的用途。

要确保应用具备可访问性，请考虑没有视觉环境的用户如何导航和使用 UI。为了提供辅助，每个视图都可以包含 android:contentDescription 特性，该特性的内容可以大声朗读给启用无障碍访问性语音工具的用户：

```
<Button
  android:id="@+id/pick_contact_button"
  android:layout_width="match_parent"
  android:layout_height="wrap_content"
  android:text="@string/pick_contact_button"
  android:contentDescription="@string/pick_contact_button_description"
/>
```

布局中可以保持焦点的每个视图都应该有内容描述，从而提供用户对视图进行操作所必需的整个上下文。

14.3 Android 文本-语音转换介绍

文本-语音转换(TTS，text-to-speech)库也称为语音合成，它使你能够从应用中输出合成语音，从而允许它们与用户“对话”。

由于某些 Android 设备的存储空间有限，语言包并不总是预先安装在每个设备上。在使用 TTS 引擎之前，最好确认安装了语言包。

启动一个新的 Activity，通过获取 TextToSpeech.Engine 类的 ACTION_CHECK_TTS_DATA 动作的结果，检查 TTS 库：

```
Intent intent = new Intent(TextToSpeech.Engine.ACTION_CHECK_TTS_DATA);
startActivityForResult(intent, TTS_DATA_CHECK);
```

如果已成功安装语音数据，onActivityResult 处理程序将接收到 CHECK_VOICE_DATA_PASS。如果语音数据当前不可用，请使用 TTS Engine 类的 ACTION_INSTALL_TTS_DATA 动作启动新的 Activity 以启动安装：

```
Intent installVoice = new Intent(Engine.ACTION_INSTALL_TTS_DATA);
startActivity(installVoice);
```

确认语音数据可用后，需要创建并初始化新的 TextToSpeech 实例。请注意，在初始化完成之前，不能使用新的 TextToSpeech 对象。下面将一个 OnInitListener 传递到初始化 TTS 引擎时触发的构造函数中：

```
boolean ttsIsInit = false;
TextToSpeech tts = null;

protected void onActivityResult(int requestCode,
                                int resultCode, Intent data) {
  if (requestCode == TTS_DATA_CHECK) {
    if (resultCode == Engine.CHECK_VOICE_DATA_PASS) {
      tts = new TextToSpeech(this, new OnInitListener() {
       public void onInit(int status) {
         if (status == TextToSpeech.SUCCESS) {
           ttsIsInit = true;
           // TO DO: Speak!
         }
       }
      });
    }
  }
}
```

在初始化 TextToSpeech 后，可以使用 speak 方法通过默认设备的音频输出合成语音数据：

```
Bundle parameters = null;
String utteranceId = null; // Can be used with setOnUtteranceProgressListener
tts.speak("Hello, Android", TextToSpeech.QUEUE_ADD, parameters, utteranceId);
```

speak 方法允许指定将新的语音输出添加到现有队列，或者刷新队列并立即开始输出语音。

可以使用 setPitch 和 setSpeechRate 方法来影响语音输出声音的方式。这两个方法分别接收一个浮点参数，用于修改语音输出的音调和速度。

还可以使用 setLanguage 方法更改语音输出的发音。该方法使用 Locale 参数指定语音文本的国家和语言。这也会对文本的发音方式产生影响，从而确保使用正确的语言和发音模型。

语音结束后，使用 stop 方法停止语音输出，然后使用 shutdown 方法释放 TTS 资源：

```
tts.stop();
tts.shutdown();
```

代码清单 14-1 用于确定是否安装了 TTS 语音库，然后初始化一个新的 TTS 引擎，并使用它输出英式英语。

代码清单 14-1：使用文本-语音转换

```
private static int TTS_DATA_CHECK = 1;

private TextToSpeech tts = null;
private boolean ttsIsInit = false;

private void initTextToSpeech() {
  Intent intent = new Intent(Engine.ACTION_CHECK_TTS_DATA);
  startActivityForResult(intent, TTS_DATA_CHECK);
}

protected void onActivityResult(int requestCode,
                                int resultCode, Intent data) {
  if (requestCode == TTS_DATA_CHECK) {
    if (resultCode == Engine.CHECK_VOICE_DATA_PASS) {
      tts = new TextToSpeech(this, new OnInitListener() {
       public void onInit(int status) {
```

```
        if (status == TextToSpeech.SUCCESS) {
          ttsIsInit = true;
          if (tts.isLanguageAvailable(Locale.UK) >= 0)
            tts.setLanguage(Locale.UK);
          tts.setPitch(0.8f);
          tts.setSpeechRate(1.1f);
          speak();
        }
      }
    });
  } else {
    Intent installVoice = new Intent(Engine.ACTION_INSTALL_TTS_DATA);
    startActivity(installVoice);
  }
 }
}

private void speak() {
  if (tts != null && ttsIsInit) {
    tts.speak("Hello, Android old chap!", TextToSpeech.QUEUE_ADD, null);
  }
}

@Override
public void onDestroy() {
  if (tts != null) {
    tts.stop();
    tts.shutdown();
  }
  super.onDestroy();
}
```

14.4 使用语音识别

Android 支持使用 RecognizerIntent 类进行语音输入和语音识别。这个 API 允许使用标准的语音输入对话框接收应用中的语音输入，如图 14-1 所示。

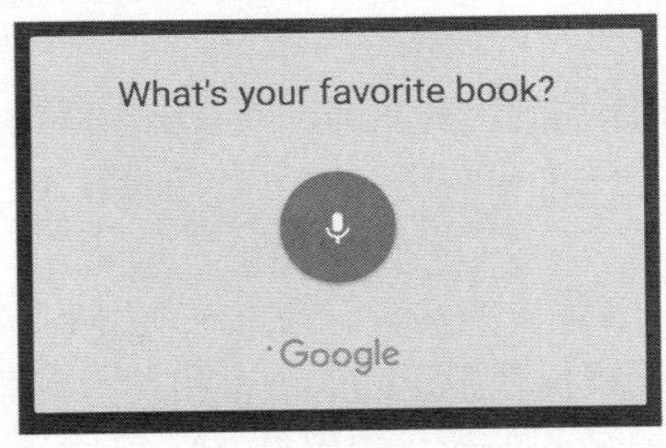

图 14-1

要向应用添加语音输入功能，应用必须拥有 RECORD_AUDIO 权限：

```
<uses-permission android:name="android.permission.RECORD_AUDIO"/>
```

注意：

RECORD_AUDIO 权限有些危险，在运行 Android 6.0 Marshmallow(API 级别 23)及以上版本系统的设备上，必须在运行时请求该权限。

为了初始化语音识别，需要调用 startNewActivityForResult，传入一个 Intent，在其中指定 RecognizerIntent.ACTION_RECOGNIZE_SPEECH 或 RecognizerIntent.ACTION_WEB_SEARCH 动作。前一个动作允许在应用中接收输入语音，而后一个动作允许使用原生功能触发 Web 搜索或语音动作(Voice Action)。

启动 Intent 必须包括附加项 RecognizerIntent.EXTRA_LANGUAGE_MODEL，指定用于分析输入音频的语言模型。可以是 LANGUAGE_MODEL_FREE_FORM，也可以是 LANGUAGE_MODEL_WEB_SEARCH；两者都是 RecognizerIntent 类的静态常量。

还可以使用以下 RecognizerIntent 常量指定一些可选附加项来控制语言、潜在结果计数和显示提示：

- EXTRA_LANGUAGE——用于指定 Locale 类的某个语言常量，从而使用设备默认值以外的输入语言。可以通过调用 Locale 类的 getDefault 静态方法来查找当前默认值。
- EXTRA_MAXRESULTS——使用一个整数值来限制返回的潜在识别结果的数量。
- EXTRA_PROMPT—— 用于指定一个字符串，该字符串将显示在语音输入对话框中，提示用户说话(如图 14-1 所示)。

> **注意：**
> 处理语音识别的引擎可能无法识别 Locale 类中所有可用语言的语音输入。并非所有设备都支持语音识别。在这种情况下，通常可以从 Google Play 商店下载语音识别库。

14.4.1　使用语音识别进行语音输入

当使用语音识别为应用提供用户输入时，请使用 RecognizerIntent.ACTION_RECOGNIZE_SPEECH 这个动作调用 startNewActivityForResult，如代码清单 14-2 所示。

代码清单 14-2：发起语音识别请求

```
Intent intent = new Intent(RecognizerIntent.ACTION_RECOGNIZE_SPEECH);
// Specify free form input
intent.putExtra(RecognizerIntent.EXTRA_LANGUAGE_MODEL,
                RecognizerIntent.LANGUAGE_MODEL_FREE_FORM);
intent.putExtra(RecognizerIntent.EXTRA_PROMPT,
                "or forever hold your peace");
intent.putExtra(RecognizerIntent.EXTRA_MAX_RESULTS, 1);
intent.putExtra(RecognizerIntent.EXTRA_LANGUAGE, Locale.ENGLISH);
startActivityForResult(intent, VOICE_RECOGNITION);
```

当用户完成语音输入时，语音识别引擎分析并处理结果音频，并作为附加项 EXTRA_RESULTS 中字符串的数组列表，通过 onActivityResult 处理程序返回结果，如代码清单 14-3 所示。

代码清单 14-3：检查语音识别请求的结果(一)

```
@Override
protected void onActivityResult(int requestCode,
                                int resultCode,
                                Intent data) {
  if (requestCode == VOICE_RECOGNITION && resultCode == RESULT_OK) {
    ArrayList<String> results =
      data.getStringArrayListExtra(RecognizerIntent.EXTRA_RESULTS);

    float[] confidence =
      data.getFloatArrayExtra(
        RecognizerIntent.EXTRA_CONFIDENCE_SCORES);

    // TO DO: Do something with the recognized voice strings
  }}
```

数组列表中返回的每个字符串都表示与语音输入匹配的可能性。可以使用附加项 EXTRA_CONFIDENCE_SCORES 返回的浮点数组找到识别引擎对每个结果的置信度。数组中的每个值都是正确识别语音的置信度得分，介于 0(无)和 1(高)之间。

14.4.2　使用语音识别进行搜索

当使用语音识别进行搜索时，可以使用 RecognizerIntent.ACTION_WEB_SEARCH 这个动作来显示 Web 搜索结果，或者根据用户的语音触发另一种类型的语音动作，如代码清单 14-4 所示。

代码清单 14-4：检查语音识别请求的结果(二)

```
Intent intent = new Intent(RecognizerIntent.ACTION_WEB_SEARCH);
```

```
intent.putExtra(RecognizerIntent.EXTRA_LANGUAGE_MODEL,
                RecognizerIntent.LANGUAGE_MODEL_WEB_SEARCH);
startActivityForResult(intent, 0);
```

14.5 控制设备振动

在第 11 章“工作在后台”中，你学习了如何创建可以使用 Notification 通过振动来丰富事件反馈的形式。在某些情况下，你可能希望独立于 Notification 对设备进行振动。

例如，振动设备是提供触觉用户反馈的一种很好的方式，特别是作为游戏反馈机制而大受欢迎。

要控制设备振动，你的应用需要获取 VIBRATE 权限：

```
<uses-permission android:name="android.permission.VIBRATE"/>
```

设备振动通过 Vibrator 服务进行控制，它可通过 getSystemService 方法访问：

```
String vibratorService = Context.VIBRATOR_SERVICE;
Vibrator vibrator = (Vibrator)getSystemService(vibratorService);
```

并非所有设备都包含振动器(例如电视)，因此需要使用 hasVibrator 方法确定是否应使用其他机制向用户提供反馈：

```
boolean hasVibrator = vibrator.hasVibrator();
```

调用 vibrate 方法以启动设备振动；可以传递振动持续时间或振动/暂停序列模式以及可选的索引参数，索引参数指定从索引开始的重复模式：

```
long[] pattern = {1000, 2000, 4000, 8000, 16000 };
vibrator.vibrate(pattern, 0);          // Execute vibration pattern.
Vibrator.vibrate(pattern, -1);         // Execute vibration pattern just once
vibrator.vibrate(1000);                   // Vibrate for 1 second.
```

若要取消振动，需要调用 cancel 方法；退出应用后将自动取消已启动的任何振动：

```
vibrator.cancel();
```

14.6 全屏模式

只有当正在构建一个完全沉浸在其中的应用时，才应该隐藏或掩盖系统 UI(包括屏幕顶部的状态栏以及任何屏幕导航控件)，让应用占据整个屏幕。沉浸式应用的典型示例有第一人称赛车或射击游戏、电子学习应用以及视频播放器等。

要控制手机上导航栏的可见性或者平板电脑中系统栏的外观，可以对 Activity 层次结构中任何可见的视图使用 setSystemUiVisibility 方法。SYSTEM_UI_FLAG_HIDE_NAVIGATION 标志会隐藏导航栏，而 SYSTEM_UI_FLAG_FULLSCREEN 标志将隐藏状态栏。

默认情况下，与用户交互的任何 Activity 都将显示导航栏，从屏幕上边缘向下滑动将重置标志，显示状态栏。这适用于视频播放器等应用，在这些应用中你希望用户交互最少。

Android 4.4 Kit Kat(API 级别 19)增加了提供真正沉浸式体验的能力，即使当用户正在与 Activity 交互时也适用。这同时也增加了两个额外的标志：

- SYSTEM_UI_FLAG_IMMERSIVE ——在沉浸式(Immersive)模式下，用户可以与 Activity 交互，需要他们从屏幕的上边缘向下滑动，才可以显示隐藏的系统 UI 并退出沉浸式模式。这适用于书籍或新闻阅读器，用户需要触摸 Activity 滚动或更改页面。
- SYSTEM_UI_FLAG_IMMERSIVE_STICKY ——与沉浸式(Immersive)模式类似，用户可以与 Activity 充分交互。但是，向下滑动只会暂时显示系统 UI，然后会自动再次隐藏。这适用于不经常使用系统 UI 的游戏或绘图应用。

当仅使用这些标志时，每当系统 UI 被隐藏或显示时，视图的位置都将被调整。如果想要稳定用户界面，可以使用附加标志 SYSTEM_UI_FLAG_LAYOUT_FULLSCREEN、SYSTEM_UI_FLAG_LAYOUT_HIDE_NAVIGATION 和 SYSTEM_UI_FLAG_LAYOUT_STABLE 来请求始终布置 Activity，就如同始终隐藏系统 UI 一样：

```
private void hideSystemUI() {
  // Hide the navigation bar, status bar, and use IMMERSIVE
  // Note the usage of the _LAYOUT flags to keep a stable layout
  getWindow().getDecorView().setSystemUiVisibility(
    View.SYSTEM_UI_FLAG_LAYOUT_STABLE
    | View.SYSTEM_UI_FLAG_LAYOUT_HIDE_NAVIGATION
    | View.SYSTEM_UI_FLAG_LAYOUT_FULLSCREEN
    | View.SYSTEM_UI_FLAG_HIDE_NAVIGATION // hide nav bar
    | View.SYSTEM_UI_FLAG_FULLSCREEN     // hide status bar
    | View.SYSTEM_UI_FLAG_IMMERSIVE);
}

// Show the system UI ¨C note how the _LAYOUT flags are kept to maintain
// a stable layout
private void showSystemUI() {
  getWindow().getDecorView().setSystemUiVisibility(
    View.SYSTEM_UI_FLAG_LAYOUT_STABLE
    | View.SYSTEM_UI_FLAG_LAYOUT_HIDE_NAVIGATION
    | View.SYSTEM_UI_FLAG_LAYOUT_FULLSCREEN);
}
```

最好能够将 UI 中的其他更改与导航可见性的更改同步。例如，可以根据进入和退出全屏模式，隐藏或显示应用栏和其他导航控件。

可以通过将 OnSystemUiVisibilityChangeListener 注册到一个视图(通常是用来控制导航可见性的视图)来实现这一点，如代码清单 14-5 所示。

代码清单 14-5：对系统 UI 可见性的更改做出响应

```
myView.setOnSystemUiVisibilityChangeListener(
  new OnSystemUiVisibilityChangeListener() {

  public void onSystemUiVisibilityChange(int visibility) {
    if (visibility == View.SYSTEM_UI_FLAG_VISIBLE) {
      // TO DO: Display Action Bar and Status Bar
    }
    else {
      // TO DO: Hide Action Bar and Status Bar
    }
  }
});
```

注意，每当用户离开(然后返回)应用时，系统 UI 标志都会重置。因此，设置这些标志的调用时间对于确保 UI 始终处于期望的状态非常重要。建议在 onResume 和 onWindowFocusChanged 处理程序中设置和重置任何系统 UI 标志。

14.7　使用属性动画

在第 12 章“贯彻 Android 设计理念”中，你学习了如何构建“揭示”动画和共享元素 Activity 转场，从而在应用中构建更大的转场。当涉及为单个视图设置动画时，可以使用属性动画(Property Animation)制作程序。

属性动画使用选择的插值算法，在指定的时间段内直接修改任何属性(可见性或其他属性)，从一个值转换到另一个值，并根据需要重复。该值可以是任何变量或对象，从常规整数到复杂的类实例。

可以使用属性动画为代码中的任何内容创建平滑的过渡，目标属性甚至不需要表示可视化的内容。属性动画是有效的迭代器，使用后台计时器在给定的时间段根据给定的插值路径通过递增或递减值来实现。

这是一个非常强大的工具，可以用于从简单的视图效果(如视图的移动、缩放或淡入淡出)到复杂的动画(包括运行时布局更改和曲线过渡)。

14.7.1 创建属性动画

创建属性动画的最简单技术是使用 ObjectAnimator。ObjectAnimator 类包括 ofFloat、ofInt 和 ofObject 静态方法，可以在目标对象的指定属性上，轻松创建在提供的值之间进行转换的动画：

```
String propertyName = "alpha";
float from = 1f;
float to = 0f;
ObjectAnimator anim = ObjectAnimator.ofFloat(targetObject, propertyName,
                                              from, to);
// Make sure to start your animation!
anim.start();
```

也可以提供单个值，生成属性从当前值到最终值的动画效果：

```
ObjectAnimator anim = ObjectAnimator.ofFloat(targetObject, propertyName, to);
anim.start();
```

注意：
要对给定的属性进行动画处理，必须在基础对象上有关联的 getter/setter 函数。在前面的示例中，targetObject 必须包含分别返回和接收浮点值的 getAlpha 和 setAlpha 方法。

要以整型或浮点型以外的属性为目标，请使用 ofObject 方法。此方法要求提供 TypeEvaluator 类的一个实现。实现 evaluate 方法，从而当动画通过开始对象动画到结束对象时，在处理过程中返回对象：

```
TypeEvaluator<MyClass> evaluator = new TypeEvaluator<MyClass>() {
  public MyClass evaluate(float fraction,
                          MyClass startValue,
                          MyClass endValue) {
    MyClass result = new MyClass();
    // TO DO: Modify the new object to represent itself the given
    // fraction between the start and end values.
    return result;
  }
};

// Animate between two instances
ValueAnimator oa
  = ObjectAnimator.ofObject(evaluator, myClassFromInstance, myClassToInstance);

oa.setTarget(myClassInstance);
oa.start();
```

默认情况下，每个动画将以 300 毫秒的持续时间运行一次。使用 setDuration 方法更改插值器完成转换应使用的时间量：

```
anim.setDuration(500);
```

可以使用 setRepeatMode 和 setRepeatCount 方法使动画被应用一组次数或无限次：

```
anim.setRepeatCount(ValueAnimator.INFINITE);
```

可以将重复模式设置为从开始重新启动或反向应用动画：

```
anim.setRepeatMode(ValueAnimator.REVERSE);
```

如果要创建与 XML 资源相同的 Object Animator，需要在 res/animator 文件夹中创建一个新的 XML 文件：

```
<objectAnimator xmlns:android="http://schemas.android.com/apk/res/android"
  android:valueTo="0"
  android:propertyName="alpha"
  android:duration="500"
  android:valueType="floatType"
  android:repeatCount="-1"
  android:repeatMode="reverse"
/>
```

文件名可以之后被用作资源标识符。要使用 XML Animator 资源影响特定对象，需要使用

AnimatorInflator.loadAnimator 方法，传入要应用的动画的当前 context 和资源 ID，以获取 ObjectAnimator 的副本，然后使用 setTarget 方法将其应用于对象：

```
Animator anim = AnimatorInflater.loadAnimator(context, resID);
anim.setTarget(targetObject);
```

默认情况下，用于在每个动画的开始值和结束值之间转换的插值器(Interpolator)使用非线性 AccelerateDecelerateInterpolator，它提供在转换开始时加速以及在转换接近结束时减速的效果。

可以使用 setInterpolator 方法应用以下 SDK 内的插值器之一：

- AccelerateDecelerateInterpolator——变化的速度在开始和结束时缓慢，但在中间加速。
- AccelerateInterpolator——变化的速度在开始时缓慢，但在中间加速。
- AnticipateInterpolator——变化开始时向后，然后猛地向前。
- AnticipateOvershootInterpolator——变化开始时向后，猛地向前，超过目标值，最后回到最终值。
- BounceInterpolator——变化在结束时回弹。
- CycleInterpolator——变化按照正弦规律重复循环。
- DecelerateInterpolator——变化的速度在开始时很快，然后减速。
- LinearInterpolator——变化的速度是恒定的。
- OvershootInterpolator——变化猛地向前，超过最后一个值，然后返回。
- PathInterpolator——更改从点(0，0)延伸到点(1，1)的 Path 对象。沿 Path 的 x 坐标是输入值，输出是经过该点的直线的 y 坐标：

```
anim.setInterpolator(new OvershootInterpolator());
```

还可以扩展自己的 TimeInterpolator 类来指定自定义的插值算法。

要执行动画，必须调用 start 方法：

```
anim.start();
```

14.7.2　创建属性动画集

Android 引入了 AnimatorSet 类，以便更容易地创建复杂、相互关联的动画：

```
AnimatorSet bouncer = new AnimatorSet();
```

使用 play 方法，将新动画添加到动画集中。这将返回一个 AnimatorSet.Builder 对象，该对象允许指定何时相对于现有动画集播放新动画：

```
AnimatorSet mySet = new AnimatorSet();
mySet.play(firstAnimation).before(concurrentAnim1);
mySet.play(concurrentAnim1).with(concurrentAnim2);
mySet.play(lastAnim).after(concurrentAnim2);
```

使用 start 方法执行动画序列：

```
mySet.start();
```

14.7.3　使用动画监听器

Animator.AnimationListener 类允许创建事件处理程序，在动画开始、结束、重复或取消时触发：

```
Animator.AnimatorListener animListener = new AnimatorListener() {

  public void onAnimationStart(Animator animation) {
    // TO DO: Auto-generated method stub
  }

  public void onAnimationRepeat(Animator animation) {
    // TO DO: Auto-generated method stub
  }

  public void onAnimationEnd(Animator animation) {
```

```
      // TO DO: Auto-generated method stub
    }

    public void onAnimationCancel(Animator animation) {
      // TO DO: Auto-generated method stub
    }
  };
```

要将动画监听器应用于属性动画，请使用 addListener 方法：

```
anim.addListener(animListener);
```

14.8 增强你的视图

第 5 章介绍了自定义视图，使用合理时，它会成为一系列标准应用中的一个亮点，但过度使用通常会导致用户产生困惑，他们会被自定义控件和新的用户界面元素淹没。

在构建自定义视图时，确保通过显著改进的用户体验来抵消这一额外风险非常重要。这通常可以通过改善视觉效果或通过处理触摸事件的直观交互来实现。

14.9 高级 Canvas 绘图

第 5 章介绍了 Canvas 类，我们学习了如何超越内置的视图并构建定制的 UI。在本节中，你将了解关于画布(Canvas)的更多信息，以及如何利用高级 UI 视觉效果，如着色和半透明。

画布的概念是图形编程中常见的隐喻，通常由三个基本绘图组件组成：

- Canvas——提供将绘图基元绘制到基础位图上的绘制方法。
- Paint——也称为 Brush，Paint 允许指定如何在位图上绘制基元。
- Bitmap——正在绘制的表面。

本章介绍的大多数高级技术都涉及对 Paint 对象的更改和修改，这些更改和修改使你能够向其他平面光栅图形添加深度和纹理。

Android 绘图 API 支持半透明、渐变填充、圆角矩形和抗锯齿(anti-aliasing)。这些绘图 API 使用传统的光栅样式绘制算法。这种光栅方法的结果是提高了效率，但更改 Paint 对象不会影响已绘制的基元；而只影响新元素。

14.9.1 能绘制什么

Canvas 类封装了位图作为艺术创作的表面，还公开了用于实现设计的绘制方法。

下面的列表提供了可用的基元，绘制方法不再详细介绍：

- drawARGB/drawRGB/drawColor ——用单一颜色填充画布。
- drawArc ——在以矩形为边界的区域内的两个角之间绘制一条弧。
- drawBitmap ——在画布上绘制位图。可以通过指定目标大小或使用矩阵对其进行转换来更改目标位图的外观。
- drawBitmapMesh ——使用网格绘制位图(Bitmap)，网格允许通过移动交点来操纵目标的外观。
- drawCircle ——以给定点为中心绘制指定半径的圆。
- drawLine[s] ——在两点之间绘制一条线(或一系列线)。
- drawOval ——绘制由指定矩形限定的椭圆。
- drawPaint ——用指定的 Paint 填充整个画布。
- drawPath ——绘制指定的路径(Path)。Path 对象通常用于在单个对象中保存绘图基元的集合。
- drawPicture ——在指定矩形内绘制 Picture 对象。
- drawRect ——绘制矩形。

- drawRoundRect ——绘制带圆角的矩形。
- drawText ——在画布上绘制文本字符串。在用于渲染文本的 Paint 对象中设置文本字体、大小、颜色和渲染属性。
- drawTextOnPath ——绘制沿着指定路径的文本(使用硬件加速时不支持)。
- drawVertices ——使用指定的一系列顶点绘制三角块(使用硬件加速时不支持)。

每个绘图方法都允许指定要渲染的 Paint 对象。在下面的内容中，你将学习如何创建和修改 Paint 对象以充分利用绘图。

14.9.2　充分利用 Paint

Paint 类表示画笔和调色板。它允许你选择如何使用 14.9.1 中描述的绘制方法将绘制的基元(Primitive)渲染到画布(Canvas)上。通过修改 Paint 对象，可以控制绘制时使用的颜色、样式、字体和特殊效果。

> **注意：**
> 如果使用硬件加速来提高 2D 绘图性能，则并非这里描述的所有 Paint 选项都可用。因此，检查硬件加速如何影响 2D 图形非常重要。

最简单的是，setColor 允许选择 Paint 的颜色，而 Paint 对象的样式(使用 setStyle 控制)允许决定是只绘制对象的轮廓(STROKE)，还是只绘制填充部分(FILL)，抑或同时绘制两者(STROKE_AND_FILL)。

除了这些简单的控件之外，Paint 类还支持透明度(transparency)，可以使用各种着色器(Shader)、过滤器(Filter)和效果(Effect)进行修改，以提供丰富的复杂颜料和画笔调色板。

在下面的内容中，你将学习 Paint 类中可用的一些功能以及如何使用它们。这些内容概述了可以实现的功能(如渐变和边缘压花)，但不会详尽列出所有可能的备选方案。

使用半透明(Translucency)

Android 中的所有颜色都包括不透明度组件(alpha 通道)。使用 argb 或 parseColor 方法创建颜色时，可以为颜色定义 alpha 值：

```
// Make color red and 50% transparent
int opacity = 127;
int intColor = Color.argb(opacity, 255, 0, 0);
int parsedColor = Color.parseColor("#7FFF0000");
```

也可以使用 setAlpha 方法设置现有 Paint 对象的不透明度：

```
// Make color 50% transparent
int opacity = 127;
myPaint.setAlpha(opacity);
```

创建非 100%不透明的绘画颜色意味着绘制的任何基元都将部分透明，使得下面绘制的任何内容部分可见。

可以在使用颜色的任何类或方法中使用透明度效果，包括颜料(Paint)、着色器(Shader)和遮罩过滤器(Mask Filter)。

使用着色器(Shader)

通过对 Shader 类进行扩展，可以创建用多色填充绘制对象的 Paint。

着色器(Shader)的最常见用途是定义渐变填充，渐变是向 2D 图形添加深度和纹理的一种很好的方法。Android 包括三个渐变着色器(Gradient Shader)，以及一个位图着色器(Bitmap Shader)和一个合成着色器(Compose Shader)。

试图描述绘画技术本身似乎是徒劳的，因此图 14-2 显示了每个着色器的工作原理。从左到右分别表示线性渐变(LinearGradient)、辐射渐变(RadialGradient)和扫描渐变(又称梯度渐变，SweepGradient)。

图 14-2

> 注意：
> 图 14-2 所示的图像中不包括合成着色器(Compose Shader)和位图着色器(Bitmap Shader)，前者允许你创建多个着色器的组合，后者允许基于位图创建画笔。

创建渐变着色器

渐变着色器(Gradient Shader)允许使用插值颜色范围填充图形。可以用两种方式定义渐变。第一种是指定两种颜色之间的简单过渡：

```
int colorFrom = Color.BLACK;
int colorTo = Color.WHITE;

LinearGradient myLinearGradient =
  new LinearGradient(x1, y1, x2, y2,
                     colorFrom, colorTo, TileMode.CLAMP);
```

第二种是指定以设定比例分布的更复杂的颜色系列：

```
int[] gradientColors = new int[3];
gradientColors[0] = Color.GREEN;
gradientColors[1] = Color.YELLOW;
gradientColors[2] = Color.RED;

float[] gradientPositions = new float[3];
gradientPositions[0] = 0.0f;
gradientPositions[1] = 0.5f;
gradientPositions[2] = 1.0f;

RadialGradient radialGradientShader
  = new RadialGradient(centerX, centerY,
                       radius,
                       gradientColors,
                       gradientPositions,
                       TileMode.CLAMP);
```

线性渐变、辐射渐变和扫描渐变着色器允许使用这两种技术中的任何一种定义渐变填充。

将着色器应用于 Paint

要在绘图时使用着色器，请使用 setShader 方法将着色器应用于 Paint：

```
shaderPaint.setShader(myLinearGradient);
```

使用 Paint 的任何内容都将使用指定的着色器来填充，而不是使用绘制颜色。

使用着色器平铺模式

渐变着色器的画笔大小是使用显式的边界矩形或中心点和半径长度定义的，位图着色器的画笔大小取决于位图大小。

如果着色器画笔定义的区域小于要填充的区域，TileMode(平铺模式)将确定如何覆盖剩余区域。可以使用以下静态常量指定平铺模式：

- CLAMP——使用着色器(Shader)的边缘颜色填充额外的空间。
- MIRROR——水平和垂直翻转着色器图像，每幅图像与上一幅拼接在一起。

- REPEAT——水平和垂直重复着色器图像，但不翻转。

使用遮罩过滤器

MaskFilter 类用于指定 Paint 的边缘效果。当画布使用硬件加速时，不支持遮罩过滤器(Mask Filter)。

对 MaskFilter 类的扩展将转换应用于沿 Paint 外缘的 alpha 通道。Android 中包括以下遮罩过滤器：

- BlurMaskFilter——指定模糊样式和半径，对 Paint 的边缘进行羽化。
- EmbossMaskFilter——指定光源方向和环境光级别，添加浮雕效果。

可以使用 setMaskFilter 方法，传入一个 MaskFilter 对象来应用遮罩过滤器：

```
// Set the direction of the light source
float[] direction = new float[]{ 1, 1, 1 };
// Set the ambient light level
float light = 0.4f;
// Choose a level of specularity to apply
float specular = 6f;
// Apply a level of blur to apply to the mask
float blur = 3.5f;
EmbossMaskFilter emboss = new EmbossMaskFilter(direction, light,
                                    specular, blur);

// Apply the mask
if (!canvas.isHardwareAccelerated())
  myPaint.setMaskFilter(emboss);
```

使用颜色过滤器

遮罩过滤器是对 Paint 的 alpha 通道的转换，而颜色过滤器(Color Filter)应用于每个 RGB 通道的转换。所有 ColorFilter 派生类在执行转换时都会忽略 alpha 通道。

Android 包括以下三个颜色过滤器：

- ColorMatrixColorFilter——允许指定要应用于 Paint 的 4×5 ColorMatrix(颜色矩阵)。ColorMatrix 通常用于以编程方式执行图像处理，并且非常有用，因为它们支持使用矩阵乘法进行链接转换。
- LightingColorFilter——先将 RGB 通道乘以第一个参数，再加上第二个参数。每次转换的结果将被限制在 0 和 255 之间。
- PorterDuffColorFilter——允许将 18 个 Porter-Duff 规则中的任意一个用于数字图像合成，以将指定的颜色应用于 Paint。Porter-Duff 规则的定义可以参阅 https://developer.android.com/reference/android/graphics/PorterDuff.Mode.html。

可以使用 setColorFilter 方法应用 Color Filter：

```
myPaint.setColorFilter(new LightingColorFilter(Color.BLUE, Color.RED));
```

使用路径效果

迄今为止描述的效果都是影响 Paint 填充图形的方式，路径效果(Path Effect)则是用于控制绘制轮廓(笔画)的方式。

使用路径效果，可以更改形状的角部外观并控制轮廓外观。路径效果对于绘制路径基元(Path Primitive)特别有用，但它们可以通过 setPathEffect 方法应用于任何 Paint：

```
borderPaint.setPathEffect(new CornerPathEffect(5));
```

Android 包括以下几个路径效果：

- CornerPathEffect——通过将锐角替换为圆角，可以平滑基元形状的锐角。
- DashPathEffect——可以使用虚线路径效果创建虚线(虚线/点)轮廓，而不是绘制实体轮廓。可以指定实线段/空线段的任何重复样式。
- DiscretePathEffect——类似于虚线路径效果，但增加了随机性。可指定绘制时每个分段的长度和与原始路径的偏差程度。
- PathDashPathEffect——使你能够定义新的形状(路径)，用作标记以勾勒原始路径的轮廓。

通过以下效果，可以将多个路径效果组合到单个 Paint 上：

- SumPathEffect ——将两个效果按顺序添加到路径中，这样每个效果都被应用到原始路径，并将两个结果组合在一起。
- ComposePathEffect ——应用第一个效果，然后将第二个效果应用于第一个效果的结果。

修改所绘制形状的路径效果会更改受影响形状的区域边界。这样可以确保在新边界内绘制应用于同一形状的任何填充效果。

更改过渡模式

更改 Paint 的 Xfermode，改变它在画布上现有内容之上绘制新颜色的方式。在正常情况下，会在现有绘图的顶部绘制新形状。如果新的 Paint 是完全不透明的，它会完全遮蔽下面的 Paint；如果它是部分透明的，则会着色下面的颜色。

PorterDuffXfermode 是一种强大的过渡模式(Transfer Mode)，可以使用 18 个 Porter-Duff 规则中的任何一个进行图像合成，从而控制绘制与现有画布图像的交互方式。

要应用过渡模式，可使用 setXferMode 方法：

```
PorterDuffXfermode mode = new PorterDuffXfermode(
                                PorterDuff.Mode.DST_OVER);
borderPen.setXfermode(mode);
```

14.9.3 通过抗锯齿提高 Paint 绘图质量

创建新的 Paint 对象时，可以传递几个影响渲染方式的标志。其中最有趣的一个是 ANTI_ALIAS_FLAG，它确保用 Paint 绘制的对角线具有抗锯齿(anti-aliasing)效果，以提供平滑的外观(以牺牲性能为代价)。

抗锯齿在绘制文本时特别重要，因为经过抗锯齿处理的文本很容易阅读。要创建更平滑的文本效果，可以应用 SUBPIXEL_TEXT_FLAG 设置子像素抗锯齿。

```
Paint paint = new Paint(Paint.ANTI_ALIAS_FLAG|Paint.SUBPIXEL_TEXT_FLAG);
```

也可以使用 setSubpixelText 和 setAntiAlias 手动设置这两个标志：

```
myPaint.setSubpixelText(true);
myPaint.setAntiAlias(true);
```

14.9.4 Canvas 绘图最佳实践

2D 所有者绘制(Owner-Draw)操作往往在处理器使用方面代价高昂；效率低下的绘制例程可能会阻塞 GUI 线程，并对应用响应产生不利影响。对于资源受限的移动设备尤为如此。

在第 5 章中，你学习了如何通过重写 View 派生类的 onDraw 方法来创建自己的视图。为了确保最终不会得到有吸引力却无响应、反应迟钝或“破烂不堪”的应用，应该意识到 onDraw 方法的资源消耗和 CPU 周期成本。

下面将介绍一些 Android 特定的注意事项，以确保可以创建外观良好且保持交互的视图，而不仅限于关注一般原则(请注意以下列表并不详尽)。

- 关注尺寸和朝向(orientation)——在设计视图和覆盖图(Overlay)时，一定要考虑(并测试)不同的分辨率、像素密度和大小。
- 仅创建静态对象一次——对象创建和垃圾收集是代价特别昂贵的操作。在可能的情况下，仅创建一次绘制对象，例如 Paint 对象、路径(Path)和着色器(Shader)，而不是当每次视图无效时重新创建它们。
- 记住，onDraw 很昂贵——执行 onDraw 方法的代价很昂贵，它会强制 Android 执行多个图像合成和位图构造操作。以下许多要点都建议使用修改画布外观的方法，而不必调用 onDraw 方法。
  - 使用画布转换——使用画布转换(Canvas Transform)可简化画布上元素的复杂位置关系。例如，与其围绕钟面定位并旋转每个文本元素，不如将画布旋转 22.5°，并在同一位置绘制文本。

➢ 使用动画——考虑使用动画来执行视图的预设转换，而不是手动重新绘制。缩放、旋转和转换动画可以在 Activity 中的任何视图上执行，并提供一种资源高效的方法来提供缩放、旋转或抖动效果。

➢ 考虑使用位图、向量 Drawable、NinePatch 和 Drawable 资源——在画布上添加预渲染位图比从头开始绘制的计算成本要划算得多。在可能的情况下，应该考虑使用 Drawable，如位图、可扩展的 NinePatch、向量 Drawable 或静态 XML Drawable，而不是在运行时动态创建它们。

- 避免过度绘制(overdrawing)——光栅绘制和分层视图的组合可能会导致许多图层相互重叠。在绘制图层或对象之前，请检查以确认上方的图层是否完全遮挡。最好避免在每帧屏幕上绘制超过 2.5 倍的像素。透明像素依旧算在内，而且绘制起来比不透明颜色更昂贵。

14.9.5　高级罗盘面板示例

第 5 章创建了一个简单的罗盘 UI。在以下示例中，将对罗盘视图(Compass View)的 onDraw 方法进行一些重要的更改，从简单、平坦的罗盘更改为动态人工地平线，如图 14-3 所示。因为图 14-3 中的图像仅限于黑白，所以需要创建控件，才能看到全彩效果。

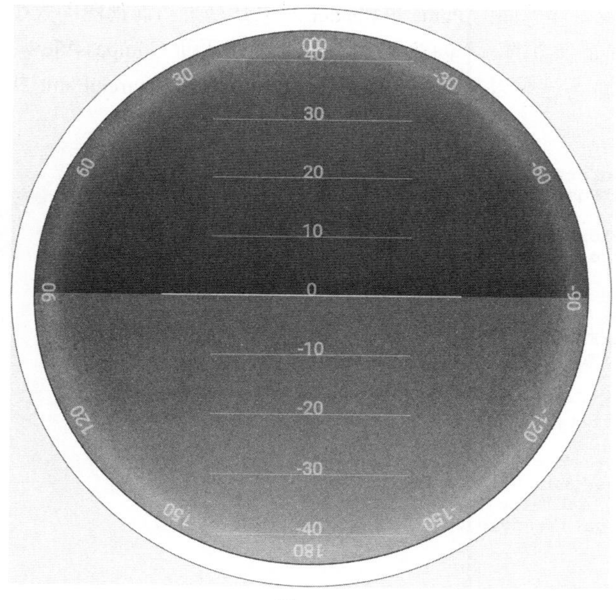

图 14-3

(1) 首先，在类 CompassView 中添加属性，存储俯仰角和横滚角值：

```
private float mPitch;

public void setPitch(float pitch) {
  mPitch = pitch;
  sendAccessibilityEvent(AccessibilityEvent.TYPE_VIEW_TEXT_CHANGED);
}

public float getPitch() {
  return mPitch;
}

private float mRoll;

public void setRoll(float roll) {
  mRoll = roll;
  sendAccessibilityEvent(AccessibilityEvent.TYPE_VIEW_TEXT_CHANGED);
}

public float getRoll() {
  return mRoll;
```

```
}
```

(2) 修改 colors.xml 资源文件，添加边框渐变、玻璃罗盘阴影以及天空和地面的颜色值。同时更新用于边框和面板刻度的颜色：

```
<?xml version="1.0" encoding="utf-8"?>
<resources>
  <color name="background_color">#F000</color>
  <color name="marker_color">#FFFF</color>
  <color name="text_color">#FFFF</color>

  <color name="shadow_color">#7AAA</color>
  <color name="outer_border">#FF444444</color>
  <color name="inner_border_one">#FF323232</color>
  <color name="inner_border_two">#FF414141</color>
  <color name="inner_border">#FFFFFFFF</color>
  <color name="horizon_sky_from">#FFA52A2A</color>
  <color name="horizon_sky_to">#FFFFC125</color>
  <color name="horizon_ground_from">#FF5F9EA0</color>
  <color name="horizon_ground_to">#FF00008B</color>
</resources>
```

(3) 人工地平线中用于天空和地面的 Paint 和 Shader 对象是基于当前视图的大小创建的，因此它们不能像第 5 章中创建的 Paint 对象那样是静态的。不创建 Paint 对象，而是更新 CompassView 类的构造函数来构造渐变数组和它们使用的颜色。现有的方法可以基本上保持不变，对 textPaint、circlePaint 和 markerPaint 变量进行一些更改即可，代码如下所示：

```
int[] borderGradientColors;
float[] borderGradientPositions;

int[] glassGradientColors;
float[] glassGradientPositions;

int skyHorizonColorFrom;
int skyHorizonColorTo;
int groundHorizonColorFrom;
int groundHorizonColorTo;

public CompassView(Context context, AttributeSet attrs,
                   int defStyleAttr) {
  setFocusable(true);
  final TypedArray a = context.obtainStyledAttributes(attrs,
    R.styleable.CompassView, defStyleAttr, 0);
  if (a.hasValue(R.styleable.CompassView_bearing)) {
    setBearing(a.getFloat(R.styleable.CompassView_bearing, 0));
  }

  Context c = this.getContext();
  Resources r = this.getResources();

  circlePaint = new Paint(Paint.ANTI_ALIAS_FLAG);
  circlePaint.setColor(ContextCompat.getColor(c,
    R.color.background_color));
  circlePaint.setStrokeWidth(1);
  circlePaint.setStyle(Paint.Style.STROKE);

  northString = r.getString(R.string.cardinal_north);
  eastString = r.getString(R.string.cardinal_east);
  southString = r.getString(R.string.cardinal_south);
  westString = r.getString(R.string.cardinal_west);

  textPaint = new Paint(Paint.ANTI_ALIAS_FLAG);
  textPaint.setColor(ContextCompat.getColor(c,
    R.color.text_color));
  textPaint.setFakeBoldText(true);
  textPaint.setSubpixelText(true);
  textPaint.setTextAlign(Align.LEFT);
  textPaint.setTextSize(30);

  textHeight = (int)textPaint.measureText("yY");

  markerPaint = new Paint(Paint.ANTI_ALIAS_FLAG);
  markerPaint.setColor(r.getColor(R.color.marker_color));
```

```
    markerPaint.setAlpha(200);
    markerPaint.setStrokeWidth(1);
    markerPaint.setStyle(Paint.Style.STROKE);
    markerPaint.setShadowLayer(2, 1, 1, ContextCompat.getColor(c,
      R.color.shadow_color));
  }
```

a. 还是在构造函数中，首先创建颜色和位置数组，辐射着色器(Radial Shader)将会用它们绘制外部边界：

```
public CompassView(Context context, AttributeSet attrs,
                   int defStyleAttr) {

  [ ... Existing code ... ]

  borderGradientColors = new int[4];
  borderGradientPositions = new float[4];

  borderGradientColors[3] = ContextCompat.getColor(c,
    R.color.outer_border);
  borderGradientColors[2] = ContextCompat.getColor(c,
    R.color.inner_border_one);
  borderGradientColors[1] = ContextCompat.getColor(c,
    R.color.inner_border_two);
  borderGradientColors[0] = ContextCompat.getColor(c,
    R.color.inner_border);
  borderGradientPositions[3] = 0.0f;
  borderGradientPositions[2] = 1-0.03f;
  borderGradientPositions[1] = 1-0.06f;
  borderGradientPositions[0] = 1.0f;
}
```

b. 然后创建辐射渐变色和位置数组，用于创建位于视图顶部的半透明“玻璃穹顶”，使其具有深度错觉：

```
public CompassView(Context context, AttributeSet attrs,
                   int defStyleAttr) {

  [ ... Existing code ... ]

  glassGradientColors = new int[5];
  glassGradientPositions = new float[5];

  int glassColor = 245;
  glassGradientColors[4] = Color.argb(65, glassColor,
                             glassColor, glassColor);
  glassGradientColors[3] = Color.argb(100, glassColor,
                             glassColor, glassColor);
  glassGradientColors[2] = Color.argb(50, glassColor,
                             glassColor, glassColor);
  glassGradientColors[1] = Color.argb(0, glassColor,
                             glassColor, glassColor);
  glassGradientColors[0] = Color.argb(0, glassColor,
                             glassColor, glassColor);
  glassGradientPositions[4] = 1-0.0f;
  glassGradientPositions[3] = 1-0.06f;
  glassGradientPositions[2] = 1-0.10f;
  glassGradientPositions[1] = 1-0.20f;
  glassGradientPositions[0] = 1-1.0f;
}
```

c. 最后，获取用于创建线性渐变的颜色，该渐变将表示人工地平线中的天空和地面：

```
public CompassView(Context context, AttributeSet attrs,
                   int defStyleAttr) {

  [ ... Existing code ... ]

  skyHorizonColorFrom = ContextCompat.getColor(c,
    R.color.horizon_sky_from);
  skyHorizonColorTo = ContextCompat.getColor(c,
    R.color.horizon_sky_to);

  groundHorizonColorFrom = ContextCompat.getColor(c,
    R.color.horizon_ground_from);
  groundHorizonColorTo = ContextCompat.getColor(c,
    R.color.horizon_ground_to);
```

```
}
```

(4) 在开始绘制面板之前，请创建一个新的枚举来存储每个基本方向：

```
private enum CompassDirection { N, NNE, NE, ENE,
                                E, ESE, SE, SSE,
                                S, SSW, SW, WSW,
                                W, WNW, NW, NNW }
```

(5) 现在需要完全替换现有的 onDraw 方法。首先计算一些基于大小的值，包括视图的中心、圆形控件的半径以及将包含内(俯仰角和横滚角)外(航向角)面板元素的矩形。从现在开始，替换现有的 onDraw 方法：

```
@Override
protected void onDraw(Canvas canvas) {
```

(6) 根据用于绘制航向角值的字体大小，计算外(航向角)环的宽度：

```
float ringWidth = textHeight + 4;
```

(7) 计算视图的高度和宽度，并使用这些值建立内外面板上刻度盘的半径，以及为每个面板创建边界框：

```
int height = getMeasuredHeight();
int width = getMeasuredWidth();

int px = width/2;
int py = height/2;
Point center = new Point(px, py);

int radius = Math.min(px, py)-2;

RectF boundingBox = new RectF(center.x - radius,
                              center.y - radius,
                              center.x + radius,
                              center.y + radius);

RectF innerBoundingBox = new RectF(center.x - radius + ringWidth,
                                   center.y - radius + ringWidth,
                                   center.x + radius - ringWidth,
                                   center.y + radius - ringWidth);

float innerRadius = innerBoundingBox.height()/2;
```

(8) 得到视图的尺寸后，就可以开始绘制面板了。从最底层的外面板开始，从外面板开始往里、往上工作。使用步骤(3)中定义的颜色和位置创建新的 RadialGradient 着色器，并且在使用该着色器绘制圆之前将其指定给新的 Paint：

```
RadialGradient borderGradient = new RadialGradient(px, py, radius,
  borderGradientColors, borderGradientPositions, TileMode.CLAMP);

  Paint pgb = new Paint();
  pgb.setShader(borderGradient);

  Path outerRingPath = new Path();
  outerRingPath.addOval(boundingBox, Direction.CW);

  canvas.drawPath(outerRingPath, pgb);
```

(9) 现在需要绘制人工地平线。为此，可以将圆形面板分成两部分：一部分代表天空，另一部分代表地面。每部分的比例取决于当前的俯仰角。

创建将用于绘制天空和地球的 Shader 和 Paint 对象：

```
LinearGradient skyShader = new LinearGradient(center.x,
  innerBoundingBox.top, center.x, innerBoundingBox.bottom,
  skyHorizonColorFrom, skyHorizonColorTo, TileMode.CLAMP);

Paint skyPaint = new Paint();
skyPaint.setShader(skyShader);

LinearGradient groundShader = new LinearGradient(center.x,
  innerBoundingBox.top, center.x, innerBoundingBox.bottom,
```

```
    groundHorizonColorFrom, groundHorizonColorTo, TileMode.CLAMP);

  Paint groundPaint = new Paint();
  groundPaint.setShader(groundShader);
```

(10) 标准化俯仰角和横滚角的值，分别限定在±90°和±180°范围内：

```
float tiltDegree = mPitch;
while (tiltDegree > 90 || tiltDegree < -90) {
  if (tiltDegree > 90) tiltDegree = -90 + (tiltDegree - 90);
  if (tiltDegree < -90) tiltDegree = 90 - (tiltDegree + 90);
}

float rollDegree = mRoll;
while (rollDegree > 180 || rollDegree < -180) {
  if (rollDegree > 180) rollDegree = -180 + (rollDegree - 180);
  if (rollDegree < -180) rollDegree = 180 - (rollDegree + 180);
}
```

(11) 创建用于填充圆的每部分(地面和天空)的路径。每个节段的比例应与俯仰角的限定范围有关：

```
Path skyPath = new Path();
skyPath.addArc(innerBoundingBox,
            -tiltDegree,
            (180 + (2 * tiltDegree)));
```

(12) 以与当前横滚角相反的方向围绕中心旋转画布，并使用步骤(4)中创建的 Paint 绘制天空和地面路径：

```
canvas.save();
canvas.rotate(-rollDegree, px, py);
canvas.drawOval(innerBoundingBox, groundPaint);
canvas.drawPath(skyPath, skyPaint);
canvas.drawPath(skyPath, markerPaint);
```

(13) 接下来是面板标记。计算水平地平线标记的起点和终点：

```
int markWidth = radius / 3;
int startX = center.x - markWidth;
int endX = center.x + markWidth;
```

(14) 为了使地平线值更容易读取，应该确保俯仰角比例始终从当前值开始。以下代码计算地面和天空之间的 UI 在地平面上的位置：

```
double h = innerRadius*Math.cos(Math.toRadians(90-tiltDegree));
double justTiltY = center.y - h;
```

(15) 计算出代表俯仰角角度单位的像素数：

```
float pxPerDegree = (innerBoundingBox.height()/2)/45f;
```

(16) 以当前俯仰角的值为中心，迭代到 180°以上，以给出可能的俯仰角滑动比例：

```
for (int i = 90; i >= -90; i -= 10) {
   double ypos = justTiltY + i*pxPerDegree;

   // Only display the scale within the inner face.
   if ((ypos < (innerBoundingBox.top + textHeight)) ||
       (ypos > innerBoundingBox.bottom - textHeight))
     continue;

   // Draw a line and the tilt angle for each scale increment.
   canvas.drawLine(startX, (float)ypos,
                endX, (float)ypos,
                markerPaint);
   int displayPos = (int)(tiltDegree - i);
   String displayString = String.valueOf(displayPos);
   float stringSizeWidth = textPaint.measureText(displayString);
   canvas.drawText(displayString,
                (int)(center.x-stringSizeWidth/2),
                (int)(ypos)+1,
                textPaint);
 }
```

(17) 在地球/天空界面上画一条较粗的线。在绘制线条之前更改 markerPaint 对象的笔画粗细(然后设置回原来的值):

```
markerPaint.setStrokeWidth(2);
canvas.drawLine(center.x - radius / 2,
                (float)justTiltY,
                center.x + radius / 2,
                (float)justTiltY,
                markerPaint);
markerPaint.setStrokeWidth(1);
```

(18) 为了便于阅读确切的横滚角，应该绘制一个箭头并显示一个用于显示值的文本字符串。

新建一个 path 对象，并使用 moveTo/lineTo 方法构造一个直接向上的开放箭头。绘制显示当前横滚角的路径和文本字符串:

```
// Draw the arrow
Path rollArrow = new Path();
rollArrow.moveTo(center.x - 3, (int)innerBoundingBox.top + 14);
rollArrow.lineTo(center.x, (int)innerBoundingBox.top + 10);
rollArrow.moveTo(center.x + 3, innerBoundingBox.top + 14);
rollArrow.lineTo(center.x, innerBoundingBox.top + 10);
canvas.drawPath(rollArrow, markerPaint);

// Draw the string
String rollText = String.valueOf(rollDegree);
double rollTextWidth = textPaint.measureText(rollText);
canvas.drawText(rollText,
                (float)(center.x - rollTextWidth / 2),
                innerBoundingBox.top + textHeight + 2,
                textPaint);
```

(19) 将画布旋转回直立状态，以便绘制其余的面板刻度:

```
canvas.restore();
```

(20) 通过将画布一次旋转 10°，每隔 30°绘制一个值，或者绘制一个标记来绘制横滚角刻度盘刻度。完成面板后，将画布恢复到正常位置:

```
canvas.save();
canvas.rotate(180, center.x, center.y);

for (int i = -180; i < 180; i += 10) {
  // Show a numeric value every 30 degrees
  if (i % 30 == 0) {
    String rollString = String.valueOf(i*-1);
    float rollStringWidth = textPaint.measureText(rollString);
    PointF rollStringCenter =
      new PointF(center.x-rollStringWidth/2,
                 innerBoundingBox.top+1+textHeight);
    canvas.drawText(rollString,
                    rollStringCenter.x, rollStringCenter.y,
                    textPaint);
  }

  // Otherwise draw a marker line
  else {
    canvas.drawLine(center.x, (int)innerBoundingBox.top,
                    center.x, (int)innerBoundingBox.top + 5,
                    markerPaint);
  }

  canvas.rotate(10, center.x, center.y);
}
canvas.restore();
```

(21) 创建面板的最后一步是围绕外边缘绘制航向角刻度:

```
canvas.save();
canvas.rotate(-1*(mBearing), px, py);

double increment = 22.5;
```

```
  for (double i = 0; i < 360; i += increment) {
    CompassDirection cd = CompassDirection.values()
                    [(int)(i / 22.5)];
    String headString = cd.toString();

    float headStringWidth = textPaint.measureText(headString);
    PointF headStringCenter =
      new PointF(center.x - headStringWidth / 2,
            boundingBox.top + 1 + textHeight);

    if (i % increment == 0)
      canvas.drawText(headString,
                headStringCenter.x, headStringCenter.y,
                textPaint);
    else
      canvas.drawLine(center.x, (int)boundingBox.top,
                center.x, (int)boundingBox.top + 3,
                markerPaint);

    canvas.rotate((int)increment, center.x, center.y);
  }

  canvas.restore();
```

(22) 完成面板后，可以添加一些修饰。

在顶部加上“玻璃圆顶”，让人产生表盘的错觉。使用前面构建的辐射渐变数组，创建新的 Shader 和 Paint 对象。使用它们在内面板上画一个圆圈，使其看起来像是被玻璃覆盖的：

```
RadialGradient glassShader =
  new RadialGradient(px, py, (int)innerRadius,
                glassGradientColors,
                glassGradientPositions,
                TileMode.CLAMP);
Paint glassPaint = new Paint();
glassPaint.setShader(glassShader);

canvas.drawOval(innerBoundingBox, glassPaint);
```

(23) 剩下的就是再画两个圆，作为内外面板的边界。然后将画布直立，结束 onDraw 方法：

```
  // Draw the outer ring
  canvas.drawOval(boundingBox, circlePaint);

  // Draw the inner ring
  circlePaint.setStrokeWidth(2);
  canvas.drawOval(innerBoundingBox, circlePaint);
}
```

如果运行父 Activity，将看到人工地平线，参见前面的图 14.3。

14.9.6　创建交互式控件

Android 设备的主要交互模型是通过触摸屏实现的，但是正如上面的无障碍访问性部分所述，不能认为这是理所当然的。随着 Android 不断扩展到电视和笔记本电脑等设备，你的应用必须考虑到用户输入也可能来自 D-pad、键盘和鼠标。

作为开发人员，你面临的挑战是充分利用可用的输入硬件创建直观的 UI，同时尽可能少地引入硬件依赖性。

本节描述的技术演示了如何使用视图和 Activity 中的以下事件处理程序，监听(和响应)触摸屏单击以及按键输入：

- onTouchEvent——触摸屏事件处理程序，在触摸屏被触摸、释放或拖动时触发。
- onKeyDown——当按下任何硬件按键时被调用
- onKeyUp——当释放任何硬件按键时被调用

使用触摸屏

移动设备的物理大小和尺寸与触摸屏的大小密切相关，因此触摸屏的输入完全是关于手指的，这一设计原则假设用户将使用手指而不是专用的触笔触摸屏幕和浏览用户界面。

基于手指的触摸让交互不那么精确，而且通常更多地基于运动而不是简单的接触。Android 的原生应用广泛使用基于手指的触摸屏 UI，包括使用拖动动作来滚动列表、在屏幕之间滑动或执行操作。

Android 支持两种类型的触摸交互：使用手指或触笔的传统触摸交互和伪造触摸(fake touch)。伪造触摸会将触摸板或鼠标输入转换为触摸输入事件。默认情况下，所有 Android 应用都需要 fake touch 支持，从而与电视和笔记本电脑等无触摸屏的设备兼容。

如果希望应用仅在具有真正触摸屏的设备上可用，则必须通过在配置清单中向 android.hardware.touchscreen 功能添加 required="true"来指定：

```
<manifest xmlns:android=http://schemas.android.com/apk/res/android
      ... >
  <uses-feature android:name="android.hardware.touchscreen"
                android:required="true" />
</manifest>
```

要创建使用触摸屏交互(包括 fake touch)的视图或 Activity，请重写 onTouchEvent 处理程序：

```
@Override
public boolean onTouchEvent(MotionEvent event) {
 return super.onTouchEvent(event);
}
```

如果处理了屏幕按键，则返回 true；否则，返回 false，通过视图堆栈向下传递事件，直到成功处理触摸。

处理单点和多点触摸事件

对于每个手势，onTouchEvent 处理程序都会被触发多次。从用户触摸屏幕开始，在系统跟踪当前手指位置时会触发多次，最后在接触结束时再次触发。

Android 支持处理任意数量的同时触摸(simultaneous touch)事件。每个触摸事件都被分配一个单独的指针标识符，该标识符在 onTouchEvent 处理程序的 MotionEvent 参数中引用。

对 MotionEvent 参数调用 getAction，查找触发处理程序的事件类型。对于单点触摸设备或多点触摸设备上的第一次触摸事件，可以使用 ACTION_UP[DOWN/MOVE/CANCEL/OUTSIDE]常量来查找事件类型：

```
@Override
public boolean onTouchEvent(MotionEvent event) {
  int action = event.getAction();
  switch (action) {
    case (MotionEvent.ACTION_DOWN):
      // Touch screen pressed
      return true;
    case (MotionEvent.ACTION_MOVE):
      // Contact has moved across screen
      return true;
    case (MotionEvent.ACTION_UP):
      // Touch screen touch ended
      return true;
    case (MotionEvent.ACTION_CANCEL):
      // Touch event cancelled
      return true;
    case (MotionEvent.ACTION_OUTSIDE):
      // Movement has occurred outside the
      // bounds of the current screen element
      return true;
    default: return super.onTouchEvent(event);
  }
}
```

要从多个指针跟踪触摸事件，需要应用 MotionEvent.ACTION_MASK 和 MotionEvent.ACTION_POINTER_INDEX_MASK 常量来分别查找触发事件的触摸事件(ACTION_POINTER_DOWN 或 ACTION_POINTER_UP)和指针 ID。可以调用 getPointerCount 来查找这是否是多点触摸事件：

```
@Override
public boolean onTouchEvent(MotionEvent event) {
```

```
    int action = event.getAction();

    if (event.getPointerCount() > 1) {
      int actionPointerId = action & MotionEvent.ACTION_POINTER_INDEX_MASK;
      int actionEvent = action & MotionEvent.ACTION_MASK;
      // Do something with the pointer ID and event.
    }
    return super.onTouchEvent(event);
  }
```

MotionEvent 还包括当前屏幕触点的坐标。可以使用 getX 和 getY 方法访问该坐标。这两个方法返回相对于响应视图或 Activity 的坐标。

在多个触摸事件的情况下，每个 MotionEvent 包括每个指针的当前位置。要查找给定指针的位置，请将索引传递到 getX 或 getY 方法中。请注意，索引不等于指针 ID。要查找给定指针的索引，请使用 findPointerIndex 方法，传入所需索引的指针 ID：

```
int xPos = -1;
int yPos = -1;

if (event.getPointerCount() > 1) {
  int actionPointerId = action & MotionEvent.ACTION_POINTER_INDEX_MASK;
  int actionEvent = action & MotionEvent.ACTION_MASK;

  int pointerIndex = event.findPointerIndex(actionPointerId);
  xPos = (int)event.getX(pointerIndex);
  yPos = (int)event.getY(pointerIndex);
}
else {
  // Single touch event.
  xPos = (int)event.getX();
  yPos = (int)event.getY();
}
```

MotionEvent 参数还包括使用 getPressure 方法应用于屏幕的压力，该方法返回通常介于 0(无压力)和 1(正常压力)之间的值。

可以使用 getToolType 方法确定触摸事件是来自手指、鼠标、触笔还是橡皮擦，从而允许以不同的方式处理它们。

最后，还可以使用 getSize 方法确定当前接触区域的规格化尺寸。该方法返回一个介于 0 和 1 之间的值，其中 0 表示精确测量，1 表示可能发生的 fat touch 事件(用户可能无意中按下任何内容)。

> **注意：**
> 根据硬件的校准，可能会返回大于 1 的值。

追踪运动

无论何时，只要当前触摸的接触位置、压力或尺寸发生变化，都会通过 ACTION_MOVE 动作触发一个新的 onTouchEvent。

除了前面描述的字段之外，MotionEvent 参数还可以包括历史值。历史记录表示在先前处理的 onTouchEvent 和当前的 onTouchEvent 之间发生的所有移动事件，允许 Android 缓冲快速移动更改，以提供对移动数据的细粒度捕获。

可以通过调用 getHistorySize 方法来查找历史记录的大小，该方法返回当前事件可用的移动位置数。然后，通过使用一系列 getHistorical*方法并传递位置索引，可以获得每个历史事件的时间、压力、尺寸和位置。注意，与前面描述的 getX 和 getY 方法一样，可以传入指针索引值来跟踪多个光标的历史触摸事件：

```
int historySize = event.getHistorySize();

if (event.getPointerCount() > 1) {
  int actionPointerId = action & MotionEvent.ACTION_POINTER_ID_MASK;
  int pointerIndex = event.findPointerIndex(actionPointerId);
  for (int i = 0; i < historySize; i++) {
    float pressure = event.getHistoricalPressure(pointerIndex, i);
```

```
      float x = event.getHistoricalX(pointerIndex, i);
      float y = event.getHistoricalY(pointerIndex, i);
      float size = event.getHistoricalSize(pointerIndex, i);
      long time = event.getHistoricalEventTime(i);
      // TO DO: Do something with each point
    }
  }
  else {
    for (int i = 0; i < historySize; i++) {
      float pressure = event.getHistoricalPressure(i);
      float x = event.getHistoricalX(i);
      float y = event.getHistoricalY(i);
      float size = event.getHistoricalSize(i);
      // TO DO: Do something with each point
    }
  }
```

处理移动事件的正常模式是首先处理每个历史事件，然后处理当前的移动事件值，如代码清单 14-6 所示。

代码清单 14-6：处理触摸屏移动事件

```
@Override
public boolean onTouchEvent(MotionEvent event) {

  int action = event.getAction();

  switch (action) {
    case (MotionEvent.ACTION_MOVE):
    {
      int historySize = event.getHistorySize();
      for (int i = 0; i < historySize; i++) {
        float x = event.getHistoricalX(i);
        float y = event.getHistoricalY(i);
        processMovement(x, y);
      }

      float x = event.getX();
      float y = event.getY();
      processMovement(x, y);

      return true;
    }
  }

  return super.onTouchEvent(event);
}

private void processMovement(float x, float y) {
  // TO DO: Do something on movement.
}
```

使用 OnTouchListener

通过使用 setOnTouchListener 方法将 OnTouchListener 附加到任何 View 对象上，可以在非子类化现有视图的情况下侦听触摸事件：

```
myView.setOnTouchListener(new OnTouchListener() {
  public boolean onTouch(View view, MotionEvent event) {
    // TO DO: Respond to motion events
    return false;
  }
});
```

14.9.7 使用设备键、按钮和十字键

所有的按钮和按键事件都由活跃的 Activity 或焦点视图的 onKeyDown 和 onKeyUp 事件处理程序处理，包括键盘键、D-pad 和 Back 按钮。唯一的例外是 Home 键，它是为确保用户永远不会在应用中被锁定而保留的。

要让视图或活动对按钮操作做出反应，请重写 onKeyUp 和 onKeyDown 事件处理程序：

```
@Override
public boolean onKeyDown(int keyCode, KeyEvent event) {
```

```
  // Perform on key pressed handling, return true if handled
  return false;
}

@Override
public boolean onKeyUp(int keyCode, KeyEvent event) {
  // Perform on key released handling, return true if handled
  return false;
}
```

keyCode 参数包含被按下的按键的值；将其与 KeyEvent 类中可用的静态键代码值进行比较，以执行与某个键相关的特定处理。

> **注意：**
>
> 在 onKeyUp 或 onKeyDown 方法中，不应无条件返回 true，因为这将导致应用错误地使用系统级按键事件，从而导致问题(诸如媒体按钮事件没有被发送到合适的音乐应用，而是提前被消费掉)。只有处理 KeyEvent 时才返回 true。

KeyEvent 参数还包括 isCtrlPressed、isAltPressed、isShiftPressed、isFunctionPressed 和 isSymPressed 方法，以确定是否同时还按住了 Control 键、Alt 键、Shift 键、功能键或符号键。静态方法 isModifierKey 接收 keyCode，并确定按键事件是否由用户按下其中一个修改键后触发。

使用 OnKeyListener

要响应 Activity 中现有视图中的按键，请实现 OnKeyListener，并使用 setOnKeyListener 方法将其分配给视图。OnKeyListener 不为按键和按键释放事件实现单独的方法，而是使用单个 onKey 事件：

```
myView.setOnKeyListener(new OnKeyListener() {
  public boolean onKey(View v, int keyCode, KeyEvent event) {
    // TO DO: Process key press event, return true if handled
    return false;
  }
});
```

使用 keyCode 参数可查找按下的键。KeyEvent 参数用于确定按键是否已按下或释放，其中 ACTION_DOWN 表示按键按下，ACTION_UP 表示按键释放。

14.10　复合 Drawable 资源

在第 12 章“贯彻 Android 设计理念”中，你研究了许多可缩放的 Drawable 资源，包括形状、颜色和向量。本节将介绍一些其他的 XML 定义的 Drawable。

复合 Drawable(Composite Drawable)用于组合和操作其他 Drawable 资源。可以在以下复合资源定义中使用任何可绘制资源，包括位图、形状和颜色。同样，可以在彼此内部使用这些新的 Drawable，并以与所有其他 Drawable 资源相同的方式将它们分配给视图。

14.10.1　可变形的 Drawable 资源

可以使用恰如其名的 ScaleDrawable 和 RotateDrawable 类来缩放和旋转现有的 Drawable 资源。这些可转换的 Drawable 对于创建进度条或动画视图特别有用：

- ScaleDrawable——在 scale 标签中，使用 scaleHeight 和 scaleWidth 特性分别定义相对于原始 Drawable 框的目标高度和宽度。使用 scaleGravity 特性控制缩放图像的定位点：

```
<?xml version="1.0" encoding="utf-8"?>
<scale xmlns:android="http://schemas.android.com/apk/res/android"
android:drawable="@drawable/icon"
android:scaleHeight="100%"
android:scaleWidth="100%"
```

```
android:scaleGravity="center_vertical|center_horizontal"
/>
```

- RotateDrawable——在 rotate 标签中，使用 fromDegrees 和 toDegrees 分别定义围绕轴点的开始和结束旋转角度。使用 pivotX 和 pivotY 特性定义透视，分别使用 nn%表示法指定可绘制宽度和高度的百分比：

```
<?xml version="1.0" encoding="utf-8"?>
<rotate xmlns:android="http://schemas.android.com/apk/res/android"
android:drawable="@drawable/icon"
android:fromDegrees="0"
android:toDegrees="90"
android:pivotX="50%"
android:pivotY="50%"
/>
```

要在运行时应用缩放和旋转，请在承载 Drawable 的 View 对象上使用 setImageLevel 方法，以 0~10 000 的比例在开始值和完成值之间移动。这允许你定义一个可以修改以适应特定情况(如可以指向多个方向的箭头)的 Drawable。

在级别之间移动时，级别 0 表示起始角度(或最小比例结果)，级别 10 000 表示转换的结束(完成角度或最高比例)。如果不指定图像的级别，则默认为 0：

```
ImageView rotatingImage
  = findViewById(R.id.RotatingImageView);
ImageView scalingImage
  = findViewById(R.id.ScalingImageView);

// Rotate the image 50% of the way to its final orientation.
rotatingImage.setImageLevel(5000);

// Scale the image to 50% of its final size.
scalingImage.setImageLevel(5000);
```

14.10.2 Layer Drawable

Layer Drawable 允许将多个 Drawable 资源重叠在一起。如果定义了一个部分透明的 Drawable 数组，则可以将它们堆叠在一起，创建动态形状和转换的复杂组合。

类似地，可以使用 Layer Drawable 作为 14.10.1 中描述的可转换 Drawable 资源的源。

Layer Drawable 是通过 layer-list 节点标签定义的。在该标签中，使用 drawable 特性创建一个新的 item 节点来指定要添加的每个 Drawable。每个 Drawable 都将按索引顺序堆叠，数组中的第一项位于堆栈底部：

```
<?xml version="1.0" encoding="utf-8"?>
<layer-list xmlns:android="http://schemas.android.com/apk/res/android">
  <item android:drawable="@drawable/bottomimage"/>
  <item android:drawable="@drawable/image2"/>
  <item android:drawable="@drawable/image3"/>
  <item android:drawable="@drawable/topimage"/>
</layer-list>
```

14.10.3 State List Drawable

State List Drawable 是一种复合资源，允许根据分配给它的视图的状态指定要显示的不同 Drawable。

大多数原生 Android 视图使用了 State List Drawable，包括按钮(Button)上使用的图像和标准列表视图(List View)使用的背景。

为了定义 State List Drawable，需要创建包含 selector 根标签的 XML 文件。添加一系列 item 节点，每个 item 节点使用 android:state_和 android:drawable 特性将特定的 Drawable 分配给特定的状态：

```
<selector xmlns:android="http://schemas.android.com/apk/res/android">
<item android:state_pressed="true"
      android:drawable="@drawable/widget_bg_pressed"/>
  <item android:state_focused="true"
      android:drawable="@drawable/widget_bg_selected"/>
  <item android:state_window_focused="false"
      android:drawable="@drawable/widget_bg_normal"/>
  <item android:drawable="@drawable/widget_bg_normal"/>
```

```
</selector>
```

每个状态特性都可以设置为 true 或 false，允许为以下列表视图状态的每个组合指定不同的 Drawable：

- android:state_pressed——是否按下。
- android:state_focused——是否拥有焦点。
- android:state_hovered——从 API 级别 11 开始引入，光标是否悬停在视图上。
- android:state_selected——是否选中。
- android:state_checkable——是否能够被选中。
- android:state_checked——是否选中。
- android:state_enabled——是否启用。
- android:state_activated——是否激活。
- android:state_window_focused——父窗口是否有焦点。

在决定为给定视图显示哪个 Drawable 时，Android 将应用状态列表中与对象当前状态匹配的第一项。因此，默认值应该是列表中的最后一个。

14.10.4 Level List Drawable

使用 Level List Drawable，可以创建一个 Drawable 数组，为每层分配一个整数索引值。使用 level-list 节点创建一个新的 Level List Drawable，使用 item 节点定义每层，使用 android:drawable/android:maxLevel 特性定义每层的 Drawable 及对应索引：

```
<level-list xmlns:android="http://schemas.android.com/apk/res/android">
  <item android:maxLevel="0"  android:drawable="@drawable/earthquake_0"/>
  <item android:maxLevel="1"  android:drawable="@drawable/earthquake_1"/>
  <item android:maxLevel="2"  android:drawable="@drawable/earthquake_2"/>
  <item android:maxLevel="4"  android:drawable="@drawable/earthquake_4"/>
  <item android:maxLevel="6"  android:drawable="@drawable/earthquake_6"/>
  <item android:maxLevel="8"  android:drawable="@drawable/earthquake_8"/>
  <item android:maxLevel="10" android:drawable="@drawable/earthquake_10"/>
</level-list>
```

要在代码中选择要显示的图像，请在 Level List Drawable 资源的视图上调用 setImageLevel，并传入要显示的可绘制资源的索引：

```
imageView.setImageLevel(5);
```

视图将显示与索引对应的图像，索引值等于或大于指定值。

14.11 复制、粘贴和剪贴板

使用 Clipboard Manager 可以在 Android 应用中(以及应用之间)得到 Android 系统对复制和粘贴操作的完整支持：

```
ClipboardManager clipboard =
  (ClipboardManager)getSystemService(CLIPBOARD_SERVICE);
```

剪贴板支持文本字符串、URI(通常指向 Content Provider 项)和 Intent(用于复制应用的快捷方式)。为了将对象复制到剪贴板，需要新建一个 ClipData 对象，该对象包含一个 ClipDescription 对象(描述与所复制对象相关的元数据)，以及任意数量的 ClipData.Item 对象，使用 setPrimaryClip 方法将 ClipData 对象添加到剪贴板中：

```
clipboard.setPrimaryClip(newClip);
```

剪贴板在任何时候只能包含一个 ClipData 对象。复制的新对象将替换之前保存的剪贴板项。因此，既不能假定应用是最后一个复制到剪贴板的应用，也不能假定应用是唯一粘贴数据的应用。

14.11.1 将数据复制到剪贴板

ClipData 类包含许多静态的便捷方法，用于简化典型 ClipData 对象的创建。可以使用 newPlainText 方法创建包含指定字符串的 ClipData 对象，将说明设置为提供的标签，并将 MIME 类型设置为 MIMETYPE_TEXT_PLAIN：

```
ClipData newClip = ClipData.newPlainText("copied text","Hello, Android!");
```

对于基于 Content Provider 的项，请使用 newUri 方法，指定要粘贴数据的 Content Resolver、标签和 URI：

```
ClipData newClip = ClipData.newUri(getContentResolver(),"URI", myUri);
```

14.11.2 粘贴剪贴板数据

要提供良好的用户体验，应该根据剪贴板中是否有数据，在 UI 上启用或禁用粘贴选项。可以通过使用 hasPrimaryClip 方法查询剪贴板服务来执行此操作：

```
if (!(clipboard.hasPrimaryClip())) {
  // TO DO: Disable paste UI option.
}
```

还可以查询剪贴板中当前 ClipData 对象的数据类型。使用 getPrimaryClipDescription 方法提取剪贴板数据的元数据，使用 hasMimeType 方法检查是否支持将指定的 MIME 类型粘贴到应用中：

```
if (!(clipboard.getPrimaryClipDescription().hasMimeType(MIMETYPE_TEXT_PLAIN)))
{
  // TO DO: Disable the paste UI option if the content in
  // the clipboard is not of a supported type.
}
else
{
  // TO DO: Enable the paste UI option if the clipboard contains data
  // of a supported type.
}
```

要访问数据本身，需要使用 getItemAt 方法，传入要检索的数据项的索引：

```
ClipData.Item item = clipboard.getPrimaryClip().getItemAt(0);
```

可以分别使用 getItemAt、getUri 和 getIntent 方法提取文本、URI 或 Intent：

```
CharSequence pasteData = item.getText();
Intent pastIntent = item.getIntent();
Uri pasteUri = item.getUri();
```

即使应用只支持文本，也可以粘贴任何剪贴板项的内容。使用 coerceToText 方法，可以将 ClipData.Item 对象的内容转换为字符串：

```
CharSequence pasteText = item.coerceToText(this);
```

第15章

位置、情境感知和地图

本章主要内容：

- 安装和使用 Google Play 服务
- 确定和更新设备的物理位置
- 使用模拟器测试基于位置的功能
- 设置和监测地理围栏(Geofence)
- 使用地理编码器(Geocoder)查找位置地址和地址位置
- 向应用添加交互式地图
- 更改地图相机位置
- 在地图上显示用户位置
- 向地图添加标记、形状和图像叠加层
- 使用感知快照添加对用户情境的感知
- 设置和监控情境感知围栏(contextual awareness fence)

本章可供下载的代码可以在 www.wrox.com 上找到。本章的代码放在如下压缩文件中：

- Snippets_ch15.zip
- WhereAmI_ch15_part1.zip
- WhereAmI_ch15_part2.zip
- WhereAmI_ch15_part3.zip
- WhereAmI_ch15_part4.zip
- Earthquake_ch15.zip

15.1 向应用添加位置、地图和情境感知

移动设备的一个显著特性是便携性，因此一些最吸引人的 API 能够让你发现情景化并映射用户的物理位置、环境和情境，这并不让人惊奇。在本章中，你将学习如何安装和使用 Google Play 服务来利用这些强大而高效的 API。

位置信息服务(Location Service)允许查找设备的当前位置，并获得实时更新。你将学习如何使用 Fused Location Provider 来利用基于 GPS、蜂窝或 Wi-Fi 的基础位置传感技术。你还将了解到，当 Google Play 服务不

可用时，如何使用传统平台的基于位置的服务(LBS，Location-Based Service)。

Google Maps API 也是 Google Play 服务库的一部分，可以使用 Google Maps 作为 UI 元素创建基于地图的 Activity。可以完全访问地图，它使你能够控制相机位置、更改缩放级别以及使用标记、形状和图像叠加层，甚至处理用户交互。

地图和基于位置的服务使用纬度和经度来精确定位地理位置，但你的用户更可能根据街道地址进行思考。Android 包含了地理编码器(Geocoder)，可以使用它在纬度/经度值和实际地址之间来回转换。

最后，将介绍 Awareness API，它可以帮助你理解用户环境的变化并做出反应。Awareness API 将设备状态与来自十几个不同传感器的结果以及其他网络来源的环境信息(如天气)结合在一起。它通过快照或“围栏”以一种快速和电池效率友好的方式提供对这些信息的访问。

15.2 Google Play 服务介绍

Google Play 服务 SDK(通常简称为 Play 服务或 GMS)是一组库，可以在项目中包含这些库，从而访问和使用超过 20 个的 Google 专有功能，包括位置信息服务、Google Maps 和本章中描述的 Awareness API。

与第 2 章“入门”中介绍的支持包一样，Google Play 服务 API 经常替换或扩展框架 API 的功能，帮助你提供持续更新的用户体验，并利用新功能、修复错误和提升效率。

与 Android Support Library 和 SDK 平台版本一样，新版本的 Google Play 服务客户端库通过 Android SDK Manager 提供。需要注意，与支持库一样，Google Play 服务的更新频率远高于 Android 平台 SDK。

通过下载新版本的 SDK，更新依赖项以引用最新版本，可以在更新 Google Play 服务时持续将错误修复和改进合并到应用中。Google Play 服务库会与 Google Play 服务应用交互，从而通过 Google Play 商店自动分发和更新。Google Play 服务应用在支持的设备上作为后台服务运行。

与 Android Support Library 不同，Google Play 服务不能保证在所有 Android 设备上都可用。因为 Google Play 服务 SDK 依赖于 Google Play 服务 APK，而 APK 是通过 Google Play 商店提供的，所以必须在主机设备上安装这两个 APK 才能使应用成功使用 SDK。

> **注意：**
> 由于 Google Play 服务 SDK 对 Google Play 商店的依赖，如果计划通过其他发行渠道发布，则可能需要为依赖 Google Play 服务的功能提供替代实现方案。如果计划通过 Google Play 商店独家分发应用，可以假设 Google Play 服务可用，但不一定是应用所需的特定版本。可以在运行时解决丢失、禁用或过时的 Google Play 服务等问题。

当主机设备能够支持时，最好使用 Google Play 服务 SDK 而不是框架 API 库。

15.2.1 向应用添加 Google Play 服务

要将 Google Play 服务合并到项目中，请从下载 Google Play 服务 SDK 开始。

在 Android Studio 中，打开 SDK Manager(参见图 15-1)，SDK Manager 可以通过工具栏上的快捷方式打开或在 Android Studio 设置对话框中使用。

SDK Tools 选项卡显示了已下载的 SDK、平台和构建工具，以及支持库、模拟器和 Google Play 服务 SDK。确保复选了 Google Play services 复选框，然后单击 Apply 或 OK 按钮以下载并安装 SDK。

安装了 SDK 之后，可以在 app 模块的 build.grade 文件中，在 dependencies 节点中将 SDK 作为依赖项添加到应用的项目中：

```
dependencies {
  ...
  implementation 'com.google.android.gms:play-services:15.0.1'
}
```

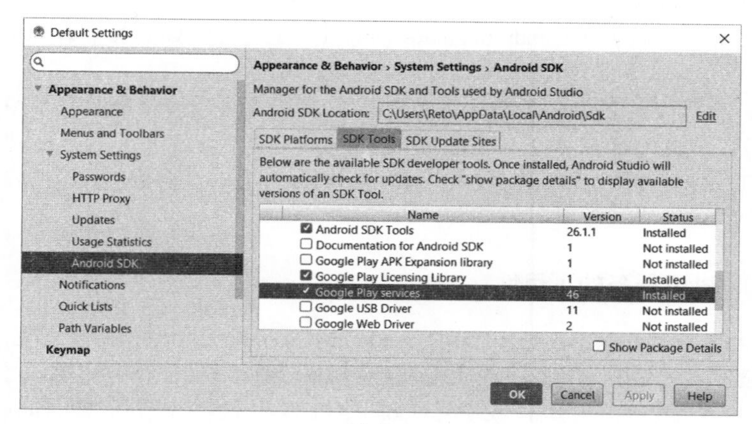

图 15-1

注意：

在依赖节点中指定的特定版本号必须与下载并安装的 Google Play 服务 SDK 的版本相对应。同样，在安装较新版本的 SDK 时，必须相应地更新依赖节点。

也可以使用 Android Studio 的 Project Structure 对话框，如图 15-2 所示，单击 File | Project Structure 即可打开。在左侧导航栏的 Modules 部分选择 app，然后选择 Dependencies 选项卡。可通过选择绿色的+符号并指示所需的库来添加新库。

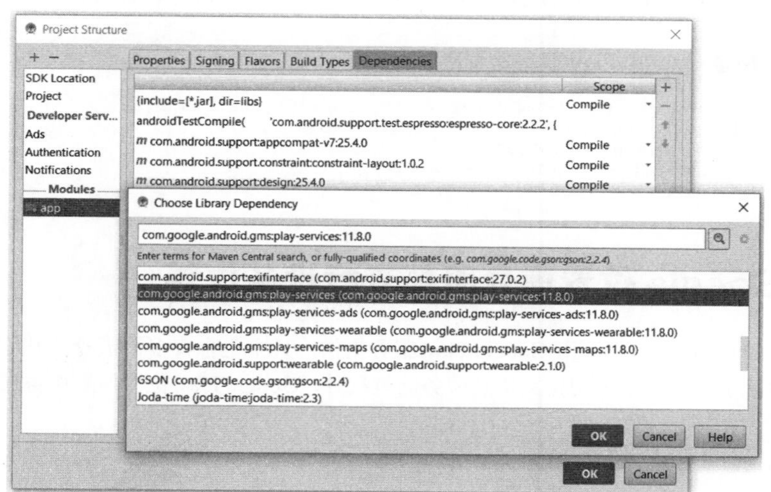

图 15-2

Google Play 服务 SDK 包含 20 多个单独的库，每个库都提供与特定 Google 服务相关的 API。前面代码片段中的依赖声明包括所有 Google Play 服务库，其中许多库可能用不到。

因此，最好只包括计划在应用中使用的库，如代码清单 15-1 所示，只添加位置(Location)、地图(Maps)和感知(Awareness)库。再次注意，这里指定的版本号应该保持更新，以对应于正在开发的 SDK 版本。

代码清单 15-1：将 Google Play 服务添加为应用依赖项

```
dependencies {
  ...
  implementation 'com.google.android.gms:play-services-awareness:15.0.1'
  implementation 'com.google.android.gms:play-services-maps:15.0.1'
  implementation 'com.google.android.gms:play-services-location:15.0.1'
}
```

可以在 https://developers.google.com/android/guides/setup 上找到可用的 Google Play 服务库及 build.gradle 的完整说明。

请注意，我们添加了特定版本的 Google Play 服务依赖项。新版本的 Google Play 服务 APK 通过 Google Play 商店定期自动分发到所有支持的设备。最好的做法是将应用依赖性更新到最新版本的 Google Play 服务，这样就可以修复漏洞、利用新功能和改善效率。要更新应用使用的 Google Play 服务版本，请安装更新的 SDK 并相应地修改依赖节点。

15.2.2 确定 Google Play 服务的可用性

Google Play 服务 APK 在所有运行 Google Play 的 Android 设备上提供并保持更新。但是，更新可能需要一些时间才能推广到所有设备，因此用户的设备可能会在收到应用依赖的 Google Play 服务更新之前收到更新的应用。

如果使用 Google 地图或位置信息服务，或使用 Google API 客户端连接到任何其他 Google 服务，Google API 将处理兼容设备上 Google Play 服务过时、丢失或禁用的情况。

对于用户在运行时可以解决的问题，将显示对话框，其中包含如何修复错误的说明。

是否应该选择将应用分发到 Google Play 生态系统之外，应用可能会安装并运行在不包括或不支持 Google Play 服务的设备上；在这种情况下，需要考虑如何处理缺失的库。

对于某些服务，例如基于位置的服务，可能需要能够降级到平台功能。其他情况，如地图，可以考虑回归到其他库，例如 Open Street Map。在最极端的情况下，如果关键功能需要 Google Play 服务，可以选择显示错误、禁用功能，甚至强制退出应用。可以通过使用 GoogleApiAvailability 类的 isGooglePlayServicesAvailable 方法查找无法解决的错误来检测 Google Play 服务的可用性(或不足)，如代码清单 15-2 所示。

代码清单 15-2：检查 Google Play 服务是否可用

```
GoogleApiAvailability availability = GoogleApiAvailability.getInstance();
int result = availability.isGooglePlayServicesAvailable(this);
if (result != ConnectionResult.SUCCESS) {
  if (!availability.isUserResolvableError(result))
    // TO DO: Google Play services not available.
}
```

15.3 使用 Google 位置信息服务查找设备位置

位置信息服务(Location Service)库由 Google Play 服务提供，其中包含许多用于查找和监视设备位置的不同平台技术。除大大简化了在应用中使用位置信息服务的过程外，Google Play 位置信息服务还显著提高了精确度和电池效率。

注意：

Android 框架通过 Location Manager 提供基于位置的服务(Location-Based Service，LBS)，如 15.5 节“使用传统平台的 LBS”所述。出于效率和精确度的原因，Google Play 服务位置 API 比传统平台 API 更受欢迎，应尽可能使用。

使用位置信息服务，可以执行以下操作：

- 获取当前位置。
- 跟随运动。
- 设置地理围栏(Geofence)，检测移动进出指定区域。

位置信息服务由 Google Play 服务位置信息库提供，在安装完本章前面所述的 Google Play 服务后，必须作为对 app 模块的 build.gradle 文件的依赖项添加：

```
dependencies {
  [... Existing dependencies ...]
```

```
    implementation 'com.google.android.gms:play-services-location:15.0.1'
}
```

注意：

以上代码片段中指示的版本号是编写本书时的最新版本。应该始终以应用中最新可用的库版本为目标。

为了获取当前设备位置，需要在应用清单中根据所需的位置精度，指定两个 uses-permission 标签中的一个：

- Fine 表示高精确度，将使你能够接收到最精确的位置，以及硬件所支持的最大分辨率。
- Coarse 表示低精确度，所返回位置结果的分辨率被限制在大约一个城市街区。

以下代码片段显示了如何在应用清单中请求高精确度和低精度权限；请注意，请求/授予高精确度权限隐式地包含了授予低精确度权限：

```
<uses-permission android:name="android.permission.ACCESS_FINE_LOCATION"/>
<uses-permission android:name="android.permission.ACCESS_COARSE_LOCATION"/>
```

这两个位置权限都被标记为危险，这意味着需要先检查，如果请求必要并被授予运行时用户权限，则接收到位置结果，如代码清单 15-3 所示。

代码清单 15-3：在运行时请求精确位置权限

```
int permission = ActivityCompat.checkSelfPermission(this,
  Manifest.permission.ACCESS_FINE_LOCATION);

if (permission == PERMISSION_GRANTED) {
  // TO DO: Access the location-based services.
} else {
  // Request fine location permission.
  if (ActivityCompat.shouldShowRequestPermissionRationale(
    this, Manifest.permission.ACCESS_FINE_LOCATION)) {
    // TO DO: Display additional rationale for the requested permission.
  }
  ActivityCompat.requestPermissions(this,
    new String[]{Manifest.permission.ACCESS_FINE_LOCATION},
    LOCATION_PERMISSION_REQUEST);
}
```

异步运行 requestPermissions 方法，然后显示无法自定义的标准 Android 对话框。无论用户接受或拒绝运行时请求，都可以通过重写 onRequestPermissionsResult 处理程序来接收回调：

```
@Override
public void onRequestPermissionsResult(int requestCode,
                                       @NonNull String[] permissions,
                                       @NonNull int[] grantResults) {
  super.onRequestPermissionsResult(requestCode, permissions, grantResults);
  // TO DO: React to granted / denied permissions.
}
```

通常的做法是监听回调，如果被授予权限，则继续执行以前受权限检查保护的功能。

使用 Fused Location Provider(FLP)查找或跟踪设备位置。FLP 使用软件和硬件(包括 Wi-Fi、GPS 以及设备上的其他可用传感器)的组合，以对精度和电池续航最优的方式确定当前位置。

如果要访问 Fused Location Provider，可以通过从 LocationServices 类调用 getFusedLocationProviderClient 静态方法来请求 FusedLocationProviderClient 实例，如代码清单 15-4 所示。

代码清单 15-4：访问 Fused Location Provider

```
FusedLocationProviderClient fusedLocationClient;
fusedLocationClient = LocationServices.getFusedLocationProviderClient(this);
```

15.3.1　使用模拟器测试基于位置的功能

所有基于位置的功能都依赖于能够确定当前位置的主机硬件。当使用模拟器开发和测试时，硬件是虚拟化的，因此你会停留在几乎相同的位置。

为了弥补这个不足，Android 还提供了一些钩子，可以让你通过模拟移动来测试基于位置的应用。

1. 更新模拟器的虚拟位置

可以使用模拟器的 Extended Controls 对话框中的 Location 选项卡(如图 15-3 所示)将新位置直接设置到模拟器。

还可以指定特定的纬度/经度对(十进制或六十进制格式)以及高度值。单击 LOAD GPX/KML 按钮可分别导入 KML(Keyhole Markup Language)或 GPX(GPS Exchange Format)文件。加载完毕后，会跳到某个特定的位置或以最高 5 倍的速度播放每个位置序列。

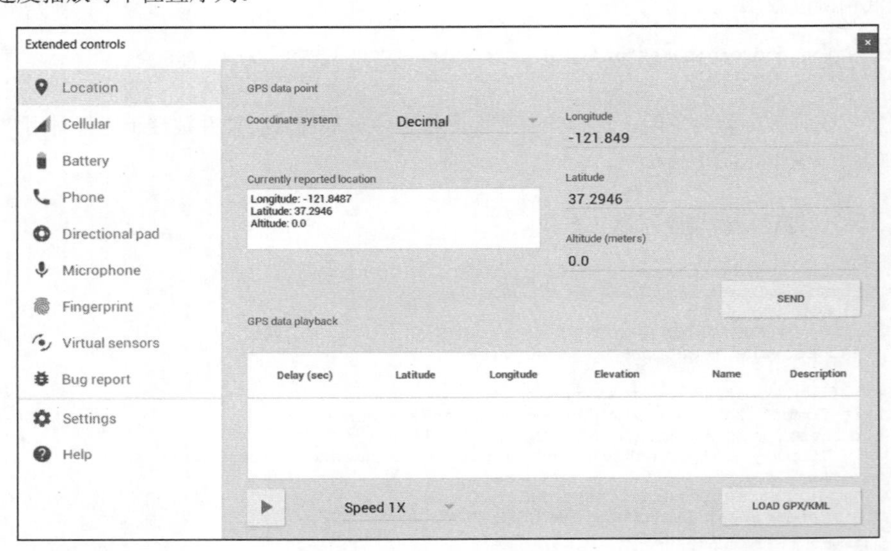

图 15-3

注意：

大多数 GPS 系统使用 GPX 记录轨迹文件，而 KML 则广泛用于在线定义地理信息。可以手工编写自己的 KML 文件，或者通过使用 Google Earth 创建多个位置之间的路径来生成 KML 文件。

2. 在模拟器上启用位置服务

至少有一个应用请求了位置更新之后，才会更新由位置 API 返回的位置结果。类似地，之前描述的用于更新模拟器位置的技术仅在至少一个应用请求 GPS 的位置更新时生效。

因此，当模拟器第一次启动时，从当前位置返回的结果可能为空(null)。

为了确保所有的位置信息服务都被启用，并且接收到位置更新，应该在模拟器中启动 Google Maps 应用，并接收关于位置的提示，如图 15-4 所示。

图 15-4

15.3.2 查找最后的位置

位置信息服务最强大的用途之一是找到设备的物理位置。所返回位置的精确度取决于可用硬件、应用请求和授予的权限以及用户的系统位置设置。

通过 Fused Location Provider，可以使用 getLastLocation 方法查找设备接收到的最后一个定位。

注意：

基础 Android 框架包括多个具有不同功耗和精度的 Location Provider，如 GPS、Wi-Fi 和蜂窝网络。本章稍后将会介绍 Location Provider。

除提高精确度和效率外，使用 Fused Location Provider 的另一个好处是，将返回使用任何基础 provider 找到的最后一个位置，并且精确度会受到应用的位置权限的限制。如果最后一个可用位置的精确度超过应用所能够接收到的精确度，那么结果的精度将被“弄脏”，以保护用户的隐私。

位置信息服务使用 Tasks API，这样可以更容易地组成异步操作，并处理应用和位置信息服务之间的底层连接过程，包括一些连接失败的解决方案。

因此，要获取位置，需要使用 addOnSuccessListener 方法将 OnSuccessListener 添加到返回的 Task 中，如代码清单 15-5 所示。新的 OnSuccessListener 应使用 Location 类型，并实现 onSuccess 处理程序。

代码清单 15-5：获取设备最后的位置

```
FusedLocationProviderClient fusedLocationClient;
fusedLocationClient = LocationServices.getFusedLocationProviderClient(this);
fusedLocationClient.getLastLocation()
  .addOnSuccessListener(this, new OnSuccessListener<Location>() {
    @Override
    public void onSuccess(Location location) {
      // In some rare situations this can be null.
      if (location != null) {
        // TO DO: Do something with the returned location.
      }
    }
  });
```

同样，可以使用 addOnFailureListener 方法增加一个 OnFailureListener，其中的 onFailure 会在位置信息服务无法成功返回最后的位置时被触发：

```
fusedLocationClient.getLastLocation()
  .addOnSuccessListener(this, new OnSuccessListener<Location>() {
    @Override
    public void onSuccess(Location location) {
      // In some rare situations this can be null.
      if (location != null) {
        // TO DO: Do something with the returned location.
      }
    }
  })
  .addOnFailureListener(this, new OnFailureListener() {
    @Override
    public void onFailure(@NonNull Exception e) {
      // TO DO: ailed to obtain the last location.
    }
  });
```

警告：

请求最后位置不会要求位置服务找到当前位置。如果设备最近没有更新当前位置，那么已经过期。在某些罕见的情况下，最后的位置可能不存在，在这种情况下将返回空值(null)。

返回的 Location 对象包含 provider 提供的所有可用位置信息，能包括获得的时间、找到的坐标的精确度以及纬度、经度、方位、高度和速度。所有这些都可以通过 Location 对象的 get 方法获得。

15.3.3 Where Am I 示例

接下来的示例 Where Am I 提供了一个新的 Activity，该 Activity 使用来自 Google Play 位置信息服务库的 FusedLocationProvider 查找设备的最后位置。

注意：

要使这个示例运作，测试设备(或模拟器)必须至少记录位置更新。通过启动 Google Maps 送位置更新，这很容易实现，如本章前面所述。

(1) 新建 Where Am I 项目，其中包含一个空的 Where Am I Activity。此例将使用 FINE 精确度，因此需要在应用清单中包含 ACCESS_FINE_LOCATION 的 uses-permission 标签。我们还将添加 ACCESS_COARSE_LOCATION：

```
<?xml version="1.0" encoding="utf-8"?>
<manifest xmlns:android="http://schemas.android.com/apk/res/android"
        package="com.professionalandroid.apps.whereami">

  <uses-permission
    android:name="android.permission.ACCESS_COARSE_LOCATION"
  />
  <uses-permission
    android:name="android.permission.ACCESS_FINE_LOCATION"
  />

  <application
    android:allowBackup="true"
    android:icon="@mipmap/ic_launcher"
    android:label="@string/app_name"
    android:roundIcon="@mipmap/ic_launcher_round"
    android:supportsRtl="true"
    android:theme="@style/AppTheme">
    <activity android:name=".WhereAmIActivity">
      <intent-filter>
        <action android:name="android.intent.action.MAIN"/>
        <category android:name="android.intent.category.LAUNCHER"/>
      </intent-filter>
    </activity>
  </application>

</manifest>
```

(2) 在 app 模块的 build.gradle 文件中添加 Location 库的依赖项：

```
`
dependencies {
  implementation fileTree(dir: 'libs', include: ['*.jar'])
  implementation 'com.android.support:appcompat-v7:27.1.1'
  implementation 'com.android.support.constraint:constraint-layout:1.1.0'
  testImplementation 'junit:junit:4.12'
  androidTestImplementation 'com.android.support.test:runner:1.0.2'
  androidTestImplementation 'com.android.support.test.espresso' +
                              ':espresso-core:3.0.2'
  implementation 'com.android.support:support-media-compat:27.1.1'
  implementation 'com.android.support:support-v4:27.1.1'

  implementation 'com.google.android.gms:play-services-location:15.0.1'
}
```

(3) 修改 activity_where_am_i.xml 布局资源，使用 LinearLayout，并在 TextView 控件添加 android:id 特性，以便可以从 Activity 中访问它：

```
<?xml version="1.0" encoding="utf-8"?>
<LinearLayout
  xmlns:android="http://schemas.android.com/apk/res/android"
  xmlns:app="http://schemas.android.com/apk/res-auto"
  xmlns:tools="http://schemas.android.com/tools"
  android:layout_width="match_parent"
  android:layout_height="match_parent"
  android:orientation="vertical"
  tools:context="com.professionalandroid.apps.whereami.WhereAmIActivity">
  <TextView
    android:id="@+id/myLocationText"
    android:layout_width="match_parent"
    android:layout_height="wrap_content"
    android:padding="16dp"
    android:text="Hello World!"/>
</LinearLayout>
```

(4) 重写 Where Am I Activity 的 onCreate 方法，确认当前设备上有(或可能有)Google Play 服务，并从布局中获取对 TextView 的引用：

```
private static final String ERROR_MSG
  = "Google Play services are unavailable.";

private TextView mTextView;

@Override
protected void onCreate(Bundle savedInstanceState) {
  super.onCreate(savedInstanceState);
  setContentView(R.layout.activity_where_am_i);
  mTextView = findViewById(R.id.myLocationText);

  GoogleApiAvailability availability
    = GoogleApiAvailability.getInstance();
  int result = availability.isGooglePlayServicesAvailable(this);
  if (result != ConnectionResult.SUCCESS) {
    if (!availability.isUserResolvableError(result)) {
      Toast.makeText(this, ERROR_MSG, Toast.LENGTH_LONG).show();
    }
  }
}
```

(5) 我们将在应用每次可见时更新当前位置，因此重写 onStart 方法来检查运行时权限以便获取精确位置。添加存根方法 getLastLocation，在授予或拒绝权限时调用：

```
private static final int LOCATION_PERMISSION_REQUEST = 1;

@Override
protected void onStart() {
  super.onStart();

  // Check if we have permission to access high accuracy fine location.
  int permission = ActivityCompat.checkSelfPermission(this,
    Manifest.permission.ACCESS_FINE_LOCATION);

  // If permission is granted, fetch the last location.
  if (permission == PERMISSION_GRANTED) {
    getLastLocation();
  } else {
    // If permission has not been granted, request permission.
    ActivityCompat.requestPermissions(this,
      new String[]{Manifest.permission.ACCESS_FINE_LOCATION},
      LOCATION_PERMISSION_REQUEST);
  }
}

@Override
public void onRequestPermissionsResult(int requestCode,
                                       @NonNull String[] permissions,
                                       @NonNull int[] grantResults) {
  super.onRequestPermissionsResult(requestCode, permissions, grantResults);

  if (requestCode == LOCATION_PERMISSION_REQUEST) {
    if (grantResults[0] != PERMISSION_GRANTED)
      Toast.makeText(this, "Location Permission Denied", Toast.LENGTH_LONG).show();
    else
      getLastLocation();
  }
}

private void getLastLocation() {
}
```

(6) 现在更新 getLastLocation 存根方法。获取对 Fused Location Provider 的引用，并使用 getLastLocation 方法查找最后的位置。创建 updateTextView 存根方法，获取返回的位置并更新 TextView。值得注意的是，位置信息服务能够检测和解决 Google Play 服务 APK 的多个潜在问题，因此我们不需要在代码中处理连接或失败场景：

```
private void getLastLocation() {
  FusedLocationProviderClient fusedLocationClient;
  fusedLocationClient =
```

```
    LocationServices.getFusedLocationProviderClient(this);

  if (
    ActivityCompat
    .checkSelfPermission(this, ACCESS_FINE_LOCATION)
     ==PERMISSION_GRANTED ||
    ActivityCompat
    .checkSelfPermission(this, ACCESS_COARSE_LOCATION)
     ==PERMISSION_GRANTED) {
      fusedLocationClient.getLastLocation()
      .addOnSuccessListener(this, new OnSuccessListener<Location>() {
        @Override
        public void onSuccess(Location location) {
          updateTextView(location);
        }
      });
    }
}

private void updateTextView(Location location) {
}
```

(7) 最后，更新 updateTextView 存根方法，从每个位置提取纬度和经度，并显示在 TextView 中：

```
private void updateTextView(Location location) {
  String latLongString = "No location found";
  if (location != null) {
    double lat = location.getLatitude();
    double lng = location.getLongitude();
    latLongString = "Lat:" + lat + "\nLong:" + lng;
  }

  mTextView.setText(latLongString);
}
```

运行后，Activity 应该如图 15-5 所示。

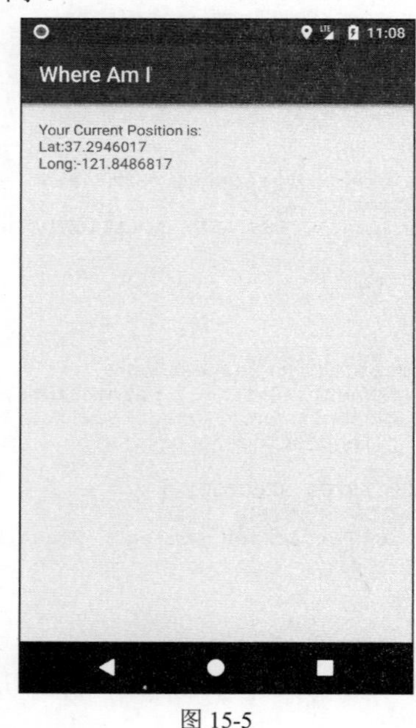

图 15-5

15.3.4 请求位置更改更新

在大多数情况下，获取最后位置(Last Known Location)不可能满足需要。不仅是因为位置可能会很快过时，而且大多数位置敏感的应用都需要对用户移动做出反应，而向位置服务查询最后位置不会触发更新。

可通过 requestLocationUpdates 方法使用 LocationCallback 请求设备位置的定期更新。LocationCallback 还会

通知设备位置信息可用性的更改。

requestLocationUpdates 方法接收一个 LocationRequest 对象，该对象提供信息以便 Fused Location Provider 确定最有效的方法，让返回的结果达到所需要的准确度和精确度。

可以根据应用的需要指定多个标准，优化效率并最大限度地降低成本和功耗：

- setPriority——允许使用以下常量之一，指示耗电量和获得精确结果的相对重要性：
  - ➢ PRIORITY_HIGH_ACCURACY——表示优先考虑高精确度。因此，FLP 将尝试以增加耗电量为代价，获得尽可能精确的位置。这样可以返回精确到几十厘米的结果，通常用于地图和导航应用。
  - ➢ PRIORITY_BALANCED_POWER_ACCURACY——试图平衡精确度和耗电量，结果的精确度在一个城市街区或大约 100 米内。
  - ➢ PRIORITY_LOW_POWER——表示优先考虑低耗电。因此，可以接收精确度约 10 公里的低精确度位置更新。
  - ➢ PRIORITY_NO_POWER——指示应用不应触发位置更新，但应当接收由其他应用触发的位置更新。
- setInterval——指定的首选更新速率，以毫秒为单位。这将强制位置服务尝试以此速率更新位置。如果无法确定位置，更新的频率可能会降低；如果其他应用接收更新的频率更高，则更新的频率可能会更高。
- setFastestInterval——应用可以支持的最快更新率。如果更频繁的更新可能导致应用中的 UI 问题或数据溢出，请使用此选项。

代码清单 15-6 展示了定义 LocationRequest 的框架代码，请求要求每 5 秒进行一次高精确度更新。注意，可以指定 Looper 参数，这允许你在特定线程上调度回调，将 Looper 参数设置为空将强制在调用线程上返回。

代码清单 15-6：使用 LocationRequest 请求位置更新

```
LocationCallback mLocationCallback = new LocationCallback() {
  @Override
  public void onLocationResult(LocationResult locationResult) {
    for (Location location : locationResult.getLocations()) {
      // TO DO: React to newly received locations.
    }
  }
};

private void startTrackingLocation() {
  if (
    ActivityCompat
    .checkSelfPermission(this, ACCESS_FINE_LOCATION)==PERMISSION_GRANTED ||
    ActivityCompat
    .checkSelfPermission(this, ACCESS_COARSE_LOCATION)==PERMISSION_GRANTED) {

    FusedLocationProviderClient locationClient =
      LocationServices.getFusedLocationProviderClient(this);

    LocationRequest request = new LocationRequest()
      .setPriority(LocationRequest.PRIORITY_HIGH_ACCURACY)
      .setInterval(5000); // Update every 5 seconds.

    locationClient.requestLocationUpdates(request, mLocationCallback, null);
  }
}
```

当接收到新的位置更新时，附加的 LocationCallback 将执行 onLocationResult 事件。

请注意，可以在一个 LocationResult 参数中接收多个位置；如果将最大等待时间设置为更新间隔的两倍以上，则会发生这种情况：

```
LocationRequest request = new LocationRequest()
  .setPriority(LocationRequest.PRIORITY_HIGH_ACCURACY)
  .setInterval(5000)         // Check for changes every 5s
  .setMaxWaitTime(25000); // App can wait up to 25s to receive updates.
```

最长等待时间表示应用在接收位置更新之前可以等待的最长时间，应用将收到在该时间间隔内接收到的所有新位置。如果需要在短时间间隔内收到更新，但又不需要立即更新用户界面，比如跟踪路径(徒步旅行或跑步)

时，这是提高应用效率的一种有效方法。

为了最小化续航成本，应在应用中尽可能禁用更新，尤其是在仅使用位置更新来更新 Activity 的 UI 而应用又不可见的情况下。通过使更新之间的最小时间和距离尽可能大，可以进一步提高性能。

调用 removeLocationUpdates 方法，传入相应的 LocationCallback 实例，可以移除 LocationRequest。通常，在 onStop 处理程序中禁用位置更新是一种好的做法，当 UI 不再可见时会触发 onStop，如代码清单 15-7 所示。

代码清单 15-7：取消位置更新

```
@Override
protected void onStop () {
  super.onStop();

  FusedLocationProviderClient fusedLocationClient =
    LocationServices.getFusedLocationProviderClient(this);

  fusedLocationClient.removeLocationUpdates(mLocationCallback);
}
```

如果在 Activity 停止时移除 LocationRequest，则需要追踪何时启用了更新，以确保在由于配置更改而重新启动 Activity 时重新启动。可以在第 8 章“文件、存储状态和用户偏好”中找到维护应用状态的详细信息。

15.3.5 通过 Pending Intent 接收位置更新

在少数情况下，应用在后台时可能需要继续接收位置更新。为了支持这一点，Fused Location Provider 允许使用 Pending Intent 而不是 LocationCallback 来接收更新。

注意：
最常见的在后台继续接收更新的应用例子是具有前台服务(foreground service)的应用，如实时驾驶导航持续以较短的频率接收高精度更新。但是，在使用前台服务时，仍然建议使用 LocationCallback。

在后台接收位置更新时，如何将对电池续航的影响降到最低是很重要的。因此，最好将优先级设置为低电量(low-battery)或无电池(no-battery)。为了进一步提高电池寿命，在运行 Android 8.0 Oreo(API 级别 26)或更高版本系统的设备上，系统会严格限制后台位置更新，应用每小时只会收到几次更新。

可以指定 Pending Intent 而不是创建 LocationCallback，Pending Intent 将在位置更改或位置可用性状态更改时被触发。将接收到的 Intent 传入 hasResult 和 extractResult 方法，分别确定是否包含新的 LocationResult 或者提取 LocationResult。

警告：
为了确保应用不会泄漏敏感的位置信息，应该以特定的 Broadcast Receiver 为目标，如代码清单 15-8 所示。

代码清单 15-8 展示了如何创建 Pending Intent，使其触发 Broadcast Receiver 以处理新的位置更新。

代码清单 15-8：使用 Pending Intent 请求位置更新

```
FusedLocationProviderClient fusedLocationClient
  = LocationServices.getFusedLocationProviderClient(this);

LocationRequest request = new LocationRequest()
                        .setInterval(60000*10) // Update every 10 minutes.
                        .setPriority(LocationRequest.PRIORITY_NO_POWER);

final int locationUpdateRC = 0;
int flags = PendingIntent.FLAG_UPDATE_CURRENT;
Intent intent = new Intent(this, MyLocationUpdateReceiver.class);
PendingIntent pendingIntent =
  PendingIntent.getBroadcast(this, locationUpdateRC, intent, flags);

fusedLocationClient.requestLocationUpdates(request, pendingIntent);
```

代码清单 15-9 展示了如何创建 Broadcast Receiver，以使用代码清单 15-8 所示的 Pending Intent 来监听位置广播中的更改。

代码清单 15-9：使用 Broadcast Receiver 接收位置更新

```
public class MyLocationUpdateReceiver extends BroadcastReceiver {

  @Override
  public void onReceive(Context context, Intent intent) {
    if (LocationResult.hasResult(intent)) {
      LocationResult locationResult = LocationResult.extractResult(intent);
      for (Location location : locationResult.getLocations()) {
        // TO DO: React to newly received location.
      }
    }
  }
}
```

记住，在应用清单开始接收 Pending Intent 之前，必须将 Broadcast Receiver 添加到应用清单中。

为了停止位置更新，需要调用 removeLocationUpdates 方法，传入不再希望广播的 Pending Intent，代码如下所示：

```
fusedLocationClient.removeLocationUpdates(pendingIntent);
```

15.3.6　定义更新的过期条件

不是每个应用都需要持续的位置更新。在某些情况下，只需要一个定位，或者可能只需要在很短的时间内更新，以便为它们提供的功能或显示的信息提供足够的上下文。

定义 LocationRequest 时，可以指示几个附加条件，这些条件将限制收到的位置更新的数量，并在达到限制后自动移除 LocationRequest：

- setExpirationDuration——更新将在指定的持续时间(以毫秒为单位)后过期。
- setExpirationTime——当设备启动后达到指定的实时时间(以毫秒为单位)时，更新将过期。
- setNumUpdates——只接收指定数量(次数)的更新。

以下代码片段显示了一个(非现实的)LocationRequest，它指定了更新的过期持续时间(duration)、启动时间和固定数量：

```
LocationRequest request = new LocationRequest()
  .setExpirationDuration(3600000)                        // Expire in 1 hour
  .setExpirationTime(SystemClock.elapsedRealtime()+360000)) // Expire in 1 hour
  .setNumUpdates(10)   // Receive 10 updates.
  .setInterval(60000)  // Update every minute.
  .setPriority(LocationRequest.PRIORITY_NO_POWER);
```

如果要在满足过期条件后开始接收更多更新，就必须再次请求位置更新。

15.3.7　后台位置更新限制

为了减少位置更新对电池续航的影响，Android 8.0 Oreo(API 级别 26)对应用在后台接收位置更新的频率进行了严格限制。具体来说，没有活动前台 Activity 或 Service 的应用每小时只会收到几次更新。这些新限制适用于运行 Android 8.0 或更高版本系统的设备上的所有应用，与应用的目标 SDK 无关。

前台应用继续以指定的速率接收更新，包括具有可见 Activity 或正在运行的前台 Service 的应用。指定最长等待时间的 LocationRequest 将以较短的时间间隔接收成批的更新，如果应用需要频繁更新，但不需要实时更新，那么这将是一种有用的方法。

Geofencing API 已针对后台操作进行了优化，相比从 Fused Location Provider 接收位置更新，将更频繁地接收转换事件。Geofence 每隔几分钟检查一次转换。

15.3.8 更改设备位置设置

请求的位置精度权限和 LocationRequest 优先级的组合表示了应用要求的位置精确度(accuracy)和精度(precision)级别，这通常对应一个或多个用于确定位置的硬件设备，如 Wi-Fi 和/或 GPS。

出于隐私和电池效率的考虑，用户可以选择自己喜欢的 Location mode，如图 15-6 所示。

因此，当应用请求接收位置更新时，系统设置可能会阻止获取超过所需精确度的位置数据；例如，GPS 或 Wi-Fi 扫描可能被禁用。

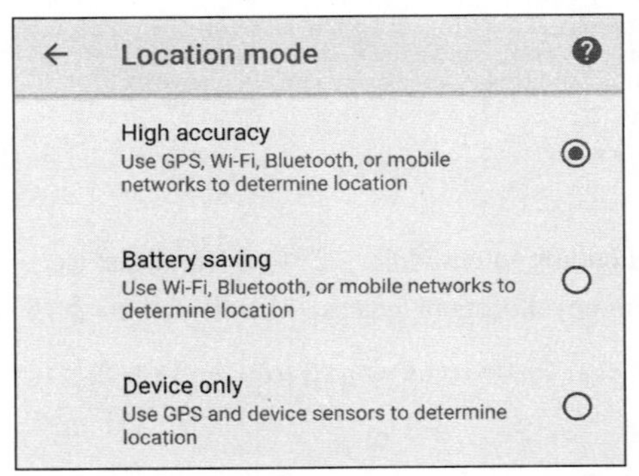

图 15-6

为了确保应用接收到所需精度的位置结果，可以使用 Google Play 服务的 Settings API 检查用户当前的系统范围内的位置设置，并在需要时提示他们修改设置。

使用静态 LocationSettingsRequest.Builder 添加用于请求位置更新的每个 LocationRequest 对象。

使用 LocationServices 的 getSettingsClient 方法获取 SettingsClient 实例，并使用 checkLocationSettings 方法(传入 LocationSettingsRequest)启动将用于传递 LocationSettingsResponse 的任务，如代码清单 15-10 所示。

代码清单 15-10：检查当前位置设置是否满足要求

```
// Get the settings client.
SettingsClient client = LocationServices.getSettingsClient(this);

// Create a new Location Settings Request, adding our Location Requests
LocationSettingsRequest.Builder builder =
  new LocationSettingsRequest.Builder().addLocationRequest(request);

// Check if the Location Settings satisfy our requirements.
Task<LocationSettingsResponse> task =
  client.checkLocationSettings(builder.build());
```

通过添加 onSuccess 和 onFailure 处理程序，可以得到 LocationSettingsResponseTask 的结果。

成功的响应表明位置设置足以满足应用的位置请求，因此可以启动位置更新，如代码清单 15-11 所示。

代码清单 15-11：创建位置设置满足要求时的处理程序

```
task.addOnSuccessListener(this,
  new OnSuccessListener<LocationSettingsResponse>() {
    @Override
    public void onSuccess(LocationSettingsResponse locationSettingsResponse) {
      // Location settings satisfy the requirements of the Location Request
      startTrackingLocation();
    }
  });
```

当 onFailureListener 的 onFailure 处理程序被触发时，表示当前系统位置设置可能无法满足 LocationRequest 中指定的要求。可以从返回的异常中提取状态码，以确定下一步操作。状态 RESOLUTION_REQUIRED 表示问题可以通过用户操作解决，而 SETTINGS_CHANGE_UNAVAILABLE 表示问题无法解决：

```
int statusCode = ((ApiException) e).getStatusCode();

switch (statusCode) {
  case CommonStatusCodes.RESOLUTION_REQUIRED:
    // Issue can be user resolved.
    break;
  case LocationSettingsStatusCodes.SETTINGS_CHANGE_UNAVAILABLE:
    // Issue can't be user resolved.
    break;
  default: break;
}
```

在前一种情况下，可以通过对 onFailure 处理程序接收到的 ResolvableApiException 调用 startResolutionForResult 方法来提示用户更改位置设置以满足要求：

```
ResolvableApiException resolvable = (ResolvableApiException) e;
resolvable.startResolutionForResult(MainActivity.this, CHECK_SETTINGS);
```

这将显示一个对话框，如图 15-7 所示，请求用户根据需要修改位置设置。

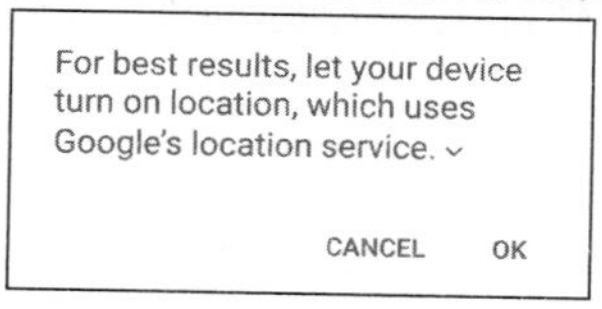

For best results, let your device
turn on location, which uses
Google's location service.

CANCEL　OK

图 15-7

代码清单 15-12 展示了 onFailureListener 实现的完整框架代码。

代码清单 15-12：请求用户更改位置设置

```
task.addOnFailureListener(this, new OnFailureListener() {
  @Override
  public void onFailure(@NonNull Exception e) {
    // Extract the status code for the failure from within the Exception.
    int statusCode = ((ApiException) e).getStatusCode();
    switch (statusCode) {
      case CommonStatusCodes.RESOLUTION_REQUIRED:
        // Location settings don't satisfy the requirements of the
        // Location Request, but they could be resolved through user
        // selection within a Dialog.
        try {
          // Display a user dialog to resolve the location settings issue.
          ResolvableApiException resolvable = (ResolvableApiException) e;
          resolvable.startResolutionForResult(MainActivity.this,
            REQUEST_CHECK_SETTINGS);
        } catch (IntentSender.SendIntentException sendEx) {
          Log.e(TAG, "Location Settings resolution failed.", sendEx);
        }
        break;
      case LocationSettingsStatusCodes.SETTINGS_CHANGE_UNAVAILABLE:
        // Location settings don't satisfy the requirements of the
        // Location Request, however it can't be resolved with a user
        // dialog.
        // TO DO: Start monitoring location updates anyway, or abort.
        break;
    }
  }
});
```

用户与对话框交互的结果将在 onActivityResult 处理程序中返回，如代码清单 15-13 所示。

如果结果为 RESULT_OK，则表示应用了请求的设置更改，可以继续请求位置更新。如果结果为 RESULT_CANCELED，则表明用户选择不应用请求的更改。

代码清单 15-13：处理用户对更改位置设置请求的响应

```
@Override
protected void onActivityResult(int requestCode, int resultCode, Intent data){
```

```
  final LocationSettingsStates states =
    LocationSettingsStates.fromIntent(data);

  if (requestCode == REQUEST_CHECK_SETTINGS) {
    switch (resultCode) {
      case Activity.RESULT_OK:
        // TO DO: Changes were applied.
        break;
      case Activity.RESULT_CANCELED:
        // TO DO: Changes were not applied.
        // TO DO: Check states to confirm if we can attempt
        // TO DO: to request location updates anyway.
        break;
      default: break;
    }
  }
}
```

如果用户拒绝请求的设置更改，则必须决定如何响应。可以尝试请求位置结果，如果位置结果的精度低于期望值，则禁用需要位置更新的功能或者(在极端情况下)显示错误并退出应用。

为了帮助确定最佳方法，可以从返回到 onActivityResult 处理程序的 Intent 中提取其他位置设置状态：

```
final LocationSettingsStates states =
  LocationSettingsStates.fromIntent(data);
```

位置设置状态包括多种方法，用于指示位置相关支持的可用性，包括位置本身、GPS、蜂窝网络/Wi-Fi 和 BLE。

15.3.9 在 Where Am I 示例中更新位置

在下面的示例中，通过以 5 秒的时间间隔侦听位置更改，增强 Where Am I 项目以更新当前位置。

(1) 在 Where Am I 项目中打开 Where Am I Activity。更新 onCreate 方法，创建一个新的 LocationRequest 对象，它具有高精确度和 5 秒更新间隔：

```
private LocationRequest mLocationRequest;

@Override
protected void onCreate(Bundle savedInstanceState) {
  super.onCreate(savedInstanceState);
  setContentView(R.layout.activity_where_am_i);
  mTextView = findViewById(R.id.myLocationText);

  GoogleApiAvailability availability
    = GoogleApiAvailability.getInstance();
  int result = availability.isGooglePlayServicesAvailable(this);
  if (result != ConnectionResult.SUCCESS) {
    if (!availability.isUserResolvableError(result)) {
      Toast.makeText(this, ERROR_MSG, Toast.LENGTH_LONG).show();
    }
  }

  mLocationRequest = new LocationRequest()
    .setInterval(5000)
    .setPriority(LocationRequest.PRIORITY_HIGH_ACCURACY);
}
```

(2) 创建一个新的 LocationCallback 对象，调用 updateTextView 方法，在收到新的位置更新时更新 TextView：

```
LocationCallback mLocationCallback = new LocationCallback() {
  @Override
  public void onLocationResult(LocationResult locationResult) {
    Location location = locationResult.getLastLocation();
    if (location != null) {
      updateTextView(location);
    }
  }
};
```

(3) 创建新的 requestLocationUpdates 方法，该方法将使用步骤(1)中定义的 LocationRequest 和步骤(2)中定义

的 LocationCallback 启动接收位置更新的请求：

```
private void requestLocationUpdates() {
  if (ActivityCompat
      .checkSelfPermission(this, ACCESS_FINE_LOCATION)
       ==PERMISSION_GRANTED ||
      ActivityCompat
      .checkSelfPermission(this, ACCESS_COARSE_LOCATION)
       ==PERMISSION_GRANTED) {

    FusedLocationProviderClient fusedLocationClient
      = LocationServices.getFusedLocationProviderClient(this);

    fusedLocationClient.requestLocationUpdates(mLocationRequest,
      mLocationCallback, null);
  }
}
```

(4) 更新 onStart 方法，将系统的位置设置与 LocationRequest 的要求进行比较。如果设置兼容或无法解析，请调用步骤(3)中的 requestLocationUpdates 方法。如果它们不符合我们的要求，但可以通过用户操作解决，则显示一个对话框，要求用户相应地更改设置：

```
public static final String TAG = "WhereAmIActivity";
private static final int REQUEST_CHECK_SETTINGS = 2;

@Override
protected void onStart() {
  super.onStart();

  // Check if we have permission to access high accuracy fine location.
  int permission = ActivityCompat.checkSelfPermission(this,
    ACCESS_FINE_LOCATION);

  // If permission is granted, fetch the last location.
  if (permission == PERMISSION_GRANTED) {
    getLastLocation();
  } else {
    // If permission has not been granted, request permission.
    ActivityCompat.requestPermissions(this,
      new String[]{ACCESS_FINE_LOCATION},
      LOCATION_PERMISSION_REQUEST);
  }

  // Check of the location settings are compatible with our Location Request.
  LocationSettingsRequest.Builder builder =
    new LocationSettingsRequest.Builder()
        .addLocationRequest(mLocationRequest);

  SettingsClient client = LocationServices.getSettingsClient(this);

  Task<LocationSettingsResponse> task =
    client.checkLocationSettings(builder.build());

  task.addOnSuccessListener(this,
    new OnSuccessListener<LocationSettingsResponse>() {
    @Override
    public void onSuccess(LocationSettingsResponse
                          locationSettingsResponse) {
      // Location settings satisfy the requirements of the Location Request.
      // Request location updates.
      requestLocationUpdates();
    }
  });

  task.addOnFailureListener(this, new OnFailureListener() {
    @Override
    public void onFailure(@NonNull Exception e) {
      // Extract the status code for the failure from within the Exception.
      int statusCode = ((ApiException) e).getStatusCode();
      switch (statusCode) {
        case CommonStatusCodes.RESOLUTION_REQUIRED:
          try {
            // Display a user dialog to resolve the location settings issue.
            ResolvableApiException resolvable
              = (ResolvableApiException) e;
```

```
          resolvable.startResolutionForResult(WhereAmIActivity.this,
            REQUEST_CHECK_SETTINGS);
        } catch (IntentSender.SendIntentException sendEx) {
          Log.e(TAG, "Location Settings resolution failed.", sendEx);
        }
        break;
      case LocationSettingsStatusCodes.SETTINGS_CHANGE_UNAVAILABLE:
        // Location settings issues can't be resolved by user.
        // Request location updates anyway.
        Log.d(TAG, "Location Settings can't be resolved.");
        requestLocationUpdates();
        break;
    }
  }
});
}
```

(5) 重写 onActivityResult 处理程序以侦听步骤(4)中可能显示的对话框。如果用户接受请求的更改，则请求位置更新。如果它们被拒绝，则检查是否有任何位置服务可用。如果有，请求更新：

```
@Override
protected void onActivityResult(int requestCode,
                                int resultCode,Intent data){
  final LocationSettingsStates states =
    LocationSettingsStates.fromIntent(data);

  if (requestCode == REQUEST_CHECK_SETTINGS) {
    switch (resultCode) {
      case Activity.RESULT_OK:
        // Requested changes made, request location updates.
        requestLocationUpdates();
        break;
      case Activity.RESULT_CANCELED:
        // Requested changes were NOT made.
        Log.d(TAG, "Requested settings changes declined by user.");
        // Check if any location services are available, and if so
        // request location updates.
        if (states.isLocationUsable())
          requestLocationUpdates();
        else
          Log.d(TAG, "No location services available.");
        break;
      default: break;
    }
  }
}
```

如果运行应用并开始更改设备位置，则会看到 TextView 被相应地更新。

15.3.10 使用位置时的最佳实践

在应用中结合用户位置后，就可以添加强大的个性化和情境化功能，从而改善用户体验并使独特的功能成为可能。这些强大的功能必须与对电池续航和用户隐私的影响相平衡。

若想在不耗尽设备电池的情况下利用这些功能，请考虑以下因素：

- 电池续航与精度——仔细考虑位置更新需要多精确，并考虑在运行时修改要求，以尽量减少对电池续航的影响。
- 最小化更新速率——较慢的更新速率可以减少电池消耗，代价是更新不及时。
- 修改最快间隔——当应用执行耗时的操作时，增加最快间隔是非常有用的，这将防止处理更多的位置更新。增加最快间隔允许位置服务缓冲位置更新，直到应用可以处理它们。一旦耗时工作完成，就将最快间隔重置为更快的值。
- 适时取消订阅——当不需要更新时，应用应始终取消订阅。位置更新会更新 UI，当 Activity 不再可见时这一点尤其重要。

对用户当前位置的访问会带来严重的隐私顾虑。因此，应用以尊重用户隐私的方式处理位置数据就显得尤为重要：

- 仅当应用必须运行时，才获取当前位置并请求位置更新。如果可能，允许用户在拒绝依赖位置的功能后，仍能使用应用的其余部分。
- 明确告知用户如何以及为什么需要使用他们的位置。
- 在跟踪用户的位置时通知用户，包括位置信息的使用、传输和存储方式。
- 避免存储或传输用户位置；当需要存储和传输时，应采取一切预防措施防止其他应用访问这些信息。
- 注意不要因为广播 Intent 或不安全的数据库导致泄漏位置信息。
- 尊重用户设置和系统位置首选项；允许用户禁用应用中的位置更新，并且即使用户限制了位置的准确性，也应当提供尽可能多的功能。

15.4 设置和管理地理围栏

地理围栏(Geofence)由给定的纬度和经度以及有效半径定义。使用地理围栏，可以根据用户接近指定位置设置激发的 Pending Intent。应用可以为每个设备用户指定最多 100 个地理围栏。

注意：

在内部，地理围栏使用 Fused Location Provider，根据离目标区域外边缘的距离，使用不同的精度优先级。当与目标区域外边缘的距离不太可能触发警报时，这样可以最小化电源使用成本。

Geofence API 是 Google Play 服务的位置信息服务库的一部分，在按照本章前面的说明安装 Google Play 服务之后，必须将其作为依赖项添加到 app 模块的 build.gradle 文件中：

```
dependencies {
  ...
  implementation 'com.google.android.gms:play-services-location:15.0.1'
}
```

Geofence API 要求在应用清单中定义 FINE 位置权限：

```
<uses-permission android:name="android.permission.ACCESS_FINE_LOCATION" />
```

作为一项危险授权，在设置地理围栏之前，还必须在运行时请求高精确度的位置访问：

```
// Check if we have permission to access high accuracy fine location.
int permission = ActivityCompat.checkSelfPermission(this,
  Manifest.permission.ACCESS_FINE_LOCATION);

// If permission is granted, fetch the last location.
if (permission == PERMISSION_GRANTED) {
  setGeofence();
} else {
  // If permission has not been granted, request permission.
  ActivityCompat.requestPermissions(this,
    new String[]{Manifest.permission.ACCESS_FINE_LOCATION},
    LOCATION_PERMISSION_REQUEST);
}
```

要设置地理围栏，可通过从 LocationServices 类调用静态 getGeofencingClient 方法来请求 GeofencingClient 实例，如代码清单 15-14 所示。

代码清单 15-14：访问 GeofencingClient

```
GeofencingClient geofencingClient =
  LocationServices.getGeofencingClient(this);
```

如代码清单 15-15 所示，可以使用 Geofence.Builder 类在给定位置的周围定义地理围栏。指定唯一的 ID、中心点(使用经度和纬度值)、中心点周围的半径、到期超时以及将导致 Pending Intent 触发的转换类型：进入、离开和/或停留。

代码清单 15-15：定义地理围栏

```
Geofence newGeofence = new Geofence.Builder()
  .setRequestId(id) // unique name of geofence
  .setCircularRegion(location.getLatitude(),
                location.getLongitude(),
                30) // 30 meter radius.
  .setExpirationDuration(Geofence.NEVER_EXPIRE) // Or expiration time in ms
  .setLoiteringDelay(10*1000)                   // Dwell after 10 seconds
  .setNotificationResponsiveness(10*1000)      // Notify within 10 seconds
  .setTransitionTypes(Geofence.GEOFENCE_TRANSITION_DWELL)
  .build();
```

徘徊延迟(loitering delay)表示设备在过渡类型从进入到停留之前必须在半径范围内的时间(以毫秒为单位)，而通知响应允许指示过渡和 Intent 触发之间的首选延迟。默认值为 0，但在此处设置较大的值可以显著提高电池性能。

为了添加地理围栏，需要向地理围栏客户端传递 GeofencingRequest 和 Pending Intent。

使用 GeofencingRequest.Builder 创建 GeofencingRequest，添加 Geofence 列表或单个 Geofence，如代码清单 15-16 所示。还可以指定初始触发器，该触发器非常有用，可在进入地理围栏时触发。如果在创建地理围栏时，设备已经在半径内，那么可能希望也接收到触发。

代码清单 15-16：创建 GeofencingRequest

```
GeofencingRequest geofencingRequest = new GeofencingRequest.Builder()
  .addGeofence(newGeofence)
  .setInitialTrigger(GeofencingRequest.INITIAL_TRIGGER_DWELL)
  .build();
```

为了指定要触发的 Intent，可以使用 PendingIntent 类，详见第 6 章：

```
Intent intent = new Intent(this, GeofenceBroadcastReceiver.class);
PendingIntent geofenceIntent = PendingIntent.getBroadcast(this, -1, intent, 0);
```

代码清单 15-17 展示了如何使用 GeofencingClient 启动 GeofencingRequest，指示触发地理围栏时要广播的特定 Pending Intent。可以使用 OnSuccessListener 和 OnFailureListener 来观察添加地理围栏的尝试是否成功。

代码清单 15-17：启动 GeofencingRequest

```
geofencingClient.addGeofences(geofencingRequest, geofenceIntent)
  .addOnSuccessListener(this, new OnSuccessListener<Void>() {
    @Override
    public void onSuccess(Void aVoid) {
      // TO DO: Geofence added.
    }
  })
  .addOnFailureListener(this, new OnFailureListener() {
    @Override
    public void onFailure(@NonNull Exception e) {
      Log.d(TAG, "Adding Geofence failed", e);
      // TO DO: Geofence failed to add.
    }
  });
```

当位置信息服务检测到已越过地理围栏的半径边界时，将触发 Pending Intent。根据 Pending Intent，触发地理围栏时激发的 Intent 可以触发 Broadcast Receiver，如代码清单 15-18 所示。

代码清单 15-18：创建 GeofenceBroadcastReceiver

```
public class GeofenceBroadcastReceiver extends BroadcastReceiver {

  private static final String TAG = "GeofenceReceiver";

  @Override
  public void onReceive(Context context, Intent intent) {
    GeofencingEvent geofencingEvent = GeofencingEvent.fromIntent(intent);
```

```
    if (geofencingEvent.hasError()) {
      int errorCode = geofencingEvent.getErrorCode();
      String errorMessage =
        GeofenceStatusCodes.getStatusCodeString(errorCode);
      Log.e(TAG, errorMessage);
    } else {
      // Get the transition type.
      int geofenceTransition = geofencingEvent.getGeofenceTransition();

      // A single event can trigger multiple geofences.
      // Get the geofences that were triggered.
      List<Geofence> triggeringGeofences =
        geofencingEvent.getTriggeringGeofences();

      // TO DO: React to the Geofence(s) transition(s).
    }
  }
}
```

可以通过将接收到的 Intent 传入 GeofencingEvent 的 fromIntent 方法来提取 GeofencingEvent。使用 GeofencingEvent，可以确定发生了什么错误(如果有的话)，以及触发 Intent 广播的转换类型和地理围栏列表。

地理围栏将在时间到期后自动移除，也可以使用 GeofenceClient 的 removeGeofences 方法手动移除它们，需要传入标识符字符串列表或与要删除的地理围栏关联的 Pending Intent：

```
geofencingClient.removeGeofences(geofenceIntent);
```

注意：

在编写本书的时候，尚不能用安卓模拟器测试地理围栏，因为它们永远不会被触发。此时，为了测试地理围栏，必须在物理设备上运行它们。如果要避免实际移动，需要在设备的 Developer options 设置中启用 Allow mock locations，并在应用清单中添加 ACCESS_MOCK_LOCATION 权限。这将使你能够向应用发送模拟位置，详细内容请参阅 https://d.android.com/guide/topics/location/strategies.html#MockData。

一旦添加，地理围栏在位置信息服务过程中就将保持激活，即使应用被系统关闭或杀死。除设备重新启动、卸载应用、用户启动清除应用数据(或 Google Play 服务应用数据)或收到 GEOFENCE_NOT_AVAILABLE 错误的情况外，它们将持续存在。

Android 8.0 Oreo(API 级别 26)引入了对应用在后台接收位置更新的频率的严格限制。但是，由于 Geofencing API 已针对后台操作进行了优化，因此在应用处于后台时，接收过渡事件的频率比从 Fused Location Provider 接收位置更新的频率要高，通常每隔几分钟一次。

然而，正如在应用中接收位置更新会对功耗产生重大影响一样，设置多个地理围栏也可能经常触发。要最小化相关的电池影响，可以将通知响应设置为尽可能慢的值，并将地理围栏的半径增加到至少 150 米，从而减少设备检查位置的需要。

15.5　使用传统平台的 LBS

除 Google Play 服务的位置信息服务外，Android 框架还包括所有 Android 设备上可用的基于位置的服务。Google Play Location 库利用这些平台位置 API 来实现其功能。

Fused Location Provider 实现了本节中描述的许多最佳实践，提供了更高的电池效率和位置精确度，使其成为尽可能推荐使用的 API。

“基于位置的服务(LBS，Location-Based Service)”是总称，它描述了平台用来查找设备当前位置的不同技术。两个主要的 LBS 元素是：

- Location Manager——为基于位置的服务提供挂钩。
- Location Provider——每一个 Location Provider 都代表一种不同的定位技术，用于确定设备的当前位置。

使用 Location Manager，可以执行以下操作：

- 获取当前位置

- 跟随运动
- 查找可用的 Location Provider
- 监测 GPS 接收器的状态

基于位置的服务由 Location Manager 提供。将 LOCATION_SERVICE 常量传入 getSystemService 方法即可请求对 Location Manager 的引用：

```
LocationManager = (LocationManager) getSystemService(Context.LOCATION_SERVICE);
```

与 Google Play 服务的位置信息服务库一样，基于位置的服务需要应用清单中的一个或多个 uses-permission 标签：

```
<uses-permission android:name="android.permission.ACCESS_FINE_LOCATION"/>
<uses-permission android:name="android.permission.ACCESS_COARSE_LOCATION"/>
```

高精确度(FINE)和低精确度(COARSE)的位置访问，作为危险权限，都要求用户接受运行时权限，然后应用才能使用基于位置的服务获取位置信息。

15.5.1 选择 Location Provider

根据设备的不同，可以使用多种技术来确定当前位置。每一项技术都作为一个 Location Provider，提供不同的能力，包括不同的功耗、精确度以及确定高度、速度或航向信息的能力差异。

> 注意：
> Google Play Location 库提供的 Fused Location Provider 整合了所有可用的位置提供程序，以便以最少的电池电量提供最准确的位置结果。

1. 查找 Location Provider

LocationManager 类包含了三个静态字符串常量，可以分别用来获取相对应的 Location Provider：

- GPS_PROVIDER
- NETWORK_PROVIDER
- PASSIVE_PROVIDER

> 注意：
> GPS 提供商和被动提供商一样需要高精确度(FINE)权限，而网络(Cell ID/Wi-Fi)提供商只需要低精确度(COARSE)权限。

可以通过调用 getProviders 方法，获取所有可用 Provider 的名称列表(基于设备上可用的硬件和授予应用的权限)，使用布尔值指示是否要返回全部或仅返回已启用的 Provider：

```
boolean enabledOnly = true;
List<String> providers = locationManager.getProviders(enabledOnly);
```

2. 通过指定条件查找 Location Provider

在大多数情况下，你不太可能明确地选择某个 Location Provider。更好的做法是指定需求，让 Android 确定最佳技术。

使用 Criteria 类指定 Provider 在精确度、耗电量(低、中、高)、经济成本以及是否有返回高度、速度和航向值的能力方面的要求：

```
Criteria criteria = new Criteria();
criteria.setAccuracy(Criteria.ACCURACY_COARSE);
criteria.setPowerRequirement(Criteria.POWER_LOW);
criteria.setAltitudeRequired(false);
criteria.setBearingRequired(false);
criteria.setSpeedRequired(false);
criteria.setCostAllowed(true);
```

传入 setAccuracy 方法的 COARSE/FINE 值代表主观精确度水平，其中 FINE 代表 GPS 或更好，COARSE 代表任何明显低于此精度的技术。

还可以指定其他 Criteria 属性，以对所需的精度级别进行更多控制，包括水平(纬度/经度)、垂直(海拔)、速度和方位精度：

```
criteria.setHorizontalAccuracy(Criteria.ACCURACY_HIGH);
criteria.setVerticalAccuracy(Criteria.ACCURACY_MEDIUM);

criteria.setBearingAccuracy(Criteria.ACCURACY_LOW);
criteria.setSpeedAccuracy(Criteria.ACCURACY_LOW);
```

在水平和垂直精度方面，高精确度表示要求对结果的误差在 100 米以内。低精确度 Provider 的误差超过 500 米，而中精确度 Provider 的误差介于 100 米和 500 米之间。

指定方位和速度的精度要求时，只有 ACCURACY_LOW 和 ACCURACY_HIGH 才是有效参数。

在定义了所需的条件(Criteria)后，可以使用 getBestProvider 返回最佳匹配的 Location Provider，或使用 getProviders 返回所有可能的匹配项。以下代码演示了如何使用 getBestProvider 返回符合条件的最佳 Provider，其中的布尔值允许将结果限制为当前启用的 Provider：

```
String bestProvider = locationManager.getBestProvider(criteria, true);
```

在大多数情况下，如果多个 Location Provider 符合条件(Criteria)，则返回精度最高的。如果没有符合要求的 Location Provider，则按以下顺序放宽条件，直到找到 Provider：

- 耗电量
- 返回位置的精度
- 方位、速度和高度的精度
- 方位、速度和高度的可用性

允许设备使用的经济成本的标准从未被隐式地放宽。如果找不到 Provider，则返回空值。

使用 getProviders 方法，获取符合条件(Criteria)的所有 Provider 的名称列表。该方法接收一个 Criteria 对象，并返回一个字符串列表，其中包含与之匹配的所有 Location Provider 名称。与 getBestProvider 调用一样，如果找不到匹配的 Provider，就返回空值或空列表：

```
List<String> matchingProviders = locationManager.getProviders(criteria, false);
```

3. 确定 Location Provider 功能

要获取特定 Provider 的实例，可以调用 getProvider，传入名称：

```
String providerName = LocationManager.GPS_PROVIDER;
LocationProvider gpsProvider  = locationManager.getProvider(providerName);
```

getAccuracy 和 getPowerRequirement 方法对获得特定 Provider 的能力(特别是精确度和能耗要求)很有用。

在后面的章节中，大多数 Location Manager 方法只需要 Provider 名称或条件(Criteria)即可执行基于位置的函数。

15.5.2 查找最后位置

可以通过使用 getLastKnownLocation 方法，传入 Location Provider 名称，找到特定 Location Provider 获得的最后一个定位。以下示例查找 GPS Provider 进行的最后一次定位：

```
String provider = LocationManager.GPS_PROVIDER;
Location location = locationManager.getLastKnownLocation(provider);
```

警告：

getLastKnownLocation 不要求 Location Provider 更新当前位置。如果设备最近没有更新当前位置，那么值可能已过期或不存在。

返回的 Location 对象包含 Provider 提供的所有可用位置信息，包括获得时间、找到的位置的精确度(accuracy)以及纬度(latitude)、经度(longitude)、方位(bearing)、高度(altitude)和速度(speed)。所有这些属性都可以通过 Location 对象上对应的 get 方法获得。

注意，每个设备都有多个 Location Provider，其中的任意一个都可能在不同的时间更新，并且精确度不尽相同。要想获得最新的已知位置，可能需要查询多个 Location Provider，并比较它们的精确度和时间戳。本章前面介绍的 Fused Location Provider 可以使用一个方法调用来处理这个问题。

15.5.3 请求位置更改更新

使用 Location Manager 的 requestLocationUpdates 方法，请求使用 Location Listener 接收位置更改的定期更新。Location Listener 中包含了基于 Provider 状态和可用性更改触发的处理程序。

requestLocationUpdates 方法接收特定的 Location Provider 名称或一组条件(Criteria)来确定要使用的 Provider。如果要优化效率并最小化成本和耗电量，还可以指定位置更改更新之间的最短时间和最小距离：

```
String provider = LocationManager.GPS_PROVIDER;

int t = 5000;     // milliseconds
int distance = 5; // meters

LocationListener myLocationListener = new LocationListener() {

  public void onLocationChanged(Location location) {
    // Update application based on new location.
  }

  public void onProviderDisabled(String provider){
    // Update application if provider disabled.
  }

  public void onProviderEnabled(String provider){
    // Update application if provider enabled.
  }

  public void onStatusChanged(String provider, int status,
                      Bundle extras){
    // Update application if provider hardware status changed.
  }
};

locationManager.requestLocationUpdates(provider, t, distance,
                              myLocationListener);
```

当超过最短时间和最小距离时，附加的 Location Listener 将执行 onLocationChanged 事件。

注意：

可以请求多个位置更新指向相同或不同的 Location Listener，使用不同的最短时间、距离阈值或 Location Provider。

还可以指定 Pending Intent，在位置更改或 Location Provider 的状态或可用性更改时广播，而不是使用 Location Listener。新位置被作为 Extra 存储，键为 KEY_LOCATION_CHANGED：

```
String provider = LocationManager.GPS_PROVIDER;

int t = 5000;     // milliseconds
int distance = 5; // meters

final int locationUpdateRC = 0;
int flags = PendingIntent.FLAG_UPDATE_CURRENT;

Intent intent = new Intent(this, MyLocationUpdateReceiver.class);
PendingIntent pendingIntent = PendingIntent.getBroadcast(this,
  locationUpdateRC, intent, flags);
```

```
locationManager.requestLocationUpdates(provider, t,
                                      distance, pendingIntent);
```

警告：

为了确保应用不会泄漏敏感的位置信息，需要以特定的 Broadcast Receiver 为目标，或者要求获得接收位置更新 Intent 的权限。在第 20 章“高级 Android 开发”中，可以获得更多关于将权限应用于 Broadcast Intent 的详细信息。

当广播位置更改的 Pending Intent 时，需要创建一个 Broadcast Receiver，用于监听位置广播中的更改：

```
public class MyLocationUpdateReceiver extends BroadcastReceiver {

  @Override
  public void onReceive(Context context, Intent intent) {
    String key = LocationManager.KEY_LOCATION_CHANGED;
    Location location = (Location)intent.getExtras().get(key);
     // TO DO: Do something with the new location
  }

}
```

要停止位置更新，可以调用 removeUpdates，传入不再希望触发的 Location Listener 实例或 Pending Intent：

```
locationManager.removeUpdates(myLocationListener);
locationManager.removeUpdates(pendingIntent);
```

为了尽可能降低续航成本，应该在应用中尽可能禁用更新，尤其是在应用不可见且位置更改仅用于更新 Activity UI 的情况下。通过将更新之间的时间和距离尽可能增大，可以进一步提高续航性能。

如果及时性不是重要因素，可以考虑使用 Passive Location Provider，如下所示：

```
String passiveProvider = LocationManager.PASSIVE_PROVIDER;
locationManager.requestLocationUpdates(passiveProvider, 0, 0,
                                      myLocationListener);
```

Passive Location Provider 在(且仅在)另一个应用请求位置更新时接收位置更新，使应用被动接收更新而不会激活 Location Provider。

因为更新可能来自任何 Location Provider，所以应用必须请求 ACCESS_FINE_LOCATION 权限才能使用 Passive Location Provider。调用注册的 Location Listener 接收到的 Location 对象的 getProvider 方法，确定更新是哪个 Location Provider 生成的。

15.5.4　使用传统 LBS 的最佳实践

在应用中使用 LBS(Location-Based Service)时，应考虑与前面 15.3.10 节“使用位置时的最佳实践”中描述的相同因素。此外，LBS 要求考虑由 Fused Location Provider 自动处理的以下附加因素：

- 启动时间——在移动环境中，获得初始位置所花费的时间会对用户体验产生显著影响，特别是当应用必须使用位置时。举例来说，GPS 可以有很长的启动时间，可能需要通过某些手段来缓解这个问题。
- Provider 可用性——用户可以切换 Location Provider 的可用性，因此应用需要监视 Location Provider 状态的更改，以确保始终使用最佳替代方案。

使用条件(Criteria)选择可用于接收位置更新的最佳 Provider 后，需要监视 Location Provider 可用性的更改，以确保所选的仍然可用，并且是最佳替代方案。

以下代码片段显示了如何监视所选 Provider 的状态，动态切换到一个新的 Provider，如果它变得不可用，并且有可能切换到更好的替代方案，就应该启用：

```
public class DynamicProvidersActivity extends Activity {
  private LocationManager locationManager;
  private final Criteria criteria = new Criteria();
  private static final int minUpdateTime = 30*1000; // 30 Seconds
  private static final int minUpdateDistance = 100; // 100m
```

```
private static final String TAG = "DYNAMIC_LOCATION";
private static final int LOCATION_PERMISSION_REQUEST = 1;

@Override
public void onCreate(Bundle savedInstanceState) {
  super.onCreate(savedInstanceState);
  setContentView(R.layout.activity_dynamic_providers);

  // Get a reference to the Location Manager
  locationManager
    = (LocationManager)getSystemService(Context.LOCATION_SERVICE);

  // Specify Location Provider criteria
  criteria.setAccuracy(Criteria.ACCURACY_FINE);
  criteria.setPowerRequirement(Criteria.POWER_LOW);
  criteria.setAltitudeRequired(true);
  criteria.setBearingRequired(true);
  criteria.setSpeedRequired(true);
  criteria.setCostAllowed(true);

  criteria.setHorizontalAccuracy(Criteria.ACCURACY_HIGH);
  criteria.setVerticalAccuracy(Criteria.ACCURACY_MEDIUM);
  criteria.setBearingAccuracy(Criteria.ACCURACY_LOW);
  criteria.setSpeedAccuracy(Criteria.ACCURACY_LOW);
}

@Override
protected void onStop() {
  super.onStop();
  unregisterAllListeners();
}

@Override
protected void onStart() {
  super.onStart();
  registerListener();
}

private void registerListener() {
  unregisterAllListeners();
  String bestProvider =
    locationManager.getBestProvider(criteria, false);
  String bestAvailableProvider =
    locationManager.getBestProvider(criteria, true);

  Log.d(TAG, bestProvider + " / " + bestAvailableProvider);

  // Check permissions.
  if (ActivityCompat
        .checkSelfPermission(this, ACCESS_FINE_LOCATION) !=
                                  PERMISSION_GRANTED ||
      ActivityCompat
        .checkSelfPermission(this, ACCESS_COARSE_LOCATION) !=
                                  PERMISSION_GRANTED) {
    permissionsRequest();
  }

  if (bestProvider == null)
    Log.d(TAG, "No Location Providers exist.");
  else if (bestProvider.equals(bestAvailableProvider))
    locationManager.requestLocationUpdates(bestAvailableProvider,
      minUpdateTime, minUpdateDistance,
      bestAvailableProviderListener);
  else {
    locationManager.requestLocationUpdates(bestProvider,
      minUpdateTime, minUpdateDistance, bestProviderListener);

    if (bestAvailableProvider != null)
      locationManager.requestLocationUpdates(bestAvailableProvider,
        minUpdateTime, minUpdateDistance,
        bestAvailableProviderListener);
    else {
      List<String> allProviders = locationManager.getAllProviders();
      for (String provider : allProviders)
        locationManager.requestLocationUpdates(provider, 0, 0,
          bestProviderListener);
      Log.d(TAG, "No Location Providers available.");
```

```
      }
    }
  }

  private void unregisterAllListeners() {
    locationManager.removeUpdates(bestProviderListener);
    locationManager.removeUpdates(bestAvailableProviderListener);
  }

  private void permissionsRequest() {
    if (ActivityCompat.shouldShowRequestPermissionRationale(
      this, ACCESS_FINE_LOCATION)) {
      // TO DO: Display additional rationale for the requested permission.
    }
    ActivityCompat.requestPermissions(this,
      new String[]{ACCESS_FINE_LOCATION, ACCESS_COARSE_LOCATION},
      LOCATION_PERMISSION_REQUEST);
  }

  @Override
  public void onRequestPermissionsResult(int requestCode,
                                         @NonNull String[] permissions,
                                         @NonNull int[] grantResults) {
    super.onRequestPermissionsResult(requestCode, permissions, grantResults);

    if (requestCode == LOCATION_PERMISSION_REQUEST) {
      if (grantResults[0] != PERMISSION_GRANTED) {
        Log.d(TAG, "Location Permission Denied.");
        // TO DO: React to denied permission.
      } else {
        registerListener();
      }
    }
  }

  private void reactToLocationChange(Location location) {
    // TO DO: [ React to location change ]
  }

  private LocationListener bestProviderListener
    = new LocationListener() {

    public void onLocationChanged(Location location) {
      reactToLocationChange(location);
    }

    public void onProviderDisabled(String provider) {
    }

    public void onProviderEnabled(String provider) {
      registerListener();
    }

    public void onStatusChanged(String provider,
                                int status, Bundle extras) {}
  };

  private LocationListener bestAvailableProviderListener =
    new LocationListener() {
      public void onProviderEnabled(String provider) {
      }

      public void onProviderDisabled(String provider) {
        registerListener();
      }

      public void onLocationChanged(Location location) {
        reactToLocationChange(location);
      }

      public void onStatusChanged(String provider,
                                  int status, Bundle extras) {}
    };
}
```

15.6 使用 Geocoder

地理编码(Geocoding)使你能够在街道地址和经度/纬度地图坐标之间进行双向转换。这可以为基于位置的服务和基于地图的 Activity 中使用的位置和坐标提供可识别的情境。

Geocoder 类提供了两个地理编码功能：

- 正向地理编码(Forward Geocoding)——查找地址的纬度和经度。
- 逆向地理编码(Reverse Geocoding)——查找给定纬度和经度的街道地址。

这些调用的结果通过区域(locale)设置(用于定义通常的位置和语言)进行情境化。下面的代码显示了创建 Geocoder 时如何设置区域。如果不指定区域，则假定采用设备的默认设置：

```
Geocoder geocoder = new Geocoder(this, Locale.getDefault());
```

Geocoder 地理编码函数会返回 Address 对象列表。每个列表可以包含多个可能的结果，上限由你在调用时指定。

每个 Address 都填充了 Geocoder 能够解决的、尽可能多的详细信息。其中可能包括纬度、经度、电话号码，以及从国家到街道和门牌号码在内的越来越精细的地址详细信息。

注意：

Geocoder 查询是同步执行的，因此它们会阻塞调用线程。如第 11 章“工作在后台”所述，将这些查询转移到后台线程中是很重要的。

Geocoder 使用 Web 服务来实现查询，并不是所有 Android 设备都包含 Geocoder 实现。使用 isPresent 方法确定给定设备上是否存在 Geocoder 实现：

```
boolean geocoderExists = Geocoder.isPresent();
```

如果设备上不存在 Geocoder 实现，那么接下来介绍的正向和逆向地理编码查询将返回空列表。

由于 Geocoder 查询是在服务器上完成的，因此应用还需要在应用清单中添加 Internet uses-permission：

```
<uses-permission android:name="android.permission.INTERNET"/>
```

用于实现 Geocoder 的 Web 服务可能因设备而异，但最常见的是 Google Maps API。请注意，这些后端服务可能对请求的数量和频率有限制。基于 Google Maps 服务的限制包括：

- 每个设备每天最多 2500 次请求。
- 不超过 50 QPS(Queries Per Second，每秒查询数)。

有关 Google Maps Geocoding API 的详细限制，可以参阅 https://developers.google.com/maps/documentation/geocoding/ geocoding-strategies?csw=1#quota-limits。为了尽可能减少超出配额的可能性，最好使用缓存等技术减少发出的地理编码请求的数量。

15.6.1 逆向地理编码

逆向地理编码(Reverse Geocoding)返回与指定的纬度/经度对所对应的物理位置的街道地址。基于位置的服务所返回的位置，是获取可识别情境的有效方法。

要执行逆向查询，请将目标纬度和经度传入 Geocoder 对象的 getFromLocation 方法，它将返回可能的地址匹配列表。如果 Geocoder 无法解析指定坐标的任何地址，则返回空值(null)。

代码清单 15-19 展示了如何对给定位置进行逆向地理编码，将可能的地址数限制为 10 个。

代码清单 15-19：对给定位置进行逆向地理编码

```
private void reverseGeocode(Location location) {

  double latitude = location.getLatitude();
  double longitude = location.getLongitude();
  List<Address> addresses = null;
```

```
    Geocoder gc = new Geocoder(this, Locale.getDefault());
    try {
      addresses = gc.getFromLocation(latitude, longitude, 10);
    } catch (IOException e) {
      Log.e(TAG, "Geocoder I/O Exception", e);
    }
  }
```

逆向查询的精确度和粒度完全取决于地理编码数据库中的数据质量；因此，不同国家和地区的结果质量可能存在很大差异。

15.6.2　正向地理编码

正向地理编码(Forward Geocoding)也被直接称为地理编码，用于确定给定位置的地图坐标。

> **注意：**
> 有效位置的构成取决于搜索的区域(locale)设置。通常，包括不同粒度的常规街道地址(从国家到街道的名称和门牌号码)、邮政编码、火车站、地标和医院。通俗一些，有效的搜索词类似于可以在 Google 地图中搜索的地址和位置。

如果要对地址进行地理编码，可以调用 Geocoder 对象的 getFromLocationName 方法，传入一个字符串(描述了想要查询的地址)、返回的最大结果数以及可选的地理边界框(用于限制搜索结果)：

```
List<Address> result = geocoder.getFromLocationName(streetAddress, 5);
```

返回的 Address 对象列表可能包含指定位置的多个可能匹配项。每个 Address 对象包括纬度和经度，以及关于这些坐标的任何其他地址信息。这有助于确认是否已解析了正确的位置，并在搜索地标时提供位置细节。

> **注意：**
> 与逆向地理编码一样，如果找不到匹配项，则返回空值(null)。地理编码结果的可用性、精确度和粒度完全取决于数据库对所搜索区域的可用性。

进行前向查找时，实例化地理编码程序时指定的区域设置尤其重要。区域设置为解释搜索请求提供了地理情境，因为相同的位置名称可以存在于多个区域中。

在可能的情况下，考虑选择区域性地区设置可以避免地名歧义，并尽量提供尽可能多的地址详细信息，如代码清单 15-20 所示。

代码清单 15-20：对地址进行地理编码

```
Geocoder geocoder = new Geocoder(this, Locale.US);
String streetAddress = "160 Riverside Drive, New York, New York";

List<Address> locations = null;
try {
  locations = geocoder.getFromLocationName(streetAddress, 5);
} catch (IOException e) {
  Log.e(TAG, "Geocoder I/O Exception", e);
}
```

可以通过指定左下角(lower-left)和右上角(upper-right)的纬度和经度，将搜索限制在特定地理区域内，从而得到更具体的结果，代码如下所示：

```
List<Address> locations = null;
try {
  locations = geocoder.getFromLocationName(streetAddress, 10,
                                           llLat, llLong, urLat, urLong);
} catch (IOException e) {
  Log.e(TAG, "IO Exception", e);
}
```

使用地图时，该方法特别有用，让你可以将搜索限制在地图的可见区域内。

15.6.3 地理编码在 Where Am I 项目中的应用

在本例中，将扩展 Where Am I 项目，在设备移动时包含和更新当前街道地址。

(1) 首先修改应用清单以增加 Internet 使用权限：

```
<uses-permission android:name="android.permission.ACCESS_COARSE_LOCATION"/>
<uses-permission android:name="android.permission.ACCESS_FINE_LOCATION"/>
<uses-permission android:name="android.permission.INTERNET"/>
```

(2) 然后打开 Where Am I Activity。创建一个新的 geocodeLocation 方法，该方法接收一个 Location 对象并返回一个字符串：

```
private String geocodeLocation(Location location) {
  String returnString = "";
  return returnString;
}
```

(3) 在新方法中，检查 Geocoder 是否可用。如果可用，则实例化一个新的 Geocoder 对象，并将 Location 参数传入 Geocoder 的 getFromLocation 方法，查找并返回街道地址：

```
private String geocodeLocation(Location location) {
  String returnString = "";

  if (location == null) {
    Log.d(TAG, "No Location to Geocode");
    return returnString;
  }

  if (!Geocoder.isPresent()) {
    Log.e(TAG, "No Geocoder Available");
    return returnString;
  } else {
    Geocoder gc = new Geocoder(this, Locale.getDefault());
    try {
      List<Address> addresses
        = gc.getFromLocation(location.getLatitude(),
                             location.getLongitude(),
                             1); // One Result
      StringBuilder sb = new StringBuilder();
      if (addresses.size() > 0) {
        Address address = addresses.get(0);

        for (int i = 0; i < address.getMaxAddressLineIndex(); i++)
          sb.append(address.getAddressLine(i)).append("\n");

        sb.append(address.getLocality()).append("\n");
        sb.append(address.getPostalCode()).append("\n");
        sb.append(address.getCountryName());
      }
      returnString = sb.toString();
    } catch (IOException e) {
      Log.e(TAG, "I/O Error Geocoding.", e);
    }
    return returnString;
  }
}
```

(4) 更新 updateTextView 方法以对每个 Location 进行地理编码，并将结果附加到我们的 Text View 中：

```
private void updateTextView(Location location) {
  String latLongString = "No location found";
  if (location != null) {
    double lat = location.getLatitude();
    double lng = location.getLongitude();
    latLongString = "Lat:" + lat + "\nLong:" + lng;
  }

  String address = geocodeLocation(location);
```

```
    String outputText = "Your Current Position is:\n" + latLongString;
    if (!address.isEmpty())
      outputText += "\n\n" + address;

    mTextView.setText(outputText);
  }
```

如果现在运行这个示例，效果应该如图 15-8 所示。

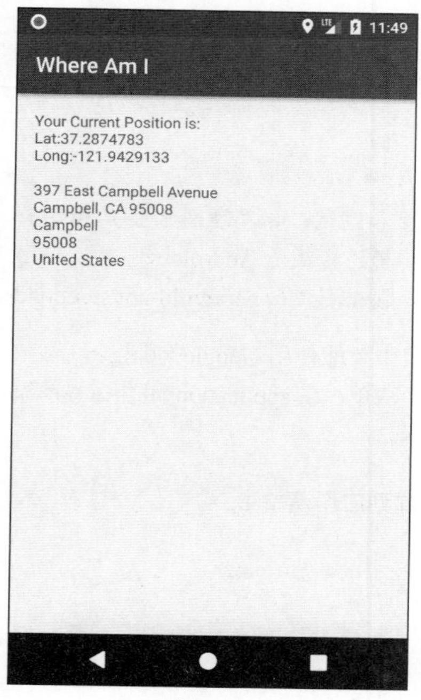

图 15-8

15.7　创建基于地图的 Activity

为物理位置或地址提供场景的最直观的方法之一是使用地图。使用 Map Fragment 中的 Google 地图，可以创建包含交互式地图的 Activity。

Google 地图支持使用了标记、形状和图像叠加层的注解，这些标记、形状和图像叠加层可以固定到地理位置。Google 地图提供对地图显示的完全编程控制，允许控制相机角度、缩放、定位目标和显示模式(包括显示卫星或地形视图的选项)，以及设置地图外观的样式。

Google Play 服务的地图库提供了 Google Maps API，在安装 Google Play 服务之后，必须将其作为依赖项添加到 app 模块的 build.gradle 文件中(如本章前面所述)：

```
dependencies {
  ...
  implementation 'com.google.android.gms:play-services-maps:15.0.1'
}
```

15.7.1　获取 Google Maps API 密钥

要在应用中使用 Google 地图，必须首先从 Google API 控制台(Console)获取 API 密钥。打开 https://developers.google.com/maps/documentation/android-api/signup，然后单击 Get a Key，系统将要求为 Android 应用选择现有项目或创建新项目。按照指南注册项目并激活 Google Maps Android API，以接收应用开发的通用、无限制密钥，如图 15-9 所示。

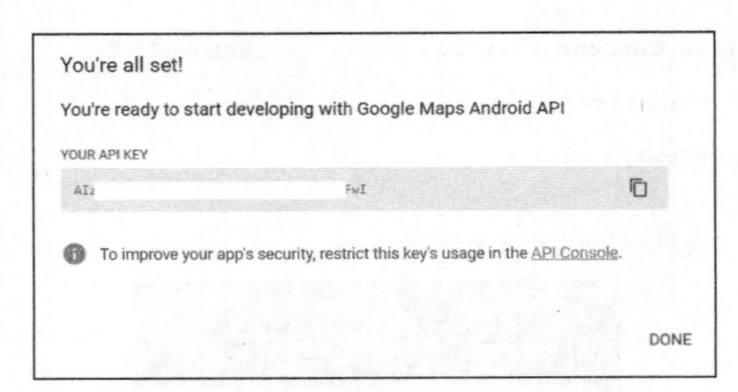

图 15-9

> 注意：
> 这里提供的无限制密钥适用于开发和测试，但不适用于生产和部署。当准备好分发或发布应用时，使用 Google API 控制台创建新的生产项目，新的密钥是 Android 受限的。有关创建密钥和添加限制的详细信息，请访问 https://developers.google.com/maps/documentation/android-api/signup#detailed-guides。

复制密钥后，需要将其添加到项目中才能使用 Google 地图。

一旦获得了 API 密钥，就打开应用清单，在 application 闭合标签前添加一个新的 meta-data 节点，并输入相应的 API 密钥，如代码清单 15-21 所示。

代码清单 15-21：将 API 密钥添加到应用清单中

```
<meta-data
  android:name="com.google.android.geo.API_KEY"
  android:value="[YOUR_API_KEY]"
/>
```

15.7.2 创建基于地图的 Activity

要在应用中使用地图，需要创建一个 Activity，在布局中包含 Map Fragment 或 Support Map Fragment(后者允许在使用支持库片段管理器时包含一个 Map Fragment，这是最佳实践，也是我们将在所有示例中使用的方法)。

Map Fragment 包括一个 GoogleMap 对象，你将与之交互从而修改地图 UI。

在 Android Studio 中添加一个新的基于地图的 Activity 的最简单方法是选择菜单选项 File | New | Activity | Gallery，然后选择 Google Maps Activity，如图 15-10 所示。

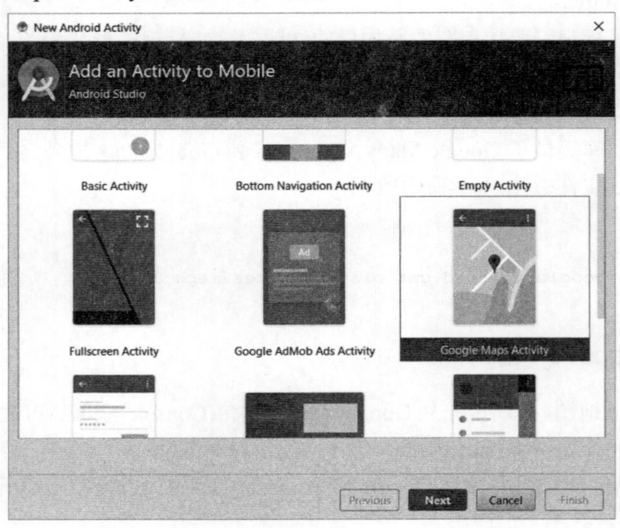

图 15-10

注意：

如果使用刚才描述的向导机制向项目中添加地图 Activity，则可以跳过直接向应用清单中添加 API 密钥的步骤(如代码清单 15-21 所示)。取而代之的是，向导创建了一个 google_maps_ api.xml 资源文件，可以将 API 密钥粘贴到该文件中。

向导将创建一个布局，其中包含 Support Map Fragment 以及一个 Activity，后者包含展开 Fragment 和准备地图以供显示和使用所需的样板代码。

也可以创建自己的布局，并包含一个 Support Map Fragment 元素，如代码清单 15-22 所示。

代码清单 15-22：向布局中添加 Support Map Fragment

```
<fragment
  android:id="@+id/map"
  android:name="com.google.android.gms.maps.SupportMapFragment"
  android:layout_width="match_parent"
  android:layout_height="match_parent"
/>
```

展开包含 Support Map Fragment 的布局的 Activity 必须扩展自 FragmentActivity 并实现 OnMapReadyCallback。在 onCreate 处理程序中，获取对 Map Fragment 的引用，并调用 getMapAsync 来启动对 Google 地图的异步访问请求；然后实现 onMapReady 处理程序，以便在 Google 地图就绪时得到通知，如代码清单 15-23 所示。

代码清单 15-23：在 Activity 中访问 Google 地图

```
import android.support.v4.app.FragmentActivity;
import android.os.Bundle;
import com.google.android.gms.maps.GoogleMap;
import com.google.android.gms.maps.OnMapReadyCallback;
import com.google.android.gms.maps.SupportMapFragment;

public class MapsActivity extends FragmentActivity
                    implements OnMapReadyCallback {

  private GoogleMap mMap;

  @Override
  protected void onCreate(Bundle savedInstanceState) {
    super.onCreate(savedInstanceState);
    setContentView(R.layout.activity_maps);
    // Obtain the SupportMapFragment and request the Google Map object.
    SupportMapFragment mapFragment =
      (SupportMapFragment)getSupportFragmentManager()
        .findFragmentById(R.id.map);
    mapFragment.getMapAsync(this);
  }


  /**
   * This callback is triggered when the map is ready to be used.
   * If Google Play services is not installed on the device, the user
   * will be prompted to install it inside the SupportMapFragment.
   * This method will only be triggered once the user has
   * installed Google Play services and returned to the app.
   */
  @Override
  public void onMapReady(GoogleMap googleMap) {
    mMap = googleMap;

    // TO DO: Manipulate the map.
  }
}
```

15.7.3　配置 Google 地图

默认情况下，MapView 显示标准街道地图，如图 15-11 所示。

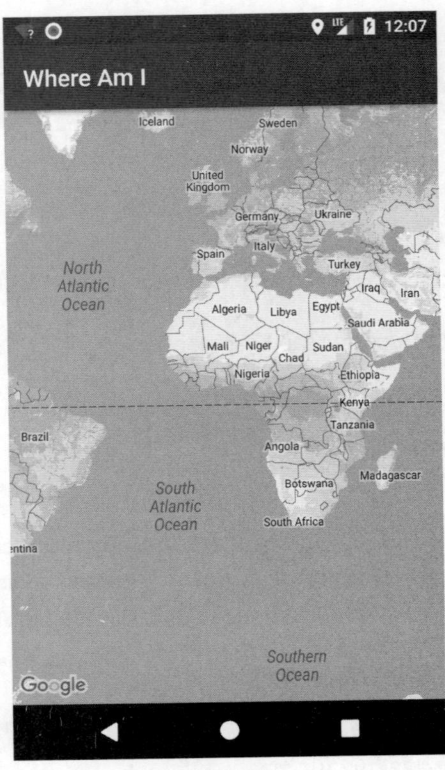

图 15-11

可以选择显示卫星、地形或混合视图中的一个，也可以选择显示 3D 建筑、室内地图和交通叠加层，如以下代码片段所示：

```
mMap.setMapType(GoogleMap.MAP_TYPE_NORMAL);
// mMap.setMapType(GoogleMap.MAP_TYPE_SATELLITE);
// mMap.setMapType(GoogleMap.MAP_TYPE_TERRAIN);
// mMap.setMapType(GoogleMap.MAP_TYPE_HYBRID);

mMap.setBuildingsEnabled(true);
mMap.setIndoorEnabled(true);
mMap.setTrafficEnabled(true);
```

还可以使用 getUiSettings 获取当前地图 UI 设置，并根据需要进行自定义：

```
mMap.getUiSettings().setCompassEnabled(false);
mMap.getUiSettings().setAllGesturesEnabled(false);
mMap.getUiSettings().setIndoorLevelPickerEnabled(false);
mMap.getUiSettings().setMapToolbarEnabled(false);
mMap.getUiSettings().setRotateGesturesEnabled(false);
mMap.getUiSettings().setScrollGesturesEnabled(false);
mMap.getUiSettings().setTiltGesturesEnabled(false);
mMap.getUiSettings().setZoomControlsEnabled(false);
mMap.getUiSettings().setZoomGesturesEnabled(false);
```

15.7.4 通过 CameraUpdate 更改相机位置

用户可以使用一系列手势来移动、旋转和倾斜相机，以修改他们正在查看的地图的部分、缩放级别、方向和角度。

可以使用 CameraUpdateFactory 和 CameraPosition.Builder 以编程方式修改相机透视图，生成 CameraUpdate 传入 Google 地图的 moveCamera 或 animateCamera 方法。

相机的目标是当前所显示地图的中心点的纬度/经度坐标。可以使用 CameraUpdateFactory 的静态方法

newLatLng，并传入一个指示纬度/经度坐标的 LatLng 对象，从而创建一个 CameraUpdate 用于修改相机的目标：

```
Double lat = 37.422006;
Double lng = -122.084095;
LatLng latLng = new LatLng(lat, lng);
CameraUpdate cameraUpdate = CameraUpdateFactory.newLatLng(latLng);
```

可以通过调整相机的缩放级别(zoom level)来调整在 Google 地图上可以看到多大范围，缩放级别以 1 到 21 之间的浮点数表示，1 表示最宽广(最远)的视野，21 表示最紧密(最近)的视野。

缩放级别不需要是整数。特定位置可用的最大缩放级别取决于许多因素，包括 Google 地图的分辨率以及可视区域的可用图像、地图类型和屏幕大小。可以通过调用 Google 地图的 getMaxZoomLevel 方法来获取最大缩放级别。

以下列表显示了与缩放级别范围对应的近似详细级别：

- 1—世界
- 5—板块/大陆
- 10—城市
- 15—街道
- 20—建筑物

如果想修改相机的缩放级别，可以使用 CameraUpdateFactory 的静态方法 zoomIn 或 zoomOut 递增或递减缩放级别，或使用 zoomTo 方法将缩放设置为特定级别。还可以使用 newLatLngZoom 方法，以特定缩放级别的新位置为目标，创建一个 CameraUpdate：

```
Double lat = 37.422006;
Double lng = -122.084095;
LatLng latLng = new LatLng(lat, lng);
CameraUpdate cameraUpdate = CameraUpdateFactory.newLatLngZoom(latLng, 16);
```

如果要显示受纬度和经度跨度约束的特定区域，可以使用 CameraUpdateFactory 的 newLatLngBounds 方法指定一对纬度/经度点，定义要显示的总区域。也可以使用 LatLngBounds.Builder 添加多个点并生成包含所有点的最小边界框：

```
mMap.setOnMapLoadedCallback(new GoogleMap.OnMapLoadedCallback() {
  @Override
  public void onMapLoaded() {
    Double firstLat = 20.288193;
    Double firstLng = -155.881057;
    LatLng firstLatLng = new LatLng(firstLat, firstLng);

    Double secondLat = 18.871097;
    Double secondLng = -154.747620;
    LatLng secondLatLng = new LatLng(secondLat, secondLng);

    LatLngBounds llBounds = LatLngBounds.builder()
                          .include(firstLatLng)
                          .include(secondLatLng)
                          .build();

    int padding = 16;
    CameraUpdate bUpdate = CameraUpdateFactory.newLatLngBounds(llBounds,padding);
  }
});
```

由于要求必须知道地图的大小才能确定正确的边界框和缩放级别，因此在调用该方法之前，必须先完成包含地图的视图布局。为确保布局已完成，可以在 onMapReady 处理程序中，添加另一个处理程序来侦听 Map 对象上的 OnMapLoadedCallback 回调。

要修改相机的方向(旋转)或倾斜度(角度)，请使用 CameraPositionBuilder 生成新的 CameraPosition，并传入 CameraUpdateFactory 的静态方法 newCameraPosition：

```
CameraPosition cameraPosition = CameraPosition.builder()
  .bearing(0)
```

```
    .target(latLng)
    .tilt(10)
    .zoom(15)
    .build();

  CameraUpdate posUpdate
    = CameraUpdateFactory.newCameraPosition(cameraPosition);
```

CameraPositionBuilder 允许指定 CameraPosition 的每个方面，包括目标、缩放、方向和倾斜度。反过来，可以使用 Google 地图的 getCameraPosition 方法获取当前的 CameraPosition，并提取位置元素。

创建新的 CameraUpdate 后，必须使用 moveCamera 或 animateCamera 方法在 GoogleMap 对象上应用它，如代码清单 15-24 所示。

代码清单 15-24：移动 Google 地图摄像头

```
mMap.setOnMapLoadedCallback(new GoogleMap.OnMapLoadedCallback() {
  @Override
  public void onMapLoaded() {
    Double firstLat = 20.288193;
    Double firstLng = -155.881057;
    LatLng firstLatLng = new LatLng(firstLat, firstLng);

    Double secondLat = 18.871097;
    Double secondLng = -154.747620;
    LatLng secondLatLng = new LatLng(secondLat, secondLng);

    LatLngBounds llBounds = LatLngBounds.builder()
                            .include(firstLatLng)
                            .include(secondLatLng)
                            .build();

    CameraUpdate bUpdate = CameraUpdateFactory.newLatLngBounds(llBounds, 0);
    mMap.animateCamera(bUpdate);
  }
});
```

moveCamera 方法将使相机立即“跳转”到新的位置和方向，而 animateCamera 方法将平滑地从当前相机位置过渡到新位置；可以选择指定动画的持续时间。

动画的相机更新可以通过用户手势或调用 stopAnimation 中断。如果希望收到成功完成或中断的通知，可以传入可选的 CancelableCallback，如代码清单 15-25 所示。

代码清单 15-25：设置 Google 地图摄像头更新动画

```
int duration = 2000; // 2 seconds.

mMap.animateCamera(bUpdate, duration, new GoogleMap.CancelableCallback() {
  @Override
  public void onFinish() {
    // TO DO: The camera update animation completed successfully.
  }

  @Override
  public void onCancel() {
    // TO DO: The camera update animation was cancelled.
  }
});
```

15.7.5 地图在 Where Am I 项目中的应用

下面的代码示例将再次扩展 Where Am I 项目。这次将通过添加 Map Fragment 来添加地图功能。随着设备位置的变化，地图会自动重新定位到新位置。

(1) 修改 app 模块的 build.gradle 文件，增加对 Google Play 服务的地图库的依赖：

```
dependencies {
  implementation fileTree(dir: 'libs', include: ['*.jar'])
  implementation 'com.android.support:appcompat-v7:27.1.1'
```

```
    implementation 'com.android.support.constraint:constraint-layout:1.1.0'
    testImplementation 'junit:junit:4.12'
    androidTestImplementation 'com.android.support.test:runner:1.0.2'
    androidTestImplementation 'com.android.support.test.espresso' +
                              ':espresso-core:3.0.2'
    implementation 'com.android.support:support-media-compat:27.1.1'
    implementation 'com.android.support:support-v4:27.1.1'

    implementation 'com.google.android.gms:play-services-location:15.0.1'
    implementation 'com.google.android.gms:play-services-maps:15.0.1'
}
```

(2) 访问 https://developers.google.com/maps/documentation/android-api/signup，新建项目并获取 API 密钥。修改应用清单，添加 meta-data 节点，并相应地输入 API 密钥：

```
<?xml version="1.0" encoding="utf-8"?>
<manifest xmlns:android="http://schemas.android.com/apk/res/android"
        package="com.professionalandroid.apps.whereami">

  <uses-permission
    android:name="android.permission.ACCESS_COARSE_LOCATION"
  />
  <uses-permission
    android:name="android.permission.ACCESS_FINE_LOCATION"
  />
  <uses-permission android:name="android.permission.INTERNET"/>

  <application
    android:allowBackup="true"
    android:icon="@mipmap/ic_launcher"
    android:label="@string/app_name"
    android:roundIcon="@mipmap/ic_launcher_round"
    android:supportsRtl="true"
    android:theme="@style/AppTheme">
    <activity android:name=".WhereAmIActivity">
      <intent-filter>
        <action android:name="android.intent.action.MAIN"/>
        <category android:name="android.intent.category.LAUNCHER"/>
      </intent-filter>
    </activity>
    <meta-data
      android:name="com.google.android.geo.API_KEY"
      android:value="[YOUR_API_KEY]"
    />
  </application>
</manifest>
```

(3) 修改 Where Am I Activity 以实现 OnMapReadyCallback，并相应地添加 onMapReady 处理程序。应该将传入的 GoogleMap 对象赋给成员变量：

```
public class WhereAmIActivity extends AppCompatActivity
                        implements OnMapReadyCallback {

  private GoogleMap mMap;

  @Override
  public void onMapReady(GoogleMap googleMap) {
    mMap = googleMap;
  }

  [ ... existing Activity code ... ]
}
```

(4) 修改 activity_where_am_i.xml 布局资源，在现有的 TextView 下添加 Support Map Fragment：

```
<?xml version="1.0" encoding="utf-8"?>
<LinearLayout
  xmlns:android="http://schemas.android.com/apk/res/android"
  xmlns:app="http://schemas.android.com/apk/res-auto"
  xmlns:tools="http://schemas.android.com/tools"
  android:layout_width="match_parent"
  android:layout_height="match_parent"
  android:orientation="vertical"
  tools:context="com.professionalandroid.apps.whereami.WhereAmIActivity">
```

```
  <TextView
    android:id="@+id/myLocationText"
    android:layout_width="match_parent"
    android:layout_height="wrap_content"
    android:padding="16dp"
    android:text="Hello World!"/>
  <fragment
    android:id="@+id/map"
    android:name="com.google.android.gms.maps.SupportMapFragment"
    android:layout_width="match_parent"
    android:layout_height="match_parent"/>
</LinearLayout>
```

(5) 返回 Where Am I Activity，更新 onCreate 处理程序，找到对 Map Fragment 的引用后请求对 GoogleMap 对象的引用：

```
@Override
protected void onCreate(Bundle savedInstanceState) {
  super.onCreate(savedInstanceState);
  setContentView(R.layout.activity_where_am_i);
  mTextView = findViewById(R.id.myLocationText);

  // Obtain the SupportMapFragment and request the Google Map object.
  SupportMapFragment mapFragment =
    (SupportMapFragment)getSupportFragmentManager()
    .findFragmentById(R.id.map);
  mapFragment.getMapAsync(this);

  GoogleApiAvailability availability
    = GoogleApiAvailability.getInstance();
  int result = availability.isGooglePlayServicesAvailable(this);
  if (result != ConnectionResult.SUCCESS) {
    if (!availability.isUserResolvableError(result)) {
      Toast.makeText(this, ERROR_MSG, Toast.LENGTH_LONG).show();
    }
  }

  mLocationRequest = new LocationRequest()
    .setInterval(5000)
    .setPriority(LocationRequest.PRIORITY_HIGH_ACCURACY);
}
```

(6) 现在运行应用，在原来的地址文本下方应该有一个 MapView，如图 15-12 所示。

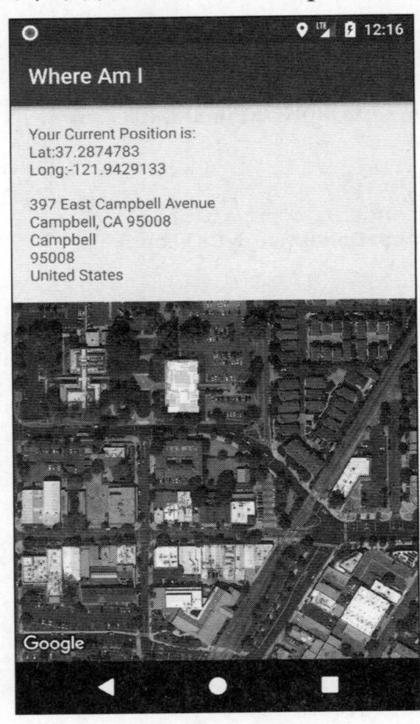

图 15-12

(7) 现在更新 onMapReady 处理程序，显示卫星视图并放大到建筑物级别：

```
@Override
public void onMapReady(GoogleMap googleMap) {
  mMap = googleMap;

  mMap.setMapType(GoogleMap.MAP_TYPE_SATELLITE);
  mMap.animateCamera(CameraUpdateFactory.zoomTo(17));
}
```

(8) 最后一步是修改 LocationCallback，将地图于当前位置重新居中：

```
LocationCallback mLocationCallback = new LocationCallback() {
  @Override
  public void onLocationResult(LocationResult locationResult) {
    Location location = locationResult.getLastLocation();
    if (location != null) {
      updateTextView(location);
      if (mMap != null) {
        LatLng latLng = new LatLng(location.getLatitude(),
                                   location.getLongitude());
        mMap.animateCamera(CameraUpdateFactory.newLatLng(latLng));
      }
    }
  }
};
```

15.7.6　使用 My Location 层显示当前位置

My Location 层就是用于在 Google 地图上显示设备的当前位置，用一个闪烁的蓝色标记表示当前位置。添加 My Location 层的同时还将会启用 My Location 按钮，在地图右上角显示为十字瞄准器，如图 15-13 所示。

图 15-13

单击 My Location 按钮会将相机目标重新定位到设备的最后位置。

My Location 层依赖于 Fused Location Provider 来提供设备位置，因此需要在应用清单中请求低精确度(COARSE)或高精确度(FINE)的位置权限，并且在启用 My Location 层之前由用户在运行时授予这些权限：

```
if (ActivityCompat.checkSelfPermission(this,
      Manifest.permission.ACCESS_FINE_LOCATION)
      == PackageManager.PERMISSION_GRANTED ||
    ActivityCompat.checkSelfPermission(this,
      Manifest.permission.ACCESS_COARSE_LOCATION)
      == PackageManager.PERMISSION_GRANTED) {
  mMap.setMyLocationEnabled(true);
}
```

有关位置权限的更多详细信息，请参阅前面的 15.3 节“使用 Google 位置信息服务查找设备位置”。

15.7.7　显示交互式地图标记

可以使用 addMarker 方法向 Google 地图添加交互式自定义标记(参见图 15-14)，将 MarkerOptions 对象传入 addMarker 方法，该对象指定放置了标记的纬度/经度位置：

```
Double lat = -32.0;
Double lng = 115.5;
```

```
LatLng position = new LatLng(lat, lng);

Marker newMarker = mMap.addMarker(new MarkerOptions().position(position));
```

选择标记后，将显示工具栏，为用户提供显示或打开 Google 地图中标记位置的快捷方式。要禁用工具栏，可以修改 Google 地图的 UI 设置：

```
mMap.getUiSettings().setMapToolbarEnabled(false);
```

通过提供标题和文本片段(如代码清单 15-26 所示)，标记可以变成交互式的。

代码清单 15-26：向 Google 地图添加标记

```
Marker newMarker = mMap.addMarker(new MarkerOptions()
                       .position(latLng)
                       .title("Honeymoon Location")
                       .snippet("This is where I had my honeymoon!"));
```

当用户选择给定的标记时，会显示带有相关标题和文本片段的信息窗口(information window)，如图 15-15 所示。

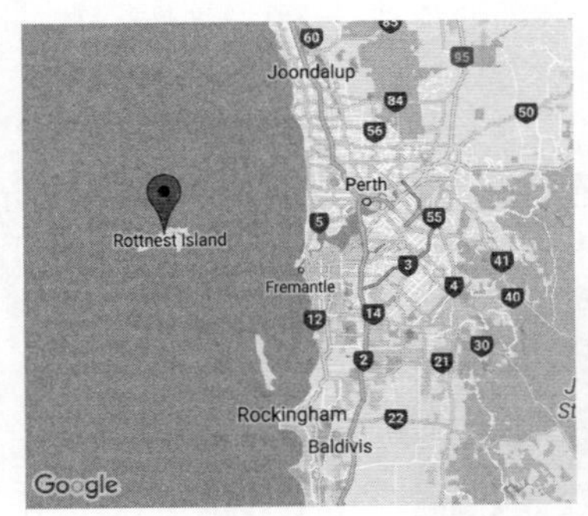

图 15-14

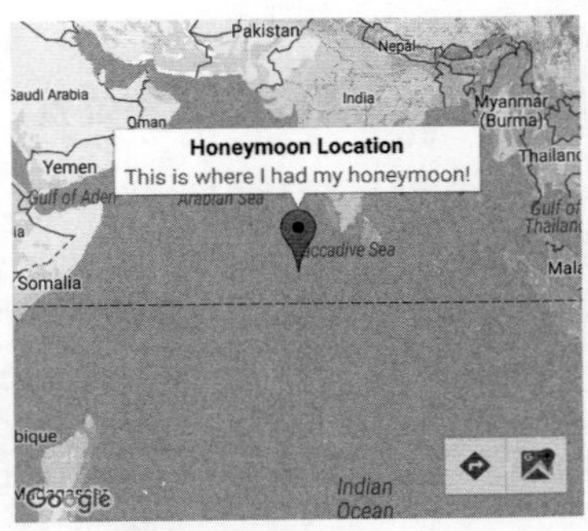

图 15-15

Google 地图会处理每个标记的绘制、放置、单击处理、焦点控制和布局优化。要删除标记，必须在添加时保持对标记的引用，并调用 remove 方法：

```
newMarker.remove();
```

默认情况下，标记会显示为标准的“Google 地图”图标，可以通过更改颜色或者将图标完全替换为自定义图像进行自定义。

要更改标记图标的颜色，或使用自定义标记图标，请使用 MarkerOptions 的 icon 方法。icon 方法接收的格式是 BitmapDescriptor，可以使用 BitmapDescriptorFactory 创建。

如果想要更改默认标记图标的颜色，可以使用 defaultMarker 方法，传入色调(可以是 0 到 360 之间的值)，也可以传入 BitmapDescriptorFactory 中的预定义色调常量之一：

```
BitmapDescriptor icon
  = BitmapDescriptorFactory.defaultMarker(BitmapDescriptorFactory.HUE_GREEN);

Marker newMarker = mMap.addMarker(new MarkerOptions()
                                  .position(latLng)
                                  .icon(icon));
```

如果想要更改标记的不透明度，可以使用 alpha 方法指示不透明度值，介于 0(透明)和 1(不透明)之间：

```
Marker newMarker = mMap.addMarker(new MarkerOptions()
                                  .position(latLng)
                                  .alpha(0.6f));
```

如果要完全替换标记图标，可以使用 BitmapDescriptorFactory 的各种 from 方法从文件(fromFile)、路径(fromPath)、资源(fromResource)、Asset(fromAsset)或位图对象(fromBitmap)中选择位图：

```
BitmapDescriptor icon
  = BitmapDescriptorFactory.fromResource(R.mipmap.ic_launcher);

Marker newMarker = mMap.addMarker(new MarkerOptions()
                                 .position(latLng)
                                 .icon(icon));
```

默认情况下，标记将相对于屏幕显示，这意味着旋转、倾斜或缩放地图不会更改标记的外观。

使用 flat 方法，可以将标记的方向设置为相对于地图平面，使其在地图旋转或倾斜时旋转并更改透视度：

```
Marker newMarker = mMap.addMarker(new MarkerOptions()
                                 .position(latLng)
                                 .flat(true));
```

将 MarkerOptions 的 anchor 和 rotation 方法组合使用，从而可以围绕指定的锚点旋转标记。旋转是以顺时针角度测量的，锚点表示旋转中心，按照水平和垂直方向上的图像大小比例：

```
Marker newMarker = mMap.addMarker(new MarkerOptions()
                                 .position(latLng)
                                 .anchor(0.5, 0.5)
                                 .rotation(90));
```

还可以自定义标记被选中时的行为，以及显示的信息窗口的外观。

要想更改标记选择行为，可以将 OnMarkerClickListener 添加到 GoogleMap 对象。onMarkerClick 处理程序将接收被选中标记的实例。如果处理程序应替换默认行为，则返回 true；如果仍应显示信息窗口，则返回 false。

```
mMap.setOnMarkerClickListener(new GoogleMap.OnMarkerClickListener() {
  @Override
  public boolean onMarkerClick(Marker marker) {
    if (marker.equals(newMarker)) {
      // TO DO: React to marker selection.
    }
    // Return false to display the Info Window.
    return false;
  }
});
```

如果要修改信息窗口的外观，可以使用 GoogleMap 对象的 setInfoWindowAdapter 方法，传入 InfoWindowAdapter 接口的一个实现，定义填充视图并用于作为参数传入的标记：

```
mMap.setInfoWindowAdapter(new GoogleMap.InfoWindowAdapter() {
  @Override
  public View getInfoWindow(Marker marker) {
    // TO DO: Define a view to entirely replace the default info window.
    return myView;
  }

  @Override
  public View getInfoContents(Marker marker) {
    // TO DO: Define a view to replace the interior of the  info window.
    return myView;
  }
});
```

从 getInfoWindow 处理程序返回的视图将会替换整个信息窗口，而仅从 getInfoContents 处理程序返回的视图将保持与默认信息窗口相同的边框和背景，仅替换内容。如果这两个处理程序都返回空值，将显示默认信息窗口。

15.7.8　向 Google 地图添加形状

除标记外，Google 地图还允许在地图表面叠加层线、多边形和圆。可以为每个形状设置可见性、z-order、填充颜色、线帽、关节类型、笔画(轮廓)宽度、样式和颜色。

可以在每个地图的顶部绘制多个形状，也可以选择让用户触摸其中一个或多个形状。所有三种形状(圆、多边形和折线)都是可变的，这意味着它们可以在创建并添加到地图后进行调整(或删除)。

最简单的可用形状是圆，用目标经纬度和半径(单位为米)表示。圆被绘制成地球表面地理上的精确投影。

根据圆的大小、位置以及当前的缩放级别，Google 地图使用的麦卡托(Mercator)投影可能会导致圆显示为椭圆。

要想向地图中添加圆，可以创建新的 CircleOptions 对象，指定圆的中心和半径以及任何其他设置(如填充颜色或笔画)：

```
CircleOptions circleOptions = new CircleOptions()
                                .center(new LatLng(37.4, -122.1))
                                .radius(1000) // 1000 meters
                                .fillColor(Color.argb(50, 255, 0, 0))
                                .strokeColor(Color.RED);
```

将 CircleOptions 传入 Google 地图的 addCircle 方法。请注意，该方法将返回一个可在运行时修改的可变(mutable)Circle 对象：

```
PolygonOptions polygonOptions = new PolygonOptions()
                                .add(new LatLng(66.992803, -26.369462),
                                    new LatLng(51.540138, -2.990557),
                                    new LatLng(50.321568, -6.066729),
                                    new LatLng(49.757089, -5.231768),
                                    new LatLng(50.934844, 1.425947),
                                    new LatLng(52.873063, 2.107099),
                                    new LatLng(56.124692, -1.738115),
                                    new LatLng(67.569820, -13.625322))
                                .fillColor(Color.argb(44,00,00,44));
```

通过使用 PolygonOptions 类定义多边形(polygon)，可以创建不规则的封闭形状。使用 add 方法定义一系列纬度/经度对，每个纬度/经度对定义形状中的一个节点。默认填充是透明的，因此可根据需要指定填充、笔画和关节类型以修改形状的外观：

```
List<LatLng> holePoints = new ArrayList<>();
holePoints.add(new LatLng(53.097936, -2.331377));
holePoints.add(new LatLng(52.015946, -2.067705));
holePoints.add(new LatLng(52.117943, 0.383657));
holePoints.add(new LatLng(53.499125, -1.088511));
```

请注意，多边形会自动将最后一个点连接到第一个点，因此不需要主动关闭。还可以使用 PolygonOptions 的 addAll 方法来提供 LatLng 对象列表。

使用 addHole 方法，可以通过组合多个路径来创建复杂的形状，如填充环或甜甜圈。定义外部形状后，使用 addHole 方法可以定义第二个完全封闭的相对较小路径：

```
mMap.addPolygon(new PolygonOptions()
                .add(new LatLng(66.992803, -26.369462),
                    new LatLng(51.540138, -2.990557),
                    new LatLng(50.321568, -6.066729),
                    new LatLng(49.757089, -5.231768),
                    new LatLng(50.934844, 1.425947),
                    new LatLng(52.873063, 2.107099),
                    new LatLng(56.124692, -1.738115),
                    new LatLng(67.569820, -13.625322))
                .fillColor(Color.argb(44,00,00,44))
                .addHole(holePoints);
```

绘制时，显示为外部多边形的那部分已被移除。

默认情况下，多边形在用于显示 Google 地图的麦卡托投影上被绘制为多条直线。可以使用 PolygonOptions 的 geodesic 方法来请求绘制每个分段，使它们代表沿地球表面的最短路径。在 Google 地图上观察到的测地线段通常会呈现为曲线：

```
PolygonOptions polygonOptions = new PolygonOptions()
                .add(new LatLng(66.992803, -26.369462),
                    new LatLng(51.540138, -2.990557),
                    new LatLng(50.321568, -6.066729),
                    new LatLng(49.757089, -5.231768),
                    new LatLng(50.934844, 1.425947),
```

```
                new LatLng(52.873063, 2.107099),
                new LatLng(56.124692, -1.738115),
                new LatLng(67.569820, -13.625322))
            .fillColor(Color.argb(44,00,00,44))
            .geodesic(true);
```

使用 GoogleMap 的 addPolygon 方法，并传入 PolygonOptions，将每个多边形添加到 Google 地图中。该方法将会返回可在运行时修改的可变 Polygon 对象：

```
Polygon polygon = mMap.addPolygon(polygonOptions);
```

最后，如果不想包围某个区域，可以创建折线(Polyline)，折线将基于一系列纬度/经度对绘制一系列连接的线段。

折线的定义方式与多边形大致相同；但是，两个端点不会相互连接，形状也无法填充。创建折线的方法是，新建一个 PolylineOptions 对象，使用 add 方法，指定一个个独立的点或者点的列表：

```
PolylineOptions polylineOptions = new PolylineOptions()
            .add(new LatLng(66.992803, -26.369462),
                new LatLng(51.540138, -2.990557),
                new LatLng(50.321568, -6.066729),
                new LatLng(49.757089, -5.231768),
                new LatLng(50.934844, 1.425947),
                new LatLng(52.873063, 2.107099),
                new LatLng(56.124692, -1.738115),
                new LatLng(67.569820, -13.625322))
            .geodesic(true);
```

折线段可以是测地线，也可以定义笔画的颜色和样式、关节类型和端点线帽。定义后，使用 addPolyline 方法将 PolylineOptions 添加到 GoogleMap 中：

```
Polyline polyline = mMap.addPolyline(polylineOptions);
```

默认情况下，没有任何形状响应用户触摸；但是，每个形状类都包含 setClickable 方法，可以使它们变得可单击：

```
polyline.setClickable(true);
circle.setClickable(true);
polygon.setClickable(true);
```

使用 GoogleMap 的 setOnCircleClickListener、setOnPolygonClickListener 和 setOnPolylineClickListener 添加圆形、多边形和折线的单击监听器，从而响应形状的单击。每个监听器的 click 处理程序都将接收被单击形状的实例：

```
mMap.setOnCircleClickListener(new OnCircleClickListener() {
  @Override
  public void onCircleClick(Circle circle) {
    // TO DO: React to the cicle being clicked.
  }
});
```

如果多个形状或标记在接触点重叠，那么单击事件将首先发送到标记，然后发送到每个形状(按 z-index 顺序)，直至找到带有 click 处理程序的标记或形状。请注意，最多只会触发一个处理程序。

15.7.9 向 Google 地图添加图像叠加层

除标记(Marker)和形状(Shape)外，还可以创建地面叠加层(Ground Overlay)，从而把图像系在经纬度坐标指定的地图部分。

如果要添加地面叠加层，需要新建 GroundOverlayOptions，指定图像(以 BitmapDescriptor 的形式)以及放置图像的位置。图像的位置可以指定为西南(South West)角的 LatLng 锚点加宽度(可选高度)，也可以指定为同时包含西南角和东北(North East)角锚定的 LatLngBounds：

```
LatLng rottnest = new LatLng(40.714086, -74.228697);
GroundOverlayOptions rottnestOverlay = new GroundOverlayOptions()
```

```
  .image(BitmapDescriptorFactory.fromResource(R.drawable.rottnest_wa_1902))
  .position(rottnest, 8600f, 6500f);
```

注意：

地面叠加层的长度和宽度必须是 2 的幂。如果源图像不符合此要求，那么可以进行调整。

将地面叠加层应用到 Google 地图的方式是，调用 addGroundOverlay 方法，传入 GroundOverlayOptions：

```
GroundOverlay groundOverlay = mMap.addGroundOverlay(rottnestOverlay);
```

可以随时通过调用地面叠加层的 remove 方法来移除它：

```
groundOverlay.remove();
```

15.7.10 向 Where Am I 项目添加标记和形状

对 Where Am I 示例所做的最后修改，是在每次位置更改时添加一个新的标记，并更新 Polyline 以连接每个标记。

我们还将利用这个机会让 My Location 层显示当前设备的位置。

(1) 创建新的成员变量用于存储标记列表和 Polyline：

```
private List<Marker> mMarkers = new ArrayList<>();
private Polyline mPolyline;
```

(2) 更新 onMapReady 处理程序以启用 My Location 层并新建不带任何点的 Polyline：

```
@Override
public void onMapReady(GoogleMap googleMap) {
  mMap = googleMap;

  mMap.setMapType(GoogleMap.MAP_TYPE_SATELLITE);
  mMap.animateCamera(CameraUpdateFactory.zoomTo(17));

  if (ActivityCompat.checkSelfPermission(this,
      Manifest.permission.ACCESS_FINE_LOCATION)
        == PackageManager.PERMISSION_GRANTED ||
      ActivityCompat.checkSelfPermission(this,
      Manifest.permission.ACCESS_COARSE_LOCATION)
        == PackageManager.PERMISSION_GRANTED) {
    mMap.setMyLocationEnabled(true);
  }

  PolylineOptions polylineOptions = new PolylineOptions()
                                      .color(Color.CYAN)
                                      .geodesic(true);
  mPolyline = mMap.addPolyline(polylineOptions);
}
```

(3) 更新 LocationCallback，在每个位置添加一个新的标记，使用信息窗口显示添加的日期和时间及其在序列中的位置：

```
LocationCallback mLocationCallback = new LocationCallback() {
  @Override
  public void onLocationResult(LocationResult locationResult) {
    Location location = locationResult.getLastLocation();
    if (location != null) {
      updateTextView(location);
      if (mMap != null) {
        LatLng latLng = new LatLng(location.getLatitude(),
                                   location.getLongitude());
        mMap.animateCamera(CameraUpdateFactory.newLatLng(latLng));

        Calendar c = Calendar.getInstance();
        String dateTime
          = DateFormat.format("MM/dd/yyyy HH:mm:ss",
                              c.getTime()).toString();

        int markerNumber = mMarkers.size()+1;
        mMarkers.add(mMap.addMarker(new MarkerOptions()
                                    .position(latLng)
```

```
                                          .title(dateTime)
                                          .snippet("Marker #" + markerNumber +
                                                  " @ " + dateTime)));
      }
    }
  }
};
```

(4) 对 LocationCallback 做最后的更新，修改 Polyline 以连接每个标记位置：

```
LocationCallback mLocationCallback = new LocationCallback() {
  @Override
  public void onLocationResult(LocationResult locationResult) {
    Location location = locationResult.getLastLocation();
    if (location != null) {
      updateTextView(location);
      if (mMap != null) {
        LatLng latLng = new LatLng(location.getLatitude(),
                                   location.getLongitude());
        mMap.animateCamera(CameraUpdateFactory.newLatLng(latLng));

        Calendar c = Calendar.getInstance();
        String dateTime
          = DateFormat.format("MM/dd/yyyy HH:mm:ss",
                              c.getTime()).toString();

        int markerNumber = mMarkers.size()+1;
        mMarkers.add(mMap.addMarker(new MarkerOptions()
                                    .position(latLng)
                                    .title(dateTime)
                                    .snippet("Marker #" + markerNumber +
                                            " @ " + dateTime)));

        List<LatLng> points = mPolyline.getPoints();
        points.add(latLng);
        mPolyline.setPoints(points);
      }
    }
  }
};
```

运行时，应用使用 My Location 叠加层以蓝色的点显示当前设备的位置，接收到的每个位置都有一个标记，并用蓝色的折线连接着，如图 15-16 所示。

图 15-16

15.8 地图在 Earthquake 示例中的应用

下面的步骤演示了如何在第 13 章介绍的 Earthquake 项目中添加地图。地图将用来显示最近发生的地震。

(1) 首先下载 Google Play 服务 SDK，并在 app 模块的 build.gradle 文件中添加对地图库的依赖关系：

```
dependencies {
  [... Existing Dependencies ...]
  implementation 'com.google.android.gms:play-services-maps:15.0.1'
}
```

(2) 打开 https://developers.google.com/maps/documentation/android-api/signup，创建新项目并获取 API 密钥。修改应用清单，在 application 闭合标签前添加新的 meta-data 节点，并输入相应的 API 密钥：

```
<meta-data
  android:name="com.google.android.geo.API_KEY"
  android:value="[Your API Key Goes Here]"
/>
```

(3) 修改 EarthquakeMapFragment 以实现 OnMapReadyCallback，并相应地添加 onMapReady 处理程序，将传入的 GoogleMap 对象赋给成员变量：

```
public class EarthquakeMapFragment extends Fragment
                                implements OnMapReadyCallback {

  private GoogleMap mMap;

  @Override
  public void onMapReady(GoogleMap googleMap) {
    mMap = googleMap;
  }

  [ ... existing Fragment code ... ]
}
```

(4) 修改 fragment_earthquake_map.xml 布局资源，将现有的 FrameLayout 和 TextView 替换为 SupportMapFragment：

```
<fragment
  xmlns:android="http://schemas.android.com/apk/res/android"
  xmlns:map="http://schemas.android.com/apk/res-auto"
  xmlns:tools="http://schemas.android.com/tools"
  android:id="@+id/map"
  android:name="com.google.android.gms.maps.SupportMapFragment"
  android:layout_width="match_parent"
  android:layout_height="match_parent"
/>
```

(5) 返回到 EarthquakeMapFragment，重写 onViewCreated 处理程序以查找 MapFragment 的引用并请求对 GoogleMap 的引用：

```
@Override
public void onViewCreated(@NonNull View view,
                          Bundle savedInstanceState) {
  super.onViewCreated(view, savedInstanceState);
  // Obtain the SupportMapFragment and request the Google Map object.
  SupportMapFragment mapFragment
    = (SupportMapFragment)getChildFragmentManager()
                          .findFragmentById(R.id.map);
  mapFragment.getMapAsync(this);
}
```

此时，启动应用的话，应该会让 MapView 显示在平板视图中，并且在从手机上选择 Map 选项卡时可见。

(6) 新建 updateFromPreferences 方法，与 EarthquakeListFragment 中的同名方法一样，用于查找要显示的最小震级地震的当前用户首选项：

```
private int mMinimumMagnitude = 0;
```

```
private void updateFromPreferences() {
  SharedPreferences prefs =
    PreferenceManager.getDefaultSharedPreferences(getContext());

  mMinimumMagnitude = Integer.parseInt(
    prefs.getString(PreferencesActivity.PREF_MIN_MAG, "3"));
}
```

(7) 新建 setEarthquakeMarkers 方法，用于迭代地震列表并为每个地震创建标记，然后删除以前的不应再显示的任何标记：

```
Map<String, Marker> mMarkers = new HashMap<>();
List<Earthquake> mEarthquakes;

public void setEarthquakeMarkers(List<Earthquake> earthquakes) {
  updateFromPreferences();

  mEarthquakes = earthquakes;
  if (mMap == null || earthquakes == null) return;
  Map<String, Earthquake> newEarthquakes = new HashMap<>();

  // Add Markers for each earthquake above the user threshold.
  for (Earthquake earthquake : earthquakes) {
    if (earthquake.getMagnitude() >= mMinimumMagnitude) {
      newEarthquakes.put(earthquake.getId(), earthquake);

      if (!mMarkers.containsKey(earthquake.getId())) {
        Location location = earthquake.getLocation();
        Marker marker = mMap.addMarker(
          new MarkerOptions()
            .position(new LatLng(location.getLatitude(),
                                 location.getLongitude()))
            .title("M:" + earthquake.getMagnitude()));

        mMarkers.put(earthquake.getId(), marker);
      }
    }
  }

  // Remove any Markers representing earthquakes that should no longer
  // be displayed.
  for (Iterator<String> iterator = mMarkers.keySet().iterator();
       iterator.hasNext();) {
    String earthquakeID = iterator.next();
    if (!newEarthquakes.containsKey(earthquakeID)) {
      mMarkers.get(earthquakeID).remove();
      iterator.remove();
    }
  }
}
```

(8) 重写 onMapReady 处理程序以观察 EarthquakeViewModel 中的 Live Data，调用步骤(7)的 setEarthquakeMarkers 方法相应地更新地图标记：

```
@Override
public void onMapReady(GoogleMap googleMap) {
  mMap = googleMap;

  // Retrieve the Earthquake View Model for this Fragment.
  earthquakeViewModel = ViewModelProviders.of(getActivity())
                        .get(EarthquakeViewModel.class);

  // Get the data from the View Model, and observe any changes.
  earthquakeViewModel.getEarthquakes()
    .observe(this, new Observer<List<Earthquake>>() {
      @Override
      public void onChanged(@Nullable List<Earthquake> earthquakes) {
        // Update the UI with the updated database results.
        if (earthquakes != null)
          setEarthquakeMarkers(earthquakes);
      }
    });
}
```

(9) 新建一个 OnSharedPreferenceChangeListener，当用户更改最小地震震级时刷新标记，并在 onActivityCreated 处理程序中完成注册：

```
@Override
public void onActivityCreated(Bundle savedInstanceState) {
  super.onActivityCreated(savedInstanceState);

  // Register an OnSharedPreferenceChangeListener
  SharedPreferences prefs =
    PreferenceManager.getDefaultSharedPreferences(getContext());

  prefs.registerOnSharedPreferenceChangeListener(mPListener);
}

private SharedPreferences.OnSharedPreferenceChangeListener mPListener
  = new SharedPreferences.OnSharedPreferenceChangeListener() {
    @Override
    public void onSharedPreferenceChanged(SharedPreferences
                                          sharedPreferences,
                                          String key) {
      if (PreferencesActivity.PREF_MIN_MAG.equals(key)) {
        // Repopulate the Markers.
        List<Earthquake> earthquakes
          = earthquakeViewModel.getEarthquakes().getValue();

        if (earthquakes != null)
          setEarthquakeMarkers(earthquakes);
      }
    }
  };
```

如果运行应用并查看 Map 选项卡，那么应用应该如图 15-17 所示。

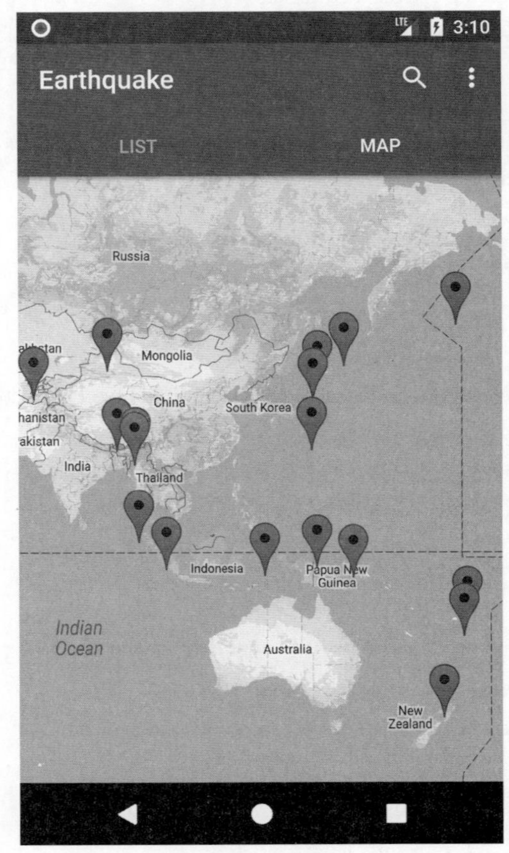

图 15-17

15.9 添加情境感知

Awareness API 结合了多个信号，包括位置、用户情境和环境，从而提供一种机制来允许向应用添加基于上下文的功能，但对系统资源的影响最小。

Awareness API 有两种变体：Snapshot (快照)和 Fence (围栏)；两者都通过缓存和跨应用优化针对效率(特别是续航)进行了优化。

Snapshot API 提供用户当前环境的快照。感知围栏(Awareness Fence)类似于地理围栏(参考本章前面部分)，允许根据特定情境信号的组合接收回调，这些特定情境信号必须满足特定条件才会触发回调。

Awareness API 目前支持多达七种不同的情境信号：

- Time ——围栏可以触发的本地时间窗口，定义为特定时间或语义描述(如“节假日”或“周二”)。
- Location ——物理用户位置，定义为与特定纬度/经度目标的距离。
- User Activity ——用户正在使用的 Activity。
- Nearby Beacons ——特定信标的物理距离。
- Places ——Google Places API 定义的附近企业和 POI(Points Of Interest)。
- Device State ——当前仅限于耳机连接状态。
- Environmental Conditions ——目前仅限于当地天气。

Google Play 服务的 Awareness 库提供了 Awareness API，在安装 Google Play 服务后，必须将 Awareness 库作为依赖项添加到 app 模块的 build.gradle 文件中，如本章前面所述：

```
dependencies {
  [... Existing Dependencies ...]
  implementation 'com.google.android.gms:play-services-awareness:15.0.1'
}
```

作为通过 Google Play 服务提供的动态 API，应该期望可用信号的范围会随着时间的推移而增大。

15.9.1 连接到 Google Play 服务 API 客户端并获取 API 密钥

与 Google Play 服务库中提供的许多 Google API 一样，Awareness API 要求创建并连接 GoogleApiClient 实例。Google API Client 管理用户设备和想要使用的 Google 服务之间的网络连接。

可以自己管理 Google API Client 的连接；但是，最好使用自动连接管理机制。

当自动管理的 Google API Client 尝试连接到 Google API 时，将根据需要显示用户对话框，以尝试修复任何用户可解决的连接故障。

对于无法解决的问题，让 Activity 实现 OnConnectionFailedListener 接口，该接口的 onConnectionFailed 处理程序将会通知任何用户无法解决的错误。

在 Activity 的 onCreate 处理程序中使用 GoogleApiClient.Builder 创建 GoogleApiClient 实例，指定要使用的 Google API 以及 Activity 和用于自动管理功能 OnConnectionFailedListener，参见代码清单 15-27 所示的框架代码。

代码清单 15-27：连接到 Google API Client

```
public class MainActivity extends AppCompatActivity
          implements GoogleApiClient.OnConnectionFailedListener {

  private static final String TAG = "CONTEXT_ACTIVITY";

  GoogleApiClient mGoogleApiClient;

  @Override
  protected void onCreate(Bundle savedInstanceState) {
    super.onCreate(savedInstanceState);
    setContentView(R.layout.activity_main);

    mGoogleApiClient = new GoogleApiClient.Builder(this)
                  .addApi(Awareness.API)
```

```
                    .enableAutoManage(this, // MainActivity
                                      this) // OnConnectionFailedListener
                    .build();
  }

  @Override
  public void onConnectionFailed(@NonNull ConnectionResult connectionResult){
    Log.e(TAG, "Failed to connect to Google Services: " +
            connectionResult.getErrorMessage() +
            " (" + connectionResult.getErrorCode() + ")");
    // TO DO: Handled failed connection.
}
```

进行自动管理时，Google API Client 将在 onStart 期间自动连接，并在 onStop 之后断开连接。

Awareness API 利用了多个 Google 服务。要使用这些服务中的数据提取快照或创建围栏，就必须为它们获取 API 密钥，并将 API 密钥设置到应用清单中。

首先，需要访问 https://developers.google.com/awareness/android-api/get-a-key，获取用于 Aware ness API 的 API 密钥。

一旦获得 API 密钥，就添加到应用清单中，在 application 闭合标签前新增一个 meta-data 节点，并输入 API 密钥，如以下代码片段所示：

```
<meta-data
 android:name="com.google.android.awareness.API_KEY"
 android:value="[YOUR_API_KEY]"
/>
```

前面的URL还提供了获取Places API和Nearby(Beacons) API的密钥的详细信息，它们可以采用与Awareness API 密钥相同的方式添加：

```
<meta-data
  android:name="com.google.android.geo.API_KEY"
 android:value="[YOUR_API_KEY]"
/>

<meta-data
 android:name="com.google.android.nearby.messages.API_KEY"
 android:value="[YOUR_API_KEY]"
/>
```

15.9.2 使用感知快照

感知快照(Awareness Snapshot)允许从多个服务中检索用户当前情境相关的详细信息，在快速返回结果的同时，对最小化电池消耗和内存影响进行了优化。

Awareness API 对与每个服务关联的数据使用缓存值；如果没有数据(或数据过时)，将使用检测和推断返回新值。

可以使用 Awareness.SnapshotApi 类的 get 方法(被传入 Google API Client)来获取快照情境信号值。

通过附加 ResultCallBack，将结果类型参数化。返回的值将会被传入 onResult 处理程序。调用 getStatus 确定查找是否成功，如果成功，则使用 getter 提取结果，如代码清单 15-28 所示。

代码清单 15-28：检索快照情境信号结果

```
Awareness.SnapshotApi.getDetectedActivity(mGoogleApiClient)
  .setResultCallback(new ResultCallback<DetectedActivityResult>() {
    @Override
    public void onResult(@NonNull DetectedActivityResult
                         detectedActivityResult) {
      if (!detectedActivityResult.getStatus().isSuccess()) {
        Log.e(TAG, "Current activity unknown.");
      } else {
        ActivityRecognitionResult ar =
          detectedActivityResult.getActivityRecognitionResult();
        DetectedActivity probableActivity = ar.getMostProbableActivity();
```

```
      // TO DO: Do something with the detected user activity.
    }
  }
});
```

Snapshot API 包含对应每个可用情境信号的静态 get 方法。如果要直接查询基础服务，那么每个返回值与返回的类和值是一致的。注意，其中一些方法需要应用清单权限和运行时权限：

- getBeaconState —— 通过返回信标状态结果来提供附近信标的状态。调用 getBeaconState 以提取信标详细信息。需要 ACCESS_FINE_LOCATION 清单权限和运行时权限。
- getDetectedActivity —— 通过返回 DetectedActivityResult 得到检测到的用户物理活动(跑步、步行等)。调用 getActivityRecognitionResult 以提取活动识别结果。需要 ACTIVITY_RECOGNITION 清单权限。
- getHeadphoneState —— 通过返回 HeadphoneStateResult 对象指示耳机当前是否插入，在该对象上必须调用 getState 以确定耳机是否插入(PLUGGED_IN)或拔出(UNPLUGGED)。
- getLocation —— 使用 LocationResult 返回用户的最后位置。可以使用 getLocation 提取位置值。需要 ACCESS_FINE_LOCATION 清单权限和运行时权限。
- getPlaces —— 在 PlacesResult 中返回附近位置的列表，例如企业和 POI。调用 getPlaceLikelihoods 以获取按可能性排序的潜在位置列表。需要 ACCESS_FINE_LOCATION 清单权限和运行时权限。
- getWeather —— 在 WeatherResult 中返回当前位置的天气状况。调用 getWeather 以提取 Weather 对象，包含温度、"体感"温度、湿度和一系列描述性天气条件。需要 ACCESS_FINE_LOCATION 清单权限和运行时权限。

可以在 Google Developers 网站上找到每个快照(Snapshot)方法的完整详细信息，以及如何提取数据的示例，网址为 https://developers.google.com/awareness/android-api/snapshot-get-data。

15.9.3　设置和监控感知围栏

感知围栏(Awareness Fence)允许应用通过定义一系列条件来适应用户不断变化的环境，一旦满足条件，即使应用在后台也会触发回调。

"感知围栏"的概念是对本章前面 15.4 节"设置和管理地理围栏"中介绍的地理围栏的扩展。地理围栏(Geofence)基于用户接近特定位置，感知围栏的触发条件被扩展到包括时间、附近信标(Beacon)、耳机状态以及用户的当前 Activity 等情境条件。

这些信号中的任意一个都可以通过逻辑运算符来组合，从而允许根据组合条件定义自定义围栏，例如：

- 周末下午，接通耳机时开始跑步。
- 工作日上午，开始开车离开指定地点。
- 星期三上午 8 点到 9 点，在骑行范围内移动。

感知围栏都是 AwarenessFence 实例。可以使用以下类中存在的静态方法为每个可用的情境触发器创建新的感知围栏：

- BeaconFence —— 使用 found、lost、near 方法指定一个或多个(与指定的 TypeFilter 对象匹配的)信标被检测到、丢失或靠近。需要 ACCESS_FINE_LOCATION 权限。
- DetectedActivityFence —— 使用 starting、stopping 和 during 方法指示用户刚开始、刚停止或当前正在进行给定的活动。可检测的活动包括驾乘(IN_VEHICLE)、骑行(ON_BICYCLE)、步行(ON_FOOT)、跑步(RUNNING)、行走(WALKING)或静止(STILL)。需要 ACTIVITY_RECOGNITION 权限。
- HeadphoneFence —— 使用 pluggingIn、unplugging 和 during 方法指示耳机刚连接、刚拔出或当前已插入。
- LocationFence —— 像地理围栏一样工作。使用 entering、exiting 和 in 方法，指定纬度、经度、半径和停留时间，以指示用户已进入、离开或停留在指定区域内达到指定的时间。
- TimeFence —— 提供数量众多的静态方法，允许指示语义上的或特定的日期和时间。
    - ➢ aroundTimeInstant —— 指定一个瞬间，以日落或日出为基准，加上开始和停止偏移。
    - ➢ inDailyInterval —— 指定给定时区内的每日开始和停止时间。

- inInterval —— 指定一次性的绝对开始和停止时间。
- inIntervalofDay —— 在给定时区内为一周中的给定日期指定重复的开始和停止时间。
- inTimeInterval —— 指定特定的语义时间间隔，如星期几、上午、下午、傍晚、晚上、工作日、周末或假日。

例如，代码清单 15-29 展示了基于每个情境信号的感知围栏。

代码清单 15-29：创建感知围栏

```
// Near one of my custom beacons.
BeaconState.TypeFilter typeFilter
  = BeaconState.TypeFilter.with("com.professionalandroid.apps.beacon",
                                "my_type");
AwarenessFence beaconFence = BeaconFence.near(typeFilter);

// While walking.
AwarenessFence activityFence
  = DetectedActivityFence.during(DetectedActivityFence.WALKING);

// Having just plugged in my headphones.
AwarenessFence headphoneFence = HeadphoneFence.pluggingIn();

// Within 1km of Google for longer than a minute.
double lat = 37.4220233;
double lng = -122.084252;
double radius = 1000; // meters
long dwell = 60000;   // milliseconds.
AwarenessFence locationFence = LocationFence.in(lat, lng, radius, dwell);

// In the morning
AwarenessFence timeFence =
  TimeFence.inTimeInterval(TimeFence.TIME_INTERVAL_MORNING);

// During holidays
AwarenessFence holidayFence =
  TimeFence.inTimeInterval(TimeFence.TIME_INTERVAL_HOLIDAY);
```

可以使用 AwarenessFence 类的静态方法 and、or 和 not 来组合多个感知围栏，如代码清单 15-30 所示。

代码清单 15-30：组合感知围栏

```
// Trigger when headphones are plugged in and walking in the morning
// either within a kilometer of Google or near one of my beacons --
// but not on a holiday.
AwarenessFence morningWalk = AwarenessFence
                            .and(activityFence,
                                 headphoneFence,
                                 timeFence,
                             AwarenessFence.or(locationFence, beaconFence),
                             AwarenessFence.not(holidayFence));
```

和地理围栏一样，当触发感知围栏时，将会广播 Pending Intent，从而触发 Broadcast Receiver。如果有多个感知围栏，则可以为每个感知围栏创建唯一的 Pending Intent；然而出于效率原因，最好使用单独的 Pending Intent，每个 pending Intent 都有唯一的键字符串，用于在注册感知围栏时指定：

```
int flags = PendingIntent.FLAG_UPDATE_CURRENT;
Intent intent = new Intent(this, WalkFenceReceiver.class);
PendingIntent awarenessIntent = PendingIntent.getBroadcast(this, -1,
                                                    intent, flags);
```

需要创建 FenceUpdateRequest 才能添加感知围栏，FenceUpdateRequest 中包括要添加的感知围栏、触发感知围栏时需要广播的 Pending Intent 以及唯一标识符。

FenceUpdateRequest 可通过 FenceUpdateRequest.Builder 来创建，然后添加一个或多个感知围栏，如代码清单 15-31 所示。

代码清单 15-31：创建感知围栏更新请求

```
FenceUpdateRequest fenceUpdateRequest = new FenceUpdateRequest.Builder()
  .addFence(WALK_FENCE_KEY, morningWalk, awarenessIntent)
  .build();
```

代码清单 15-32 展示了如何通过将 FenceUpdateRequest 传入 Fence API 的 updateFences 方法来更新应用的感知围栏，并使用 setResultCallback 来接收 onResult 回调，指示更新请求的成功或失败。

代码清单 15-32：添加新的感知围栏

```
Awareness.FenceApi.updateFences(
  mGoogleApiClient,
  fenceUpdateRequest)
  .setResultCallback(new ResultCallback<Status>() {
     @Override
     public void onResult(@NonNull Status status) {
       if(!status.isSuccess()) {
         Log.d(TAG, "Fence could not be registered: " + status);
       }
     }
   });
```

当感知服务检测到每一个条件都满足时，Pending Intent 就会被触发。在 Pending Intent 被添加后，无论每个条件的状态如何，Pending Intent 也会被立即激发；这样就可以提取到初始状态。

收到 Pending Intent 后，可以使用 FenceState 类检查感知围栏的当前状态，使用 FenceState.extract 方法可以从 Intent 中提取状态：

```
FenceState fenceState = FenceState.extract(intent);
```

需要创建并注册 Broadcast Receiver 来监听 Intent 广播，从而接收感知围栏触发通知，如代码清单 15-33 所示。

代码清单 15-33：监听感知围栏触发 Intent 广播

```
public class WalkFenceReceiver extends BroadcastReceiver {

  @Override
  public void onReceive(Context context, Intent intent) {
    FenceState fenceState = FenceState.extract(intent);

    String fenceKey = fenceState.getFenceKey();
    int fenceStatus = fenceState.getCurrentState();

    if (fenceKey.equals(WALK_FENCE_KEY)) {
      if (fenceStatus == FenceState.TRUE) {
        // TO DO: React to fence being triggered.
      }
    }
  }
}
```

可以在 FenceUpdateRequest 中使用 removeFence 方法(指定与感知围栏关联的唯一标识或 Pending Intent)来移除感知围栏，然后将返回的 FenceUpdateRequest 传入 Fence API 的 updateFences 方法，如代码清单 15-34 所示。

代码清单 15-34：移除感知围栏

```
FenceUpdateRequest fenceUpdateRequest = new FenceUpdateRequest.Builder()
  .removeFence(WalkFenceKey)
  .build();

Awareness.FenceApi.updateFences(
  mGoogleApiClient,
  fenceUpdateRequest)
  .setResultCallback(new ResultCallback<Status>() {
     @Override
     public void onResult(@NonNull Status status) {
       if(!status.isSuccess()) {
```

```
                Log.d(TAG, "Fence could not be removed: " + status);
            }
        }
    });
```

15.9.4 Awareness 最佳实践

在应用中添加情境感知意味着要求用户愿意将信息托付于你。要求的情境越多，请求的信任就越多。请铭记在心，建立信任是困难的，但失去信任是很容易的。即使没有恶意，只是让用户感到困惑或难以理解，也可能会失去用户的信任。

为了维持这种信任，必须负责任地使用情境信息，最大限度地提高用户控制和隐私。在追求愉快的同时，重要的是不要让用户感到困惑、震惊或意外。

以下是一系列最佳实践，有助于确保维持这种信任：

- 告诉用户在做什么，为什么要这样做，并尽可能允许他们拒绝。
- 始终解释如何使用他们的情境，以及对数据做了什么(包括设备上的数据)，尤其是在存储或传输数据的情况下。
- 不要传输或存储位置或通讯录信息，除非用户清楚，并且这是应用功能的关键部分。
- 如果正在存储任何情境数据，请允许用户轻松删除(包括在他们的设备上以及在服务器上)。
- 有清晰的隐私政策，方便用户查找和理解。
- 你的应用应该是值得信托的朋友，而不是令人毛骨悚然的跟踪者；使用感知来提高通知的质量，而不是骚扰用户。

第16章

硬件传感器

本章主要内容：

- 使用 Sensor Manager(传感器管理器)
- 介绍各种不同类型的传感器
- 探索可用的传感器以及它们的功能
- 查找并使用动态传感器
- 学习使用传感器的最佳实践
- 使用模拟器(Emulator)测试传感器
- 获取设备的自然朝向
- 重新映射基于设备朝向的尺寸(orientation reference frame)
- 监测传感器并读取传感器值
- 使用传感器监控设备的移动和朝向
- 使用传感器监控设备的环境
- 使用传感器监测用户的生命体征
- 使用 Activity Recognition(活动识别)进行用户行为追踪

本章可供下载的代码可以在 www.wrox.com 上找到。本章的代码放在如下压缩文件中：

- Snippets_ch16.zip
- Weatherstation.zip
- GForceMeter.zip
- Compass_ch16.zip

16.1 Android 传感器介绍

Android 设备不仅仅是提供简单通信和网络浏览功能的操作系统，还是超感官输入的设备，它们使用运动、环境和身体传感器来扩展用户的感知。

有传感器通过检测物理和环境特性，为增强移动应用用户体验的创新提供了令人激动的途径。现代设备中的传感器硬件阵列组合越来越丰富，为用户交互和应用开发提供了新的可能性，包括增强或虚拟现实、基于运动的输入和环境定制。

本章将介绍 Android 中当前可用的传感器，以及如何使用传感器管理器来监控它们。

你将深入了解如何确定移动以及设备朝向的变更，而不用考虑主机设备的自然朝向。还可以探索环境传感器，包括如何使用气压计检测当前高度，使用环境光照传感器确定云量，以及使用温度传感器测量环境温度。

最后，你将了解直接连接到用户并可用于确定生命体征(如心率)的身体传感器，以及使用活动识别(Activity Recognition)API 来监控用户当前的身体活动。

16.1.1 使用 Sensor Manager

Sensor Manager 用来管理 Android 设备上可用的传感器硬件。使用 getSystemService 可以返回对 Sensor Manager Service 的引用：

```
SensorManager sensorManager
  = (SensorManager)getSystemService(Context.SENSOR_SERVICE);
```

我们并不直接与传感器硬件交互，而是使用一系列代表硬件传感器的 Sensor 对象。这些 Sensor 对象描述了它们所代表的硬件传感器的属性，包括类型、名称、制造商以及精度和范围的详细信息。

Sensor 类包含了一组常量，这些常量描述由特定 Sensor 对象代表的硬件传感器类型。这些常量的格式为 Sensor.TYPE_，后跟所支持传感器的名称。在接下来的章节中，将会逐一介绍所支持的传感器类型，然后将学习如何查找和使用这些传感器。

16.1.2 理解 Android 传感器

特定传感器的可用性会因为操作系统的版本和主机设备中的硬件不同而变化。16.1.3 节“发现并识别传感器”将会介绍如何识别在给定主机设备上应用可用的传感器。

传感器一般可分为两类：硬件传感器和虚拟传感器。

硬件传感器(Hardware Sensor)——例如光照传感器(light sensor)和气压传感器(barometric pressure Sensor)——直接上报从专用物理硬件传感器获取的结果。这些基于硬件的传感器通常彼此独立工作，每个传感器上报从特定硬件获得的结果，通常不应用任何过滤或平滑处理。

虚拟传感器(Virtual Sensor)用于呈现被简化、校正或合成的传感器数据，使它们在某些应用中更容易使用。诸如旋转矢量传感器(rotation vector sensor)和线性加速度传感器(linear acceleration sensor)之类的传感器是虚拟传感器，它们可以使用经过平滑和过滤处理的加速度计、磁场传感器和陀螺仪组合，而不是某个特定硬件传感器的输出。

在某些情况下，Android 提供基于特定硬件传感器的虚拟传感器。例如，有些虚拟的陀螺仪和朝向传感器会尝试改善各自硬件的质量和性能，这将涉及使用滤波器和多个传感器的输出对原始输出做平滑、校正或过滤处理。

1. 环境传感器

环境传感器(Environmental Sensor)用于监测周围的物理环境，包括当前的温度、亮度和气压。

- Sensor.TYPE_AMBIENT_TEMPERATURE：温度计，在 Android 4.0(API 级别 14)中引入，返回以摄氏度为单位的室温。
- Sensor.TYPE_GRAVITY：三轴重力传感器，返回当前方向和沿着三个轴且以 m/s^2 为单位的重力的大小。重力传感器通常是虚拟传感器，是通过对加速度计结果应用低通滤波器来实现的。
- Sensor.TYPE_LIGHT：照明亮度传感器，返回一个表示周围照明亮度的值(单位是勒克斯)。照明亮度传感器通常被系统用来动态改变屏幕亮度。
- Sensor.TYPE_MAGNETIC_FIELD：磁力计，探测当前磁场强度(沿三个轴以微特斯拉 μT 为单位)。

- Sensor.TYPE_PRESSURE：气压传感器(气压计)，返回一个表示当前气压的值(单位是毫巴 mbar)。气压传感器可以使用 Sensor Manager 的 getAltitude 方法，通过比较两个位置的大气压强，以确定高度。气压计也可以用于天气预报，通过测量同一地点随时间变化的大气压强来实现。
- Sensor.TYPE_PROXIMITY：距离传感器，指示设备和目标对象之间的距离(单位是厘米 cm)。如何选取目标对象以及支持的距离，将取决于距离探测器的硬件实现。
- Sensor.TYPE_RELATIVE_HUMIDITY：相对湿度传感器，返回百分比形式的相对湿度。在 Android 4.0(API 级别 14)中引入。

2. 设备移动和朝向传感器

设备移动和朝向传感器能帮助你追踪设备的移动和物理朝向的变化。使用这些传感器，可以确定设备的相对朝向(沿三个轴)、加速度和设备移动与否。

- Sensor.TYPE_ACCELEROMETER：三轴加速度计，返回当前加速度(沿三个轴并以 m/s^2 为单位)。本章稍后将更详细地探讨加速度计。
- Sensor.TYPE_GYROSCOPE：三轴陀螺仪，返回设备当前的旋转速率(沿三个轴并以 rad/s(弧度/秒)为单位)。可以集成随时间变化的旋转速率来确定设备的当前朝向；然而，最佳实践通常是结合其他传感器(通常是加速度计)来提供平滑和校正后的朝向。你将在本章进一步了解陀螺仪。
- Sensor.TYPE_LINEAR_ACCELERATION：三轴线性加速度传感器，返回减去重力的加速度(沿三个轴并以 m/s^2 为单位)。与重力传感器类似，线性加速度传感器通常是使用加速度计的输出实现的虚拟传感器。在这种情况下，为了获得线性加速度，会在加速度计的输出上应用一个高通滤波器。
- Sensor.TYPE_ROTATION_VECTOR：旋转矢量传感器，返回设备的朝向(以围绕轴的角度组合的形式)。它通常用作 Sensor Manager 中的 getRotationMatrixFromVector 方法的输入，该方法将获取到的旋转矢量转换为旋转矩阵。旋转矢量通常是作为虚拟传感器实现的，可以组合和校正从多个传感器(如加速度计和陀螺仪)获得的结果，以提供更平滑的旋转矩阵。
- Sensor.TYPE_GEOMAGNETIC_ROTATION_VECTOR：旋转矢量的一种替代方法，使用磁强计而不是陀螺仪作为虚拟传感器来实现。因此，虽然使用功率较低，但噪音更大，最好在室外使用。在 Android 4.4(API 级别 19)中引入。
- Sensor.TYPE_POSE_6DOF：具有 6 个自由度的姿态传感器；类似于旋转矢量，但具有来自任意参考点的附加增量平移。这是一种高功率传感器，预计会比旋转矢量更准确。在 Android 7.0(API 级别 24)中引入。
- Sensor.TYPE_MOTION_DETECT：一种虚拟传感器，如果确定设备已经运动了至少 5 秒，则返回 1.0，最大延迟为 5 秒。在 Android 7.0(API 级别 24)中引入。
- Sensor.TYPE_STATIONARY_DETECT：一种虚拟传感器，如果确定设备已经静止了至少 5 秒，则返回 1.0，最大延迟为 5 秒。在 Android 7.0(API 级别 24)中引入。
- Sensor.TYPE_SIGNIFICANT_MOTION：一种单次触发的传感器(One-Shot Sensor)，当检测到重要的设备运动时触发，然后自动禁用自身以防止持续输出。它们是唤醒传感器，意味着将在设备休眠时继续监视变化，并在检测到运动时唤醒设备。在 Android 4.3(API 级别 18)中引入。

3. 身体和运动传感器

有了新的硬件，诸如手表和健身监视器，包括 Android Wear，我们将可以访问一系列新的外部传感器。身体传感器(Body Sensor)通常佩戴在用户身上或放置在附近，允许检测身体和健康数据，如心跳、心率和步数。

- Sensor.TYPE_HEART_BEAT：监测心跳的传感器，当检测到心跳峰值时返回单一值，对应于心电图(ECG)信号的 QRS 复合波中的正峰值。在 Android 7.0(API 级别 24)中引入。
- Sensor.TYPE_HEART_RATE：心率监视器，返回表示用户心率的单个值，单位为每分钟心跳次数(beats-per-minute，bpm)。在 Android 4.4(API 级别 20)中引入。

- Sensor.TYPE_LOW_LATENCY_OFFBODY_DETECT：当可穿戴设备(wearable device)在接触与不接触人体之间转换时，返回单个值。在 Android 8.0(API 级别 26)中引入。
- Sensor.TYPE_STEP_COUNTER：返回自设备重新启动后在活动状态时检测到的累计步数，作为低功耗硬件传感器实现，可以用来在很长一段时间内连续跟踪步数。与上面介绍的大多数传感器不同，如果希望在应用处于后台时继续计算步数的话，不应该在 Activity 停止后解除注册传感器。在 Android 4.4(API 级别 19)中引入。
- Sensor.TYPE_STEP_DETECTOR：每次获取步行时返回 1.0，对应脚接触地面。如果要追踪步数，使用步数计数器传感器更合适。在 Android 4.4(API 级别 19)中引入。

16.1.3 发现和识别传感器

可以使用 Sensor Manager 的 getDefaultSensor 方法，通过传入相关的 Sensor.TYPE_常量，来确定主机设备上是否有特定类型的传感器，参见代码清单 16-1。如果没有该类型的传感器，则返回 null；如果有一个或多个传感器可用，则返回默认实现。

代码清单 16-1：确定是否有大气压力传感器

```
SensorManager sensorManager
  = (SensorManager) getSystemService(Context.SENSOR_SERVICE);

if (sensorManager.getDefaultSensor(Sensor.TYPE_PRESSURE) != null){
  // TO DO: Barometer is available.
} else {
  // TO DO: No barometer is available.
}
```

注意：

如果应用需要传感器才能运行，可以在应用清单中将其指定为必需功能，如第 4 章“定义 Android 配置清单和 Gradle 构建文件，并外部化资源”所述。

顾名思义，getDefaultSensor 方法会返回给定类型的默认传感器，因此值得注意的是，某些 Android 设备可能具有多个给定类型的独立硬件传感器或虚拟传感器。

要发现主机系统上可用的每个传感器，可以使用 Sensor Manager 的 getSensorList 方法，传入传感器类型，或传入 Sensor.TYPE_ALL 以返回全部传感器的列表：

```
List<Sensor> allSensors = sensorManager.getSensorList(Sensor.TYPE_ALL);
```

要查找特定类型的所有可用传感器的列表，请使用传感器常量指定所需的传感器类型，返回所有可用陀螺仪的示例代码如下所示：

```
List<Sensor> gyroscopes = sensorManager.getSensorList(Sensor.TYPE_GYROSCOPE);
```

按照惯例，硬件传感器都会排列在返回列表的顶部，然后是虚拟传感器，但这并不绝对。自 Android 5.0(API 级别 21)起，默认传感器是列表中的第一个传感器，在本例中不是 Wakeup 传感器(除非指定要求是 Wakeup 传感器)。Wakeup 和非 Wakeup 传感器之间的区别在 16.1.5 节“Wakeup 和非 Wakeup 传感器”中描述。

还可以使用 getDefaultSensor 方法的重载实现，该实现需要同时传入传感器类型和布尔值(指示是否需要 Wakeup 传感器)：

```
Sensor wakeupProximitySensor =
  sensorManager.getDefaultSensor(Sensor.TYPE_PROXIMITY, TRUE);
```

Android 7.0 Nougat(API 级别 24)引入了动态传感器的概念，主要是为了支持 Android Things 平台。动态传感器的行为与传统传感器类似，但可以在运行时进行连接或断开。

可以使用 Sensor Manager 的 isDynamicSensorDiscoverySupported 方法来确定动态传感器在当前主机系统上是否可用。要确定特定传感器是否是动态的，可以调用传感器的 isDynamicSensor 方法。

要返回可用动态传感器的列表，可以使用 getDynamicSensorList 方法，与前面描述的所有传感器相同，指定 Sensor.TYPE_ALL 可以返回所有动态传感器，或者指定某个特定传感器类型的传感器类型常量：

```
if (sensorManager.isDynamicSensorDiscoverySupported()) {
  List<Sensor> allDynamicSensors
    = sensorManager.getDynamicSensorList(Sensor.TYPE_ALL);
  // TO DO Do something with the dynamic sensor list.
}
```

因为它们可以在运行时被添加或移除，所以在应用运行时，getDynamicSensor 调用的结果可能会发生变化。

要追踪动态传感器的添加或移除，可以实现 DynamicSensorCallback，并将其注册到 Sensor Manager，如以下代码所示：

```
SensorManager.DynamicSensorCallback dynamicSensorCallback =
  new SensorManager.DynamicSensorCallback() {
  @Override
  public void onDynamicSensorConnected(Sensor sensor) {
    super.onDynamicSensorConnected(sensor);
    // TO DO React to the new Sensor being connected.
  }

  @Override
  public void onDynamicSensorDisconnected(Sensor sensor) {
    super.onDynamicSensorDisconnected(sensor);
    // TO DO React to the Sensor being disconnected.
  }
};

sensorManager.registerDynamicSensorCallback(dynamicSensorCallback);
```

16.1.4　确定传感器的功能

如果给定的传感器类型有多个传感器实现，可能需要通过查询返回的传感器，并比较其功能来决定要使用哪个。

每个传感器都提供了一些方法来上报名称、活动状态时的电源使用(单位为 mA)、最小延迟(两个后续事件之间的最小延迟，以微秒 μs 为单位)、最大范围和分辨率(返回值的单位)、模块版本和供应商字符串：

```
String name = sensor.getName();
float power = sensor.getPower();
float maxRange = sensor.getMaximumRange();
float resolution = sensor.getResolution();
float minLatency = sensor.getMinDelay();
int version = sensor.getVersion();
String vendor = sensor.getVendor();

Log.d(TAG, "Sensor " + name + " (" + vendor + ":" + version +
        ") Power:" + power + ", Range: " + maxRange +
        ", Resolution: " + resolution + ", Latency: " + minLatency);
```

为了利用最合适的实现满足需求，对可用传感器进行检查和实验可能很有用。在许多情况下，对应用来讲，虚拟传感器的平滑、过滤和校正处理可以提供比默认硬件更好的效果。

以下代码片段展示了如何选择有最大范围和最低功率要求的光照传感器：

```
List<Sensor> lightSensors
  = sensorManager.getSensorList(Sensor.TYPE_LIGHT);

Sensor bestLightSensor
  = sensorManager.getDefaultSensor(Sensor.TYPE_LIGHT);

if (bestLightSensor != null)
  for (Sensor lightSensor : lightSensors) {
    float range = lightSensor.getMaximumRange();
    float power = lightSensor.getPower();

    if (range >= bestLightSensor.getMaximumRange())
      if (power < bestLightSensor.getPower() ||
          range > bestLightSensor.getMaximumRange())
```

```
        bestLightSensor = lightSensor;
    }
```

Android 5.0 Lollipop(API 级别 21)引入了查找最大延迟的支持，返回传感器支持的最慢频率，通常对应于批处理 FIFO(First-In-First-Out，先进先出)队列将要变满的时间。如果返回零或负值，则忽略此值：

```
float maxLatency = sensor.getMaxDelay();
```

API 级别 21 还引入了每个传感器的“报告模式”概念。通过调用传感器的 getReportingMode 方法，可以确定它如何报告结果，其返回值表示为以下常量之一。

- REPORTING_MODE_CONTINUOUS：事件返回的速率至少为注册监听器时使用的 rate 参数定义的恒定速率。
- REPORTING_MODE_ON_CHANGE：仅当值更改时返回事件，限制为不超过注册监听器时使用的 rate 参数的频率。
- REPORTING_MODE_ONE_SHOT：当检测到事件时，只上报一次事件。这种类型的传感器是通过请求触发监听器而不是事件监听器来监控的。
- REPORTING_MODE_SPECIAL_TRIGGER：用于除连续、一次性或触发变化以外的特殊触发器的传感器。例如，步进检测器在检测到步进时返回结果。

16.1.5 Wakeup 和非 Wakeup 传感器

通常，如果应用当前未持有唤醒锁，一段时间的非用户交互(non-user-interaction)将导致系统的应用程序处理器进入低功耗挂起模式，以保留电池(唤醒锁可用于强制处理器保持活动状态)。

当处理器进入低功耗模式时，非 Wakeup 传感器将继续消耗电源并生成事件，但它们不会唤醒处理器以便应用接收和处理它们。相反，如果有可用的 FIFO 数据队列，它们将被放入硬件 FIFO 数据队列中。

当达到最大队列大小时，较旧的事件将丢失，这意味着有丢失采集数据的风险以及很大的电池成本。因此，最好在 Activity 的 onResume 和 onPause 方法中分别开始和停止监听传感器结果。这可确保非 Wakeup 传感器仅在 Activity 激活时才通电。

相反，Wakeup 传感器将在 FIFO 缓冲区已满或达到请求更新时指定的最大潜伏期(latency)时唤醒处理器。唤醒处理器将显著增加电池的使用量，因此指定的潜伏期越长，使用传感器对电池的影响越小。

可以使用 isWakeupSensor 方法确定特定传感器是否为 Wakeup 传感器：

```
boolean isWakeup = sensor.isWakeUpSensor();
```

可以使用传感器的 maxFifoEventCount 方法得到传感器的最大 FIFO 队列大小。

16.1.6 监测传感器结果

如何监控传感器观察到的值，取决于传感器使用的报告模式。

对于大多数传感器而言，那些持续、通过变化或由特殊触发器引起的报告结果，可以通过实现 SensorEventListener 来接收传感器事件，并使用 Sensor Manager 的 registerListener 方法进行注册。

重写 onSensorChanged 处理程序以接收新的传感器值，并重写 onAccuracyChanged 以响应传感器精度的更改，参见代码清单 16-2 所示的框架代码。

代码清单 16-2：传感器事件监听器的框架代码

```
final SensorEventListener mySensorEventListener = new SensorEventListener() {
  public void onSensorChanged(SensorEvent sensorEvent) {
    // TO DO: React to new Sensor result.
  }

  public void onAccuracyChanged(Sensor sensor, int accuracy) {
    // TO DO: React to a change in Sensor accuracy.
  }
};
```

onSensorChanged 方法接收到的 SensorEvent 参数包括以下 4 个属性，它们描述了每个传感器事件。

- sensor：导致触发事件的传感器对象。
- accuracy：事件发生时传感器的准确性。
- values：包含观察到的新值的浮点数组。后续章节将说明每种传感器返回的值。
- timestamp：传感器事件(Sensor Event)发生的时间(以纳秒 ns 为单位)。

可以使用 onAccuracyChanged 方法单独监视传感器精度的变化。

在这两个处理程序中，精度值使用以下 Sensor Manager 常量之一表示传感器的精度：

- SENSOR_STATUS_ACCURACY_LOW：表示传感器报告的精度低，需要校准。
- SENSOR_STATUS_ACCURACY_MEDIUM：表示传感器数据具有平均精度，校准可提高报告结果的精度。
- SENSOR_STATUS_ACCURACY_HIGH：表示传感器报告的精度最高。
- SENSOR_STATUS_UNRELIABLE：表示传感器数据不可靠，这意味着需要校准或当前无法读取。
- SENSOR_STATUS_NO_CONTACT：表示传感器数据不可靠，因为传感器已失去与测量值的联系(例如，心率监视器无法触达用户)。

要监听传感器事件(Sensor Event)，请向 Sensor Manager 注册传感器事件监听器。指定要观察的传感器，以及接收更新的最小频率(以微秒 μs 为单位)或使用 SensorManager.SENSOR_DELAY_NORMAL 常量，如代码清单 16-3 所示。

代码清单 16-3：注册传感器事件监听器

```
Sensor sensor = sensorManager.getDefaultSensor(Sensor.TYPE_PROXIMITY);
sensorManager.registerListener(mySensorEventListener,
                               sensor,
                               SensorManager.SENSOR_DELAY_NORMAL);
```

选择的速率并没有绑定；Sensor Manager 返回的结果可能比指定的更快或更慢，尽管往往更快。为了最小化在应用中使用传感器的相关资源成本，最好选择最慢的可接受速率。

当应用不再需要接收更新时，可以(并且必须)注销传感器事件侦听器：

```
sensorManager.unregisterListener(mySensorEventListener);
```

Android 4.4 KitKat(API 级别 19)引入了一个重载的 registerListener 方法，如代码清单 16-4 所示，它还允许指定最大的报告延迟，表示事件在返回到处理程序之前可以延迟的最长时间(以微秒 μs 为单位)。

代码清单 16-4：使用最大延迟注册传感器事件侦听器

```
Sensor sensor = sensorManager.getDefaultSensor(Sensor.TYPE_PROXIMITY);
sensorManager.registerListener(mySensorEventListener,
                               sensor,
                               SensorManager.SENSOR_DELAY_NORMAL,
                               10000000);
```

当使用 Wakeup 传感器时，指定较大的报告延迟是减少电池使用的有效方法。

对于单次触发(one-shot)的传感器，例如重要的运动检测器，应该通过实现 TriggerEventListener(触发器事件监听器)而不是 SensorEventListener 来监视更新，并重载 onTrigger 处理程序，如代码清单 16-5 所示。

代码清单 16-5：触发器事件监听器的框架代码

```
TriggerEventListener triggerEventListener = new TriggerEventListener() {
  @Override
  public void onTrigger(TriggerEvent event) {
    // TO DO: React to trigger event.
  }
};
```

onTrigger 处理程序接收到的 TriggerEvent 参数包括以下属性，它们描述了每个触发器事件。

- sensor：导致触发事件的传感器对象。
- values：包含观察到的新值的浮点数组。后续章节会说明每种传感器返回的值。
- timestamp：传感器事件发生的时间(以纳秒 ns 为单位)。

要监听传感器事件(Sensor Event)，需要使用 Sensor Manager 注册触发器事件监听器，指定要观察的传感器，如代码清单 16-6 所示。

代码清单 16-6：注册触发器事件监听器

```
Sensor sensor = sensorManager.getDefaultSensor(Sensor.TYPE_SIGNIFICANT_MOTION);
sensorManager.requestTriggerSensor(triggerEventListener, sensor);
```

与连续或因变化而触发的传感器不同，传感器在值发生变化时会传递多个事件，单触发传感器只返回一次事件。当传感器检测到触发条件时，触发器事件监听器将被触发，触发传感器请求将自动取消。

要接收同一传感器的其他触发事件，必须再次调用 requestTriggerSensor。或者，如果没有收到触发器事件，并且应用不再需要响应，则应手动取消触发器事件监听器：

```
sensorManager.cancelTriggerSensor(triggerEventListener, sensor);
```

Android 7.0 Nougat(API 级别 24)还引入了返回除了前面描述的精度状态和值数组以外的传感器信息的支持。可以使用 isAdditionalInfoSupported 方法确定传感器是否能够支持报告这些额外的信息。

如果传感器能够返回传感器附加信息，则可以使用新的 SensorEventCallback，它是传感器事件监听器的扩展，包括附加的回调处理程序，参见代码清单 16-7 所示的框架代码。

代码清单 16-7：注册传感器事件回调(SensorEventCallback)，接收传感器附加信息

```
SensorEventCallback sensorEventCallback = new SensorEventCallback() {
  @Override
  public void onSensorChanged(SensorEvent event) {
    super.onSensorChanged(event);
    // TO DO: Monitor Sensor changes.
  }

  @Override
  public void onAccuracyChanged(Sensor sensor, int accuracy) {
    super.onAccuracyChanged(sensor, accuracy);
    // TO DO: React to a change in Sensor accuracy.
  }

  @Override
  public void onFlushCompleted(Sensor sensor) {
    super.onFlushCompleted(sensor);
    // FIFO of this sensor has been flushed.
  }

  @Override
  public void onSensorAdditionalInfo(SensorAdditionalInfo info) {
    super.onSensorAdditionalInfo(info);
    // TO DO: Monitor additional sensor information.
  }
};

sensorManager.registerListener(sensorEventCallback, sensor,
                               SensorManager.SENSOR_DELAY_NORMAL);
```

传感器事件回调的 onSensorChanged 和 onAccuracyChanged 处理程序的行为与前面描述的传感器事件监听器相同。此外，可以重载 onFlushCompleted 和 onSensorAdditionalInfo 处理程序。

调用并完成 Sensor Manager 的 flush 方法后，使用 onFlushCompleted 处理程序接收通知：

```
sensorManager.flush(sensorEventCallback);
```

被调用后，flush 方法将刷新与传入的传感器事件监听器关联的任何传感器的 FIFO。因此，如果传感器的 FIFO 队列中当前存在事件，这些事件将返回到监听器，就像指定的最大报告延迟已过期一样。

onSensorAdditionalInfo 处理程序返回一个 SensorAdditionalInfo 对象，该对象包含有关传感器当前状态的其他信息，包括：

- intValues 和 floatValues——整数和浮点数组，可能包含传感器的有效负载值。
- type——传感器可以返回多种类型的附加传感器信息。这些信息按照 frame 分组，每个 frame 都从 TYPE_FRAME_BEGIN 开始到 TYPE_FRAME_END 结束，在这两种类型之间可以返回多个附加类型的数据，并使用整数或浮点数组提供结果。返回的当前数据的类型由类型值标识，对应以下内容之一：
  - TYPE_FRAME_BEGIN 和 TYPE_FRAME_END——标记当前附加信息 frame 的开始和结束。
  - TYPE_INTERNAL_TEMPERATURE——floatValues 数组中的第 1 个值表示内部传感器温度，以摄氏度为单位。
  - TYPE_SAMPLING——floatValues 数组中的第 1 个值表示原始采样周期(以秒为单位)，floatValues 数组中的第 2 个值是估算的采样时间抖动的标准偏差。
  - TYPE_SENSOR_PLACEMENT——floatValues 数组中的前 12 个值组成了一个齐次矩阵(homogeneous matrix)，表示设备的几何传感器的相对物理位置和角度。
  - TYPE_UNTRACKED_DELAY——数据处理(如滤波或平滑)对传感器结果造成的延迟，在传感器事件时间戳中未考虑这些延迟。floatValues 数组中的第 1 个值表示估计延迟，第 2 个值表示估计延迟中的估计标准偏差。
  - TYPE_VEC3_CALIBRATION——矢量校准参数，表示应用于具有三元矢量输出的传感器的校准。floatValues 数组中的前 12 个值组成了一个齐次矩阵，用于描述任何线性转换，包括旋转、缩放、剪切和移位。
- serial——frame 中返回的每个信息类型都按顺序编号，serial 值标识了 frame 中的序列号。

一个传感器可以为每个新的传感器值返回多个传感器附加信息值，对应多个可能的信息类型。值的集合被称为 frame。因此，对于每个 onSensorChanged 触发器，onSensorAdditionalInfo 处理程序可能会被触发多次。

16.1.7　读取传感器值

返回给 onSensorChanged 处理程序的 Sensor Event 参数中的 values 数组的长度和组成因监视的传感器类型而异。具体情况参见表 16-1。可以在后面的章节中找到关于加速度计、朝向、磁场、陀螺和环境传感器用法的更多详细信息。

注意：

Android 文档描述了每种传感器类型返回的值，并添加了一些注释，详见 d.android.com/reference/android/hardware/SensorEvent.html。

表 16-1　传感器的返回值

传感器类型	值的数量	值的构成	注释
TYPE_ACCELEROMETER	3	value[0]: *x* 轴（横向） value[1]: *y* 轴（纵向） value[2]: *z* 轴（垂直）	沿三个轴的加速度，以 m/s^2 为单位。注意，当静止时，这些值将包括重力引起的加速度
TYPE_GRAVITY	3	value[0]: *x* 轴（横向） value[1]: *y* 轴（纵向） value[2]: *z* 轴（垂直）	沿三个轴的重力，以 m/s^2 为单位。Sensor Manager 包括一组重力常数，形式为 SensorManager.GRAVITY__
TYPE_RELATIVE_HUMIDITY	1	value[0]: 相对湿度	相对湿度百分比(%)
TYPE_LINEAR_ACCELERATION	3	value[0]: *x* 轴（横向） value[1]: *y* 轴（纵向） value[2]: *z* 轴（垂直）	沿三个轴的线性加速度，以 m/s^2 为单位，无重力

(续表)

传感器类型	值的数量	值的构成	注释
TYPE_GYROSCOPE	3	value[0]: *x* 轴 value[1]: *y* 轴 value[2]: *z* 轴	绕三个轴旋转的速率，以 rad/s(弧度/秒)为单位
TYPE_ROTATION_VECTOR 和 TYPE_GEOMAGNETIC_ROTATION_VECTOR	4	values[0]: $x*\sin(\theta/2)$ values[1]: $y*\sin(\theta/2)$ values[2]: $z*\sin(\theta/2)$ values[3]: $\cos(\theta/2)$ values[4]: 预估航向精度，以弧度(radian)为单位	将设备朝向描述为绕轴旋转的角度。请注意，在 API 级别 18 之前，第三个值是可选的，第四个值不可用。现在这些值都会被返回
TYPE_MAGNETIC_FIELD	3	value[0]: *x* 轴（横向） value[1]: *y* 轴（纵向） value[2]: *z* 轴（垂直）	测量的环境磁场，以微特斯拉(μT)为单位
TYPE_LIGHT	1	value[0]:照明	测量的环境光照，以勒克斯(lx)为单位。Sensor Manager 包括一组常量，表示不同标准的照明，形式为 SensorManager.LIGHT_
TYPE_PRESSURE	1	value[0]:气压	测量到的大气压力，以毫巴(millibar)/百帕(hectopascal，hPa)为单位
TYPE_PROXIMITY	1	value[0]:距离	距目标的距离，单位为厘米(cm)。有些传感器只能返回二进制值 far 或 near，前者表示最大范围，后者表示较小值
TYPE_AMBIENT_TEMPERATURE	1	value[0]:气温	测量的环境温度，以摄氏度(℃)为单位
TYPE_POSE_6DOF	15	value[0]:$x*\sin(\theta/2)$ value[1]: $y*\sin(\theta/2)$ value[2]: $z*\sin(\theta/2)$ value[3]: $\cos(\theta/2)$ value[4]:沿 *x* 轴从任意原点平移 value[5]:沿 *y* 轴从任意原点平移 value[6]:沿 *z* 轴从任意原点平移 value[7]:四元数旋转 $x*\sin(\theta/2)$增量 value[8]:四元数旋转 $y*\sin(\theta/2)$增量 value[9]:四元数旋转 $z*\sin(\theta/2)$增量 value[10]:四元数旋转 $\cos(\theta/2)$增量 value[11]:沿 *x* 轴的平移增量 value[12]:沿 *y* 轴的平移增量 value[13]:沿 *z* 轴的平移增量 value[14]:序号	以四元数表示的旋转和以国际单位表示的平移。还包括旋转和平移增量，指示自上一个姿势以来姿势的变化
TYPE_STATIONARY_DETECT	1	value[0]: 1.0	指示设备已静止至少 5 秒的事件
TYPE_MOTION_DETECT	1	value[0]: 1.0	指示设备已运动至少 5 秒的事件
TYPE_HEART_BEAT	1	value[0]: 正确置信度	相关时间戳能正确地表示心电图信号的 QRS 波群中心脏跳动的正峰值的置信度(0 到 1)
TYPE_LOW_LATENCY_OFFBODY_DETECT	1	value[0]: 离体状态	指示设备是否与身体接触。1.0 表示在体，0.0 表示离体

(续表)

传感器类型	值的数量	值的构成	注释
TYPE_SIGNIFICANT_MOTION	1	value[0]:1.0	指示设备触发了重大移动
TYPE_HEART_RATE	1	value[0]:心率	用户的心率，单位为每分钟心跳的次数(beats-per-minute，bpm)
TYPE_STEP_COUNTER	1	value[0]:步数	自上次设备重新启动后检测到的累计步骤数
TYPE_STEP_DETECTOR	1	value[0]:1.0	与一只脚接触地面的那一刻相对应的事件

16.2　使用 Android 虚拟设备和模拟器测试传感器

特定传感器的可用性在很大程度上取决于特定设备上可用的物理硬件。为了方便测试，Android 虚拟设备和模拟器包含了一套虚拟传感器控件，它们模拟物理硬件传感器，并通过 Sensor Manager 返回值。

可以使用扩展的控件界面来控制仿真器传感器返回的值，如图 16-1 所示。

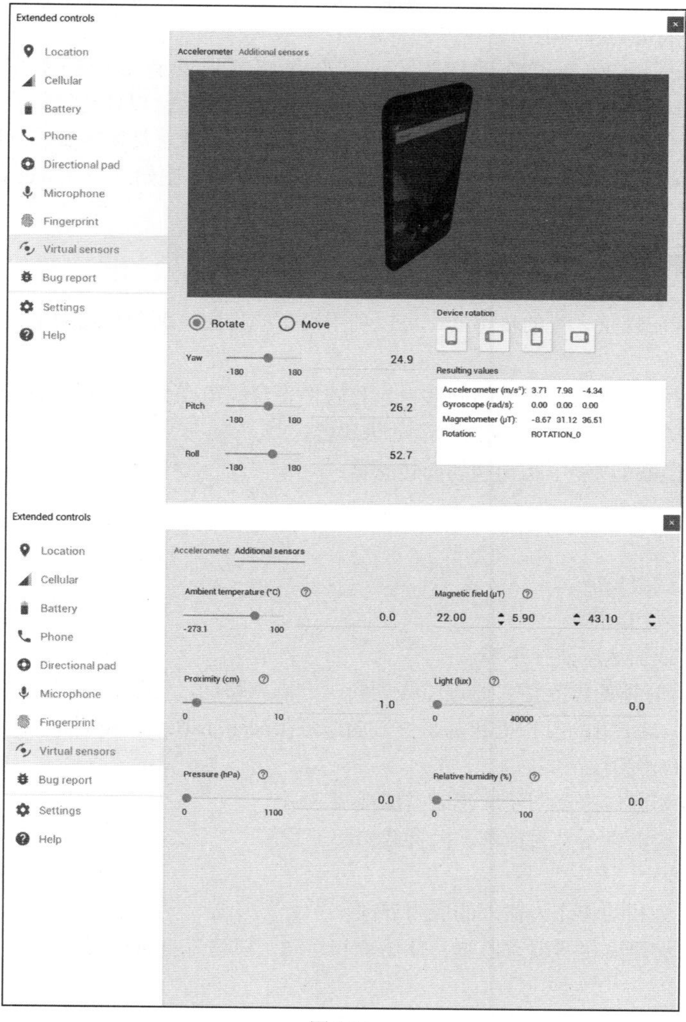

图 16-1

模拟器(Emulator)目前支持虚拟传感器，通过加速度计、磁强计和旋转矢量传感器以及环境传感器(包括环境温度、距离、光照、大气压力和相对湿度)来模拟移动和旋转。

16.3 使用传感器的最佳实践

在应用中使用传感器是非常有用的；像所有的好东西一样，它们的使用是有代价的，主要体现为增加了电池消耗。

你应该遵循几个最佳实践，确保充分利用设备传感器，而不会对用户体验产生负面的总体影响：

- 在尝试使用传感器前，务必确认传感器是否存在——Android 框架并不需要 Android 设备包含任何特定的传感器。各种各样的设备、形状因素和制造商使得你无法假设任何特定的传感器可用。
- 提供传感器输入的替代方案——如果使用传感器为应用提供用户输入，那么最好提供一种替代机制，用于不支持这些传感器的设备。
- 不要使用废弃的传感器类型——出于历史和遗留的原因，该框架包括几种传感器类型和便利方法，这些方法后来被弃用，并被更准确和高效的替代方案取代。
- 选择传感器报告频率时要保守——始终选择最慢的更新速率。如果应用没有使用每个接收到的传感器结果，那就是在浪费资源和电池。
- 不要阻塞 OnSensorChanged 处理程序——某些传感器返回新值的频率高，这意味着应该限制 onSensorChanged 处理程序中正在执行的工作，以确保未被阻塞，以便持续接收新的结果。
- 注销传感器事件监听器——要遵循的最重要模式是确保当不再需要传感器监听器继续收集数据时，所有传感器监听器都被注销。如果正在使用传感器数据更改 UI，则始终应在 Activity 暂停时注销监听器。

16.4 监控设备的移动和朝向

加速度计、指南针和陀螺仪之类的传感器，可以利用设备的方向、朝向和运动来提供全新的以及有创意的输入机制。

特定传感器的可用性取决于运行应用的硬件平台和软件平台。70 英寸的平板电视很难被举起，操作起来也很困难，因此 Android TV 不太可能包含朝向和运动传感器。

如果它们可用，应用就可以使用运动和朝向传感器：

- 确定设备朝向。
- 对朝向变化做出反应。
- 对运动或加速度做出反应。
- 了解用户面对的方向。
- 根据运动、旋转或加速度监控手势。

这为应用增加了一些有趣的可能性。通过监视朝向、方向和移动，可以：

- 使用设备的朝向，通过地图、相机和基于位置的服务(Location-Based Service，LBS)来创建增强现实(AR，Augmented Reality)应用。
- 使用旋转矢量和姿态传感器创建低延迟虚拟现实应用。
- 监测快速加速，检测设备是否掉落、抛掷或拾起。
- 测量运动或振动。
- 创建使用物理手势和动作作为输入的应用界面。
- 使用朝向和线性加速度传感器来监测身体活动和运动，以追踪健身情况。

16.4.1　确定设备的自然朝向

在计算设备的朝向之前，必须首先了解其“静止”(自然)朝向。设备的自然朝向(Natural Orientation)是所有三个轴上朝向为 0 的位置。自然朝向可以是纵向的，也可以是横向的，但通常通过品牌标识和硬件按钮来识别。

对于常规的智能手机来说，其自然朝向是将设备放在桌子上，设备顶部指向正北。

更具创造性的是，可以想象自己坐在正在水平飞行的喷气式飞机的顶部。一台 Android 设备被绑在你面前的机身上。在自然朝向上，屏幕指向天空，设备顶部指向飞机的前进方向，飞机朝正北方向飞行，如图 16-2 所示。

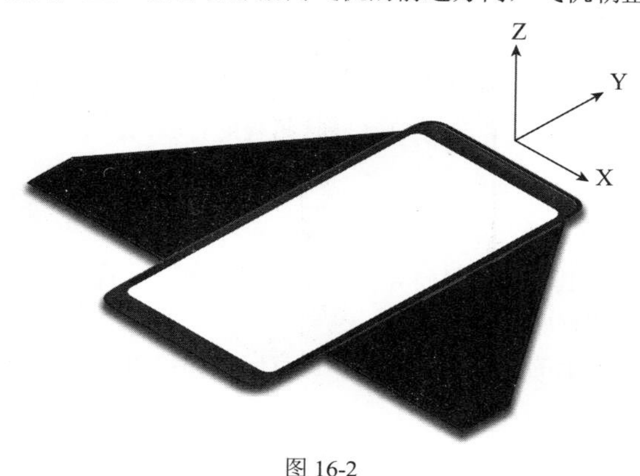

图 16-2

注意：
本例旨在为理解标准参照系提供有用的隐喻。大多数 Android 设备中包含的电子罗盘和加速度计使得它们不适合确定飞行中飞机的航向、俯仰和横滚。

Android 可以旋转显示屏以方便使用，但表 16-1 中描述的传感器轴不会随着设备旋转而改变。因此，显示朝向和设备朝向可能不同。

传感器的返回值总是相对于设备的自然朝向，而你的应用可能需要相对于显示方向的当前朝向。因此，如果应用使用设备朝向或线性加速度作为输入，则可能需要根据相对于自然朝向的显示方向来调整传感器输入。这一点尤为重要，因为大多数早期 Android 手机的自然朝向是竖屏的；然而，随着 Android 设备的范围扩大到包括平板电脑和电视，许多 Android 设备(包括智能手机)在显示屏横向时为自然朝向。

可以使用默认 Display 对象的 getRotation 方法找到当前的屏幕旋转角度，如代码清单 16-8 所示。

代码清单 16-8：找到屏幕相对于自然朝向的朝向

```
WindowManager wm = (WindowManager)getSystemService(Context.WINDOW_SERVICE);
Display display = wm.getDefaultDisplay();
int rotation = display.getRotation();
switch (rotation) {
  case (Surface.ROTATION_0) : break;   // Natural
  case (Surface.ROTATION_90) : break;  // On its left side
  case (Surface.ROTATION_180) : break; // Upside down
  case (Surface.ROTATION_270) : break; // On its right side
  default: break;
}
```

请注意，在某些情况下，Android 不会旋转屏幕以适应设备上下倒置的情况。因此，用户可能将手机倒置，但屏幕仍将显示(并报告为)相同的相对朝向。

16.4.2　加速度计介绍

加速度被定义为速度变化率，这意味着加速度计可以测量设备在给定方向上的速度变化情况。使用加速度计，可以检测到运动，更有用的是可以检测到给定方向上运动速度的变化率(也称为线性加速度)。

注意：

加速度计也称为重力传感器，因为它们测量运动和重力引起的加速度。因此，在垂直于地球表面的轴上检测加速度的加速度计在静止时的读数为 - 9.8m/s^2(定义为 SensorManager.STANDARD_GRAVITY 常量)。

通常，你会对相对于静止状态的加速度变化感兴趣，或者对快速移动(由加速度的快速变化表示)感兴趣，例如用于用户输入的手势。在前一种情况下，通常需要校准设备来计算初始加速度，从而在将来的结果中考虑到它的影响。

注意：

需要重点关注的是，加速度计不能测量速度，所以不能直接根据加速度计的读数来测量速度。相反，需要结合加速度和时间来求出速度。然后，可以结合速度和时间确定行驶的距离。

16.4.3 检测加速度变化

加速度是速度变化率的度量，其中速度是特定方向的运动速度。加速率可以告诉你移动有多快(或多慢)，但它本身没有提供关于当前速度或行驶方向的信息。

因此，在某一时刻，特定方向上的减速将产生与相反方向上加速相同的结果。

可沿三个方向轴测量加速度：

- 左-右(横向)
- 前-后(纵向)
- 上-下(垂直)

Sensor Manager 会报告加速度计传感器沿三个轴的变化。

传感器值通过传感器事件监听器的 Sensor Event 参数的 values 属性返回，依次表示为横向、纵向和垂直加速度。

图 16-3 说明了三个方向的加速度轴相对于静止状态的设备在自然朝向上的映射。需要注意，在本节的其余部分，将提到设备相对于自然朝向的移动，自然朝向可以是横向的(Landscape)，也可以是纵向的(Portrait)。

- *x* 轴(横向)——侧向(左或右)加速度，正值表示向右加速(或向左减速)，负值表示向左加速(或向右减速)。
- *y* 轴(纵向)——向前或向后的加速度，其中向前的加速度(例如设备沿顶部方向被推动)由正值表示，向后的加速度由负值表示。任何方向的减速都是反的：前进时的减速是负值，而后退时的却是正值。
- *z* 轴(垂直)——向上或向下的加速度，正值表示向上加速，例如设备被举起。当在设备的自然朝向上静止时，垂直加速度计将由于重力而记录为−9.8m/s^2。

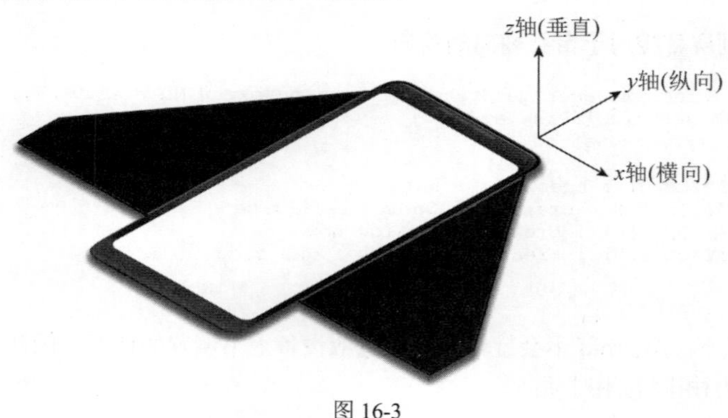

图 16-3

如前所述，可以使用传感器事件监听器监控加速度的变化。向 Sensor Manager 注册 SensorEventListener 的实现，使用 Sensor.TYPE_ACCELEROMETER 类型的 Sensor 对象，请求加速度计更新。代码清单 16-9 使用默认更新率注册了默认的加速度计。

代码清单 16-9：监控加速度计传感器

```
SensorManager sm = (SensorManager)getSystemService(Context.SENSOR_SERVICE);
int sensorType = Sensor.TYPE_ACCELEROMETER;
sm.registerListener(mySensorEventListener,
                   sm.getDefaultSensor(sensorType),
                   SensorManager.SENSOR_DELAY_NORMAL);
```

传感器监听器(Sensor Listener)应该实现 onSensorChanged 方法，当测量到任何方向的加速度时，该方法将被触发。

onSensorChanged 方法将接收一个 SensorEvent 参数，其中包括一个浮点数组，包含沿所有三个轴测量的加速度。当设备保持在自然朝向时，数组的第一个元素表示横向加速度，第二个元素表示纵向加速度，最后一个元素表示垂直加速度，代码如下所示(代码清单 16-9 的扩展部分)：

```
final SensorEventListener mySensorEventListener = new SensorEventListener() {
  public void onSensorChanged(SensorEvent sensorEvent) {
    if (sensorEvent.sensor.getType() == Sensor.TYPE_ACCELEROMETER) {
      float xAxis_lateralA = sensorEvent.values[0];
      float yAxis_longitudinalA = sensorEvent.values[1];
      float zAxis_verticalA = sensorEvent.values[2];
      // TO DO: apply the acceleration changes to your application.
    }
  }

  public void onAccuracyChanged(Sensor sensor, int accuracy) {}
};
```

16.4.4　创建重力仪

在接下来的示例中，将创建一个简单的设备，并使用加速度计测量重力(gravitational force，g-force)，以确定当前施加在设备上的力。

静止时施加在装置上的加速度为 9.8m/s^2，朝向地球中心。在本例中，将使用 SensorManager.STANDARD_GRAVITY 常量来抵消重力。如果打算在另一颗行星上使用这个应用，可以根据情况使用其他的重力常数。

(1) 首先新建 GForceMeter 项目，其中包括一个向后兼容的空白 Activity：ForceMeterActivity。修改新 Activity 的布局资源，显示两行居中的粗体大文本，用于显示当前重力和观察到的最大重力：

```
<?xml version="1.0" encoding="utf-8"?>
<LinearLayout
  xmlns:android="http://schemas.android.com/apk/res/android"
  android:orientation="vertical"
  android:layout_width="match_parent"
  android:layout_height="match_parent">
  <TextView
    android:id="@+id/acceleration"
    android:gravity="center"
    android:layout_width="match_parent"
    android:layout_height="wrap_content"
    android:textStyle="bold"
    android:textSize="32sp"
    android:text="Current Acceleration"
    android:layout_margin="10dp"/>
  <TextView
    android:id="@+id/maxAcceleration"
    android:gravity="center"
    android:layout_width="match_parent"
    android:layout_height="wrap_content"
    android:textStyle="bold"
    android:textSize="40sp"
    android:text="Maximum Acceleration"
    android:layout_margin="10dp"/>
</LinearLayout>
```

(2) 在 ForceMeterActivity 中，创建实例变量以存储对 TextView 和 SensorManager 的引用，还要创建变量来记录当前以及检测到的最大加速度值：

```
private SensorManager mSensorManager;
private TextView mAccelerationTextView;
private TextView mMaxAccelerationTextView;
private float mCurrentAcceleration = 0;
private float mMaxAcceleration = 0;
```

(3) 添加表示重力加速度的校准常量：

```
private final double calibration = SensorManager.STANDARD_GRAVITY;
```

(4) 新建一个 SensorEventListener 实现，它对沿每个轴检测到的加速度求和，并抵消因重力引起的加速度。每当检测到加速度变化时，应当更新当前的(可能是最大的)加速度：

```
private final SensorEventListener mSensorEventListener
  = new SensorEventListener() {

  public void onAccuracyChanged(Sensor sensor, int accuracy) { }

  public void onSensorChanged(SensorEvent event) {
    double x = event.values[0];
    double y = event.values[1];
    double z = event.values[2];

    double a = Math.round(Math.sqrt(Math.pow(x, 2) +
                                    Math.pow(y, 2) +
                                    Math.pow(z, 2)));
    mCurrentAcceleration = Math.abs((float)(a-calibration));

    if (mCurrentAcceleration > mMaxAcceleration)
      mMaxAcceleration = mCurrentAcceleration;
  }
};
```

(5) 更新 onCreate 方法，获取对两个 TextView 和 Sensor Manager 的引用：

```
@Override
protected void onCreate(Bundle savedInstanceState) {
  super.onCreate(savedInstanceState);
  setContentView(R.layout.activity_force_meter);

  mAccelerationTextView = findViewById(R.id.acceleration);
  mMaxAccelerationTextView = findViewById(R.id.maxAcceleration);
  mSensorManager =
    (SensorManager) getSystemService(Context.SENSOR_SERVICE);
}
```

(6) 重写 onResume 处理程序，使用 Sensor Manager 注册加速度计更新的监听器：

```
@Override
protected void onResume() {
  super.onResume();

  Sensor accelerometer
    = mSensorManager.getDefaultSensor(Sensor.TYPE_ACCELEROMETER);
  mSensorManager.registerListener(mSensorEventListener,
    accelerometer,
    SensorManager.SENSOR_DELAY_FASTEST);
}
```

(7) 同时也重写相应的 onPause 方法，当 Activity 不再处于活动状态时，注销传感器事件监听器：

```
@Override
protected void onPause() {
  super.onPause();

  mSensorManager.unregisterListener(mSensorEventListener);
}
```

(8) 加速度计每秒可以更新数百次，因此每次加速度更改引发的 TextView 更新将很快淹没 UI 事件队列。替代方案是，新建 updateGUI 方法，该方法与 GUI 线程同步并更新 TextView。该方法将在下一步引入的计时器(Timer)中定期执行：

```
private void updateGUI() {
  runOnUiThread(new Runnable() {
    public void run() {
      String currentG = mCurrentAcceleration /
                      SensorManager.STANDARD_GRAVITY
                      + "Gs";
      mAccelerationTextView.setText(currentG);
      mAccelerationTextView.invalidate();
      String maxG = mMaxAcceleration/SensorManager.STANDARD_GRAVITY
                  + "Gs";
      mMaxAccelerationTextView.setText(maxG);
      mMaxAccelerationTextView.invalidate();
    }
  });
}
```

(9) 更新 onCreate 方法，创建一个计时器，该计时器每 100 毫秒触发步骤(8)中定义的 UI 更新方法：

```
@Override
protected void onCreate(Bundle savedInstanceState) {
  super.onCreate(savedInstanceState);
  setContentView(R.layout.activity_force_meter);

  mAccelerationTextView = findViewById(R.id.acceleration);
  mMaxAccelerationTextView = findViewById(R.id.maxAcceleration);
  mSensorManager =
    (SensorManager) getSystemService(Context.SENSOR_SERVICE);


  Timer updateTimer = new Timer("gForceUpdate");
  updateTimer.scheduleAtFixedRate(new TimerTask() {
    public void run() {
      updateGUI();
    }
  }, 0, 100);
}
```

(10) 最后，由于应用仅在主机设备具有加速度计传感器时才起作用，因此修改应用清单，添加 uses-feature 节点，指定需要加速度计硬件：

```
<uses-feature android:name="android.hardware.sensor.accelerometer" />
```

本例中执行的传感器处理，与线性加速度传感器执行的预处理一样有效。作为练习，更新以上示例，使用线性加速度传感器替换处理原始加速度计结果。

16.4.5　确定设备的朝向

你通常会使用磁场、加速度计和陀螺仪的组合输出来计算设备的朝向。

如果已经学过一些三角学知识，就已经掌握了根据这三个传感器的结果计算设备朝向所需的技能。如果你像笔者一样喜欢三角学，就会很高兴地知道 Android 可以做这些计算。

1. 理解标准参照系(Standard Reference Frame)

在标准参照系下，设备朝向沿三个坐标轴给出，如图 16-4 所示。

如本章前面所述，标准参照系是相对于设备的自然朝向表示的。

继续飞行模拟，想象自己停在水平飞行的喷气式机身的顶部，*z* 轴从屏幕中向空中延伸，*y* 轴从设备顶部向飞机的前方延伸，*x* 轴向右舷机翼延伸。与此相关，Pitch(俯仰角)、Roll(横滚角)和 Azimuth(航向角)可如下描述：

- Pitch——设备绕 *x* 轴的角度。在水平飞行过程中，Pitch 为 0；随着机头角度向上，Pitch 增加。当飞机笔直向上时，将达到 90°。相反，当机头向下倾斜超过水平线时，Pitch 会下降，直至达到-90°。如果飞机翻转到背面，Pitch 将报告为+/-180。
- Roll——设备绕 *y* 轴的横向旋转角，在-90°～90°之间。在水平飞行中，Roll 为 0。当向右舷(右)侧翻时，Roll 会增加，当机翼垂直于地面时达到 90°。继续翻转将达到 180°，此时飞机处于倒置(倒飞)状态。从水平面向左舷(左)滚动将以同样的方式递减 Roll。

- Azimuth—方位角(也称为航向 Heading 或偏航 Yaw)是设备绕 z 轴的方向，其中 0/360°为磁北、90°为东、180°为南、270°为西。飞机航向的变化将反映到方位角值的变化中。

图 16-4

2. 使用旋转矢量传感器(Rotation Vector Sensor)确定朝向

Android 框架提供了一系列虚拟方位传感器，组合和校正了从多个硬件传感器(包括加速度计、磁强计和陀螺仪)获得的结果，提供了更平滑、更准确的朝向结果。

旋转矢量传感器以描述绕轴角度的矢量的形式返回设备的朝向。可以通过 Sensor Manager 的 getRotationMatrixFromVector 方法，将旋转矢量转换为旋转矩阵，从中可以使用 getOrientation 方法获取每个轴的朝向。

旋转矢量传感器有三种变体，每种都有细微的差异，这三种变体分别是：

- Sensor.TYPE_ROTATION_VECTOR——在 Android 2.3(API 级别 9)中引入的基本旋转矢量传感器，使用加速度计和陀螺仪来计算朝向变化。
- Sensor.TYPE_GEOMAGNETIC_ROTATION_VECTOR——旋转矢量的替代方案，使用磁强计而不是陀螺仪实现。虽然使用能耗的较低，但噪音更大，最好在户外使用。在 Android 4.4(API 级别 19)中引入。
- Sensor.TYPE_GAME_ROTATION_VECTOR——与旋转矢量传感器相同，只是 y 轴不指向北方，而是指向其他参考方向，允许以与陀螺仪绕 z 轴漂移相同的数量级漂移。在 Android 4.3(API 级别 18)中引入。

代码清单 16-10 展示了如何使用 getRotationMatrixFromVector 和 getOrientation 方法从旋转矢量传感器的结果中获取当前设备的朝向。

代码清单 16-10：使用旋转向量计算设备朝向

```
public void onSensorChanged(SensorEvent sensorEvent) {
  float[] rotationMatrix = new float[9];
  float[] orientation = new float[3];

  // Convert the result Vector to a Rotation Matrix.
  SensorManager.getRotationMatrixFromVector(rotationMatrix,
                                     sensorEvent.values);

  // Extract the orientation from the Rotation Matrix.
  SensorManager.getOrientation(rotationMatrix, orientation);
  Log.d(TAG, "Yaw: " + orientation[0]);   // Yaw
  Log.d(TAG, "Pitch: " + orientation[1]); // Pitch
  Log.d(TAG, "Roll: " + orientation[2]);  // Roll
}
```

需要注意，getOrientation 返回的结果以弧度(radian)为单位，而不是以度数(degree)为单位，正值表示围绕轴的逆时针旋转：

- values[0] ——Azimuth，绕 z 轴的旋转角，当设备朝向磁北方向时为 0。
- values[1] ——Pitch，绕 x 轴的旋转角。
- values[2] ——Roll，绕 y 轴的旋转角。

3. 使用加速度计、磁强计和陀螺仪计算朝向

还可以使用加速度计、磁强计和陀螺仪直接提供的且未过滤的结果来确定当前设备的朝向。

因为使用的是多个传感器，所以需要分别创建并注册传感器事件监听器(Sensor Event Listener)来监视每个传感器。在每个传感器事件监听器的 onSensorChanged 方法中，将接收到的 values 数组属性记录在单独的字段变量中，如代码清单 16-11 所示。

代码清单 16-11：监测加速度计和磁强计

```
private float[] mAccelerometerValues;
private float[] mMagneticFieldValues;

final SensorEventListener mCombinedSensorListener = new SensorEventListener() {
  public void onSensorChanged(SensorEvent sensorEvent) {
    if (sensorEvent.sensor.getType() == Sensor.TYPE_ACCELEROMETER)
      mAccelerometerValues = sensorEvent.values;
    if (sensorEvent.sensor.getType() == Sensor.TYPE_MAGNETIC_FIELD)
      mMagneticFieldValues = sensorEvent.values;
  }

  public void onAccuracyChanged(Sensor sensor, int accuracy) {}
};
```

向 Sensor Manager 注册每个传感器，代码如下所示(代码清单 16-11 的扩展部分)，对各传感器使用默认硬件和 UI 更新率：

```
SensorManager sm = (SensorManager)getSystemService(Context.SENSOR_SERVICE);
Sensor aSensor = sm.getDefaultSensor(Sensor.TYPE_ACCELEROMETER);
Sensor mfSensor = sm.getDefaultSensor(Sensor.TYPE_MAGNETIC_FIELD);

sm.registerListener(mCombinedSensorListener,
                    aSensor,
                    SensorManager.SENSOR_DELAY_UI);

sm.registerListener(mCombinedSensorListener,
                    mfSensor,
                    SensorManager.SENSOR_DELAY_UI);
```

要根据这些传感器值计算当前朝向，请使用 Sensor Manager 的 getRotationMatrix 和 getOrientation 方法，如代码清单 16-12 所示。

代码清单 16-12：使用加速度计和磁强计查找当前朝向

```
float[] values = new float[3];
float[] R = new float[9];
SensorManager.getRotationMatrix(R, null,
                               mAccelerometerValues,
                               mMagneticFieldValues);
SensorManager.getOrientation(R, values);

// Convert from radians to degrees if preferred.
values[0] = (float) Math.toDegrees(values[0]); // Azimuth
values[1] = (float) Math.toDegrees(values[1]); // Pitch
values[2] = (float) Math.toDegrees(values[2]); // Roll
```

getOrientation 方法返回以弧度表示的结果，正值代表围绕轴的逆时针旋转角，顺序是 Azimuth(航向角，绕 z 轴)、Pitch(俯仰角，绕 x 轴)、Roll(横滚角，绕 y 轴)。

许多 Android 设备除了加速度计和磁强计传感器外，还配有陀螺仪。陀螺仪用于测量围绕给定轴的角速度，以弧度/秒(rad/s)为单位，使用与加速度传感器相同的坐标系。

Android 陀螺仪返回绕三个轴旋转的速率，它们的灵敏度和高频更新速率提供了非常平滑和准确的更新。这使得它们特别适合使用朝向变化(而不是绝对朝向)作为输入机制的应用。

因为陀螺仪测量的是速度而不是方向，所以它们的结果必须结合时间的推移，以确定当前朝向，如代码清单 16-13 所示。计算结果将表示围绕给定轴的朝向变化，因此需要校准或使用其他传感器来确定初始朝向。

代码清单 16-13：使用陀螺仪传感器计算朝向变化

```
final float nanosecondsPerSecond = 1.0f / 100000000.0f;
private long lastTime = 0;
final float[] angle = new float[3];

SensorEventListener myGyroListener = new SensorEventListener() {
  public void onSensorChanged(SensorEvent sensorEvent) {
    if (lastTime != 0) {
      final float dT = (sensorEvent.timestamp - lastTime) *
                    nanosecondsPerSecond;
      angle[0] += sensorEvent.values[0] * dT;
      angle[1] += sensorEvent.values[1] * dT;
      angle[2] += sensorEvent.values[2] * dT;
    }
    lastTime = sensorEvent.timestamp;
  }

  public void onAccuracyChanged(Sensor sensor, int accuracy) {}
};

SensorManager sm
  = (SensorManager)getSystemService(Context.SENSOR_SERVICE);
int sensorType = Sensor.TYPE_GYROSCOPE;
sm.registerListener(myGyroListener,
                    sm.getDefaultSensor(sensorType),
                    SensorManager.SENSOR_DELAY_NORMAL);
```

值得注意的是，由于校准误差和噪声，仅从陀螺仪获得的朝向值可能变得越来越不准确。为了应对这种影响，陀螺仪经常与其他传感器(尤其是加速度计)结合使用，以提供更平滑和更准确的朝向结果。

4. 重新映射朝向参照系(Orientation Reference Frame)

要使用非自然朝向的参照系测量设备朝向，请使用 Sensor Manager 中的 remapCoordinateSystem 方法。这样做通常是为了简化创建应用时需要的计算，这些应用可以运行在自然朝向为纵向及横向的设备上。

remapCoordinateSystem 方法接收以下 4 个参数：

- 初始旋转矩阵，如前所述，使用 getRotationMatrix 方法可以获取。
- 用于存储输出的(转换后的)旋转矩阵的变量。
- 重新映射后的 x 轴。
- 重新映射后的 y 轴。

Sensor Manager 提供了一组常量，用于指定相对于参照系的重新映射的 x 轴和 y 轴：AXIS_X、AXIS_Y、AXIS_Z、AXIS_MINUS_X、AXIS_MINUS_Y 和 AXIS_MINUS_Z。

代码清单 16-14 展示了如何重新映射参照系，以便使用当前显示朝向(纵向或横向)作为计算当前设备朝向的参照系。这对于锁定为横屏或竖屏模式的游戏或应用很有用，因为设备将根据设备的自然朝向报告 0°或 90°。通过修改参照系，可以确保所使用的朝向值已经考虑到相对于自然朝向的显示朝向。

代码清单 16-14：基于设备的自然朝向重新映射朝向参照系

```
// Determine the current orientation relative to the natural orientation
WindowManager wm = (WindowManager) getSystemService(Context.WINDOW_SERVICE);
Display display = wm.getDefaultDisplay();
int rotation = display.getRotation();

int x_axis = SensorManager.AXIS_X;
int y_axis = SensorManager.AXIS_Y;

switch (rotation) {
  case (Surface.ROTATION_0): break;
  case (Surface.ROTATION_90):
    x_axis = SensorManager.AXIS_Y;
    y_axis = SensorManager.AXIS_MINUS_X;
    break;
  case (Surface.ROTATION_180):
    y_axis = SensorManager.AXIS_MINUS_Y;
    break;
```

```
    case (Surface.ROTATION_270):
      x_axis = SensorManager.AXIS_MINUS_Y;
      y_axis = SensorManager.AXIS_X;
      break;
    default: break;
  }

  SensorManager.remapCoordinateSystem(inR, x_axis, y_axis, outR);

  // Obtain the new, remapped, orientation values.
  SensorManager.getOrientation(outR, values);
```

16.4.6 创建指南针和人工地平线

在第 14 章“用户界面的高级定制”中，改进了 CompassView 以显示 pitch(俯仰角)、roll(横滚角)和 heading(航向角)。在本例中，会最终将 CompassView 连接到硬件传感器来显示设备朝向。

(1) 打开上次在第 14 章中修改的 Compass 项目并打开 CompassActivity。通过 Sensor Manager 使用旋转矢量传感器监听朝向变化。首先添加局部变量以存储 CompassView、Sensor Manager、屏幕旋转值和最新的传感器结果：

```
private CompassView mCompassView;
private SensorManager mSensorManager;
private int mScreenRotation;
private float[] mNewestValues;
```

(2) 新建 updateOrientation 方法，该方法使用新的航向角(heading)、俯仰角(pitch)和横滚角(roll)更新 CompassView：

```
private void updateOrientation(float[] values) {
  if (mCompassView!= null) {
    mCompassView.setBearing(values[0]);
    mCompassView.setPitch(values[1]);
    mCompassView.setRoll(-values[2]);
    mCompassView.invalidate();
  }
}
```

(3) 更新 onCreate 方法，获取对 CompassView 和 Sensor Manager 的引用。还要确定当前屏幕相对于设备自然朝向的朝向，并初始化 heading、pitch 和 roll：

```
@Override
public void onCreate(Bundle savedInstanceState) {
  super.onCreate(savedInstanceState);
  setContentView(R.layout.main);

  mCompassView = findViewById(R.id.compassView);

  mSensorManager
    = (SensorManager) getSystemService(Context.SENSOR_SERVICE);
  WindowManager wm
    = (WindowManager) getSystemService(Context.WINDOW_SERVICE);

  Display display = wm.getDefaultDisplay();
  mScreenRotation = display.getRotation();

  mNewestValues = new float[] {0, 0, 0};
}
```

(4) 新建 calculateOrientation 方法，使用上一次接收的旋转矢量值计算设备朝向。如有必要，请记住通过重新映射参照系来考虑设备的自然朝向：

```
private float[] calculateOrientation(float[] values) {
  float[] rotationMatrix = new float[9];
  float[] remappedMatrix = new float[9];
  float[] orientation = new float[3];

  // Determine the rotation matrix
  SensorManager.getRotationMatrixFromVector(rotationMatrix, values);
```

```
  // Remap the coordinates based on the natural device orientation.
  int x_axis = SensorManager.AXIS_X;
  int y_axis = SensorManager.AXIS_Y;

  switch (mScreenRotation) {
    case (Surface.ROTATION_90):
      x_axis = SensorManager.AXIS_Y;
      y_axis = SensorManager.AXIS_MINUS_X;
      break;
    case (Surface.ROTATION_180):
      y_axis = SensorManager.AXIS_MINUS_Y;
      break;
    case (Surface.ROTATION_270):
      x_axis = SensorManager.AXIS_MINUS_Y;
      y_axis = SensorManager.AXIS_X;
      break;
    default: break;
  }

  SensorManager.remapCoordinateSystem(rotationMatrix,
                                      x_axis, y_axis,
                                      remappedMatrix);


  // Obtain the current, corrected orientation.
  SensorManager.getOrientation(remappedMatrix, orientation);

  // Convert from Radians to Degrees.
  values[0] = (float) Math.toDegrees(orientation[0]);
  values[1] = (float) Math.toDegrees(orientation[1]);
  values[2] = (float) Math.toDegrees(orientation[2]);

  return values;
}
```

(5) 新建 updateGUI 方法，该方法与 GUI 线程同步，并调用 updateOrientation 方法来更新 CompassView。updateOrientation 方法将在下一步引入的计时器(Timer)中定期执行：

```
private void updateGUI() {
  runOnUiThread(new Runnable() {
    public void run() {
      updateOrientation(mNewestValues);
    }
  });
}
```

(6) 更新 onCreate 方法，创建一个计时器，该计时器将每秒触发步骤(5)中定义的 UI 更新方法 60 次：

```
@Override
public void onCreate(Bundle savedInstanceState) {
  super.onCreate(savedInstanceState);
  setContentView(R.layout.main);

  mCompassView = findViewById(R.id.compassView);

  mSensorManager
    = (SensorManager) getSystemService(Context.SENSOR_SERVICE);
  WindowManager wm
    = (WindowManager) getSystemService(Context.WINDOW_SERVICE);

  Display display = wm.getDefaultDisplay();
  mScreenRotation = display.getRotation();

  mNewestValues = new float[] {0, 0, 0};

  Timer updateTimer = new Timer("compassUpdate");
  updateTimer.scheduleAtFixedRate(new TimerTask() {
    public void run() {
      updateGUI();
    }
  }, 0, 1000/60);
}
```

(7) 将 SensorEventListener 作为域变量实现。在它的 onSensorChanged 中，它应该将接收到的传感器值发送到步骤(4)中创建的 calculateOrientation 方法，并基于此更新最新的传感器结果数组：

```
private final SensorEventListener mSensorEventListener
  = new SensorEventListener() {

  public void onSensorChanged(SensorEvent sensorEvent) {
    mNewestValues = calculateOrientation(sensorEvent.values);
  }

  public void onAccuracyChanged(Sensor sensor, int accuracy) {}
};
```

(8) 重写 onResume 和 onPause 方法，分别在 Activity 变为活动和非活动时注册和注销 SensorEventListener：

```
@Override
protected void onResume() {
  super.onResume();

  Sensor rotationVector
    = mSensorManager.getDefaultSensor(Sensor.TYPE_ROTATION_VECTOR);

  mSensorManager.registerListener(mSensorEventListener,
                              rotationVector,
                              SensorManager.SENSOR_DELAY_FASTEST);
}

@Override
protected void onPause() {
  super.onPause();
  mSensorManager.unregisterListener(mSensorEventListener);
}
```

如果现在运行应用，当设备平放在桌面上且设备顶部指向北方时，应该看到 CompassView 在位置(0, 0, 0)居中。移动设备时会导致 CompassView 随着设备朝向的改变而动态更新。

你还将发现，当把设备旋转 90° 时，屏幕将旋转，CompassView 将相应地重新调整朝向。你还可以将此项目更新为禁用自动屏幕旋转。

16.5 使用环境传感器

类似于朝向传感器，特定环境传感器的可用性取决于主机硬件。如果有环境传感器，那么应用可以使用它们：

- 基于高度改进位置检测和跟踪移动。
- 基于环境光照改变屏幕亮度或功能。
- 进行环境天气观测。
- 确定设备当前位于哪颗星球上。

16.5.1 使用气压计传感器

气压计用来测量大气压强。有些 Android 设备中加入了气压计传感器，使得用户可以确定当前的海拔高度，并预测天气变化。

要监视大气压力的变化，请使用 Sensor.TYPE_PRESSURE 类型的 Sensor 对象向 Sensor Manager 注册 SensorEventListener 的一个实现。当前气压将作为返回值数组中的第一个(也是唯一的)值返回，单位为百帕(hectopascal，hPa)，这是毫巴(millibar，mbar)的等效测量值。

要计算以米为单位的当前高度，可以使用传感器管理器中的 getAltitude 静态方法，如代码清单 16-15 所示，为其提供当前压力和海平面的本地压力。

> **注意：**
> 为了确保结果准确，应该使用当地海平面大气压力的值，尽管 Sensor Manager 通过 PRESSURE_STANDARD_ATMOSPHERE 常量为标准大气压提供了近似值。

代码清单 16-15：使用气压计传感器查找当前高度

```
final SensorEventListener myPressureListener = new SensorEventListener() {
  public void onSensorChanged(SensorEvent sensorEvent) {
    if (sensorEvent.sensor.getType() == Sensor.TYPE_PRESSURE) {
      float currentPressure = sensorEvent.values[0];

      // Calculate altitude
      float altitude = SensorManager.getAltitude(
        SensorManager.PRESSURE_STANDARD_ATMOSPHERE,
        currentPressure);
    }
  }

  public void onAccuracyChanged(Sensor sensor, int accuracy) {}
};

SensorManager sm= (SensorManager)getSystemService(Context.SENSOR_SERVICE);
int sensorType = Sensor.TYPE_PRESSURE;
sm.registerListener(myPressureListener,
                    sm.getDefaultSensor(sensorType),
                    SensorManager.SENSOR_DELAY_NORMAL);
```

需要注意的是，getAltitude 方法使用当前大气压力相对于当地海平面值来计算海拔高度，而不是使用两个任意的大气压力值。因此，要计算由两个观察到的大气压力值表示的高度差，需要确定每个大气压力的高度，并找出这些结果之间的差异，如下所示：

```
float altitudeChange =
  SensorManager.getAltitude(SensorManager.PRESSURE_STANDARD_ATMOSPHERE,
                            newPressure) -
  SensorManager.getAltitude(SensorManager.PRESSURE_STANDARD_ATMOSPHERE,
                            initialPressure);
```

16.5.2 创建气象站

为了充分探索 Android 设备可用的环境传感器，以下项目实现了一个简单的气象站，可监测大气压力、环境温度、相对湿度和环境光照水平。

(1) 首先新建 WeatherStation 项目，该项目包含一个空白的、向后兼容的 Activity：WeatherStationActivity。在 activity_weather_station 布局资源中，显示四行居中的大号粗体文本，这些文本将用于显示当前的温度、气压、湿度和云量：

```
<?xml version="1.0" encoding="utf-8"?>
<LinearLayout
  xmlns:android="http://schemas.android.com/apk/res/android"
  android:orientation="vertical"
  android:layout_width="match_parent"
  android:layout_height="match_parent">
  <TextView
    android:id="@+id/temperature"
    android:gravity="center"
    android:layout_width="match_parent"
    android:layout_height="wrap_content"
    android:textStyle="bold"
    android:textSize="28sp"
    android:text="Temperature"
    android:layout_margin="10dp"/>
  <TextView
    android:id="@+id/pressure"
    android:gravity="center"
    android:layout_width="match_parent"
    android:layout_height="wrap_content"
    android:textStyle="bold"
    android:textSize="28sp"
    android:text="Pressure"
    android:layout_margin="10dp"/>
  <TextView
    android:id="@+id/humidity"
    android:gravity="center"
    android:layout_width="match_parent"
```

```
    android:layout_height="wrap_content"
    android:textStyle="bold"
    android:textSize="28sp"
    android:text="Humidity"
    android:layout_margin="10dp"/>
  <TextView
    android:id="@+id/light"
    android:gravity="center"
    android:layout_width="match_parent"
    android:layout_height="wrap_content"
    android:textStyle="bold"
    android:textSize="28sp"
    android:text="Light"
    android:layout_margin="10dp"/>
</LinearLayout>
```

(2) 在 WeatherStationActivity 中，创建实例变量以存储对每个 TextView 和 Sensor Manager 的引用。还要创建变量来记录从每个传感器最近一次获得的记录值：

```
private SensorManager mSensorManager;
private TextView mTemperatureTextView;
private TextView mPressureTextView;
private TextView mHumidityTextView;
private TextView mLightTextView;

private float mLastTemperature = Float.NaN;
private float mLastPressure = Float.NaN;
private float mLastLight = Float.NaN;
private float mLastHumidity = Float.NaN;
```

(3) 更新 onCreate 方法，获取对 TextView 和 Sensor Manager 的引用：

```
@Override
public void onCreate(Bundle savedInstanceState) {
  super.onCreate(savedInstanceState);
  setContentView(R.layout.activity_weather_station);

  mTemperatureTextView = findViewById(R.id.temperature);
  mPressureTextView = findViewById(R.id.pressure);
  mLightTextView = findViewById(R.id.light);
  mHumidityTextView = findViewById(R.id.humidity);
  mSensorManager
    = (SensorManager) getSystemService(Context.SENSOR_SERVICE);
}
```

(4) 新建 SensorEventListener 的一个实现，记录每个压力、温度、湿度和光照传感器的结果。只需要记录最后一次观察到的值：

```
private final SensorEventListener mSensorEventListener
  = new SensorEventListener() {

  public void onAccuracyChanged(Sensor sensor, int accuracy) { }

  public void onSensorChanged(SensorEvent event) {
    switch (event.sensor.getType()) {
      case (Sensor.TYPE_AMBIENT_TEMPERATURE):
        mLastTemperature = event.values[0];
        break;
      case (Sensor.TYPE_RELATIVE_HUMIDITY):
        mLastHumidity = event.values[0];
        break;
      case (Sensor.TYPE_PRESSURE):
        mLastPressure = event.values[0];
        break;
      case (Sensor.TYPE_LIGHT):
        mLastLight = event.values[0];
        break;
      default: break;
    }
  }
};
```

(5) 重写 onResume 处理程序，使用 Sensor Manager 注册新的监听器以接收更新。大气和环境条件随时间的变化非常缓慢，因此可以选择相对较慢的更新速率。还应检查以确认每个被监控的环境条件都存在默认传感器，当某个或多个传感器不可用时通知用户：

```
@Override
protected void onResume() {
  super.onResume();

  Sensor lightSensor = mSensorManager.getDefaultSensor(Sensor.TYPE_LIGHT);
  if (lightSensor != null)
    mSensorManager.registerListener(mSensorEventListener,
      lightSensor,
      SensorManager.SENSOR_DELAY_NORMAL);
  else
    mLightTextView.setText("Light Sensor Unavailable");

  Sensor pressureSensor =
    mSensorManager.getDefaultSensor(Sensor.TYPE_PRESSURE);
  if (pressureSensor != null)
    mSensorManager.registerListener(mSensorEventListener,
      pressureSensor,
      SensorManager.SENSOR_DELAY_NORMAL);
  else
    mPressureTextView.setText("Barometer Unavailable");

  Sensor temperatureSensor =
    mSensorManager.getDefaultSensor(Sensor.TYPE_AMBIENT_TEMPERATURE);
  if (temperatureSensor != null)
    mSensorManager.registerListener(mSensorEventListener,
      temperatureSensor,
      SensorManager.SENSOR_DELAY_NORMAL);
  else
    mTemperatureTextView.setText("Thermometer Unavailable");

  Sensor humiditySensor =
    mSensorManager.getDefaultSensor(Sensor.TYPE_RELATIVE_HUMIDITY);
  if (humiditySensor != null)
    mSensorManager.registerListener(mSensorEventListener,
      humiditySensor,
      SensorManager.SENSOR_DELAY_NORMAL);
  else
    mHumidityTextView.setText("Humidity Sensor Unavailable");
}
```

(6) 重写相应的 onPause 方法，在 Activity 不再活动时注销传感器事件监听器：

```
@Override
protected void onPause() {
  super.onPause();
  mSensorManager.unregisterListener(mSensorEventListener);
}
```

(7) 新建 updateGUI 方法，该方法与 GUI 线程同步并更新 TextView。它将在下一步引入的计时器中定期执行：

```
private void updateGUI() {
  runOnUiThread(new Runnable() {
    public void run() {
      if (!Float.isNaN(mLastPressure)) {
        mPressureTextView.setText(mLastPressure + "hPa");
        mPressureTextView.invalidate();
      }
      if (!Float.isNaN(mLastLight)) {
        String lightStr = "Sunny";
        if (mLastLight <= SensorManager.LIGHT_CLOUDY)
          lightStr = "Night";
        else if (mLastLight <= SensorManager.LIGHT_OVERCAST)
          lightStr = "Cloudy";
        else if (mLastLight <= SensorManager.LIGHT_SUNLIGHT)
          lightStr = "Overcast";
        mLightTextView.setText(lightStr);
        mLightTextView.invalidate();
      }
      if (!Float.isNaN(mLastTemperature)) {
        mTemperatureTextView.setText(mLastTemperature + "C");
        mTemperatureTextView.invalidate();
      }
```

```
      if (!Float.isNaN(mLastHumidity)) {
        mHumidityTextView.setText(mLastHumidity + "% Rel. Humidity");
        mHumidityTextView.invalidate();
      }
    }
  });
}
```

(8) 更新 onCreate 方法，创建一个计时器，该计时器每秒触发步骤(7)中定义的 UI 更新方法一次：

```
@Override
public void onCreate(Bundle savedInstanceState) {
  super.onCreate(savedInstanceState);
  setContentView(R.layout.activity_weather_station);

  mTemperatureTextView = findViewById(R.id.temperature);
  mPressureTextView = findViewById(R.id.pressure);
  mLightTextView = findViewById(R.id.light);
  mHumidityTextView = findViewById(R.id.humidity);
  mSensorManager =
    (SensorManager) getSystemService(Context.SENSOR_SERVICE);

  Timer updateTimer = new Timer("weatherUpdate");
  updateTimer.scheduleAtFixedRate(new TimerTask() {
    public void run() {
      updateGUI();
    }
  }, 0, 1000);
}
```

16.6 使用身体传感器

Android Wear 的推出引入了全新的 Android 传感器概念，这些传感器并没有物理地融入 Android 主设备。相反，它们可以通过外设(如 Android Wear 设备)或通过 Bluetooth LE(低功耗蓝牙)远程连接。

这使得将身体传感器(如心率监测器)纳入 Android 框架成为可能。身体传感器需要与用户进行物理接触才能工作。因为它们监控和报告来自用户的敏感个人信息，所以它们需要被授予 BODY_SENSORS 权限之后，才能从 getDefaultSensor 或 getSensorsList 返回：

```
<uses-permission android:name="android.permission.BODY_SENSORS" />
```

作为高危权限，除了添加到应用清单中，还需要用户在首次使用时通过运行时权限请求的方式明确批准。

在尝试查找身体传感器之前，请使用 ActivityCompat.checkSelfPermission 方法，传入 Manifest.permission.BODY_SENSORS 常量来确定是否已授予访问权限，在这种情况下，将返回 PERMISSION_GRANTED：

```
int permission = ActivityCompat.checkSelfPermission(this,
                 Manifest.permission.BODY_SENSORS);

if (permission==PERMISSION_GRANTED) {
  // Access the body sensor
} else {
  if (ActivityCompat.shouldShowRequestPermissionRationale(
      this, Manifest.permission.BODY_SENSORS)) {
    // TO DO: Display additional rationale for the requested permission.
  }
  // Request the permission or display a dialog
  // showing why the function is unavailable.
}
```

要显示权限请求对话框，请调用 ActivityCompat.requestPermission 方法，指定所需的权限：

```
ActivityCompat.requestPermissions(this,
  new String[]{Manifest.permission.BODY_SENSORS},
  BODY_SENSOR_PERMISSION_REQUEST);
```

该方法会异步运行，显示一个不能自定义的标准 Android 对话框。当用户接受或拒绝运行时请求后，你将会收到回调，回调是通过 onRequestPermissionsResult 处理程序接收的：

```
@Override
public void onRequestPermissionsResult(int requestCode,
                                       @NonNull String[] permissions,
                                       @NonNull int[] grantResults) {
  super.onRequestPermissionsResult(requestCode, permissions, grantResults);
  // TO DO: React to granted / denied permissions.
}
```

只有当身体传感器以物理方式接触到有生命体征且被监测的身体时，才是准确并有效的。因此，始终监控身体传感器的精度非常重要。如果身体传感器未与身体接触，将返回 SENSOR_STATUS_NO_CONTACT：

```
if (sensorEvent.accuracy == SensorManager.SENSOR_STATUS_NO_CONTACT ||
    sensorEvent.accuracy == SensorManager.SENSOR_STATUS_UNRELIABLE) {
  // TO DO: Ignore Sensor results.
```

代码清单 16-16 展示了将传感器事件监听器连接到心率传感器的框架代码，心率传感器将返回一个单值，以每分钟心跳(beats-per-minute，bpm)为单位描述用户的心率。请记住，除了代码之外，还需要向应用清单添加身体传感器权限。

代码清单 16-16：将传感器事件监听器连接到心率监视器

```
private static final String TAG = "HEART_RATE";
private static final int BODY_SENSOR_PERMISSION_REQUEST = 1;

private void connectHeartRateSensor() {
  int permission = ActivityCompat.checkSelfPermission(this,
    Manifest.permission.BODY_SENSORS);

  if (permission == PERMISSION_GRANTED) {
    // If permission granted, connect the event listener.
    doConnectHeartRateSensor();
  } else {
    if (ActivityCompat.shouldShowRequestPermissionRationale(
      this, Manifest.permission.BODY_SENSORS)) {
      // TO DO: Display additional rationale for the requested permission.
    }
    // Request the permission
    ActivityCompat.requestPermissions(this,
      new String[]{Manifest.permission.BODY_SENSORS},
      BODY_SENSOR_PERMISSION_REQUEST);
  }
}

@Override
public void onRequestPermissionsResult(int requestCode,
                                       @NonNull String[] permissions,
                                       @NonNull int[] grantResults) {
  super.onRequestPermissionsResult(requestCode, permissions, grantResults);

  if (requestCode == BODY_SENSOR_PERMISSION_REQUEST &&
      grantResults.length > 0 &&
      grantResults[0] == PERMISSION_GRANTED) {
    // If permission granted, connect the heart rate sensor.
    doConnectHeartRateSensor();
  } else {
    Log.d(TAG, "Body Sensor access permission denied.");
  }
}

private void doConnectHeartRateSensor() {
  SensorManager sm = (SensorManager)getSystemService(Context.SENSOR_SERVICE);
  Sensor heartRateSensor = sm.getDefaultSensor(Sensor.TYPE_HEART_RATE);

  if (heartRateSensor == null)
    Log.d(TAG, "No Heart Rate Sensor Detected.");
  else {
    sm.registerListener(mHeartRateListener, heartRateSensor,
                        SensorManager.SENSOR_DELAY_NORMAL);
  }
}

final SensorEventListener mHeartRateListener = new SensorEventListener() {
  public void onSensorChanged(SensorEvent sensorEvent) {
```

```
      if (sensorEvent.sensor.getType() == Sensor.TYPE_HEART_RATE) {

        if (sensorEvent.accuracy == SensorManager.SENSOR_STATUS_NO_CONTACT ||
            sensorEvent.accuracy == SensorManager.SENSOR_STATUS_UNRELIABLE) {
          Log.d(TAG, "Heart Rate Monitor not in contact or unreliable");
        } else {
          float currentHeartRate = sensorEvent.values[0];
          Log.d(TAG, "Heart Rate: " + currentHeartRate);
        }
      }
    }

    public void onAccuracyChanged(Sensor sensor, int accuracy) {}
  };
```

16.7　用户活动识别

Google 的 Activity Recognition API 使你能够了解用户当前在物理世界中进行的活动。通过定期分析从设备传感器接收到的短脉冲数据，活动识别(Activity Recognition)会尝试检测用户正在执行的活动，包括步行、驾驶、骑行和跑步。

Activity Recognition API 的访问由 Google Play 服务的 Location 库提供，该库必须作为 app 模块的 build.gradle 文件中的依赖项添加(如第 15 章所述，在安装了 Google Play 服务之后)：

```
dependencies {
  ...
  implementation 'com.google.android.gms:play-services-location:11.8.0'
}
```

还必须在应用清单中包含 ACTIVITY_RECOGNITION 权限：

```
<uses-permission
  android:name="com.google.android.gms.permission.ACTIVITY_RECOGNITION"
/>
```

为了接收用户当前活动的更新，首先要使用 ActivityRecognition.getClient 静态方法，传入 Context，获取 ActivityRecognitionClient 实例：

```
ActivityRecognitionClient activityRecognitionClient
  = ActivityRecognition.getClient(this);
```

需要使用 requestActivityUpdates 方法请求更新，传入以毫秒为单位的首选检测间隔，当检测到用户活动更改时将触发 Pending Intent。通常，Pending Intent 用于启动 Intent Service，Intent Service 将响应用户活动中的更改：

```
long updateFreq = 1000*60;

Intent startServiceIntent = new Intent(this, MyARService.class);
PendingIntent pendingIntent
  = PendingIntent.getService(this, ACTIVITY_RECOGNITION_REQUEST_CODE,
                             startServiceIntent, 0);

Task task
  = activityRecognitionClient.requestActivityUpdates(updateFreq, pendingIntent);
```

注意：
返回的 Task 可用于检查调用是否成功，可使用 addOnSuccessListener 和 addOnFailureListener 方法分别添加成功的侦听器(OnSuccessListener)和失败的侦听器 (OnFailureListener)。

使用同一 Pending Intent 的任何后续请求都将移除并替换先前的请求。

指定的更新频率决定了返回用户活动更改的速率；较大的值会导致更新次数减少，从而通过减少唤醒设备和打开传感器的次数来提高电池寿命。与所有传感器一样，最好的做法是尽可能少地请求更新。

请求的更新率被 Activity Recognition API 用作参考。在某些情况下，可能会更频繁地接收到更新(例如，如果其他应用请求更频繁的更新)。更常见的是，可能会收到不太频繁的更新。当 API 检测到设备长时间保持静止或屏幕关闭且设备处于省电模式时，可能会暂停更新以节省电池。

当检测到新的用户活动时，会触发一个 Intent。请使用 extractResult 方法从这个 Intent 中获取活动识别结果(ActivityRecognitionResult)：

```
ActivityRecognitionResult activityResult = extractResult(intent);
```

返回的 ActivityRecognitionResult 包括 getMostProbableActivity 方法，该方法返回一个 DetectedActivity 对象，该对象描述了最有可能的进行中的活动类型：

```
DetectedActivity detectedActivity = activityResult.getMostProbableActivity();
```

也可以使用 getProbableActivities 方法返回所有可能的活动的列表：

```
List<DetectedActivity> allActivities = activityResult.getProbableActivities();
```

对于任意 DetectedActivity 对象，使用 getType 和 getConfidence 方法分别获取检测到的活动类型和结果的置信度百分比：

```
@Override
protected void onHandleIntent(@Nullable Intent intent) {
  ActivityRecognitionResult activityResult = extractResult(intent);

  DetectedActivity detectedActivity = activityResult.getMostProbableActivity();
  int activityType = detectedActivity.getType();
  int activityConfidence = detectedActivity.getConfidence(); /* Pecent */

  switch (activityType) {
    case (DetectedActivity.IN_VEHICLE): /* TO DO: Driving */ break;
    case (DetectedActivity.ON_BICYCLE): /* TO DO: Cycling */ break;
    case (DetectedActivity.ON_FOOT)   : /* TO DO: On Foot */ break;
    case (DetectedActivity.STILL)     : /* TO DO: Still   */ break;
    case (DetectedActivity.WALKING)   : /* TO DO: Walking */ break;
    case (DetectedActivity.RUNNING)   : /* TO DO: Running */ break;
    case (DetectedActivity.UNKNOWN)   : /* TO DO: Unknown */ break;
    case (DetectedActivity.TILTING)   : {
      // TO DO: Device angle changed significantly
      break;
    }
    default : break;
  }
}
```

当不再需要接收活动更改更新时，请调用 removeActivityUpdates 方法，并传入用于请求更新结果的 Pending Intent：

```
activityRecognitionClient.removeActivityUpdates(pendingIntent);
```

需要注意的是，活动状态的更新请求将使 Google Play 服务保持连接状态，因此非常重要的是，当不再需要更新请求时应显式地删除这些请求，这样既可以减少电池消耗，也可以保持 Google Play 服务自动连接管理的优势。

第17章

音频、视频和使用摄像头

本章主要内容：

- 使用 Media Player 和 ExoPlayer 播放音频和视频
- 处理音频焦点
- 使用 Media Session
- 构建 Media Control
- 播放背景音频
- 使用 Media Router 和 Cast Application 框架
- 创建 Media Style Notification
- 录制音频
- 录制视频，使用 Intent 拍摄图片
- 预览录制的视频，显示实时视频流
- 拍摄图片，直接控制摄像头
- 将录制的媒体内容添加到 Media Store

本章可供下载的代码可以在 www.wrox.com 上找到。本章的代码放在压缩文件 Snippets_ch17.zip 中。

17.1 播放音频和视频，以及使用摄像头

智能手机和平板电脑已经变得如此流行，以至于对很多人来说，它们已经完全取代其他便携式电子设备，包括摄像头、音乐播放器和录音机。因此，Android 的媒体 API 逐渐变得强大和重要，并允许开发人员构建出能提供丰富的音频、视频和拍照体验的应用。

本章将介绍 Android API，它们可以控制音频和视频的录制与播放、控制设备的音频焦点(audio focus)，以及当其他应用获取焦点或者输出信道发生变化时(例如当耳机拨出时)能够正确地做出反应。

你还将学习如何使用 Media Session API 与系统和其他 app 交流信息，以及从通知、耳机和已连接的包括 Wear OS 和 Android Auto 在内的设备接收播放、暂停和其他媒体事件。

你将学习如何构建音频播放服务，以及如何将 UI 和当前音频状态保持同步，还将探索生命周期的重要性

和音频播放的前台状态，以及如何构建 Media Style Notification。

最好的摄像头是可以随身带着的，对于大多数人来说，也就是他们的智能手机摄像头。你将学习使用 Android 摄像头 API 拍照和录制视频，以及显示实时视频流。

17.2 播放音频和视频

Android 8.1 Oreo(API 级别 27)支持以下多媒体格式。请注意，有些设备可能支持其他文件格式。

- 音频
  - AAC LC
  - HE-AACv1 (AAC+)
  - HE-AACv2 (改进的 AAC+)
  - AAC ELD (改进的低延迟 AAC)
  - AMR-NB
  - AMR-WB
  - FLAC
  - MP3
  - MIDI
  - Ogg Vorbis
  - PCM/WAVE
  - Opus
- 图片
  - JPEG
  - PNG
  - WEBP
  - GIF
  - BMP
- 视频
  - H.263
  - H.264 AVC
  - H.265 HEVC
  - MPEG-4 SP
  - VP8
  - VP9

还支持流媒体的下述网络协议：

- RTSP(RTP、SDP)
- HTTP/HTTPS 带进度播放
- HTTP/HTTPS 实时播放(在运行 Android 3.0 及以上版本系统的设备上)

注意：

关于当前支持的媒体格式、视频编码及音频流媒体播放的建议的完整细节，请查看 Android 开发人员网站的 Supported Media Formats 页面，网址为 developer.android.com/guide/topics/media/media-formats.html。

17.2.1 媒体播放器简介

使用 Media Player(媒体播放器)，可以播放存储在应用资源、本地文件、Content Provider 或网络 URL 数据流中的音频和视频。MediaPlayer 类作为 Android 框架的一部分，支持音频和视频播放，而且在所有的设备上都可用。

> **注意：**
> 对于支持 Android 4.1(API 级别 16)及其以上版本的应用，ExoPlayer 可以作为 Media Player API 的替代方案使用。关于使用 ExoPlayer 的详情将在本章后面讲述。

Media Player 将音频/视频文件和流的管理作为状态机来处理。用最简单的词语来讲，状态机中的转换可以描述如下：

(1) 使用需要播放的媒体初始化 Media Player。

(2) 为 Media Player 的播放作准备。

(3) 开始播放。

(4) 在播放结束前暂停或停止播放。

(5) 播放结束。

> **注意：**
> Android 开发人员网站提供了对 Media Player 状态机更详细、完整的介绍，网址为 developer.android.com/reference/android/media/MediaPlayer.html#StateDiagram。

要播放媒体资源，需要创建 MediaPlayer 实例，使用媒体资源初始化，然后准备播放。MediaPlayer 类包含很多静态的 create 方法，这些方法合并了上述三个步骤。

也可以对已有的 MediaPlayer 实例调用 setDataSource 方法，如代码清单 17-1 所示。该方法接收文件路径、Content Provider URI、流媒体 URL 路径或 File Descriptor。

代码清单 17-1：使用 Media Player 进行播放

```
MediaPlayer mediaPlayer = new MediaPlayer();
mediaPlayer.setDataSource("http://site.com/audio/mydopetunes.mp3");
mediaPlayer.setOnPreparedListener(myOnPreparedListener);
mediaPlayer.prepareAsync();
```

由于准备数据源会导致潜在的耗时操作，比如从网络上获取数据和解码数据流，因此一定不能在 UI 线程上调用 prepare 方法，而应该在为媒体播放作准备时设置 MediaPlayer.OnPreparedListener 监听器或者使用 prepareAsync 方法以使 UI 保持响应。

要使用 Media Player 播放互联网上的流媒体，应用清单中必须包括 INTERNET 权限：

```
<uses-permission android:name="android.permission.INTERNET"/>
```

> **警告：**
> Android 支持数量有限的同步的 MediaPlayer 对象，不释放它们将导致系统在使用完这些对象时抛出运行时异常。当播放结束时，可以对 MediaPlayer 对象调用 release 方法以释放相关资源：
> ```
> mediaPlayer.release();
> ```

当 Media Player 完成准备后，相应的 Prepared Listener 的方法会被触发，然后就可以调用 start 方法开始播放相应的媒体：

```
private MediaPlayer.OnPreparedListener myOnPreparedListener =
  new MediaPlayer.OnPreparedListener() {

  @Override
  public void onPrepared(MediaPlayer mp) {
    mp.start();
  }
};
```

一旦播放开始后，就可以使用 Media Player 的 stop 和 pause 方法相应地停止或暂停播放。

Media Player 也提供了 getDuration 方法以获得正在播放的媒体的长度，还提供了 getCurrentPosition 方法以获取当前的播放进度。使用 seekTo 方法可跳转到媒体的指定进度。

警告：

创建和维护 MediaPlayer 对象相对较为昂贵，所以应该避免创建多个实例。如果需要像游戏中那样低延迟播放背景音乐和多个音效，可以考虑使用 SoundPool 类。

17.2.2 使用 Media Play 播放视频

初始化、设置播放源和准备播放这些步骤同时适用于音频和视频播放。此外，视频播放需要使用Surface 对象来显示视频。

这通常是使用 SurfaceView 对象处理的。SurfaceView 是 SurfaceHolder 的封装类，而 SurfaceHolder 则是 Surface 的封装类，用来支持后台线程的图像更新。

注意：

在 Android 7.0(API 等级 24)之前，每个 SurfaceView 都在自身的窗口中渲染，与 UI 的其余部分分离。因此，不同于 View 的子类，SurfaceView 不能被移动、变形或动画显示。作为早期平台版本的替代方案，TextureView 类提供了对这些操作的支持，只是不够省电。

要在 UI 布局中包含 SurfaceHolder，请使用 SurfaceView 类：

```
<?xml version="1.0" encoding="utf-8"?>
<LinearLayout
  xmlns:android="http://schemas.android.com/apk/res/android"
  android:layout_width="match_parent"
  android:layout_height="match_parent"
  android:orientation="vertical" >
  <SurfaceView
    android:id="@+id/surfaceView"
    android:layout_width="match_parent"
    android:layout_height="match_parent"
    android:layout_weight="30"
  />
  <LinearLayout
    android:id="@+id/linearLayout1"
    android:layout_width="match_parent"
    android:layout_height="wrap_content"
    android:layout_weight="1">
    <Button
      android:id="@+id/buttonPlay"
      android:layout_width="wrap_content"
      android:layout_height="wrap_content"
      android:text="Play"
    />
    <Button
      android:id="@+id/buttonPause"
      android:layout_width="wrap_content"
      android:layout_height="wrap_content"
      android:text="Pause"
    />
    <Button
      android:id="@+id/buttonSkip"
      android:layout_width="wrap_content"
      android:layout_height="wrap_content"
      android:text="Skip"
    />
  </LinearLayout>
</LinearLayout>
```

可以使用 Media Player 的 setDisplay 方法分配一个 SurfaceHolder 对象，此对象会显示视频内容。

代码清单 17-2 显示了部分代码，用于在 Activity 中初始化一个 SurfaceView，然后将其作为 Media Player

的显示目标。

代码清单 17-2：初始化和分配 SurfaceView 给 Media Player

```
public class SurfaceViewVideoViewActivity extends Activity
  implements SurfaceHolder.Callback {

  static final String TAG = "VideoViewActivity";

  private MediaPlayer mediaPlayer;

  public void surfaceCreated(SurfaceHolder holder) {
    try {
      // When the surface is created, assign it as the
      // display surface and assign and prepare a data source.
      mediaPlayer.setDisplay(holder);

      // Specify the path, URL, or Content Provider URI of
      // the video resource to play.
      File file = new File(Environment.getExternalStorageDirectory(),
                  "sickbeatsvideo.mp4");
      mediaPlayer.setDataSource(file.getPath());

      mediaPlayer.prepare();
    } catch (IllegalArgumentException e) {
      Log.e(TAG, "Illegal Argument Exception", e);
    } catch (IllegalStateException e) {
      Log.e(TAG, "Illegal State Exception", e);
    } catch (SecurityException e) {
      Log.e(TAG, "Security Exception", e);
    } catch (IOException e) {
      Log.e(TAG, "IO Exception", e);
    }
  }

  public void surfaceDestroyed(SurfaceHolder holder) {
    mediaPlayer.release();
  }

  public void surfaceChanged(SurfaceHolder holder,
                             int format, int width, int height) { }


  @Override
  public void onCreate(Bundle savedInstanceState) {
    super.onCreate(savedInstanceState);

    setContentView(R.layout.surfaceviewvideoviewer);

    // Create a new Media Player.
    mediaPlayer = new MediaPlayer();

    // Get a reference to the SurfaceView.
    final SurfaceView surfaceView =
      findViewById(R.id.surfaceView);

    // Configure the SurfaceView.
    surfaceView.setKeepScreenOn(true);

    // Configure the SurfaceHolder and register the callback.
    SurfaceHolder holder = surfaceView.getHolder();
    holder.addCallback(this);
    holder.setFixedSize(400, 300);

    // Connect a play button.
    Button playButton = findViewById(R.id.buttonPlay);
    playButton.setOnClickListener(new OnClickListener() {
      public void onClick(View v) {
        mediaPlayer.start();
      }
    });

    // Connect a pause button.
    Button pauseButton = findViewById(R.id.buttonPause);
    pauseButton.setOnClickListener(new OnClickListener() {
      public void onClick(View v) {
```

```
        mediaPlayer.pause();
      }
    });

    // Add a skip button.
    Button skipButton = findViewById(R.id.buttonSkip);
    skipButton.setOnClickListener(new OnClickListener() {
      public void onClick(View v) {
        mediaPlayer.seekTo(mediaPlayer.getDuration()/2);
      }
    });
  }
}
```

请注意 SurfaceHolder 是异步创建的，所以必须等待 surfaceCreated 方法被调用，然后才可以将返回的 SurfaceHolder 对象分配给 Media Player。为此，需要实现 SurfaceHolder.Callback 接口。

如代码清单 17-2 所示，setDataSource 可用于指定要播放的视频资源的路径、URL 或 Content Provider URI。在选择了媒体来源后，调用 prepare 方法以初始化 Media Player，从而为播放作准备。

17.2.3 使用 ExoPlayer 播放视频

对于支持 Android 4.1(API 级别 16)及更高版本的应用，可以使用 ExoPlayer 替代 Media Player API。ExoPlayer 是由 Google 设计的，在所有运行 Android 4.1(API 级别 16)或更高版本系统的设备上，能提供一致的用户体验、更好的扩展性以及支持更多的媒体播放格式。

将 ExoPlayer 集成到应用中，唯一的依赖是 exoplayer-core 库。但是，ExoPlayer 还提供了很多子组件，这些子组件支持更多的功能。例如，exoplayer-ui 库提供了预置的 UI 组件，能够极大地简化包括播放控制在内的常规操作。

要使用 ExoPlayer 播放视频，必须将 ExoPlayer 的核心库和 UI 库添加到 app 模块的 build.gradle 文件中：

```
implementation "com.google.android.exoplayer:exoplayer-core:2.8.2"
implementation "com.google.android.exoplayer:exoplayer-ui:2.8.2"
```

ExoPlayer 的 UI 库提供了一个 PlayerView 类，它不仅封装了用于播放的 SurfaceView，还封装了播放控制操作(包括播放、暂停、快进、倒带)和进度控制条，进度控制条用于在视频播放中调节进度。可以将这个类添加到 Activity 或 Fragment 的布局中：

```
<?xml version="1.0" encoding="utf-8"?>
<FrameLayout
  xmlns:android="http://schemas.android.com/apk/res/android"
  android:layout_width="match_parent"
  android:layout_height="match_parent">
  <com.google.android.exoplayer2.ui.PlayerView
    android:id="@+id/player_view"
    android:layout_width="match_parent"
    android:layout_height="match_parent"
  />
</FrameLayout>
```

代码清单 17-3 显示了部分代码，用于在 Activity 中初始化 PlayerView，然后开始播放视频。

代码清单 17-3：使用 PlayerView 播放视频

```
public class SurfaceViewVideoViewActivity extends Activity {

  private PlayerView playerView;
  private SimpleExoPlayer player;

  @Override
  public void onCreate(Bundle savedInstanceState) {
    super.onCreate(savedInstanceState);
    setContentView(R.layout.playerview);

    playerView = findViewById(R.id.player_view);
  }
```

```
@Override
protected void onStart() {
  // Create a new Exo Player
  player = ExoPlayerFractory.newSimpleInstance(this,
    new DefaultTrackSelector());

  // Associate the ExoPlayer with the PlayerView
  playerView.setPlayer(player);

  // Build a DataSource.Factory capable of
  // loading http and local content
  DataSource.Factory dataSourceFactory = new DefaultDataSourceFactory(
    this,
    Util.getUserAgent(this, getString(R.string.app_name)));

  // Specify the URI to play
  File file = new File(Environment.getExternalStorageDirectory(),
                       "test2.mp4");
  ExtractorMediaSource mediaSource =
    new ExtractorMediaSource.Factory(dataSourceFactory)
    .createMediaSource(Uri.fromFile(file));

  // Start loading the media source
  player.prepare(mediaSource);

  // Start playback automatically when ready
  player.setPlayWhenReady(true);
}

@Override
protected void onStop() {
  playerView.setPlayer(null);
  player.release();
  player = null;
  super.onStop();
}
}
```

可以在 github.com/google/ExoPlayer 上了解更多关于 ExoPlayer 的信息。

17.2.4 请求和管理音频焦点

音频焦点是基于如下理念来实现的：在任意指定时刻，只有一个应用能够作为用户正在聆听的焦点，可以是正在拨打的电话、一段正在播放的视频，或是通知铃声或导航指示这样短暂的声音。

声音输出生来就是共享的渠道——好比坐在房间里同时进行多个对话。如果多个应用同时播放音频，那么很快就会变得无法理解。作为优秀的应用，在播放音频时，重要的就是共享和尊重焦点。

对于应用来说，意味着总是先请求音频焦点，再开始播放音频，保持播放直到结束，当其他应用请求焦点时放弃焦点。

1. 请求音频焦点

要在开始播放前请求音频焦点，请使用 Audio Manager 的 requestAudioFocus 方法。当请求音频焦点时，可以指定需要播放什么音频流(一般是 STREAM_MUSIC)，以及预计需要持有多长时间的焦点——持续的(比如播放音乐)或短暂的(比如提供导航指示)。如果是短暂持有焦点这种情形，那么还可以指定当需要短暂打扰时，当前拥有焦点的应用能否进行“闪避”(降低音量)，直到打扰结束。

需要指明所请求的音频焦点的性质，这样其他应用就可以更好地回应音频焦点的丢失。

代码清单 17-4 显示了一个请求持久的音频焦点以播放音乐的 Activity 的部分代码。必须同时指定一个 OnAudioFocusChangeListener 对象，以监控音频焦点的丢失，以便做出相应的回应(将在本节后面详细讲述)。

代码清单 17-4：请求音频焦点

```
AudioManager am = (AudioManager)getSystemService(Context.AUDIO_SERVICE);

// Request audio focus for playback
```

```
int result = am.requestAudioFocus(focusChangeListener,
           // Use the music stream.
           AudioManager.STREAM_MUSIC,
           // Request ongoing focus.
           AudioManager.AUDIOFOCUS_GAIN);

if (result == AudioManager.AUDIOFOCUS_REQUEST_GRANTED) {
  mediaPlayer.start();
}
```

也有一些场景(例如用户在拨打电话时)，当请求音频焦点时会失败。因此，必须十分谨慎，仅当请求后接收到 AUDIOFOCUS_REQUEST_GRANTED 才可以开始播放。

> **注意：**
> 通知(Notification)产生的声音是一种特殊情况。Android 会通过 setSound 方法自动为通知声音请求临时的音频焦点，或是使用 setDefaults 方法并传入 DEFAULT_SOUND 或 DEFAULT_ALL 标志位。利用这两个方法将音频和通知联系起来，以确保尊重用户的“请勿打扰”设置，这一点非常重要。

2. **响应音频焦点的变化**

音频焦点会分配给每个请求焦点的应用。这意味着如果另一个应用请求音频焦点，那么你的应用将会失去焦点。

当请求音频焦点时，我们注册了 AudioFocusChangeListener 监听器，当音频焦点失去时，可通过此监听器的 onAudioFocusChange 方法来告知此变化，如代码清单 17-5 所示。

代码清单 17-5：响应音频焦点的丢失

```
private OnAudioFocusChangeListener focusChangeListener =
  new OnAudioFocusChangeListener() {

  public void onAudioFocusChange(int focusChange) {
    AudioManager am =
      (AudioManager)getSystemService(Context.AUDIO_SERVICE);

    switch (focusChange) {
      case (AudioManager.AUDIOFOCUS_LOSS_TRANSIENT_CAN_DUCK) :
        // Lower the volume while ducking.
        mediaPlayer.setVolume(0.2f, 0.2f);
        break;

      case (AudioManager.AUDIOFOCUS_LOSS_TRANSIENT) :
        mediaPlayer.pause();
        break;

      case (AudioManager.AUDIOFOCUS_LOSS) :
        mediaPlayer.stop();
        am.abandonAudioFocus(this);
        break;

      case (AudioManager.AUDIOFOCUS_GAIN) :
        // Return the volume to normal and resume if paused.
        mediaPlayer.setVolume(1f, 1f);
        mediaPlayer.start();
        break;

      default: break;
    }
  }
};
```

focusChange 参数表示焦点丢失的性质——是短暂的还是持久的——以及是否允许“闪避”(降低音量)。

最佳实践是，无论何时失去音频焦点，都暂停媒体播放。如果是支持“闪避”(降低音量)的短暂丢失，则降低音频输出的音量。

在短暂的焦点丢失的情形下，当接收到 AudioManager.AUDIOFOCUS_GAIN 事件时，表示重新获得了焦点，此时可以继续以之前的音量播放音频。

如果是永久性的焦点丢失，则应该停止播放，而且仅当有用户交互(例如，在应用中单击“播放”按钮)时才可以重新播放。当永久性地丢失焦点后，不会接收到任何后续对 OnAudioFocusChangeListener 的回调。

如果应用请求短暂的音频焦点，那么可以考虑使用 Media Player 的 OnCompletionListener 得知音频播放已经完成，然后可以及时地放弃音频焦点。

17.2.5　输出改变时暂停播放

如果当前输出流是耳机，那么断开耳机将会导致系统自动将输出切换到设备的扬声器。在这种场景下，暂停音频输出或降低音量将是好的实践。

要监听这种场景，可以创建广播接收者监听 AudioManager.ACTION_AUDIO_BECOMING_NOISY 广播，然后暂停播放：

```
private class NoisyAudioStreamReceiver extends BroadcastReceiver {
  @Override
  public void onReceive(Context context, Intent intent) {
    if (AudioManager.ACTION_AUDIO_BECOMING_NOISY.equals
      (intent.getAction())) {
      pauseAudioPlayback();
    }
  }
}
```

由于广播仅当应用在播放音频/视频时才需要，因此不适宜在配置清单中注册广播接收者，而是应该在开始播放(获取到音频焦点之后)时创建广播接收者，在代码中动态地注册，当暂停播放时解除注册：

```
// Create the Receiver.
NoisyAudioStreamReceiver mNoisyAudioStreamReceiver =
  new NoisyAudioStreamReceiver();

// On Play
public void registerNoisyReceiver() {
  IntentFilter filter = new
    IntentFilter(AudioManager.ACTION_AUDIO_BECOMING_NOISY);
  registerReceiver(mNoisyAudioStreamReceiver, filter);
}

// On Pause
public void unregisterNoisyReceiver() {
  unregisterReceiver(mNoisyAudioStreamReceiver);
}
```

17.2.6　响应音量按键

为了保证用户体验的一致，应用必须正确处理用户按下音量键这一点非常重要。

默认情况下，使用设备或耳机上的音量键，改变的是当前正常播放的音频流的音量。

使用 Activity 的 setVolumeControlStream 方法——一般是在 onCreate 方法中——允许指定当 Activity 处于活动状态时，按下音量键应该控制哪个音频流：

```
@Override
public void onCreate(Bundle savedInstanceState) {
  super.onCreate(savedInstanceState);
  setContentView(R.layout.audioplayer);

  setVolumeControlStream(AudioManager.STREAM_MUSIC);
}
```

可以指定任意可用的音频流，但是当使用 Media Player 播放时，应该指定 STREAM_MUSIC 为音量键的处理目标。

警告：

虽然也可以直接监听音量键是否被按下，但这通常被认为是不良实践。用户可以通过多种方式修改音量，包括硬件按钮或软件控制。仅仅依靠硬件按钮手动触发音量的改变会使应用不按照预期响应，而且会使用户受挫。这样用户只会卸载应用以摆脱音量控制。

17.2.7 使用 Media Session

Media Session API 提供了一个一致的接口，针对应用当前正在播放的媒体，通过系统支持的任意媒体播放机制，提供元数据和播放按键。

创建 Media Session，然后对用户发起的命令进行响应，这样应用就可以支持所连接的设备，比如车载蓝牙或耳机、Wear OS 或 Android Auto 的播放和控制。所有这些设备都可以获取媒体的元数据，并允许用户控制播放，而无须使用移动设备或者通过应用来直接交互。

注意：

一种最有用、最常见的显示媒体元数据和控制媒体播放的场景就是通知(Notification)。我们稍后将讨论如何为这种场景创建自定义通知。

1. 使用 Media Session 控制播放

Android Support Library 中提供了 Media Session API。要创建和初始化 Media Session，请在 Activity 的 onCreate 方法中创建 MediaSessionCompat 类的一个实例，并传入 Context 和一个字符串，以便记录错误消息：

```
MediaSessionCompat mMediaSession = new MediaSessionCompat(context, LOG_TAG);
```

要接收蓝牙耳机、Wear OS 和 Android Auto 等设备的媒体按键事件，也必须调用 setFlags，以表示希望 Media Session 处理媒体按键和传输按键事件：

```
mMediaSession.setFlags(
  MediaSessionCompat.FLAG_HANDLES_MEDIA_BUTTONS |
  MediaSessionCompat.FLAG_HANDLES_TRANSPORT_CONTROLS);
```

最后一步是创建和设置 MediaSessionCompat.Callback 类的一个实例。在该类中实现的回调方法会接收媒体按键事件，并允许对它们做出适当的回应：

```
mMediaSession.setCallback(new MediaSessionCompat.Callback() {
  @Override
  public void onPlay() {
    mediaPlayer.start();
  }

  @Override
  public void onPause() {
    mediaPlayer.pause();
  }

  @Override
  public void onSeekTo(long pos) {
    mediaPlayer.seekTo((int) pos);
  }
});
```

要开始接收回调，首先必须指定 Media Session 支持哪些动作。这可以通过构建一个 PlaybackStateCompat 对象，并传递给 setPlaybackState 方法来实现：

```
public void updatePlaybackState() {
  PlaybackStateCompat.Builder playbackStateBuilder =
    new PlaybackStateCompat.Builder();

  playbackStateBuilder
    // Available actions
    .setActions(
      PlaybackStateCompat.ACTION_PLAY_PAUSE |
      PlaybackStateCompat.ACTION_PLAY |
      PlaybackStateCompat.ACTION_PAUSE |
      PlaybackStateCompat.ACTION_STOP |
```

```
      PlaybackStateCompat.ACTION_SEEK_TO)
    // Current playback state
    .setState(
      PlaybackStateCompat.STATE_PLAYING,
      0,     // Track position in ms
      1.0f); // Playback speed
  mMediaSession.setPlaybackState(playbackStateBuilder.build());
}
```

注意：

播放状态包含两部分：支持的动作和当前状态。它们是相互关联的，因为通常情况下它们会同时改变(例如，当状态为 STATE_BUFFERING 时不支持 ACTION_FAST_FORWARD)。

无论何时 Media Player 状态发生变化，都必须更新 Media Session 状态，以保证它们始终同步。维持 PlaybackStateCompat.Builder 对象，只执行不断递增的更新，而不是每次都重建对象，这一点也被认为是最佳实践。

最后，需要调用 setActive(true)方法以激活 Media Session，通常是在接收到音频焦点之后：

```
mMediaSession.setActive(true);
```

相应地，在停止播放和放弃音频焦点之后，调用 setActive(false)方法。当播放完成后，对 Media Session 对象调用 release 方法以释放相应资源：

```
mMediaSession.release();
```

2. 使用 Media Session 分享元数据

除了控制播放，还可以使用 Media Session API 分享应用正在播放的媒体元数据，包括专辑艺术家、音乐名称和音乐长度，只需要使用 setMetadata 方法即可。

可以使用 MediaMetadataCompat.Builder 创建包含媒体元数据的 MediaMetadataCompat 对象。

使用 builder 对象的 putBitmap 方法，以及 MediaMetadataCompat.METADATA_KEY_ART 和 MediaMetadataCompat.METADATA_KEY_ALBUM_ART 两个 key 可以指定关联的位图资源：

```
builder.putBitmap(MediaMetadataCompat.METADATA_KEY_ART, artworkthumbnail);
builder.putString(MediaMetadataCompat.METADATA_KEY_ART_URI,
                  fullSizeArtworkUri);

public void updateMetadata() {
  MediaMetadataCompat.Builder builder = new MediaMetadataCompat.Builder();

  builder.putString(MediaMetadataCompat.METADATA_KEY_ART_URI,
                    fullSizeArtworkUri);

  mMediaSession.setMetadata(builder.build());
```

警告：

在进程之间传递位图资源的成本比较高。强烈建议使用 METADATA_KEY_ART_URI 和 METADATA_KEY_ALBUM_ART_URI 两个 key，添加指向全尺寸图片的全网都可以访问的 URI，而不是直接传递全尺寸图片。一条好的关于缩略图的规则是最多只包含 640 像素 × 640 像素的位图资源。

也可以使用 putLong 方法和相应的 MediaMetadataCompat.METADATA_KEY_常量指定曲目数量、CD 编号、录制年份和播放时长：

```
builder.putLong(MediaMetadataCompat.METADATA_KEY_DURATION, duration);
```

类似地，使用 putString 方法可以指定当前媒体的专辑名称、专辑艺术家、曲目名称、作者、作品集、作曲家、发行日期、风格和作者。

```
builder.putString(MediaMetadataCompat.METADATA_KEY_ALBUM, album);
builder.putString(MediaMetadataCompat.METADATA_KEY_ARTIST, artist);
builder.putString(MediaMetadataCompat.METADATA_KEY_TITLE, title);
```

注意：

从Android 5.0(API级别21)开始，SDK中自带了MediaSession类。尽管如此，最佳实践是使用Android Support Library的MediaSessionCompat类，以保证所有平台拥有一致的体验，以及利用最新的功能和bug修复。

3. 使用 Media Controller 将应用的 Media Control 连接到 Media Session

如前所述，使用 Media Session 回调接收媒体按键的请求，有助于集中管理媒体控制按键的代码，以及保证系统能够在多个接口(包括通知、Wear OS 和 Android Auto)上显示一致的媒体控制按键。

所以，最佳实践是在自己的 UI 内使用与系统其他部分同样的 Media Session 回调机制，这样它们可以发送命令给 Media Session，而不必直接控制 Media Player。

为此，可以使用 MediaControllerCompat 类。使用已创建的 Media Session 创建新的 Media Controller：

```
// After creating your Media Session
final MediaControllerCompat mediaController =
  new MediaControllerCompat(context, mMediaSession);
```

然后连接 UI 上的媒体控制按键，这样，当它们被单击时，它们会使用 Media Controller 将命令发送给 Media Session，而不是直接控制媒体的播放：

```
// Connect a play button.
Button playButton = findViewById(R.id.buttonPlay);
playButton.setOnClickListener(new OnClickListener() {
  public void onClick(View v) {
    mediaController.getTransportControls().play();
  }
});

// Connect a pause button.
Button pauseButton = findViewById(R.id.buttonPause);
pauseButton.setOnClickListener(new OnClickListener() {
  public void onClick(View v) {
    mediaController.getTransportControls().pause();
  }
});
```

17.3 使用 Media Router 和 Cast Application 框架

Media Router API 提供了一套统一的机制，可以让用户通过无线方式将视频显示和音频播放重定向到远程设备。通常使用 Google Cast 这样的 Google Play 服务 API，以将视频或音频“投射”给 Google Cast、Google TV 和 Google Home 设备。

要为应用添加 Google Cast 支持，需要将 AppCompat、MediaRouter 和 Google Play 服务的 Cast 框架添加到 app 模块的 build.gradle 文件中：

```
dependencies {
  compile 'com.android.support:appcompat-v7:25.1.0'
  compile 'com.android.support:mediarouter-v7:25.1.0'
  compile 'com.google.android.gms:play-services-cast-framework:10.0.1'
}
```

要在 Activity 中添加投射功能，首先需要创建一个 OptionsProvider 实现，它会定义 Google Cast 选项，然后在 getCastOptions 处理程序中，将 Google Cast 选项以 CastOptions 对象的形式返回：

```
public class CastOptionsProvider implements OptionsProvider {
  @Override
  public CastOptions getCastOptions(Context context) {
    CastOptions castOptions = new CastOptions.Builder()
      .setReceiverApplicationId(CastMediaControlIntent
                              .DEFAULT_MEDIA_RECEIVER_APPLICATION_ID)
      .build();
    return castOptions;
```

```
  }

  @Override
  public List<SessionProvider> getAdditionalSessionProviders(Context context) {
    return null;
  }
}
```

只有接收者应用 ID 是必需项，用于过滤可用的投射目标列表，以及当投射活动开始时，在所选择的目标设备上启动接收者应用。

应用的路由媒体的目的地是一个投射接收者应用，它是运行在接收者设备上的 HTML5/JavaScript 应用，用于提供 UI，显示应用的内容以及处理媒体控制消息。

Cast Application 框架包含了一个预置的接收者应用，它由 Google 开发，能用于提供 CastMediaControlIntent.DEFAULT_MEDIA_RECEIVER_APPLICATION_ID 字符串常量，以作为应用 ID。

也可以创建自己的自定义接收者，但是这不在本书的讨论范围之内。创建自定义接收者的详情可以通过以下链接找到：developers.google.com/cast/docs/android_sender_setup。

定义 Options Provider 之后，在应用清单中使用 meta-data 标签声明它：

```
<meta-data
  android:name=
    "com.google.android.gms.cast.framework.OPTIONS_PROVIDER_CLASS_NAME"
  android:value="com.professionalandroid.CastOptionsProvider"
/>
```

应用与 Cast Application 框架的所有交互都是通过 CastContext 对象完成的。可以通过调用 CastContext 类的 getSharedInstance 方法来获取一个 CastContext 对象，通常是从打算进行投射的 Activity 的 onCreate 方法中获取的。

```
CastContext mCastContext;

@Override
public void onCreate() {
  super.onCreate(savedInstanceState);
  setContentView(R.layout.activity_layout);

  mCastContext = CastContext.getSharedInstance(this);
}
```

Cast Application 框架提供了数个用户界面元素，可以用来初始化 Cast 会话并与之交互，包括 Cast Button、Mini 和 Expanded Controller。

当 Cast 发现应用可以投射的接收者时，会显示 Cast Button。当用户单击 Cast Button 时，会显示一个对话框，其中列出了所有可用的远程设备，或是当前正在投射的内容的相关元数据。

可以将 Cast Button 添加到 Activity 的应用栏，作为 MediaRouteActionProvider：

```
<menu xmlns:app="http://schemas.android.com/apk/res-auto"
      xmlns:android="http://schemas.android.com/apk/res/android">
  <item
    android:id="@+id/media_route_menu_item"
    android:title="@string/media_route_menu_title"
    app:actionProviderClass="android.support.v7.app.MediaRouteActionProvider"
    app:showAsAction="always" />
</menu>
```

然后，在想要进行投射的 Activity 或 Fragment 中，覆盖 onCreateOptionsMenu 方法以设置 Media Route 按钮：

```
@Override public boolean onCreateOptionsMenu(Menu menu) {
  super.onCreateOptionsMenu(menu);
  getMenuInflater().inflate(R.menu.main, menu);
  CastButtonFactory.setUpMediaRouteButton(getApplicationContext(),
                                          menu,
                                          R.id.media_route_menu_item);
  return true;
}
```

也可以在 Activity 的布局中添加 Media Route 按钮：

```
<android.support.v7.app.MediaRouteButton
  android:id="@+id/media_route_button"
  android:layout_width="wrap_content"
  android:layout_height="wrap_content"
  android:layout_weight="1"
  android:mediaRouteTypes="user"
  android:visibility="gone"
/>
```

在 Activity 的 onCreate 方法中将 Media Route 按钮连接到 Cast Application 框架：

```
CastContext mCastContext;
MediaRouteButton mMediaRouteButton;

@Override
protected void onCreate(Bundle savedInstanceState) {
  super.onCreate(savedInstanceState);
  setContentView(R.layout.activity_layout);

  mCastContext = CastContext.getSharedInstance(this);

  mMediaRouteButton = findViewById(R.id.media_route_button);
  CastButtonFactory.setUpMediaRouteButton(getApplicationContext(),
                                          mMediaRouteButton);
}
```

在把 Cast Button 添加到应用中之后，就可以使用 Cast 会话指定应用将要投射的媒体(以及相关的元数据)。

每当用户从 Cast 目标选项对话框中选择远程接收者时，Cast 会话就开始了。当用户选择结束投射时，或者当另一个发送者投射到同一设备时，Cast 会话就会结束。

会话由 Session Manager 管理；可以调用 CastContext 对象的 getCurrentCastSession 方法以访问当前 Cast 会话，通常是在 Activity 的 onResume 方法中。

```
CastContext mCastContext;
MediaRouteButton mMediaRouteButton;

CastSession mCastSession;
SessionManager mSessionManager;

@Override
protected void onCreate(Bundle savedInstanceState) {
  super.onCreate(savedInstanceState);
  setContentView(R.layout.activity_layout);

  mCastContext = CastContext.getSharedInstance(this);

  mMediaRouteButton = findViewById(R.id.media_route_button);
  CastButtonFactory.setUpMediaRouteButton(getApplicationContext(),
                                          mMediaRouteButton);

  mSessionManager = mCastContext.getSessionManager();
}

@Override
protected void onResume() {
  super.onResume();
  mCastSession = mSessionManager.getCurrentCastSession();
}

@Override
protected void onPause() {
  super.onPause();
  mCastSession = null;
}
```

也可以添加 SessionManagerListener 到 SessionManager 实例，以监听新的 Cast 会话的创建、挂起、继续和终止。

一旦用户建立了 Cast 会话，就会创建新的 RemoteMediaClient 实例。可以对当前 Cast 会话调用 getRemoteMediaClient 方法，以访问 RemoteMediaClient 实例。

可以使用 RemoteMediaClient 设置需要投射到远程设备的内容，并使用 MediaMetadata 类设置元数据，从而提供投射的内容信息：

```
MediaMetadata movieMetadata =
  new MediaMetadata(MediaMetadata.MEDIA_TYPE_MOVIE);

movieMetadata.putString(MediaMetadata.KEY_TITLE, mCurrentMovie.getTitle());
movieMetadata.addImage(new WebImage(Uri.parse(mCurrentMovie.getImage(0))));
```

在定义将在远程设备上播放的媒体时，需要使用 MediaInfo.Builder 类，并指定要播放的内容的 URL、格式信息、媒体类型以及前面定义的媒体元数据：

```
private void castMovie() {
  MediaInfo mediaInfo = new MediaInfo.Builder(mCurrentMovie.getUrl())
                        .setStreamType(MediaInfo.STREAM_TYPE_BUFFERED)
                        .setContentType("videos/mp4")
                        .setMetadata(movieMetadata)
                        .setStreamDuration(mCurrentMovie.getDuration()
                                         * 1000)
                        .build();

  RemoteMediaClient remoteMediaClient = mCastSession.getRemoteMediaClient();
  remoteMediaClient.load(mediaInfo, autoPlay, currentPosition);
}
```

然后就可以使用 RemoteMediaClient 控制远程设备上的媒体播放了。

在 Cast 设计清单中，要求发送者应用提供迷你的控制条和展开的控制条。每当用户离开主内容页时，显示迷你控制条。每当用户单击媒体通知或迷你控制条时，显示全屏的完整控制条。

迷你控制条可以使用 Fragment 实现并添加到 Activity 的底部：

```
<fragment
  android:id="@+id/castMiniController"
  android:layout_width="fill_parent"
  android:layout_height="wrap_content"
  android:layout_alignParentBottom="true"
  android:visibility="gone"
  class=
    "com.google.android.gms.cast.framework.media.widget.MiniControllerFragment"
/>
```

系统提供了抽象类 ExpandedControllerActivity，作为展开的控制条，必须继承该类，并添加 Cast Button，详见 developers.google.com/cast/docs/android_sender_integrate#add_expanded_controller。

有关自定义控制条和通过通知集成 Cast 控件的步骤详情，请参考 Google Cast SDK 文档：developers.google.com/cast/docs/android_sender_setup。

17.4　后台音频播放

播放视频时，用户很可能会在前台使用可见的 Activity。但播放音频时，更可能发生的是，用户在后台运行应用。

为此，Media Player 和 Media Session 必须是 Service 的一部分，即便应用的 Activity 不可见(甚至没有运行)，Service 也会继续运行。

Android 提供了 MediaBrowserServiceCompat 和 MediaBrowserCompat API，用于简化音频播放服务与使用者(包括播放 Activity)的分离。

注意：

同 MediaSession 类一样，Android 5.0(API 级别 21)引入了 MediaBrowserService 和 MediaBrowser 类。但是，强烈建议使用 Android Support Library 中的 MediaBrowserServiceCompat 和 MediaBrowserCompat 类，并且本章都将使用兼容库中的类。

17.4.1 构建音频播放服务

代码清单 17-6 提供了 Media Browser 服务的最简单实现。

创建 Media Session 后，就可以使用 setSessionToken 方法将会话令牌传递给 Media Browser 服务了，然后实现 onGetRoot 和 onLoadChildren 这两个抽象方法。

onGetRoot 和 onLoadChildren 方法为 Android Auto 和 Wear OS 提供支持。它们提供了媒体条目列表，用户可以从 Android Auto 和 Wear OS 设备的界面上进行选择，以便进行特定歌曲、专辑或艺术家的播放。

代码清单 17-6：Media Browser 服务的实现范例

```
public class MediaPlaybackService extends MediaBrowserServiceCompat {
  private static final String LOG_TAG = "MediaPlaybackService";

  private MediaSessionCompat mMediaSession;

  @Override
  public void onCreate() {
    super.onCreate();
    mMediaSession = new MediaSessionCompat(this, LOG_TAG);

    // Other initialization such as setFlags, setCallback, etc.

    setSessionToken(mMediaSession.getSessionToken());
  }
  @Override
  public BrowserRoot onGetRoot(@NonNull String clientPackageName,
                               int clientUid, Bundle rootHints) {
    // Returning null == no one can connect so we'll return something
    return new BrowserRoot(
      getString(R.string.app_name), // Name visible in Android Auto
      null);                        // Bundle of optional extras
  }

  @Override
  public void onLoadChildren(String parentId,
    Result<List<MediaBrowserCompat.MediaItem>> result) {

    // If you want to allow users to browse media content your app returns on
    // Android Auto or Wear OS, return those results here.
    result.sendResult(new ArrayList<MediaBrowserServiceCompat.MediaItem>());
  }
}
```

请注意，我们是在 Service 的 onCreate 方法中初始化 Media Session，而不是在播放 Activity 中初始化。对于前面描述的所有媒体播放机制，都应当进行同样的操作，因为我们需要将媒体播放的控制转移到 Service 中。

> **注意：**
> *要获取更多关于实现 Android Auto 支持所需的浏览 API，请访问链接 developer.android.com/training/auto/audio。*

完成 Media Browser 服务的创建之后，为了让 Activity 和其他潜在的媒体播放客户端连接到该服务，必须在配置清单中为该服务添加相应的 android.media.browse.MediaBrowserService Intent Filter，如代码清单 17-7 所示。

代码清单 17-7：配置清单中的 Media Browser 服务

```
<service android:name=".MediaPlaybackService"
        android:exported="true">
  <intent-filter>
    <action android:name="android.media.browse.MediaBrowserService" />
  </intent-filter>
</service>
```

17.4.2　将 Activity 连接到 Media Browser 服务

一旦将 Media Session 移到 Media Browser 服务后，就需要将媒体播放和 Activity 中的控制界面保持同步，这一点非常重要。

虽然 Activity 已经不再能直接访问正在播放的 Media Player，但是能连接到 Media Browser 服务，并能通过 MediaBrowserCompat API 创建新的 Media Controller，如代码清单 17-8 所示。

代码清单 17-8：在 Activity 中连接 Media Browser 服务

```
private MediaBrowserCompat mMediaBrowser;
private MediaControllerCompat mMediaController;

@Override
protected void onCreate(Bundle savedInstanceState) {
  super.onCreate(savedInstanceState);
  setContentView(R.layout.main_activity);

  // Create the MediaBrowserCompat
  mMediaBrowser = new MediaBrowserCompat(
    this,
    new ComponentName(this, MediaPlaybackService.class),
    new MediaBrowserCompat.ConnectionCallback() {
      @Override
      public void onConnected() {
        try {
          // We can construct a media controller from the session's token
          MediaSessionCompat.Token token = mMediaBrowser.getSessionToken();
          mMediaController = new MediaControllerCompat(
            MainActivity.this, token);
        } catch (RemoteException e) {
          Log.e(TAG, "Error creating controller", e);
        }
      }

      @Override
      public void onConnectionSuspended() {
        // We were connected, but no longer are.
      }

      @Override
      public void onConnectionFailed() {
        // The attempt to connect failed completely.
        // Check the ComponentName!
      }
    },
    null);
  mMediaBrowser.connect();
}

@Override
protected void onDestroy() {
  super.onDestroy();
  mMediaBrowser.disconnect();
}
```

在 Activity 中，现在可以使用 Media Controller 发送媒体命令，比如控制 Media Session 的播放和暂停，如前所述。Media Session 也会随之将命令发送给关联的 Media Browser 服务。

Media Controller 也提供了 API，用于从 Media Session 获取媒体元数据和播放状态，但需要分别使用 getMetadata 和 getPlaybackState 方法。

要保证 UI 和 Service 同步，需要调用 Media Controller 的 registerCallback 方法以注册 MediaControllerCompat.Callback 回调，如代码清单 17-9 所示。这将保证无论何时元数据或播放状态发生变化，都会接收到回调，让你始终能将 UI 保持为最新状态。

代码清单 17-9：将 UI 与播放状态和元数据变化保持同步

```
@Override
```

```
public void onConnected() {
  try {
    // We can construct a media controller from the session's token
    MediaSessionCompat.Token token = mMediaBrowser.getSessionToken();
    mMediaController = new MediaControllerCompat(
      MainActivity.this, token);
    mMediaController.registerCallback(new MediaControllerCompat.Callback() {
      @Override
      public void onPlaybackStateChanged(PlaybackStateCompat state) {
        // Update the UI based on playback state change.
      }

      @Override
      public void onMetadataChanged(MediaMetadataCompat metadata) {
        // Update the UI based on Media Metadata change.
      }
    });

  } catch (RemoteException e) {
    Log.e(TAG, "Error creating controller", e);
  }
}
```

17.4.3 Media Browser 服务的生命周期

绑定到 Media Browser 服务后，必要时会创建该服务。这允许为媒体播放作准备，并且可以最小化用户选择播放的媒体和听到声音之间的延迟。请注意，绑定的服务只有当启动时才开始运行。

由于我们已经将 Activity 中的播放控件和处理媒体播放的 Service 解耦了，因此当 Activity 的 UI 通过 Media Controller 发送播放命令时，会触发 Media Session 回调，而 Service 会基于这些回调处理自身的启动和停止。

在代码清单 17-10 中，可以看到 Media Browser 服务在接收到播放命令、成功获取音频焦点和开始媒体播放时是如何启动自身的。

一旦 Service 启动，就会一直播放，即便播放界面的 Activity 已关闭。一旦 Service 接收到停止播放的命令，无论命令来自何处，都会使用 stopSelf 方法终止播放。

代码清单 17-10：在 Media Browser 服务中开启播放

```
mMediaSession.setCallback(new MediaSessionCompat.Callback() {
  @Override
  public void onPlay() {
    AudioManager am = (AudioManager)getSystemService(Context.AUDIO_SERVICE);

    // Request audio focus for playback
    int result = am.requestAudioFocus(focusChangeListener,
                              AudioManager.STREAM_MUSIC,
                              AudioManager.AUDIOFOCUS_GAIN);

    if (result == AudioManager.AUDIOFOCUS_REQUEST_GRANTED) {
      registerNoisyReceiver();
      mMediaSession.setActive(true);

      updateMetadata();
      updatePlaybackState();
      mediaPlayer.start();

      // Call startService to keep your Service alive during playback.
      startService(new Intent(MediaPlaybackService.this,
                         MediaPlaybackService.class));
    }
  }

  @Override
  public void onStop() {
    AudioManager am = (AudioManager) getSystemService(Context.AUDIO_SERVICE);
    am.abandonAudioFocus();

    updatePlaybackState();
    mMediaSession.setActive(false);
    mediaPlayer.stop();

    // Then call stopSelf to allow your service to be destroyed
```

```
      // now that playback has stopped
      stopSelf();
    }
  });
```

类似地，如果播放 Activity 在媒体播放开始之前被用户关闭，那么 Service 将会被销毁。这将保证在没有进行媒体播放时，应用不会在后台占用资源。

17.5　在前台服务中播放音频

如第 11 章“工作在后台”所述，默认情况下，服务运行在后台，可以被系统终止，以释放所需的资源。音频播放的打断对用户非常明显，所以，好的实践是，当开始进行媒体播放时，给服务赋予前台运行权限，以最小化播放被打断的可能性。

> **注意：**
> 前台服务在运行时，需要有可见的通知与之关联。稍后将详细讲述如何为媒体播放服务量身定制通知。

仅当服务主动播放音频时，才应该保持前台服务优先运行，流程如下所述：

(1) 当开始播放媒体时，调用 startForeground(传入媒体样式的通知)。

(2) 当播放被暂停时，调用 stopForeground(false)移除前台状态，但是保留通知。

(3) 当播放被停止时，调用 stopForeground(true)移除前台状态，并且移除通知。

代码清单 17-11 描述了上述流程，并且在代码清单 17-10 的基础上将开启的服务设为前台服务。

代码清单 17-11：使用前台服务进行媒体播放

```
mMediaSession.setCallback(new MediaSessionCompat.Callback() {
  @Override
  public void onPlay() {
    AudioManager am = (AudioManager)getSystemService(Context.AUDIO_SERVICE);

    // Request audio focus for playback
    int result = am.requestAudioFocus(focusChangeListener,
                 AudioManager.STREAM_MUSIC,
                 AudioManager.AUDIOFOCUS_GAIN);

    if (result == AudioManager.AUDIOFOCUS_REQUEST_GRANTED) {
      registerNoisyReceiver();
      mMediaSession.setActive(true);

      updateMetadata();
      updatePlaybackState();
      mediaPlayer.start();

      // Construct a Media Style Notification and start the foreground Service
      startForeground(NOTIFICATION_ID, buildMediaNotification());
    }
  }

  @Override
  public void onPause() {
    unregisterNoisyReceiver();
    updatePlaybackState();
    mediaPlayer.pause();

    // Stop being a foreground service, but don't remove the notification
    stopForeground(false);
  }

  @Override
  public void onStop() {
    AudioManager am = (AudioManager) getSystemService(Context.AUDIO_SERVICE);
    am.abandonAudioFocus();

    updatePlaybackState();
    mMediaSession.setActive(false);
```

```
    mediaPlayer.stop();

    // Stop being a foreground service and remove the notification
    stopForeground(true);

    // Then call stopSelf to allow your service to be destroyed
    // now that playback has stopped
    stopSelf();
  }
}
```

创建媒体样式的通知

通知使用户控制媒体播放更方便，因此也是最常用的机制之一。

如第 11 章所述，Android 为通知提供了很多模板或样式，而媒体样式更是专门为控制媒体播放而设计的。

媒体样式的通知将媒体播放控件直接嵌入通知里，使用户能够在通知的收缩和展开形式下控制媒体播放，如图 17-1 所示。

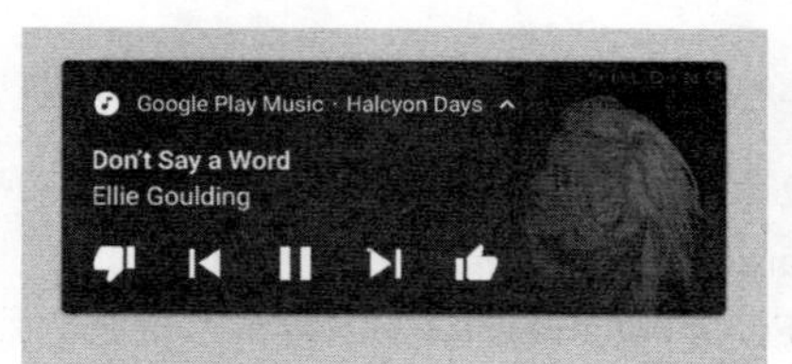

图 17-1

可以使用 NotificationCompat.Builder 构建通知。构建通知的主要来源是 Media Session 中的媒体元数据，这将保证在所有设备(包括 Wear OS 和 Android Auto)上显示一致的媒体信息。

可以使用 getDescription 方法从媒体元数据里提取标题、副标题、描述和图标，然后将它们传递给 Notification Builder 中相应的设置方法。

可以使用 setShowActionsInCompactView 方法指定哪个(如果有的话)播放控件应该在收缩形式下显示。

重要的是，需要将与 Media Session 相关的令牌(token)传入 setMediaSession 方法，否则应用接收不到 Wear OS 设备上的操作事件。

代码清单 17-12 展示了如何创建常用的媒体样式的通知。

代码清单 17-12：创建媒体样式的通知

```
public Notification buildMediaNotification() {
  MediaControllerCompat controller = mMediaSession.getController();
  MediaMetadataCompat mediaMetadata = controller.getMetadata();
  MediaDescriptionCompat description = mediaMetadata.getDescription();

  NotificationCompat.Builder builder = new NotificationCompat.Builder(context);

  // Add description metadata from the media session
  builder
    .setContentTitle(description.getTitle())
    .setContentText(description.getSubtitle())
    .setSubText(description.getDescription())
    .setLargeIcon(description.getIconBitmap())
    .setContentIntent(controller.getSessionActivity())
    .setDeleteIntent(MediaButtonReceiver.buildMediaButtonPendingIntent(
      this, // Context
      PlaybackStateCompat.ACTION_STOP))
    .setVisibility(NotificationCompat.VISIBILITY_PUBLIC);

  // Add branding from your app
  builder
    .setSmallIcon(R.drawable.notification_icon)
    .setColor(ContextCompat.getColor(this, R.color.primary));

  // Add actions
  builder
    .addAction(new NotificationCompat.Action(
```

```
      R.drawable.pause, getString(R.string.pause),
      MediaButtonReceiver.buildMediaButtonPendingIntent(
        this, PlaybackStateCompat.ACTION_PLAY_PAUSE)))
    .addAction(new NotificationCompat.Action(
      R.drawable.skip_to_next, getString(R.string.skip_to_next),
      MediaButtonReceiver.buildMediaButtonPendingIntent(
        this, PlaybackStateCompat.ACTION_SKIP_TO_NEXT)));

  // Add the MediaStyle
  builder
    .setStyle(new NotificationCompat.MediaStyle()
    .setShowActionsInCompactView(0)
    .setMediaSession(mMediaSession.getSessionToken())

    // These two lines are only required if your minSdkVersion is <API 21
    .setShowCancelButton(true)
    .setCancelButtonIntent(MediaButtonReceiver.buildMediaButtonPendingIntent(
      this, PlaybackStateCompat.ACTION_STOP)));

  return builder.build();
}
```

注意：

对于 Android 7.0(API 级别 24)之前的 Android 版本，setColor 方法传递的颜色会被设置为整个通知的背景色。确保上面的文字能够清楚地显示，并且颜色不至于太鲜艳；较暗的颜色通常会是好的选择。

只要有通知或者与之相关的任意控制按钮被用户单击，就会触发 Pending Intent，而且必须由应用进行处理。这可以使用 Android Support Library 中的 MediaButtonReceiver 以及 buildMediaButtonPendingIntent 方法来完成。

将 MediaButtonReceiver 添加到配置清单中：

```
<receiver android:name="android.support.v4.media.session.MediaButtonReceiver" >
  <intent-filter>
    <action android:name="android.intent.action.MEDIA_BUTTON" />
  </intent-filter>
</receiver>
```

在 Media Browser 服务的 onStartCommand 方法中，调用 MediaButtonReceiver 的 handleIntent 方法：

```
@Override
public int onStartCommand(Intent intent, int flags, int startId) {
  MediaButtonReceiver.handleIntent(mMediaSession, intent);
  return super.onStartCommand(intent, flags, startId);
}
```

上述代码会将通知中的控制命令路由到 Media Session 和 Media Controller，并允许像在 Activity 里处理播放控件一样处理这些命令。

17.6　使用 Media Recorder 录制音频

大部分 Android 设备都配有麦克风，很多设备甚至配有多个麦克风，以保证得到清晰的音频输入(对老旧设备很重要，例如拨打电话)。麦克风也对拥有 RECORD_AUDIO 权限的 Android 应用可用。

```
<uses-permission android:name="android.permission.RECORD_AUDIO"/>
```

注意：

出于隐私考虑，RECORD_AUDIO 权限被规定为危险权限。在运行 Android 6.0(API 级别 23)或更高版本系统的设备上，必须在运行时请求此权限。

可以使用 MediaRecorder 类录制音频文件，然后可以在自己的应用中使用，或者添加到 Media Store。

Media Recorder 允许指定音频来源、输出文件格式和录音时使用的音频编码器。

类似于 Media Player，Media Recorder 使用状态机管理音频录制。这意味着配置和管理 Media Recorder 的顺序非常重要。用最简单的语言来讲，状态机之间的状态转换可以描述如下：

(1) 创建新的 Media Recorder。
(2) 指定录制的输入来源。
(3) 指定输出格式和音频编码器。
(4) 选择输出文件。
(5) 为 Media Recorder 录音作准备。
(6) 录音。
(7) 结束录音。

注意：
Android 开发人员网站上提供了一份关于 Media Recorder 状态机更详细、更完整的描述，链接为：developer.android.com/reference/android/media/MediaRecorder.html。

当结束媒体录制时，对 Media Recorder 调用 release 方法，以释放相关的资源：

```
mediaRecorder.release();
```

1. 配置 Audio Recorder

如前所述，开始录音之前，必须指定输入源，选择输出格式和音频编码器，最后指定输出文件。

setAudioSource 方法允许指定一个 MediaRecorder.AudioSource.*静态常量，它定义了音频来源。对于音频录制，几乎总是使用 MediaRecorder.AudioSource.MIC 常量。

选择完输入来源之后，需要使用 setOutputFormat 方法和 MediaRecorder.OutputFormat 常量选择输出格式，然后使用 setAudioEncoder 方法并传入来自 MediaRecorder.AudioEncoder 类的音频编码器常量。

最后，使用 setOutputFile 方法指定文件以存储录制的媒体，然后调用 prepare 方法。

代码清单 17-13 展示了如何配置 Media Recorder 以录制麦克风的音频输入，然后存储在应用的外部媒体文件夹(需要使文件对其他应用可见)的一个文件中。

代码清单 17-13：准备使用 Media Recorder 录制音频

```
// Configure the input sources.
mediaRecorder.setAudioSource(MediaRecorder.AudioSource.MIC);

// Set the output format and encoder.
mediaRecorder.setOutputFormat(MediaRecorder.OutputFormat.THREE_GPP);
mediaRecorder.setAudioEncoder(MediaRecorder.AudioEncoder.AMR_NB);

// Specify the output file
File mediaDir = getExternalMediaDirs()[0];
File outputFile = new File(getExternalMediaDirs()[0], "myaudiorecording.3gp");
mediaRecorder.setOutputFile(outputFile.getPath());

// Prepare to record
mediaRecorder.prepare();
```

警告：
对 setOutputFile 方法的调用必须在 prepare 方法之前和 setOutputFormat 方法之后进行，否则会抛出 IllegalStateException 异常。

2. 控制录音

配置完 Media Recorder 并调用 prepare 方法后，就可以随时通过调用 start 方法开始录音：

```
mediaRecorder.start();
```

当结束录音时，调用 stop 终止录制，然后调用 reset 和 release 方法释放 Media Recorder 资源，如代码清单 17-14 所示。

代码清单 17-14：停止音频录制

```
mediaRecorder.stop();

// Reset and release the media recorder.
mediaRecorder.reset();
mediaRecorder.release();
```

生成的文件可以使用 Media Player 进行播放。

17.7 使用摄像头拍照

随着 Android 设备上摄像头硬件的质量和功能的大幅提升，对于使用摄像头的应用来说，是否能充分利用摄像头是一个很重要的区别。

下面讲解了很多方法，可以在应用中使用这些方法配置和控制摄像头，以及编写代码来拍摄照片。

17.7.1 使用 Intent 拍照

在应用中拍照的最简单办法是启动一个 Intent，并使用 MediaStore.ACTION_IMAGE_CAPTURE 动作：

```
startActivityForResult(
  new Intent(MediaStore.ACTION_IMAGE_CAPTURE), TAKE_PICTURE);
```

这将启动照相机应用，并向用户提供一套完整的拍照功能，而无须重新编写照相机应用。

注意：
如果用户在应用中拒绝了 CAMERA 权限，则不可以再使用此 Intent。用户拒绝赋予权限是很明确的信号，表示他们不希望应用使用拍照功能。

如果用户对图片满意，就把拍摄结果存放在 onActivityResult 处理程序接收到的 Intent 中，并返回给应用。

默认情况下，拍摄的照片会以缩略图的形式返回，而原始的位图则可以从返回的 Intent 的 data 字段中提取。

要获取完整的图片，必须在启动照相机应用的 Intent 中，使用 MediaStore.EXTRA_OUTPUT extra 字段指定目标 URI，该 URI 将会用于存储完整的图片，如代码清单 17-15 所示。

代码清单 17-15：使用 Intent 请求完整尺寸的图片

```
// Create an output file.
File outputFile = new File(
  context.getExternalFilesDir(Environment.DIRECTORY_PICTURES), "test.jpg");
Uri outputUri = FileProvider.getUriForFile(context,
  BuildConfig.APPLICATION_ID + ".files", outputFile);

// Generate the Intent.
Intent intent = new Intent(MediaStore.ACTION_IMAGE_CAPTURE);
intent.putExtra(MediaStore.EXTRA_OUTPUT, outputUri);

// Launch the camera app.
startActivityForResult(intent, TAKE_PICTURE);
```

使用摄像头拍摄的完整尺寸的图片将会被保存到指定的路径。Activity 的结果回调中不会返回缩略图，而且所接收 Intent 的数据将为 null。

代码清单 17-16 显示了当有缩略图返回时，如何使用 getParcelableExtra 方法提取缩略图，或是当保存了完整尺寸的图片时，如何解码图片文件。

代码清单 17-16：从 Intent 中接收图片

```
@Override
protected void onActivityResult(int requestCode,
                               int resultCode, Intent data) {
  if (requestCode == TAKE_PICTURE) {
    // Check if the result includes a thumbnail Bitmap
    if (data != null) {
      if (data.hasExtra("data")) {
        Bitmap thumbnail = data.getParcelableExtra("data");
        imageView.setImageBitmap(thumbnail);
      }
    } else {
      // If there is no thumbnail image data, the image
      // will have been stored in the target output URI.

      // Resize the full image to fit in our image view.
      int width = imageView.getWidth();
      int height = imageView.getHeight();

      BitmapFactory.Options factoryOptions = new
        BitmapFactory.Options();

      factoryOptions.inJustDecodeBounds = true;
      BitmapFactory.decodeFile(outputFile.getPath(),factoryOptions);

      int imageWidth = factoryOptions.outWidth;
      int imageHeight = factoryOptions.outHeight;

      // Determine how much to scale down the image
      int scaleFactor = Math.min(imageWidth/width,imageHeight/height);

      // Decode the image file into a Bitmap sized to fill the View
      factoryOptions.inJustDecodeBounds = false;
      factoryOptions.inSampleSize = scaleFactor;

      Bitmap bitmap =
        BitmapFactory.decodeFile(outputFile.getPath(),factoryOptions);

      imageView.setImageBitmap(bitmap);
    }
  }
}
```

要使拍摄的图片能被其他应用访问，好的实践是将图片添加到 Media Store 中。

17.7.2 直接控制摄像头

为了直接访问摄像头硬件，需要将 CAMERA 权限添加到应用清单中：

```
<uses-permission android:name="android.permission.CAMERA"/>
```

Camera Manager 允许枚举所有连接的摄像头，查询摄像头的特性，打开一个或多个摄像头设备：

```
CameraManager cameraManager =
  (CameraManager) getSystemService(Context.CAMERA_SERVICE);
```

可以使用 getCameraIdList 方法获取当前所有连接的摄像头设备的标识符列表：

```
String[] cameraIds = cameraManager.getCameraIdList();
```

Android 5.0(API 级别 21)引入了 Camera2 API，用来替代现已弃用的 Camera API。在本章剩余部分，我们将专注于 Camera2 API 所提供的功能，这意味着使用这些功能所需要的 API 级别是 21。

1. 摄像头特性

每个摄像头设备都有一系列不可修改的属性，称为设备的特性。这些特性使用 CameraCharacteristics 类进行存储，可以通过调用 Camera Manager 的 getCameraCharacteristics 方法并传入摄像头的标识符来获取：

```
CameraCharacteristics characteristics =
  cameraManager.getCameraCharacteristics(cameraId);
```

CameraCharacteristics 拥有摄像头设备的各种性能指标，包括镜头朝向、自动曝光模式、自动对焦模式、焦距、降噪模式和 ISO 感光范围。

使用 LENS_FACING 特性可以确定指定的摄像头是否为前置或后置摄像头，以及摄像头是否为外置摄像头，如代码清单 17-17 所示。

代码清单 17-17：确定摄像头朝向

```
int facing = characteristics.get(CameraCharacteristics.LENS_FACING);
if (facing == CameraCharacteristics.LENS_FACING_BACK) {
  // back camera
} else if (facing == CameraCharacteristics.LENS_FACING_FRONT) {
  // front camera
} else {
  // external cameraCameraCharacteristics.LENS_FACING_EXTERNAL
}
```

在选择合适的摄像头以及按需旋转所拍摄的照片时(例如，前置摄像头为左右相反)，上述信息极其重要。

其他的摄像头特性包括：

- SCALER_STREAM_CONFIGURATION_MAP——返回一个 StreamConfigurationMap 对象，其中存储着摄像头支持的输出格式和尺寸，可以使用这些信息设置合适的预览尺寸和图片拍摄尺寸。
- CONTROL_AF_AVAILABLE_MODES——返回可用的自动对焦模式，其中 CONTROL_AF_MODE_OFF 表示不可用，CONTROL_AF_MODE_CONTINUOUS_PICTURE 和 CONTROL_AF_MODE_CONTINUOUS_VIDEO 分别适用于照片和视频捕捉。
- SENSOR_ORIENTATION——返回传感器的指向，输出的图像需要旋转以便在设备屏幕上保持自身方向垂直，值总是 90 的倍数。

可以在 Android 开发人员网站上找到摄像头特性的完整清单，网址为 developer.android.com/reference/android/hardware/camera2/CameraCharacteristics.html。

2. 连接到摄像头

要拍摄照片，必须连接到希望使用的摄像头。一旦识别要使用的摄像头，就可以使用 Camera Manager 的 openCamera 方法开启连接，如代码清单 17-18 所示。

开启摄像头是一项异步操作，所以 openCamera 方法除了接收想要开启的摄像头相关的 cameraId 以外，还要接收 CameraDevice.StateCallback 回调。

当连接建立时，会返回 onOpened 回调方法，此时可以访问 CameraDevice 对象以便使用。确保重写了 onError 和 onDisconnected 方法，以便恰当地处理错误场景。

代码清单 17-18：开启摄像头

```
CameraDevice.StateCallback cameraDeviceCallback =
  new CameraDevice.StateCallback() {

  @Override
  public void onOpened(@NonNull CameraDevice camera) {
    mCamera = camera;
  }

  @Override
  public void onDisconnected(@NonNull CameraDevice camera) {
    camera.close();
    mCamera = null;
  }

  @Override
  public void onError(@NonNull CameraDevice camera, int error) {
    // Something went wrong, tell the user
```

```
        camera.close();
        mCamera = null;
        Log.e(TAG, "Camera Error: " + error);
      }
    };

    try {
      cameraManager.openCamera(cameraId, cameraDeviceCallback, null);
    } catch (Exception e) {
      Log.e(TAG, "Unable to open the camera", e);
    }
```

3. 摄像头拍照请求和摄像头预览

只要连接到 CameraDevice，就可以通过创建 CameraCaptureSession 请求图片数据。

Android Camera2 API 提供了很多不同的会话类型和配置，包括高速(120fps)视频录制，但是最常用的会话类型可以使用 createCaptureSession 方法创建。

创建会话是很耗时的操作，通常会耗费数百毫秒，包括从摄像头通电开始，再到被配置为能处理包含 Surface 对象的列表，这些 Surface 对象会用来接收摄像头输出。必须确保每个 Surface 都被设置为合适的尺寸(使用 SCALER_STREAM_CONFIGURATION_MAP 特性中的值)，才能创建会话。

至少，应该显示摄像头当前捕捉到的画面预览，以允许用户编辑照片。画面预览通常显示在 UI 层级中的 SurfaceView 上。

> **注意：**
> 在 Android 7.0(API 级别 24)之前，每个 SurfaceView 都在自己的窗口中渲染，与 UI 的其余部分分开。因此，不同于继承自 View 的类，SurfaceView 不能被平移、变形或显示动画。作为早期平台版本的替代方案，TextureView 类对这些操作提供了支持，但是不够省电。

要显示预览，必须实现 SurfaceHolder.Callback，从而监听 Surface 的创建(通常使用 setFixedSize 方法设置尺寸)：

```
SurfaceHolder.Callback surfaceHolderCallback = new SurfaceHolder.Callback() {
  @Override
  public void surfaceCreated(SurfaceHolder holder) {
    startCameraCaptureSession();
  }

  @Override
  public void surfaceDestroyed(SurfaceHolder holder) {}

  @Override
  public void surfaceChanged(SurfaceHolder holder, int format,
                             int width, int height) {}
};

mHolder.addCallback(surfaceHolderCallback);
mHolder.setFixedSize(400, 300);

try {
  cameraManager.openCamera(cameraId, cameraDeviceCallback, null);
} catch (Exception e) {
  Log.e(TAG, "Unable to open the camera", e);
}
```

一旦配置好会话，并且接收到对 onConfigured 方法的回调，就可以显示数据，方法是将 CaptureRequest 对象传入 setRepeatingRequest 方法，表示愿意重复捕捉新的帧。

CameraDevice 的 createCaptureRequest 方法允许基于一系列预置的模板获取 CaptureRequest.Builder。要显示预览，需要使用 CameraDevice.TEMPLATE_PREVIEW，以及使用 addTarget 方法和 Suraface 作为参数，该 Surface 与用于创建会话的 Surface 相同。

```
CameraCaptureSession mCaptureSession;
CaptureRequest mPreviewCaptureRequest;

private void startCameraCaptureSession() {
```

```
    // We require both the surface and camera to be ready
    if (mCamera == null || mHolder.isCreating()) {
      return;
    }

    Surface previewSurface = mHolder.getSurface();

    // Create our preview CaptureRequest.Builder
    mPreviewCaptureRequest = mCamera.createCaptureRequest(
      CameraDevice.TEMPLATE_PREVIEW);
    mPreviewCaptureRequest.setTarget(previewSurface);

    CameraCaptureSession.StateCallback captureSessionCallback
      = new CameraCaptureSession.StateCallback() {

      @Override
      public void onConfigured(@NonNull CameraCaptureSession session) {
        mCaptureSession = session;
        try {
          mCaptureSession.setRepeatingRequest(
            mPreviewCaptureRequest.build(),
            null, // optional CaptureCallback
            null); // optional Handler
        } catch (CameraAccessException | IllegalStateException e) {
          Log.e(TAG, "Capture Session Exception", e);
          // Handle failures
        }
      }
    };

    try {
      mCamera.createCaptureSession(Arrays.asList(previewSurface),
        captureSessionCallback,
        null); // optional Handler
    } catch (CameraAccessException e) {
      Log.e(TAG, "Camera Access Exception", e);
    }
  }
```

虽然 CaptureRequest.Builder 模板提供了一系列常用的默认值，但是也可以设置自动对焦模式(CaptureRequest.CONTROL_AF_MODE)或闪光灯模式(CaptureRequest.CONTROL_AE_MODE_ON 和 CaptureRequest.FLASH_MODE)，并确保只使用 CameraCharacteristics 返回的值。请注意，在修改 CaptureRequest 的值之后，需要再次调用 setRepeatingRequest 方法。

4. 拍摄照片

显示摄像头预览是任意拍照应用都应该具有的功能，但通常来说，只有这个功能并不足够。如果希望更进一步并且拍摄照片，在创建拍摄会话时还需要传入 Surface。

Surface 可以借助 ImageReader 创建，ImageReader 提供了一个 Surface，可以与 CameraDevice.TEMPLATE_STILL_CAPTURE 这个 CaptureRequest 对象一起使用，也可以与返回摄像头捕捉的原始字节数据的 capture 方法一起使用。

代码清单 17-19 展示了部分代码，用来拍摄照片并将 JPEG 图像保存到外部存储。

代码清单 17-19：拍摄照片

```
private ImageReader mImageReader;
private ImageReader.onImageAvailableListener mOnImageAvailableListener;

@Override
public void onCreate(Bundle savedInstanceState) {
  super.onCreate(savedInstanceState);

  SurfaceHolder.Callback surfaceHolderCallback = new SurfaceHolder.Callback() {
    @Override
    public void surfaceCreated(SurfaceHolder holder) {
      startCameraCaptureSession();
    }
```

```
      @Override
      public void surfaceDestroyed(SurfaceHolder holder) {}

      @Override
      public void surfaceChanged(SurfaceHolder holder, int format,
                                 int width, int height) {}
    };

    mHolder.addCallback(surfaceHolderCallback);
    mHolder.setFixedSize(400, 300);

    int largestWidth = 400;  // Read from characteristics
    int largestHeight = 300; // Read from characteristics

    mOnImageAvailableListener
        = new ImageReader.OnImageAvailableListener() {
      @Override
      public void onImageAvailable(ImageReader reader) {
        try (Image image = reader.acquireNextImage()) {
          Image.Plane[] planes = image.getPlanes();
          if (planes.length > 0) {
            ByteBuffer buffer = planes[0].getBuffer();
            byte[] data = new byte[buffer.remaining()];
            buffer.get(data);
            saveImage(data);
          }
        }
      }
    };
    mImageReader = ImageReader.newInstance(largestWidth, largestHeight,
      ImageFormat.JPEG,
      2); // maximum number of images to return
    mImageReader.setOnImageAvailableListener(mOnImageAvailableListener,
      null); // optional Handler

    try {
      cameraManager.openCamera(cameraId, cameraDeviceCallback, null);
    } catch (Exception e) {
      Log.e(TAG, "Unable to open the camera", e);
    }
  }

  private void takePicture() {
    try {
      CaptureRequest.Builder takePictureBuilder = mCamera.createCaptureRequest(
        CameraDevice.TEMPLATE_STILL_CAPTURE);
      takePictureBuilder.addTarget(mImageReader.getSurface());
      mCaptureSession.capture(takePictureBuilder.build(),
        null, // CaptureCallback
        null); // optional Handler
    } catch (CameraAccessException e) {
      Log.e(TAG, "Error capturing the photo", e);
    }
  }

  private void saveImage(byte[] data) {
    // Save the image JPEG data to external storage
    FileOutputStream outStream = null;
    try {
      File outputFile = new File(
          getExternalFilesDir(Environment.DIRECTORY_PICTURES), "test.jpg");
      outStream = new FileOutputStream(outputFile);
      outStream.write(data);
      outStream.close();
    } catch (FileNotFoundException e) {
      Log.e(TAG, "File Not Found", e);
    } catch (IOException e) {
      Log.e(TAG, "IO Exception", e);
    }
  }
```

17.7.3 读取和写入 JPEG EXIF 图像详情

ExifInterface 类提供了多种机制，可以让你读取和修改存储在 JPEG 文件中的 EXIF(Exchangeable Image File

Format，可交换图像文件格式)元数据。创建一个 ExifInterface 实例，并将目标 JPEG 的完整文件名传给构造函数：

```
ExifInterface exif = new ExifInterface(jpegfilename);
```

EXIF 数据用于将一系列元数据存储在照片上，包括日期和时间、摄像头设置(例如制造商和型号)、图片设置(例如光圈和快门速度)，以及图片描述和拍摄坐标。

要读取 EXIF 属性，请调用 ExifInterface 对象的 getAttribute 方法，并传入需要读取的属性名。ExifInterface 类包含了很多 TAG_静态常量，可以用来访问常用的 EXIF 元数据。要修改 EXIF 属性，请使用 setAttribute 方法，并传入要修改的属性名以及要设置的值。

代码清单 17-20 展示了如何从外部存储空间的文件中读取摄像头型号，然后修改摄像头制造商的详细信息。

代码清单 17-20：读取和修改 EXIF 数据

```
File file = new File(getExternalFilesDir(Environment.DIRECTORY_PICTURES),
    "test.jpg");

try {
  ExifInterface exif = new ExifInterface(file.getCanonicalPath());
  // Read the camera model
  String model = exif.getAttribute(ExifInterface.TAG_MODEL);
  Log.d(TAG, "Model: " + model);
  // Set the camera make
  exif.setAttribute(ExifInterface.TAG_MAKE, "My Phone");
  // Finally, call saveAttributes to save the updated tag data
  exif.saveAttributes();
} catch (IOException e) {
  Log.e(TAG, "IO Exception", e);
}
```

17.8　录制视频

Android 提供了两种在应用中录制视频的技术。

最简单的技术是使用 Intent 启动摄像头应用。这种方式允许指定视频的存储路径和录制质量，然后让另一个视频录制应用处理用户体验和错误。这种方式是最佳实践，而且应该用于大多数场景，除非需要构建自己的视频录制应用。

另一种技术是，如果想要替代默认的视频录制应用，或者需要对视频录制界面或录制设置有更精细的控制，可以使用 Media Recorder。

17.8.1　使用 Intent 录制视频

启动视频录制的最简便且最佳方式是使用包含 MediaStore.ACTION_VIDEO_CAPTURE 动作的 Intent。使用此 Intent 启动 Activity 会启用一个视频录制应用，它允许用户开始、停止、查看以及重新拍摄视频。如果他们对视频满意，指向所拍摄视频的 URI 将存放在返回的 Intent 的 data 参数中，以提供给 Activity。

用于视频拍摄的 Intent 可以包含下列可选的 Extra 信息：

- MediaStore.EXTRA_OUTPUT——默认情况下，通过此视频捕捉动作录制的视频会存储在默认的 Media Store 中。如果想存储在其他地方，可以指定另一个 URI。
- MediaStore.EXTRA_VIDEO_QUALITY——此视频捕捉动作允许使用一个整型值指定图像质量。目前有两种可以使用的值：低质量视频(MMS)请使用 0，高(完整)分辨率视频请使用 1。默认情况下会使用高分辨率模式。
- MediaStore.EXTRA_DURATION_LIMIT——所录制视频的最大长度(以秒为单位)。

代码清单 17-21 展示了如何使用视频捕捉动作录制新的视频。

代码清单 17-21：使用 Intent 录制视频

```
private static final int RECORD_VIDEO = 0;
```

```
private void startRecording() {
  // Generate the Intent.
  Intent intent = new Intent(MediaStore.ACTION_VIDEO_CAPTURE);

  // Launch the camera app.
  startActivityForResult(intent, RECORD_VIDEO);
}

@Override
protected void onActivityResult(int requestCode,
                                int resultCode, Intent data) {
  if (requestCode == RECORD_VIDEO) {
    VideoView videoView = findViewById(R.id.videoView);
    videoView.setVideoURI(data.getData());
    videoView.start();
  }
}
```

17.8.2 使用 Media Recorder 录制视频

在应用中录制视频时使用的基本方式与显示摄像头预览以及拍摄照片的方式相同。不同的是，没有使用 ImageReader 读取单张图片，而是使用 Media Recorder 录制有声音的视频文件，并且视频文件既可以在自己的应用中使用，也可以添加到 Media Store 中。

访问摄像头除了需要 CAMERA 权限外，应用清单中还需要包含 RECORD_AUDIO 和/或 RECORD_VIDEO 权限：

```
<uses-permission android:name="android.permission.RECORD_AUDIO"/>
<uses-permission android:name="android.permission.RECORD_VIDEO"/>
<uses-permission android:name="android.permission.CAMERA"/>
```

注意：

由于隐私原因，CAMERA、RECORD_AUDIO 和 RECORD_VIDEO 权限都被认为是危险权限。因此，在运行 Android 6.0(API 级别 23)及以上版本系统的设备上，必须在运行时申请这些权限。

在 17.6 节“使用 Media Recorder 录制音频”中描述的 Media Recorder 状态机，也适用于视频录制。要开始视频录制，必须使用 setVideoSource 方法设置视频源，使用 setVideoEncoder 方法视频编码器，最设置输出文件，如代码清单 17-22 所示。

代码清单 17-22：准备使用 Media Recorder 录制视频

```
public void prepareMediaRecorder() {
  // Configure the input sources.
  mediaRecorder.setAudioSource(MediaRecorder.AudioSource.MIC);
  mediaRecorder.setVideoSource(MediaRecorder.VideoSource.SURFACE);

  // Set the output format and encoder.
  mediaRecorder.setOutputFormat(MediaRecorder.OutputFormat.MPEG_4);
  mediaRecorder.setAudioEncoder(MediaRecorder.AudioEncoder.AAC);
  mediaRecorder.setVideoEncoder(MediaRecorder.VideoEncoder.H264);

  // Specify the output file
  File mediaDir = getExternalMediaDirs()[0];
  File outputFile = new File(mediaDir, "myvideorecording.mp4");
  mediaRecorder.setOutputFile(outputFile.getPath());

  // Prepare to record
  mediaRecorder.prepare();
}
```

视频录制是一项持续的操作，所以和设置摄像头预览非常相似，但并不是创建 CameraCaptureSession 和 CaptureRequest，且只输出到代表摄像头画面的单个 Surface，还需要输出到 Media Recorder 的 Surface，该 Surface 能够通过 getSurface 方法获取到。

最佳实践是：当创建 CaptureRequest 时，使用 CameraDevice.TEMPLATE_RECORD 模板。只要使用

setRepeatingReques 方法开启了一个 CaptureRequest，就可以调用 Media Recorder 的 start 方法开始录制视频，如代码清单 17-23 所示。

代码清单 17-23：录制视频

```
MediaRecorder mMediaRecorder = new MediaRecorder();
CaptureRequest.Builder mVideoRecordCaptureRequest;

void startVideoRecording() {
  // We require both the preview surface and camera to be ready
  if (mCamera == null || mHolder.isCreating()) {
    return;
  }

  Surface previewSurface = mHolder.getSurface();

  prepareMediaRecorder();

  Surface videoRecordSurface = mediaRecorder.getSurface();

  // Create our video record CaptureRequest.Builder
  mVideoRecordCaptureRequest = mCamera.createCaptureRequest(
      CameraDevice.TEMPLATE_RECORD);
  // Add both the video record Surface and the preview Surface
  mVideoRecordCaptureRequest.addTarget(videoRecordSurface);
  mVideoRecordCaptureRequest.addTarget(previewSurface);

  CameraCaptureSession.StateCallback captureSessionCallback
      = new CameraCaptureSession.StateCallback() {
    @Override
    public void onConfigured(@NonNull CameraCaptureSession session) {
      mCaptureSession = session;
      try {
        mCaptureSession.setRepeatingRequest(
          mVideoRecordCaptureRequest.build(),
          null, // optional CaptureCallback
          null); // optional Handler

        mediaRecorder.start();
      } catch (CameraAccessException | IllegalStateException e) {
        // Handle failures
      }
    }

    @Override
    public void onConfigureFailed(@NonNull CameraCaptureSession session) {
      // Handle failures
    }
  };

  try {
    mCamera.createCaptureSession(
      Arrays.asList(previewSurface, videoRecordSurface),
      captureSessionCallback,
      null); // optional Handler
  } catch (CameraAccessException e) {
    Log.e(TAG, "Camera Access Exception", e);
  }
}
```

当录制结束时，必须调用 Media Recorder 的 stop 和 reset 方法。然后必须开启一个新的 CameraCaptureSession 以继续显示预览，直到另一个新的视频录制开始。这将保证摄像头的输出不再发送到 Media Recorder 的 Surface，并允许为下一个视频设置新的输出文件。

当结束录制或预览时，对 Media Recorder 调用 release 方法以释放相应的资源：

```
mediaRecorder.release();
```

17.9　将媒体添加到 Media Store

默认情况下，应用创建的媒体文件存储在私有的应用文件夹内，对其他的应用是不可见的，除非添加到

getExternalMediaDirs 目录的文件。

要使其他目录中的文件对他人可见，必须将它们添加到 Media Store。Android 提供了两种添加方式。较好的一种方式是使用 Media Scanner 读取文件并自动插入，也可以在相应的 Content Provider 中手动插入一条新的记录。

17.9.1 使用 Media Scanner 插入新的媒体

如果拍摄了新的媒体文件，不管是什么类型，使用 MediaScannerConnection 类的 scanFile 方法都可以将媒体文件添加到 Media Store 中，而无须为 Media Store Content Provider 构建完整的记录。

在可以使用 scanFile 方法对文件进行扫描之前，必须调用 connect 方法，然后等待对 Media Scanner 的连接建立完成。这个调用是异步的，所以需要实现 MediaScannerConnectionClient，当连接建立时，才会得到通知。也可以使用相同的类得知扫描完成，届时可以断开 Media Scanner 连接。

代码清单 17-24 展示了新建 MediaScannerConnectionClient 的框架代码，其中定义了一个 MediaScannerConnection，用于将新的文件添加到 Media Store。

代码清单 17-24：使用 Media Scanner 将文件添加到 Media Store

```
private void mediaScan(final String filePath) {

  MediaScannerConnectionClient mediaScannerClient = new
    MediaScannerConnectionClient() {

    private MediaScannerConnection msc = null;

    {
      msc = new MediaScannerConnection(
        VideoCameraActivity.this, this);
      msc.connect();
    }

    public void onMediaScannerConnected() {
      // Optionally specify a MIME Type, or
      // have the Media Scanner imply one based
      // on the filename.
      String mimeType = null;
      msc.scanFile(filePath, mimeType);
    }

    public void onScanCompleted(String path, Uri uri) {
      msc.disconnect();
      Log.d(TAG, "File Added at: " + uri.toString());
    }
  };
}
```

17.9.2 手动插入媒体

如果选择不使用 Media Scanner，那么可以直接新建一个 ContentValues 对象并插入相应的 Media Store Content Provider 中，从而实现将媒体添加到 Media Store 的目的。

指定的元数据可以包含新创建的媒体文件的标题、时间戳和地理信息：

```
ContentValues content = new ContentValues(3);
content.put(Audio.AudioColumns.TITLE, "TheSoundandtheFury");
content.put(Audio.AudioColumns.DATE_ADDED,
        System.currentTimeMillis() / 1000);
content.put(Audio.Media.MIME_TYPE, "audio/amr");
```

必须同时指定将要添加的媒体文件的绝对路径：

```
content.put(MediaStore.Audio.Media.DATA, "/sdcard/myoutputfile.mp4");
```

获取当前的 ContentResolver 实例，将这条新的记录插入 Media Store：

```
ContentResolver resolver = getContentResolver();
Uri uri = resolver.insert(MediaStore.Video.Media.EXTERNAL_CONTENT_URI,content);
```

将媒体文件添加到 Media Store 之后，需要发送一条广播以通知此次变化，方法如下：

```
sendBroadcast(new Intent(Intent.ACTION_MEDIA_SCANNER_SCAN_FILE, uri));
```

第18章

使用蓝牙、NFC和Wi-Fi点对点进行通信

本章主要内容：

- 管理本地蓝牙适配器
- 发现蓝牙客户端设备
- 使用蓝牙和低功耗蓝牙传输数据
- 发现Wi-Fi直连/点对点设备
- 使用Wi-Fi点对点传输数据
- 扫描NFC标签
- 使用Android Beam传输数据

本章可供下载的代码可以在www.wrox.com上找到。本章的代码放在压缩文件Snippets_ch18.zip中。

18.1 网络和点对点通信

本章将探索Android的硬件通信功能，包括蓝牙、Wi-Fi点对点、近场通信(Near Field Communication，NFC)和Android Beam API。

Android SDK包含一套完整的蓝牙栈，可以用来管理和监控蓝牙设置、控制发现、发现附近的蓝牙设备，以及通过使用蓝牙和低能耗(Low Energy，LE)蓝牙的API将蓝牙用作基于距离的点对点传输层。

对于要求更快或更高带宽的数据传输场景，Wi-Fi点对点(或Wi-Fi直连)为两台或多台设备之间进行通信提供了一个解决方案，无需中间接入点。

Android也对NFC(包括读取智能标签)以及使用Android Beam在两台启用NFC的Android设备之间直接通信提供了支持。

18.2 使用蓝牙API传输数据

蓝牙是一种为短距离、低带宽的点对点通信而设计的通信协议。

通过使用蓝牙 API，可以搜索、连接指定范围内的其他蓝牙设备。通过使用 Bluetooth Socket，可以初始化一条通信链路，然后可以在安装了应用的设备之间传输和接收数据流。

> **注意：**
> 在编写本书时，只支持设备间的加密通信，也就是说，只能在已经配对的设备间进行连接。

18.2.1　管理本地蓝牙设备适配器

本地蓝牙适配器通过 BluetoothAdapter 类控制，这个类代表运行应用的宿主 Android 设备。

要访问默认的蓝牙适配器，可调用 getDefaultAdapter 方法，如代码清单 18-1 所示。有些 Android 设备拥有多个蓝牙适配器，但目前只可能访问默认的设备。

代码清单 18-1：访问默认的蓝牙适配器

```
BluetoothAdapter bluetooth = BluetoothAdapter.getDefaultAdapter();
```

BluetoothAdapter 类提供了一些读取和设置本地蓝牙硬件的方法。

为了读取本地蓝牙适配器的任一属性、启动发现或者查找绑定的设备，需要在应用清单中包含 BLUETOOTH 权限：

```
<uses-permission android:name="android.permission.BLUETOOTH"/>
```

蓝牙扫描可用于收集用户的当前位置信息，所以使用蓝牙也需要在应用清单中声明 ACCESS_COARSE_LOCATION 或 ACCESS_FINE_LOCATION 权限：

```
<uses-permission android:name="android.permission.ACCESS_COARSE_LOCATION"/>
```

必须在运行时请求至少一个位置权限，如第 15 章所述。

要想修改本地设备的任一属性，需要 BLUETOOTH_ADMIN 权限：

```
<uses-permission android:name="android.permission.BLUETOOTH_ADMIN"/>
```

仅当蓝牙适配器当前被打开，也就是设备状态为启用时，蓝牙适配器的属性才能被读取和修改。

使用 isEnabled 方法确认设备是否启用后，就可以分别调用 getName 和 getAddress 方法访问蓝牙适配器的友好名称(用户设置的能够识别特定设备的任意字符串)和硬件地址。

```
if (bluetooth.isEnabled()) {
  String address = bluetooth.getAddress();
  String name = bluetooth.getName();
}
```

如果设备已经关闭，这些方法会返回 null。

如果有 BLUETOOTH_ADMIN 权限，就可以通过 setName 方法修改蓝牙适配器的友好名称。

```
bluetooth.setName("Blackfang");
```

要查找当前蓝牙适配器的状态的更详细描述，可使用 getState 方法，此方法会返回下述蓝牙适配器常量之一：

- STATE_TURNING_ON
- STATE_ON
- STATE_TURNING_OFF
- STATE_OFF

如果蓝牙当前被关闭，可以通过将 BluetoothAdapter.ACTION_REQUEST_ENABLE 静态常量用作 startAcitivityForResult 动作来请求用户启用蓝牙：

```
startActivityForResult(
  new Intent(BluetoothAdapter.ACTION_REQUEST_ENABLE), ENABLE_BLUETOOTH);
```

图 18-1 展示了调用之后的系统对话框。

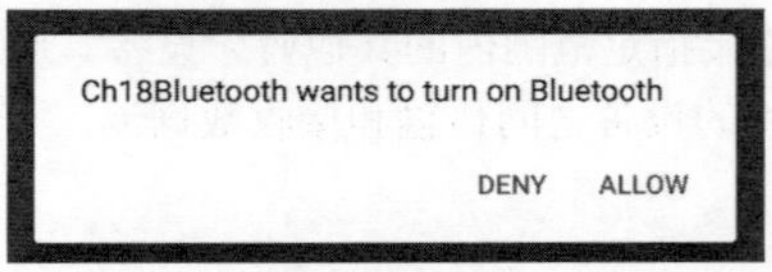

Ch18Bluetooth wants to turn on Bluetooth

DENY ALLOW

图 18-1

使用在 Activity 的 onActivityResult 处理程序中返回的结果码参数判断本次请求的结果，如代码清单 18-2 所示。

代码清单 18-2：启用蓝牙

```
private BluetoothAdapter mBluetooth;
private static final int ENABLE_BLUETOOTH = 1;

private void initBluetooth() {
  if (!mBluetooth.isEnabled()) {
    // Bluetooth isn't enabled, prompt the user to turn it on.
    Intent intent = new Intent(BluetoothAdapter.ACTION_REQUEST_ENABLE);
    startActivityForResult(intent, ENABLE_BLUETOOTH);
  } else {
    // Bluetooth is enabled, initialize the UI.
    initBluetoothUI();
  }
}

protected void onActivityResult(int requestCode,
                                int resultCode, Intent data) {
  if (requestCode == ENABLE_BLUETOOTH)
    if (resultCode == RESULT_OK) {
      // Bluetooth has been enabled, initialize the UI.
      initBluetoothUI();
    }
}
```

18.2.2 可被发现和远程设备发现

两台设备查找彼此并连接的过程称为发现(discovery)。在建立 Bluetooth Socket 通信之前，本地的蓝牙适配器必须和远程设备绑定。在两台设备绑定并连接之前，它们首先必须发现彼此。

> **注意：**
> 尽管蓝牙协议支持使用 ad-hoc 连接传输数据，但当前这种机制在 Android 上不可用。当前只支持在绑定的设备之间进行 Android 蓝牙通信。

1. 使设备可被发现

为了使另一台 Android 设备在扫描期间能找到本地蓝牙适配器，必须确认蓝牙适配器为可被发现状态。可被发现性由扫描模式显示，可在 BluetoothAdapter 对象上使用 getScanMode 方法获取。

getScanMode 方法只会返回下述 BluetoothAdapter 常量之一：

- SCAN_MODE_CONNECTABLE_DISCOVERABLE——查询扫描和页面扫描都已启用，这意味着设备能被任意一台进行扫描的蓝牙设备发现。
- SCAN_MODE_CONNECTABLE——页面扫描已启用，但查询扫描未启用，这意味着之前连接过和绑定过本地蓝牙适配器的设备现在能找到它，但新的设备无法发现它。
- SCAN_MODE_NONE——可被发现性已关闭。所有的远程设备都无法找到当前蓝牙适配器。

出于隐私原因，Android 设备默认将可被发现性关闭。若要打开，必须从用户获取显式的权限。为此，可以使用 ACTION_REQUEST_DISCOVERABLE 动作打开一个新的 Activity，从而获取权限，如代码清单 18-3 所示。

代码清单 18-3：启用可被发现性

```
private static final int DISCOVERY_REQUEST = 2;

private void enable_discovery() {
  startActivityForResult(
    new Intent(BluetoothAdapter.ACTION_REQUEST_DISCOVERABLE),
    DISCOVERY_REQUEST);
}
```

默认情况下，可被发现性会启用两分钟。可以通过在启动的 Intent 中加上 EXTRA_DISCOVERABLE_DURATION 参数来修改这个时间。此参数表示希望可被发现性持续的时间。

系统会向用户显示一个对话框，如图 18-2 所示，提示将按照指定的时间启用可被发现性。

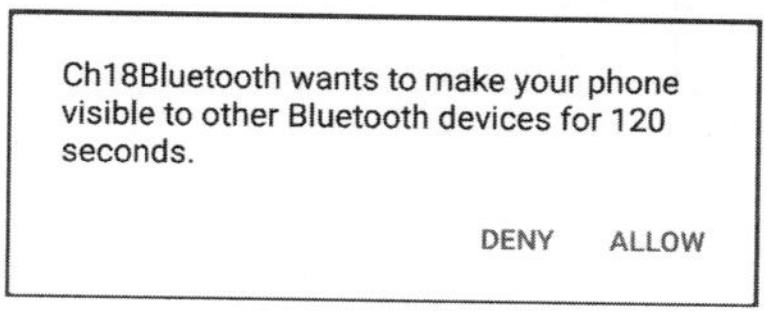

Ch18Bluetooth wants to make your phone visible to other Bluetooth devices for 120 seconds.

DENY　ALLOW

图 18-2

要想知道用户是允许还是拒绝发现请求，可重写 Activity 的 onActivityResult 处理程序，如代码清单 18-4 所示。所返回的 resultCode 参数表明可被发现的时长，若返回的是 RESULT_CANCELED，则表示用户拒绝发现请求。

代码清单 18-4：监控发现请求的接受情况

```
@Override
protected void onActivityResult(int requestCode,
                                int resultCode, Intent data) {
  if (requestCode == DISCOVERY_REQUEST) {
    if (resultCode == RESULT_CANCELED) {
      Log.d(TAG, "Discovery canceled by user.");
    }
  }
}
```

2. 发现远程设备

一旦一台设备被设置为可被发现，它就能被另一台设备发现。要发现一台新的设备，需要从本地蓝牙适配器启动发现扫描。

> **注意：**
> 发现的过程会需要一些时间(最长 12 秒)。在此期间，蓝牙适配器的通信性能会严重下降。在发现扫描的过程中，使用本节中介绍的技术可以检查和监控蓝牙适配器的发现状态，并避免进行高带宽的蓝牙操作(包括连接到新的远程蓝牙设备)。

要想知道哪些蓝牙设备在附近的相关信息能被用于确定用户的当前位置，就必须在应用清单中包含 ACCESS_COARSE_LOCATION 权限，在进行设备发现之前，在运行时请求此权限。

可以通过 isDiscovering 方法检查当前蓝牙适配器是否已经在进行发现扫描。

要初始化发现过程，可对蓝牙适配器调用 startDiscovery 方法。

```
if (mBluetooth.isEnabled() && !mBluetooth.isDiscovering())
  mBluetooth.startDiscovery();
```

发现过程是异步的，Android 会在发现过程开始和结束时将 Intent 广播出去，同时也会将扫描过程中发现的远程设备告知你。

通过创建 Broadcast Receiver 来监听 ACTION_DISCOVERY_STARTED 和 ACTION_DISCOVERY_FINISHED 广

播 Intent，可以监控发现过程中的变化。

```
private void monitorDiscovery() {
  registerReceiver(discoveryMonitor,
    new IntentFilter(BluetoothAdapter.ACTION_DISCOVERY_STARTED));
  registerReceiver(discoveryMonitor,
    new IntentFilter(BluetoothAdapter.ACTION_DISCOVERY_FINISHED));
}

BroadcastReceiver discoveryMonitor = new BroadcastReceiver() {
  @Override
  public void onReceive(Context context, Intent intent) {
    if (BluetoothAdapter.ACTION_DISCOVERY_STARTED
       .equals(intent.getAction())) {
      // Discovery has started.
      Log.d(TAG, "Discovery Started...");
    }
    else if (BluetoothAdapter.ACTION_DISCOVERY_FINISHED
         .equals(intent.getAction())) {
      // Discovery has completed.
      Log.d(TAG, "Discovery Complete.");
    }
  }
};
```

发现的蓝牙设备会通过使用广播 action ACTION_FOUND 的 Broadcast Intent 来返回。

如代码清单 18-5 所示，每个 Broadcast Intent 中包含远程设备的名字，存放在 Extra 信息的 BluetoothDevice.EXTRA_NAME 字段中。Broadcast Intent 中还包含代表着远程蓝牙设备的不可变 BluetoothDevice 的 Parcelable 对象，存放在 Extra 信息的 BluetoothDevice.EXTRA_DEVICE 字段中。

代码清单 18-5：发现远程蓝牙设备

```
private BluetoothAdapter mBluetooth;
private List<BluetoothDevice> deviceList = new ArrayList<>();

private void startDiscovery() {
  if (ContextCompat.checkSelfPermission(this,
    Manifest.permission.ACCESS_COARSE_LOCATION)
    == PackageManager.PERMISSION_GRANTED) {

    mBluetooth = BluetoothAdapter.getDefaultAdapter();

    registerReceiver(discoveryResult,
                 new IntentFilter(BluetoothDevice.ACTION_FOUND));

    if (mBluetooth.isEnabled() && !mBluetooth.isDiscovering()) {
      deviceList.clear();
      mBluetooth.startDiscovery();
    }
  }
  else
    ActivityCompat.requestPermissions(this,
      new String[]{Manifest.permission.ACCESS_COARSE_LOCATION},
      REQUEST_ACCESS_COARSE_LOCATION);
}

BroadcastReceiver discoveryResult = new BroadcastReceiver() {
  @Override
  public void onReceive(Context context, Intent intent) {
    String remoteDeviceName =
      intent.getStringExtra(BluetoothDevice.EXTRA_NAME);

    BluetoothDevice remoteDevice =
      intent.getParcelableExtra(BluetoothDevice.EXTRA_DEVICE);

    deviceList.add(remoteDevice);

    Log.d(TAG, "Discovered " + remoteDeviceName);
  }
};
```

每一个通过发现广播返回的 BluetoothDevice 都代表一台被发现的远程蓝牙设备。

发现过程会消耗大量资源，所以在尝试连接任何发现的设备之前，必须先取消正在进行的发现过程。

18.2.3 蓝牙通信

Android 蓝牙通信 API 的封装基于 RFCOMM(蓝牙广播频率通信协议)。RFCOMM 支持逻辑链路控制和适配协议(L2CAP)层之上的 RS232 系列通信。

在实践中，RFCOMM 协议提供了在两台已配对的蓝牙设备间开启通信套接字的机制。

> **注意：**
> 两台设备必须先配对(绑定)，应用才可以在设备间进行通信。如果尝试连接两台未配对的设备，用户会被提示先配对才可以建立连接。

可以使用如下两个类建立 RFCOMM 通信信道以进行双向通信：

- BluetoothServerSocket——用来建立监听套接字，以初始化设备间的链路。其中一台设备将作为服务器监听和接收进入的连接请求，以建立握手。
- BluetoothSocket——用来创建新的客户端，连接到正在监听的 Bluetooth Server Socket，在连接建立后被 Bluetooth Server Socket 返回。一旦连接建立，服务器端和客户端都将使用 Bluetooth Socket 传输数据流。

当创建应用在设备间使用蓝牙作为点对点传输层时，需要同时实现 Bluetooth Server Socket 和 Bluetooth Socket，其中 Bluetooth Server Socket 用于监听连接，而 Bluetooth Socket 用于初始化新的信道和处理通信。

连接建立后，Bluetooth Server Socket 会返回 Bluetooth Socket，用来发送和接收数据。服务器端的 Bluetooth Socket 和客户端套接字的使用方式完全一样。服务器端和客户端这两个名词只与连接如何建立有关，并不影响连接建立之后的数据流动。

1. 打开 Bluetooth Server Socket 监听器

Bluetooth Server Socket 用于监听从远程蓝牙设备传入的 Bluetooth Socket 连接请求。为了使两台蓝牙设备建立连接，一台设备必须作为服务器(监听和接收传入的请求)，另一台作为客户端(初始化请求以连接到服务器)。两台设备连接后，服务器和宿主设备间的通信通过两端的 BluetoothSocket 实例处理。

要让蓝牙适配器充当服务器的角色，可以调用 listenUsingRfcommWithServiceRecord 方法以监听进入的连接请求。可以传入名称(用于标识服务器)和通用唯一识别码(Universally Unique Identifier，UUID)：

```
String name = "mybluetoothserver";
UUID uuid = UUID.randomUUID();

final BluetoothServerSocket btserver =
  bluetooth.listenUsingRfcommWithServiceRecord(name, uuid);
```

这会返回一个 BluetoothServerSocket 对象。请注意，客户端的 Bluetooth Socket 需要知道将要连接的服务器的 UUID 才能建立连接。

在 Server Socket 上调用 accept 方法，开始监听连接，调用时也可以传入超时时间。此时 Server Socket 会阻塞，直到远程 Bluetooth Socket 客户端尝试建立连接，并且此客户端必须拥有相匹配的 UUID。

```
// Block until client connection established.
BluetoothSocket serverSocket = btserver.accept();
```

如果连接请求来自一台没有使用本地蓝牙适配器配对的远程设备，那么每台设备上的用户都会被提示只有在接收配对请求之后才能返回 accept 调用。此提示通过 Notification 完成，如图 18-3 所示。

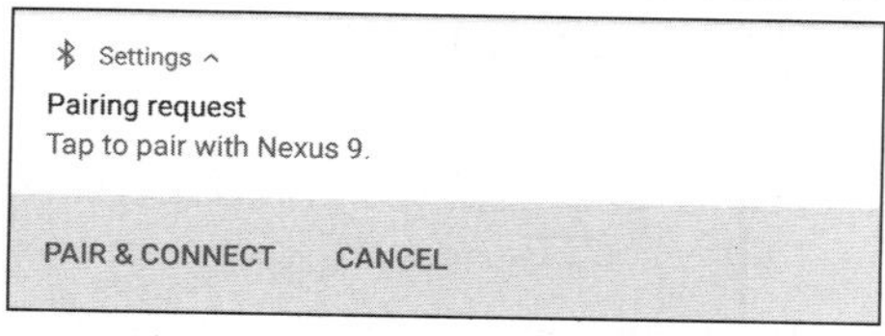

图 18-3

如果进入的连接请求成功，那么 accept 方法会返回连接到客户端设备的 Bluetooth Socket。可以使用 Bluetooth Socket 传输数据，如本章稍后所述。

警告：

请注意 accept 调用是一种阻塞操作，所以在一个后台线程上监听进入的连接请求这一点非常重要，而不是一直阻塞 UI 线程直到连接建立。

Bluetooth Adapter 对于将要发起连接的远程蓝牙设备必须是可被发现的这一点也很重要。代码清单 18-6 展示了一些典型的框架代码，其中使用 ACTION_REQUEST_DISCOVERABLE 广播以请求使设备变为可被发现的，然后才能监听进入的连接请求。

代码清单 18-6：监听 Bluetooth Socket 连接请求

```
private BluetoothAdapter mBluetooth;
private BluetoothSocket mBluetoothSocket;

private UUID startServerSocket() {
  UUID uuid = UUID.randomUUID();
  String name = "bluetoothserver";

  mBluetooth = BluetoothAdapter.getDefaultAdapter();
  try {
    final BluetoothServerSocket btserver =
      mBluetooth.listenUsingRfcommWithServiceRecord(name, uuid);

    Thread acceptThread = new Thread(new Runnable() {
      public void run() {
        try {
          // Block until client connection established.
          mBluetoothSocket = btserver.accept();
          // Start listening for messages.
          listenForMessages();
        } catch (IOException e) {
          Log.e(TAG, "Server connection IO Exception", e);
        }
      }
    });
    acceptThread.start();
  } catch (IOException e) {
    Log.e(TAG, "Socket listener IO Exception", e);
  }
  return uuid;
}

private void listenForMessages() {
  // TO DO: Listen for messages between sockets.
}
```

2. 选择远程蓝牙设备进行通信

要创建客户端 Bluetooth Socket，可以使用代表远程目标服务器的 BluetoothDevice 对象。

可以通过很多种方式获取指向远程 Bluetooth Device 的引用，对于能通过创建通信链路而连接到的这些设备，有一些重要的注意事项。

Bluetooth Socket 要想连接到远程 Bluetooth Device，就必须满足如下条件：

- 远程设备必须可被发现。
- 远程设备必须能够通过 Bluetooth Server Socket 接收连接。
- 本地和远程设备必须已配对(绑定)。如果设备未配对，每台设备的用户会在连接请求被初始化时被提示必须先将设备配对。

BluetoothDevice 对象是代表远程设备的代理。可以通过它们查找远程设备的各种属性以及初始化 Bluetooth Socket 连接。

可以通过多种方式从代码中获取 Bluetooth Device。每种方式下都必须先进行检查，确保打算连接的设备是可被发现的，并且(可选)确定是否已和设备绑定。如果无法发现远程设备，那么应该提示用户启用远程设备的可被发现性。

本章前面已经介绍了查找可被发现的 Bluetooth Device 的技术。通过使用 startDiscovery 方法和监控 ACTION_FOUND 广播可允许你接收一个广播 Intent，　这个 Intent 中包含 BluetoothDevice.EXTRA_DEVICE 信息，其中包括发现的 Bluetooth Device 信息。

也可以对本地 Bluetooth Adapter 调用 getRemoteDevice 方法，调用时需要指定想连接到的远程 Bluetooth Device 的硬件地址：

```
BluetoothDevice device = mBluetooth.getRemoteDevice("01:23:97:35:2F:AA");
```

当知道目标设备的硬件地址时，这一方法非常有用，例如，当使用 Android Beam 这样的技术在设备间分享这一信息时，该方法就非常奏效。

要获取当前已配对的设备，对本地 Bluetooth Adapter 调用 getBondedDevices 方法。可以通过查询所返回的数据集来找到目标 Bluetooth Device 是否已经和本地 Bluetooth Adapter 配对。

```
Set<BluetoothDevice> bondedDevices = mBluetooth.getBondedDevices();

if (bondedDevices.contains(knownDevice)) {
  // TO DO: Target device is bonded / paired with the local device.
}
```

3. 开启客户端 Bluetooth Socket 连接

为了使用远程设备初始化通信信道，需要对代表远程目标设备的 Bluetooth Device 调用 createRfcommSocketToServiceRecord 方法以创建 Bluetooth Socket，同时传入对应的已经开启的 Bluetooth Server Socket 监听器的 UUID。

然后，返回的 Bluetooth Socket 能通过调用 connect 方法来初始化连接，如代码清单 18-7 所示。

注意：

Connect 调用是阻塞式操作，所以连接请求必须在后台线程中被初始化，而不是一直阻塞 UI 线程，直到连接建立。

代码清单 18-7：创建客户端 Bluetooth Socket

```
private BluetoothSocket mBluetoothSocket;

private void connectToServerSocket(BluetoothDevice device, UUID uuid) {
  try{
    BluetoothSocket clientSocket
      = device.createRfcommSocketToServiceRecord(uuid);

    // Block until server connection accepted.
    clientSocket.connect();

    // Add a reference to the socket used to send messages.
    mBluetoothSocket = clientSocket;

    // Start listening for messages.
    listenForMessages();
  } catch (IOException e) {
    Log.e(TAG, "Bluetooth client I/O Exception.", e);
  }
}
```

如果尝试连接到还没有和宿主设备配对(绑定)的 Bluetooth Device，服务器端和客户端设备的用户会被提示接收配对请求，然后 connect(和 accept)方法才会返回。

4. 使用 Bluetooth Socket 传输数据

连接建立之后，在客户端设备和服务器端设备上会有打开的 Bluetooth Socket。从这时起，客户端和服务器端已经没有明显的区别，可以在任意一端使用 Bluetooth Socket 发送和接收数据。

Bluetooth Socket 上的数据传输是通过 InputStream 和 OutputStream 对象来处理的，这两个对象可以从 Bluetooth Socket 中分别通过使用 getInputStream 和 getOutputStream 方法获取到。

代码清单 18-8 展示了两个简单的框架方法：第一个用于通过 OutputStream 将字符串发送给远程设备，第二个用于通过 InputStream 来监听进入的字符串。相同的技术也可用于传输任何流媒体数据。

代码清单 18-8：使用 Bluetooth Socket 发送和接收字符串

```
private void sendMessage(BluetoothSocket socket, String message) {
  OutputStream outputStream;

  try {
    outputStream = socket.getOutputStream();

    // Add a stop character.
    byte[] byteArray = (message + " ").getBytes();
    byteArray[byteArray.length-1] = 0;

    outputStream.write(byteArray);
  } catch (IOException e) {
    Log.e(TAG, "Failed to send message: " + message, e);
  }
}

private boolean mListening = false;

private String listenForMessages(BluetoothSocket socket,
                                 StringBuilder incoming) {
  String result = "";
  mListening = true;

  int bufferSize = 1024;
  byte[] buffer = new byte[bufferSize];

  try {
    InputStream instream = socket.getInputStream();
    int bytesRead = -1;

    while (mListening) {
      bytesRead = instream.read(buffer);
      if (bytesRead != -1) {
        while ((bytesRead == bufferSize) &&
               (buffer[bufferSize-1] != 0)) {
          result = result + new String(buffer, 0, bytesRead - 1);
          bytesRead = instream.read(buffer);
        }
        result = result + new String(buffer, 0, bytesRead - 1);
        incoming.append(result);
      }
    }
  } catch (IOException e) {
    Log.e(TAG, "Message receive failed.", e);
  }
  return result;
}
```

18.2.4 蓝牙配置文件

除了前面描述的通用方法，蓝牙 API 也包含一些配置文件。蓝牙规范提供了一个用于在特定类型和目的设备之间通信的专用接口。Android 蓝牙 API 提供了对如下配置文件的支持：

- 耳机——通过 BluetoothHeadset 类方便宿主设备和蓝牙耳机之间的通信。
- A2DP——高级音频分发配置文件(Advanced Audio Distribution Profile，A2DP)通过 BluetoothA2dp 类方便了设备间高质量音频流媒体的播放。
- 健康设备——蓝牙健康设备配置文件(Health Device Profile，HDP)允许你和健康设备(例如心率监测仪)进行通信。

要想为应用使用其中一个配置文件，可以对 Bluetooth Adapter 调用 getProfileProxy 方法，同时传入

BluetoothProfile.ServiceListener 的一个实现。当对应的远程设备连接时，Service Listener 的 onServiceConnected 方法会被触发，提供可以用于和远程设备交互的代理对象：

```
private BluetoothAdapter mBluetooth;
private BluetoothHeadset mBluetoothHeadset;

private BluetoothProfile.ServiceListener mProfileListener =
  new BluetoothProfile.ServiceListener() {

  public void onServiceConnected(int profile, BluetoothProfile proxy) {
    if (profile == BluetoothProfile.HEADSET) {
      mBluetoothHeadset = (BluetoothHeadset) proxy;
      // TO DO: Utilize proxy to interact with the remote headset.
    }
  }

  public void onServiceDisconnected(int profile) {
    if (profile == BluetoothProfile.HEADSET) {
      // TO DO: Stop using proxy to interact with remote headset.
      mBluetoothHeadset = null;
    }
  }
};

private void connectHeadsetProfile () {
  // Get the default adapter
  mBluetooth = BluetoothAdapter.getDefaultAdapter();

  // Establish connection to the proxy.
  mBluetooth.getProfileProxy(this, mProfileListener,BluetoothProfile.HEADSET);
}

private void closeHeadsetProxy() {
  // Close proxy connection after use.
  mBluetooth.closeProfileProxy(BluetoothProfile.HEADSET, mBluetoothHeadset);
}
```

一旦连接上，就可以使用针对供应商的 AT 命令控制远程设备，进行相应的注册以接收设备发送的针对供应商的 AT 命令的系统广播。

如何在不同的硬件实现上使用每个规范的细节则不在本书的讨论范围之内。

18.2.5 低功耗蓝牙

低功耗蓝牙(Bluetooth Low Energy，BLE)提供与常规蓝牙近似的功能，但是能显著地消耗更少的能量。为了与附近的设备传输少量的数据，对 BLE 进行了优化，使得在 Android 设备和低功耗设备(比如距离传感器、心率监测仪和健身设备)之间使用 BLE 通信成为最理想的选择。

在传统的蓝牙中，每台设备都可以被认为是一个节点。BLE 不同于传统的蓝牙，它的连接基于查找外设的中央设备和广播自身存在的外设。

因此，外设需要一台中央设备来与之通信——它们彼此之间不能直接通信。

要将设备连接至 BLE 外设，BLE API 可使用与前面描述的相同的 Bluetooth Adapter 进行传统的蓝牙通信。要搜索外设，可使用 getBluetoothLeScanner 方法接收一个 BluetoothLeScanner 对象，然后通过调用 startScan 方法开始扫描 BLE 设备，调用时传入一个 ScanCallback 实现。

```
private void leScan() {
  mBluetooth.getBluetoothLeScanner().startScan(scanCallback);
}

// Device scan callback.
private ScanCallback scanCallback =
  new ScanCallback() {
    @Override
    public void onScanResult(int callbackType, ScanResult result) {
      BluetoothDevice device = result.getDevice();
    }
  };
```

onScanResult 处理程序接收一个 ScanResult 对象，可以用来查询 BluetoothDevice 对象，你将使用这个 ScanResult 对象与发现的远程 BLE 外设进行交互。

一旦发现了外设，连接和通信将由通用属性配置文件(Generic Attribute Profile)协调。蓝牙技术联盟为 BLE 设备定义了许多配置文件，每个配置文件都详细说明了各台设备如何工作以满足规范的要求。

如上所述，每个 GATT 配置文件都针对在 BLE 设备之间发送和接收属性定义了具体要求。每个属性在大小上都做了优化，并且被格式化为特征和服务。

特征是一个单值，带有一些可选的描述符，每个描述符描述一个特征值(例如提供描述语、可接受范围或度量单位)。

服务是包含一个或多个特征的集合，这些特征描述外设提供的功能。例如，“心率监测仪”服务会包含“心率测量结果”特征。

一份包含目前现有的基于 GATT 的配置文件和服务的完整列表可以通过以下链接找到：www.bluetooth.com/specifications/gatt/services

要连接到发现的外设，可以调用 connectGatt 方法，并传入一个 BluetoothGattCallback 实现。

```
BluetoothGatt mBluetoothGatt;

private void connectToGattServer(BluetoothDevice device) {
 mBluetoothGatt = device.connectGatt(this, false, mGattCallback);
}

private final BluetoothGattCallback mGattCallback =
  new BluetoothGattCallback() {
};
```

返回的 BluetoothGatt 实例可用于对外设执行 GATT 操作，但通过重写 onConnectionStateChanged 处理程序可允许你追踪成功建立连接的时间，届时可以使用 discoverServices 方法查询设备是否有可用的 GATT 服务。

```
@Override
public void onConnectionStateChange(BluetoothGatt gatt,
                                    int status, int newState) {
  super.onConnectionStateChange(gatt, status, newState);
  if (newState == BluetoothProfile.STATE_CONNECTED) {
    mBluetoothGatt.discoverServices();
  } else if (newState == BluetoothProfile.STATE_DISCONNECTED) {
    Log.d(TAG, "Disconnected from GATT server.");
  }
}
```

查询到的服务可通过 onServicesDiscovered 处理程序返回。

```
@Override
public void onServicesDiscovered(BluetoothGatt gatt, int status) {
  super.onServicesDiscovered(gatt, status);
  for (BluetoothGattService service: gatt.getServices()) {
   Log.d(TAG, "Service: " + service.getUuid());
    for (BluetoothGattCharacteristic characteristic :
          service.getCharacteristics()) {
      Log.d(TAG, "Value: " + characteristic.getValue());
      for (BluetoothGattDescriptor descriptor :
            characteristic.getDescriptors()) {
        Log.d(TAG, descriptor.getValue().toString());
      }
    }
  }
  // TO DO: New services have been discovered.
}
```

上述代码对 BLE 外设上的每一个可用服务的每个特征进行了遍历。对于大部分外设，每个特征都很可能随着时间而变化。不过更好的实践不是获取每一个值，而是当特定的特征发生变化时，对 Bluetooth GATT 代理对象调用 setCharacteristicNotification 方法，同时传入要被监控的特征，从而请求通知：

```
mBluetoothGatt.setCharacteristicNotification(characteristic, enabled);
```

关于值变化的通知会被交给 BluetoothGATTCallback 类的 onCharacteristicChanged 回调方法：

```
@Override
public void onCharacteristicChanged(BluetoothGatt gatt,
            BluetoothGattCharacteristic characteristic) {
  super.onCharacteristicChanged(gatt, characteristic);
  // TO DO: An updated value has been received for a characteristic.
}
```

一旦应用完成与 BLE 设备的交互，就需要对 BluetoothGATT 代理对象调用 close 方法，从而允许系统恢复资源：

```
mBluetoothGatt.close();
```

18.3 使用 Wi-Fi 点对点协议传输数据

Wi-Fi 点对点(Peer-to-Peer，P2P)协议与 Wi-Fi 直连通信协议相兼容，用来通过 Wi-Fi 进行中等距离、高带宽的点对点通信，而无需中间接入点。相比蓝牙，Wi-Fi 点对点更快、更可靠，而且能在更大的距离上工作。

可以使用 Wi-Fi 点对点 API 搜索连接范围内的其他 Wi-Fi 点对点设备。使用套接字初始化一条通信链路，之后就可以在所支持的设备(包括某些打印机、扫描仪、摄像头和电视)之间传送和接收数据流，或者在运行于不同设备上的应用之间传送和接收数据流，而不用连接到同一个网络。

作为蓝牙的高带宽替代方案，Wi-Fi 点对点特别适合媒体分享和实时流媒体播放这样的操作。

18.3.1 初始化 Wi-Fi 点对点框架

要使用 Wi-Fi 点对点，应用需要具有如下权限：

```
<uses-permission android:name="android.permission.CHANGE_NETWORK_STATE" />
<uses-permission android:name="android.permission.ACCESS_NETWORK_STATE" />
<uses-permission android:name="android.permission.ACCESS_WIFI_STATE"/>
<uses-permission android:name="android.permission.CHANGE_WIFI_STATE"/>
<uses-permission android:name="android.permission.INTERNET"/>
```

Wi-Fi 直连连接使用 WifiP2pManager 这一系统服务进行初始化和管理：

```
wifiP2pManager =
    (WifiP2pManager)getSystemService(Context.WIFI_P2P_SERVICE);
```

必须先使用 WifiP2pManage 类的 initialize 方法创建一个连接到 Wi-Fi 直连框架的信道，才可以使用 Wi-Fi P2P Manager。如代码清单 18-9 所示，传入当前 Context、接收 Wi-Fi 直连事件的 Looper 以及监听信道连接丢失的 Channel Listener。

代码清单 18-9：初始化 Wi-Fi 直连

```
private WifiP2pManager mWifiP2pManager;
private WifiP2pManager.Channel mWifiDirectChannel;

private void initializeWiFiDirect() {
  mWifiP2pManager
    = (WifiP2pManager)getSystemService(Context.WIFI_P2P_SERVICE);

  mWifiDirectChannel = mWifiP2pManager.initialize(this, getMainLooper(),
    new WifiP2pManager.ChannelListener() {
      public void onChannelDisconnected() {
        Log.d(TAG, "Wi-Fi P2P channel disconnected.");
      }
    }
  );
}
```

无论何时与 Wi-Fi 点对点框架打交道，都会用到返回的 Wi-Fi P2P Channel，所以一定要在 Acitvity 的 onCreate 处理程序中完成 Wi-Fi P2P Manager 的初始化。

大部分使用 Wi-Fi P2P Manager 执行的动作(比如点对点发现和连接动作)会使用 Action Listener 立即返回动作是否成功，如代码清单 18-10 所示。当成功时，与动作关联的返回值可以通过接收广播 Intent 来获取。

代码清单 18-10：创建 Wi-Fi P2P Manager Action Listener

```
private ActionListener actionListener = new ActionListener() {
  public void onFailure(int reason) {
    String errorMessage = "WiFi Direct Failed: ";
    switch (reason) {
      case WifiP2pManager.BUSY :
        errorMessage += "Framework busy."; break;
      case WifiP2pManager.ERROR :
        errorMessage += "Internal error."; break;
      case WifiP2pManager.P2P_UNSUPPORTED :
        errorMessage += "Unsupported."; break;
      default:
        errorMessage += "Unknown error."; break;
    }
    Log.e(TAG, errorMessage);
  }

  public void onSuccess() {
    // Success!
    // Return values will be returned using a Broadcast Intent
  }
};
```

可以通过注册 Broadcast Receiver 接收 WifiP2pManager.WIFI_P2P_STATE_CHANGED_ACTION 动作来监控 Wi-Fi P2P 状态。

```
IntentFilter p2pEnabledFilter = new
   IntentFilter(WifiP2pManager.WIFI_P2P_STATE_CHANGED_ACTION);

registerReceiver(p2pStatusReceiver, p2pEnabledFilter);
```

如代码清单 18-11 所示，通过相应的 Broadcast Receiver 接收到的 Intent 会包含 WifiP2pManager.EXTRA_WIFI_STATE 附加信息，附加信息的值为 WIFI_P2P_STATE_ENABLED 或 WIFI_P2P_STATE_DISABLED。

代码清单 18-11：接收 Wi-Fi 直连状态的变化

```
BroadcastReceiver p2pStatusReceiver = new BroadcastReceiver() {
  @Override
  public void onReceive(Context context, Intent intent) {
    int state = intent.getIntExtra(
      WifiP2pManager.EXTRA_WIFI_STATE,
      WifiP2pManager.WIFI_P2P_STATE_DISABLED);

    switch (state) {
      case (WifiP2pManager.WIFI_P2P_STATE_ENABLED):
        // TO DO: Enable discovery option in the UI.
        buttonDiscover.setEnabled(true);
        break;
      default:
        // TO DO: Disable discovery option in the UI.
        buttonDiscover.setEnabled(false);
    }
  }
};
```

在 onReceive 处理程序中，可根据状态的变化对 UI 进行相应的修改。

创建了连接到 Wi-Fi P2P 框架的信道，并且在宿主和点对点设备上启用了 Wi-Fi P2P 后，就可以开始发现并连接到点对点设备了。

18.3.2 发现节点

要初始化扫描节点，可调用 Wi-Fi P2P Manager 的 discoverPeers 方法，同时传入活动信道和 Action Listener。节点列表的变化会被广播出去，广播 Intent 的动作为 WifiP2pManager.WIFI_P2P_PEERS_CHANGED_ACTION。

节点发现会一直持续到连接建立或节点发现被取消。

当接收到广播通知节点列表有变化时，可以使用 WifiP2pManager.requestPeers 方法获取当前发现的节点的列表，如代码清单 18-12 所示。

代码清单 18-12：发现 Wi-Fi 直连节点

```
private void discoverPeers() {
  IntentFilter intentFilter
    = new IntentFilter(WifiP2pManager.WIFI_P2P_PEERS_CHANGED_ACTION);
  registerReceiver(peerDiscoveryReceiver, intentFilter);
  mWifiP2pManager.discoverPeers(mWifiDirectChannel, actionListener);
}

BroadcastReceiver peerDiscoveryReceiver = new BroadcastReceiver() {
  @Override
  public void onReceive(Context context, Intent intent) {
    mWifiP2pManager.requestPeers(mWifiDirectChannel,
      new WifiP2pManager.PeerListListener() {
        public void onPeersAvailable(WifiP2pDeviceList peers) {
          // TO DO: Update UI with new list of peers.
        }
      });
  }
};
```

requestPeers 方法接收一个 PeerListListener 参数，onPeersAvailable 方法会在获取节点列表时执行。获取的节点列表是一个 WifiP2pDeviceList，可以用来查找所有发现的节点设备的名称和地址。

18.3.3 连接节点设备

要与节点设备建立 Wi-Fi P2P 连接，可使用 WifiP2pManage 类的 connect 方法，并传入活动信道、Action Listener 和一个 WifiP2pConfig 对象。WifiP2pConfig 对象指明了 Wi-Fi P2P 设备列表的其中一个要连接的节点的地址，如代码清单 18-13 所示。

代码清单 18-13：请求连接到 Wi-Fi 直连节点设备

```
private void connectTo(WifiP2pDevice peerDevice) {
  WifiP2pConfig config = new WifiP2pConfig();
  config.deviceAddress = peerDevice.deviceAddress;

  mWifiP2pManager.connect(mWifiDirectChannel, config, actionListener);
}
```

当尝试与远程设备建立连接时，远程设备会提示用户接收连接请求。在 Android 设备上，会通过如图 18-4 所示的对话框提示用户手动接收连接请求。

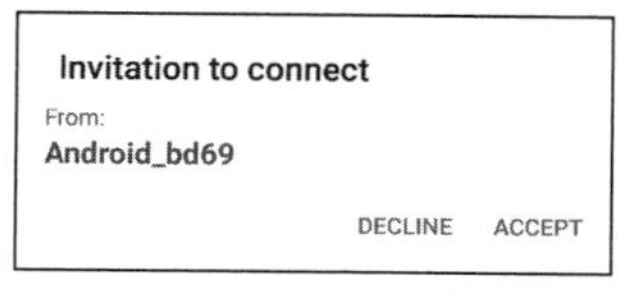

图 18-4

如果设备接收了连接请求，那么连接会通过 WifiP2pManager.WIFI_P2P_CONNECTION_CHANGED_ACTION 这个 Intent 动作在两台设备上进行广播。

广播 Intent 中会包含一个 NetworkInfo 对象，可以通过 WifiP2pManager.EXTRA_NETWORK_INFO 这个 key 获取。可以通过查询 Network Info 确认连接状态的变化到底是表示已连接还是断开连接。

```
NetworkInfo networkInfo
  = (NetworkInfo)intent.getParcelableExtra(WifiP2pManager.EXTRA_NETWORK_INFO);
boolean connected = networkInfo.isConnected();
```

在前面的示例中，可以通过调用 WifiP2pManager.requestConnectionInfo 方法获取连接的更多详情。调用时需要传入活动信道和 ConnectionInfoListener，如代码清单 18-14 所示。

代码清单 18-14：连接到 Wi-Fi 直连节点

```
BroadcastReceiver connectionChangedReceiver = new BroadcastReceiver() {
```

```
  @Override
  public void onReceive(Context context, Intent intent) {
    // Extract the NetworkInfo
    String extraKey = WifiP2pManager.EXTRA_NETWORK_INFO;
    NetworkInfo networkInfo =
      (NetworkInfo)intent.getParcelableExtra(extraKey);

    // Check if we're connected
    if (networkInfo.isConnected()) {
      mWifiP2pManager.requestConnectionInfo(mWifiDirectChannel,
        new WifiP2pManager.ConnectionInfoListener() {
          public void onConnectionInfoAvailable(WifiP2pInfo info) {
            // If the connection is established
            if (info.groupFormed) {
              // If we're the server
              if (info.isGroupOwner) {
                // TO DO: Initiate server socket.
              }
              // If we're the client
              else if (info.groupFormed) {
                // TO DO: Initiate client socket.
              }
            }
          }
        });
    } else {
      Log.d(TAG, "Wi-Fi Direct Disconnected.");
    }
  }
};
```

当连接详情变得可以获取时，ConnectionInfoListener 会触发 onConnectionInfoAvailable 处理程序，并传入 WifiP2pInfo 对象，此对象中包含那些连接详情。

当连接建立时，会生成一个包含所有连接的节点的集合。连接的发起人会作为集合的拥有者返回，并且会充当后续通信的服务器角色。

> 注意：
> 每个 P2P 连接都被看成一个集合，即便连接只包含两个节点。

连接建立后，可以使用标准的 TCP/IP 套接字在设备间传输数据。

18.3.4 在节点间传输数据

尽管任意特定的数据传输的细节都不在本书的讨论范围内，但本节仍然描述了在连接的设备间使用套接字传输数据的基本流程。

要建立套接字连接，一台设备必须先创建一个监听连接请求的 Server Socket，另一台设备必须创建一个客户端套接字以发起连接请求。区别仅仅在于建立连接时，当连接建立后，数据可以任意往两边流动。

创建新的服务器端套接字时，可使用 ServerSocket 类，并指定在哪个端口上监听请求。然后异步地调用 accept 方法以监听进入的请求，如代码清单 18-15 所示。

代码清单 18-15：创建服务器端套接字

```
Socket mServerClient;
int port = 8666;

private void startWifiDirectServer() {
  try {
    ServerSocket serverSocket = new ServerSocket(port);
    mServerClient = serverSocket.accept();
    // TO DO: Once connected, use mServerClient to send messages.
  } catch (IOException e) {
    Log.e(TAG, e.getMessage(), e);
  }
}
```

要从客户端设备发起连接请求，可创建一个新的套接字，然后异步地调用 connect 方法，并指定目标设备的主机地址、连接的端口以及连接请求的超时时长，如代码清单 18-16 所示。

代码清单 18-16：创建客户端套接字

```
int timeout = 10000;
int port = 8666;

private void startWifiDirectClient(String hostAddress) {
  Socket socket = new Socket();

  InetSocketAddress socketAddress
    = new InetSocketAddress(hostAddress, port);

  try {
    socket.bind(null);
    socket.connect(socketAddress, timeout);
    listenForWiFiMessages(socket);
  } catch (IOException e) {
    Log.e(TAG, "IO Exception.", e);
  }
}
```

类似于 ServerSocket 类的 accept 方法，connect 调用也是阻塞调用，当连接建立后才会返回，所以这两个方法都必须总是从后台线程调用。

当套接字连接后，可以在服务器端和客户端的套接字上创建输入输出流来双向地传输和接收数据。

注意：

此处描述的网络通信必须总是在后台线程上进行处理，以避免阻塞 UI 线程。建立网络连接时尤其如此，因为服务器端和客户端两侧的逻辑都含有阻断 UI 的阻塞调用。

18.4　使用近场通信

NFC 是一种无接触的技术，用于在非常短的距离内(通常是 4 厘米以内)传输少量的数据。

NFC 传输能够发生在两台启用了 NFC 的设备之间，或者发生在一台设备和一个 NFC“标签”之间。标签的范围小到在被扫描时传输 URL 的被动标签，大到那些用于 NFC 支付解决方案的复杂系统，比如 Google Pay。

Android 中的 NFC 消息使用 NFC 数据交换格式(NFC Data Exchange Format，NDEF)处理。

要读取、写入或广播 NFC 消息，应用则需要 NFC 权限：

```
<uses-permission android:name="android.permission.NFC" />
```

18.4.1　读取 NFC 标签

当使用 Android 设备扫描 NFC 标签时，系统会使用自身的标签指派系统解析进入的数据量。系统会分析标签、分类数据，然后使用 Intent 启动接收数据的应用。

为了接收 NFC 数据，需要添加 Activity Intent Filter 以监听如下 Intent 动作：

- NfcAdapter.ACTION_NDEF_DISCOVERED——优先级最高，最明确的 NFC 消息。使用此动作的 Intent 包含 MIME 类型和/或 URI 数据。尽可能监听此动作是最佳实践，因为包含的 Extra 信息让你在定义响应哪些标签时可以更加明确。
- NfcAdapter.ACTION_TECH_DISCOVERED——当知道使用的是 NFC 技术，但是标签未包含信息，或者包含的信息无法映像到 MIME 类型或 URI 时，此动作会被广播出来。
- NfcAdapter.ACTION_TAG_DISCOVERED——如果通过一种未知的技术接收到标签，那么标签会通过此动作进行广播。

代码清单 18-17 显示了如何注册一个只响应特定 NFC 标签的 Activity，此 NFC 标签对应一个指向博客地址的 URI。

代码清单 18-17：监听 NFC 标签

```
<activity android:name=".BlogViewer">
  <intent-filter>
    <action android:name="android.nfc.action.NDEF_DISCOVERED"/>
    <category android:name="android.intent.category.DEFAULT"/>
    <data android:scheme="http"
         android:host="blog.radioactiveyak.com"/>
  </intent-filter>
</activity>
```

好的实践是让 NFC Intent Filter 尽可能明确，以最小化能够响应给定 NFC 标签的应用的数量，然后提供最佳且最快的用户体验。

在很多情形下，Intent 数据/URI 和 MIME 类型已经足够让应用进行相应的响应。但如果有需要，NFC 消息传送的信息量也可以从启动 Activity 的 Intent 所包含的 Extra 信息中获取。

NfcAdapter.EXTRA_TAG 包含一个原始的 Tag 对象，此对象表示扫描到的标签。NfcAdapter.EXTRA_TNDEF_MESSAGES 包含一个 NDEF 消息数组，如代码清单 18-18 所示。

代码清单 18-18：提取 NFC 标签负载数据

```
String action = getIntent().getAction();

if (NfcAdapter.ACTION_NDEF_DISCOVERED.equals(action)) {
  Parcelable[] messages
    = getIntent().getParcelableArrayExtra(NfcAdapter.EXTRA_NDEF_MESSAGES);

  if (messages != null) {
    for (Parcelable eachMessage : messages) {
      NdefMessage message = (NdefMessage) eachMessage;
      NdefRecord[] records = message.getRecords();

      if (records != null) {
        for (NdefRecord record : records) {
          String payload = new String(record.getPayload());
          Log.d(TAG, payload);
        }
      }
    }
  }
}
```

18.4.2 使用前台分派系统

默认情况下，标签分派系统会基于标准的 Intent 解析流程决定哪个应用应该接收某个特定的标签。在此过程中，前台 Activity 相对于其他应用并没有更高的优先级。所以，如果多个应用都被注册以接收某个扫描到的标签，用户会被提示选择使用哪一个，即便应用当时处于前台。

使用前台分派系统，可以指定某个特定的 Activity 拥有更高的优先级，允许它在前台时成为默认的接收者。可以通过对 NFC Adapter 调用 enable/disableForegroundDispatch 方法来启用和禁用前台分派。

仅当 Activity 处于前台时，才能使用前台分派，所以应该在 onResume 和 onPause 处理程序中相应地启用和禁用 Activity，如代码清单 18-19 所示。

代码清单 18-19：启用和禁用前台分派系统

```
NfcAdapter mNFCAdapter;

@Override
protected void onNewIntent(Intent intent) {
  super.onNewIntent(intent);

  setIntent(intent);
  processIntent(intent);
```

```
}

@Override
public void onPause() {
  super.onPause();
  mNFCAdapter.disableForegroundDispatch(this);
}

@Override
public void onResume() {
  super.onResume();
  mNFCAdapter.enableForegroundDispatch(
    this,
    // Intent that will be used to package the Tag Intent.
    nfcPendingIntent,
    // Array of Intent Filters used to declare the Intents you
    // wish to intercept.
    intentFiltersArray,
    // Array of Tag technologies you wish to handle.
    techListsArray);
}
```

Intent Filter 数组必须声明想拦截的 URI 或 MIME——任何接收到的标签，如果不匹配这些标准，将会由标准的标签分派系统处理。为了保证良好的用户体验，只指定应用能够处理的标签内容这一点非常重要。

可以通过显式地声明想要使用的技术来进一步完善接收到的标签。通常，这是通过添加 NfcF 类实现的。

最后，NFC Adapter 会生成 Pending Intent，将接收到的标签直接传输给应用。

代码清单 18-20 显示了 Pending Intent、MIME 类型数组以及 Tag 技术数组，它们用来启用代码清单 18-19 中的前台分派。

代码清单 18-20：配置前台分派参数

```
private NfcAdapter mNFCAdapter;

private int NFC_REQUEST_CODE = 0;

private PendingIntent mNFCPendingIntent;
private IntentFilter[] mIntentFiltersArray;
private String[][] mTechListsArray;

@Override
protected void onCreate(Bundle savedInstanceState) {
  super.onCreate(savedInstanceState);
  setContentView(R.layout.activity_main);

  // Get the NFC Adapter.
  NfcManager nfcManager = (NfcManager)getSystemService(Context.NFC_SERVICE);
  mNFCAdapter = nfcManager.getDefaultAdapter();

  // Create the Pending Intent.
  int flags = 0;
  Intent nfcIntent = new Intent(this, getClass());
  nfcIntent.addFlags(Intent.FLAG_ACTIVITY_SINGLE_TOP);

  mNFCPendingIntent =
    PendingIntent.getActivity(this, NFC_REQUEST_CODE, nfcIntent, flags);

  // Create an Intent Filter limited to the URI or MIME type to
  // intercept TAG scans from.
  IntentFilter tagIntentFilter =
    new IntentFilter(NfcAdapter.ACTION_NDEF_DISCOVERED);
  tagIntentFilter.addDataScheme("http");
  tagIntentFilter.addDataAuthority("blog.radioactiveyak.com", null);
  mIntentFiltersArray = new IntentFilter[] { tagIntentFilter };

  // Create an array of technologies to handle.
  mTechListsArray = new String[][] {
    new String[] {
      NfcF.class.getName()
    }
  };
```

```
  // Process the Intent used to start the Activity/
  String action = getIntent().getAction();
  if (NfcAdapter.ACTION_NDEF_DISCOVERED.equals(action))
    processIntent(getIntent());
}
```

18.5 使用 Android Beam

Android Beam 提供了一套简单的 API，让应用可以在两台 Android 设备之间使用 NFC 传输数据，只需要简单地将它们背靠背放置。例如原生的联系人、浏览器、YouTube 应用使用 Android Beam 相应地分享当前正在查看的联系人、网页和视频。

注意：

要使用 Android Beam 发送消息，应用必须在前台，而且接收的设备必须未被锁屏。

Android Beam 通过将两台启用了 NFC 的 Android 设备放在一起来启动。用户会看到 touch to beam 界面，此时可以选择将前台应用发送给另一台设备。

在应用中启用 Android Beam 后，就可以定义需要发送的消息的负载。如果不自定义消息，那么应用的默认操作将是直接在目标设备上启动应用。如果目标设备没有安装应用，那么 Google Play 商店将会打开，然后显示应用的详情页。

为了定义应用将要发送的消息，需要在应用清单中请求 NFC 权限：

```
<uses-permission android:name="android.permission.NFC"/>
```

定义自定义负载的步骤如下：

(1) 创建一个 NdefMessage 对象，此对象包含一个 Ndef Record，此 Ndef Record 包含消息负载。

(2) 将 Ndef 消息作为 Android Beam 消息负载分配给 NFC Adapter。

(3) 配置应用，监听进入的 Android Beam 消息。

18.5.1 创建 Android Beam 消息

为了创建一条新的 Ndef 消息，需要一个新的 NdefMessage 对象，此对象包含至少一个 Ndef Record，Ndef Record 包含想要发送给目标设备上的应用的消息负载。

当创建一个新的 Ndef Record 时，必须指明它所代表的记录的类型、MIME 类型、ID 和消息负载。可以使用几种通用类型的 Ndef Record 来通过 Android Beam 传输数据。请注意它们必须始终是被添加到每条待发送消息的首条记录。

可以使用 NdefRecord.TNF_MIME_MEDIA 类型发送绝对路径的 URI：

```
NdefRecord uriRecord = new NdefRecord(
  NdefRecord.TNF_ABSOLUTE_URI,
  "http://blog.radioactiveyak.com".getBytes(Charset.forName("US-ASCII")),
  new byte[0], new byte[0]);
```

这是最常见的使用 Android Beam 传输的 Ndef Record，因为接收到的 Intent 会与任意用来启动 Activity 的 Intent 保持同样的形式。用来决定某个特定的 Activity 应该接收哪些 NFC 消息的 Intent Filter 可以使用 scheme、host 和 pathPrefix 属性。

如果需要传输那些会包含无法简单地解析为 URI 的信息的消息，NdefRecord.TNF_MIME_MEDIA 类型支持创建与特定应用相关的 MIME 类型，也支持携带相关联的负载数据：

```
String mimeType = "application/com.professionalandroid.apps.nfcbeam";
String payload = "Not a URI";
byte[] tagId = new byte[0];

NdefRecord mimeRecord
  = new NdefRecord(NdefRecord.TNF_MIME_MEDIA,
```

```
                mimeType.getBytes(Charset.forName("US-ASCII")),
                tagId,
                payload.getBytes(Charset.forName("US-ASCII")));
```

可以在 Android 开发人员指南中找到更完整的关于可用的 Ndef Record 类型的资料，以及使用它们的方法，链接为 d.android.com/guide/topics/nfc/nfc.html#creatingrecords。

当创建 Ndef Message 时，好的实践是将 Ndef Record 以 Android Application Record (AAR)的形式包括进来，而不仅仅是以负载数据记录的形式。这将保证在目标设备上启动应用，如果应用没有安装，则启动 Google Play 商店，让用户去安装。

为了创建 AAR Ndef Record，需要调用 NdefRecord 类的 createApplicationRecord 静态方法，并指明应用的包名：

```
NdefRecord.createApplicationRecord("com.professionalandroid.apps.nfcbeam")
```

Ndef Record 创建后，再创建一个新的 Ndef Message，并传入一个 Ndef Record 数组，如代码清单 18-21 所示。

代码清单 18-21：创建 Android Beam NDEF 消息

```
String payload = "Two to beam across";
String mimeType = "application/com.professionalandroid.apps.nfcbeam";
byte[] tagId = new byte[0];

NdefMessage nfcMessage = new NdefMessage(new NdefRecord[] {
  // Create the NFC payload.
  new NdefRecord(NdefRecord.TNF_MIME_MEDIA,
                mimeType.getBytes(Charset.forName("US-ASCII")),
                tagId,
                payload.getBytes(Charset.forName("US-ASCII"))),

  // Add the AAR (Android Application Record)
  NdefRecord.createApplicationRecord("com.professionalandroid.apps.nfcbeam")
});
```

18.5.2　分配 Android Beam 负载数据

可以通过使用 NFC 适配器指定 Android Beam 负载数据。可以调用 NfcAdapter 类的 getDefaultAdapter 静态方法来访问默认的 NFC 适配器。

```
NfcAdapter nfcAdapter = NfcAdapter.getDefaultAdapter(this);
```

有两种方式可以将代码清单 18-21 中创建的 NDEF Message 指定为应用的 Android Beam 负载数据。最简单的方式是使用 setNdefPushMessage 方法分配一条始终应该从当前 Activity 发送的消息(假设 Android Beam 已启动)。通常，应用会在 Activity 的 onResume 方法内进行这种分配：

```
nfcAdapter.setNdefPushMessage(nfcMessage, this);
```

更好的方式是使用 setNdefPushMessageCallback 方法。该方法会在消息被发送之前立即执行，能让你基于当前应用的上下文设置负载数据的内容。例如，哪个视频正在播放，哪个网页正在被浏览，哪个地图坐标被居中显示，如代码清单 18-22 所示。

代码清单 18-22：动态设置 Android Beam 消息

```
private void setBeamMessage() {
  NfcAdapter nfcAdapter = NfcAdapter.getDefaultAdapter(this);
  nfcAdapter.setNdefPushMessageCallback(
    new NfcAdapter.CreateNdefMessageCallback() {

      public NdefMessage createNdefMessage(NfcEvent event) {
        String payload = "Beam me up, Android!\n\n" +
                         "Beam Time: " + System.currentTimeMillis();

        NdefMessage message = createMessage(payload);
```

```
        return message;
      }
    }, this);
  }

  private NdefMessage createMessage(String payload) {
    String mimeType = "application/com.professionalandroid.apps.nfcbeam";
    byte[] tagId = new byte[0];

    NdefMessage nfcMessage = new NdefMessage(new NdefRecord[] {
      // Create the NFC payload.
      new NdefRecord(NdefRecord.TNF_MIME_MEDIA,
                     mimeType.getBytes(Charset.forName("US-ASCII")),
                     tagId,
                     payload.getBytes(Charset.forName("US-ASCII"))),

      // Add the AAR (Android Application Record)
      NdefRecord.createApplicationRecord("com.professionalandroid.apps.nfcbeam")
    });

    return nfcMessage;
  }
```

如果既设置了静态消息，又用回调方法设置了动态消息，那么只有后者会被发送。

18.5.3 接收 Android Beam 消息

接收Android Beam消息跟本章前面描述的接收NFC标签比较类似。要接收代码清单18-21和代码清单18-22打包的负载数据，首先应为Activity添加一个新的Intent Filter，如代码清单18-23所示。

代码清单 18-23：Android Beam 的 Intent Filter

```
<intent-filter>
  <action android:name="android.nfc.action.NDEF_DISCOVERED"/>
  <category android:name="android.intent.category.DEFAULT"/>
  <data android:mimeType="application/com.professionalandroid.apps.nfcbeam"/>
</intent-filter>
```

当 Android Beam 完成初始化后，对应的 Activity 会在接收设备上启动。如果未安装应用，则会启动 Google Play 商店，让用户下载应用。

Beam 数据会通过 NfcAdapter.ACTION_NDEF_DISCOVERED 这个动作的 Intent 传递给 Activity，负载数据以 NdfMessages 数组的形式存储在 NfcAdapter.EXTRA_NDEF_MESSAGES 中，如代码清单 18-24 所示。

代码清单 18-24：提取 Android Beam 的负载数据

```
Parcelable[] messages
  = getIntent().getParcelableArrayExtra(NfcAdapter.EXTRA_NDEF_MESSAGES);

if (messages != null) {
  NdefMessage message = (NdefMessage) messages[0];
  if (message != null) {
    NdefRecord record = message.getRecords()[0];

    String payload = new String(record.getPayload());
    Log.d(TAG, "Payload: " + payload);
  }
}
```

通常，负载数据字符串会以 URI 的形式出现，允许提取并处理。这些数据封装在 Intent 中，用来显示相应的视频、网页或地图坐标。

第19章 使用主屏

本章主要内容：

- 创建和更新主屏小部件
- 创建和更新基于集合的主屏小部件
- 创建 Live Wallpaper
- 创建静态和动态 App 快捷方式
- 更新和移除动态 App 快捷方式

本章可供下载的代码可以在 www.wrox.com 上找到。本章的代码放在如下压缩文件中：

- Snippets_ch19.zip
- Earthquake_ch19_Part1.zip
- Earthquake_ch19_Part2.zip

19.1 自定义主屏

小部件、Live Wallpaper 和 App 快捷方式允许你将应用的一部分直接添加到用户设备的主屏。在应用中集成这些功能的作用如下：

- 用户能快速访问重要的功能。
- 用户无须打开应用即可看到最重要的信息。
- 可以在主屏上拥有应用的一个入口。

好用的主屏小部件、Live Wallpaper 或 App 快捷方式会增加用户的使用度，降低应用被卸载的可能性，以及增加应用被使用的可能性。

19.2 主屏小部件介绍

主屏小部件(可简称小部件)，更恰当地讲，应该称为 App Widget，它们是可见的应用组件，能被添加到其他应用中。App Widget 最常用的功能是允许用户将应用的可交互部分直接嵌入主屏中。出色的 App Widget 会提供有用、简洁、及时的信息，而消耗最少的电量。

主屏小部件可以是单独的应用，但更常见的是作为较大应用的一项功能，例如日历和 Gmail 的 App Widget。图 19-1 展示了 Google 应用的一些 App Widget 被添加到主屏的例子。

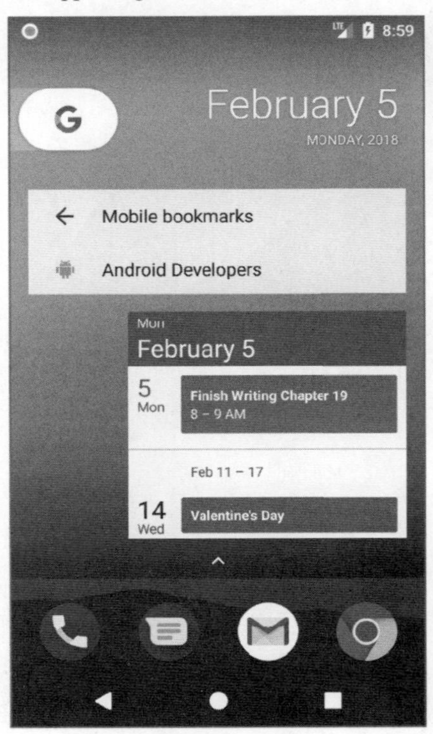

图 19-1

> **注意：**
>
> 添加、移动、调整大小和移除 App Widget 的具体方式将根据设备上现有主屏的类型和版本的不同而有所不同。要在当前 Pixel 和 Nexus 设备的 Launcher 上将 App Widget 添加到主屏，请在空白处长按并选择小部件，系统将会显示一系列可被添加到主屏的小部件。
>
> 添加一个小部件之后，可以长按它，并将它在屏幕内拖动，从而通过这种方式移动它。要调整小部件的大小，长按它之后放开，你将看到沿着小部件的边缘会出现一些小箭头，可以拖动它们调整大小。
>
> 将小部件拖到垃圾箱图标上，或者拖到屏幕上方/下方的“删除”标签上，可以移除小部件。

App Widget 可通过 Broadcast Receiver 来实现。可以使用 Remote View 修改小部件的 UI，UI 定义在 View 层级内，并宿主在另一个应用的进程中。

App Widget 需要如下三个组件：

- 定义 UI 的 XML 布局资源。
- 描述 App Widget 元数据的 XML 文件。
- 用于实现小部件的 Broadcast Receiver 扩展。

可以为单个应用创建很多小部件，也可以创建唯一一个小部件，甚至创建一个不包含小部件的应用也是可能的，这是一种特别简单的场景，我们留给读者进行练习。

当一个小部件宿主在另一个应用(例如主屏)中时，它会运行在父应用的进程中。小部件会基于当前更新频率，将设备从低功耗睡眠模式唤醒，以保证当它下次可见时，数据为最新的。这将对电池续航产生巨大影响，所以作为开发人员，当创建小部件时，必须十分谨慎地将更新频率尽可能降低，并保证更新方法中执行的代码轻量且高效。

19.2.1 定义小部件的布局

创建小部件的第一步是设计和实现用户界面(UI)布局。

UI设计概要的存在目的是控制小部件的布局大小和视觉样式。前者需要严格遵守，后者只是规范。视觉上，小部件通常和其他原生及第三方小部件一起显示，所以让小部件遵守设计标准这一点非常重要——主要因为小部件在主屏上使用最频繁。可以在Android开发人员的小部件设计概要中查看更多详情，链接为developer.android.com/guide/practices/ui_guidelines/widget_design.html，小部件材料设计概要的链接为material.io/design/platform-guidance/android-widget.html#behavior。

App Widget完全支持透明背景，并允许使用9点图(Nine Patch)和部分透明的Drawable资源。详细讲述Google推荐的小部件样式不在本书讨论范围之内，但请注意上面提供的App Widget UI准则。

你需要像构建Android中的其他UI组件一样构建小部件的UI，如第5章“构建用户界面”所述，但是也有一些限制。最佳实践是使用XML作为外部布局资源定义小部件布局，但也可以在Broadcast Receiver的onCreate方法中使用代码进行动态布局。

由于安全和性能原因，App Widget布局在宿主Activity中以Remote View的形式被填充，Remote View支持有限的一部分布局和View。

所支持的布局如下：

- FrameLayout
- LinearLayout
- RelativeLayout
- GridLayout

所包含的View种类被限制为：

- Button
- Chronometer
- ImageButton
- ImageView
- ProgressBar
- TextView
- ViewFlipper

在19.4节“Collection View小部件介绍”中，还将介绍如何在小部件布局中使用如下基于集合的View：

- AdapterViewFlipper
- GridView
- ListView
- StackView

代码清单19-1显示了一个用来定义App Widget UI的XML布局资源。请注意padding边距会自动添加到小部件布局中，所以不需要再添加额外的padding边距。另外要注意，需要将布局的宽和高设置为match_parent。你将在19.2.2节学习如何定义小部件的最小尺寸。

代码清单19-1：App Widget XML布局资源

```
<?xml version="1.0" encoding="utf-8"?>
<LinearLayout
  xmlns:android="http://schemas.android.com/apk/res/android"
  android:orientation="horizontal"
  android:layout_width="match_parent"
  android:layout_height="match_parent">
  <ImageView
    android:id="@+id/widget_image"
    android:layout_width="wrap_content"
    android:layout_height="wrap_content"
```

```
    android:src="@drawable/icon"
  />
  <TextView
    android:id="@+id/widget_text"
    android:layout_width="fill_parent"
    android:layout_height="fill_parent"
    android:text="@string/widget_text"
  />
</LinearLayout>
```

19.2.2 定义小部件的尺寸和其他元数据

Android 主屏由一系列网格中的图标组成，根据设备的不同，主屏的尺寸和数量也不同。最佳实践是为小部件指定最小的宽度和高度，这些信息将确保小部件在默认状态下也能很好地显示。

如果小部件的最小尺寸无法精确匹配主屏风格的尺寸，那么小部件的尺寸会取整以适应风格大小。

要确定大致的最小宽度和高度限制，以保证小部件能在给定数量的单元格中显示，可以使用下面这个公式：

```
最小宽度或高度 = 70dp * (单元格数量) - 30dp
```

可以在定义小部件的 XML 资源中指定最小的小部件尺寸、分配布局、指定更新频率以及定义其他的小部件设置和元数据。此 XML 资源存储在项目的 res/xml 目录下。

可以使用 appwidget-provider 标签和下列属性描述小部件元数据：

- initialLayout——用来定义小部件 UI 布局的资源。
- minWidth 和 minHeight——小部件的最小宽度和高度。
- resizeMode——设置尺寸调整模式将允许指定小部件能在哪个方向上调整大小，可以使用 horizontal 和 vertical，或者设置为 none 以禁用尺寸调整功能。最佳实践是让小部件支持所有的尺寸调整模式。
- label——App Widget 选择器中的小部件使用的标题。
- updatePeriodMillis——小部件更新的最小间隔，单位为毫秒。Android 会以此时间间隔唤醒设备以更新小部件，所以需要指定为至少一小时。App Widget Manager 执行更新时不会比每 30 分钟一次更频繁。关于更新的更多细节将在本章后面讲解。
- configure——也可以额外指定一个 Activity，当小部件被添加到主屏时，此 Activity 将启动。此 Activity 用于指定小部件的设置和用户偏好设置。如何使用配置的 Activity 请参见 19.2.6 节“创建和使用小部件 Configuration Activity”。
- icon——默认情况下，当在 App Widget 选择器中显示小部件时，Android 会使用应用的图标。如果要使用不同的图标，可以使用此属性指定一个 Drawable 资源。
- previewImage——一个 Drawable 资源，它将准确反映当小部件被添加到主屏时显示的样子。App Widget 选择器也会显示此图片作为预览。

代码清单 19-2 展示了一个小部件的定义文件，这个小部件最少显示两行两列，每小时更新一次，并使用 19.2.1 节定义的布局资源。

代码清单 19-2：定义 App Widget Provider

```
<?xml version="1.0" encoding="utf-8"?>
<appwidget-provider
  xmlns:android="http://schemas.android.com/apk/res/android"
  android:initialLayout="@layout/my_widget_layout"
  android:minWidth="110dp"
  android:minHeight="110dp"
  android:label="@string/widget_label"
  android:updatePeriodMillis="360000"
  android:resizeMode="horizontal|vertical"
  android:previewImage="@drawable/widget_preview"
/>
```

19.2.3 实现小部件

小部件是以 Broadcast Receiver 的形式实现的，指定了监听 AppWidget.ACTION_APPWIDGET_[UPDATE, DELETED, ENABLED 和 DISABLED]这些广播 Intent 的 Intent Filter，并对每种广播 Intent 做出相应的响应。

AppWidgetProvider 类封装了 Intent 处理，并且为每种 Intent 动作提供了事件处理程序，如代码清单 19-3 所示。

代码清单 19-3：实现 App Widget

```
public class SkeletonAppWidget extends AppWidgetProvider {

  static void updateAppWidget(Context context,
                              AppWidgetManager appWidgetManager,
                              int appWidgetId) {

    // TO DO: Update indicated app widget UI.
  }

  @Override
  public void onUpdate(Context context,
                       AppWidgetManager appWidgetManager,
                       int[] appWidgetIds) {
    // Iterate through each widget, creating a RemoteViews object and
    // applying the modified RemoteViews to each widget.
    for (int appWidgetId : appWidgetIds)
      updateAppWidget(context, appWidgetManager, appWidgetId);
  }

  @Override
  public void onDeleted(Context context, int[] appWidgetIds) {
    // TO DO: Handle deletion of the widget.
    super.onDeleted(context, appWidgetIds);
  }

  @Override
  public void onDisabled(Context context) {
    // TO DO: Widget has been disabled.
    super.onDisabled(context);
  }

  @Override
  public void onEnabled(Context context) {
    // TO DO: Widget has been enabled.
    super.onEnabled(context);
  }
}
```

类似于所有的应用组件，小部件也必须被添加到应用清单中。由于它们以 Broadcast Receiver 的形式实现，因此需要使用 receiver 标签，并添加下面两个元素，如代码清单 19-4 所示。

- 一个动作为 android.appwidget.action.APPWIDGET_UPDATE 的 Intent Filter。
- 一个元数据节点，与 android.appwidget.provider 名称对应的资源为描述小部件设置的 appwidget-provider XML 资源。

代码清单 19-4：App Widget 清单节点

```
<receiver android:name=".SkeletonAppWidget">
  <intent-filter>
    <action android:name="android.appwidget.action.APPWIDGET_UPDATE" />
  </intent-filter>
  <meta-data
    android:name="android.appwidget.provider"
    android:resource="@xml/widget_settings"
  />
</receiver>
```

19.2.4 使用 App Widget Manager 和 Remote View 更新 Widget UI

RemoteViews 类作为代理连接另一个应用进程中的 View 层级。这允许你修改运行在另一个应用中的 View 的属性，或者调用其方法，而无须直接与之交互，这增加了一层安全性。

要在运行时更新小部件中视图的外观，就必须创建和修改 Remote View 以重新代表它们，然后使用 App Widget Manager 应用这些改变。所支持的修改包括改变视图的可见性、文本或图片资源，以及添加 Click Listener。

1. 创建和控制 Remote View

要创建新的 Remote View，请将应用的包名和打算控制的布局资源，一起传入 RemoteViews 类的构造函数，如代码清单 19-5 所示。

代码清单 19-5：创建 Remote View

```
RemoteViews views = new RemoteViews(context.getPackageName(),
                                    R.layout.widget_layout);
```

RemoteViews 类包含一系列方法，可以用它们来访问 Remote View 所代表视图的可访问的属性和方法。

这些属性或方法中最有用的是一系列 set 方法，它们允许指定需要执行远程宿主中的 View 的哪个目标方法。这些方法支持传入一个单值参数，每个参数代表一种基本类型，包括 boolean、int、byte、char 和 float，以及 String、Bitmap、Bundle 和 URI 参数：

```
// Set the image level for an ImageView.
views.setInt(R.id.widget_image_view, "setImageLevel", 2);
// Show the cursor of a TextView.
views.setBoolean(R.id.widget_text_view, "setCursorVisible", true);
// Assign a bitmap to an ImageButton.
views.setBitmap(R.id.widget_image_button, "setImageBitmap", myBitmap);
```

你在此处所做的修改不会影响小部件当前运行的实例，除非“应用”这些修改。

很多针对特定 View 类的方法也可以调用，包括修改 TextView、ImageView 和 ProgressBar 的方法：

```
// Update a Text View
views.setTextViewText(R.id.widget_text, "Updated Text");
views.setTextColor(R.id.widget_text, Color.BLUE);
// Update an Image View
views.setImageViewResource(R.id.widget_image, R.drawable.icon);
// Update a Progress Bar
views.setProgressBar(R.id.widget_progressbar, 100, 50, false);
```

也可以通过调用 setViewVisibility 方法设置 Remote View 所代表的视图的可见性：

```
views.setViewVisibility(R.id.widget_text, View.INVISIBLE);
```

到目前为止，你已经修改了代表 App Widget 中 View 层次的 RemoteViews 对象，但是还没有应用这些修改。要使这些修改生效，就必须使用 App Widget Manager 应用这些更新。

2. 应用对 Remote View 所做的更改

要在运行时使这些对 Remote View 所做的改变生效，请使用 App Widget Manager 的 updateAppWidget 方法，并传入要更新的一个或多个小部件的标识符以及将要应用的 Remote View：

```
appWidgetManager.updateAppWidget(appWidgetIds, remoteViews);
```

重写 App Widget Provider 的 onEnabled 方法，该方法用于当小部件第一次实例化以及放置在用户的主屏之上时应用对 UI 的改变，如代码清单 19-6 所示。

类似地，要应用对小部件的定时更新，请重写 onUpdate 方法；该方法接收 App Widget Manager，并且将要更新的 App Widget 实例 ID 的数组作为参数。最佳实践是遍历 Widget ID 数组，这样就可以根据小部件的标识符和相应的配置设置将不同的 UI 值应用到每个小部件上，如代码清单 19-6 所示。

代码清单 19-6：在 App Widget Provider 的更新方法中应用对 Remote View 所做的修改

```
static void updateAppWidget(Context context,
                            AppWidgetManager appWidgetManager,
                            int appWidgetId) {

  // Create a Remote View
  RemoteViews views = new RemoteViews(context.getPackageName(),
                                      R.layout.widget_layout);

  // TO DO: Update the UI.

  // Notify the App Widget Manager to update the widget using
  // the modified remote view.
  appWidgetManager.updateAppWidget(appWidgetId, views);
}

@Override
public void onUpdate(Context context,
                     AppWidgetManager appWidgetManager,
                     int[] appWidgetIds) {
  // Iterate through each widget, creating a RemoteViews object and
  // applying the modified RemoteViews to each widget.
  for (int appWidgetId : appWidgetIds)
    updateAppWidget(context, appWidgetManager, appWidgetId);
}

@Override
public void onEnabled(Context context) {
  AppWidgetManager appWidgetManager =
    AppWidgetManager.getInstance(context);
  ComponentName skeletonAppWidget =
    new ComponentName(context, SkeletonAppWidget.class);
  int[] appWidgetIds =
    appWidgetManager.getAppWidgetIds(skeletonAppWidget);

  updateAppWidgets(context, appWidgetManager, appWidgetIds, pendingResult);
}
```

也可以直接从 Service、Activity 或 Broadcast Receiver 中更新小部件。首先，调用 App Widget Manager 的静态方法 getInstance，同时传入当前 context 以获取它的实例：

```
// Get the App Widget Manager.
AppWidgetManager appWidgetManager  = AppWidgetManager.getInstance(this);
```

然后可以对 App Widget Manager 实例调用 getAppWidgetIds 方法，得到代表当前正在运行的指定的 App Widget 实例的标识符：

```
// Retrieve the identifiers for each instance of your chosen widget.
ComponentName thisWidget = new ComponentName(this, SkeletonAppWidget.class);
int[] appWidgetIds = appWidgetManager.getAppWidgetIds(thisWidget);
```

要更新当前活动的小部件，可以按照代码清单 19-6 描述的办法进行：

```
// Iterate through each widget, creating a RemoteViews object and
// applying the modified RemoteViews to each widget.
for (int appWidgetId : appWidgetIds)
  SkeletonAppWidget.updateAppWidget(this, appWidgetManager, appWidgetId);
```

注意，用来修改 Widget UI 的代码放置在小部件实现的 updateAppWidget 方法中。这是为了保证应用的任何手动修改不会在下次小部件更新时被复原。

无论哪种场景，最佳实践是让小部件基于底层数据(例如 Room 数据库或共享偏好)的变化来处理自己的 UI 更新。

3. 为小部件添加交互性

App Widget 运行在宿主进程中，同时继承了宿主进程的权限，而且大多数主屏 App 在运行时拥有完整的权限，这使得潜在的安全风险非常严重。由于这些安全原因，小部件的交互性受到严格控制。

小部件的交互通常受到如下限制：

- 对一个或多个 View 添加 Click Listener。
- 基于选项的改变修改 UI。
- 在 Collection View 小部件的各个 View 之间切换。

注意：

不支持直接在 App Widget 中输入文本。如果需要在小部件中进行文本输入，最佳实践是为小部件添加 Click Listener，单击后开启一个 Activity，接收文本输入。

给小部件添加交互性的最简单有效办法是为 View 添加 Click Listener。为此，可以对相应的 Remote View 调用 setOnClickPendingIntent 方法。再使用 App Widget Manager 的 updateAppWidget 方法应用对小部件的 Remote View 所做的更新，就像进行其他的 UI 改变一样。

使用这种方式指定一个 Pending Intent，当用户单击指定的 View 时，此 Pending Intent 将被触发，如代码清单 19-7 所示。

代码清单 19-7：为 App Widget 添加 Click Listener

```
// Create an Intent to launch an Activity
Intent intent = new Intent(context, MainActivity.class);

// Wrap it in a Pending Intent so another application
// can fire it on your behalf.
PendingIntent pendingIntent =
  PendingIntent.getActivity(context, 0, intent, 0);

// Assign the Pending Intent to be triggered when
// the assigned View is clicked.
views.setOnClickPendingIntent(R.id.widget_text, pendingIntent);

appWidgetManager.updateAppWidget(appWidgetId, views);
```

Pending Intent(在第 6 章“Intent 与 Broadcast Receiver”已详细讲述)允许其他应用代表你的应用触发 Intent。在本例中，它允许宿主应用启动 Activity、Service 或者广播一条 Intent，就好比直接从你的应用触发一样。

可以使用此方法为小部件中用到的一个或多个 View 添加 Click Listener，以支持多个动作事件。

19.2.5 强制刷新小部件的数据和 UI

小部件通常显示在主屏上，所以小部件中所显示数据的相关性和准确性很重要。同样重要的是平衡小部件的相关性与对系统资源(尤其是电池寿命)的影响。目前有多种方法可以管理小部件的刷新频率。

最简单的办法是在小部件的 appwidget-provider 的 XML 定义中使用 updatePeriodMillis 属性设置最小更新频率。代码清单 19-8 中的小部件被设置为每小时更新一次。

代码清单 19-8：设置 App Widget 最小更新频率

```
<?xml version="1.0" encoding="utf-8"?>
<appwidget-provider
  xmlns:android="http://schemas.android.com/apk/res/android"
  android:initialLayout="@layout/widget_layout"
  android:minWidth="110dp"
  android:minHeight="110dp"
  android:label="@string/widget_label"
  android:resizeMode="horizontal|vertical"
  android:previewImage="@drawable/widget_preview"
  android:updatePeriodMillis="3600000"
/>
```

设置后将使系统按照指定的频率发送广播，广播会触发小部件的 onUpdate 方法。

注意：

宿主设备会被唤醒以完成这些更新，这意味着即使设备处于低电量状态，这些更新也会进行。这有可能造成潜在的大量资源消耗，所以谨慎设置更新频率这一点非常重要。在大多数情形下，系统发送更新广播时，不会高于每30分钟一次的频率。

此方法应该用于定义确定的最小更新频率，表示小部件必须按此频率更新，以保证信息准确。通常来讲，最佳实践方法是使用推送服务器——通常使用 Firebase Cloud Messaging，如第11章“工作在后台”中所述。在这种情形下，更新由客户端的变化或基于时间的触发器决定，更新频率应当至少为每小时一次，理想频率为不高于一天一次或两次。

App Widget 以 Broadcast Receiver 的形式实现，所以可以通过从应用中专门为它们发送 Broadcast Intent 触发更新和 UI 刷新。如果小部件需要频繁进行更新，则应该实现一个基于事件/Intent 驱动的模型以按需更新，而不是提高最小更新频率。

代码清单 19-9：给 App Widget 发送 Broadcast Intent

```
Intent forceWidgetUpdate = new Intent(this, SkeletonAppWidget.class);
forceWidgetUpdate.setAction(SkeletonAppWidget.FORCE_WIDGET_UPDATE);
sendBroadcast(forceWidgetUpdate);
```

更新小部件的 onReceive 处理程序，如代码清单 19-10 所示，可以监听这个新的 Broadcast Intent 并使用它更新小部件。

代码清单 19-10：基于 Broadcast Intent 更新 App Widget

```
public static String FORCE_WIDGET_UPDATE =
  "com.paad.mywidget.FORCE_WIDGET_UPDATE";

@Override
public void onReceive(Context context, Intent intent) {
  super.onReceive(context, intent);

  if (FORCE_WIDGET_UPDATE.equals(intent.getAction())) {
    // TO DO: Update widget
  }
}
```

当需要响应应用中的数据更新或用户动作(例如单击小部件上的按钮)时，此方法格外有用。

为了刷新小部件中显示的数据，可能需要异步加载数据——例如，存储在 SQL 或 Room 数据库中的数据。由于 App Widget 是以 Broadcast Receiver 的形式实现的，因此可以使用与异步执行 Receiver 任务相同的方法更新小部件。

特别地，可以调用 goAsync 方法来表示将要执行异步操作，并将后续的 Pending Result 传给静态更新方法，如代码清单 19-11 所示。

代码清单 19-11：使用异步加载的数据更新 App Widget

```
@Override
public void onReceive(final Context context, final Intent intent) {
  super.onReceive(context, intent);

  // Indicate an asynchronous operation will take place.
  final PendingResult pendingResult = goAsync();

  if (FORCE_WIDGET_UPDATE.equals(intent.getAction())) {
    AppWidgetManager appWidgetManager =
      AppWidgetManager.getInstance(context);
    ComponentName skeletonAppWidget =
      new ComponentName(context, SkeletonAppWidget.class);
    int[] appWidgetIds =
      appWidgetManager.getAppWidgetIds(skeletonAppWidget);
```

```
      updateAppWidgets(context, appWidgetManager, appWidgetIds, pendingResult);
    }
  }

  static void updateAppWidgets(final Context context,
                               final AppWidgetManager appWidgetManager,
                               final int[] appWidgetIds,
                               final PendingResult pendingResult) {
    // Create a thread to asynchronously load data to show in the widgets.
    Thread thread = new Thread() {
      public void run() {

        // TO DO: Load data from a database.
        // TO DO: Update the UI.

        // Update all the added widgets
        for (int appWidgetId : appWidgetIds)
          appWidgetManager.updateAppWidget(appWidgetId, views);

        if (pendingResult != null)
          pendingResult.finish();
      }
    };
    thread.start();
  }

  @Override
  public void onUpdate(Context context,
                       AppWidgetManager appWidgetManager,
                       int[] appWidgetIds) {
    PendingResult pendingResult = goAsync();
    updateAppWidgets(context, appWidgetManager, appWidgetIds, pendingResult);
  }

  @Override
  public void onEnabled(Context context) {
    final PendingResult pendingResult = goAsync();

    AppWidgetManager appWidgetManager =
      AppWidgetManager.getInstance(context);
    ComponentName skeletonAppWidget =
      new ComponentName(context, SkeletonAppWidget.class);
    int[] appWidgetIds =
      appWidgetManager.getAppWidgetIds(skeletonAppWidget);

    updateAppWidgets(context, appWidgetManager, appWidgetIds, pendingResult);
  }
```

19.2.6 创建和使用小部件 Configuration Activity

在将小部件添加到主屏之前，如果给用户一个机会对小部件进行配置，将会非常有用。经过适当的配置，可以让用户添加同一小部件的多个实例，每个实例的功能有着细微差异。例如，不同地点的天气，不同电子邮件收件箱的内容，等等。

当 App Widget 被添加到主屏时，小部件 Configuration Activity 会立刻启动。它可以是应用的任意一个 Activity，只要它的 Intent Filter 包含 APPWIDGET_CONFIGURE 动作，如代码清单 19-12 所示。

代码清单 19-12：应用清单的 App Widget Configuration Activity 节点

```
<activity
  android:name=".MyWidgetConfigurationActivity"
  android:label="@string/title_activity_my_widget_configuration">
  <intent-filter>
    <action android:name="android.appwidget.action.APPWIDGET_CONFIGURE"/>
  </intent-filter>
</activity>
```

要给小部件分配一个配置 Activity，必须使用 configure 标签将它添加到小部件的 App Widget Provider 设置文件中。指定此 Activity 时必须使用包含完整包名的名称，如下所示：

```
<?xml version="1.0" encoding="utf-8"?>
```

```
<appwidget-provider
  xmlns:android="http://schemas.android.com/apk/res/android"
  android:initialLayout="@layout/widget_layout"
  android:minWidth="110dp"
  android:minHeight="110dp"
  android:label="@string/widget_label"
  android:updatePeriodMillis="360000"
  android:resizeMode="horizontal|vertical"
  android:previewImage="@mipmap/ic_launcher"
  android:configure=
   "com.professionalandroid.apps.widgetsnippets.MyWidgetConfigurationActivity"
/>
```

启动配置 Activity 的 Intent 会携带 EXTRA_APPWIDGET_ID 信息，从而提供将要配置的 App Widget 的 ID。

在 Activity 中，需要提供 UI 以便用户完成配置并确认。在此阶段，Activity 需要将结果设置为 RESULT_OK 并返回 Intent。返回的 Intent 必须包含 Extra 信息，Extra 信息的 EXTRA_APPWIDGET_ID 字段表示配置的小部件的 ID。框架代码如代码清单 19-13 所示。

代码清单 19-13：App Widget Configuration Activity 的框架代码

```
private int appWidgetId = AppWidgetManager.INVALID_APPWIDGET_ID;

@Override
public void onCreate(Bundle savedInstanceState) {
  super.onCreate(savedInstanceState);
  setContentView(R.layout.activity_my_widget_configuration);

  Intent intent = getIntent();
  Bundle extras = intent.getExtras();
  if (extras != null) {
    appWidgetId = extras.getInt(
      AppWidgetManager.EXTRA_APPWIDGET_ID,
      AppWidgetManager.INVALID_APPWIDGET_ID);
  }

  // Set the result to canceled in case the user exits
  // the Activity without accepting the configuration
  // changes / settings. The widget will not be placed.
  setResult(RESULT_CANCELED, null);
}

private void completedConfiguration() {
  // Save the configuration settings for the Widget ID

  // Notify the Widget Manager that the configuration has completed.
  Intent result = new Intent();
  result.putExtra(AppWidgetManager.EXTRA_APPWIDGET_ID, appWidgetId);
  setResult(RESULT_OK, result);
  finish();
}
```

需要将用户选择的配置选项保存下来，当更新小部件时，基于 Widget ID 应用保存的配置选项。

19.3 创建地震小部件

下列步骤扩展了 Earthquake 示例，展示了如何创建新的主屏小部件，以显示最近发生的地震的详情。地震小部件的 UI 非常简单，我们作为练习留给读者。

完成并添加到主屏后，地震小部件将会如图 19-2 所示。

通过组合使用前面讲述的更新方法，地震小部件将监听宣布更新执行完毕的 Broadcast Intent，然后设置最小更新频率，以确保每天至少更新一次。

图 19-2

(1) 首先，创建一个新的 String 资源，显示没有地震发生：

```
<resources>
  [... Existing resources ...]
  <string name="widget_blank_magnitude">---</string>
  <string name="widget_blank_details">No Earthquakes</string>
</resources>
```

(2) 为 Widget UI 创建一个 XML 布局文件。将 quake_widget.xml 文件保存在 res/layout 目录下。使用线性布局和 TextView，并将 TextView 配置为显示地震和坐标：

```
<?xml version="1.0" encoding="utf-8"?>
<LinearLayout
  xmlns:android="http://schemas.android.com/apk/res/android"
  android:orientation="horizontal"
  android:layout_width="match_parent"
  android:layout_height="match_parent"
  android:background="@color/colorPrimaryDark">
  <TextView
    android:id="@+id/widget_magnitude"
    android:text="@string/widget_blank_magnitude"
    android:textColor="#FFFFFFFF"
    android:layout_width="wrap_content"
    android:layout_height="match_parent"
    android:textSize="24sp"
    android:padding="8dp"
    android:gravity="center_vertical"
    />
  <TextView
    android:id="@+id/widget_details"
    android:layout_width="match_parent"
    android:layout_height="match_parent"
    android:gravity="center_vertical"
    android:padding="8dp"
    android:text="@string/widget_blank_details"
    android:textColor="#FFFFFFFF"
    android:textSize="14sp"
    />
</LinearLayout>
```

(3) 创建新的 EarthquakeWidget 类并扩展 AppWidgetProvider。我们稍后将回到该类，用最新发生的地震详情完善地震小部件：

```
public class EarthquakeWidget extends AppWidgetProvider {
}
```

(4) 创建新的小部件布局文件 quake_widget_info.xml，放置在 res/xml 目录下。将最小更新频率设置为每天一次，并将小部件尺寸设置为两个单元格宽、一个单元格高——110dp×40dp。使用步骤(2)中创建的小部件布局作为初始布局：

```
<?xml version="1.0" encoding="utf-8"?>
<appwidget-provider
  xmlns:android="http://schemas.android.com/apk/res/android"
  android:initialLayout="@layout/quake_widget"
  android:minHeight="40dp"
  android:minWidth="110dp"
  android:resizeMode="horizontal|vertical"
  android:updatePeriodMillis="86400000">
</appwidget-provider>
```

(5) 将小部件添加到应用清单中，resource 字段的值指向步骤(4)中创建的小部件的布局资源，并注册一个 Intent Filter 以过滤 App Widget 更新动作：

```
<receiver android:name=".EarthquakeWidget">
  <intent-filter>
    <action android:name="android.appwidget.action.APPWIDGET_UPDATE" />
  </intent-filter>
  <meta-data
    android:name="android.appwidget.provider"
    android:resource="@xml/quake_widget_info"
  />
</receiver>
```

(6) 在 EarthquakeDAO 类中添加一个方法，查询 Earthquake 数据库以获取最新的地震信息：

```
@Query("SELECT * FROM earthquake ORDER BY mDate DESC LIMIT 1")
Earthquake getLatestEarthquake();
```

(7) 回到步骤(2)中的 EarthquakeWidget 类，创建静态的 updateAppWidgets 方法，在此方法中创建一个线程并使用步骤(6)的结果更新小部件。注意，我们对 PendingResult 参数调用 finish 方法来通知 Receiver 异步任务已经完成。

```
static void updateAppWidgets(final Context context,
                             final AppWidgetManager appWidgetManager,
                             final int[] appWidgetIds,
                             final PendingResult pendingResult) {
  Thread thread = new Thread() {
    public void run() {

      Earthquake lastEarthquake
        = EarthquakeDatabaseAccessor.getInstance(context)
            .earthquakeDAO().getLatestEarthquake();

      pendingResult.finish();
    }
  };
  thread.start();
}
```

(8) 仍然在 updateAppWidget 方法内，创建一个新的 RemoteViews 对象，并将小部件的 TextView 元素显示的文本设置为显示最新发生的地震的震级和地点。另外，我们还使用了 setOnClickPendingIntent 方法，当小部件被单击时，会开启 Earthquake Main Activity。

```
static void updateAppWidgets(final Context context,
                             final AppWidgetManager appWidgetManager,
                             final int[] appWidgetIds,
                             final PendingResult pendingResult) {
  Thread thread = new Thread() {
    public void run() {

      Earthquake lastEarthquake
        = EarthquakeDatabaseAccessor.getInstance(context)
```

```
            .earthquakeDAO().getLatestEarthquake();

        boolean lastEarthquakeExists = lastEarthquake != null;

        String lastMag = lastEarthquakeExists ?
          String.valueOf(lastEarthquake.getMagnitude()) :
          context.getString(R.string.widget_blank_magnitude);

        String details = lastEarthquakeExists ?
          lastEarthquake.getDetails() :
          context.getString(R.string.widget_blank_details);

        RemoteViews views = new RemoteViews(context.getPackageName(),
                                    R.layout.quake_widget);

        views.setTextViewText(R.id.widget_magnitude, lastMag);
        views.setTextViewText(R.id.widget_details, details);

        // Create a Pending Intent that will open the main Activity.
        Intent intent = new Intent(context, EarthquakeMainActivity.class);
        PendingIntent pendingIntent =
          PendingIntent.getActivity(context, 0, intent, 0);

        views.setOnClickPendingIntent(R.id.widget_magnitude,
                                  pendingIntent);
        views.setOnClickPendingIntent(R.id.widget_details,
                                  pendingIntent);

        // Update all the added widgets
        for (int appWidgetId : appWidgetIds)
          appWidgetManager.updateAppWidget(appWidgetId, views);

        pendingResult.finish();
      }
    };
    thread.start();
  }
```

(9) 重写 onUpdate 处理程序。使用 goAsync 方法表示更新操作将会异步处理，然后调用 updateAppWidgets 方法为需要更新的小部件执行更新：

```
@Override
public void onUpdate(Context context,
                     AppWidgetManager appWidgetManager,
                    int[] appWidgetIds) {
  PendingResult pendingResult = goAsync();
  updateAppWidgets(context, appWidgetManager,
                appWidgetIds, pendingResult);
}
```

(10) 同样也重写 onEnabled 方法。当第一个小部件被添加，且随后所有可用的小部件在禁用之后又被启用时，会触发 onEnabled 方法。首先调用 goAsync 方法，然后调用 updateAppWidgets 方法，同时传入小部件当前放置的所有实例：

```
@Override
public void onEnabled(Context context) {
  final PendingResult pendingResult = goAsync();

  AppWidgetManager appWidgetManager =
    AppWidgetManager.getInstance(context);
  ComponentName earthquakeWidget =
    new ComponentName(context, EarthquakeWidget.class);
  int[] appWidgetIds =
    appWidgetManager.getAppWidgetIds(earthquakeWidget);

  updateAppWidgets(context, appWidgetManager,
                appWidgetIds, pendingResult);
}
```

此时小部件可以使用了，当被添加到主屏后，以及在随后的每 24 小时，小部件都会更新以显示最新的地震信息详情。

(11) 让我们对小部件稍作改进，每当地震数据库变化时更新小部件。仍然在 EarthquakeWidget 类中，创建一个新的动作字符串，另一个 Intent 将使用此动作表示数据库中添加了一条新的地震记录。重写 onReceive 方法，从而当接收到新的 Intent 时，对动作进行检查，然后使用 updateAppWidgets 方法更新每个放置的小部件。确保调用了父类方法，以保证标准的小部件事件处理程序被触发：

```
public static final String NEW_QUAKE_BROADCAST =
  "com.paad.earthquake.NEW_QUAKE_BROADCAST";

@Override
public void onReceive(Context context, Intent intent){
  super.onReceive(context, intent);

  if (NEW_QUAKE_BROADCAST.equals(intent.getAction())) {
    PendingResult pendingResult = goAsync();

    AppWidgetManager appWidgetManager =
      AppWidgetManager.getInstance(context);
    ComponentName earthquakeWidget =
      new ComponentName(context, EarthquakeWidget.class);
    int[] appWidgetIds =
      appWidgetManager.getAppWidgetIds(earthquakeWidget);

    updateAppWidgets(context, appWidgetManager,
                     appWidgetIds, pendingResult);
  }
}
```

(12) 在 Earthquake Update Job Service 中，修改 onRunJob 方法，将广播发送给地震小部件，并使用步骤(11)中定义的动作字符串。请注意从 API 级别 26 开始，Broadcast Receiver 无法在应用清单中注册监听隐式的 Intent——所以要确保 Intent 能被 EarthquakeWidget 类显式地收到，并且设置了正确的动作字符串：

```
@Override
public int onRunJob(final JobParameters job) {
  // Result ArrayList of parsed earthquakes.
  ArrayList<Earthquake> earthquakes = new ArrayList<>(0);

  URL url;
  try {

    [... Download and parse the earthquake XML feed]
    [... Handle Notifications ...]

    EarthquakeDatabaseAccessor
      .getInstance(getApplicationContext())
      .earthquakeDAO()
      .insertEarthquakes(earthquakes);

    // Update the Earthquake Widget
    Intent newEarthquake = new Intent(this, EarthquakeWidget.class);
    newEarthquake.setAction(EarthquakeWidget.NEW_QUAKE_BROADCAST);
    sendBroadcast(newEarthquake);

    [ ...Handle future scheduling ... ]

    return RESULT_SUCCESS;
  }
  [... Exception Handling ...]
}
```

19.4 Collection View 小部件介绍

Collection View 小部件用于显示一组以列表、网格或堆栈形式呈现的数据，一般使用下列三种支持的 View：

- ListView——传统的显示很多条目的滚动列表。列表中的每一个条目显示为垂直滚动列表里的一行。
- GridView——二维滚动网格列表，每个条目显示在一个网格中。可以控制网格的列数、宽度和相应的间距。
- StackView——滑动卡片风格的 View，以堆栈的形式显示其中的子 View。它会自动循环里面的条目，将最上面的条目移动到后面，以显示下面的条目。用户也可以手动向上或向下滑动进行切换，以相应地显示前面或后面的条目。

图 19-3 显示了添加到主屏的一些小部件。

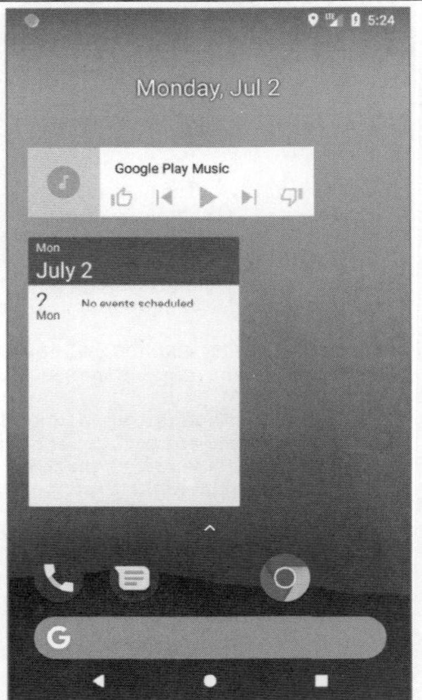

图 19-3

这些 View 都扩展了 AdapterView 类。因此，用于显示列表中每个条目的 UI 可以使用指定的任意布局；但是，显示每个条目的 UI 被限制为 App Widget 所支持的如下 View 和布局：

- FrameLayout
- LinearLayout
- RelativeLayout
- Button
- ImageButton
- ImageView
- ProgressBar
- TextView
- ViewFlipper

Collection View 小部件能用于显示任意的数据集，但是，当创建显示数据库数据的动态小部件时，它们会格外有用。

Collection View 小部件以实现常规 App Widget 的方式实现——使用 App Widget Provider Info 文件配置小部件设置，使用 Broadcast Receiver 定义小部件的行为，以及使用 Remote View 在运行时修改小部件。

除此之外，基于集合的 App Widget 还需要下列组件：

- 一个布局资源，定义集合内显示的每个条目的布局。
- 一个 RemoteViewsFactory 对象，通过填充每个条目的 View 来为小部件扮演 Adapter 的角色，使用条目的布局定义创建 Remote View，使用希望显示的底层数据填充 Remote View 中的元素。
- 一个 RemoteViewsService 对象，用于实例化并管理 Remote Views Factory。

通过使用这些组件，可以使用 Remote Views Factory 创建和更新每一个代表集合中条目的 View。这个过程会在 19.4.4 节“使用 Remote Views Service 填充 Collection View 小部件”中讲述。

19.4.1 创建 Collection View 小部件的布局

Collection View 小部件需要两个布局资源——其中一个包含堆栈、列表或网格 View，另一个表示堆栈、列表或网格中的每一个条目所使用的布局。

同普通的 App Widget 一样，最佳实践是定义外部 XML 布局资源，如代码清单 19-14 所示。

代码清单 19-14：定义小部件布局并使用 Stack Widget

```
<?xml version="1.0" encoding="utf-8"?>
<FrameLayout
  xmlns:android="http://schemas.android.com/apk/res/android"
  android:layout_width="match_parent"
  android:layout_height="match_parent">
  <StackView
    android:id="@+id/widget_stack_view"
    android:layout_width="match_parent"
    android:layout_height="match_parent"
  />
</FrameLayout>
```

代码清单 19-15 显示了一份布局资源，此布局资源描述了 StackView 小部件展示的每一个卡片的 UI。

代码清单 19-15：为 StackView 小部件中显示的每个条目定义布局

```
<?xml version="1.0" encoding="utf-8"?>
```

```
<RelativeLayout
  xmlns:android="http://schemas.android.com/apk/res/android"
  android:layout_width="match_parent"
  android:layout_height="match_parent"
  android:background="#FF555555">
  <TextView
    android:id="@+id/widget_text"
    android:layout_width="fill_parent"
    android:layout_height="wrap_content"
    android:layout_alignParentBottom="true"
    android:gravity="center_horizontal"
    android:text="Place holder text"
  />
  <TextView
    android:id="@+id/widget_title_text"
    android:layout_width="match_parent"
    android:layout_height="match_parent"
    android:layout_above="@id/widget_text"
    android:textSize="30sp"
    android:gravity="center"
   android:text="---"
  />
</RelativeLayout>
```

小部件布局会在 App Widget Provider Info 资源中使用，类似于任意 App Widget。Remote Views Factory 会使用条目的布局创建 View，用来代表底层集合中的每一个条目。

19.4.2 使用 Remote Views Factory 更新 Collection View

Remote Views Factory 用于创建和生成 View，这些 View 会显示在 Collection View 小部件中，从而高效地将它们和底层数据集合绑定起来。

要实现自己的 Remote Views Factory，请扩展 RemoteViewsFactory 类。

自己的实现需要充当自定义 Adapter 角色，从而填充 StackView、ListView 或 GridView 控件。代码清单 19-16 展示了一个简单的 Remote Views Factory 实现，该实现使用一个静态的 Array List 填充 View。注意，Remote Views Factory 无须知道会使用哪种 Collection View 小部件显示每个条目。

代码清单 19-16：创建 Remote Views Factory

```
class MyRemoteViewsFactory implements RemoteViewsService.RemoteViewsFactory {

  private ArrayList<String> myWidgetText = new ArrayList<String>();
  private Context context;
  private Intent intent;
  private int widgetId;

  public MyRemoteViewsFactory(Context context, Intent intent) {
    // Optional constructor implementation.
    // Useful for getting references to the
    // Context of the calling widget
    this.context = context;
    this.intent = intent;

    widgetId = intent.getIntExtra(AppWidgetManager.EXTRA_APPWIDGET_ID,
      AppWidgetManager.INVALID_APPWIDGET_ID);
  }

  // Set up any connections / cursors to your data source.
  // Heavy lifting, like downloading data should be
  // deferred to onDataSetChanged()or getViewAt().
  // Taking more than 20 seconds in this call will result
  // in an ANR.
  public void onCreate() {
    myWidgetText.add("The");
    myWidgetText.add("quick");
    myWidgetText.add("brown");
    myWidgetText.add("fox");
    myWidgetText.add("jumps");
    myWidgetText.add("over");
    myWidgetText.add("the");
    myWidgetText.add("lazy");
```

```
    myWidgetText.add("droid");
  }

  // Called when the underlying data collection being displayed is
  // modified. You can use the AppWidgetManager's
  // notifyAppWidgetViewDataChanged method to trigger this handler.
  public void onDataSetChanged() {
    // TO DO: Processing when underlying data has changed.
  }

  // Return the number of items in the collection being displayed.
  public int getCount() {
    return myWidgetText.size();
  }

  // Return true if the unique IDs provided by each item are stable --
  // that is, they don't change at run time.
  public boolean hasStableIds() {
    return false;
  }

  // Return the unique ID associated with the item at a given index.
  public long getItemId(int index) {
    return index;
  }

  // The number of different view definitions. Usually 1.
  public int getViewTypeCount() {
    return 1;
  }

  // Optionally specify a "loading" view to display before onDataSetChanged
  // has been called and returned. Return null to use the default.
  public RemoteViews getLoadingView() {
    return null;
  }

  // Create and populate the View to display at the given index.
  public RemoteViews getViewAt(int index) {
    // Create a view to display at the required index.
    RemoteViews rv = new RemoteViews(context.getPackageName(),
                          R.layout.widget_collection_item_layout);

    // Populate the view from the underlying data.
    rv.setTextViewText(R.id.widget_title_text,
                 myWidgetText.get(index));
    rv.setTextViewText(R.id.widget_text, "View Number: " +
                              String.valueOf(index));

    // Create an item-specific fill-in Intent that will populate
    // the Pending Intent template created in the App Widget Provider.
    Intent fillInIntent = new Intent();
    fillInIntent.putExtra(Intent.EXTRA_TEXT, myWidgetText.get(index));
    rv.setOnClickFillInIntent(R.id.widget_title_text, fillInIntent);

    return rv;
  }

  // Close connections, cursors, or any other persistent state you
  // created in onCreate.
  public void onDestroy() {
    myWidgetText.clear();
  }
}
```

19.4.3 使用 Remote Views Service 更新 Collection View

Remote Views Service 充当封装器的角色，用于实例化和管理 Remote Views Factory。而 Remote Views Factory 则为 Collection View 小部件提供其中显示的每一个 View，如前所述。

要创建 Remote Views Service，请扩展 RemoteViewsService 类，重写 onGetViewFactory 处理程序并返回一个新的 RemoteViewsFactory 实例，如代码清单 19-17 所示。

代码清单 19-17：创建 Remote Views Service

```
public class MyRemoteViewsService extends RemoteViewsService {

  @Override
  public RemoteViewsFactory onGetViewFactory(Intent intent) {
    return new MyRemoteViewsFactory(getApplicationContext(), intent);
  }

}
```

类似于其他任意 Service，需要使用 service 标签将 Remote Views Service 添加到应用清单中。为了阻止其他应用访问小部件，必须指定 android.permission.BIND_REMOTEVIEWS 权限，如代码清单 19-18 所示。

代码清单 19-18：将 Remote Views Service 添加到应用清单中

```
<service
  android:name=".MyRemoteViewsService"
  android:permission="android.permission.BIND_REMOTEVIEWS">
</service>
```

19.4.4 使用 Remote Views Service 填充 Collection View 小部件

Remote Views Factory 和 Remote Views Service 创建完之后，剩下的所有工作就是将 App Widget 布局中的 ListView、GridView 或 StackView 控件和 Remote Views Service 绑定。这可以使用一个 Remote View 来完成，通常是在 App Widget 实现类的 onUpdate 和 onEnabled 处理程序中通过调用静态方法 update 来完成。

请像更新标准 App Widget UI 一样，创建一个新的 Remote View 实例。使用 setRemoteAdapter 方法将 Remote Views Service 和小部件布局中的 ListView、GridView 或 StackView 控件绑定起来。

使用一个 Intent 指定 Remote Views Service，此 Intent 包含一个 Extra 值，该 Extra 值定义了需要关联的小部件的 ID：

```
Intent intent = new Intent(context, MyRemoteViewsService.class);
intent.putExtra(AppWidgetManager.EXTRA_APPWIDGET_ID, appWidgetId);

views.setRemoteAdapter(R.id.widget_stack_view, intent);
```

此 Intent 会被 Remote Views Service 中的 onGetViewFactory 方法接收，允许传递额外的参数给服务及其包含的 Factory。

setEmptyView 方法用来指定一个特定的 View，当且仅当数据集合为空时，这个 View 才会显示在原本显示 Collection View 的位置。

```
views.setEmptyView(R.id.widget_stack_view, R.id.widget_empty_text);
```

完成绑定流程之后，使用 App Widget Manager 的 updateAppWidget 方法将绑定行为应用到指定的小部件上。代码清单 19-19 展示了将小部件和 Remote Views Service 绑定的标准模式。

代码清单 19-19：将 Remove Views Service 和小部件绑定

```
static void updateAppWidget(Context context,
                            AppWidgetManager appWidgetManager,
                            int appWidgetId) {

  // Create a Remote View.
  RemoteViews views = new RemoteViews(context.getPackageName(),
                                      R.layout.widget_collection_layout);

  // Bind this widget to a Remote Views Service.
  Intent intent = new Intent(context, MyRemoteViewsService.class);
  intent.putExtra(AppWidgetManager.EXTRA_APPWIDGET_ID, appWidgetId);
  views.setRemoteAdapter(R.id.widget_stack_view, intent);

  // Specify a View within the Widget layout hierarchy to display
```

```
    // when the bound collection is empty.
    views.setEmptyView(R.id.widget_stack_view, R.id.widget_empty_text);

    // TO DO: Customize this Widgets UI based on configuration
    // settings etc.

    // Notify the App Widget Manager to update the widget using
    // the modified remote view.
    appWidgetManager.updateAppWidget(appWidgetId, views);
  }
```

19.4.5 为 Collection View 小部件中的条目添加交互性

出于效率原因，无法为 Collection View 小部件中显示的每个条目添加单独的 onClickPendingIntent 方法。当更新 Remote View 时，而是使用 setPendingIntentTemplate 方法指派一个模板 Intent 给小部件，如代码清单 19-20 所示。

代码清单 19-20：使用 Pending Intent 为 Collection View 小部件的每个条目添加 Click Listener

```
Intent templateIntent = new Intent(context, MainActivity.class);

templateIntent.putExtra(AppWidgetManager.EXTRA_APPWIDGET_ID, appWidgetId);

PendingIntent templatePendingIntent = PendingIntent.getActivity(
  context, 0, templateIntent, PendingIntent.FLAG_UPDATE_CURRENT);

views.setPendingIntentTemplate(R.id.widget_stack_view, templatePendingIntent);

appWidgetManager.updateAppWidget(appWidgetId, views);
```

Pending Intent 会在 Remote Views Service 实现类的 getViewAt 处理程序中被填充，该过程是通过调用 Remote Views 对象的 setOnClickFillInIntent 方法完成的，如代码清单 19-21 所示。

代码清单 19-21：为 Collection View 小部件显示的每个条目填充 Pending Intent 模板

```
// Create the item-specific fill-in Intent that will populate
// the Pending Intent template created in the App Widget Provider.
Intent fillInIntent = new Intent();
fillInIntent.putExtra(Intent.EXTRA_TEXT, myWidgetText.get(index));
rv.setOnClickFillInIntent(R.id.widget_title_text, fillInIntent);
```

填充的 Intent 通过 Intent.fillIn 方法应用到模板 Intent 中。将填充的 Intent 的内容复制到模板 Intent，并使用填充的 Intent 中定义的字段替换未定义的字段。已经有值的字段不会被覆盖。

当用户单击 Collection View 小部件中的某一条目时，相应的 Pending Intent 将会广播出去。

19.4.6 刷新 Collection View 小部件

App Widget Manager 中包含 notifyAppWidgetViewDataChanged 方法，此方法允许指定一个将要更新的小部件的 ID，以及小部件中数据源发生改变的 Collection View 的资源标识符：

```
appWidgetManager.notifyAppWidgetViewDataChanged(appWidgetIds, R.id.widget_stack_view);
```

这将导致相关的 Remote Views Factory 的 onDataSetChanged 方法被执行，然后是元数据调用，包括 getCount。最后，每一个 View 被重新创建。

19.4.7 创建地震 Collection View 小部件

在本例中，将为 Earthquake 应用添加第二个小部件。此小部件使用基于 ListView 的 Collection View 小部件显示一组最近发生的地震。

(1) 首先为 Collection View 小部件创建一个 XML 布局资源。将 quake_collection_widget.xml 文件保存在 res/layout 目录下。使用 FrameLayout 布局，并包含一个显示地震的 ListView，以及一个指示集合为空的 TextView：

```
<?xml version="1.0" encoding="utf-8"?>
<FrameLayout
  xmlns:android="http://schemas.android.com/apk/res/android"
  android:layout_width="match_parent"
  android:layout_height="match_parent">
  <ListView
    android:id="@+id/widget_list_view"
    android:layout_width="match_parent"
    android:layout_height="match_parent"
  />
  <TextView
    android:id="@+id/widget_empty_text"
    android:layout_width="match_parent"
    android:layout_height="match_parent"
    android:gravity="center"
    android:text="@string/widget_blank_details"
  />
</FrameLayout>
```

(2) 创建一个新的 EarthquakeListWidget 类，该类扩展了 AppWidgetProvider 类，并实现了启用和更新小部件的标准方法。你将返回到这个新类以将小部件和 Remote Views Service 绑定，从而显示每个地震的 View：

```
public class EarthquakeListWidget extends AppWidgetProvider {

  @Override
  public void onUpdate(Context context,
                       AppWidgetManager appWidgetManager,
                       int[] appWidgetIds) {
    PendingResult pendingResult = goAsync();
    updateAppWidgets(context, appWidgetManager,
                     appWidgetIds, pendingResult);
  }

  @Override
  public void onEnabled(Context context) {
    final PendingResult pendingResult = goAsync();

    AppWidgetManager appWidgetManager =
      AppWidgetManager.getInstance(context);
    ComponentName earthquakeListWidget =
      new ComponentName(context, EarthquakeListWidget.class);
    int[] appWidgetIds =
      appWidgetManager.getAppWidgetIds(earthquakeListWidget);

    updateAppWidgets(context, appWidgetManager,
                     appWidgetIds, pendingResult);
  }

  static void updateAppWidgets(final Context context,
                               final AppWidgetManager appWidgetManager,
                               final int[] appWidgetIds,
                               final PendingResult pendingResult) {
    Thread thread = new Thread() {
      public void run() {

        // TO DO: Set Widget Remote Views

        if (pendingResult != null)
          pendingResult.finish();
      }
    };
    thread.start();
  }
}
```

(3) 在 res/xml 目录下创建一个新的小部件定义文件，并命名为 quake_list_widget_info.xml。将最小更新频率设置为每天一次，并将小部件尺寸设置为两个单元格宽、一个单元格高(110dp × 40dp)，再将小部件设置为可调整宽高。使用步骤(1)中创建的小部件布局作为初始布局：

```
<?xml version="1.0" encoding="utf-8"?>
<appwidget-provider
  xmlns:android="http://schemas.android.com/apk/res/android"
```

```
  android:initialLayout="@layout/quake_collection_widget"
  android:minWidth="110dp"
  android:minHeight="40dp"
  android:updatePeriodMillis="8640000"
  android:resizeMode="vertical|horizontal"
/>
```

(4) 将小部件添加到应用清单中，并将 resource 字段指向步骤(3)中创建的小部件定义资源。另外，还需要包含一个 Intent Filter，用于过滤 App Widget 更新动作：

```
<receiver
  android:name=".EarthquakeListWidget"
  android:label="Earthquake List">
  <intent-filter>
    <action android:name="android.appwidget.action.APPWIDGET_UPDATE" />
  </intent-filter>
  <meta-data
    android:name="android.appwidget.provider"
    android:resource="@xml/quake_list_widget_info"
  />
</receiver>
```

(5) 创建一个新的 EarthquakeRemoteViewsService 类，该类扩展了 RemoteViewsService 类。EarthquakeRemoteViewsService 类包含一个内部类 EarthquakeRemoteViewsFactory，该内部类扩展了 RemoteViewsFactory 类，并且必须由 EarthquakeRemoteViewsService 类的 onGetViewFactory 处理程序返回：

```
public class EarthquakeRemoteViewsService extends RemoteViewsService {

  @Override
  public RemoteViewsFactory onGetViewFactory(Intent intent) {
    return new EarthquakeRemoteViewsFactory(this);
  }

  class EarthquakeRemoteViewsFactory implements RemoteViewsFactory {

    private Context mContext;

    public EarthquakeRemoteViewsFactory(Context context) {
      mContext = context;
    }

    public void onCreate() {
    }

    public void onDataSetChanged() {
    }

    public int getCount() {
      return 0;
    }

    public long getItemId(int index) {
      return index;
    }

    public RemoteViews getViewAt(int index) {
      return null;
    }

    public int getViewTypeCount() {
      return 1;
    }

    public boolean hasStableIds() {
      return true;
    }

    public RemoteViews getLoadingView() {
      return null;
    }

    public void onDestroy() {
    }
  }
}
```

(6) 更新 onDataSetChanged 处理程序以查询数据库：

```
private List<Earthquake> mEarthquakes;

public void onDataSetChanged() {
  mEarthquakes = EarthquakeDatabaseAccessor.getInstance(mContext)
                 .earthquakeDAO().loadAllEarthquakesBlocking();
}
```

(7) Earthquake Remote Views Factory 提供代表了 Widget 的 ListView 中每个地震的 View。完善 Factory 中的每个方法，并使用 Earthquake List 中的数据填充代表每个条目的 View。

a. 首先更新 getCount 方法以返回列表中地震的数量，并更新 getItemId 方法以返回与每个地震相关联的独一无二的数字标识符。

```
public int getCount() {
  if (mEarthquakes == null) return 0;
  return mEarthquakes.size();
}

public long getItemId(int index) {
  if (mEarthquakes == null) return index;
  return mEarthquakes.get(index).getDate().getTime();
}
```

b. 然后更新 getViewAt 方法。在此方法中，将会创建和填充用来表示 ListView 中每个地震的 View。使用为上个地震小部件创建的布局资源创建一个新的 RemoteViews 对象，使用指定的地震数据填充此对象：

```
public RemoteViews getViewAt(int index) {
  if (mEarthquakes != null) {
    // Extract the requested Earthquake.
    Earthquake earthquake = mEarthquakes.get(index);

    // Extract the values to be displayed.
    String id = earthquake.getId();
    String magnitude = String.valueOf(earthquake.getMagnitude());
    String details = earthquake.getDetails();

    // Create a new Remote Views object and use it to populate the
    // layout used to represent each earthquake in the list.
    RemoteViews rv = new RemoteViews(mContext.getPackageName(),
                             R.layout.quake_widget);

    rv.setTextViewText(R.id.widget_magnitude, magnitude);
    rv.setTextViewText(R.id.widget_details, details);

    // Create a Pending Intent that will open the main Activity.
    Intent intent = new Intent(mContext, EarthquakeMainActivity.class);
    PendingIntent pendingIntent =
      PendingIntent.getActivity(mContext, 0, intent, 0);

    rv.setOnClickPendingIntent(R.id.widget_magnitude, pendingIntent);
    rv.setOnClickPendingIntent(R.id.widget_details, pendingIntent);

    return rv;
  } else {
    return null;
  }
}
```

(8) 将 Earthquake Remote Views Service 添加到应用清单中，并包含 BIND_REMOTEVIEWS 权限：

```
<service
  android:name=".EarthquakeRemoteViewsService"
  android:permission="android.permission.BIND_REMOTEVIEWS">
</service>
```

(9) 回到 Earthquake List 小部件中，重写 updateAppWidgets 方法，并将 Earthquake Remote Views Service 附加到每个 Widget 上：

```
static void updateAppWidgets(final Context context,
                      final AppWidgetManager appWidgetManager,
                      final int[] appWidgetIds,
                      final PendingResult pendingResult) {
  Thread thread = new Thread() {
    public void run() {
      for (int appWidgetId: appWidgetIds) {
        // Set up the intent that starts the Earthquake
        // Remote Views Service, which will supply the views
        // shown in the List View.
        Intent intent =
          new Intent(context, EarthquakeRemoteViewsService.class);

        // Add the app widget ID to the intent extras.
        intent.putExtra(AppWidgetManager.EXTRA_APPWIDGET_ID, appWidgetId);

        // Instantiate the RemoteViews object for the App Widget layout.
        RemoteViews views
          = new RemoteViews(context.getPackageName(),R.layout.quake_collection_widget);

        // Set up the RemoteViews object to use a RemoteViews adapter.
        views.setRemoteAdapter(R.id.widget_list_view, intent);

        // The empty view is displayed when the collection has no items.
        views.setEmptyView(R.id.widget_list_view, R.id.widget_empty_text);

        // Notify the App Widget Manager to update the widget using
        // the modified remote view.
        appWidgetManager.updateAppWidget(appWidgetId, views);
      }
      if (pendingResult != null)
        pendingResult.finish();
    }
  };
  thread.start();
}
```

(10) 最后一步是改进小部件，每当有新的地震被添加到数据库中时，更新小部件。在 Earthquake Update Job Service 中，修改 onRunJob 方法，广播发送一个 Intent 给新的小部件：

```
@Override
public int onRunJob(final JobParameters job) {
  // Result ArrayList of parsed earthquakes.
  ArrayList<Earthquake> earthquakes = new ArrayList<>(0);

  URL url;
  try {

    [... Download and parse the earthquake XML feed]
    [... Handle Notifications ...]

    EarthquakeDatabaseAccessor
      .getInstance(getApplicationContext())
      .earthquakeDAO()
      .insertEarthquakes(earthquakes);

    // Update the Earthquake Widget
    Intent newEarthquake = new Intent(this, EarthquakeWidget.class);
    newEarthquake.setAction(EarthquakeWidget.NEW_QUAKE_BROADCAST);
    sendBroadcast(newEarthquake);

    // Update the Earthquake List Widget
    Intent newListEarthquake = new Intent(this,
                                EarthquakeListWidget.class);
    newListEarthquake.setAction(EarthquakeWidget.NEW_QUAKE_BROADCAST);
    sendBroadcast(newListEarthquake);

    [ ...Handle future scheduling ... ]

    return RESULT_SUCCESS;
  }
  [... Exception Handling ...]
}
```

(11) 在 Earthquake List 小部件中重写 OnReceive 处理程序，监听请求更新的 Intent，然后使用 App Widget

Manager 的 notifyAppWigetViewDataChanged 方法触发 ListView 的更新：

```
@Override
public void onReceive(final Context context, final Intent intent) {
  super.onReceive(context, intent);

  if (EarthquakeWidget.NEW_QUAKE_BROADCAST.equals(intent.getAction())) {
    AppWidgetManager appWidgetManager =
      AppWidgetManager.getInstance(context);
    ComponentName earthquakeListWidget =
      new ComponentName(context, EarthquakeListWidget.class);
    int[] appWidgetIds =
      appWidgetManager.getAppWidgetIds(earthquakeListWidget);

    // Notify the Earthquake List Widget that it should be refreshed.
    final PendingResult pendingResult = goAsync();
    appWidgetManager.notifyAppWidgetViewDataChanged(appWidgetIds,
      R.id.widget_list_view);
  }
}
```

图 19-4 显示了添加到主屏的 Earthquake Collection View 小部件。

图 19-4

19.5 创建 Live Wallpaper

Live Wallpaper(活动壁纸)使你能够创建动态的、可交互的主屏背景。Live Wallpaper 使用 SurfaceView 渲染动态变化且能与之实时交互的动态画面。Live Wallpaper 能够监听屏幕触摸事件，并对事件做出反应——让用户直接与主屏背景交互。

为了创建 Live Wallpaper，需要下列三个组件：

- 描述与 Live Wallpaper 相关联的元数据的 XML 资源，尤其是作者、描述以及显示在 Live Wallpaper 选择器中的缩略图。
- Wallpaper Service 的实现，用来封装、实例化以及管理 Wallpaper Service Engine。
- Wallpaper Service Engine 的实现(通过 Wallpaper Service 返回)，它定义了 Live Wallpaper 的 UI 和交互行为。大部分 Live Wallpaper 的实现将存在于 Wallpaper Service Engine 中。

19.5.1 创建 Live Wallpaper 定义资源

Live Wallpaper 定义资源是存放在 res/xml 目录中的 XML 文件。资源标识符是文件名，不包括 XML 扩展名。在 wallpaper 标签下使用各种属性以定义作者姓名、描述以及显示在 Live Wallpaper 相册中的缩略图。

代码清单 19-22 显示了一个 Live Wallpaper 定义资源。

代码清单 19-22：Live Wallpaper 定义资源

```
<wallpaper xmlns:android="http://schemas.android.com/apk/res/android"
  android:author="@string/author"
  android:description="@string/description"
  android:thumbnail="@drawable/wallpapericon"
/>
```

注意，author 和 description 属性的值必须使用字符串资源的引用，不可以使用字符串字面量。

也可以使用 settingsActivity 标签指定一个 Activity，当此 Activity 启动后，可以修改 Live Wallpaper 的设置，这非常类似用于修改 App Widget 设置的配置 Activity：

```
<wallpaper xmlns:android="http://schemas.android.com/apk/res/android"
  android:author="@string/author"
  android:description="@string/description"
  android:thumbnail="@drawable/wallpapericon"
  android:settingsActivity="com.paad.mylivewallpaper.WallpaperSettings"
/>
```

在 Live Wallpaper 即将被添加到主屏之前，此 Activity 会启动，并允许用户配置此壁纸的设置。

19.5.2 创建 Wallpaper Service Engine

在 WallpaperService.Engine 类中可以定义 Live Wallpaper 的行为。Wallpaper Service Engine 包含一个 SurfaceView，可以将 Live Wallpaper 绘制在它的上面，还包含若干处理程序，用于告知你触摸事件及主屏滑动偏移变化。

SurfaceView 是专门的绘制画布，支持来自后台线程的更新，这使得它成为创建平滑、动态以及交互性图形的理想选择。

要实现自己的 Wallpaper Service Engine，请扩展 WallpaperService.Engine 类，如代码清单 19-23 所示。注意，Wallpaper Service Engine 必须在 WallpaperService 类中实现。我们将在 19.5.3 节详细探索 Wallpaper Service。

代码清单 19-23：Wallpaper Service Engine 的框架代码

```
public class MyWallpaperService extends WallpaperService {

  @Override
  public Engine onCreateEngine() {
    return new MyWallpaperServiceEngine();
  }

  public class MyWallpaperServiceEngine extends WallpaperService.Engine {

    private static final int FPS = 30;
    private final Handler handler = new Handler();

    @Override
    public void onCreate(SurfaceHolder surfaceHolder) {
      super.onCreate(surfaceHolder);
      // TO DO: Handle initialization.
    }

    @Override
    public void onOffsetsChanged(float xOffset, float yOffset,
                                 float xOffsetStep, float yOffsetStep,
                                 int xPixelOffset, int yPixelOffset) {
      super.onOffsetsChanged(xOffset, yOffset, xOffsetStep, yOffsetStep,
```

```
                    xPixelOffset, yPixelOffset);
      // Triggered whenever the user swipes between multiple
      // home-screen panels.
    }

    @Override
    public void onTouchEvent(MotionEvent event) {
      super.onTouchEvent(event);
      // Triggered when the Live Wallpaper receives a touch event
    }

    @Override
    public void onSurfaceCreated(SurfaceHolder holder) {
      super.onSurfaceCreated(holder);
      // TO DO: Surface has been created, begin the update loop that will
      // update the Live Wallpaper.
      drawFrame();
    }

    @Override
    public void onSurfaceDestroyed(SurfaceHolder holder) {
      handler.removeCallbacks(drawSurface);
      super.onSurfaceDestroyed(holder);
    }

    private synchronized void drawFrame() {
      final SurfaceHolder holder = getSurfaceHolder();

      if (holder != null && holder.getSurface().isValid()) {
        Canvas canvas = null;
        try {
          canvas = holder.lockCanvas();
          if (canvas != null) {
            // Draw on the Canvas!
          }
        } finally {
          if (canvas != null && holder != null)
            holder.unlockCanvasAndPost(canvas);
        }

        // Schedule the next frame
        handler.removeCallbacks(drawSurface);
      }
      handler.postDelayed(drawSurface, 1000 / FPS);
    }

    // Runnable used to allow you to schedule frame draws.
    private final Runnable drawSurface = new Runnable() {
      public void run() {
        drawFrame();
      }
    };
  }
}
```

必须等待 Surface 完成初始化——onSurfaceCreated 处理程序被调用则表示初始化完成——然后才可以开始在 Surface 上进行绘制。

Surface 创建完毕后，可以开始循环绘制以更新 Live Wallpaper 的 UI。代码清单 19-23 中的代码在上一帧绘制结束时开始新一帧的绘制。本例中重新绘制的频率由指定的帧率确定。

也可以重写 onTouchEvent 和 onOffsetsChanged 处理程序，为 Live Wallpaper 添加交互性。

19.5.3 创建 Wallpaper Service

虽然 Live Wallpaper 所有的绘制和交互都在 Wallpaper Service Engine 中处理，但是 WallpaperService 类用于实例化、持有和管理 Wallpaper Service Engine。

请扩展 WallpaperService 类，并重写 onCreateEngine 处理程序以返回一个新的自定义 Wallpaper Service Engine 实例，如代码清单 19-24 所示。

代码清单 19-24：创建 Wallpaper Service

```
public class MyWallpaperService extends WallpaperService {

  @Override
  public Engine onCreateEngine() {
    return new MyWallpaperServiceEngine();
  }

  [... Wallpaper Engine Implementation ...]

}
```

创建 Wallpaper Service 之后，使用 service 标签将其添加到应用清单中。

Wallpaper Service 必须包含一个 Intent Filter 以监听 android.service.wallpaper.WallpaperService 这个动作。它还包含一个 meta-data 节点，其中 name 属性的值为 android.service.wallpaper，将 19.5.2 节描述的资源文件指定为 resource 属性的值。

Wallpaper Service 还必须包含 android.permission.BIND_WALLPAPER 权限。代码清单 19-35 展示了如何将代码清单 19-34 中的 Wallpaper Service 添加到应用清单中。

代码清单 19-25：将 Wallpaper Service 添加到清单中

```
<service
  android:name=".MyWallpaperService"
  android:permission="android.permission.BIND_WALLPAPER">
  <intent-filter>
    <action android:name=
      "android.service.wallpaper.WallpaperService" />
  </intent-filter>
  <meta-data
    android:name="android.service.wallpaper"
    android:resource="@xml/mylivewallpaper"
  />
</service>
```

19.6 创建 App 快捷方式

App 快捷方式在 Android 7.1 Nougat(API 级别 25)中引入，它允许你创建快捷方式，并直接从主屏或 App 启动器链接到应用中的功能。

如果某个应用支持快捷方式，则在 App 启动器或主屏上长按应用图标，快捷方式就会显示。快捷方式出现时如图 19-5 所示。

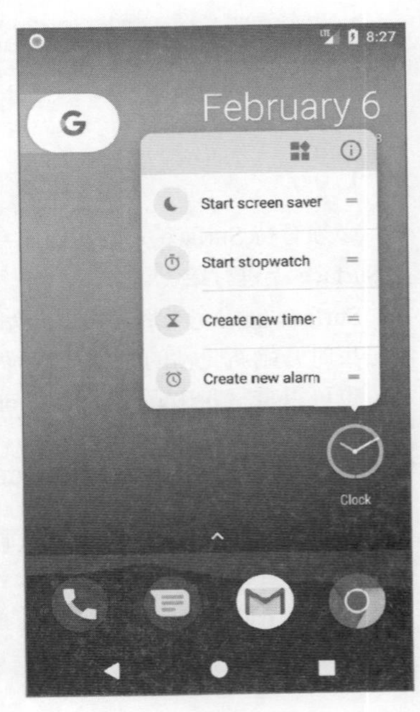

图 19-5

一旦可见，用户就可通过长按、拖曳，然后释放特定的快捷方式，将 App 快捷方式直接固定在主屏上。

选中快捷方式会启动相应的 Intent，这其实是启动应用的任务、动作或功能的一种非常有效的捷径。虽然应用在任意时刻最多能提供五个快捷方式，但是设计概要强烈建议最多只提供四个快捷方式。

通过提供容易发现的快捷方式，并且让快捷方式指向应用的重要功能，快捷方式成了增加用户交互的有力武器。当创建快捷方式时，应该专注于暴露应用的关键功能——尤其是复杂、多步或耗时的动作。

例如，Google 在自己的应用中提供了发送文本消息、开导航去上班/回家、自拍以及拨打特定联系人的 App 快捷方式。

App快捷方式与系统以及其他第三方应用的图标和快捷方式一起，显示在启动器和主屏中。因此，遵守设计概要以确保快捷方式使用的图标在视觉上与其他快捷方式一致，这一点非常重要。可以通过如下链接找到 Google 的 App 快捷方式设计概要：commondatastorage.googleapis.com/

androiddevelopers/shareables/design/app-shortcuts-design-guidelines.pdf。

在定义 App 快捷方式时，Android 支持两种方式：静态和动态快捷方式。

19.6.1 静态快捷方式

静态快捷方式用于提供指向通用、核心功能的链接——例如，撰写新消息或远程触发报警。顾名思义，静态快捷方式不可以在应用运行时被修改。鉴于能提供的 App 快捷方式数量有限，应当确保静态快捷方式始终是常用且相关的。如果不是这种情形，请考虑使用动态快捷方式。

静态快捷方式以资源的形式定义，并以 XML 文件的形式存储。传统上，此资源被命名为 shortcuts.xml。鉴于 App 快捷方式在 API 级别 25 中引入，所以将它们放置在 res/xml-v25 目录中是好的实践。

创建 App 快捷方式时，请使用 shortcuts 标签作为根节点，里面包含一个或多个 shortcut 标签，其中每一个 shortcut 标签分别对应一个静态快捷方式。

如代码清单 19-26 所示，其中包含唯一的快捷方式标识符、图标、文字、禁用时的消息，以及当快捷方式选中时启动的 Intent。注意，还必须指定 category 属性——编写本书时只支持 android.shortcut. conversation。

代码清单 19-26：定义静态快捷方式

```
<?xml version="1.0" encoding="utf-8"?>
<shortcuts xmlns:android="http://schemas.android.com/apk/res/android">
  <shortcut
    android:shortcutId="orbitnuke"
    android:enabled="true"
    android:icon="@drawable/nuke_icon"
    android:shortcutShortLabel="@string/orbitnuke_shortcut_short_label"
    android:shortcutLongLabel="@string/orbitnuke_shortcut_long_label"
    android:shortcutDisabledMessage="@string/orbitnuke_shortcut_disabled">
    <intent
      android:action="android.intent.action.VIEW"
      android:targetPackage="com.professionalandroid.apps.aliens"
      android:targetClass="com.professionalandroid.apps.aliens.NukeActivity"/>
    <categories android:name="android.shortcut.conversation" />
  </shortcut>
</shortcuts>
```

启动器会为每个可用的快捷方式显示图标和文字，参见前面的 19-5。简短的标题应该使用大约 10 个字符，较长的标题最多可以使用 25 个字符。当有足够空间时才会显示较长的标题。

如果静态快捷方式固定在主屏上，之后又在应用的后续版本中移除，那么任何已固定的静态快捷方式仍会保留在桌面上，但将被自动禁用，并显示预先指定的禁用状态提示信息。

在定义了 App 快捷方式资源之后，必须将它们添加到应用中，请在 meta-data 标签中添加 resource 属性，值为快捷方式资源，并添加 name 属性，值为 android.app.shortcuts，如代码清单 19-27 所示。

代码清单 19-27：将快捷方式资源添加到应用清单中

```
<activity
  android:name=".MainActivity">
  <intent-filter>
    <action android:name="android.intent.action.MAIN"/>
    <category android:name="android.intent.category.LAUNCHER"/>
  </intent-filter>
  <meta-data
    android:name="android.app.shortcuts"
    android:resource="@xml/shortcuts"
  />
</activity>
```

19.6.2 动态快捷方式

使用 Shortcut Manager 系统服务可以在运行时生成、修改和移除动态快捷方式：

```
ShortcutManager shortcutManager = getSystemService(ShortcutManager.class);
```

应该保证动态快捷方式始终指向当前条件下最可能使用的功能，例如，拨打指定联系人的电话或导航到某个指定地点。

要在运行时修改可用的动态快捷方式，可使用 Shortcut Manager 的如下方法：

- setDynamicShortcuts——用新的动态快捷方式列表替换现有的快捷方式列表。
- addDynamicShortcuts——将一个或多个快捷方式添加到现有列表中。
- updateShortcuts——基于列表中传入的标识符，更新现有列表中的动态快捷方式。
- removeDynamicShortcuts——基于列表中传入的标识符，对应地移除现有列表中的动态快捷方式。
- removeAllDynamicShortcuts——移除当前设置的所有动态快捷方式。

要创建新的快捷方式以进行添加或更新，如代码清单 19-28 所示，请使用 ShortcutInfo.Builder 指定图标、文字和启动 Intent。注意，启动 Intent 必须包含一个动作，可以使用 Intent 解析，而不指向特定的 Activity。

代码清单 19-28：创建和添加动态快捷方式

```
ShortcutManager shortcutManager
  = (ShortcutManager) getSystemService(Context.SHORTCUT_SERVICE);
Intent navIntent = new Intent(this, MainActivity.class);
navIntent.setAction(Intent.ACTION_VIEW);
navIntent.putExtra(DESTINATION_EXTRA, destination);

String id = "dynamicDest" + destination;

ShortcutInfo shortcut =
  new ShortcutInfo.Builder(this, id)
  .setShortLabel(destination)
  .setLongLabel("Navigate to " + destination)
  .setDisabledMessage("Navigation Shortcut Disabled")
  .setIcon(Icon.createWithResource(this, R.mipmap.ic_launcher))
  .setIntent(navIntent)
  .build();

shortcutManager.setDynamicShortcuts(Arrays.asList(shortcut));
```

如果将一个已存在于活动列表中的快捷方式传入设置或添加动态快捷方式的方法中，那么它会相应地被更新。

当更新动态快捷方式时，很重要的一点是保持快捷方式的语义为最新状态。例如，如果快捷方式将发送消息给指定的联系人，那么可以将快捷方式更新为显示那位联系人的资料图片，而不是发送消息给另一个联系人。如果语义发生变化，就应该移除旧的快捷方式，并使用新的唯一标识符添加新的快捷方式。

该流程很重要，因为虽然在任一时刻只能提供 5 个快捷方式以供用户选择，但用户能够将快捷方式固定在桌面上，图 19-6 所示。

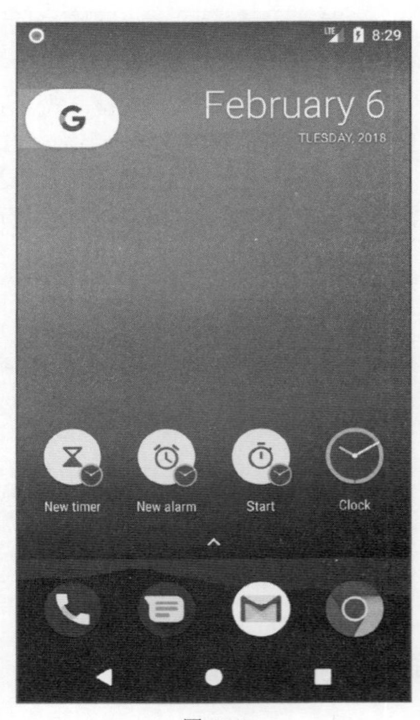

图 19-6

只要用户愿意，他们能够根据自己的需要添加多个快捷方式到桌面上，而且无法在代码中动态地将它们移除。一旦快捷方式被固定在桌面上，即使在运行时将它从动态快捷方式列表中移除，它的图标和行为仍然会与最初定义时保持一致。不过，调用 updateShortcuts 方法仍然能够用于修改固定的快捷方式，即使它已经存在于动态快捷方式列表中。

虽然无法为用户移除固定的快捷方式，但在某些情况下，之前固定的快捷方式不再有效——例如，如果快捷方式指向的功能或相关的内容已经从应用中移除——可以使用 disableShortcuts 方法，并传入要禁用的快捷方式的标识符列表，还可传入要显示的禁用消息作为可选参数，以禁用快捷方式：

```
shortcutManager.disableShortcuts(Arrays.asList("Id1", "Id2"),"Functionality Removed");
```

19.6.3　追踪 App 快捷方式的使用

当根据启动器或主屏预测在某一时刻哪些快捷方式最有可能被使用时，App 快捷方式的顺序或可用性会有所不同。

这些预测基于每个快捷方式或快捷方式指向的功能的使用历史来完成。

请使用 Shortcut Manager 的 reportShortcutUsed 方法，并传入相应的快捷方式 ID，以表示用户手动执行了一个动作，并且有一个快捷方式能执行此动作：

```
shortcutManager.reportShortcutUsed("Id1");
```

无论动作是由用户启动还是由快捷方式启动，都应该调用 reportShortcutUsed 方法，以确保预测引擎对快捷方式指向的动作的使用情况有完整的记录，以便在正确的时间显示最合适的快捷方式。

第20章

高级 Android 开发

本章主要内容：

- 使用权限保护 Android
- 使用指纹传感器验证身份
- 保证向后及向前的硬件和软件兼容性
- 使用严格模式提高应用性能
- 启用电话拨打和创建新的拨号器
- 监控手机状态和呼入电话
- 使用 Intent 发送短信和彩信
- 使用 SMS Manager 发送短信
- 处理接收到的短信

本章可供下载的代码可以在 www.wrox.com 上找到。本章的代码放在如下压缩文件中：

- Snippets_ch20.zip
- Emergency_Responder.zip

20.1 高级 Android

本章将回顾前几章提到的某些可能性，并为 Android 开发人员介绍某些高级选项。

本章首先详细讲解安全性——尤其是权限如何工作、如何定义自己的权限、如何使用它们保护自己的应用以及包含的数据。

接下来讲解如何构建在一系列软硬件平台上向后和向前兼容的应用，并研究如何使用严格模式，以发现应用中的低效之处。

我们还将介绍 Android 的电话 API，学习如何使用它们拨打电话、监控手机状态、接收呼入电话的广播 Intent。最后学习 Android 的短信功能，该功能允许在应用中发送和接收短信。使用该 Android API，可以创建自己的短信客户端应用，以替代本地客户端，并作为软件堆栈的一部分。也可以在自己的应用中集成短信收发功能。

20.2 偏执的 Android

Android 的大部分安全性由底层的 Linux 内核提供。应用的文件和资源通过沙箱封装给它们的所有者，使得其他应用无法访问它们。Android 使用 Intent、Service、Content Provider 放松这些严格的进程边界，并使用权限维护应用级别的安全性。

前面的章节使用权限系统请求对本地系统服务的访问，包括基于位置的服务、原生的 Content Provider、摄像头——方法是使用 uses-permission 应用清单标签和运行时权限请求。

下面将更详细地介绍 Linux 安全模型和 Android 权限系统。

20.2.1 Linux 内核安全性

每个 Android 安装包在安装过程中都会被分配唯一的 Linux 用户 ID，它的作用是将进程及其创建的资源放在沙箱中，这样它将不会影响其他应用(或受其他应用影响)。

由于此内核级安全性的存在，必须采取额外的步骤以便在应用间通信，或者访问它们包含的文件和资源。Content Provider、Intent、Service 和 AIDL 接口都可以用来开启一个通道，该通道允许数据在应用之间传输。为了保证信息不会“泄露”给非预期的接收者，可以使用 Android 权限在两端充当边防警卫以控制数据传输。

20.2.2 再述权限

权限是一种应用级别的安全机制，允许限制对应用组件的访问。权限用于阻止恶意软件破坏数据、访问敏感信息，或者过度(或未授权地)使用硬件资源或外部通信渠道。

如前几章所述，Android 的很多原生组件都有权限要求。Android 的原生 Activity 和 Service 所使用的权限字符串可以在 android.Manifest.permission 类的静态常量中找到。

为了使用受权限保护的组件，需要在应用清单中添加 uses-permission 标签，并指明应用需要的权限字符串。

安装一个包时，Android 会分析应用清单中请求的权限，由受信任的机构和用户反馈进行检查，以授予(或拒绝)这些权限。

在 Android 6.0 Marshmallow(API 级别 23)上，对标记为危险的权限添加了额外的要求——包括访问潜在敏感信息的权限，比如 PII(身份识别信息)和位置这些敏感信息。

标记为危险的权限需要通过运行时权限请求进行显式批准，当应用第一次访问时，用户可以接收这些请求。

每次尝试访问被危险权限保护的信息时，都必须使用 ActivityCompat.checkSelfPermission 方法，并传入相应的权限常量，以确定是否已授予访问权限。如果用户权限被授予，此方法将返回 PERMISSION_GRANTED。如果用户拒绝(或者还未授予)，此方法将返回 PERMISSION_DENIED。

```
int permission = ActivityCompat.checkSelfPermission(this,
                 Manifest.permission.READ_CONTACTS);

if (permission==PERMISSION_GRANTED) {
  // Access the Content Provider
} else {
  // Request the permission or
  // display a dialog showing why the function is unavailable.
}
```

要显示系统自带的运行时权限请求对话框，可以调用 ActivityCompat.requestPermission 方法，并指明需要的权限：

```
ActivityCompat.requestPermissions(this,
  new String[]{Manifest.permission.READ_CONTACTS},
  CONTACTS_PERMISSION_REQUEST);
```

这将显示一个无法定制的标准 Android 对话框。当用户授予或拒绝运行时请求，并返回到 onRequestPermissionsResult 处理程序时，会收到回调。

```
@Override
public void onRequestPermissionsResult(int requestCode,
                                       @NonNull String[] permissions,
                                       @NonNull int[] grantResults) {
  super.onRequestPermissionsResult(requestCode, permissions, grantResults);
  // TO DO: React to granted/denied permissions.
}
```

1. 声明和执行权限

我们也可以定义自己的权限，使用它们保护自己的应用组件。

在给应用组件指定新的权限之前，必须在应用清单中使用 permission 标签定义权限，如代码清单 20-1 所示。

代码清单 20-1：声明新的权限

```
<permission
  android:name="com.professionalandroid.DETONATE_DEVICE"
  android:protectionLevel="dangerous"
  android:label="Self Destruct"
  android:description="@string/detonate_description">
</permission>
```

在 permission 标签内，可以指定权限允许的访问级别：

- normal——应用清单中的 uses-permission 节点若包含此级别，则可以在安装过程中授予该权限。
- dangerous——在应用中第一次使用时，必须由用户明确地授予该权限。
- signature——只能授予使用同一签名证书的应用。

还可以提供标签和外部资源，其中包含的内容将解释授予此权限的风险。

为了在应用中为组件定义定制的权限，需要在它们的应用清单节点中添加 permission 属性。权限约束可以在整个应用中强制执行，最有效的位于应用的接口边界处，例如：

- Activity——添加权限以限制其他应用启动特定 Activity 的能力。
- Broadcast Receiver——添加权限以控制哪些应用可以给接收者发送 Intent。
- Intent——添加权限以控制哪个广播接收者可以接收特定的 Intent。
- Content Provider——添加权限以限制对 Content Provider 的读写操作。
- Service——添加权限以限制其他应用开启或绑定某一服务的能力。

在每种情况下，都可以给应用清单中的应用组件添加 permission 属性，指明访问每个组件所需的权限字符串。代码清单 20-2 显示了摘录的应用清单，需要代码清单 20-1 中定义的权限才能启动 Activity、Service 或 Broadcast Receiver。

代码清单 20-2：强制执行权限请求

```
<activity
  android:name=".MyActivity"
  android:label="@string/app_name"
  android:permission="com.professionalandroid.DETONATE_DEVICE">
</activity>

<service
  android:name=".MyService"
  android:permission="com.professionalandroid.DETONATE_DEVICE">
</service>

<receiver
  android:name=".MyReceiver"
  android:permission="com.professionalandroid.DETONATE_DEVICE">
</receiver>
```

Content Provider 允许设置 readPermission 和 writePermission 属性，以提供对读/写操作更精细的控制：

```
<provider
  android:name=".HitListProvider"
```

```
  android:authorities="com.professionalandroid.hitlistprovider"
  android:writePermission="com.professionalandroid.ASSIGN_KILLER"
  android:readPermission="com.professionalandroid.LICENSED_TO_KILL"
/>
```

2. 广播 Intent 时强制执行权限

除了对 Broadcast Receiver 接收的 Intent 要求权限，还可以对广播的每个 Intent 附加权限要求。当广播含有敏感信息的 Intent 时，这将是一种很好的实践方式。

在这种情况下，最佳实践是请求 signature 权限，以保证只有与宿主应用签名相同的应用才能接收到广播。

```
<permission
  android:name="com.professionalandroid.SECRET_DATA"
  android:protectionLevel="signature"
  android:label="Secret Data Transfer"
  android:description="@string/secret_data_description">
</permission>
```

当调用 sendBroadcast 时，可以提供 Broadcast Receiver 以接收 Intent 所需的权限字符串：

```
sendBroadcast(myIntent, "com.professionalandroid.SECRET_DATA");
```

20.2.3　在 Android Keystore 中存储密钥

Android Keystore 系统提供了一个容器，应用可以将敏感的密钥安全地存储在该容器内，使密钥免于未授权的访问与使用。Android Keystore 用来防止应用进程和 Android 设备获取密钥。

为了进一步防止潜在的未经授权地使用密钥，应用需要指定存储在密钥库中的密钥的授权使用情况，包括加密要求、密钥被授权的有限次数，以及在提供访问之前要求用户最近通过身份验证。

对 Android Keystore 的访问通过两个 API 提供：Keychain API 和 Android Keystore Provider。Keychain API 提供系统级凭证的存储和访问，并允许多个应用在用户同意的条件下使用同一个凭证集合。

Android Keystore Provider 允许应用存储它们自己的凭证，并限制访问存储密钥的应用。不同于 Keychain API，使用 Keystore Provider 的应用不需要用户交互以获取它们存储的凭证。

创建、存储和获取存储在 Android Keystore 中的密钥，这些内容超出了本书的范围。关于这些主题和 Android Keystore 系统的详细信息，可以在如下链接中找到：d.android.com/training/articles/keystore.html。

20.2.4　使用指纹传感器

Android 6.0 Marshmallow (API 级别 23)引入了新的 API，以支持使用设备上的指纹扫描器验证用户的身份。

要在应用中包含指纹认证，首先必须将 USE_FINGERPRINT 权限添加到应用清单中。

```
<uses-permission android:name="android.permission.USE_FINGERPRINT"/>
```

在应用中，使用 getSystemService 方法，传入 FingerPrintManager.class，以获取 FingerprintManager 类的一个实例。

也可以使用 FingerprintManagerCompat 类以支持向后兼容，调用 from 方法以获取一个基于 Context 的实例：

```
mFingerprintManager = FingerprintManagerCompat.from(this);
```

使用 FingerprintManager 类的 authenticate 方法验证用户身份，传入可选的 Crypto Object 和 Cancellation Signal 对象，以及一个 Authentication Callback 实现：

```
mFingerprintManager.authenticate(
  null, /* or mCryptoObject*/
  0,    /* flags */
  null, /* or mCancellationSignal */
  mAuthenticationCallback,
  null);
```

可以提供一个 Cancellation Signal 对象，以取消正在进行的验证。如果希望使用指纹验证将 Android Keystore 中的相应密钥标记为已验证，可传入 Crypto Object 对象。如果提供了 Crypto Object 参数，它将被验证，并在

Authentication Callback 的 Authentication Result 中返回。

验证结果使用 onAuthenticationError、onAuthenticationHelp、onAuthenticationFailed 和 onAuthenticationSuccessad 处理程序返回到 FingerprintManagerCompatcompat.AuthenticationCallback 类的实现中：

```
FingerprintManagerCompat.AuthenticationCallback mAuthenticationCallback
  = new FingerprintManagerCompat.AuthenticationCallback() {

  @Override
  public void onAuthenticationError(int errMsgId, CharSequence errString) {
    // TO DO: Handle authentication error.
    Log.e(TAG, "Fingerprint authentication error: " + errString);
  }

  @Override
  public void onAuthenticationHelp(int helpMsgId, CharSequence helpString) {
    // TO DO: Handle authentication help.
    Log.d(TAG, "Fingerprint authentication help required: " + helpString);
  }

  @Override
  public void onAuthenticationFailed() {
    // TO DO: Handle authentication failure.
    Log.d(TAG, "Fingerprint authentication failed.");
  }

  @Override
  public void onAuthenticationSucceeded(
              FingerprintManagerCompat.AuthenticationResult result) {
    super.onAuthenticationSucceeded(result);
    // TO DO: Handle authentication success.
    Log.d(TAG, "Fingerprint authentication succeeded.");
  }
};
```

应用必须使用标准的 Android 指纹图标实现指纹验证的 UI。

使用 Fingerprint API 验证购买流程的完整例子，包括 Android 指纹图标(ic_fp_40px.png)，可以在 Fingerprint Dialog 范例中找到，网址是 github.com/googlesamples/android-FingerprintDialog/。

20.3 处理不同的软硬件可用性

从智能手机到平板电脑，再到可穿戴设备和电视，运行 Android 的硬件越来越多样化。每个新设备都可能代表着一种硬件配置或软件平台。这种灵活性是 Android 成功的一个重要因素，但正因为如此，我们不能对安装和运行应用的设备有哪些软硬件做任何假定。

为了缓解这个问题，Android 平台版本会向前兼容——意味着在很多情形下，在特定的软硬件创新出现之前，设计的应用仍然能够使用，而无须做任何改动。

Android 平台版本也向后兼容，意味着应用仍然能工作在新的软硬件版本上，同样无须升级应用。

有了向前和向后兼容性，当平台更新时，Android 应用仍能继续工作，甚至潜在地利用新的软硬件功能。

也就是说，每个平台版本都包括新的 API 和平台特性。类似地，也会有新的硬件出现。软硬件的更新都会提供新的特性，以提升应用的特性和用户体验。

要想利用这些新特性，且仍然支持运行旧平台的硬件，需要确保应用也是向后兼容的。

类似地，Android 设备的硬件平台也各不相同，这意味着不能对有什么硬件做任何假定。

下面讲述如何指定某些需要的硬件，如何在运行时检查硬件的可用性，以及如何构建向后兼容的应用。

20.3.1 指定所需的硬件

应用对硬件的需求一般分为两类：第一类为了是使应用有使用价值所必需的硬件；第二类硬件并非严格必需的，但如果硬件可用的话，它们将很有用。第一类代表着围绕着某一特定硬件构建的应用，例如，一款摄像头应用在没有摄像头的设备上没有用处。

为了指定某个硬件功能是安装应用的必要条件，需要在应用清单中添加 uses-feature 节点：

```
<uses-feature android:name="android.hardware.sensor.compass"/>
<uses-feature android:name="android.hardware.camera"/>
```

如果某一硬件对于应用不是必需的，并且应用并不支持该硬件的某些配置，也可以使用 uses-feature 节点。例如，一款需要倾角传感器或触摸屏进行控制的游戏。

注意：
对应用设置的硬件限制越多，应用潜在的目标用户越少。所以，最好将硬件条件限制在支持核心功能所需的范围内。

20.3.2　确认硬件的可用性

对于有用但并不必需的硬件，需要在运行时查询宿主硬件平台以确定哪些硬件可用。PackageManager 类包含 hasSystemFeature 方法，该方法接收 PackageManager.FEATURE_静态常量：

```
PackageManager pm = getPackageManager();
pm.hasSystemFeature(PackageManager.FEATURE_SENSOR_COMPASS);
```

Package Manager 对每一个可选的硬件提供了一个常量，可以基于使用的硬件定制 UI 和功能。

20.3.3　构建向后兼容的应用

每个新的 Android SDK 版本都有新的硬件支持、API、问题修复和性能提升。好的实践是当新的 SDK 发布后尽快更新应用，以利用这些新功能，保证 Android 设备用户获得最好的用户体验。

同时，确保应用向后兼容，这对于确保运行旧 Android 平台版本的设备用户能够继续使用它们是至关重要的，尤其是这些用户可能比全新设备的用户多得多。

很多 Android API，尤其是工具类和 UI 类，都随着单独的 Android 支持库和 Android 架构组件库一起发布，有时随着 Google Play 服务 API 一起发布。当某些功能不在某个单独的库中时，就需要使用此处描述的办法集成新功能，以便在同一个包中支持不同的平台版本。

对于描述的每种技术，重要的是知道与底层的平台版本相关联的 API 级别。

警告：
导入底层平台中不可用的类，或者试图调用底层平台中不可用的方法，将在实例化该类或调用该方法时引发运行时异常。

要在运行期间知道是否会发生这种情况，可以使用 android.os.Build.VERSION.SDK_INT 常量：

```
private static boolean nfc_beam_supported =
  android.os.Build.VERSION.SDK_INT > 14;
```

确定给定类或方法所需 API 级别的最简单方法是逐步降低项目的构建目标，并注意哪些类破坏了构建。

1. 平行 Activity

确保向后兼容性的最简单但效率最低的替代方法是，基于支持的最低 Android 平台版本的基类，创建一系列平行 Activity、Service 和 Broadcast Receiver。

当使用显式 Intent 启动 Service 和 Activity 时，可以在运行时检查平台版本，并相应地针对适当的 Service 和 Activity 选择正确的组件集：

```
private static boolean nfc_beam_supported =
  android.os.Build.VERSION.SDK_INT > 14;

Intent startActivityIntent = null;
```

```
if (nfc_beam_supported)
  startActivityIntent = new Intent(this, NFCBeamActivity.class);
else
  startActivityIntent = new Intent(this, NonNFCBeamActivity.class);

startActivity(startActivityIntent);
```

当使用隐式 Intent 和 Broadcast Receiver 时，可以在应用清单中为它们添加一个 android:enabled 标签，该标签指向一个 Boolean 资源：

```
<receiver
  android:name=".MediaControlReceiver"
  android:enabled="@bool/supports_remote_media_controller">
  <intent-filter>
    <action android:name="android.intent.action.MEDIA_BUTTON"/>
  </intent-filter>
</receiver>
```

然后可以基于 API 级别创建可选的资源条目：

```
res/values/bool.xml
  <bool name="supports_remote_media_controller">false</bool>

res/values-v14/bool.xml
  <bool name="supports_remote_media_controller">true</bool>
```

2. 接口和 Fragment

接口是支持同一功能的多种实现的传统办法。对于希望基于新的 API 并以不同方式实现的功能，需要创建一个接口以定义要执行的操作，然后创建特定于 API 级别的实现。

在运行时，检查当前平台版本，然后实例化合适的类并使用其方法：

```
IP2PDataXfer dataTransfer;

if (android.os.Build.VERSION.SDK_INT > 14)
  dataTransfer = new NFCBeamP2PDataXfer();
else
  dataTransfer = new NonNFCBeamP2PDataXfer();

dataTransfer.initiateP2PDataXfer();
```

Fragment 提供了相比并行组件的封装程度更好的替代方案。该方案不复制 Activity，而是使用 Fragment(和资源层次结构)，创建一致的 UI，该 UI 针对不同的平台版本和硬件配置进行优化。

Activity 的大部分 UI 逻辑应该放在独立的 Fragment 内。因此，只需要另外创建一个 Fragment 以提供和使用不同的功能，然后在各自的 res/layout-v[API 级别]文件夹中填充相同布局的不同版本。

Fragment 之间以及之内的交互通常在每个 Fragment 中进行，所以只需要在 Activity 中修改与缺失的 API 相关的代码。如果每个 Fragment 都实现了相同的接口定义和 ID，就不需要创建多个 Activity 以支持多个布局和 Fragment。

20.4 使用严格模式优化 UI 性能

移动设备的资源受限特性放大了在主应用线程执行耗时操作的影响。在阻塞 UI 线程的同时访问网络资源、读写文件、访问数据库等，可能会对用户体验产生巨大的影响，导致应用变得不再顺畅、更迟缓。在极端的情况下，甚至没有响应。

你在第 11 章学习了如何将这些耗时的操作移到后台线程。“严格模式”是一种工具，可帮助识别可能错过的情形。

使用严格模式 API， 可以指定一组策略来监控应用中的操作，确定应该如何发出警告。也可以指定与当前应用线程或与应用的虚拟机(VM)进程相关的策略。前者非常适合于检测 UI 线程上执行的缓慢操作，而后者有助于检测内存和 Context 泄漏。

要使用严格模式，应创建一个 ThreadPolicy 对象和一个 VmPolicy 对象，使用它们的静态 builder 类和 detect 方法指定要监视的操作。相应的 penalty 方法将控制系统在检测那些行为时该如何应对。

Thread Policy 可以用于检测磁盘读写和网络访问，Vm Policy 可以监控应用中的 Activity、SQLite 和可关闭对象的泄漏。

这两种策略的代价包括日志记录或应用终止，而 Thread Policy 还支持在屏幕上显示对话框或闪烁屏幕边框。

这两个 builder 类都包含 detectAll 方法，该方法包含宿主平台支持的所有可能的监控选项，也可以使用 StrictMode.enableDefaults 方法应用默认的监听和处罚选项。

要在整个应用内启用严格模式，就必须继承 Application 类，如代码清单 20-3 所示。

代码清单 20-3：为应用启用严格模式

```
public class MyApplication extends Application {

  public static final boolean DEVELOPER_MODE = true;

  @Override
  public final void onCreate() {
    super.onCreate();

    if (DEVELOPER_MODE) {
      StrictMode.enableDefaults();
    }
  }
}
```

为了针对某个 Activity、 Service 或其他应用组件启用严格模式(或自定义设置)，只需要在组件的 onCreate 方法内使用同样的模式即可。

20.5　电话和短信

Android 包含电话通讯 API，可以监视手机状态和电话呼叫，以及发起呼叫和监视来电详情。

Android 还提供了一整套短信功能，可以在应用中收发短信。使用这些 Android API，可以创建自己的短信客户端应用，以替代本机的短信客户端，并作为软件堆栈的一部分。也可以在自己的应用中合并某些短信功能。

随着只支持 Wi-Fi 的 Android 设备的出现，不能再假定应用在任何设备上都有电话硬件可供使用。

有些应用在没有电话支持的设备上没有任何意义。一款为来电提供反向号码查找功能或替代短信客户端的应用，在只支持 Wi-Fi 的设备上无法工作。

为了指定应用需要电话支持才能正常工作，可以在应用清单中添加 uses-feature 节点：

```
<uses-feature android:name="android.hardware.telephony"
          android:required="true"/>
```

注意：

将电话标记为必需的特性，可以防止使用没有电话硬件的设备在 Google Play 上找到应用，还可以防止应用从 Google Play 网站安装到这些设备上。

如果使用了电话 API，但它们并不是应用必须使用的 API，那么可以在尝试使用相应的 API 之前，检查电话硬件是否存在。

因此，可使用 PackageManager 类的 hasSystemFeature 方法，并指定 PackageManager.FEATURE_TELEPHONY 字符串。PackageManager 类也包含一些常量，用来查询是否存在 CDMA 和 GSM 特定的硬件。

```
PackageManager pm = getPackageManager();

boolean telephonySupported =
  pm.hasSystemFeature(PackageManager.FEATURE_TELEPHONY);
```

```
boolean gsmSupported =
  pm.hasSystemFeature(PackageManager.FEATURE_TELEPHONY_CDMA);
boolean cdmaSupported =
  pm.hasSystemFeature(PackageManager.FEATURE_TELEPHONY_GSM);
```

20.5.1 电话

Android 电话 API 允许应用访问底层的电话硬件，以便创建自己的拨号器，或者将呼叫处理和手机状态监视功能集成到应用中。

> 注意：
> 出于安全方面的考虑，当前的 Android SDK 并不允许创建自己的呼入 Activity——当有电话呼入或者拨打电话时显示的屏幕。

1. 使用 Intent 拨打电话

拨打电话的最佳实践方式是使用 Intent.ACTION_DIAL 这个 Intent，并通过 tel:这个 schema 设置 Intent 数据，以指明需要拨打的号码：

```
Intent whoyougonnacall = new Intent(Intent.ACTION_DIAL,
                                    Uri.parse("tel:555-2368"));
startActivity(whoyougonnacall);
```

上述代码将打开一个拨号 Activity，且自动显示 Intent 数据中指定的号码。默认的拨号 Activity 允许用户在实际拨打之前修改号码。因此，使用 ACTION_DIAL 这一 Intent 动作并不需要任何特殊的权限。

使用 Intent 声明用户打算拨打一个号码，将使应用与发起呼叫的拨号器保持分离。例如，如果用户安装了支持基于 IP 通话的新拨号器，那么使用 Intent 在应用中拨打号码，将允许用户使用这个新的拨号器拨打电话。

2. 创建新的拨号器

创建新的拨号器应用以替换本机的拨号器应用时，包含两个步骤：

(1) 拦截由本机拨号器处理的 Intent。

(2) 发起并管理呼出的电话。

本机的拨号器应用响应 Intent 动作，Intent 动作对应于用户按下硬件设备上的呼叫按钮，并要求使用 tel:schema 查看数据，或者使用 tel:schema 发起 ACTION_DIAL 请求。

要拦截这些请求，请在拨号器替换 Activity 的应用清单中包含 intent-filter 标签，以监听如下动作：

- Intent.ACTION_CALL_BUTTON——当按下硬件设备上的拨打按钮时，会广播此动作。创建一个 Intent Filter 以监听此动作，作为默认动作。
- Intent.ACTION_DIAL——此动作由希望发起电话呼叫的应用使用。用于捕获此动作的 Intent Filter 应是默认的、可以浏览的(以支持来自浏览器的拨打请求)，并且必须指定 tel: schema 以来替代现有的拨号器功能(还支持其他 schema)。
- Intent.ACTION_VIEW——此动作由希望查看某一数据的应用使用。确保 Intent Filter 指定了 tel: schema，以允许 Activity 被用于查看电话号码。

代码清单 20-4 展示了一个 Activity，其中的 Intent Filter 会捕获上述所有动作。

代码清单 20-4：用于替代拨号器 Activity 的应用清单条目

```
<activity
  android:name=".MyDialerActivity"
  android:label="@string/app_name">
  <intent-filter>
    <action android:name="android.intent.action.CALL_BUTTON" />
    <category android:name="android.intent.category.DEFAULT" />
  </intent-filter>
  <intent-filter>
    <action android:name="android.intent.action.VIEW" />
```

```
        <action android:name="android.intent.action.DIAL" />
        <category android:name="android.intent.category.DEFAULT" />
        <category android:name="android.intent.category.BROWSABLE" />
        <data android:scheme="tel" />
      </intent-filter>
    </activity>
```

Activity 启动后，应该提供 UI，允许用户输入或修改要拨打的号码，然后发起呼出电话。这时需要进行呼叫——使用现有的电话模块或自己的替代方案。

最简单的技术是通过 Intent.ACTION_CALL 动作使用现有的电话模块。它会使用系统的呼入 Activity 发起呼叫，并由系统管理拨号、连接和语音处理。

要使用此动作，应用必须请求 CALL_PHONE 权限：

```
<uses-permission android:name="android.permission.CALL_PHONE"/>
```

作为危险权限，必须在运行时请求该权限，并检查是否被授权，如代码清单 20-5 所示。

代码清单 20-5：使用电话模块发起呼叫

```
int permission = ActivityCompat.checkSelfPermission(this,
                android.Manifest.permission.CALL_PHONE);

if (permission == PackageManager.PERMISSION_GRANTED) {

  Intent whoyougonnacall = new Intent(Intent.ACTION_CALL,
                              Uri.parse("tel:555-2368"));
  startActivity(whoyougonnacall);

// If permission hasn't been granted, request it.
} else {
  if (ActivityCompat.shouldShowRequestPermissionRationale(
       this, android.Manifest.permission.CALL_PHONE)) {
    // TO DO: Display additional rationale for the requested permission.
  }
  ActivityCompat.requestPermissions(this,
    new String[]{android.Manifest.permission.CALL_PHONE},
    CALL_PHONE_PERMISSION_REQUEST);
}
```

也可以实现自己的拨打和语音处理框架，以替代呼出电话功能。如果正在实现一个 VOIP(基于 IP 的语音传输)应用，这将是一个完美的替代方案。

3. 访问电话属性和手机状态

对电话 API 的访问由 Telephony Manager 管理，并使用 getSystemService 方法访问：

```
String srvcName = Context.TELEPHONY_SERVICE;
TelephonyManager telephonyManager =
  (TelephonyManager)getSystemService(srvcName);
```

Telephony Manager 提供对很多手机属性的直接访问，包括设备、网络、用户身份模块(SIM)和数据状态详情。也可以访问一些连接状态信息，但通常通过第 18 章描述的 Connectivity Manager 来完成。

几乎所有的 Telephony Manager 方法都需要在应用清单中包含 READ_PHONE_STATE 权限：

```
<uses-permission android:name="android.permission.READ_PHONE_STATE"/>
```

READ_PHONE_STATE 也被标记为危险权限，所以在接收手机状态详细结果之前，需要先检查并请求运行时用户权限，如代码清单 20-6 所示。

Android Lollipop(API 级别 22)添加了对多个电话用户(比如支持多 SIM 卡的双 SIM 卡设备)的支持。要访问当前 SIM 列表，请使用 Subscription Manager 的 getActiveSubscriptionInfoList 方法。请注意，类似于 Telephony Manager，Subscription Manager 中的所有方法都需要 READ_PHONE_STATE 权限：

```
<uses-permission android:name="android.permission.READ_PHONE_STATE"/>
```

默认情况下，Telephony Manager 的方法返回与默认 SIM 卡相关的属性。Android Nougat(API 级别 24)为 Telephone Manager 引入了 createForSubscriptionId 方法，该方法返回一个对应于指定 SIM 卡的新 Telephony Manager：

```
SubscriptionManager subscriptionManager = (SubscriptionManager)
  getSystemService(Context.TELEPHONY_SUBSCRIPTION_SERVICE);

List<SubscriptionInfo> subscriptionInfos
  = subscriptionManager.getActiveSubscriptionInfoList();
```

一旦有了 Telephony Manager，就可以获取电话类型、(GSM、CDMA 或 SIP)、唯一 ID(IMEI 或 MEID)、软件版本和手机号码，如代码清单 20-6 所示。

代码清单 20-6：访问电话类型和设备的电话号码

```
String phoneTypeStr = "unknown";

int phoneType = telephonyManager.getPhoneType();
switch (phoneType) {
  case (TelephonyManager.PHONE_TYPE_CDMA):
    phoneTypeStr = "CDMA";
    break;
  case (TelephonyManager.PHONE_TYPE_GSM) :
    phoneTypeStr = "GSM";
    break;
  case (TelephonyManager.PHONE_TYPE_SIP):
    phoneTypeStr = "SIP";
    break;
  case (TelephonyManager.PHONE_TYPE_NONE):
    phoneTypeStr = "None";
    break;
  default: break;
}

Log.d(TAG, phoneTypeStr);

// -- These require READ_PHONE_STATE uses-permission --
int permission = ActivityCompat.checkSelfPermission(this,
                   android.Manifest.permission.READ_PHONE_STATE);

if (permission == PackageManager.PERMISSION_GRANTED) {
  // Read the IMEI for GSM or MEID for CDMA
  String deviceId = telephonyManager.getDeviceId();
  // Read the software version on the phone (note -- not the SDK version)
  String softwareVersion = telephonyManager.getDeviceSoftwareVersion();
  // Get the phone's number (if available)
  String phoneNumber = telephonyManager.getLine1Number();
// If permission hasn't been granted, request it.
} else {
  if (ActivityCompat.shouldShowRequestPermissionRationale(
        this, android.Manifest.permission.READ_PHONE_STATE)) {
    // TO DO: Display additional rationale for the requested permission.
  }

  ActivityCompat.requestPermissions(this,
    new String[]{android.Manifest.permission.READ_PHONE_STATE},
    PHONE_STATE_PERMISSION_REQUEST);
}
```

当设备连接到网络后，就可以使用 Telephony Manager 的 getNetworkOperator、getNetworkCountryIso、getNetworkOperatorName 和 getNetworkType 方法，读取移动设备国家代码和移动设备网络代码(MCC+MNC)、国家 ISO 代码、网络运营商名称和连接到的网络类型。

只有连接到移动网络后，这些方法才能正常使用。但如果连接的是 CDMA 网络，这些方法是不可靠的。使用 getPhoneType 方法可以确定当前使用的是哪种手机类型。

4. 使用 Phone State Listener 监听手机状态变化

Android 电话 API 允许监控手机状态变化和相关详情，比如来电号码。手机状态的变化可使用

PhoneStateListener 类来监听，也有一些手机状态的变化以 Intent 的形式广播出去。

要监听和管理手机状态，应用必须指定 READ_PHONE_STATE 权限，包括之前描述的运行时权限检查。

创建一个新类，让它继承 PhoneStateListener 抽象类，以监听和响应手机状态变化事件，包括呼叫状态(响铃、挂断等)、手机位置变化、语音信箱和呼叫转移状态手机服务变化以及移动信号强度变化。

注意：

仅当应用在运行时，Phone State Listener 才会接收手机状态的变化通知。

在 Phone State Listener 的实现代码中，重写要响应的事件处理程序。每个处理程序都接收一些参数，这些参数表示新的手机状态，例如当前手机位置、呼叫状态或信号强度：

```
PhoneStateListener phoneStateListener = new PhoneStateListener() {
  public void onCallForwardingIndicatorChanged(boolean cfi){}
  public void onCallStateChanged(int state, String incomingNumber){}
  public void onCellInfoChanged(List<CellInfo> cellInfo){}
  public void onCellLocationChanged(CellLocation location){}
  public void onDataActivity(int direction){}
  public void onDataConnectionStateChanged(int state, int networkType){}
  public void onMessageWaitingIndicatorChanged(boolean mwi){}
  public void onServiceStateChanged(ServiceState serviceState){}
  public void onSignalStrengthsChanged(SignalStrength signalStrength) {}
};
```

创建自己的 Phone State Listener 之后，使用 Telephony Manager 注册它，并使用字节掩码表示想监听的事件：

```
telephonyManager.listen(phoneStateListener,
                        PhoneStateListener.LISTEN_CALL_FORWARDING_INDICATOR|
                        PhoneStateListener.LISTEN_CALL_STATE |
                        PhoneStateListener.LISTEN_CELL_LOCATION |
                        PhoneStateListener.LISTEN_DATA_ACTIVITY |
                        PhoneStateListener.LISTEN_DATA_CONNECTION_STATE |
                        PhoneStateListener.LISTEN_MESSAGE_WAITING_INDICATOR |
                        PhoneStateListener.LISTEN_SERVICE_STATE |
                        PhoneStateListener.LISTEN_SIGNAL_STRENGTHS);
```

要注销监听器，可调用 listen 方法，并传入 PhoneStateListener.LISTEN_NONE 作为位掩码参数：

```
telephonyManager.listen(phoneStateListener,
                        PhoneStateListener.LISTEN_NONE);
```

例如，如果希望应用响应呼入的电话，可以在 Phone State Listener 的实现代码中重写 onCallStateChanged 方法，然后注册它，以接收呼叫状态改变时的通知：

```
PhoneStateListener callStateListener = new PhoneStateListener() {
  public void onCallStateChanged(int state, String incomingNumber) {
    String callStateStr = "Unknown";

    switch (state) {
      case TelephonyManager.CALL_STATE_IDLE :
        callStateStr = "Idle"; break;
      case TelephonyManager.CALL_STATE_OFFHOOK :
        callStateStr = "Offhook (In Call)"; break;
      case TelephonyManager.CALL_STATE_RINGING :
        callStateStr = "Ringing. Incoming number is: "
        + incomingNumber;
        break;
      default : break;
    }

    Toast.makeText(MyActivity.this,
      callStateStr, Toast.LENGTH_LONG).show();
  }
};

telephonyManager.listen(callStateListener,
                        PhoneStateListener.LISTEN_CALL_STATE);
```

onCallStateChanged 处理程序接收呼入电话的号码，state 参数代表当前的呼叫状态，为如下三个值之一：

- TelephonyManager.CALL_STATE_IDLE——手机既没有响铃也不在通话。
- TelephonyManager.CALL_STATE_RINGING——手机正在响铃。
- TelephonyManager.CALL_STATE_OFFHOOK——手机正在通话。

请注意，状态一旦变为 CALL_STATE_RINGING，系统将会显示呼入电话界面或通知，询问用户是否想要接听电话。

5. 使用 Intent Receiver 监控呼入来电

的 Phone State Listener 仅当 Activity 运行时才有效。如果希望监控所有来电，可以使用 Intent Receiver。

当手机状态因为来电、接听、挂断电话而改变时，Telephony Manager 会将 ACTION_PHONE_STATE_CHANGED 广播出去。

可通过注册一个 manifest Intent Receiver 来监听 Broadcast Intent，即便应用没有运行，也可以随时监听来电。请注意，应用需要在应用清单中请求 READ_PHONE_STATE 权限，并在运行时再次请求，才能接收电话状态的 Broadcast Intent。

```
<receiver android:name="PhoneStateChangedReceiver">
  <intent-filter>
    <action android:name="android.intent.action.PHONE_STATE"/>
  </intent-filter>
</receiver>
```

用于手机状态变化的 Broadcast Intent 包含最多两项额外信息。所有此类广播都会包含 EXTRA_STATE 额外信息，值为上文所述 TelephonyManager.CALL_STATE_动作之一，用于指示新的手机状态。如果状态为响铃中，Broadcast Intent 也会包含 EXTRA_INCOMING_NUMBER 额外信息，值为呼入电话的号码。

如下框架代码可用于获取当前手机状态和呼入电话的号码：

```
public class PhoneStateChangedReceiver extends BroadcastReceiver {
  @Override
  public void onReceive(Context context, Intent intent) {
    String phoneState = intent.getStringExtra(TelephonyManager.EXTRA_STATE);
    if (phoneState.equals(TelephonyManager.EXTRA_STATE_RINGING)) {
      String phoneNumber =
        intent.getStringExtra(TelephonyManager.EXTRA_INCOMING_NUMBER);
      Toast.makeText(context,
        "Incoming Call From: " + phoneNumber,
        Toast.LENGTH_LONG).show();
    }
  }
}
```

注意：

用户必须首先显式地授予运行时电话状态权限，Broadcast Receiver 才能接收电话状态改变的 Intent。在用户授予权限之前，Broadcast Receiver 不会接收相关的广播。

20.5.2 收发短信

SMS 技术用于在移动电话之间通过运营商网络来发送简短的文字信息，它对发送文字消息(供人们阅读)和数据信息(供应用使用)提供了支持。多媒体短信(MMS)允许用户收发包括多媒体附件(例如照片、视频和音频)的消息。

Android 4.4 KitKat (API 级别 19)中引入了支持短信的 API。

因为 SMS 和 MMS 都是成熟的移动技术，所以有很多文献描述了生成和传输 SMS 和 MMS 消息的细节。本书不再重复这些细节，下面主要讲述在 Android 应用内如何收发文字信息。

Android 支持使用设备上的消息传递应用来发送 SMS，该应用具有 SEND 和 SEND_TO 广播 Intent。

Android 通过 SMS Manager 在应用中支持完整的 SMS 功能。使用 SMS Manager，可以替换本机的 SMS 应用以发送文字消息，并响应传入的文字消息。

Android 5.0 Lollipop (API 级别 22)添加了对多 SIM 卡(比如支持多个可用 SIM 卡的双 SIM 设备)的支持，所以可以选择使用哪张卡发送 SMS 消息。

1. 使用 Intent 发送 SMS 消息

发送 SMS(和 MMS)消息的最佳实践是使用另一个应用——通常是本机的 SMS 应用——而不是自己实现完整的 SMS 客户端。

为此，调用 startActivity 方法时，使用 Intent.ACTION_SENDTO 作为 Intent 动作，并使用 sms:schema 字段指定接收人号码，以作为 Intent 数据。使用 sms_body 额外信息将要发送的消息放在 Intent 中：

```
Intent smsIntent = new Intent(Intent.ACTION_SENDTO,
                        Uri.parse("sms:55512345"));
smsIntent.putExtra("sms_body", "Press send to send me");
startActivity(smsIntent);
```

当前选中的默认 SMS 应用将接收 Intent，并显示预置的 Activity，以允许给指定的联系人发送指定的消息。

2. 创建新的默认 SMS 应用以收发 SMS 消息

在每台 Android 设备上，任意时刻只有一个应用能作为默认 SMS 应用。用户可以在系统设置中修改默认 SMS 应用，如图 20-1 所示。

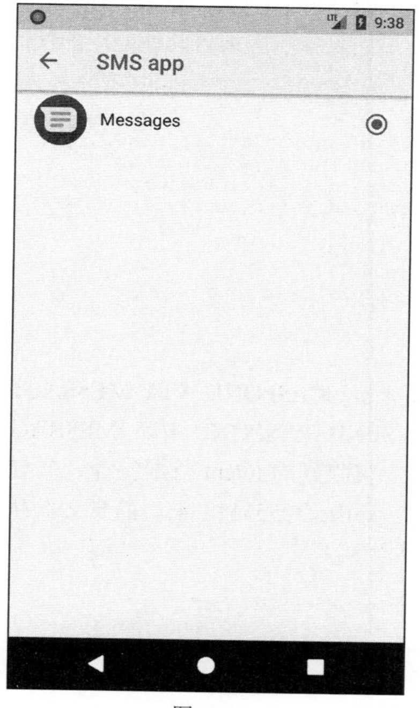

图 20-1

当系统接收到新的 SMS 消息时，只有当前的默认 SMS 应用会接收到 SMS_DELIVER_ACTION 这个 Intent；同样，当系统接收到新的 MMS 消息时，也只有当前的默认 SMS 应用会接收到 WAP_PUSH_DELIVER_ACTION 这个 Intent，并能将新的 SMS 消息写入 SMS Content Provider。

也可以让自己的应用收发 SMS 消息，读取 SMS Content Provider，而无须设置为默认的 SMS 应用，我们将在后面章节中讲述。请注意，在此情形下，默认的 SMS 应用(以及其他监听广播的应用)仍然能够接收每条消息。

如果希望创建新的默认 SMS 应用，就必须提供与本机的 SMS 应用相同的功能。具体来讲，必须包含如下应用清单条目和相关组件：

- 一个 Broadcast Receiver，带有 android.provider.Telephony.SMS_DELIVER 动作的 Intent Filter，并且需要 BROADCAST_SMS 权限。每当收到一条新的 SMS 消息时，会触发这个 Broadcast Receiver：

```
<receiver android:name=".MySmsReceiver"
        android:permission="android.permission.BROADCAST_SMS">
  <intent-filter>
    <action android:name="android.provider.Telephony.SMS_DELIVER"/>
  </intent-filter>
</receiver>
```

- 一个 Broadcast Receiver，带有 android.provider.Telephony.WAP_PUSH_DELIVER 动作的 Intent Filter，MIME 类型为 application/vnd.wap.mms-message，并且需要 BROADCAST_WAP_PUSH 权限。每当收到一条新的 MMS 消息时，会触发这个 Broadcast Receiver：

```
<receiver android:name=".MyMmsReceiver"
        android:permission="android.permission.BROADCAST_WAP_PUSH">
  <intent-filter>
    <action android:name="android.provider.Telephony.WAP_PUSH_DELIVER" />
    <data android:mimeType="application/vnd.wap.mms-message" />
  </intent-filter>
</receiver>
```

- 一个允许用户发送 SMS 和 MMS 消息的 Activity，包含 android.intent.action.SEND 和 android.intent.action.SENDTO 这两个动作的 Intent Filter，支持 sms:、smsto:、mms: 和 mmsto:字段。Activity 应监听表单中的 Intent，使用之前描述的表单响应来自其他应用的任何请求：

```
<activity android:name=".MySendSmsActivity" >
  <intent-filter>
    <action android:name="android.intent.action.SEND" />
    <action android:name="android.intent.action.SENDTO" />
    <category android:name="android.intent.category.DEFAULT" />
    <category android:name="android.intent.category.BROWSABLE" />
    <data android:scheme="sms" />
    <data android:scheme="smsto" />
    <data android:scheme="mms" />
    <data android:scheme="mmsto" />
  </intent-filter>
</activity>
```

- 一个 Service，包含 android.intent.action.RESPOND_VIA_MESSAGE 动作的 Intent Filter，支持 sms:、smsto:、mms:和 mmsto:字段，并且需要 SEND_RESPOND_VIA_MESSAGE 权限。这个 Service 的实现应允许用户发送 SMS 消息，以响应来电。接收到的 Intent 数据包含一个 URI，其 schema 字段表示传输类型，路径包含接收人的手机号码(例如，smsto:3055551234)。消息文本存储在 EXTRA_TEXT 字段中，消息主题存储在 EXTRA_SUBJECT 字段中。

```
<service android:name=".MySmsResponseService"
        android:permission=
          "android.permission.SEND_RESPOND_VIA_MESSAGE"
        android:exported="true" >
  <intent-filter>
    <action android:name="android.intent.action.RESPOND_VIA_MESSAGE" />
    <category android:name="android.intent.category.DEFAULT" />
    <data android:scheme="sms" />
    <data android:scheme="smsto" />
    <data android:scheme="mms" />
    <data android:scheme="mmsto" />
  </intent-filter>
</service>
```

如果应用没有被设置为默认 SMS 应用，那么功能可能会受限。可以使用 Telephony.Sms.getDefaultSmsPackage 方法检查应用是否为默认 SMS 应用，此方法返回当前默认 SMS 应用的包名。

```
String myPackageName = getPackageName();
```

```
boolean isDefault =
  Telephony.Sms.getDefaultSmsPackage(this).equals(myPackageName);
```

可以显示一个系统对话框，提示用户选择某个应用作为默认 SMS 应用。只需要使用 Telephony.Sms.Intents.ACTION_CHANGE_DEFAULT，并包含一些 Extra 信息，key 为 Sms.Intents.EXTRA_PACKAGE_ NAME，value 为包名字符串：

```
Intent intent = new Intent(Telephony.Sms.Intents.ACTION_CHANGE_DEFAULT);
intent.putExtra(Telephony.Sms.Intents.EXTRA_PACKAGE_NAME, myPackageName);
startActivity(intent);
```

下面将描述如何收发 SMS 消息；请注意，这些功能中的大部分都适用于不提供 SMS 应用整套功能的应用。

3. 发送 SMS 消息

Android 的 SMS 消息收发由 SmsManager 类处理。可以使用静态方法 SmsManager.getDefault 获取 SMS Manager 的引用：

```
SmsManager smsManager = SmsManager.getDefault();
```

要发送 SMS 信息，应用必须在应用清单中指定 SEND_SMS 和 READ_PHONE_STATE 权限：

```
<uses-permission android:name="android.permission.SEND_SMS"/>
<uses-permission android:name="android.permission.READ_PHONE_STATE"/>
```

请注意，SEND_SMS 是危险权限，所以在尝试发送 SMS 消息之前，必须执行运行时权限检查。

要发送文字消息，可以使用 SMS Manager 的 sendTextMessage 方法，并传入接收人的地址(手机号码)和想要发送的文字消息：

```
// Check runtime permissions.
int send_sms_permission = ActivityCompat.checkSelfPermission(this,
  Manifest.permission.SEND_SMS);
int phone_state_permission = ActivityCompat.checkSelfPermission(this,
  Manifest.permission.READ_PHONE_STATE);

if (send_sms_permission == PackageManager.PERMISSION_GRANTED &&
    phone_state_permission == PackageManager.PERMISSION_GRANTED) {

  // Send the SMS Message
  SmsManager smsManager = SmsManager.getDefault();

  String sendTo = "5551234";
  String myMessage = "Android supports programmatic SMS messaging!";

  smsManager.sendTextMessage(sendTo, null, myMessage, null, null);

} else {
  if (ActivityCompat.shouldShowRequestPermissionRationale(
    this, Manifest.permission.SEND_SMS)) {
    // TO DO: Display additional rationale for the requested permission.
  }

  ActivityCompat.requestPermissions(this,
    new String[]{Manifest.permission.SEND_SMS,
            Manifest.permission.READ_PHONE_STATE},
    SMS_RECEIVE_PERMISSION_REQUEST);
}
```

如果自己的应用被设置为默认 SMS 应用，那么还需要将所有已发送的消息写入 SMS Content Provider：

```
ContentValues values = new ContentValues();

values.put(Telephony.Sms.ADDRESS, sendTo);
values.put(Telephony.Sms.BODY, myMessage);
values.put(Telephony.Sms.READ, 1);
values.put(Telephony.Sms.DATE, sentTime);
values.put(Telephony.Sms.TYPE, Telephony.Sms.MESSAGE_TYPE_SENT);

getContentResolver().insert(Telephony.Sms.Sent.CONTENT_URI, values);
```

注意此处需要 WRITE_SMS 和 READ_SMS 权限以及运行时权限：

```
<uses-permission android:name="android.permission.WRITE_SMS"/>
<uses-permission android:name="android.permission.READ_SMS"/>
```

如果当前自己的应用不是默认 SMS 应用，Android 会自动使用 SMS Manager 将任何发送的消息写入 SMS Content Provider。

使用 sendTextMessage 方法发送 SMS 时，第二个参数可以用于指定想要使用的 SMS 服务中心。如果传入 null，则使用设备运营商的默认服务中心。

> **注意：**
> Android 调试桥接工具支持在多台模拟器实例之间发送 SMS 消息。要将 SMS 从一台模拟器发送到另一台模拟器，在发送新消息时需要把目标模拟器的端口号指定为 to(收件人)地址。Android 会将消息发送给目标模拟器实例，目标模拟器实例会把它作为普通的 SMS 接收。

最后两个参数允许指定 Intent，以跟踪消息的传送和成功传递，方法是实现和注册 Broadcast Receiver，监听在创建相应的 Pending Intent 时指定的动作。

第一个 Pending Intent 参数会在消息发送成功或失败时触发。接收这个 Pending Intent 的 Broadcast Receiver 的返回码为如下值之一：

- Activity.RESULT_OK——表示发送成功。
- SmsManager.RESULT_ERROR_GENERIC_FAILURE——表示未知的失败。
- SmsManager.RESULT_ERROR_RADIO_OFF——表示手机发射功能被关闭。
- SmsManager.RESULT_ERROR_NULL_PDU——表示 PDU(协议描述单元)失败。
- SmsManager.RESULT_ERROR_NO_SERVICE——表示当前没有蜂窝服务可用。

第二个 Pending Intent 参数仅当接收者接收到 SMS 消息时才会被触发。

如下代码片段展示了发送 SMS 消息以及监控 SMS 消息的传送和送达是否成功的通常方法。请注意，如果自己的应用为默认 SMS 应用，则应该在 SMS 消息第一次创建时将其添加到 SMS Content Provider，并修改这条记录，以反映消息发送成功或失败：

```
String SENT_SMS_ACTION = "com.professionalandroid.SENT_SMS_ACTION";
String DELIVERED_SMS_ACTION = " com.professionalandroid.DELIVERED_SMS_ACTION";

// Create the sentIntent parameter
Intent sentIntent = new Intent(SENT_SMS_ACTION);
PendingIntent sentPI = PendingIntent.getBroadcast(getApplicationContext(),
                                                  0,
                                                  sentIntent,

PendingIntent.FLAG_UPDATE_CURRENT);

// Create the deliveryIntent parameter
Intent deliveryIntent = new Intent(DELIVERED_SMS_ACTION);
PendingIntent deliverPI =
  PendingIntent.getBroadcast(getApplicationContext(),
                             0,
                             deliveryIntent,
                             PendingIntent.FLAG_UPDATE_CURRENT);

// Register the Broadcast Receivers
registerReceiver(new BroadcastReceiver() {
                 @Override
                 public void onReceive(Context _context, Intent _intent)
                 {
                   String resultText = "UNKNOWN";

                   switch (getResultCode()) {
                     case Activity.RESULT_OK:
                       resultText = "Transmission successful"; break;
                     case SmsManager.RESULT_ERROR_GENERIC_FAILURE:
                       resultText = "Transmission failed"; break;
                     case SmsManager.RESULT_ERROR_RADIO_OFF:
```

```
                    resultText = "Transmission failed: Radio is off";
                    break;
                  case SmsManager.RESULT_ERROR_NULL_PDU:
                    resultText = "Transmission Failed: No PDU specified";
                    break;
                  case SmsManager.RESULT_ERROR_NO_SERVICE:
                    resultText = "Transmission Failed: No service";
                    break;
                }
                Toast.makeText(_context, resultText,
                               Toast.LENGTH_LONG).show();
              }
            },
            new IntentFilter(SENT_SMS_ACTION));

  registerReceiver(new BroadcastReceiver() {
              @Override
              public void onReceive(Context _context, Intent _intent)
              {
                Toast.makeText(_context, "SMS Delivered",
                               Toast.LENGTH_LONG).show();
              }
            },
            new IntentFilter(DELIVERED_SMS_ACTION));

  // Send the message
  SmsManager smsManager = SmsManager.getDefault();
  String sendTo = "5551234";
  String myMessage = "Android supports programmatic SMS messaging!";

  smsManager.sendTextMessage(sendTo, null, myMessage, sentPI, deliverPI);
```

每条 SMS 文字消息的最大长度随运营商的不同而不同，但通常会限制在 160 个字符以内。因此，较长的消息需要截断成若干条短消息。SMS Manager 包含了 divideMessage 方法，该方法接收一个字符串作为输入，然后截成多条消息，并放在 Array List 中，被截断的每条消息都将小于允许的最大长度。

然后可以使用 SMS Manager 的 sendMultipartTextMessage 方法发送该组消息：

```
ArrayList<String> messageArray = smsManager.divideMessage(myMessage);
ArrayList<PendingIntent> sentIntents = new ArrayList<PendingIntent>();
for (int i = 0; i < messageArray.size(); i++)
  sentIntents.add(sentPI);

smsManager.sendMultipartTextMessage(sendTo,
                                    null,
                                    messageArray,
                                    sentIntents, null);
```

sendMultipartTextMessage 方法的 sentIntent 和 deliveryIntent 参数都为 Array List 类型，可用于指定不同的 Pending Intent，这些 Pending Intent 将会用于对每部分截断的消息进行触发。

要发送多媒体 MMS 消息，请使用 SMS Manager 的 sendMultimediaMessage 方法，并传入要传输的多媒体内容。发送多媒体 MMS 消息的完整例子不在本书讨论范围内，但可以在 Android API demo 中找到例子，链接为android.googlesource.com/platform/development/+/69291d6/samples/ApiDemos/src/com/example/android/apis/os/MmsMessagingDemo.java.

4. 处理收到的 SMS 消息

应用如果想监听任意 SMS 广播 Intent，则需要指定 RECEIVE_SMS 应用清单权限和运行时权限：

```
<uses-permission
  android:name="android.permission.RECEIVE_SMS"
/>
```

RECEIVE_SMS 权限被标记为危险权限，因此应用必须在运行时请求该权限，否则不会接收到 SMS 广播 Intent。

```
ActivityCompat.requestPermissions(this,
  new String[]{Manifest.permission.RECEIVE_SMS},
  SMS_RECEIVE_PERMISSION_REQUEST);
```

当设备接收到新的 SMS 消息时，默认的 SMS 应用会接收到一个新的广播 Intent，动作为 android.provider.Telephony.SMS_DELIVER。如果自己的应用不是默认 SMS 应用，但仍然需要接收 SMS 消息，例如正在监听确认 SMS 消息，那么可以监听 android.provider.Telephony. SMS_RECEIVED_ACTION。

这两个广播 Intent 都含有收到的 SMS 消息详情。为了获取 SMS Intent Bundle 中的 SmsMessage 对象数组，需要使用 getMessagesFromIntent 方法：

```
Bundle bundle = intent.getExtras();
if (bundle != null)
  SmsMessage[] messages = getMessagesFromIntent(intent);
```

每条 SmsMessage 都包含 SMS 消息详情，包括原始地址(手机号码)、时间戳和消息体。可以分别使用 getOriginatingAddress、getTimestampMillis 和 getMessageBody 方法来获取：

```
SmsMessage[] messages = getMessagesFromIntent(intent);

for (SmsMessage message : messages) {
  String msg = message.getMessageBody();
  long when = message.getTimestampMillis();
  String from = message.getOriginatingAddress();
}
```

与发出的消息一样，只要自己的应用是默认 SMS 应用，收到的任何消息都需要写入：

```
ContentValues values = new ContentValues();

values.put(Telephony.Sms.ADDRESS, message.getOriginatingAddress());
values.put(Telephony.Sms.BODY, message.getMessageBody());
values.put(Telephony.SMS.DATE, message.getTimestampMillis);
values.put(Telephony.Sms.READ, 0);
values.put(Telephony.Sms.TYPE, Telephony.Sms.MESSAGE_TYPE_INBOX);


context.getApplicationContext().getContentResolver()
  .insert(Telephony.Sms.Sent.CONTENT_URI, values);
```

创建了自己的 SMS Broadcast Receiver 后，记得使用合适的 Intent Filter 注册。如果自己的应用是默认 SMS 应用，则使用 SMS_DELIVER，否则使用 SMS_RECEIVED：

```
<receiver android:name=".MySMSReceiver">
  <intent-filter>
    <action android:name="android.provider.Telephony.SMS_RECEIVED"/>
  </intent-filter>
</receiver>
```

5. 紧急响应 SMS 的示例

本例将创建一个 SMS 应用，该应用将 Android 手机变成一个紧急响应信号灯。SMS 网络基础架构的健壮性使 SMS 成为这种应用的最佳选择，因为在这种应用中，可靠性非常重要。

(1) 首先，创建一个新的 EmergencyResponder 项目，它主要包含一个向后兼容的、空白的 Emergency Responder Main Activity。将最小 API 设置为 19(第一个完整支持 SMS API 的 Android 版本)。

(2) 在清单文件中添加发送和接收 SMS 消息以及打电话的权限：

```
<?xml version="1.0" encoding="utf-8"?>
<manifest xmlns:android="http://schemas.android.com/apk/res/android"
        package="com.professionalandroid.apps.emergencyresponder">

  <uses-permission android:name="android.permission.RECEIVE_SMS"/>
  <uses-permission android:name="android.permission.SEND_SMS"/>
  <uses-permission android:name="android.permission.READ_PHONE_STATE"/>

  [... Application Node ...]
</manifest>
```

(3) 更新res/values/strings.xml资源文件，以包含SIGNAL ALL CLEAR和REQUEST HELP 按钮上需要显示的文字，以及相应的默认响应消息。还必须定义要传入的消息文本，应用将会用它探测对状态响应的请求。

```
<resources>
  <string name="app_name">EmergencyResponder</string>
  <string name="allClearButtonText">Signal All Clear</string>
  <string name="maydayButtonText">Request Help</string>
  <string name="allClearText">I am safe and well. Worry not!</string>
  <string name="maydayText">Tell my mother I love her.</string>
  <string name="querystring">are you OK?</string>
  <string name="querylistprompt">People who want to know if you\'re ok</string>
</resources>
```

(4) 在 app 模块的 build.gradle 文件中，给 dependencies 节点添加 Recycler View：

```
dependencies {
  [... Existing dependencies ...]
  implementation 'com.android.support:recyclerview-v7:27.1.1'
}
```

(5) 修改 main_activity_responder_activity.xml 布局资源。添加一个 Recycler View 以显示请求状态更新的人员列表，以及添加一组按钮以允许用户发送 SMS 响应消息。具体的布局不重要，只要使用指定的 ID 添加了这些按钮和 Recycler View 即可：

```
<?xml version="1.0" encoding="utf-8"?>
<android.support.constraint.ConstraintLayout
  xmlns:android="http://schemas.android.com/apk/res/android"
  xmlns:app="http://schemas.android.com/apk/res-auto"
  xmlns:tools="http://schemas.android.com/tools"
  android:layout_width="match_parent"
  android:layout_height="match_parent"
  <TextView
    android:id="@+id/textView"
    android:layout_width="wrap_content"
    android:layout_height="18dp"
    android:layout_marginEnd="8dp"
    android:layout_marginStart="8dp"
    android:layout_marginTop="16dp"
    android:text="@string/querylistprompt"
    app:layout_constraintEnd_toEndOf="parent"
    app:layout_constraintHorizontal_bias="0.063"
    app:layout_constraintLeft_toLeftOf="parent"
    app:layout_constraintStart_toStartOf="parent"
    app:layout_constraintTop_toTopOf="parent"/>

  <Button
    android:id="@+id/okButton"
    android:layout_width="0dp"
    android:layout_height="wrap_content"
    android:layout_marginBottom="8dp"
    android:layout_marginEnd="8dp"
    android:layout_marginStart="8dp"
    android:text="@string/allClearButtonText"
    app:layout_constraintBottom_toTopOf="@+id/notOkButton"
    app:layout_constraintEnd_toEndOf="parent"
    app:layout_constraintHorizontal_bias="0.6"
    app:layout_constraintStart_toStartOf="parent"/>

  <Button
    android:id="@+id/notOkButton"
    android:layout_width="0dp"
    android:layout_height="wrap_content"
    android:layout_marginBottom="8dp"
    android:layout_marginEnd="8dp"
    android:layout_marginStart="8dp"
    android:text="@string/maydayButtonText"
    app:layout_constraintBottom_toBottomOf="parent"
    app:layout_constraintEnd_toEndOf="parent"
    app:layout_constraintHorizontal_bias="0.53"
    app:layout_constraintStart_toStartOf="parent"/>

  <android.support.v7.widget.RecyclerView
    android:id="@+id/requesterRecyclerListView"
    android:layout_width="0dp"
    android:layout_height="0dp"
    android:layout_marginBottom="8dp"
    android:layout_marginEnd="8dp"
```

```
    android:layout_marginStart="8dp"
    android:layout_marginTop="8dp"
    app:layout_constraintBottom_toTopOf="@+id/okButton"
    app:layout_constraintEnd_toEndOf="parent"
    app:layout_constraintStart_toStartOf="parent"
    app:layout_constraintTop_toBottomOf="@+id/textView"/>

</android.support.constraint.ConstraintLayout>
```

此时，GUI 已经完成，所以启动应用时，应该会显示如图 20-2 所示的屏幕。

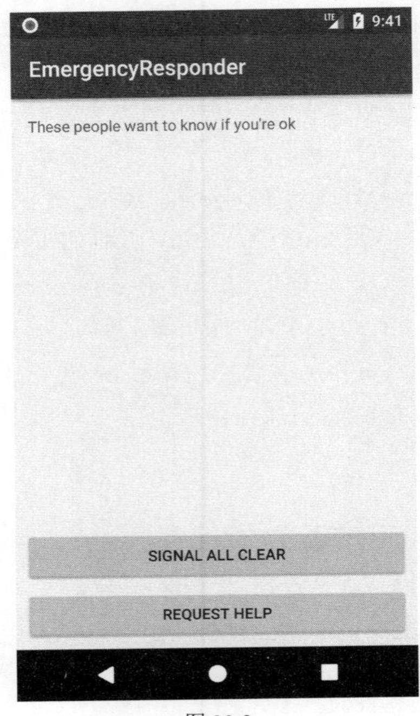

图 20-2

(6) 在 Activity 中创建一个包含字符串的 Array List，以存储状态传入请求的手机号码，然后创建一个新的 ReentrantLock 对象，以支持对这个 Array List 执行线程安全的操作。借此机会为每个按钮设置单击事件监听器，两个响应按钮都应调用 respond 方法。

```
public class EmergencyResponderMainActivity extends AppCompatActivity {

  ReentrantLock lock;
  ArrayList<String> requesters = new ArrayList<String>();

  @Override
  protected void onCreate(Bundle savedInstanceState) {
    super.onCreate(savedInstanceState);
    setContentView(R.layout.activity_emergency_responder_main);

    lock = new ReentrantLock();
    wireUpButtons();
  }

  private void wireUpButtons() {
    Button okButton = findViewById(R.id.okButton);
    okButton.setOnClickListener(new View.OnClickListener() {
      public void onClick(View view) {
        respond(true);
      }
    });

    Button notOkButton = findViewById(R.id.notOkButton);
    notOkButton.setOnClickListener(new View.OnClickListener() {
      public void onClick(View view) {
        respond(false);
      }
```

```
    });
  }

  public void respond(boolean ok) {}
}
```

(7) 在 res/layout 文件夹下创建一个新的 list_item_requester.xml 布局资源，它将用于在 Recycler View 中显示每个请求状态的人。可以使用一个简单的 TextView，并采用 Android 框架中列表条目的文字外观：

```
<?xml version="1.0" encoding="utf-8"?>
<FrameLayout
  xmlns:android="http://schemas.android.com/apk/res/android"
  android:layout_width="match_parent"
  android:layout_height="wrap_content">
  <TextView
    android:id="@+id/list_item_requester"
    android:layout_width="match_parent"
    android:layout_height="wrap_content"
    android:textAppearance="?attr/textAppearanceListItem"/>
</FrameLayout>
```

(8) 创建一个新的 RequesterRecyclerViewAdapter 类，让它继承 RecyclerView.Adapter 类，并在其中创建一个新的 ViewHolder 类，该类继承自 RecyclerView.ViewHolder 类。Adapter 应存储请求状态的手机号码列表，View Holder 应将这些手机号码绑定到步骤(7)中定义的 Recycler View List Item 布局。

```
public class RequesterRecyclerViewAdapter extends
  RecyclerView.Adapter<RequesterRecyclerViewAdapter.ViewHolder> {

  private List<String> mNumbers;

  public RequesterRecyclerViewAdapter(List<String> numbers ) {
    mNumbers = numbers;
  }

  @Override
  public ViewHolder onCreateViewHolder(ViewGroup parent, int viewType) {
    View view = LayoutInflater.from(parent.getContext())
               .inflate(R.layout.list_item_requester,
                        parent, false);
    return new ViewHolder(view);
  }

  @Override
  public void onBindViewHolder(final ViewHolder holder, int position) {
    holder.number = mNumbers.get(position);
    holder.numberView.setText(mNumbers.get(position));
  }

  @Override
  public int getItemCount() {
    if (mNumbers != null)
      return mNumbers.size();
    return 0;
  }

  public class ViewHolder extends RecyclerView.ViewHolder {
    public final TextView numberView;
    public String number;

    public ViewHolder(View view) {
      super(view);
      numberView = view.findViewById(R.id.list_item_requester);
    }

    @Override
    public String toString() {
      return number;
    }
  }
}
```

(9) 回到 Activity，更新 onCreate 方法，获取指向 Recycler View 的引用，然后为 Recycler View 设置一个 Adapter，这个 Adapter 也就是步骤(8)中创建的 Adapter。现在我们可以请求接收和发送 SMS 消息所需的运行时权限：

```
private static final int SMS_RECEIVE_PERMISSION_REQUEST = 1;

private RequesterRecyclerViewAdapter mRequesterAdapter =
  new RequesterRecyclerViewAdapter(requesters);

@Override
protected void onCreate(Bundle savedInstanceState) {
  super.onCreate(savedInstanceState);
  setContentView(R.layout.activity_emergency_responder_main);

  lock = new ReentrantLock();
  wireUpButtons();

  ActivityCompat.requestPermissions(this,
    new String[]{Manifest.permission.RECEIVE_SMS,
                 Manifest.permission.SEND_SMS,
                 Manifest.permission.READ_PHONE_STATE},
    SMS_RECEIVE_PERMISSION_REQUEST);

  RecyclerView recyclerView =
    findViewById(R.id.requesterRecyclerListView);

  // Set the Recycler View adapter
  recyclerView.setLayoutManager(new LinearLayoutManager(this));
  recyclerView.setAdapter(mRequesterAdapter);
}
```

(10) 在 Activity 中创建一个新的 Broadcast Receiver，以监听传入的 SMS 消息。该 Broadcast Receiver 应监听传入的 SMS 消息，当它发现 SMS 消息包含步骤(3)中定义的请求字符串时，就会调用 requestReceived 方法。

```
BroadcastReceiver emergencyResponseRequestReceiver =
  new BroadcastReceiver() {
    @Override
    public void onReceive(Context context, Intent intent) {
      if (intent.getAction()
            .equals(Telephony.Sms.Intents.SMS_RECEIVED_ACTION )) {
        String queryString = getString(R.string.querystring)
                               .toLowerCase();

        Bundle bundle = intent.getExtras();
        if (bundle != null) {
          SmsMessage[] messages = getMessagesFromIntent(intent);

          for (SmsMessage message : messages) {
            if (message.getMessageBody()
                  .toLowerCase().contains(queryString))
              requestReceived(message.getOriginatingAddress());
          }
        }
      }
    }
  };

public void requestReceived(String from) {}
```

(11) 重写 Activity 的 onResume 和 onPause 方法，分别在 Activity 恢复和暂停时，注册和解除步骤(10)中创建的 Broadcast Receiver：

```
@Override
public void onResume() {
  super.onResume();
  IntentFilter filter =
    new IntentFilter(Telephony.Sms.Intents.SMS_RECEIVED_ACTION);
  registerReceiver(emergencyResponseRequestReceiver, filter);
}

@Override
public void onPause() {
  super.onPause();
  unregisterReceiver(emergencyResponseRequestReceiver);
}
```

(12) 更新 requestReceived 方法，将每个状态请求的 SMS 的发件人号码添加到 Array List 中：

```
public void requestReceived(String from) {
  if (!requesters.contains(from)) {
    lock.lock();
    requesters.add(from);
    mRequesterAdapter.notifyDataSetChanged();
    lock.unlock();
  }
}
```

(13) Emergency Responder Activity 现在应该正在监听状态请求 SMS 消息，并在接收到消息时，将它们添加到 List View 中。打开应用，将 SMS 消息发送到运行应用的设备或模拟器上。当收到短信时，它们应该会被显示，如图 20-3 所示。请注意，默认的 SMS 应用也会接收到这些消息，可能也会显示相应的通知。

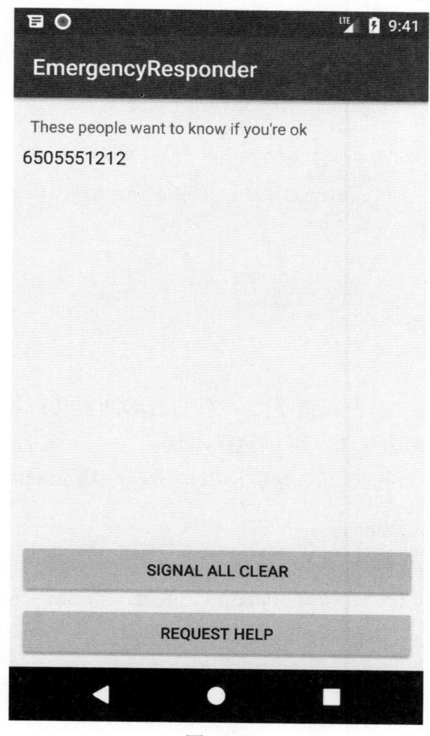

图 20-3

(14) 更新 Activity，让用户响应这些状态请求。我们先完成步骤(6)中创建的 respond 方法。该方法应该遍历包含状态请求者的 Array List，然后给每位请求者发送一条新的 SMS 消息。SMS 的消息内容应基于步骤(3)中定义的响应字符串资源。使用 sendResponse 方法发送 SMS(我们将在下一步中完成)：

```
public void respond(boolean ok) {
  String okString = getString(R.string.allClearText);
  String notOkString = getString(R.string.maydayText);
  String outString = ok ? okString : notOkString;

  ArrayList<String> requestersCopy =
    (ArrayList<String>)requesters.clone();

  for (String to : requestersCopy)
    sendResponse(to, outString);
}

private void sendResponse(String to, String response) {}
```

(15) 完成 sendResponse 方法，以处理每一条 SMS 响应的发送。首先删除请求者 Array List 中每个潜在的接收人，然后发送 SMS：

```
public void sendResponse(String to, String response) {
  // Check runtime permissions.
  int send_sms_permission = ActivityCompat.checkSelfPermission(this,
    Manifest.permission.SEND_SMS);
  int phone_state_permission = ActivityCompat.checkSelfPermission(this,
    Manifest.permission.READ_PHONE_STATE);

  if (send_sms_permission == PackageManager.PERMISSION_GRANTED &&
      phone_state_permission == PackageManager.PERMISSION_GRANTED) {

    // Remove the target from the list of people we
    // need to respond to.
    lock.lock();
    requesters.remove(to);
    mRequesterAdapter.notifyDataSetChanged();
    lock.unlock();

    // Send the message
    SmsManager sms = SmsManager.getDefault();
    sms.sendTextMessage(to, null, response, null, null);

  } else {
    if (ActivityCompat.shouldShowRequestPermissionRationale(
      this, Manifest.permission.SEND_SMS)) {
      // TO DO: Display additional rationale for the requested permission.
    }

    ActivityCompat.requestPermissions(this,
      new String[]{Manifest.permission.SEND_SMS,
        Manifest.permission.READ_PHONE_STATE},
      SMS_RECEIVE_PERMISSION_REQUEST);
  }
}
```

(16) 遇到紧急情况时，将消息发送出去非常重要。添加自动回复功能可以提高应用的健壮性。我们需要监控 SMS 消息是否发送成功，如果未成功发送，可以重新发送。

a. 首先，在 Activity 中创建一个新的公共静态字符串，用在广播 Intent 中，以表示 SMS 已经发送。

```
public static final String SENT_SMS =
  "com.professionalandroid.emergencyresponder.SMS_SENT";
```

b. 更新 sendResponse 方法，以包含一个新的 Pending Intent。当 SMS 发送完成时，Pending Intent 将刚才创建的动作广播出去。Pending Intent 也应该包括潜在接收人的号码，并作为额外信息。

```
public void sendResponse(String to, String response) {
  // Check runtime permissions.
  int send_sms_permission = ActivityCompat.checkSelfPermission(this,
    Manifest.permission.SEND_SMS);
  int phone_state_permission = ActivityCompat.checkSelfPermission(this,
    Manifest.permission.READ_PHONE_STATE);

  if (send_sms_permission == PackageManager.PERMISSION_GRANTED &&
      phone_state_permission == PackageManager.PERMISSION_GRANTED) {

    // Remove the target from the list of people we
    // need to respond to.
    lock.lock();
    requesters.remove(to);
    mRequesterAdapter.notifyDataSetChanged();
    lock.unlock();

    Intent intent = new Intent(SENT_SMS);
    intent.putExtra("recipient", to);
    PendingIntent sentPI =
      PendingIntent.getBroadcast(getApplicationContext(),
        0, intent, 0);

    // Send the message
    SmsManager sms = SmsManager.getDefault();
    sms.sendTextMessage(to, null, response, sentPI, null);

  } else {
    if (ActivityCompat.shouldShowRequestPermissionRationale(
      this, Manifest.permission.SEND_SMS)) {
```

```
      // TO DO: Display additional rationale for the requested permission.
    }

    ActivityCompat.requestPermissions(this,
      new String[]{Manifest.permission.SEND_SMS,
        Manifest.permission.READ_PHONE_STATE},
      SMS_RECEIVE_PERMISSION_REQUEST);
  }
}
```

c. 实现一个新的 Broadcast Receiver 以监听广播 Intent。重写 onReceive 处理程序，以确认 SMS 是否成功送达。如果未送达，需要把原始收件人重新放回请求者 Array List 中。

```
private BroadcastReceiver attemptedSendReceiver
  = new BroadcastReceiver() {
  @Override
  public void onReceive(Context context, Intent intent) {
    if (intent.getAction().equals(SENT_SMS)) {
      if (getResultCode() != Activity.RESULT_OK) {
        String recipient = intent.getStringExtra("recipient");
        requestReceived(recipient);
      }
    }
  }
};
```

d. 最后，更新 Activity 的 onResume 和 onPause 处理程序，分别注册和解除新的 Broadcast Receiver:

```
@Override
public void onResume() {
  super.onResume();
  IntentFilter filter =
    new IntentFilter(Telephony.Sms.Intents.SMS_RECEIVED_ACTION);
  registerReceiver(emergencyResponseRequestReceiver, filter);

  IntentFilter attemptedDeliveryFilter = new IntentFilter(SENT_SMS);
  registerReceiver(attemptedSendReceiver, attemptedDeliveryFilter);
}

@Override
public void onPause() {
  super.onPause();
  unregisterReceiver(emergencyResponseRequestReceiver);
  unregisterReceiver(attemptedSendReceiver);
}
```

此例的目的是演示监听 SMS 消息的流程，并在应用中发送 SMS 消息。眼光锐利的读者应该注意到有几处可以改进的地方：

- 请求响应的人员列表应该持久化在数据库中。
- Broadcast Receiver 最好在应用清单中注册。这样，即便应用没有运行，也可以响应传入的 SMS 消息。
- 对传入的 SMS 消息的解析应放在 Job Scheduler 或 Work Manager 中，并在后台线程中运行。发送回应 SMS 消息时也类似。
- 使用基于位置的服务 API 发送当前位置，这在发生紧急情况时更有用。

这些改进的实现留给读者作为练习。

第21章 应用的发布、分发和监控

本章主要内容:

- 为发布应用作准备
- 创建签名证书和给发布构建签名
- 使用 Google Play 管理发布证书
- 创建 Google Play 商店清单
- 在 Google Play 商店中发布
- 使用 Alpha 测试、Beta 测试和分阶段发布
- 使用 Google Play 监控应用的度量、应用的活跃情况、用户获取和用户反馈
- 理解变现和推广策略
- 使用 Firebase Analytics 和 Firebase Performance Monitoring 优化应用

创建完一个吸引人的 Android 应用后，下一步就是和他人分享。本章介绍如何为发布应用作准备，以及在发布应用之前，如何创建签名证书以及使用证书给应用签名。

本章将介绍 Google Play 商店，学习如何创建开发人员概要文件，以及如何创建应用列表。还将学习如何使用 Alpha 和 Beta 发布渠道测试应用，然后使用分阶段发布来推出更新包，最大限度地降低所发布的更新包带有关键 bug 的风险。

Google Play 商店包含很多工具，可以监控已经发布的应用。我们将学习如何使用统计数据、活跃情况、用户获取和用户反馈，以更好地了解应用在真实设备上的表现。

对营销、变现和推广方式的介绍将有助于确保应用有一个成功的开始。

最后介绍 Firebase，并深入讨论 Firebase Analytics 和 Firebase Performance Monitoring，以帮助掌握用户统计数据以及优化应用在现实场景中的性能。

21.1 准备发布应用

在构建和发布应用的生产版本之前，需要采取几个步骤，为应用的分发作准备。

这些准备步骤适用于所有的应用，而不管它们如何分发。准备步骤大致可以分为两步：准备与发布应用相关的支持材料，以及准备代码以进行发布构建。

21.1.1 准备发布材料

首先检查应用的启动图标，确保符合推荐的图标设计概要，图标设计概要可以在链接 material.io/guidelines/style/icons.html 中找到。

应用图标应当提升应用的品牌，并帮助用户在 Google Play 应用列表中和 Android 设备的应用启动器中方便地找到应用。

应用的潜在用户对应用的第一印象是通过应用图标获得的，所以应用图标的质量通常被认为是应用的质量。好的应用图标应简单、与众不同、易于记忆，还应使用与品牌一致的颜色方案，并避免包含文字——尤其是应用的名字。

应用安装之后，应用的启动图标会在很多场景中使用，所以请确保它在各种背景下都好看，并有独一无二的轮廓，以便于用户识别。

在项目中，请为所有通用的屏幕分辨率准备特定分辨率的图标，包括低分辨率到超高分辨率，以确保它们在所有可能的设备上看上去都适宜。

> **注意：**
> 最好将应用的启动图标放在 res/mipmap 而不是 res/drawable 文件夹中，以确保系统能访问比当前设备分辨率更高的图标。第 4 章详细介绍了为不同屏幕分辨率创建资源的细节。

除了应用资源之外，Google Play 还需要应用启动图标的一幅高分辨率(512 像素×512 像素)图片，用在应用列表中。

还应考虑准备一份最终用户许可协议(EULA)，以保障自己、自己的组织，以及自己的知识产权。还要准备一份隐私政策，隐私政策应描述对保护用户隐私和为用户提供安全环境的承诺。可以在 play.google.com/about/privacy-security-deception 上找到关于隐私和安全的更多细节。

最后，准备推广和营销材料以公布应用。最少需要有应用名称、简介和描述，描述的内容用于在 Google Play 商店这样的分发平台上介绍应用。

提供高质量、描述性好的标题和应用介绍，且没有拼写或语法错误，这一点很重要，以便于用户能找到应用，并对适用性做出正确选择。类似于应用图标，描述语的质量也是应用质量的重要考量因素。

还应该为每种支持的设备类型(例如手机、平板电脑和电视)创建有代表性的屏幕截图，以帮助描述和推广应用。关于 Google Play 要求的特定推广材料的更多细节将在本章后面讲解。

21.1.2 准备代码以进行发布构建

下列建议是可选的，但仍然是好的编码实践，可以确保分发前的高质量发布构建。

- 选择合适的包名：部署后，应用的包名将无法更改。所以请用心选择合适的包名，使之适用于应用的整个生命周期。确保不要使用其他公司的名称和商标，要使用能反映水准和专业性的语言文字。
- 禁用日志：为了提高效率，请移除对日志的所有调用和调试跟踪调用，例如 startMethodTracing 和 stopMethodTracing。
- 禁用调试：移除应用清单中的 android:debuggable 属性，或者设置为 false。如果应用使用 Web View 显示付费内容，或者使用 JavaScript 接口，请使用 Web View 的 setWebContentsDebuggingEnabled 方法禁用调试。这一点很重要，因为启用调试会允许用户注入脚本，然后使用 Chrome DevTools 获取内容。
- 检查项目代码文件夹的内容：检查 jni/和 src/目录，确保它们只包含与应用相关的源文件。lib/目录只包含第三方或私有的库文件，src/目录不应该包含任何.jar 文件。
- 检查项目资源文件夹的内容：再次检查是否包含任何部署时不需要的私有或专用的数据文件，检查所有的资源文件夹内是否有不再使用的文件，检查 asset 和静态文件是否在发布之前需要更新或移除。
- 检查清单文件：验证应用清单和 Gradle 构建文件是否配置为定义正确的应用版本号、安装需求和权限。

21.2 在应用清单文件中更新应用元数据

在发布应用之前，一定要检查应用的元数据，它们在应用清单和 Gradle 构建文件中定义，如第 4 章所述。

21.2.1 检查应用安装限制

检查应用清单中的 uses-permission 节点，确保只包括与应用正常运行相关以及必需的权限。必需的权限会在安装时显示给用户，因此，引入过多或不必要的权限，可能导致用户选择不安装应用。

在应用清单中，还需要检查 uses-feature 节点。如第 4 章所述，这些节点用于指定应用正常工作所必需的硬件和/或软件。

只要应用清单中包含任意 uses-feature 节点，就会阻止应用在不支持某特性的设备上安装。例如，包括如下代码的应用将无法安装在不支持 NFC 特性的 Android 设备(例如 Android 电视)上：

```
<uses-feature android:name="android.hardware.nfc" />
```

仅当不希望应用安装在不支持 NFC 特性的设备上时，才使用 uses-feature 节点。如果应用可以使用某个特定的硬件，但此硬件并不严格需要，则请在运行时检查宿主设备是否支持此特性，而不是检查是否包含 uses-feature 节点。

在 app 模块的 Gradle 配置文件内，设置应用的配置信息，以定义最小 SDK 版本号和目标 SDK 版本号：

```
defaultConfig {
  applicationId "com.professionalandroid.apps.earthquake"
  minSdkVersion 16
  targetSdkVersion 27
  versionCode 1
  versionName "1.0"
  testInstrumentationRunner "android.support.test.runner.AndroidJUnitRunner"
}
```

请注意，可以在 Gradle 构建文件内使用不同的构建偏好定义不同的最小和目标 SDK 版本号：

```
defaultConfig {
  applicationId "com.professionalandroid.apps.earthquake"
  minSdkVersion 16
  targetSdkVersion 27
  versionCode 1
  versionName "1.0"
  testInstrumentationRunner "android.support.test.runner.AndroidJUnitRunner"
}

flavorDimensions "apilevel"

productFlavors {
  legacy {
    applicationId "com.professionalandroid.apps.earthquake.legacy"
    minSdkVersion 14
    targetSdkVersion 15
    versionName "1.0 - Legacy"
  }
}
```

这将允许针对不同的需求生成多个 SDK 版本号。关于创建和使用构建偏好的更多细节请参阅第 4 章。

最小 SDK 版本号定义了应用所能安装到的 Android 设备的最低系统版本。Android 操作系统会保证系统版本的兼容性，这意味着如果当前运行的操作系统版本低于应用的最小 SDK 版本号，系统会拒绝安装应用。

目标 SDK 版本号表示开发和测试将在此 Android 平台版本中进行。系统会根据目标 SDK 版本号确定需要进行哪些向前或向后的兼容性变化，以便支持应用。好的实践是将目标 SDK 版本号设置为最新的平台版本，且能够用来测试应用。

在 Gradle 构建文件中，检查依赖节点，以确保只包括相关和需要的依赖：

```
dependencies {
  implementation 'com.android.support:recyclerview-v7:27.1.1'
```

```
    implementation fileTree(dir: 'libs', include: ['*.jar'])
    implementation 'com.android.support:appcompat-v7:27.1.1'
    implementation 'com.android.support:support-v4:27.1.1'
    implementation 'com.android.support.constraint:constraint-layout:1.1.2'
    testImplementation 'junit:junit:4.12'
    androidTestImplementation 'com.android.support.test:runner:1.0.2'
    androidTestImplementation 'com.android.support.test.espresso:espresso-core:3.0.2'
}
```

21.2.2 应用的版本管理

当部署应用时，管理版本是非常重要的关注点，在保证有序的应用升级和维护策略中也至关重要。

有序的版本管理系统确保用户能够找到与应用版本相关的信息，并保证 Google Play 这样的发布服务能正确地判断兼容性，以及建立升级/降级关系。每台设备上，Android 系统使用应用的版本信息以保护应用不被降级。

应用的版本信息通过 Gradle 构建文件中的两个值定义：

- versionCode——整数值，定义当前版本号，并随着每一次版本发布而递增。Google Play 和 Android 操作系统使用 versionCode 确定应用的某一个版本号是否比另一个更高。通常，对于第一次发布的版本，versionCode 为 1，随后的每一次发布都单调递增。请注意，所允许的最大版本号为 2 100 000 000。
- versionName——用户可见的版本号字符串。作为字符串，可以将应用版本描述为<主>.<次>.<点>字符串，或者任意类型的绝对或相对版本标识。版本名称除了显示给用户外，无其他用途。

可以在 defaultconfig 中同时定义版本号和版本名称，然后在产品偏好代码块中重写其中任意一个值：

```
defaultConfig {
  applicationId "com.professionalandroid.apps.earthquake"
  minSdkVersion 16
  targetSdkVersion 27
  versionCode 1
  versionName "1.0"
  testInstrumentationRunner "android.support.test.runner.AndroidJUnitRunner"
}

flavorDimensions "apilevel"

productFlavors {
  bleedingedge {
  }
  legacy {
    applicationId "com.professionalandroid.apps.earthquake.legacy"
    versionName "1.0 - Legacy"
  }
}
```

21.3 给应用的生产构建版本签名

Android 应用以 Android 包文件(.APK)的形式分发。为了要安装在设备或模拟器上，Android 包需要添加签名。

在开发过程中，应用会使用 Android Studio 自动生成的调试密钥签名。在测试环境以外的地方分发应用之前，必须将应用编译为发布构建版本，然后使用私有的发布密钥签名——通常会使用自签名的证书。

要对已安装的应用进行升级，必须使用同样的密钥签名，所以必须总是使用同一个发布密钥为应用签名。

保护好签名证书的重要性无论怎么强调也不为过。Android 使用签名证书识别应用更新的真实性，并保证已安装应用之间的跨进程安全性。

密钥一旦被窃取，第三方就可以对应用签名，然后发布，进而恶意替换真正的应用。

类似地，密钥是升级应用的唯一途径。如果丢失了证书，就不可能再通过 Google Play 在设备上无缝更新。在后一种情况下，需要重新创建一份清单，但所有与之前的应用相关的用户评价、评分和评论都会丢失，也不可能再为应用的现有用户提供更新。

注意：

如果打算通过 Google Play 独家发布应用，那么可以好好利用 Google Play App Signing——本章后面讲述的一个可选程序——来帮助安全地管理签名密钥。

当使用 Google Play App Signing 时，Google Play 会为应用创建、存储和使用私有的发布密钥。我们仍然可以创建一个私有密钥，使用它为应用签名。但它是一个用来上传的密钥——仅用于识别真正的上传者——然后 Google Play 会将它移除，并使用自己管理的私钥进行替换，最后分发给最终用户。

除了使用 Google 保护发布密钥这个安全优势之外，用于上传的密钥还可以被 Google 重置，将丢失本地签名密钥的风险降到最低。

建议使用同一证书为所有的应用签名，因为使用同一证书签名的应用能配置为在同一进程中运行，基于签名的权限可以让使用同一证书签名的可信应用在彼此之间提供功能。

JDK 中包含 Keytool 和 Jarsigner 命令行工具，分别用于创建新的 Keystore 或签名证书给 APK 签名。上述操作也可以使用 Android Studio 中的对话框来完成。

21.3.1 使用 Android Studio 创建 Keystore 和签名密钥

要在 Android Studio 中为应用创建新的 Keystore，以及发布或上传签名密钥，请选择 Build | Generate Signed Bundle | APK 菜单项。出现的对话框会提示选择新的 Keystore 或者新建一个，如图 21-1 所示。

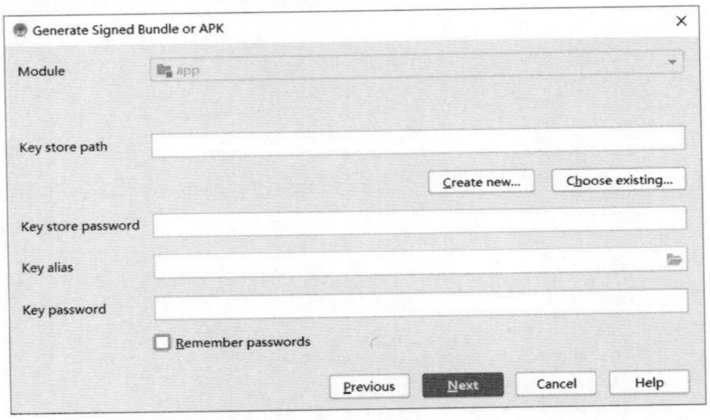

图 21-1

单击 Create new 按钮，然后输入文件名、Keystore 的存储位置和密码。此时应该能创建新的密钥或签名证书，如图 21-2 所示。

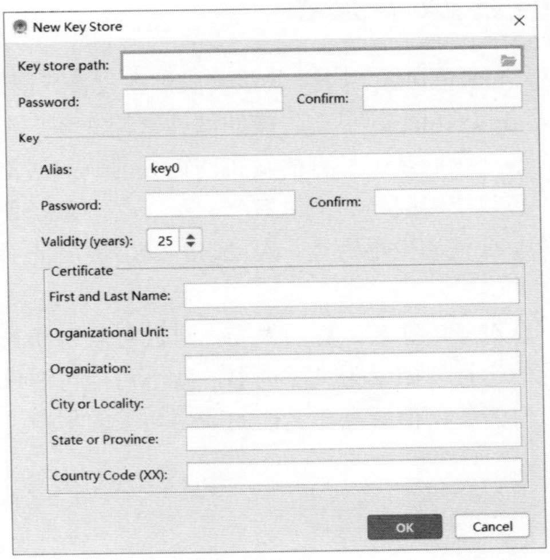

图 21-2

发布到 Google Play 上的应用需要一份有效期截止于 2033 年 10 月 22 日的证书。更通俗地说，证书将在应用的整个生命周期内使用，并用于发布升级包，所以必须保证签名证书有足够长的有效期。

Keystore 的安全性极其重要，所以确保使用强密码保护它，并保证已安全地备份。

21.3.2　获取基于私有发布密钥的 API 密钥

为了阻止未经授权的使用和配额盗用，很多第三方库(包括 Google Play 服务)需要开发人员基于为应用签名的发布密钥生成 API 密钥。

这些 API 密钥通常需要应用的包名以及发布密钥中的 SHA-1 签名证书指纹。

如果使用自己的发布密钥，可以使用如下命令行命令获取 SHA-1 指纹信息，其中 mystore.keystore 代表 21.3.1 节定义的 Keystore 的完整路径：

```
keytool -list -v -keystore mystore.keystore
```

如果使用本章后面讲述的 Google Play App Signing 管理密钥，将无法从本地访问应用的最终签名指纹。不过，可以在 Google Play 控制台中获取 SHA、SHA-256 或 MD5 指纹信息，方法是访问 play.google.com/apps/publish/ 链接，选择应用，然后切换到 App Signing 标签页，如图 21-3 所示。

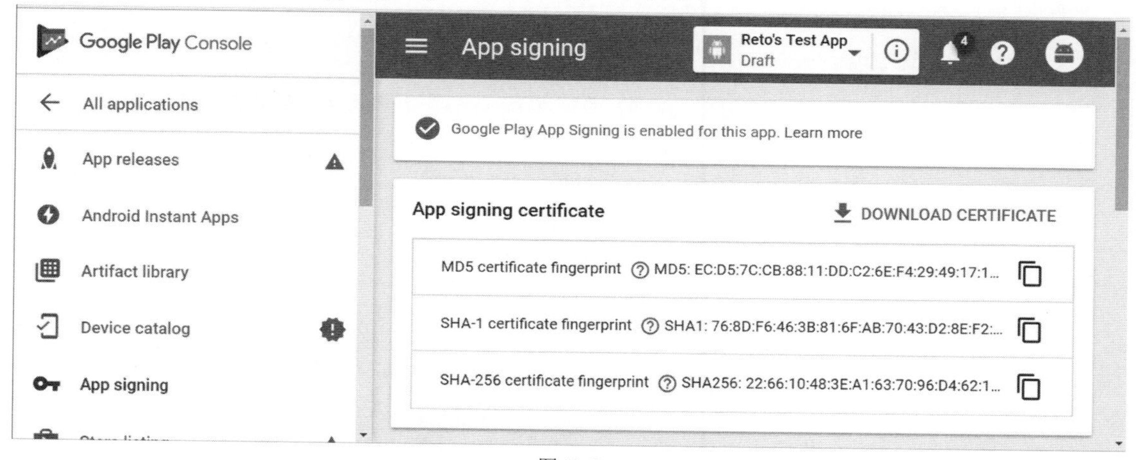

图 21-3

Google Play 控制台和 Google Play App Signing 将在 21.4 节“在 Google Play 商店中发布应用”中讲述。

21.3.3　构建生产发布版本并签名

一旦项目做好了发布准备，更新了元数据，创建了 Keystore 和私有签名密钥，就可以开始构建和签名，以便上传和分发。

用于发布的构建版本中包含的组件和用于调试的构建版本相同，但是使用 zipalign 优化过，并且使用发布证书签名过。要构建发布版 APK，可以使用简单的 Android Studio 向导，方法是选择 Build | Generate Signed APK 菜单项。

在弹出的对话框中选择 Keystore，提供密码，并选择签名密钥和关联的密码，如图 21-4 所示。

单击 Next 显示最终的向导对话框，如图 21-5 所示。

选择最终签过名的 APK 的输出位置，并在构建类型下拉菜单中选择 release。如果定义过不同的产品偏好，就选择要构建的偏好。

请注意，可以选择两种 APK 签名计划的任意一种。历史上，所有的 Android APK 使用 v1 签名(JAR 签名)；但是，Android 7.0 引入了 v2 签名(完整 APK 签名)，提供了更短的应用安装时间和针对未授权修改的更多保护。Google Play 要求最低 v1 签名，但通常推荐使用 v2 签名，前提是这样不会导致构建应用时出问题。

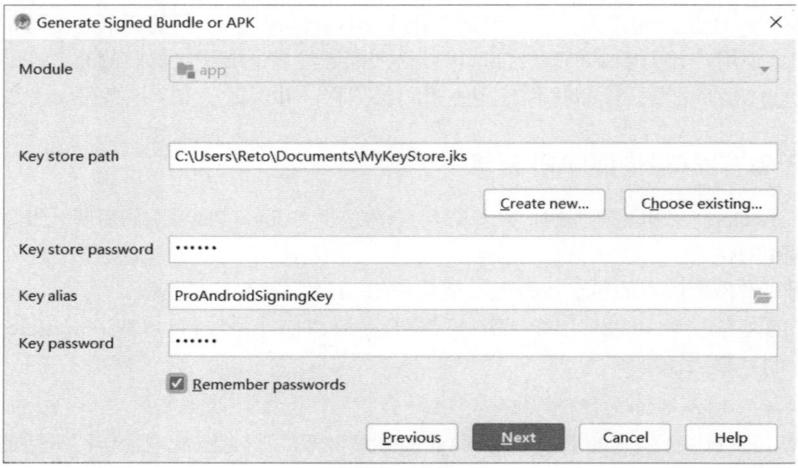

图 21-4

图 21-5

单击 Finish 按钮，应用就会开始构建并签名。图 21-6 中的仪表板会提示是否完成，并提供指向所生成 APK 路径的快捷方式。

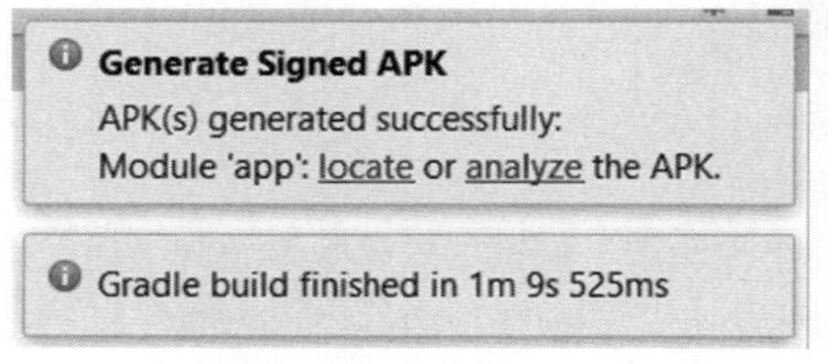

图 21-6

也可以在命令行中调用，方法是配置 Gradle 构建文件，以执行与向导相同的操作。使用 Gradle 构建文件的更多细节，请参考 d.android.com/studio/build/build-variants.html#signing。

21.4 在 Google Play 商店中发布应用

Android 的开放性生态系统的好处之一，是可以自由选择如何以及在哪里发布和分发应用。最常用、最流行的分发渠道是 Google Play。也可以自由地使用其他市场、自己的网站、电子邮件、社交媒体或任意其他分发渠道分发应用。

当分发应用时，请特别注意，应用的包名对于每个应用都是独一无二的标识符。因此，每个应用(包括打算单独分发的版本)必须有唯一的包名。也请注意，APK 的文件名并不需要唯一，它在安装过程中会被舍弃(只使用包名)。

21.4.1　Google Play 商店简介

Google Play 商店是最大、最流行的 Android 应用分发平台。在编写本书时，据报道有超过 270 万个应用可供选择，至少 145 个国家的用户有超过 800 亿次应用下载。

Google Play 商店也是交易市场，Google Play 提供了一种机制，用于出售和分发应用，而不是以商人的身份替开发人员转卖应用。这意味着对于分发的内容，以及促销、变现和分发应用的方式，限制更少。限制条款的详情可参见 Google Play 开发人员分发协议(DDA，链接为 play.google.com/about/developer-distribution-agreement.html)和 Google Play 开发人员计划政策(DPP，链接为 play.google.com/about/developer-content-policy/)。

应用若被怀疑违反 DDA 或 DPP，则会受到检查。若确实违反条款和政策，则应用会暂停下载，并会告知开发人员。极端情况下，比如出现恶意软件，Google Play 商店能够远程卸载设备上的恶意应用。

> **警告：**
> 发布应用之前，一定要仔细查看 DDA 和 DPP，确保应用没有违反这些协议。违反这些协议的应用会暂停下载，多次违反将会导致下架甚至封禁开发人员账户。
> 即便应用暂无资格通过 Google Play 分发，也仍然可以使用替代分发平台或机制进行分发。

Google Play 提供所有必需的工具和机制处理应用的分发、更新、销售(国内和国际)和促销。一旦被收录，应用就会开始出现在搜索结果和分类列表中，还有可能出现在促销分类中。

Google Play 商店提供的完整功能已超出本书的讨论范围，但是本章仍会讲述发布应用的核心功能。

21.4.2　Google Play 商店初体验

要在 Google Play 商店中发布应用，请在 play.google.com/apps/publish/signup 上创建一个开发人员账户，如图 21-7 所示。

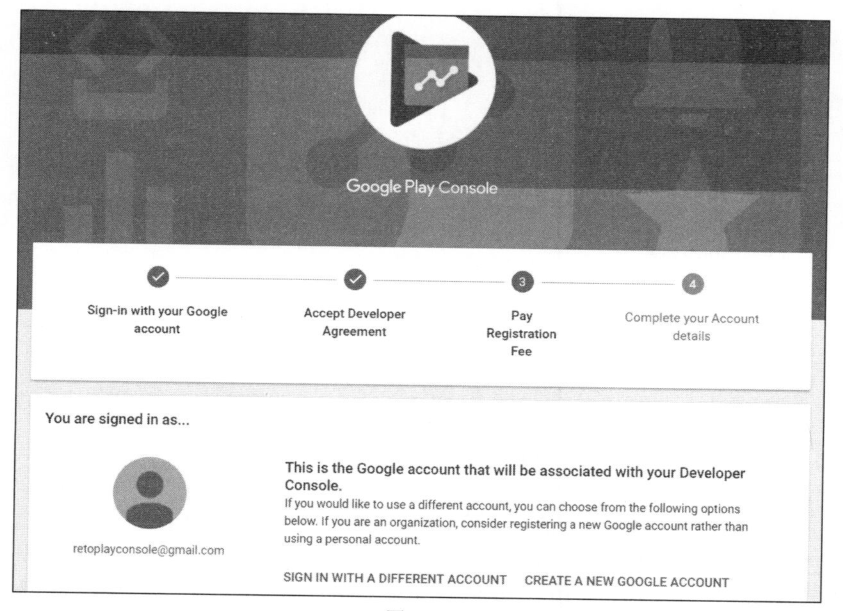

图 21-7

注意：
Android 开发人员资料与当前登录的 Google 账户关联。多个人常常需要访问同一账户，尤其是当以公司的名义分发应用时。最好专门为 Android 开发人员资料创建 Google 账户，而不是使用个人 Google 账户。

确保已登录希望与开发人员账户关联的 Google 账户，并检查和接受开发人员分发协议，然后支付 25 美元的费用以完成注册流程。

然后就能完成开发人员资料了。提供开发人员名称，一般是公司名称，用于在 Google Play 中识别应用的开发人员。请注意此处的开发人员名称并不一定要代表实际编写代码的公司或个体，它只用于识别分发应用的公司或个体。

还应提供详细的联系方式，包括邮寄地址、电子邮箱地址、网站和电话号码。请注意，提供电子邮箱或邮寄地址信息，表示同意 Google 公开显示或透露与应用相关联的信息。在这里再次强调，最好单独为应用反馈创建邮箱账户，而不是使用个人邮箱账户。

21.4.3 在 Google Play 商店中创建应用

创建 Android 开发人员资料之后，就可以创建应用，上传 APK 作为发布版应用，然后完成商店清单。

在开始整个上传和发布新应用的流程之前，需要至少在一台目标手机设备和一台目标平板设备上完整地测试发布版本。

当准备好发布时，首先在 Google Play 上创建新的应用详情。单击首页上的 All applications 标签页中的 CREATE APPLICATION 按钮，如图 21-8 所示。

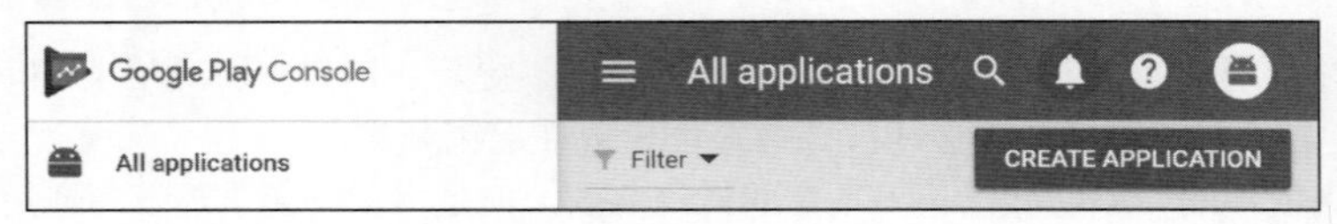

图 21-8

在弹出的对话框中，选择默认语言，如图 21-9 所示提供应用的标题，然后单击 CREATE。

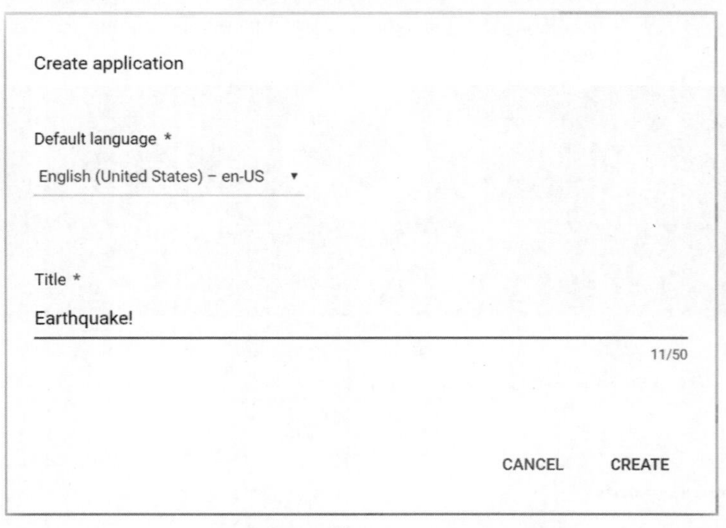

图 21-9

应用创建后，就可以完成商店列表详情，然后上传 APK 并用于 App Release。

每当希望分发一个更新过的 APK 时，都需要创建一个新的 App Release，然后应用列表会包含所有必需的详细信息，以便在 Google Play 中促销应用。一定要提供所有可能的内容和信息，即使是列为可选的信息。信息会在整个 Google Play 中使用，包括网站、Google Play 客户端和促销活动。不要提供可能会阻止应用被搜索到或促销的信息。

1. 上传新的 App Release APK

要上传 APK，请在左侧边栏中选择 App releases 选项，以显示 App releases 标签页，如图 21-10 所示。可以选择将应用发布到 Alpha 测试版、Beta 测试版或 Production 生产版。

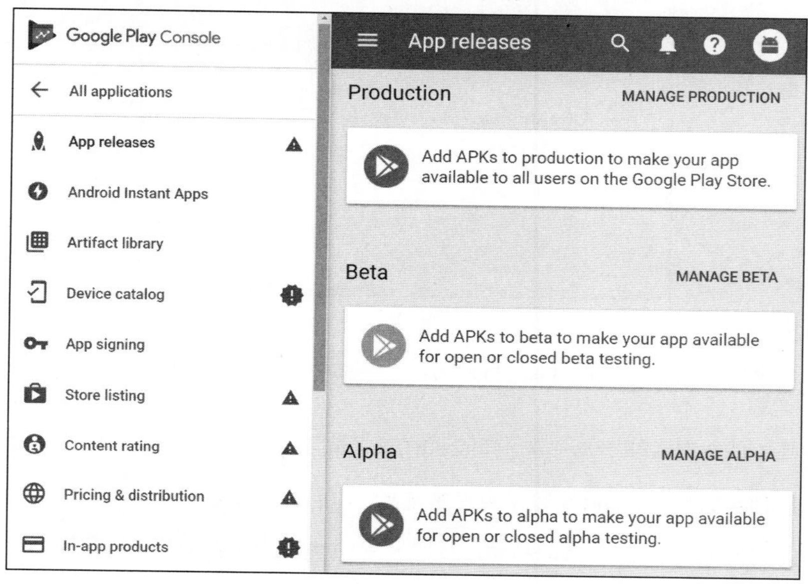

图 21-10

Alpha 和 Beta 渠道允许将应用发布给一小组测试人群，然后发布给所有用户，如 21.4.4 节“发布应用”所述。单击 MANAGE 渠道按钮以选择希望发布的渠道，然后单击 CREATE RELEASE 按钮。

此时可以选择参加 Google Play App Signing 计划、上传 APK、提供发布名称，然后填写发布备注。

页面顶部的第一部分显示了当前的 Google Play App Signing 选择——允许参加计划。

接下来可以选择或上传签过名的发布安装包，如图 21-11 所示。

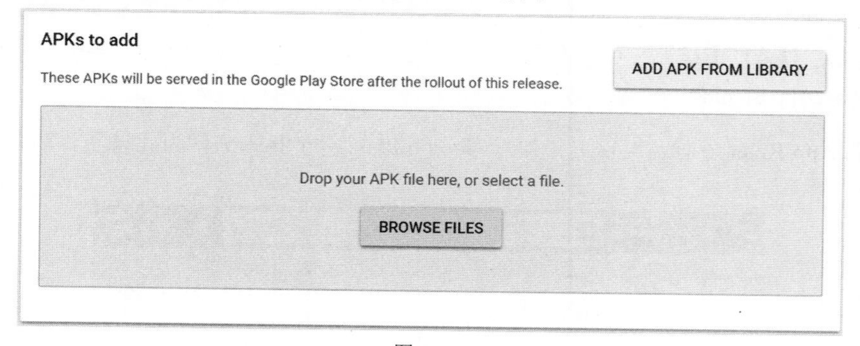

图 21-11

> **注意：**
> 包名(不是文件名)必须唯一。Google Play 使用应用的包名作为唯一标识符，不允许上传重复的包名。

然后需要输入 Release Name 和本次更新内容的描述，如图 21-12 所示。

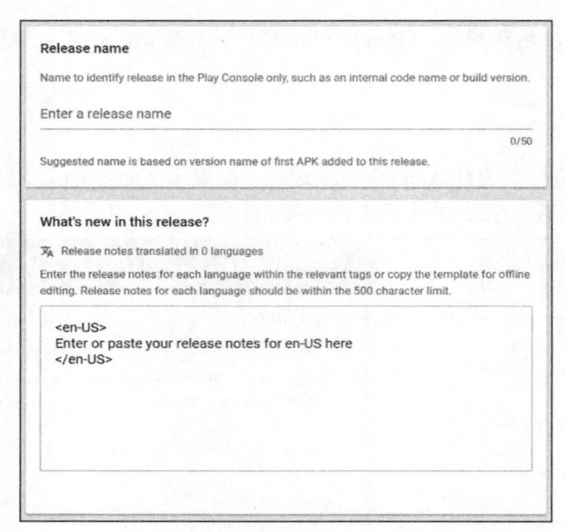

图 21-12

发布备注将会与应用一起显示在 Google Play 中，发布名称作为内部代号，只会显示在 Google Play 管理控制台上。

请注意，现在还不能发布 APK。必须先填写必填的商店列表详情、内容评级和定价/分发详情。

2. 使用 Google Play App Signing 管理私有发布密钥

Google Play App Signing 是一个可选的功能，它使用与 Google 用来存储自身密钥同等安全的设施来帮助安全地管理签名密钥。

当选择使用 Google Play App Signing，而不直接使用自己的密钥为每个应用签名时，需要使用上传密钥为应用签名。如果丢失了上传密钥，可以向 Google 请求副本，以降低丢失密钥的风险。

当我们把使用上传密钥签过名的应用上传到 Play Console 时，Google 会验证并移除上传密钥签名，然后使用原始的应用签名密钥为应用重新签名。

警告：

一旦选择为应用参加 Google Play App Signing，则无法退出。为了保护应用签名密钥的安全，无法从安全服务器中移除密钥。但是，选择加入 Google Play App Signing 是针对应用的，这意味着可以选择不将未来的应用加入 Google Play App Signing。

当创建新的 App Release 时，可以选择加入 Google Play App Signing，为此只需要单击 CONTINUE 按钮，如图 21-13 所示。

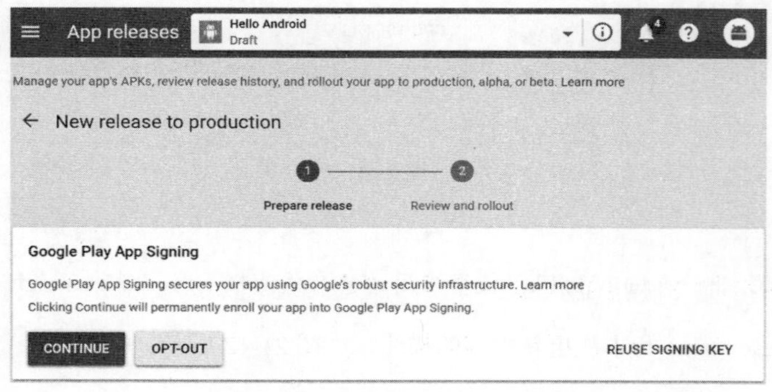

图 21-13

也可以重用 Google Play 管理的同一份密钥作为其他应用的密钥。此时，只需要选择重用签名密钥即可，如图 21-14 所示。建议使用同一份证书为所有的应用签名。

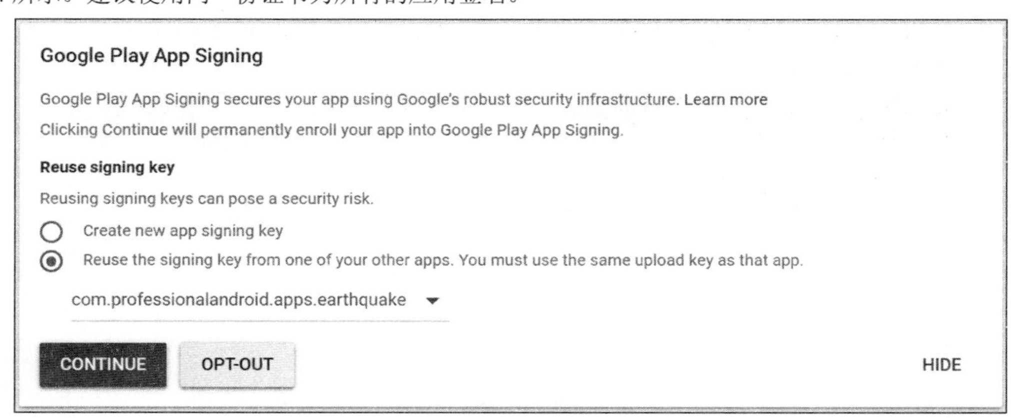

图 21-14

如果已经有应用通过 Google Play 分发，也可以通过上传现有的签名密钥加入 Google Play App Signing。

3. 创建新的应用详情页

将签过名的 APK 上传之后，必须准备 Google Play 商品详情。单击左侧边栏中的 Store listing 选项以显示商品详情选项，如图 21-15 所示。

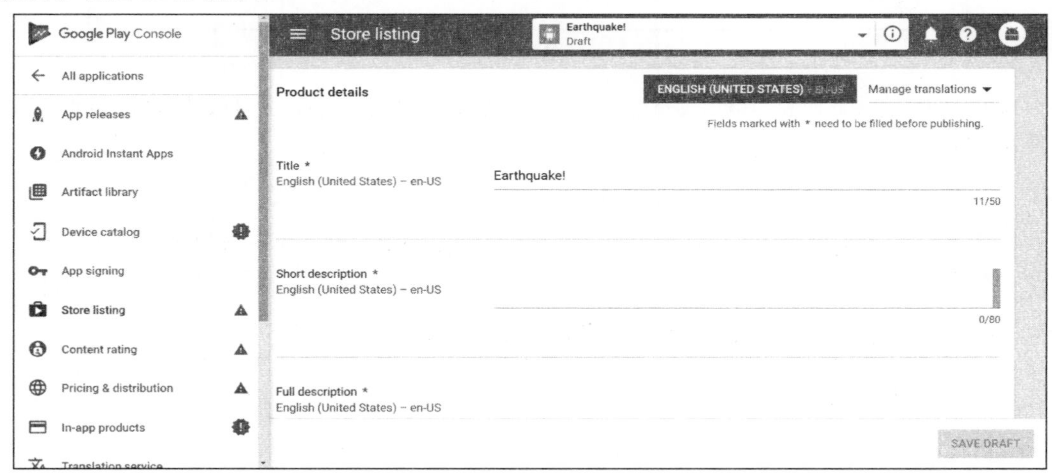

图 21-15

首先，通过提供高质量的描述性标题和简介，可让用户更容易搜索到应用，并能根据适用性做出选择。请勿在标题或简介中使用无关的关键词或者其他 SEO 垃圾邮件信息，否则应用将会被暂停下载。关于 Google Play 元数据政策的更多详情，请参考链接 play.google.com/about/storelisting-promotional/metadata/。

还可以提供视频和图片信息，用于显示在应用详情中，这包括一个指向 YouTube 的促销视频链接，为手机、平板电脑(7 英寸和 10 英寸)、电视和穿戴式设备准备的多张图片，以及专门用于 Google Play 的图片。这些图片中包含高分辨率的应用图标、功能和促销图片、电视横幅以及为 Daydream 准备的 360° 立体横幅。关于图片信息以及 Google Play 如何使用它们的详情，可以访问链接 support.google.com/googleplay/android-developer/answer/1078870。

应用类型允许选择应用是一款“应用”还是“游戏”，分类下拉菜单允许指明应用应该在 Google Play 的哪个分类下显示。

每个应用还必须接受内容评级，内容评级用于告知消费者应用的年龄适用性，在特定地区或为法律要求的特定用户屏蔽或过滤应用的内容，并评估应用是否适合特殊的开发人员计划。

要确定应用的内容分级，可在 Store listing 标签页上或左侧边栏中单击 Content rating 链接。此时会显示内容分级问卷，开始部分如图 21-16 所示。

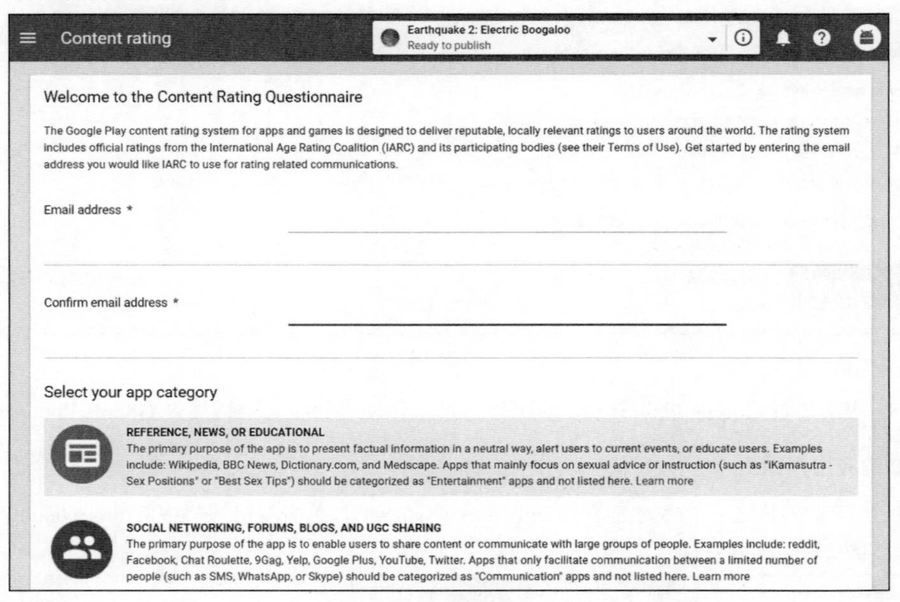

图 21-16

必须为每个应用完成此问卷。每当发布更改了应用内容或功能的更新包，并且改动影响了对此问卷的回答时，就需要完成此问卷。

警告：

对内容分级问卷提供正确的回答非常重要，因为如果回答不能正确反映应用的内容，就会导致应用从 Google Play 移除或暂停下载。

最后，可以为用户提供与应用相关的联系信息，如图 21-17 所示。

Contact details

Website http://...

Email *

Please provide an email address where you may be contacted. This address will be publicly displayed with your app.

Phone

图 21-17

这些信息会随着应用详情在 Google Play 中一起发布，所以应该提供由专人管理的电子邮箱和手机号码，而不是私人邮箱地址。

4. 指定定价和分发

单击左侧边栏中的 Pricing & distribution，选择想在哪些国家分发哪些设备 ，以及希望使用应用的消费者支付的费用(如果收费的话)。

首先请确定应用是否收费。关于创建商业账户和配置付费分发的详情超出了本书的讨论范围，可以在以下链接中查找相关详情：support.google.com/googleplay/android-developer/#topic=3452890。

然后可以选择应用能在哪些国家下载，包括(在某些情形下)从这些国家的哪些运营商那里下载，如图 21-18 所示。

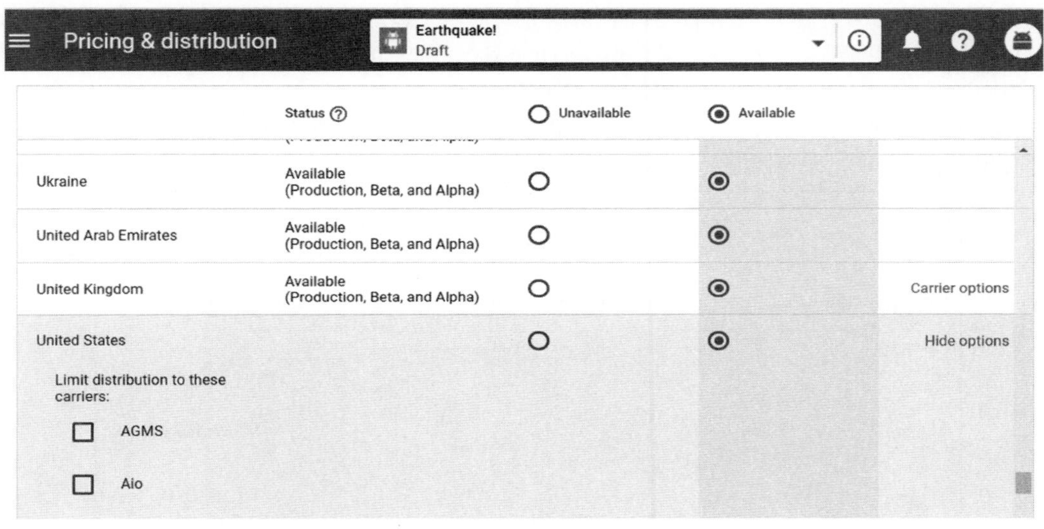

图 21-18

Google Play 商店允许你参加很多特殊的计划，这些计划旨在将应用分发给特定的群组，包括 Designed for Families—— 一个针对应用和游戏的计划，特地为儿童、家庭成员和 Google for Education 设计。Pricing & distribution 标签页详细描述了可用的计划及其要求。

类似地，可以提交应用以进行审查，审查是否能纳入特殊的设备类别，包括 Android Wear、Android TV、Android Auto 和 Daydream。这些设备类型要求应用必须遵守特定的应用质量和发布指南(可从 Store Listing 标签页获取链接)，然后才能下载到这些设备上。

最后，必须确认应用遵守 Android 内容指南，知晓应用可能受到出口法律的管控。

完成了 Pricing & distribution 部分后，请单击 SAVE DRAFT 按钮。

21.4.4 发布应用

创建完商品详情页，指定了定价和分发，上传了 APK 后，就可以将应用推送给生产阶段，使其可被消费者使用。这个过程通常称为发布管理。

在 Google Play 控制台中，当左侧边栏中的灰色标记全部变为绿色之后，应用就可以发布了，如图 21-19 所示。

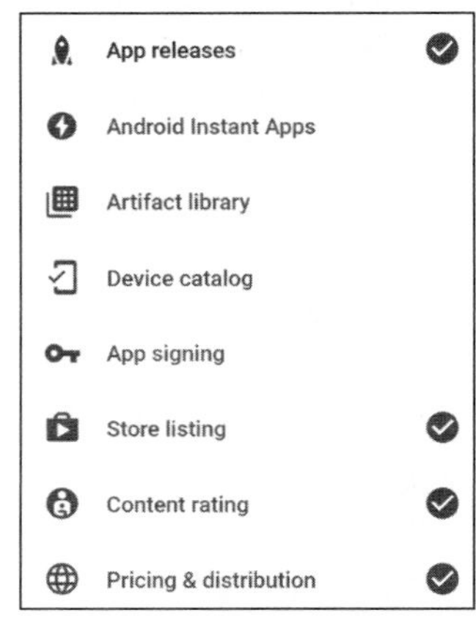

图 21-19

在解决了所有问题后，切换到 App releases 标签页，然后选择希望使用的发布渠道。要使应用可被所有人下载，请使用 Production 渠道。Alpha 和 Beta 渠道将在后面详细讲解。

单击 REVIEW 按钮并确认发布详情无误，然后单击 START ROLLOUT TO PRODUCTION 按钮，使应用可被用户下载。

后面将使用同样的流程为应用发布更新。但是，发布更新时仍可指定哪些现有用户能够接收到更新，此过程称为分阶段发布。

1. 使用 Alpha 和 Beta 渠道

将应用发布到生产环境，意味着应用在已选择分发的国家中，能被任意使用所支持设备的用户下载。

无论在发布前进行了多么完整的测试，都无法替代真实用户下载和试用应用时进行的测试。在拥有数十亿潜在用户的情况下，最好使用 Alpha 和 Beta 发布渠道，将应用发布给一小组目标用户，以获取早期反馈并发现潜在问题，最后才将应用发布给所有人。

这一点特别重要，因为最早一批用户的评级和评论对应用总体上的成功和流行程度将产生重大的影响。Alpha 和 Beta 渠道的用户无法提交公开评论，但他们知晓和习惯于“预发”应用中的潜在问题，因此他们可能会在正式发布应用之前，提供建设性的反馈，以改进应用。

如图 21-20 所示，Google Play 提供了两个预发渠道：Alpha 和 Beta。两者之间没有功能上的区别，但是传统上会先使用 Alpha 渠道，而且目标人群通常比 Beta 渠道少一些。

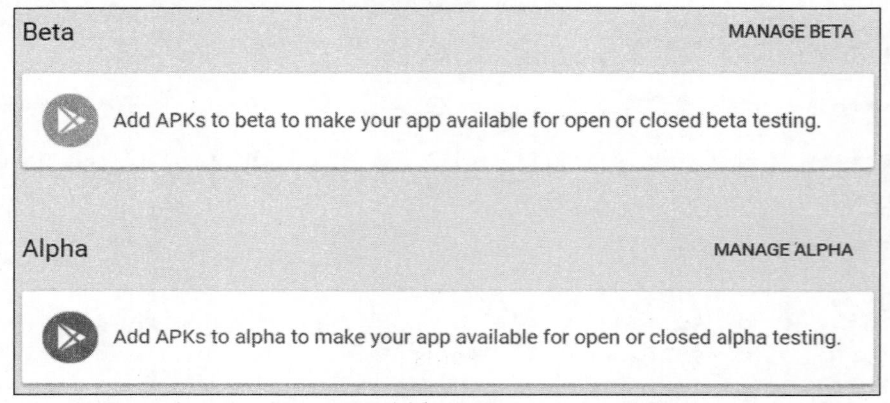

图 21-20

两种渠道都允许选择开放式或封闭式的预发渠道。任何希望加入这些渠道的用户都可以在 Google Play 商店中看到开放式的 Beta(或 Alpha)渠道，也可以从这些渠道进行下载或更新，但仍然可以限制加入渠道的用户总数。

封闭式的 Beta(或 Alpha)渠道在 Google Play 商店中不可见，只有指定的一组已知用户能看到。可以通过电子邮箱地址定义小组，也可以选择 Alpha | Beta Testing Using Google Groups 或 Google+ Communities 选项以提供相应的 URL；如果是后者，Google Group 或 Google+社区的成员能访问已关闭的 Beta(或 Alpha)渠道。虽然应用详情页不会对 Google Play 的所有用户可见，但可以配置 Google Groups 和 Google+Communities，以便让用户加入。

无论哪一种情形，在 Alpha/Beta 测试阶段，都必须指定反馈渠道，让消费者可以使用反馈渠道提供建设性的反馈。

一旦测试计划启动并且被发布，应用就会提供加入链接以便分享给测试者，加入链接将允许他们加入测试计划。图 21-21 展示了关闭 Beta 渠道的 Manage testers 对话框。

好的实践是让一组已知的测试人员进行封闭式的 Alpha 测试，然后进行开放式的 Beta 测试，以征求反馈意见，最后发布到生产环境。请注意，当进行开放式的 Alpha 测试时，不能同时进行 Beta 测试。

当 Alpha 或 Beta 用户点击加入链接之后，将会收到一份解释，说明成为测试人员意味着什么，以及一个加入链接。

除了为反馈提供链接或电子邮箱地址之外，开放式的 Alpha 或 Beta 测试还允许测试人员通过 Google Play 商店提供个人反馈。

测试流程假定新的 APK 会从 Alpha 演进到 Beta，最后进入生产环境；因此 Alpha 测试 APK 应该使用最高的版本号。

要加入 Alpha 或 Beta 测试渠道，潜在用户需要有 Google 或 G Suite 账户。请注意，Alpha 或 Beta 测试应用的链接可能需要几小时才会在 Google 的所有服务器中全部生效，在链接全部生效之后才可以被测试人员使用。新的 APK 通过这些渠道分发时也是如此。

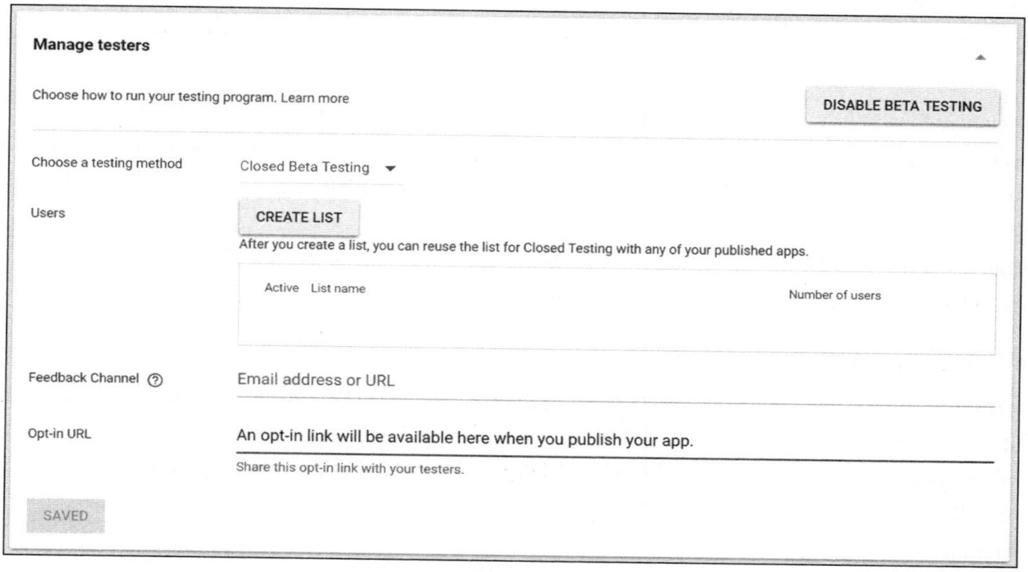

图 21-21

2. 分阶段发布

Alpha 和 Beta 测试允许在发布生产版本之前，从一小组真实用户中获取反馈。当准备好推送到生产渠道时，应考虑采用分阶段发布(将更新包发布给一部分现有用户和新增用户)，以尽可能减小引入重大 bug 或崩溃的可能。

虽然应用的第一个生产版本必须同时开放给所有潜在用户下载，但是更新可以分阶段进行，通常开放给现有用户和新增用户总和的一部分。

可以在 Manage production releases 表格中指定接收新 APK 的用户百分比。

目标百分比为一组随机选择的新增用户和现有用户，意味着无法选择特定的用户、设备、国家或操作系统版本。

如果在某个版本中检测到潜在问题，可以暂停分阶段发布。虽然无法回退到前一个版本，但如果为一个新的(更新过的)APK 执行分阶段发布，它将首先提供给接收过上一次更新的用户。

如果对这部分用户的使用结果比较满意，那么可以在 Manage production releases 标签页中增加分阶段发布的百分比。为减少风险，通常好的实践是从非常小的百分比开始。首先针对 1%～2%的用户，然后随着时间逐渐增大百分比，仔细监视反馈、分析和崩溃报告。

如果应用更新需要对商店详情页进行更改，好的实践是仅当版本已经发布给 100%的用户之后，才更新商店详情页。

21.4.5　监控生产环境中的应用

一旦应用发布后，All application 标签页将会列出每一个应用，以及各自的活跃用户数、安装次数、平均评级、评级次数、上次更新日期和每个应用的状态，如图 21-22 所示。

▲ App name	Active / Total installs ⓘ	Avg. rating / Total #	Last update	Status
Earthquake! com.radioactiveyak.earthq...	543 / 801,946	★ 4.03 / 6,439	Jan 6, 2018	Published
New Horizons Gyro Compass com.paad.compass	314 / 91,737	★ 3.71 / 590	Jun 12, 2012	Published

图 21-22

使用 Google Play 控制台的左侧边栏，可以选择如下标签页，以了解应用在生产渠道中的表现。

Statistics——提供了访问应用安装统计数据的细目，包括以图形化的时间线展示应用的安装、评级和崩溃。

Android vitals——提供了技术性能详情、匿名的错误报告和堆栈跟踪，由选择了自动分享使用及诊断数据的用户提供。

User acquisition——提供了详尽的细目，以展示用户从 Google Play 安装应用的获取渠道。

User feedback——提供了评级趋势和用户评论的动态分析。

1. Google Play 统计数据的应用指标

User acquisition 标签页允许生成报告，这些报告提供了详尽的细目以展示应用的安装统计数据，包括安装、卸载、升级、平均和累计平均评级，以及崩溃和无响应次数的每天更新值。

这些指标可以通过一系列维度衡量，以提供对用户的分析结果，包括基于如下维度的细目：

- 应用版本
- Android 平台版本
- 硬件设备
- 国家和语言
- 运营商

这些报告可以下载或显示为时间图，如图 21-23 所示。

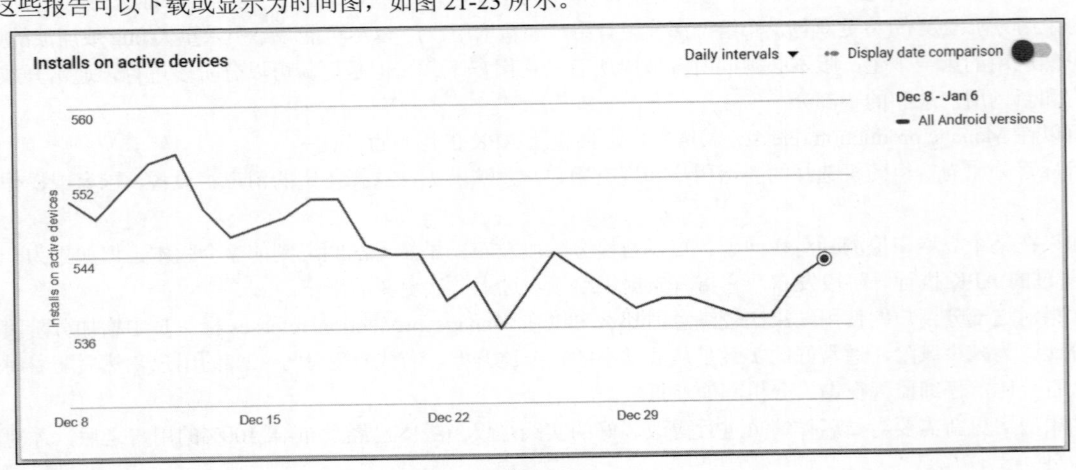

图 21-23

这些信息极其有用，可以用来决定在哪里分配资源，希望支持哪些 Android 平台版本，以及应用在哪些国家表现不佳。

2. 使用 Android vitals 监控应用

Android vitals 标签页提供了对应用技术性能的分析，包括稳定性、续航、渲染次数、匿名的错误日志和堆栈跟踪。这些信息收集于选择自动分享使用情况及诊断数据的用户的 Android 设备。

Overview 页允许查看每天的无响应率、崩溃率、慢渲染率、帧冻结率、唤醒锁卡住率以及过度唤醒率。这些指标可以通过应用版本、设备或 Android OS 版本等维度衡量。

ANRS 和 CRASHES 页显示了 ANR(应用无响应)和崩溃总览，如图 21-24 所示。

可以进入 FREEZES/CRASHES 页，以获取每个错误的详情，如图 21-25 所示。每个错误包含错误堆栈信息的第一个异常、抛出此异常的类，以及符合此条件的错误报告所发生的次数/频度。

ANRS
CRASHES
Real-time crashes
Last 60 days
All Android versions
All versions
8 crash clusters
Show hidden
Cluster
Trends
Reports
Impacted users
Last reported
New in version 25
java.lang.OutOfMemoryError
in com.google.android.maps.ZoomHelper.createSnapshot
12
9
Dec 28, 2017, 12:26 PM
New in version 25
java.lang.NullPointerException
in com.radioactiveyak.earthquake.MapFragment$1.run
2
2
Dec 20, 2017, 12:40 PM
New in version 25
java.lang.NullPointerException
in com.radioactiveyak.earthquake.MapFragment$1.run
2
2
Dec 21, 2017, 6:08 AM

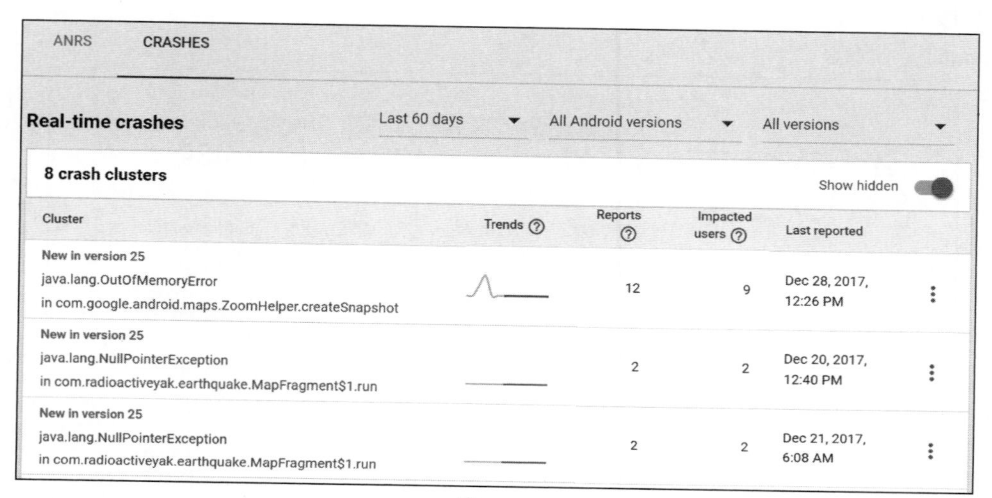

图 21-24

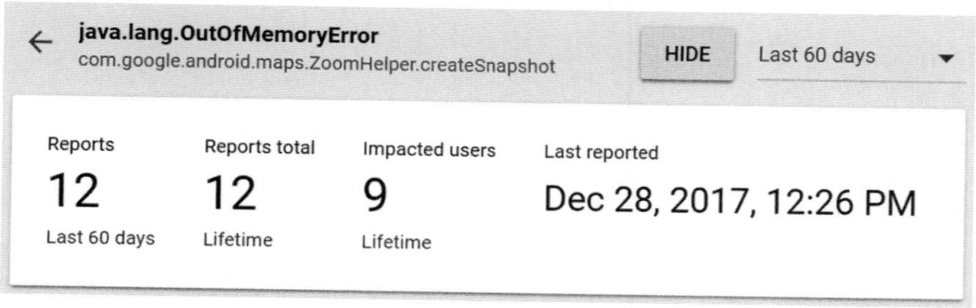

java.lang.OutOfMemoryError
com.google.android.maps.ZoomHelper.createSnapshot
HIDE
Last 60 days
Reports
12
Last 60 days
Reports total
12
Lifetime
Impacted users
9
Lifetime
Last reported
Dec 28, 2017, 12:26 PM

图 21-25

此外，还包含一张折线图，以显示在指定日期范围内此错误的报告频率、发生此错误的设备以及每个错误的完整堆栈跟踪。

对于在真实环境中调试应用而言，这些错误报告是非常宝贵的。目前有数百种不同的 Android 设备运行在数十个不同的国家和语言环境中，想对每种情形进行测试是不可能的。这些错误报告能够用于确定错过了哪些边缘场景，并能尽快纠正它们。

3. 用户获取报告

User acquisition 标签页允许生成一些报告，这些报告提供了用户如何找到应用的 Google Play 商店详情页，以及如何与商店详情页交互的分析结果。打开 Retained Installers 页，可以看到哪些用户访问了应用的商店详情页，然后安装应用并保留了至少 30 天。

如果应用还提供内购和订阅功能，那么可以选择 Buyers 页以生成报告。报告将显示各获取渠道的表现，具体体现在用户转变为买家和重复买家的数量，并以国家分类。

也可以比较不同获取渠道或不同国家的买家数据，以分析哪些渠道/国家吸引了最有价值的用户。

4. 分析用户反馈

User feedback 标签页允许分析应用的评级和评论。

Rating 页显示当前的平均评级、评级(和评论)总次数以及用户评级数量的柱状图，如图 21-26 所示。

时间序列图显示了应用每天、每周或每月的各种趋势，包括按区间或递增，也可以下钻到一系列维度，包括基于如下维度的细目：

- 应用版本
- Android 平台版本

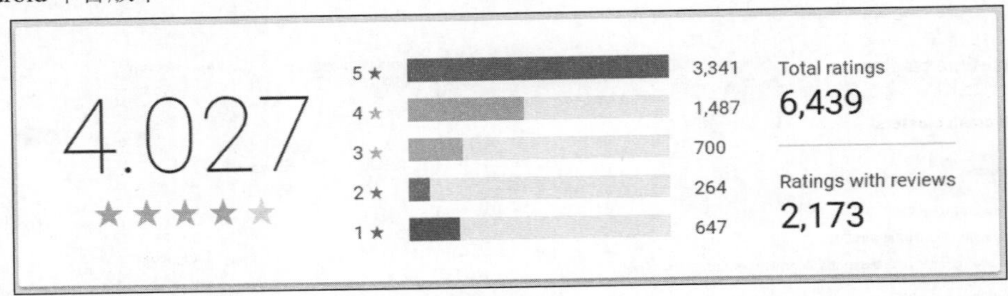

图 21-26

- 硬件设备
- 国家和语言
- 运营商

Review 页提供了所有由用户提供的评论，并允许编写回复。每条评论都包含了设备和用户的上下文信息，包括：

- 应用版本代码
- 应用版本名称
- 硬件设备
- 硬件设备制造商
- 设备类型(手机、平板电脑等)
- 语言
- CPU 制造商和型号
- 本地平台
- 设备 RAM
- 设备屏幕尺寸和分辨率
- OpenGL ES 版本
- Android OS 版本

可以搜索特定的文字，或者基于上述标准筛选评论。

Reviews Analysis 页提供了对读者评论的分析结果。Updated Ratings 部分允许追踪有变化的评级和评论，并且可以查看回复评论或者应用更新之后的影响。Benchmarks 部分显示了 Google Play 商店在同一分类下，针对一系列预设的话题的应用评级，并允许比较应用和同一分类下相似应用的评级。

最后，Topics 部分显示了应用的评论中，使用英语、西班牙语和日语提到的一组动态词语集合的评级。

请注意，虽然用户的直接反馈非常宝贵，但这些评论不一定可信，并且可能互相矛盾。最好使用应用分析和数据统计分析来调和用户评论。

21.5 应用变现介绍

作为开放的生态系统，Android 允许使用所选的任意机制变现应用。如果选择使用 Google Play 分发和变现应用，通常会有四种选择：

- 付费应用——在用户下载和安装应用之前向用户收取预付金。
- 带内购(IAB)的免费应用——下载和安装应用免费，但是在应用内对虚拟商品、升级和其他增值物品收费。
- 带订阅的免费应用——下载和安装应用免费，但是在应用内对虚拟商品、内容和其他增值物品的订阅收费。
- 包含广告的应用——下载和安装应用免费，但是通过显示广告变现。

如果选择在 Google Play 上对应用收费，不管是通过预付金还是 IAB/订阅，收入会以交易费的形式分给开发人员和 Google Play。在编写本书时，开发人员的收益分成是 70%。

不管使用哪种方式，必须先创建 Google Checkout Merchant Account——可以从 Android 发布者账户中创建。应用详情页将会包含一个选项，该选项可为应用和使用 IAB 销售的物品定价。

根据 DDA 中描述的条款，无论是哪一种情形，开发人员都是应用的分发者和商户。所以，开发人员有义务承担与销售应用相关的法律责任或纳税责任。

也可以使用应用内的广告为应用变现。在应用内设置广告所需的具体流程会随选择的广告提供商而不同。针对特定的广告 API 来描述设置过程超出了本书的讨论范围。尽管如此，大体流程一般如下：

(1) 创建发布者账户。

(2) 下载和安装相应的广告 SDK。

(3) 更新 Fragment 或 Activity 布局以包含广告栏。

一定要确保应用内的广告尽可能不唐突，并且不要显著影响应用的用户体验。还有一点很重要的是，确保用户体验模型不会导致用户意外地单击广告栏。

很多场景下，开发人员会选择提供付费版本(使用预付金或 IAB)，以允许用户关闭广告栏。

21.6　App 营销、促销和分发策略

有效地营销和促销应用的第一步，是确保为 Google Play 商店详情页提供一整套高质量的资源。

虽然 Google Play 上有数个促销机会，但是有 270 余万个其他应用可供下载。所以，一定要考虑其他的营销和促销渠道，而不是简单地发布应用，然后祈祷自己好运。

根据目标和预算的不同，营销和促销策略也会大不相同。下面详细列举了一些最有效的方式以供参考：

- 线下交叉促销——如果有很多线下渠道(例如商店或分店)，或是比较大的媒体渠道(例如报纸、杂志或电视)，通过这些渠道交叉促销应用是一种格外有效的方式。这些渠道能增加用户感知度，并帮助用户信任这些下载渠道。传统的广告媒介(比如电视和报纸上的广告)也极其有效，也能够提高应用的感知度。
- 线上交叉促销——如果有很多线上渠道，那么通过指向 Google Play 的应用链接来促销，也是提高下载量的有效方法。如果应用提供的用户体验比手机版网站更好，那么可以检测 Android 设备上的浏览器访问者，并将其重定向到 Google Play，以供用户下载应用。
- 第三方促销——在 YouTube 上发布促销视频，利用社交网络、博客、出版社和在线评论网站也有助于提供好的口碑。
- 在线广告服务——使用 in-app 广告网络(例如 AdMob)的在线广告服务，或者基于搜索的传统广告服务(例如 Google AdWords)，能够极大地增加印象分，并提高下载量。

21.6.1　应用上线策略

评级和评论能对应用在分类列表和 Google Play 搜索结果中的排名产生重大影响。因此，如果上线不成功，从中恢复将比较困难。下面的列表描述了可以使用的一些策略，以确保成功上线：

- 使用封闭式 Alpha 测试、开放式 Beta 测试和分阶段发布——确保应用发布给一小组目标用户，以获取早期反馈，并检测潜在的问题，然后将应用发布给所有人。Alpha 或 Beta 版本的用户无法提交公开评

论，且知晓并习惯于“预发”应用中的潜在问题。因此，他们可能会提供建设性的反馈，以改进应用，再最终发布。

- 对功能而不是质量进行迭代——功能丰富但是实现不好的应用，接收到的评论会比功能不多但好好打磨过的应用更差。如果使用敏捷方式频繁地进行早期发布，请确保每次发布都有同样高的质量，并且每次发布都添加了新的功能。同样，每次发布都应该比上一次打磨得更好、更稳定。
- 创建高质量的 Google Play 资源——用户对应用的第一印象来自于应用在 Google Play 中的形象。创建能代表应用质量的资源，尽可能地增加用户的印象分，以提高用户安装的可能性。
- 保持诚实且如实描述——如果用户发现应用与介绍的不符，他们会失望，很可能会卸载应用、发布差评，并做出负面评价。

21.6.2 国际化

在编写本书时，Google Play 已经可以在 190 多个国家使用。虽然每个应用分类的实际细目不大一样，但是大多数情况下，超过 50%的应用下载都是发生在美国以外的国家，并且设备的语言都不是英语。

如第 4 章所述，将应用中所有的字符串(如果可以，也请包括图片)资源放在外部，提供翻译之后的资源，可以简化应用的本地化。

除了应用自身，Google Play 也支持为应用添加不同语言的标题和描述，如图 21-27 所示。

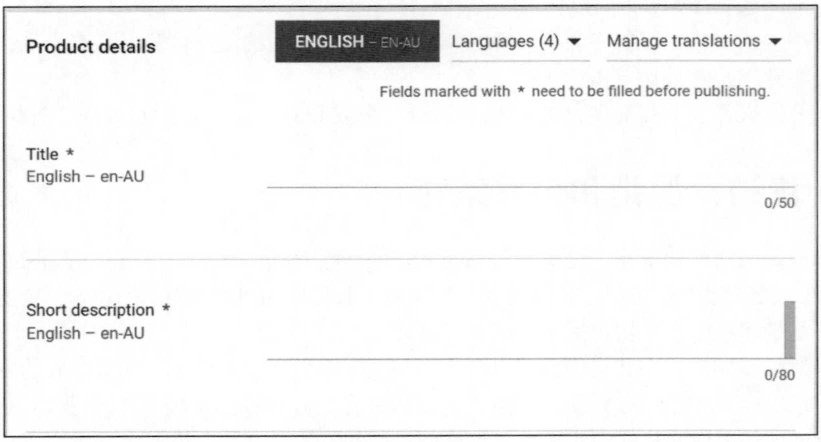

图 21-27

虽然非母语的用户也能使用应用，但它们很可能在 Google Play 上使用母语进行搜索和浏览。为了最大化应用被发现的可能性，好的实践是至少为应用的标题和描述创建译文。

> **注意：**
> 为应用提供完全本地化的译文的过程既昂贵又耗时，所以使用 Android Developer Console 统计数据来确定哪些语言需要优先翻译会非常有帮助。有趣的是，很多开发人员发现牵强的翻译会比没有翻译更糟糕。

21.7 使用 Firebase 监控应用

Google 的 Firebase SDK 包含了一组工具，可以帮助在应用上线后监控应用，以确保提供尽可能好的用户体验。这些工具包括：

- Firebase 分析——分析用户和用户行为，以便更好地理解谁在使用应用，以及如何使用。
- Firebase 性能监控——提供工具监控应用的性能，并诊断性能问题。
- Firebase 崩溃报告——允许接收详细的应用崩溃报告，并使用 Firebase 崩溃仪表板监控应用的总体健康度。

- Firebase 测试实验室——提供可用于运行测试的物理和虚拟设备，以模拟实际的使用环境。

Firebase SDK 与 Google Play 服务应用进行交互，并且需要安装 Google Play 服务 SDK。第 15 章介绍了 Google Play 服务和如何安装 SDK 的更多信息。

> **注意：**
> 由于 Firebase 依赖 Google Play 商店，如果计划通过其他分发渠道发布，则可能需要为那些依赖 Google Play 服务的功能提供替代性的实现方式。

21.7.1 把 Firebase 添加到应用中

要添加本节描述的任意 Firebase 监控工具，必须首先安装 Firebase SDK，Firebase SDK 要求具备 Android 4.0 Ice Cream Sandwich(APK 级别 14)和 Google Play 服务 10.2.6 或更高版本。

Android Studio 包含了 Firebase Assistant 以简化把 Firebase 组件添加到应用中的过程。要使用此功能，请选择 Tools | Firebase 以显示助手窗口。

选择希望添加到应用中的 Firebase 工具，例如分析工具，将会显示向导，并允许 Connect to Firebase(连接到 Firebase)。

如果这是第一次在 Android Studio 中为应用添加 Firebase 组件，Android Studio 会提示选择要连接的账户，以及一系列需要接受的权限。

一旦登录到 Firebase，返回到 Android Studio 后，就会显示一个对话框。该对话框允许为自己的应用创建新的 Firebase 工程，或者选择现有的工程。

连接应用之后，可以返回到向导。下一步是为工程添加相关的 Firebase 工具，方法是将 Firebase Gradle 构建脚本依赖添加到工程级别的 build.gradle 文件，在该文件中给 Gradle 添加 Firebase 插件以及 Firebase 工具的依赖。

21.7.2 使用 Firebase Analytics

分析工具(例如 Firebase Analytics)是非常有用的工具，通过它可以更好地了解谁在使用应用，以及如何使用应用。了解这些信息将有助于客观地决定在哪里集中放置开发资源。

虽然 Google Play 控制台提供的统计数据对于用户的语言、国家、设备提供了珍贵的分析结果，但是使用更详细的分析报告能提供来源更加丰富的信息。我们可以从这些信息中发现 bug，为功能列表设置优先级，决定最好在哪里分配开发资源。

> **注意：**
> 在 Android 应用中能使用哪些分析工具并没有限制。尽管本节专门讲述了配置和使用 Firebase Analytics 分析工具的流程，但是此流程也适用于大多数替代工具。

在 Android Studio 中使用 Firebase 向导，按照 21.7.1 节的步骤将 Firebase 添加到应用中，并对 app 模块的 Gradle 构建文件做出必要的改动。请注意 Firebase Analytics 仅仅只需要依赖 Firebase 核心库：

```
compile 'com.google.firebase:firebase-core:10.0.1'
```

要开始跟踪应用分析，请找到并启动 Activity，将 com.google.firebase.analytics.FirebaseAnalytics 对象声明为成员变量，然后在 onCreate 处理程序中初始化：

```
private FirebaseAnalytics mFirebaseAnalytics;

@Override
protected void onCreate(Bundle savedInstanceState) {
  super.onCreate(savedInstanceState);

  // Obtain the FirebaseAnalytics instance.
  mFirebaseAnalytics = FirebaseAnalytics.getInstance(this);
```

```
}
```

一旦添加并初始化 Firebase SDK，就会自动开始接收很多用户属性和事件。

> **注意：**
> 为了保护用户隐私，在 Firebase Analytics 控制台中查看数据时，所有的数据已经设置了最小阈值，以避免查看能用来推断个体用户统计数据的报告。

可查看的用户属性包括用户的年龄、性别、国家、语言和兴趣爱好，设备分类、品牌、型号和操作系统版本，应用从哪个商店安装，当前应用版本，是否为新用户或老用户，用户何时第一次打开应用，等等。

自动记录的事件包括应用安装后初次启动的时间、应用的内购完成度、用户参与、会话开始、应用更新、应用卸载、操作系统更新、异常和应用数据重置。

自动收集的用户属性和事件详见如下链接：support.google.com/firebase/answer/6317485。

还可以使用 FirebaseAnalytics 实例的 logEvent 方法记录预设或自定义的事件。传入发生的事件类型(使用 FirebaseAnalytics.Event 类中的静态常量)或自定义事件的类型和一个 Bundle。该 Bundle 使用 FirebaseAnalytics.Param 常量提供与事件类型相关的参数：

```
Bundle bundle = new Bundle();
bundle.putString(FirebaseAnalytics.Param.SEARCH_TERM, searchTermString);

mFirebaseAnalytics.logEvent(FirebaseAnalytics.Event.SEARCH, bundle);
```

标准的事件类型包括加入分组、登录、提供选择、搜索、选择内容、分享、注册、使用虚拟货币、开始和结束教程。

适用于所有应用的预定义完整事件列表，以及指向零售/电商、工作机会、教育、本地经销商、房地产、旅游和游戏分类下应用事件类型的链接，可以在如下网址找到：support.google.com/firebase/answer/6317498?ref_topic=6317484。

可以在如下网址查看相应的预定义参数：firebase.google.com/docs/reference/android/com/google/firebase/analytics/FirebaseAnalytics.Param。

也可以使用自定义参数生成自定义事件：

```
Bundle bundle = new Bundle();
bundle.putString(MISSILE_NAME, name);
bundle.putInt(MISSILE_RANGE, range);

mFirebaseAnalytics.logEvent(LAUNCHED_MISSILE, bundle);
```

将分析工具集成到应用中非常重要，可以了解应用如何使用，并且可以帮助以优化网站的方式优化工作流程。因此，这有助于记录用户从一个 Activity 跳转到另一个 Activity 的事件。

更进一步讲，可以记录任何行为——修改了哪些选项、选择了哪些菜单项或 Action Bar 动作、显示了哪些弹出菜单、是否添加了小部件、单击了哪个按钮。通过这些信息，可以准确地确定应用是如何使用的，有助于更好地了解在设计过程中所做的假定与实际使用情况的匹配度。

当构建游戏时，可以使用同样的流程获取玩家在游戏中的进度分析报告。可以跟踪用户到达多少进度时才退出，找出比预期更难(或更简单)的级别，然后相应地修改游戏。

可能最有用的是，如果应用有商业组件，例如购买商品或预订酒店，可以跟踪那些指向成功的购买或预订行为的路径。

要查看和分析应用中的分析记录，请访问 Firebase 控制台，链接为 console.firebase.google.com。选择应用，然后在左侧边栏中选择 ANALYTICS 选项，就能看到 Analytics 仪表板，如图 21-28 所示。

如果将 Firebase 账户升级到付费的 Blaze 套餐，就可以将 Firebase Analytics 链接到 Google BigQuery。这是一个无服务器的、PB 级的数据存储和分析引擎。可以在 BigQuery 中使用 SQL 查询语句访问原始的、未取样的事件数据，以及所有的参数和用户属性。

一旦将 Firebase 应用链接到 BigQuery 项目，事件数据就会每天被导出到选中的 BigQuery 数据集。然后可以查询、导出分析数据集，或者与外部资源中的数据进行关联以进行自定义分析。

要将 Firebase Analytics 与 BigQuery 进行关联，单击 Firebase 控制台中左侧边栏中的齿轮图标，再单击 Project Settings。然后单击 Account Linking 标签和 BigQuery 标签页中的 Upgrade Project and Link，最后按照指示创建 BigQuery 数据集。

BigQuery 提供 10GB 的免费存储和每月 1TB 的免费查询，并且不对摄取数据收费。BigQuery 及其定价模型的更多信息可参见链接 cloud.googlecloud.google。

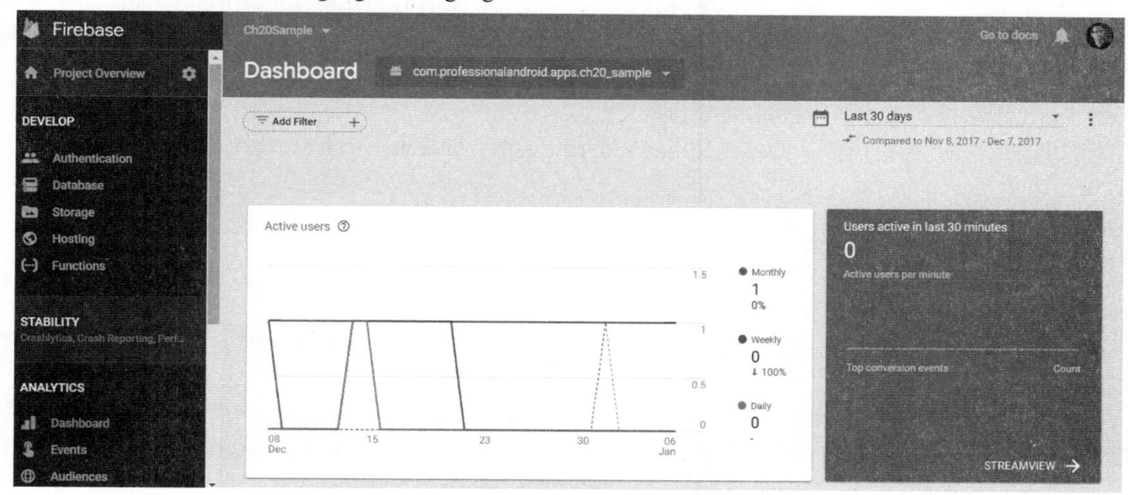

图 21-28

21.7.3 Firebase Performance Monitoring

Firebase Performance Monitoring(FPM)允许获取应用的性能特征分析结果。性能问题是影响用户体验的一个重要方面，但是要修复性能问题，首先必须了解在真实使用环境下真实用户的这些问题在哪里以及何时发生。

Firebase Performance Monitoring 的工作方式是生成跟踪报告——在两个时间点之间捕获到的性能数据报告。这包括很多自动跟踪，比如启动时间、后台时间、前台时间和任何自定义的跟踪。

在编写本书时，Firebase Performance Monitoring 处于 Beta 版本，在 Android Studio Firebase 助手中也不可用。使用前面讲述的技术将应用连接到 Firebase，然后使用如下步骤将 Firebase Performance Monitoring 添加到应用中。

在工程级别的 Gradle 构建文件中，确保 jcenter()包含在 buildscript 存储库中，然后添加 com.google.firebase:firebase-plugins 到 buildscript 的依赖中：

```
buildscript {
  repositories {
    google()
    jcenter()
  }
  dependencies {
    classpath 'com.android.tools.build:gradle:2.3.3'
    classpath 'com.google.gms:google-services:3.0.0'
    classpath ('com.google.firebase:firebase-plugins:1.1.5') {
      exclude group: 'com.google.guava', module: 'guava-jdk5'
    }
  }
}
```

打开应用级别的 Gradle 构建文件，应用 com.google.firebase.firebase-perf 插件：

```
apply plugin: 'com.android.application'
apply plugin: 'com.google.firebase.firebase-perf'
```

最后，添加 com.google.firebase:firebase-perf 依赖：

```
dependencies {
    implementation 'com.google.firebase:firebase-core:11.8.0'
    implementation 'com.google.firebase:firebase-perf:11.8.0'
}
```

安装后，Firebase Performance Monitoring 就会自动收集下列维度的跟踪：

- 应用启动——用户打开应用和应用开始响应之间的时间。
- 前台时间——第一个前台 Activity 调用 onResume 和最后一个前台 Activity 调用 onStop 之间的时间。
- 后台时间——最后一个前台 Activity 调用 onStop 和下一个 Activity 到达前台并调用 onResume 之间的时间。

Firebase Performance Monitoring 也会生成所有的 HTTP/S 网络请求报告，捕获响应时间、负载数据量和每个请求的成功率。

除了自动跟踪和监控之外，也可以创建自定义跟踪，并允许衡量应用中特定部分的性能指标。

跟踪给定方法的性能的最简单办法是使用@AddTrace 注解，并提供一个字符串以识别生成的跟踪：

```
@AddTrace(name = "onReticulateSplinesTrace", enabled = true)
protected void reticulateSplines() {
  // TO DO: Method implementation
}
```

这将在方法调用时开始跟踪，并在方法结束时停止跟踪。

也可以创建自定义跟踪，并允许指定在跟踪中包含计数器，且跨越多个方法。可以在应用中使用多个自定义跟踪，并能并发执行。

要创建自定义跟踪，可以创建新的 Trace 对象。方法是调用 FirebasePerformance 类的 getInstance 静态方法，并返回一个 FirebasePerformance 实例，然后调用 newTrace 方法(同时指定一个字符串标识符)：

```
Trace splineTrace =
  FirebasePerformance.getInstance().newTrace("spline_trace");
```

要开始跟踪，请调用 Trace 对象的 start 方法：

```
splineTrace.start();
```

当跟踪正在运行时，可以使用 incrementCounter 方法，并传入字符串标识符，为与性能相关的事件添加计数器：

```
if (cacheExpired) {
  splineTrace.incrementCounter("item_cache_expired");
} else {
  splineTrace.incrementCounter("item_cache_hit");
}
```

当跟踪的进程执行完毕时，调用 stop 方法停止跟踪：

```
splineTrace.stop();
```

要查看 Firebase Performance Monitoring 报告，在 Firebase Developer Console 找到应用，在左侧边栏中的 Stability 部分单击 Performance 选项。性能页展示了每个被追踪的性能指标，所有的指标都可以从多个维度(包括应用版本、国家、设备和操作系统版本)查看细目。